计算力学前沿丛书

计算颗粒材料力学

从连续、离散体到多尺度途径

李锡夔　楚锡华　著

科学出版社

北京

内 容 简 介

计算颗粒材料力学是基于连续介质力学、离散颗粒力学和多尺度力学的理论，利用计算机和各种数值方法，解决颗粒材料中力学及与其耦合的多物理过程问题的一门新兴学科。它经历了连续体途径、离散颗粒体途径以及结合了离散体和连续体模型的多尺度途径的发展历程。全书由三部分组成，分别介绍了作者在计算颗粒材料力学三个途径方面的代表性研究工作。特别关注以材料软化和变形局部化为特征的颗粒材料破坏行为模拟。第一部分从提出非饱和多孔连续体广义 Biot 理论和有限元方法开始，介绍干、饱和与非饱和颗粒材料在连续体途径下力学和多物理过程的非线性问题建模、理论与算法。第二部分从提出计及接触颗粒间滚动摩擦效应的离散颗粒模型及数值方法开始，介绍饱和与非饱和颗粒材料的含液离散颗粒体系模型及数值方法、颗粒破碎和颗粒集合体中波传播分析的数值方法。第三部分从论证基于颗粒材料介观信息的等效多孔连续体为 Cosserat 连续体开始，重点介绍颗粒材料二阶协同计算均匀化方法及相应数值方法、基于介观结构和响应演变和热动力学框架的损伤-愈合-塑性表征方法。

本书可供在计算力学、计算材料学，以及土木、水利、机械、化工、能源、生物骨料等领域的研究人员和工程技术人员的工作参考，也可供高等学校相关专业研究生参考使用。

图书在版编目(CIP)数据

计算颗粒材料力学：从连续、离散体到多尺度途径/李锡夔，楚锡华著. —北京：科学出版社，2023.12

(计算力学前沿丛书)

ISBN 978-7-03-077089-9

Ⅰ. ①计… Ⅱ. ①李…②楚… Ⅲ. ①颗粒-材料力学-计算力学 Ⅳ. ①TB301

中国国家版本馆 CIP 数据核字 (2023) 第 227280 号

责任编辑：刘信力／责任校对：彭珍珍

责任印制：张 伟／封面设计：无极书装

科学出版社出版

北京东黄城根北街 16 号

邮政编码：100717

http://www.sciencep.com

北京捷迅佳彩印刷有限公司印刷

科学出版社发行 各地新华书店经销

*

2023 年 12 月第 一 版 开本：720×1000 1/16

2023 年 12 月第一次印刷 印张：45 3/4

字数：922 000

定价：398.00 元

(如有印装质量问题，我社负责调换)

丛 书 序

力学是工程科学的基础，是连接基础科学与工程技术的桥梁。钱学森先生曾指出，“今日的力学要充分利用计算机和现代计算技术去回答一切宏观的实际科学技术问题，计算方法非常重要”。计算力学正是根据力学基本理论，研究工程结构与产品及其制造过程分析、模拟、评价、优化和智能化的数值模型与算法，并利用计算机数值模拟技术和软件解决实际工程中力学问题的一门学科。它横贯力学的各个分支，不断扩大各个领域中力学的研究和应用范围，在解决新的前沿科学与技术问题以及与其他学科交叉渗透中不断完善和拓展其理论和方法体系，成为力学学科最具活力的一个分支。当前，计算力学已成为现代科学研究的重要手段之一，在计算机辅助工程（CAE）中占据核心地位，也是航空、航天、船舶、汽车、高铁、机械、土木、化工、能源、生物医学等工程领域不可或缺的重要工具，在科学技术和国民经济发展中发挥了日益重要的作用。

计算力学是在力学基本理论和重大工程需求的驱动下发展起来的。20 世纪 60 年代，计算机的出现促使力学工作者开始重视和发展数值计算这一与理论分析和实验并列的科学研究手段。在航空航天结构分析需求的强劲推动下，一批学者提出了有限元法的基本思想和方法。此后，有限元法短期内迅速得到了发展，模拟对象从最初的线性静力学分析拓展到非线性分析、动力学分析、流体力学分析等，也涌现了一批通用的有限元分析大型程序系统和可不断扩展的集成分析平台，在工业领域得到了广泛应用。时至今日，计算力学理论和方法仍在持续发展和完善中，研究对象已从结构系统拓展到多相介质和多物理场耦合系统，从连续介质力学行为拓展到损伤、破坏、颗粒流动等宏微观非连续行为，从确定性系统拓展到不确定性系统，从单一尺度分析拓展到时空多尺度分析。计算力学还出现了进一步与信息技术、计算数学、计算物理等学科交叉和融合的趋势。例如，数据驱动、数字孪生、人工智能等新兴技术为计算力学研究提供了新的机遇。

中国一直是计算力学研究最为活跃的国家之一。我国计算力学的发展可以追溯到近 60 年前。冯康先生 20 世纪 60 年代就提出“基于变分原理的差分格式”，被国际学术界公认为中国独立发展有限元法的标志。冯康先生还在国际上第一个给出了有限元法收敛性的严格的数学证明。早在 20 世纪 70 年代，我国计算力学的奠基人钱令希院士就致力于创建计算力学学科，倡导研究优化设计理论与方法，引领了中国计算力学走向国际舞台。我国学者在计算力学理论、方法和工程应用研究中都做出了贡献，其中包括有限元构造及其数学基础、结构力学与最优控制的相互模拟理论、结构拓扑优化基本理论等方向的先驱性工作。进入 21 世纪以来，我国计算力学研究队伍不断扩大，取得了一批有重要学术影响的研究成果，也为解决我国载人航天、高速列车、深海开发、核电装备等一批重大工程中的力学问题做出了突出贡献。

“计算力学前沿丛书”集中展现了我国计算力学领域若干重要方向的研究成果，广泛涉及计算力学研究热点和前瞻性方向。系列专著所涉及的研究领域，既包括计算力学基本理论体系和基础性数值方法，也包括面向力学与相关领域新的问题所发展的数学模型、高性能算法及其应用。例如，丛书纳入了我国计算力学学者关于 Hamilton 系统辛数学理论和保辛算法、周期材料和周期结构等效性能的高效数值预测、力学分析中对称性和守恒律、工程结构可靠性分析与风险优化设计、不确定性结构鲁棒性与非概率可靠性优化、结构随机振动与可靠度分析、动力学常微分方程高精度高效率时间积分、多尺度分析与优化设计等基本理论和方法的创新性成果，以及声学和声振问题的边界元法、计算颗粒材料力学、近场动力学方法、全速域计算空气动力学方法等面向特色研究对象的计算方法研究成果。丛书作者结合严谨的理论推导、新颖的算法构造和翔实的应用案例对各自专题进行了深入阐述。

本套丛书的出版，将为传播我国计算力学学者的学术思想、推广创新性的研究成果起到积极作用，也有助于加强计算力学向其他基础科学与工程技术前沿研究方向的交叉和渗透。丛书可为我国力学、计算数学、计算物理等相关领域的教学、科研提供参考，对于航空、航天、船舶、汽车、机械、土木、能源、化工等工程技术研究与开发的人员也将具有很好的借鉴价值。

“计算力学前沿丛书”从发起、策划到编著，是在一批计算力学同行的响应和支持下进行的。没有他们的大力支持，丛书面世是不可能的。同时，丛书的出版承蒙科学出版社全力支持。在此，对支持丛书编著和出版的全体同仁及编审人员表示深切谢意。

感谢大连理工大学工业装备结构分析优化与 CAE 软件全国重点实验室对“计算力学前沿丛书”出版的资助。

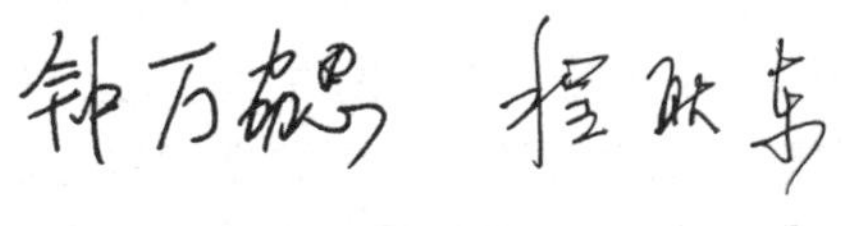

2022 年 6 月

前　　言

颗粒材料广泛存在于自然界和地质、石油、岩土、生物、能源、化工、增材制造等诸多工程领域和材料科学、生命科学、农业科学、地球物理等诸多科学领域。在力学和工程界，颗粒材料被视为具有一定承载能力的可变形非均质材料。在物理学界，习惯于称颗粒材料为颗粒物质，并普遍认为颗粒物质是地球上除水之外最普遍存在的物质。实际上颗粒材料为紧致地粘连在一起并具有一定形状和质量的离散颗粒集合体，它仅为颗粒物质中的一部分。化工和颗粒状物料输运等过程中的快速颗粒流为颗粒物质，但不能被称为颗粒材料。

颗粒材料是由大量离散固体颗粒汇聚、包含了其间孔隙形成的离散颗粒集合体。颗粒材料的孔隙中常存在液、气等流体。颗粒间隙充满液体或部分充填液体（也可分别理解为颗粒间隙被液体或非混溶液气两相流体充填）的颗粒材料分别被称为饱和与非饱和颗粒材料。非饱和颗粒材料也可拓展到颗粒间隙为三相（例如按“干湿度”排列的水、油、气三相）或多于三相非混溶流体充填的情况，但这不在本书的研究范围之内。

忽略颗粒材料中的间隙流体、考虑液体完全充填颗粒材料间隙或湿相流体（例如液体）与干相流体（例如气体）以非混两相流体形式充填颗粒材料间隙分别构成了本书所关注的干颗粒材料、饱和颗粒材料和非饱和颗粒材料。注意到颗粒材料是高度非均质多孔多相介质，具有多尺度材料结构层次的特征。它在介观尺度上可分别模型化为干、饱和、非饱和离散颗粒集合体，在宏观尺度则分别模型化为等价的干多孔连续体、饱和与非饱和多孔连续体。颗粒材料在介、宏观中可统称为多孔多相介质。多孔连续体模型假定颗粒材料中固相、液相、气相等每个相的物质均同时充满多孔多相介质全域，即在时域的每一瞬间、在多孔连续体中尺度趋于无限小的每个材料点处各相均同时存在。

颗粒物理力学的研究表明，把单个颗粒模型化为一个固相整体的颗粒材料介观尺度研究尚不足以理解和解释颗粒材料中的某些物理力学现象，还需从更小的微观尺度、即基于单个颗粒的表面和内部结构对颗粒材料进行包含微观–介观–宏观的多尺度结构层次研究。但对颗粒材料的微观尺度研究不在本书范围内。

工程与科学领域的干颗粒材料和含液颗粒材料在外部激励作用下，分别普遍存在力学响应和水力–力学（hydro-mechanical）响应；同时，也常存在与此响应耦合的传质–传热等多物理耦合过程。由离散颗粒间耗散性相对摩擦运动、颗粒间接触丧失和再生以及单个颗粒破碎等介观力学行为导致的颗粒材料局部损伤、愈合、塑性等过程决定了颗粒材料中力学响应的高度非线性。颗粒材料的高度非均质性、多尺度结构特征、颗粒材料中力学–水力–传质–传热多物理耦合响应过程的高度非线性等因素以及计算机所提供的与日俱增的计算能力推动了“计算颗粒材料力学”（computational mechanics of granular materials）在国内外的发展，使之成为“计算力学”中一个蓬勃发展的分支学科。“计算颗粒材料力学”是基于连续介质力学、离散颗粒力学和多尺度力学中的理论，利用现代电子计算机和各种数值方法，解决颗粒材料中力学及与其耦合的多物理过程问题的一门新兴学科。

根据颗粒材料的多尺度结构特征，“计算颗粒材料力学”的研究途径可大致分为三类，即：（1）基于连续介质力学理论的多孔连续体（porous continuum）模型结合以有限元法为代表的数值方法的连续体途径；（2）基于离散力学（discrete mechanics）理论的离散颗粒集合体模型结合以离散元法为代表的数值方法的离散体系途径；（3）结合在宏观尺度采用连续体途径和在介观尺度采用离散体系途径的多尺度途径。需要说明，在物理学中颗粒物质尚不具备完备的理论框架，因此用以描述颗粒材料力学行为的离散力学理论远没有连续介质力学理论成熟；但这不影响本书中对所讨论具体问题在离散体系下的研究。

颗粒材料力学的研究始于岩土力学与工程领域。岩土材料在经典土力学中被视为连续体。

自 1925 年 Terzaghi 出版《理论土力学》以来基于连续体的颗粒材料相关理论取得了巨大的成功。特别是 1941 年 Biot 建立了基于有效应力原理的控制饱和多孔连续体动力与静力过程中流固相互作用的理论和公式。1989 年本书第一作者把 Biot 理论拓展到了非饱和多孔连续体。Biot 理论是含液颗粒材料“计算颗粒材料力学”连续体途径的坚实基础。颗粒材料的宏观尺度多孔连续体模型结合以有限元法、无网格法等为代表的数值方法的计算颗粒材料力学连续体途径已经并还正在显示它在求解从工程实践中归结出来的多孔连续体中力学及多物理场耦合响应的初–边值问题的有效性。然而考虑到颗粒材料的内在（介观尺度）离散特性，计算颗粒材料力学的连续体途径存在它的局限性。连续体途径要求为饱和或非饱和多孔介质提供假设的唯象本构关系和材料破坏模型与相当数量且往往缺乏物理意义和难以确定的材料参数。此外，在多孔连续体、特别是含液多孔连续体中由颗粒材料非均质性、离散及耗散本质导致的力学及多物理耦合响应的高度非线性和发生在孔隙尺度的流–固相互作用所导致的各向异性使得连续体途径对发生在颗粒材料中水力–力学响应的正确模拟更为困难。

事实上，以含液颗粒材料为背景的多孔连续体局部材料点处的复杂非线性本构行为的内在机制隐藏于宏观局部材料点处一小簇含液离散颗粒构成的集合体，并与介观水力–力学响应过程相伴随的介观结构演变密切关联。随着计算机能力的快速大幅提升和并行计算、GPU 等计算方法与技术的快速发展，计算量需求比连续体途径大得多、但可深入到颗粒尺度的基于离散颗粒集合体模型和利用以离散元法为代表的数值方法的离散体系途径在近半个世纪来得到了迅猛发展。这可从与离散体系途径密切相关的国内外系列会议的发展窥见一斑。从 1989 年开始举办的有关离散元数值方法和工程应用的“离散元法”系列国际会议迄止 2019 年已举办八届（其中第七届于 2016 年由大连理工大学工业装备结构分析国家重点实验室负责组织在大连理工大学举办）。“颗粒材料计算力学及其应用”全国系列会议从 2012 年起已先后在张家界（2012 年）、兰州（2014 年）、大连（2016 年）、厦门（2018 年）、武汉（2020 年，因新冠肺炎推迟至 2021 年 3 月）和杭州（2022 年）举办六届。在会上报告的论文数从第一届的 66 篇发展到第五届（武汉）的 130 篇和第六届（杭州）的 137 篇。出席会议的代表从第一届的 120 人发展到第二至六届的 130 人，160 人，190 人和 320 人（线下），220 人（线下）。

但如果采用基于“高保真度”离散元法和直接数值模拟（DNS, Direst Numerical Simulation）方案求解工程实际中颗粒材料结构的力学或水力–力学耦合过程边–初值问题，计算颗粒材料力学的离散体系途径将遭遇难以承受的巨大计算工作量。依靠计算颗粒材料力学多尺度途径，结合在宏观尺度采用连续体途径和在介观尺度采用离散体系途径的计算多尺度方法可以充分利用连续体途径和离散体系途径的优点，避免它们的各自缺点。

本书反映了作者与合作者在计算颗粒材料力学三个途径方面的研究工作。特别关注以材料软化和变形局部化为特征的颗粒材料破坏行为模拟。全书由三部分组成，分别对应了连续体途径、离散体系途径、计算多尺度途径，共 20 章。

“第一部分：连续体途径”包含 8 章（第 1~8 章），是干、饱和与非饱和颗粒材料在连续体途径下力学和多物理过程的时间无关或相关非线性问题的理论、算法、建模等方面的工作，简介如下。

第 1 章把饱和多孔连续体的 Biot 理论拓展到非饱和多孔连续体，建立了非饱和多孔连续体广义 Biot 理论和有限元公式及其在时域的隐式算法和无条件稳定显式算法。

离散颗粒间相对摩擦耗散运动及与之伴随发生的颗粒间接触丧失将导致颗粒材料在多孔连续体尺度发生以压力相关塑性与材料损伤为特征的材料非线性行为。本书第 2 章讨论多孔连续体压力相关塑性非线性本构行为及与之相关的塑性应变软化和应变局部化问题的数值模拟。

第 3 章在非线性连续介质力学理论框架下讨论多孔连续体作为压力相关弹塑性材料在大应变下考虑材料塑性–损伤–蠕变的材料与几何非线性耦合本构行为数值模拟方法。

第 4 章介绍饱和多孔介质 $\boldsymbol{u}$-p 公式动力过程数值模拟的迭代压力稳定分步

算法，该算法可绕开 B-B 条件对采用等低阶 $\boldsymbol{u}$-p 线性插值近似有限单元的限制。所建议算法不仅对为提高计算效率而需采用大时间步长的低频响应问题、同时也对为保证计算精度而采用小时间步长的高频响应问题都能保持求解 $\boldsymbol{u}$-p 型混合方程的稳定性。

第 5 章介绍为饱和多孔连续体构造的基于（变分原理）弱形式、具有高精度高计算效率的稳定一点积分非线性混合应变元，该单元的构造思想也拓展应用于非饱和多孔连续体，发展了相应的稳定一点积分非线性混合应变元。

传统的时域连续 Galerkin 有限元法不能有效地捕捉住在强脉动激励作用下饱和多孔介质和多孔连续体动力学问题中移动波阵面上的解的间断或正确再现由于冲击波传播导致解在空域的高梯度变化；此外，它也不具备滤去虚假高阶模式和消除虚假数值振荡的能力。第 6 章将介绍一个新的高效高精度时域间断 Galerkin 有限元法。它能克服时域连续 Galerkin 有限元法的上述缺陷，提供了比后者远为精确和满意的数值结果。

第 7 章发展了为模拟非饱和多孔连续介质中溶于孔隙水的污染物传输过程的数学模型和有限元法。模型包含两部分。第一部分为在第一章中已描述的非饱和多孔介质中非混溶两相流的水力–力学过程分析，以确定孔隙水和孔隙气的速度场以及孔隙水的饱和度分布。第二部分为混溶于孔隙水中污染物在非饱和多孔介质中由六个机制控制的随孔隙水传输过程的模拟。本章将着重介绍非饱和多孔介质中以非平衡吸附–对流–扩散控制方程为表征的数学模型及基于特征线 Gaerkin 方法的有限元法和隐式算法。

第 8 章发展了为模拟模型化为非饱和多孔连续体的高性能混凝土在高温下破坏发生与发展的化学–热–湿–气–力学耦合过程数学模型与有限元方法。将介绍一个计及热致化学因素的弹塑性–损伤耦合本构模型。模型计及了热致脱水和脱盐所导致的以热脱粘和热损伤表征的化学软化和化学损伤，并且计及了塑性应变硬化/软化、吸力硬化及力学损伤等因素。本章还对所提出化学–弹塑性–损伤耦合本构模型介绍了一个三步算子分离算法；导出考虑化学–热–湿–气–力学（CTHM）耦合效应的一致性切线模量张量；基于非饱和多孔连续体中 CTHM 耦合问题的控制方程和边界条件建立了混合型弱形式和非线性有限元过程。

“第二部分：离散体系途径” 包含 6 章（第 9~14 章），是关于干颗粒材料离散颗粒体系模型及数值方法、饱和与非饱和颗粒材料的含液离散颗粒体系模型及数值方法、颗粒破碎和颗粒中波传播行为等方面的工作，简介如下。

第 9 章介绍了一个计及接触颗粒间滚动摩擦效应的离散颗粒模型；通过颗粒材料边坡例题显示所发展离散颗粒模型再现具有应变局部化破坏特征的滑坡、压裂破坏模式和没有明显应变局部化现象的泥石流破坏模式等三种不同破坏模式的能力。

第 10 章介绍颗粒材料中的波传播行为。重点关注颗粒材料在局部脉冲激励下，不同介观结构对强非线性瞬态波传播的影响。并利用傅里叶变换分析应力波的频率成分和激励频率对波传播特性的影响。

颗粒破碎对颗粒材料的宏介观力学行为有重要的影响。模拟颗粒破碎的离散颗粒模型的两个核心问题是：单个颗粒的破碎准则和单个颗粒破碎后的碎片模式确定。第 11 章介绍了两类分别模拟有内孔隙和无内孔隙单个固体颗粒破碎的离散颗粒模型和相应的离散元模拟方法。

第 12 章介绍饱和颗粒材料的离散颗粒–连续介质耦合介观模型与 DEM-CFD 耦合数值方法。应用平均 N-S 方程或 Darcy 定律描述间隙流体相的运动与流–固耦合作用。依靠所介绍的特征线 SPH 数值求解方案和导出的参考与移动固体颗粒一起移动的 Lagrangian 坐标系表示的间隙流体流动计算公式求解间隙流体流动。

Biot 系数和 Bishop 参数分别是饱和与非饱和多孔连续体中定义广义有效应力和有效压力的重要参数。第 13 章基于两相 Voronoi 胞元介观模型和其等效饱和多孔连续体元，导出依赖于介观结构与介观水力–力学响应的等效饱和多孔连续体元广义 Biot 理论的 Biot 系数；基于三相 Voronoi 胞元介观模型和其等效非饱和多孔连续体元，导出等效非饱和多孔连续体元中非混溶液–气流体的各向异性有效压力张量和广义有效应力张量，以及各向同性等效非饱和多孔连续体元的 Bishop 参数；揭示非混溶孔隙液–气不仅对非饱和多孔连续体有效应力的静水应力分量、同时也对它的剪切应力分量有影响。

第 14 章对具有介观固–液–气三相离散结构的低饱和度湿颗粒材料表征元提出一个离散颗粒–液桥–液体薄膜模型与相应的为实现湿表征元介观水力–力学过程数值模拟的湿离散元法。在模型中液相介观结构由每两个直接相邻固体颗粒间的双联液桥和游离于液桥外并粘附在颗粒表面上的液体薄膜构成。液体薄膜连接表征元中被孔隙气体间隔的两个相邻液桥。本章还将介绍为此模型发展的确定双联液桥几何和液桥力的二维双联液桥计算模型，讨论了单个液桥的稳定性。给出了控制间隙液体介观结构演变的三个物理机制：双联液桥的生成和/或重生成、双联液桥的断裂失效、两个相邻双联液桥间经由其间粘附于固体颗粒表面液体薄膜的液体传输。

“第三部分：计算多尺度途径” 包含 6 章（第 15~20 章），集中介绍作者在颗粒材料协同计算均匀化方法方面的系列工作，简介如下。

第 15 章从能表征颗粒材料局部离散介观结构基本特征的 Voronoi 胞元模型推导等效连续体本构关系出发，论证颗粒材料等效连续体为各向异性 Cosserat 连续体。揭示 Cauchy 应力不仅依赖于应变，也与定义在 Cosserat 连续体模型中的微曲率有关联；Cosserat 连续体模型中偶应力不仅依赖于微曲率，也与应变有关联。论证了当 Voronoi 胞元模型离散介观结构退化为广义各向同性时，等效 Cosserat

连续体元的本构模型也将为各向同性，具有与各向同性宏观 Cosserat 连续体本构关系相同的结构，并可导出其中的材料参数。基于由演变的颗粒材料离散介观结构信息得到的演变的等效 Cosserat 连续体元本构关系与弹性模量张量，可分别直接定义和确定等效 Cosserat 连续体元中有效塑性应变和各向异性损伤因子张量。

第 16 章介绍基于颗粒材料离散颗粒集合体–Cosserat 连续体模型的一阶协同计算均匀化方法。颗粒材料协同计算均匀化方法框架由三部分组成：推导经典 Cosserat 连续体的广义 Hill 定理，并导出以满足宏–介观能量等价的 Hill-Mandel 条件为前提、由宏观局部点下传到介观表征元边界的信息下传法则；应用离散元法求解离散颗粒集合体表征元的增量步边值问题；基于平均场理论，利用求解离散颗粒集合体表征元边值问题所获得数值结果的体积平均确定并上传力学响应量和应力–应变率本构关系到宏观 Cosserat 连续体的局部材料点。

基于介观与宏观尺度间尺度分离原理的一阶协同计算均匀化方法不能考虑影响宏观尺度行为的介观结构尺寸效应，因而不能应用于在宏观尺度中具有高应变梯度的问题。第 17 章对在宏观与介观尺度分别被模型化为梯度增强 Cosserat 连续体和具有介观结构的离散颗粒集合体表征元的颗粒材料介绍二阶协同计算均匀化方法，以保证 Hill-Mandel 条件在高应变梯度区域的具有有限尺寸的表征元处得到满足，并能再现颗粒材料的介观结构尺寸效应。它的理论框架包括：对梯度增强 Cosserat 连续体提出广义 Hill 定理及由此制定由宏观梯度增强 Cosserat 连续体到介观经典 Cosserat 连续体表征元的信息下传法则，对表征元施加以下传宏观应变、微曲率和应变梯度表示的非均一位移边界条件；基于离散颗粒介观表征元在下传边界位移条件下模拟结果由平均场理论将表征元的平均应力度量和率型应力–应变关系等信息上传到宏观梯度增强 Cosserat 连续体局部点。

第 18 章介绍为实现二阶协同计算均匀化方法所发展的 FEM-DEM 嵌套求解方案，以及在协同二阶计算均匀化框架内为梯度 Cosserat 连续体所构造的基于以弱形式表示的胡海昌–Washizu 三变量广义变分原理混合有限元，并介绍针对梯度 Cosserat 连续体混合元设计和实施的分片试验，以验证和保证所构造梯度 Cosserat 连续体混合元的空间收敛性。

第 19 章针对颗粒材料二阶协同计算均匀化途径，建立基于介观结构和响应演变的颗粒材料宏观连续体局部材料点耦合损伤–愈合–塑性过程的热动力学框架。介绍在热动力学框架内发展的以耗散性的塑性和损伤能密度以及非耗散性的愈合能密度作为度量材料破坏和愈合指标的表征方法。该方法的一个突出优点是可以定量评估和比较耗散性的塑性和损伤以及非耗散性的愈合等因素在材料耦合损伤、愈合和塑性过程中所起作用大小。

第 20 章介绍为模拟饱和颗粒材料中水力–力学过程的二阶协同计算均匀化方法。内容包含五个主要部分：(1) 建立宏观饱和多孔梯度 Cosserat 连续体的广义

Hill 定理。并据此制定由宏观饱和多孔梯度 Cosserat 连续体到介观等效饱和多孔 Cosserat 连续体表征元的信息下传法则；（2）在下传宏观应变变量和孔隙液体压力作用下，提出一个对表征元施加周期性力学–水力边界条件的新方案；（3）为表征元在下传宏观应变变量和孔隙液体压力和周期性力学–水力边界条件作用下的耦合初–边值问题发展非线性离散元法/有限元法迭代交错求解算法；（4）基于饱和离散颗粒集合体表征元的离散元法/有限元法解的体积平均，实现由介观饱和离散颗粒表征元到宏观饱和多孔梯度 Cosserat 连续体局部材料点的水力–力学信息上传；（5）基于为饱和多孔梯度 Cosserat 连续体水力–力学分析构造的混合有限元，发展 $\boldsymbol{u}$-p 形式混合有限元公式和建立饱和颗粒材料水力–力学分析初边值问题多尺度分析的混合元–（离散元/有限元）嵌套算法和非线性求解过程。

本书可供在计算力学、计算材料学，以及与颗粒材料相关的土木、水利、机械、化工、能源、生物骨料等领域的研究人员和工程技术人员的工作参考，也可供高等学校相关专业研究生课程作为参考教材。

在本书完稿之际，本书第一作者首先要感恩已故我国计算力学创始人钱令希院士。他在 1983 年把本书第一作者推荐给国际计算力学创始人之一的英国皇家学会会员 Zienkiewicz OC 教授，让作者有机会在较高起点开启计算多孔多相介质力学的学习和研究。感谢钟万勰院士。作为钟万勰院士的早期科研助手，本书第一作者在计算力学基本功的编程、调试和建模等方面得到了很好的磨炼。钟老师潜心做学问和科学探索精神使作者受益终身。感谢程耿东院士在本书第一作者申请国内外重要科研项目和科研工作等各方面曾给予的鼓励和支持。作者感恩已故 Zienkiewicz OC 教授，他鼓励作者独立承担了英国石油公司委托的海底石油二次开发过程数值模拟研究项目，使得作者有机会在国内外首先把饱和多孔连续体的 Biot 理论拓展到了非饱和多孔多相连续体，对非饱和多孔多相连续体建立了真正意义上的三相数学模型、广义 Biot 理论和相应数值方法[①-④]。这一工作也进一步促进了作者在计算颗粒材料力学领域的后续研究工作。

本书第一作者感谢作者的前研究生，他们曾分别与作者合作参与了本书不同

---

① Li X K, Ding D P, Chan A H C, Zienkiewicz O C, 1989a. A coupled finite element method for the soil pore fluid interaction problems with immiscible two-phase fluid flow. In: Proceedings of the 5th International Symposium on Numerical Methods in Engineering, Lausanne.

② Li X K, Willson S M, Zienkiewicz O C, 1989b. Nonlinear coupled analysis for stress, pressure and saturation in oil formation during steam injection. Internal report of Institute for Numerical Methods in Engineering, University College of Swansea, UK. Report Number: CR/637/89.

③ Li X K, 1990. Finite-element analysis for immiscible two-phase fluid flow in deforming porous media and an unconditionally stable staggered solution. Communications in Applied Numerical Methods, 6: 125–135.

④ Li X K, Zienkiewicz O C, Xie Y M, 1990. A numerical model for immiscible two-phase fluid flow in a porous medium and its time domain solution. Int. J. for Numerical Methods in Eng., 30: 1195–1212.

章节的工作。其中特别包括：武文华博士、刘泽佳博士、张俊波博士、唐洪祥博士、韩先洪博士、姚冬梅硕士、段庆林博士、李荣涛博士、刘其鹏博士、张雪博士、梁元博博士、杜友耀博士、王增会博士、张松鸽博士等。本书第二作者是第一作者的前研究生，感谢导师的培养和一直以来的支持、激励和帮助，感谢导师和师母对我和我的家庭的关爱，也感谢师兄弟们的关爱和帮助。第二作者还要感谢前研究生周伦伦博士、王蕉博士及在读博士生万冀、陈壮等人，前两位参与了相关章节的工作，后两位在某些图表修改上给予了帮助。

本书工作得到了国家自然科学基金委员会基金项目的支持，包括：重点基金研究项目（19832010, 含有液体的多孔介质在强动荷载作用下的力学行为），面上基金研究项目（11772237, 11372066, 11072046, 90715011, 10672033, 50278012, 10272027, 59878009, 19472016, 59478014）；得到了国家科技部的 973 项目（2010CB731502, 地质体渐进破坏过程的演化机理及计算模型）的支持，国家科技部攀登 A 研究计划（1997.1—2000.12）“大规模科学计算的方法和理论”的研究项目“耦合问题中的非线性有限元方法”和攀登 B 研究计划（1995.1—2000.2）“重大土木与水利工程安全性与耐久性的基础研究”的研究项目“高层建筑深基坑安全性分析”的支持；得到欧共体国际科学合作署国际合作研究项目（CI1*-CT94-0014）（Modelling of miscible pollutant transport by underground water in non-saturated zones）的资助。在此一并表示感谢。

作者在撰写本书过程中倾尽了全力、希望做得尽可能好，但限于作者的学术水平和写作能力，书中难免存在不足之处，诚请读者参与讨论和批评指正。

目　录

第 1 章　多孔多相连续体模型及有限元法

鉴于在岩土工程、石油开采、混凝土结构、土壤环境等大量工程问题中的重要性，变形多孔介质中多相孔隙流体流动与质量传输及其与变形固体骨架相互作用的数值模拟方法已得到了越来越多的关注。

本章考虑变形多孔介质中非混两相孔隙流体流动及其与固相的相互作用。多孔介质中的非混流体可能有两相，如在非饱和边坡结构孔隙中的水和气；也可能有三相，如在油田孔隙中的水、油和气。非混多相孔隙流体意味着多相孔隙流体之间为它们各自之间的界面所分隔，它们共同充填满变形多孔介质的全部孔隙空间。本章讨论限于变形多孔介质中仅包含两种非混流体、即干相与湿相流体。相对于孔隙中仅充填单相流体（如孔隙水）的饱和多孔介质，包含两种非混孔隙流体的变形多孔多相介质常称为非饱和多孔介质。两非混孔隙流体彼此以其间界面分离。实验观察表明，在稳定的非混两相流中各相流体将通过它们各自的互联通道网络流动。本章假定两流相间没有相变，它们之间沿界面没有化学反应。在变形多孔多相介质中分离非混两相流的界面与两相孔隙流及变形固体骨架构成了一个毛细系统。在界面上所存在的表面张力对确定非饱和多孔介质的状态起到重要的作用，界面上的毛细效应由两流相间的压力差、即毛细压力体现。变形多孔介质中包含三相或三相以上非混孔隙流体的水力–力学数学模型及其有限元数值求解方法已有研究（Li and Zienkiewicz, 1992）。

基于 Terzaghi（1936）对饱和多孔介质提出了有效应力原理，Biot（1940, 1956, 1962a, 1962b）建立了描述饱和多孔介质中固相与孔隙流相相互作用的理论、数学模型与控制方程。20 世纪 80 年代后许多研究工作者致力于发展基于 Biot 理论的模拟饱和多孔介质中水力–力学耦合过程的数值方法。Prevost （1982）研究了饱和多孔介质中非线性瞬态现象的数值方法。Zienkiewicz and Shiomi（1984）提出了饱和多孔介质的广义 Biot 公式，发展了模拟饱和多孔介质在高速（冲击）到中速（地震）激励作用下，以及在低速（固结）过程中瞬态行为的数值求解方案。Lewis and Schrefler（1998）和 Zienkiewicz et al.（1999）的专著综述了相关的研究成果。

Bishop（1959）, Bishop and Blight（1963）把 Terzaghi（1936）的有效应力概念理论拓展到含非混两相孔隙流体的非饱和多孔介质，把饱和多孔介质中的有效应力原理推广到非饱和多孔介质。提出了计及两非混流相孔隙压力效应的有效压力定义及其表达式。

Zienkiewicz et al.（1990a, 1990b）考虑非饱和多孔介质中的两非混孔隙流体为孔隙水和孔隙气。假定非饱和多孔介质全域中孔隙气与介质边界外的空气相通，因而孔隙气压可假定为常数（通常假定为零），即所谓被动空气压力假定。他们提出了非饱和多孔介质的近似模型，在模型中仅包含固相位移和孔隙水压两个基本未知量。Fredlund and Rahardjo（1993）表明被动空气压力假定往往与实际情况不符。Li et al.（1989a, 1990a, 1990b, 1992, 1998, 1999）舍弃了被动空气压力假定，把 Biot 理论拓展到含非混两相以及多相孔隙流体的非饱和多孔介质，建立了相应的 Biot 理论框架，提出了非饱和多孔介质的真正三相数学模型并发展了相应的有限元求解方法。后继发展的工作包括：Schrefler and Zhan （1993），Schrefler et al.（1995），Rahman and Lewis （1999），Schrefler and Scotta （2001），Ehlers et al.（2004），Nuth and Laloui （2008），Khoei and Mohammadnejad （2011）。Ghorbani et al.（2018）对非饱和多孔介质的广义 Biot 理论和三相数学模型发展做了综述。

本章将介绍作者所建立的基于多孔连续体途径描述多孔三相介质中两非混孔隙流体与固体骨架相互作用的水力–力学耦合问题数学模型与所构建的广义 Biot 理论框架和它的有限元数值方法和时域求解过程。

首先建立以固相位移、孔隙湿相流体压力和湿相饱和度为基本未知量的描述多孔介质中水力–力学耦合过程的多孔连续体模型控制方程组。（在本书第 8 章将介绍以固相位移、孔隙湿相和干相孔隙流体压力，以及描述多孔连续体中与水力–力学过程相耦合的传热传质过程的温度和湿相流体中基质质量浓度为基本未知量的控制方程组。）建立基于等价于广义变分原理的弱形式的有限元方程。提出求解有限元方程初边值问题的无条件稳定交错与直接求解方法。然后在包含固相位移、孔隙湿相流体压力和湿相饱和度等三个基本未知量的控制方程组基础上建立了仅包含两个基本未知量的饱和–非饱和变形多孔介质的两类简化控制方程组，并给出了它们的有限元公式。

1.1　非饱和多孔介质模型：控制方程和边界条件

在多孔连续体模型中，假定围绕连续体中任何一个材料点、体积为 V 的微体元均包含三相物质：固相、湿（wetting）相流体（例如水）和干（non-wetting）相流体（例如气体或油）。在表征体元内三相体积分别为 $V_{\rm s},V_{\rm w},V_{\rm n}$，并有 $V=V_{\rm s}+V_{\rm w}+V_{\rm n}$。定义

$$\phi=\frac{V_{\rm w}+V_{\rm n}}{V},\quad S_{\rm w}=\frac{V_{\rm w}}{V_{\rm w}+V_{\rm n}},\quad S_{\rm n}=\frac{V_{\rm n}}{V_{\rm w}+V_{\rm n}} \tag{1.1}$$

式中，ϕ 是孔隙度；$S_{\rm w}, S_{\rm n}$ 分别定义为湿相与干相孔隙流体的饱和度。对于非饱和多孔连续体中任一材料点有

$$S_{\rm w} + S_{\rm n} = 1 \tag{1.2}$$

任何一个材料点处的毛细压力效应体现为局部点处的两非混流相的压力差，即

$$p_{\rm n} - p_{\rm w} = p_{\rm c} \geqslant 0 \tag{1.3}$$

式中，$p_{\rm n}, p_{\rm w}$ 分别是孔隙干（非湿, non-wetting）相和孔隙湿（wetting）相流体压力；$p_{\rm c}$ 表示毛细压力（或称吸力），在多孔多相连续体模型中通常表示为液相饱和度 $S_{\rm w}$ 的函数 $p_{\rm c}(S_{\rm w})$，或 $S_{\rm w}$ 和孔隙比 e 的函数 $p_{\rm c}(S_{\rm w}, e)$。

根据由（Terzaghi, 1943）对饱和多孔介质提出的有效应力原理，在多孔介质力学中总 Cauchy 应力 σ_{ji} 分解为两部分并表示为

$$\sigma_{ji} = \sigma'_{ji} - p\delta_{ji} \tag{1.4}$$

式中，σ'_{ji} 和 p 分别为作用于固相骨架的有效应力和作用于流—固混合的孔隙流相压力；δ_{ji} 是 Kronecker delta 函数。式 (1.4) 中的负号是由于通常在多孔介质中约定孔隙流相压力以压为正。对于饱和多孔介质，通常可具体表示 $p = p_{\rm w}$。

当计及单个颗粒在静水压力作用下的可压缩性，Zienkiewicz and Shiomi（1984）引入了 Biot 系数 α 和定义了作用于固体骨架的修正有效应力 σ''_{ji}，即

$$\sigma_{ji} = \sigma''_{ji} - \alpha p\delta_{ji} \tag{1.5}$$

Biot 系数 α 可由下式近似地计算确定（Zienkiewicz and Shiomi, 1984; Zienkiewicz et al., 1999）

$$\alpha = 1 - \frac{\delta_{ij} D_{ijkl} \delta_{kl}}{9K_{\rm s}} = 1 - \frac{K_{\rm t}}{K_{\rm s}} \tag{1.6}$$

式中，$K_{\rm s}$ 和 $K_{\rm t}$ 分别表示固相颗粒与固相骨架的体积模量；模量张量 D_{ijkl} 联系了以增量形式表示的修正有效应力 σ''_{ji} 与应变 ε_{kl}，即

$$\mathrm{d}\sigma''_{ji} = D_{ijkl}(\mathrm{d}\varepsilon_{kl} - \mathrm{d}\varepsilon^0_{kl}) \tag{1.7}$$

式中，ε^0_{kl} 表示其他因素产生的初始应变，如温度效应产生的热应变。

Bishop（1959），Bishop and Blight（1963）把由式 (1.4) 所表示的饱和多孔介质有效应力原理推广到含非混两相孔隙流体的非饱和多孔介质以表示孔隙多相流体效应，定义了作为标量的非饱和多孔介质的有效压力。式 (1.4) 中孔隙流体压力 p 由非混两相孔隙流体压力的加权平均表示，即

$$p = \chi p_{\rm w} + (1 - \chi)\, p_{\rm n} \tag{1.8}$$

式中，χ 为依赖于孔隙湿相流体饱和度 S_w 的加权参数，称为 Bishop 参数。把有效应力概念简单地推广到非饱和多孔介质的论据不如它在仅有单一孔隙流体存在的饱和多孔介质中那么清楚，对非饱和多孔介质中各种有效应力定义仍有争论（Skempton, 1960; Li and Zienkiewicz, 1992; 李锡夔, 1997; Zienkiewicz et al., 1999; Gray and Schrefler, 2001; 邵龙潭和郭晓霞, 2014）。

对于在诸如土木工程中经常遇到的湿相和非湿相孔隙流体为孔隙水和孔隙气情况，常简单地假定 $\chi = S_\mathrm{w}$, 式 (1.8) 可表示成

$$p = S_\mathrm{w} p_\mathrm{w} + S_\mathrm{n} p_\mathrm{n} \tag{1.9}$$

而在石油开采工程中遇到的湿相和非湿相孔隙流体为孔隙水和孔隙油的情况（当然，油田中常包含孔隙水、孔隙油和孔隙气等三相孔隙流体，需要考虑包含非混的三相孔隙流体）, 根据实验观察，孔隙油常在孔隙水的包围之中，因此石油工业界通常简单地假定 $\chi = 1$，而与饱和度 S_w 无关（Li, Willson et al., 1989b; Li et al., 1990），即

$$p = p_\mathrm{w} \tag{1.10}$$

利用介–宏观均匀化过程，基于非饱和多孔介质介观离散结构和水力–力学模型定义非饱和多孔介质有效应力与有效压力的研究（Li, 2003; Hicher and Chang, 2007; Hicher and Chang, 2008; Scholtes et al., 2009; Li et al., 2016）表明，有效压力不再由非饱和多孔连续体理论（Bishop, 1959; Coussy, 1995）中所定义的标量表示，而是一个依赖于由固体颗粒、孔隙液体和气体组成的介观结构、反映毛细力各向异性效应的张量。我们将在本书的第二部分对此作进一步介绍。

由式 (1.5) 和式 (1.8) 可得到作用于非饱和多孔介质固体骨架的广义有效应力

$$\sigma''_{ji} = \sigma_{ji} + P_{ji} = (\sigma_{ji} + \alpha p_\mathrm{n} \delta_{ji}) - \alpha (p_\mathrm{n} - p_\mathrm{w}) \chi \delta_{ji} = (\sigma_{ji} + \alpha p_\mathrm{n} \delta_{ji}) + Q_{ji} \tag{1.11}$$

P_{ji} 和 Q_{ji} 分别是非饱和多孔连续体理论中定义为对角线二阶张量的有效压力和基质毛细压力 (p_c) 张量，即

$$P_{ji} = \alpha p \delta_{ji} = \alpha (\chi p_\mathrm{w} + (1 - \chi) p_\mathrm{n}) \delta_{ji} \tag{1.12}$$

$$Q_{ji} = -\alpha (p_\mathrm{n} - p_\mathrm{w}) \chi \delta_{ji} = -\alpha p_\mathrm{c} \chi \delta_{ji} \tag{1.13}$$

式 (1.13) 中定义了作为标量的非饱和多孔介质的毛细压力（或称吸力）p_c，在非饱和多孔连续体理论中它常被简化为孔隙湿相流体饱和度的函数，即

$$p_\mathrm{c} = p_\mathrm{n} - p_\mathrm{w} = p_\mathrm{c}(S_\mathrm{w}) \tag{1.14}$$

1.1.1 质量守恒方程

以 $\dot{w}_{\mathrm{w}i}(\dot{\boldsymbol{w}}_{\mathrm{w}})$ 和 $\dot{w}_{\mathrm{n}i}(\dot{\boldsymbol{w}}_{\mathrm{n}})$ 分别表示湿相与干相孔隙流体对于固相的平均相对速度，即 Darcy 速度，它们的真实的相速度 $\dot{U}_{\mathrm{w}i}(\dot{\boldsymbol{U}}_{\mathrm{w}})$ 和 $\dot{U}_{\mathrm{n}i}(\dot{\boldsymbol{U}}_{\mathrm{n}})$ 可分别表示为

$$\dot{U}_{\mathrm{w}i}=\dot{u}_i+\frac{\dot{w}_{\mathrm{w}i}}{\phi S_{\mathrm{w}}},\quad \dot{U}_{\mathrm{n}i}=\dot{u}_i+\frac{\dot{w}_{\mathrm{n}i}}{\phi S_{\mathrm{n}}} \tag{1.15}$$

式中，$\dot{u}_i(\dot{\boldsymbol{u}})$ 表示固体骨架的运动速度。

非饱和多孔介质中围绕任一材料点的微体元中固相与非混两流相的质量可表示为

$$M_{\mathrm{s}}=\int_V(1-\phi)\rho_{\mathrm{s}}\mathrm{d}V,\quad M_{\mathrm{w}}=\int_V\phi S_{\mathrm{w}}\rho_{\mathrm{w}}\mathrm{d}V,\quad M_{\mathrm{n}}=\int_V\phi S_{\mathrm{n}}\rho_{\mathrm{n}}\mathrm{d}V \tag{1.16}$$

式中，$\rho_{\mathrm{s}},\rho_{\mathrm{w}},\rho_{\mathrm{n}}$ 分别是固相、孔隙湿相和干相流体的质量密度。非饱和多孔介质作为固相–湿流相–干流相组成的三相混合物的平均质量密度 ρ 可表示为

$$\rho=\rho_{\mathrm{s}}\left(1-\phi\right)+\phi(S_{\mathrm{w}}\rho_{\mathrm{w}}+S_{\mathrm{n}}\rho_{\mathrm{n}}) \tag{1.17}$$

非饱和多孔介质中固相与两非混孔隙流相的质量守恒要求满足如下方程

$$\frac{\mathrm{D}M_{\mathrm{s}}}{\mathrm{D}t}=\frac{\mathrm{D}}{\mathrm{D}t}\int_V(1-\phi)\rho_{\mathrm{s}}\mathrm{d}V=\int_V\left(\frac{\partial[(1-\phi)\rho_{\mathrm{s}}]}{\partial t}+\frac{\partial[(1-\phi)\rho_{\mathrm{s}}\dot{u}_i]}{\partial x_i}\right)\mathrm{d}V=0 \tag{1.18}$$

$$\frac{\mathrm{D}M_{\mathrm{w}}}{\mathrm{D}t}=\frac{\mathrm{D}}{\mathrm{D}t}\int_V\phi S_{\mathrm{w}}\rho_{\mathrm{w}}\mathrm{d}V=\int_V\left(\frac{\partial(\phi S_{\mathrm{w}}\rho_{\mathrm{w}})}{\partial t}+\frac{\partial(\phi S_{\mathrm{w}}\rho_{\mathrm{w}}\dot{U}_{\mathrm{w}i})}{\partial x_i}\right)\mathrm{d}V=0 \tag{1.19}$$

$$\frac{\mathrm{D}M_{\mathrm{n}}}{\mathrm{D}t}=\frac{\mathrm{D}}{\mathrm{D}t}\int_V\phi S_{\mathrm{n}}\rho_{\mathrm{n}}\mathrm{d}V=\int_V\left(\frac{\partial(\phi S_{\mathrm{n}}\rho_{\mathrm{n}})}{\partial t}+\frac{\partial(\phi S_{\mathrm{n}}\rho_{\mathrm{n}}\dot{U}_{\mathrm{n}i})}{\partial x_i}\right)\mathrm{d}V=0 \tag{1.20}$$

由此得到非饱和多孔介质中固相与两非混孔隙流相的微分形式质量守恒方程如下

$$\frac{\partial[(1-\phi)\rho_{\mathrm{s}}]}{\partial t}+\frac{\partial[(1-\phi)\rho_{\mathrm{s}}\dot{u}_i]}{\partial x_i}=0 \tag{1.21}$$

$$\frac{\partial(\phi S_{\mathrm{w}}\rho_{\mathrm{w}})}{\partial t}+\frac{\partial(\phi S_{\mathrm{w}}\rho_{\mathrm{w}}\dot{U}_{\mathrm{w}i})}{\partial x_i}=0 \tag{1.22}$$

$$\frac{\partial(\phi S_{\mathrm{n}}\rho_{\mathrm{n}})}{\partial t}+\frac{\partial(\phi S_{\mathrm{n}}\rho_{\mathrm{n}}\dot{U}_{\mathrm{n}i})}{\partial x_i}=0 \tag{1.23}$$

将式 (1.15) 代入式 (1.22) 和式 (1.23), 式 (1.21)~ 式 (1.23) 可展开为

$$(1-\phi)\frac{\partial\rho_{\mathrm{s}}}{\partial t}-\rho_{\mathrm{s}}\frac{\partial\phi}{\partial t}+(1-\phi)\,\rho_{\mathrm{s}}\dot{u}_{i,i}+\dot{u}_i\frac{\partial\left[(1-\phi)\,\rho_{\mathrm{s}}\right]}{\partial x_i}=0 \tag{1.24}$$

$$\frac{\partial(\phi S_{\mathrm{w}}\rho_{\mathrm{w}})}{\partial t}+\frac{\partial(\phi S_{\mathrm{w}}\rho_{\mathrm{w}}\dot{u}_i)}{\partial x_i}+\frac{\partial(\rho_{\mathrm{w}}\dot{w}_{\mathrm{w}i})}{\partial x_i}=0 \tag{1.25}$$

$$\frac{\partial(\phi S_{\mathrm{n}}\rho_{\mathrm{n}})}{\partial t}+\frac{\partial(\phi S_{\mathrm{n}}\rho_{\mathrm{n}}\dot{u}_i)}{\partial x_i}+\frac{\partial(\rho_{\mathrm{n}}\dot{w}_{\mathrm{n}i})}{\partial x_i}=0 \tag{1.26}$$

或

$$\frac{(1-\phi)}{\rho_{\mathrm{s}}}\frac{\mathrm{D}\rho_{\mathrm{s}}}{\mathrm{D}t}-\frac{\mathrm{D}\phi}{\mathrm{D}t}+(1-\phi)\,\dot{u}_{i,i}=0 \tag{1.27}$$

$$\frac{\phi}{S_{\mathrm{w}}\rho_{\mathrm{w}}}\frac{\mathrm{D}(S_{\mathrm{w}}\rho_{\mathrm{w}})}{\mathrm{D}t}+\frac{\mathrm{D}\phi}{\mathrm{D}t}+\phi\dot{u}_{i,i}+\frac{\dot{w}_{\mathrm{w}i,i}}{S_w}+\frac{\dot{w}_{\mathrm{w}i}}{S_{\mathrm{w}}\rho_{\mathrm{w}}}\frac{\partial\rho_w}{\partial x_i}=0 \tag{1.28}$$

$$\frac{\phi}{S_{\mathrm{n}}\rho_{\mathrm{n}}}\frac{\mathrm{D}(S_{\mathrm{n}}\rho_{\mathrm{n}})}{\mathrm{D}t}+\frac{\mathrm{D}\phi}{\mathrm{D}t}+\phi\dot{u}_{i,i}+\frac{\dot{w}_{\mathrm{n}i,i}}{S_{\mathrm{n}}}+\frac{\dot{w}_{\mathrm{n}i}}{S_{\mathrm{n}}\rho_{\mathrm{n}}}\frac{\partial\rho_{\mathrm{n}}}{\partial x_i}=0 \tag{1.29}$$

式中

$$\frac{\mathrm{D}(*)}{\mathrm{D}t}=\frac{\partial(*)}{\partial t}+\frac{\partial(*)}{\partial x_i}\dot{u}_i \tag{1.30}$$

表示变量 $(*)$ 的物质时间导数。把式 (1.27) 加到式 (1.28) 和式 (1.29) 得到

$$\frac{(1-\phi)}{\rho_{\mathrm{s}}}\frac{\mathrm{D}\rho_{\mathrm{s}}}{\mathrm{D}t}+\frac{\phi}{\rho_{\mathrm{w}}}\frac{\mathrm{D}\rho_{\mathrm{w}}}{\mathrm{D}t}+\frac{\phi}{S_{\mathrm{w}}}\frac{\mathrm{D}S_{\mathrm{w}}}{\mathrm{D}t}+\dot{u}_{i,i}+\frac{\dot{w}_{\mathrm{w}i,i}}{S_w}+\frac{\dot{w}_{\mathrm{w}i}}{S_{\mathrm{w}}\rho_{\mathrm{w}}}\frac{\partial\rho_{\mathrm{w}}}{\partial x_i}=0 \tag{1.31}$$

$$\frac{(1-\phi)}{\rho_{\mathrm{s}}}\frac{\mathrm{D}\rho_{\mathrm{s}}}{\mathrm{D}t}+\frac{\phi}{\rho_{\mathrm{n}}}\frac{\mathrm{D}\rho_{\mathrm{n}}}{\mathrm{D}t}+\frac{\phi}{S_{\mathrm{n}}}\frac{\mathrm{D}S_{\mathrm{n}}}{\mathrm{D}t}+\dot{u}_{i,i}+\frac{\dot{w}_{\mathrm{n}i,i}}{S_{\mathrm{n}}}+\frac{\dot{w}_{\mathrm{n}i}}{S_{\mathrm{n}}\rho_{\mathrm{n}}}\frac{\partial\rho_{\mathrm{n}}}{\partial x_i}=0 \tag{1.32}$$

体积分别为 $V_{\mathrm{s}},V_{\mathrm{w}},V_{\mathrm{n}}$ 的固相、湿相和干相流体的质量守恒方程的时域微分形式

$$\frac{\mathrm{D}(\rho_{\mathrm{s}}V_{\mathrm{s}})}{\mathrm{D}t}=0,\quad\frac{\mathrm{D}(\rho_{\mathrm{w}}V_{\mathrm{w}})}{\mathrm{D}t}=0,\quad\frac{\mathrm{D}(\rho_{\mathrm{n}}V_{\mathrm{n}})}{\mathrm{D}t}=0 \tag{1.33}$$

给出了两非混流相与固相的状态方程

$$\frac{\mathrm{D}\rho_{\mathrm{w}}}{\rho_{\mathrm{w}}\mathrm{D}t}=-\frac{\mathrm{D}V_{\mathrm{w}}}{V_{\mathrm{w}}\mathrm{D}t}=\frac{\mathrm{D}p_{\mathrm{w}}}{K_{\mathrm{w}}\mathrm{D}t} \tag{1.34}$$

$$\frac{\mathrm{D}\rho_{\mathrm{n}}}{\rho_{\mathrm{n}}\mathrm{D}t}=-\frac{\mathrm{D}V_{\mathrm{n}}}{V_{\mathrm{n}}\mathrm{D}t}=\frac{\mathrm{D}p_{\mathrm{n}}}{K_{\mathrm{n}}\mathrm{D}t} \tag{1.35}$$

$$\frac{\mathrm{D}\rho_{\mathrm{s}}}{\rho_{\mathrm{s}}\mathrm{D}t}=-\frac{\mathrm{D}V_{\mathrm{s}}}{V_{\mathrm{s}}\mathrm{D}t}=\frac{1}{K_{\mathrm{s}}}\left(\frac{\mathrm{D}p}{\mathrm{D}t}-\frac{\dot{\sigma}'_{ii}}{3\,(1-\phi)}\right) \tag{1.36}$$

式 (1.34)~(1.36) 中 $K_{\mathrm{w}}, K_{\mathrm{n}}, K_{\mathrm{s}}$ 分别为湿相和干相孔隙流体及固相颗粒的体积模量。式 (1.36) 表明单位体积固相的体积变化 $\dfrac{\mathrm{D}V_{\mathrm{s}}}{V_{\mathrm{s}}\mathrm{D}t}$ 包含了固相物质由（两流相混合物）有效孔隙压力变化 $\dfrac{\mathrm{D}p}{\mathrm{D}t}$ 和由有效体积应力变化 $\dot{\sigma}'_{ii}$ 导致的两部分。式 (1.36) 等号右端中最后一项分母中的 $(1-\phi)$ 是考虑到虽然 $\dot{\sigma}'_{ii}$ 是作用于固体骨架的体积应力变化率，但在多孔连续体理论中它作用于体积为 $(V_{\mathrm{s}}+V_{\mathrm{w}}+V_{\mathrm{n}})$ 的非饱和多孔介质三相混合物的微体元。另一方面，当计及固体颗粒随有效孔隙压力变化的体积变形时，固体骨架的有效体积应力变化 $\dot{\sigma}'_{ii}$ 可表达为

$$\dot{\sigma}'_{ii}=3K_{\mathrm{t}}\left(\dot{u}_{i,i}+\frac{\mathrm{D}p}{K_{\mathrm{s}}\mathrm{D}t}\right) \tag{1.37}$$

将式 (1.37) 代入式 (1.36), 并利用式 (1.6) 可得到

$$\frac{\mathrm{D}\rho_{\mathrm{s}}}{\rho_{\mathrm{s}}\mathrm{D}t}=-\frac{\mathrm{D}V_{\mathrm{s}}}{V_{\mathrm{s}}\mathrm{D}t}=\frac{\left[(\alpha-\phi)\dfrac{\mathrm{D}p}{K_{\mathrm{s}}\mathrm{D}t}-(1-\alpha)\,\dot{u}_{i,i}\right]}{1-\phi} \tag{1.38}$$

将式 (1.34)、式 (1.35) 和式 (1.38) 代入式 (1.31) 和式 (1.32), 并利用式 (1.8) 表示有效压力, 可得到

$$\begin{aligned}&\left(\frac{(\alpha-\phi)\,S_{\mathrm{w}}}{K_{\mathrm{s}}}+\frac{\phi S_{\mathrm{w}}}{K_{\mathrm{w}}}\right)\dot{p}_{\mathrm{w}}+\left(\frac{(\alpha-\phi)\,S_{\mathrm{w}}}{K_{\mathrm{s}}}(1-\chi)\frac{\mathrm{d}p_{\mathrm{c}}}{\mathrm{d}S_{\mathrm{w}}}+\phi\right)\dot{S}_{\mathrm{w}}\\&+\alpha S_{\mathrm{w}}\dot{u}_{i,i}+\dot{w}_{\mathrm{w}i,i}+\frac{\dot{w}_{\mathrm{w}i}}{\rho_{\mathrm{w}}}\frac{\partial\rho_{\mathrm{w}}}{\partial x_i}=0\end{aligned} \tag{1.39}$$

$$\begin{aligned}&\left(\frac{(\alpha-\phi)\,S_{n}}{K_{\mathrm{s}}}+\frac{\phi S_{n}}{K_{\mathrm{n}}}\right)\dot{p}_{\mathrm{w}}+\left(\left[\frac{\phi}{K_{\mathrm{n}}}+\frac{(\alpha-\phi)}{K_{\mathrm{s}}}(1-\chi)\right]S_{\mathrm{n}}\frac{\mathrm{d}p_{\mathrm{c}}}{\mathrm{d}S_{\mathrm{w}}}-\phi\right)\dot{S}_{\mathrm{w}}\\&+\alpha S_{\mathrm{n}}\dot{u}_{i,i}+\dot{w}_{\mathrm{n}i,i}+\frac{\dot{w}_{\mathrm{n}i}}{\rho_{\mathrm{n}}}\frac{\partial\rho_{\mathrm{n}}}{\partial x_i}=0\end{aligned} \tag{1.40}$$

式中，$\dfrac{\mathrm{d}p_{\mathrm{c}}}{\mathrm{d}S_{\mathrm{w}}}$ 表示毛细压力 p_{c} 随饱和度 S_{w} 的变化率，它是非饱和多孔介质的水力性质。

1.1.2 动量守恒方程

非饱和多孔介质中任一物质点的总动量守恒方程可表示为

$$\sigma_{ij,j}+\rho b_i-\rho\ddot{u}_i-\phi\left[\rho_{\mathrm{w}}S_{\mathrm{w}}\frac{\mathrm{D}}{\mathrm{D}t}\left(\frac{\dot{w}_{\mathrm{w}i}}{\phi S_{\mathrm{w}}}\right)+\rho_{n}S_{\mathrm{n}}\frac{\mathrm{D}}{\mathrm{D}t}\left(\frac{\dot{w}_{\mathrm{n}i}}{\phi S_{\mathrm{n}}}\right)\right]=0 \tag{1.41}$$

式中，$\rho, b_i, \ddot{u}_i$ 表示非饱和多孔介质局部点处三相混合物的质量密度，体力加速度和固相加速度，$\ddot{u}_i$ 是固相物质点运动的加速度，也表示了非饱和多孔介质局部点处三相混合物的加速度。

式 (1.41) 左边最后一项表示两流相对于固相的相对加速度所产生的惯性力对三相混合物动量守恒的效应，如果略去这一效应，则利用式 (1.9)、式 (1.10), 式 (1.41) 可表示为

$$\sigma''_{ij,j} - \alpha p_{,i} + \rho b_i - \rho \ddot{u}_i = 0 \tag{1.42}$$

湿相和非湿相孔隙流体的动量守恒方程可表示为

$$\phi S_{\mathrm{w}} \left(-p_{\mathrm{w},i} + \rho_{\mathrm{w}} \left[b_i - \ddot{u}_i - \frac{\mathrm{D}}{\mathrm{D}t} \left(\frac{\dot{w}_{\mathrm{w}i}}{\phi S_{\mathrm{w}}} \right) \right] \right) - R_{\mathrm{w}i} = 0 \tag{1.43}$$

$$\phi S_{\mathrm{n}} \left(-p_{\mathrm{n},i} + \rho_{\mathrm{n}} \left[b_i - \ddot{u}_i - \frac{\mathrm{D}}{\mathrm{D}t} \left(\frac{\dot{w}_{\mathrm{n}i}}{\phi S_{\mathrm{n}}} \right) \right] \right) - R_{\mathrm{n}i} = 0 \tag{1.44}$$

式中，$R_{\mathrm{w}i}, R_{\mathrm{n}i}$ 为由于湿相与非湿相孔隙流体对固相的相对运动而作用于湿相与非湿相孔隙流体的阻尼力，且按 Darcy 定律可表示为

$$\frac{R_{\mathrm{w}i}}{\phi S_{\mathrm{w}}} = (k_{\mathrm{w}})_{ij}^{-1} \dot{w}_{\mathrm{w}j}, \quad \frac{R_{\mathrm{n}i}}{\phi S_{\mathrm{n}}} = (k_{\mathrm{n}})_{ij}^{-1} \dot{w}_{\mathrm{n}j} \tag{1.45}$$

将式 (1.45) 代入式 (1.43)、式 (1.44), 并略去方程 (1.43)、式 (1.44) 中孔隙流体的相对加速度项，可得到

$$\dot{w}_{\mathrm{w}i} = (k_{\mathrm{w}})_{ij} (-p_{\mathrm{w},j} + \rho_{\mathrm{w}} b_j - \rho_{\mathrm{w}} \ddot{u}_i) \tag{1.46}$$

$$\dot{w}_{\mathrm{n}i} = (k_{\mathrm{n}})_{ij} (-p_{\mathrm{n},j} + \rho_{\mathrm{n}} b_j - \rho_{\mathrm{n}} \ddot{u}_i) \tag{1.47}$$

式中，$(k_{\mathrm{w}})_{ij}, (k_{\mathrm{n}})_{ij}$ 是湿相和非湿相孔隙流体相对于固相流动的渗透系数。一般地，它们可表示为

$$(k_{\mathrm{w}})_{ij} = (k_{\mathrm{w}}^{\mathrm{a}})_{ij} \frac{k_{\mathrm{w}}^{\mathrm{r}}(S_{\mathrm{w}})}{\mu_{\mathrm{w}}(T, p_{\mathrm{w}})}, \quad (k_{\mathrm{n}})_{ij} = (k_{\mathrm{n}}^{\mathrm{a}})_{ij} \frac{k_{\mathrm{n}}^{\mathrm{r}}(S_{\mathrm{n}})}{\mu_{\mathrm{n}}(T, p_{\mathrm{n}})} \tag{1.48}$$

其中，$(k_{\mathrm{w}}^{\mathrm{a}})_{ij}, (k_{\mathrm{n}}^{\mathrm{a}})_{ij}$ 是依赖于孔隙结构的绝对渗透系数；而 $k_{\mathrm{w}}^{\mathrm{r}}(S_{\mathrm{w}}), k_{\mathrm{n}}^{\mathrm{r}}(S_{\mathrm{n}})$ 是依赖于流相饱和度的相对渗透系数；$\mu_{\mathrm{w}}(T, p_{\mathrm{w}}), \mu_{\mathrm{n}}(T, p_{\mathrm{n}})$ 是依赖于温度与孔隙流体压力的流体阻尼系数。

1.1.3 边界条件

相应于质量守恒方程 (1.39)、式 (1.40) 和总动量守恒方程 (1.42) 的自然边界条件和强迫边界条件可分别表示为:

- 自然边界条件

$$\dot{w}_{\mathrm{wn}} = (k_{\mathrm{w}})_{\mathrm{n}}(-p_{\mathrm{w,n}} + \rho_{\mathrm{w}} b_{\mathrm{n}} - \rho_{\mathrm{w}} \ddot{u}_{\mathrm{n}}) = \bar{\dot{w}}_{\mathrm{wn}}$$

$$(\text{在指定湿相孔隙流体流量边界}\Gamma_{\mathrm{qw}}\text{上}) \tag{1.49}$$

$$\dot{w}_{\mathrm{nn}} = (k_{\mathrm{n}})_{\mathrm{n}}(-p_{\mathrm{n,n}} + \rho_{\mathrm{n}} b_{\mathrm{n}} - \rho_{n} \ddot{u}_{\mathrm{n}}) = \bar{\dot{w}}_{\mathrm{nn}}$$

$$(\text{在指定干相孔隙流体流量边界}\Gamma_{\mathrm{qn}}\text{上}) \tag{1.50}$$

$$t_i = \sigma_{ij} n_j = \bar{t}_i \quad (\text{在指定力边界}\Gamma_{\mathrm{t}}\text{上}) \tag{1.51}$$

式 (1.49) 和 (1.50) 中，$\dot{w}_{\mathrm{wn}}, \dot{w}_{\mathrm{nn}}$ 分别表示湿相与干相孔隙流体沿 $\Gamma_{\mathrm{qw}}, \Gamma_{\mathrm{qn}}$ 外法线方向的 Darcy 速度；$(k_{\mathrm{w}})_{\mathrm{n}} = (k_{\mathrm{w}})_{ij} n_j$, $(k_{\mathrm{n}})_{\mathrm{n}} = (k_{\mathrm{n}})_{ij} n_j$ 分别表示它们沿 $\Gamma_{\mathrm{qw}}, \Gamma_{\mathrm{qn}}$ 外法线方向的渗透系数；$p_{\mathrm{w,n}}, p_{\mathrm{n,n}}$ 分别表示湿相与干相孔隙流体压力 $p_{\mathrm{w}}, p_{\mathrm{n}}$ 沿 $\Gamma_{\mathrm{qw}}, \Gamma_{\mathrm{qn}}$ 外法线方向的梯度；$b_{\mathrm{n}}, \ddot{u}_{\mathrm{n}}$ 表示沿 $\Gamma_{\mathrm{qw}}, \Gamma_{\mathrm{qn}}$ 外法线方向的体力加速度和固相运动加速度。

- 强迫边界条件

$$u_i = \bar{u}_i \quad (\text{在指定固相位移边界}\Gamma_{\mathrm{u}}\text{上}) \tag{1.52}$$

$$p_{\mathrm{w}} = \bar{p}_{\mathrm{w}} \quad (\text{在指定湿相孔隙流体压力边界}\Gamma_{\mathrm{p}}\text{上}) \tag{1.53}$$

$$S_{\mathrm{w}} = \bar{S}_{\mathrm{w}} \quad (\text{在指定湿相孔隙流体饱和度边界}\Gamma_{\mathrm{S}}\text{上}) \tag{1.54}$$

自然边界条件的满足将以其边界积分形式与控制方程的弱形式一起构成多孔多相介质边值问题的弱形式体现。而相应于强迫边界条件在边界有限元离散节点上的 $u_i, p_{\mathrm{w}}, S_{\mathrm{w}}$ 值在有限元数值模拟中将从全局未知节点向量中移除。

1.2 控制方程与自然边界条件的弱形式和有限元空间离散

略去孔隙流体相对于固相流动的加速度，满足非饱和多孔介质三相混合物虚功原理的动量守恒方程 (1.42) 与相应自然边界条件 (1.51) 的弱形式表示为

$$\int_{\Omega} \delta u_i (\sigma_{ij,j} + \rho b_i - \rho \ddot{u}_i) \mathrm{d}\Omega + \int_{\Gamma_{\mathrm{t}}} \delta u_i (\bar{t}_i - \sigma_{ij} n_j) \mathrm{d}\Gamma = 0 \tag{1.55}$$

对于式中 $\int_{\Omega} \delta u_i \sigma_{ij,j} \mathrm{d}\Omega$ 项实施分部积分，式 (1.55) 可改写为

$$-\int_{\Omega} \delta u_{i,j} \sigma_{ij} \mathrm{d}\Omega + \int_{\Omega} \delta u_i \rho (b_i - \ddot{u}_i) \mathrm{d}\Omega + \int_{\Gamma - \Gamma_{\mathrm{t}} - \Gamma_{\mathrm{u}}} \delta u_i \sigma_{ij} n_j \mathrm{d}\Gamma + \int_{\Gamma_{\mathrm{t}}} \delta u_i \bar{t}_i \mathrm{d}\Gamma = 0 \tag{1.56}$$

式中，第三项边界积分域中扣除 Γ_u 是因为在 Γ_u 上 $\delta u_i \equiv 0$。利用式 (1.5) 所表示的广义有效应力理论和式 (1.8) 所表示的有效压力表达式，式 (1.56) 可以进一步写成

$$\int_{\Omega} \delta u_{i,j}\left(\sigma_{ij}'' - \alpha\delta_{ij}\left[p_{\mathrm{w}}\chi + p_{\mathrm{n}}(1-\chi)\right]\right)\mathrm{d}\Omega - \int_{\Omega} \delta u_i \rho\left(b_i - \ddot{u}_i\right)\mathrm{d}\Omega$$
$$-\int_{\Gamma-\Gamma_{\mathrm{t}}-\Gamma_{\mathrm{u}}} \delta u_i \sigma_{ij} n_j \mathrm{d}\Gamma - \int_{\Gamma_{\mathrm{t}}} \delta u_i \bar{t}_i \mathrm{d}\Gamma = 0 \tag{1.57}$$

注意到由式 (1.14) 可有

$$\delta p_{\mathrm{n}} = \delta p_{\mathrm{w}} + \frac{\mathrm{d}p_{\mathrm{c}}}{\mathrm{d}S_{\mathrm{w}}}\delta S_{\mathrm{w}} \tag{1.58}$$

满足孔隙湿相与干相流体余虚功原理的质量守恒方程 (1.39) 和式 (1.40)，与相应自然边界条件 (1.49) 和式 (1.50) 的弱形式表示为

$$\int_{\Omega} \delta p_{\mathrm{w}}\left[\left(\frac{(\alpha-\phi)S_{\mathrm{w}}}{K_{\mathrm{s}}} + \frac{\phi S_{\mathrm{w}}}{K_{\mathrm{w}}}\right)\dot{p}_{\mathrm{w}} + \left(\frac{(\alpha-\phi)S_{\mathrm{w}}}{K_{\mathrm{s}}}(1-\chi)\frac{\mathrm{d}p_{\mathrm{c}}}{\mathrm{d}S_{\mathrm{w}}} + \phi\right)\dot{S}_{\mathrm{w}}\right.$$
$$\left. + \alpha S_{\mathrm{w}}\dot{u}_{i,i} + \dot{w}_{\mathrm{w}i,i} + \frac{\dot{w}_{\mathrm{w}i}}{\rho_{\mathrm{w}}}\frac{\partial\rho_{\mathrm{w}}}{\partial x_i}\right]\mathrm{d}\Omega + \int_{\Omega}\left(\delta p_{\mathrm{w}} + \frac{\mathrm{d}p_{\mathrm{c}}}{\mathrm{d}S_{\mathrm{w}}}\delta S_{\mathrm{w}}\right)$$
$$\left[\left(\frac{(\alpha-\phi)S_{\mathrm{n}}}{K_{\mathrm{s}}} + \frac{\phi S_{\mathrm{n}}}{K_{\mathrm{n}}}\right)\dot{p}_{\mathrm{w}} + \left(\left(\frac{\phi}{K_{\mathrm{n}}} + \frac{(\alpha-\phi)}{K_{\mathrm{s}}}(1-\chi)\right)S_{\mathrm{n}}\frac{\mathrm{d}p_{\mathrm{c}}}{\mathrm{d}S_{\mathrm{w}}} - \phi\right)\dot{S}_{\mathrm{w}}\right.$$
$$\left. + \alpha S_{\mathrm{n}}\dot{u}_{i,i} + \dot{w}_{\mathrm{n}i,i} + \frac{\dot{w}_{\mathrm{n}i}}{\rho_{\mathrm{n}}}\frac{\partial\rho_{\mathrm{n}}}{\partial x_i}\right]\mathrm{d}\Omega$$
$$-\int_{\Gamma_{\mathrm{qw}}} \delta p_{\mathrm{w}}\left[\left(k_{\mathrm{w}}\right)_{\mathrm{n}}\left(-p_{\mathrm{w,n}} + \rho_{\mathrm{w}}b_{\mathrm{n}} - \rho_{\mathrm{w}}\ddot{u}_{\mathrm{n}}\right) - \bar{\dot{w}}_{\mathrm{wn}}\right]\mathrm{d}\Gamma$$
$$-\int_{\Gamma_{\mathrm{qn}}}\left(\delta p_{\mathrm{w}} + \frac{\mathrm{d}p_{\mathrm{c}}}{\mathrm{d}S_{\mathrm{w}}}\delta S_{\mathrm{w}}\right)\left[\left(k_{\mathrm{n}}\right)_{\mathrm{n}}\left(-p_{\mathrm{n,n}} + \rho_{\mathrm{n}}b_{\mathrm{n}} - \rho_{n}\ddot{u}_{\mathrm{n}}\right) - \bar{\dot{w}}_{\mathrm{nn}}\right]\mathrm{d}\Gamma = 0 \tag{1.59}$$

式 (1.57) 和式 (1.59) 中全域内任何一物质点处的基本未知量 $u_i(\boldsymbol{u}), p_{\mathrm{w}}, S_{\mathrm{w}}$ 可以由定义于全域有限元网格节点处它们的值 $\bar{\boldsymbol{u}}, \bar{\boldsymbol{p}}_{\mathrm{w}}, \bar{\boldsymbol{S}}_{\mathrm{w}}$ 和定义在全域任一物质点处相应基本未知量的形函数 (或称基函数)$\boldsymbol{N}^{\mathrm{u}}, \boldsymbol{N}^{\mathrm{p}}, \boldsymbol{N}^{\mathrm{S}}$ 近似插值表示，即

$$\boldsymbol{u} = \boldsymbol{N}^{\mathrm{u}}\bar{\boldsymbol{u}}, \quad p_{\mathrm{w}} = \boldsymbol{N}^{\mathrm{p}}\bar{\boldsymbol{p}}_{\mathrm{w}}, \quad S_{\mathrm{w}} = \boldsymbol{N}^{\mathrm{S}}\bar{\boldsymbol{S}}_{\mathrm{w}} \tag{1.60}$$

式中，$\boldsymbol{N}^{\mathrm{u}}, \boldsymbol{N}^{\mathrm{p}}, \boldsymbol{N}^{\mathrm{S}}$ 分别是 $3\times(3\times n_{\mathrm{u}})$ 矩阵，$1\times n_{\mathrm{p}}$ 和 $1\times n_{\mathrm{S}}$ 行向量；$n_{\mathrm{u}}, n_{\mathrm{p}}, n_{\mathrm{S}}$ 分别是基本未知量 $\boldsymbol{u}, p_{\mathrm{w}}, S_{\mathrm{w}}$ 在有限元网格节点上定义有节点值的节点数。$\bar{\boldsymbol{u}}, \bar{\boldsymbol{p}}_{\mathrm{w}}, \bar{\boldsymbol{S}}_{\mathrm{w}}$ 分别为 $3\times n_{\mathrm{u}}$ 维、n_{p} 维和 n_{S} 维向量。

利用式 (1.58) 和式 (1.60) 与表示孔隙湿相与干相流体的 Darcy 速度的式 (1.46) 和式 (1.47)，可以获得基于如下非饱和多孔连续体控制方程边值问题弱形式 (1.57) 和式 (1.59) 空间离散化的常微分有限元方程组

$$\boldsymbol{M}\ddot{\bar{\boldsymbol{u}}} + \int_\Omega \boldsymbol{B}^{\mathrm{T}}\boldsymbol{\sigma}''\mathrm{d}\Omega - \boldsymbol{Q}_{\mathrm{p}}^{\mathrm{T}}\bar{\boldsymbol{p}}_{\mathrm{w}} - \boldsymbol{Q}_{\mathrm{S}}^{*\mathrm{T}}\bar{\boldsymbol{S}}_{\mathrm{w}} = \boldsymbol{F}_u \tag{1.61}$$

$$\boldsymbol{M}_{\mathrm{p}}\ddot{\bar{\boldsymbol{u}}} + \boldsymbol{Q}_{\mathrm{p}}\dot{\bar{\boldsymbol{u}}} + \boldsymbol{C}_{\mathrm{pp}}\dot{\bar{\boldsymbol{p}}}_{\mathrm{w}} + \boldsymbol{C}_{\mathrm{pS}}\dot{\bar{\boldsymbol{S}}}_{\mathrm{w}} + \boldsymbol{H}_{\mathrm{pp}}\bar{\boldsymbol{p}}_{\mathrm{w}} + \boldsymbol{H}_{\mathrm{pS}}\bar{\boldsymbol{S}}_{\mathrm{w}} = \boldsymbol{F}_{\mathrm{p}} \tag{1.62}$$

$$\boldsymbol{M}_{\mathrm{S}}\ddot{\bar{\boldsymbol{u}}} + \boldsymbol{Q}_{\mathrm{S}}\dot{\bar{\boldsymbol{u}}} + \boldsymbol{C}_{\mathrm{Sp}}\dot{\bar{\boldsymbol{p}}}_{\mathrm{w}} + \boldsymbol{C}_{\mathrm{SS}}\dot{\bar{\boldsymbol{S}}}_{\mathrm{w}} + \boldsymbol{H}_{\mathrm{Sp}}\bar{\boldsymbol{p}}_{\mathrm{w}} + \boldsymbol{H}_{\mathrm{SS}}\bar{\boldsymbol{S}}_{\mathrm{w}} = \boldsymbol{F}_{\mathrm{S}} \tag{1.63}$$

式中，$\ddot{\bar{\boldsymbol{u}}}$ 是有限元网格节点位移 $\bar{\boldsymbol{u}}$ 的加速度向量；$\dot{\bar{\boldsymbol{u}}}, \dot{\bar{\boldsymbol{p}}}_{\mathrm{w}}, \dot{\bar{\boldsymbol{S}}}_{\mathrm{w}}$ 分别是 $\bar{\boldsymbol{u}}, \bar{\boldsymbol{p}}_{\mathrm{w}}, \bar{\boldsymbol{S}}_{\mathrm{w}}$ 的速度向量；其他矩阵和向量可表示如下

$$\boldsymbol{H}_{\mathrm{pp}} = \int_\Omega (\nabla\boldsymbol{N}^{\mathrm{p}})^{\mathrm{T}}(\boldsymbol{k}_{\mathrm{w}} + \boldsymbol{k}_{\mathrm{n}})\nabla\boldsymbol{N}^{\mathrm{p}}\mathrm{d}\Omega \tag{1.64}$$

$$\boldsymbol{H}_{\mathrm{SS}} = \int_\Omega \left(\nabla\boldsymbol{N}^{\mathrm{S}}\right)^{\mathrm{T}}\boldsymbol{k}_{\mathrm{n}}\frac{\mathrm{d}p_{\mathrm{c}}}{\mathrm{d}S_{\mathrm{w}}}\frac{\mathrm{d}p_{\mathrm{c}}}{\mathrm{d}S_{\mathrm{w}}}\nabla\boldsymbol{N}^{\mathrm{S}}\mathrm{d}\Omega \tag{1.65}$$

$$\boldsymbol{H}_{\mathrm{pS}} = \boldsymbol{H}_{\mathrm{Sp}}^{\mathrm{T}} = \int_\Omega (\nabla\boldsymbol{N}^{\mathrm{p}})^{\mathrm{T}}\boldsymbol{k}_{\mathrm{n}}\frac{\mathrm{d}p_{\mathrm{c}}}{\mathrm{d}S_{\mathrm{w}}}\nabla\boldsymbol{N}^{\mathrm{S}}\mathrm{d}\Omega \tag{1.66}$$

$$\boldsymbol{C}_{\mathrm{pp}} = \int_\Omega (\boldsymbol{N}^{\mathrm{p}})^{\mathrm{T}}\left(\frac{\alpha-\phi}{K_{\mathrm{s}}} + \frac{\phi S_{\mathrm{w}}}{K_{\mathrm{w}}} + \frac{\phi S_{\mathrm{n}}}{K_{\mathrm{n}}}\right)\boldsymbol{N}^{\mathrm{p}}\mathrm{d}\Omega \tag{1.67}$$

$$\boldsymbol{C}_{\mathrm{SS}} = \int_\Omega \left(\boldsymbol{N}^{\mathrm{S}}\right)^{\mathrm{T}}\left(\left[\frac{\phi}{K_{\mathrm{n}}} + \frac{(\alpha-\phi)}{K_{\mathrm{s}}}(1-\chi)\right]S_{\mathrm{n}}\frac{\mathrm{d}p_{\mathrm{c}}}{\mathrm{d}S_{\mathrm{w}}} - \phi\right)\frac{\mathrm{d}p_{\mathrm{c}}}{\mathrm{d}S_{\mathrm{w}}}\boldsymbol{N}^{\mathrm{S}}\mathrm{d}\Omega \tag{1.68}$$

$$\boldsymbol{C}_{\mathrm{pS}} = \int_\Omega (\boldsymbol{N}^{\mathrm{p}})^{\mathrm{T}}\left[\frac{\phi S_n}{K_{\mathrm{n}}} + \frac{\alpha-\phi}{K_{\mathrm{s}}}(1-\chi)\right]\frac{\mathrm{d}p_{\mathrm{c}}}{\mathrm{d}S_{\mathrm{w}}}\boldsymbol{N}^{\mathrm{S}}\mathrm{d}\Omega \tag{1.69}$$

$$\boldsymbol{C}_{\mathrm{Sp}} = \int_\Omega \left(\boldsymbol{N}^{\mathrm{S}}\right)^{\mathrm{T}}\left(\frac{(\alpha-\phi)S_{\mathrm{n}}}{K_{\mathrm{s}}} + \frac{\phi S_{\mathrm{n}}}{K_{\mathrm{n}}}\right)\frac{\mathrm{d}p_{\mathrm{c}}}{\mathrm{d}S_{\mathrm{w}}}\boldsymbol{N}^{\mathrm{p}}\mathrm{d}\Omega \tag{1.70}$$

$$\boldsymbol{M} = \int_\Omega (\boldsymbol{N}^{\mathrm{u}})^{\mathrm{T}}\rho\boldsymbol{N}^{\mathrm{u}}\mathrm{d}\Omega \tag{1.71}$$

$$\boldsymbol{M}_{\mathrm{p}} = \int_\Omega (\nabla\boldsymbol{N}^{\mathrm{p}})^{\mathrm{T}}(\rho_{\mathrm{w}}\boldsymbol{k}_{\mathrm{w}} + \rho_{\mathrm{n}}\boldsymbol{k}_{\mathrm{n}})\boldsymbol{N}^{\mathrm{u}}\mathrm{d}\Omega \tag{1.72}$$

$$\boldsymbol{M}_{\mathrm{S}} = \int_\Omega \left(\nabla\boldsymbol{N}^{\mathrm{S}}\right)^{\mathrm{T}}\frac{\mathrm{d}p_{\mathrm{c}}}{\mathrm{d}S_{\mathrm{w}}}\rho_{\mathrm{n}}\boldsymbol{k}_{\mathrm{n}}\boldsymbol{N}^{\mathrm{u}}\mathrm{d}\Omega \tag{1.73}$$

$$\boldsymbol{Q}_{\mathrm{p}} = \int_\Omega (\boldsymbol{N}^{\mathrm{p}})^{\mathrm{T}}\alpha\boldsymbol{m}^{\mathrm{T}}\boldsymbol{B}\mathrm{d}\Omega \tag{1.74}$$

$$\boldsymbol{Q}_{\mathrm{S}}=\int_{\Omega}\left(\boldsymbol{N}^{\mathrm{S}}\right)^{\mathrm{T}}\alpha S_{\mathrm{n}}\frac{\mathrm{d}p_{\mathrm{c}}}{\mathrm{d}S_{\mathrm{w}}}\boldsymbol{m}^{\mathrm{T}}\boldsymbol{B}\mathrm{d}\Omega \tag{1.75}$$

$$\boldsymbol{Q}_{\mathrm{p}}^{\mathrm{T}}=\int_{\Omega}\boldsymbol{B}^{\mathrm{T}}\alpha\boldsymbol{m}\boldsymbol{N}^{\mathrm{p}}\mathrm{d}\Omega \tag{1.76}$$

$$\boldsymbol{Q}_{\mathrm{S}}^{*\mathrm{T}}=\int_{\Omega}\boldsymbol{B}^{\mathrm{T}}\alpha(1-\chi)\frac{p_{\mathrm{c}}}{S_{\mathrm{w}}}\boldsymbol{m}\boldsymbol{N}^{\mathrm{S}}\mathrm{d}\Omega \tag{1.77}$$

$$\boldsymbol{B}=\boldsymbol{L}\boldsymbol{N}^{\mathrm{u}} \tag{1.78}$$

$$\boldsymbol{L}=\begin{bmatrix}\dfrac{\partial}{\partial x} & 0 & 0\\ 0 & \dfrac{\partial}{\partial y} & 0\\ 0 & 0 & \dfrac{\partial}{\partial z}\\ \dfrac{\partial}{\partial y} & \dfrac{\partial}{\partial x} & 0\\ 0 & \dfrac{\partial}{\partial z} & \dfrac{\partial}{\partial y}\\ \dfrac{\partial}{\partial z} & 0 & \dfrac{\partial}{\partial x}\end{bmatrix},\quad \nabla=\begin{Bmatrix}\dfrac{\partial}{\partial x}\\ \dfrac{\partial}{\partial y}\\ \dfrac{\partial}{\partial z}\end{Bmatrix} \tag{1.79}$$

$$\boldsymbol{m}=\begin{bmatrix}1 & 1 & 1 & 0 & 0 & 0\end{bmatrix}^{\mathrm{T}} \tag{1.80}$$

$$\boldsymbol{F}_{\mathrm{u}}=\int_{\Omega}(\boldsymbol{N}^{\mathrm{u}})^{\mathrm{T}}\rho\boldsymbol{b}\mathrm{d}\Omega+\int_{\Gamma_{\mathrm{t}}}(\boldsymbol{N}^{\mathrm{u}})^{\mathrm{T}}\bar{\boldsymbol{t}}\mathrm{d}\Gamma \tag{1.81}$$

$$\begin{aligned}\boldsymbol{F}_{\mathrm{p}}=&\int_{\Omega}(\boldsymbol{N}^{\mathrm{p}})^{\mathrm{T}}(\rho_{\mathrm{w}}\boldsymbol{k}_{\mathrm{w}}+\rho_{\mathrm{n}}\boldsymbol{k}_{\mathrm{n}})\boldsymbol{b}\mathrm{d}\Omega-\int_{\Omega}(\boldsymbol{N}^{\mathrm{p}})^{\mathrm{T}}\left(\dot{w}_{\mathrm{w}i}\frac{\rho_{\mathrm{w},i}}{\rho_{\mathrm{w}}}+\dot{w}_{\mathrm{n}i}\frac{\rho_{\mathrm{n},i}}{\rho_{\mathrm{n}}}\right)\mathrm{d}\Omega\\&-\int_{\Gamma_{\mathrm{qw}}}(\boldsymbol{N}^{\mathrm{p}})^{\mathrm{T}}\bar{\dot{w}}_{\mathrm{wn}}\mathrm{d}\Gamma-\int_{\Gamma_{qn}}(\boldsymbol{N}^{\mathrm{p}})^{\mathrm{T}}\bar{\dot{w}}_{\mathrm{nn}}\mathrm{d}\Gamma\\&-\int_{\Gamma-\Gamma_{\mathrm{qw}}-\Gamma_{\mathrm{qn}}}(\boldsymbol{N}^{\mathrm{p}})^{\mathrm{T}}(\dot{\boldsymbol{w}}_{\mathrm{w}}+\dot{\boldsymbol{w}}_{\mathrm{n}})^{\mathrm{T}}\boldsymbol{n}\mathrm{d}\Gamma\end{aligned} \tag{1.82}$$

$$\begin{aligned}\boldsymbol{F}_{\mathrm{S}}=&\int_{\Omega}\left(\nabla\boldsymbol{N}^{\mathrm{S}}\right)^{\mathrm{T}}\rho_{\mathrm{n}}\frac{\mathrm{d}p_{\mathrm{c}}}{\mathrm{d}S_{\mathrm{w}}}\boldsymbol{k}_{\mathrm{n}}\boldsymbol{b}\mathrm{d}\Omega-\int_{\Omega}\left(\boldsymbol{N}^{\mathrm{S}}\right)^{\mathrm{T}}\frac{\mathrm{d}p_{\mathrm{c}}}{\mathrm{d}S_{\mathrm{w}}}\dot{w}_{\mathrm{n}i}\frac{\rho_{\mathrm{n},i}}{\rho_{\mathrm{n}}}\mathrm{d}\Omega\\&-\int_{\Gamma_{\mathrm{qn}}}\left(\boldsymbol{N}^{\mathrm{S}}\right)^{\mathrm{T}}\frac{\mathrm{d}p_{\mathrm{c}}}{\mathrm{d}S_{\mathrm{w}}}\bar{\dot{w}}_{\mathrm{nn}}\mathrm{d}\Gamma-\int_{\Gamma-\Gamma_{\mathrm{qn}}}\left(\boldsymbol{N}^{\mathrm{S}}\right)^{\mathrm{T}}\frac{\mathrm{d}p_{\mathrm{c}}}{\mathrm{d}S_{\mathrm{w}}}\dot{\boldsymbol{w}}_{\mathrm{n}}^{\mathrm{T}}\boldsymbol{n}\mathrm{d}\Gamma\end{aligned} \tag{1.83}$$

其中，$\boldsymbol{k}_{\mathrm{w}},\boldsymbol{k}_{\mathrm{n}}$ 分别是湿相与干相孔隙流体渗透系数矩阵 $(k_{\mathrm{w}})_{ij}$，$(k_{\mathrm{n}})_{ij}$ 的黑体表示；

$\dot{\boldsymbol{w}}_{\rm w}, \dot{\boldsymbol{w}}_{\rm n}$ 分别是湿相与干相孔隙流体 Darcy 速度 $\dot{w}_{wi}, \dot{w}_{ni}$ 的黑体表示；$\boldsymbol{\sigma}''$ 是作用于非饱和多孔介质固体骨架的广义有效应力张量 σ''_{ji} 的黑体表示。

对于线性化情况，空间离散化有限元方程 (1.61)~ 式 (1.63) 可表示成如下矩阵形式

$$\begin{bmatrix} \boldsymbol{M} & \boldsymbol{0} & \boldsymbol{0} \\ \boldsymbol{M}_{\rm p} & \boldsymbol{0} & \boldsymbol{0} \\ \boldsymbol{M}_{\rm S} & \boldsymbol{0} & \boldsymbol{0} \end{bmatrix} \begin{Bmatrix} \ddot{\bar{\boldsymbol{u}}} \\ \ddot{\bar{\boldsymbol{p}}}_{\rm w} \\ \ddot{\bar{\boldsymbol{S}}}_{\rm w} \end{Bmatrix} + \begin{bmatrix} \boldsymbol{C} & \boldsymbol{0} & \boldsymbol{0} \\ \boldsymbol{Q}_{\rm p} & \boldsymbol{C}_{\rm pp} & \boldsymbol{C}_{\rm pS} \\ \boldsymbol{Q}_{\rm S} & \boldsymbol{C}_{\rm Sp} & \boldsymbol{C}_{\rm SS} \end{bmatrix} \begin{Bmatrix} \dot{\bar{\boldsymbol{u}}} \\ \dot{\bar{\boldsymbol{p}}}_{\rm w} \\ \dot{\bar{\boldsymbol{S}}}_{\rm w} \end{Bmatrix}$$

$$+ \begin{bmatrix} \boldsymbol{K} & -\boldsymbol{Q}_{\rm p}^{\rm T} & -\boldsymbol{Q}_{\rm S}^{*\rm T} \\ \boldsymbol{0} & \boldsymbol{H}_{\rm pp} & \boldsymbol{H}_{\rm pS} \\ \boldsymbol{0} & \boldsymbol{H}_{\rm Sp} & \boldsymbol{H}_{\rm SS} \end{bmatrix} \begin{Bmatrix} \bar{\boldsymbol{u}} \\ \bar{\boldsymbol{p}}_{\rm w} \\ \bar{\boldsymbol{S}}_{\rm w} \end{Bmatrix} = \begin{Bmatrix} \boldsymbol{F}_{\rm u} \\ \boldsymbol{F}_{\rm p} \\ \boldsymbol{F}_{\rm S} \end{Bmatrix} \tag{1.84}$$

式 (1.84) 中定义了固体骨架的有限元线性化刚度矩阵，即

$$\boldsymbol{K} = \int_{\Omega} \boldsymbol{B}^{\rm T} \boldsymbol{D} \boldsymbol{B} {\rm d}\Omega \tag{1.85}$$

式中，$\boldsymbol{B} = \boldsymbol{L}\boldsymbol{N}^{\rm u}$ 是联系任一物质点的应变和节点位移向量的矩阵，$\boldsymbol{D}$ 是如式 (1.7) 所示任一物质点的模量张量 D_{ijkl} 的矩阵表示。式 (1.84) 中的 $\boldsymbol{C}$ 是与固体骨架变形速率相关联的机械阻尼矩阵。

1.3　半离散有限元控制方程的时域离散和求解方案

1.3.1　初始条件

在多孔多相介质全域的水力–力学瞬态过程分析之前，需要首先确定全域的初始状态。全域各处的湿相孔隙流体的初始饱和度分布 $\bar{S}_{\rm w0}(\boldsymbol{x})$ 通常需要指定，即

$$S_{\rm w} = S_{\rm w}(\boldsymbol{x}, t=0) = \bar{S}_{\rm w0}(\boldsymbol{x}) \quad (\boldsymbol{x} \in \Omega, \quad t=0) \tag{1.86}$$

在以 $u_i, p_{\rm w}, S_{\rm w}$ 为基本未知量的有限元法求解框架内，初始饱和度分布 $S_{\rm w}(\boldsymbol{x}, t=0)$ 和初始湿相孔隙流体压力分布 $p_{\rm w}(\boldsymbol{x}, t=0)$ 将以它们在全域 Ω 的有限元节点处指定值所组成的向量 $\bar{\boldsymbol{S}}_{\rm w0}, \bar{\boldsymbol{p}}_{\rm w0}$ 表示；而初始有效应力分布 $\sigma''_{ji}(\boldsymbol{x}, t=0)$ 将在全域 Ω 有限元网格的积分点处的指定值表示。初始孔隙流体压力分布和初始有效应力分布将直接给定或由“稳态”分析确定。

当有限元网格节点的初始湿相孔隙流体压力和饱和度 $\bar{\boldsymbol{S}}_{\rm w0}, \bar{\boldsymbol{p}}_{\rm w0}$ 及有限元网格高斯积分点处的初始有效应力 $\boldsymbol{\sigma}''$ 已被指定或计算确定，方程 (1.84) 中 $\boldsymbol{F}_{\rm u}, \boldsymbol{F}_{\rm p}$,

$\boldsymbol{F}_{\mathrm{S}}$ 的初始值，即 $\boldsymbol{F}_{\mathrm{u0}}=\boldsymbol{F}_{\mathrm{u}}(t=0),\boldsymbol{F}_{\mathrm{p0}}=\boldsymbol{F}_{\mathrm{p}}(t=0),\boldsymbol{F}_{\mathrm{S0}}=\boldsymbol{F}_{\mathrm{S}}(t=0)$ 可确定如下：

$$\boldsymbol{F}_{\mathrm{u0}}=\int_{\Omega}\boldsymbol{B}^{\mathrm{T}}(\boldsymbol{\sigma}_0''-\boldsymbol{m}p_{\mathrm{w0}})\,\mathrm{d}\Omega=\int_{\Omega}\boldsymbol{B}^{\mathrm{T}}(\boldsymbol{\sigma}_0''-\boldsymbol{m}(\boldsymbol{N}^{\mathrm{p}}\bar{\boldsymbol{p}}_{\mathrm{w0}}))\,\mathrm{d}\Omega \tag{1.87}$$

$$\begin{Bmatrix}\boldsymbol{F}_{\mathrm{p0}}\\ \boldsymbol{F}_{\mathrm{S0}}\end{Bmatrix}=\begin{bmatrix}\boldsymbol{H}_{\mathrm{pp}} & \boldsymbol{H}_{\mathrm{pS}}\\ \boldsymbol{H}_{\mathrm{Sp}} & \boldsymbol{H}_{\mathrm{SS}}\end{bmatrix}\begin{Bmatrix}\bar{\boldsymbol{p}}_{\mathrm{w0}}\\ \bar{\boldsymbol{S}}_{\mathrm{w0}}\end{Bmatrix} \tag{1.88}$$

1.3.2 直接求解方法

式 (1.84) 描述了非饱和多孔多相介质中孔隙流体与固体骨架相互作用过程，它包含了三个相互耦合的方程。这三个方程的联立协同求解构成了它的直接求解方法。该直接求解方法是基于 Zienkiewicz and Taylor （1985）针对瞬态耦合问题提出的时域逐步积分过程，将其拓展至非饱和多孔多相耦合问题而形成的。

首先，假定全域有限元节点基本未知向量 $\bar{\boldsymbol{u}},\bar{\boldsymbol{p}}_{\mathrm{w}},\bar{\boldsymbol{S}}_{\mathrm{w}}$ 在时域的一个时间步长 $\Delta t=[t_{n+1}\quad t_n]$ 中以相同阶数多项式展开。对于 $\bar{\boldsymbol{u}}$，$\bar{\boldsymbol{u}}_{n+1},\dot{\bar{\boldsymbol{u}}}_{n+1}$ 可表示为

$$\bar{\boldsymbol{u}}_{n+1}=\bar{\boldsymbol{u}}_n+\dot{\bar{\boldsymbol{u}}}_n\Delta t+\ddot{\bar{\boldsymbol{u}}}_n\Delta t^2/2+\Delta\ddot{\bar{\boldsymbol{u}}}_{n+1}\beta\Delta t^2=\bar{\boldsymbol{u}}_{n+1}^{\mathrm{p}}+\Delta\ddot{\bar{\boldsymbol{u}}}_{n+1}\beta\Delta t^2 \tag{1.89}$$

$$\dot{\bar{\boldsymbol{u}}}_{n+1}=\dot{\bar{\boldsymbol{u}}}_n+\ddot{\bar{\boldsymbol{u}}}_n\Delta t+\Delta\ddot{\bar{\boldsymbol{u}}}_{n+1}\gamma\Delta t=\dot{\bar{\boldsymbol{u}}}_{n+1}^{\mathrm{p}}+\Delta\ddot{\bar{\boldsymbol{u}}}_{n+1}\gamma\Delta t \tag{1.90}$$

式中，$\Delta\ddot{\bar{\boldsymbol{u}}}_{n+1}=\ddot{\bar{\boldsymbol{u}}}_{n+1}-\ddot{\bar{\boldsymbol{u}}}_n$，因而有 $\ddot{\bar{\boldsymbol{u}}}_{n+1}^{p}=\ddot{\bar{\boldsymbol{u}}}_n$。

对于 $\bar{\boldsymbol{p}}_{\mathrm{w}},\bar{\boldsymbol{S}}_{\mathrm{w}}$，可有类似于式 (1.89) 的表达式如下

$$\begin{aligned}\bar{\boldsymbol{p}}_{\mathrm{w},n+1}&=\bar{\boldsymbol{p}}_{\mathrm{w},n}+\dot{\bar{\boldsymbol{p}}}_{\mathrm{w},n}\Delta t+\ddot{\bar{\boldsymbol{p}}}_{\mathrm{w},n}\Delta t^2/2+\Delta\ddot{\bar{\boldsymbol{p}}}_{\mathrm{w},n+1}\beta\Delta t^2\\&=\bar{\boldsymbol{p}}_{\mathrm{w},n+1}^{\mathrm{p}}+\Delta\ddot{\bar{\boldsymbol{p}}}_{\mathrm{w},n+1}\beta\Delta t^2\end{aligned} \tag{1.91}$$

$$\begin{aligned}\dot{\bar{\boldsymbol{p}}}_{\mathrm{w},n+1}&=\dot{\bar{\boldsymbol{p}}}_{\mathrm{w},n}+\ddot{\bar{\boldsymbol{p}}}_{\mathrm{w},n}\Delta t+\Delta\ddot{\bar{\boldsymbol{p}}}_{\mathrm{w},n+1}\gamma\Delta t\\&=\dot{\bar{\boldsymbol{p}}}_{\mathrm{w},n+1}^{\mathrm{p}}+\Delta\ddot{\bar{\boldsymbol{p}}}_{\mathrm{w},n+1}\gamma\Delta t\end{aligned} \tag{1.92}$$

$$\begin{aligned}\bar{\boldsymbol{S}}_{\mathrm{w},n+1}&=\bar{\boldsymbol{S}}_{\mathrm{w},n}+\dot{\bar{\boldsymbol{S}}}_{\mathrm{w},n}\Delta t+\ddot{\bar{\boldsymbol{S}}}_{\mathrm{w},n}\Delta t^2/2+\Delta\ddot{\bar{\boldsymbol{S}}}_{\mathrm{w},n+1}\beta\Delta t^2\\&=\bar{\boldsymbol{S}}_{\mathrm{w},n+1}^{\mathrm{p}}+\Delta\ddot{\bar{\boldsymbol{S}}}_{\mathrm{w},n+1}\beta\Delta t^2\end{aligned} \tag{1.93}$$

$$\dot{\bar{\boldsymbol{S}}}_{\mathrm{w},n+1}=\dot{\bar{\boldsymbol{S}}}_{\mathrm{w},n}+\ddot{\bar{\boldsymbol{S}}}_{\mathrm{w},n}\Delta t+\Delta\ddot{\bar{\boldsymbol{S}}}_{\mathrm{w},n+1}\gamma\Delta t=\dot{\bar{\boldsymbol{S}}}_{\mathrm{w},n+1}^{\mathrm{p}}+\Delta\ddot{\bar{\boldsymbol{S}}}_{\mathrm{w},n+1}\gamma\Delta t \tag{1.94}$$

式 (1.89)～ 式 (1.94) 中 γ,β 为积分参数。如果取 $\gamma\geqslant 0.5,\beta\geqslant 0.25$，式 (1.84) 所包括的三个方程中每一分方程的时程积分过程为无条件稳定（Zienkiewicz and Taylor, 2000）。对于如式 (1.84) 所示三个有限元方程耦合求解情况下的时程逐步

积分过程，当采用积分参数 $\gamma \geqslant 0.5, \beta \geqslant 0.25$ 时, 逐步积分过程的无条件稳定性也得到了证明。其证明过程可参看（Li et al.,1990），就不再陈述了。

将式 (1.89)~ 式 (1.94) 代入矩阵形式的空间离散化有限元方程 (1.84), 可得到如下时域离散后它的增量形式

$$\begin{bmatrix} (\boldsymbol{M}+\boldsymbol{C}\gamma\Delta t+\boldsymbol{K}\beta\Delta t^2) & -\boldsymbol{Q}_{\mathrm{p}}^{\mathrm{T}}\beta\Delta t^2 & -\boldsymbol{Q}_{\mathrm{S}}^{*\mathrm{T}}\beta\Delta t^2 \\ \boldsymbol{M}_{\mathrm{p}}+\boldsymbol{Q}_{\mathrm{p}}\gamma\Delta t & \boldsymbol{C}_{\mathrm{pp}}\gamma\Delta t+\boldsymbol{H}_{\mathrm{pp}}\beta\Delta t^2 & \boldsymbol{C}_{\mathrm{pS}}\gamma\Delta t+\boldsymbol{H}_{\mathrm{pS}}\beta\Delta t^2 \\ \boldsymbol{M}_{\mathrm{S}}+\boldsymbol{Q}_{\mathrm{S}}\gamma\Delta t & \boldsymbol{C}_{\mathrm{Sp}}\gamma\Delta t+\boldsymbol{H}_{\mathrm{Sp}}\beta\Delta t^2 & \boldsymbol{C}_{\mathrm{SS}}\gamma\Delta t+\boldsymbol{H}_{\mathrm{SS}}\beta\Delta t^2 \end{bmatrix}$$

$$\begin{Bmatrix} \Delta\ddot{\boldsymbol{u}}_{n+1} \\ \Delta\ddot{\bar{\boldsymbol{p}}}_{\mathrm{w},n+1} \\ \Delta\ddot{\bar{\boldsymbol{S}}}_{\mathrm{w},n+1} \end{Bmatrix} = \begin{Bmatrix} \boldsymbol{F}_{\mathrm{u},n+1}^{*} \\ \boldsymbol{F}_{\mathrm{p},n+1}^{*} \\ \boldsymbol{F}_{\mathrm{S},n+1}^{*} \end{Bmatrix} \tag{1.95}$$

式中

$$\begin{aligned} \boldsymbol{F}_{\mathrm{u},n+1}^{*} = {} & \boldsymbol{F}_{\mathrm{u},n+1} - \boldsymbol{K}\bar{\boldsymbol{u}}_{n+1}^{\mathrm{p}} + \boldsymbol{Q}_{\mathrm{p}}^{\mathrm{T}}\bar{\boldsymbol{p}}_{\mathrm{w},n+1}^{\mathrm{p}} + \boldsymbol{Q}_{\mathrm{S}}^{*\mathrm{T}}\bar{\boldsymbol{S}}_{\mathrm{w},n+1}^{\mathrm{p}} - \boldsymbol{C}\dot{\bar{\boldsymbol{u}}}_{n+1}^{\mathrm{p}} \\ & - \boldsymbol{M}\ddot{\bar{\boldsymbol{u}}}_{n+1}^{\mathrm{p}} \end{aligned} \tag{1.96}$$

$$\begin{aligned} \boldsymbol{F}_{\mathrm{p},n+1}^{*} = {} & \boldsymbol{F}_{\mathrm{p},n+1} - \boldsymbol{Q}_{\mathrm{p}}\dot{\bar{\boldsymbol{u}}}_{n+1}^{\mathrm{p}} - \boldsymbol{C}_{\mathrm{pp}}\dot{\bar{\boldsymbol{p}}}_{\mathrm{w},n+1}^{\mathrm{p}} - \boldsymbol{C}_{\mathrm{pS}}\dot{\bar{\boldsymbol{S}}}_{\mathrm{w},n+1}^{\mathrm{p}} \\ & - \boldsymbol{H}_{\mathrm{pp}}\bar{\boldsymbol{p}}_{\mathrm{w},n+1}^{\mathrm{p}} - \boldsymbol{H}_{\mathrm{pS}}\bar{\boldsymbol{S}}_{\mathrm{w},n+1}^{\mathrm{p}} - \boldsymbol{M}_{\mathrm{p}}\ddot{\bar{\boldsymbol{u}}}_{n+1}^{\mathrm{p}} \end{aligned} \tag{1.97}$$

$$\begin{aligned} \boldsymbol{F}_{\mathrm{S},n+1}^{*} = {} & \boldsymbol{F}_{\mathrm{S},n+1} - \boldsymbol{Q}_{\mathrm{S}}\dot{\bar{\boldsymbol{u}}}_{n+1}^{\mathrm{p}} - \boldsymbol{C}_{\mathrm{Sp}}\dot{\bar{\boldsymbol{p}}}_{\mathrm{w},n+1}^{\mathrm{p}} - \boldsymbol{C}_{\mathrm{SS}}\dot{\bar{\boldsymbol{S}}}_{\mathrm{w},n+1}^{\mathrm{p}} - \boldsymbol{H}_{\mathrm{Sp}}\bar{\boldsymbol{p}}_{\mathrm{w},n+1}^{\mathrm{p}} \\ & - \boldsymbol{H}_{\mathrm{SS}}\bar{\boldsymbol{S}}_{\mathrm{w},n+1}^{\mathrm{p}} - \boldsymbol{M}_{\mathrm{S}}\ddot{\bar{\boldsymbol{u}}}_{n+1}^{\mathrm{p}} \end{aligned} \tag{1.98}$$

1.3.3 无条件稳定交错求解方法

式 (1.84) 所表示的非饱和多孔多相介质中孔隙流体与固体骨架相互作用过程的三个方程也可以交错求解。即交错地求解式 (1.84) 中控制非饱和多孔多相介质中三相混合体动量守恒的第一个方程和求解式 (1.84) 中控制非饱和多孔多相介质中两非混孔隙流体质量守恒的后两个方程。对式 (1.84) 中三个方程的交错求解过程的详细描述如下。

首先计算描述当前增量步固相响应的位移和应力等物理量的变化，此时假定描述流相响应的孔隙压力和饱和度等物理量保持不变。因此交错求解方法的每一增量步需要一个迭代过程，直至某个收敛准则得以满足。需要说明，这并不构成它与直接求解方法相比较的严重缺点，因为非饱和多孔多相介质流固耦合过程的非线性特点，即使在直接求解方法中通常也需在每一增量步执行迭代过程。

许多耦合过程的半离散有限元方程组的时域交错求解过程通常呈条件稳定，对时间步长具有一定的限制。（Ziekiewicz et al., 1988）对描述饱和多孔介质中流

固相互作用的半离散有限元方程组发展了一个时域无条件稳定的交错求解过程，它比先前由 Park（1983）发展的无条件稳定分块求解过程更为简单并具有较简洁的物理解释。这里我们把它推广到非饱和多孔介质，为非饱和多孔介质中流固相互作用的半离散有限元方程组发展了一个时域无条件稳定的交错求解过程。它基于构造一个引入稳定项的修正刚度矩阵 $\boldsymbol{K}^*$，以保证交错求解过程的无条件稳定性（Li, 1990）。

在构造修正刚度矩阵 $\boldsymbol{K}^*$ 时假定不排水（undrained）条件, 即不存在湿相与干相孔隙流体的流动。方程 (1.84) 中的渗透矩阵 $\boldsymbol{H}_{\mathrm{pp}}, \boldsymbol{H}_{\mathrm{pS}}, \boldsymbol{H}_{\mathrm{Sp}}, \boldsymbol{H}_{\mathrm{SS}}$ 将消失; 并且略去 $\boldsymbol{M}_{\mathrm{p}}\ddot{\bar{\boldsymbol{u}}}, \boldsymbol{M}_{\mathrm{S}}\ddot{\bar{\boldsymbol{u}}}$ 和 $\boldsymbol{F}_{\mathrm{p}}, \boldsymbol{F}_{\mathrm{S}}$ 的效应, 即假定它们均为零。由式 (1.84) 的第二、第三个分方程积分可以得到 $\bar{\boldsymbol{p}}_{\mathrm{w}}, \bar{\boldsymbol{S}}_{\mathrm{w}}$ 的表达式如下

$$\left\{\begin{array}{c}\bar{\boldsymbol{p}}_{\mathrm{w}}\\ \bar{\boldsymbol{S}}_{\mathrm{w}}\end{array}\right\} = -\begin{bmatrix}\boldsymbol{C}_{\mathrm{pp}} & \boldsymbol{C}_{\mathrm{pS}}\\ \boldsymbol{C}_{\mathrm{Sp}} & \boldsymbol{C}_{\mathrm{SS}}\end{bmatrix}^{-1}\begin{bmatrix}\boldsymbol{Q}_{\mathrm{p}}\\ \boldsymbol{Q}_{\mathrm{S}}\end{bmatrix}\bar{\boldsymbol{u}} = -\begin{bmatrix}\boldsymbol{A}_{\mathrm{pp}} & \boldsymbol{A}_{\mathrm{pS}}\\ \boldsymbol{A}_{\mathrm{Sp}} & \boldsymbol{A}_{\mathrm{SS}}\end{bmatrix}\begin{bmatrix}\boldsymbol{Q}_{\mathrm{p}}\\ \boldsymbol{Q}_{\mathrm{S}}\end{bmatrix}\bar{\boldsymbol{u}} \tag{1.99}$$

考虑当前时刻 t_{n+1}，式 (1.84) 的第一个分方程可改写为仅包含求解 $\bar{\boldsymbol{u}}_{n+1}$ 及其时间导数的解耦形式

$$\begin{aligned}&\boldsymbol{M}\ddot{\bar{\boldsymbol{u}}}_{n+1} + \boldsymbol{C}\dot{\bar{\boldsymbol{u}}}_{n+1} + [\boldsymbol{K} + (\boldsymbol{Q}_{\mathrm{p}}^{\mathrm{T}}\boldsymbol{A}_{\mathrm{pp}} + \boldsymbol{Q}_{\mathrm{S}}^{*\mathrm{T}}\boldsymbol{A}_{\mathrm{Sp}})\boldsymbol{Q}_{\mathrm{p}}\\ &+ (\boldsymbol{Q}_{\mathrm{p}}^{\mathrm{T}}\boldsymbol{A}_{\mathrm{pS}} + \boldsymbol{Q}_{\mathrm{S}}^{*\mathrm{T}}\boldsymbol{A}_{\mathrm{SS}})\boldsymbol{Q}_{\mathrm{S}}]\bar{\boldsymbol{u}}_{n+1}\\ =\ &\boldsymbol{F}_{\mathrm{u},n+1} + \boldsymbol{Q}_{\mathrm{p}}^{\mathrm{T}}\bar{\boldsymbol{p}}_{\mathrm{w},n+1}^{\mathrm{p}} + \boldsymbol{Q}_{\mathrm{S}}^{*\mathrm{T}}\bar{\boldsymbol{S}}_{\mathrm{w},n+1}^{\mathrm{p}} + [(\boldsymbol{Q}_{\mathrm{p}}^{\mathrm{T}}\boldsymbol{A}_{\mathrm{pp}} + \boldsymbol{Q}_{\mathrm{S}}^{*\mathrm{T}}\boldsymbol{A}_{\mathrm{Sp}})\boldsymbol{Q}_{\mathrm{p}}\\ &+ (\boldsymbol{Q}_{\mathrm{p}}^{\mathrm{T}}\boldsymbol{A}_{\mathrm{pS}} + \boldsymbol{Q}_{\mathrm{S}}^{*\mathrm{T}}\boldsymbol{A}_{\mathrm{SS}})\boldsymbol{Q}_{\mathrm{S}}]\bar{\boldsymbol{u}}_{n+1}^{\mathrm{p}}\end{aligned} \tag{1.100}$$

在求解式 (1.100) 后，基于式 (1.84) 的后两个分方程，继续求解仅包含求解 $\bar{\boldsymbol{p}}_{\mathrm{w},n+1}$, $\bar{\boldsymbol{S}}_{\mathrm{w},n+1}$ 及其时间导数的解耦方程组如下

$$\begin{aligned}&\begin{bmatrix}\boldsymbol{C}_{\mathrm{pp}} & \boldsymbol{C}_{\mathrm{pS}}\\ \boldsymbol{C}_{\mathrm{Sp}} & \boldsymbol{C}_{\mathrm{SS}}\end{bmatrix}\left\{\begin{array}{c}\dot{\bar{\boldsymbol{p}}}_{\mathrm{w},n+1}\\ \dot{\bar{\boldsymbol{S}}}_{\mathrm{w},n+1}\end{array}\right\} + \begin{bmatrix}\boldsymbol{H}_{\mathrm{pp}} & \boldsymbol{H}_{\mathrm{pS}}\\ \mathbf{H}_{\mathrm{Sp}} & \boldsymbol{H}_{\mathrm{SS}}\end{bmatrix}\left\{\begin{array}{c}\bar{\boldsymbol{p}}_{\mathrm{w},n+1}\\ \bar{\boldsymbol{S}}_{\mathrm{w},n+1}\end{array}\right\}\\ =\ &\left\{\begin{array}{c}\boldsymbol{F}_{\mathrm{p},n+1}\\ \boldsymbol{F}_{\mathrm{S},n+1}\end{array}\right\} - \left\{\begin{array}{c}\boldsymbol{Q}_{\mathrm{p}}\dot{\bar{\boldsymbol{u}}}_{n+1} + \boldsymbol{M}_{\mathrm{p}}\ddot{\bar{\boldsymbol{u}}}_{n+1}\\ \boldsymbol{Q}_{\mathrm{S}}\dot{\bar{\boldsymbol{u}}}_{n+1} + \boldsymbol{M}_{\mathrm{S}}\ddot{\bar{\boldsymbol{u}}}_{n+1}\end{array}\right\}\end{aligned} \tag{1.101}$$

式 (1.100) 中引入了修正刚度矩阵

$$\boldsymbol{K}^* = \boldsymbol{K} + (\boldsymbol{Q}_{\mathrm{p}}^{\mathrm{T}}\boldsymbol{A}_{\mathrm{pp}} + \boldsymbol{Q}_{\mathrm{S}}^{*\mathrm{T}}\boldsymbol{A}_{\mathrm{Sp}})\boldsymbol{Q}_{\mathrm{p}} + (\boldsymbol{Q}_{\mathrm{p}}^{\mathrm{T}}\boldsymbol{A}_{\mathrm{pS}} + \boldsymbol{Q}_{\mathrm{S}}^{*\mathrm{T}}\boldsymbol{A}_{\mathrm{SS}})\boldsymbol{Q}_{\mathrm{S}} \tag{1.102}$$

式 (1.100) 和式 (1.101) 构成了交错算法的递推方程。已经证明，只要采用算法参数 $\gamma \geqslant 0.5, \beta \geqslant 0.25$，上述交错算法的无条件稳定性能得到保证（Li, 1990）。

式 (1.102) 中矩阵 $(\boldsymbol{Q}_{\mathrm{p}}^{\mathrm{T}}\boldsymbol{A}_{\mathrm{pp}}+\boldsymbol{Q}_{\mathrm{S}}^{*\mathrm{T}}\boldsymbol{A}_{\mathrm{Sp}})\boldsymbol{Q}_{\mathrm{p}}+(\boldsymbol{Q}_{\mathrm{p}}^{\mathrm{T}}\boldsymbol{A}_{\mathrm{pS}}+\boldsymbol{Q}_{\mathrm{S}}^{*\mathrm{T}}\boldsymbol{A}_{\mathrm{SS}})\boldsymbol{Q}_{\mathrm{S}}$ 在所建议的无条件稳定交错算法中将起稳定化作用，但为计算它将需要包括矩阵求逆的大量矩阵运算。为克服这个缺点，需要推导一个简化的近似矩阵替代它，而仍能保证交错算法的无条件稳定性。

在交错算法的稳定性分析范畴内我们可以利用上述矩阵的标量形式分析这些矩阵。矩阵 $\boldsymbol{C}_{\mathrm{pp}},\boldsymbol{C}_{\mathrm{SS}},\boldsymbol{C}_{\mathrm{pS}},\boldsymbol{C}_{\mathrm{Sp}}$ 的标量形式定义为它们各自的被积标量函数，即

$$C_{\mathrm{pp}}=\frac{\alpha-\phi}{K_{\mathrm{s}}}+\frac{\phi S_{\mathrm{w}}}{K_{\mathrm{w}}}+\frac{\phi S_{\mathrm{n}}}{K_{\mathrm{n}}},\quad C_{\mathrm{SS}}=\left(\left[\frac{\phi}{K_{\mathrm{n}}}+\frac{(\alpha-\phi)}{K_{\mathrm{s}}}(1-\chi)\right]S_{\mathrm{n}}\frac{\mathrm{d}p_{\mathrm{c}}}{\mathrm{d}S_{\mathrm{w}}}-\phi\right)\frac{\mathrm{d}p_{\mathrm{c}}}{\mathrm{d}S_{\mathrm{w}}}$$

$$C_{\mathrm{pS}}=\left[\frac{\phi S_{\mathrm{n}}}{K_{\mathrm{n}}}+\frac{\alpha-\phi}{K_{\mathrm{s}}}(1-\chi)\right]\frac{\mathrm{d}p_{\mathrm{c}}}{\mathrm{d}S_{\mathrm{w}}},\quad C_{\mathrm{Sp}}=\left[\frac{(\alpha-\phi)S_{\mathrm{n}}}{K_{\mathrm{s}}}+\frac{\phi S_{\mathrm{n}}}{K_{\mathrm{n}}}\right]\frac{\mathrm{d}p_{\mathrm{c}}}{\mathrm{d}S_{\mathrm{w}}}\tag{1.103}$$

基于式 (1.99) 中对 $\boldsymbol{A}_{\mathrm{pp}},\boldsymbol{A}_{\mathrm{pS}},\boldsymbol{A}_{\mathrm{Sp}},\boldsymbol{A}_{\mathrm{SS}}$ 的定义，它们的标量形式可分别写成

$$\begin{aligned}
A_{\mathrm{pp}}&=\frac{C_{\mathrm{SS}}}{C_{\mathrm{SS}}C_{\mathrm{pp}}-C_{\mathrm{Sp}}C_{\mathrm{pS}}},\quad A_{\mathrm{pS}}=\frac{-C_{\mathrm{pS}}}{C_{\mathrm{SS}}C_{\mathrm{pp}}-C_{\mathrm{Sp}}C_{\mathrm{pS}}}\\
A_{\mathrm{Sp}}&=\frac{-C_{\mathrm{Sp}}}{C_{\mathrm{SS}}C_{\mathrm{pp}}-C_{\mathrm{Sp}}C_{\mathrm{pS}}},\quad A_{\mathrm{SS}}=\frac{C_{\mathrm{pp}}}{C_{\mathrm{SS}}C_{\mathrm{pp}}-C_{\mathrm{Sp}}C_{\mathrm{pS}}}
\end{aligned}\tag{1.104}$$

式中

$$\begin{aligned}
&C_{\mathrm{SS}}C_{\mathrm{pp}}-C_{\mathrm{Sp}}C_{\mathrm{pS}}\\
&=\left(\frac{\alpha-\phi}{K_{\mathrm{s}}}+\frac{\phi}{K_{\mathrm{w}}}\right)\frac{\phi S_{\mathrm{n}}S_{\mathrm{w}}}{K_{\mathrm{n}}}\left(\frac{\mathrm{d}p_{\mathrm{c}}}{\mathrm{d}S_{\mathrm{w}}}\right)^2-\phi\frac{\mathrm{d}p_{\mathrm{c}}}{\mathrm{d}S_{\mathrm{w}}}\left(\frac{\alpha-\phi}{K_{\mathrm{s}}}+\frac{\phi S_{\mathrm{w}}}{K_{\mathrm{w}}}+\frac{\phi S_{\mathrm{n}}}{K_{\mathrm{n}}}\right)\\
&\quad+\left(\frac{1}{K_{\mathrm{w}}}-\frac{1}{K_{\mathrm{n}}}\right)\frac{\alpha-\phi}{K_{\mathrm{s}}}\phi S_{\mathrm{n}}S_{\mathrm{w}}\left(\frac{\mathrm{d}p_{\mathrm{c}}}{\mathrm{d}S_{\mathrm{w}}}\right)^2(1-\chi)\\
&=\left[\left(\frac{1-\chi}{K_{\mathrm{w}}}+\frac{\chi}{K_{\mathrm{n}}}\right)\frac{\alpha-\phi}{K_{\mathrm{s}}}+\frac{\phi}{K_{\mathrm{w}}K_{\mathrm{n}}}\right]\phi S_{\mathrm{n}}S_{\mathrm{w}}\left(\frac{\mathrm{d}p_{\mathrm{c}}}{\mathrm{d}S_{\mathrm{w}}}\right)^2\\
&\quad-\phi\frac{\mathrm{d}p_{\mathrm{c}}}{\mathrm{d}S_{\mathrm{w}}}\left(\frac{\alpha-\phi}{K_{\mathrm{s}}}+\frac{\phi S_{\mathrm{w}}}{K_{\mathrm{w}}}+\frac{\phi S_{\mathrm{n}}}{K_{\mathrm{n}}}\right)
\end{aligned}\tag{1.105}$$

需要说明的是，以上推导基于式 (1.8) 对于有效压力的近似假定。当取 Bishop 参数 $\chi=1$，即有效压力以式 (1.10) 近似假定, 则式 (1.104) 中的各分母项就退化为式 (1.105) 中第一个等号右端的前两项（Li, 1990）。

注意到 $\dfrac{\mathrm{d}p_{\mathrm{c}}}{\mathrm{d}S_{\mathrm{w}}}<0$，以及一般的 $K_{\mathrm{s}},K_{\mathrm{w}},K_{\mathrm{n}}\gg-\dfrac{\mathrm{d}p_{\mathrm{c}}}{\mathrm{d}S_{\mathrm{w}}}$，可计算 $A_{\mathrm{pp}},A_{\mathrm{pS}},A_{\mathrm{Sp}}$,

$A_{\rm SS}$ 如下：

$$
\begin{aligned}
A_{\rm pp} &= \frac{C_{\rm SS}}{C_{\rm SS}C_{\rm pp}-C_{\rm Sp}C_{\rm pS}} \\
&= \frac{-\phi\dfrac{{\rm d}p_{\rm c}}{{\rm d}S_{\rm w}}\left(\left[\dfrac{1}{K_{\rm n}}+\dfrac{\alpha-\phi}{\phi K_{\rm s}}(1-\chi)\right]\left(-\dfrac{{\rm d}p_{\rm c}}{{\rm d}S_{\rm w}}S_n\right)+1\right)}{-\phi\dfrac{{\rm d}p_{\rm c}}{{\rm d}S_{\rm w}}\left(\left[\left(\dfrac{1-\chi}{K_{\rm w}}+\dfrac{\chi}{K_{\rm n}}\right)\dfrac{\alpha-\phi}{K_{\rm s}}+\dfrac{\phi}{K_{\rm w}K_{\rm n}}\right]\left(-\dfrac{{\rm d}p_{\rm c}}{{\rm d}S_{\rm w}}S_{\rm n}S_{\rm w}\right)+\left(\dfrac{\alpha-\phi}{K_{\rm s}}+\dfrac{\phi S_{\rm w}}{K_{\rm w}}+\dfrac{\phi S_{\rm n}}{K_{\rm n}}\right)\right)} \\
&\cong \frac{1}{\dfrac{\alpha-\phi}{K_s}+\dfrac{\phi S_{\rm w}}{K_{\rm w}}+\dfrac{\phi S_{\rm n}}{K_{\rm n}}} = Q_{\rm b}
\end{aligned}
\tag{1.106}
$$

$$
\begin{aligned}
A_{\rm pS} &= \frac{-C_{\rm pS}}{C_{\rm SS}C_{\rm pp}-C_{\rm Sp}C_{\rm pS}} \\
&= \frac{-\left[\dfrac{\phi S_{\rm n}}{K_{\rm n}}+\dfrac{\alpha-\phi}{K_s}(1-\chi)\right]\dfrac{{\rm d}p_{\rm c}}{{\rm d}S_{\rm w}}}{-\phi\dfrac{{\rm d}p_{\rm c}}{{\rm d}S_{\rm w}}\left(\left[\left(\dfrac{1-\chi}{K_{\rm w}}+\dfrac{\chi}{K_{\rm n}}\right)\dfrac{\alpha-\phi}{K_{\rm s}}+\dfrac{\phi}{K_{\rm w}K_{\rm n}}\right]\left(-\dfrac{{\rm d}p_{\rm c}}{{\rm d}S_{\rm w}}S_{\rm n}S_{\rm w}\right)+\left(\dfrac{\alpha-\phi}{K_{\rm s}}+\dfrac{\phi S_{\rm w}}{K_{\rm w}}+\dfrac{\phi S_{\rm n}}{K_{\rm n}}\right)\right)} \\
&\cong \left[\frac{S_{\rm n}}{K_{\rm n}}+\frac{\alpha-\phi}{\phi K_{\rm s}}(1-\chi)\right]Q_{\rm b} \ll Q_{\rm b}
\end{aligned}
\tag{1.107}
$$

$$
\begin{aligned}
A_{\rm Sp} &= \frac{-C_{\rm Sp}}{C_{\rm SS}C_{\rm pp}-C_{\rm Sp}C_{\rm pS}} \\
&= \frac{-\left(\dfrac{(\alpha-\phi)S_{\rm n}}{K_{\rm s}}+\dfrac{\phi S_{\rm n}}{K_{\rm n}}\right)\dfrac{{\rm d}p_{\rm c}}{{\rm d}S_{\rm w}}}{-\phi\dfrac{{\rm d}p_{\rm c}}{{\rm d}S_{\rm w}}\left(\left[\left(\dfrac{1-\chi}{K_{\rm w}}+\dfrac{\chi}{K_{\rm n}}\right)\dfrac{\alpha-\phi}{K_{\rm s}}+\dfrac{\phi}{K_{\rm w}K_{\rm n}}\right]\left(-\dfrac{{\rm d}p_{\rm c}}{{\rm d}S_{\rm w}}S_{\rm n}S_{\rm w}\right)+\left(\dfrac{\alpha-\phi}{K_{\rm s}}+\dfrac{\phi S_{\rm w}}{K_{\rm w}}+\dfrac{\phi S_{\rm n}}{K_{\rm n}}\right)\right)} \\
&\cong \left(\frac{(\alpha-\phi)S_{\rm n}}{\phi K_{\rm s}}+\frac{S_{\rm n}}{K_{\rm n}}\right)Q_{\rm b} \ll Q_{\rm b}
\end{aligned}
\tag{1.108}
$$

$$
\begin{aligned}
A_{\rm SS} &= \frac{C_{\rm pp}}{C_{\rm SS}C_{\rm pp}-C_{\rm Sp}C_{\rm pS}} \\
&= \frac{\dfrac{\alpha-\phi}{K_{\rm s}}+\dfrac{\phi S_{\rm w}}{K_{\rm w}}+\dfrac{\phi S_{\rm n}}{K_{\rm n}}}{-\phi\dfrac{{\rm d}p_{\rm c}}{{\rm d}S_{\rm w}}\left(\left[\left(\dfrac{1-\chi}{K_{\rm w}}+\dfrac{\chi}{K_{\rm n}}\right)\dfrac{\alpha-\phi}{K_{\rm s}}+\dfrac{\phi}{K_{\rm w}K_{\rm n}}\right]\left(-\dfrac{{\rm d}p_{\rm c}}{{\rm d}S_{\rm w}}S_{\rm n}S_{\rm w}\right)+\left(\dfrac{\alpha-\phi}{K_{\rm s}}+\dfrac{\phi S_{\rm w}}{K_{\rm w}}+\dfrac{\phi S_{\rm n}}{K_{\rm n}}\right)\right)} \\
&\cong \frac{1}{-\phi\dfrac{{\rm d}p_{\rm c}}{{\rm d}S_{\rm w}}} \ll Q_{\rm b}
\end{aligned}
\tag{1.109}
$$

由式 (1.102) 和式 (1.74)~ 式 (1.77), 以及注意到式 (1.106)~ 式 (1.109) 和 $K_{\rm s}, K_{\rm w}$, $K_{\rm n} \gg p_{\rm c}$，修正刚度矩阵可近似表示为

$$
\begin{aligned}
\boldsymbol{K}^* &= \boldsymbol{K} + (\boldsymbol{Q}_{\rm p}^{\rm T}\boldsymbol{A}_{\rm pp} + \boldsymbol{Q}_{\rm S}^{*\rm T}\boldsymbol{A}_{\rm Sp})\boldsymbol{Q}_{\rm p} + (\boldsymbol{Q}_{\rm p}^{\rm T}\boldsymbol{A}_{\rm pS} + \boldsymbol{Q}_{\rm S}^{*\rm T}\boldsymbol{A}_{\rm SS})\boldsymbol{Q}_{\rm S} \\
&\cong \int_\Omega \boldsymbol{B}^{\rm T}(\boldsymbol{D} + Q_{\rm b}\alpha^2\boldsymbol{m}\boldsymbol{m}^{\rm T})\boldsymbol{B}{\rm d}\Omega
\end{aligned}
\tag{1.110}
$$

1.4 非饱和与饱和变形多孔介质的简约控制方程与有限元公式

在这节中我们考虑非饱和变形多孔介质中两非混湿相与干相孔隙流体分别为孔隙液体（水）和孔隙气体（空气）。这是在土木工程及其他相关领域中常遇到的情况。由于多孔介质中的地下水–空气系统与大气联通，在拟静态或缓慢变形过程（如固结过程）中通常可以采用被动空气相假定（Zienkiewicz et al., 1990）。在所关心的非饱和多孔连续介质全域内每一个材料点处空气压力 p_{a} 假定为常数, 即 $p_{\mathrm{n}} = p_{\mathrm{a}} \equiv c$，或简单地取为零,

$$p_{\mathrm{n}} = p_{\mathrm{a}} \equiv 0 \tag{1.111}$$

在被动空气压力假定下式 (1.14) 退化为

$$p_{\mathrm{c}} = p_{\mathrm{n}} - p_{\mathrm{w}} = -p_{\mathrm{w}} = p_{\mathrm{c}}\left(S_{\mathrm{w}}\right) \tag{1.112}$$

由式 (1.112), S_{w} 的时域与空域导数可分别表示为

$$\dot{S}_{\mathrm{w}} = \frac{\mathrm{D}S_{\mathrm{w}}}{\mathrm{D}t} = \frac{\partial S_{\mathrm{w}}}{\partial p_{\mathrm{c}}}\frac{\mathrm{D}p_{\mathrm{c}}}{\mathrm{D}t} = \frac{\partial S_{\mathrm{w}}}{\partial p_{\mathrm{w}}}\frac{\mathrm{D}p_{\mathrm{w}}}{\mathrm{D}t} = \frac{\partial S_{\mathrm{w}}}{\partial p_{\mathrm{w}}}\dot{p}_{\mathrm{w}} = \frac{C_{\mathrm{s}}}{\phi}\dot{p}_{\mathrm{w}} \tag{1.113}$$

$$S_{\mathrm{w},i} = \frac{\partial S_{\mathrm{w}}}{\partial p_{\mathrm{w}}}p_{\mathrm{w},i} = \frac{C_{\mathrm{s}}}{\phi}p_{\mathrm{w},i} \tag{1.114}$$

式 (1.113) 和式 (1.114) 中定义了容水度 C_{s}（specific moisture capacity）（Zienkiewicz et al., 1990）

$$C_{\mathrm{s}} = \phi\frac{\partial S_{\mathrm{w}}}{\partial p_{\mathrm{w}}} \tag{1.115}$$

在被动空气压力假定下，按式 (1.8), 变形非饱和多孔介质的有效压力能被写成

$$p = \chi p_{\mathrm{w}} + (1-\chi)\,p_{\mathrm{n}} = \chi p_{\mathrm{w}} \tag{1.116}$$

或按式 (1.9) 写成

$$p = S_{\mathrm{w}}p_{\mathrm{w}} + S_{\mathrm{n}}p_{\mathrm{n}} = S_{\mathrm{w}}p_{\mathrm{w}} \tag{1.117}$$

由式 (1.117), 利用式 (1.114), 在被动空气压力假定下，有效压力在空域的导数能表示为

$$p_{,i} = \left(\frac{C_{\mathrm{s}}}{\phi}p_{\mathrm{w}} + S_{\mathrm{w}}\right)p_{\mathrm{w},i} \tag{1.118}$$

变形非饱和多孔介质控制方程的基本未知量将可从如式 (1.39)、式 (1.40) 和式 (1.43) 中所定义的三个，即 $\boldsymbol{u}, p_{\mathrm{w}}, S_{\mathrm{w}}$, 简约成两个；控制方程也将从三个简约为两个。下面将分别介绍 $\boldsymbol{u}$-p ($\boldsymbol{u}$-p_{w}) 和 $\boldsymbol{u}$-$\boldsymbol{U}$ ($\boldsymbol{u}$-$\boldsymbol{U}_{\mathrm{w}}$) 两种形式的简约控制方程与它们的有限元公式。

1.4.1 $\boldsymbol{u}$-p 形式简约控制方程与有限元公式

基于变形非饱和多孔介质中流固混合体动量守恒方程 (1.42) 和湿相孔隙流体质量守恒方程 (1.31)，利用式 (1.34)、式 (1.38) 和式 (1.112)~ 式 (1.114) 及式 (1.117), 式 (1.118), 可得到

$$\sigma''_{ij,j} - \alpha\left(\frac{C_{\mathrm{s}}}{\phi}p_{\mathrm{w}} + S_{\mathrm{w}}\right)p_{\mathrm{w},i} + \rho b_i - \rho\ddot{u}_i = 0 \tag{1.119}$$

$$\frac{\dot{p}_{\mathrm{w}}}{Q^*} + \alpha S_{\mathrm{w}}\dot{u}_{i,i} + \dot{w}_{\mathrm{w}i,i} + \frac{\dot{w}_{\mathrm{w}i}}{\rho_{\mathrm{w}}}\frac{\partial\rho_{\mathrm{w}}}{\partial x_i} = 0 \tag{1.120}$$

式中

$$\frac{1}{Q^*} = C_{\mathrm{s}} + \frac{\phi S_{\mathrm{w}}}{K_{\mathrm{w}}} + \frac{(\alpha-\phi)\,S_{\mathrm{w}}}{K_{\mathrm{s}}}\left(\frac{C_{\mathrm{s}}}{\phi}p_{\mathrm{w}} + S_{\mathrm{w}}\right) \tag{1.121}$$

当 $S_{\mathrm{w}} = 1$，由于 $C_{\mathrm{s}} = 0$，式 (1.121) 中 $\dfrac{1}{Q^*}$ 退化为变形饱和多孔介质的 $\dfrac{1}{Q}$, 即有

$$\frac{1}{Q^*} = \frac{\phi}{K_{\mathrm{w}}} + \frac{\alpha-\phi}{K_{\mathrm{s}}} = \frac{1}{Q} \tag{1.122}$$

同时在式 (1.119) 中

$$\frac{C_{\mathrm{s}}}{\phi}p_{\mathrm{w}} + S_{\mathrm{w}} = 1 \tag{1.123}$$

控制方程 (1.119) 和式 (1.120) 涵盖了非饱和与饱和情况。我们可以应用变形饱和多孔介质 $\boldsymbol{u}$-p 形式的有限元离散过程（Zienkeiwicz and Shiomi, 1984）获得式 (1.119) 和式 (1.120) 的线性化半离散方程如下

$$\begin{bmatrix}\boldsymbol{M} & \boldsymbol{0}\\ \boldsymbol{M}_{\mathrm{p}} & \boldsymbol{0}\end{bmatrix}\begin{Bmatrix}\ddot{\bar{\boldsymbol{u}}}\\ \ddot{\bar{\boldsymbol{p}}}_{\mathrm{w}}\end{Bmatrix} + \begin{bmatrix}\boldsymbol{C} & \boldsymbol{0}\\ \boldsymbol{Q} & \boldsymbol{S}\end{bmatrix}\begin{Bmatrix}\dot{\bar{\boldsymbol{u}}}\\ \dot{\bar{\boldsymbol{p}}}_{\mathrm{w}}\end{Bmatrix} + \begin{bmatrix}\boldsymbol{K} & -(\boldsymbol{Q}^*)^{\mathrm{T}}\\ \boldsymbol{0} & \boldsymbol{H}\end{bmatrix}\begin{Bmatrix}\bar{\boldsymbol{u}}\\ \bar{\boldsymbol{p}}_{\mathrm{w}}\end{Bmatrix} = \begin{Bmatrix}\boldsymbol{F}_{\mathrm{u}}\\ \boldsymbol{F}_{\mathrm{p}}\end{Bmatrix} \tag{1.124}$$

式中

$$\boldsymbol{M} = \int_{\Omega}(\boldsymbol{N}^{\mathrm{u}})^{\mathrm{T}}\rho\boldsymbol{N}^{\mathrm{u}}\mathrm{d}\Omega, \quad \boldsymbol{M}_{\mathrm{p}} = \int_{\Omega}(\nabla\boldsymbol{N}^{\mathrm{p}})^{\mathrm{T}}\rho_{\mathrm{w}}\boldsymbol{k}_{\mathrm{w}}\boldsymbol{N}^{\mathrm{u}}\mathrm{d}\Omega \tag{1.125}$$

$$\boldsymbol{Q}=\int_{\Omega}\left(\boldsymbol{N}^{\mathrm{p}}\right)^{\mathrm{T}}\alpha S_{\mathrm{w}}\boldsymbol{m}^{\mathrm{T}}\boldsymbol{B}\mathrm{d}\Omega,\quad\left(\boldsymbol{Q}^{*}\right)^{\mathrm{T}}=\int_{\Omega}\boldsymbol{B}^{\mathrm{T}}\alpha\left(\frac{C_{\mathrm{s}}}{\phi}p_{\mathrm{w}}+S_{\mathrm{w}}\right)\boldsymbol{m}\boldsymbol{N}^{\mathrm{p}}\mathrm{d}\Omega \tag{1.126}$$

$$\boldsymbol{S}=\int_{\Omega}\left(\boldsymbol{N}^{\mathrm{p}}\right)^{\mathrm{T}}\frac{1}{Q^{*}}\boldsymbol{N}^{\mathrm{p}}\mathrm{d}\Omega,\quad\boldsymbol{H}=\int_{\Omega}\left(\nabla\boldsymbol{N}^{\mathrm{p}}\right)^{\mathrm{T}}\boldsymbol{k}_{\mathrm{w}}\nabla\boldsymbol{N}^{\mathrm{p}}\mathrm{d}\Omega,\quad\boldsymbol{K}=\int_{\Omega}\boldsymbol{B}^{\mathrm{T}}\boldsymbol{D}\boldsymbol{B}\mathrm{d}\Omega \tag{1.127}$$

$$\boldsymbol{F}_{\mathrm{u}}=\int_{\Omega}\left(\boldsymbol{N}^{\mathrm{u}}\right)^{\mathrm{T}}\rho\boldsymbol{b}\mathrm{d}\Omega+\int_{\Gamma_{\mathrm{t}}}\left(\boldsymbol{N}^{\mathrm{u}}\right)^{\mathrm{T}}\bar{\boldsymbol{t}}\mathrm{d}\Gamma \tag{1.128}$$

$$\boldsymbol{F}_{\mathrm{p}}=\int_{\Omega}\left(\nabla\boldsymbol{N}^{\mathrm{p}}\right)^{\mathrm{T}}\rho_{\mathrm{w}}\boldsymbol{k}_{\mathrm{w}}\boldsymbol{b}\mathrm{d}\Omega-\int_{\Omega}\left(\boldsymbol{N}^{\mathrm{p}}\right)^{\mathrm{T}}\dot{w}_{\mathrm{w}i}\frac{\rho_{\mathrm{w},i}}{\rho_{\mathrm{w}}}\mathrm{d}\Omega-\int_{\Gamma_{\mathrm{qw}}}\left(\boldsymbol{N}^{\mathrm{p}}\right)^{\mathrm{T}}\bar{\dot{w}}_{\mathrm{wn}}\mathrm{d}\Gamma$$
$$-\int_{\Gamma-\Gamma_{\mathrm{qw}}}\left(\boldsymbol{N}^{\mathrm{p}}\right)^{\mathrm{T}}\left(\dot{\boldsymbol{w}}_{\mathrm{w}}\right)^{\mathrm{T}}\boldsymbol{n}\mathrm{d}\Gamma \tag{1.129}$$

1.4.2 *u*-*U* 形式简约控制方程与有限元公式

Zienkiewicz and Shiomi （1984）发展了基于广义 Biot 公式的 ***u*-*U*** 形式控制方程与有限元方法，以模拟计及孔隙流体加速度效应的变形饱和多孔介质动力响应问题。本节将基于被动空气压力假定，为变形非饱和-饱和多孔介质导出 ***u*-*U*** 形式的控制方程与相应有限元公式。

略去式 (1.120) 等号左端最后一项，并如式 (1.121) 所示 $Q^{*}\neq\infty$，把式 (1.15) 中第一个方程

$$\dot{w}_{\mathrm{w}i}=\phi S_{\mathrm{w}}\left(\dot{U}_{\mathrm{w}i}-\dot{u}_{i}\right) \tag{1.130}$$

代入式 (1.120)，并假定在时域积分的时间区段内 $Q^{*},S_{\mathrm{w}},\phi$ 为常数，式 (1.120) 在时域内积分式后可得到以 $U_{\mathrm{w}i,i}$ 和 $u_{i,i}$ 近似地表达的湿相孔隙流体压力 p_{w}

$$p_{\mathrm{w}}=-Q^{*}S_{\mathrm{w}}\left(\phi U_{\mathrm{w}i,i}+\left(\alpha-\phi\right)u_{i,i}\right) \tag{1.131}$$

略去孔隙流体相对于固相流动的加速度，利用式 (1.17) 并略去孔隙气体的质量密度和由式 (1.45) 提供的作用于湿相孔隙流体的阻尼力 $R_{\mathrm{w}i}$ 的表达式，将非饱和多孔介质三相混合物的动量守恒方程 (1.41) 减去湿相孔隙流体的动量守恒方程 (1.43)，可得到

$$\sigma_{ij,j}+\rho_{\mathrm{s}}\left(1-\phi\right)b_{i}-\rho_{\mathrm{s}}\left(1-\phi\right)\ddot{u}_{i}+\phi S_{\mathrm{w}}p_{\mathrm{w},i}+\phi S_{\mathrm{w}}\left(k_{\mathrm{w}}\right)_{ij}^{-1}\phi S_{\mathrm{w}}\left(\dot{U}_{\mathrm{w}j}-\dot{u}_{j}\right)=0 \tag{1.132}$$

与三相混合体动量守恒方程 (1.41) 和湿相孔隙流体动量守恒方程 (1.43) 相应的自然边界条件分别为

$$t_{i}=\sigma_{ij}n_{j}=\bar{t}_{i}\quad(\text{在指定力边界}\Gamma_{\mathrm{t}}\text{上})$$

$$\phi S_{\mathrm{w}} p_{\mathrm{w}} = \phi S_{\mathrm{w}} \bar{p}_{\mathrm{w}} \quad (\text{在指定湿相孔隙流体压力边界}\varGamma_{\mathrm{p}}\text{上}) \tag{1.133}$$

动量守恒方程 (1.132) 和由式 (1.51)、式 (1.133) 表示的自然边界条件的弱形式可写成

$$\begin{aligned}&\int_{\varOmega} \delta u_i[\sigma_{ij,j} + \rho_{\mathrm{s}}(1-\phi)\, b_i - \rho_{\mathrm{s}}(1-\phi)\,\ddot{u}_i + \phi S_{\mathrm{w}} p_{\mathrm{w},i}\\&+\phi S_{\mathrm{w}}\,(k_{\mathrm{w}})_{ij}^{-1}\,\phi S_{\mathrm{w}}(\dot{U}_{\mathrm{w}j} - \dot{u}_j)]\mathrm{d}\varOmega - \int_{\varGamma_{\mathrm{t}}} \delta u_i\,(\sigma_{ij} n_j - \bar{t}_i)\mathrm{d}\varGamma\\&-\int_{\varGamma_{\mathrm{p}}} \delta u_i\,(\phi S_{\mathrm{w}} p_{\mathrm{w}} - \phi S_{\mathrm{w}} \bar{p}_{\mathrm{w}}) n_i \mathrm{d}\varGamma = 0\end{aligned} \tag{1.134}$$

对 $\int_{\varOmega} \delta u_i \sigma_{ij,j} \mathrm{d}\varOmega$ 应用分部积分和 Green 定理，它与 $\left(-\int_{\varGamma_{\mathrm{t}}} \delta u_i\,(\sigma_{ij} n_j - \bar{t}_i)\mathrm{d}\varGamma\right)$ 一起可表示为

$$\int_{\varOmega} \delta u_i \sigma_{ij,j} \mathrm{d}\varOmega - \int_{\varGamma_{\mathrm{t}}} \delta u_i\,(\sigma_{ij} n_j - \bar{t}_i)\mathrm{d}\varGamma = -\int_{\varOmega} \delta u_{i,j} \sigma_{ij} \mathrm{d}\varOmega + \int_{\varGamma_{\mathrm{t}}} \delta u_i \bar{t}_i \mathrm{d}\varGamma \tag{1.135}$$

近似地表示 $\int_{\varOmega} \delta u_i \phi S_{\mathrm{w}} p_{\mathrm{w},i} \mathrm{d}\varOmega \cong \int_{\varOmega} \delta u_i\,(\phi S_{\mathrm{w}} p_{\mathrm{w}})_{,i} \mathrm{d}\varOmega$, 我们可表示

$$\begin{aligned}&\int_{\varOmega} \delta u_i \phi S_{\mathrm{w}} p_{\mathrm{w},i} \mathrm{d}\varOmega - \int_{\varGamma_{\mathrm{p}}} \delta u_i\,(\phi S_{\mathrm{w}} p_{\mathrm{w}} - \phi S_{\mathrm{w}} \bar{p}_{\mathrm{w}}) n_i \mathrm{d}\varGamma\\&= -\int_{\varOmega} \delta u_{i,i} \phi S_{\mathrm{w}} p_{\mathrm{w}} \mathrm{d}\varOmega + \int_{\varGamma_{\mathrm{p}}} \delta u_i \phi S_{\mathrm{w}} \bar{p}_{\mathrm{w}} n_i \mathrm{d}\varGamma\end{aligned} \tag{1.136}$$

注意到被动空气压力假定下有效压力表达式 (1.117) 与式 (1.131) 所表达的 p_{w}，总应力 σ_{ij} 可表示成

$$\begin{aligned}\sigma_{ij} &= \sigma_{ij}'' - \alpha\delta_{ij} p = \sigma_{ij}'' - \alpha\delta_{ij} S_{\mathrm{w}} p_{\mathrm{w}}\\&= \sigma_{ij}'' + \alpha\delta_{ij} S_{\mathrm{w}} Q^* S_{\mathrm{w}}\,(\phi U_{\mathrm{w}k,k} + (\alpha-\phi)\, u_{k,k})\end{aligned} \tag{1.137}$$

把式 (1.135)~ 式 (1.137) 代入式 (1.134) 可得到

$$\begin{aligned}&\int_{\varOmega} \delta u_{i,j}\left(\sigma_{ij}'' + \delta_{ij}(\alpha-\phi) S_{\mathrm{w}} Q^* S_{\mathrm{w}}\,(\phi U_{\mathrm{w}k,k} + (\alpha-\phi)\, u_{k,k})\right)\mathrm{d}\varOmega\\&+\int_{\varOmega} \delta u_i\,(1-\phi)\,\rho_{\mathrm{s}} \ddot{u}_i \mathrm{d}\varOmega - \int_{\varOmega} \delta u_i \phi S_{\mathrm{w}}\,(k_{\mathrm{w}})_{ij}^{-1}\,\phi S_{\mathrm{w}}\left(\dot{U}_{\mathrm{w}j} - \dot{u}_j\right)\mathrm{d}\varOmega\\&-\int_{\varOmega} \delta u_i\,(1-\phi)\,\rho_{\mathrm{s}} b_i \mathrm{d}\varOmega - \int_{\varGamma_{\mathrm{t}}} \delta u_i \bar{t}_i \mathrm{d}\varGamma\end{aligned}$$

$$-\int_{\Gamma_{\mathrm{p}}}\delta u_i\phi S_{\mathrm{w}}\bar{p}_{\mathrm{w}}n_i\mathrm{d}\Gamma=0 \tag{1.138}$$

利用略去孔隙流体相对于固相流动的加速度的湿相孔隙流体动量守恒方程 (1.43) 和如式 (1.133) 所示的相应自然边界条件，并代入式 (1.45) 和式 (1.46)，可得到 **u-U** 形式孔隙流动量守恒方程的弱形式

$$\int_{\Omega}\delta U_{\mathrm{w}i}\left(\phi S_{\mathrm{w}}\left(-p_{\mathrm{w},i}+\rho_{\mathrm{w}}\left(b_i-\ddot{U}_{\mathrm{w}i}\right)\right)-\phi S_{\mathrm{w}}\left(k_{\mathrm{w}}\right)_{ij}^{-1}\phi S_{\mathrm{w}}\left(\dot{U}_{\mathrm{w}j}-\dot{u}_j\right)\right)\mathrm{d}\Omega$$
$$+\int_{\Gamma_{\mathrm{p}}}\delta U_{\mathrm{w}i}\left(\phi S_{\mathrm{w}}p_{\mathrm{w}}-\phi S_{\mathrm{w}}\bar{p}_{\mathrm{w}}\right)n_i\mathrm{d}\Gamma=0 \tag{1.139}$$

类似于式 (1.136), 我们可有

$$-\int_{\Omega}\delta U_{\mathrm{w}i}\phi S_{\mathrm{w}}p_{\mathrm{w},i}\mathrm{d}\Omega+\int_{\Gamma_{\mathrm{p}}}\delta U_{\mathrm{w}i}\left(\phi S_{\mathrm{w}}p_{\mathrm{w}}-\phi S_{\mathrm{w}}\bar{p}_{\mathrm{w}}\right)n_i\mathrm{d}\Gamma$$
$$=\int_{\Omega}\delta U_{\mathrm{w}i,i}\phi S_{\mathrm{w}}p_{\mathrm{w}}\mathrm{d}\Omega-\int_{\Gamma_{\mathrm{p}}}\delta U_{\mathrm{w}i}\phi S_{\mathrm{w}}\bar{p}_{\mathrm{w}}n_i\mathrm{d}\Gamma \tag{1.140}$$

将式 (1.140) 代入式 (1.139)，并利用式 (1.131) 表达 p_{w}，可重写式 (1.139) 如下

$$\int_{\Omega}\delta U_{\mathrm{w}i,i}\phi S_{\mathrm{w}}Q^*S_{\mathrm{w}}\left(\phi U_{\mathrm{w}i,i}+\left(\alpha-\phi\right)u_{i,i}\right)\mathrm{d}\Omega-\int_{\Omega}\delta U_{\mathrm{w}i}\phi S_{\mathrm{w}}\rho_{\mathrm{w}}\left(b_i-\ddot{U}_{\mathrm{w}i}\right)\mathrm{d}\Omega$$
$$+\int_{\Omega}\delta U_{\mathrm{w}i}\phi S_{\mathrm{w}}\left(k_{\mathrm{w}}\right)_{ij}^{-1}\phi S_{\mathrm{w}}\left(\dot{U}_{\mathrm{w}j}-\dot{u}_j\right)\mathrm{d}\Omega+\int_{\Gamma_{\mathrm{p}}}\delta U_{\mathrm{w}i}\phi S_{\mathrm{w}}\bar{p}_{\mathrm{w}}n_i\mathrm{d}\Gamma=0 \tag{1.141}$$

需要说明的是，由于在 **u-U** 公式中的第二个控制方程为湿相孔隙流体的动量守恒方程而非在 **u-p** 公式中的第二个控制方程为湿相孔隙流体的质量守恒方程，因此在 **u-U** 公式中指定压力边界条件为自然边界条件。

式 (1.138) 和式 (1.141) 构成了以 u_i 和 $U_{\mathrm{w}i}$ (**u-U**) 为基本未知量的控制方程及相应自然边界条件弱形式。对于变形饱和多孔介质、即 $S_{\mathrm{w}}=1$ 的情况，它们退化为饱和多孔介质的 **u-U** 形式控制方程的弱形式（Zieniewicz and Shiomi, 1984）。

应用有限元法标准的半离散过程，在非饱和多孔介质全域内，作为基本未知量的固相位移 $\boldsymbol{u}$ 和湿相孔隙流体真实相位移 $\boldsymbol{U}_{\mathrm{w}}$ 的有限元近似插值分别表示为

$$\boldsymbol{u}=\boldsymbol{N}^{\mathrm{u}}\bar{\boldsymbol{u}},\quad \boldsymbol{U}_{\mathrm{w}}=\boldsymbol{N}^{\mathrm{U}}\bar{\boldsymbol{U}}_{\mathrm{w}} \tag{1.142}$$

式中，$\boldsymbol{N}^{\mathrm{U}}$ 是 $3\times(3\times n_{\mathrm{U}})$ 矩阵，n_{U} 是有限元网格中定义基本未知量 $\boldsymbol{U}_{\mathrm{w}}$ 的节点数；$\bar{\boldsymbol{U}}_{\mathrm{w}}$ 是它定义于全域有限元网格节点值，是 $3\times n_{\mathrm{U}}$ 维向量。

式 (1.138) 和式 (1.141) 的有限元（空域）半离散矩阵可表示为

$$\int_{\Omega}\boldsymbol{B}^{\mathrm{T}}\boldsymbol{\sigma}''\mathrm{d}\Omega+\boldsymbol{K}_1\bar{\boldsymbol{u}}+\boldsymbol{K}_2\bar{\boldsymbol{U}}_{\mathrm{w}}+\boldsymbol{C}_1\dot{\bar{\boldsymbol{u}}}-\boldsymbol{C}_2\dot{\bar{\boldsymbol{U}}}_{\mathrm{w}}+\boldsymbol{M}_{\mathrm{s}}\ddot{\bar{\boldsymbol{u}}}=\boldsymbol{F}_{\mathrm{u}} \tag{1.143}$$

$$\boldsymbol{K}_2^{\mathrm{T}}\bar{\boldsymbol{u}}+\boldsymbol{K}_3\bar{\boldsymbol{U}}_{\mathrm{w}}-\boldsymbol{C}_2^{\mathrm{T}}\dot{\bar{\boldsymbol{u}}}+\boldsymbol{C}_3\dot{\bar{\boldsymbol{U}}}_{\mathrm{w}}+\boldsymbol{M}_{\mathrm{f}}\ddot{\bar{\boldsymbol{U}}}_{\mathrm{w}}=\boldsymbol{F}_{\mathrm{U}} \tag{1.144}$$

式中

$$\begin{aligned}\boldsymbol{K}_1&=\int_{\Omega}\boldsymbol{B}_{\mathrm{u}}^{\mathrm{T}}\boldsymbol{m}\left(\alpha-\phi\right)^2S_{\mathrm{w}}^2Q^*\boldsymbol{m}^{\mathrm{T}}\boldsymbol{B}_{\mathrm{u}}\mathrm{d}\Omega,\\ \boldsymbol{K}_2&=\int_{\Omega}\boldsymbol{B}_{\mathrm{u}}^{\mathrm{T}}\boldsymbol{m}(\alpha-\phi)\phi S_{\mathrm{w}}^2Q^*\boldsymbol{m}^{\mathrm{T}}\boldsymbol{B}_{\mathrm{U}}\mathrm{d}\Omega\end{aligned} \tag{1.145}$$

$$\boldsymbol{C}_1=\int_{\Omega}\left(\boldsymbol{N}^{\mathrm{u}}\right)^{\mathrm{T}}\left(\phi S_{\mathrm{w}}\right)^2\boldsymbol{k}_{\mathrm{w}}^{-1}\boldsymbol{N}^{\mathrm{u}}\mathrm{d}\Omega,\quad \boldsymbol{C}_2=\int_{\Omega}\left(\boldsymbol{N}^{\mathrm{u}}\right)^{\mathrm{T}}\left(\phi S_{\mathrm{w}}\right)^2\boldsymbol{k}_{\mathrm{w}}^{-1}\boldsymbol{N}^{\mathrm{U}}\mathrm{d}\Omega \tag{1.146}$$

$$\boldsymbol{M}_{\mathrm{s}}=\int_{\Omega}\left(\boldsymbol{N}^{\mathrm{u}}\right)^{\mathrm{T}}\left(1-\phi\right)\rho_{\mathrm{s}}\boldsymbol{N}^{u}\mathrm{d}\Omega,\quad \boldsymbol{M}_{\mathrm{f}}=\int_{\Omega}\left(\boldsymbol{N}^{\mathrm{U}}\right)^{\mathrm{T}}\phi S_{\mathrm{w}}\rho_{\mathrm{w}}\boldsymbol{N}^{\mathrm{U}}\mathrm{d}\Omega \tag{1.147}$$

$$\boldsymbol{F}_{\mathrm{u}}=\int_{\Omega}\left(\boldsymbol{N}^{\mathrm{u}}\right)^{\mathrm{T}}\left(1-\phi\right)\rho_{\mathrm{s}}\boldsymbol{b}\mathrm{d}\Omega+\int_{\Gamma_{\mathrm{t}}}\left(\boldsymbol{N}^{\mathrm{u}}\right)^{\mathrm{T}}\bar{\boldsymbol{t}}\mathrm{d}\Gamma+\int_{\Gamma_{\mathrm{p}}}\left(\boldsymbol{N}^{\mathrm{u}}\right)^{\mathrm{T}}\phi S_{\mathrm{w}}\bar{p}_{\mathrm{w}}\boldsymbol{n}\mathrm{d}\Gamma \tag{1.148}$$

$$\boldsymbol{K}_3=\int_{\Omega}\boldsymbol{B}_{\mathrm{U}}^{\mathrm{T}}\boldsymbol{m}\phi^2S_{\mathrm{w}}^2Q^*\boldsymbol{m}^{\mathrm{T}}\boldsymbol{B}_{\mathrm{U}}\mathrm{d}\Omega,\quad \boldsymbol{C}_3=\int_{\Omega}\left(\boldsymbol{N}^{\mathrm{U}}\right)^{\mathrm{T}}\left(\phi S_{\mathrm{w}}\right)^2\boldsymbol{k}_{\mathrm{w}}^{-1}\boldsymbol{N}^{\mathrm{U}}\mathrm{d}\Omega \tag{1.149}$$

$$\boldsymbol{F}_{\mathrm{U}}=\int_{\Omega}\left(\boldsymbol{N}^{\mathrm{U}}\right)^{\mathrm{T}}\phi S_{\mathrm{w}}\rho_{\mathrm{w}}\boldsymbol{b}\mathrm{d}\Omega-\int_{\Gamma_{\mathrm{p}}}\left(\boldsymbol{N}^{\mathrm{U}}\right)^{\mathrm{T}}\phi S_{\mathrm{w}}\bar{p}_{\mathrm{w}}\boldsymbol{n}\mathrm{d}\Gamma \tag{1.150}$$

$$\boldsymbol{B}_{\mathrm{u}}=\boldsymbol{L}\boldsymbol{N}^{u},\quad \boldsymbol{B}_{\mathrm{U}}=\boldsymbol{L}\boldsymbol{N}^{\mathrm{U}} \tag{1.151}$$

式中，$\boldsymbol{K}_2^{\mathrm{T}},\boldsymbol{C}_2^{\mathrm{T}}$ 分别是 $\boldsymbol{K}_2,\boldsymbol{C}_2$ 的转置矩阵。式 (1.147) 中质量矩阵 $\boldsymbol{M}_{\mathrm{s}},\boldsymbol{M}_{\mathrm{f}}$ 为协调质量阵。

1.5　总结与讨论

本章介绍了以北海油田的海底油层二次开发为背景工程问题提出的非饱和多孔介质广义 Biot 理论和真正意义上的三相数学模型及相应数值方法。海底油砂层被模拟为含非混溶两相孔隙流体，即含作为湿相的孔隙水和干相的孔隙油的变形多孔介质。

在广义 Biot 理论于 1989 年（Li et al., 1989a; Ghorbani et al., 2018）提出前，石油开采工业界普遍地忽略油砂层作为多孔介质中固体骨架的变形和应力，仅考虑孔隙水和孔隙油在非变形油砂层中的流动，石油开发问题被模型化为非混溶两相孔隙流体在油层中的渗流问题处理。这样的模型化与油层二次开发工艺过程中对油砂层边界通过含化学制剂的高温蒸汽压力促使砂层开裂以提升孔隙油的渗透性和出油率的工程背景有很大差别。油层二次开发中油砂层应该被模型化为变形多孔介质。

Biot 已在 1941 年建立了基于有效应力原理的控制含单一孔隙流体的饱和变形多孔介质 (两相模型) 中流固相互作用的 Biot 理论和公式。在 1989 年之前，还没有控制含非混溶两相孔隙流体的非饱和变形多孔介质中“干流相–湿流相–固相”三相相互作用的理论与公式。人们仅关注以岩土工程问题为背景，即非混溶两相孔隙流体是作为湿流相的孔隙水和干流相的孔隙气体的非饱和变形多孔介质。基于被动空气压力假定，即假定孔隙干相流体为与大气相通的孔隙气体，非饱和变形多孔介质中各处的孔隙干相流体压力为常数，并为简化计算而假定为零。依赖于引入的被动空气压力假定，人们可以用饱和变形多孔介质中的 Biot 理论描述物理上包含“干流相–湿流相–固相”三相的非饱和变形多孔介质中三相之间相互作用，但这并非一个真正意义上的三相数学模型。

“被动空气压力假定”显然不能应用于干相孔隙流体为孔隙油的非饱和变形多孔介质。即使对于以岩土工程问题为背景的非饱和变形多孔介质，“被动空气压力假定”也仅局限于当非饱和变形多孔介质处于近似稳态的情况下才成立。对于如处于地震等动力载荷作用下的岩土和混凝土边坡等非饱和变形多孔介质结构，其域内各处的孔隙气体压力远非均匀分布 (Fredlund and Rahardjo, 1993)(可参见本书第 4 和第 5 页，图 1.6 和图 1.7)，它们与大气压力相差甚远。因此，发展基于非饱和多孔多相介质数学模型的广义 Biot 理论及其数值方法十分重要。

参 考 文 献

李锡夔, 1997. 非饱和土中的有效应力. 大连理工大学学报, 37: 381–385.

李锡夔, 范益群, 1998. 非饱和土变形及渗流过程的有限元分析. 岩土工程学报, 20: 20–24.

邵龙潭, 郭晓霞, 2014. 有效应力新解. 北京: 中国水利水电出版社.

Biot M A, 1941. General theory of three dimensional consolidation. J. Appl. Phys., 12: 155–164.

Biot M A, 1956. Theory of propagation of elastic waves in a fluid saturated porous solid. J. Acoust. Soc. of America, 28: 168–191.

Biot M A, 1962a. Mechanics of deformation and acoustic propagation in porous media. J. Appl. Phys., 33: 1482–1498.

Biot M A, 1962b. Generalized theory of acoustic propagation in porous dissipation media. J. Acoust. Soc. of America, 34: 1254–1264.

Bishop A W, 1959. The principle of effective stress. Teknisk Ukeblad, 106: 859–863.

Bishop A W, Blight G E, 1963. Some aspects of effective stress in saturated and partly saturated soils. Geotechnique, 13: 177–197.

Coussy O, 1995. Mechanics of Porous Continua. Chichester: Wiley.

Ehlers W, Graf T, Ammann M, 2004. Deformation and localization analysis of partially saturated soil. Comput Methods Appl. Mech. Eng., 193: 2885–2910.

Fredlund D G and Rahardjo H, 1993. Soil Mechanics for Unsaturated Soils. New York: John Wiley & Sons, Inc.

Ghorbani J, Nazem M, Carter J P, Sloan S W, 2018. A stress integration scheme for elasto-plastic response of unsaturated soils subjected to large deformations. Computers and Geotechnics, 94: 231–246.

Gray W G, Schrefler B A, 2001. Thermodynamic approach to effective stress in partially saturated porous media. Eur. J. Mech. A: Solids, 20: 521–538.

Hicher P Y, Chang C S, 2007. A microstructural elastoplastic model for unsaturated granular materials. Int. J. Solids Struct., 44: 2304–2323.

Hicher P Y, Chang C S, 2008. Elastic model for partially saturated granular materials. J. Eng. Mech., 134(6): 505–513.

Khoei A, Mohammadnejad T, 2011. Numerical modeling of multiphase fluid flow in deforming porous media: a comparison between two-and three-phase models for seismic analysis of earth and rockfill dams. Comput. Geotech., 38: 142–166.

Lewis R W and Schrefler B A, 1998. The Finite Element Method in the Static and Dynamic Deformation and Consolidation of Porous Media. Second Edition. England: John Wiley & Sons Ltd.

Li X K, Du Y Y, Zhang S G, Duan Q L, Schrefler B A, 2016. Meso-hydro-mechanically informed effective stresses and effective pressures for saturated and unsaturated porous media. European Journal of Mechanics - A: Solids, 59: 24–36.

Li X K, Thomas H R, Fan Y Q, 1999. Finite element method and constitutive modeling and computation for unsaturated soils. Computer Methods Appl. Mech. Engng, 169: 135–159.

Li X K, Zienkiewicz O C, 1992. Multiphase flow in deforming porous media and finite element solutions. Comput. Struct., 45: 211–227.

Li X S, 2003. Effective stress in unsaturated soil: a microstructural analysis. Geotechnique, 53: 273–277.

Nuth M, Laloui L, 2008. Effective stress concept in unsaturated soils: clarification and validation of a unified framework. Int. J. Numer. Anal. Meth. Geomech., 32: 771–801.

Park K C, 1983. Stabilization of partitioned solution procedure for pore fluid -soil interaction analysis. Int. J. for Numerical Methods in Eng., 10: 1669–1673.

Rahman N A, Lewis R W, 1999. Finite element modelling of multiphase immiscible flow in deforming porous media for subsurface systems. Comput. Geotech., 24: 41–63.

Scholtes L, Hicher P Y, Nicot F, et al., 2009. On the capillary stress tensor in wet granular materials. Int. J. Numer. Anal. Meth. Geomech., 33: 1289–1313.

Skempton A W, 1960. Effective stress in soils, concrete and rock.//Proc. Conf. on Pore Pressure and Suction in Soils, Butterworth. 4–16.

Schrefler B A, Scotta R, 2001. A fully coupled dynamic model for two-phase fluid flow in deformable porous media. Comput. Methods Appl. Mech. Eng., 190: 3223–3246.

Schrefler B A and Zhan X Y, 1993. A fully coupled model for water flow and airflow in deformable porous media. Water Resour Res., 29: 155–167.

Schrefler B A, Zhan X Y, Simoni L, 1995. A coupled model for water flow, airflow and heat flow in deformable porous media. Int. J. Numer. Meth. Heat Fluid Flow, 5: 531–547.

Terzaghi K von, 1936. The shearing resistance of saturated soils. Proc 1st ICSMFE, 1: 54–56.

Zienkiewicz O C, Chan A H C, Pastor M, et al., 1999. Computational Geomechanics with Special Reference to Earthquake Engineering. Chichester: Wiley.

Zienkiewicz O C, Paul D K, Chan A H C. 1988. Unconditionally stable staggered solution procedure for soil-pore fluid interaction problems. Int. J. for Numerical Methods in Eng., 26: 1039–1055.

Zienkiewicz O C, Shiomi T, 1984. Dynamic behavior of saturated porous media: the generalized Boit formulation and its numerical solution. Int. J. Numer. Anal. Meth. Geomech., 8: 71–96.

Zienkiewicz O C, Taylor R L, 1985. Coupled problems—A simple time stepping procedure. Commun. Appl. Numer. Methods, 1: 233–239.

Zienkiewicz O C, Taylor R L, 2000. The Finite Element Method, Fifth Edition. Vol.1, The Basic.

Zienkiewicz O C, Xie Y M, Schrefler B A, Ledesma A and Bicanic N, 1990. Static and dynamic behavior of geometerials. A rational approach to quantitative solutions. Part II—semi-saturated problems. Proc. Royal Soc. London A, 429: 311–321.

第 2 章　多孔连续体的材料非线性本构模拟

模型化为多孔连续体的岩土、混凝土、粘土、油田、地质体等材料与填充聚合物类材料在实际工程问题中常呈现复杂的非线性力学本构行为。其重要特征之一是压力相关塑性，即其塑性变形不仅与第二应力不变量（或在某些塑性模型中还与第三应力不变量）有关，且也与第一应力不变量有关。众所周知和广泛应用于表征局部材料点处塑性变形萌生及其发展程度的内状态变量是在以金属材料塑性破坏研究为背景提出的压力无关塑性（如 von-Mises 屈服准则）模型中定义的等效塑性应变（equivalent plastic strain）。在压力相关塑性模型中，采用经典的等效塑性应变定义在理论上有缺陷，在计算估值上会随第一应力不变量在塑性发展中的效应增长而产生较大的偏差。自 20 世纪 70 年代以来对此问题有过一些讨论（Berg, 1972; Li et al., 1994; Duxbury and Li, 1996; Safaeia et al., 2014）。需要指出的是，等效塑性应变不仅作为标量的塑性内状态变量可清晰地表征材料塑性应变与耗散的程度，同时它将控制塑性硬化或软化材料后屈服阶段的演化与发展，它的正确估值具有重要意义。

在岩土类工程材料中描述压力相关塑性的主要基础模型是在 Π 平面与静水压力轴构成的应力参考系中表示为棱锥屈服面的 Mohr-Coulomb 模型与表示为圆锥屈服面的 Drucker-Prager 模型。Mohr-Coulomb 模型不仅与第一和第二应力不变量有关，还与第三应力不变量有关，此外它还计及了拉压屈服强度不相等。但 Mohr-Coulomb 模型屈服面上包含了一系列两个相邻棱锥面交界处的角点。它要求在本构数值模拟中构造特殊的算法以保证在这些角点附近处本构模拟算法的收敛性（Crisfield, 1997）。另一方面，Drucker-Prager 模型的屈服面为一光滑的圆锥面，不存在 Mohr-Coulomb 模型在本构数值模拟时遇到的困难，但它以 Π 平面上与 Mohr-Coulomb 模型的不等边六边形的内接圆或外接圆逼近 Mohr-Coulomb 模型时，意味着在任意给定静水应力条件下假定拉伸与压缩屈服应力在 Π 平面上的投影相等。针对这一情况，本章中还独立于 Mohr-Coulomb 模型，基于单向拉压工作应力分别满足等于给定的（不相等的）拉伸与压缩屈服应力所提供的条件确定 Drucker-Prager 模型光滑圆锥屈服面的内摩擦角与粘性系数等两个材料塑性参数。

在一些专著中，已有从不同角度出发系统描述以压力相关塑性为特征的包括本构模型和算法连续体的计算塑性理论（Crisfield, 1991; 1997; Simo and Hughes,

1998; Zienkiewicz et al, 2005)。

本章主要内容为:(1)从各向异性压力相关的 Hoffman 塑性模型出发,讨论与第一和第二应力不变量有关的塑性各向同性压力相关的修正 von-Mises 塑性模型和 Drucker-Prager 塑性模型。详细论证由基于压力无关塑性模型定义的经典等效塑性应变描述压力相关塑性模型的塑性演化的不合理性。(2)引入一个区别于经典的表示 Cauchy 应力向量的 Cartesian 应力坐标系的新的应力参考系统。为行文方便,称新引入的应力坐标系为自然坐标系。在此基础上,针对 Drucker-Prager 模型提出了基于压力相关塑性模型、也包含压力无关塑性模型的等效塑性应变和与其功共轭的有效应力定义。(3)基于所提出的等效塑性应变定义对 Cosserat 连续体所建立的 Drucker-Prager 塑性模型提出一个非线性本构模拟算法(Li and Tang, 2005):一致性返回映射算法和一致性弹塑性切线模量矩阵;并应用于边坡结构的应变局部化模拟。

2.1 压力相关塑性

依赖于第一应力不变量 I_1 和第二偏应力不变量 J_2 的压力相关塑性模型屈服准则可表示为

$$F = f(I_1, J_2) - k\left(\sigma_{\mathrm{y0}}^{\mathrm{t}}, \sigma_{\mathrm{y0}}^{\mathrm{c}}, h_{\mathrm{p}}, \bar{\varepsilon}_{\mathrm{p}}\right) = 0 \tag{2.1}$$

式中不考虑随动塑性硬化效应和时间相关粘塑性效应。k 表示当前屈服强度,$\sigma_{\mathrm{y0}}^{\mathrm{t}}$,$\sigma_{\mathrm{y0}}^{\mathrm{c}}$ 为材料的初始单向拉伸与压缩屈服强度,h_{p} 为材料随塑性变形发展的硬化或软化参数,$\bar{\varepsilon}_{\mathrm{p}}$ 是作为度量塑性变形程度的内状态变量而定义的等效塑性应变。

2.1.1 Hoffman 屈服准则

Hoffman 屈服准则(Hoffman, 1967; Schellekens and de Borst, 1989; Li el al., 1994b)被定义用以模拟各向异性压力相关材料的塑性破坏。它可以退化为另外三个描述塑性破坏的屈服准则:模拟各向异性压力无关塑性的 Hill 屈服准则(Hill, 1947; de Borst and Feenstra, 1990),模拟各向同性压力相关塑性的修正 von-Mises 屈服准则(Raghava et al., 1973),以及著名的模拟各向同性压力无关塑性的 von-Mises 屈服准则。图 2.1 显示了 Hoffman 准则及其上述各退化准则在主应力空间中的屈服面表示。

Hoffman 屈服准则可表示为如下矩阵–向量形式

$$F = \frac{1}{2}\boldsymbol{\sigma}^{\mathrm{T}}\boldsymbol{P}\boldsymbol{\sigma} + \boldsymbol{p}^{\mathrm{T}}\boldsymbol{\sigma} - \kappa^2 \leqslant 0 \tag{2.2}$$

式中,Cauchy 应力向量在三维连续体中参考 Cartesian 应力坐标系表示为

$$\boldsymbol{\sigma}=\begin{bmatrix}\sigma_{\mathrm{xx}} & \sigma_{\mathrm{yy}} & \sigma_{\mathrm{zz}} & \sigma_{\mathrm{xy}} & \sigma_{\mathrm{yz}} & \sigma_{\mathrm{zx}}\end{bmatrix}^{\mathrm{T}} \tag{2.3}$$

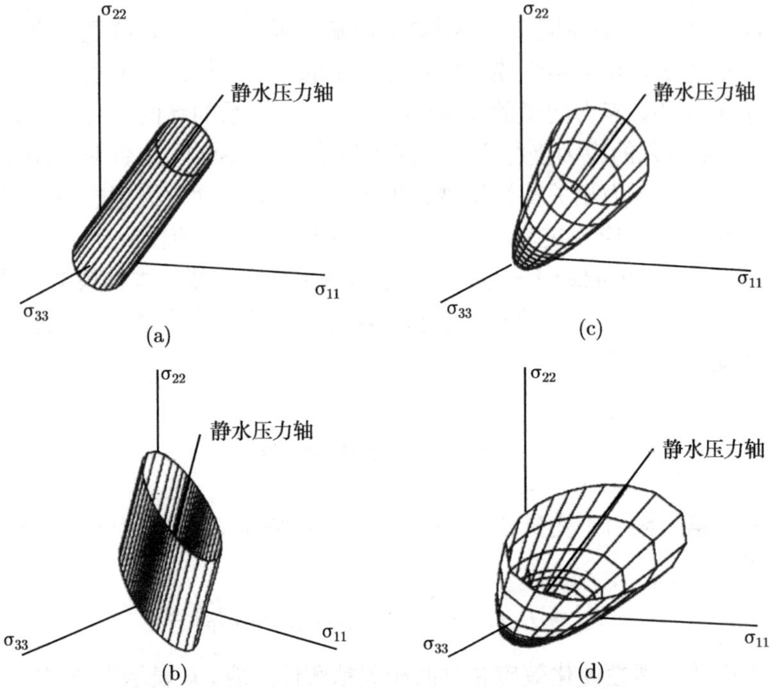

图 2.1　Hoffman 屈服面在主应力空间的几个变体

(a) von Mises 屈服面；(b) Hill 屈服面；(c) 修正 von Mises 屈服面；(d) Hoffman 屈服面

相应地，定义应力势中依赖于偏应力和静水应力的应力势矩阵 $\boldsymbol{P}$ 和应力势向量 $\boldsymbol{p}$ 表示为

$$\boldsymbol{P}=\begin{bmatrix}\alpha_{12}+\alpha_{31} & -\alpha_{12} & -\alpha_{31} & 0 & 0 & 0\\ -\alpha_{12} & \alpha_{12}+\alpha_{23} & -\alpha_{23} & 0 & 0 & 0\\ -\alpha_{31} & -\alpha_{23} & \alpha_{31}+\alpha_{23} & 0 & 0 & 0\\ 0 & 0 & 0 & 6\alpha_{44} & 0 & 0\\ 0 & 0 & 0 & 0 & 6\alpha_{55} & 0\\ 0 & 0 & 0 & 0 & 0 & 6\alpha_{66}\end{bmatrix} \tag{2.4}$$

$$\boldsymbol{p}=\begin{bmatrix}\alpha_{11} & \alpha_{22} & \alpha_{33} & 0 & 0 & 0\end{bmatrix}^{\mathrm{T}} \tag{2.5}$$

应力势矩阵 $\boldsymbol{P}$ 和应力势向量 $\boldsymbol{p}$ 中的系数以相应方向上的拉伸、压缩与剪切屈服应力定义，即

$$\alpha_{12}=\left(\frac{1}{\sigma_{\mathrm{xx}}^{\mathrm{yt}}\sigma_{\mathrm{xx}}^{\mathrm{yc}}}+\frac{1}{\sigma_{\mathrm{yy}}^{\mathrm{yt}}\sigma_{\mathrm{yy}}^{\mathrm{yc}}}-\frac{1}{\sigma_{\mathrm{zz}}^{\mathrm{yt}}\sigma_{\mathrm{zz}}^{\mathrm{yc}}}\right)\kappa^2,\quad \alpha_{23}=\left(\frac{1}{\sigma_{\mathrm{yy}}^{\mathrm{yt}}\sigma_{\mathrm{yy}}^{\mathrm{yc}}}+\frac{1}{\sigma_{\mathrm{zz}}^{\mathrm{yt}}\sigma_{\mathrm{zz}}^{\mathrm{yc}}}-\frac{1}{\sigma_{\mathrm{xx}}^{\mathrm{yt}}\sigma_{\mathrm{xx}}^{\mathrm{yc}}}\right)\kappa^2$$

$$\alpha_{31}=\left(\frac{1}{\sigma_{\rm zz}^{\rm yt}\sigma_{\rm zz}^{\rm yc}}+\frac{1}{\sigma_{\rm xx}^{\rm yt}\sigma_{\rm xx}^{\rm yc}}-\frac{1}{\sigma_{\rm yy}^{\rm yt}\sigma_{\rm yy}^{\rm yc}}\right)\kappa^2,\quad \alpha_{44}=\frac{\kappa^2}{3\left(\sigma_{\rm xy}^{\rm y}\right)^2},\quad \alpha_{55}=\frac{\kappa^2}{3\left(\sigma_{\rm yz}^{\rm y}\right)^2},$$

$$\alpha_{66}=\frac{\kappa^2}{3\left(\sigma_{\rm zx}^{\rm y}\right)^2},\quad \alpha_{11}=\frac{\sigma_{\rm xx}^{\rm yc}-\sigma_{\rm xx}^{\rm yt}}{\sigma_{\rm xx}^{\rm yt}\sigma_{\rm xx}^{\rm yc}}\kappa^2,\quad \alpha_{22}=\frac{\sigma_{\rm yy}^{\rm yc}-\sigma_{\rm yy}^{\rm yt}}{\sigma_{\rm yy}^{\rm yt}\sigma_{\rm yy}^{\rm yc}}\kappa^2,\quad \alpha_{33}=\frac{\sigma_{\rm zz}^{\rm yc}-\sigma_{\rm zz}^{\rm yt}}{\sigma_{\rm zz}^{\rm yt}\sigma_{\rm zz}^{\rm yc}}\kappa^2 \tag{2.6}$$

式中，$\sigma_{\rm xx}^{\rm yt},\sigma_{\rm xx}^{\rm yc}$ 分别为 x 轴方向单向拉伸与压缩屈服应力；$\sigma_{\rm xy}^{\rm y}$ 为 x-y 平面剪切屈服应力，依次类推和认知式 (2.6) 中表示其他屈服应力的上、下标含义。有效屈服应力 κ 定义为

$$\kappa=\left(\sigma^{\rm yt}\sigma^{\rm yc}\right)^{\frac{1}{2}} \tag{2.7}$$

式中，$\sigma^{\rm yt},\sigma^{\rm yc}$ 是正则化拉伸与压缩屈服强度。各向异性压力相关的 Hoffman 屈服面由 $\sigma_{\rm xx}^{\rm yt},\sigma_{\rm xx}^{\rm yc},\sigma_{\rm yy}^{\rm yt},\sigma_{\rm yy}^{\rm yc},\sigma_{\rm zz}^{\rm yt},\sigma_{\rm zz}^{\rm yc}$ 和 $\sigma_{\rm xy}^{\rm y},\sigma_{\rm yz}^{\rm y},\sigma_{\rm zx}^{\rm y}$ 等 9 个单向屈服强度表示。

- Hill 屈服准则

考虑各向异性但压力无关塑性，即 $\sigma_{\rm xx}^{\rm yc}=\sigma_{\rm xx}^{\rm yt}=\sigma_{\rm xx}^{\rm y}$，$\sigma_{\rm yy}^{\rm yc}=\sigma_{\rm yy}^{\rm yt}=\sigma_{\rm yy}^{\rm y}$，$\sigma_{\rm zz}^{\rm yc}=\sigma_{\rm zz}^{\rm yt}=\sigma_{\rm zz}^{\rm y}$，则有 $\boldsymbol{p}\equiv\boldsymbol{0}$；Hoffman 屈服准则退化为 Hill 屈服准则, 即

$$F=\frac{1}{2}\boldsymbol{\sigma}^{\rm T}\boldsymbol{P}\boldsymbol{\sigma}-\kappa^2\leqslant 0 \tag{2.8}$$

且有 $\sigma^{\rm yt}=\sigma^{\rm yc}$，可以定义 $\sigma^{\rm y}=\sigma^{\rm yt}=\sigma^{\rm yc}$，$\kappa^2=(\sigma^{\rm y})^2$, 即有 $\kappa=\sigma^{\rm y}$。应力势矩阵 $\boldsymbol{P}$ 中的非零分量可表示为

$$\begin{aligned}
&\boldsymbol{P}[1,1]=\frac{(\sigma^{\rm y})^2}{(\sigma_{\rm xx}^{\rm y})^2},\quad \boldsymbol{P}[2,2]=\frac{(\sigma^{\rm y})^2}{(\sigma_{\rm yy}^{\rm y})^2},\quad \boldsymbol{P}[3,3]=\frac{(\sigma^{\rm y})^2}{(\sigma_{\rm zz}^{\rm y})^2}\\
&\boldsymbol{P}[1,2]=\boldsymbol{P}[2,1]=-\left(\frac{1}{(\sigma_{\rm xx}^{\rm y})^2}+\frac{1}{(\sigma_{\rm yy}^{\rm y})^2}-\frac{1}{(\sigma_{\rm zz}^{\rm y})^2}\right)(\sigma^{\rm y})^2\\
&\boldsymbol{P}[2,3]=\boldsymbol{P}[3,2]=-\left(\frac{1}{(\sigma_{\rm yy}^{\rm y})^2}+\frac{1}{(\sigma_{\rm zz}^{\rm y})^2}-\frac{1}{(\sigma_{\rm xx}^{\rm y})^2}\right)(\sigma^{\rm y})^2\\
&\boldsymbol{P}[3,1]=\boldsymbol{P}[1,3]=-\left(\frac{1}{(\sigma_{\rm zz}^{\rm y})^2}+\frac{1}{(\sigma_{\rm xx}^{\rm y})^2}-\frac{1}{(\sigma_{\rm yy}^{\rm y})^2}\right)(\sigma^{\rm y})^2\\
&\boldsymbol{P}[4,4]=\frac{2(\sigma^{\rm y})^2}{(\sigma_{\rm xy}^{\rm y})^2},\quad \boldsymbol{P}[5,5]=\frac{2(\sigma^{\rm y})^2}{(\sigma_{\rm yz}^{\rm y})^2},\quad \boldsymbol{P}[6,6]=\frac{2(\sigma^{\rm y})^2}{(\sigma_{\rm zx}^{\rm y})^2}
\end{aligned} \tag{2.9}$$

各向异性压力无关的 Hill 屈服面由 $\sigma_{\rm xx}^{\rm y},\sigma_{\rm yy}^{\rm y},\sigma_{\rm zz}^{\rm y}$ 和 $\sigma_{\rm xy}^{\rm y},\sigma_{\rm yz}^{\rm y},\sigma_{\rm zx}^{\rm y}$ 等六个单向屈服强度表示。各向异性塑性模型中设定的单向屈服强度需保证由它们在应力空间中所形成屈服面为凸。对于 Hill 屈服准则，在主应力空间中设定的单向屈服强度

$\sigma_{11}^{\mathrm{y}},\sigma_{22}^{\mathrm{y}},\sigma_{33}^{\mathrm{y}}$ 需满足如下条件 (Li et al., 1994)

$$\sigma_{ii}^{\mathrm{y}} > \frac{\sigma_{jj}^{\mathrm{y}}\sigma_{kk}^{\mathrm{y}}}{\sigma_{jj}^{\mathrm{y}}+\sigma_{kk}^{\mathrm{y}}} \quad (i \neq j \neq k, \quad i,j,k=1,2,3) \tag{2.10}$$

• 修正 von-Mises 屈服准则

考虑各向同性但压力相关塑性，即 $\sigma_{\mathrm{xx}}^{\mathrm{yt}}=\sigma_{\mathrm{yy}}^{\mathrm{yt}}=\sigma_{\mathrm{zz}}^{\mathrm{yt}}=\sigma^{\mathrm{yt}}$,$\sigma_{\mathrm{xx}}^{\mathrm{yc}}=\sigma_{\mathrm{yy}}^{\mathrm{yc}}=\sigma_{\mathrm{zz}}^{\mathrm{yc}}=\sigma^{\mathrm{yc}}$, 由式 (2.6) 和式 (2.7) 可有 $\alpha_{12}=\alpha_{23}=\alpha_{31}=1$，$\alpha_{11}=\alpha_{22}=\alpha_{33}=\sigma^{\mathrm{yc}}-\sigma^{\mathrm{yt}}$。另外，由纯剪条件下屈服条件 $3J_2=3\left(\sigma_{\mathrm{xy}}^{\mathrm{y}}\right)^2=\kappa^2$ 与式 (2.7)，以及 $\sigma_{\mathrm{xy}}^{\mathrm{y}}=\sigma_{\mathrm{yz}}^{\mathrm{y}}=\sigma_{\mathrm{zx}}^{\mathrm{y}}$, 可有 $\alpha_{44}=\alpha_{55}=\alpha_{66}=1$。Hoffman 屈服准则将退化为修正 von-Mises 屈服准则, 其屈服条件表示为

$$F=\frac{1}{2}\boldsymbol{\sigma}^{\mathrm{T}}\boldsymbol{P}\boldsymbol{\sigma}+\boldsymbol{p}^{\mathrm{T}}\boldsymbol{\sigma}-\kappa^2 \leqslant 0 \tag{2.11}$$

式中

$$\boldsymbol{P}=\begin{bmatrix} 2 & -1 & -1 & 0 & 0 & 0 \\ -1 & 2 & -1 & 0 & 0 & 0 \\ -1 & -1 & 2 & 0 & 0 & 0 \\ 0 & 0 & 0 & 6 & 0 & 0 \\ 0 & 0 & 0 & 0 & 6 & 0 \\ 0 & 0 & 0 & 0 & 0 & 6 \end{bmatrix} \tag{2.12}$$

$$\boldsymbol{p}=\begin{bmatrix}\sigma^{\mathrm{yc}}-\sigma^{\mathrm{yt}} & \sigma^{\mathrm{yc}}-\sigma^{\mathrm{yt}} & \sigma^{\mathrm{yc}}-\sigma^{\mathrm{yt}} & 0 & 0 & 0\end{bmatrix}^{\mathrm{T}} \tag{2.13}$$

• von-Mises 屈服准则

当考虑各向同性的压力无关塑性，Hoffman 屈服准则将进一步退化为著名的 von-Mises 屈服准则，其屈服条件表示为

$$F=\frac{1}{2}\boldsymbol{\sigma}^{\mathrm{T}}\boldsymbol{P}\boldsymbol{\sigma}-\kappa^2 \leqslant 0 \tag{2.14}$$

式中，$\boldsymbol{P}$ 由式 (2.12) 给出, $\kappa^2=(\sigma^{\mathrm{y}})^2$。

2.1.2 Drucker-Prager 屈服准则

除了上述各向异性的 Hoffman 屈服准则和各向同性的修正 von-Mises 屈服准则所描述的两个压力相关塑性模型外，本节将介绍在岩土力学与工程中常用以描述岩土材料压力相关塑性行为的 Drucker-Prager 屈服准则。

定义有效偏应力 q 和静水压力 σ_{h} 如下,

$$q=(3J_2)^{\frac{1}{2}}=\left(\frac{1}{2}\boldsymbol{\sigma}^{\mathrm{T}}\boldsymbol{P}\boldsymbol{\sigma}\right)^{\frac{1}{2}} \tag{2.15}$$

$$\sigma_{\mathrm{h}}=\frac{I_1}{\sqrt{3}}=\frac{\sigma_{\mathrm{xx}}+\sigma_{\mathrm{yy}}+\sigma_{\mathrm{zz}}}{\sqrt{3}}=\frac{3\sigma_{\mathrm{m}}}{\sqrt{3}}=\sqrt{3}\sigma_{\mathrm{m}} \tag{2.16}$$

在 von-Mises 屈服准则中 q 被定义为有效应力 $\bar{\sigma}$。式 (2.16) 中定义了平均正应力 $\sigma_{\mathrm{m}}=(\sigma_{\mathrm{xx}}+\sigma_{\mathrm{yy}}+\sigma_{\mathrm{zz}})/3$。考虑各向同性塑性，其中应力势矩阵 $\boldsymbol{P}$ 可由式 (2.12) 给定。q 在 Cartesian 应力坐标系下以式 (2.3) 中所示应力分量表示可写成

$$q=\left(\sigma_{\mathrm{xx}}^2+\sigma_{\mathrm{yy}}^2+\sigma_{\mathrm{zz}}^2-\sigma_{\mathrm{xx}}\sigma_{\mathrm{yy}}-\sigma_{\mathrm{yy}}\sigma_{\mathrm{zz}}-\sigma_{\mathrm{zz}}\sigma_{\mathrm{xx}}+3\sigma_{\mathrm{xy}}^2+3\sigma_{\mathrm{yz}}^2+3\sigma_{\mathrm{zx}}^2\right)^{\frac{1}{2}} \tag{2.17}$$

Drucker-Prager 屈服准则可表示为如下形式

$$F=q+A_{\phi}\sigma_{\mathrm{h}}+B\leqslant 0 \tag{2.18}$$

材料参数 A_{ϕ} 和 B 可以由大量的实验数据确定。由单向压缩和拉伸实验可分别确定压力相关塑性材料的两个不同的屈服应力 $\sigma^{\mathrm{yc}},\sigma^{\mathrm{yt}}$。利用式 (2.16) 和式 (2.17)，将它们分别代入式 (2.18)，可得到下面两个可联立求解 A_{ϕ} 和 B 的方程

$$F=\sigma^{\mathrm{yc}}-A_{\phi}\frac{\sigma^{\mathrm{yc}}}{\sqrt{3}}+B=0 \tag{2.19}$$

$$F=\sigma^{\mathrm{yt}}+A_{\phi}\frac{\sigma^{\mathrm{yt}}}{\sqrt{3}}+B=0 \tag{2.20}$$

由此可得到式 (2.18) 中材料参数

$$A_{\phi}=\frac{\sqrt{3}\left(\sigma^{\mathrm{yc}}-\sigma^{\mathrm{yt}}\right)}{\sigma^{\mathrm{yc}}+\sigma^{\mathrm{yt}}},\quad B=\frac{-2\sigma^{\mathrm{yc}}\sigma^{\mathrm{yt}}}{\sigma^{\mathrm{yc}}+\sigma^{\mathrm{yt}}} \tag{2.21}$$

另一个确定材料参数 A_{ϕ} 和 B 的思路是把 Drucker-Prager 屈服准则视为 Mohr-Coulomb 屈服准则的一个近似。Mohr-Coulomb 准则以最大允许剪应力定义材料塑性屈服。在 Π 平面上 Mohr-Coulomb 准则形成了一个如图 2.2 所示的不规则六边形。

Drucker-Prager 屈服面与 Π 平面相截交的围线是以 Π 平面坐标原点为中心的两个同心圆，其一为与不规则六边形中表征三个各向同性单向拉伸屈服强度的内顶点拟合的内接圆，而另一个与不规则六边形中表征三个各向同性的单向压缩屈服强度的外顶点拟合的外接圆。当 Drucker-Prager 屈服准则考虑为 Mohr-Coulomb 屈服准则的光顺近似，用 I_1, J_2 和材料参数 $A^*(k), B^*(k)$ 表示的 Drucker-Prager 屈服准则能表示为（Crisfield, 1997; Zienkiewicz et al., 2005）

$$F\left(I_1,J_2,A_{\phi}^*(k),B^*(k)\right)=\sqrt{J_2}+A^*I_1+B^*\leqslant 0 \tag{2.22}$$

式中，$J_2 = q^2/3, I_1 = \sqrt{3}\sigma_h$。

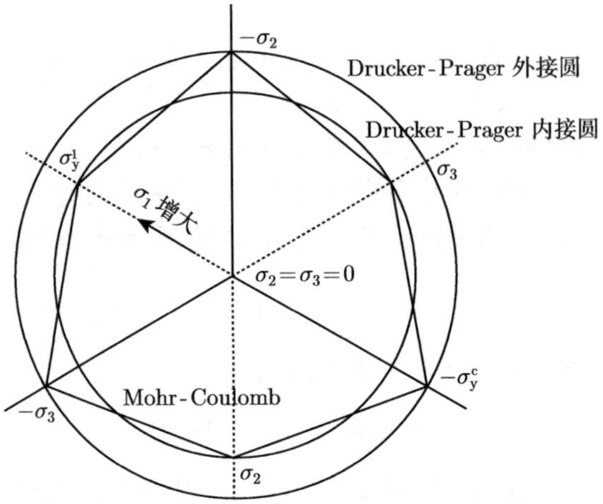

图 2.2　Mohr-Coulomb 和 Drucker-Prager 屈服准则在 Π 平面上的投影

图 2.3 中给出了各向同性条件下单向拉伸和压缩屈服强度 σ^{yt},σ^{yc} 与定义 Mohr-Coulomb 屈服准则的材料参数：粘性系数 c 和摩擦角 ϕ。由此得到利用式 (2.22) 表示的 Drucker-Prager 屈服准则所需提供的材料参数 A_ϕ^* 和 B^* 如下：

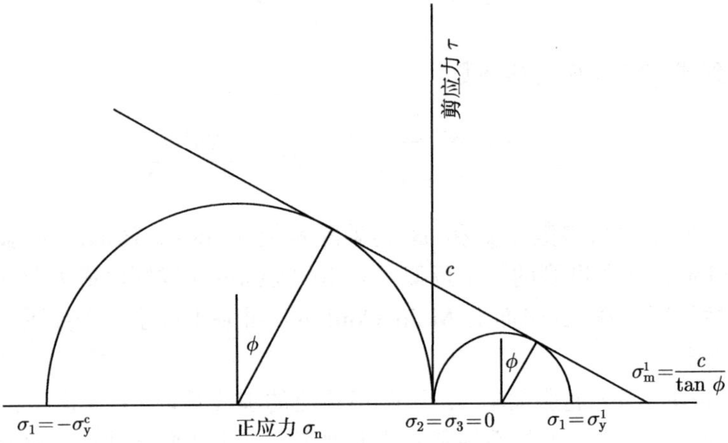

图 2.3　Mohr-Coulomb 屈服准则中的 Mohr 圆表示

• Drucker-Prager 屈服面与描述 Mohr-Coulomb 屈服面在 Π 平面上投影的不规则六边形的三个内顶点拟合：

$$A_\phi^* = \frac{2\sin\phi}{\sqrt{3}(3+\sin\phi)},\quad B^* = \frac{-6c\cos\phi}{\sqrt{3}(3+\sin\phi)} \tag{2.23}$$

• Drucker-Prager 屈服面与描述 Mohr-Coulomb 屈服面的不规则六边形的三个外顶点拟合：

$$A_{\phi}^{*}=\frac{2\sin\phi}{\sqrt{3}(3-\sin\phi)},\quad B^{*}=\frac{-6c\cos\phi}{\sqrt{3}(3-\sin\phi)} \tag{2.24}$$

当 Drucker-Prager 屈服准则以式 (2.18) 用 $\sigma_{\mathrm{h}}, q, A_{\phi}, B$ 表示，由于 $\sigma_{\mathrm{h}}=\dfrac{I_1}{\sqrt{3}}$，$q=\sqrt{3J_2}$，作为 Mohr-Coulomb 屈服准则的近似表示，式 (2.18) 中的材料参数 A_{ϕ}, B 可表示为

$$A_{\phi}=\frac{6\sin\phi}{\sqrt{3}(3\pm\sin\phi)},\quad B=\frac{-6c\cos\phi}{3\pm\sin\phi} \tag{2.25}$$

除上述以外接圆与内接圆方式将 Drucker-Prager 屈服面与 Mohr-Coulomb 屈服面拟合，还有以等面积方式拟合等其他方式。这些拟合方式的选择、相关物理力学意义及误差分析可参看（楚锡华等，2009a; 2009b）。

2.1.3 塑性流动法则与等效塑性应变增量

当以材料局部点的应力状态描述的标量函数 $f(\boldsymbol{\sigma})$ 达到屈服准则所规定的屈服强度 $k(k_0, h_{\mathrm{p}}, \bar{\varepsilon}_{\mathrm{p}})$，即

$$F=f(\boldsymbol{\sigma})-k(k_0, h_{\mathrm{p}}, \bar{\varepsilon}_{\mathrm{p}})=0 \tag{2.26}$$

材料局部点处将萌发塑性应变 ($\bar{\varepsilon}_{\mathrm{p}}=0$) 或发生塑性应变的进一步发展 ($\bar{\varepsilon}_{\mathrm{p}}>0$)。屈服强度 k 依赖于描述材料初始微结构及其力学性质的材料初始屈服强度 k_0 和塑性硬化 ($h_{\mathrm{p}}>0$) 或软化 ($h_{\mathrm{p}}<0$) 系数，且随着作为描述材料塑性变形发展程度的内状态变量的等效塑性应变 $\bar{\varepsilon}_{\mathrm{p}}$ 而变化。

先考虑关联塑性流动，塑性应变增量 $\Delta\boldsymbol{\varepsilon}_{\mathrm{p}}$ 服从如下 Prandtl-Reuss 流动法则

$$\Delta\boldsymbol{\varepsilon}_{\mathrm{p}}=\Delta\lambda\frac{\partial F}{\partial\boldsymbol{\sigma}},\quad \Delta\lambda>0 \tag{2.27}$$

式中参考 Cartesian 应力坐标系表示的增量塑性应变向量表示为

$$\Delta\boldsymbol{\varepsilon}_{\mathrm{p}}=\begin{bmatrix}\Delta\varepsilon_{\mathrm{xx}}^{\mathrm{p}} & \Delta\varepsilon_{\mathrm{yy}}^{\mathrm{p}} & \Delta\varepsilon_{\mathrm{zz}}^{\mathrm{p}} & \Delta\varepsilon_{\mathrm{xy}}^{\mathrm{p}} & \Delta\varepsilon_{\mathrm{yz}}^{\mathrm{p}} & \Delta\varepsilon_{\mathrm{zx}}^{\mathrm{p}}\end{bmatrix}^{\mathrm{T}} \tag{2.28}$$

式 (2.27) 中 F 为屈服函数，$\Delta\lambda$ 定义为表征增量塑性应变的非负标量乘子。

把 von-Mises 屈服准则 (2.14) 代入式 (2.27), von-Mises 屈服准则的塑性应变增量 $\Delta\boldsymbol{\varepsilon}_{\mathrm{p}}$ 可表示为

$$\Delta\boldsymbol{\varepsilon}_{\mathrm{p}}=\frac{\Delta\lambda}{2q}\boldsymbol{P}\boldsymbol{\sigma} \tag{2.29}$$

令 $\Delta\bar{\varepsilon}_{\rm p}$ 表示等效塑性应变增量，通常定义为

$$\Delta\bar{\varepsilon}_{\rm p} = \left(\frac{2}{3}\Delta\boldsymbol{\varepsilon}_{\rm p}^{\rm T}\boldsymbol{M}\Delta\boldsymbol{\varepsilon}_{\rm p}\right)^{\frac{1}{2}} \tag{2.30}$$

式中，$\boldsymbol{M}$ 是考虑将两个应变张量双点积以相应于它们的应变向量点积表示而引入的常数对角线矩阵，即

$$\boldsymbol{M} = \begin{bmatrix} 1 & 0 & 0 & 0 & 0 & 0 \\ 0 & 1 & 0 & 0 & 0 & 0 \\ 0 & 0 & 1 & 0 & 0 & 0 \\ 0 & 0 & 0 & \dfrac{1}{2} & 0 & 0 \\ 0 & 0 & 0 & 0 & \dfrac{1}{2} & 0 \\ 0 & 0 & 0 & 0 & 0 & \dfrac{1}{2} \end{bmatrix} \tag{2.31}$$

由表达式 (2.30) 所定义的等效塑性应变增量的正确性将由是否满足如下 von-Mises 屈服准则的增量塑性功等价条件

$$\boldsymbol{\sigma}^{\rm T}\Delta\boldsymbol{\varepsilon}_{\rm p} = \bar{\sigma}\Delta\bar{\varepsilon}_{\rm p} \tag{2.32}$$

判定，式 (2.32) 中 $\bar{\sigma}$ 表示有效应力。利用式 (2.29)，式 (2.32) 的等号左端 $\boldsymbol{\sigma}^{\rm T}\Delta\varepsilon_{\rm p}$ 可表示为

$$\boldsymbol{\sigma}^{\rm T}\Delta\boldsymbol{\varepsilon}_{\rm p} = \frac{\Delta\lambda}{2q}\boldsymbol{\sigma}^{\rm T}\boldsymbol{P}\boldsymbol{\sigma} \tag{2.33}$$

另一方面，利用式 (2.31) 和以式 (2.12) 表示的矩阵 $\boldsymbol{P}$ 可得到如下关系式

$$\boldsymbol{PMP} = 3\boldsymbol{P} \tag{2.34}$$

利用式 (2.15) 所定义的有效偏应力 q 和式 (2.30) 所定义的等效塑性应变增量 $\Delta\bar{\varepsilon}_{\rm p}$，以及利用式 (2.33) 所表示的 $\boldsymbol{\sigma}^{\rm T}\Delta\boldsymbol{\varepsilon}_{\rm p}$，式 (2.32) 可改写为

$$\begin{aligned}\boldsymbol{\sigma}^{\rm T}\Delta\boldsymbol{\varepsilon}_{\rm p} &= \frac{\Delta\lambda}{2q}\boldsymbol{\sigma}^{\rm T}\boldsymbol{P}\boldsymbol{\sigma} = \bar{\sigma}\Delta\bar{\varepsilon}_{\rm p} = \bar{\sigma}\left(\frac{2}{3}\Delta\boldsymbol{\varepsilon}_{\rm p}^{\rm T}\boldsymbol{M}\Delta\boldsymbol{\varepsilon}_{\rm p}\right)^{\frac{1}{2}} \\ &= \bar{\sigma}\frac{\Delta\lambda}{2q}\left(\frac{2}{3}\boldsymbol{\sigma}^{\rm T}\boldsymbol{PMP}\boldsymbol{\sigma}\right)^{\frac{1}{2}} = \bar{\sigma}\frac{\Delta\lambda}{2q}\left(2\boldsymbol{\sigma}^{\rm T}\boldsymbol{P}\boldsymbol{\sigma}\right)^{\frac{1}{2}}\end{aligned} \tag{2.35}$$

由式 (2.35) 可导出在压力无关的 von-Mises 屈服准则下成立的有效应力定义

$$\bar{\sigma} = q = \left(\frac{1}{2}\boldsymbol{\sigma}^{\rm T}\boldsymbol{P}\boldsymbol{\sigma}\right)^{\frac{1}{2}} \tag{2.36}$$

同时也证明了以式 (2.30) 所定义的等效塑性应变增量可有效地表征 von-Mises 屈服准则中增量塑性应变向量。

假定一个在 x-y 平面的纯剪应力状态 $\boldsymbol{\sigma}=\begin{bmatrix}\sigma & -\sigma & 0 & 0 & 0 & 0\end{bmatrix}^{\mathrm{T}}$，$\sigma>0$。由式 (2.15) 和式 (2.17) 有 $\bar{\sigma}=q=\sqrt{3}\sigma$; 由式 (2.29) 可计算得到 $\Delta\boldsymbol{\varepsilon}_{\mathrm{p}}=\Delta\lambda\begin{bmatrix}\dfrac{\sqrt{3}}{2} & -\dfrac{\sqrt{3}}{2} & 0 & 0 & 0 & 0\end{bmatrix}^{\mathrm{T}}$。另一方面，由式 (2.30) 和纯剪状态所算得的 $\Delta\boldsymbol{\varepsilon}_{\mathrm{p}}$ 可以得到 $\Delta\bar{\varepsilon}_{\mathrm{p}}=\Delta\lambda$。值得注意的是，$\Delta\bar{\varepsilon}_{\mathrm{p}}=\Delta\lambda\neq\Delta\varepsilon_{\mathrm{xx}}^{\mathrm{p}}=\dfrac{\sqrt{3}}{2}\Delta\lambda$，$\Delta\bar{\varepsilon}_{\mathrm{p}}=\Delta\lambda\neq\Delta\varepsilon_{\mathrm{yy}}^{\mathrm{p}}=-\dfrac{\sqrt{3}}{2}\Delta\lambda$。由式 (2.30) 和式 (2.15) 所分别定义的等效塑性应变和有效应力的正确性由在压力无关塑性 von-Mises 屈服准则中满足增量塑性功共轭式 (2.32) 得以验证。

然后审视对于压力相关塑性模型，例如式 (2.18) 所表示的 Drucker-Prager 模型, 式 (2.30) 表示的等效增量塑性应变定义是否有效。由 Prandtl-Reuss 流动法则，Drucker-Prager 屈服准则的增量塑性应变向量可表示为

$$\Delta\boldsymbol{\varepsilon}_{\mathrm{p}}=\Delta\lambda\frac{\partial F}{\partial\boldsymbol{\sigma}}=\Delta\lambda\left(\frac{\partial F}{\partial q}\frac{\partial q}{\partial\boldsymbol{\sigma}}+\frac{\partial F}{\partial\sigma_{\mathrm{h}}}\frac{\partial\sigma_{\mathrm{h}}}{\partial\boldsymbol{\sigma}}\right)=\Delta\lambda\left(\frac{1}{2q}\boldsymbol{P}\boldsymbol{\sigma}+\frac{A_{\phi}}{\sqrt{3}}\boldsymbol{m}\right)\tag{2.37}$$

与此增量塑性应变向量相关联的增量塑性功可计算得到

$$\boldsymbol{\sigma}^{\mathrm{T}}\Delta\boldsymbol{\varepsilon}_{\mathrm{p}}=\Delta\lambda\left(\frac{1}{2q}\boldsymbol{\sigma}^{\mathrm{T}}\boldsymbol{P}\boldsymbol{\sigma}+\frac{A_{\phi}}{\sqrt{3}}\boldsymbol{\sigma}^{\mathrm{T}}\boldsymbol{m}\right)=\Delta\lambda\left(q+A_{\phi}\sigma_{\mathrm{h}}\right)\tag{2.38}$$

而若由式 (2.30) 定义的增量等效塑性应变公式表征增量塑性应变向量效应，利用式 (2.37) 所示的 $\Delta\boldsymbol{\varepsilon}_{\mathrm{p}}$ 表达式，则有

$$\Delta\bar{\varepsilon}_{\mathrm{p}}=\Delta\lambda\left[\frac{2}{3}\left(\frac{1}{2q}\boldsymbol{\sigma}^{\mathrm{T}}\boldsymbol{P}+\frac{A_{\phi}}{\sqrt{3}}\boldsymbol{m}^{\mathrm{T}}\right)\boldsymbol{M}\left(\frac{1}{2q}\boldsymbol{P}\boldsymbol{\sigma}+\frac{A_{\phi}}{\sqrt{3}}\boldsymbol{m}\right)\right]^{\frac{1}{2}}\tag{2.39}$$

注意到式 (2.34) 及

$$\boldsymbol{P}\boldsymbol{M}\boldsymbol{m}=0,\quad \boldsymbol{m}^{\mathrm{T}}\boldsymbol{M}\boldsymbol{P}=0,\quad \boldsymbol{m}^{\mathrm{T}}\boldsymbol{M}\boldsymbol{m}=3\tag{2.40}$$

由式 (2.39) 可得到

$$\Delta\bar{\varepsilon}_{\mathrm{p}}=\Delta\lambda\left(1+A_{\phi}^{2}\right)^{\frac{1}{2}}\tag{2.41}$$

由此得到在经典塑性理论中以有效应力与等效塑性应变增量表示的塑性功增量

$$\bar{\sigma}\Delta\bar{\varepsilon}_{\mathrm{p}}=\Delta\lambda q\left(1+A_{\phi}^{2}\right)^{\frac{1}{2}}\tag{2.42}$$

显然它与如式 (2.38) 所示，直接利用经典塑性理论中以应力与塑性应变增量表示的增量塑性功结果不符。若将基于压力无关塑性模型所定义的由式 (2.30) 表示的等效塑性应变应用于压力相关塑性模型的 Drucker-Prager 屈服准则，$\boldsymbol{\sigma}^{\mathrm{T}}\Delta\boldsymbol{\varepsilon}_{\mathrm{p}} \neq \bar{\sigma}\Delta\bar{\varepsilon}_{\mathrm{p}}$，即式 (2.32) 不再成立。可以看到，与式 (2.38) 所示的塑性功增量不同，由式 (2.42) 所示的增量塑性功与静水压力 (第一应力不变量) 水平无关，这在压力相关塑性模型中显然是不恰当的。

此外，我们可以注意到，在由式 (2.3) 所表示的 x 轴向单向拉伸应力状态下，即 $\sigma_{\mathrm{xx}} = \sigma > 0$，其余应力分量皆为零的情况下，由式 (2.37) 计算的塑性应变增量为

$$\Delta\boldsymbol{\varepsilon}_{\mathrm{p,t}} = \Delta\lambda\begin{bmatrix}1+\dfrac{A_{\phi}}{\sqrt{3}} & -\dfrac{1}{2}+\dfrac{A_{\phi}}{\sqrt{3}} & -\dfrac{1}{2}+\dfrac{A_{\phi}}{\sqrt{3}} & 0 & 0 & 0\end{bmatrix}^{\mathrm{T}} \tag{2.43}$$

由式 (2.41) 给出的等效塑性应变增量与在 x 轴向单向拉伸应力状态下式 (2.43) 所示的 x 轴向塑性应变增量缺乏关联性。

式 (2.37) 前乘 $\boldsymbol{m}^{\mathrm{T}}$ 可以计算增量塑性体积应变 $\Delta\varepsilon_{\mathrm{p}}^{\mathrm{v}}$，即

$$\Delta\varepsilon_{\mathrm{p}}^{\mathrm{v}} = \boldsymbol{m}^{\mathrm{T}}\Delta\boldsymbol{\varepsilon}_{\mathrm{p}} = \sqrt{3}\Delta\lambda A_{\phi} \tag{2.44}$$

式 (2.44) 表明增量塑性体积应变是正的，即有塑性体积膨胀。这与岩石和土体在破坏前观察到的塑性体积膨胀现象是一致的，但实验表明塑性体积膨胀的值没有如式 (2.44) 所估计的那么大（王仁等，1982）。这是在唯象理论中采用非关联塑性流动法的重要理由。

塑性应变增量 $\Delta\boldsymbol{\varepsilon}_{\mathrm{p}}$ 的非关联塑性流动法则表示为

$$\Delta\boldsymbol{\varepsilon}_{\mathrm{p}} = \Delta\lambda\frac{\partial\Psi}{\partial\boldsymbol{\sigma}} \tag{2.45}$$

式中，Ψ 被称为塑性势函数。通常，塑性势函数取为如下具有和屈服函数 F 相同形式的表达式

$$\Psi = q + A_{\psi}\sigma_{\mathrm{h}} + B \tag{2.46}$$

式 (2.45) 所表示的塑性应变增量 $\Delta\boldsymbol{\varepsilon}_{\mathrm{p}}$ 可进一步写成

$$\Delta\boldsymbol{\varepsilon}_{\mathrm{p}} = \Delta\lambda\frac{\partial\Psi}{\partial\boldsymbol{\sigma}} = \Delta\lambda\left(\frac{1}{2q}\boldsymbol{P}\boldsymbol{\sigma} + \frac{A_{\psi}}{\sqrt{3}}\boldsymbol{m}\right) \tag{2.47}$$

因此在非关联塑性流动法则下增量塑性体积应变 $\Delta\varepsilon_{\mathrm{p}}^{\mathrm{v}}$ 可表示为

$$\Delta\varepsilon_{\mathrm{p}}^{\mathrm{v}} = \sqrt{3}\Delta\lambda A_{\psi} \tag{2.48}$$

式中，A_ψ 可利用塑性势角 ψ 按相同于利用内摩擦角 ϕ 计算 A_ϕ 的公式 (2.25) 计算。若采用 Drucker-Prager 屈服函数中定义的内摩擦角 ϕ 按式 (2.44) 计算塑性体积应变过大，以塑性势函数中定义的取值小于 ϕ 的 ψ 和利用式 (2.48) 计算增量塑性体积应变即可改善这个状况。

2.2 自然坐标系及 Drucker-Prager 模型

等效塑性应变不仅能以标量形式清晰表征材料局部点处塑性破坏的程度，同时它将在塑性硬化或软化材料中控制塑性屈服面的演化和塑性变形萌发后的进一步发展。2.1 节已提出了基于压力无关的 von-Mises 屈服准则提出的等效塑性应变定义的局限性。因此提出了如何定义能计及压力相关塑性模型（例如 Drucker-Prager 塑性模型）中第一应力不变量效应的等效塑性应变的问题。

2.2.1 自然坐标系和应力向量变换

本小节将首先提出一个区别于传统的 Cartesian 应力坐标系的新的参考应力坐标系：自然坐标系。它是一个“静水应力–偏应力”参考坐标系和传统的 Cartesian 参考应力坐标系的结合。如式 (2.3) 所示的 Cauchy 应力向量中的正应力分量将从 Cartesian 参考应力坐标系表示转化为“静水应力–偏应力”参考坐标系表示，如图 2.4 所示。而 Cauchy 应力向量中的剪应力分量还保持为参考 Cartesian 应力坐标系表示。

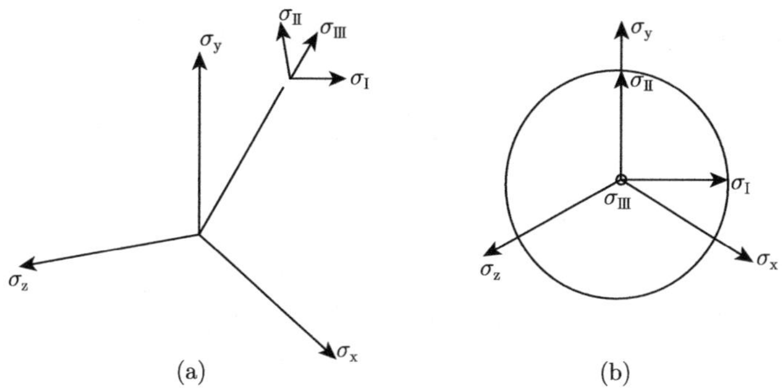

图 2.4 正应力坐标转换

(a) 一般视角；(b) Π 平面投影

Cauchy 应力向量参考 Cartesian 应力坐标系的表示如式 (2.3) 所示，而 Cauchy 应力向量参考自然坐标系的表示如下：

$$\hat{\boldsymbol{\sigma}} = \begin{bmatrix} \sigma_{\mathrm{I}} & \sigma_{\mathrm{II}} & \sigma_{\mathrm{h}} & \sigma_{\mathrm{xy}} & \sigma_{\mathrm{yz}} & \sigma_{\mathrm{zx}} \end{bmatrix}^{\mathrm{T}} \tag{2.49}$$

需要说明的式 (2.3) 所表示的黑体 $\boldsymbol{\sigma}$ 和式 (2.49) 所表示的黑体 $\hat{\boldsymbol{\sigma}}$ 是同一 Cauchy 应力向量，但它们参考应力空间中不同应力坐标系、因而具有不同的应力分量表示。它们之间的变换可表示为

$$\hat{\boldsymbol{\sigma}} = \boldsymbol{T}\boldsymbol{\sigma} \tag{2.50}$$

式中，变换矩阵 $\boldsymbol{T}$ 可定义为

$$\boldsymbol{T} = \begin{bmatrix} \frac{1}{\sqrt{2}} & 0 & -\frac{1}{\sqrt{2}} & 0 & 0 & 0 \\ -\frac{1}{\sqrt{6}} & \sqrt{\frac{2}{3}} & -\frac{1}{\sqrt{6}} & 0 & 0 & 0 \\ \frac{1}{\sqrt{3}} & \frac{1}{\sqrt{3}} & \frac{1}{\sqrt{3}} & 0 & 0 & 0 \\ 0 & 0 & 0 & 1 & 0 & 0 \\ 0 & 0 & 0 & 0 & 1 & 0 \\ 0 & 0 & 0 & 0 & 0 & 1 \end{bmatrix} \tag{2.51}$$

式 (2.51) 表示剪应力分量 $\sigma_{\mathrm{xy}}, \sigma_{\mathrm{yz}}, \sigma_{\mathrm{zx}}$ 没有变换。由于 $\boldsymbol{T}$ 是笛卡儿变换，它的逆矩阵可简单地由它的转置矩阵确定，即

$$\boldsymbol{T}^{-1} = \boldsymbol{T}^{\mathrm{T}} \tag{2.52}$$

2.2.2 自然坐标系下的压力相关 Drucker-Prage 塑性模型的等效塑性应变定义

由式 (2.50) 和式 (2.52)，在自然坐标系下体现偏应力效应的 q 可表示为

$$q = \left(\frac{1}{2}\boldsymbol{\sigma}^{\mathrm{T}}\boldsymbol{P}\boldsymbol{\sigma}\right)^{\frac{1}{2}} = \left(\frac{1}{2}\hat{\boldsymbol{\sigma}}^{\mathrm{T}}\boldsymbol{T}\boldsymbol{P}\boldsymbol{T}^{\mathrm{T}}\hat{\boldsymbol{\sigma}}\right)^{\frac{1}{2}} = \left(\frac{1}{2}\hat{\boldsymbol{\sigma}}^{\mathrm{T}}\hat{\boldsymbol{P}}\hat{\boldsymbol{\sigma}}\right)^{\frac{1}{2}} \tag{2.53}$$

式中

$$\hat{\boldsymbol{P}} = \begin{bmatrix} 3 & 0 & 0 & 0 & 0 & 0 \\ 0 & 3 & 0 & 0 & 0 & 0 \\ 0 & 0 & 0 & 0 & 0 & 0 \\ 0 & 0 & 0 & 6 & 0 & 0 \\ 0 & 0 & 0 & 0 & 6 & 0 \\ 0 & 0 & 0 & 0 & 0 & 6 \end{bmatrix} \tag{2.54}$$

式 (2.53) 所示 q 的显式表示可写为

$$q = \sqrt{\frac{3}{2}\left(\sigma_{\mathrm{I}}^2 + \sigma_{\mathrm{II}}^2\right) + 3\left(\sigma_{\mathrm{xy}}^2 + \sigma_{\mathrm{yz}}^2 + \sigma_{\mathrm{zx}}^2\right)} \tag{2.55}$$

在参考自然坐标系表示的 Drucker-Prager 屈服准则中，考虑非关联塑性，定义增量塑性应变为

$$\begin{aligned}\Delta\hat{\boldsymbol{\varepsilon}}_{\rm p}&=\begin{bmatrix}\Delta\varepsilon_{\rm I}^{\rm p} & \Delta\varepsilon_{\rm II}^{\rm p} & \Delta\varepsilon_{\rm h}^{\rm p} & \Delta\varepsilon_{\rm xy}^{\rm p} & \Delta\varepsilon_{\rm yz}^{\rm p} & \Delta\varepsilon_{\rm zx}^{\rm p}\end{bmatrix}^{\rm T}\\&=\Delta\lambda\frac{\partial\Psi}{\partial\hat{\boldsymbol{\sigma}}}=\Delta\lambda\left(\frac{\partial\Psi}{\partial q}\frac{\partial q}{\partial\hat{\boldsymbol{\sigma}}}+\frac{\partial\Psi}{\partial\sigma_{\rm h}}\frac{\partial\sigma_{\rm h}}{\partial\hat{\boldsymbol{\sigma}}}\right)=\Delta\lambda\left(\frac{1}{2q}\hat{\boldsymbol{P}}\hat{\boldsymbol{\sigma}}+A_{\psi}\mathbf{1}_{\rm h}\right)\end{aligned}\tag{2.56}$$

式中

$$\mathbf{1}_{\rm h}=\begin{bmatrix}0 & 0 & 1 & 0 & 0 & 0\end{bmatrix}^{\rm T}\tag{2.57}$$

式 (2.56) 能展开以它的分量表示为

$$\Delta\hat{\boldsymbol{\varepsilon}}_{\rm p}=\Delta\lambda\begin{bmatrix}\dfrac{3\sigma_{\rm I}}{2q} & \dfrac{3\sigma_{\rm II}}{2q} & A_{\psi} & \dfrac{3\sigma_{\rm xy}}{q} & \dfrac{3\sigma_{\rm yz}}{q} & \dfrac{3\sigma_{\rm zx}}{q}\end{bmatrix}^{\rm T}\tag{2.58}$$

利用参考自然坐标系的 Cauchy 应力向量表示式 (2.49) 和增量塑性应变向量表达式 (2.58) 及式 (2.55)，一个局部材料点的增量塑性功可表示成

$$\begin{aligned}\hat{\boldsymbol{\sigma}}^{\rm T}\Delta\hat{\boldsymbol{\varepsilon}}_{\rm p}&=\Delta\lambda\left(\frac{3\sigma_{\rm I}^2}{2q}+\frac{3\sigma_{\rm II}^2}{2q}+A_{\psi}\sigma_{\rm h}+\frac{3\sigma_{\rm xy}^2}{q}+\frac{3\sigma_{\rm yz}^2}{q}+\frac{3\sigma_{\rm zx}^2}{q}\right)\\&=\Delta\lambda\left(\frac{3}{2q}\left(\sigma_{\rm I}^2+\sigma_{\rm II}^2+2\sigma_{\rm xy}^2+2\sigma_{\rm yz}^2+2\sigma_{\rm zx}^2\right)+A_{\psi}\sigma_{\rm h}\right)\\&=\Delta\lambda q+\Delta\lambda A_{\psi}\frac{1}{\sqrt{3}}I_1=\begin{bmatrix}q & I_1\end{bmatrix}\begin{Bmatrix}\Delta\lambda\\ \Delta\lambda\dfrac{A_{\psi}}{\sqrt{3}}\end{Bmatrix}\end{aligned}\tag{2.59}$$

从式 (2.59) 可以看到，在参考自然坐标系的压力相关 Drucker-Prager 塑性模型表示中有效应力和等效塑性应变增量均应是分别包含两个标量的向量。两个分量分别代表相应的第一和第二不变量部分，即偏应力 q、偏塑性应变增量 $\Delta\lambda$ 和体积应力 $I_1(\sigma_{\rm h})$、体积塑性应变增量 $\Delta\lambda\dfrac{A_{\psi}}{\sqrt{3}}$ 的部分。因此，在保证满足表示增量塑性功等价的式 (2.32) 的前提下有效应力和等效塑性应变的定义不是唯一的。鉴于等效塑性应变及其演变将直接决定材料的后屈服的硬化或软化路径，我们要首先保证所定义的等效塑性应变增量在不同应力状态下能正确表征塑性应变向量。而判断基于增量塑性功等价的式 (2.32) 和已首先定义的等效塑性应变而定义的功共轭有效应力是否恰当主要视其他能否表征应力向量所体现的应力强度。

对于关联和非关联 Drucker-Prager 塑性模型，基于 Duxbury and Li（1996）的工作，这里定义了综合如式 (2.59) 中所示的偏塑性应变增量和体积塑性应变增量两部分的等效塑性应变增量 $\Delta\bar{\varepsilon}_{\mathrm{p}}$，即

$$\Delta\bar{\varepsilon}_{\mathrm{p}} = \Delta\lambda\left(\mathcal{H}(q) + \mathcal{H}(|\sigma_{\mathrm{h}}|)\frac{\sigma_{\mathrm{h}}}{|\sigma_{\mathrm{h}}|}\frac{A_{\phi}}{\sqrt{3}}\right) \quad \text{(对于关联 Drucker-Prager 塑性模型)},$$

$$\text{或 } \Delta\bar{\varepsilon}_{\mathrm{p}} = \Delta\lambda\left(\mathcal{H}(q) + \mathcal{H}(|\sigma_{\mathrm{h}}|)\frac{\sigma_{\mathrm{h}}}{|\sigma_{\mathrm{h}}|}\frac{A_{\psi}}{\sqrt{3}}\right) \quad \text{(对于非关联 Drucker-Prager 塑性模型)} \tag{2.60}$$

式中，$\mathcal{H}(q)$ 和 $\mathcal{H}(|\sigma_{\mathrm{h}}|)$ 分别为 q 和 $|\sigma_{\mathrm{h}}|$ 的 Heaviside 函数，$|\sigma_{\mathrm{h}}|$ 是 σ_{h} 的绝对值。由于 $q \geqslant 0$ 和 $|\sigma_{\mathrm{h}}| \geqslant 0$，因此有

$$\mathcal{H}(q) = \begin{cases} 0, & q = 0 \\ 1, & q > 0 \end{cases}, \quad \mathcal{H}(|\sigma_{\mathrm{h}}|) = \begin{cases} 0, & |\sigma_{\mathrm{h}}| = 0 \\ 1, & |\sigma_{\mathrm{h}}| > 0 \end{cases} \tag{2.61}$$

由式 (2.60) 定义的等效塑性应变增量 $\Delta\bar{\varepsilon}_{\mathrm{p}}$ 和式 (2.59)，根据增量塑性功等价条件 $\hat{\boldsymbol{\sigma}}^{\mathrm{T}}\Delta\hat{\boldsymbol{\varepsilon}}_{\mathrm{p}} = \bar{\sigma}^{*}\Delta\bar{\varepsilon}_{\mathrm{p}}$，可定义在压力相关 Drucker-Prager 塑性模型中体现了第二和第一应力不变量对塑性流动发展的效应的有效应力 $\bar{\sigma}^{*}$ 为

$$\bar{\sigma}^{*} = \frac{q + \dfrac{A_{\phi}}{\sqrt{3}}I_1}{\mathcal{H}(q) + \mathcal{H}(|\sigma_{\mathrm{h}}|)\dfrac{\sigma_{\mathrm{h}}}{|\sigma_{\mathrm{h}}|}\dfrac{A_{\phi}}{\sqrt{3}}}, \quad \text{或} \quad \bar{\sigma}^{*} = \frac{q + \dfrac{A_{\psi}}{\sqrt{3}}I_1}{\mathcal{H}(q) + \mathcal{H}(|\sigma_{\mathrm{h}}|)\dfrac{\sigma_{\mathrm{h}}}{|\sigma_{\mathrm{h}}|}\dfrac{A_{\psi}}{\sqrt{3}}} \tag{2.62}$$

当 $A_{\phi} = 0$ 或 $A_{\psi} = 0$ (压力无关塑性)，式 (2.62) 退化为压力无关塑性中定义的经典有效应力 $\bar{\sigma}$，即

$$\bar{\sigma}^{*} = q = \bar{\sigma} \tag{2.63}$$

需要强调的是，式 (2.60) 与式 (2.62) 所定义的等效塑性应变增量和有效应力基于由它们计算的增量塑性功等于由式 (2.59) 所计算的增量塑性功 $\hat{\boldsymbol{\sigma}}^{\mathrm{T}}\Delta\hat{\boldsymbol{\varepsilon}}_{\mathrm{p}}$。但是，式 (2.60) 所定义的等效塑性应变是在式 (2.59) 基础上启发式地提出的。因此我们还要进一步对由式 (2.60) 定义 $\Delta\bar{\varepsilon}_{\mathrm{p}}$ 的合理性通过在单向拉伸、单向压缩和三向等值拉伸、双向不等值拉压和 x-y 平面纯剪 (压力无关塑性) 等情况下材料按 Drucker-Prager 模型进入塑性后所计算的等效塑性应变可否正确反映单向拉伸 ($\sigma > 0$) 或单向压缩 ($-\sigma$) 或三向等值拉伸情况 ($\sigma_{\mathrm{xx}} = \sigma_{\mathrm{yy}} = \sigma_{\mathrm{zz}} = \sigma > 0, \sigma_{\mathrm{xy}} = \sigma_{\mathrm{yz}} = \sigma_{\mathrm{zx}} = 0$) 下的塑性应变，以及能否再现纯剪情况下经典等效塑性应变增量公式与在 x、y 轴向塑性应变增量的关系来验证。

• 先考虑单向拉伸应力状态。它参考 Cartesian 应力坐标系的表示可写成

$$\boldsymbol{\sigma}_{\mathrm{t}} = [\sigma \quad 0 \quad 0 \quad 0 \quad 0 \quad 0]^{\mathrm{T}} \tag{2.64}$$

式中，$\sigma > 0$。按照式 (2.50), 它参考自然坐标系可表示为

$$\hat{\boldsymbol{\sigma}}_{\mathrm{t}} = \left[\frac{1}{\sqrt{2}}\sigma \quad -\frac{1}{\sqrt{6}}\sigma \quad \frac{1}{\sqrt{3}}\sigma \quad 0 \quad 0 \quad 0\right]^{\mathrm{T}} \tag{2.65}$$

利用式 (2.56) 和由式 (2.65) 给定的 $\hat{\boldsymbol{\sigma}}_{\mathrm{t}}$, 参考自然坐标系的增量塑性应变向量可按式 (2.58) 表示为

$$\Delta\hat{\boldsymbol{\varepsilon}}_{\mathrm{p,t}} = \Delta\lambda\left[\frac{3}{2q}\frac{1}{\sqrt{2}}\sigma \quad \frac{3}{2q}\left(-\frac{1}{\sqrt{6}}\sigma\right) \quad A_{\psi} \quad 0 \quad 0 \quad 0\right]^{\mathrm{T}} \tag{2.66}$$

把参考自然坐标系表示的 $\Delta\hat{\boldsymbol{\varepsilon}}_{\mathrm{p,t}}$ 变换到参考 Cartesian 坐标系的 $\Delta\boldsymbol{\varepsilon}_{\mathrm{p,t}}$, 沿 x 轴的增量塑性应变 $\Delta\varepsilon_{\mathrm{x,t}}^{\mathrm{p}}$ 可表示为

$$\Delta\varepsilon_{\mathrm{x,t}}^{\mathrm{p}} = \Delta\lambda\left(\frac{\sigma}{q} + \frac{A_{\psi}}{\sqrt{3}}\right) = \Delta\lambda\left(1 + \frac{A_{\psi}}{\sqrt{3}}\right) \tag{2.67}$$

而按式 (2.60), 式 (2.62) 可得到相应的等效塑性应变增量 $\Delta\bar{\varepsilon}_{\mathrm{p,t}}$ 和有效应力 $\bar{\sigma}_{\mathrm{t}}^{*}$ 分别为

$$\Delta\bar{\varepsilon}_{\mathrm{p,t}} = \Delta\lambda\left(1 + \frac{\sigma_{\mathrm{h}}}{|\sigma_{\mathrm{h}}|}\frac{A_{\psi}}{\sqrt{3}}\right) = \Delta\lambda\left(1 + \frac{A_{\psi}}{\sqrt{3}}\right) = \Delta\varepsilon_{\mathrm{x,t}}^{\mathrm{p}}, \quad \bar{\sigma}_{\mathrm{t}}^{*} = \sigma \tag{2.68}$$

可见 $\Delta\bar{\varepsilon}_{\mathrm{p,t}}$ 等于如式 (2.67) 所表示的 沿 x 轴的 增量塑性应变 $\Delta\varepsilon_{\mathrm{x,t}}^{\mathrm{p}}$。

• 其次，考虑沿 x 轴的单向压缩应力状态。参考 Cartesian 应力坐标系的应力向量 $\boldsymbol{\sigma}_{\mathrm{c}}$ 可表示为

$$\boldsymbol{\sigma}_{\mathrm{c}} = [-\sigma \quad 0 \quad 0 \quad 0 \quad 0 \quad 0]^{\mathrm{T}} \tag{2.69}$$

它参考自然坐标系可表示为

$$\hat{\boldsymbol{\sigma}}_{\mathrm{c}} = \left[\frac{1}{\sqrt{2}}(-\sigma) \quad -\frac{1}{\sqrt{6}}(-\sigma) \quad \frac{1}{\sqrt{3}}(-\sigma) \quad 0 \quad 0 \quad 0\right]^{\mathrm{T}} \tag{2.70}$$

沿 x 轴的增量塑性应变 $\Delta\varepsilon_{\mathrm{x,c}}^{\mathrm{p}}$ 可表示为

$$\Delta\varepsilon_{\mathrm{x,c}}^{\mathrm{p}} = \Delta\lambda\left(-\frac{\sigma}{q} + \frac{A_{\psi}}{\sqrt{3}}\right) = \Delta\lambda\left(-1 + \frac{A_{\psi}}{\sqrt{3}}\right) < 0 \tag{2.71}$$

而相应等效塑性应变增量 $\Delta\bar{\varepsilon}_{\mathrm{p,c}}$ 和有效应力 $\bar{\sigma}_{\mathrm{c}}^{*}$ 可按式 (2.60) 和式 (2.62) 计算如下

$$\Delta\bar{\varepsilon}_{\mathrm{p,c}}=\Delta\lambda\left(1+\frac{\sigma_{\mathrm{h}}}{|\sigma_{\mathrm{h}}|}\frac{A_{\psi}}{\sqrt{3}}\right)=\Delta\lambda\left(1-\frac{A_{\psi}}{\sqrt{3}}\right)=\left|\Delta\varepsilon_{\mathrm{x,c}}^{\mathrm{p}}\right|,\quad \bar{\sigma}_{\mathrm{c}}^{*}=|-\sigma|=\sigma \tag{2.72}$$

式 (2.72) 表明，$\Delta\bar{\varepsilon}_{\mathrm{p,c}}$ 等于式 (2.67) 所表示的沿 x 轴的增量压缩塑性应变的绝对值。

• 第三，考虑三向等拉伸压缩应力状态。参考 Cartesian 应力坐标系的应力向量 $\boldsymbol{\sigma}_{\mathrm{H}}$ 可表示为

$$\boldsymbol{\sigma}_{\mathrm{H}}=[\sigma\quad\sigma\quad\sigma\quad0\quad0\quad0]^{\mathrm{T}} \tag{2.73}$$

它参考自然坐标系可表示为

$$\hat{\boldsymbol{\sigma}}_{\mathrm{H}}=\left[0\quad0\quad\sqrt{3}\sigma\quad0\quad0\quad0\right]^{\mathrm{T}} \tag{2.74}$$

按式 (2.56), 参考自然坐标系的增量塑性应变向量 $\Delta\hat{\boldsymbol{\varepsilon}}_{\mathrm{p,H}}$ 表示为

$$\Delta\hat{\boldsymbol{\varepsilon}}_{\mathrm{p,H}}=[0\quad0\quad\Delta\lambda A_{\psi}\quad0\quad0\quad0]^{\mathrm{T}} \tag{2.75}$$

由应力向量 $\hat{\boldsymbol{\sigma}}_{\mathrm{H}}$ 和增量塑性应变向量 $\Delta\hat{\boldsymbol{\varepsilon}}_{\mathrm{p,H}}$ 计算的塑性功增量可表示为

$$\boldsymbol{\sigma}_{\mathrm{H}}^{\mathrm{T}}\Delta\hat{\boldsymbol{\varepsilon}}_{\mathrm{p,H}}=\sqrt{3}\sigma\Delta\lambda A_{\psi} \tag{2.76}$$

而按式 (2.60), 式 (2.62) 计算得到的等效塑性应变增量和有效应力为

$$\Delta\bar{\varepsilon}_{\mathrm{p,H}}=\Delta\lambda\left(\frac{A_{\psi}}{\sqrt{3}}\right),\quad \bar{\sigma}_{\mathrm{H}}^{*}=I_{1}=3\sigma \tag{2.77}$$

由式 (2.77) 得到的等效塑性应变增量 $\Delta\bar{\varepsilon}_{\mathrm{p,H}}$ 和有效应力 $\bar{\sigma}_{\mathrm{H}}^{*}$ 计算塑性功增量，可表示为

$$\bar{\sigma}_{\mathrm{H}}^{*}\Delta\bar{\varepsilon}_{\mathrm{p,H}}=\sqrt{3}\sigma\Delta\lambda A_{\psi} \tag{2.78}$$

式 (2.76) 和式 (2.78) 表明

$$\boldsymbol{\sigma}_{\mathrm{H}}^{\mathrm{T}}\Delta\hat{\boldsymbol{\varepsilon}}_{\mathrm{p,H}}=\bar{\sigma}_{\mathrm{H}}^{*}\Delta\bar{\varepsilon}_{\mathrm{p,H}} \tag{2.79}$$

此外，参考自然坐标系表示的 $\Delta\hat{\boldsymbol{\varepsilon}}_{\mathrm{p,H}}$ 可变换得到参考 Cartesian 坐标系的增量塑性应变向量 $\Delta\boldsymbol{\varepsilon}_{\mathrm{p,H}}$

$$\Delta\boldsymbol{\varepsilon}_{\mathrm{p,H}}=\Delta\lambda\left[\frac{A_{\psi}}{\sqrt{3}}\quad\frac{A_{\psi}}{\sqrt{3}}\quad\frac{A_{\psi}}{\sqrt{3}}\quad0\quad0\quad0\right]^{\mathrm{T}} \tag{2.80}$$

它的三个拉伸塑性应变分量的增量等于相应应力状态下如式 (2.77) 所示的等效塑性应变增量。

• 第四，考虑 x-y 平面纯剪应力状态。参考 Cartesian 应力坐标系的应力向量 $\boldsymbol{\sigma}_{\mathrm{S}}$ 可表示为

$$\boldsymbol{\sigma}_{\mathrm{S}} = [\sigma \quad -\sigma \quad 0 \quad 0 \quad 0 \quad 0]^{\mathrm{T}} \tag{2.81}$$

它参考自然坐标系可表示为

$$\hat{\boldsymbol{\sigma}}_{\mathrm{S}} = \left[\frac{\sigma}{\sqrt{2}} \quad \left(-\frac{1}{\sqrt{6}} - \sqrt{\frac{2}{3}}\right)\sigma \quad 0 \quad 0 \quad 0 \quad 0\right]^{\mathrm{T}} \tag{2.82}$$

按式 (2.56), 参考自然坐标系的增量塑性应变向量 $\Delta\hat{\boldsymbol{\varepsilon}}_{\mathrm{p,S}}$ 表示为

$$\Delta\hat{\boldsymbol{\varepsilon}}_{\mathrm{p,S}} = \Delta\lambda\left[\frac{3}{2\sqrt{6}} \quad \frac{-3}{2\sqrt{2}} \quad 0 \quad 0 \quad 0 \quad 0\right]^{\mathrm{T}} \tag{2.83}$$

利用参考自然坐标系表示的 $\Delta\hat{\boldsymbol{\varepsilon}}_{\mathrm{p,S}}$ 变换到参考 Cartesian 坐标系的 $\Delta\boldsymbol{\varepsilon}_{\mathrm{p,S}}$ 可表示为

$$\Delta\boldsymbol{\varepsilon}_{\mathrm{p,S}} = \Delta\lambda\left[\frac{\sqrt{3}}{2} \quad -\frac{\sqrt{3}}{2} \quad 0 \quad 0 \quad 0 \quad 0\right]^{\mathrm{T}} \tag{2.84}$$

利用式 (2.82), 由式 (2.55) 计算的 $q = \sqrt{3}\sigma$ 和 $\sigma_{\mathrm{h}} = 0$，可利用式 (2.62) 和式 (2.60) 得到有效应力和等效塑性应变

$$\bar{\sigma}^* = q = \sqrt{3}\sigma, \quad \Delta\bar{\varepsilon}_{\mathrm{p}} = \Delta\lambda \tag{2.85}$$

由式 (2.85) 给出的结果与基于压力无关塑性提出的经典的等效塑性应变增量和有效应力定义所计算的结果完全相同。

注意到基于式 (2.62) 的有效应力定义得到的如式 (2.68) 中第二式和式 (2.72) 中第二式所示的单向拉压情况下有效应力值与由经典有效应力定义所得的有效应力值是一致的。但式 (2.77) 中第二式显示，在三向等压情况下，本书所建议的有效应力定义给出了等于第一应力不变量的对三向等拉伸（压缩）应力状态具有表征意义的有效应力值 $\bar{\sigma}_{\mathrm{H}}^*$，而经典有效应力定义在此情况下给出了零值有效应力。

我们可以进一步观察到，如式 (2.63) 所示，基于式 (2.62) 所示有效应力定义得到的单向拉压情况下有效应力值与由经典有效应力定义所得的有效应力值一致是由于如式 (2.16) 和式 (2.17) 所示，在单向拉压情况下有特殊的关系式 $q = |I_1| = \sigma$。

最后，我们考虑双向不等值的拉压情况。参考 Cartesian 应力坐标系的两种应力状态表示为

$$\boldsymbol{\sigma}_{\mathrm{tt}} = [3\sigma \quad \sigma \quad 0 \quad 0 \quad 0 \quad 0]^{\mathrm{T}}, \quad \boldsymbol{\sigma}_{\mathrm{cc}} = [-3\sigma \quad -\sigma \quad 0 \quad 0 \quad 0 \quad 0]^{\mathrm{T}} \tag{2.86}$$

对这两种应力状态分别有 $q = \sqrt{7}\sigma, I_1 = 4\sigma$ 和 $q = \sqrt{7}\sigma, I_1 = -4\sigma$。基于式 (2.62) 所示定义可得到两种应力状态下的有效应力分别为

$$\bar{\sigma}_{\mathrm{tt}}^* = \frac{\left(\sqrt{7} + \dfrac{4A_\phi}{\sqrt{3}}\right)\sigma}{1 + \dfrac{A_\phi}{\sqrt{3}}}, \quad \bar{\sigma}_{\mathrm{cc}}^* = \frac{\left(\sqrt{7} - \dfrac{4A_\phi}{\sqrt{3}}\right)\sigma}{1 - \dfrac{A_\phi}{\sqrt{3}}} \tag{2.87}$$

它们的比值

$$\frac{\bar{\sigma}_{\mathrm{tt}}^*}{\bar{\sigma}_{\mathrm{cc}}^*} = \frac{\left(\sqrt{7} - 4\dfrac{A_\phi^2}{3}\right) + \left(4 - \sqrt{7}\right)\dfrac{A_\phi}{\sqrt{3}}}{\left(\sqrt{7} - 4\dfrac{A_\phi^2}{3}\right) - \left(4 - \sqrt{7}\right)\dfrac{A_\phi}{\sqrt{3}}} > 1 \tag{2.88}$$

即在 $\boldsymbol{\sigma}_{\mathrm{tt}} = -\boldsymbol{\sigma}_{\mathrm{cc}}$ 情况下双向拉伸的有效应力大于双向压缩的有效应力。如式 (2.18) 所示压力相关 Drucker-Prager 塑性屈服准则表明，相应于负值第一应力不变量的静水压力将降低应该由有效应力表征的应力强度，从而将有助于避免或推迟材料的屈服。因而，式 (2.88) 的结果进一步表明式 (2.62) 所定义的有效应力的合理性。

可以看到式 (2.60) 所示的等价塑性应变增量定义能同时有效再现单向拉伸、单向压缩以及三向等拉伸压缩情况的塑性应变增量，同时，它也能再现纯剪情况下 ($\boldsymbol{\sigma}_{\mathrm{H}} = \mathbf{0}$) 经典等效塑性应变增量公式与在 x、y 轴向塑性应变增量的关系。因而可以有效用于模拟依赖于等效塑性应变的压力相关 Drucker-Prager 塑性模型的材料后屈服阶段的应变软化或硬化曲线。同时，由式 (2.62) 所定义的有效应力的合理性也得到了相应的验证。

2.3 应变软化与应变局部化

在加载过程中当一个材料点的应力状态 $\boldsymbol{\sigma}$ 位于在应力空间表示的初始屈服面上，即满足

$$F = F(\boldsymbol{\sigma}, \kappa) = 0 \tag{2.89}$$

塑性变形的发展将由按 Prandtl-Reuss 流动法则确定，在关联塑性下，它表示为

$$\dot{\boldsymbol{\varepsilon}}_{\mathrm{p}} = \dot{\lambda}\frac{\partial F}{\partial \boldsymbol{\sigma}}, \quad \dot{\lambda} > 0 \tag{2.90}$$

式 (2.89) 中 κ 表示度量塑性应变程度的内状态变量, 本章简单地设定它为等效塑性应变 $\bar{\varepsilon}_{\mathrm{p}}$。当塑性流动发生后，应力点必须要保持驻留在随等效塑性应变 $\bar{\varepsilon}_{\mathrm{p}}$ 演化的屈服面上，$\boldsymbol{\sigma}$ 和屈服面随 $\bar{\varepsilon}_{\mathrm{p}}$ 的演化满足屈服面演化的一致性条件，即

$$\dot{F}=0 \quad 和 \quad \dot{\lambda}>0 \tag{2.91}$$

或表示为

$$\dot{F}\dot{\lambda}=0 \tag{2.92}$$

利用式 (2.90)，式 (2.91) 中 $\dot{F}=0$ 可展开表示为

$$\dot{F}=\left(\frac{\partial F}{\partial \boldsymbol{\sigma}}\right)^{\mathrm{T}} \dot{\boldsymbol{\sigma}}+\frac{\partial F}{\partial \bar{\varepsilon}_{\mathrm{p}}} \dot{\bar{\varepsilon}}_{\mathrm{p}}=\frac{1}{\dot{\lambda}} \dot{\boldsymbol{\varepsilon}}_{\mathrm{p}}^{\mathrm{T}} \dot{\boldsymbol{\sigma}}+\frac{\partial F}{\partial \bar{\varepsilon}_{\mathrm{p}}} \dot{\bar{\varepsilon}}_{\mathrm{p}}=0 \tag{2.93}$$

即有

$$\dot{\boldsymbol{\sigma}}^{\mathrm{T}} \dot{\boldsymbol{\varepsilon}}_{\mathrm{p}}=-\dot{\lambda} \frac{\partial F}{\partial \bar{\varepsilon}_{\mathrm{p}}} \dot{\bar{\varepsilon}}_{\mathrm{p}} \tag{2.94}$$

假定 Drucker-Prager 塑性模型中的材料参数内摩擦角 ϕ 为常数，而粘性系数 c 的变化服从线性（或分段线性）硬化或软化规律

$$c=c_{0}+h_{\mathrm{p}} \dot{\bar{\varepsilon}}_{\mathrm{p}} \tag{2.95}$$

式中，c_0 是分段线性粘性系数函数 $c(\dot{\bar{\varepsilon}}_{\mathrm{p}})$ 的初始值，为给定常数；而 h_{p} 是材料粘性随 $\dot{\bar{\varepsilon}}_{\mathrm{p}}$ 变化的硬化 ($h_{\mathrm{p}}>0$) 系数或软化 ($h_{\mathrm{p}}<0$) 系数。考察式 (2.25), 可知对于塑性软化和硬化材料分别有

$$\frac{\partial F}{\partial \bar{\boldsymbol{\varepsilon}}_{\mathrm{p}}}=\frac{\partial B}{\partial \bar{\boldsymbol{\varepsilon}}_{\mathrm{p}}}>0, \quad \frac{\partial F}{\partial \bar{\varepsilon}_{\mathrm{p}}}=\frac{\partial B}{\partial \bar{\varepsilon}_{\mathrm{p}}}<0 \tag{2.96}$$

因此，当介质局部材料点处在加载过程中随应力状态演化而进入塑性阶段，塑性应变萌生和发展。材料性质的演变将决定局部点处的材料行为：塑性硬化或塑性软化。可以简单地以局部材料点处的塑性功率 $\dot{\boldsymbol{\sigma}}^{\mathrm{T}} \dot{\boldsymbol{\varepsilon}}_{\mathrm{p}}$ 表示，即

$$\dot{\boldsymbol{\sigma}}^{\mathrm{T}} \dot{\boldsymbol{\varepsilon}}_{\mathrm{p}}>0 \quad 塑性硬化; \quad \dot{\boldsymbol{\sigma}}^{\mathrm{T}} \dot{\boldsymbol{\varepsilon}}_{\mathrm{p}}=0 \quad 理想塑性; \quad \dot{\boldsymbol{\sigma}}^{\mathrm{T}} \dot{\boldsymbol{\varepsilon}}_{\mathrm{p}}<0 \quad 塑性软化 \tag{2.97}$$

塑性软化意味着材料失稳和材料的局部破坏。它的发生、发展以及在结构 (例如边坡) 尺度中的扩展导致由应变软化引起的在边坡等结构狭窄带中急剧的塑性应变发展和变形局部化，是以应变局部化为表征的结构破坏的主因。这样的破坏现象已在大量的工程材料与结构、包括模拟为多孔介质的混凝土、土工材料与结构

中观察到。利用经典连续体理论模拟应变局部化行为的数值研究表明不能得到令人满意的数值结果。

为简化问题讨论并不失一般性，考虑一个一维单向拉伸的弹性–塑性软化问题。假定当前应力状态 σ 达到屈服应力 σ_{y} 后进入后屈服阶段，在小应变假定下总拉伸应变可和式分解为弹性应变 ε_{e} 和塑性应变 ε_{p} 之和，即

$$\varepsilon = \varepsilon_{\mathrm{e}} + \varepsilon_{\mathrm{p}} \tag{2.98}$$

弹性应变由胡克定律和弹性模量 E 确定

$$\varepsilon_{\mathrm{e}} = \frac{\sigma}{E} \tag{2.99}$$

在线性塑性软化假定下，后屈服阶段的当前应力 σ 可表示为

$$\sigma = \sigma_{\mathrm{y}} + h_{\mathrm{p}}\varepsilon_{\mathrm{p}} \tag{2.100}$$

式中，$h_{\mathrm{p}} < 0$。由式 (2.98)~(2.100) 可得到率型应力–应变关系

$$\dot{\sigma} = \frac{Eh_{\mathrm{p}}}{E + h_{\mathrm{p}}}\dot{\varepsilon}, \quad -E \ll h_{\mathrm{p}} < 0 \tag{2.101}$$

利用应变–位移关系式 $\varepsilon = \dfrac{\partial u}{\partial x}$, 由式 (2.101) 可得到率型静力平衡方程

$$\left(\frac{\partial \dot{\sigma}}{\partial x} =\right) \frac{Eh_{\mathrm{p}}}{E + h_{\mathrm{p}}} \frac{\partial^2 \dot{u}}{\partial x^2} = \dot{f} \tag{2.102}$$

方程 (2.102) 中 $\dfrac{\partial^2 \dot{u}}{\partial x^2}$ 的系数 $\dfrac{Eh_{\mathrm{p}}}{E + h_{\mathrm{p}}}$ 决定了方程的类型，在塑性硬化情况下，$\dfrac{Eh_{\mathrm{p}}}{E + h_{\mathrm{p}}} > 0$, 方程为椭圆型；而在塑性软化情况下，$\dfrac{Eh_{\mathrm{p}}}{E + h_{\mathrm{p}}} < 0$, 方程丧失了椭圆型。

类似地，对上述一维问题，其动力问题的率型控制方程可表示为

$$\frac{\partial \dot{\sigma}}{\partial x} = \rho \frac{\partial^2 \dot{u}}{\partial t^2} \tag{2.103}$$

式中，ρ 是介质的质量密度。利用式 (2.102)，在后屈服阶段弹塑性波动方程可表示为

$$\frac{\partial^2 \dot{u}}{\partial t^2} - c^2 \frac{\partial^2 \dot{u}}{\partial x^2} = 0 \tag{2.104}$$

式中，一维弹塑性波速 c 的表达式为

$$c=\sqrt{\frac{Eh_{\mathrm{p}}}{\rho(E+h_{\mathrm{p}})}}=c_{\mathrm{e}}\sqrt{\frac{h_{\mathrm{p}}}{E+h_{\mathrm{p}}}} \tag{2.105}$$

式中，$c_{\mathrm{e}}=\sqrt{\dfrac{E}{\rho}}$ 为线弹性纵向波速。在塑性硬化情况下 c 为实数，动力控制方程 (2.104) 保持为双曲线型。而在塑性软化情况下 c 为虚数，式 (2.104) 丧失了双曲线型。

简言之，经典塑性连续体模型的主要缺陷在于不包含内尺度参数或高阶连续结构，因此在拟静力加载条件下连续体控制方程丧失了其固有的椭圆型，而在动力加载条件下连续体控制方程丧失了其固有的双曲线型。因此当在计算模型中考虑应变软化行为的发生，问题的不适定性将导致病态的依赖于（有限元）网格的数值结果。下面通过简单的一维例题显示这一数值现象。

令受渐增拉伸外载荷作用的长度为 L 的一维连续体杆划分为 m 个等长度为 l 的一维有限元。假定中间一个单元的材料弱化而其中应力 σ 首先达到该单元材料的塑性屈服应力 σ_{y1}。考虑塑性软化，当全杆应力 σ 达到该屈服应力 σ_{y1}，即 $\sigma=\sigma_{\mathrm{y1}}$ 后，外载荷不再增加，一维杆中其余单元均不会进入塑性阶段而处于弹性范畴，一维杆的平均应变 $\bar{\varepsilon}$ 可表示为

$$\bar{\varepsilon}=\frac{m\varepsilon_{\mathrm{e}}l+\varepsilon_{\mathrm{p}}l}{ml}=\varepsilon_{\mathrm{e}}+\frac{\varepsilon_{\mathrm{p}}}{m} \tag{2.106}$$

式中，ε_{e} 为全杆发生的均一的弹性应变，ε_{p} 为全杆中唯一的弱化单元中发生的塑性应变。利用式 (2.99) 和式 (2,100), 由式 (2.106) 可得到

$$\frac{\mathrm{d}\bar{\varepsilon}}{\mathrm{d}\sigma}=\frac{1}{E}+\frac{1}{mh_{\mathrm{p}}} \tag{2.107}$$

通常有 $\dfrac{1}{E}\ll\left|\dfrac{1}{mh_{\mathrm{p}}}\right|$，式 (2.107) 表明在后塑性软化阶段，问题的解完全依赖于以 m 表示的有限元离散的网格密度。此外，在应变局部化区域为提高模拟结果精度而加密网格时，当有限元网格趋于无限加密，即当 $m\to\infty$ 时，由式 (2.102) 得到 $\dfrac{\mathrm{d}\bar{\varepsilon}}{\mathrm{d}\sigma}\to\dfrac{1}{E}$，即应力应变关系呈线弹性，后塑性软化响应将沿弹性加载路径返回；在应变软化区域的能量耗散将错误地估计为零，有限元解将收敛到不正确的没有物理意义的解。（Bazant et al., 1984; Li and Cescotto, 1996）

经典连续体模型在模拟由应变软化导致的应变局部化问题时的困境在本质上为静、动力问题偏微分控制方程各自的椭圆型和双曲线型的丧失。为克服上述困境，以保持问题的适定性，研究者已广泛认识到应该引入作为正则化机制的高阶连续结构与内尺度的非经典、非局部的广义连续体模型。基于广义连续体理论的

应变软化和应变局部化问题数值模拟研究工作主要可归结为三个主要途径：梯度连续体理论（Bazant et al., 1984; Aifantis, 1988; Muhlhaus and Aifantis, 1991; de Borst and Muhlhaus, 1992; Sluys, de Borst and Muhlhaus, 1993; Li and Cescotto, 1996; Li and Cescotto, 1997）; Cosserat 连续体理论（Muhlhaus, 1989; de Borst and Sluys, 1991; Tejchman and Wu, 1993; Tejchman and Bauer, 1996; Steinmann, 1994; Li and Tang, 2005）; 率相关连续体理论（Needleman, 1988）。本章将在 2.4 和 2.5 两节介绍基于自然坐标系，采用压力相关 Drucker-Prager 塑性准则的弹塑性 Cosserat 连续体模型：压力相关弹塑性 Cosserat 连续体的一致性返回映射算法与一致性弹塑性切线模量张量，及其在模拟应变软化及局部化问题中的应用。

2.4 压力相关弹塑性 Cosserat 连续体模型

2.4.1 弹性 Cosserat 连续体控制方程

在二维 Cosserat 连续体中每一个材料点定义有三个独立运动学自由度：两个平移自由度 $u_{\mathrm{x}}, u_{\mathrm{y}}$ 和一个以垂直于两维平面的 z 轴为转动轴的转动自由度 ω_{z}。以列向量 $\boldsymbol{u}$ 表示为

$$\boldsymbol{u}=\begin{bmatrix}u_{\mathrm{x}} & u_{\mathrm{y}} & \omega_{\mathrm{z}}\end{bmatrix}^{\mathrm{T}} \tag{2.108}$$

相应地，应变与应力向量定义为

$$\boldsymbol{\varepsilon}=\begin{bmatrix}\varepsilon_{\mathrm{xx}} & \varepsilon_{\mathrm{yy}} & \varepsilon_{\mathrm{zz}} & \varepsilon_{\mathrm{xy}} & \varepsilon_{\mathrm{yx}} & \kappa_{\mathrm{zx}}l_{\mathrm{c}} & \kappa_{\mathrm{zy}}\ l_{\mathrm{c}}\end{bmatrix}^{\mathrm{T}} \tag{2.109}$$

$$\boldsymbol{\sigma}=\begin{bmatrix}\sigma_{\mathrm{xx}} & \sigma_{\mathrm{yy}} & \sigma_{\mathrm{zz}} & \sigma_{\mathrm{xy}} & \sigma_{\mathrm{yx}} & \dfrac{m_{\mathrm{zx}}}{l_{\mathrm{c}}} & \dfrac{m_{\mathrm{zy}}}{l_{\mathrm{c}}}\end{bmatrix}^{\mathrm{T}} \tag{2.110}$$

式中，$\kappa_{\mathrm{zx}}, \kappa_{\mathrm{zy}}$ 是 Cosserat 连续体中引入的微曲率；$m_{\mathrm{zx}}, m_{\mathrm{zy}}$ 是与 $\kappa_{\mathrm{zx}}, \kappa_{\mathrm{zy}}$ 功共轭的偶应力；l_{c} 定义为内尺度。应变分量与位移分量之间的协调关系和平衡方程可表示为如下矩阵–向量形式

$$\boldsymbol{\varepsilon}=\mathbf{L}\boldsymbol{u} \tag{2.111}$$

$$\mathbf{L}^{\mathrm{T}}\boldsymbol{\sigma}+\boldsymbol{f}=\mathbf{0} \tag{2.112}$$

式中，算符矩阵 $\mathbf{L}^{\mathrm{T}}$ 是 $\mathbf{L}$ 的转置，可表示为

$$\mathbf{L}^{\mathrm{T}}=\begin{bmatrix}\dfrac{\partial}{\partial x} & 0 & 0 & 0 & \dfrac{\partial}{\partial y} & 0 & 0\\ 0 & \dfrac{\partial}{\partial y} & 0 & \dfrac{\partial}{\partial x} & 0 & 0 & 0\\ 0 & 0 & 0 & -1 & 1 & l_{\mathrm{c}}\dfrac{\partial}{\partial x} & l_{\mathrm{c}}\dfrac{\partial}{\partial y}\end{bmatrix} \tag{2.113}$$

由式 (2.111) 和式 (2.113) 可注意到 Cosserat 连续体中 $\varepsilon_{\mathrm{xy}} \neq \varepsilon_{\mathrm{yx}}$，因而 $\sigma_{\mathrm{xy}} \neq \sigma_{\mathrm{yx}}$。假定在小应变条件下，应变向量和式分解为弹性部分 $\boldsymbol{\varepsilon}_{\mathrm{e}}$ 和塑性部分 $\boldsymbol{\varepsilon}_{\mathrm{p}}$ 之和。弹性应变向量 $\boldsymbol{\varepsilon}_{\mathrm{e}}$ 线性地关联于应力向量 $\boldsymbol{\sigma}$，即

$$\boldsymbol{\sigma} = \boldsymbol{D}_{\mathrm{e}}\boldsymbol{\varepsilon}_{\mathrm{e}} \tag{2.114}$$

对于各向同性介质，式中弹性模量矩阵 $\boldsymbol{D}_{\mathrm{e}}$ 可给出为

$$\boldsymbol{D}_{\mathrm{e}} = \begin{bmatrix} \lambda+2G & \lambda & \lambda & 0 & 0 & 0 & 0 \\ \lambda & \lambda+2G & \lambda & 0 & 0 & 0 & 0 \\ \lambda & \lambda & \lambda+2G & 0 & 0 & 0 & 0 \\ 0 & 0 & 0 & G+G_{\mathrm{c}} & G-G_{\mathrm{c}} & 0 & 0 \\ 0 & 0 & 0 & G-G_{\mathrm{c}} & G+G_{\mathrm{c}} & 0 & 0 \\ 0 & 0 & 0 & 0 & 0 & 2G & 0 \\ 0 & 0 & 0 & 0 & 0 & 0 & 2G \end{bmatrix} \tag{2.115}$$

式中，Lame 常数 $\lambda = 2G\dfrac{\nu}{1-2\nu}$；$G, \nu$ 是剪切弹性模量和泊松比；G_{c} 是 Cosserat 连续体中引入的 Cosserat 剪切模量。

2.4.2 压力相关 Cosserat 弹塑性连续体模型

Cosserat 模型中压力相关 Drucker-Prager 塑性模型仍可表示为如下形式

$$F = q + A_{\phi}\sigma_{\mathrm{h}} + B \leqslant 0 \tag{2.18}$$

式中，q 如式 (2.15) 所示，但其中

$$\boldsymbol{P} = \begin{bmatrix} 2 & -1 & -1 & 0 & 0 & 0 & 0 \\ -1 & 2 & -1 & 0 & 0 & 0 & 0 \\ -1 & -1 & 2 & 0 & 0 & 0 & 0 \\ 0 & 0 & 0 & \dfrac{3}{2} & \dfrac{3}{2} & 0 & 0 \\ 0 & 0 & 0 & \dfrac{3}{2} & \dfrac{3}{2} & 0 & 0 \\ 0 & 0 & 0 & 0 & 0 & 3 & 0 \\ 0 & 0 & 0 & 0 & 0 & 0 & 3 \end{bmatrix} \tag{2.116}$$

参考自然坐标系的应力向量表示为

$$\hat{\boldsymbol{\sigma}} = \boldsymbol{T}\boldsymbol{\sigma} \tag{2.117}$$

式中，$\hat{\boldsymbol{\sigma}} = \begin{bmatrix} \sigma_{\mathrm{I}} & \sigma_{\mathrm{II}} & \sigma_{\mathrm{h}} & \sigma_{\mathrm{xy}} & \sigma_{\mathrm{yx}} & \dfrac{m_{\mathrm{zx}}}{l_{\mathrm{c}}} & \dfrac{m_{\mathrm{zy}}}{l_{\mathrm{c}}} \end{bmatrix}^{\mathrm{T}}$, 以及

$$\boldsymbol{T} = \begin{bmatrix} \dfrac{1}{\sqrt{2}} & 0 & -\dfrac{1}{\sqrt{2}} & 0 & 0 & 0 & 0 \\ -\dfrac{1}{\sqrt{6}} & \sqrt{\dfrac{2}{3}} & -\dfrac{1}{\sqrt{6}} & 0 & 0 & 0 & 0 \\ \dfrac{1}{\sqrt{3}} & \dfrac{1}{\sqrt{3}} & \dfrac{1}{\sqrt{3}} & 0 & 0 & 0 & 0 \\ 0 & 0 & 0 & 1 & 0 & 0 & 0 \\ 0 & 0 & 0 & 0 & 1 & 0 & 0 \\ 0 & 0 & 0 & 0 & 0 & 1 & 0 \\ 0 & 0 & 0 & 0 & 0 & 0 & 1 \end{bmatrix} \tag{2.118}$$

将式 (2.117) 和式 (2.118) 代入式 (2.15)，并注意到 $\boldsymbol{T}^{\mathrm{T}} = \boldsymbol{T}^{-1}$, 可表示

$$q = \left(\frac{1}{2} \hat{\boldsymbol{\sigma}}^{\mathrm{T}} \hat{\boldsymbol{P}} \hat{\boldsymbol{\sigma}} \right)^{\frac{1}{2}} \tag{2.119}$$

式中

$$\hat{\boldsymbol{P}} = \boldsymbol{T}\boldsymbol{P}\boldsymbol{T}^{\mathrm{T}} = \begin{bmatrix} 3 & 0 & 0 & 0 & 0 & 0 & 0 \\ 0 & 3 & 0 & 0 & 0 & 0 & 0 \\ 0 & 0 & 0 & 0 & 0 & 0 & 0 \\ 0 & 0 & 0 & \dfrac{3}{2} & \dfrac{3}{2} & 0 & 0 \\ 0 & 0 & 0 & \dfrac{3}{2} & \dfrac{3}{2} & 0 & 0 \\ 0 & 0 & 0 & 0 & 0 & 3 & 0 \\ 0 & 0 & 0 & 0 & 0 & 0 & 3 \end{bmatrix} \tag{2.120}$$

参考自然坐标系的塑性应变向量增量的分量表示可写成

$$\begin{aligned} \Delta\hat{\boldsymbol{\varepsilon}}_{\mathrm{p}} &= \begin{bmatrix} \Delta\varepsilon_{\mathrm{I}}^{\mathrm{p}} & \Delta\varepsilon_{\mathrm{II}}^{\mathrm{p}} & \Delta\varepsilon_{\mathrm{h}}^{\mathrm{p}} & \Delta\varepsilon_{\mathrm{xy}}^{\mathrm{p}} & \Delta\varepsilon_{\mathrm{yx}}^{\mathrm{p}} & \Delta\varepsilon_{\kappa\mathrm{zx}}^{\mathrm{p}} & \Delta\varepsilon_{\kappa\mathrm{zy}}^{\mathrm{p}} \end{bmatrix}^{\mathrm{T}} \\ &= \Delta\lambda \left(\frac{1}{2q} \hat{\boldsymbol{P}} \hat{\boldsymbol{\sigma}} + A_{\psi} \mathbf{1}_{\mathrm{h}} \right) \end{aligned} \tag{2.121}$$

式中

$$\mathbf{1}_{\mathrm{h}} = [0 \quad 0 \quad 1 \quad 0 \quad 0 \quad 0 \quad 0]^{\mathrm{T}} \tag{2.122}$$

2.4.3 Cosserat 弹塑性连续体率本构方程积分的返回映射算法

本小节讨论 Cosserat 连续体压力相关 Drucker-Prager 塑性模型本构方程积分的返回映射算法。对 Cosserat 连续体中任何一材料点, 考虑典型的子时域区间 $\left[t,t+\Delta t\right]$。对于一个塑性增量步，参考 Cartesian 坐标系表示、用以计算当前应力的本构方程可表示为

$$\boldsymbol{\sigma}=\boldsymbol{\sigma}^{\mathrm{E}}-\Delta\lambda\boldsymbol{D}_{\mathrm{e}}\frac{\partial\Psi}{\partial\boldsymbol{\sigma}} \tag{2.123}$$

式中，弹性试应力向量定义为

$$\boldsymbol{\sigma}^{\mathrm{E}}=\boldsymbol{D}_{\mathrm{e}}\boldsymbol{\varepsilon} \tag{2.124}$$

参考 Cartesian 坐标系表示的非关联塑性流动向量

$$\frac{\partial\Psi}{\partial\boldsymbol{\sigma}}=\frac{1}{2q}\boldsymbol{P}\boldsymbol{\sigma}+\frac{A_{\psi}}{\sqrt{3}}\boldsymbol{m} \tag{2.125}$$

式中

$$\boldsymbol{m}=\begin{bmatrix}1 & 1 & 1 & 0 & 0 & 0 & 0\end{bmatrix}^{\mathrm{T}} \tag{2.126}$$

将 $\boldsymbol{\sigma}$ 分解为它的偏应力 $\boldsymbol{s}$ 与球应力 $\boldsymbol{\sigma}_{\mathrm{m}}$ 部分之和，即

$$\boldsymbol{\sigma}=\boldsymbol{s}+\boldsymbol{\sigma}_{\mathrm{m}} \tag{2.127}$$

式中

$$\boldsymbol{\sigma}_{\mathrm{m}}=\begin{bmatrix}\sigma_{\mathrm{m}} & \sigma_{\mathrm{m}} & \sigma_{\mathrm{m}} & 0 & 0 & 0 & 0\end{bmatrix}^{\mathrm{T}},\quad \sigma_{\mathrm{m}}=\frac{\sigma_{\mathrm{h}}}{\sqrt{3}} \tag{2.128}$$

定义

$$\boldsymbol{M}=\begin{bmatrix}1 & 0 & 0 & 0 & 0 & 0 & 0\\ 0 & 1 & 0 & 0 & 0 & 0 & 0\\ 0 & 0 & 1 & 0 & 0 & 0 & 0\\ 0 & 0 & 0 & \dfrac{1}{2} & \dfrac{1}{2} & 0 & 0\\ 0 & 0 & 0 & \dfrac{1}{2} & \dfrac{1}{2} & 0 & 0\\ 0 & 0 & 0 & 0 & 0 & 1 & 0\\ 0 & 0 & 0 & 0 & 0 & 0 & 1\end{bmatrix} \tag{2.129}$$

并注意到

$$\boldsymbol{P}=\boldsymbol{P}\frac{\boldsymbol{P}}{3},\quad \boldsymbol{P}\boldsymbol{\sigma}=3\boldsymbol{M}\boldsymbol{s},\quad \boldsymbol{M}=\boldsymbol{M}\boldsymbol{M} \tag{2.130}$$

我们可表示 q 与它的弹性预测值 q^{E} 为

$$q = \left(\frac{1}{2}\boldsymbol{s}^{\mathrm{T}}\boldsymbol{M}\boldsymbol{s}\right)^{\frac{1}{2}}, \quad q^{\mathrm{E}} = \left(\frac{1}{2}(\boldsymbol{s}^{\mathrm{E}})^{\mathrm{T}}\boldsymbol{M}\boldsymbol{s}^{\mathrm{E}}\right)^{\frac{1}{2}} \tag{2.131}$$

式中，$\boldsymbol{s}^{\mathrm{E}}$ 是 $\boldsymbol{s}$ 的弹性预测值。

对式 (2.123) 前乘 $\boldsymbol{P}$, 并注意到

$$\boldsymbol{P}\boldsymbol{D}_{\mathrm{e}} = \boldsymbol{D}_{\mathrm{e}}\boldsymbol{P} = 2G\boldsymbol{P}, \quad \boldsymbol{D}_{\mathrm{e}}\boldsymbol{m} = 3K\boldsymbol{m}, \quad \boldsymbol{P}\boldsymbol{m} = 0 \tag{2.132}$$

式中弹性体积模量

$$K = \frac{E}{3(1-2\nu)} \tag{2.133}$$

可以得到 q 和 q^{E} 之间简洁的关系式

$$q^{\mathrm{E}} = q + 3G\Delta\lambda \tag{2.134}$$

并定义

$$\alpha = \frac{q}{q^{\mathrm{E}}} \tag{2.135}$$

可以表示

$$\boldsymbol{M}\boldsymbol{s} = \alpha\boldsymbol{M}\boldsymbol{s}^{\mathrm{E}} \tag{2.136}$$

同时，对式 (2.123) 前乘 $\boldsymbol{m}^{\mathrm{T}}$, 可以得到

$$\sigma_{\mathrm{h}} = \sigma_{\mathrm{h}}^{\mathrm{E}} - 3KA_{\psi}\Delta\lambda \tag{2.137}$$

式中，$\sigma_{\mathrm{h}}^{\mathrm{E}}$ 是 σ_{h} 的弹性预测值。

把式 (2.134) 和式 (2.137) 代入式 (2.18) 所表示的 Drucker-Prager 弹塑性模型屈服准则，可得到

$$F = F\left(\Delta\lambda, \Delta\bar{\varepsilon}_{\mathrm{p}}\right) = q^{\mathrm{E}} - 3\Delta\lambda\left(G + KA_{\phi}A_{\psi}\right) + A_{\phi}\sigma_{\mathrm{h}}^{\mathrm{E}} + B\left(\Delta\bar{\varepsilon}_{\mathrm{p}}\right) = 0 \tag{2.138}$$

对于非关联塑性，由式 (2.60) 可表示

$$F_{\mathrm{c}} = F_{\mathrm{c}}\left(\Delta\lambda, \Delta\bar{\varepsilon}_{\mathrm{p}}\right) = \Delta\bar{\varepsilon}_{\mathrm{p}} - \Delta\lambda\left(1 + \frac{\sigma_{\mathrm{h}}}{|\sigma_{\mathrm{h}}|}\frac{A_{\psi}}{\sqrt{3}}\right) = 0 \tag{2.139}$$

利用式 (2.138) 和式 (2.139)，局部积分点在一个典型增量步内的非线性本构方程的 Newton-Raphson 迭代求解过程可表示为

$$F_k = F_{k-1} + \Delta F = 0 \tag{2.140}$$

式中，F_{k-1}, F_k 分别表示一个典型增量步内为满足屈服准则的两个相继迭代步的不满足屈服准则的残差（residual）。利用下式可确定表征一个典型增量步内塑性应变发展的内状态变量——塑性乘子增量 $\Delta\lambda$，

$$\delta(\Delta\lambda_k) = -\frac{F_{k-1}}{\left.\dfrac{\mathrm{d}F}{\mathrm{d}\Delta\lambda}\right|_{k-1}}, \quad \Delta\lambda_k = \Delta\lambda_{k-1} + \delta(\Delta\lambda_k) \tag{2.141}$$

式中

$$\frac{\mathrm{d}F}{\mathrm{d}\Delta\lambda} = \frac{\partial F}{\partial\Delta\lambda} - \frac{\partial F}{\partial\bar{\varepsilon}_{\mathrm{p}}} \frac{\dfrac{\partial F_{\mathrm{c}}}{\partial\Delta\lambda}}{\dfrac{\partial F_{\mathrm{c}}}{\partial\bar{\varepsilon}_{\mathrm{p}}}} \tag{2.142}$$

$$\begin{aligned} &\frac{\partial F}{\partial\Delta\lambda} = -3\left(G + KA_{\phi}A_{\psi}\right), \\ &\frac{\partial F}{\partial\bar{\varepsilon}_{\mathrm{p}}} = \left(\sigma_{\mathrm{h}}^{\mathrm{E}} - 3KA_{\psi}\Delta\lambda\right)\frac{\partial A_{\phi}}{\partial\bar{\varepsilon}_{\mathrm{p}}} - 3KA_{\phi}\Delta\lambda\frac{\partial A_{\psi}}{\partial\bar{\varepsilon}_{\mathrm{p}}} + \frac{\partial B}{\partial\bar{\varepsilon}_{\mathrm{p}}} \end{aligned} \tag{2.143}$$

$$\frac{\partial F_{\mathrm{c}}}{\partial\Delta\lambda} = -\left(1 + \frac{\sigma_{\mathrm{h}}}{|\sigma_{\mathrm{h}}|}\frac{A_{\psi}}{\sqrt{3}}\right), \quad \frac{\partial F_{\mathrm{c}}}{\partial\bar{\varepsilon}_{\mathrm{p}}} = 1 - \frac{\Delta\lambda}{\sqrt{3}}\frac{\sigma_{\mathrm{h}}}{|\sigma_{\mathrm{h}}|}\frac{\partial A_{\psi}}{\partial\bar{\varepsilon}_{\mathrm{p}}} \tag{2.144}$$

同时，定义

$$\boldsymbol{P}' = \begin{bmatrix} 2 & -1 & -1 & 0 & 0 & 0 & 0 \\ -1 & 2 & -1 & 0 & 0 & 0 & 0 \\ -1 & -1 & 2 & 0 & 0 & 0 & 0 \\ 0 & 0 & 0 & 3 & 0 & 0 & 0 \\ 0 & 0 & 0 & 0 & 3 & 0 & 0 \\ 0 & 0 & 0 & 0 & 0 & 3 & 0 \\ 0 & 0 & 0 & 0 & 0 & 0 & 3 \end{bmatrix} \tag{2.145}$$

注意到式 (2.116) 所示的矩阵 $\boldsymbol{P}$ 和式 (2.126) 所示的列向量 $\boldsymbol{m}$，有

$$\boldsymbol{P} = \boldsymbol{P}'\frac{\boldsymbol{P}}{3}, \quad \boldsymbol{P}'\boldsymbol{m} = 0 \tag{2.146}$$

对方程 (2.123) 前乘 $\boldsymbol{P}'$ 可以得到

$$\boldsymbol{s} = \boldsymbol{C}_{\alpha}\boldsymbol{s}^{\mathrm{E}} \tag{2.147}$$

式中

$$
\boldsymbol{C}_\alpha = \begin{bmatrix} \alpha & 0 & 0 & 0 & 0 & 0 & 0 \\ 0 & \alpha & 0 & 0 & 0 & 0 & 0 \\ 0 & 0 & \alpha & 0 & 0 & 0 & 0 \\ 0 & 0 & 0 & \dfrac{\alpha+1}{2} & \dfrac{\alpha-1}{2} & 0 & 0 \\ 0 & 0 & 0 & \dfrac{\alpha-1}{2} & \dfrac{\alpha+1}{2} & 0 & 0 \\ 0 & 0 & 0 & 0 & 0 & \alpha & 0 \\ 0 & 0 & 0 & 0 & 0 & 0 & \alpha \end{bmatrix} \tag{2.148}
$$

当 $\Delta\lambda$ 的收敛值确定，满足式 (2.139)、式 (2.140) 和增量弹塑性本构方程 (2.123) 的 $q, \sigma_{\rm h}, \alpha$ 当前值可以由式 (2.134)、式 (2.135) 和式 (2.137) 获得；进一步，利用式 (2.147)、式 (2.148) 和式 (2.127)、式 (2.128) 可获得 $\boldsymbol{s}, \boldsymbol{\sigma}$ 的当前值。

2.4.4 Cosserat 弹塑性连续体的一致性弹塑性切线模量矩阵

应力向量的弹性预测值 $\boldsymbol{\sigma}^{\rm E}$ 可分解为它的偏应力和球应力分量之和，即

$$
\boldsymbol{\sigma}^{\rm E} = \boldsymbol{s}^{\rm E} + \sigma_{\rm m}^{\rm E}\boldsymbol{m} \tag{2.149}
$$

应变向量 $\boldsymbol{\varepsilon}$ 也可相应地分解为它的偏应变 $\boldsymbol{e}$ 和球应变部分 $\varepsilon_{\rm m}\boldsymbol{m}$ 之和，即

$$
\boldsymbol{\varepsilon} = \boldsymbol{e} + \varepsilon_{\rm m}\boldsymbol{m} \tag{2.150}
$$

式中

$$
\boldsymbol{e} = \boldsymbol{P}^*\boldsymbol{\varepsilon}, \quad \varepsilon_{\rm m} = \frac{1}{3}\boldsymbol{m}^{\rm T}\boldsymbol{\varepsilon}, \quad \boldsymbol{P}^* = \begin{bmatrix} \dfrac{2}{3} & -\dfrac{1}{3} & -\dfrac{1}{3} & 0 & 0 & 0 & 0 \\ -\dfrac{1}{3} & \dfrac{2}{3} & -\dfrac{1}{3} & 0 & 0 & 0 & 0 \\ -\dfrac{1}{3} & -\dfrac{1}{3} & \dfrac{2}{3} & 0 & 0 & 0 & 0 \\ 0 & 0 & 0 & 1 & 0 & 0 & 0 \\ 0 & 0 & 0 & 0 & 1 & 0 & 0 \\ 0 & 0 & 0 & 0 & 0 & 1 & 0 \\ 0 & 0 & 0 & 0 & 0 & 0 & 1 \end{bmatrix} \tag{2.151}
$$

应力向量的弹性预测值的变化率与应变向量变化率的关联表示为

$$
\dot{\boldsymbol{s}}^{\rm E} = \boldsymbol{D}_{\rm e}^{\rm d}\dot{\boldsymbol{e}}, \quad \dot{\sigma}_{\rm m}^{\rm E} = 3K\dot{\varepsilon}_{\rm m} \tag{2.152}
$$

式中，偏应力—偏应变弹性模量矩阵

$$\boldsymbol{D}_{\mathrm{e}}^{\mathrm{d}}=\begin{bmatrix}2G&0&0&0&0&0&0\\0&2G&0&0&0&0&0\\0&0&2G&0&0&0&0\\0&0&0&G+G_{\mathrm{c}}&G-G_{\mathrm{c}}&0&0\\0&0&0&G-G_{\mathrm{c}}&G+G_{\mathrm{c}}&0&0\\0&0&0&0&0&2G&0\\0&0&0&0&0&0&2G\end{bmatrix}\tag{2.153}$$

利用式 (2.130) 中第二式, 我们可得到 q^{E} 的变化率如下

$$\dot{q}^{\mathrm{E}}=\frac{1}{2q^{\mathrm{E}}}\left(\boldsymbol{P}\boldsymbol{\sigma}^{\mathrm{E}}\right)^{\mathrm{T}}\dot{\boldsymbol{\sigma}}^{\mathrm{E}}=\frac{1}{2q}\left(\boldsymbol{P}\boldsymbol{\sigma}\right)^{\mathrm{T}}\boldsymbol{D}_{\mathrm{e}}^{\mathrm{d}}\dot{\boldsymbol{e}}=\frac{3}{2q}\left(\boldsymbol{M}\boldsymbol{s}\right)^{\mathrm{T}}\boldsymbol{D}_{\mathrm{e}}^{\mathrm{d}}\dot{\boldsymbol{e}}\tag{2.154}$$

由一致性条件 $\dot{F}=0$ 和 $\dot{F}_{\mathrm{c}}=0$ 及式 (2.134), 式 (2.135) 可以得到

$$\dot{\bar{\varepsilon}}^{\mathrm{p}}=c_{\varepsilon}\left(\dot{q}^{\mathrm{E}}+A_{\phi}\dot{\sigma}_{\mathrm{m}}^{\mathrm{E}}\right),\quad \dot{\lambda}=-\frac{1}{3G}c_{\lambda}\left(\dot{q}^{\mathrm{E}}+A_{\phi}\dot{\sigma}_{\mathrm{m}}^{\mathrm{E}}\right)\tag{2.155}$$

$$\dot{q}=\dot{q}^{\mathrm{E}}+c_{\lambda}\left(\dot{q}^{\mathrm{E}}+A_{\phi}\dot{\sigma}_{\mathrm{m}}^{\mathrm{E}}\right),\quad \dot{\alpha}=\frac{\alpha}{q}\left[\dot{q}^{\mathrm{E}}+c_{\lambda}\left(\dot{q}^{\mathrm{E}}+A_{\phi}\dot{\sigma}_{\mathrm{m}}^{\mathrm{E}}\right)-\alpha\dot{q}^{\mathrm{E}}\right]\tag{2.156}$$

式中

$$c_{\varepsilon}=\left(b_{\mathrm{qe}}-a_{\mathrm{qe}}\right)^{-1},\quad c_{\lambda}=a_{\mathrm{qe}}c_{\varepsilon}\tag{2.157}$$

$$b_{\mathrm{qe}}=-3KA_{\phi}A_{\psi}\frac{\dfrac{\partial F_{\mathrm{c}}}{\partial\bar{\varepsilon}_{\mathrm{p}}}}{\dfrac{\partial F_{\mathrm{c}}}{\partial\Delta\lambda}}-\frac{\partial B}{\partial\bar{\varepsilon}_{\mathrm{p}}},\quad a_{\mathrm{qe}}=3G\frac{\dfrac{\partial F_{\mathrm{c}}}{\partial\bar{\varepsilon}_{\mathrm{p}}}}{\dfrac{\partial F_{\mathrm{c}}}{\partial\Delta\lambda}}\tag{2.158}$$

对式 (2.147) 两边取微分，并利用 $\boldsymbol{C}_{\alpha}$ 和 $\boldsymbol{M}$ 的表达式 (2.148) 和式 (2.129)，可得到

$$\dot{\boldsymbol{s}}=\boldsymbol{C}_{\alpha}\dot{\boldsymbol{s}}^{\mathrm{E}}+\dot{\alpha}\boldsymbol{M}\boldsymbol{s}^{\mathrm{E}}\tag{2.159}$$

将式 (2.152) 和式 (2.154) 代入式 (2.155), 式 (2.156) 和式 (2.159) 导得

$$\delta\boldsymbol{\varepsilon}^{\mathrm{T}}\dot{\boldsymbol{\sigma}}=\delta\boldsymbol{\varepsilon}^{\mathrm{T}}\boldsymbol{D}_{\mathrm{ep}}\dot{\boldsymbol{\varepsilon}}\tag{2.160}$$

式中一致性弹塑性切线模量矩阵的闭合形式

$$\boldsymbol{D}_{\mathrm{ep}}=\boldsymbol{P}^{*}\left[\left(1-\alpha+c_{\lambda}\right)\frac{1}{6\boldsymbol{q}^{2}}\boldsymbol{P}\boldsymbol{\sigma}\left(\boldsymbol{P}\boldsymbol{\sigma}\right)^{\mathrm{T}}+\boldsymbol{C}_{\alpha}\right]\boldsymbol{D}_{\mathrm{e}}^{\mathrm{d}}\boldsymbol{P}^{*}+K\left(1+\frac{K}{G}A_{\phi}A_{\psi}c_{\lambda}\right)\boldsymbol{m}\boldsymbol{m}^{\mathrm{T}}$$

$$+\frac{c_\lambda}{\sqrt{3}q}K\left[A_\phi \boldsymbol{P}^*\left(\boldsymbol{P}\boldsymbol{\sigma}\right)\boldsymbol{m}^{\mathrm{T}}+A_\psi \boldsymbol{m}\left(\boldsymbol{P}\boldsymbol{\sigma}\right)^{\mathrm{T}}\boldsymbol{P}^*\right] \tag{2.161}$$

显然，当采用关联塑性，即令 $A_\phi = A_\psi$，$\boldsymbol{D}_{\mathrm{ep}}$ 的对称性将保持。

值得注意，在所发展的为满足非线性本构方程的返回映射算法与一致性弹塑性切线模量矩阵计算中均避免了矩阵求逆，这对于保证压力相关弹塑性的非线性本构模拟的计算效率与收敛性具有关键作用。

2.4.5 应变软化与应变局部化问题有限元模拟的数值例题与结果

由应变软化引起的以应变局部化为特征的弱间断破坏模拟要求两方面的工作。一方面要求在经典连续体中引入某种类型的正则化机制以保持应变软化问题的适定性。另一方面，需要发展具有再现由应变软化引起之局部化破坏模式和承载能力降低的能力的高效和高精度的有限元公式。它将基于广义变分原理或等价的弱形式。本小节将不讨论第二方面的工作。在本小节的有限元模拟中采用了基于位移法的二维 Cosserat 连续体平面应变问题中八节点等参元插值近似。每个有限元节点定义有三个独立的位移自由度: 两个平动自由度和一个转动自由度。

本小节给出两个数值例题的模拟结果，以说明在 Cosserat 连续体中所发展的压力相关 Drucker-Prager 塑性模型的一致性算法在模拟由应变软化导致的应变局部化问题中的有效性。

第一个数值例题考虑平面应变条件下均匀方板在两个刚性板单向压缩下的应变软化和变形局部化的发展。边长 20 m 的均匀方板在其顶边和底边两个刚性板间受到逐渐增加的指定刚性板垂直方向均匀压缩位移的加载作用。当略去重力效应，由于对称条件，可以仅考虑均匀方板的四分之一，取它的右上角尺寸为 10 m×10 m 部分实施有限元模拟。四分之一的方板用规则的 $n\times n$ 有限元网格离散。n 是两个坐标方向上的单元数。在本例中采用三个不同网格密度的三种空间有限元离散，即 $n=16,24,36$。采用理想粘着模型模拟两个刚性板与方板间的接触状态，即四分之一方板的顶部边界上的有限元节点的水平和垂直方向位移分别指定为零和由位移控制逐渐增加的均匀指定位移值。同样由于对称条件，在四分之一方板底部边界上的有限元节点在垂直和水平方向位移分别指定为零和自由；而在其左边界上有限元节点水平和垂直方向位移分别指定为固定和自由。材料参数 $E=5.0\times10^7, \nu=0.3, G_{\mathrm{c}}=1.5\times10^7, c_0=1.5\times10^5, h_{\mathrm{p}}=-1.5\times10^5, \Phi=35^\circ, \psi=0^\circ$。$E, G_{\mathrm{c}}, c_0, h_{\mathrm{p}}$ 的单位为 $\mathrm{N/m^2}$。

图 2.5 和图 2.6 分别显示了当采用网格密度 $n=24$、内尺度参数 $l_{\mathrm{c}}=0.05\ \mathrm{m}, 0.15\ \mathrm{m}$ 时四分之一方板在方板顶部指定垂直压缩位移值为 0.57 m 时的构形——网格变形图和等效塑性变形分布图。

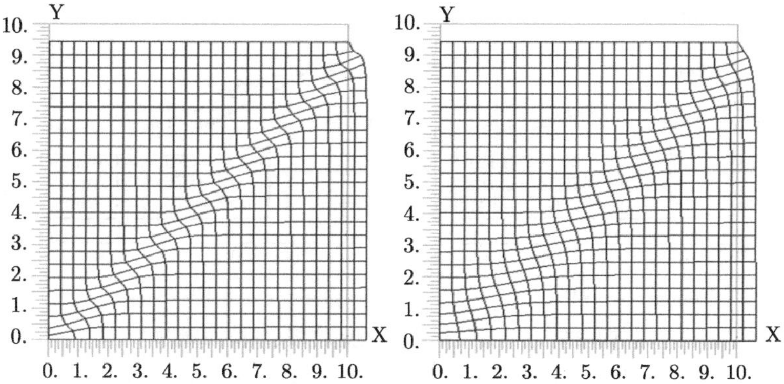

(a) (b)

图 2.5 方板在顶部指定垂直压缩位移值为 0.57 m 时的构形–网格变形图

(a) $l_c = 0.05$ m; (b) $l_c = 0.15$ m

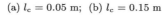

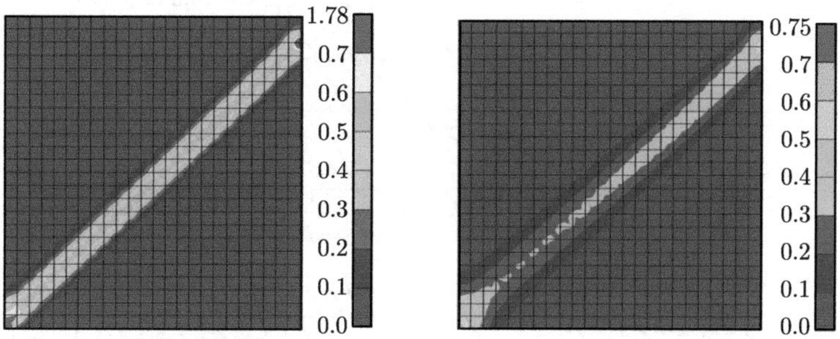

(a) (b)

图 2.6 方板在顶部指定垂直压缩位移值为 0.57 m 时的等效塑性应变分布

(a) $l_c = 0.05$ m; (b)$l_c = 0.15$ m

图 2.7 显示了当采用 $l_c = 0.1$ m 但不同网格密度 $n = 16, 24, 36$ 和采用固定网格密度 $n = 24$ 但不同内尺度参数 $l_c = 0.05$ m, 0.1 m, 0.15 m 时, 由应变软化导致的方板承载能力降低和塑性应变的发展。

第二个数值例题考虑平面应变条件下的边坡稳定性问题。如图 2.8 所示，边坡由通过置于其顶部的基础承受载荷。边坡结构离散为 480 个有限元网格，而置于其顶部的基础离散为具有拟刚性材料性质的 16 个单元。载荷通过基础上有限元节点 A 的垂直向下指定位移施加于边坡。边坡与基础的接触界面假定为理想粘着。应用于此例题的材料参数 $E = 5.0 \times 10^7, \nu = 0.3, G_c = 1.0 \times 10^7, c_0 = 0.5 \times 10^5, h_p = -0.2 \times 10^5, \varPhi = 25°, \psi = 5°$。图 2.9 给出了当采用内尺度参数 $l_c = 0.06$ m 时, 在节点 A 处施加指定垂直位移 $v = 0.41$ m 时边坡的变形构形。图 2.10 显示了当在节点 A 处施加指定垂直位移 $v = 0.37$ m 时，边坡中以等效塑性应变分布表示的剪切带。图中可以观察到剪切带宽度与内尺度参数 l_c 的关联。

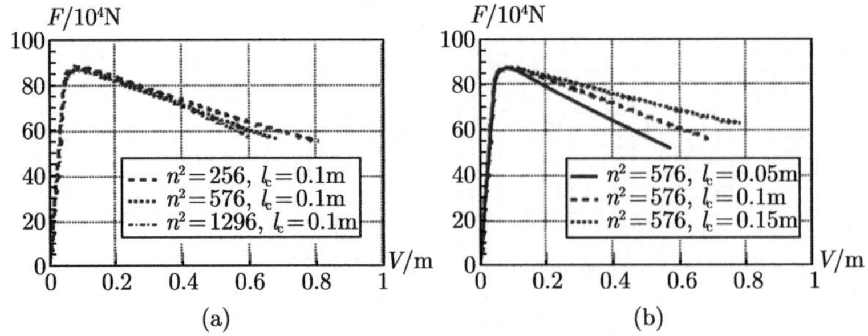

图 2.7　平板顶部垂直指定位移–载荷曲线图

(a) $l_c = 0.1$m, 不同网格密度；(b) 网格密度 $n = 24$，不同内尺度参数

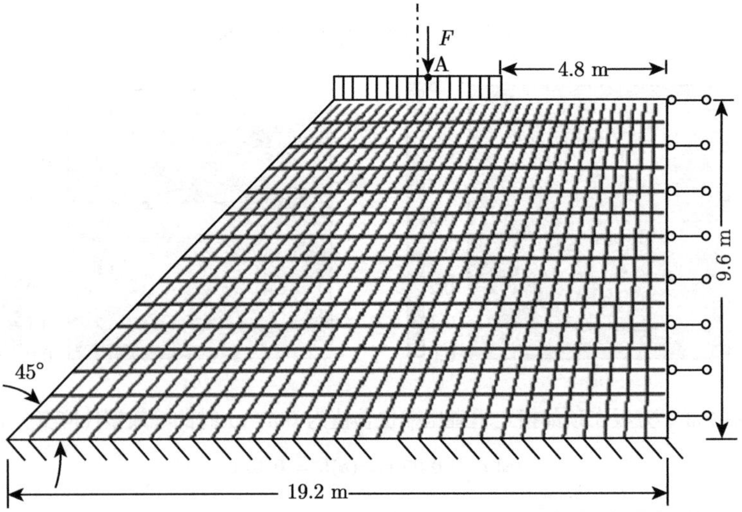

图 2.8　平面应变问题下的边坡稳定问题：几何、边界条件和有限元网格

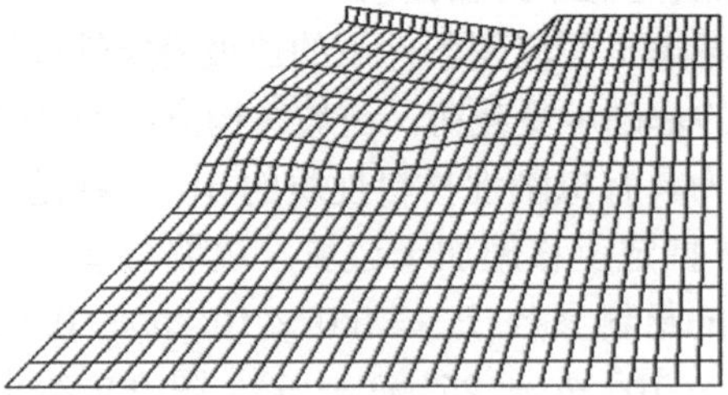

图 2.9　当采用材料参数 $l_c = 0.06$ m, 在节点 A 处施加指定垂直位移 $v = 0.41$ m 时边坡变形构形

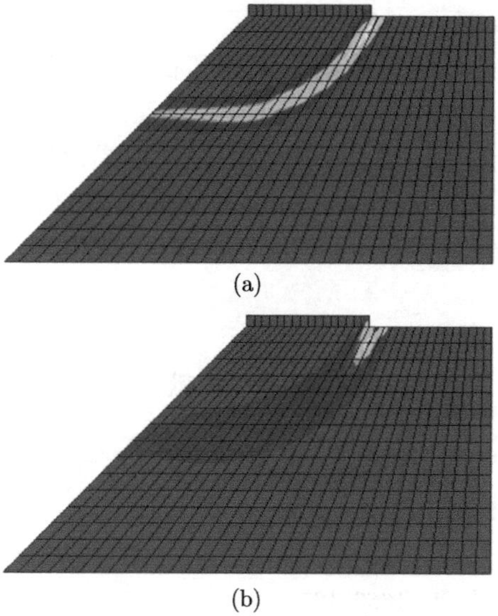

图 2.10 当在节点 A 处施加指定垂直位移 $v = 0.37$ m 时，边坡中以等效塑性应变分布表示的剪切带

(a) $l_c = 0.06$ m; (b) $l_c = 0.24$ m

2.5 总结与讨论

在外强动载荷作用下，颗粒材料的离散颗粒间将产生与颗粒间压力相关的相对摩擦耗散运动及与之伴随发生的颗粒间接触丧失等耗散性响应，这将导致颗粒材料在宏观多孔连续体尺度发生以压力相关塑性与材料损伤为特征的材料非线性行为。本章特别关注多孔连续体压力相关塑性非线性本构行为及与之相关的塑性应变软化和应变局部化问题的数值模拟。与多孔连续体压力相关塑性耦合的压力相关损伤非线性本构行为的模拟将在第 3 章通过含双损伤内状态变量的各向同性损伤模型介绍。

压力相关塑性的一个基本问题是塑性屈服准则及控制其演化律中应如何合理地定义度量应力强度与塑性应变强度的状态变量。塑性力学的发展起源于对金属材料等延性材料发生材料永久变形的破坏形式的研究。唯象地假定表征导致延性材料塑性破坏的应力强度的有效应力可以用应力张量的第二不变量表示，同时可以证明与其塑性功共轭的表征延性材料塑性破坏程度的有效塑性应变也可通过塑性应变张量的第二不变量表示。对于表征导致如岩土、混凝土等颗粒材料中发生的与颗粒间摩擦耗散运动相关的压力相关塑性破坏的应力强度不仅与应力张量的第二不变量有关，也与其第一不变量有关；相应地，等效塑性应变的定义也是一个问题。本章对压力相关塑性中两个重要的基本状态变量：有效应力与等效塑性应变提出了新的定义。

为克服因塑性应变软化导致材料失稳和在结构分析中应变局部化问题对数值模拟带来的困难，本章介绍了利用具有高阶连续结构的 Cosserat 连续体途径以保持应变软化问题的适定性，并介绍了基于所提出新的等效塑性应变定义对 Cosserat 连续体所建立的 Drucker-Prager 塑性模型的非线性本构模拟算法。此途径已成功应用于三维情况下岩土体应变局部化问题数值分析（唐洪祥和李锡夔，2018）。

参考文献

楚锡华, 徐远杰, 2009a. 基于形状改变比能对 M-C 准则与 D-P 系列准则匹配关系的研究, 岩土力学, 30: 2985–2990.

楚锡华, 徐远杰, 孔科, 2009b. M-C 与 D-P 屈服准则计算参数的能量等效方法及误差分析, 岩石力学与工程学报, 28: 1666–1673.

唐洪祥, 李锡夔, 2018. 岩土体应变局部化的 Cosserat 连续体理论与数值分析. 北京: 科学出版社, 1: 199.

王仁, 熊祝华, 黄文彬, 1982. 塑性力学基础. 北京: 科学出版社.

Aifantis E C, 1988. The physics of plastic deformation. Int. J. Plasticity, 3: 211–247.

Bazant Z P, Belytschko T and Chang T P, 1984. Continuum theory for strain softening. J. Eng. Mech. ASCE, 110: 1666–1692.

Berg C A, 1972. A note on construction of the equivalent plastic strain increment. Journal of Research of the National Bureau of Standards—C. Engineering and Instrumentation, 76: 53–54.

Crisfield M A, 1991. Non-linear Finite Element Analysis of Solids and Structures. Volume 1: Essentials, Chapter 6: Basic plasticity. John Wiley & Sons.

Crisfield M A, 1997. Non-linear Finite Element Analysis of Solids and Structures. Volume 2: Advanced Topics, Chapter 14: More plasticity and other material non-linearity -I. John Wiley & Sons.

de Borst R, 1991. Simulation of strain localization: a reappraisal for the Cosserat continuum. Eng. Comput., 8: 317–332.

de Borst R, 1993. A generalization of J_2-flow theory for polar continua. Comput. Methods Appl. Mech. Engng., 103: 347–362.

de Borst R and Feenstra P H, 1990. Studies in anisotropic plasticity with reference to the Hill criterion. Int. J. Numer. Merh. Engng., 29: 315–336.

de Borst R and Muhlhaus H B, 1992. Gradient-dependent plasticity: formulation and algorithmic aspects'. Int. J. Numer. Merh. Engng., 35: 521–539.

de Borst R and Sluys L J, 1991. Localization in a Cosserat continuum under static and dynamic loading conditions. Comput. Methods Appl. Mech. Engng., 90: 805–827.

Duxbury P G and Li X K, 1996. Development of elasto-plastic material models in a natural coordinate system. Comput. Methods in Appl. Mech. Engng., 135: 283–306.

Hill R, 1947. A theory of the yielding and plastic how of anisotropic materials. Proc. Roy. Soc. A, 193: 281–297.

Hoffman O, 1967. The brittle strength of orthotropic materials. J. Comp. Mater., 1: 200–206.

Li X K, 1995. Large strain constitutive modelling and computation for isotropic, creep elastoplastic damage solids. Int. J. for Numerical Methods in Engineering, 38: 841–860.

Li X K, Cescotto S, 1996. Finite element method for gradient plasticity at large strains. Int, J. Numer. Methods Engineering, 39: 619–633.

Li X K, Cescotto S, 1997. A mixed element method in gradient plasticity for pressure dependent materials and modeling of strain localization. Comput. Methods Appl. Mech. Engng., 144: 287–305.

Li X K, Duxbury P G, Lyons P, 1994a. Considerations for the application and numerical implementation of strain hardening with the Hoffman yield criterion. Computers & Structures, 52: 633–644.

Li X K, Duxbury P G, Lyons P, 1994b. Coupled creep-elastoplastic-damage analysis for isotropic and anisotropic nonlinear materials. Int. J. Solids and Structures, 31: 1181–1206.

Li X K and Tang H X, 2005. A consistent mapping algorithm for pressure-dependent elastoplastic Cosserat continua and modeling of strain localization. Comput. Struct., 83: 1–10.

Muhlhaus H B, 1989. Application of Cosserat theory in numerical solutions of limit load problems. Ing.-Archiv, 59: 124–137.

Muhlhaus H B and Aifantis E C, 1991. A variational principle for gradient plasticity. Int. J. Solids Struct., 29: 845–857

Needleman A, 1988. Material rate dependence and mesh sensitivity in localization problems. Comput. Methods Appl. Mech. Engng., 67: 69–86.

Raghava R, Caddell R M and Yeh G S Y, 1973. The macroscopic yield behaviour of polymers. J. Mater. Sci., 8: 225–232.

Safaeia M, Yoonb J W, de Waelea W, 2014. Study on the definition of equivalent plastic strain under non-associated flow rule for finite element formulation. International Journal of Plasticity, 58: 219–238.

Schellekens J C J and de Borst R, 1989. The use of the Hoffman yield criterion in finite element analysis of anisotropic composites. Comput. Struct., 37: 1087–1096.

Simo J C and Meschke G, 1993. A new class of algorithms for classical plasticity extended to finite strains. Application to geomaterials. Comput. Mech., 11: 253–278.

Simo J C and Hughes T J R, 1998. Computational Inelasticity. Springer.

Sluys L J, de Borst R and Muhlhaus H B, 1993. Wave propagation, localization and dispersion in a gradient-dependent medium. Int. J. Solids Struct., 30: 1153–1171.

Steinmann P, 1994. A micropolar theory of finite deformation and finite rotation multiplicative elastoplasticity. Int. J. Solids Struct., 31: 1063–1084.

Tejchman J and Bauer E, 1996. Numerical simulation of shear band formation with a polar hypoplastic constitutive model. Comput. Geotechn., 19: 221–244.

Tejchman J and Wu W, 1993. Numerical study on patterning of shear bands in a Cosserat continuum. Acta Mech., 99: 61–74.

Zienkiewicz O C and Taylor R L, 2005. The Finite Element Method for Solid and Structural Mechanics, 6th Edition, Chapter 4: Inelastic and non-linear materials. Butterworth-Heinemann, Oxford: Elsevier.

第 3 章　大应变下多孔连续体的材料塑性–损伤–蠕变模型

多孔连续体的材料非线性行为在宏观唯象表征中不仅表现为压力相关塑性，同时还包含损伤和蠕变行为。这种弹塑性–损伤–蠕变耦合的材料非线性行为特别地呈现在模型化为多孔连续体的充填高分子材料结构件中。它们所展现的非线性本构行为具有如下特征：（1）由微孔穴和微裂缝的萌生与发展导致归结为材料损伤的断裂；（2）具有以非常低的初始屈服应力与极强的塑性硬化为特征的压力相关塑性；（3）表现为滞回应力–应变曲线的滞后现象，特别地，在循环载荷条件下呈现当应力降低时应变增加的效应；（4）由于相对低的弹性模量和由损伤、蠕变及塑性行为导致的刚度丧失从而产生的大变形与大应变。

考虑到上述在以充填高分子材料为背景的多孔连续体中所展现的本构行为特点，本章将介绍所发展的一个有限应变下压力相关弹塑性–损伤–蠕变模型，及其最近点投影算法和适应于大应变的指数算法（Li, 1995）。该模型也可推广应用于以颗粒材料为背景的多孔连续体。这个模型具有如下特点：

（1）在欧拉参考系统（Belytschko et al., 2000; 李锡夔等, 2015）中建立有限应变下弹塑性–损伤–蠕变的全耦合公式（Li, 1995）。在所建立公式中采用超弹性应力–应变本构关系描述和变形梯度的弹性和塑性部分的乘式分解（Lee, 1969; Simo and Hughes, 1997）。此途径相对于采用亚弹性应力–应变本构关系描述和应变张量和式分解的途径的优点在文献中已有广泛讨论（Simo, 1988a; 1988b; Eterovic and Bathe, 1990; Simo and Taylor, 1991; Peric, Owen and Honnor, 1992; Simo and Meschke, 1993; Li, 1995）。

（2）在基于超弹性应力–应变本构关系和变形梯度的弹性和塑性部分的乘式分解的热动力学框架内建立有限应变下弹塑性模型公式。具体地，采用修正的 von-Mises 模型与相应的各向同性应变硬化准则模拟材料的压力相关各向同性塑性行为。这类材料在小应变下的材料行为的讨论可参阅（Raghava et al., 1973; Li et al., 1994a; 1994b）。需要指出的是，在所建立的模型与框架中也能采用如 Drucker-Prager 塑性屈服准则等其他压力相关塑性模型。

（3）模型中计及了导致材料破坏的损伤效应。唯象损伤模型基于不可逆过程热动力学理论和引入的损伤内状态变量描述损伤过程的萌生与发展（Lemaitre,

1985; Simo and Ju, 1987a; 1987b; Chaboche, 1988a; 1988b; Ladeveze, 1992)。本章提出的损伤模型中考虑了杨氏弹性模量的降低，以及在材料损伤过程中泊松比随杨氏弹性模量降低的变化（Ladeveze, 1992)。鉴于拉伸应力将助长损伤的发展，在本模型中控制损伤发展的演化律将考虑损伤发展对应力状态中第一应力不变量的依赖性。

（4） 建议了一个计及应变硬化的蠕变律，其中蠕变应变率是有效应力和有效蠕变应变的函数。采用了在（Kojic and Bathe, 1987）中建议的有效应力函数算法，在算法中塑性和蠕变的应力积分问题被简化为一个非线性方程的求解。

值得注意的是，在本模型中小应变下的耦合蠕变和塑性流动公式在主应力–主对数应变空间中可以直接推广到有限应变范畴，并且保持应力应变关系的超弹性–塑性特征。

3.1 有限应变下各向同性弹塑性–损伤–蠕变模型

3.1.1 有限应变下变形梯度张量的弹塑性乘式分解

如图 3.1 所示，考虑在时刻 $t = 0$ 处于初始状态的一连续体，它在欧氏空间中所占的区域为 Ω_0，其边界为 Γ_0，称为该连续体的初始构形。在当前时刻 t，由于各种因素作用引起该连续体发生了变形，并在空间产生了一个刚体运动，其在欧氏空间中所占区域变为 Ω，边界变为 Γ，域 Ω 称为该连续体的当前构形或变形构形。显然，在该连续体由初始构形 Ω_0 变换到当前构形 Ω 的过程中，存在有无数个中间构形。需要选择或定义一个构形，连续体的各方程均参考它建立，该构形称为参考构形。

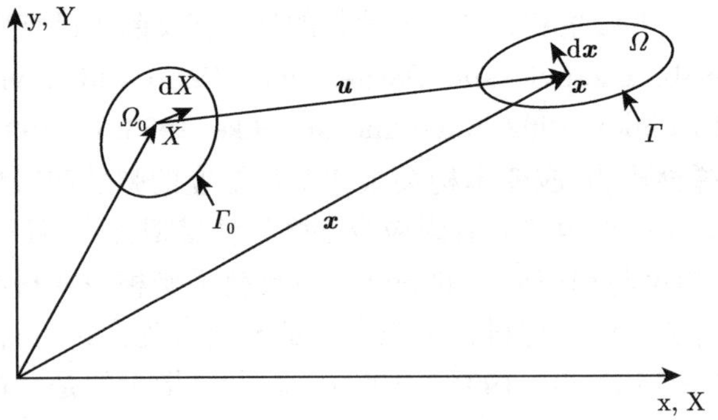

图 3.1　初始构形与当前构形

应着重指出的是，该连续体由 Ω_0 经无数中间构形变到 Ω，是同时发生的变形和刚体运动（刚体平动和刚体转动）共同作用的结果，且它们相互交织。由于刚体平动并不改变应力或应变张量的空间表示，因而这里特别关注的运动主要是指刚体转动。变形和刚体转动的本质区别是变形将导致局部物质点的应变状态和应力状态的改变；而刚体转动则不会，它只造成定义于局部物质点的原有应变和应力张量的空间旋转，并导致它们的空间表示改变。因而，在计算分析中，变形和刚体转动必须分离开来，否则会造成应力计算的失真。

考察连续体中一个典型的物质点，通常以它在初始构形 Ω_0 中的位置向量 $\boldsymbol{X} \in \Omega_0$ 表示。$\boldsymbol{X}$ 称为物质坐标或 Lagrangian 坐标。连续体的运动或变形可通过函数 $\boldsymbol{\phi}(\boldsymbol{X},t)$ 表示，它给出了一个物质点作为时间的函数在时刻 t 的空间位置，即

$$\boldsymbol{x} = \boldsymbol{\phi}(\boldsymbol{X},t) \tag{3.1}$$

式中，$\boldsymbol{\phi}$ 定义了由初始构形 $\boldsymbol{X} \in \Omega$ 到当前构型 $\boldsymbol{x} \in \Omega$ 的映射。若 $\boldsymbol{X}$ 固定，t 变化，式 (3.1) 给出了物质点 $\boldsymbol{X}$ 的运动轨迹。反之，也存在逆映射

$$\boldsymbol{X} = \boldsymbol{\phi}^{-1}(\boldsymbol{x},t) \tag{3.2}$$

它给出了任一时刻 t 占有空间坐标 $\boldsymbol{x}$ 的特定物质点 $\boldsymbol{X}$。

对于一个给定的时刻 t_n，定义为

$$\boldsymbol{F} = \frac{\partial \boldsymbol{x}}{\partial \boldsymbol{X}} \tag{3.3}$$

的两点张量表示了运动 $\boldsymbol{\phi}(\boldsymbol{X},t_n)$ 的变形梯度。基于变形梯度可定义变形张量率为

$$\boldsymbol{d} = \frac{1}{2}\left(\boldsymbol{L} + \boldsymbol{L}^{\mathrm{T}}\right) \tag{3.4}$$

式中

$$\boldsymbol{L} = \dot{\boldsymbol{F}}\boldsymbol{F}^{-1} \tag{3.5}$$

定义为空间速度梯度；$\boldsymbol{L}^{\mathrm{T}}$ 是 $\boldsymbol{L}$ 的转置，$\dot{\boldsymbol{F}}$ 是变形梯度的时间导数，$\boldsymbol{F}^{-1}$ 为变形梯度的逆。

需注意变形梯度 $\boldsymbol{F}$ 包含了变形和运动（刚体平动和刚体转动），且变形部分中包含了弹性与塑性应变部分；而刚体运动部分则与弹塑性应变无关。Lee（1969）首先提出了将变形梯度 $\boldsymbol{F}$ 分解为弹性部分和塑性部分的乘式分解的概念，即将变形梯度 $\boldsymbol{F}$ 分解成它的弹性部分 $\boldsymbol{F}_{\mathrm{e}}$ 和塑性部分 $\boldsymbol{F}_{\mathrm{p}}$ 的乘积，如图 3.2 所示。Lee 在初始和当前两个构形 Ω_0 和 Ω 的基础上引入了一个中间构形 $\hat{\Omega}$。由初始构形到当前构形的映射 $\boldsymbol{F}$ 可分解为由初始构形到中间构形的映射 $\boldsymbol{F}_{\mathrm{p}}$ 和由中间构形到当前构形的映射 $\boldsymbol{F}_{\mathrm{e}}$ 两部分，并假定

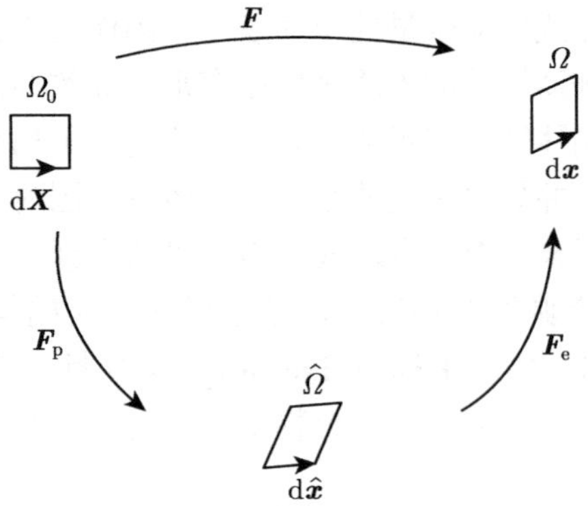

图 3.2　乘式分解示意图

（1）初始构形 Ω_0 中过任一物质点的任一线素 $\mathrm{d}\boldsymbol{X}$ 首先经历了一个映射达到了在中间构形中 $\mathrm{d}\hat{\boldsymbol{x}}$ 的位置，继续经历了一个映射最终达到在当前构形中 $\mathrm{d}\boldsymbol{x}$ 的位置。

（2）线素 $\mathrm{d}\boldsymbol{X}$ 由初始构形到当前构形的映射可分解为两部分：伸缩变形（应变）和刚体转动。前者在弹塑性变形过程中可分解为弹性和塑性部分，而刚体旋转则没有弹塑性之分，因为它处理连续体为一非变形的物体，并不与连续体的任何变形相关联。

（3）伸缩变形的塑性部分在从初始构形到中间构形的映射中发生，而伸缩变形的弹性部分则在从中间构形到当前构形的映射中发生。

（4）刚体转动部分可归入从初始构形到中间构形的映射中，也可归入由中间构形到当前构形的映射中，具有一定的任意性。因此，变形梯度的乘式分解并不唯一。Lee 把刚体旋转部分归入从初始构形到中间构形的映射中，而后来 Simo 则把刚体旋转部分归入由中间构形到当前构形的映射中。本章将遵循后者（Simo）的定义，即把刚体旋转部分归入由中间构形到当前构形的映射中，这也就确定了假想的运动和变形过程的剖分。

根据以上假定，初始构形 Ω_0 中的线素 $\mathrm{d}\boldsymbol{X}$ 到其当前构形 $\mathrm{d}\boldsymbol{x}$ 的映射可写成

$$\mathrm{d}\boldsymbol{x} = \boldsymbol{F}\cdot\mathrm{d}\boldsymbol{X} = \frac{\partial\boldsymbol{x}}{\partial\boldsymbol{X}}\cdot\mathrm{d}\boldsymbol{X} = \frac{\partial\boldsymbol{x}}{\partial\hat{\boldsymbol{x}}}\cdot\frac{\partial\hat{\boldsymbol{x}}}{\partial\boldsymbol{X}}\cdot\mathrm{d}\boldsymbol{X} = \boldsymbol{F}_\mathrm{e}\cdot\boldsymbol{F}_\mathrm{p}\cdot\mathrm{d}\boldsymbol{X} \tag{3.6}$$

即变形梯度张量 $\boldsymbol{F}$ 可乘式分解为它弹性部分 $\boldsymbol{F}_\mathrm{e}$ 和塑性部分 $\boldsymbol{F}_\mathrm{p}$ 之点积，

$$\boldsymbol{F} = \boldsymbol{F}_\mathrm{e}\cdot\boldsymbol{F}_\mathrm{p} \tag{3.7}$$

式中

$$\boldsymbol{F}_\mathrm{e} = \frac{\partial\boldsymbol{x}}{\partial\hat{\boldsymbol{x}}},\quad \boldsymbol{F}_\mathrm{p} = \frac{\partial\hat{\boldsymbol{x}}}{\partial\boldsymbol{X}} \tag{3.8}$$

可简称为弹性变形梯度张量和塑性变形梯度张量。它们都是两点张量，分别表示由中间构形到当前构形的映射和由初始构形到中间构形的映射。

由弹性变形梯度张量的左极分解可定义弹性左 Cauchy-Green 张量如下

$$\boldsymbol{b}_{\mathrm{e}} = \boldsymbol{F}_{\mathrm{e}}\boldsymbol{F}_{\mathrm{e}}^{\mathrm{T}} \tag{3.9}$$

注意到由式 (3.9) 所定义的弹性左 Cauchy-Green 张量是对称张量。它的谱分解可表示为

$$\boldsymbol{b}_{\mathrm{e}} = \sum_{i=1}^{3} (\Lambda_i^{\mathrm{e}})^2 \boldsymbol{n}_i^{\mathrm{e}} \otimes \boldsymbol{n}_i^{\mathrm{e}} \tag{3.10}$$

式中，Λ_i^{e} 是弹性主拉伸（压缩），$\boldsymbol{n}_i^{\mathrm{e}}$ 是参考当前构形的弹性主方向。

利用式 (3.10), 参考当前构形的弹性对数伸缩张量 $\boldsymbol{\varepsilon}_{\mathrm{e}}^{\mathrm{t}}$ 与弹性主对数伸缩向量 $\boldsymbol{\varepsilon}_{\mathrm{e}}$ 可定义为（李锡夔等, 2015）

$$\begin{aligned} \boldsymbol{\varepsilon}_{\mathrm{e}}^{\mathrm{t}} &= \ln\left(\boldsymbol{b}_{\mathrm{e}}^{1/2}\right) = \sum_{i=1}^{3} (\ln \Lambda_i^{\mathrm{e}})\, \boldsymbol{n}_i^{\mathrm{e}} \otimes \boldsymbol{n}_i^{\mathrm{e}}, \\ \boldsymbol{\varepsilon}_{\mathrm{e}} &= [\varepsilon_1^{\mathrm{e}} \quad \varepsilon_2^{\mathrm{e}} \quad \varepsilon_3^{\mathrm{e}}]^{\mathrm{T}} = [\ln \Lambda_1^{\mathrm{e}} \ln \Lambda_2^{\mathrm{e}} \ln \Lambda_3^{\mathrm{e}}]^{\mathrm{T}} \end{aligned} \tag{3.11}$$

式中，$\ln \Lambda_i^{\mathrm{e}}\ (i = 1, 2, 3)$ 是弹性主对数伸缩应变。由式 (3.10) 和式 (3.11) 可重新表示 $\boldsymbol{b}_{\mathrm{e}}$ 的谱分解为

$$\boldsymbol{b}_{\mathrm{e}} = \sum_{i=1}^{3} \exp(2\varepsilon_i^{\mathrm{e}})\, \boldsymbol{n}_i^{\mathrm{e}} \otimes \boldsymbol{n}_i^{\mathrm{e}} \tag{3.12}$$

需要指出，弹性左 Cauchy-Green 张量和变形张量率是参考当前构形的空间变量，均满足材料框架无关性原理。相应地，我们在本章中将选择作用于当前构形且功共轭于变形张量率 $\boldsymbol{d}$ 的 Kirchhoff 应力张量 $\boldsymbol{\tau}$ 作为应力度量。以 $\sigma_i (i = 1, 2, 3)$ 或其黑体 $\boldsymbol{\sigma}$ 表示的主 Kirchhoff 应力向量定义为 Kirchhoff 应力张量 $\boldsymbol{\tau}$ 的特征值，即

$$\boldsymbol{\tau} = \sum_{i=1}^{3} \sigma_i \boldsymbol{n}_i^{\mathrm{e}} \otimes \boldsymbol{n}_i^{\mathrm{e}} \tag{3.13}$$

注意到对于各向同性材料，同为参考当前构形表示的弹性左 Cauchy-Green 张量 $\boldsymbol{b}_{\mathrm{e}}$ 和 Kirchhoff 应力张量 $\boldsymbol{\tau}$ 具有相同的主方向。

3.1.2 热动力学分析

为在非线性耦合模型中引入对材料的蠕变、塑性和损伤行为的描述，考虑如下形式的自由能泛函

$$\varphi = \varphi(\boldsymbol{b}_{\mathrm{e}}, \alpha, D, \delta) \tag{3.14}$$

式中，α 是塑性（应变类）内状态变量；D, δ 是损伤内状态变量。

热动力学第二定律陈述为：定义在连续体中单位表征体元的局部应力功率 $\boldsymbol{\tau}:\boldsymbol{d}$ 与自由能变化率 $\rho_0\dot{\varphi}$ 之差应大于或等于零，即

$$\tilde{\psi} = \boldsymbol{\tau}:\boldsymbol{d} - \rho_0\dot{\varphi}\left(\boldsymbol{b}_{\mathrm{e}}, \alpha, D, \delta\right) \geqslant 0 \tag{3.15}$$

$\tilde{\psi}$ 定义为非负的单位表征体元的耗散能量率，它也意味着在一个有限时域增量步中能量耗散增量是非负的。$\tilde{\psi}$ 顶部的波纹符号表示它仅在增量步内可微。ρ_0 为初始质量密度。式 (3.15) 中自由能泛函的时域微分 $\dot{\varphi}$ 能展开表示为

$$\dot{\varphi} = \partial_{\boldsymbol{b}_{\mathrm{e}}}\varphi : \dot{\boldsymbol{b}}_{\mathrm{e}} + \partial_{\alpha}\varphi\dot{\alpha} + \partial_{D}\varphi\dot{D} + \partial_{\delta}\varphi\dot{\delta} \tag{3.16}$$

式中 $\partial_{\boldsymbol{b}_{\mathrm{e}}}\varphi = \dfrac{\partial\varphi}{\partial\boldsymbol{b}_{\mathrm{e}}}$，并按此理解 $\partial_{\alpha}\varphi, \partial_{D}\varphi, \partial_{\delta}\varphi$ 等。

为计算式 (3.16) 中的 $\dot{\boldsymbol{b}}_{\mathrm{e}}$，可将式 (3.9) 改写为

$$\boldsymbol{b}_{\mathrm{e}} = \boldsymbol{F}_{\mathrm{e}}\boldsymbol{F}_{\mathrm{e}}^{\mathrm{T}} = \boldsymbol{F}\boldsymbol{F}_{\mathrm{p}}^{-1}\boldsymbol{F}_{\mathrm{p}}^{-\mathrm{T}}\boldsymbol{F}^{\mathrm{T}} = \boldsymbol{F}\boldsymbol{C}_{\mathrm{p}}^{-1}\boldsymbol{F}^{\mathrm{T}} \tag{3.17}$$

式中应用了右塑性 Cauchy-Green 张量的定义

$$\boldsymbol{C}_{\mathrm{p}} = \boldsymbol{F}_{\mathrm{p}}^{\mathrm{T}}\boldsymbol{F}_{\mathrm{p}} \tag{3.18}$$

将式 (3.17) 两边对时间求导并简单处理后得

$$\begin{aligned}\dot{\boldsymbol{b}}_{\mathrm{e}} &= \dot{\boldsymbol{F}}\left(\boldsymbol{F}^{-1}\boldsymbol{F}\right)\boldsymbol{C}_{\mathrm{p}}^{-1}\boldsymbol{F}^{\mathrm{T}} + \boldsymbol{F}\boldsymbol{C}_{\mathrm{p}}^{-1}\left(\boldsymbol{F}^{\mathrm{T}}\boldsymbol{F}^{-\mathrm{T}}\right)\dot{\boldsymbol{F}}^{\mathrm{T}} \\ &\quad + \boldsymbol{F}\frac{\partial\boldsymbol{C}_{\mathrm{p}}^{-1}}{\partial t}\boldsymbol{F}^{\mathrm{T}} = \boldsymbol{L}\boldsymbol{b}_{\mathrm{e}} + \boldsymbol{b}_{\mathrm{e}}\boldsymbol{L}^{\mathrm{T}} + \mathcal{L}_{\mathrm{v}}\boldsymbol{b}_{\mathrm{e}}\end{aligned} \tag{3.19}$$

式中，$\mathcal{L}_{\mathrm{v}}\boldsymbol{b}_{\mathrm{e}}$ 为弹性左 Cauchy-Green 张量 $\boldsymbol{b}_{\mathrm{e}}$ 的 Lie 导数，其定义为（Marsden and Hughes, 1983; Simo and Hughes, 1997; 李锡夔等, 2015）

$$\mathcal{L}_{\mathrm{v}}\boldsymbol{b}_{\mathrm{e}} = \boldsymbol{F}\frac{\partial\boldsymbol{C}_{\mathrm{p}}^{-1}}{\partial t}\boldsymbol{F}^{\mathrm{T}} \tag{3.20}$$

将式 (3.19) 和式 (3.20) 代入式 (3.16), 可得到

$$\dot{\varphi} = \partial_{\boldsymbol{b}_{\mathrm{e}}}\varphi : \left(\boldsymbol{L}\boldsymbol{b}_{\mathrm{e}} + \boldsymbol{b}_{\mathrm{e}}\boldsymbol{L}^{\mathrm{T}} + \mathcal{L}_{\mathrm{v}}\boldsymbol{b}_{\mathrm{e}}\right) + \partial_{\alpha}\varphi\dot{\alpha} + \partial_{D}\varphi\dot{D} + \partial_{\delta}\varphi\dot{\delta} \tag{3.21}$$

考虑到两个二阶张量 $\boldsymbol{A}, \boldsymbol{B}$ 的双点积与其点积之间存在如下关系，

$$\begin{aligned}\boldsymbol{A}:\boldsymbol{B} &= \mathrm{tr}\left(\boldsymbol{A}^{\mathrm{T}}\cdot\boldsymbol{B}\right) = \mathrm{tr}\left(\boldsymbol{A}\cdot\boldsymbol{B}^{\mathrm{T}}\right) = \boldsymbol{B}:\boldsymbol{A} \\ &= \mathrm{tr}\left(\boldsymbol{B}^{\mathrm{T}}\cdot\boldsymbol{A}\right) = \mathrm{tr}\left(\boldsymbol{B}\cdot\boldsymbol{A}^{\mathrm{T}}\right)\end{aligned} \tag{3.22}$$

符号 tr 表示二阶张量的迹，为张量的分量表示的对角元素之和。

利用上述关系，并注意到 $\boldsymbol{b}_{\mathrm{e}}$ 是对称二阶张量，对于各向同性材料，$\partial_{\boldsymbol{b}_{\mathrm{e}}}\varphi$ 也是对称二阶张量，则式 (3.21) 中等号右端第一项可进一步推导得到

$$\partial_{\boldsymbol{b}_{\mathrm{e}}}\varphi:(\boldsymbol{L}\boldsymbol{b}_{\mathrm{e}})=\mathrm{tr}\left(\partial_{\boldsymbol{b}_{\mathrm{e}}}\varphi\cdot\boldsymbol{b}_{\mathrm{e}}^{\mathrm{T}}\boldsymbol{L}^{\mathrm{T}}\right)=\mathrm{tr}\left(\partial_{\boldsymbol{b}_{\mathrm{e}}}\varphi\boldsymbol{b}_{\mathrm{e}}\cdot\boldsymbol{L}^{\mathrm{T}}\right)=\partial_{\boldsymbol{b}_{\mathrm{e}}}\varphi\boldsymbol{b}_{\mathrm{e}}:\boldsymbol{L} \tag{3.23}$$

类似地，式 (3.21) 中等号右端第二项可写为

$$\partial_{\boldsymbol{b}_{\mathrm{e}}}\varphi:\left(\boldsymbol{b}_{\mathrm{e}}\boldsymbol{L}^{\mathrm{T}}\right)=\mathrm{tr}\left(\partial_{\boldsymbol{b}_{\mathrm{e}}}\varphi\cdot\boldsymbol{b}_{\mathrm{e}}\boldsymbol{L}^{\mathrm{T}}\right)=\partial_{\boldsymbol{b}_{\mathrm{e}}}\varphi\cdot\boldsymbol{b}_{\mathrm{e}}:\boldsymbol{L} \tag{3.24}$$

基于张量的谱分解，对于各向同性材料，参考当前构形的对称二阶张量 $\boldsymbol{b}_{\mathrm{e}}$ 和 $\partial_{\boldsymbol{b}_{\mathrm{e}}}\varphi$ 具有相同的主轴。因此 $\partial_{\boldsymbol{b}_{\mathrm{e}}}\varphi\cdot\boldsymbol{b}_{\mathrm{e}}$ 也是二阶对称张量。利用式 (3.23) 和式 (3.24)，以及 $\partial_{\boldsymbol{b}_{\mathrm{e}}}\varphi\cdot\boldsymbol{b}_{\mathrm{e}}$ 是二阶对称张量这一事实，式 (3.21) 中等号右端前两项可表示成

$$\begin{aligned}\partial_{\boldsymbol{b}_{\mathrm{e}}}\varphi:\left(\boldsymbol{L}\boldsymbol{b}_{\mathrm{e}}+\boldsymbol{b}_{\mathrm{e}}\boldsymbol{L}^{\mathrm{T}}\right)&=2\partial_{\boldsymbol{b}_{\mathrm{e}}}\varphi\boldsymbol{b}_{\mathrm{e}}:\boldsymbol{L}=2\partial_{\boldsymbol{b}_{\mathrm{e}}}\varphi\boldsymbol{b}_{\mathrm{e}}:\frac{1}{2}\left(\boldsymbol{L}+\boldsymbol{L}^{\mathrm{T}}\right)\\&=2\partial_{\boldsymbol{b}_{\mathrm{e}}}\varphi\boldsymbol{b}_{\mathrm{e}}:\boldsymbol{d}\end{aligned} \tag{3.25}$$

注意到式 (3.20) 所示的 $\mathcal{L}_{\mathrm{v}}\boldsymbol{b}_{\mathrm{e}}$ 是二阶对称张量和对于二阶张量 $\boldsymbol{A}$、$\boldsymbol{B}$ 和 $\boldsymbol{C}$ 有如下关系式

$$\boldsymbol{A}\boldsymbol{B}:\boldsymbol{C}^{\mathrm{T}}=\boldsymbol{C}\boldsymbol{A}:\boldsymbol{B}^{\mathrm{T}}=\boldsymbol{B}\boldsymbol{C}:\boldsymbol{A}^{\mathrm{T}} \tag{3.26}$$

式 (3.21) 中等号右端第三项可演绎并表示成

$$\begin{aligned}\partial_{\boldsymbol{b}_{\mathrm{e}}}\varphi:(\mathcal{L}_{\mathrm{v}}\boldsymbol{b}_{\mathrm{e}})&=\boldsymbol{b}_{\mathrm{e}}\boldsymbol{b}_{\mathrm{e}}^{-1}(\mathcal{L}_{\mathrm{v}}\boldsymbol{b}_{\mathrm{e}}):\partial_{\boldsymbol{b}_{\mathrm{e}}}\varphi=\partial_{\boldsymbol{b}_{\mathrm{e}}}\varphi\boldsymbol{b}_{\mathrm{e}}:\left(\boldsymbol{b}_{\mathrm{e}}^{-1}\mathcal{L}_{\mathrm{v}}\boldsymbol{b}_{\mathrm{e}}\right)^{\mathrm{T}}\\&=\partial_{\boldsymbol{b}_{\mathrm{e}}}\varphi\boldsymbol{b}_{\mathrm{e}}:(\mathcal{L}_{\mathrm{v}}\boldsymbol{b}_{\mathrm{e}})\,\boldsymbol{b}_{\mathrm{e}}^{-1}\end{aligned} \tag{3.27}$$

将式 (3.25) 和式 (3.27) 代入式 (3.21) 可得到

$$\dot{\varphi}=[2\partial_{\boldsymbol{b}_{\mathrm{e}}}\varphi\boldsymbol{b}_{\mathrm{e}}]:\left[\boldsymbol{d}+\frac{1}{2}(\mathcal{L}_{\mathrm{v}}\boldsymbol{b}_{\mathrm{e}})\,\boldsymbol{b}_{\mathrm{e}}^{-1}\right]+\partial_{\alpha}\varphi\dot{\alpha}+\partial_{D}\varphi\dot{D}+\partial_{\delta}\varphi\dot{\delta} \tag{3.28}$$

把式 (3.28) 代入式 (3.15) 得到耗散不等式

$$\begin{aligned}\tilde{\psi}=[\boldsymbol{\tau}-2\rho_0\partial_{\boldsymbol{b}_{\mathrm{e}}}\varphi\boldsymbol{b}_{\mathrm{e}}]:\boldsymbol{d}-[2\rho_0\partial_{\boldsymbol{b}_{\mathrm{e}}}\varphi\boldsymbol{b}_{\mathrm{e}}]:\left[\frac{1}{2}(\mathcal{L}_{\mathrm{v}}\boldsymbol{b}_{\mathrm{e}})\,\boldsymbol{b}_{\mathrm{e}}^{-1}\right]\\-\rho_0\partial_{\alpha}\varphi\dot{\alpha}-\rho_0\partial_{D}\varphi\dot{D}-\rho_0\partial_{\delta}\varphi\dot{\delta}\geqslant 0\end{aligned} \tag{3.29}$$

定义与损伤变量变化率 $\dot{D},\dot{\delta}$ 功共轭的热动力学广义力

$$\Xi_{\mathrm{D}}=-\rho_0\partial_{D}\varphi,\quad \Xi_{\delta}=-\rho_0\partial_{\delta}\varphi \tag{3.30}$$

以及与塑性内状态变量变化率 $\dot{\alpha}$ 功共轭的应力类内状态变量

$$\boldsymbol{q} = -\rho_0 \partial_{\alpha} \varphi \tag{3.31}$$

注意到耗散不等式 (3.29) 对于任意变形率张量 $\boldsymbol{d}$ 保持成立，本构方程和耗散不等式的简约形式可给出如下

$$\boldsymbol{\tau} = 2\rho_0 \partial_{\boldsymbol{b}_{\mathrm{e}}} \varphi \boldsymbol{b}_{\mathrm{e}} \tag{3.32}$$

$$\tilde{\psi} = \boldsymbol{\tau} : \left[-\frac{1}{2} \left(\mathcal{L}_{\mathrm{v}} \boldsymbol{b}_{\mathrm{e}} \right) \boldsymbol{b}_{\mathrm{e}}^{-1} \right] + \boldsymbol{q}\dot{\alpha} + \Xi_{\mathrm{D}} \dot{D} + \Xi_{\delta} \dot{\delta} \geqslant 0 \tag{3.33}$$

3.1.3　修正 von-Mises 塑性准则

本章中将采用如式 (2.10) 所示的压力相关的修正 von-Mises 塑性模型。它的屈服条件可表示为

$$f(\boldsymbol{\tau}, \alpha) = f(\tilde{\boldsymbol{\tau}}, \alpha) = \frac{1}{2} \tilde{\boldsymbol{\tau}}^{\mathrm{T}} \boldsymbol{P} \tilde{\boldsymbol{\tau}} + \boldsymbol{p}^{\mathrm{T}} \tilde{\boldsymbol{\tau}} - [\kappa(\alpha)]^2 = q^2 + \boldsymbol{p}^{\mathrm{T}} \tilde{\boldsymbol{\tau}} - [\kappa(\alpha)]^2 = 0 \tag{3.34}$$

式中，$\boldsymbol{P}, \boldsymbol{p}$ 分别是应力势矩阵和应力势向量，如式 (2.11) 和式 (2.12) 所示；$\tilde{\boldsymbol{\tau}}$ 是 Kirchhoff 应力张量 $\boldsymbol{\tau}$ 的向量表示，即

$$\tilde{\boldsymbol{\tau}} = \begin{bmatrix} \tau_{\mathrm{xx}} & \tau_{\mathrm{yy}} & \tau_{\mathrm{zz}} & \tau_{\mathrm{xy}} & \tau_{\mathrm{yz}} & \tau_{\mathrm{zx}} \end{bmatrix}^{\mathrm{T}} \tag{3.35}$$

q 定义为有效偏应力，即

$$q = \left(\frac{1}{2} \tilde{\boldsymbol{\tau}}^{\mathrm{T}} \boldsymbol{P} \tilde{\boldsymbol{\tau}} \right)^{1/2} \tag{3.36}$$

$$[\kappa(\alpha)]^2 = \sigma^{\mathrm{yc}} \sigma^{\mathrm{yt}} = \left(\sigma_0^{\mathrm{yc}} + h_{\mathrm{p}}^{\mathrm{c}} \alpha \right) \left(\sigma_0^{\mathrm{yt}} + h_{\mathrm{p}}^{\mathrm{t}} \alpha \right) \tag{3.37}$$

式 (3.37) 中 $\sigma^{\mathrm{yc}}, \sigma^{\mathrm{yt}}$ 和 $\sigma_0^{\mathrm{yc}}, \sigma_0^{\mathrm{yt}}$ 分别表示材料当前和初始时刻的单向压缩和拉伸屈服强度；应变类塑性内状态变量 α 可用等效塑性应变 $\bar{\varepsilon}_{\mathrm{p}}$ 表示，即 $\alpha = \bar{\varepsilon}_{\mathrm{p}}$；$h_{\mathrm{p}}^{\mathrm{c}}, h_{\mathrm{p}}^{\mathrm{t}}$ 是各向同性塑性硬化参数。当 $h_{\mathrm{p}}^{\mathrm{c}}, h_{\mathrm{p}}^{\mathrm{t}} < 0$，它是各向同性塑性软化参数。

由服从 Prandtl-Reuss 流动法则的塑性应变增量 $\Delta\boldsymbol{\varepsilon}_{\mathrm{p}}$ 的一般表达式 (2.26) 和式 (2.27)，参考自然坐标系表示的修正 von-Mises 塑性屈服准则的塑性应变增量 $\Delta\hat{\boldsymbol{\varepsilon}}_{\mathrm{p}}$ 可表示为

$$\begin{aligned} \Delta\hat{\boldsymbol{\varepsilon}}_{\mathrm{p}} &= \begin{bmatrix} \Delta\varepsilon_{\mathrm{I}}^{\mathrm{p}} & \Delta\varepsilon_{\mathrm{II}}^{\mathrm{p}} & \Delta\varepsilon_{\mathrm{h}}^{\mathrm{p}} & \Delta\varepsilon_{\mathrm{xy}}^{\mathrm{p}} & \Delta\varepsilon_{\mathrm{yz}}^{\mathrm{p}} & \Delta\varepsilon_{\mathrm{zx}}^{\mathrm{p}} \end{bmatrix}^{\mathrm{T}} \\ &= \Delta\lambda_{\mathrm{p}} \begin{bmatrix} 3\tau_{\mathrm{I}} & 3\tau_{\mathrm{II}} & \sqrt{3}\left(\sigma^{\mathrm{yc}} - \sigma^{\mathrm{yt}}\right) & 6\tau_{\mathrm{xy}} & 6\tau_{\mathrm{yz}} & 6\tau_{\mathrm{zx}} \end{bmatrix}^{\mathrm{T}} \end{aligned} \tag{3.38}$$

式中，$\tau_{\mathrm{I}}, \tau_{\mathrm{II}}, \cdots$ 是参考自然坐标系表示的 Kirchhoff 应力向量 $\hat{\boldsymbol{\tau}}$ 的分量，即

$$\hat{\boldsymbol{\tau}} = \begin{bmatrix}\tau_{\mathrm{I}} & \tau_{\mathrm{II}} & \tau_{\mathrm{h}} & \tau_{\mathrm{xy}} & \tau_{\mathrm{yz}} & \tau_{\mathrm{zx}}\end{bmatrix}^{\mathrm{T}} \tag{3.39}$$

它与 $\tilde{\boldsymbol{\tau}}$ 的变换关系可表示为

$$\hat{\boldsymbol{\tau}} = \boldsymbol{T}\tilde{\boldsymbol{\tau}} \tag{3.40}$$

其中变换矩阵 $\boldsymbol{T}$ 如式 (2.51) 所示。

利用式 (3.38) 所表示的塑性应变增量 $\Delta\hat{\boldsymbol{\varepsilon}}_{\mathrm{p}}$ 表达式，参阅第 2 章中对压力相关 Drucker-Prager 塑性屈服准则的有效塑性应变定义式 (2.60), 修正 von-Mises 塑性屈服准则的等效塑性应变可定义为（Duxbury and Li, 1996）

$$\Delta\bar{\varepsilon}_{\mathrm{p}} = \Delta\lambda_{\mathrm{p}}\left(2q + \mathcal{H}\left(|\tau_{\mathrm{h}}|\right)\frac{\tau_{\mathrm{h}}}{|\tau_{\mathrm{h}}|}\left(\sigma^{\mathrm{yc}} - \sigma^{\mathrm{yt}}\right)\right) \tag{3.41}$$

式中，$\mathcal{H}\left(|\tau_{\mathrm{h}}|\right)$ 为 $|\tau_{\mathrm{h}}|$ 的 Heaviside 函数，$|\tau_{\mathrm{h}}|$ 是 τ_{h} 的绝对值。$\mathcal{H}\left(|\tau_{\mathrm{h}}|\right)$ 的表达式为

$$\mathcal{H}\left(|\tau_{\mathrm{h}}|\right) = \begin{cases} 0, & |\tau_{\mathrm{h}}| = 0 \\ 1, & |\tau_{\mathrm{h}}| > 0 \end{cases} \tag{3.42}$$

注意式 (3.37) 和式 (3.31), 定义应力类塑性内状态变量 $\boldsymbol{q}$

$$\boldsymbol{q} = -\left[h_{\mathrm{p}}^{\mathrm{c}}h_{\mathrm{p}}^{\mathrm{t}}\alpha^2 + \left(\sigma_0^{\mathrm{yc}}h_{\mathrm{p}}^{\mathrm{t}} + \sigma_0^{\mathrm{yt}}h_{\mathrm{p}}^{\mathrm{c}}\right)\alpha\right] \Big/ \left[2q + \mathcal{H}\left(|\tau_{\mathrm{h}}|\right)\frac{\tau_{\mathrm{h}}}{|\tau_{\mathrm{b}}|}\left(\sigma^{\mathrm{yc}} - \sigma^{\mathrm{yt}}\right)\right] \tag{3.43}$$

由式 (3.43) 所表示的应力类塑性内状态变量，式 (3.34) 所表示的屈服函数 $f(\boldsymbol{\tau}, \alpha)$ 可表示成

$$\begin{aligned} f(\boldsymbol{\tau}, \boldsymbol{q}) = f(\tilde{\boldsymbol{\tau}}, \boldsymbol{q}) &= \frac{1}{2}\tilde{\boldsymbol{\tau}}^{\mathrm{T}}\boldsymbol{P}\tilde{\boldsymbol{\tau}} + \boldsymbol{p}^{\mathrm{T}}\tilde{\boldsymbol{\tau}} \\ &+ \left[2q + \mathcal{H}\left(|\sigma_{\mathrm{h}}|\right)\frac{\sigma_{\mathrm{h}}}{|\sigma_{\mathrm{h}}|}\left(\sigma^{\mathrm{yc}} - \sigma^{\mathrm{yt}}\right)\right]\boldsymbol{q} - \sigma_0^{\mathrm{yc}}\sigma_0^{\mathrm{yt}} \end{aligned} \tag{3.44}$$

利用式 (3.12) 所表示的 $\boldsymbol{b}_{\mathrm{e}}$ 谱分解，把式 (3.14) 所表示的作为 $\boldsymbol{b}_{\mathrm{e}}$ 的自由能泛函表达式改写为用其主值 $2\varepsilon_{\mathrm{e},i}$ $(i = 1, 2, 3)$，即 $\boldsymbol{\varepsilon}_{\mathrm{e}}$ 表示的泛函表达式

$$\varphi = \varphi\left(\varepsilon_{\mathrm{e}}, \alpha, D, \delta\right) \tag{3.45}$$

对式 (3.32) 进行谱分解,考虑到 $\partial_{\boldsymbol{b}_{\mathrm{e}}}\varphi, \boldsymbol{b}_{\mathrm{e}}, \partial_{\boldsymbol{b}_{\mathrm{e}}}\varphi\boldsymbol{b}_{\mathrm{e}}$ 具有相同的主轴,则 $\boldsymbol{\tau} = 2\rho_0\partial_{\boldsymbol{b}_{\mathrm{e}}}\varphi\boldsymbol{b}_{\mathrm{e}}$ 的谱分解可表示为

$$\boldsymbol{\tau} = 2\rho_0\partial_{\boldsymbol{b}_{\mathrm{e}}}\varphi\boldsymbol{b}_{\mathrm{e}} = \sum_{i=1}^{3}\rho_0\frac{\partial\varphi}{\partial\varepsilon_{\mathrm{e},i}}\boldsymbol{n}_{\mathrm{e},i}\otimes\boldsymbol{n}_{\mathrm{e},i} \tag{3.46}$$

利用式 (3.13) 和式 (3.32)，由式 (3.46) 可得到 Kirchhoff 应力张量 $\boldsymbol{\tau}$ 的主应力向量 $\boldsymbol{\sigma}$ 表达式

$$\boldsymbol{\sigma}=\rho_0\frac{\partial\varphi}{\partial\boldsymbol{\varepsilon}_{\mathrm{e}}} \tag{3.47}$$

利用式 (3.47) 和式 (3.43)，式 (3.44) 可写成以主应力向量 $\boldsymbol{\sigma}$ 表示的修正 von-Mises 模型屈服条件，即

$$\begin{aligned}f(\boldsymbol{\sigma},\boldsymbol{q})&=f(\boldsymbol{\sigma},\boldsymbol{q})\\&=\frac{1}{2}\boldsymbol{\sigma}^{\mathrm{T}}\boldsymbol{P}_3\boldsymbol{\sigma}+\boldsymbol{p}_3^{\mathrm{T}}\boldsymbol{\sigma}+\left[2q+\mathcal{H}\left(|\sigma_{\mathrm{h}}|\right)\frac{\sigma_{\mathrm{h}}}{|\sigma_{\mathrm{h}}|}\left(\sigma^{\mathrm{yc}}-\sigma^{\mathrm{yt}}\right)\right]\boldsymbol{q}-\sigma_0^{\mathrm{yc}}\sigma_0^{\mathrm{yt}}=0\end{aligned} \tag{3.48}$$

式中，$\boldsymbol{P}_3,\boldsymbol{p}_3$ 分别是主应力空间的应力势矩阵和应力势向量，对于修正 von-Mises 屈服模型有

$$\begin{aligned}\boldsymbol{P}_3&=\begin{bmatrix}2&-1&-1\\-1&2&-1\\-1&-1&2\end{bmatrix},\\\boldsymbol{p}_3&=\left(\sigma^{\mathrm{yc}}-\sigma^{\mathrm{yt}}\right)\begin{bmatrix}1&1&1\end{bmatrix}^{\mathrm{T}}=\left(\sigma^{\mathrm{yc}}-\sigma^{\mathrm{yt}}\right)\mathbf{1}_{\mathrm{m}},\\q&=\left[\frac{1}{2}\boldsymbol{\sigma}^{\mathrm{T}}\boldsymbol{P}_3\boldsymbol{\sigma}\right]^{1/2}\end{aligned} \tag{3.49}$$

塑性流动向量可表示为

$$\partial_{\tilde{\boldsymbol{\tau}}}f=\partial_{\tilde{\boldsymbol{\tau}}}f(\tilde{\boldsymbol{\tau}},\boldsymbol{q})=\boldsymbol{P}\tilde{\boldsymbol{\tau}}+\boldsymbol{p}\quad\text{或}\quad\partial_{\boldsymbol{\sigma}}f=\partial_{\boldsymbol{\sigma}}f(\boldsymbol{\sigma},\boldsymbol{q})=\boldsymbol{P}_3\boldsymbol{\sigma}+\boldsymbol{p}_3 \tag{3.50}$$

3.1.4　应变硬化公式下的蠕变演化率

在应变硬化公式下，假定有效蠕变应变率 $\dot{\bar{\varepsilon}}_{\mathrm{c}}$ 为蠕变有效应力 $\bar{\sigma}$ 和蠕变有效应变 $\bar{\varepsilon}_{\mathrm{c}}$ 的函数，即

$$\dot{\bar{\varepsilon}}_{\mathrm{c}}=\dot{f}_{\mathrm{c}}\left(\bar{\sigma},\bar{\varepsilon}_{\mathrm{c}}\right) \tag{3.51}$$

式中，蠕变有效应力 $\bar{\sigma}=q$，一个时间增量步的增量蠕变条件定义为

$$\varGamma=\Delta\bar{\varepsilon}_{\mathrm{c}}-\dot{f}_{\mathrm{c}}\left(\bar{\sigma},\bar{\varepsilon}_{\mathrm{c}}\right)\Delta t=0 \tag{3.52}$$

为计算蠕变流动，可引入弹性蠕变势函数。在本章中采用如下形式的弹性蠕变势函数 $\varPhi(\boldsymbol{\tau},\bar{\sigma})$

$$\varPhi(\boldsymbol{\tau},\bar{\sigma})=\varPhi(\tilde{\boldsymbol{\tau}},\bar{\sigma})=\frac{1}{2}\tilde{\boldsymbol{\tau}}^{\mathrm{T}}\boldsymbol{P}\tilde{\boldsymbol{\tau}}-\bar{\sigma}^2 \tag{3.53}$$

或在 $\boldsymbol{\tau}$ 的主应力空间表示为如下形式的弹性蠕变势函数 $\varPhi(\boldsymbol{\sigma},\bar{\sigma})$

$$\varPhi(\boldsymbol{\sigma},\bar{\sigma})=\frac{1}{2}\boldsymbol{\sigma}^{\mathrm{T}}\boldsymbol{P}_3\boldsymbol{\sigma}-\bar{\sigma}^2 \tag{3.54}$$

由式 (3.53) 和式 (3.54)，蠕变流动向量可表示为如下形式

$$\partial_{\tilde{\boldsymbol{\tau}}}\varPhi=\partial_{\tilde{\boldsymbol{\tau}}}\varPhi(\tilde{\boldsymbol{\tau}},\bar{\sigma})=\boldsymbol{P}\tilde{\boldsymbol{\tau}}\quad \text{或}\quad \partial_{\boldsymbol{\sigma}}\varPhi=\partial_{\boldsymbol{\sigma}}\varPhi(\boldsymbol{\sigma},\bar{\sigma})=\boldsymbol{P}_3\boldsymbol{\sigma} \tag{3.55}$$

利用式 (3.52) 对时间的微分和利用式 (3.49)，即

$$\dot{\bar{\varepsilon}}_{\mathrm{c}}-\left(\frac{\partial\dot{f}_{\mathrm{c}}}{\partial\bar{\sigma}}\dot{\bar{\sigma}}+\frac{\partial\dot{f}}{\partial\bar{\varepsilon}_{\mathrm{c}}}\dot{\bar{\varepsilon}}_{\mathrm{c}}\right)\Delta t=\dot{\bar{\varepsilon}}_{\mathrm{c}}-\left(\frac{\partial\dot{f}_{\mathrm{c}}}{\partial\bar{\sigma}}\frac{1}{2\bar{\sigma}}\boldsymbol{\sigma}^{\mathrm{T}}\boldsymbol{P}_3\dot{\boldsymbol{\sigma}}+\frac{\partial\dot{f}}{\partial\bar{\varepsilon}_{\mathrm{c}}}\dot{\bar{\varepsilon}}_{\mathrm{c}}\right)\Delta t=0 \tag{3.56}$$

可得到随 $\boldsymbol{\tau}$ 的主应力 $\boldsymbol{\sigma}$ 变化而变化的蠕变应变率

$$\dot{\bar{\varepsilon}}_{\mathrm{c}}=\beta_{\mathrm{c}}\frac{1}{2\bar{\sigma}}\boldsymbol{\sigma}^{\mathrm{T}}\boldsymbol{P}_3\dot{\boldsymbol{\sigma}} \tag{3.57}$$

式中

$$\beta_{\mathrm{c}}=\left(\frac{\partial\dot{f}_{\mathrm{c}}}{\partial\bar{\sigma}}\Delta t\right)\Big/\left(1-\frac{\partial\dot{f}}{\partial\bar{\varepsilon}_{\mathrm{c}}}\Delta t\right) \tag{3.58}$$

3.1.5 含双内状态变量的各向同性损伤模型

唯象损伤模型建立在由 Kachanov（1958）提出的连续损伤力学和有效应力概念基础上。如同塑性力学最初是以压力无关的钢铁类金属材料为背景发展起来，连续损伤力学和有效应力概念最初也是以金属材料为背景构建的理论框架。经典连续损伤力学理论框架中以一个内状态变量描述各向同性材料的损伤演变。考虑到压力相关的材料非线性行为，本章介绍的损伤模型引入两个内状态变量 D,δ 以描述压力相关各向同性材料的损伤演变。其基本假定是当前时刻最大广义有效偏应变和最大广义有效球应变将分别控制相应的损伤过程的发展。

把式 (3.14) 表示的自由能泛函改写为

$$\varphi=\varphi\left(\boldsymbol{b}_{\mathrm{e}},\alpha,D,\delta\right)=\varphi_{\mathrm{e}}\left(\boldsymbol{b}_{\mathrm{e}},D,\delta\right)-K(\alpha) \tag{3.59}$$

式中

$$\varphi_{\mathrm{e}}\left(\boldsymbol{b}_{\mathrm{e}},D,\delta\right)=g_{\mathrm{D}}(D)\varphi_{\mathrm{D}}^{0}\left(\boldsymbol{\varepsilon}_{\mathrm{e}}\right)+g_{\delta}(\delta)\varphi_{\mathrm{D}}^{0}\left(\boldsymbol{\varepsilon}_{\mathrm{e}}\right) \tag{3.60}$$

其中，$\varphi_{\mathrm{D}}^{0}\left(\boldsymbol{\varepsilon}_{\mathrm{e}}\right)$ 和 $\varphi_{\delta}^{0}\left(\boldsymbol{\varepsilon}_{\mathrm{e}}\right)$ 分别表示无损材料中作为弹性主对数应变 $\boldsymbol{\varepsilon}_{\mathrm{e}}=[\varepsilon_1^{\mathrm{e}}\ \ \varepsilon_2^{\mathrm{e}}\ \ \varepsilon_3^{\mathrm{e}}]^{\mathrm{T}}$ 的函数的弹性偏应变能密度和弹性体积应变能密度；它们可分别表示为弹性主对数应变的二次幂函数，即

$$\varphi_{\mathrm{D}}^{0}\left(\varepsilon_{\mathrm{e}}\right)=\mu\left[\left(\varepsilon_1^{\mathrm{e}}\right)^2+\left(\varepsilon_2^{\mathrm{e}}\right)^2+\left(\varepsilon_3^{\mathrm{e}}\right)^2\right],\quad \varphi_{\delta}^{0}\left(\varepsilon_{\mathrm{e}}\right)=\frac{1}{2}\lambda\left(\varepsilon_1^{\mathrm{e}}+\varepsilon_2^{\mathrm{e}}+\varepsilon_3^{\mathrm{e}}\right)^2 \tag{3.61}$$

式中，λ, μ 是 Lamé 弹性常数。

与损伤因子 D 和 δ 相关联的材料损伤退化因子 $g_{\mathrm{D}}(D)$ 和 $g_{\delta}(\delta)$ 定义为

$$g_{\mathrm{D}}(D) = 1 - D, \quad g_{\delta}(\delta) = 1 - \delta \tag{3.62}$$

对于任一时刻 s，广义有效偏应变 $\varLambda_{\mathrm{d}}$ 和广义有效球应变 $\varLambda_{\mathrm{m}}$ 定义为

$$\varLambda_{\mathrm{d}}(\boldsymbol{\varepsilon}_{\mathrm{e}}, s) = \sqrt{2\varphi_{\mathrm{D}}^{0}(\boldsymbol{\varepsilon}_{\mathrm{e}}(s))}, \quad \varLambda_{\mathrm{m}}(\boldsymbol{\varepsilon}_{\mathrm{e}}, s) = \langle \varepsilon_{\mathrm{m}} \rangle \sqrt{2\varphi_{\delta}^{0}(\boldsymbol{\varepsilon}_{\mathrm{e}}(s))} \tag{3.63}$$

式中

$$\langle \varepsilon_{\mathrm{m}} \rangle = \begin{cases} 1, & 若\ \varepsilon_{\mathrm{m}}^{\mathrm{e}} > 0 \\ 0, & 若\ \varepsilon_{\mathrm{m}}^{\mathrm{e}} \leqslant 0 \end{cases} \tag{3.64}$$

其中，$\varepsilon_{\mathrm{m}}^{\mathrm{e}}$ 表示弹性体积应变。令 $r_{\mathrm{D}}^{t}, r_{\delta}^{t}$ 表示当前时刻与广义有效偏应变 $\varLambda_{\mathrm{d}}$ 和广义有效球应变 $\varLambda_{\mathrm{m}}$ 相关联的损伤门槛值，即

$$r_{\mathrm{D}}^{t} = \max\left[r_{\mathrm{D}}^{0}, \max_{s\in(-\infty,t]} \varLambda_{\mathrm{d}}(\boldsymbol{\varepsilon}_{\mathrm{e}}, s)\right], \quad r_{\delta}^{t} = \max\left[r_{\delta}^{0}, \max_{s\in(-\infty,t]} \varLambda_{\mathrm{m}}(\boldsymbol{\varepsilon}_{\mathrm{e}}, s)\right] \tag{3.65}$$

其中，$r_{\mathrm{D}}^{0}, r_{\delta}^{0}$ 表示材料初始损伤门槛值。

假定由当前时刻 t 的广义有效偏应变 $\varLambda_{\mathrm{d}}$ 和广义有效球应变 $\varLambda_{\mathrm{m}}$ 引起材料损伤的损伤准则表示为

$$\xi_{\mathrm{D}}\left(\boldsymbol{\varepsilon}_{\mathrm{e}}(t), r_{\mathrm{D}}^{t}\right) = \varLambda_{\mathrm{d}}(\boldsymbol{\varepsilon}_{\mathrm{e}}, t) - r_{\mathrm{D}}^{t} \leqslant 0, \quad \xi_{\delta}\left(\boldsymbol{\varepsilon}_{\mathrm{e}}(t), r_{\delta}^{t}\right) = \varLambda_{\mathrm{m}}(\boldsymbol{\varepsilon}_{\mathrm{e}}, t) - r_{\delta}^{t} \leqslant 0 \tag{3.66}$$

损伤一致性条件 $\xi_{\mathrm{D}} = 0$ 和 $\xi_{\delta} = 0$ 定义了在应变空间的两个损伤面。在损伤加载条件下损伤内变量 D 和 δ 的演变由如下两个率方程控制：

$$\dot{D} = \dot{\mu}_{\mathrm{D}} H_{\mathrm{D}}(\varLambda_{\mathrm{d}}, D) = \dot{\mu}_{\mathrm{D}} \frac{\partial D}{\partial \varLambda_{\mathrm{d}}}, \quad \dot{\delta} = \dot{\mu}_{\delta} H_{\delta}(\varLambda_{\mathrm{m}}, \delta) = \dot{\mu}_{\delta} \frac{\partial \delta}{\partial \varLambda_{\mathrm{m}}} \tag{3.67}$$

式中，$\dot{\mu}_{\mathrm{D}} \geqslant 0, \dot{\mu}_{\delta} \geqslant 0$ 为两个损伤一致性参数。按照 Kuhn-Tucker 条件，它们定义了损伤加载与卸载条件，即

$$\dot{\mu}_{\mathrm{D}} \geqslant 0, \quad \xi_{\mathrm{D}}\left(\boldsymbol{\varepsilon}_{\mathrm{e}}(t), r_{\mathrm{D}}^{t}\right) \leqslant 0, \quad \dot{\mu}_{\mathrm{D}} \xi_{\mathrm{D}}\left(\boldsymbol{\varepsilon}_{\mathrm{e}}(t), r_{\mathrm{D}}^{t}\right) = 0 \tag{3.68}$$

$$\dot{\mu}_{\delta} \geqslant 0, \quad \xi_{\delta}\left(\boldsymbol{\varepsilon}_{\mathrm{e}}(t), r_{\delta}^{t}\right) \leqslant 0, \quad \dot{\mu}_{\delta} \xi_{\delta}\left(\boldsymbol{\varepsilon}_{\mathrm{e}}(t), r_{\delta}^{t}\right) = 0 \tag{3.69}$$

为计算损伤流动向量 $H_{\mathrm{D}}(\varLambda_{\mathrm{d}}, D)$ 和 $H_{\delta}(\varLambda_{\mathrm{m}}, \delta)$，需提供两个依赖于当前损伤门槛值的损伤因子演化的函数 $D(r_{\mathrm{D}}), \delta(r_{\delta})$。由损伤一致性条件，当一个由时刻 t 到 $(t + \Delta t)$ 增量步为损伤加载步时，损伤一致性参数 $\dot{\mu}_{\mathrm{D}}, \dot{\mu}_{\delta}$ 可表示为

$$\Delta\mu_{\mathrm{D}} = r_{\mathrm{D}}^{t+\Delta t} - r_{\mathrm{D}}^{t} = \varLambda_{\mathrm{d}}(\boldsymbol{\varepsilon}_{\mathrm{e}}, t + \Delta t) - r_{\mathrm{D}}^{t},$$

$$\Delta\mu_\delta = r_\delta^{t+\Delta t} - r_\delta^t = \Lambda_m(\boldsymbol{\varepsilon}_e, t+\Delta t) - r_\delta^t \tag{3.70}$$

或写成损伤条件为

$$\beta_D = \Delta\mu_D - \Lambda_d(\boldsymbol{\varepsilon}_e, t+\Delta t) + r_D^t = 0,$$

$$\beta_\delta = \Delta\mu_\delta - \Lambda_m(\boldsymbol{\varepsilon}_e, t+\Delta t) + r_\delta^t = 0 \tag{3.71}$$

3.1.6 热动力学框架下的演化方程

式 (3.33) 应该也能应用于小应变情况。在小应变情况下材料非线性应变张量率 $\dot{\boldsymbol{\varepsilon}}_{pc}$ 表示为塑性应变张量率 $\dot{\boldsymbol{\varepsilon}}_p$ 和蠕变应变张量率 $\dot{\boldsymbol{\varepsilon}}_c$ 之和，即

$$\dot{\boldsymbol{\varepsilon}}_{pc} = \dot{\boldsymbol{\varepsilon}}_p + \dot{\boldsymbol{\varepsilon}}_c = \dot{\lambda}_p \partial_{\boldsymbol{\tau}} f(\boldsymbol{\tau}, \boldsymbol{q}) + \dot{\bar{\varepsilon}}_c \partial_{\boldsymbol{\tau}} \Phi(\boldsymbol{\tau}, \bar{\sigma}) \tag{3.72}$$

式中，$f(\boldsymbol{\tau}, \boldsymbol{q})$ 是屈服函数, 如式 (3.44) 所示；而 $\Phi(\boldsymbol{\tau}, \bar{\sigma})$ 是如式 (3.53) 所示的弹性蠕变势函数；$\partial_{\boldsymbol{\tau}} f(\boldsymbol{\tau}, \boldsymbol{q}), \partial_{\boldsymbol{\tau}} \Phi(\boldsymbol{\tau}, \bar{\sigma})$ 分别表示参考当前构形的塑性和蠕变流动张量；$\dot{\lambda}_p$ 和 $\dot{\bar{\varepsilon}}_c$ 分别表示塑性乘子和有效蠕变应变率。

利用耗散不等式 (3.33)，满足最大塑性–蠕变耗散原理和屈服准则及蠕变准则的真实解的求解过程可以归结为用 Lagrange 乘子法构造的无约束优化问题。采用 Kuhn-Tucker 最优化条件可导得如下公式（李锡夔等，2015）

$$\mathcal{L}_v \boldsymbol{b}_e = -2\left[\dot{\lambda}_p \partial_{\boldsymbol{\tau}} f(\boldsymbol{\tau}, \boldsymbol{q}) + \dot{\bar{\varepsilon}}_c \partial_{\boldsymbol{\tau}} \Phi(\boldsymbol{\tau}, \bar{\sigma})\right] \boldsymbol{b}_e \tag{3.73}$$

$$\dot{\alpha} = \dot{\lambda}_p \partial_{\boldsymbol{q}} f(\boldsymbol{\tau}, \boldsymbol{q}), \quad \dot{\lambda}_p \geqslant 0, \quad f(\boldsymbol{\tau}, \boldsymbol{q}) \leqslant 0, \quad \dot{\lambda}_p f(\boldsymbol{\tau}, \boldsymbol{q}) = 0$$

$$\dot{\bar{\varepsilon}}_c \geqslant 0, \quad \Phi(\boldsymbol{\tau}, \bar{\sigma}) \leqslant 0, \quad \dot{\bar{\varepsilon}}_c \Phi(\boldsymbol{\tau}, \bar{\sigma}) = 0 \tag{3.74}$$

把式 (3.32) 和式 (3.73) 代入式 (3.33) 得到

$$\tilde{\psi} = (2\rho_0 \partial_{\boldsymbol{b}_e} \varphi \boldsymbol{b}_e) : \left[\dot{\lambda}_p \partial_{\boldsymbol{\tau}} f(\boldsymbol{\tau}, \boldsymbol{q}) + \dot{\bar{\varepsilon}}_c \partial_{\boldsymbol{\tau}} \Phi(\boldsymbol{\tau}, \bar{\sigma})\right] + \boldsymbol{q}\dot{\alpha} + \Xi_D \dot{D} + \Xi_\delta \dot{\delta} \geqslant 0 \tag{3.75}$$

注意到弹性左 Cauchy-Green 张量 $\boldsymbol{b}_e$ 是对称张量，对于各向同性材料 $\partial_{\boldsymbol{b}_e}\varphi$ 也是对称张量，且具有与 $\boldsymbol{b}_e$ 相同的参考当前构形的主轴方向，因此 $2\rho_0 \partial_{\boldsymbol{b}_e} \varphi \boldsymbol{b}_e$，如式 (3.32) 所表明的，它即为参考当前构形的 Kirchhoff 应力张量 $\boldsymbol{\tau}$，具有与 $\boldsymbol{b}_e$ 相同的参考当前构形主轴方向的对称张量。

相应地，式 (3.75) 所表示的热动力学第二定律可改写为

$$\boldsymbol{\sigma} : \left[\dot{\lambda}_p \partial_{\boldsymbol{\sigma}} f(\boldsymbol{\sigma}, \boldsymbol{q}) + \dot{\bar{\varepsilon}}_c \partial_{\boldsymbol{\sigma}} \Phi(\boldsymbol{\sigma}, \bar{\sigma})\right] + \boldsymbol{q}\dot{\alpha} + \Xi_D \dot{D} + \Xi_\delta \dot{\delta} \geqslant 0 \tag{3.76}$$

3.2　有限应变下本构关系演化方程的指数返回映射算法

3.2.1　弹塑性–蠕变耦合本构模型的指数返回映射算法

考虑一个典型的时间增量步 $[t_n, t_{n+1}]$，对于一个任意的物质点 $\boldsymbol{X}$，在 t_n 和 t_{n+1} 时刻位于 $\boldsymbol{x}_n$ 和 $\boldsymbol{x}_{n+1}$。定义于 $\boldsymbol{X}$ 的物质线素 $\mathrm{d}\boldsymbol{X}$ 和微元 Ω_0 在 t_n 和 t_{n+1} 时刻以 $\mathrm{d}\boldsymbol{x}_n, \Omega_n$ 和 $\mathrm{d}\boldsymbol{x}_{n+1}, \Omega_{n+1}$ 表示。已知由下式定义的在 t_n 时刻的变形梯度 $\boldsymbol{F}^n$ 和弹性左 Cauchy-Green 张量 $\boldsymbol{b}_\mathrm{e}^n$

$$\boldsymbol{F}^n = \frac{\partial \boldsymbol{x}_n}{\partial \boldsymbol{X}}, \quad \boldsymbol{F}_\mathrm{e}^n = \frac{\partial \boldsymbol{x}_n}{\partial \hat{\boldsymbol{x}}_n} \tag{3.77}$$

$$\boldsymbol{b}_\mathrm{e}^n = \boldsymbol{F}_\mathrm{e}^n \left(\boldsymbol{F}_\mathrm{e}^n\right)^\mathrm{T} \tag{3.78}$$

以及该时间步的增量位移向量 $\boldsymbol{u}_t$，如何基于式 (3.19) 通过本构更新过程得到 t_{n+1} 时刻的 $\boldsymbol{b}_\mathrm{e}^{n+1}$，同时使得大变形情况下如式 (3.73) 所表示的流动法则得到满足，是本节阐述的指数返回映射算法要解决的核心问题。

为论述方便，对于时间增量步 $[t_n, t_{n+1}]$ 中任一时刻 t，物质微元构形 Ω_t 相对于其 t_n 时刻构形 Ω_n 的相对变形梯度 $\boldsymbol{f}_t$ 定义为

$$\boldsymbol{f}_t = \frac{\partial \boldsymbol{x}_t}{\partial \boldsymbol{x}_n} = \frac{\partial\left(\boldsymbol{x}_n + \boldsymbol{u}_t\right)}{\partial \boldsymbol{x}_n} = \boldsymbol{I} + \frac{\partial \boldsymbol{u}_t}{\partial \boldsymbol{x}_n} \tag{3.79}$$

而时刻 t 的变形梯度 $\boldsymbol{F}_t$，如图 3.3 所示，可表示成

$$\boldsymbol{F}_t = \frac{\partial \boldsymbol{x}_t}{\partial \boldsymbol{X}} = \frac{\partial \boldsymbol{x}_t}{\partial \boldsymbol{x}_n} \cdot \frac{\partial \boldsymbol{x}_n}{\partial \boldsymbol{X}} = \boldsymbol{f}_t \cdot \boldsymbol{F}^n \tag{3.80}$$

注意到在增量计算过程中，一个典型的时间增量步的起始状态，即 $\boldsymbol{F}^n$ 完全给定，因而由式 (3.80) 有

$$\dot{\boldsymbol{F}}_t = \dot{\boldsymbol{f}}_t \cdot \boldsymbol{F}^n \tag{3.81}$$

将式 (3.19) 应用于任意时刻 $t \in [t_n, t_{n+1}]$，并把式 (3.73) 代入可得到

$$\dot{\boldsymbol{b}}_\mathrm{e}^t = \boldsymbol{L}_t \boldsymbol{b}_\mathrm{e}^t + \boldsymbol{b}_\mathrm{e}^t \boldsymbol{L}_t^\mathrm{T} + \mathcal{L}_\mathrm{v} \boldsymbol{b}_\mathrm{e}^t = \boldsymbol{L}_t \boldsymbol{b}_\mathrm{e}^t + \boldsymbol{b}_\mathrm{e}^t \boldsymbol{L}_t^\mathrm{T} - 2\left[\dot{\lambda}_\mathrm{p} \partial_{\boldsymbol{\tau}} \phi(\boldsymbol{\tau}, \boldsymbol{q}) + \dot{\bar{\varepsilon}}_\mathrm{c} \partial_{\boldsymbol{\tau}} \Phi(\boldsymbol{\tau}, \bar{\sigma})\right] \boldsymbol{b}_\mathrm{e}^t \tag{3.82}$$

特别要注意的是，利用式 (3.80) 和式 (3.81)，我们有

$$\boldsymbol{L}_t = \dot{\boldsymbol{F}}_t \boldsymbol{F}_t^{-1} = \left(\dot{\boldsymbol{f}}_t \cdot \boldsymbol{F}^n\right)\left(\boldsymbol{f}_t \cdot \boldsymbol{F}^n\right)^{-1} = \dot{\boldsymbol{f}}_t \boldsymbol{f}_t^{-1} = \boldsymbol{l}_t \tag{3.83}$$

式中

$$\boldsymbol{l}_t = \dot{\boldsymbol{f}}_t \boldsymbol{f}_t^{-1} \tag{3.84}$$

表示参考 t_n 时刻（而不是初始时刻）构形的当前时刻速度梯度。

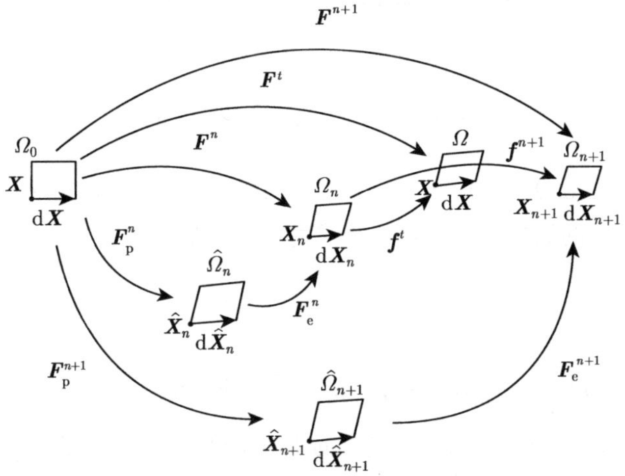

图 3.3 时间增量步 $[t_n, t_{n+1}]$ 中任一时刻的物质微元构形 Ω 相对于其 t_n 时刻构形 Ω_n 的相对变形梯度 $\boldsymbol{f}_t$

因此，式 (3.73)~ 式 (3.74) 所表示的塑性演化方程的标准局部形式变换为以在时间区间 $[t_n, t_{n+1}]$ 中已确定的 t_n 时刻构形为参考构形的时刻 t 状态量 $(\boldsymbol{b}_\mathrm{e}^n, \boldsymbol{\alpha}_t)$ 的演化方程组

$$\dot{\boldsymbol{b}}_\mathrm{e}^t = \boldsymbol{l}_t \boldsymbol{b}_\mathrm{e}^t + \boldsymbol{b}_\mathrm{e}^t \boldsymbol{l}_t^\mathrm{T} - 2\left[\dot{\lambda}_\mathrm{p} \partial_{\boldsymbol{\tau}} f(\boldsymbol{\tau}, \boldsymbol{q}) + \dot{\bar{\varepsilon}}_\mathrm{c} \partial_{\boldsymbol{\tau}} \Phi(\boldsymbol{\tau}, \bar{\sigma})\right] \boldsymbol{b}_\mathrm{e}^t \tag{3.85}$$

$$\dot{\alpha}_t = \dot{\lambda}_\mathrm{p} \partial_{\boldsymbol{q}} f\left(\boldsymbol{\tau}_t, \boldsymbol{q}_t\right), \quad \dot{\lambda}_\mathrm{p} \geqslant 0, \quad f\left(\boldsymbol{\tau}_t, \boldsymbol{q}_t\right) \leqslant 0, \quad \dot{\lambda}_\mathrm{p} f\left(\boldsymbol{\tau}_t, \boldsymbol{q}_t\right) = 0 \tag{3.86}$$

$$\dot{\bar{\varepsilon}}_\mathrm{c} \geqslant 0, \quad \Phi\left(\boldsymbol{\tau}_t, \bar{\sigma}_t\right) \leqslant 0, \quad \dot{\bar{\varepsilon}}_\mathrm{c} \Phi\left(\boldsymbol{\tau}_t, \bar{\sigma}_t\right) = 0 \tag{3.87}$$

方程 (3.85) 积分求解算法的关键思想是把它写成为形如

$$\dot{\boldsymbol{y}} = \boldsymbol{H}(\boldsymbol{y}, t)\boldsymbol{y} \tag{3.88}$$

的标准演化问题，并用指数近似表示时刻 t 的解 $\boldsymbol{y}_t$

$$\boldsymbol{y}_t = \exp(\boldsymbol{H}(\boldsymbol{y}, t)\Delta t)\boldsymbol{y}_t^\mathrm{tr} \tag{3.89}$$

式中，$\boldsymbol{y}_t^\mathrm{tr}$ 定义为 $\boldsymbol{y}_t$ 的试状态。为导得 $\boldsymbol{b}_\mathrm{e}^t$ 的表达式，要把参考当前构形 Ω_t 表达的式 (3.85) 后拉（pull-back）（Simo and Hughes, 1997；李锡夔等, 2015）到对增量步 $[t_n, t_{n+1}]$ 来说是固定的“初始”构形 Ω_n（注意到不是 Ω_0）。首先把参考当前

构形的 $\boldsymbol{b}_{\mathrm{e}}^{t}$ 后拉到“初始”构形 Ω_n，并以 $\boldsymbol{b}_{\mathrm{e}}^{t*}$ 表示。注意到左 Cauchy-Green 张量 $\boldsymbol{b}$ 的逆张量 $\boldsymbol{b}^{-1}$ 与参考当前构形的 Almansi 应变度量 $\boldsymbol{A}$ 以公式 $\boldsymbol{A}=\dfrac{1}{2}\left(\boldsymbol{I}-\boldsymbol{b}^{-1}\right)$ 相关联，因此 $\boldsymbol{b}^{-1}$ 为参考当前构形的应变类度量。参考 t 时刻构形 Ω_t 的应变类度量 $\left(\boldsymbol{b}_{\mathrm{e}}^{t}\right)^{-1}$ 后拉到构形 Ω_n，以 $\phi_{n\varepsilon}^{*}\left(\left(\boldsymbol{b}_{\mathrm{e}}^{t}\right)^{-1}\right)$ 表示，由应变类度量的后拉公式（李锡夔等, 2015）可得

$$\phi_{n\varepsilon}^{*}\left(\left(\boldsymbol{b}_{\mathrm{e}}^{t}\right)^{-1}\right)=\boldsymbol{f}_t^{\mathrm{T}}\cdot\left(\left(\boldsymbol{b}_{\mathrm{e}}^{t}\right)^{-1}\right)\cdot\boldsymbol{f}_t \tag{3.90}$$

注意到 $\boldsymbol{b}_{\mathrm{e}}^{t}\cdot\left(\boldsymbol{b}_{\mathrm{e}}^{t}\right)^{-1}=\boldsymbol{I}$, 将 $\boldsymbol{b}_{\mathrm{e}}^{t}$ 和 $\left(\boldsymbol{b}_{\mathrm{e}}^{t}\right)^{-1}$ 由构形 Ω_t 后拉到构形 Ω_n 仍互为逆张量，记 $\boldsymbol{b}_{\mathrm{e}}^{t}$ 到构形 Ω_n 的后拉为 $\phi_n^{*}\left(\boldsymbol{b}_{\mathrm{e}}^{t}\right)$ 并记为 $\boldsymbol{b}_{\mathrm{e}}^{t^*}$，则有

$$\phi_{n\varepsilon}^{*}\left(\left(\boldsymbol{b}_{\mathrm{e}}^{t}\right)^{-1}\right)\cdot\phi_n^{*}\left(\boldsymbol{b}_{\mathrm{e}}^{t}\right)=\boldsymbol{I} \tag{3.91}$$

$$\boldsymbol{b}_{\mathrm{e}}^{t*}=\phi_n^{*}\left(\boldsymbol{b}_{\mathrm{e}}^{t}\right)=\boldsymbol{f}_t^{-1}\boldsymbol{b}_{\mathrm{e}}^{t}\boldsymbol{f}_t^{-\mathrm{T}}\quad\text{或}\quad\boldsymbol{b}_{\mathrm{e}}^{t}=\boldsymbol{f}_t\boldsymbol{b}_{\mathrm{e}}^{t*}\boldsymbol{f}_t^{\mathrm{T}} \tag{3.92}$$

其次, 将作为应变类度量的参考当前构形的塑性流动张量 $\partial_{\boldsymbol{\tau}}f(\boldsymbol{\tau},\boldsymbol{q})$ 和蠕变流动张量 $\partial_{\boldsymbol{\tau}}\Phi(\boldsymbol{\tau},\bar{\sigma})$ 后拉到增量步“初始”构形 Ω_n，分别记为

$$\begin{aligned}\boldsymbol{n}_{\mathrm{pt}}^{*}&=\phi_{n\varepsilon}^{*}\left(\partial_{\boldsymbol{\tau}}f(\boldsymbol{\tau},\boldsymbol{q})\right)=\boldsymbol{f}_t^{\mathrm{T}}\partial_{\boldsymbol{\tau}}f(\boldsymbol{\tau},\boldsymbol{q})\boldsymbol{f}_t,\\ \boldsymbol{n}_{\mathrm{ct}}^{*}&=\phi_{n\varepsilon}^{*}\left(\partial_{\boldsymbol{\tau}}\Phi(\boldsymbol{\tau},\bar{\sigma})\right)=\boldsymbol{f}_t^{\mathrm{T}}\partial_{\boldsymbol{\tau}}\Phi(\boldsymbol{\tau},\bar{\sigma})\boldsymbol{f}_t\end{aligned} \tag{3.93}$$

利用式 (3.84) 所定义的相对变形梯度 $\boldsymbol{l}_t$，以及式 (3.92) 中第二式两边对时间求导，式 (3.85) 中的三项可展开表示为

$$\dot{\boldsymbol{b}}_{\mathrm{c}}^{t}-\left(\boldsymbol{l}_t\boldsymbol{b}_{\mathrm{c}}^{t}+\boldsymbol{b}_{\mathrm{c}}^{t}\boldsymbol{l}_t^{\mathrm{T}}\right)=\frac{\partial\left(\boldsymbol{f}_t\boldsymbol{b}_{\mathrm{e}}^{t*}\boldsymbol{f}_t^{\mathrm{T}}\right)}{\partial t}-\left(\dot{\boldsymbol{f}}_t\boldsymbol{b}_{\mathrm{e}}^{t*}\boldsymbol{f}_t^{\mathrm{T}}+\boldsymbol{f}_t\boldsymbol{b}_{\mathrm{e}}^{t*}\dot{\boldsymbol{f}}_t^{\mathrm{T}}\right)=\boldsymbol{f}_t\dot{\boldsymbol{b}}_{\mathrm{e}}^{t*}\boldsymbol{f}_t^{\mathrm{T}} \tag{3.94}$$

将式 (3.94) 代入式 (3.85), 并利用式 (3.93) 和式 (3.92) 可得到

$$\begin{aligned}\dot{\boldsymbol{b}}_{\mathrm{e}}^{t*}&=-2\boldsymbol{f}_t^{-1}\left(\dot{\lambda}_{\mathrm{p}}\partial_{\boldsymbol{\tau}}f(\boldsymbol{\tau},\boldsymbol{q})+\dot{\bar{\varepsilon}}_{\mathrm{c}}\partial_{\boldsymbol{\tau}}\Phi(\boldsymbol{\tau},\bar{\sigma})\right)\boldsymbol{b}_{\mathrm{e}}^{t}\boldsymbol{f}_t^{-\mathrm{T}}\\&=-2\boldsymbol{f}_t^{-1}\left(\boldsymbol{f}_t^{-\mathrm{T}}\boldsymbol{f}_t^{\mathrm{T}}\right)\left(\dot{\lambda}_{\mathrm{p}}\partial_{\boldsymbol{\tau}}f(\boldsymbol{\tau},\boldsymbol{q})+\dot{\bar{\varepsilon}}_{\mathrm{c}}\partial_{\boldsymbol{\tau}}\Phi(\boldsymbol{\tau},\bar{\sigma})\right)\left(\boldsymbol{f}_t\boldsymbol{f}_t^{-1}\right)\boldsymbol{b}_{\mathrm{e}}^{t}\boldsymbol{f}_t^{-\mathrm{T}}\\&=-2\left(\boldsymbol{f}_t^{-1}\boldsymbol{f}_t^{-\mathrm{T}}\right)\left(\dot{\lambda}_{\mathrm{p}}\boldsymbol{n}_{\mathrm{pt}}^{*}+\dot{\bar{\varepsilon}}_{\mathrm{c}}\boldsymbol{n}_{\mathrm{ct}}^{*}\right)\boldsymbol{b}_{\mathrm{e}}^{t*}\end{aligned} \tag{3.95}$$

在欧几里得（Euclidean）空间中度量张量 $\boldsymbol{g}$ 是一个单位张量，将参考当前构形 Ω_t 的度量张量后拉到增量步的“初始构形”Ω_n，有

$$\phi_{n\varepsilon}^{*}(\boldsymbol{g})=\boldsymbol{f}_t^{\mathrm{T}}\cdot(\boldsymbol{g})\cdot\boldsymbol{f}_t=\boldsymbol{f}_t^{\mathrm{T}}\cdot(\boldsymbol{I})\cdot\boldsymbol{f}_t=\boldsymbol{c}_t \tag{3.96}$$

将式 (3.96) 代入式 (3.95) 可得到

$$\dot{\boldsymbol{b}}_{\mathrm{e}}^{t*} = -2\boldsymbol{c}_t^{-1}\left(\dot{\lambda}_{\mathrm{p}}\boldsymbol{n}_{\mathrm{pt}}^{*} + \dot{\bar{\varepsilon}}_{\mathrm{c}}\boldsymbol{n}_{\mathrm{ct}}^{*}\right)\boldsymbol{b}_{\mathrm{e}}^{t*} \tag{3.97}$$

式中

$$\boldsymbol{b}_{\mathrm{e}}^{t*}\big|_{t=t_n} = \boldsymbol{b}_{\mathrm{e}}^{n} \tag{3.98}$$

式 (3.97) 可看成如式 (3.88) 所示方程, 并考虑在时域 $[t_n, t]$ 的积分

$$\int_{t_n}^{t}\frac{\mathrm{d}\boldsymbol{y}}{\boldsymbol{y}} = \int_{t_n}^{t}\boldsymbol{H}(\boldsymbol{y},t)\mathrm{d}t \tag{3.99}$$

把依赖于待求解函数 $\boldsymbol{y}$ 的函数 $\boldsymbol{H}(\boldsymbol{y},t)$ 放在式 (3.99) 的右边是为近似求解的方便，即近似地假定 $\boldsymbol{H}(\boldsymbol{y},t)$ 在 $[t_n, t]$ 中不随时间变化，则有

$$\ln\boldsymbol{y}\big|_{t_n}^{t} \cong \boldsymbol{H}(\boldsymbol{y},t)\Delta t \tag{3.100}$$

式中，$\Delta t = t - t_n$，而式 (3.100) 可进一步表示成

$$\boldsymbol{y}(t) \cong \exp(\boldsymbol{H}(\boldsymbol{y},t)\Delta t)\boldsymbol{y}_n = \exp(\boldsymbol{H}(\boldsymbol{y},t)\Delta t)\boldsymbol{y}\left(t_n\right) \tag{3.101}$$

由此并注意到 $\boldsymbol{b}_{\mathrm{e}}^{t*}$ 在 $[t_n, t_{n+1}]$ 具有初值 $\boldsymbol{b}_{\mathrm{e}}^{n}$，则式 (3.97) 的求解可写成

$$\boldsymbol{b}_{\mathrm{e}}^{t*} \cong \exp\left(-2\boldsymbol{c}_t^{-1}\left(\Delta\lambda_{\mathrm{p}}\boldsymbol{n}_{\mathrm{pt}}^{*} + \Delta\bar{\varepsilon}_{\mathrm{c}}\boldsymbol{n}_{\mathrm{ct}}^{*}\right)\right)\boldsymbol{b}_{\mathrm{e}}^{n} \tag{3.102}$$

式中，$\Delta\lambda_{\mathrm{p}} = \dot{\lambda}_{\mathrm{p}}\Delta t, \Delta\bar{\varepsilon}_{\mathrm{c}} = \dot{\bar{\varepsilon}}_{\mathrm{c}}\Delta t, \Delta t = t - t_n$。进一步将式 (3.102) 代入式 (3.92) 的第二式可得到

$$\begin{aligned}\boldsymbol{b}_{\mathrm{e}}^{t} &= \boldsymbol{f}_t\exp\left(-2\boldsymbol{c}_t^{-1}\left(\Delta\lambda_{\mathrm{p}}\boldsymbol{n}_{\mathrm{pt}}^{*} + \Delta\bar{\varepsilon}_{\mathrm{c}}\boldsymbol{n}_{\mathrm{ct}}^{*}\right)\right)\boldsymbol{b}_{\mathrm{e}}^{n}\boldsymbol{f}_t^{\mathrm{T}}\\ &= \boldsymbol{f}_t\exp\left(-2\boldsymbol{c}_t^{-1}\left(\Delta\lambda_{\mathrm{p}}\boldsymbol{n}_{\mathrm{pt}}^{*} + \Delta\bar{\varepsilon}_{\mathrm{c}}\boldsymbol{n}_{\mathrm{ct}}^{*}\right)\right)\boldsymbol{f}_t^{-1}\left(\boldsymbol{f}_t\boldsymbol{b}_{\mathrm{e}}^{n}\boldsymbol{f}_t^{\mathrm{T}}\right)\\ &= \boldsymbol{f}_t\exp\left(-2\boldsymbol{c}_t^{-1}\left(\Delta\lambda_{\mathrm{p}}\boldsymbol{n}_{\mathrm{pt}}^{*} + \Delta\bar{\varepsilon}_{\mathrm{c}}\boldsymbol{n}_{\mathrm{ct}}^{*}\right)\right)\boldsymbol{f}_t^{-1}\boldsymbol{b}_{\mathrm{etr}}^{t}\end{aligned} \tag{3.103}$$

式中，定义了增量步弹性试状态下弹性左 Cauchy-Green 张量

$$\boldsymbol{b}_{\mathrm{etr}}^{t} = \boldsymbol{f}_t\boldsymbol{b}_{\mathrm{e}}^{n}\boldsymbol{f}_t^{\mathrm{T}} \tag{3.104}$$

下面进一步分析式 (3.104) 所定义的 $\boldsymbol{b}_{\mathrm{etr}}^{t}$ 的物理意义。利用 $\boldsymbol{f}_t, \boldsymbol{b}_{\mathrm{e}}^{n}$ 的定义，式 (3.104) 可改写为

$$\boldsymbol{b}_{\mathrm{etr}}^{t} = \boldsymbol{f}_t\left(\boldsymbol{F}_{\mathrm{e}}^{n}\left(\boldsymbol{F}_{\mathrm{e}}^{n}\right)^{\mathrm{T}}\right)\boldsymbol{f}_t^{\mathrm{T}} = \left(\frac{\partial_t}{\partial_n}\cdot\frac{\partial_n}{\partial\hat{\boldsymbol{x}}_n}\right)\cdot\left(\left(\frac{\partial_n}{\partial\hat{\boldsymbol{x}}_n}\right)^{\mathrm{T}}\cdot\left(\frac{\partial_t}{\partial_n}\right)^{\mathrm{T}}\right) = \boldsymbol{F}_{\mathrm{etr}}^{t}\cdot\left(\boldsymbol{F}_{\mathrm{etr}}^{t}\right)^{\mathrm{T}} \tag{3.105}$$

式中定义了

$$\boldsymbol{F}_{\text{etr}}^{t}=\frac{\partial\boldsymbol{x}_t}{\partial\boldsymbol{x}_n}\cdot\frac{\partial\boldsymbol{x}_n}{\partial\hat{\boldsymbol{x}}_n}=\boldsymbol{f}_t\cdot\boldsymbol{F}_{\text{e}}^{n} \tag{3.106}$$

可以看出，$\boldsymbol{b}_{\text{etr}}^{t}$ 实际上表示了假定在增量步 $\Delta t=t-t_n$ 中所发展的应变增量全部为弹性应变的情况下（即 $\boldsymbol{f}_t=\boldsymbol{f}_{\text{e}}^{t}$），局部物质点在时刻 $t\in[t_n,t_{n+1}]$ 的总弹性应变（在变形梯度乘式分解中，总弹性应变以变形梯度的弹性部分表示）。需要强调指出的是，在位移驱动（displacement driven）的有限元分析中，对一个增量步 $\boldsymbol{F}_{\text{etr}}^{t}$ 是给定的。显然，$\boldsymbol{F}_{\text{etr}}^{t}$ 可比拟小应变分析中 $\varepsilon_{\text{etr}}^{t}$ 在增量步计算中的作用。注意到，由式 (3.96) 所表达的 $\boldsymbol{c}_t$ 有

$$\boldsymbol{c}_t^{-1}=\boldsymbol{f}_t^{-1}\boldsymbol{f}_t^{-\text{T}} \tag{3.107}$$

将式 (3.94) 和式 (3.107) 代入式 (3.103)，并利用对于二阶张量 $\boldsymbol{A}$ 和 $\boldsymbol{B}$ 的计算公式

$$\boldsymbol{B}\exp(\boldsymbol{A})\boldsymbol{B}^{-1}=\exp\left(\boldsymbol{BAB}^{-1}\right) \tag{3.108}$$

可得到

$$\begin{aligned}\boldsymbol{b}_{\text{e}}^{t}&=\boldsymbol{f}_t\exp\left(-2\boldsymbol{c}_t^{-1}\left(\Delta\lambda_{\text{p}}\boldsymbol{n}_{\text{pt}}^{*}+\Delta\bar{\varepsilon}_{\text{c}}\boldsymbol{n}_{\text{ct}}^{*}\right)\right)\boldsymbol{f}_t^{-1}\boldsymbol{b}_{\text{etr}}^{t}\\&=\exp\left(-2\boldsymbol{f}_t\left(\boldsymbol{f}_t^{-1}\boldsymbol{f}_t^{-\text{T}}\right)\left(\Delta\lambda_{\text{p}}\boldsymbol{f}_t^{\text{T}}\partial_{\boldsymbol{\tau}}f(\boldsymbol{\tau},\boldsymbol{q})\boldsymbol{f}_t+\Delta\bar{\varepsilon}_{\text{c}}\boldsymbol{f}_t^{\text{T}}\partial_{\boldsymbol{\tau}}\Phi(\boldsymbol{\tau},\bar{\sigma})\boldsymbol{f}_t\right)\boldsymbol{f}_t^{-1}\boldsymbol{b}_{\text{etr}}^{t}\right)\\&=\exp\left(-2\Delta\lambda_{\text{p}}\partial_{\boldsymbol{\tau}}f(\boldsymbol{\tau},\boldsymbol{q})-2\Delta\bar{\varepsilon}_{\text{c}}\partial_{\boldsymbol{\tau}}\Phi(\boldsymbol{\tau},\bar{\sigma})\right)\boldsymbol{b}_{\text{etr}}^{t}\end{aligned} \tag{3.109}$$

进一步求解式 (3.109) 需利用下面的谱分解和主轴下计算公式。由于 $\boldsymbol{b}_{\text{e}}^{t}$ 和 $\boldsymbol{b}_{\text{etr}}^{t}$ 都是二阶对称张量，且对于各向同性塑性和蠕变，$\partial_{\boldsymbol{\tau}}f(\boldsymbol{\tau},\boldsymbol{q})$ 和 $\partial_{\boldsymbol{\tau}}\Phi(\boldsymbol{\tau},\bar{\sigma})$ 也都是二阶对称张量，则由式 (3.109) 可论证它们具有相同的主轴方向，统一用 $\boldsymbol{n}_i^{\text{etr}}$ $(i=1,2,3)$ 表示。因而，由式 (3.10) 定义的 $\boldsymbol{b}_{\text{e}}^{t}$ 的谱分解可用它的主值 $\Lambda_i^{\text{e}}(i=1,2,3)$ 和它的主方向 $\boldsymbol{n}_i^{\text{etr}}(i=1,2,3)$ 表示为

$$\boldsymbol{b}_{\text{e}}^{t}=\sum_{i=1}^{3}\left(\Lambda_i^{\text{e}}\right)^2\boldsymbol{n}_i^{\text{e}}\otimes\boldsymbol{n}_i^{\text{e}}=\sum_{i=1}^{3}\left(\Lambda_i^{\text{e}}\right)^2\boldsymbol{n}_i^{\text{etr}}\otimes\boldsymbol{n}_i^{\text{etr}} \tag{3.110}$$

利用式 (3.12)，式 (3.110) 所示的 $\boldsymbol{b}_{\text{e}}^{t}$ 的谱分解可另表示为

$$\boldsymbol{b}_{\text{e}}^{t}=\sum_{i=1}^{3}\exp\left(2\varepsilon_i^{\text{e}}\right)\boldsymbol{n}_i^{\text{etr}}\otimes\boldsymbol{n}_i^{\text{etr}}=\exp(2\boldsymbol{\varepsilon}_{\text{e}}^{t}) \tag{3.111}$$

以及相应地可表示

$$\boldsymbol{b}_{\text{etr}}^{t}=\sum_{i=1}^{3}\left(\Lambda_i^{\text{etr}}\right)^2\boldsymbol{n}_i^{\text{etr}}\otimes\boldsymbol{n}_i^{\text{etr}}=\sum_{i=1}^{3}\exp\left(2\varepsilon_i^{\text{etr}}\right)\boldsymbol{n}_i^{\text{etr}}\otimes\boldsymbol{n}_i^{\text{etr}} \tag{3.112}$$

如式 (3.11) 所示，式中弹性主对数伸缩应变及其预测值

$$\varepsilon_i^{\mathrm{e}} = \ln \Lambda_i^{\mathrm{e}} \quad (i=1,2,3), \qquad \varepsilon_i^{\mathrm{etr}} = \ln \Lambda_i^{\mathrm{etr}} \quad (i=1,2,3) \tag{3.113}$$

它们的向量表示为

$$\boldsymbol{\varepsilon}^{\mathrm{e}} = \ln \boldsymbol{\Lambda}^{\mathrm{e}}, \quad \boldsymbol{\varepsilon}^{\mathrm{etr}} = \ln \boldsymbol{\Lambda}^{\mathrm{etr}} \tag{3.114}$$

此外，式 (3.32) 表明 $\boldsymbol{\tau}$ 与 $\partial_{\boldsymbol{b}_{\mathrm{e}}}\varphi, \boldsymbol{b}_{\mathrm{e}}, \partial_{\boldsymbol{b}_{\mathrm{e}}}\varphi \boldsymbol{b}_{\mathrm{e}}$ 等有相同的主轴，即可将 $\boldsymbol{\tau}$ 的表达式 (3.13) 改写为

$$\boldsymbol{\tau} = \sum_{i=1}^{3} \sigma_i \boldsymbol{n}_i^{\mathrm{etr}} \otimes \boldsymbol{n}_i^{\mathrm{etr}} \tag{3.115}$$

式中，$\sigma_i (i=1,2,3)$ 是 $\boldsymbol{\tau}$ 的主值（主应力）。若将如式 (3.14) 定义的作为 $\boldsymbol{b}_{\mathrm{e}}$ 的函数的 Holmholtz 自由能改写为作为如式 (3.11) 所定义的参考当前构形的弹性对数应变张量 $\boldsymbol{\varepsilon}_{\mathrm{e}}^t$ 的函数，即

$$\varphi = \varphi\left(\boldsymbol{\varepsilon}_{\mathrm{e}}^t, \alpha, D, \delta\right) \tag{3.116}$$

注意到式 (3.12)，可表示

$$\boldsymbol{b}_{\mathrm{e}} = \exp\left(2\boldsymbol{\varepsilon}_{\mathrm{e}}^t\right) \tag{3.117}$$

分别利用式 (3.32) 所示 $\boldsymbol{\tau} = 2\rho_0 \partial_{\boldsymbol{b}_{\mathrm{e}}}\varphi \boldsymbol{b}_{\mathrm{e}}$ 和式 (3.111) 所示 $\boldsymbol{b}_{\mathrm{e}}^t = \exp(2\boldsymbol{\varepsilon}_{\mathrm{e}}^t)$ 对 $\boldsymbol{\tau}$ 和 $\boldsymbol{b}_{\mathrm{e}}^t$ 作谱分解，利用 $\partial_{\boldsymbol{b}_{\mathrm{e}}}\varphi, \boldsymbol{b}_{\mathrm{e}}, \partial_{\boldsymbol{b}_{\mathrm{e}}}\varphi \boldsymbol{b}_{\mathrm{e}}$ 等有相同的主轴，可表示

$$\boldsymbol{\tau} = \rho_0 \partial_{\boldsymbol{\varepsilon}_{\mathrm{e}}^t}\varphi = \rho_0 \frac{\partial \varphi}{\partial \boldsymbol{\varepsilon}_{\mathrm{e}}^t} \tag{3.118}$$

其中，$\boldsymbol{\tau}$ 的主值 $\sigma_i (i=1,2,3)$ 可表示为

$$\sigma_i = \rho_0 \frac{\partial \varphi}{\partial \varepsilon_i^{\mathrm{e}}}, \quad \boldsymbol{\sigma} = \rho_0 \frac{\partial \varphi}{\partial \boldsymbol{\varepsilon}_{\mathrm{e}}} \tag{3.119}$$

式中，$\varepsilon_i^{\mathrm{e}}$ 是弹性对数应变张量 $\boldsymbol{\varepsilon}_{\mathrm{e}}^t$ 的主值，$\boldsymbol{\varepsilon}_{\mathrm{e}}$ 是弹性对数应变向量 $\varepsilon_i^{\mathrm{e}}(i=1,2,3)$ 的黑体表示，如式 (3.11) 所示。

对式 (3.109) 两边取自然对数，即

$$\ln \boldsymbol{b}_{\mathrm{e}}^t = \ln\left\{\exp\left(-2\Delta\lambda_{\mathrm{p}}\partial_{\boldsymbol{\tau}} f(\boldsymbol{\tau}, \boldsymbol{q}) - 2\Delta\bar{\varepsilon}_{\mathrm{c}}\partial_{\boldsymbol{\tau}}\Phi(\boldsymbol{\tau}, \bar{\sigma})\right)\boldsymbol{b}_{\mathrm{etr}}^t\right\} \tag{3.120}$$

将式 (3.111) 和式 (3.112) 代入式 (3.120) 则有

$$\begin{aligned}
&\sum_{i=1}^{3}\left[\ln\exp\left(2\varepsilon_i^{\mathrm{e}}\right)\right]\boldsymbol{n}_i^{\mathrm{etr}} \otimes \boldsymbol{n}_i^{\mathrm{etr}} \\
&= \ln\left[\exp\left(-2\Delta\lambda_{\mathrm{p}}\partial_{\boldsymbol{\tau}} f(\boldsymbol{\tau}, \boldsymbol{q}) - 2\Delta\bar{\varepsilon}_{\mathrm{c}}\partial_{\boldsymbol{\tau}}\Phi(\boldsymbol{\tau}, \bar{\sigma})\right)\right] \\
&\quad + \sum_{i=1}^{3}\left[\ln\exp\left(2\varepsilon_i^{\mathrm{etr}}\right)\right]\boldsymbol{n}_i^{\mathrm{etr}} \otimes \boldsymbol{n}_i^{\mathrm{etr}}
\end{aligned} \tag{3.121}$$

式 (3.121) 表示，可假定式中 $\partial_{\boldsymbol{\tau}} f(\boldsymbol{\tau},\boldsymbol{q}),\partial_{\boldsymbol{\tau}}\phi(\boldsymbol{\tau},\bar{\sigma})$ 也具有与 $\boldsymbol{b}_{\mathrm{e}}^{t}$ 和 $\boldsymbol{b}_{\mathrm{etr}}^{t}$ 相同的主轴 $\boldsymbol{n}_i^{\mathrm{etr}}$，即有 $\partial_{\boldsymbol{\tau}} f(\boldsymbol{\tau},\boldsymbol{q})=\sum\limits_{i=1}^{3}\partial_{\sigma_i} f(\boldsymbol{\sigma},\boldsymbol{q})\boldsymbol{n}_i^{\mathrm{etr}}\otimes\boldsymbol{n}_i^{\mathrm{etr}},\partial_{\boldsymbol{\tau}}\phi(\boldsymbol{\tau},\bar{\sigma})=\sum\limits_{i=1}^{3}\partial_{\sigma_i}\Phi(\boldsymbol{\sigma},\bar{\sigma})\boldsymbol{n}_i^{\mathrm{etr}}\otimes\boldsymbol{n}_i^{\mathrm{etr}}$，因而式 (3.121) 可以改写为

$$\sum_{i=1}^{3}2\varepsilon_i^{\mathrm{e}}\boldsymbol{n}_i^{\mathrm{etr}}\otimes\boldsymbol{n}_i^{\mathrm{etr}}=\sum_{i=1}^{3}2\varepsilon_i^{\mathrm{etr}}\boldsymbol{n}_i^{\mathrm{etr}}\otimes\boldsymbol{n}_i^{\mathrm{etr}}-\sum_{i=1}^{3}2\Delta\lambda_{\mathrm{p}}\partial_{\sigma_i} f(\boldsymbol{\sigma},\boldsymbol{q})\boldsymbol{n}_i^{\mathrm{etr}}\otimes\boldsymbol{n}_i^{\mathrm{etr}}$$
$$-\sum_{i=1}^{3}2\Delta\bar{\varepsilon}_{\mathrm{c}}\partial_{\sigma_i}\varPhi(\boldsymbol{\sigma},\bar{\sigma})\boldsymbol{n}_i^{\mathrm{etr}}\otimes\boldsymbol{n}_i^{\mathrm{etr}} \tag{3.122}$$

因此得到沿主方向的非线性应变关系式（类似于小应变中所得的相应的关系式）

$$\varepsilon_i^{\mathrm{e}}=\varepsilon_i^{\mathrm{etr}}-\Delta\lambda_{\mathrm{p}}\partial_{\sigma_i} f(\boldsymbol{\sigma},\boldsymbol{q})-\Delta\bar{\varepsilon}_{\mathrm{c}}\partial_{\sigma_i}\varPhi(\boldsymbol{\sigma},\bar{\sigma})\quad(i=1,2,3) \tag{3.123}$$

它和塑性内状态变量演化方程 (3.86) 和蠕变内状态变量演化条件 (3.87)，即

$$\Delta\alpha=\alpha_{n+1}-\alpha_n=\Delta\lambda_{\mathrm{p}}\partial_{\boldsymbol{q}} f\left(\boldsymbol{\sigma}_t,\boldsymbol{q}_t\right) \tag{3.124}$$

$$\Delta\lambda_{\mathrm{p}}\geqslant 0,\quad f\left(\boldsymbol{\sigma}_t,\boldsymbol{q}_t\right)\leqslant 0,\quad \Delta\lambda_{\mathrm{p}} f\left(\boldsymbol{\sigma}_t,\boldsymbol{q}_t\right)=0 \tag{3.125}$$

$$\Delta\bar{\varepsilon}_{\mathrm{c}}\geqslant 0,\quad \varPhi\left(\boldsymbol{\sigma}_t,\bar{\sigma}_t\right)\leqslant 0,\quad \Delta\bar{\varepsilon}_{\mathrm{c}}\varPhi\left(\boldsymbol{\sigma}_t,\bar{\sigma}_t\right)=0 \tag{3.126}$$

一起构成了由时刻 t_n 到 t_{n+1} 的有限应变下考虑材料局部处关联塑性和弹性蠕变演化的本构方程标准形式。

综上所述，对一个典型的积分点，本构关系演化方程的指数返回映射算法的实施步骤可归结为：

• 确定弹性试状态（trial state）

给定 $(\boldsymbol{b}_{\mathrm{e}}^{n},\alpha_n)$，由式 (3.105) 和式 (3.106) 计算在时刻 $t=t_{n+1}$ 的弹性试状态下左 Cauchy-Green 张量 $\boldsymbol{b}_{\mathrm{etr}}^{n+1}$，即

$$\boldsymbol{b}_{\mathrm{etr}}^{n+1}=\boldsymbol{F}_{\mathrm{etr}}^{n+1}\cdot\left(\boldsymbol{F}_{\mathrm{etr}}^{n+1}\right)^{\mathrm{T}}=\left(\boldsymbol{f}_{n+1}\boldsymbol{F}_{\mathrm{e}}^{n}\right)\cdot\left(\boldsymbol{f}_{n+1}\boldsymbol{F}_{\mathrm{e}}^{n}\right)^{\mathrm{T}}=\boldsymbol{f}_{n+1}\boldsymbol{b}_{\mathrm{e}}^{n}\boldsymbol{f}_{n+1}^{\mathrm{T}} \tag{3.127}$$

式中相对于 t_n 时刻构形 $\boldsymbol{x}_n\in\Omega_n$ 的相对变形梯度 $\boldsymbol{f}_{n+1}$ 可按式 (3.79) 由增量步 $[t_n,t_{n+1}]$ 的已知位移增量 $\boldsymbol{u}_{n+1}$ 计算如下

$$\boldsymbol{f}_{n+1}(\boldsymbol{x}_n)=\boldsymbol{f}_t\left(\boldsymbol{x}_n\right)\big|_{t=t_{n+1}}=\left.\frac{\partial\boldsymbol{x}_t}{\partial\boldsymbol{x}_n}\right|_{t=t_{n+1}}=\frac{\partial\left(\boldsymbol{x}_n+\boldsymbol{u}_{n+1}\right)}{\partial\boldsymbol{x}_n}=\boldsymbol{I}+\frac{\partial\boldsymbol{u}_{n+1}}{\partial\boldsymbol{x}_n}$$
$$=\boldsymbol{I}+\nabla\boldsymbol{u}_{n+1}\left(\boldsymbol{x}_n\right) \tag{3.128}$$

• 基于式 (3.112) 给出的 $\boldsymbol{b}_{\mathrm{etr}}^{t}$ 的谱分解，按以下标准特征值问题求解 $\boldsymbol{b}_{\mathrm{etr}}^{n+1}$ 的特征对 $\left(\varLambda_{n+1,i}^{\mathrm{etr}}\right)^2$，$\boldsymbol{n}_i^{\mathrm{etr}}$

$$\boldsymbol{b}_{\text{etr}}^{n+1}\boldsymbol{n}_i^{\text{etr}}=\left(\Lambda_{n+1,i}^{\text{etr}}\right)^2\boldsymbol{n}_i^{\text{etr}}\quad(i=1,2,3)\tag{3.129}$$

并由式 (3.113) 和式 (3.114) 可得弹性试状态下主对数应变

$$\varepsilon_{n+1,i}^{\text{etr}}=\ln\Lambda_{n+1,i}^{\text{etr}}\quad(i=1,2,3),\quad\boldsymbol{\varepsilon}_{n+1}^{\text{etr}}=\ln\boldsymbol{\Lambda}_{n+1}^{\text{etr}}\tag{3.130}$$

- 在弹性试状态主轴方向执行返回映射

根据对数主应变的计算式 (3.130) 和 $\boldsymbol{\tau}$ 的主值 $\sigma_i(i=1,2,3)$ 的计算式 (3.119) 确定弹性试状态主应力

$$\boldsymbol{\sigma}_{n+1}^{\text{etr}}=\rho_0\frac{\partial\varphi\left(\boldsymbol{\varepsilon}_{n+1}^{\text{etr}},\alpha_n\right)}{\partial\boldsymbol{\varepsilon}_{n+1}^{\text{etr}}},\quad\boldsymbol{q}_{n+1}^{\text{etr}}=-\rho_0\frac{\partial\varphi\left(\boldsymbol{\varepsilon}_{n+1}^{\text{etr}},\alpha_n\right)}{\partial\alpha}\tag{3.131}$$

计算塑性屈服函数 $f_{n+1}=f_{n+1}\left(\boldsymbol{\sigma}_{n+1}^{\text{etr}},\boldsymbol{q}_{n+1}^{\text{etr}}\right)$，若 $f_{n+1}>0$ 则执行返回映射算法以满足屈服准则，确定 $\sigma_{i,n+1}(i=1,2,3)$ 和 $\Delta\lambda_{\text{p}}$，并按式 (3.113) 计算时刻 $t=t_{n+1}$ 的弹性对数主应变 $\varepsilon_{i,n+1}^{\text{e}}$，以及按式 (3.124) 计算时刻 $t=t_{n+1}$ 的内变量，再根据式 (3.115) 计算

$$\boldsymbol{\tau}_{n+1}=\sum_{i=1}^{3}\sigma_{i,n+1}\boldsymbol{n}_i^{\text{etr}}\otimes\boldsymbol{n}_i^{\text{etr}}\tag{3.132}$$

式中，$\sigma_{i,n+1}$ 按式 (3.131) 给出的公式和式 (3.123) 确定的 ε_i^{e} 计算，即

$$\boldsymbol{\varepsilon}_{n+1}^{\text{e}}=\boldsymbol{\varepsilon}_{n+1}^{\text{etr}}-\Delta\lambda_{\text{p}}\partial_{\boldsymbol{\sigma}}f(\boldsymbol{\sigma},\boldsymbol{q})-\Delta\bar{\varepsilon}_{\text{c}}\partial_{\boldsymbol{\sigma}}\Phi(\boldsymbol{\sigma},\bar{\sigma})\tag{3.133}$$

$$\boldsymbol{\sigma}_{n+1}=\left.\frac{\partial\varphi\left(\boldsymbol{\varepsilon}^{\text{e}},\alpha_{n+1}\right)}{\partial\boldsymbol{\varepsilon}^{\text{e}}}\right|_{\boldsymbol{\varepsilon}^{\text{e}}=\boldsymbol{\varepsilon}_{n+1}^{\text{e}}}\tag{3.134}$$

- 更新中间构形

即参考式 (3.111) 由谱分解公式计算更新的左 Cauchy-Green 张量

$$\boldsymbol{b}_{\text{e}}^{n+1}=\sum_{i=1}^{3}\exp\left(2\varepsilon_{n+1,i}^{\text{e}}\right)\boldsymbol{n}_i^{\text{etr}}\otimes\boldsymbol{n}_i^{\text{etr}}\tag{3.135}$$

3.2.2 弹塑性–蠕变–损伤耦合本构模型的应力更新直接求解算法

以式 (3.61) 表示无损弹性应变能，Kirchhoff 应力张量的主应力向量 $\boldsymbol{\sigma}$ 与弹性对数主应变 $\boldsymbol{\varepsilon}^{\text{e}}$ 间的本构关系可表示为

$$\boldsymbol{\sigma}=\overline{\boldsymbol{D}}_{\text{ed}}\boldsymbol{\varepsilon}^{\text{e}}\tag{3.136}$$

利用式 (3.60)～ 式 (3.62), 式 (3.136) 中的本构矩阵可表示为

$$\overline{\boldsymbol{D}}_{\text{ed}}=\overline{\boldsymbol{D}}_{\text{ed}}(D,\delta)=2\mu g_{\text{D}}(D)\boldsymbol{I}+\lambda g_{\delta}(\delta)\boldsymbol{I}_{\text{m}}\tag{3.137}$$

式中，$\boldsymbol{I}$ 是 3×3 的单位阵，$\boldsymbol{I}_{\mathrm{m}}$ 是每个元素均为常数 1 的 3×3 矩阵。

利用式 (3.136) 和式 (3.133), 式 (3.48), 式 (3.71), 式 (3.52), 一个高斯点处控制弹塑性–蠕变–损伤耦合非线性本构行为的方程组可概括写为

$$\boldsymbol{S}=\boldsymbol{\sigma}-\overline{\boldsymbol{D}}_{\mathrm{ed}}(D,\delta)\left(\boldsymbol{\varepsilon}^{\mathrm{etr}}-\Delta\lambda_{\mathrm{p}}\partial_{\boldsymbol{\sigma}}f(\boldsymbol{\sigma},\boldsymbol{q})-\Delta\bar{\varepsilon}_{\mathrm{c}}\partial_{\boldsymbol{\sigma}}\Phi(\boldsymbol{\sigma},\bar{\sigma})\right)=0 \tag{3.138}$$

$$f(\boldsymbol{\sigma},\alpha)=\frac{1}{2}\boldsymbol{\sigma}^{\mathrm{T}}\boldsymbol{P}_3\boldsymbol{\sigma}+\boldsymbol{p}_3^{\mathrm{T}}\boldsymbol{\sigma}-[\kappa(\alpha)]^2=0 \tag{3.139}$$

$$\beta_{\mathrm{D}}=\Delta\mu_{\mathrm{D}}-\Lambda_{\mathrm{d}}\left(\boldsymbol{\varepsilon}_{\mathrm{e}}\right)+r_{\mathrm{D}}^{t}=0 \tag{3.140}$$

$$\beta_{\delta}=\Delta\mu_{\delta}-\Lambda_{\mathrm{m}}\left(\boldsymbol{\varepsilon}_{\mathrm{e}}\right)+r_{\delta}^{t}=0 \tag{3.141}$$

$$\Gamma=\Delta\bar{\varepsilon}_{\mathrm{c}}-\dot{f}_{\mathrm{c}}\left(\bar{\sigma},\bar{\varepsilon}_{\mathrm{c}}\right)\Delta t=0 \tag{3.142}$$

可以看到，上述方程共包含 $(n_{\sigma}+4)$ 个方程。非线性本构迭代过程中待确定的基本未知量为 Kirchhoff 应力张量的主应力 $(n_{\sigma}=3)$ 和 $\Delta\lambda_{\mathrm{p}},\Delta\bar{\varepsilon}_{\mathrm{c}},\Delta\mu_{\mathrm{D}},\Delta\mu_{\delta}$。

在执行当前增量步由第 $(k-1)$ 次到第 k 次的迭代过程中，方程 (1.130)~(1.134) 的齐次迭代

可表示为

$$\boldsymbol{S}_k=\boldsymbol{S}_{k-1}+\mathrm{d}\boldsymbol{S}=0 \tag{3.143}$$

$$f_k=f_{k-1}+\mathrm{d}f=0 \tag{3.144}$$

$$\Gamma_k=\Gamma_{k-1}+\mathrm{d}\Gamma=0 \tag{3.145}$$

$$\beta_{\mathrm{D},k}=\beta_{\mathrm{D},k-1}+\mathrm{d}\beta_{\mathrm{D}}=0 \tag{3.146}$$

$$\beta_{\delta,k}=\beta_{\delta,k-1}+\mathrm{d}\beta_{\delta}=0 \tag{3.147}$$

在一个高斯点处更新主应力向量、塑性乘子、有效蠕变应变、损伤因子的 Newton-Raphson 迭代可表示为如下矩阵形式

$$\begin{bmatrix}
\dfrac{\partial\boldsymbol{S}}{\partial\boldsymbol{\sigma}} & \dfrac{\partial\boldsymbol{S}}{\partial\lambda_{\mathrm{p}}} & \dfrac{\partial\boldsymbol{S}}{\partial\Delta\bar{\varepsilon}_{\mathrm{c}}} & \dfrac{\partial\boldsymbol{S}}{\partial\mu_{\mathrm{D}}} & \dfrac{\partial\boldsymbol{S}}{\partial\mu_{\delta}} \\
\dfrac{\partial f}{\partial\boldsymbol{\sigma}} & \dfrac{\partial f}{\partial\lambda_{\mathrm{p}}} & \dfrac{\partial f}{\partial\Delta\bar{\varepsilon}_{\mathrm{c}}} & \dfrac{\partial f}{\partial\mu_{\mathrm{D}}} & \dfrac{\partial f}{\partial\mu_{\delta}} \\
\dfrac{\partial\Gamma}{\partial\boldsymbol{\sigma}} & \dfrac{\partial\Gamma}{\partial\lambda_{\mathrm{p}}} & \dfrac{\partial\Gamma}{\partial\Delta\bar{\varepsilon}_{\mathrm{c}}} & \dfrac{\partial\Gamma}{\partial\mu_{\mathrm{D}}} & \dfrac{\partial\Gamma}{\partial\mu_{\delta}} \\
\dfrac{\partial\beta_{\mathrm{D}}}{\partial\boldsymbol{\sigma}} & \dfrac{\partial\beta_{\mathrm{D}}}{\partial\lambda_{\mathrm{p}}} & \dfrac{\partial\beta_{\mathrm{D}}}{\partial\Delta\bar{\varepsilon}_{\mathrm{c}}} & \dfrac{\partial\beta_{\mathrm{D}}}{\partial\mu_{\mathrm{D}}} & \dfrac{\partial\beta_{\mathrm{D}}}{\partial\mu_{\delta}} \\
\dfrac{\partial\beta_{\delta}}{\partial\boldsymbol{\sigma}} & \dfrac{\partial\beta_{\delta}}{\partial\lambda_{\mathrm{p}}} & \dfrac{\partial\beta_{\delta}}{\partial\Delta\bar{\varepsilon}_{\mathrm{c}}} & \dfrac{\partial\beta_{\delta}}{\partial\mu_{\mathrm{D}}} & \dfrac{\partial\beta_{\delta}}{\partial\mu_{\delta}}
\end{bmatrix}
\left\{\begin{array}{c}\Delta\boldsymbol{\sigma}\\ \Delta\lambda_{\mathrm{p}}\\ \Delta\left(\Delta\bar{\varepsilon}_{\mathrm{c}}\right)\\ \Delta\mu_{\mathrm{D}}\\ \Delta\mu_{\delta}\end{array}\right\}
=\left\{\begin{array}{c}-\boldsymbol{S}_{k-1}\\ -f_{k-1}\\ -\Gamma_{k-1}\\ -\beta_{\mathrm{D},k-1}\\ -\beta_{\delta,k-1}\end{array}\right\} \tag{3.148}$$

式中，Jacobian 矩阵中各元素的显式表示可由方程式 (3.138)~(3.142) 导出。

为弄清在增量步中蠕变–塑性–损伤等过程是否发生，需采用一个三级求解过程。因为只要材料处于一个应力状态，蠕变过程将发生，因此第一阶段假定仅蠕变为起作用的过程，应力向量和有效蠕变应变将在此第一阶段更新。如果随蠕变松弛演化的应力状态被判断超过了塑性屈服强度，一个耦合的蠕变–弹塑性分析将在第二阶段执行；作为结果，应力向量、有效蠕变应变和等效塑性应变将在此阶段更新。最终，由第二阶段所得更新值将作为第三阶段的预测值检查是否有进一步的损伤发生。如果是这个情况，则假定蠕变–塑性–损伤等过程全起作用，并重新求解。在此阶段可能由于材料损伤导致的软化阻止了材料的塑性屈服，这可由在高斯点迭代过程收敛到负值 $\Delta\lambda_{\mathrm{p}}$ 显示。在此情况下，问题需在假定仅有蠕变和损伤起作用情况下重新求解。

3.2.3 大应变下蠕变–弹塑性–损伤一致性切线模量矩阵

本小节首先导出参考弹性试状态主轴的蠕变–弹塑性–损伤一致性切线模量矩阵。参考弹性试状态主轴的 Kirchhoff 应力张量率的率主应力率向量 $\dot{\boldsymbol{\sigma}}$ 和主对数应变率 $\dot{\boldsymbol{\varepsilon}}$ 之间的本构关系可表示为

$$\dot{\boldsymbol{\sigma}} = \hat{\boldsymbol{D}}_{\mathrm{edpc}}^{(2)}\dot{\boldsymbol{\varepsilon}} \tag{3.149}$$

式中，$\hat{\boldsymbol{D}}_{\mathrm{edpc}}^{(2)}$ 是待确定的参考弹性试状态主轴的蠕变–弹塑性–损伤切线模量矩阵。

利用式 (3.136) 和损伤准则的一致性条件 (3.71) 及由式 (3.63) 所定义的广义有效偏应变 $\varLambda_{\mathrm{d}}$ 和广义有效球应变 $\varLambda_{\mathrm{m}}$，以及由式 (3.67) 所定义的损伤演化率，式 (3.136) 两边对时域微分

$$\begin{aligned}\dot{\boldsymbol{\sigma}} &= \dot{\overline{\boldsymbol{D}}}_{\mathrm{ed}}\boldsymbol{\varepsilon}^{\mathrm{e}} + \overline{\boldsymbol{D}}_{\mathrm{ed}}\dot{\boldsymbol{\varepsilon}}^{\mathrm{e}} = \left(\frac{\partial\dot{\overline{\boldsymbol{D}}}_{\mathrm{ed}}}{\partial D}\dot{\mu}_{\mathrm{D}}H_{\mathrm{D}} + \frac{\partial\dot{\overline{\boldsymbol{D}}}_{\mathrm{ed}}}{\partial\delta}\dot{\mu}_{\delta}H_{\delta}\right)\boldsymbol{\varepsilon}^{\mathrm{e}} + \overline{\boldsymbol{D}}_{\mathrm{ed}}\dot{\boldsymbol{\varepsilon}}^{\mathrm{e}}\\
&= \left(\frac{\partial\dot{\overline{\boldsymbol{D}}}_{\mathrm{ed}}}{\partial D}\dot{\varLambda}_{\mathrm{d}}H_{\mathrm{D}} + \frac{\partial\dot{\overline{\boldsymbol{D}}}_{\mathrm{ed}}}{\partial\delta}\dot{\varLambda}_{\mathrm{m}}H_{\delta}\right)\boldsymbol{\varepsilon}^{\mathrm{e}} + \overline{\boldsymbol{D}}_{\mathrm{ed}}\dot{\boldsymbol{\varepsilon}}^{\mathrm{e}}\\
&= \left(2\mu H_{\mathrm{D}}\varLambda_{\mathrm{d}}^{-1}\frac{\partial\dot{\overline{\boldsymbol{D}}}_{\mathrm{ed}}}{\partial D}\boldsymbol{\varepsilon}^{\mathrm{e}}\left(\boldsymbol{\varepsilon}^{\mathrm{e}}\right)^{\mathrm{T}} + \lambda H_{\delta}\varLambda_{\mathrm{m}}^{-1}\frac{\partial\dot{\overline{\boldsymbol{D}}}_{\mathrm{ed}}}{\partial\delta}\boldsymbol{\varepsilon}^{\mathrm{e}}\left(\boldsymbol{\varepsilon}^{\mathrm{e}}\right)^{\mathrm{T}}\boldsymbol{I}_{\mathrm{m}}\right)\dot{\boldsymbol{\varepsilon}}^{\mathrm{e}} + \overline{\boldsymbol{D}}_{\mathrm{ed}}\dot{\boldsymbol{\varepsilon}}^{\mathrm{e}}\end{aligned} \tag{3.150}$$

可得到

$$\dot{\boldsymbol{\sigma}} = \boldsymbol{D}_{\mathrm{ed}}\dot{\boldsymbol{\varepsilon}}^{\mathrm{e}} \tag{3.151}$$

式中，参考弹性试状态主轴的一致性弹性损伤矩阵可表示为

$$\boldsymbol{D}_{\mathrm{ed}} = \overline{\boldsymbol{D}}_{\mathrm{ed}} + 2\mu H_{\mathrm{D}}\varLambda_{\mathrm{d}}^{-1}\frac{\partial\overline{\boldsymbol{D}}_{\mathrm{ed}}}{\partial D}\boldsymbol{\varepsilon}^{\mathrm{e}}\left(\boldsymbol{\varepsilon}^{\mathrm{e}}\right)^{\mathrm{T}} + \lambda H_{\delta}\varLambda_{\delta}^{-1}\frac{\partial\overline{\boldsymbol{D}}_{\mathrm{ed}}}{\partial\delta}\boldsymbol{\varepsilon}^{\mathrm{e}}\left(\boldsymbol{\varepsilon}^{\mathrm{e}}\right)^{\mathrm{T}}\boldsymbol{I}_{\mathrm{m}} \tag{3.152}$$

方程 (3.133) 两边对时间微分，并利用式 (3.151) 可得到

$$\boldsymbol{D}_{\mathrm{ed}}^{-1}\dot{\boldsymbol{\sigma}}=\dot{\boldsymbol{\varepsilon}}-\dot{\lambda}_{\mathrm{p}}\partial_{\boldsymbol{\sigma}}f(\boldsymbol{\sigma},\boldsymbol{q})-\Delta\lambda_{\mathrm{p}}\left(\frac{\partial\left(\partial_{\boldsymbol{\sigma}}f(\boldsymbol{\sigma},\boldsymbol{q})\right)}{\partial\boldsymbol{\sigma}}\right)^{\mathrm{T}}\dot{\boldsymbol{\sigma}}-\dot{\bar{\varepsilon}}_{\mathrm{c}}\partial_{\boldsymbol{\sigma}}\Phi(\boldsymbol{\sigma},\bar{\sigma})$$
$$-\Delta\bar{\varepsilon}_{\mathrm{c}}\left(\frac{\partial\left(\partial_{\boldsymbol{\sigma}}\Phi(\boldsymbol{\sigma},\bar{\sigma})\right)}{\partial\boldsymbol{\sigma}}\right)^{\mathrm{T}}\dot{\boldsymbol{\sigma}}\tag{3.153}$$

注意到式 (3.50) 第二式和式 (3.55) 第二式, 以及

$$\frac{\partial\left(\partial_{\boldsymbol{\sigma}}f(\boldsymbol{\sigma},\boldsymbol{q})\right)}{\partial\boldsymbol{\sigma}}=\frac{\partial\left(\partial_{\boldsymbol{\sigma}}\Phi(\boldsymbol{\sigma},\bar{\sigma})\right)}{\partial\boldsymbol{\sigma}}=\boldsymbol{P}_3\tag{3.154}$$

并将式 (3.154) 和式 (3.57) 代入式 (3.153), 式 (3.153) 可改写为

$$\boldsymbol{D}_{\mathrm{ed}}^{-1}\dot{\boldsymbol{\sigma}}=\dot{\boldsymbol{\varepsilon}}-\left(\boldsymbol{P}_3\boldsymbol{\sigma}+\boldsymbol{p}_3\right)\dot{\lambda}_{\mathrm{p}}-\left(\Delta\lambda_{\mathrm{p}}+\Delta\bar{\varepsilon}_{\mathrm{c}}\right)\left(\boldsymbol{P}_3\dot{\boldsymbol{\sigma}}\right)-\frac{\beta_{\mathrm{c}}}{2\bar{\sigma}}\boldsymbol{P}_3\boldsymbol{\sigma}\boldsymbol{\sigma}^{\mathrm{T}}\boldsymbol{P}_3\dot{\boldsymbol{\sigma}}\tag{3.155}$$

式 (3.48) 右端第一项所示的以主应力向量 $\boldsymbol{\sigma}$ 表示的有效应力 $\bar{\boldsymbol{\sigma}}=\dfrac{1}{2}\boldsymbol{\sigma}^{\mathrm{T}}\boldsymbol{P}_3\boldsymbol{\sigma}$ 的变化率可表示为

$$\dot{\bar{\sigma}}=\frac{1}{2\bar{\sigma}}\boldsymbol{\sigma}^{\mathrm{T}}\boldsymbol{P}_3\dot{\boldsymbol{\sigma}}\tag{3.156}$$

利用式 (3.37) 中所定义的 $\sigma^{\mathrm{yc}},\sigma^{\mathrm{yt}}$, 以及内状态变量 α 定义为等效塑性应变 $\bar{\varepsilon}_{\mathrm{p}}$，即 $\alpha=\bar{\varepsilon}_{\mathrm{p}}$，可表示

$$\dot{\sigma}^{\mathrm{yc}}=h_{\mathrm{p}}^{\mathrm{c}}\dot{\bar{\varepsilon}}_{\mathrm{p}},\qquad\dot{\sigma}^{\mathrm{yt}}=h_{\mathrm{p}}^{\mathrm{t}}\dot{\bar{\varepsilon}}_{\mathrm{p}}\tag{3.157}$$

由等效塑性应变定义式 (3.41) 两边对时间求导，并利用式 (3.156) 和式 (3.157), 可得到

$$\dot{\bar{\varepsilon}}_{\mathrm{p}}=\dot{\lambda}_{\mathrm{p}}\left(2q+\mathcal{H}\left(|\sigma_{\mathrm{h}}|\right)\frac{\sigma_{\mathrm{h}}}{|\sigma_{\mathrm{h}}|}\left(\sigma^{\mathrm{yc}}-\sigma^{\mathrm{yt}}\right)\right)$$
$$+\Delta\lambda_{\mathrm{p}}\left(\frac{1}{q}\boldsymbol{\sigma}^{\mathrm{T}}\boldsymbol{P}_3\dot{\boldsymbol{\sigma}}+\mathcal{H}\left(|\sigma_{\mathrm{h}}|\right)\frac{\sigma_{\mathrm{h}}}{|\sigma_{\mathrm{h}}|}\left(h_{\mathrm{p}}^{\mathrm{c}}-h_{\mathrm{p}}^{\mathrm{t}}\right)\dot{\bar{\varepsilon}}_{\mathrm{p}}\right)\tag{3.158}$$

式 (3.158) 可改写为

$$\dot{\lambda}_{\mathrm{p}}=C_{\lambda\varepsilon}\dot{\bar{\varepsilon}}_{\mathrm{p}}+\boldsymbol{C}_{\lambda\sigma}^{\mathrm{T}}\dot{\boldsymbol{\sigma}}\tag{3.159}$$

式中

$$C_{\lambda\varepsilon}=\left[1-\Delta\lambda_{\mathrm{p}}\mathcal{H}\left(|\sigma_{\mathrm{h}}|\right)\frac{\sigma_{\mathrm{h}}}{|\sigma_{\mathrm{h}}|}\left(h_{\mathrm{p}}^{\mathrm{c}}-h_{\mathrm{p}}^{\mathrm{t}}\right)\right]\left(2q+\mathcal{H}\left(|\sigma_{\mathrm{h}}|\right)\frac{\sigma_{\mathrm{h}}}{|\sigma_{\mathrm{h}}|}\left(\sigma^{\mathrm{yc}}-\sigma^{\mathrm{yt}}\right)\right)^{-1}\tag{3.160}$$

$$\boldsymbol{C}_{\lambda\sigma}^{\mathrm{T}} = -\frac{\Delta\lambda_{\mathrm{p}}}{q}\left(2q + \mathcal{H}\left(|\sigma_{\mathrm{h}}|\right)\frac{\sigma_{\mathrm{h}}}{|\sigma_{\mathrm{h}}|}\left(\sigma^{\mathrm{yc}} - \sigma^{\mathrm{yt}}\right)\right)^{-1}\boldsymbol{\sigma}^{\mathrm{T}}\boldsymbol{P}_3 \tag{3.161}$$

式 (3.139) 所示塑性屈服条件的一致性条件 $\dot{f} = 0$ 可表示为

$$\dot{f} = \left(\frac{\partial f}{\partial \boldsymbol{\sigma}}\right)^{\mathrm{T}}\dot{\boldsymbol{\sigma}} + \frac{\partial f}{\partial \bar{\varepsilon}_{\mathrm{p}}}\dot{\bar{\varepsilon}}_{\mathrm{p}} = 0 \tag{3.162}$$

注意到式 (3.139)，并利用式 (3.37) 和式 (3.49)，可计算

$$\begin{aligned}\frac{\partial f}{\partial \bar{\varepsilon}_{\mathrm{p}}} &= -2\kappa\frac{\partial \kappa}{\partial \bar{\varepsilon}_{\mathrm{p}}} + \frac{\partial \boldsymbol{p}_3^{\mathrm{T}}}{\partial \bar{\varepsilon}_{\mathrm{p}}}\boldsymbol{\sigma} = -\left(h_{\mathrm{p}}^{\mathrm{c}}\sigma^{\mathrm{yt}} + h_{\mathrm{p}}^{\mathrm{t}}\sigma^{\mathrm{yc}}\right) + \left(h_{\mathrm{p}}^{\mathrm{c}} - h_{\mathrm{p}}^{\mathrm{t}}\right)\boldsymbol{1}_{\mathrm{m}}^{\mathrm{T}}\boldsymbol{\sigma} \\ &= -\left(h_{\mathrm{p}}^{\mathrm{c}}\sigma^{\mathrm{yt}} + h_{\mathrm{p}}^{\mathrm{t}}\sigma^{\mathrm{yc}}\right) + \left(h_{\mathrm{p}}^{\mathrm{c}} - h_{\mathrm{p}}^{\mathrm{t}}\right)\sigma_{\mathrm{m}}\end{aligned} \tag{3.163}$$

由式 (3.163) 并利用式 (3.139), 可以用 $\dot{\boldsymbol{\sigma}}$ 表示 $\dot{\bar{\varepsilon}}_{\mathrm{p}}$，即

$$\dot{\bar{\varepsilon}}_{\mathrm{p}} = -\left(\frac{\partial f}{\partial \boldsymbol{\sigma}}\right)^{\mathrm{T}}\dot{\boldsymbol{\sigma}}\Big/\frac{\partial f}{\partial \bar{\varepsilon}_{\mathrm{p}}} = \boldsymbol{C}_{\varepsilon\sigma}^{\mathrm{T}}\dot{\boldsymbol{\sigma}} \tag{3.164}$$

式中

$$\boldsymbol{C}_{\varepsilon\sigma}^{\mathrm{T}} = \left(\boldsymbol{P}_3\boldsymbol{\sigma} + \boldsymbol{p}_3\right)^{\mathrm{T}}/\left(\left(h_{\mathrm{p}}^{\mathrm{c}}\sigma^{\mathrm{yt}} + h_{\mathrm{p}}^{\mathrm{t}}\sigma^{\mathrm{yc}}\right) - \left(h_{\mathrm{p}}^{\mathrm{c}} - h_{\mathrm{p}}^{\mathrm{t}}\right)\sigma_{\mathrm{m}}\right) \tag{3.165}$$

将式 (3.164) 代入式 (3.159) 可得到

$$\dot{\lambda}_{\mathrm{p}} = \left(C_{\lambda\varepsilon}\boldsymbol{C}_{\varepsilon\sigma}^{\mathrm{T}} + \boldsymbol{C}_{\lambda\sigma}^{\mathrm{T}}\right)\boldsymbol{\sigma} \tag{3.166}$$

将式 (3.166) 代入式 (3.155) 可得到

$$\begin{aligned}\boldsymbol{D}_{\mathrm{ed}}^{-1}\dot{\boldsymbol{\sigma}} = \dot{\boldsymbol{\varepsilon}} &- \left(\boldsymbol{P}_3\boldsymbol{\sigma} + \boldsymbol{p}_3\right)\left(C_{\lambda\varepsilon}\boldsymbol{C}_{\varepsilon\sigma}^{\mathrm{T}} + \boldsymbol{C}_{\lambda_\sigma}^{\mathrm{T}}\right)\dot{\boldsymbol{\sigma}} \\ &- \Delta\lambda_{\mathrm{p}}(\boldsymbol{P}_3\dot{\boldsymbol{\sigma}}) - \frac{\beta_{\mathrm{c}}}{2\bar{\sigma}}\boldsymbol{P}_3\boldsymbol{\sigma}\boldsymbol{\sigma}^{\mathrm{T}}\boldsymbol{P}_3\dot{\boldsymbol{\sigma}} - \Delta\bar{\varepsilon}_{\mathrm{c}}\boldsymbol{P}_3\dot{\boldsymbol{\sigma}}\end{aligned} \tag{3.167}$$

或

$$\dot{\boldsymbol{\varepsilon}} = \left[\boldsymbol{D}_{\mathrm{ed}}^{-1} + \left(\boldsymbol{P}_3\boldsymbol{\sigma} + \boldsymbol{p}_3\right)\left(C_{\lambda\varepsilon}\boldsymbol{C}_{\varepsilon\sigma}^{\mathrm{T}} + \boldsymbol{C}_{\lambda\sigma}^{\mathrm{T}}\right) + \left(\Delta\lambda_{\mathrm{p}} + \Delta\bar{\varepsilon}_{\mathrm{c}}\right)\boldsymbol{P}_3 + \frac{\beta_{\mathrm{c}}}{2\bar{\sigma}}\boldsymbol{P}_3\boldsymbol{\sigma}\boldsymbol{\sigma}^{\mathrm{T}}\boldsymbol{P}_3\right]\dot{\boldsymbol{\sigma}} \tag{3.168}$$

由式 (3.168) 可得到式 (3.149) 中待确定的参考弹性试状态主轴的蠕变–弹塑性–损伤切线模量矩阵 $\hat{\boldsymbol{D}}_{\mathrm{edpc}}^{(2)}$，即

$$\hat{\boldsymbol{D}}_{\mathrm{edpc}}^{(2)} = \Big[\boldsymbol{D}_{\mathrm{ed}}^{-1} + \left(\boldsymbol{P}_3\boldsymbol{\sigma} + \boldsymbol{p}_3\right)\left(C_{\lambda\varepsilon}\boldsymbol{C}_{\varepsilon\sigma}^{\mathrm{T}} + \boldsymbol{C}_{\lambda\sigma}^{\mathrm{T}}\right)$$

$$+\left(\Delta\lambda_{\mathrm{p}}+\Delta\bar{\varepsilon}_{\mathrm{c}}\right)\boldsymbol{P}_3+\frac{\beta_{\mathrm{c}}}{2\bar{\sigma}}\boldsymbol{P}_3\boldsymbol{\sigma}\boldsymbol{\sigma}^{\mathrm{T}}\boldsymbol{P}_3\Big]^{-1} \tag{3.169}$$

作为第二步，要把根据式 (3.149) 联系参考 Kirchhoff 应力的主应力空间表示的弹性试状态主应力向量率 $\dot{\boldsymbol{\sigma}}$ 和主对数应变向量率 $\dot{\boldsymbol{\varepsilon}}$ 的率本构方程，及蠕变–弹塑性–损伤二阶切线模量张量 $\hat{\boldsymbol{D}}_{\mathrm{edpc}}^{(2)}$，转换为联系参考 Cartesian 应力坐标系的 Kirchhoff 应力张量率 $\dot{\boldsymbol{\tau}}$ 与变形张量率 $\boldsymbol{d}$ 的率本构方程。

定义主方向二阶张量为

$$\boldsymbol{m}_i=\boldsymbol{n}_i^{\mathrm{etr}}\otimes\boldsymbol{n}_i^{\mathrm{etr}}\quad(i=1,2,3) \tag{3.170}$$

对 Kirchhoff 应力张量的谱分解的表达式 (3.115) 两边对时间求导，并代入式 (3.149) 和式 (3.170)，可得到

$$\dot{\boldsymbol{\tau}}=\sum_{i=1}^{3}\dot{\sigma}_i\boldsymbol{m}_i+\sum_{i=1}^{3}\sigma_i\frac{\partial\boldsymbol{m}_i}{\partial\boldsymbol{g}}:\frac{\mathrm{D}\boldsymbol{g}}{\mathrm{D}t}=\sum_{i=1}^{3}\sum_{j=1}^{3}\left(\hat{\boldsymbol{D}}_{\mathrm{edpc}}^{(2)}\right)_{ij}\dot{\varepsilon}_j\boldsymbol{m}_i+\sum_{i=1}^{3}\sigma_i\frac{\partial\boldsymbol{m}_i}{\partial\boldsymbol{g}}:\mathcal{L}_{\mathrm{v}}\boldsymbol{g} \tag{3.171}$$

式 (3.171) 表示在确定当前时刻的切线模量张量 $\boldsymbol{D}_{\mathrm{edpc}}$ 时，应考虑主方向张量随时间 t（相应地定义于 t 时刻当前构形的空间度量张量（spatial metric tensor）$\boldsymbol{g}$）的变化。计算参考当前构形下的空间度量张量 $\boldsymbol{g}$ 的物质时间导数应求助于它的 Lie 导数，即

$$\begin{aligned}\mathcal{L}_v(\boldsymbol{g})&=\phi_*\left(\frac{\mathrm{D}}{\mathrm{D}t}\ \phi^*(\boldsymbol{g})\right)=\boldsymbol{F}^{-\mathrm{T}}\cdot\left(\frac{\mathrm{D}}{\mathrm{D}t}\left(\boldsymbol{F}^{\mathrm{T}}\cdot\boldsymbol{g}\cdot\boldsymbol{F}\right)\right)\cdot\boldsymbol{F}^{-1}\\&=\boldsymbol{F}^{-\mathrm{T}}\cdot\left(\frac{\mathrm{D}}{\mathrm{D}t}(\boldsymbol{C})\right)\cdot\boldsymbol{F}^{-1}=\boldsymbol{F}^{-\mathrm{T}}\cdot\dot{\boldsymbol{C}}\cdot\boldsymbol{F}^{-1}=2\boldsymbol{d}\end{aligned} \tag{3.172}$$

式中，$\phi^*(\boldsymbol{g})$ 表示将当前构形下的空间度量张量 $\boldsymbol{g}$ 后拉（pull back）到初始构形，即

$$\phi^*(\boldsymbol{g})=\boldsymbol{F}^{\mathrm{T}}\cdot\boldsymbol{g}\cdot\boldsymbol{F}=\boldsymbol{F}^{\mathrm{T}}\cdot\boldsymbol{F}=\boldsymbol{C} \tag{3.173}$$

式中，$\boldsymbol{C}$ 为右 Cauchy-Green 张量；第二个等号是基于度量张量与任意二阶张量的点积仍为该张量自身的性质。$\phi_*(\dot{\boldsymbol{C}})$ 表示将参考初始构形的 $\dot{\boldsymbol{C}}$ 前推（push forward）到当前构形，即

$$\begin{aligned}\phi_*(\dot{\boldsymbol{C}})&=\boldsymbol{F}^{-\mathrm{T}}\cdot\dot{\boldsymbol{C}}\cdot\boldsymbol{F}^{-1}=\boldsymbol{F}^{-\mathrm{T}}\cdot\left(\dot{\boldsymbol{F}}^{\mathrm{T}}\cdot\boldsymbol{F}+\boldsymbol{F}^{\mathrm{T}}\cdot\dot{\boldsymbol{F}}\right)\cdot\boldsymbol{F}^{-1}\\&=\boldsymbol{F}^{-\mathrm{T}}\cdot\dot{\boldsymbol{F}}^{\mathrm{T}}+\dot{\boldsymbol{F}}\cdot\boldsymbol{F}^{-1}=\boldsymbol{L}^{\mathrm{T}}+\boldsymbol{L}=2\boldsymbol{d}\end{aligned} \tag{3.174}$$

式 (3.172) 中变形张量率的谱分解可表示成

$$\boldsymbol{d}=\sum_{i=1}^{3}d_i\mathbf{m}_i=\sum_{i=1}^{3}d_i\boldsymbol{n}_i^{\mathrm{etr}}\otimes\boldsymbol{n}_i^{\mathrm{etr}}=\sum_{i=1}^{3}d_i\boldsymbol{n}_i^{\mathrm{etr}}\left(\boldsymbol{n}_i^{\mathrm{etr}}\right)^{\mathrm{T}} \tag{3.175}$$

式中，$d_i(i=1,2,3)$ 是变形张量率 $\boldsymbol{d}$ 的主值。为推导 $d_i(i=1,2,3)$ 的过程简洁起见，令

$$\boldsymbol{Q}(\boldsymbol{n})=\begin{bmatrix} \boldsymbol{n}_1^{\mathrm{etr}} & \boldsymbol{n}_2^{\mathrm{etr}} & \boldsymbol{n}_3^{\mathrm{etr}} \end{bmatrix} \tag{3.176}$$

$$\mathrm{Diag}(d)=\begin{bmatrix} d_1 & 0 & 0 \\ 0 & d_2 & 0 \\ 0 & 0 & d_3 \end{bmatrix} \tag{3.177}$$

$\boldsymbol{Q}(\boldsymbol{n})$ 称为欧拉三元组（Eulerian triad），为正交张量 $(\boldsymbol{Q}^{\mathrm{T}}(\boldsymbol{n})=\boldsymbol{Q}^{-1}(\boldsymbol{n}))$。式 (3.175) 可改写为

$$\boldsymbol{d}=\boldsymbol{Q}(\boldsymbol{n})\mathrm{Diag}(d)\boldsymbol{Q}^{\mathrm{T}}(\boldsymbol{n}) \tag{3.178}$$

同样, 可令

$$\boldsymbol{Q}(\boldsymbol{N})=\begin{bmatrix} \boldsymbol{N}_1^{\mathrm{etr}} & \boldsymbol{N}_2^{\mathrm{etr}} & \boldsymbol{N}_3^{\mathrm{etr}} \end{bmatrix} \tag{3.179}$$

表示拉格朗日三元组（Lagrangian triad）。式中，$\boldsymbol{N}_i^{\mathrm{etr}}(i=1,2,3)$ 为参考初始构形的应变主轴向量。

参考当前构形的变形张量率 $\boldsymbol{d}$ 与参考初始构形的格林–拉格朗日（Green-Lagrangian）应变张量率 $\dot{\boldsymbol{E}}$ 之间的关系为

$$\boldsymbol{d}=\boldsymbol{F}^{-\mathrm{T}}\dot{\boldsymbol{E}}\boldsymbol{F}^{-1} \tag{3.180}$$

变形梯度张量的右极分解给出

$$\boldsymbol{F}=\boldsymbol{R}\boldsymbol{U} \tag{3.181}$$

式中，$\boldsymbol{R}$ 是刚体旋转张量，它是一个两点张量和正交张量，即它的谱分解可表示为

$$\boldsymbol{R}=\boldsymbol{Q}(\boldsymbol{n})\boldsymbol{Q}^{\mathrm{T}}(\boldsymbol{N}) \tag{3.182}$$

$\boldsymbol{U}$ 是参考初始构形的右伸缩张量，它的谱分解可表示为

$$\boldsymbol{U}=\boldsymbol{Q}(\boldsymbol{N})\mathrm{Diag}(\varLambda)\boldsymbol{Q}^{\mathrm{T}}(\boldsymbol{N}) \tag{3.183}$$

式中

$$\mathrm{Diag}(\varLambda)=\begin{bmatrix} \varLambda_1 & 0 & 0 \\ 0 & \varLambda_2 & 0 \\ 0 & 0 & \varLambda_3 \end{bmatrix} \tag{3.184}$$

$\varLambda_i(i=1,2,3)$ 是 $\boldsymbol{U}$ 的主值，即是特征方程 $\boldsymbol{U}\boldsymbol{N}_i^{\mathrm{etr}}=\varLambda_i\boldsymbol{N}_i^{\mathrm{etr}}$ 的主特征值，或称为参考初始构形的主伸缩值。

利用式 (3.181), 式 (3.180) 可改写为

$$\boldsymbol{d}=\frac{1}{2}\boldsymbol{R}\left(\boldsymbol{U}^{-1}\dot{\boldsymbol{U}}+\dot{\boldsymbol{U}}\boldsymbol{U}^{-1}\right)\boldsymbol{R}^{\mathrm{T}} \tag{3.185}$$

将表示 $\boldsymbol{R},\boldsymbol{U}$ 谱分解的式 (3.182) 和式 (3.183) 代入式 (3.180), 可得到

$$\boldsymbol{d}=\boldsymbol{Q}(\boldsymbol{n})\mathrm{Diag}\left(\frac{\dot{\Lambda}}{\Lambda}\right)\boldsymbol{Q}^{\mathrm{T}}(\boldsymbol{n}) \tag{3.186}$$

式中

$$\mathrm{Diag}\left(\frac{\dot{\Lambda}}{\Lambda}\right)=\begin{bmatrix}\dfrac{\dot{\Lambda}_1}{\Lambda_1} & 0 & 0\\ 0 & \dfrac{\dot{\Lambda}_2}{\Lambda_2} & 0\\ 0 & 0 & \dfrac{\dot{\Lambda}_3}{\Lambda_3}\end{bmatrix} \tag{3.187}$$

利用式 (3.186) 和式 (3.187)，可得到式 (3.178) 中待求的变形张量率 $\boldsymbol{d}$ 的主值

$$d_i=\frac{\dot{\Lambda}_i}{\Lambda_i}\quad(i=1,2,3) \tag{3.188}$$

由 $\boldsymbol{n}_i^{\mathrm{etr}}(i=1,2,3)$ 的正交性，即

$$\boldsymbol{n}_i^{\mathrm{etr}}\left(\boldsymbol{n}_j^{\mathrm{etr}}\right)^{\mathrm{T}}=\delta_{ij} \tag{3.189}$$

式中，$\boldsymbol{n}_i^{\mathrm{etr}}$ 的分量表示为

$$\boldsymbol{n}_j^{\mathrm{etr}}=\begin{bmatrix}n_j^1 & n_j^2 & n_j^3\end{bmatrix}^{\mathrm{T}} \tag{3.190}$$

并注意到式 (3.11) 对参考当前构形的弹性主对数应变的定义，参考当前构形的主对数应变可表示为

$$\boldsymbol{\varepsilon}=\begin{bmatrix}\varepsilon_1 & \varepsilon_2 & \varepsilon_3\end{bmatrix}^{\mathrm{T}}=\begin{bmatrix}\ln\Lambda_1 & \ln\Lambda_2 & \ln\Lambda_3\end{bmatrix}^{\mathrm{T}} \tag{3.191}$$

它对时间的变化率可表示为

$$\dot{\boldsymbol{\varepsilon}}=\begin{bmatrix}\dot{\varepsilon}_1 & \dot{\varepsilon}_2 & \dot{\varepsilon}_3\end{bmatrix}^{\mathrm{T}}=\begin{bmatrix}\dfrac{\dot{\Lambda}_1}{\Lambda_1} & \dfrac{\dot{\Lambda}_2}{\Lambda_2} & \dfrac{\dot{\Lambda}_3}{\Lambda_3}\end{bmatrix}^{\mathrm{T}} \tag{3.192}$$

将式 (3.192) 与式 (3.186)~ 式 (3.188) 比较，可以看到参考当前构形的主对数应变率就是参考当前构形的变形张量率 $\boldsymbol{d}$ 的主值。注意到两个二阶张量 $\boldsymbol{A}, \boldsymbol{B}$ 的双点积具有如式 (3.22) 所表示的性质，可得到

$$\begin{aligned}\dot{\boldsymbol{\varepsilon}}^{\mathrm{t}}:\boldsymbol{m}_j &= \sum_{i=1}^{3}\dot{\varepsilon}_i\boldsymbol{n}_i^{\mathrm{etr}}\left(\boldsymbol{n}_i^{\mathrm{etr}}\right)^{\mathrm{T}}:\boldsymbol{n}_j^{\mathrm{etr}}\left(\boldsymbol{n}_j^{\mathrm{etr}}\right)^{\mathrm{T}} = \sum_{i=1}^{3}\dot{\varepsilon}_i\,\mathrm{tr}\left(\boldsymbol{n}_i^{\mathrm{etr}}\left(\boldsymbol{n}_i^{\mathrm{etr}}\right)^{\mathrm{T}}\boldsymbol{n}_j^{\mathrm{etr}}\left(\boldsymbol{n}_j^{\mathrm{etr}}\right)^{\mathrm{T}}\right)\\ &= \sum_{i=1}^{3}\dot{\varepsilon}_i\delta_{ij}\,\mathrm{tr}\left(\boldsymbol{n}_i^{\mathrm{etr}}\left(\boldsymbol{n}_j^{\mathrm{etr}}\right)^{\mathrm{T}}\right) = \dot{\varepsilon}_j\,\mathrm{tr}\left(\boldsymbol{n}_j^{\mathrm{etr}}\left(\boldsymbol{n}_j^{\mathrm{etr}}\right)^{\mathrm{T}}\right) = \dot{\varepsilon}_j\sum_{i=1}^{3}\left(n_j^i\right)^2 = \dot{\varepsilon}_j\\ &= \frac{\dot{\Lambda}_j}{\Lambda_j}\end{aligned} \tag{3.193}$$

换言之，

$$\dot{\varepsilon}_j = \boldsymbol{m}_j:\boldsymbol{d} \tag{3.194}$$

将式 (3.172) 和式 (3.194) 代入式 (3.171) 得到

$$\dot{\boldsymbol{\tau}} = \sum_{i=1}^{3}\sum_{j=1}^{3}\left(\hat{\boldsymbol{D}}_{\mathrm{edpc}}^{(2)}\right)_{ij}\boldsymbol{m}_i\otimes\boldsymbol{m}_j:\boldsymbol{d} + 2\sum_{i=1}^{3}\sigma_i\frac{\partial\boldsymbol{m}_i}{\partial\boldsymbol{g}}:\boldsymbol{d} \tag{3.195}$$

即可获得联系参考 Cartesian 应力坐标系的 Kirchhoff 应力张量率 $\dot{\boldsymbol{\tau}}$ 与变形张量率 $\boldsymbol{d}$ 的率本构方程

$$\dot{\boldsymbol{\tau}} = \boldsymbol{D}_{\mathrm{edpc}}:\boldsymbol{d} \tag{3.196}$$

式中

$$\boldsymbol{D}_{\mathrm{edpc}} = \sum_{i=1}^{3}\sum_{j=1}^{3}\left(\hat{\boldsymbol{D}}_{\mathrm{edpc}}^{(2)}\right)_{ij}\boldsymbol{m}_i\otimes\boldsymbol{m}_j + 2\sum_{i=1}^{3}\sigma_i\frac{\partial\boldsymbol{m}_i}{\partial\boldsymbol{g}} \tag{3.197}$$

$$\boldsymbol{m}_i\otimes\boldsymbol{m}_j = \boldsymbol{n}_i^{\mathrm{etr}}\otimes\boldsymbol{n}_i^{\mathrm{etr}}\otimes\boldsymbol{n}_j^{\mathrm{etr}}\otimes\boldsymbol{n}_j^{\mathrm{etr}}\quad (i,j=1,2,3) \tag{3.198}$$

式中，四阶张量 $\partial_{\boldsymbol{g}}\boldsymbol{m}_i$ 表示一个增量步中由于变形增量导致度量张量 $\boldsymbol{g}$ 变化而引起的主方向变化 (Simo and Taylor, 1991)。

3.3 总结与讨论

随着以有限元法为代表的连续体计算力学的发展及其在各工程领域广泛应用，在材料与结构的力学强度和刚度分析中提出了愈来愈多对材料与几何耦合非线性问题的数值模拟需求。读者可以从文献中发现，与有限元方法早期（20 世纪 60~70 年代）发展相比，自 20 世纪 80 年代中期以来，基于非线性连续介质力

学理论的计算力学研究成为非线性有限元方法的研究热点。其中特别要提及的是 Simo 和 Hughes（1997）所总结的他们在 20 世纪 80~90 年代所发表的一系列工作，这些工作对基于非线性连续介质力学的大应变条件下计算塑性力学发展奠定了坚实的基础。Crisfield（1991, 1997）以及 Belytschko et al.（2000）的连续体与结构非线性有限元专著中都在书中开头撰写了专章介绍连续介质力学基本理论。如果此前有限元方法的发展主要依赖于构造基于变分原理的各类高效高精度混合有限元，现在可以毫不夸张地说，连续体与结构的现代有限元方法和无网格法等其他数值方法的发展基于变分原理和连续介质力学理论两大支柱。本章所介绍的内容是作者在此背景下为非线性连续体有限元分析完成的大应变条件下考虑压力相关塑性和压力相关损伤的材料与几何耦合非线性本构行为数值模拟方法。

参 考 文 献

李锡夔, 郭旭, 段庆林, 2015. 连续介质力学引论. 北京: 科学出版社.

Belytschko T, Liu W K, Moran B, 2000. Nonlinear Finite Elements for Continua and Structures, Chapter 3: Continuum mechanics. John Wiley & Sons.

Chaboche I L, 1988a. Continuum damage mechanics, Part I——general concepts. J. Appl. Mech., 55: 59–64.

Chaboche I L, 1988b. Continuum damage mechanics, Part II——crack initiation and crack growth. J. Appl. Mech., 55: 65–72.

Crisfield M A, 1991. Non-linear Finite Element Analysis of Solids and Structures. Volume 1: Essentials, Chapter 4: Basic Continuum Mechanics. John Wiley & Sons.

Crisfield M A, 1997. Non-linear Finite Element Analysis of Solids and Structures. Volume 2: Advanced Topics, Chapter 10: More continuum mechanics. John Wiley & Sons.

Duxbury P G and Li X K, 1996. Development of elasto-plastic material models in a natural coordinate system. Computer Methods in Applied Mechanics and Engineering, 135: 283–306.

Eterovic A L and Bathe K J, 1990. A hyper-elastic based large strain elasto plastic constitutive formulation with combined isotropic kinematic hardening using the logarithmic stress and strain measures. Int. J. Nwner. Methods Eng., 30: 1099–1114.

Kachanov L M, 1958. Time of the repture process under creep conditions. I VZ Akad. Nauk, S.S.R., Otd Tech Nauk, 8: 26–31.

Kojic M and Bathe K J, 1987. The effective stress function algorithm for thermo-elastoplasticity and creep. Int. J. Numer. Methods Eng., 24: 1509–1532.

Ladeveze P, 1992. Towards a fracture theory. Proc. 3rd Int. Conf. on Computational Plasticity, Fundamentals and Applications, Barcelona, Spain, 1369–1400.

Lemaitre J, 1985. A continuous damage mechanics model for ductile fracture. J. Eng. Mat. Tech., 107: 83–89.

Lee E H, 1969. Elastic-plastic deformation at finite strains. J. Appl. Mech., 36: 1–6.

Li X K, 1995. Large strain constitutive modelling and computation for isotropic, creep elastoplastic damage solids. Int. J. Numerical Methods in Eng., 38: 841–860.

Li X K, Duxbury P G, Lyons P, 1994a. Considerations for the application and numerical implementation of strain hardening with the Hoffman yield criterion. Computers & Structures, 52: 633–644.

Li X K, Duxbury P G, Lyons P, 1994b. Coupled creep-elastoplastic-damage analysis for isotropic and anisotropic nonlinear materials. Int. J. Solids and Structures, 31: 1181–1206.

Marsden J E, Hughes T J R, 1983. Mathematical Foundations of Elasticity. New York: Dover Publications, INC.

Peric D, Owen D R J and Honnor M E, 1992. A model for finite strain elasto-plasticity based on logarithmic strains: Computational issues. Comput. Methods Appl. Mech. Eng., 94: 35–61.

Raghava R, Caddell R M and Yeh G S Y, 1973. The macroscopic yield behaviour of polymers. J. Mat. Sci., 8: 225–232.

Simo J C, 1988a. A framework for finite strain elastoplasticity based on maximum plastic dissipation and the multiplicative decomposition: Part I. Continuum formulation, Comput. Methods Appl. Mech. Eng., 66: 199–219.

Simo J C, 1988b. A framework for finite strain elastoplasticity based on maximum plastic dissipation and the multiplicative decomposition: Part Ⅱ. Computational aspects. Comput. Methods Appl. Mech. Eng., 68: 1–31.

Simo J C and Hughes T J R, 1997. Computational Inelasticity. Springer.

Simo J C and Ju J W, 1987a. Strain- and stress-based continuum damage models—I. Formulation. Int. J. Solids Struct., 23: 821–840.

Simo J C and Ju J W, 1987b. Strain- and stress-based continuum damage model—Ⅱ. Computational aspects. Int. J. Solids Struct., 23: 841–869.

Simo J C and Meschke G, 1993. A new class of algorithm for classical plasticity extended to finite strains, Application to geomaterials. Computational Mechanics, 11: 253–278.

Simo J C and Taylor R L, 1991. Quasi incompressible finite elasticity in principal stretches. Continuum basis and numerical algorithms. Comput. Methods Appl. Mech. Eng., 85: 273–310.

Weber C and Anand L, 1990. Finite deformation constitutive equations and a time integration procedure for isotropic, hyperelastic- viscoplastic solids. Comput. Methods Appl. Mech. Eng., 79:173–202.

第 4 章 饱和多孔介质动力学的迭代压力稳定分步算法

饱和多孔介质的 $\boldsymbol{u}$-p 模型空间离散导出了位移–压力混合型半离散系统。通常假定孔隙水和模型化为多孔连续体的固相材料在介观尺度上的颗粒组分为不可压缩；在介质的渗透性很低因而可被略去的情况下，$\boldsymbol{u}$-p 半离散混合型方程将具有零对角线子矩阵和成为不可约混合型公式，这是求解不可约混合型公式时遇到困难的根源（Zienkiewicz and Taylor, 2000a; 2000b）。对这一类不可约 $\boldsymbol{u}$-p 型混合方程，所选取的 $\boldsymbol{u}$-p 插值函数空间必须满足 LBB 条件（Ladyshenskaya,1969; Babuska,1973; Brezzi, 1974）才能保证有限元解的唯一性和收敛性。Zienkiewicz et al. 对 $\boldsymbol{u}$-p 型混合方程提出了一种简单和便于操作、其功能等价于检验插值函数空间是否满足 LBB 条件的 Zienkiewicz-Taylor 分片试验（Zienkiewicz et al., 1986; 1988; Zienkiewicz and Taylor, 2000a; 2000b）。

虽然 $\boldsymbol{u}$-p 型等低阶线性插值单元，例如 T3P3 线性三角形单元和 Q4P4 双线性四边形单元，已呈现了它们在计算速度和在计算中方便利用自适应网格重划分技术的优点，但它们未能通过 Zienkiewicz-Taylor 分片试验，当利用它们求解近似不可压缩和非排水极限情况下的 $\boldsymbol{u}$-p 型混合方程的初边值问题时，所得到的压力场将呈现剧烈的虚假震荡，导致求解过程的失效。速度采用二阶插值、压力采用一阶插值的不等阶插值单元 T6P3 和 Q8P4 能通过分片试验，但不方便应用于大规模实际工程问题数值模拟、特别不适于自适应有限元分析过程。

由 Chorin（1968; 1969）在计算流体力学中作为压力稳定技术提出的分步算法（Fractional Step Algorithm, FSA）可以克服 LBB 条件对流体力学中 $\boldsymbol{u}$-p 变量插值近似所施加的限制。FSA 通过解耦速度 $\boldsymbol{u}$ 和压力 p 进行的求解，显著地减小了 $\boldsymbol{u}$-p 耦合方程的求解规模，从而大幅度提高了计算效率，因而在不可压缩 N-S 方程求解中得到了广泛应用。虽然 Chorin（1968; 1969）提出 FSA 时的初衷为在不可压流动问题的有限差分方法中可以允许采用标准的时域积分方案，但 Schneider et al.（1978）, Kawahara and Ohmiya（1985）, de Sampaio（1991）, Zienkiewicz et al.（1995）的研究表明该方法为在流体力学有限元方法中对利用等低阶速度和压力插值单元提供了稳定性。Pastor et al.（1999a; 1999b; 2000）把 FSA 拓展到饱和多孔介质动力学问题。

FSA 的基本计算过程是：首先在动量方程中略去未知压力项，得到近似的速度值（预测步），然后根据此近似速度值并利用连续方程（即质量守恒方程或不可压缩约束方程）求得压力值（投影步），最后对速度项进行修正（校正步）。因而，分步算法又被称为投影法或者速度校正法。FSA 数值稳定性的进一步研究表明（Codina, 2001），最初提出的 FSA 的压力稳定性并不令人满意。一方面它要求采用计算精度较低的压力非增量型分步算法，即只有当压力梯度项完全从 FSA 的预测步中移除，才允许采用速度、压力的等低阶插值，且其压力稳定性依赖于时间步长的选择；此外它要求时间步长要大于一个临界值，即提出了一个最小时间步长要求。另一方面，当采用具有更高精度的压力增量型 FSA 时，却不允许采用速度、压力的等低阶插值。

压力非增量型 FSA 的最小时间步长要求一方面可能导致在数值求解中采用的时间步长过大，因而只能获得具有弥散性和精度较低的数值结果；另一方面，这一要求可能还会与由于原有 FSA 的显式或半显式内在本质所决定的最大时间步长限制相冲突。

简言之，原有 FSA 可能遭受如下三方面原因导致的数值稳定性问题，即：（1）采用大于最大时间步长限制的时间步长；（2）采用小于最小时间步长要求的时间步长；（3）采用精度较高的压力增量型分步算法。

为提高与上述第一个因素相关的原有 FSA 的稳定性，以允许采用比最大临界时间步长大得多的时间步长，Li et al.（2003）提出了一个迭代型分步算法（IFSA）。该方法的基本思想是通过迭代过程在隐式意义上让速度项满足动量守恒方程，因而大幅度提高时间步长和极大地节省计算工作量。这是由于大多数饱和多孔介质动力学问题本质上就是非线性的，为满足非线性动量守恒方程的迭代过程本来就是必需的。允许采用比最大临界时间步长大得多的时间步长的 IFSA 并没有因为在原有 FSA 中引入迭代过程而付出过多的计算工作量。目前基于对饱和多孔介质动力学的 $\boldsymbol{u}$-p 混合公式所发展的 IFSA 已成功拓展应用于不可压缩 Navier-Stokes 方程的有限元求解（Li and Han, 2005），高粘性流动的有限元模拟（韩先洪，李锡夔，2006），以及不可压缩非等温非牛顿流体流动（Han and Li, 2007）。

然而，原有 FSA 的第二和第三个不稳定性源头，即最小时间步长要求和不允许采用压力增量型 FSA 仍限制了 IFSA 在从中频到高频的饱和多孔介质动力学问题中的应用。因为在那些问题中需要采用比最小时间步长要求小的时间步长，采用压力非增量型的 IFSA 导致的精度和计算效率都将变差。

为了规避后两个引起 FSA 和所建议 IFSA 压力不稳定性的因素，本章将在 IFSA 基础上引入有限增量微积分（Finite Increment Calculus, FIC）过程，从而形成简称为 PS-IFSA 的压力稳定迭代分步算法（Li et al., 2010）。

FIC 过程最初由 Oñate （2000）提出用于重构流体动力学动量守恒方程以抑制由于对流算子引起的动量守恒方程数值求解过程的不稳定性。但它是一个具有普适性的能消除由各种因素引起的数值不稳定性的稳定化过程。与 Petrov-Galerkin 稳定化近似过程和其他稳定化过程相比，它具备突出的简明性。Li and Duan （2006）将 FIC 过程引入到 N-S 方程组中的质量方程, 发展了压力稳定型分步算法，并进而将 FIC 过程与特征线伽辽金（Characteristic Galerkin, CG）法（Zienkiewicz et al., 1995）一起引入到分步算法，发展了压力稳定特征基分裂算法；并进一步发展了非等温非牛顿流体流动的基于特征线分裂（Characteristic Based Split, CBS）的迭代分步算法（Duan and Li, 2007）。本章将引入 FIC 过程重构饱和多孔介质动力学的质量守恒方程，以保证所建议用于求解 $\boldsymbol{u}$-p 型混合方程的 PS-IFSA 的压力稳定性。

引入 FIC 过程的优点是在所建议算法引入了一个不依赖于时间步长和两个时间步间压力差的附加稳定项。当采用违反最小时间步长要求的小时间步长和采用压力增量型算法时，不可压缩条件下的质量守恒方程仍可有效地保持稳定。在本章的数值例题结果中将可看到，当采用等低阶 $\boldsymbol{u}$-p 有限元时，所建议的 PS-IFSA 不仅对为提高计算效率而需采用大时间步长的低频响应问题，同时也对为保证计算精度而采用小时间步长的高频响应问题都能保持求解 $\boldsymbol{u}$-p 型混合方程的稳定性。同时，可以成功地采用压力增量型分步算法以保证算法的精度和计算效率。

4.1 饱和多孔介质动力学控制方程

本章采用由 Zienkiewicz and Shiomi （1984）提出的适合于从低频到高频的饱和土动力学问题 $\boldsymbol{u}$-p 模型。模型中假定可以忽略孔隙流体相对于固相的加速度项。该模型的控制方程能表示为

（1）饱和多孔介质流–固混合体的动量守恒方程

$$\boldsymbol{S}^{\mathrm{T}}\boldsymbol{\sigma}' - \nabla p + \rho\boldsymbol{b} - \rho\frac{\mathrm{d}\boldsymbol{v}}{\mathrm{d}t} = \boldsymbol{0} \tag{4.1}$$

式中，$\boldsymbol{\sigma}'$ 是定义为如下形式的有效应力向量

$$\boldsymbol{\sigma}' = \boldsymbol{\sigma} + \boldsymbol{m}p \tag{4.2}$$

其中，$\boldsymbol{\sigma}$ 是作用于流–固混合体上的总 Cauchy 应力，p 是孔隙流体压力。在二维问题中算子矩阵 $\boldsymbol{S}$ 的转置阵、向量 $\boldsymbol{m}$ 和梯度算子向量 ∇ 可表示为如下形式

$$\boldsymbol{S}^{\mathrm{T}} = \begin{bmatrix} \dfrac{\partial}{\partial x} & 0 & \dfrac{\partial}{\partial y} \\ 0 & \dfrac{\partial}{\partial y} & \dfrac{\partial}{\partial x} \end{bmatrix}, \quad \boldsymbol{m} = \begin{bmatrix} 1 & 1 & 0 \end{bmatrix}^{\mathrm{T}}, \quad \nabla = \begin{bmatrix} \dfrac{\partial}{\partial x} & \dfrac{\partial}{\partial y} \end{bmatrix}^{\mathrm{T}} \tag{4.3}$$

$\boldsymbol{v}$ 是固体骨架速度，ρ 是流–固混合体的质量密度，$\boldsymbol{b}$ 是体力加速度向量，$\dfrac{\mathrm{d}\boldsymbol{v}}{\mathrm{d}t}$ 是速度 $\boldsymbol{v}$ 的物质时间导数。

（2）孔隙流体质量守恒方程

$$\nabla^{\mathrm{T}}\boldsymbol{v} - \nabla^{\mathrm{T}}(k\nabla p) + \dot{p}/Q^* = 0 \tag{4.4}$$

注意式 (4.4) 为代入了孔隙流体动量守恒方程的孔隙流体质量守恒方程的形式（Li et al., 2003），∇^{T} 是 ∇ 的转置，k 是假定为各向同性的固体骨架渗透系数，Q^* 表征流–固混合体压缩性，可表示为

$$\frac{1}{Q^*} = \frac{\phi}{K_{\mathrm{f}}} + \frac{1-\phi}{K_{\mathrm{S}}} \tag{4.5}$$

其中，ϕ 是孔隙度；$K_{\mathrm{S}}, K_{\mathrm{f}}$ 分别是固体颗粒和孔隙流体的体积模量。

4.2 饱和多孔介质动力学压力稳定控制方程

饱和多孔介质动力学的控制方程 (4.1) 和式 (4.4) 可改写为

$$\frac{\mathrm{d}\boldsymbol{v}}{\mathrm{d}t} - \frac{1}{\rho}\boldsymbol{S}^{\mathrm{T}}\boldsymbol{\sigma}' + \frac{1}{\rho}\nabla p - \boldsymbol{b} = \boldsymbol{0} \tag{4.6}$$

$$\nabla^{\mathrm{T}}\boldsymbol{v} = \nabla^{\mathrm{T}}(k\nabla p) - \dot{p}/Q^* \tag{4.7}$$

本章通过 FIC 过程引入压力稳定项以重构质量守恒方程。与标准的无限小微积分（Standard Infinitesimal Calculus, SIC）过程相比, FIC 过程的根本区别在于在建立质量守恒方程阶段时考虑的不是一个无限小控制体元，而是一个有限尺寸的控制体元。因此，质量守恒方程中物理变量在空间尺度的变化将由高一阶的 Taylor 级数展开。按照 FIC 过程，原有的质量守恒方程 (4.7) 将改写为稳定化的形式如下

$$r_{\mathrm{d}} - \frac{1}{2}\boldsymbol{h}_{\mathrm{d}}^{\mathrm{T}}\nabla r_{\mathrm{d}} = 0 \quad (\text{在}\,\Omega\,\text{内}) \tag{4.8}$$

式中

$$r_{\mathrm{d}} = \nabla^{\mathrm{T}}\boldsymbol{v} - \nabla^{\mathrm{T}}(k\nabla p) + \dot{p}/Q^* \tag{4.9}$$

表示质量守恒方程 (4.7) 的参数；$\boldsymbol{h}_{\mathrm{d}}$ 是被施加质量守恒条件的有限域的尺度向量，它可选择为如下形式（Oñate, 2000）

$$\boldsymbol{h}_{\mathrm{d}} = -2\lambda_{\mathrm{d}}\boldsymbol{v} \tag{4.10}$$

式中作为稳定化参数的 λ_{d} 称为单位体积的内禀时间，它的物理意义和确定将在后文中讨论。式 (4.10) 中的负号将保证 $\boldsymbol{h}_{\mathrm{d}}$ 在离散后的质量守恒方程中起到正面的稳定化作用。将式 (4.10) 代入式 (4.8) 给出

$$r_{\mathrm{d}}+\lambda_{\mathrm{d}}\boldsymbol{v}^{\mathrm{T}}\nabla r_{\mathrm{d}}=0\quad(\text{在}\Omega\text{内})\tag{4.11}$$

由微分的链式法则，$\boldsymbol{v}^{\mathrm{T}}\nabla r_{\mathrm{d}}$ 可表示为

$$\boldsymbol{v}^{\mathrm{T}}\nabla r_{\mathrm{d}}=\nabla^{\mathrm{T}}\left(r_{\mathrm{d}}\boldsymbol{v}\right)-r_{\mathrm{d}}\nabla^{\mathrm{T}}\boldsymbol{v}\tag{4.12}$$

将式 (4.9) 代入式 (4.12) 并略去高阶项 $r_{\mathrm{d}}\nabla^{\mathrm{T}}\boldsymbol{v}$ 可得到

$$\boldsymbol{v}^{\mathrm{T}}\nabla r_{\mathrm{d}}\cong\nabla^{\mathrm{T}}\left[\left(\nabla^{\mathrm{T}}\boldsymbol{v}\right)\boldsymbol{v}\right]+\nabla^{\mathrm{T}}\left[\boldsymbol{v}\left(-\nabla^{\mathrm{T}}(k\nabla p)+\dot{p}/Q^{*}\right)\right]\tag{4.13}$$

利用式 (4.6) 和式 (4,7)，式 (4.13) 中 $\left(\nabla^{\mathrm{T}}\boldsymbol{v}\right)\boldsymbol{v}$ 可表示为

$$\left(\nabla^{\mathrm{T}}\boldsymbol{v}\right)\boldsymbol{v}=\left(-\nabla^{\mathrm{T}}(k\nabla p)+\dot{p}/Q^{*}\right)\boldsymbol{v}-\left(\frac{\mathrm{d}\boldsymbol{v}}{\mathrm{d}t}-\frac{1}{\rho}\boldsymbol{S}^{\mathrm{T}}\boldsymbol{\sigma}'+\frac{1}{\rho}\nabla p-\boldsymbol{b}\right)\tag{4.14}$$

将式 (4.9), 式 (4.13) 和式 (4.14) 代入式 (4.11), 质量守恒方程的 FIC 稳定化形式可表示为

$$\nabla^{\mathrm{T}}\boldsymbol{v}-\lambda_{\mathrm{d}}\nabla^{\mathrm{T}}\left(\frac{\mathrm{d}\boldsymbol{v}}{\mathrm{d}t}-\frac{1}{\rho}\boldsymbol{S}^{\mathrm{T}}\boldsymbol{\sigma}'+\frac{1}{\rho}\nabla p-\boldsymbol{b}\right)=\nabla^{\mathrm{T}}(k\nabla p)-\dot{p}/Q^{*}\tag{4.15}$$

把式 (4.15) 与没有施加 FIC 稳定化的质量守恒方程 (4.7) 比较，可见式 (4.15) 等号左端第二项是施加 FIC 过程引入的稳定项。注意到它是动量守恒方程 (4.6) 的散度乘以 λ_{d}。λ_{d} 可比拟为 Hafez and Soliman（1993）在计算流体动力学中利用罚方法获得稳定连续方程所引入的罚常数。

考虑到式 (4.15) 中 $\boldsymbol{\sigma}'$ 以某种形式与应变、即位移向量 $\boldsymbol{u}$ 的一阶空间导数、相联系，式 (4.15) 等号左端第二项包含了位移向量 $\boldsymbol{u}$ 的三阶空间导数，它在包含线性单元的低阶单元中是不可实施的。为此，引入附加向量变量 $\boldsymbol{\varphi}$ 如下

$$\boldsymbol{\varphi}=\frac{\mathrm{d}\boldsymbol{v}}{\mathrm{d}t}-\frac{1}{\rho}\boldsymbol{S}^{\mathrm{T}}\boldsymbol{\sigma}'-\boldsymbol{b}\tag{4.16}$$

利用式 (4.16) 所定义的 $\boldsymbol{\varphi}$，由式 (4.7) 我们可得到附加向量 $\boldsymbol{\varphi}$ 需满足动量守恒方程的约束条件

$$\boldsymbol{\varphi}+\frac{1}{\rho}\nabla p=\mathbf{0}\tag{4.17}$$

同时，将式 (4.16) 代入式 (4.15) 可得到

$$\nabla^{\mathrm{T}}\boldsymbol{v}-\lambda_{\mathrm{d}}\nabla^{\mathrm{T}}\left(\boldsymbol{\varphi}+\frac{1}{\rho}\nabla p\right)=\nabla^{\mathrm{T}}(k\nabla p)-\dot{p}/Q^{*} \tag{4.18}$$

式 (4.18) 是利用 FIC 过程所导出的饱和多孔介质的压力稳定质量守恒方程。它与式 (4.6) 所示的动量守恒方程及式 (4.17) 所示的约束方程构成了饱和多孔介质动力学问题的压力稳定控制方程。可以看到，由于引入了附加变量 $\boldsymbol{\varphi}$，由式 (4.6)、式 (4.18) 和式 (4.17) 组成的控制方程组中仅包含位移 (速度) 的空间二阶导数。

需要指出，若把式 (4.17) 代入式 (4.18) 将导致删除 $\boldsymbol{\varphi}$ 和稳定项的消失。这意味着所建议的受式 (4.17) 约束的压力稳定型质量守恒方程 (4.18) 与原有的质量守恒方程 (4.7) 在连续体情况 (即由 FIC 过程退化为 SIC 过程) 下将完全一致，因而可以保证由式 (4.6)、式 (4.18) 和式 (4.17) 组成的控制方程组离散化所得到的有限元解满足质量守恒条件。另一方面，当数值求解由式 (4.6)、式 (4.18) 和式 (4.17) 组成的控制方程组的离散系统时，稳定项将不会消失（Codina, 1997）。本章后面也将显示，在不可渗透和不可压缩情况下，式 (4.18) 在空间域的离散格式中将呈现与式 (4.17) 和式 (4.18) 中稳定项相关联的稳定项。

4.3 迭代压力稳定分步算法 (PS-IFSA)

分步算法基于在控制方程实施空间域离散化之前对控制方程的时域离散中引入一个算子分离过程。首先在一个典型的时间增量步 $I_n=[t_n,t_{n+1}]=[t_n,t_n+\Delta t]$ 内引入一个中间速度 $\boldsymbol{v}^*$。动量守恒方程 (4.6) 在时域的有限差分离散可表示为如下两个在时域的相继方程

$$\rho\frac{\boldsymbol{v}^{*}-\boldsymbol{v}^{n}}{\Delta t}=\boldsymbol{S}^{\mathrm{T}}\boldsymbol{\sigma}'^{n+\theta_2}+\rho\boldsymbol{b}-\gamma\nabla p^{n} \tag{4.19}$$

$$\rho\frac{\boldsymbol{v}^{n+1}-\boldsymbol{v}^{*}}{\Delta t}=-\nabla\left(p^{n+\theta_2}-\gamma p^{n}\right) \tag{4.20}$$

式中，$0<\theta_2\leqslant 1;\gamma=0,1$ 分别相应于非增量和增量分步算法。假定在 $I_n=[t_n,t_{n+1}]$ 时间区间内孔隙压力 p 和速度 $\boldsymbol{v}$ 均呈线性变化，则在时刻 $t_{n+\theta_2}=t_n+\theta_2\Delta t$ 的孔隙压力、有效应力和位移向量可有如下表达式

$$p^{n+\theta_2}=p^{n}+\theta_2\Delta p=p^{n}+\theta_2\left(p^{n+1}-p^{n}\right) \tag{4.21}$$

$$\boldsymbol{\sigma}'^{n+\theta_2}=\boldsymbol{\sigma}'^{n+\theta_2}\left(\boldsymbol{u}^{n+\theta_2}\right) \tag{4.22}$$

$$\boldsymbol{u}^{n+\theta_2}=\boldsymbol{u}^{n}+\theta_2\Delta t\left[\theta_2\boldsymbol{v}^{n+1}+(2-\theta_2)\boldsymbol{v}^{n}\right]/2 \tag{4.23}$$

方程 (4.18) 和 (4.17) 在时间区域 I_n 内的有限差分离散可表示为

$$\frac{1}{Q^*}\frac{\Delta p}{\Delta t}=\nabla^{\mathrm{T}}\left[\left(\frac{\lambda_{\mathrm{d}}}{\rho}+k\right)\nabla p^{n+\theta_1}\right]+\lambda_{\mathrm{d}}\nabla^{\mathrm{T}}\boldsymbol{\varphi}^{n+\theta_1}-\nabla^{\mathrm{T}}\boldsymbol{v}^{n+\theta_1} \tag{4.24}$$

$$\boldsymbol{\varphi}^{n+\theta_3}+\frac{1}{\rho}\nabla p^{n+\theta_3}=\mathbf{0} \tag{4.25}$$

式中，$0<\theta_1\leqslant 1, 0<\theta_3\leqslant 1$。在时刻 $t_{n+\theta_1}=t_n+\theta_1\Delta t$, $t_{n+\theta_3}=t_n+\theta_3\Delta t$ 的 $\boldsymbol{v},p,\boldsymbol{\varphi}$ 可分别表示为

$$\boldsymbol{v}^{n+\theta_1}=\boldsymbol{v}^n+\theta_1\Delta\boldsymbol{v}=(1-\theta_1)\,\boldsymbol{v}^n+\theta_1\boldsymbol{v}^{n+1} \tag{4.26}$$

$$p^{n+\theta_1}=p^n+\theta_1\Delta p=(1-\theta_1)\,p^n+\theta_1 p^{n+1} \tag{4.27}$$

$$\boldsymbol{\varphi}^{n+\theta_1}=\boldsymbol{\varphi}^n+\theta_1\Delta\boldsymbol{\varphi}=(1-\theta_1)\,\boldsymbol{\varphi}^n+\theta_1\boldsymbol{\varphi}^{n+1} \tag{4.28}$$

$$p^{n+\theta_3}=p^n+\theta_3\Delta p=(1-\theta_3)\,p^n+\theta_3 p^{n+1} \tag{4.29}$$

$$\boldsymbol{\varphi}^{n+\theta_3}=\boldsymbol{\varphi}^n+\theta_3\Delta\boldsymbol{\varphi}=(1-\theta_3)\,\boldsymbol{\varphi}^n+\theta_3\boldsymbol{\varphi}^{n+1} \tag{4.30}$$

注意到式 (4.27), 式 (4.24) 等号右端第一项可表示为

$$\begin{aligned}\nabla^{\mathrm{T}}\left[\left(\frac{\lambda_{\mathrm{d}}}{\rho}+k\right)\nabla p^{n+\theta_1}\right]&=\nabla^{\mathrm{T}}\left[\left(\frac{\lambda_{\mathrm{d}}}{\rho}+k\right)\nabla\left[\theta_1\left(p^{n+1}-p^n\right)+p^n\right]\right]\\&=\theta_1\left(\frac{\lambda_{\mathrm{d}}}{\rho}+k\right)\nabla^{\mathrm{T}}\nabla(\Delta p)+\nabla^{\mathrm{T}}\left(\frac{\lambda_{\mathrm{d}}}{\rho}+k\right)\nabla p^n\end{aligned} \tag{4.31}$$

式 (4.20) 可重表示为

$$\boldsymbol{v}^{n+1}=-\frac{\Delta t}{\rho}\nabla\left(p^{n+\theta_2}-\gamma p^n\right)+\boldsymbol{v}^* \tag{4.32}$$

利用式 (4.32) 和式 (4.26), 式 (4.24) 等号右端最后一项可表示为

$$\nabla^{\mathrm{T}}\boldsymbol{v}^{n+\theta_1}=\nabla^{\mathrm{T}}\boldsymbol{v}^n+\theta_1\left(\boldsymbol{v}^*-\boldsymbol{v}^n\right)+\frac{\theta_1\Delta t}{\rho}\gamma\nabla^2 p^n-\theta_1\theta_2\frac{\Delta t}{\rho}\nabla^2\Delta p-\frac{\theta_1\Delta t}{\rho}\nabla^2 p^n \tag{4.33}$$

利用式 (4.30)、式 (4.21)、式 (4.31) 和式 (4.33), 方程 (4.19)、式 (4.24)、式 (4.25) 和式 (4.20) 可以改写为在分步算法中如下依次求解 $\boldsymbol{v}^*,\Delta p,\Delta\boldsymbol{\varphi},\boldsymbol{v}^{n+1}$ 的形式

$$\boldsymbol{v}^*=\boldsymbol{v}^n+\frac{\Delta t}{\rho}\left[\boldsymbol{S}^{\mathrm{T}}\boldsymbol{\sigma}'^{n+\theta_2}+\rho\boldsymbol{b}-\gamma\nabla p^n\right] \tag{4.34}$$

$$\begin{aligned}&\left[\frac{1}{Q^*\Delta t}-\theta_1\left(\frac{\lambda_{\rm d}}{\rho}+k\right)\nabla^2-\frac{\Delta t}{\rho}\theta_1\theta_2\nabla^2\right]\Delta p\\&=\nabla^{\rm T}\left(\frac{\lambda_{\rm d}}{\rho}+k\right)\nabla p^n+\frac{\theta_1\Delta t}{\rho}(1-\gamma)\nabla^2p^n+\lambda_{\rm d}\nabla^{\rm T}\boldsymbol{\varphi}^{n+\theta_1}\\&\quad-\nabla^{\rm T}\boldsymbol{v}^n-\theta_1\nabla^{\rm T}\left(\boldsymbol{v}^*-\boldsymbol{v}^n\right)\end{aligned}\tag{4.35}$$

$$\Delta\boldsymbol{\varphi}=-\frac{1}{\theta_3}\left(\boldsymbol{\varphi}^n+\frac{1}{\rho}\nabla p^{n+\theta_3}\right)\tag{4.36}$$

$$\boldsymbol{v}^{n+1}=\boldsymbol{v}^*-\frac{\Delta t}{\rho}\nabla\left(p^{n+\theta_2}-\gamma p^n\right)\tag{4.37}$$

应用标准的 Galerkin 过程对方程 (4.34)~(4.37) 实施空间有限元离散。利用形函数 $\boldsymbol{N}_{\rm u},\boldsymbol{N}_{\rm p}$ 和场变量 $\boldsymbol{v},p,\boldsymbol{\varphi}$ 的有限元节点值 $\overline{\boldsymbol{v}},\overline{\boldsymbol{p}},\bar{\boldsymbol{\varphi}}$，$\boldsymbol{v},p,\boldsymbol{\varphi}$ 的空间近似插值可表示为

$$\boldsymbol{v}=\boldsymbol{N}_{\rm u}\overline{\boldsymbol{v}},\quad p=\boldsymbol{N}_{\rm p}\overline{\boldsymbol{p}},\quad \boldsymbol{\varphi}=\boldsymbol{N}_{\rm u}\overline{\boldsymbol{\varphi}}\tag{4.38}$$

式 (4.34) 的有限元方程可写为

$$\begin{aligned}\overline{\boldsymbol{v}}^*=\overline{\boldsymbol{v}}^n+\Delta t\boldsymbol{M}^{-1}\Bigg(&\int_\Omega\boldsymbol{N}_{\rm u}^{\rm T}\left(\boldsymbol{S}^{\rm T}\boldsymbol{\sigma}'^{n+\theta_2}\right){\rm d}\Omega+\int_\Omega\boldsymbol{N}_{\rm u}^{\rm T}\rho\boldsymbol{b}{\rm d}\Omega\\&-\gamma\left(\int_\Omega\boldsymbol{N}_{\rm u}^{\rm T}\nabla\boldsymbol{N}_{\rm p}{\rm d}\Omega\right)\overline{\boldsymbol{p}}^n\Bigg)\end{aligned}\tag{4.39}$$

利用分部积分过程和式 (4.3)，式 (4.39) 等号右端方括号内的第一项积分可表示为

$$\begin{aligned}&\int_\Omega\boldsymbol{N}_{\rm u}^{\rm T}\left(\boldsymbol{S}^{\rm T}\boldsymbol{\sigma}'^{n+\theta_2}\right){\rm d}\Omega\\&=-\int_\Omega\left(\boldsymbol{N}_{\rm u}^{\rm T}\boldsymbol{S}^{\rm T}\right)\boldsymbol{\sigma}'^{n+\theta_2}{\rm d}\Omega+\int_\Gamma\boldsymbol{N}_{\rm u}^{\rm T}\boldsymbol{1}\left(\boldsymbol{\sigma}^{n+\theta_2}+\boldsymbol{m}p^{n+\theta_2}\right)^{\rm T}\boldsymbol{n}{\rm d}\Gamma\\&=-\int_\Omega\boldsymbol{B}^{\rm T}\boldsymbol{\sigma}'^{n+\theta_2}{\rm d}\Omega+\int_{\Gamma_{\rm t}}\boldsymbol{N}_{\rm u}^{\rm T}\boldsymbol{1}\left(\boldsymbol{\sigma}^{n+\theta_2}\right)^{\rm T}\boldsymbol{n}{\rm d}\Gamma+\int_{\Gamma_{\rm p}}\boldsymbol{N}_{\rm u}^{\rm T}\boldsymbol{1}\left(\boldsymbol{m}p^{n+\theta_2}\right)^{\rm T}\boldsymbol{n}{\rm d}\Gamma\end{aligned}\tag{4.40}$$

式中，$\boldsymbol{n}$ 为域 Ω 的边界 Γ 的外法线向量, $\Gamma_{\rm t}$ 和 $\Gamma_{\rm p}$ 为指定应力和指定孔隙压力的边界部分，以及

$$\boldsymbol{1}=\left\{\begin{matrix}1\\1\end{matrix}\right\}\tag{4.41}$$

$$\boldsymbol{B}=\boldsymbol{S}\boldsymbol{N}_{\rm u}\tag{4.42}$$

将式 (4.40) 代入式 (4.39), 可得迭代压力稳定分步算法的第一个有限元方程

$$\overline{\boldsymbol{v}}^* = \overline{\boldsymbol{v}}^n + \Delta t \boldsymbol{M}^{-1}\left(\boldsymbol{f}_{\mathrm{u}}^{n+\theta_2} + \boldsymbol{R}_{\mathrm{t}}^{n+\theta_2} + \boldsymbol{R}_{\mathrm{p}}^{n+\theta_2} - \int_{\Omega} \boldsymbol{B}^{\mathrm{T}} \boldsymbol{\sigma}'^{n+\theta_2} \mathrm{d}\Omega - \gamma \boldsymbol{G}_{\mathrm{p}} \overline{\boldsymbol{p}}^n\right) \tag{4.43}$$

式中

$$\boldsymbol{M} = \int_{\Omega} \boldsymbol{N}_{\mathrm{u}}^{\mathrm{T}} \rho \boldsymbol{N}_{\mathrm{u}} \mathrm{d}\Omega, \quad \boldsymbol{f}_{\mathrm{u}}^{n+\theta_2} = (1-\theta_2) \boldsymbol{f}_{\mathrm{u}}^n + \theta_2 \boldsymbol{f}_{\mathrm{u}}^{n+1} \tag{4.44}$$

$$\boldsymbol{R}_{\mathrm{t}}^{n+\theta_2} = \int_{\Gamma_{\mathrm{t}}} \boldsymbol{N}_{\mathrm{u}}^{\mathrm{T}} \mathbf{1} \left(\boldsymbol{\sigma}^{n+\theta_2}\right)^{\mathrm{T}} \boldsymbol{n} \mathrm{d}\Gamma, \quad \boldsymbol{R}_{\mathrm{p}}^{n+\theta_2} = \int_{\Gamma_{\mathrm{p}}} \boldsymbol{N}_{\mathrm{u}}^{\mathrm{T}} \mathbf{1} \boldsymbol{m}^{\mathrm{T}} \boldsymbol{n} p^{n+\theta_2} \mathrm{d}\Gamma \tag{4.45}$$

$$\boldsymbol{G}_{\mathrm{p}} = \int_{\Omega} \boldsymbol{N}_{\mathrm{u}}^{\mathrm{T}} \nabla \boldsymbol{N}_{\mathrm{p}} \mathrm{d}\Omega \tag{4.46}$$

$\boldsymbol{f}_{\mathrm{u}}^n$ 和 $\boldsymbol{f}_{\mathrm{u}}^{n+1}$ 分别为时刻 t_n 和 t_{n+1} 作用于有限元网格节点上的外力向量，包含了域内体力向量 $\rho \boldsymbol{b}$ 离散到有限元网格的节点力 $\int_{\Omega} \boldsymbol{N}_{\mathrm{u}}^{\mathrm{T}} \rho \boldsymbol{b} \mathrm{d}\Omega$。

方程 (4.35) 的有限元离散式可写为

$$\begin{aligned}
&\int_{\Omega} \boldsymbol{N}_{\mathrm{p}}^{\mathrm{T}} \left[\frac{1}{Q^* \Delta t} - \theta_1 \left(\frac{\lambda_{\mathrm{d}}}{\rho} + k\right) \nabla^2 - \frac{\Delta t}{\rho} \theta_1 \theta_2 \nabla^2\right] \Delta p \mathrm{d}\Omega \\
=& \int_{\Omega} \boldsymbol{N}_{\mathrm{p}}^{\mathrm{T}} \Big[\left(\frac{\lambda_{\mathrm{d}}}{\rho} + k\right) \nabla^{\mathrm{T}} \nabla p^n + \frac{\theta_1 \Delta t}{\rho} (1-\gamma) \nabla^2 p^n \\
& + \lambda_{\mathrm{d}} \nabla^{\mathrm{T}} \boldsymbol{\varphi}^{n+\theta_1} - \nabla^{\mathrm{T}} \boldsymbol{v}^n - \theta_1 \nabla^{\mathrm{T}} \left(\boldsymbol{v}^* - \boldsymbol{v}^n\right) \Big] \mathrm{d}\Omega
\end{aligned} \tag{4.47}$$

利用分部积分，式 (4.47) 等号左端方括号内的第二、第三项积分可表示为

$$-\int_{\Omega} \boldsymbol{N}_{\mathrm{p}}^{\mathrm{T}} \theta_1 \left(\frac{\lambda_{\mathrm{d}}}{\rho} + k\right) \nabla^2 (\Delta p) \mathrm{d}\Omega = \theta_1 \boldsymbol{H} \Delta \overline{\boldsymbol{p}} - \theta_1 \int_{\Gamma_{\mathrm{q}}} \boldsymbol{N}_{\mathrm{p}}^{\mathrm{T}} \left(\frac{\lambda_{\mathrm{d}}}{\rho} + k\right) \nabla^{\mathrm{T}} (\Delta p) \boldsymbol{n} \mathrm{d}\Gamma \tag{4.48}$$

$$-\int_{\Omega} \boldsymbol{N}_{\mathrm{p}}^{\mathrm{T}} \frac{\Delta t}{\rho} \theta_1 \theta_2 \nabla^2 (\Delta p) \mathrm{d}\Omega = \theta_1 \theta_2 \Delta t \boldsymbol{H}^* \Delta \overline{\boldsymbol{p}} - \theta_1 \theta_2 \Delta t \int_{\Gamma_{\mathrm{q}}} \boldsymbol{N}_{\mathrm{p}}^{\mathrm{T}} \frac{1}{\rho} \nabla^{\mathrm{T}} (\Delta p) \boldsymbol{n} \mathrm{d}\Gamma \tag{4.49}$$

而式 (4.47) 等号右端方括号内的第一、二两项积分可做类似运算如下

$$\int_{\Omega} \boldsymbol{N}_{\mathrm{p}}^{\mathrm{T}} \nabla^{\mathrm{T}} \left(\frac{\lambda_{\mathrm{d}}}{\rho} + k\right) \nabla^{\mathrm{T}} \nabla p^n \mathrm{d}\Omega = -\boldsymbol{H} \overline{\boldsymbol{p}}^n + \int_{\Gamma_{\mathrm{q}}} \boldsymbol{N}_{\mathrm{p}}^{\mathrm{T}} \left(\frac{\lambda_{\mathrm{d}}}{\rho} + k\right) \nabla^{\mathrm{T}} p^n \boldsymbol{n} \mathrm{d}\Gamma \tag{4.50}$$

$$\int_{\Omega} \boldsymbol{N}_{\mathrm{p}}^{\mathrm{T}} \frac{\theta_1 \Delta t}{\rho}(1-\gamma)\nabla^2 p^n \mathrm{d}\Omega = -\theta_1 \Delta t(1-\gamma)\boldsymbol{H}^* \overline{\boldsymbol{p}}^n + \theta_1 \Delta t(1-\gamma)\int_{\Gamma_{\mathrm{q}}} \boldsymbol{N}_{\mathrm{p}}^{\mathrm{T}} \frac{1}{\rho}\nabla^{\mathrm{T}} p^n \boldsymbol{n}\mathrm{d}\Gamma \tag{4.51}$$

式 (4.47) 等号右端方括号内最后一项可表示为

$$\begin{aligned} -\int_{\Omega} \boldsymbol{N}_{\mathrm{p}}^{\mathrm{T}} \theta_1 \nabla^{\mathrm{T}} (\boldsymbol{v}^* - \boldsymbol{v}^n)\, \mathrm{d}\Omega &= -\theta_1 \int_{\Omega} \boldsymbol{N}_{\mathrm{p}}^{\mathrm{T}} \nabla^{\mathrm{T}} \Delta \boldsymbol{v}^* \mathrm{d}\Omega \\ &= \theta_1 \boldsymbol{G}_{\mathrm{p}}^{\mathrm{T}} \Delta \overline{\boldsymbol{v}}^* - \theta_1 \int_{\Gamma_{\mathrm{q}}} (\Delta \boldsymbol{v}^* \boldsymbol{N}_{\mathrm{p}})^{\mathrm{T}} \boldsymbol{n} \mathrm{d}\Gamma \end{aligned} \tag{4.52}$$

式中，$\Delta \boldsymbol{v}^* = \boldsymbol{v}^* - \boldsymbol{v}^n, \Delta \overline{\boldsymbol{v}}^* = \overline{\boldsymbol{v}}^* - \overline{\boldsymbol{v}}^n$。$\boldsymbol{G}_{\mathrm{p}}^{\mathrm{T}}$ 是如式 (4.46) 所示 $\boldsymbol{G}_{\mathrm{p}}$ 的转置，以及

$$\boldsymbol{H} = \int_{\Omega} (\nabla \boldsymbol{N}_{\mathrm{p}})^{\mathrm{T}} \left(\frac{\lambda_{\mathrm{d}}}{\rho} + k\right) (\nabla \boldsymbol{N}_{\mathrm{p}})\, \mathrm{d}\Omega, \quad \boldsymbol{H}^* = \int_{\Omega} (\nabla \boldsymbol{N}_{\mathrm{p}})^{\mathrm{T}} \frac{1}{\rho} (\nabla \boldsymbol{N}_{\mathrm{p}})\, \mathrm{d}\Omega \tag{4.53}$$

将式 (4.48)~ 式 (4.52) 代入式 (4.47) 可得迭代压力稳定分步算法的第二个有限元方程

$$\begin{aligned} &\left(\frac{1}{\Delta t}\tilde{\boldsymbol{S}} + \theta_1 \boldsymbol{H} + \theta_1 \theta_2 \Delta t \boldsymbol{H}^*\right) \Delta \overline{\boldsymbol{p}} \\ &= \boldsymbol{f}_{\mathrm{p}}^{n+\theta_1} + \boldsymbol{f}_{\mathrm{pu}}^{n+\theta_1} - \boldsymbol{H}\overline{\boldsymbol{p}}^n - \theta_1 \Delta t(1-\gamma)\boldsymbol{H}^* \overline{\boldsymbol{p}}^n - \lambda_{\mathrm{d}} \boldsymbol{D} \overline{\boldsymbol{\varphi}}^{n+\theta_1} \\ &\quad - \boldsymbol{Q}^{\mathrm{T}} \overline{\boldsymbol{v}}^n + \theta_1 \boldsymbol{G}_{\mathrm{p}}^{\mathrm{T}} \Delta \overline{\boldsymbol{v}}^* \end{aligned} \tag{4.54}$$

式中，

$$\boldsymbol{D} = \int_{\Omega} (\nabla \boldsymbol{N}_{\mathrm{p}})^{\mathrm{T}} \boldsymbol{N}_{\mathrm{u}} \mathrm{d}\Omega, \quad \boldsymbol{Q}^{\mathrm{T}} = \int_{\Omega} \boldsymbol{N}_{\mathrm{p}}^{\mathrm{T}} \boldsymbol{m}^{\mathrm{T}} \boldsymbol{B} \mathrm{d}\Omega \tag{4.55}$$

$$\begin{aligned} \boldsymbol{f}_{\mathrm{p}}^{n+\theta_1} = &\int_{\Gamma_{\mathrm{q}}} \boldsymbol{N}_{\mathrm{p}}^{\mathrm{T}} \left(\frac{\lambda_{\mathrm{d}}}{\rho} + k\right) \nabla^{\mathrm{T}} p^{n+\theta_1} \boldsymbol{n} \mathrm{d}\Gamma + \theta_1 \Delta t \int_{\Gamma_{\mathrm{q}}} \boldsymbol{N}_{\mathrm{p}}^{\mathrm{T}} \frac{1}{\rho} \nabla^{\mathrm{T}} p^{n+\theta_2} \boldsymbol{n} \mathrm{d}\Gamma \\ &- \gamma \theta_1 \Delta t \int_{\Gamma_{\mathrm{q}}} \boldsymbol{N}_{\mathrm{p}}^{\mathrm{T}} \frac{1}{\rho} \nabla^{\mathrm{T}} p^n \boldsymbol{n} \mathrm{d}\Gamma \end{aligned} \tag{4.56}$$

$$\boldsymbol{f}_{\mathrm{pu}}^{n+\theta_1} = -\theta_1 \int_{\Gamma_{\mathrm{q}}+\Gamma_{\mathrm{p}}} \boldsymbol{N}_{\mathrm{p}}^{\mathrm{T}} (\Delta \boldsymbol{v}^*)^{\mathrm{T}} \boldsymbol{n} \mathrm{d}\Gamma \tag{4.57}$$

其中，Γ_{q} 为指定孔隙压力法向梯度的边界部分。

相应于式 (4.36) 和式 (4.37) 的迭代压力稳定分步算法的第三、第四两个有限元方程可分别表示为

$$\Delta \overline{\boldsymbol{\varphi}} = -\frac{1}{\theta_3} \left(\overline{\boldsymbol{\varphi}}^n + \boldsymbol{M}^{-1} \boldsymbol{G}_{\mathrm{p}} \overline{\boldsymbol{p}}^{n+\theta_3}\right) \tag{4.58}$$

$$\overline{\boldsymbol{v}}^{n+1} = \overline{\boldsymbol{v}}^* - \Delta t \boldsymbol{M}^{-1} \boldsymbol{G}_{\mathrm{p}} \left(\overline{\boldsymbol{p}}^{n+\theta_2} - \gamma \overline{\boldsymbol{p}}^n \right) \tag{4.59}$$

当 $\lambda_{\mathrm{d}} \to 0$，迭代压力稳定分步算法（PS-IFSA）的有限元方程 (4.43)、式 (4.54)、式 (4.58) 和式 (4.59) 将退化为迭代型分步算法（IFSA）。

从式 (4.43) 可以看到，鉴于 $\bar{\boldsymbol{v}}^*$ 依赖于在时刻 $t_{n+\theta_2}$ 由待定位移 $\boldsymbol{u}^{n+\theta_2}$ 计算的有效应力 $\boldsymbol{\sigma}'^{n+\theta_2}$ 和同一时刻的孔隙压力 $p^{n+\theta_2}$，它的求解需要一个迭代过程。另一方面，这也意味着动量守恒方程将在隐式意义上得以满足和所建议算法在时域的稳定性将得以提高。确实，在 PS-IFSA 中引入迭代过程将允许采用比现有显式和半隐式算法中所限制的时间步长大得多的时间步长，因而大幅度地提高了计算效率。

对于一个典型的增量时间步 $I_n = [\ t_n, t_{n+1}\ ]$，所建议的 PS-IFSA 的计算过程可概括表述如下：

（1）设定各变量的初始预测值 $\overline{\boldsymbol{v}}_{(0)}^{n+1} \leftarrow \overline{\boldsymbol{v}}^n, \overline{\boldsymbol{p}}_{(0)}^{n+1} \leftarrow \overline{\boldsymbol{p}}^n, \boldsymbol{\sigma}'^{n+1}_{(0)} \leftarrow \boldsymbol{\sigma}'^n, \overline{\boldsymbol{\varphi}}_{(0,0)}^{n+1} \leftarrow \overline{\boldsymbol{\varphi}}^n$, 初始化满足动量守恒方程的迭代计数指标 $i \leftarrow 1$；

（2）利用方程 (4.23) 计算时刻 $t_{n+\theta_2}$ 的节点位移 $\overline{\boldsymbol{u}}_{(i-1)}^{n+\theta_2} = \overline{\boldsymbol{u}}^n + \theta_2 \Delta t[\theta_2 \overline{\boldsymbol{v}}_{(i-1)}^{n+1} + (2-\theta_2)\overline{\boldsymbol{v}}^n]/2$，然后按描述固体骨架线性或非线性行为的本构关系计算 $\boldsymbol{\sigma}'^{n+\theta_2}_{(i-1)} \left(\overline{\boldsymbol{u}}_{(i-1)}^{n+\theta_2} \right)$, 并用它按方程 (4.43) 计算 $\bar{\boldsymbol{v}}^*$；

（3）设定 $\bar{\boldsymbol{\varphi}}^{n+1}$ 在 i 迭代循环下的初始值 $\overline{\boldsymbol{\varphi}}_{(i,0)}^{n+1}$：若 $i=1$，$\overline{\boldsymbol{\varphi}}_{(i,0)}^{n+1} \leftarrow \overline{\boldsymbol{\varphi}}_{(i-1,0)}^{n+1}$，否则 $\overline{\boldsymbol{\varphi}}_{(i,0)}^{n+1} \leftarrow \overline{\boldsymbol{\varphi}}_{(i-1,j_c)}^{n+1}$；迭代计数指标 $j \leftarrow 1, j_c$ 为第 $(i-1)$ 迭代计算步中为计算 $\bar{\boldsymbol{\varphi}}^{n+1}$ 收敛值的迭代次数;

（4）利用已解得的 $\bar{\boldsymbol{v}}^*, \overline{\boldsymbol{\varphi}}_{(i,j-1)}^{n+1}$ 和 $\overline{\boldsymbol{p}}^n$，由方程 (4.54) 可确定 $\Delta\bar{p}$，然后得到 $\overline{\boldsymbol{p}}^{n+1}$；

（5）利用已得到的 $\overline{\boldsymbol{p}}^{n+1}$, 求解方程 (4.58) 得到 $\Delta\bar{\boldsymbol{\varphi}}$, 并确定 $\overline{\boldsymbol{\varphi}}_{(i,j)}^{n+1} = \overline{\boldsymbol{\varphi}}_{(i,j-1)}^{n+1} + \Delta\overline{\boldsymbol{\varphi}}$;

（6）检查计算 $\bar{\boldsymbol{\varphi}}^{n+1}$ 的第 j 次迭代后是否收敛，若 $\left\| \overline{\boldsymbol{\varphi}}_{(i,j)}^{n+1} - \overline{\boldsymbol{\varphi}}_{(i,j-1)}^{n+1} \right\| \leqslant \varepsilon_{\varphi}$，保存当前迭代指标为收敛指标，即 $j_c \leftarrow j$，并终止在 i 迭代循环中的计算 $\bar{\boldsymbol{\varphi}}^{n+1}$ 的 j 迭代循环; 否则，$j \leftarrow j+1$；并转至步骤 (4);

（7）求解方程 (4.59)，利用 $\overline{\boldsymbol{v}}^*, \overline{\boldsymbol{p}}^n, \overline{\boldsymbol{p}}^{n+1}$ 确定 $\overline{\boldsymbol{v}}_{(i)}^{n+1}$;

（8）检查计算 $\overline{\boldsymbol{v}}^{n+1}$ 的第 i 次迭代后是否收敛，若 $\left\| \overline{\boldsymbol{v}}_{(i)}^{n+1} - \overline{\boldsymbol{v}}_{(i-1)}^{n+1} \right\| \leqslant \varepsilon_{\mathrm{v}}$, 终止 i 循环迭代，否则，$i \leftarrow i+1$；并转至步骤（2）。

4.4 PS-IFSA 的压力稳定性分析

本节讨论在所建议的 PS-IFSA 中引入 FIC 对保持 PS-IFSA 压力稳定性的机理和效应。

导致饱和多孔介质 $\boldsymbol{u}$-p 半离散混合型方程具有近似零对角线子矩阵和成为不可约混合型公式的物理根源是饱和多孔介质中固体颗粒物质和孔隙流体的近似不可压缩以及极低渗透性。在本节讨论中假定 $1/Q^* \cong 0$ 和渗透系数 $k \cong 0$，即

$$\boldsymbol{H} = \lambda_{\mathrm{d}} \boldsymbol{H}^*, \quad \tilde{\boldsymbol{S}} = 0 \tag{4.60}$$

注意到由式 (4.46) 和式 (4.55) 定义的 $\boldsymbol{G}_{\mathrm{p}}, \boldsymbol{Q}^{\mathrm{T}}$ 和关系式

$$\nabla^{\mathrm{T}} \boldsymbol{N}_{\mathrm{u}} = \boldsymbol{m}^{\mathrm{T}} \boldsymbol{B} \tag{4.61}$$

可以有（Pastor et al., 2000）

$$\boldsymbol{G}_{\mathrm{p}}^{\mathrm{T}} \Delta \boldsymbol{v}^n = -\boldsymbol{Q}^{\mathrm{T}} \Delta \boldsymbol{v}^n \tag{4.62}$$

将式 (4.26)、式 (4.60) 和式 (4.62) 代入式 (4.54)，可得到

$$\begin{aligned}
&\boldsymbol{Q}^{\mathrm{T}} \overline{\boldsymbol{v}}^{n+\theta_1} + (\theta_1 \theta_2 \Delta t + \theta_1 \lambda_{\mathrm{d}}) \boldsymbol{H}^* \Delta \overline{\boldsymbol{p}} \\
&= \boldsymbol{f}_{\mathrm{p}}^{n+\theta_1} + \boldsymbol{f}_{\mathrm{pu}}^{n+\theta_1} - [\theta_1 \Delta t (1-\gamma) + \lambda_{\mathrm{d}}] \boldsymbol{H}^* \overline{\boldsymbol{p}}^n - \lambda_{\mathrm{d}} \boldsymbol{D} \overline{\boldsymbol{\varphi}}^{n+\theta_1} \\
&\quad - \theta_1 \boldsymbol{G}_{\mathrm{p}}^{\mathrm{T}} \Delta \overline{\boldsymbol{v}}^n + \theta_1 \boldsymbol{G}_{\mathrm{p}}^{\mathrm{T}} \Delta \overline{\boldsymbol{v}}^*
\end{aligned} \tag{4.63}$$

由式 (4.58)，式 (4.63) 中 $\overline{\boldsymbol{\varphi}}^{n+\theta_1}$ 能表示为

$$\overline{\boldsymbol{\varphi}}^{n+\theta_1} = \overline{\boldsymbol{\varphi}}^n + \theta_1 \Delta \overline{\boldsymbol{\varphi}} = \left(1 - \frac{\theta_1}{\theta_3}\right) \overline{\boldsymbol{\varphi}}^n - \frac{\theta_1}{\theta_3} \boldsymbol{M}^{-1} \boldsymbol{G}_{\mathrm{p}} \overline{\boldsymbol{p}}^{n+\theta_3} \tag{4.64}$$

由式 (4.52) 中所定义的 $\Delta \overline{\boldsymbol{v}}^* = \overline{\boldsymbol{v}}^* - \overline{\boldsymbol{v}}^n$，以及 $\Delta \overline{\boldsymbol{v}}^n = \overline{\boldsymbol{v}}^{n+1} - \overline{\boldsymbol{v}}^n$，

$$\Delta \overline{\boldsymbol{v}}^* = \Delta \overline{\boldsymbol{v}}^n - \left(\overline{\boldsymbol{v}}^{n+1} - \overline{\boldsymbol{v}}^*\right) \tag{4.65}$$

利用式 (4.59)、式 (4.65) 和式 (4.64), 式 (4.63) 可进一步演绎得到

$$\begin{aligned}
&\boldsymbol{Q}^{\mathrm{T}} \overline{\boldsymbol{v}}^{n+\theta_1} + \theta_1 \Delta t \boldsymbol{H}^* \overline{\boldsymbol{p}}^{n+\theta_2} + \lambda_{\mathrm{d}} \boldsymbol{H}^* \overline{\boldsymbol{p}}^{n+\theta_1} - \gamma \theta_1 \Delta t \boldsymbol{H}^* \overline{\boldsymbol{p}}^n \\
=& \boldsymbol{f}_{\mathrm{p}}^{n+\theta_1} + \boldsymbol{f}_{\mathrm{pu}}^{n+\theta_1} - \lambda_{\mathrm{d}} \boldsymbol{D} \left[\left(1 - \frac{\theta_1}{\theta_3}\right) \overline{\boldsymbol{\varphi}}^n - \frac{\theta_1}{\theta_3} \boldsymbol{M}^{-1} \boldsymbol{G}_{\mathrm{p}} \overline{\boldsymbol{p}}^{n+\theta_3}\right] \\
&+ \boldsymbol{G}_{\mathrm{p}}^{\mathrm{T}} \theta_1 \Delta t \boldsymbol{M}^{-1} \boldsymbol{G}_{\mathrm{p}} \left(\overline{\boldsymbol{p}}^{n+\theta_2} - \gamma \overline{\boldsymbol{p}}^n\right)
\end{aligned} \tag{4.66}$$

并最终得到

$$\boldsymbol{Q}^{\mathrm{T}} \overline{\boldsymbol{v}}^{n+\theta_1} + \theta_1 \Delta t \left(\boldsymbol{H}^* - \boldsymbol{G}_{\mathrm{p}}^{\mathrm{T}} \boldsymbol{M}^{-1} \boldsymbol{G}_{\mathrm{p}}\right) \left(\overline{\boldsymbol{p}}^{n+\theta_2} - \gamma \overline{\boldsymbol{p}}^n\right)$$

$$+ \lambda_{\mathrm{d}} \left(\boldsymbol{H}^{*} \overline{\boldsymbol{p}}^{n+\theta_1} - \frac{\theta_1}{\theta_3} \boldsymbol{D} \boldsymbol{M}^{-1} \boldsymbol{G}_{\mathrm{p}} \overline{\boldsymbol{p}}^{n+\theta_3} \right)$$

$$= \boldsymbol{f}_{\mathrm{p}}^{n+\theta_1} + \boldsymbol{f}_{\mathrm{pu}}^{n+\theta_1} - \lambda_{\mathrm{d}} \boldsymbol{D} \left(1 - \frac{\theta_1}{\theta_3} \right) \overline{\boldsymbol{\varphi}}^{n} \tag{4.67}$$

参数 $\theta_1, \theta_2, \theta_3$ 分别是为动量守恒方程、质量守恒方程和实施 FIC 过程的附加方程实施时域离散化引入的参数。它们可在取值范围内采用不同的值。在本书后面的数值例题中采用了相同的值，即 $\theta_1 = \theta_2 = \theta_3 = 0.5$。

需要强调的是，在饱和多孔介质的渗透系数为零和介质中固体颗粒与孔隙水不可压缩的极端条件下，相应于原质量守恒方程 (4.7) 的空间离散化表达式将为

$$\boldsymbol{Q}^{\mathrm{T}} \overline{\boldsymbol{v}}^{n+\theta_1} = 0 \tag{4.68}$$

饱和多孔介质动力学的原控制方程 (4.6) 和 (4.7) 的空间离散化将导致一组带有零对角子主矩阵的混合公式。此类混合型公式问题将受一个 Lagrange 乘子变量约束和由 LBB 条件对选取速度–压力插值形函数的严格限制。比较式 (4.67) 和式 (4.68)，可以观察到所建议的 PS-IFSA 中引入了由式 (4.67) 等号左端的第二和第三两个稳定项，从而 $\overline{\boldsymbol{v}}$-$\overline{\boldsymbol{p}}$ 混合公式成为可约化，即在 $\bar{\boldsymbol{v}}$-$\bar{\boldsymbol{p}}$ 混合公式中没有零对角子矩阵。两个稳定项可分别用 $\boldsymbol{\Psi}_1, \boldsymbol{\Psi}_2$ 表示为

$$\boldsymbol{\Psi}_1 = \theta_1 \Delta t \left(\boldsymbol{H}^{*} - \boldsymbol{G}_{\mathrm{p}}^{\mathrm{T}} \boldsymbol{M}^{-1} \boldsymbol{G}_{\mathrm{p}} \right) \left(\overline{\boldsymbol{p}}^{n+\theta_2} - \gamma \overline{\boldsymbol{p}}^{n} \right) \tag{4.69}$$

$$\boldsymbol{\Psi}_2 = \lambda_{\mathrm{d}} \left(\boldsymbol{H}^{*} \overline{\boldsymbol{p}}^{n+\theta_1} - \frac{\theta_1}{\theta_3} \boldsymbol{D} \boldsymbol{M}^{-1} \boldsymbol{G}_{\mathrm{p}} \overline{\boldsymbol{p}}^{n+\theta_3} \right) \tag{4.70}$$

可以注意到，在标准的 FSA 中 $\lambda_{\mathrm{d}} = 0$，因而 $\boldsymbol{\Psi}_2 = 0$，仅引入了一项稳定项 $\boldsymbol{\Psi}_1$。由于标准的 FSA 在时域计算中的显式算法的条件稳定性限制，通常所取时间步长 Δt 相当小，因此 $\boldsymbol{\Psi}_1$ 对标准的 FSA 的压力稳定性贡献相当弱。这可以解释为什么在标准 FSA 的基础上引入迭代过程，即 IFSA（Li et al., 2003）能提高压力稳定性；由于 IFSA 中引入的迭代过程使得应力和压力项在隐式意义上满足动量守恒方程，因而 IFSA 中可采用的 Δt 比标准 FSA 中允许采用的 Δt 大得多。但同时需要强调的是，当采用压力增量型的 FSA 或 IFSA 时，式 (4.69) 中的 $\gamma = 1$；与采用压力非增量型的 FSA 或 IFSA($\gamma = 0$) 相比，$\boldsymbol{\Psi}_1$ 成为 $O\left(\Delta t^2\right)$ 级的小量，特别当考虑问题趋于稳态过程时，$\overline{\boldsymbol{p}}^{n+\theta_2} - \overline{\boldsymbol{p}}^{n} \cong 0$, $\boldsymbol{\Psi}_1 \to 0, \boldsymbol{\Psi}_1$ 将完全丧失了稳定项的作用，所获得的压力场将呈现虚假的数值振荡。

由 FIC 过程中参数 $\lambda_{\mathrm{d}}\,(\lambda_{\mathrm{d}} \neq 0)$ 引入的稳定项 $\boldsymbol{\Psi}_2$ 提高了所建议的 PS-IFSA 的压力稳定性。特别地注意到，与 λ_{d} 的值成正比例关联的稳定项 $\boldsymbol{\Psi}_2$ 独立于算

法中所采用的时间步长 Δt。在 FIC 过程中 $\lambda_{\rm d}$ 的引入仅用以确定建立质量守恒方程的控制体元的尺度 $h_j^{\rm d}=-2\lambda_{\rm d}v_j$, 而与所建议算法的时间步长限制无关。

所建议的 PS-IFSA 能应用于模拟从拟静力、低速、中速直到高速响应的饱和多孔介质动力学问题。对于拟静力和低速问题，需要采用大时间步长以提高计算效率，但为保证计算精度希望采用增量型分步算法，这时 $\boldsymbol{\Psi}_1\rightarrow\mathbf{0}$；而当模拟高频响应占统治地位的中、高速问题时，为获得可靠的计算结果并进一步保证计算精度，需要采用极小的时间步长和采用增量型分步算法，而 FSA 和 IFSA 只能保证当所采用时间步长大于一个临界值以及采用非增量型分步算法时的压力稳定性。因此独立于在所模拟问题中采用的时间步长的压力稳定项 $\boldsymbol{\Psi}_2$ 对保证 PS-IFSA 的压力稳定性具有特殊意义。在下节数值例题中将特别显示当必须要采用极小时间步长和增量型分步算法时，PS-IFSA 的压力稳定性能够得以保证。

4.5 数值算例

如在 4.1 节提到的，Li et al.（2003）中提出的迭代型分步算法（IFSA）允许采用比在经典的显式和半隐式分步算法（FSA）中限定的时间步长大得多的时间步长。值得指出的是 IFSA 中只包含式 (4.69) 所示的第一个压力稳定项 $\boldsymbol{\Psi}_1$，它仍受限于最小时间步长要求和不允许采用压力增量型分步算法，因而不能应用于需采用很小时间步长和增量型分步算法的由中频到高频响应主导的饱和多孔介质动力学问题。本节数值例题与结果主要用于呈现所建议 PS-IFSA 的独特优点：在利用低阶位移–压力有限单元模拟饱和多孔介质动力学问题时，允许采用比 FSA（或 IFSA）最小时间步长要求规定小得多的小时间步长和它们所不允许采用的压力增量型分步算法，并在保证良好的压力稳定性的同时保证良好的计算精度。

例题考虑在岩床上的 5 m 深二维饱和土层问题。模型化为饱和多孔介质的饱和土层受到作用于土层顶面中央 1 m 长部位的均布压力，而顶部的其余部分不受外载荷作用，并且因面向大气，可假定孔隙压力 $p=0$, 如图 4.1(a) 所示。饱和土层的几何与边界条件也在图 4.1(a) 中表示。它的底部在水平和垂直方向的位移固定为零。待模拟域假定由在宽度方向间距为 10 m 的两个人工边界截出，并假定计算域在水平方向的两个边界上的水平位移与垂直表面力指定为零。需要指出，为允许在域内生成的动力波透过人工边界由域内传播到域外介质，待模拟域的边界应设置为非反射边界（张洪武，何杨，李锡夔，1990；1991）。但本节主要目的在于考察所建议 PS-IFSA 的表现，例题中模拟所取计算时间较短，当域内应力波传播到达边界之前计算过程已结束，因此可以不考虑非反射边界的设置。由于对称性，取待模拟域的一半为计算域，其尺寸宽 × 高为 5m × 5m、如图 4.1(b) 所示。一个 10 × 10 的四边形 Q4P4（位移和压力均为四节点双线性插值）单元网格也在图 4.1(b) 中表示。Q4P4 单元在计算效率和易于使用自适应网格重生成方面的优点突出。为凸显所建议 PS-IFSA 可有效避开 LBB 条件不允许采用 Q4P4 单元的限制，在本节例题中设置 $1/Q^*=0$ 和 $k=0$, 即饱和多孔介质中固体颗粒和孔隙水为不可压缩，孔隙流体渗透系数为零。同样，由于对称性，图 4.1(b) 网格域左边界上离散节点的水平与垂直位移分别假定为固定和自由。关于孔隙流体边界条件，指定计算域顶部边界上节点的孔隙流体压力为零，同时假定计算域的横向与底部边界为不可渗透。

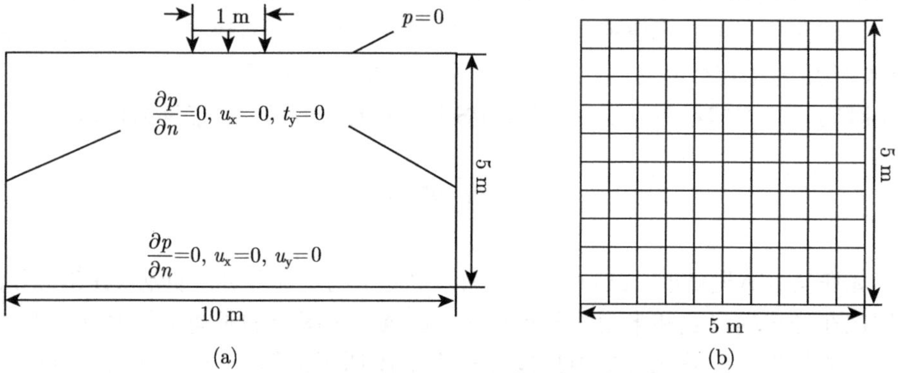

图 4.1 顶部中央受均布载荷作用的二维饱和土层

(a) 几何和边界条件；(b) 有限元网格

对图 4.1 所示饱和多孔材料结构考察其在高频循环载荷作用下的弹性动力响应和在阶跃载荷作用下的弹塑性动力响应。图 4.2(a) 和 (b) 分别给出了两类载荷的时间历程。

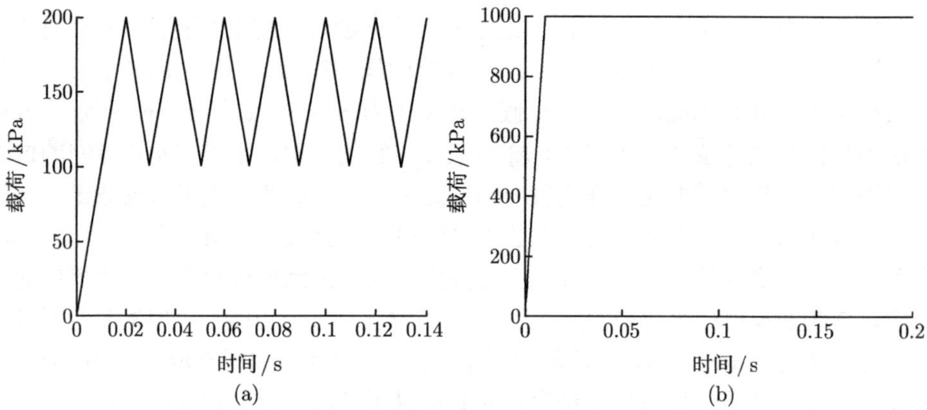

图 4.2 饱和多孔材料结构动力学问题的加载历史

(a) 高频循环载荷；(b) $t=0\sim0.01$ s 分步载荷由零匀速增加到 1000kPa 的阶跃载荷

饱和多孔材料的流固混合物质量密度 $\rho = 2000\ \mathrm{kg/m^3}$。固体骨架的杨氏弹性模量 $E = 1 \times 10^4\mathrm{kPa}$, 泊松比 $\nu = 0.2$。

首先考察对图 4.1 所示饱和多孔材料结构在循环载荷作用下的弹性动力响应。第一个测试情况是利用时间步长 $\Delta t = 10^{-4}$ s 和采用非增量型分步算法。图 4.3 显示了分别由 IFSA-N（非增量型 IFSA）和 PS-IFSA-N（非增量型 PS-IFSA）在时刻 $t = 0.06$ s 给出的全域内孔隙压力分布。可以看到，采用 IFSA-N 所获得的如图 4.3(a) 所示的孔隙压力分布显示了严重地导致模拟失效的数值振荡，而 PS-IFSA-N 则给出稳定的孔隙压力空间分布和显示不存在虚假的数值振荡。

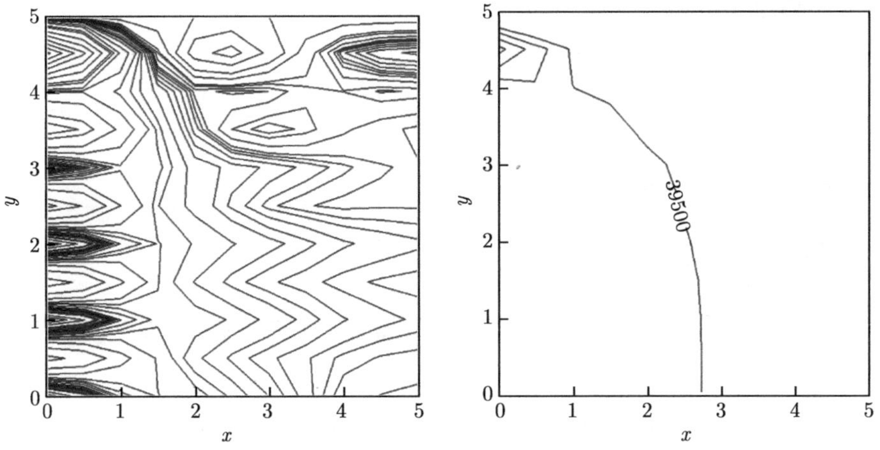

(a) (b)

图 4.3 利用 Q4P4 单元和时间步长 $\Delta t = 10^{-4}$ s，在时刻 $t = 0.06$ s 的孔隙压力分布

(a) IFSA-N; (b) PS-IFSA-N

通常增量型算法将比非增量型算法给出更高精度的计算结果。此例题的第二个测试情况是采用 IFSA-I（增量型 IFSA）和 PS-IFSA-I（增量型 PS-IFSA），并比较当采用时间步长 $\Delta t = 10^{-3}$ s 时两种分步算法在时刻 $t = 0.06$ s 所获得的孔隙压力分布，如图 4.4 所示。

图 4.4(a) 显示，即使本测试情况采用了比上一测试情况所采用的 $\Delta t = 10^{-4}$ s 大一个数量级、有利于保持压力稳定性的时间步长 $\Delta t = 10^{-3}$ s，若采用增量型分步算法，由 IFSA-I 给出的结果仍呈现严重的虚假数值振荡。而由于在 PS-IFSA-I 中引入了由 FIC 所提供的压力稳定项，图 4.4(b) 显示的由 PS-IFSA-I 所获得结果呈现了良好的压力稳定性。

第二个例题考察对图 1 所示饱和多孔材料结构在如图 4.2(b) 所示阶跃载荷作用下的弹塑性动力响应。施加于结构顶部中央的均布载荷在 $t = 0$ 到 $t = 0.01$ s 的时间区间匀速地由零增加到 1000 kPa, 然后保持为 1000 kPa 不变。时间步长采

用 $\Delta t = 10^{-3}$ s。采用塑性应变硬化的非关联 Drucker-Prager 本构模型模拟饱和多孔材料的弹塑性行为。本构模型中所用材料参数为：初始粘性系数 $c_0 = 10$ kPa 内摩擦角 $\phi = 35°$, 膨胀角 $\psi = 12°$, 等价塑性应变对粘性系数的硬化参数 $h_\text{p} = 10$ kPa。图 4.5(a) 和 (b) 分别给出了在时刻 $t = 0.01$ s 和 $t = 0.1$ s 由 IFSA-I 给出的等价塑性应变在全域的分布云图。对比图 4.5(a) 和 (b) 的结果，可以看到由虚假的压力振荡所导致的等价塑性应变虚假振荡是如何发展的。

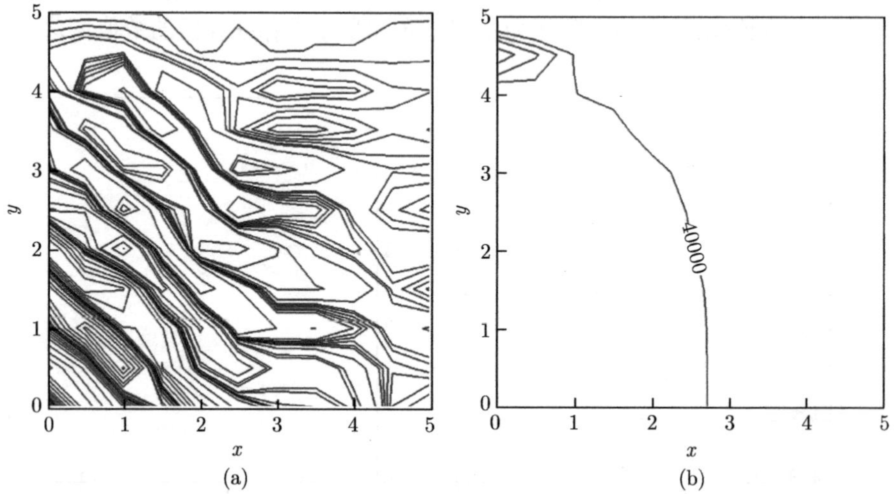

图 4.4　利用 Q4P4 单元和时间步长 $\Delta t = 10^{-3}$ s，在时刻 $t = 0.06$ s 的孔隙压力分布

(a) IFSA-I; (b) PS-IFSA-I

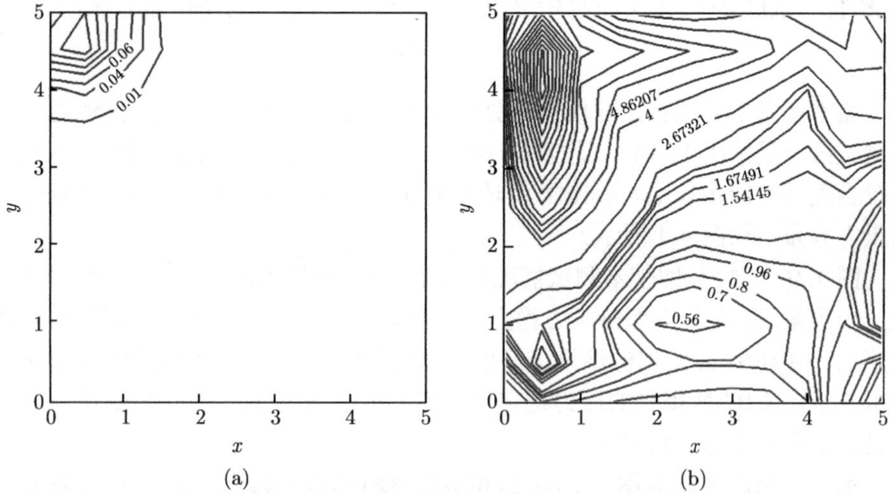

图 4.5　利用 Q4P4 单元和时间步长 $\Delta t = 10^{-3}$ s，在两个时刻由 IFSA-I 给出的等价塑性应变分布

(a)$t = 0.01$ s; (b)$t = 0.1$ s

图 4.6(a) 和 (b) 则分别给出了在时刻 $t = 0.01$ s 和 $t = 0.1$ s 由 PS-IFSA-I 给出的等价塑性应变在全域的分布云图。可以看到等价塑性应变随着阶跃载荷第二阶段以等载荷强度的持续施压，发生等价塑性应变的区域持续发展，其值也急剧增长；在等价塑性应变值与区域的持续发展的过程中没有虚假的数值振荡发生。

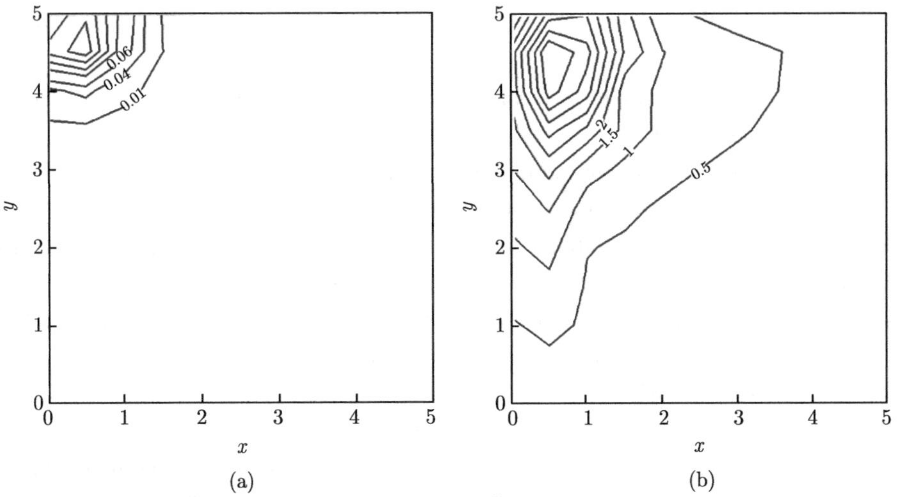

图 4.6 利用 Q4P4 单元和时间步长 $\Delta t = 10^{-3}$ s，在两个时刻由 PS-IFSA-I 给出的等价塑性应变分布

(a)$t = 0.01$ s; (b)$t = 0.1$ s

4.6 总结与讨论

提出饱和多孔介质动力学 $\boldsymbol{u}$-p 模型分步算法（FSA）的初衷在于克服因采用低阶简单有限单元（如 Q4P4 单元，三角形 T3P3 单元）而违反由 LBB 条件对在不可压缩和不可渗透极端条件下导致的不可约 $\boldsymbol{u}$-p 混合公式的插值近似要求（Li et al., 2003）。然而，原有分步算法（FSA）存在三个严重缺点。其一为由于算法的显式本质而导致对算法的过于严厉的最大时间步长限制，它已为在 FSA 中引入迭代过程而提出的具有隐式算法表现的 IFSA（Li et al., 2003）所克服。但另两个为保证与 LBB 条件相关联的算法稳定性的问题，即最小时间步长要求问题和对采用非增量型分步算法的限制仍然存在。

在 IFSA 算法基础上进一步引入 FIC 过程而提出的 PS-IFSA 算法排除了最小时间步长要求和允许使用增量型算法，即 PS-IFSA-I，而压力稳定性将得以保持。不仅对于需要采用大时间步长以提高计算效率的低频响应问题，而且对于需要使用小时间步长和增量型算法以保证计算精度的高频响应问题，PS-IFSA-I 在保证压力稳定性方面都显示出了健壮性。

参考文献

韩先洪, 李锡夔, 2006. 高粘性流动有限元模拟的迭代稳定分步算法. 力学学报, 38: 16–24.

张洪武, 何扬, 李锡夔, 1990. 饱和多孔介质半无限域动力渗流分析中的非反射边界法. 岩土工程学报, 12: 49–56.

张洪武, 何扬, 李锡夔, 1991. 改进的广义 Smith 非反射边界法. 大连理工大学学报, 31: 125–132.

Babuska I, 1973. The finite element method with Lagrange multiplier. Numerische Mathematik, 20: 179–192.

Brezzi F, 1974. On the existence, uniqueness and approximation of saddle point problems arising from Lagrangian multipliers. RAIRO 8-R2: 129–151.

Codina R, 2001. Pressure stability in fractional step finite element methods for incompressible flows. Journal of Computational Physics. 170: 112–140.

Codina R, Blasco J, 1997. A finite element formulation for the Stokes problem allowing equal velocity-pressure interpolation. Computer Methods in Applied Mechanics and Engineering, 143: 373–391.

Duan Q L, Li X K, 2007. An ALE based iterative CBS algorithm for non-isothermal non-Newtonian flow with adaptive coupled finite element and meshfree method. Computer Methods in Applied Mechanics and Engineering, 196: 4911–4933.

Hafez M, Soliman M, 1993. Numerical solution of the incompressible Navier-Stokes equations in primitive variables on unstaggered grids. In Incompressible Computational Fluid Dynamics, Gunzberger M D, Nicolaides R A (Eds.). Cambridge: Cambridge University Press, 183–201.

Han X H, Li X K, 2007. An iterative stabilized CNBS-CG scheme for incompressible non-Isothermal non-Newtonian fluid flow. Int. J. of Heat and Mass Transfer, 50: 847–856.

Kawahara M, Ohmiya K, 1985. Finite element analysis of density flow using velocity correction method. Int. J. Numer. Methods Fluids, 5: 981–993.

Ladyshenskaya O A, 1969. The Mathematical Theory of Viscous Incompressible Flow (2nd Edn.). New York: Gordon and Breach.

Li X K, Duan Q L, 2006. Meshfree iterative stabilized Taylor-Galerkin and Characteristic-Based Split (CBS) algorithms for incompressible N-S equations. Computer Methods in Applied Mechanics and Engineering, 195: 6125–6145.

Li X K, Han X H, Pastor M, 2003. An iterative stabilized fractional step algorithm for finite element analysis in saturated soil dynamics. Computer Methods in Applied Mechanics and Engineering, 192: 3845–3859.

Li X K, Han X H, 2005. An iterative stabilized fractional step algorithm for numerical solution of incompressible N-S equations. International Journal for Numerical Methods in Fluids, 49: 395–416.

Li X K, Zhang X, Han X H, Sheng D C, 2010. An iterative pressure-stabilized fractional step algorithm in saturated soil dynamics. Int. J. Numer. Anal. Meth. Geomech., 34: 733–753.

Oñate E, 2000. A stabilized finite element method for incompressible viscous flows using a finite increment calculus formulation. Computer Methods in Applied Mechanics and Engineering, 182: 355–370.

Pastor M, Li T, Liu X, Zienkiewicz O C, 1999a. Stabilized low-order elements for failure and localization problems in unsaturated soils and foundations. Computer Methods in Applied Mechanics and Engineering, 174: 219–234.

Pastor M, Li T, Liu X, Zienkiewicz OC, Quecedo M. 2000. A fractional step algorithm allowing equal order of interpolation for coupled analysis of saturated soil problems. Mechanics of Cohesive-Frictional Materials, 5: 511–534.

Pastor M, Zienkiewicz O C, Li T, Liu X, Huang M, 1999b. Stabilized finite elements of equal order of interpolation for soil dynamic problems. Archives of Computational Methods in Eng., 6: 3–33.

de Sampaio P A B, 1991. A Petrov-Galerkin formulation for the incompressible Navier-Stokes equations using equal order of interpolation for velocity and pressure. Int. J. Numer. Methods Engrg., 31: 1135–1149.

Schneider G E, Raithby G D, Yovanovich M M, 1978. Finite element analysis of incompressible flow incorporating equal order pressure and velocity interpolation. Taylor C, Morgan K, Brebbia C (Eds.), Numerical Methods for Laminar and Turbulent Flow, Pentech Press, Plymouth.

Zienkiewicz O C, Codina R, Morgan K, Satya Sai B V P, 1995. A general algorithm for compressible and incompressible flow. Part I: The split characteristic based scheme. Int. J. Numer. Methods Fluids, 20: 869–885.

Zienkiewicz O C, Paul D K, Chan A H C, 1988. Unconditionally stable staggered solution procedure for soil-pore fluid interaction problems. International Journal for Numerical Methods in Engineering, 26: 1039–1055.

Zienkiewicz O C, Qu S, Taylor R L, Nakzawa S, 1986. The patch test for mixed formulation. International Journal for Numerical Methods in Engineering, 23: 1871–1883.

Zienkiewicz O C, Shiomi T, 1984. Dynamic behavior of saturated porous media: the generalized Biot formulation and its numerical solution. International Journal for Numerical and Analytical Methods in Geomechanics, 8: 71–96.

Zienkiewicz O C, Taylor R L, 2000a. The Finite Element Method, Fifth Edition. Vol. 1, The Basic.

Zienkiewicz O C, Taylor R L, 2000b. The Finite Element Method, Fifth Edition. Vol. 3, Fluid Dynamics.

第 5 章　饱和多孔弹塑性介质的混合元方法

在第 4 章中已介绍了在求解饱和多孔介质 $\boldsymbol{u}$-p 半离散混合型方程时为绕开由 LBB 条件施加于 $\boldsymbol{u}$-p 插值近似的限制所提出的迭代压力稳定分步算法；该方法使 $\boldsymbol{u}$-p 等低阶线性插值近似有限单元得以成功采用。

为克服由 LBB 条件对采用等低阶 $\boldsymbol{u}$-p 单元的限制、并进一步保证在稀疏有限元网格情况下具有高精度性能的另一途径是发展基于某种形式广义变分原理或与其等价的弱形式的低阶混合有限元（Zienkiewicz and Taylov, 2005; Belytachko et al., 2000; Simo and Hughes, 1997; Crisfield, 1997）。在固体力学中具有代表性的是最先由 Simo and Rifai （1990）提出的增强应变混合元及非线性增强应变混合元（Simo and Armero, 1992; Li et al., 1993）和由 Belytschke et al.（1984）和 Liu et al.（1988）构造的具有稳定一点积分和零能模式控制特点的超收敛元（Super-convergent Element）。Papastavrou et al.（1997）发展了基于增强应变混合元方法的饱和多孔介质混合有限元。

超收敛元的突出优点是它所具有的能极大地节省每个单元为在积分点处执行非线性本构模拟迭代所需计算工作量的稳定一点积分方案，它在消除“零能模式”的同时又能有效克服虚假的“剪切自锁”与“不可压缩自锁”现象（Zienkiewicz et al., 2005）。基于连续体中共旋公式（Co-rotational Formulation）途径，Jetteur and Cescotto（1991），Crisfield and Moita（1996），Li et al.（1998）进一步发展了考虑材料和几何非线性的超收敛元。在每个单元“嵌入”以其形心为原点与单元在变形过程中一起旋转的局部坐标系，每个单元的空间运动显式地分解为刚体运动和以在主方向的拉压应变表示的纯变形（Purely Strectching Deformation）两部分。共旋有限元方法首先在梁和杆单元中提出（Crisfield, 1990）。凭借对每个单元随单元的刚体旋转和变形而演变的局部坐标系的恰当选择，该方法成功地由梁杆和板壳等结构单元（Crisfield, 1990; 1997）拓展到连续体单元（Jetteur and Cescotto,1991）。参考单元局部坐标系的局部应力和应变度量类似于在连续介质力学中定义的参考初始构形的 Biot 应力和与之功共轭的 Biot 应变（Crisfield, 1997; 李锡夔等, 2015）。当变形梯度在整个单元内为常数情况下，共旋公式的应力应变度量完全等同于 Biot 应力和 Biot 应变；然而，稳定一点积分混合应变元仅仅在单元形心计算变形梯度，而变形梯度通常在单元内并不是常数。

基于在固体力学领域中利用一点积分混合应变元的成功，本章将介绍为饱和多孔介质所发展的有限应变下稳定一点积分非线性混合应变元（Li et al., 2003）。所介绍的在 Terzaghi-Biot 理论框架下饱和多孔介质混合应变元的主要特点可概括如下：

- 单元公式的建立基于 Biot 理论框架下控制 $\boldsymbol{u}$-p（位移–压力）场中水力–力学耦合行为的偏微分方程组的 Galerkin 弱形式；
- 所提出的 Galerkin 弱形式基于把在连续体中建立的胡海昌–Washisu 三变量广义变分原理拓展到包含耦合的流–固两相混合体的饱和多孔连续介质；
- 所发展的 $\boldsymbol{u}$-p 公式混合元基于把由 Belytschke 和 Liu 首先提出的稳定一点积分混合元拓展到包含耦合的流–固两相的饱和多孔介质；
- 利用具双线性位移模式的四节点四边形单元描述固体骨架变形；在单元内选择“最优不可压缩”模式描述固相位移的空间导数，及单元内的有效应力和应变（Jetteur and Cescotto, 1991; Li et al., 1998）。对于孔隙流相，单元压力以通常的线性形函数和由两项表示压力相关不可压缩模式近似插位表示。
- 单元推导中考虑了动力效应、固体骨架的材料和几何非线性。采用共旋公式（Jetteur and Cescotto, 1991; Crisfield and Moita, 1996; Li et al., 1998）分析大位移、大转角和大应变问题。导出了包含利用 Drucker-Prager 屈服准则和非关联流动法则的弹塑性率本构方程积分的返回映射算法和一致性弹塑性切线模量和单元刚度矩阵的一致性算法。

本章的工作还进一步拓展到非饱和多孔介质中多物理场问题的有限元分析。李锡夔和刘泽佳等发展了大应变下非饱和弹塑性多孔介质中的热–水力–力学耦合问题的混合元方法和化学–热–水力–力学耦合问题的混合元方法（Li et al., 2005; 刘泽佳, 李锡夔, 2006；刘泽佳, 李锡夔, 2007）。

5.1 水力–动力耦合分析控制方程的弱形式–混合元公式

基于胡海昌–Washizu 三变量广义变分原理，混合元中包含两耦合相的饱和多孔介质控制方程的弱形式可以利用矩阵–向量形式表示为如下积分陈述

$$\delta\Pi = \delta\Pi_{\mathrm{s}} + \delta\Pi_{\mathrm{f}} \tag{5.1}$$

$$\begin{aligned}\delta\Pi_{\mathrm{s}} = \int_{A_{\mathrm{e}}} & [\delta\boldsymbol{\sigma}''^{\mathrm{T}}(\boldsymbol{\varepsilon} - \nabla\boldsymbol{u}) + \delta\boldsymbol{\varepsilon}^{\mathrm{T}}(\boldsymbol{D}\boldsymbol{\varepsilon} - \boldsymbol{\sigma}'') + \delta(\nabla\boldsymbol{u})^{\mathrm{T}}(\boldsymbol{\sigma}'' - \alpha\boldsymbol{m}p) \\ & - \delta\boldsymbol{u}^{\mathrm{T}}\rho(\boldsymbol{b} - \ddot{\boldsymbol{u}})]\mathrm{d}A_{\mathrm{e}}\end{aligned} \tag{5.2}$$

$$\delta \Pi_{\mathrm{f}}=\int_{A_{\mathrm{e}}}[\delta \dot{\boldsymbol{w}}^{\mathrm{T}}(\boldsymbol{g}-\nabla p)+\delta \boldsymbol{g}^{\mathrm{T}}\left(\dot{\boldsymbol{w}}+\boldsymbol{k}_{\mathrm{w}}\left(\boldsymbol{g}-\rho_{\mathrm{w}} \boldsymbol{b}\right)\right)+\delta p(\alpha \operatorname{div} \dot{\boldsymbol{u}} + \operatorname{div} \dot{\boldsymbol{w}}+\dot{p} / Q)] \mathrm{d} A_{\mathrm{e}} \tag{5.3}$$

式中，$\boldsymbol{u}^{\mathrm{T}}=\left[\begin{array}{ll}u_{\mathrm{x}} & u_{\mathrm{y}}\end{array}\right]$ 是固体骨架参考局部坐标系 (x, y) 的位移向量；在平面应变问题中它的空间导数的向量表示可写为

$$(\nabla \boldsymbol{u})^{\mathrm{T}}=\left[\begin{array}{llll}u_{\mathrm{x}, x} & u_{\mathrm{y}, y} & 0 & u_{\mathrm{x}, y}+u_{\mathrm{y}, x}\end{array}\right] \tag{5.4}$$

$\boldsymbol{\varepsilon}$ 和 $\boldsymbol{\sigma}''$ 是固体骨架的应变向量和广义有效应力向量。考虑平面应变情况，它们可表示为

$$\boldsymbol{\sigma}''^{\mathrm{T}}=\left[\begin{array}{llll}\sigma_{\mathrm{x}}'' & \sigma_{\mathrm{y}}'' & \sigma_{\mathrm{z}}'' & \tau_{\mathrm{xy}}\end{array}\right], \quad \boldsymbol{\varepsilon}^{\mathrm{T}}=\left[\begin{array}{llll}\varepsilon_{\mathrm{x}} & \varepsilon_{\mathrm{y}} & 0 & \varepsilon_{\mathrm{xy}}\end{array}\right] \tag{5.5}$$

$\boldsymbol{D}$ 是联系 $\boldsymbol{\varepsilon}$ 和 $\boldsymbol{\sigma}''$ 的弹性模量矩阵，α 是 Biot 常数，p 是孔隙流体压力，向量 $\boldsymbol{m}$ 的转置定义为

$$\boldsymbol{m}^{\mathrm{T}}=\left[\begin{array}{llll}1 & 1 & 1 & 0\end{array}\right] \tag{5.6}$$

以及孔隙流体压力空间梯度

$$(\nabla p)^{\mathrm{T}}=\left[\begin{array}{ll}p_{, x} & p_{, y}\end{array}\right] \tag{5.7}$$

以 $\boldsymbol{g}^{\mathrm{T}}=\left[\begin{array}{ll}g_{\mathrm{x}} & g_{\mathrm{y}}\end{array}\right]$ 表示独立于 ∇p 定义的不协调孔隙流体压力空间梯度；$\dot{\boldsymbol{w}}^{\mathrm{T}}=\left[\begin{array}{ll}\dot{w}_{\mathrm{x}} & \dot{w}_{\mathrm{y}}\end{array}\right]$ 表示孔隙流体的 Darcy 速度向量；$\boldsymbol{k}_{\mathrm{w}}$ 是渗透系数矩阵，在各向同性渗流情况下 $\boldsymbol{k}_{\mathrm{w}}=k_{\mathrm{w}} \boldsymbol{I}$，$k_{\mathrm{w}}$ 是标量渗透系数，$\boldsymbol{I}$ 是单位矩阵；$\boldsymbol{b}$ 是体力向量；饱和多孔介质的流–固混合体的总体质量密度定义为

$$\rho=\phi \rho_{\mathrm{w}}+(1-\phi) \rho_{\mathrm{s}} \tag{5.8}$$

其中，ϕ 是孔隙度；$\rho_{\mathrm{w}}, \rho_{\mathrm{s}}$ 是孔隙流体和固相基质在两相混合体的表征体积元中分别所占体积部分内的固有相平均密度；而 $\phi \rho_{\mathrm{w}},(1-\phi) \rho_{\mathrm{s}}$ 则是孔隙流体和固相基质在表征体积元总控制体积内的相平均密度。Q 表示与固体颗粒和液体的压缩性相关的孔隙存贮性能，并具如下形式

$$\frac{1}{Q}=\frac{\phi}{K_{\mathrm{f}}}+\frac{\alpha-\phi}{K_{\mathrm{s}}} \tag{5.9}$$

式中，$K_{\mathrm{s}}, K_{\mathrm{f}}$ 分别是固体颗粒和孔隙液体的体积模量。

可以注意到对于固相和流相分别有 $\boldsymbol{u}, \boldsymbol{\varepsilon}, \boldsymbol{\sigma}''$ 和 $p, \boldsymbol{g}, \dot{\boldsymbol{w}}$ 等三类独立的基本变量。

四节点单元的假定位移插值近似由如下双线性形式表示

$$u_i = a_0^i + a_j^i x_j + a_3^i \frac{A_{\rm e}}{4}\xi\eta = \boldsymbol{N}^{\rm T}\overline{\boldsymbol{u}}_i \quad (i=1,2) \tag{5.10}$$

式中，$i=1,2$ 分别表示局部坐标系的 x, y 轴方向；重复下标 j 意味着在表示坐标轴的 $j=1,2$ 范围内求和；ξ,η 是单元内任一点的等参坐标；$A_{\rm e}$ 是单元面积；形函数向量 $\boldsymbol{N}$ 的分量表示为

$$N_i(\xi,\eta) = \frac{1}{4}(1+\xi\xi_i)(1+\eta\eta_i) \quad (i=1,2,3,4) \tag{5.11}$$

其中，下标 $i(i=1,2,3,4)$ 表示单元节点号；ξ_i,η_i 是单元第 i 个节点的等参坐标。位移梯度可被表示为

$$\nabla\boldsymbol{u} = \left(\overline{\boldsymbol{B}} + \boldsymbol{h}_{\rm b}\boldsymbol{\Gamma}\right)\boldsymbol{q} = \boldsymbol{B}\boldsymbol{q} \tag{5.12}$$

式中，参考单元局部坐标的单元节点位移向量 $\boldsymbol{q}$ 的转置行向量可表示为

$$\boldsymbol{q}^{\rm T} = \begin{bmatrix} \overline{\boldsymbol{u}}_1^{\rm T} & \overline{\boldsymbol{u}}_2^{\rm T} \end{bmatrix} = \begin{bmatrix} \overline{\boldsymbol{u}}_{\rm x}^{\rm T} & \overline{\boldsymbol{u}}_{\rm y}^{\rm T} \end{bmatrix} \tag{5.13}$$

以及

$$\overline{\boldsymbol{B}} = \begin{bmatrix} \boldsymbol{b}_{\rm x}^{\rm T} & \boldsymbol{0} \\ \boldsymbol{0} & \boldsymbol{b}_{\rm y}^{\rm T} \\ \boldsymbol{0} & \boldsymbol{0} \\ \boldsymbol{b}_{\rm y}^{\rm T} & \boldsymbol{b}_{\rm x}^{\rm T} \end{bmatrix}, \quad \boldsymbol{h}_{\rm b} = \begin{bmatrix} \chi_{,x} & 0 \\ 0 & \chi_{,y} \\ 0 & 0 \\ \chi_{,y} & \chi_{,x} \end{bmatrix} \quad \boldsymbol{\Gamma} = \begin{bmatrix} \boldsymbol{\gamma}^{\rm T} & \boldsymbol{0} \\ \boldsymbol{0} & \boldsymbol{\gamma}^{\rm T} \end{bmatrix} \tag{5.14}$$

$$\boldsymbol{b}_{\rm x}^{\rm T} = \frac{1}{2A_{\rm e}}\begin{bmatrix} y_{24} & y_{31} & y_{42} & y_{13} \end{bmatrix}, \quad \boldsymbol{b}_{\rm y}^{\rm T} = \frac{1}{2A_{\rm e}}\begin{bmatrix} x_{42} & x_{13} & x_{24} & x_{31} \end{bmatrix} \tag{5.15}$$

$$2A_{\rm e} = x_{31}y_{42} + x_{24}y_{31}, \quad x_{ij} = x_i - x_j, \quad y_{ij} = y_i - y_j \tag{5.16}$$

$x_i, y_i(i=1,2,3,4)$ 是单元第 i 个节点的局部笛卡儿坐标值，以及

$$\chi = \frac{A_{\rm e}}{4}\xi\eta, \quad \chi_{,x} = \frac{\partial\chi}{\partial x}, \quad \chi_{,y} = \frac{\partial\chi}{\partial y} \tag{5.17}$$

$$\boldsymbol{\gamma} = \left[\boldsymbol{h} - \left(\boldsymbol{h}^{\rm T}\boldsymbol{x}_j\right)\boldsymbol{b}_j\right]/A_{\rm e}, \quad \boldsymbol{h}^{\rm T} = \begin{bmatrix} 1 & -1 & 1 & -1 \end{bmatrix} \tag{5.18}$$

$$\boldsymbol{x}_1^{\rm T} = \begin{bmatrix} x_1 & x_2 & x_3 & x_4 \end{bmatrix}, \quad \boldsymbol{x}_2^{\rm T} = \begin{bmatrix} y_1 & y_2 & y_3 & y_4 \end{bmatrix} \tag{5.19}$$

广义有效应力向量 $\boldsymbol{\sigma}''$ 和应变向量 $\boldsymbol{\varepsilon}$ 被选择为如下“最优不可压缩模式”，并可分别表示为由两部分组成，即

$$\boldsymbol{\sigma}'' = \overline{\boldsymbol{\sigma}}'' + \boldsymbol{h}_{\alpha}\boldsymbol{\sigma}''^{\mathrm{x}}, \quad \boldsymbol{\varepsilon} = \overline{\boldsymbol{\varepsilon}} + \boldsymbol{h}_{\alpha}\boldsymbol{\varepsilon}^{\mathrm{x}} \tag{5.20}$$

式中

$$\boldsymbol{h}_{\alpha} = \begin{bmatrix} \chi_{,x} & -\chi_{,y} \\ -\chi_{x} & \chi_{,y} \\ 0 & 0 \\ 0 & 0 \end{bmatrix} \tag{5.21}$$

单元 $\boldsymbol{\sigma}''$ 和 $\boldsymbol{\varepsilon}$ 中的常数部分可表示为

$$\overline{\boldsymbol{\sigma}}'' = \begin{bmatrix} \bar{\sigma}_{\mathrm{x}}'' & \bar{\sigma}_{\mathrm{y}}'' & \sigma_{\mathrm{z}}'' & \tau_{\mathrm{xy}} \end{bmatrix}^{\mathrm{T}}, \quad \overline{\boldsymbol{\varepsilon}} = \begin{bmatrix} \bar{\varepsilon}_{\mathrm{x}} & \bar{\varepsilon}_{\mathrm{y}} & \varepsilon_{\mathrm{z}} & \varepsilon_{\mathrm{xy}} \end{bmatrix}^{\mathrm{T}} \tag{5.22}$$

而描述单元内广义有效应力和应变变化的附加应力和应变参数表示为

$$\boldsymbol{\sigma}''^{\mathrm{x}} = \begin{bmatrix} \sigma_1''^{\mathrm{x}} & \sigma_2''^{\mathrm{x}} \end{bmatrix}^{\mathrm{T}}, \quad \boldsymbol{\varepsilon}^{\mathrm{x}} = \begin{bmatrix} \varepsilon_1^{\mathrm{x}} & \varepsilon_2^{\mathrm{x}} \end{bmatrix}^{\mathrm{T}} \tag{5.23}$$

假定的孔隙流体压力插值近似由两部分组成的“不可压缩”模式表示，即

$$p = \boldsymbol{N}^{\mathrm{T}}\overline{\boldsymbol{p}} + \boldsymbol{N}_{\mathrm{e}}^{\mathrm{T}}\boldsymbol{p}_{\mathrm{e}} \tag{5.24}$$

式中等号右端，第一部分依赖于单元节点压力向量 $\overline{\boldsymbol{p}} = \begin{bmatrix} \bar{p}_1 & \bar{p}_2 & \bar{p}_3 & \bar{p}_4 \end{bmatrix}^{\mathrm{T}}$ 并以单元协调双线性形函数分布表示；第二部分为依赖于单元非节点压力自由度 $\boldsymbol{p}_{\mathrm{e}} = \begin{bmatrix} p_5 & p_6 \end{bmatrix}^{\mathrm{T}}$，表示“不可压缩”模式的单元压力分布。单元压力场的增强不可压缩形函数 $\boldsymbol{N}_{\mathrm{e}}^{\mathrm{T}}$ 选择为

$$\boldsymbol{N}_{\mathrm{e}}^{\mathrm{T}} = \begin{bmatrix} 1-\xi^2 & 1-\eta^2 \end{bmatrix} \tag{5.25}$$

式中所示增强“不可压缩”形函数，最初是由 Wilson et al.（1973）和 Taylor et al.（1976）为构造用于模拟固体力学弯曲问题的不可压缩和修正不可压缩模式单元中提出的，它对单个单元引入弯曲变形模式，同时又有效克服剪切和不可压缩自锁。本章为饱和多孔介质的单元孔隙流体压力场中引入式 (5.25) 所示模式的作用是使得由单元孔隙流体压力插值近似所导出的压力梯度不再是双常数，因而在一个单元内模拟排水（也即从一个单元内排出孔隙水或将孔隙水吸入一个单元内）成为可能。

由式 (5.24) 所假定孔隙流体压力插值近似所导出的压力空间梯度 ∇p 可表示为

$$\nabla p = \boldsymbol{B}_{\mathrm{p}}\overline{\boldsymbol{p}} + \boldsymbol{B}_{\mathrm{pe}}\boldsymbol{p}_{\mathrm{e}} \tag{5.26}$$

式中

$$\boldsymbol{B}_{\mathrm{p}}=\overline{\boldsymbol{B}}_{\mathrm{p}}+\boldsymbol{h}_{\mathrm{p}}\boldsymbol{\gamma}^{\mathrm{T}} \tag{5.27}$$

$$\overline{\boldsymbol{B}}_{\mathrm{p}}=\begin{bmatrix}\boldsymbol{b}_{\mathrm{x}}^{\mathrm{T}}\\ \boldsymbol{b}_{\mathrm{y}}^{\mathrm{T}}\end{bmatrix},\quad \boldsymbol{h}_{\mathrm{p}}=\begin{bmatrix}\chi_{,x}\\ \chi_{,y}\end{bmatrix} \tag{5.28}$$

$$\boldsymbol{B}_{\mathrm{pe}}=\begin{bmatrix}\dfrac{\partial N_5}{\partial x} & \dfrac{\partial N_6}{\partial x}\\ \dfrac{\partial N_5}{\partial y} & \dfrac{\partial N_6}{\partial y}\end{bmatrix}=\frac{1}{2J}\begin{bmatrix}-(\overline{\boldsymbol{\eta}}+\xi\boldsymbol{h})^{\mathrm{T}}\boldsymbol{x}_2\xi & (\overline{\boldsymbol{\xi}}+\eta\boldsymbol{h})^{\mathrm{T}}\boldsymbol{x}_2\eta\\ (\overline{\boldsymbol{\eta}}+\xi\boldsymbol{h})^{\mathrm{T}}\boldsymbol{x}_1\xi & -(\overline{\boldsymbol{\xi}}+\eta\boldsymbol{h})^{\mathrm{T}}\boldsymbol{x}_1\eta\end{bmatrix} \tag{5.29}$$

$$\overline{\boldsymbol{\xi}}=\begin{bmatrix}-1 & 1 & 1 & -1\end{bmatrix}^{\mathrm{T}},\quad \overline{\boldsymbol{\eta}}=\begin{bmatrix}-1 & -1 & 1 & 1\end{bmatrix}^{\mathrm{T}},\quad J=J(\xi,\eta)=\det(\boldsymbol{J}(\xi,\eta)) \tag{5.30}$$

$\boldsymbol{J}(\xi,\eta)$ 是单元中位于等参坐标为 (ξ,η) 的点的 Jacobian 矩阵。定义

$$\boldsymbol{h}_{\beta}=\boldsymbol{J}^{-1}(0,0)\begin{bmatrix}\xi & 0\\ 0 & \eta\end{bmatrix}\frac{J^2(0,0)}{J(\xi,\eta)} \tag{5.31}$$

独立于孔隙流体压力插值近似的单元内任一点不协调孔隙流体压力梯度和 Darcy 速度表示为

$$\boldsymbol{g}=\overline{\boldsymbol{g}}+\boldsymbol{h}_{\beta}\boldsymbol{g}^{\mathrm{x}},\quad \dot{\boldsymbol{w}}=\dot{\overline{\boldsymbol{w}}}+\boldsymbol{h}_{\beta}\dot{\boldsymbol{w}}^{\mathrm{x}} \tag{5.32}$$

式中，单元内压力梯度 $\boldsymbol{g}$ 和 Darcy 速度的常数部分定义为

$$\overline{\boldsymbol{g}}=\begin{bmatrix}\bar{g}_{\mathrm{x}} & \bar{g}_{\mathrm{y}}\end{bmatrix}^{\mathrm{T}},\quad \dot{\overline{\boldsymbol{w}}}=\begin{bmatrix}\dot{\bar{w}}_{\mathrm{x}} & \dot{\bar{w}}_{\mathrm{y}}\end{bmatrix}^{\mathrm{T}} \tag{5.33}$$

而描述单元内不协调孔隙流体压力梯度和 Darcy 速度变化的附加压力梯度和 Darcy 速度参数为

$$\boldsymbol{g}^{\mathrm{x}}=\begin{bmatrix}g_1^{\mathrm{x}} & g_2^{\mathrm{x}}\end{bmatrix}^{\mathrm{T}},\quad \dot{\boldsymbol{w}}^{\mathrm{x}}=\begin{bmatrix}\dot{w}_1^{\mathrm{x}} & \dot{w}_2^{\mathrm{x}}\end{bmatrix}^{\mathrm{T}} \tag{5.34}$$

将式 (5.12)、式 (5.20) 和式 (5.24) 代入弱形式 (5.2)，并对 $\delta\varPi_{\mathrm{s}}$ 的每一项积分可得到

$$\begin{aligned}\delta\varPi_{\mathrm{s}}=&\,\delta\overline{\boldsymbol{\sigma}}''^{\mathrm{T}}A_{\mathrm{e}}(\overline{\varepsilon}-\overline{\boldsymbol{B}}\boldsymbol{q})+\delta\boldsymbol{\sigma}''^{\mathrm{xT}}\boldsymbol{H}\left(2\varepsilon^{\mathrm{x}}-\boldsymbol{\Gamma}\boldsymbol{q}\right)+\delta\overline{\varepsilon}^{\mathrm{T}}A_{\mathrm{e}}\left(\boldsymbol{D}\overline{\varepsilon}-\overline{\boldsymbol{\sigma}}''\right)\\ &+\delta\varepsilon^{\mathrm{xT}}\left(4G\boldsymbol{H}\varepsilon^{\mathrm{x}}-2\boldsymbol{H}\boldsymbol{\sigma}''^{\mathrm{x}}\right)\\ &+\delta\boldsymbol{q}^{\mathrm{T}}\left(A_{\mathrm{e}}\overline{\boldsymbol{B}}^{\mathrm{T}}\overline{\boldsymbol{\sigma}}''+\boldsymbol{\Gamma}^{\mathrm{T}}\boldsymbol{H}\boldsymbol{\sigma}''^{\mathrm{x}}-\boldsymbol{Q}_{\mathrm{up}}\overline{\boldsymbol{p}}-\boldsymbol{Q}_{\mathrm{ue}}\boldsymbol{p}_{\mathrm{e}}-(\boldsymbol{f}_{\mathrm{u}}-\boldsymbol{M}_{\mathrm{u}}\ddot{\boldsymbol{q}})\right)\end{aligned} \tag{5.35}$$

式中

$$\boldsymbol{H}=\begin{bmatrix} H_{\mathrm{xx}} & -H_{\mathrm{xy}} \\ -H_{\mathrm{xy}} & H_{\mathrm{yy}} \end{bmatrix},\quad H_{ij}=\int_{A_{\mathrm{e}}}\chi_{,i}\chi_{,j}\mathrm{d}A_{\mathrm{e}} \tag{5.36}$$

$$\boldsymbol{Q}_{\mathrm{up}}=\overline{\boldsymbol{Q}}_{\mathrm{up}}+\boldsymbol{\Gamma}^{\mathrm{T}}\boldsymbol{Q}_{\mathrm{up}}^{\mathrm{x}},\quad \overline{\boldsymbol{Q}}_{\mathrm{up}}=\alpha\overline{\boldsymbol{B}}^{\mathrm{T}}\boldsymbol{m}\boldsymbol{N}_{\mathrm{p}}^{\mathrm{I}},\quad \boldsymbol{Q}_{\mathrm{up}}^{\mathrm{x}}=\int_{A_{\mathrm{e}}}\alpha\boldsymbol{h}_{\mathrm{b}}^{\mathrm{T}}\boldsymbol{m}\boldsymbol{N}^{\mathrm{T}}\mathrm{d}A_{\mathrm{e}} \tag{5.37}$$

$$\boldsymbol{Q}_{\mathrm{ue}}=\overline{\boldsymbol{Q}}_{\mathrm{ue}}+\boldsymbol{\Gamma}^{\mathrm{T}}\boldsymbol{Q}_{\mathrm{ue}}^{\mathrm{x}},\quad \overline{\boldsymbol{Q}}_{\mathrm{ue}}=\alpha\overline{\boldsymbol{B}}^{\mathrm{T}}\boldsymbol{m}\boldsymbol{N}_{\mathrm{pe}}^{\mathrm{I}},\quad \boldsymbol{Q}_{\mathrm{ue}}^{\mathrm{x}}=\int_{A_{\mathrm{e}}}\alpha\boldsymbol{h}_{\mathrm{b}}^{\mathrm{T}}\boldsymbol{m}\boldsymbol{N}_{\mathrm{e}}^{\mathrm{T}}\mathrm{d}A_{\mathrm{e}} \tag{5.38}$$

$$\boldsymbol{N}_{\mathrm{p}}^{\mathrm{I}}=\frac{A_{\mathrm{e}}}{4}\begin{bmatrix}1 & 1 & 1 & 1\end{bmatrix},\quad \boldsymbol{N}_{\mathrm{pe}}^{\mathrm{I}}=A_{\mathrm{p}}\begin{bmatrix}1 & 1\end{bmatrix} \tag{5.39}$$

$$\boldsymbol{f}_{\mathrm{u}}=\int_{A_{\mathrm{e}}}\rho\boldsymbol{N}_{\mathrm{q}}\boldsymbol{b}\mathrm{d}A_{\mathrm{e}},\quad \boldsymbol{N}_{\mathrm{q}}=\begin{bmatrix}\boldsymbol{N} & \boldsymbol{0} \\ \boldsymbol{0} & \boldsymbol{N}\end{bmatrix},\quad \boldsymbol{M}_{\mathrm{u}}=\int_{A_{\mathrm{e}}}\boldsymbol{N}_{\mathrm{q}}\rho\boldsymbol{N}_{\mathrm{q}}^{\mathrm{T}}\mathrm{d}A_{\mathrm{e}} \tag{5.40}$$

将式 (5.12)、式 (5.24)、式 (5.26) 和式 (5.32) 代入弱形式 (5.3)，并对 $\delta\Pi_{\mathrm{f}}$ 的每一项积分可得到

$$\begin{aligned}\delta\Pi_{\mathrm{f}}=&\,\delta\dot{\overline{\boldsymbol{w}}}^{\mathrm{T}}\left(A_{\mathrm{e}}\overline{\boldsymbol{g}}-A_{\mathrm{e}}\overline{\boldsymbol{B}}_{\mathrm{p}}\overline{\boldsymbol{p}}-\boldsymbol{H}_{\mathrm{we}}\boldsymbol{p}_{\mathrm{e}}\right)+\delta\dot{\boldsymbol{w}}^{\mathrm{xT}}\left(\boldsymbol{H}_{\mathrm{wg}}\boldsymbol{g}^{\mathrm{x}}-\boldsymbol{H}_{\mathrm{xp}}\gamma^{\mathrm{T}}\overline{\boldsymbol{p}}-\boldsymbol{H}_{\mathrm{xe}}\boldsymbol{p}_{\mathrm{e}}\right)\\&+\delta\overline{\boldsymbol{g}}^{\mathrm{T}}A_{\mathrm{e}}\left[\boldsymbol{k}_{\mathrm{w}}\overline{\boldsymbol{g}}+\dot{\overline{\boldsymbol{w}}}-\rho_{\mathrm{w}}\boldsymbol{k}_{\mathrm{w}}\left(\boldsymbol{b}-\frac{1}{A_{\mathrm{e}}}\boldsymbol{N}_{\mathrm{q}}^{\mathrm{I}}\ddot{\boldsymbol{q}}\right)-\frac{1}{A_{\mathrm{e}}}\boldsymbol{k}_{\mathrm{wb}}\right]\\&+\delta\boldsymbol{g}^{\mathrm{xT}}\left(\boldsymbol{H}_{\mathrm{gw}}\dot{\boldsymbol{w}}^{\mathrm{x}}+\boldsymbol{H}_{\mathrm{gg}}\boldsymbol{g}^{\mathrm{x}}\right)\\&+\delta\overline{\boldsymbol{p}}^{\mathrm{T}}\left(\boldsymbol{Q}_{\mathrm{pu}}\dot{\boldsymbol{q}}+\boldsymbol{S}_{\mathrm{pp}}\dot{\overline{\boldsymbol{p}}}+\boldsymbol{S}_{\mathrm{pe}}\dot{\boldsymbol{p}}_{\mathrm{e}}-A_{\mathrm{e}}\overline{\boldsymbol{B}}_{\mathrm{p}}^{\mathrm{T}}\dot{\overline{\boldsymbol{w}}}-\boldsymbol{\gamma}\boldsymbol{H}_{\mathrm{xp}}^{\mathrm{T}}\dot{\boldsymbol{w}}^{\mathrm{x}}\right)\\&+\delta\boldsymbol{p}_{\mathrm{e}}^{\mathrm{T}}\left(\boldsymbol{Q}_{\mathrm{eu}}\dot{\boldsymbol{q}}+\boldsymbol{S}_{\mathrm{ep}}\dot{\overline{\boldsymbol{p}}}+\boldsymbol{S}_{\mathrm{ee}}\dot{\boldsymbol{p}}_{\mathrm{e}}-\boldsymbol{H}_{\mathrm{we}}^{\mathrm{T}}\dot{\overline{\boldsymbol{w}}}-\boldsymbol{H}_{\mathrm{xe}}^{\mathrm{T}}\dot{\boldsymbol{w}}^{\mathrm{x}}\right)\end{aligned} \tag{5.41}$$

式中

$$\boldsymbol{H}_{\mathrm{we}}=\int_{A_{\mathrm{e}}}\boldsymbol{B}_{\mathrm{pe}}\mathrm{d}A_{\mathrm{e}},\quad \boldsymbol{H}_{\mathrm{xp}}=\int_{A_{\mathrm{e}}}\boldsymbol{h}_{\beta}^{\mathrm{T}}\boldsymbol{h}_{\mathrm{p}}\mathrm{d}A_{\mathrm{e}},\quad \boldsymbol{H}_{\mathrm{xe}}=\int_{A_{\mathrm{e}}}\boldsymbol{h}_{\beta}^{\mathrm{T}}\boldsymbol{B}_{\mathrm{pe}}\mathrm{d}A_{\mathrm{e}} \tag{5.42}$$

$$\boldsymbol{H}_{\mathrm{wg}}=\boldsymbol{H}_{\mathrm{gw}}=\int_{A_{\mathrm{e}}}\boldsymbol{h}_{\beta}^{\mathrm{T}}\boldsymbol{h}_{\beta}\mathrm{d}A_{\mathrm{e}},\quad \boldsymbol{H}_{\mathrm{gg}}=\int_{A_{\mathrm{e}}}\boldsymbol{h}_{\beta}^{\mathrm{T}}\boldsymbol{k}_{\mathrm{w}}\boldsymbol{h}_{\beta}\mathrm{d}A_{\mathrm{e}},\quad \boldsymbol{N}_{\mathrm{q}}^{\mathrm{I}}=\begin{bmatrix}\boldsymbol{N}_{\mathrm{p}}^{\mathrm{I}} & \boldsymbol{0} \\ \boldsymbol{0} & \boldsymbol{N}_{\mathrm{p}}^{\mathrm{I}}\end{bmatrix} \tag{5.43}$$

$$\begin{aligned}&\boldsymbol{S}_{\mathrm{pp}}=\int_{A_{\mathrm{e}}}\boldsymbol{N}Q^{-1}\boldsymbol{N}^{\mathrm{T}}\mathrm{d}A_{\mathrm{e}},\quad \boldsymbol{S}_{\mathrm{ee}}=\int_{A_{\mathrm{e}}}\boldsymbol{N}_{\mathrm{e}}Q^{-1}\boldsymbol{N}_{\mathrm{e}}^{\mathrm{T}}\mathrm{d}A_{\mathrm{e}},\\&\boldsymbol{S}_{\mathrm{pe}}=\int_{A_{\mathrm{e}}}\boldsymbol{N}Q^{-1}\boldsymbol{N}_{\mathrm{e}}^{\mathrm{T}}\mathrm{d}A_{\mathrm{e}}=\boldsymbol{S}_{\mathrm{ep}}^{\mathrm{T}}\end{aligned} \tag{5.44}$$

$$\boldsymbol{Q}_{\rm pu}=\overline{\boldsymbol{Q}}_{\rm pu}+\boldsymbol{Q}_{\rm pu}^{\rm x}\boldsymbol{\Gamma}=\boldsymbol{Q}_{\rm up}^{\rm T},\quad \overline{\boldsymbol{Q}}_{\rm pu}=\alpha\boldsymbol{N}_{\rm p}^{\rm I}\boldsymbol{m}^{\rm T}\overline{\boldsymbol{B}}=\overline{\boldsymbol{Q}}_{\rm up}^{\rm T},$$
$$\boldsymbol{Q}_{\rm pu}^{\rm x}=\int_{A_{\rm e}}\alpha\boldsymbol{N}\boldsymbol{m}^{\rm T}\boldsymbol{h}_{\rm b}{\rm d}A_{\rm e}=\left(\boldsymbol{Q}_{\rm up}^{\rm x}\right)^{\rm T} \tag{5.45}$$

$$\boldsymbol{Q}_{\rm eu}=\overline{\boldsymbol{Q}}_{\rm eu}+\boldsymbol{Q}_{\rm eu}^{\rm x}\boldsymbol{\Gamma}=\boldsymbol{Q}_{\rm ue}^{\rm T},\quad \overline{\boldsymbol{Q}}_{\rm eu}=\alpha\boldsymbol{N}_{\rm pe}^{\rm I}\boldsymbol{m}^{\rm T}\overline{\boldsymbol{B}}=\overline{\boldsymbol{Q}}_{\rm ue}^{\rm T},$$
$$\boldsymbol{Q}_{\rm eu}^{\rm x}=\int_{A_{\rm e}}\alpha\boldsymbol{N}_{\rm e}\boldsymbol{m}^{\rm T}\boldsymbol{h}_{\rm b}{\rm d}A_{\rm e}=(\boldsymbol{Q}_{\rm ue}^{\rm x})^{\rm T} \tag{5.46}$$

$$\boldsymbol{k}_{\rm wb}=\int_{A_{\rm e}}\rho_{\rm w}\boldsymbol{k}_{\rm w}\boldsymbol{b}{\rm d}A_{\rm e} \tag{5.47}$$

在各向同性渗流情况下，有

$$\boldsymbol{H}_{\rm gg}=k_{\rm w}\boldsymbol{H}_{\rm wg}=k_{\rm w}\boldsymbol{H}_{\rm gw} \tag{5.48}$$

将式 (5.35) 和式 (5.41) 代入式 (5.1)，略去与 $\ddot{q}$ 相关联的惯性力项，并进一步略去流相体力项对流相 Darcy 速度的影响，由变分 $\delta\overline{\boldsymbol{\varepsilon}},\delta\overline{\boldsymbol{\sigma}}'',\delta\boldsymbol{\varepsilon}^{\rm x},\delta\boldsymbol{\sigma}''^{\rm x}$ 和变分 $\delta\overline{\boldsymbol{g}},\delta\dot{\overline{\boldsymbol{w}}},\delta\boldsymbol{g}^{\rm x},\delta\dot{\boldsymbol{w}}^{\rm x}$ 的任意性和它们独立于周边单元，可获得本构关系如下

$$\overline{\boldsymbol{\sigma}}''=\boldsymbol{D}\overline{\boldsymbol{\varepsilon}},\quad \boldsymbol{\sigma}''^{\rm x}=2G\boldsymbol{\varepsilon}^{\rm x},\quad \overline{\boldsymbol{\varepsilon}}=\overline{\boldsymbol{B}}\boldsymbol{q},\quad 2\boldsymbol{\varepsilon}^{\rm x}=\boldsymbol{\Gamma}\boldsymbol{q} \tag{5.49}$$

$$\dot{\overline{\boldsymbol{w}}}\cong-\boldsymbol{k}_{\rm w}\left(\overline{\boldsymbol{g}}-\rho_{\rm w}\boldsymbol{b}\right)\cong-\boldsymbol{k}_{\rm w}\overline{\boldsymbol{g}},\quad \dot{\boldsymbol{w}}^{\rm x}=-\boldsymbol{H}_{\rm gw}^{-1}\boldsymbol{H}_{\rm gg}\boldsymbol{g}^{\rm x} \tag{5.50}$$

式中

$$\overline{\boldsymbol{g}}=\overline{\boldsymbol{B}}_{\rm p}\overline{\boldsymbol{p}}+\frac{1}{A_{\rm e}}\boldsymbol{H}_{\rm we}\boldsymbol{p}_{\rm e},\quad \boldsymbol{g}^{\rm x}=\boldsymbol{H}_{\rm wg}^{-1}\left(\boldsymbol{H}_{\rm xp}\gamma^{\rm T}\overline{\boldsymbol{p}}+\boldsymbol{H}_{\rm xe}\boldsymbol{p}_{\rm e}\right) \tag{5.51}$$

由于 $\boldsymbol{p}_{\rm e}$ 定义为单元内部压力自由度，由变分 $\delta\boldsymbol{p}_{\rm e}$ 的任意性和独立于周边单元，由式 (5.41) 可得到

$$\boldsymbol{Q}_{\rm eu}\dot{\boldsymbol{q}}+\boldsymbol{S}_{\rm ep}\dot{\overline{\boldsymbol{p}}}+\boldsymbol{S}_{\rm ee}\dot{\boldsymbol{p}}_{\rm e}-\boldsymbol{H}_{\rm we}^{\rm T}\dot{\overline{\boldsymbol{w}}}-\boldsymbol{H}_{\rm xe}^{\rm T}\dot{\boldsymbol{w}}^{\rm x}=0 \tag{5.52}$$

利用时间域 $\Delta t=t_{n+1}-t_n$ 中的中心差分离散方案，可表示时刻 t_{n+1} 的单元 $\boldsymbol{p}_{\rm e}$，即

$$\boldsymbol{p}_{\rm e}=\boldsymbol{p}_{{\rm e},n+1}=\boldsymbol{p}_{{\rm e},n}+\frac{1}{2}\Delta t\left(\dot{\boldsymbol{p}}_{{\rm e},n}+\dot{\boldsymbol{p}}_{{\rm e},n+1}\right)=\boldsymbol{p}_{{\rm e},0}+\frac{1}{2}\Delta t\left(\dot{\boldsymbol{p}}_{{\rm e},0}+\dot{\boldsymbol{p}}_{\rm e}\right) \tag{5.53}$$

为公式表示的一般性，在式 (5.53) 中除以 $\boldsymbol{p}_{\rm e},\dot{\boldsymbol{p}}_{\rm e}$ 表示在时间增量步 $(\Delta t=t_{n+1}-t_n)$ 终端的值 $\boldsymbol{p}_{{\rm e},n+1},\dot{\boldsymbol{p}}_{{\rm e},n+1}$，并以 $\boldsymbol{p}_{{\rm e},0},\dot{\boldsymbol{p}}_{{\rm e},0}$ 表示上一时间增量步 $\boldsymbol{p}_{\rm e},\dot{\boldsymbol{p}}_{\rm e}$ 的收敛值 $\boldsymbol{p}_{{\rm e},n},\dot{\boldsymbol{p}}_{{\rm e},n}$。

由式 (5.53) 以及式 (5.50) 和式 (5.51)，可由式 (5.52) 得到

$$\boldsymbol{p}_{\mathrm{e}}=-\boldsymbol{H}_{\mathrm{ee}}^{-1}\left[\boldsymbol{H}_{\mathrm{ep}}\overline{\boldsymbol{p}}+\boldsymbol{Q}_{\mathrm{eu}}\dot{\boldsymbol{q}}+\boldsymbol{S}_{\mathrm{ep}}\dot{\overline{\boldsymbol{p}}}-\boldsymbol{S}_{\mathrm{ee}}\left(\frac{2}{\Delta t}\boldsymbol{p}_{\mathrm{e},0}+\dot{\boldsymbol{p}}_{\mathrm{e},0}\right)\right] \tag{5.54}$$

式中

$$\boldsymbol{H}_{\mathrm{ee}}=\frac{1}{A_{\mathrm{e}}}\boldsymbol{H}_{\mathrm{we}}^{\mathrm{T}}\boldsymbol{k}_{\mathrm{w}}\boldsymbol{H}_{\mathrm{we}}+\boldsymbol{H}_{\mathrm{xe}}^{\mathrm{T}}\boldsymbol{H}_{\mathrm{wg}}^{-1}\boldsymbol{H}_{\mathrm{gg}}\boldsymbol{H}_{\mathrm{gw}}^{-1}\boldsymbol{H}_{\mathrm{xe}}+\frac{2}{\Delta t}\boldsymbol{S}_{\mathrm{ee}} \tag{5.55}$$

$$\boldsymbol{H}_{\mathrm{ep}}=\boldsymbol{H}_{\mathrm{we}}^{\mathrm{T}}\boldsymbol{k}_{\mathrm{w}}\overline{\boldsymbol{B}}_{\mathrm{p}}+\boldsymbol{H}_{\mathrm{xe}}^{\mathrm{T}}\boldsymbol{H}_{\mathrm{wg}}^{-1}\boldsymbol{H}_{\mathrm{gg}}\boldsymbol{H}_{\mathrm{gw}}^{-1}\boldsymbol{H}_{\mathrm{xp}}\gamma^{\mathrm{T}} \tag{5.56}$$

对于各向同性渗流情况，式 (5.55) 和式 (5.56) 可简化表示为

$$\boldsymbol{H}_{\mathrm{ee}}=\frac{k_{\mathrm{w}}}{A_{\mathrm{e}}}\boldsymbol{H}_{\mathrm{we}}^{\mathrm{T}}\boldsymbol{H}_{\mathrm{we}}+k_{\mathrm{w}}\boldsymbol{H}_{\mathrm{xe}}^{\mathrm{T}}\boldsymbol{H}_{\mathrm{wg}}^{-1}\boldsymbol{H}_{\mathrm{xe}}+\frac{2}{\Delta t}\boldsymbol{S}_{\mathrm{ee}} \tag{5.57}$$

$$\boldsymbol{H}_{\mathrm{ep}}=k_{\mathrm{w}}\left(\boldsymbol{H}_{\mathrm{we}}^{\mathrm{T}}\overline{\boldsymbol{B}}_{\mathrm{p}}+\boldsymbol{H}_{\mathrm{xe}}^{\mathrm{T}}\boldsymbol{H}_{\mathrm{wg}}^{-1}\boldsymbol{H}_{\mathrm{xp}}\gamma^{\mathrm{T}}\right) \tag{5.58}$$

略去 $\boldsymbol{q},\overline{\boldsymbol{p}}$ 的加速度项对 $\dot{\boldsymbol{p}}_{\mathrm{e}}$ 的影响，由式 (5.54) 可得到

$$\dot{\boldsymbol{p}}_{\mathrm{e}}=-\boldsymbol{H}_{\mathrm{ee}}^{-1}\boldsymbol{H}_{\mathrm{ep}}\dot{\overline{\boldsymbol{p}}} \tag{5.59}$$

将式 (5.35) 和式 (5.41) 代入式 (5.1) 可得到

$$\delta\varPi=\delta\boldsymbol{q}^{\mathrm{T}}\boldsymbol{F}_{\mathrm{u}}+\delta\overline{\boldsymbol{p}}^{\mathrm{T}}\boldsymbol{F}_{\mathrm{p}} \tag{5.60}$$

式中

$$\boldsymbol{F}_{\mathrm{u}}=A_{\mathrm{e}}\overline{\boldsymbol{B}}^{\mathrm{T}}\overline{\boldsymbol{\sigma}}''+\boldsymbol{\varGamma}^{\mathrm{T}}\boldsymbol{H}\boldsymbol{\sigma}''^{\mathrm{x}}-\boldsymbol{Q}_{\mathrm{up}}\overline{\boldsymbol{p}}-\boldsymbol{Q}_{\mathrm{ue}}\boldsymbol{p}_{\mathrm{e}}-(\boldsymbol{f}_{\mathrm{u}}-\boldsymbol{M}_{\mathrm{u}}\ddot{\boldsymbol{q}}) \tag{5.61}$$

将式 (5.49) 和式 (5.54) 代入式 (5.61) 得到

$$\boldsymbol{F}_{\mathrm{u}}=\boldsymbol{M}_{\mathrm{u}}\ddot{\boldsymbol{q}}+\boldsymbol{C}_{\mathrm{uu}}\dot{\boldsymbol{q}}+\boldsymbol{C}_{\mathrm{up}}\dot{\overline{\boldsymbol{p}}}+\boldsymbol{K}\boldsymbol{q}-\boldsymbol{Q}_{\mathrm{p}}\overline{\boldsymbol{p}}-\boldsymbol{F}_{\mathrm{u0}}-\boldsymbol{f}_{\mathrm{u}} \tag{5.62}$$

式中

$$\boldsymbol{C}_{\mathrm{uu}}=\boldsymbol{Q}_{\mathrm{ue}}\boldsymbol{H}_{\mathrm{ee}}^{-1}\boldsymbol{Q}_{\mathrm{eu}},\quad \boldsymbol{C}_{\mathrm{up}}=\boldsymbol{Q}_{\mathrm{ue}}\boldsymbol{H}_{\mathrm{ee}}^{-1}\boldsymbol{S}_{\mathrm{ep}} \tag{5.63}$$

$$\boldsymbol{K}=A_{\mathrm{e}}\overline{\boldsymbol{B}}^{\mathrm{T}}\boldsymbol{D}\overline{\boldsymbol{B}}+G\boldsymbol{\varGamma}^{\mathrm{T}}\boldsymbol{H}\boldsymbol{\varGamma},\quad \boldsymbol{Q}_{\mathrm{p}}=\boldsymbol{Q}_{\mathrm{up}}-\boldsymbol{Q}_{\mathrm{ue}}\boldsymbol{H}_{\mathrm{ee}}^{-1}\boldsymbol{H}_{\mathrm{ep}} \tag{5.64}$$

$$\boldsymbol{F}_{\mathrm{u0}}=\boldsymbol{Q}_{\mathrm{ue}}\boldsymbol{H}_{\mathrm{ee}}^{-1}\boldsymbol{S}_{\mathrm{ee}}\left(\frac{2}{\Delta t}\boldsymbol{p}_{\mathrm{e},0}+\dot{\boldsymbol{p}}_{\mathrm{e},0}\right) \tag{5.65}$$

而由式 (5.41) 和式 (5.60) 中 $\boldsymbol{F}_{\mathrm{p}}$ 可写成如下形式

$$\boldsymbol{F}_{\mathrm{p}}=\boldsymbol{Q}_{\mathrm{pu}}\dot{\boldsymbol{q}}+\boldsymbol{S}_{\mathrm{pp}}\dot{\overline{\boldsymbol{p}}}+\boldsymbol{S}_{\mathrm{pe}}\dot{\boldsymbol{p}}_{\mathrm{e}}-A_{\mathrm{e}}\overline{\boldsymbol{B}}_{\mathrm{p}}^{\mathrm{T}}\dot{\overline{\boldsymbol{w}}}-\gamma\boldsymbol{H}_{\mathrm{xp}}^{\mathrm{T}}\dot{\boldsymbol{w}}^{\mathrm{x}} \tag{5.66}$$

将式 (5.50)、式 (5.51)、式 (5.54) 和式 (5.59) 代入式 (5.66) 导致

$$\boldsymbol{F}_{\mathrm{p}}=\boldsymbol{Q}_{\mathrm{u}}\dot{\boldsymbol{q}}+\boldsymbol{S}\dot{\overline{\boldsymbol{p}}}+\boldsymbol{H}_{\mathrm{p}}\overline{\boldsymbol{p}}+\boldsymbol{F}_{\mathrm{p0}} \tag{5.67}$$

式中

$$\boldsymbol{Q}_{\mathrm{u}}=\boldsymbol{Q}_{\mathrm{pu}}-\boldsymbol{H}_{\mathrm{pe}}\boldsymbol{H}_{\mathrm{ee}}^{-1}\boldsymbol{Q}_{\mathrm{eu}}=\boldsymbol{Q}_{\mathrm{p}}^{\mathrm{T}} \tag{5.68}$$

$$\boldsymbol{S}=\boldsymbol{S}_{\mathrm{pp}}-\boldsymbol{S}_{\mathrm{pe}}\boldsymbol{H}_{\mathrm{ee}}^{-1}\boldsymbol{H}_{\mathrm{ep}}-\boldsymbol{H}_{\mathrm{pe}}\boldsymbol{H}_{\mathrm{ee}}^{-1}\boldsymbol{S}_{\mathrm{ep}} \tag{5.69}$$

$$\boldsymbol{H}_{\mathrm{p}}=\boldsymbol{H}_{\mathrm{pp}}-\boldsymbol{H}_{\mathrm{pe}}\boldsymbol{H}_{\mathrm{ee}}^{-1}\boldsymbol{H}_{\mathrm{ep}} \tag{5.70}$$

$$\boldsymbol{H}_{\mathrm{pp}}=A_{\mathrm{e}}\overline{\boldsymbol{B}}_{\mathrm{p}}^{\mathrm{T}}\boldsymbol{k}_{\mathrm{w}}\overline{\boldsymbol{B}}_{\mathrm{p}}+\boldsymbol{\gamma}\boldsymbol{H}_{\mathrm{xp}}^{\mathrm{T}}\boldsymbol{k}_{\mathrm{w}}\boldsymbol{H}_{\mathrm{wg}}^{-1}\boldsymbol{H}_{\mathrm{xp}}\boldsymbol{\gamma}^{\mathrm{T}} \tag{5.71}$$

$$\boldsymbol{H}_{\mathrm{pe}}=\overline{\boldsymbol{B}}_{\mathrm{p}}^{\mathrm{T}}\boldsymbol{k}_{\mathrm{w}}\boldsymbol{H}_{\mathrm{we}}+\boldsymbol{\gamma}\boldsymbol{H}_{\mathrm{xp}}^{\mathrm{T}}\boldsymbol{k}_{\mathrm{w}}\boldsymbol{H}_{\mathrm{wg}}^{-1}\boldsymbol{H}_{\mathrm{xe}}=\boldsymbol{H}_{\mathrm{ep}}^{\mathrm{T}} \tag{5.72}$$

$$\boldsymbol{F}_{\mathrm{p0}}=\boldsymbol{H}_{\mathrm{pe}}\boldsymbol{H}_{\mathrm{ee}}^{-1}\boldsymbol{S}_{\mathrm{ee}}\left(\frac{2}{\Delta t}\boldsymbol{p}_{\mathrm{e},0}+\dot{\boldsymbol{p}}_{\mathrm{e},0}\right) \tag{5.73}$$

最终，由式 (5.60)～ 式 (5.62) 和式 (5.66)～ 式 (5.67)，一个典型时间增量步下混合有限元的单元刚度矩阵、单元阻尼矩阵、单元质量矩阵、单元附加初始外力向量可以分别通过如下表达式

$$\begin{aligned}&\begin{bmatrix}\delta\boldsymbol{q}^{\mathrm{T}} & \delta\overline{\boldsymbol{p}}^{\mathrm{T}}\end{bmatrix}\left(\begin{bmatrix}\boldsymbol{M}_{\mathrm{u}} & \mathbf{0}\\ \mathbf{0} & \mathbf{0}\end{bmatrix}\begin{Bmatrix}\ddot{\boldsymbol{q}}\\ \ddot{\overline{\boldsymbol{p}}}\end{Bmatrix}+\begin{bmatrix}\boldsymbol{C}_{\mathrm{uu}} & \boldsymbol{C}_{\mathrm{up}}\\ \boldsymbol{Q}_{\mathrm{p}}^{\mathrm{T}} & \boldsymbol{S}\end{bmatrix}\begin{Bmatrix}\dot{\boldsymbol{q}}\\ \dot{\overline{\boldsymbol{p}}}\end{Bmatrix}\right.\\&\left.+\begin{bmatrix}\boldsymbol{K} & -\boldsymbol{Q}_{\mathrm{p}}\\ \mathbf{0} & \boldsymbol{H}_{\mathrm{p}}\end{bmatrix}\begin{Bmatrix}\boldsymbol{q}\\ \overline{\boldsymbol{p}}\end{Bmatrix}+\begin{Bmatrix}\boldsymbol{F}_{\mathrm{u0}}\\ \boldsymbol{F}_{\mathrm{p0}}\end{Bmatrix}\right)\end{aligned} \tag{5.74}$$

中的 $\begin{bmatrix}\boldsymbol{K} & -\boldsymbol{Q}_{\mathrm{p}}\\ \mathbf{0} & \boldsymbol{H}_{\mathrm{p}}\end{bmatrix}$, $\begin{bmatrix}\boldsymbol{C}_{\mathrm{uu}} & \boldsymbol{C}_{\mathrm{up}}\\ \boldsymbol{Q}_{\mathrm{p}}^{\mathrm{T}} & \boldsymbol{S}\end{bmatrix}$, $\begin{bmatrix}\boldsymbol{M}_{\mathrm{u}} & \mathbf{0}\\ \mathbf{0} & \mathbf{0}\end{bmatrix}$, $\begin{Bmatrix}\boldsymbol{F}_{\mathrm{u0}}\\ \boldsymbol{F}_{\mathrm{p0}}\end{Bmatrix}$ 表示。

饱和多孔介质 $\boldsymbol{u}$-p 公式在空间域有限元离散化后的半离散系统线性形式由式 (5.74) 所示的单元公式“组装”而成。其在空间域内离散时间序列的数值求解可通过对节点位移向量 $\boldsymbol{q}$ 和节点压力向量 $\overline{\boldsymbol{p}}$ 分别采用 GN22 和 GN11 算法的广义 Newmark 方法完成（Zienkiewicz et al., 2005）。

5.2 材料非线性混合元公式：一致性算法

本节将为 5.1 节介绍的混合元推导材料非线性情况下率本构方程求积的返回映射算法和一致性弹塑性切线模量矩阵与一致性弹塑性切线刚度矩阵。为描述模型化为多孔介质的例如岩土等工程材料的压力相关弹塑性本构行为，具体考虑广

泛应用的 Drucker-Prager 屈服准则。值得注意的是，对于 5.1 节所介绍的具有如式 (5.20) 所示的单元内应力和应变模式的一点积分混合元，将采用针对整个单元内在平均意义上、而非单元内一个局部积分点处的塑性准则描述和控制材料屈服的萌生和发展。

5.2.1　Drucker-Prager 屈服准则的平均形式

基于式 (2.18) 所示的局部积分点处的 Drucker-Prager 屈服准则，单元平均意义上的 Drucker-Prager 屈服函数 $\bar{F}$ 可表示为

$$\bar{F} = \frac{1}{A_{\mathrm{e}}} \int_{A_{\mathrm{e}}} F \mathrm{d} A_{\mathrm{e}} \tag{5.75}$$

式中，F 表示单元内任一局部点处的 Drucker-Prager 屈服函数。饱和多孔介质中以广义有效应力 $\boldsymbol{\sigma}''$ 表示的单元平均意义上 Drucker-Prager 屈服准则可表示为

$$\bar{F} = \bar{F}\left(\bar{q}\left(\boldsymbol{\sigma}''\right), \sigma_{\mathrm{h}}''\left(\boldsymbol{\sigma}''\right), \bar{\varepsilon}^{\mathrm{p}}\right) = \bar{q} + A_{\phi} \sigma_{\mathrm{h}}'' + B = 0 \tag{5.76}$$

式中

$$\bar{q} = \left(\frac{1}{A_{\mathrm{e}}} \int_{A_{\mathrm{e}}} q \mathrm{d} A_{\mathrm{e}}\right)^{1/2} \tag{5.77}$$

是表征广义有效应力 $\boldsymbol{\sigma}''$ 的第二偏应力不变量 J_2 的有效偏应力 q 在单元内的平均值，σ_{h}'' 是表征广义有效应力 $\boldsymbol{\sigma}''$ 第一应力不变量 I_1 的静水应力，即

$$q = (3J_2)^{1/2} = \left(\boldsymbol{\sigma}''^{\mathrm{T}} \boldsymbol{P} \boldsymbol{\sigma}''/2\right)^{1/2}, \quad \sigma_{\mathrm{h}}'' = I_1/\sqrt{3} = \left(\sigma_{\mathrm{x}}'' + \sigma_{\mathrm{y}}'' + \sigma_{\mathrm{z}}''\right)/\sqrt{3} \tag{5.78}$$

对于平面应变问题和各向同性塑性，塑性势矩阵 $\boldsymbol{P}$ 定义为

$$\boldsymbol{P} = \begin{bmatrix} 2 & -1 & -1 & 0 \\ -1 & 2 & -1 & 0 \\ -1 & -1 & 2 & 0 \\ 0 & 0 & 0 & 6 \end{bmatrix} \tag{5.79}$$

式 (5.76) 中的 Drucker-Prager 模型材料参数 A_{ϕ}, B 的表达式在式 (2.25) 中给出。$\bar{\varepsilon}^{\mathrm{p}}$ 是等效塑性应变，它的增量 $\Delta\bar{\varepsilon}^{\mathrm{p}}$ 定义为

$$\Delta\bar{\varepsilon}^{\mathrm{p}} = \lambda\left(1 + \frac{\sigma_{\mathrm{h}}''}{\left|\sigma_{\mathrm{h}}''\right|} \frac{A_{\psi}}{\sqrt{3}}\right) \tag{5.80}$$

式中，λ 表示塑性乘子；A_{ψ} 为由非关联塑性流动法则引入的依赖于塑性膨胀角 ψ 的材料参数，当采用关联塑性流动法则时 $\psi = \varPhi, A_{\psi} = A_{\phi}$。

利用式 (5.20) 和式 (5.21)，将式 (5.78) 中第一式代入式 (5.77) 可得到

$$\bar{q}=\left[\frac{1}{A_{\mathrm{e}}}\left(\frac{1}{2}\overline{\boldsymbol{\sigma}}''^{\mathrm{T}}\boldsymbol{P}\overline{\boldsymbol{\sigma}}''A_{\mathrm{e}}+3\boldsymbol{\sigma}''^{\mathrm{xT}}\boldsymbol{H}\boldsymbol{\sigma}''^{\mathrm{x}}\right)\right]^{1/2} \tag{5.81}$$

5.2.2 率本构方程积分的返回映射算法

定义广义有效应力 $\boldsymbol{\sigma}''$ 的偏应力部分 $\boldsymbol{S}''$ 为

$$\boldsymbol{S}''=\boldsymbol{M}_{\tau}\boldsymbol{P}\boldsymbol{\sigma}''/3,\quad \boldsymbol{M}_{\tau}=\mathrm{diag}\begin{pmatrix}1 & 1 & 1 & 0.5\end{pmatrix} \tag{5.82}$$

按式 (5.20) 和式 (5.21) 所定义的广义有效应力模式，相应的偏应力模式可表示为

$$\boldsymbol{S}''=\overline{\boldsymbol{S}}''+\boldsymbol{h}_{\alpha}\boldsymbol{\sigma}''^{\mathrm{x}},\quad \overline{\boldsymbol{S}}''=\overline{\boldsymbol{\sigma}}''-\sqrt{3}\boldsymbol{m}\sigma_{\mathrm{h}}''/3 \tag{5.83}$$

考虑一个增量步的时间子域 $[t,t+\Delta t]$。由式 (5.20)，混合元内任一局部点在时刻 $(t+\Delta t)$ 的广义有效应力可表示为

$$\boldsymbol{\sigma}''_{t+\Delta t}=\overline{\boldsymbol{\sigma}}''_{t+\Delta t}+\boldsymbol{h}_{\alpha}\boldsymbol{\sigma}''^{\mathrm{x}}_{t+\Delta t} \tag{5.84}$$

另一方面，在弹塑性应力应变本构方程的增量形式中 $\boldsymbol{\sigma}''_{t+\Delta t}$ 一般地可表示为

$$\boldsymbol{\sigma}''_{t+\Delta t}=\boldsymbol{D}\left(\boldsymbol{\varepsilon}_{t+\Delta t}-\left(\boldsymbol{\varepsilon}_{t}^{p}+\Delta\boldsymbol{\varepsilon}^{\mathrm{p}}\right)\right) \tag{5.85}$$

式中，$\boldsymbol{\varepsilon}_t^{\mathrm{p}},\Delta\varepsilon^{\mathrm{p}}$ 分别表示时刻 t（也即上一时间增量步结束时）的累计塑性应变和本增量步的塑性应变增量。塑性应变增量由 Prandtl-Reuss 流动法则确定，可表示为

$$\Delta\boldsymbol{\varepsilon}^{\mathrm{p}}=\Delta\lambda\frac{\partial\Psi}{\partial\boldsymbol{\sigma}''} \tag{5.86}$$

式中，Ψ 为塑性势函数，可取如下形式

$$\Psi=q+A_{\psi}\sigma_{\mathrm{h}}''+B \tag{5.87}$$

利用式 (5.87) 和式 (5.78), 由式 (5.86) 所定义的塑性应变增量可展开表达为

$$\begin{aligned}\Delta\boldsymbol{\varepsilon}^{\mathrm{p}}&=\Delta\lambda\left(\frac{\partial\Psi}{\partial q}\frac{\partial q}{\partial\boldsymbol{\sigma}''}+\frac{\partial\Psi}{\partial\sigma_{\mathrm{h}}''}\frac{\partial\sigma_{\mathrm{h}}''}{\partial\boldsymbol{\sigma}''}\right)=\Delta\lambda\left(\frac{1}{2q}\boldsymbol{P}\left(\overline{\boldsymbol{\sigma}}''+\boldsymbol{h}_{\alpha}\boldsymbol{\sigma}''^{\mathrm{x}}\right)+\frac{A_{\psi}}{\sqrt{3}}\boldsymbol{m}\right)\\&=\Delta\overline{\boldsymbol{\varepsilon}}^{\mathrm{p}}+\boldsymbol{h}_{\alpha}\Delta\boldsymbol{\varepsilon}^{\mathrm{x,p}}\end{aligned} \tag{5.88}$$

式中

$$\Delta\overline{\boldsymbol{\varepsilon}}^{\mathrm{p}}=\Delta\lambda\left(\frac{1}{2q}\boldsymbol{P}\overline{\boldsymbol{\sigma}}''+\frac{A_{\psi}}{\sqrt{3}}\boldsymbol{m}\right) \tag{5.89}$$

$$\Delta\boldsymbol{\varepsilon}^{\mathrm{x,p}} = \Delta\lambda\frac{3}{2q}\boldsymbol{\sigma}''^{\mathrm{x}} \tag{5.90}$$

将式 (5.20) 和式 (5.88) 代入式 (5.85) 可得到

$$\boldsymbol{\sigma}''_{t+\Delta t} = \boldsymbol{D}\left(\bar{\varepsilon}_{t+\Delta t} + \boldsymbol{h}_{\alpha}\boldsymbol{\varepsilon}^{\mathrm{x}}_{t+\Delta t} - \bar{\varepsilon}^{\mathrm{p}}_{t} - \boldsymbol{h}_{\alpha}\boldsymbol{\varepsilon}^{\mathrm{x,p}}_{t} - \Delta\bar{\varepsilon}^{\mathrm{p}} - \boldsymbol{h}_{\alpha}\Delta\boldsymbol{\varepsilon}^{\mathrm{x,p}}\right) \tag{5.91}$$

对于各向同性材料，平面应变问题的弹性模量矩阵 $\boldsymbol{D}$ 可表示为

$$\boldsymbol{D} = \begin{bmatrix} \Lambda+2G & \Lambda & \Lambda & 0 \\ \Lambda & \Lambda+2G & \Lambda & 0 \\ \Lambda & \Lambda & \Lambda+2G & 0 \\ 0 & 0 & 0 & G \end{bmatrix} \tag{5.92}$$

式中，$\Lambda = E\nu/(1+\nu)(1-2\nu)$ 是 Lamé 常数；E, G 和 ν 分别是杨氏弹性模量，剪切模量和泊松比。注意到

$$\boldsymbol{D}\boldsymbol{h}_{\alpha} = 2G\boldsymbol{h}_{\alpha} \tag{5.93}$$

由式 (5.91) 可以得到式 (5.84) 中的 $\overline{\boldsymbol{\sigma}}''_{t+\Delta t}$ 和 $\boldsymbol{\sigma}''^{\mathrm{x}}_{t+\Delta t}$ 的具体表达式如下

$$\overline{\boldsymbol{\sigma}}''_{t+\Delta t} = \overline{\boldsymbol{\sigma}}''^{,\mathrm{e}}_{t+\Delta t} - \boldsymbol{D}\Delta\bar{\boldsymbol{\varepsilon}}^{\mathrm{p}}, \quad \boldsymbol{\sigma}''^{\mathrm{x}}_{t+\Delta t} = \boldsymbol{\sigma}''^{\mathrm{x,e}}_{t+\Delta t} - 2G\Delta\boldsymbol{\varepsilon}^{\mathrm{x,p}} \tag{5.94}$$

式中，广义有效应力 $\overline{\boldsymbol{\sigma}}''_{t+\Delta t}, \boldsymbol{\sigma}''^{\mathrm{x}}_{t+\Delta t}$ 的弹性预测值

$$\overline{\boldsymbol{\sigma}}''^{,\mathrm{e}}_{t+\Delta t} = \boldsymbol{D}\left(\overline{\boldsymbol{\varepsilon}}_{t+\Delta t} - \overline{\boldsymbol{\varepsilon}}^{\mathrm{p}}_{t}\right) \tag{5.95}$$

$$\boldsymbol{\sigma}''^{\mathrm{x,e}}_{t+\Delta t} = 2G\left(\boldsymbol{\varepsilon}^{\mathrm{x}}_{t+\Delta t} - \boldsymbol{\varepsilon}^{\mathrm{x,p}}_{t}\right) \tag{5.96}$$

按式 (5.81) 所定义的有效偏应力 q 在单元内平均值 $\bar{q}$，$\bar{q}$ 的弹性预测值 $\bar{q}^{\mathrm{e}}$ 可表示为

$$\bar{q}^{\mathrm{e}} = \left[\frac{1}{A_{\mathrm{e}}}\left(\frac{1}{2}\overline{\boldsymbol{\sigma}}''^{\mathrm{eT}}\,\boldsymbol{P}\overline{\boldsymbol{\sigma}}''^{\mathrm{e}}A_{\mathrm{e}} + 3\boldsymbol{\sigma}''^{\mathrm{x,eT}}\boldsymbol{H}\boldsymbol{\sigma}''^{\mathrm{x,e}}\right)\right]^{1/2} \tag{5.97}$$

利用式 (5.89) 和式 (5.90) 表示增量塑性应变 $\Delta\bar{\boldsymbol{\varepsilon}}^{\mathrm{p}}$ 和 $\Delta\boldsymbol{\varepsilon}^{\mathrm{x,p}}$ 和式 (5.94) 所表示的增量本构方程，为公式表示简明略去式 (5.95) 和式 (5.96) 中 $\overline{\boldsymbol{\sigma}}''^{,\mathrm{e}}_{t+\Delta t}$ 和 $\boldsymbol{\sigma}''^{\mathrm{x,e}}_{t+\Delta t}$ 的下标，并注意到如下等式

$$\begin{aligned} &\boldsymbol{PDP} = 6G\boldsymbol{P}, \quad \boldsymbol{DP} = \boldsymbol{PD} = 2G\boldsymbol{PM}_{\tau}, \\ &\boldsymbol{Dm} = (3\Lambda + 2G)\boldsymbol{m}, \quad \boldsymbol{m}^{\mathrm{T}}\boldsymbol{m} = 3, \quad \boldsymbol{Pm} = \boldsymbol{0} \end{aligned} \tag{5.98}$$

可由式 (5.97) 和式 (5.81) 得到

$$\bar{q}^{\mathrm{e}} = \bar{q} + 3\Delta\lambda G \tag{5.99}$$

或

$$\bar{q}=\alpha\bar{q}^{\mathrm{e}},\quad \alpha=1-\frac{3\Delta\lambda G}{\bar{q}^{\mathrm{e}}} \tag{5.100}$$

将式 (5.89) 和式 (5.90) 分别代入式 (5.95) 和式 (5.96), 并在式 (5.95) 和式 (5.96) 两边分别前乘 $\dfrac{1}{3}\boldsymbol{M}_{\tau}\boldsymbol{P}$ 和利用式 (5.82)，可得到

$$\overline{\boldsymbol{S}}''=\alpha\overline{\boldsymbol{S}}''^{,\mathrm{e}},\quad \overline{\boldsymbol{S}}''^{,\mathrm{e}}=\overline{\boldsymbol{\sigma}}''^{,\mathrm{e}}-\sqrt{3}\boldsymbol{m}\sigma_{\mathrm{h}}''^{,\mathrm{e}}/3 \tag{5.101}$$

$$\boldsymbol{\sigma}''^{\mathrm{x}}=\alpha\boldsymbol{\sigma}''^{\mathrm{x,e}} \tag{5.102}$$

将式 (5.89) 代入式 (5.94) 的第一式，并在其两边前乘 $\dfrac{\sqrt{3}}{3}\boldsymbol{m}^{\mathrm{T}}$，可得到

$$\sigma_{\mathrm{h}}''=\sigma_{\mathrm{h}}''^{,\mathrm{e}}-3K\lambda A_{\psi} \tag{5.103}$$

式中

$$\sigma_{\mathrm{h}}''=\frac{\sqrt{3}}{3}\boldsymbol{m}^{\mathrm{T}}\overline{\boldsymbol{\sigma}}'',\quad \sigma_{\mathrm{h}}''^{,\mathrm{e}}=\frac{\sqrt{3}}{3}\boldsymbol{m}^{\mathrm{T}}\overline{\boldsymbol{\sigma}}''^{,\mathrm{e}}=\frac{\sqrt{3}}{3}\boldsymbol{m}^{\mathrm{T}}\boldsymbol{D}\overline{\boldsymbol{\varepsilon}} \tag{5.104}$$

将式 (5.99) 和式 (5.103) 代入式 (5.76) 可得到以 $\Delta\lambda,\bar{\varepsilon}^{\mathrm{p}}$ 等两个内变量表示的屈服条件

$$\bar{F}=\bar{F}\left(\Delta\lambda,\bar{\varepsilon}^{\mathrm{p}}\right)=\bar{q}^{\mathrm{e}}-3\Delta\lambda\left(G+KA_{\phi}A_{\psi}\right)+A_{\phi}\sigma_{\mathrm{h}}''^{,\mathrm{e}}+B\left(\bar{\varepsilon}^{\mathrm{p}}\right)=0 \tag{5.105}$$

联系 $\Delta\lambda,\bar{\varepsilon}^{\mathrm{p}}$ 的是基于第 2 章中由式 (2.60) 给出的有效塑性应变定义的 $\Delta\bar{\varepsilon}^{\mathrm{p}},\Delta\lambda$ 之间的一致性条件，即

$$\bar{F}_{\mathrm{c}}=\Delta\bar{\varepsilon}^{\mathrm{p}}-\Delta\lambda\left(\mathcal{H}(\bar{q})+\mathcal{H}\left(|\sigma_{\mathrm{h}}''|\right)\frac{\sigma_{\mathrm{h}}''}{|\sigma_{\mathrm{h}}''|}\frac{A_{\psi}}{\sqrt{3}}\right)=0 \tag{5.106}$$

式中，$\mathcal{H}(\bar{q}),\mathcal{H}\left(|\sigma_{\mathrm{h}}''|\right)$ 分别表示 $\bar{q},|\sigma_{\mathrm{h}}''|$ 的 Heaviside 函数。

一点稳定积分混合元的非线性本构方程 (5.94) 的 Newton-Raphson 迭代过程可以利用式 (5.105) 和式 (5.106) 构造，即

$$\bar{F}_{k}=\bar{F}_{k-1}+\Delta\bar{F}=0 \tag{5.107}$$

$\bar{F}$ 的变化一般地可表示成如下形式

$$\dot{\bar{F}}=\frac{\partial\bar{F}}{\partial\Delta\lambda}\dot{\lambda}+\frac{\partial\bar{F}}{\partial\bar{\varepsilon}^{\mathrm{p}}}\dot{\bar{\varepsilon}}^{\mathrm{p}} \tag{5.108}$$

$\Delta\bar{\varepsilon}_p, \Delta\lambda$ 间一致性条件 $\bar{F}_{\mathrm{c}} = 0$ 在屈服面演变过程中需要保持，即

$$\dot{\bar{F}}_{\mathrm{c}} = \frac{\partial \bar{F}_{\mathrm{c}}}{\partial \Delta\lambda}\dot{\lambda} + \frac{\partial \bar{F}_{\mathrm{c}}}{\partial \Delta\bar{\varepsilon}^{\mathrm{p}}}\dot{\bar{\varepsilon}}^{\mathrm{p}} = 0 \tag{5.109}$$

由式 (5.109) 可得到以 $\dot{\lambda}$ 表达的 $\dot{\bar{\varepsilon}}^{\mathrm{p}}$，将其代入式 (5.108) 整理可得到

$$\dot{\bar{F}} = \frac{\mathrm{d}\bar{F}}{\mathrm{d}\Delta\lambda}\dot{\lambda} \tag{5.110}$$

式中

$$\frac{\mathrm{d}\bar{F}}{\mathrm{d}\Delta\lambda} = \frac{\partial \bar{F}}{\partial \Delta\lambda} - \frac{\partial \bar{F}}{\partial \bar{\varepsilon}^{\mathrm{p}}}\frac{\partial \bar{F}_{\mathrm{c}}}{\partial \Delta\lambda}\Big/\frac{\partial \bar{F}_{\mathrm{c}}}{\partial \Delta\bar{\varepsilon}^{\mathrm{p}}} \tag{5.111}$$

$$\frac{\partial \bar{F}}{\partial \Delta\lambda} = -3\left(G + KA_{\phi}A_{\Psi}\right), \quad \frac{\partial \bar{F}}{\partial \bar{\varepsilon}^{\mathrm{p}}} = \left(\sigma_{\mathrm{h}}^{\prime\prime,\mathrm{e}} - 3KA_{\Psi}\Delta\lambda\right)\frac{\partial A_{\phi}}{\partial \bar{\varepsilon}^{\mathrm{p}}} - 3KA_{\phi}\Delta\lambda\frac{\partial A_{\Psi}}{\partial \bar{\varepsilon}^{\mathrm{p}}} + \frac{\partial B}{\partial \bar{\varepsilon}^{\mathrm{p}}} \tag{5.112}$$

$$\frac{\partial \bar{F}_{\mathrm{c}}}{\partial \Delta\lambda} = -\left(\mathcal{H}(\bar{q}) + \mathcal{H}\left(|\sigma_{\mathrm{h}}^{\prime\prime}|\right)\frac{\sigma_{\mathrm{h}}^{\prime\prime}}{|\sigma_{\mathrm{h}}^{\prime\prime}|}\frac{A_{\psi}}{\sqrt{3}}\right), \quad \frac{\partial \bar{F}_{\mathrm{c}}}{\partial \Delta\bar{\varepsilon}^{\mathrm{p}}} = 1 - \frac{\Delta\lambda}{\sqrt{3}}\frac{\sigma_{\mathrm{h}}^{\prime\prime}}{|\sigma_{\mathrm{h}}^{\prime\prime}|}\frac{\partial A_{\Psi}}{\partial \bar{\varepsilon}^{\mathrm{p}}} \tag{5.113}$$

将线性化的式 (5.110)，即 $\Delta\bar{F} = \dfrac{\mathrm{d}\bar{F}}{\mathrm{d}\Delta\lambda}\delta(\Delta\lambda)$，代入式 (5.107) 得到

$$\delta(\Delta\lambda) = -\bar{F}_{k-1}\Big/\left.\frac{\mathrm{d}\bar{F}}{\mathrm{d}\Delta\lambda}\right|_{k-1}, \quad (\Delta\lambda)_k = (\Delta\lambda)_{k-1} + \delta(\Delta\lambda) \tag{5.114}$$

当 $\Delta\lambda$ 的收敛值确定，可利用式 (5.100)~ 式 (5.103) 和式 (5.83) 计算得到满足屈服准则 (5.105) 和一致性条件 (5.106) 和增量弹塑性本构方程 (5.94) 的应力度量。

5.2.3　一致性弹塑性切线模量矩阵和单元刚度矩阵

为推导一致性弹塑性切线模量矩阵，利用式 (5.103)，并假设不考虑内状态变量对于内摩擦角 Φ 和膨胀角 ψ 的塑性硬化或软化效应，考虑式 (5.76) 所示的屈服准则的一致性条件，即

$$\dot{\bar{F}} = \dot{\bar{q}} - 3KA_{\phi}A_{\Psi}\dot{\lambda} + A_{\phi}\dot{\sigma}_{\mathrm{h}}^{\prime\prime,\mathrm{e}} + \frac{\partial B}{\partial \bar{\varepsilon}^{\mathrm{p}}}\dot{\bar{\varepsilon}}^{\mathrm{p}} = 0 \tag{5.115}$$

此外，由式 (5.109) 得到

$$\dot{\lambda} = -\frac{\partial \bar{F}_{\mathrm{c}}}{\partial \Delta\bar{\varepsilon}_{\mathrm{p}}}\left(\frac{\partial \bar{F}_{\mathrm{c}}}{\partial \Delta\lambda}\right)^{-1}\dot{\bar{\varepsilon}}^{p} \tag{5.116}$$

将式 (5.116) 代入式 (5.115) 得到用以表达 $\dot{\bar{q}},\dot{\bar{\varepsilon}}^{\mathrm{p}}$ 的第一个方程

$$\dot{\bar{q}}-b_{\mathrm{q}\varepsilon}\dot{\bar{\varepsilon}}^{\mathrm{p}}=-A_{\phi}\dot{\sigma}_{\mathrm{h}}^{\prime\prime,\mathrm{e}} \tag{5.117}$$

式中，$b_{\mathrm{q}\varepsilon}=-\left[3KA_{\phi}A_{\Psi}\dfrac{\partial\bar{F}_{\mathrm{c}}}{\partial\Delta\bar{\varepsilon}_{\mathrm{p}}}\left(\dfrac{\partial F_{\mathrm{c}}}{\partial\Delta\lambda}\right)^{-1}+\dfrac{\partial B}{\partial\bar{\varepsilon}^{\mathrm{p}}}\right]$。

利用式 (5.99) 和式 (5.116) 得到用以表达 $\dot{\bar{q}},\dot{\bar{\varepsilon}}^{\mathrm{p}}$ 的第二个方程

$$\dot{\bar{q}}-a_{\mathrm{q}\varepsilon}\dot{\bar{\varepsilon}}^{\mathrm{p}}=\dot{\bar{q}}^{\mathrm{e}} \tag{5.118}$$

式中，$a_{\mathrm{q}\varepsilon}=3G\dfrac{\partial\bar{F}_{\mathrm{c}}}{\partial\Delta\bar{\varepsilon}_{\mathrm{p}}}\left(\dfrac{\partial F_{\mathrm{c}}}{\partial\Delta\lambda}\right)^{-1}$。

联立求解方程 (5.117) 和 (5.118) 得到利用分别表征第一和第二应力不变量率弹性预测值的 $\dot{\sigma}_{\mathrm{h}}^{\prime\prime,\mathrm{e}},\dot{\bar{q}}^{\mathrm{e}}$ 表示的 $\dot{\bar{\varepsilon}}^{\mathrm{p}},\dot{\bar{q}}$ 表达式

$$\dot{\bar{\varepsilon}}^{\mathrm{p}}=\left(b_{\mathrm{q}\varepsilon}-a_{\mathrm{q}\varepsilon}\right)^{-1}\left(\dot{\bar{q}}^{\mathrm{e}}+A_{\phi}\dot{\sigma}_{\mathrm{h}}^{\prime\prime,\mathrm{e}}\right) \tag{5.119}$$

$$\dot{\bar{q}}=\dot{\bar{q}}^{\mathrm{e}}+a_{\mathrm{q}\varepsilon}\left(b_{\mathrm{q}\varepsilon}-a_{\mathrm{q}\varepsilon}\right)^{-1}\left(\dot{\bar{q}}^{\mathrm{e}}+A_{\phi}\dot{\sigma}_{\mathrm{h}}^{\prime\prime,\mathrm{e}}\right) \tag{5.120}$$

注意到式 (5.119) 和式 (5.120) 右端的弹性预测值的变化率 $\dot{\sigma}_{\mathrm{h}}^{\prime\prime,\mathrm{e}},\dot{\bar{q}}^{\mathrm{e}}$ 完全由应变速率 $\dot{\boldsymbol{\varepsilon}},\dot{\boldsymbol{\varepsilon}}^{\mathrm{x}}$ 确定，即由式 (5.97)、式 (5.104) 中第二式和式 (5.49) 可得到

$$\dot{\bar{q}}^{\mathrm{e}}=\frac{1}{2\bar{q}^{\mathrm{e}}}\left[\left(\boldsymbol{P}\overline{\boldsymbol{\sigma}}^{\prime\prime,\mathrm{e}}\right)^{\mathrm{T}}\boldsymbol{D}\dot{\boldsymbol{\varepsilon}}+\frac{12G}{A_{\mathrm{e}}}\left(\boldsymbol{H}\boldsymbol{\sigma}^{\prime\prime\mathrm{x},\mathrm{e}}\right)^{\mathrm{T}}\dot{\boldsymbol{\varepsilon}}^{\mathrm{x}}\right],\quad \dot{\sigma}_{\mathrm{h}}^{\prime\prime,\mathrm{e}}=\frac{\sqrt{3}}{3}\boldsymbol{m}^{\mathrm{T}}\boldsymbol{D}\dot{\boldsymbol{\varepsilon}} \tag{5.121}$$

注意到式 (5.100),式 (5.102) 以及由式 (5.82) 和式 (5.101) 可得到的 $\boldsymbol{P}\overline{\boldsymbol{\sigma}}^{\prime\prime}=\alpha\overline{\boldsymbol{\sigma}}^{\prime\prime,\mathrm{e}}$，式 (5.121) 可改写为

$$\dot{\bar{q}}^{\mathrm{e}}=\frac{1}{2\bar{q}}\left[\left(\boldsymbol{P}\overline{\boldsymbol{\sigma}}^{\prime\prime}\right)^{\mathrm{T}}\boldsymbol{D}\dot{\boldsymbol{\varepsilon}}+\frac{12G}{A_{\mathrm{e}}}\left(\boldsymbol{H}\boldsymbol{\sigma}^{\prime\prime\mathrm{x}}\right)^{\mathrm{T}}\dot{\boldsymbol{\varepsilon}}^{\mathrm{x}}\right],\quad \dot{\sigma}_{\mathrm{h}}^{\prime\prime,\mathrm{e}}=\frac{\sqrt{3}}{3}\boldsymbol{m}^{\mathrm{T}}\boldsymbol{D}\dot{\boldsymbol{\varepsilon}} \tag{5.122}$$

由式 (5.100) 中第一式和式 (5.99) 可得到 $\dot{\alpha},\dot{\lambda}$ 的表达式

$$\dot{\alpha}=\frac{\alpha}{\bar{q}}\left(\dot{\bar{q}}-\alpha\dot{\bar{q}}^{\mathrm{e}}\right),\quad \dot{\lambda}=\frac{1}{3G}\left(\dot{\bar{q}}^{\mathrm{e}}-\dot{\bar{q}}\right) \tag{5.123}$$

将式 (5.103) 和式 (5.101) 中第一式代入式 (5.83) 中第二式可得到

$$\overline{\boldsymbol{\sigma}}^{\prime\prime}=\alpha\overline{\boldsymbol{S}}^{\prime\prime,\mathrm{e}}+\sqrt{3}\boldsymbol{m}\left(\sigma_{\mathrm{h}}^{\prime\prime,\mathrm{e}}-3K\lambda A_{\Psi}\right)/3 \tag{5.124}$$

并注意 $\overline{\boldsymbol{S}}^{\prime\prime,\mathrm{e}}$ 与 $\overline{\boldsymbol{\sigma}}^{\prime\prime,\mathrm{e}}$ 之间有如式 (5.82) 中第一式所表示的广义有效应力与其偏应力之间关系，即

$$\overline{\boldsymbol{S}}^{\prime\prime,\mathrm{e}}=\boldsymbol{M}_{\tau}\boldsymbol{P}\overline{\boldsymbol{\sigma}}^{\prime\prime,\mathrm{e}}/3 \tag{5.125}$$

将式 (5.124) 和式 (5.125) 两边对时间求导，并将后者代入前者利用 $\overline{\boldsymbol{\sigma}}''^{,\mathrm{e}} = \boldsymbol{D}\bar{\varepsilon}$，可得到

$$\dot{\overline{\boldsymbol{\sigma}}}'' = \dot{\alpha}\overline{\boldsymbol{S}}''^{,\mathrm{e}} + \alpha \boldsymbol{M}_{\tau}\boldsymbol{P}\boldsymbol{D}\dot{\bar{\boldsymbol{\varepsilon}}}/3 + \sqrt{3}\boldsymbol{m}\left(\sigma_{\mathrm{h}}''^{,\mathrm{e}} - 3K\lambda A_{\psi}\right)/3 \tag{5.126}$$

而式 (5.102) 两边对时间求导,并利用式 (5.49) 中所示弹性应力应变关系式 $\boldsymbol{\sigma}''^{\mathrm{x}} = 2G\boldsymbol{\varepsilon}^{\mathrm{x}}$, 可得到

$$\dot{\boldsymbol{\sigma}}''^{\mathrm{x}} = \dot{\alpha}\boldsymbol{\sigma}''^{\mathrm{x}}/\alpha + 2G\alpha\dot{\boldsymbol{\varepsilon}}^{\mathrm{x}} \tag{5.127}$$

最终，将式 (5.120)、式 (5.122)、式 (5.123) 代入式 (5.126) 和式 (5.127), 在整理后得到一致性弹塑性切线模量矩阵 $\boldsymbol{D}_{\mathrm{ep}}$ 如下

$$\int_{A_{\mathrm{e}}} \delta\boldsymbol{\varepsilon}^{\mathrm{T}}\dot{\boldsymbol{\sigma}}''\mathrm{d}A_{\mathrm{e}} = \begin{bmatrix} \delta\overline{\boldsymbol{\varepsilon}}^{\mathrm{T}} & \delta\left(\boldsymbol{\varepsilon}^{\mathrm{x}}\right)^{\mathrm{T}} \end{bmatrix} \begin{bmatrix} \boldsymbol{D}_{\mathrm{ep}}^{11} & \boldsymbol{D}_{\mathrm{ep}}^{12} \\ \boldsymbol{D}_{\mathrm{ep}}^{21} & \boldsymbol{D}_{\mathrm{ep}}^{22} \end{bmatrix} \left\{ \begin{array}{c} \dot{\bar{\boldsymbol{\varepsilon}}} \\ \dot{\boldsymbol{\varepsilon}}^{\mathrm{x}} \end{array} \right\},$$

$$\boldsymbol{D}_{\mathrm{ep}} = \begin{bmatrix} \boldsymbol{D}_{\mathrm{ep}}^{11} & \boldsymbol{D}_{\mathrm{ep}}^{12} \\ \boldsymbol{D}_{\mathrm{ep}}^{21} & \boldsymbol{D}_{\mathrm{ep}}^{22} \end{bmatrix} \tag{5.128}$$

式中

$$\boldsymbol{D}_{\mathrm{ep}}^{11} = A_{\mathrm{e}}\left[\frac{1}{\alpha}\overline{\boldsymbol{S}}''\boldsymbol{C}_{1\alpha}^{\mathrm{T}} + \left(\alpha\boldsymbol{M}_{\tau}\boldsymbol{P} + \boldsymbol{m}\boldsymbol{m}^{\mathrm{T}}\right)\boldsymbol{D}/3 - \sqrt{3}KA_{\psi}\boldsymbol{m}\boldsymbol{C}_{1\lambda}^{\mathrm{T}}\right],$$

$$\boldsymbol{D}_{\mathrm{ep}}^{12} = A_{\mathrm{e}}\left[\frac{1}{\alpha}\overline{\boldsymbol{S}}''\boldsymbol{C}_{2\alpha}^{\mathrm{T}} - \sqrt{3}KA_{\psi}\boldsymbol{m}\boldsymbol{C}_{2\lambda}^{\mathrm{T}}\right], \quad \boldsymbol{D}_{\mathrm{ep}}^{21} = \frac{2}{\bar{q}}\boldsymbol{H}\boldsymbol{\sigma}''^{\mathrm{x}}\left[\boldsymbol{C}_{1\mathrm{q}}^{\mathrm{T}} - \frac{\alpha}{2\bar{q}}\left(\boldsymbol{P}\overline{\boldsymbol{\sigma}}''\right)^{\mathrm{T}}\boldsymbol{D}\right],$$

$$\boldsymbol{D}_{\mathrm{ep}}^{22} = 2\boldsymbol{H}\left[\frac{1}{\alpha}\boldsymbol{\sigma}''^{\mathrm{x}}\boldsymbol{C}_{2\alpha}^{\mathrm{T}} + 2G\alpha\boldsymbol{I}\right] \tag{5.129}$$

$$\boldsymbol{C}_{1\alpha}^{\mathrm{T}} = \frac{\alpha}{\bar{q}}\left[\boldsymbol{C}_{1\mathrm{q}}^{\mathrm{T}} - \frac{\alpha}{2\bar{q}}\left(\boldsymbol{P}\overline{\boldsymbol{\sigma}}''\right)^{\mathrm{T}}\boldsymbol{D}\right], \quad \boldsymbol{C}_{2\alpha}^{\mathrm{T}} = \frac{\alpha}{\bar{q}}\left[\boldsymbol{C}_{2\mathrm{q}}^{\mathrm{T}} - \frac{6G\alpha}{\bar{q}A_{\mathrm{e}}}\left(\boldsymbol{H}\boldsymbol{\sigma}''^{\mathrm{x}}\right)^{\mathrm{T}}\right],$$

$$\boldsymbol{C}_{1\mathrm{q}}^{\mathrm{T}} = \frac{1}{2\bar{q}}\left[1 + a_{\mathrm{q}\varepsilon}\left(b_{\mathrm{q}\varepsilon} - a_{\mathrm{q}\varepsilon}\right)^{-1}\right]\left(\boldsymbol{P}\overline{\boldsymbol{\sigma}}''\right)^{\mathrm{T}}\boldsymbol{D} + \frac{1}{\sqrt{3}}a_{\mathrm{q}\varepsilon}\left(b_{\mathrm{q}\varepsilon} - a_{\mathrm{q}\varepsilon}\right)^{-1}A_{\phi}\boldsymbol{m}^{\mathrm{T}}\boldsymbol{D},$$

$$\boldsymbol{C}_{2\mathrm{q}}^{\mathrm{T}} = \frac{6G}{\bar{q}A_{\mathrm{e}}}\left[1 + a_{\mathrm{q}\varepsilon}\left(b_{\mathrm{q}\varepsilon} - a_{\mathrm{q}\varepsilon}\right)^{-1}\right]\left(\boldsymbol{H}\boldsymbol{\sigma}''^{\mathrm{x}}\right)^{\mathrm{T}},$$

$$\boldsymbol{C}_{2\lambda}^{\mathrm{T}} = \frac{-2a_{\mathrm{q}\varepsilon}\left(b_{\mathrm{q}\varepsilon} - a_{\mathrm{q}\varepsilon}\right)^{-1}}{\bar{q}A_{\mathrm{e}}}\left(\boldsymbol{H}\boldsymbol{\sigma}''^{\mathrm{x}}\right)^{\mathrm{T}},$$

$$\boldsymbol{C}_{1\lambda}^{\mathrm{T}} = \frac{-a_{\mathrm{q}\varepsilon}\left(b_{\mathrm{q}\varepsilon} - a_{\mathrm{q}\varepsilon}\right)^{-1}}{3G}\left[\frac{1}{2\bar{q}}\left(\boldsymbol{P}\overline{\boldsymbol{\sigma}}''\right)^{\mathrm{T}}\boldsymbol{D} + \frac{1}{\sqrt{3}}A_{\phi}\boldsymbol{m}^{\mathrm{T}}\boldsymbol{D}\right] \tag{5.130}$$

可以验证，当 $A_{\phi} = A_{\psi}$，则有 $\boldsymbol{D}_{\mathrm{ep}}^{12} = \left(\boldsymbol{D}_{\mathrm{ep}}^{21}\right)^{\mathrm{T}}$。将式 (5.49) 中给出的单元应变位移关系 $\bar{\varepsilon} = \overline{\boldsymbol{B}}\boldsymbol{q}, 2\boldsymbol{\varepsilon}^{\mathrm{x}} = \boldsymbol{\Gamma}\boldsymbol{q}$ 代入式 (5.128)，可以得到固体骨架的单元一致性弹塑

性切线刚度矩阵 $\boldsymbol{K}_{\mathrm{ep}}$

$$\int_{A_{\mathrm{e}}} \delta\boldsymbol{\varepsilon}^{\mathrm{T}}\dot{\boldsymbol{\sigma}}''\mathrm{d}A_{\mathrm{e}} = \delta\boldsymbol{q}^{\mathrm{T}}\boldsymbol{K}_{\mathrm{ep}}\dot{\boldsymbol{q}}, \quad \boldsymbol{K}_{\mathrm{ep}} = \begin{bmatrix} \overline{\boldsymbol{B}}^{\mathrm{T}}\boldsymbol{D}_{\mathrm{ep}}^{11}\overline{\boldsymbol{B}} & \dfrac{1}{2}\overline{\boldsymbol{B}}^{\mathrm{T}}\boldsymbol{D}_{\mathrm{ep}}^{12}\boldsymbol{\Gamma} \\ \dfrac{1}{2}\boldsymbol{\Gamma}^{\mathrm{T}}\boldsymbol{D}_{\mathrm{ep}}^{21}\overline{\boldsymbol{B}} & \dfrac{1}{4}\boldsymbol{\Gamma}^{\mathrm{T}}\boldsymbol{D}_{\mathrm{ep}}^{22}\boldsymbol{\Gamma} \end{bmatrix} \tag{5.131}$$

5.3 几何非线性–共旋公式途径

为分析大应变、大转角和大位移问题，对稳定一点积分混合元在每个单元“嵌入”以其形心为原点与单元在变形过程中一起旋转的局部坐标系。

考虑一个典型的时间增量步 $\Delta t = t_{n+1} - t_n$。在时刻 t_n，参考全局坐标系的单元节点和单元形心的位置坐标向量分别以 $\boldsymbol{X}_i^n(i=1\sim4)$ 和 $\boldsymbol{X}_0^n$ 表示，参考单元局部坐标系的单元节点位置坐标向量以 $\boldsymbol{x}_i^n(i=1\sim4)$ 表示。在增量步分析过程中可以认为给定了 $\boldsymbol{X}_i^n(i=1\sim4)$ 和 $\boldsymbol{X}_0^n$，以时刻 t_n 单元局部坐标系与全局坐标系的夹角 α 表示的局部坐标系取向，以及 $\boldsymbol{x}_i^n(i=1\sim4)$。

在时刻 t_{n+1}，参考全局坐标系的单元节点和单元形心的位置坐标向量以 $\boldsymbol{X}_i^{n+1}$ $(i=1\sim4)$ 和 $\boldsymbol{X}_0^{n+1}$ 表示。在时刻 t_{n+1} 的单元局部坐标系取向有待确定，当它被确定后，参考时刻 t_{n+1} 的单元局部坐标系的单元节点位置坐标向量以 $\boldsymbol{x}_i^{n+1}(i=1\sim4)$ 表示。如在图 5.1 中所示，假设从时刻 t_n 到 t_{n+1} 的单元构形演变包含并可剖分为依次的刚体平移、旋转和变形（Strectching）三部分。刚体平移位移以 $(\boldsymbol{X}_0^{n+1} - \boldsymbol{X}_0^n)$ 表示；刚体旋转以从时刻 t_n 单元局部坐标系到时刻 t_{n+1} 单元局部坐标系的转角 β 表示，变形部分以下式中 $\boldsymbol{u}_i$ 表示，即

$$\boldsymbol{x}_i^{n+1} = \hat{\boldsymbol{x}}_i^n + \boldsymbol{u}_i \tag{5.132}$$

或者它参考时刻 t_{n+1} 单元局部坐标系的分量表示

$$\begin{Bmatrix} x_i^{n+1} \\ y_i^{n+1} \end{Bmatrix} = \begin{Bmatrix} \hat{x}_i^n \\ \hat{y}_i^n \end{Bmatrix} + \begin{Bmatrix} u_i \\ v_i \end{Bmatrix} = \begin{Bmatrix} x_i^n \\ y_i^n \end{Bmatrix} + \begin{Bmatrix} u_i \\ v_i \end{Bmatrix} \tag{5.133}$$

式中，$\hat{\boldsymbol{x}}_i^n$ 表示的是在时刻 t_n 单元局部坐标系与时刻 t_n 单元构形一起经历刚体平移和旋转运动（以 β 表示）到其与时刻 t_{n+1} 单元局部坐标系重合时，单元节点 i 参考时刻 t_{n+1} 单元局部坐标系表示的节点位置坐标；$\hat{\boldsymbol{x}}_i^n$ 参考时刻 t_{n+1} 单元局部坐标系的分量表示与参考时刻 t_n 单元局部坐标系的 $\boldsymbol{x}_i^n$ 的分量表示相同，如图 5.1 所示。$\boldsymbol{u}_i$ 是时刻 t_{n+1} 单元节点 i 参考时刻 t_{n+1} 单元局部坐标系表示的由 $\hat{x}_i^n$ 到 $\boldsymbol{x}_i^{n+1}$ 的位移增量。

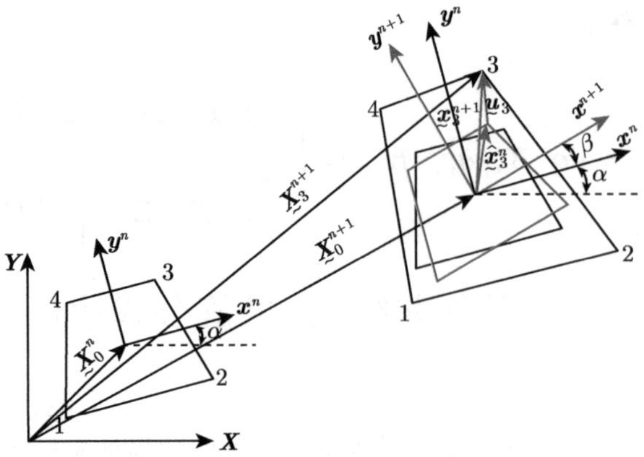

图 5.1　从时刻 t_n 到 t_{n+1} 的单元构形演变

刚体平移、刚体旋转和变形

另一方面，$\boldsymbol{x}_i^{n+1}$ 可表示为

$$\boldsymbol{x}_i^{n+1}=\boldsymbol{E}^{\mathrm{T}}\left(\boldsymbol{X}_i^{n+1}-\boldsymbol{X}_0^{n+1}\right) \tag{5.134}$$

式中，$\boldsymbol{E}^{\mathrm{T}}$ 为下式所示矩阵 $\boldsymbol{E}$ 的转置

$$\boldsymbol{E}=\left[\begin{array}{cc}\cos\beta & -\sin\beta\\ \sin\beta & \cos\beta\end{array}\right]=\left[\begin{array}{cc}c & -s\\ s & c\end{array}\right] \tag{5.135}$$

时刻 t_{n+1} 单元中两个节点 $(i,j=1\sim 4;i\neq j)$ 参考局部坐标系的节点坐标差 $\boldsymbol{x}_{ij}^{n+1}$ 定义为

$$\boldsymbol{x}_{ij}^{n+1}=\boldsymbol{x}_i^{n+1}-\boldsymbol{x}_j^{n+1} \tag{5.136}$$

将式 (5.134) 代入式 (5.136) 可得到

$$\boldsymbol{x}_{ij}^{n+1}=\boldsymbol{E}^{\mathrm{T}}\left(\boldsymbol{X}_i^{n+1}-\boldsymbol{X}_j^{n+1}\right)=\boldsymbol{E}^{\mathrm{T}}\boldsymbol{X}_{ij}^{n+1} \tag{5.137}$$

Jetteur and Cescotto（1991）建议了选择时刻 t_{n+1} 单元局部坐标系的准则：时刻 t_{n+1} 以 β 表示的单元局部坐标系的坐标 $\mathrm{x}^{n+1},\mathrm{y}^{n+1}$ 取向由在时刻 t_{n+1} 单元形心处计算的平均旋度指定为零确定，即

$$\Omega_{m0}=\left(\frac{\partial u_{\mathrm{x}}}{\partial y}-\frac{\partial u_{\mathrm{y}}}{\partial x}\right)_{m0}=\left(\left(\frac{\partial u_{\mathrm{x}}}{\partial y^n}+\frac{\partial u_{\mathrm{x}}}{\partial y^{n+1}}\right)-\left(\frac{\partial u_{\mathrm{y}}}{\partial x^n}+\frac{\partial u_{\mathrm{y}}}{\partial x^{n+1}}\right)\right)_0=0 \tag{5.138}$$

按照式 (5.12)~ 式 (5.16)，式 (5.138) 中各项可展开表示为

$$\left(\frac{\partial u_{\mathrm{x}}}{\partial y^n}\right)_0=\left(\boldsymbol{b}_{\mathrm{y}}^{\mathrm{T}}\right)_n\overline{\boldsymbol{u}}_{\mathrm{x}}$$

$$
\begin{aligned}
&= \frac{1}{2A_{\mathrm{e}}^{n}} \left[\begin{array}{llll} x_{42}^{n} & x_{13}^{n} & x_{24}^{n} & x_{31}^{n} \end{array}\right] \left[\begin{array}{llll} u_1 & u_2 & u_3 & u_4 \end{array}\right]^{\mathrm{T}} \\
&= \frac{1}{2A_{\mathrm{e}}^{n}} \left[\begin{array}{llll} x_{42}^{n} & x_{13}^{n} & x_{24}^{n} & x_{31}^{n} \end{array}\right] \\
&\quad \times \left[\begin{array}{llll} x_1^{n+1} - x_1^{n} & x_2^{n+1} - x_2^{n} & x_3^{n+1} - x_3^{n} & x_4^{n+1} - x_4^{n} \end{array}\right]^{\mathrm{T}} \\
&= \frac{1}{2A_{\mathrm{e}}^{n}} \left(x_{24}^{n} \left(x_{31}^{n+1} - x_{31}^{n}\right) + x_{31}^{n} \left(x_{42}^{n+1} - x_{42}^{n}\right)\right)
\end{aligned} \tag{5.139}
$$

$$
\begin{aligned}
\left(\frac{\partial u_{\mathrm{x}}}{\partial y^{n+1}}\right)_0 &= \left(\boldsymbol{b}_{\mathrm{y}}^{\mathrm{T}}\right)_{n+1} \overline{\boldsymbol{u}}_{\mathrm{x}} \\
&= \frac{1}{2A_{\mathrm{e}}^{n+1}} \left[\begin{array}{llll} x_{42}^{n+1} & x_{13}^{n+1} & x_{24}^{n+1} & x_{31}^{n+1} \end{array}\right] \left[\begin{array}{llll} u_1 & u_2 & u_3 & u_4 \end{array}\right]^{\mathrm{T}} \\
&= \frac{1}{2A_{\mathrm{e}}^{n+1}} \left(x_{24}^{n+1} \left(x_{31}^{n+1} - x_{31}^{n}\right) + x_{31}^{n+1} \left(x_{42}^{n+1} - x_{42}^{n}\right)\right)
\end{aligned} \tag{5.140}
$$

$$
\begin{aligned}
\left(\frac{\partial u_{\mathrm{y}}}{\partial x^{n}}\right)_0 &= \left(\boldsymbol{b}_{\mathrm{x}}^{\mathrm{T}}\right)_{n} \overline{\boldsymbol{u}}_{\mathrm{y}} \\
&= \frac{1}{2A_{\mathrm{e}}^{n}} \left[\begin{array}{llll} y_{42}^{n} & y_{13}^{n} & y_{24}^{n} & y_{31}^{n} \end{array}\right] \left[\begin{array}{llll} v_1 & v_2 & v_3 & v_4 \end{array}\right]^{\mathrm{T}} \\
&= \frac{1}{2A_{\mathrm{e}}^{n}} \left(y_{42}^{n} \left(y_{31}^{n+1} - y_{31}^{n}\right) + y_{31}^{n} \left(y_{24}^{n+1} - y_{24}^{n}\right)\right)
\end{aligned} \tag{5.141}
$$

$$
\begin{aligned}
\left(\frac{\partial u_{\mathrm{y}}}{\partial x^{n+1}}\right)_0 &= \left(\boldsymbol{b}_{\mathrm{x}}^{\mathrm{T}}\right)_{n+1} \overline{\boldsymbol{u}}_{\mathrm{y}} \\
&= \frac{1}{2A_{\mathrm{e}}^{n+1}} \left[\begin{array}{llll} y_{42}^{n+1} & y_{13}^{n+1} & y_{24}^{n+1} & y_{31}^{n+1} \end{array}\right] \left[\begin{array}{llll} v_1 & v_2 & v_3 & v_4 \end{array}\right]^{\mathrm{T}} \\
&= \frac{1}{2A_{\mathrm{e}}^{n+1}} \left(y_{42}^{n+1} \left(y_{31}^{n+1} - y_{31}^{n}\right) + y_{31}^{n+1} \left(y_{24}^{n+1} - y_{24}^{n}\right)\right)
\end{aligned} \tag{5.142}
$$

将式 (5.139)～ 式 (5.142) 代入式 (5.138) 得到

$$
\Omega_{m0} = \frac{1}{2} \left(\frac{1}{A_{\mathrm{e}}^{n}} + \frac{1}{A_{\mathrm{e}}^{n+1}}\right) \left(x_{24}^{n} x_{31}^{n+1} - x_{24}^{n+1} x_{31}^{n} - y_{42}^{n} y_{31}^{n+1} + y_{31}^{n} y_{42}^{n+1}\right) = 0 \tag{5.143}
$$

利用式 (5.137)，由式 (5.143) 得到确定时刻 t_{n+1} 单元局部坐标系取向的 β 角，即

$$
\tan\beta = \frac{S}{C} = \frac{-x_{24}^{n} X_{31}^{n+1} + x_{31}^{n} X_{24}^{n+1} + y_{42}^{n} Y_{31}^{n+1} - y_{31}^{n} Y_{42}^{n+1}}{x_{24}^{n} Y_{31}^{n+1} + x_{31}^{n} Y_{42}^{n+1} + y_{42}^{n} X_{31}^{n+1} + y_{31}^{n} X_{24}^{n+1}} \tag{5.144}
$$

相应于采用中点公式计算单元形心处旋率的式 (5.138)，一致性地采用中点公式计算参考局部坐标系、依赖于单元节点位移自由度的增量应变如下

$$\Delta\overline{\boldsymbol{\varepsilon}} = \frac{1}{2}\left(\Delta\overline{\boldsymbol{\varepsilon}}^{n} + \Delta\overline{\boldsymbol{\varepsilon}}^{n+1}\right) \tag{5.145}$$

式中

$$\Delta\bar{\varepsilon}_{ij}^{n} = \frac{1}{2}\left(\frac{\partial u_i}{\partial x_j^n} - \frac{\partial u_j}{\partial x_i^n}\right)_0, \quad \Delta\bar{\varepsilon}_{ij}^{n+1} = \frac{1}{2}\left(\frac{\partial u_i}{\partial x_j^{n+1}} - \frac{\partial u_j}{\partial x_i^{n+1}}\right)_0 \tag{5.146}$$

对于一个单元，给定时间增量步 $\Delta t = t_{n+1} - t_n$ 的初始时刻 t_n 的 $\boldsymbol{X}_i^n$ $(i = 1 \sim 4)$, $\boldsymbol{x}_i^n (i = 1 \sim 4)$, 并由全局有限元计算参考全局坐标系的单元节点位移增量 $\boldsymbol{U}_i$ $(i = 1 \sim 4)$。计算时刻 t_{n+1} 的 $\boldsymbol{X}_i^{n+1} = \boldsymbol{X}_i^n + \boldsymbol{U}_i$ $(i = 1 \sim 4)$ 和按式 (5.144) 确定表示时刻 t_{n+1} 共旋局部坐标系的取向 β 角，以及按式 (5.134) 计算单元在时刻 t_{n+1} 参考局部坐标系的节点坐标 $\boldsymbol{x}_i^{n+1}$ $(i = 1 \sim 4)$。进而可按式 (5.132) 或式 (5.133) 计算参考时刻 t_{n+1} 局部坐标系的节点位移增量 $\boldsymbol{q} = \begin{bmatrix} u_1 & u_2 & u_3 & u_4 & v_1 & v_2 & v_3 & v_4 \end{bmatrix}^{\mathrm{T}}$。并可按式 (5.14) 计算参考时刻 t_{n+1} 局部坐标系的矩阵 $\overline{\boldsymbol{B}}^{n+1}, \boldsymbol{\varGamma}^{n+1}$, 即

$$\overline{\boldsymbol{B}}^{n+1} = \begin{bmatrix} \left(\boldsymbol{b}_{\mathrm{x}}^{\mathrm{T}}\right)_{n+1} & \boldsymbol{0} \\ \boldsymbol{0} & \left(\boldsymbol{b}_{\mathrm{y}}^{\mathrm{T}}\right)_{n+1} \\ \boldsymbol{0} & \boldsymbol{0} \\ \left(\boldsymbol{b}_{\mathrm{y}}^{\mathrm{T}}\right)_{n+1} & \left(\boldsymbol{b}_{\mathrm{x}}^{\mathrm{T}}\right)_{n+1} \end{bmatrix}, \qquad \boldsymbol{\varGamma}^{n+1} = \begin{bmatrix} \left(\boldsymbol{\gamma}^{\mathrm{T}}\right)_{n+1} & \boldsymbol{0} \\ \boldsymbol{0} & \left(\boldsymbol{\gamma}^{\mathrm{T}}\right)_{n+1} \end{bmatrix} \tag{5.147}$$

式中

$$\left(\boldsymbol{b}_{\mathrm{x}}^{\mathrm{T}}\right)_{n+1} = \frac{1}{2A_{\mathrm{e}}^{n+1}}\begin{bmatrix} y_{42}^{n+1} & y_{13}^{n+1} & y_{24}^{n+1} & y_{31}^{n+1} \end{bmatrix},$$

$$\left(\boldsymbol{b}_{\mathrm{y}}^{\mathrm{T}}\right)_{n+1} = \frac{1}{2A_{\mathrm{e}}^{n+1}}\begin{bmatrix} x_{42}^{n+1} & x_{13}^{n+1} & x_{24}^{n+1} & x_{31}^{n+1} \end{bmatrix},$$

$$\left(\boldsymbol{\gamma}^{\mathrm{T}}\right)_{n+1} = \left[\boldsymbol{h} - \left(\boldsymbol{h}^{\mathrm{T}}\boldsymbol{x}_j^{n+1}\right)\left(\boldsymbol{b}_j\right)_{n+1}\right] / A_{\mathrm{e}}^{n+1} \quad (j = 1, 2;\ b_1 = b_{\mathrm{x}}, b_2 = b_{\mathrm{y}}) \tag{5.148}$$

按中点公式计算的参考局部坐标系的增量应变可表示为

$$\Delta\overline{\boldsymbol{\varepsilon}} = \frac{1}{2}\left(\overline{\boldsymbol{B}}^{n} + \overline{\boldsymbol{B}}^{n+1}\right)\boldsymbol{q}, \quad 2\Delta\boldsymbol{\varepsilon}^{\mathrm{x}} = \frac{1}{2}\left(\boldsymbol{\varGamma}^{n} + \boldsymbol{\varGamma}^{n+1}\right)\boldsymbol{q}, \tag{5.149}$$

参考局部坐标系表示的时刻 t_{n+1} 有效应力弹性预测值可表示为

$$\overline{\boldsymbol{\sigma}}_{n+1}^{\prime\prime,\mathrm{e}} = \overline{\boldsymbol{\sigma}}_{n}^{\prime\prime} + \boldsymbol{D}\Delta\overline{\boldsymbol{\varepsilon}}, \quad \boldsymbol{\sigma}_{n+1}^{\prime\prime\mathrm{x},\mathrm{e}} = \boldsymbol{\sigma}_{n}^{\prime\prime\mathrm{x}} + 2G\Delta\boldsymbol{\varepsilon}^{\mathrm{x}} \tag{5.150}$$

若当前增量步的有效应力弹性预测值达到屈服面上，将按 5.2 节描述的材料非线性一致性算法执行为满足局部积分点非线性本构关系的迭代过程，并得到在时刻 t_{n+1} 收敛的有效应力值 $\bar{\boldsymbol{\sigma}}''_{n+1}, \boldsymbol{\sigma}''^{\mathrm{x}}_{n+1}$，和按式 (5.61) 计算单元节点内力 $\boldsymbol{F}_{\mathrm{u}}$。

需要指出的是，当采用共旋公式途径处理几何非线性（或材料–几何非线性问题）时，式 (5.131) 所示的单元固相弹塑性刚度矩阵 $\boldsymbol{K}_{\mathrm{ep}}$ 和式 (5.61) 所示的单元节点内力向量 $\boldsymbol{F}_{\mathrm{u}}$ 均参考当前时刻的局部坐标系。它们均需通过坐标变换为参考全局坐标系表示后（Crisfield, 1997）才能“组装”到全局刚度矩阵和全局节点内力向量以执行为满足全局有限元离散控制方程的非线性迭代过程。

5.4 数值算例

由应变软化引起的应变局部化是导致在多孔介质结构、例如岩土边坡结构、中萌生渐进破坏最常见的机理之一。然而，众所周知，标准 $\boldsymbol{u}$-p 公式有限元不能有效地捕捉到局部化破坏模式，以及不能有效模拟由于应变软化导致的承载能力下降。本节将通过边坡数值例题显示本章中介绍的混合有限元在再现应变局部化现象方面的良好表现。需要说明的是，当在一个经典的连续体计算模型中引入材料应变软化行为，初边值问题将成为不适定，并导致病态依赖于网格的数值解。解决这个问题的根本措施是在经典连续体或经典多孔连续体模型中引入正则化机制，如采用梯度模型、Cosserat 连续体模型等非局部、非经典连续体模型（Muhlhaus, 1989; Loret and Prevost, 1991; Borst and Muhlhaus, 1992; 李锡夔等, 2003; Li and Cescotto, 1996; Schrefler et al., 1996; Li and Cescotto, 1997; Zhang et al., 1999; Li et al., 2002; Li and Tang, 2005），以保持局部化问题的适定性，但这不在本章要介绍的内容范围内。本章专注于发展适合于模拟饱和多孔介质结构中以应变局部化为特征的渐进破坏过程的混合有限元，在这类介质中固体骨架与孔隙流体压力的相互作用对介质破坏现象有重要影响。

本节所考察的边坡数值例题作为一个平面应变问题分析。如图 5.2 所示，通过放置在其顶部的基础对其施加载荷。指定边坡结构的斜坡边界和相邻于顶部基础的其余顶部边界为排水边界。采用 Drucker-Prager 准则描述边坡的弹塑性本构行为。边坡被离散化为包含 480 个单元的混合元网格。顶部基础模型化为具有拟刚性材料性质的 16 个单元网格。基础与边坡顶部的接触假定为理想粘合。通过对单元网格的节点 A 指定逐渐增长垂直位移对边坡施加按一定速率增长的载荷，此加载方法允许在加载过程中基础可以围绕节点 A 旋转。

在例题中采用的材料参数包括：杨氏模量 $E = 5.0 \times 10^4$ kPa, 泊松比 $\nu = 0.3$，初始粘聚力 $c_0 = 50$ kPa, 软化参数 $h_{\mathrm{p}}^{\mathrm{c}} = -20$ kPa, 内摩擦角 $\Phi = 25°$, 塑性膨胀角 $\psi = 5°$, 孔隙度 $\phi = 0.322$，体现材料不同渗透性的两种各向同性渗透

系数 $k_{\mathrm{w}} = 1 \times 10^{-5}$ m/s, $k_{\mathrm{w}} = 5 \times 10^{-7}$ m/s；固体颗粒和孔隙流体的体积模量 $K_{\mathrm{s}} = 6.146 \times 10^{6}$ kPa, $K_{\mathrm{f}} = 1.724 \times 10^{5}$ kPa, 孔隙流体和固相的质量密度 $\rho_{\mathrm{w}} = 1 \times 10^{3}$ kg/m^3, $\rho_{\mathrm{s}} = 2.647 \times 10^{3}$ kg/m^3。

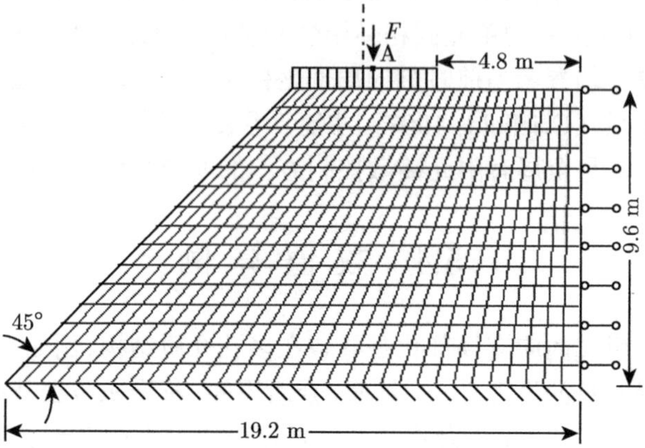

图 5.2　平面应变条件下的边坡稳定问题

几何，边界条件和有限元网格

边坡顶部节点 A 处分别以两种加载速率、即在 5.1 s 和 510 s 内施加至最大垂直位移 1.02 m。图 5.3（a）和（b）分别显示了在高、低渗透系数条件下边坡承受高速率与低速率加载情况所得的载荷–位移结果曲线。从图中两条曲线的比较可以看到，在高速率加载的瞬态条件下，特别在低渗透系数条件下，惯性项承担了相当部分载荷，萌生材料软化的载荷门槛与边坡的承载能力也因而提升；展示了不同加载速率的载荷对应变局部化的动力效应。图 5.3 中载荷–位移结果曲线也显示了当材料软化参数引入到 Drucker-Prager 屈服准则时，本章所介绍的混合有限元具备模拟边坡结构软化行为的能力。图 5.4~ 图 5.6 分别给出了高渗透性边坡在高速率加载历史结束时的变形构形、超孔隙压力和等价塑性应变在边坡全域的分布。图 5.4 和图 5.6 表明，本章中介绍的混合有限元具有在大应变和动力条件下模拟边坡中发展的以应变局部化为特征的渐进破坏现象。

从图 5.5 可观察到在加载历史结束时沿远离排水边界的剪切带区的低孔隙水压分布。这可归结为在加载历史结束时那个区域所发展的塑性体积膨胀应变。这种现象甚至导致边坡中发生和在数值结果中显示的具有负值超孔隙水压的边坡区域处于非饱和状态。如在第 1 章中介绍的，借助于被动空气压力假定（即假定所关心的区域内的每一材料点的空气压力为常数或为方便起见为零），控制饱和多孔介质行为的 $\boldsymbol{u}$-p 公式可以简单地拓展到非饱和多孔介质（Zienkiewicz et al., 1990; Li and Zienkiewicz, 1992）。用以描述局部积分点处固体骨架弹塑性本构行为的 Drucker-Prager 模型可以简单地拓展到非饱和区，只是 Drucker-Prager 模型中的粘聚力材料参数应同时依赖于局部点的吸力 $p_c = -p$。

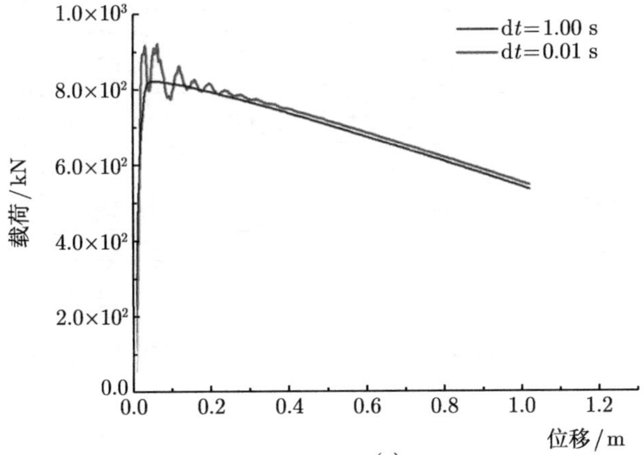

(a)

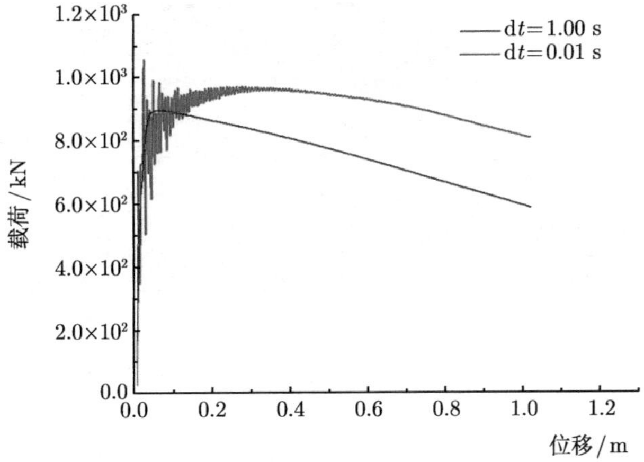

(b)

图 5.3 高速与低速加载条件下边坡稳定问题的载荷–位移曲线

(a) $k_w = 1 \times 10^{-5}$ m/s; (b) $k_w = 5 \times 10^{-7}$ m/s

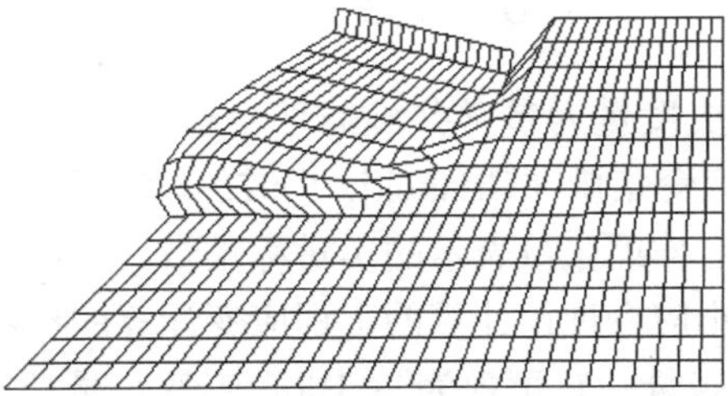

图 5.4 边坡（480 个混合元网格离散）在载荷历史结束时的变形构形

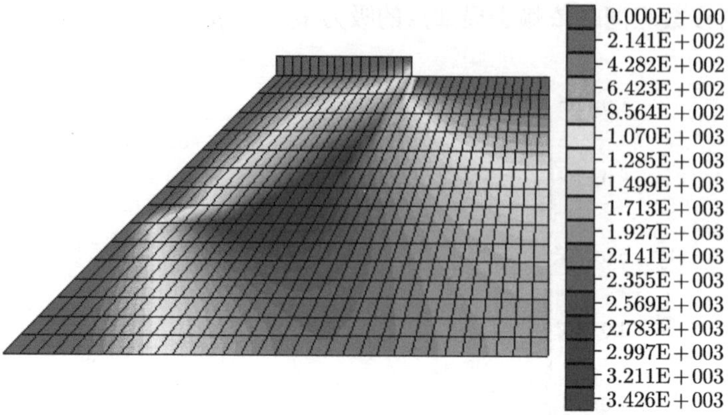

图 5.5　高速加载条件下高渗透性边坡问题在载荷历史结束时的孔隙流体压力分布（kPa）

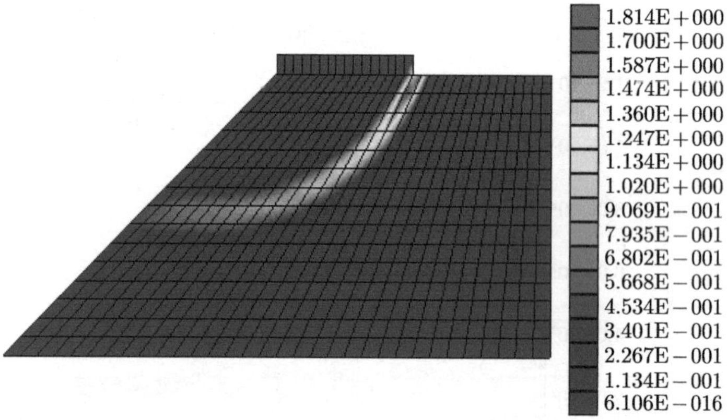

图 5.6　高速加载条件下高渗透性边坡问题在载荷历史结束时的等效塑性应变分布（kPa）

这里所讨论的关于非饱和多孔介质混合元方法中的问题已超过本章内容范围。本章介绍的饱和多孔介质混合有限元方法也可拓展到完全耦合的三相非饱和多孔介质（Li et al., 2005）。

5.5　总结与讨论

在共旋公式中应变度量为参考共旋局部坐标系按小应变定义表示的工程应变，它可视为 Biot 应变张量（Crisfield, 1997; 李锡夔等, 2015）。Biot 应变张量是可以通过实对称右伸缩张量表示的实对称张量。当材料为各向同性，利用参考共旋局部坐标系以小应变理论计算的工程应变计算的参考共旋局部坐标系的应力度量也是各向同性张量。它可视为与 Biot 应变张量功共轭的 Biot 应力张量（Crisfield, 1997; 李锡夔等, 2015）。需要注意的是，参考共旋局部坐标系计算的作为 Biot 应变张量的共旋应力张量不同于更新（Updated）Lagrange 有限元公式中的第二 P-K（2nd Piola-Kirchhoff）应力张量。在连续介质力学框架下，Biot 应力张量可以表示为右伸缩张量与第二 P-K （2nd Piola-Kirchhoff）应力张量的点积。

利用共旋局部坐标系下表示的共旋应变张量和与其功共轭的共旋应力张量，本章所介绍的混合元可以在有限元增量过程中参考共旋局部坐标系按小应变理论选择的 Biot 应变张量和功共轭 Biot 应力张量，绕开了在大变形情况下为保证连续介质力学理论对应变与应力度量、应变速率与应力速率度量的客观性而需引入客观应力速率度量的要求。

参 考 文 献

李锡夔，郭旭，段庆林，2015. 连续介质力学引论. 北京: 科学出版社.

李锡夔，刘泽佳，严颖，2003. 饱和多孔介质中的混合有限元法和有限应变下应变局部化分析. 力学学报，35(6): 668–676.

刘泽佳，李锡夔，2006. 非饱和多孔介质中热渗流力学耦合的混合元法. 力学学报 38(2): 170–175.

刘泽佳，李锡夔，2007. 非饱和多孔介质中混合元法的化学–热–水力–力学耦合的本构模拟. 计算力学学报，24: 397–402.

Belytschko T, Liu W K, Moran B, 2000. Nonlinear Finite Elements for Continua and Structures. John Wiley & Sons.

Belytschko T, Ong J, Liu W K, Kennedy J M, 1984. Hourglass control in linear and nonlinear problems. Computer Methods in Applied Mechanics and Engineering, 43: 251–276.

de Borst R, Muhlhaus H B, 1992. Gradient-dependent plasticity: Formulation and algorithmic aspects. International Journal for Numerical Methods in Engineering, 35: 521–539.

Crisfield M A, 1990. A consistent co-rotational formulation for non-linear, three-dimensional beam elements. Computer Methods in Applied Mechanics and Engineering, 81: 131–150.

Crisfield M A, 1991. Non-linear Finite Element Analysis of Solids and Structures. Volume 1: Essentials. John Wiley & Sons.

Crisfield M A, 1997. Non-linear Finite Element Analysis of Solids and Structures. Volume 2: Advanced Topics. John Wiley & Sons.

Crisfield M A, Moita G F, 1996. A co-rotational formulation for 2-D continua including incompatible modes. International Journal for Numerical Methods in Engineering, 39: 2619–2633.

Jetteur P H, Cescotto S, 1991. A mixed finite element for the analysis of large inelastic strains. International Journal for Numerical Methods in Engineering, 31: 229–239.

Li X K, Cescotto S, 1996. Finite element method for gradient plasticity at large strains. International Journal for Numerical Methods in Engineering, 39: 619–633.

Li X K, Cescotto S, 1997. A mixed element method in gradient plasticity for pressure dependent materials and modelling of strain localization. Computer Methods in Applied Mechanics and Engineering, 144: 287–305.

Li X K, Cescotto S, Duxbury P G, 1998. A mixed strain element method for pressure dependent elastoplasticity at moderate finite strain. International Journal for Numerical Methods in Engineering, 43: 111–129.

Li X K, Crook A J L, Lyons L, 1993. Mixed strain elements for non-linear analysis. Engineering Computations, 10: 223–242.

Li X K, Liu Z J and Lewis R W, 2005. Mixed finite element method for coupled thermo-hydro-mechanical process in poro-elasto-plastic media at large strains. Int. J. Numer. Meth. Engng., 64: 667–708.

Li X K, Liu Z J, Lewis R W, Suzuki K, 2003. Mixed finite element method for saturated poroelastoplastic media at large strains, Int. J. Numer. Meth. Engng., 57: 875–898.

Li X K and Tang H X, 2005. A consistent mapping algorithm for pressure-dependent elastoplastic Cosserat continua and modeling of strain localization. Comput. Struct., 83: 1–10.

Li X K, Zhang J B, Zhang H W, 2002. Instability of wave propagation in saturated poroelastoplastic media. International Journal for Numerical and Analytical Methods in Geomechanics, 26: 563–578.

Li X K, Zienkiewicz O C. 1992. Multiphase flow in deforming porous media and finite element solutions. Computers and Structures, 45: 211–227.

Liu W K, Belytschko T, Chen J S, 1988. Nonlinear versions of flexurally superconvergent elements. Computer Methods in Applied Mechanics and Engineering, 71: 241–258.

Loret B, Prevost J H, 1991. Dynamic strain localization in fluid-saturated porous media. Journal of Engineering Mechanics (ASCE), 117: 907–922.

Muhlhaus H B, 1989. Application of Cosserat theory in numerical solutions of limit load problems. Ingenieur-Archives, 59: 124–137.

Papastavrou A, Steinmann P, Stein E, 1997. Enhanced finite element formulation for geometrically linear fluid-saturated porous media. Mechanics of Cohesive-frictional Materials, 2: 185–203.

Schrefler B A, Sanavia L, Majorana C E, 1996. A multiphase medium model for localization and post localization simulation in geomaterials. Mechanics of Cohesive-frictional Materials, 1: 95–114.

Simo J C, Armero F, 1992. Geometrically non-linear enhanced strain mixed methods and the method of incompatible modes. Int. J. for Numerical Methods in Engineering, 33: 1413–1449.

Simo, J C and Rifai M S, 1990. A class of mixed assumed strain methods and the method of incompatible modes. Int. J. Num. Meth. Eng., 29: 1595–1638.

Simo J C and Hughes T J R, 1997. Computational Inelasticity. Springer.

Taylor R L, Beresford P J, Wilson E L, 1976. A non-conforming element for stress analysis. International Journal for Numerical Methods in Engineering, 10: 1211–1219.

Wilson E L, Taylor R L, Doherty W P, Ghaboussi J, 1973. Incompatible displacement modes. In Numerical and Computer Models in Structural Mechanics, Fenves SJ et al. (Eds). New York: Academic Press, 22.

Zhang H W, Sanavia L, Schrefler B A, 1999. An internal length scale in dynamic strain localization of Multiphase porous media. Mechanics of Cohesive-frictional Materials, 4: 443–460.

Zienkiewicz O C, Taylor R L, 2005. The Finite Element Method, Sixth Edition. Vol.1, Its Basis & Fundamentals. Elsevier.

Zienkiewicz O C, Xie Y M, Schrefler B A, Ledesma A, Bicanic N, 1990. Static and dynamic behaviour of geomaterials. A rational approach to quantitative solution. Part II–semi-saturated problems. Proceedings of the Royal Society London, A429: 311–321.

第 6 章　饱和多孔介质和固体动力学的时域弱间断 Galerkin 有限元法

传统的求解依赖于时间过程的连续 Galerkin 有限元法（Continuous Galerkin FEM, 简称为 CGFEM）以在空间域的半离散化过程和在时间域的有限差分方法、例如 Newmark 法、相结合为特征（以下或简称为 CGFEM_Newmark 法）。对于以低频响应为主的饱和多孔介质或连续体结构动力学问题，应用 CGFEM_Newmark 法通常能得到满意的数值结果。但 CGFEM 不能有效地捕捉住在强脉动外激励作用下移动波阵面上的解的间断或正确再现由于冲击波传播导致解在空域的高梯度变化。此外，它也不具备滤去虚假高阶模式和消除虚假数值振荡的能力。

时域间断 Galerkin 有限元法（Time Discontinuous Galerkin FEM, 简称为 DGFEM）已受到了广泛的注意和研究，已成功应用于求解结构动力学和波传播分析等时间相关问题（Hughes and Hulbert, 1988; Hulbert and Hughes, 1990; Hulbert, 1992; Johnson, 1993; Li and Wiberg, 1996; 1998; Wiberg and Li, 1999; Durate et al., 2000; Freund, 2001）。DGFEM 的重要特征是对问题在空间域和时间域均采用有限元离散，对空间域离散形成的半离散化控制方程中节点基本未知数向量及其时间导数向量在时间域中独立分片插值，并允许它们在离散的时域点处间断，其间断值通过变分原理确定。如 Li and Wiberg（1996; 1998）, Wiberg and Li（1999）提出了一个结构动力学时域间断 Galerkin 有限元法。在他们的方法中位移和速度在时域内均作分段线性插值近似以及在离散的时域点处允许位移和速度的间断。

研究结果表明，DGFEM 具备自动引入数值耗散和滤去虚假的高阶模式和数值振荡效应的能力。特别对于在脉动和冲击载荷作用下结构中应力波传播过程的数值模拟，与 CGFEM_Newmark 法相比，它提供了远为精确和满意的数值结果。虽然 DGFEM 比 CGFEM_Newmark 法需要求解阶数较高的耦合系统方程组，但 DGFEM 具备三阶精度，对于它的隐式算法，可采用较大的时间步长。此外，发展 DGFEM 的显式算法可以避免求解系统方程组，这些都可以改善 DGFEM 的计算效率。

值得注意的是，对时间相关问题的每一个时间增量步，CGFEM 仅需要确定增量步终点时刻的节点基本未知向量，而在较早提出的 DGFEM 公式（Li and Wiberg, 1996; 1998; Wiberg and Li, 1999）中则需要同时确定增量步起点和终点时刻的节点基本未知向量，为描述方便起见，简称这类 DGFEM 为 DGFEM_DDVD（即 Displacement Discontinuity 和 Velocity Discontinuity）。在考虑材料非线性行为的弹塑性固体和弹塑性饱和多孔介质中的动力学和波传播问题时，由于此算法要求每个积分点同时满足一个时间步起始和终止两个时刻的本构关系和系统的整体非线性动量守恒条件，这将成倍地增加计算工作量。

本章将通过对问题的半（空间）离散场方程的节点基本未知向量及其时间导数向量在时间域中分别采用三次多项式和线性（P3-P1）插值近似，基于时间域中动量守恒控制方程的分段弱形式导出了 DGFEM 的新公式（Li et al., 2003; 李锡夔, 姚冬梅, 2003; Li and Yao, 2004），这个新 DGFEM 与先前的 DGFEM_DDVD 相比，其最重要特点是位移和速度在时域分别采用分片三次（Hermite 多项式函数）和分片线性插值。虽然位移和速度向量仍然如在 DGFEM_DDVD 中所假定的那样，被允许在离散的时域点保持间断，但凭借本章所建议为 DGFEM 特殊设计的时域 P3-P1 插值方案，而使作为基本未知量的位移向量在离散的时域点处自动保证连续，而仅仅是它的时间导数（速度）向量存在间断。这一特点意味着对于材料非线性问题，只需执行在每个时间增量步终点时刻的每个积分点的非线性本构关系迭代过程以及计算每个时间增量步终点时刻每个积分点的等价内力和弹塑性切线模量矩阵。因而，本章介绍的 DGFEM 对于材料非线性问题显得格外重要，与 DGFEM_DDVD 相比将节约很多计算工作量，显示了相对于 DGFEM_DDVD 在计算效率上的突出优点。在本章中将简称它为 DGFEM_DCVD（即 Displacement Continuity 和 Velocity Discontinuity）。

为简明地区别 DGFEM_DCVD 在时域离散点的速度间断而位移连续和先前文献中 DGFEM_DDVD 在时域离散点的速度与位移均间断，可以称本章介绍的 DGFEM_DCVD 为“时域弱间断 Galerkin 有限元法”，而称先前文献中介绍的 DGFEM_DDVD 为“时域强间断 Galerkin 有限元法”。

本章将介绍在以脉动载荷为代表的强动载荷作用下饱和多孔介质和固体连续介质中动力学和波传播问题的 DGFEM_DCVD。并发展相应的隐式算法和显式算法。数值分析结果表明了它相对基于 CGFEM_Newmark 法及 DGFEM_DDVD 法的优越性。它也已被推广应用于在热脉动载荷作用下连续体中热波传播问题的数值模拟（Wu and Li, 2006）。最近，它已被拓展到物质点法，发展了应用于固体中波传播和冲击响应等瞬态问题的时域间断物质点法（Time-Discontinuous Material Point Method, TDMPM）（Lu et al., 2018）。

6.1 饱和多孔介质的 u-U 形式控制方程与有限元公式

对于在高频激励作用下饱和多孔介质中的波传播和冲击响应等动力学问题，

多孔介质的固相与孔隙流相介质动量守恒控制方程中的加速度项不能略去。如假定孔隙流体和固相颗粒可压缩，略去体力加速度，固相与孔隙流相的动量守恒方程可写成（Zienkiewicz and Shiomi, 1984）

$$\sigma''_{ij,j} + (\alpha-\phi)Q\left[(\alpha-\phi)u_{k,k}+\phi U_{k,k}\right]_{,i} + \phi^2\left(k_{\mathrm{w}}\right)^{-1}_{ij}\left(\dot{U}_j-\dot{u}_j\right) - (1-\phi)\rho_s\ddot{u}_i = 0 \tag{6.1}$$

$$\phi Q\left[(\alpha-\phi)u_{k,k}+\phi U_{k,k}\right]_{,i} - \phi^2\left(k_{\mathrm{w}}\right)^{-1}_{ij}\left(\dot{U}_j-\dot{u}_j\right) - \phi\rho_{\mathrm{f}}\ddot{U}_i = 0 \tag{6.2}$$

式中

$$\frac{1}{Q} = \frac{\phi}{K_{\mathrm{f}}} + \frac{\alpha-\phi}{K_{\mathrm{s}}} \tag{6.3}$$

ϕ 是孔隙度，α 是 Biot 参数（参阅第 1 章中关于 α 的定义），K_{f} 和 K_{s} 是流相与固相材料的体积模量；ρ_{s} 和 ρ_{f} 分别为固相与流相介质的质量密度；$(k_{\mathrm{w}})_{ij}$ 是孔隙流相的 Darcy 渗透系数；u_k, U_k 分别是固体骨架沿 k 坐标轴方向位移和孔隙流体沿 k 坐标轴方向真实（而不是平均意义上的）位移；σ''_{ij} 是广义 Biot 有效应力张量（Zienkiewicz and Shiomi, 1984）。

应用有限元法中的标准半离散化过程，在饱和多孔介质全域内，作为基本未知量的固相位移 $\boldsymbol{u}$ 和孔隙流相真实位移 $\boldsymbol{U}$ 的有限元近似插值分别表示为

$$\boldsymbol{u} = \boldsymbol{N}^{\mathrm{u}}\overline{\boldsymbol{u}}, \quad \boldsymbol{U} = \boldsymbol{N}^{\mathrm{U}}\overline{\boldsymbol{U}} \tag{6.4}$$

动量守恒方程 (6.1) 和 (6.2) 在空域离散化后得到的半离散系统的线性形式可表示为

$$\begin{bmatrix} \boldsymbol{M}_{\mathrm{s}} & \boldsymbol{0} \\ \boldsymbol{0} & \boldsymbol{M}_{\mathrm{f}} \end{bmatrix}\begin{Bmatrix} \ddot{\overline{\boldsymbol{u}}} \\ \ddot{\overline{\boldsymbol{U}}} \end{Bmatrix} + \begin{bmatrix} \boldsymbol{C}_{11} & -\boldsymbol{C}_{12} \\ -\boldsymbol{C}_{12}^{\mathrm{T}} & \boldsymbol{C}_{22} \end{bmatrix}\begin{Bmatrix} \dot{\overline{\boldsymbol{u}}} \\ \dot{\overline{\boldsymbol{U}}} \end{Bmatrix} + \begin{bmatrix} \boldsymbol{K}_{11} & \boldsymbol{K}_{12} \\ \boldsymbol{K}_{12}^{\mathrm{T}} & \boldsymbol{K}_{22} \end{bmatrix}\begin{Bmatrix} \overline{\boldsymbol{u}} \\ \overline{\boldsymbol{U}} \end{Bmatrix} = \begin{Bmatrix} \boldsymbol{f}_{\mathrm{u}} \\ \boldsymbol{f}_{\mathrm{U}} \end{Bmatrix} \tag{6.5}$$

式中，$\boldsymbol{N}^{\boldsymbol{u}}, \bar{\boldsymbol{u}}$ 和 $\boldsymbol{N}^{\mathrm{U}}, \overline{\boldsymbol{U}}$ 分别为 $\boldsymbol{u}$ 和 $\boldsymbol{U}$ 的插值函数矩阵和单元结点值向量，

$$\boldsymbol{M}_{\mathrm{s}} = \int_{\Omega}\left(\boldsymbol{N}^{\mathrm{u}}\right)^{\mathrm{T}}(1-\phi)\rho_{\mathrm{s}}\boldsymbol{N}^{\mathrm{u}}\mathrm{d}\Omega, \quad \boldsymbol{M}_{\mathrm{f}} = \int_{\Omega}\left(\boldsymbol{N}^{\mathrm{U}}\right)^{\mathrm{T}}\phi\rho_{\mathrm{f}}\boldsymbol{N}^{\mathrm{U}}\mathrm{d}\Omega \tag{6.6}$$

$$\boldsymbol{C}_{11} = \int_{\Omega}\left(\boldsymbol{N}^{\mathrm{u}}\right)^{\mathrm{T}}\phi^2\boldsymbol{k}_{\mathrm{w}}^{-1}\boldsymbol{N}^{\mathrm{u}}\mathrm{d}\Omega, \quad \boldsymbol{C}_{12} = \int_{\Omega}\left(\boldsymbol{N}^{\mathrm{u}}\right)^{\mathrm{T}}\phi^2\boldsymbol{k}_{\mathrm{w}}^{-1}\boldsymbol{N}^{\mathrm{U}}\mathrm{d}\Omega \tag{6.7}$$

$$\boldsymbol{C}_{22} = \int_{\Omega}\left(\boldsymbol{N}^{\mathrm{U}}\right)^{\mathrm{T}}\phi^2\boldsymbol{k}_{\mathrm{w}}^{-1}\boldsymbol{N}^{U}\mathrm{d}\Omega, \quad \boldsymbol{K}_{11} = \boldsymbol{K}_t + \boldsymbol{K}_{11}^{*} \tag{6.8}$$

$$\boldsymbol{K}_{\mathrm{t}}=\int_{\Omega}\boldsymbol{B}_{\mathrm{u}}^{\mathrm{T}}\boldsymbol{D}\boldsymbol{B}_{\mathrm{u}}\mathrm{d}\Omega,\quad \boldsymbol{K}_{11}^{*}=\int_{\Omega}\boldsymbol{B}_{\mathrm{u}}^{\mathrm{T}}\boldsymbol{m}(\alpha-\phi)^{2}Q\boldsymbol{m}^{\mathrm{T}}\boldsymbol{B}_{\mathrm{u}}\mathrm{d}\Omega, \tag{6.9}$$

$$\boldsymbol{K}_{12}=\int_{\Omega}\boldsymbol{B}_{\mathrm{u}}^{\mathrm{T}}\boldsymbol{m}(\alpha-\phi)\phi Q\boldsymbol{m}^{\mathrm{T}}\boldsymbol{B}_{\mathrm{U}}\mathrm{d}\Omega,\quad \boldsymbol{K}_{22}=\int_{\Omega}\boldsymbol{B}_{\mathrm{U}}^{\mathrm{T}}\boldsymbol{m}\phi^{2}Q\boldsymbol{m}^{\mathrm{T}}\boldsymbol{B}_{\mathrm{U}}\mathrm{d}\Omega \tag{6.10}$$

$$\boldsymbol{f}_{\mathrm{u}}=\int_{\Gamma_{\mathrm{t}}}(\boldsymbol{N}^{\mathrm{u}})^{\mathrm{T}}\bar{\boldsymbol{t}}\mathrm{d}\Gamma+\int_{\Gamma_{\mathrm{p}}}(\boldsymbol{N}^{\mathrm{u}})^{\mathrm{T}}\phi\bar{p}\boldsymbol{n}\mathrm{d}\Gamma,\quad \boldsymbol{f}_{\mathrm{U}}=-\int_{\Gamma_{\mathrm{p}}}\left(\boldsymbol{N}^{\mathrm{U}}\right)^{\mathrm{T}}\phi\bar{p}\boldsymbol{n}\mathrm{d}\Gamma \tag{6.11}$$

$$\boldsymbol{B}_{\mathrm{u}}=\boldsymbol{L}\boldsymbol{N}^{\mathrm{u}},\quad \boldsymbol{B}_{\mathrm{U}}=\boldsymbol{L}\boldsymbol{N}^{\mathrm{U}},\quad \boldsymbol{L}=\begin{bmatrix}\partial/\partial x & 0 & 0\\ 0 & \partial/\partial y & 0\\ 0 & 0 & \partial/\partial z\\ \partial/\partial y & \partial/\partial x & 0\\ 0 & \partial/\partial z & \partial/\partial y\\ \partial/\partial z & 0 & \partial/\partial x\end{bmatrix},$$

$$\boldsymbol{m}=\begin{bmatrix}1 & 1 & 1 & 0 & 0 & 0\end{bmatrix}^{\mathrm{T}} \tag{6.12}$$

$\boldsymbol{K}_{12}^{\mathrm{T}},\boldsymbol{C}_{12}^{\mathrm{T}}$ 分别是 $\boldsymbol{K}_{12},\boldsymbol{C}_{12}$ 的转置矩阵；$\boldsymbol{M}_{\mathrm{s}},\boldsymbol{M}_{\mathrm{f}}$ 为协调质量阵；$\boldsymbol{D}$ 是描述固体骨架本构行为的模量矩阵。为表述简洁起见，令

$$\boldsymbol{d}=\left\{\begin{matrix}\bar{\boldsymbol{u}}\\ \bar{\boldsymbol{U}}\end{matrix}\right\},\quad \boldsymbol{K}=\begin{bmatrix}\boldsymbol{K}_{11} & \boldsymbol{K}_{12}\\ \boldsymbol{K}_{12}^{\mathrm{T}} & \boldsymbol{K}_{22}\end{bmatrix},\quad \boldsymbol{C}=\begin{bmatrix}\boldsymbol{C}_{11} & -\boldsymbol{C}_{12}\\ -\boldsymbol{C}_{12}^{\mathrm{T}} & \boldsymbol{C}_{22}\end{bmatrix},$$

$$\boldsymbol{M}=\begin{bmatrix}\boldsymbol{M}_{\mathrm{s}} & \boldsymbol{0}\\ \boldsymbol{0} & \boldsymbol{M}_{\mathrm{f}}\end{bmatrix},\quad \boldsymbol{f}^{\mathrm{e}}=\left\{\begin{matrix}\boldsymbol{f}_{\mathrm{u}}\\ \boldsymbol{f}_{\mathrm{U}}\end{matrix}\right\} \tag{6.13}$$

式 (6.5) 则可改写为如下形式

$$\boldsymbol{M}\ddot{\boldsymbol{d}}(t)+\boldsymbol{C}\dot{\boldsymbol{d}}(t)+\boldsymbol{K}\boldsymbol{d}(t)=\boldsymbol{f}^{\mathrm{e}}(t),\quad t\in I=(0,T) \tag{6.14}$$

式中，$\boldsymbol{M},\boldsymbol{C},\boldsymbol{K}$ 分别是质量阵、粘性阻尼阵、刚度阵；$\boldsymbol{f}^{\mathrm{e}}$ 是外力向量；向量 $\boldsymbol{d},\dot{\boldsymbol{d}},\ddot{\boldsymbol{d}}$ 分别包含了定义于有限元网格所有节点处的位移、它的关于时间的一次和二次导数。

可以注意到，只要在式 (6.14) 中令 $\bar{\boldsymbol{u}}=\bar{\boldsymbol{U}},Q=0,\phi=0,\boldsymbol{N}^{\mathrm{u}}=\boldsymbol{N}^{\mathrm{U}}$，式 (6.14) 就退化为固体动力学的半离散方程。本章也将在数值例题中显示把为饱和多孔介质发展的 DGFEM_DCVD 应用于模拟弹塑性固体的动力学和波传播过程的结果。

6.2　时域间断 Galerkin 有限元方法 (DGFEM_DCVD)

连续时间域 $I=(0,T)$ 可离散化为 $I=(0<t_1<\cdots<t_n<t_{n+1}<\cdots<t_N=T)$。DGFEM_DCVD 允许位移和速度等向量在时域的一系列离散点间断。对于一个典型的离散时域点 t_n, 以 $\boldsymbol{w}_n=\boldsymbol{w}(t_n)$ 表示的位移或速度等向量在时刻的 t_n 的时域间断值 $[\![\boldsymbol{w}_n]\!]$ 可表示为

$$[\![\boldsymbol{w}_n]\!]=\boldsymbol{w}\left(t_n^+\right)-\boldsymbol{w}\left(t_n^-\right) \tag{6.15}$$

式中，$t_n^+=\lim\limits_{\varepsilon\to0}(t_n+\varepsilon), t_n^-=\lim\limits_{\varepsilon\to0}(t_n-\varepsilon)$, 以及

$$\boldsymbol{w}\left(t_n^{\mp}\right)=\lim_{\varepsilon\to0^{\mp}}\boldsymbol{w}(t_n+\varepsilon) \tag{6.16}$$

以 $I_n=\left(t_n^-,t_{n+1}^-\right)$ 表示 DGFEM_DCVD 在时域中一个时间步长为 $\Delta t=t_{n+1}-t_n$ 的典型增量步。半离散方程 (6.14) 中作为基本未知向量的全局节点位移向量 $\boldsymbol{d}(t)$ 在当前时域增量步 I_n 可利用三阶 (Hermite) 时域形函数插值表示如下

$$\boldsymbol{d}(t)=\boldsymbol{d}_n^+N_1(t)+\boldsymbol{d}_{n+1}^-N_2(t)+\boldsymbol{v}_n^+M_1(t)+\boldsymbol{v}_{n+1}^-M_2(t) \tag{6.17}$$

式中，$\boldsymbol{d}_n^+,\boldsymbol{d}_{n+1}^-,\boldsymbol{v}_n^+,\boldsymbol{v}_{n+1}^-$ 分别代表在时刻 t_n^+,t_{n+1}^- 的全局节点位移和速度向量；所利用的时域 Hermite 插值函数定义为

$$N_1=N_1(t)=\lambda_1^2\left(\lambda_1+3\lambda_2\right),\quad N_2=N_2(t)=\lambda_2^2\left(\lambda_2+3\lambda_1\right) \tag{6.18}$$

$$M_1=M_1(t)=\lambda_1^2\lambda_2\Delta t,\quad M_2=M_2(t)=-\lambda_1\lambda_2^2\Delta t \tag{6.19}$$

其中，关于 $t\in I_n$ 的无量纲参数 λ_1,λ_2 及其间关系可表示为

$$\lambda_1=\frac{t_{n+1}-t}{\Delta t},\quad \lambda_2=\frac{t-t_n}{\Delta t},\quad \lambda_1+\lambda_2=1,\quad \dot{\lambda}_1=-\dot{\lambda}_2 \tag{6.20}$$

对于当前时间增量步，时刻 t_n^- 的全局节点位移和速度向量 $\boldsymbol{d}_n^-,\boldsymbol{v}_n^-$ 已在前一时间增量步中确定。

需要注意的是，式 (6.17) 中引入的全局节点速度向量 $\boldsymbol{v}_n^+,\boldsymbol{v}_{n+1}^-$ 定义为依赖于时间的全局基本节点未知量 $\boldsymbol{v}(t)$ 在 t_n^+,t_{n+1}^- 时刻的值，它们独立于全局节点位移向量的时间导数 $\dot{\boldsymbol{d}}_n^+,\dot{\boldsymbol{d}}_{n+1}^-$。$\boldsymbol{v}(t)$ 在 $I_n=\left(t_n^-,t_{n+1}^-\right)$ 区间中任一时刻的值可以线性地插值表示为

$$\boldsymbol{v}(t)=\boldsymbol{v}_n^+\lambda_1(t)+\boldsymbol{v}_{n+1}^-\lambda_2(t)=\boldsymbol{v}_n^+\lambda_1+\boldsymbol{v}_{n+1}^-\lambda_2 \tag{6.21}$$

当全局节点位移向量 $\boldsymbol{d}$ 和全局节点速度向量 $\boldsymbol{v}$ 在 $I_n=\left(t_n^-,t_{n+1}^-\right)$ 区间中定义为彼此独立地变化的未知向量，式 (6.14) 可相应地重新表示为

$$\boldsymbol{M}\dot{\boldsymbol{v}}+\boldsymbol{C}\boldsymbol{v}+\boldsymbol{K}\boldsymbol{d}=\boldsymbol{f}^{\mathrm{e}} \tag{6.22}$$

以及将在 $I_n=\left(t_n^-,t_{n+1}^-\right)$ 区间以积分形式满足的约束条件

$$\dot{\boldsymbol{d}}-\boldsymbol{v}=\boldsymbol{0} \tag{6.23}$$

半离散方程 (6.22) 和约束条件 (6.23) 的积分形式和包含在 $I_n=\left(t_n^-,t_{n+1}^-\right)$ 中的在 t_n 时刻的位移和速度向量间断 (即 t_n^- 和 t_n^+ 间位移和速度向量的跳跃) 条件可表示为如下作为空间有限元离散化基础的弱形式

$$\begin{aligned}&\int_{I_n}\delta\boldsymbol{v}^{\mathrm{T}}\left(\boldsymbol{M}\dot{\boldsymbol{v}}+\boldsymbol{C}\boldsymbol{v}+\boldsymbol{K}\boldsymbol{d}-\boldsymbol{f}^{\mathrm{e}}\right)\mathrm{d}t\\&+\int_{I_n}\delta\boldsymbol{d}^{\mathrm{T}}\boldsymbol{K}(\dot{\boldsymbol{d}}-\boldsymbol{v})\mathrm{d}t+\delta\boldsymbol{d}_n^{\mathrm{T}}\boldsymbol{K}[\![\boldsymbol{d}_n]\!]+\delta\boldsymbol{v}_n^{\mathrm{T}}\boldsymbol{M}[\![\boldsymbol{v}_n]\!]=0\end{aligned} \tag{6.24}$$

将式 (6.17) 和式 (6.21) 代入式 (6.24), 由变分 $\delta\boldsymbol{d}_n,\delta\boldsymbol{d}_{n+1},\delta\boldsymbol{v}_n,\delta\boldsymbol{v}_{n+1}$ 的彼此独立性，可以得到如下矩阵方程

$$\begin{aligned}&\begin{bmatrix}\frac{1}{2}\boldsymbol{K} & \frac{1}{2}\boldsymbol{K} & -\frac{\Delta t}{4}\boldsymbol{K} & -\frac{\Delta t}{4}\boldsymbol{K}\\ -\frac{1}{2}\boldsymbol{K} & \frac{1}{2}\boldsymbol{K} & -\frac{\Delta t}{4}\boldsymbol{K} & -\frac{\Delta t}{4}\boldsymbol{K}\\ \frac{\Delta t}{4}\boldsymbol{K} & \frac{\Delta t}{4}\boldsymbol{K} & \frac{1}{2}\boldsymbol{M}+\frac{\Delta t}{3}\boldsymbol{C} & \frac{1}{2}\boldsymbol{M}+\frac{\Delta t}{6}\boldsymbol{C}-\frac{\Delta t^2}{12}\boldsymbol{K}\\ \frac{\Delta t}{4}\boldsymbol{K} & \frac{\Delta t}{4}\boldsymbol{K} & -\frac{1}{2}\boldsymbol{M}+\frac{\Delta t}{6}\boldsymbol{C}+\frac{\Delta t^2}{12}\boldsymbol{K} & \frac{1}{2}\boldsymbol{M}+\frac{\Delta t}{3}\boldsymbol{C}\end{bmatrix}\begin{Bmatrix}\boldsymbol{d}_n^+\\ \boldsymbol{d}_{n+1}^-\\ \boldsymbol{v}_n^+\\ \boldsymbol{v}_{n+1}^-\end{Bmatrix}\\&=\begin{Bmatrix}\boldsymbol{K}\boldsymbol{d}_n^-\\ \boldsymbol{0}\\ \boldsymbol{F}_1^{\mathrm{e}}+\boldsymbol{M}\boldsymbol{v}_n^-\\ \boldsymbol{F}_2^{\mathrm{e}}\end{Bmatrix}\end{aligned} \tag{6.25}$$

式中

$$\boldsymbol{F}_1^{\mathrm{e}}=\int_{I_n}\lambda_1\boldsymbol{f}^{\mathrm{e}}(t)\mathrm{d}t,\quad \boldsymbol{F}_2^{\mathrm{e}}=\int_{I_n}\lambda_2\boldsymbol{f}^{\mathrm{e}}(t)\mathrm{d}t \tag{6.26}$$

假定节点外力向量 $\boldsymbol{f}^{\mathrm{e}}(t)$ 在时域增量步 I_n 中按线性形式变化，即

$$\boldsymbol{f}^{\mathrm{e}}(t)=\boldsymbol{f}^{\mathrm{e}}\left(t_n\right)\lambda_1+\boldsymbol{f}^{\mathrm{e}}\left(t_{n+1}\right)\lambda_2=\boldsymbol{f}_n^{\mathrm{e}}\lambda_1+\boldsymbol{f}_{n+1}^{\mathrm{e}}\lambda_2 \tag{6.27}$$

式中，$\boldsymbol{f}^{\mathrm{e}}(t_n), \boldsymbol{f}^{\mathrm{e}}(t_{n+1})$(或简约地分别表示为 $\boldsymbol{f}_n^{\mathrm{e}}, \boldsymbol{f}_{n+1}^{\mathrm{e}}$) 是分别在时刻 t_n, t_{n+1} 的节点外力向量。将式 (6.27) 代入式 (6.26) 可得到

$$\boldsymbol{F}_1^{\mathrm{e}} = \frac{\Delta t}{3}\boldsymbol{f}_n^{\mathrm{e}} + \frac{\Delta t}{6}\boldsymbol{f}_{n+1}^{\mathrm{e}}, \quad \boldsymbol{F}_2^{\mathrm{e}} = \frac{\Delta t}{6}\boldsymbol{f}_n^{\mathrm{e}} + \frac{\Delta t}{3}\boldsymbol{f}_{n+1}^{\mathrm{e}} \tag{6.28}$$

把式 (6.28) 代入式 (6.25)，并将式 (6.25) 所示矩阵方程中第一个分方程中减去第二个分方程、第二个分方程中加入第一个分方程、第三个分方程中减去第四个分方程、第四个分方程中加入第三个分方程并减去乘以 Δt 的第一个方程，式 (6.25) 可改写成

$$\begin{bmatrix} \boldsymbol{K} & \boldsymbol{0} & \boldsymbol{0} & \boldsymbol{0} \\ \boldsymbol{0} & \boldsymbol{K} & -\dfrac{\Delta t}{2}\boldsymbol{K} & -\dfrac{\Delta t}{2}\boldsymbol{K} \\ \boldsymbol{0} & \boldsymbol{0} & \boldsymbol{M} + \dfrac{\Delta t}{6}\boldsymbol{C} - \dfrac{\Delta t^2}{12}\boldsymbol{K} & -\dfrac{\Delta t}{6}\boldsymbol{C} - \dfrac{\Delta t^2}{12}\boldsymbol{K} \\ \boldsymbol{0} & \boldsymbol{0} & \dfrac{\Delta t}{2}\boldsymbol{C} + \dfrac{\Delta t^2}{3}\boldsymbol{K} & \boldsymbol{M} + \dfrac{\Delta t}{2}\boldsymbol{C} + \dfrac{\Delta t^2}{6}\boldsymbol{K} \end{bmatrix} \begin{Bmatrix} \boldsymbol{d}_n^+ \\ \boldsymbol{d}_{n+1}^- \\ \boldsymbol{v}_n^+ \\ \boldsymbol{v}_{n+1}^- \end{Bmatrix}$$
$$= \begin{Bmatrix} \boldsymbol{K}\boldsymbol{d}_n^- \\ \boldsymbol{K}\boldsymbol{d}_n^- \\ \boldsymbol{F}_1^{\mathrm{e}} - \boldsymbol{F}_2^{\mathrm{e}} + \boldsymbol{M}\boldsymbol{v}_n^- \\ \boldsymbol{F}_1^{\mathrm{e}} + \boldsymbol{F}_2^{\mathrm{e}} + \boldsymbol{M}\boldsymbol{v}_n^- - \Delta t\boldsymbol{K}\boldsymbol{d}_n^- \end{Bmatrix} \tag{6.29}$$

这是本章所导出的时域间断 Galerkin 有限元法 (DGFEM_DCVD) 的基本矩阵方程。可以观察到，节点位移向量 $\boldsymbol{d}_n^+, \boldsymbol{d}_{n+1}^-$ 的求解与为求解节点速度向量 $\boldsymbol{v}_n^+, \boldsymbol{v}_{n+1}^-$ 的分方程并不耦合。式 (6.29) 可进一步解耦并表示为

$$\boldsymbol{d}_n^+ = \boldsymbol{d}_n^- \tag{6.30}$$

$$\begin{bmatrix} \boldsymbol{M} + \dfrac{\Delta t}{6}\boldsymbol{C} - \dfrac{\Delta t^2}{12}\boldsymbol{K} & -\dfrac{\Delta t}{6}\boldsymbol{C} - \dfrac{\Delta t^2}{12}\boldsymbol{K} \\ \dfrac{\Delta t}{2}\boldsymbol{C} + \dfrac{\Delta t^2}{3}\boldsymbol{K} & \boldsymbol{M} + \dfrac{\Delta t}{2}\boldsymbol{C} + \dfrac{\Delta t^2}{6}\boldsymbol{K} \end{bmatrix} \begin{Bmatrix} \boldsymbol{v}_n^+ \\ \boldsymbol{v}_{n+1}^- \end{Bmatrix}$$
$$= \begin{Bmatrix} \boldsymbol{F}_1^{\mathrm{e}} - \boldsymbol{F}_2^{\mathrm{e}} + \boldsymbol{M}\boldsymbol{v}_n^- \\ \boldsymbol{F}_1^{\mathrm{e}} + \boldsymbol{F}_2^{\mathrm{e}} + \boldsymbol{M}\boldsymbol{v}_n^- - \Delta t\boldsymbol{K}\boldsymbol{d}_n^- \end{Bmatrix} \tag{6.31}$$

$$\boldsymbol{d}_{n+1}^- = \boldsymbol{d}_n^- + \frac{\Delta t}{2}\left(\boldsymbol{v}_n^+ + \boldsymbol{v}_{n+1}^-\right) \tag{6.32}$$

需要强调的是，如式 (6.30) 所示，DGFEM_DCVD 在整个时间域 $I = (0, T)$ 中任一典型离散时间点 t_n 处节点位移向量的时域连续性自动地得到满足。同时，

如式 (6.31) 所示，仅仅节点速度向量在离散时间点 t_n 处保持间断，即 $\boldsymbol{v}_n^+ \neq \boldsymbol{v}_n^-$。显然，节点位移向量的时域连续性自动地得到满足是 DGFEM_DCVD 与 DGFEM_DDVD 相比的重要区别与优点。在 DGFEM_DDVD 中不仅 $\boldsymbol{v}_n^+ \neq \boldsymbol{v}_n^-$，同时 $\boldsymbol{d}_n^+ \neq \boldsymbol{d}_n^-$。DGFEM_DCVD 的这一优点在材料非线性问题中为提高 DGFEM 的计算效率显得格外重要。我们还将在弹塑性固体和饱和多孔介质的动力学与波传播求解过程中强调 DGFEM_DCVD 的这一优点。

6.3 弹塑性动力学与波传播问题的 DGFEM_DCVD 求解过程

为处理非线性动力学与波传播问题，方程 (6.22) 改写为

$$\boldsymbol{M}\dot{\boldsymbol{v}}(t) + \boldsymbol{f}^{\mathrm{i}}(t) = \boldsymbol{f}^{\mathrm{e}}(t), \quad t \in I = (0, T) \tag{6.33}$$

对线性情况，节点内力向量 $\boldsymbol{f}^{\mathrm{i}}(t)$ 可表示为线性形式

$$\boldsymbol{f}^{\mathrm{i}}(t) = \boldsymbol{C}\boldsymbol{v}(t) + \boldsymbol{K}\boldsymbol{d}(t) \tag{6.34}$$

即如式 (6.22) 所示。式 (6.34) 表示节点内力向量可分解为两部分，即粘性阻尼力 $\boldsymbol{C}\boldsymbol{v}(t)$ 和刚性抗力 $\boldsymbol{K}\boldsymbol{d}(t)$。对于弹塑性情况，考虑到式 (6.8)~ 式 (6.10) 所示的刚度矩阵定义，抵抗固体骨架弹塑性变形的非线性内力 $\boldsymbol{f}_u^{\mathrm{i}}(t)$ 需要与 $\boldsymbol{f}^{\mathrm{i}}(t)$ 中的线性部分相分离，即 $\boldsymbol{f}^{\mathrm{i}}(t)$ 需重新表示为

$$\boldsymbol{f}^{\mathrm{i}}(t) = \boldsymbol{C}\boldsymbol{v}(t) + \boldsymbol{K}_{\mathrm{Q}}\boldsymbol{d}(t) + \left\{ \begin{array}{c} \boldsymbol{f}_{\mathrm{u}}^{\mathrm{i}}(t) \\ \boldsymbol{0} \end{array} \right\} \tag{6.35}$$

式中

$$\boldsymbol{K}_{\mathrm{Q}} = \begin{bmatrix} \boldsymbol{K}_{11}^{*} & \boldsymbol{K}_{12} \\ \boldsymbol{K}_{12}^{\mathrm{T}} & \boldsymbol{K}_{22} \end{bmatrix} \tag{6.36}$$

式 (6.36) 等号右端四个子矩阵已在 6.2 节中定义。

在弹塑性动力学问题中，一个典型增量时间步 I_n 的 DGFEM_DCVD 控制方程、约束条件和间断条件的弱形式 (6.24) 可改写为

$$\begin{aligned} &\int_{I_n} \delta\boldsymbol{v}^{\mathrm{T}} \left(\boldsymbol{M}\dot{\boldsymbol{v}} + \boldsymbol{f}^{\mathrm{i}} - \boldsymbol{f}^{\mathrm{e}}\right) \mathrm{d}t \\ &+ \int_{I_n} \left(\delta\boldsymbol{f}_n^{\mathrm{i}}\right)^{\mathrm{T}} (\dot{\boldsymbol{d}} - \boldsymbol{v})\mathrm{d}t + \delta\boldsymbol{d}_n^{\mathrm{T}}\boldsymbol{K}\left(t_n\right)[\![\boldsymbol{d}_n]\!] + \delta\boldsymbol{v}_n^{\mathrm{T}}\boldsymbol{M}[\![\boldsymbol{v}_n]\!] = 0 \end{aligned} \tag{6.37}$$

式中，$\delta \boldsymbol{f}_n^{\mathrm{i}} = \boldsymbol{K}(t_n)\delta \boldsymbol{d}_n$，注意到由式 (6.21) 所定义的在时域 I_n 内的速度函数 $\boldsymbol{v}(t)$，式 (6.37) 展开式中包含了定义为如下表达式的项

$$\boldsymbol{F}_1^{\mathrm{i}} = \int_{I_n} \lambda_1 \boldsymbol{f}^{\mathrm{i}}(t)\mathrm{d}t \tag{6.38}$$

$$\boldsymbol{F}_2^{\mathrm{i}} = \int_{I_n} \lambda_2 \boldsymbol{f}^{\mathrm{i}}(t)\mathrm{d}t \tag{6.39}$$

式中，被积函数 $\boldsymbol{f}^{\mathrm{i}}(t)$ 的表达式已在式 (6.35) 中给出。假定式 (6.35) 中抵抗固体骨架弹塑性变形的非线性内力 $\boldsymbol{f}_u^{\mathrm{i}}(t)$ 在时域 I_n 内以依赖于位于 I_n 两端时刻 t_n, t_{n+1} 的固体骨架非线性内力 $\boldsymbol{f}_{\mathrm{u}}^{\mathrm{i}}(t_n)$,$\boldsymbol{f}_{\mathrm{u}}^{\mathrm{i}}(t_{n+1})$ 及其时间导数 $\dot{\boldsymbol{f}}_{\mathrm{u}}^{\mathrm{i}}(t_n), \dot{\boldsymbol{f}}_{\mathrm{u}}^{\mathrm{i}}(t_{n+1})$ 的三阶 Hermite 函数变化表示，即

$$\boldsymbol{f}_{\mathrm{u}}^{\mathrm{i}}(t) = \boldsymbol{f}_{\mathrm{u}}^{\mathrm{i}}(t_n) N_1 + \boldsymbol{f}_{\mathrm{u}}^{\mathrm{i}}(t_{n+1}) N_2 + \dot{\boldsymbol{f}}_{\mathrm{u}}^{\mathrm{i}}(t_n) M_1 + \dot{\boldsymbol{f}}_{\mathrm{u}}^{\mathrm{i}}(t_{n+1}) M_2 \tag{6.40}$$

式中，Hermite 插值函数 N_1, N_2, M_1, M_2 已在式 (6.18) 和式 (6.19) 中给出。在 t_n 和 t_{n+1} 时刻抵抗固体骨架弹塑性变形的非线性内力 $\boldsymbol{f}_{\mathrm{u}}^{\mathrm{i}}(t_n), \boldsymbol{f}_{\mathrm{u}}^{\mathrm{i}}(t_{n+1})$ 可分别表示为

$$\boldsymbol{f}_{\mathrm{u}}^{\mathrm{i}}(t_n) = \sum_{j=1}^{N_{\mathrm{e}}} \boldsymbol{f}_{\mathrm{u},j}^{\mathrm{i}}(t_n) = \sum_{j=1}^{N_{\mathrm{e}}} \int_{\Omega_j} \boldsymbol{B}_{\mathrm{u}}^{\mathrm{T}} \boldsymbol{\sigma}''(t_n)\,\mathrm{d}\Omega_j \tag{6.41}$$

$$\boldsymbol{f}_{\mathrm{u}}^{\mathrm{i}}(t_{n+1}) = \sum_{j=1}^{N_{\mathrm{e}}} \boldsymbol{f}_{\mathrm{u},j}^{\mathrm{i}}(t_{n+1}) = \sum_{j=1}^{N_{\mathrm{e}}} \int_{\Omega_j} \boldsymbol{B}_{\mathrm{u}}^{\mathrm{T}} \boldsymbol{\sigma}''(t_{n+1})\,\mathrm{d}\Omega_j \tag{6.42}$$

式 (6.41) 和式 (6.42) 中 $\boldsymbol{B}_{\mathrm{u}}^{\mathrm{T}}$ 是 6.2 节定义的 $\boldsymbol{B}_{\mathrm{u}}$ 的转置；N_{e} 是空间域有限元网格的有限单元总数；$\boldsymbol{\sigma}''(t_n), \boldsymbol{\sigma}''(t_{n+1})$ 是在时刻 t_n 和 t_{n+1} 作用于在某一有限单元的某一高斯积分点处固体骨架的广义 Biot 有效应力（Zienkiewicz and Shiomi, 1984）。鉴于在 DGFEM_DCVD 中离散时间点处的有限元节点位移向量始终保持连续，因而由式 (6.41) 所表示的在时刻 t_n 的 $\boldsymbol{f}_{\mathrm{u}}^{\mathrm{i}}(t_n)$ 已由上一时间增量步所确定，对于本增量时间步它为已知和给定。而在 DGFEM_DDVD 中，由于 $\boldsymbol{d}_n^+ \neq \boldsymbol{d}_n^-$，因而对于每个积分点（也包含处于弹性状态的积分点）处的 $\boldsymbol{\sigma}''(t_n) = \boldsymbol{\sigma}''(\boldsymbol{d}_n^+)$，以及全局内力向量 $\boldsymbol{f}_{\mathrm{u}}^{\mathrm{i}}(t_n)$ 都需在一个增量时间步 I_n 的非线性迭代过程中反复重新计算，这将严重影响 DGFEM_DDVD 的计算效率。

将式 (6.35) 和式 (6.40) 代入式 (6.38) 和式 (6.39) 可以得到 $\boldsymbol{F}_1^{\mathrm{i}}, \boldsymbol{F}_2^{\mathrm{i}}$ 的展开表达式如下

$$\boldsymbol{F}_1^{\mathrm{i}} = \frac{\Delta t}{6}\boldsymbol{C}\left(2\boldsymbol{v}_n^+ + \boldsymbol{v}_{n+1}^-\right) + \boldsymbol{K}_{\mathrm{Q}}\left(\frac{7}{20}\Delta t \boldsymbol{d}_n^+ + \frac{3}{20}\Delta t \boldsymbol{d}_{n+1}^- + \frac{\Delta t^2}{20}\boldsymbol{v}_n^+ - \frac{\Delta t^2}{30}\boldsymbol{v}_{n+1}^-\right)$$

$$+\left\{\begin{array}{c}\boldsymbol{F}_{1\mathrm{u}}^{\mathrm{i}}\\ \boldsymbol{0}\end{array}\right\} \tag{6.43}$$

$$\boldsymbol{F}_{2}^{\mathrm{i}}=\frac{\Delta t}{6}\boldsymbol{C}\left(\boldsymbol{v}_{n}^{+}+2\boldsymbol{v}_{n+1}^{-}\right)+\boldsymbol{K}_{\mathrm{Q}}\left(\frac{3}{20}\Delta t\boldsymbol{d}_{n}^{+}+\frac{7}{20}\Delta t\boldsymbol{d}_{n+1}^{-}+\frac{\Delta t^{2}}{30}\boldsymbol{v}_{n}^{+}-\frac{\Delta t^{2}}{20}\boldsymbol{v}_{n+1}^{-}\right)$$

$$+\left\{\begin{array}{c}\boldsymbol{F}_{2\mathrm{u}}^{\mathrm{i}}\\ \boldsymbol{0}\end{array}\right\} \tag{6.44}$$

式中

$$\begin{aligned}\boldsymbol{F}_{1\mathrm{u}}^{\mathrm{i}}&=\int_{I_n}\lambda_1\boldsymbol{f}_{\mathrm{u}}^{\mathrm{i}}(t)\mathrm{d}t\\&=\sum_{j=1}^{N_{\mathrm{e}}}\left[\frac{7}{20}\Delta t\int_{\Omega_j}\boldsymbol{B}_{\mathrm{u}}^{\mathrm{T}}\boldsymbol{\sigma}''\left(t_n\right)\mathrm{d}\Omega_j+\frac{3}{20}\Delta t\int_{\Omega_j}\boldsymbol{B}_{\mathrm{u}}^{\mathrm{T}}\boldsymbol{\sigma}''\left(t_{n+1}\right)\mathrm{d}\Omega_j\right.\\&\left.\quad+\frac{\Delta t^2}{20}\boldsymbol{k}_{\mathrm{ep},n}^{j}\left(\boldsymbol{v}_{\mathrm{E}}^{j}\right)_n^{+}-\frac{\Delta t^2}{30}\boldsymbol{k}_{\mathrm{ep},n+1}^{j}\left(\boldsymbol{v}_{\mathrm{E}}^{j}\right)_{n+1}^{-}\right]\end{aligned} \tag{6.45}$$

$$\begin{aligned}\boldsymbol{F}_{2\mathrm{u}}^{\mathrm{i}}&=\int_{I_n}\lambda_2\boldsymbol{f}_{u}^{\mathrm{i}}(t)\mathrm{d}t\\&=\sum_{j=1}^{N_{\mathrm{e}}}\left[\frac{3}{20}\Delta t\int_{\Omega_j}\boldsymbol{B}_{\mathrm{u}}^{\mathrm{T}}\boldsymbol{\sigma}''\left(t_n\right)\mathrm{d}\Omega_j+\frac{7}{20}\Delta t\int_{\Omega_j}\boldsymbol{B}_{\mathrm{u}}^{\mathrm{T}}\boldsymbol{\sigma}''\left(t_{n+1}\right)\mathrm{d}\Omega_j\right.\\&\left.\quad+\frac{\Delta t^2}{30}\boldsymbol{k}_{\mathrm{ep},n}^{j}\left(\boldsymbol{v}_{\mathrm{E}}^{j}\right)_n^{+}-\frac{\Delta t^2}{20}\boldsymbol{k}_{\mathrm{ep},n+1}^{j}\left(\boldsymbol{v}_{\mathrm{E}}^{j}\right)_{n+1}^{-}\right]\end{aligned} \tag{6.46}$$

式 (6.45) 和式 (6.46) 中 $\boldsymbol{k}_{\mathrm{ep},n}^{j},\boldsymbol{k}_{\mathrm{ep},n+1}^{j}$ 分别是第 j 个有限单元在 t_n 和 t_{n+1} 时刻基于该单元各积分点处的弹塑性切线模量矩阵（Crisfield, 1991）计算的切线弹塑性刚度矩阵；$\left(\boldsymbol{v}_{\mathrm{E}}^{j}\right)_n^{+},\left(\boldsymbol{v}_{\mathrm{E}}^{j}\right)_{n+1}^{-}$ 分别是第 j 个有限单元在 t_n 和 t_{n+1} 时刻的单元节点速度向量。

将式 (6.17)、式 (6.21)、式 (6.35)、式 (6.38) 和式 (6.39) 代入式 (6.37)，由变分 $\delta\boldsymbol{d}_n,\delta\boldsymbol{d}_{n+1},\delta\boldsymbol{v}_n,\delta\boldsymbol{v}_{n+1}$ 的彼此独立性，并标记 $\boldsymbol{K}_n=\boldsymbol{K}\left(t_n\right)$，可以得到如下矩阵方程组

$$\boldsymbol{K}_n\left[\frac{1}{2}\left(\boldsymbol{d}_n^{+}+\boldsymbol{d}_{n+1}^{-}\right)-\frac{\Delta t}{4}\left(\boldsymbol{v}_n^{+}+\boldsymbol{v}_{n+1}^{-}\right)-\boldsymbol{d}_n^{-}\right]=\boldsymbol{0} \tag{6.47}$$

$$\boldsymbol{K}_n\left[\frac{1}{2}\left(-\boldsymbol{d}_n^{+}+\boldsymbol{d}_{n+1}^{-}\right)-\frac{\Delta t}{4}\left(\boldsymbol{v}_n^{+}+\boldsymbol{v}_{n+1}^{-}\right)\right]=\boldsymbol{0} \tag{6.48}$$

$$\begin{aligned}&\frac{1}{2}\boldsymbol{M}\left(\boldsymbol{v}_n^+ + \boldsymbol{v}_{n+1}^-\right) + \boldsymbol{F}_1^{\mathrm{i}} - \boldsymbol{F}_1^{\mathrm{e}} + \boldsymbol{K}_n \\ &\times\left[\frac{\Delta t}{10}\left(-\boldsymbol{d}_n^+ + \boldsymbol{d}_{n+1}^-\right) - \frac{\Delta t^2}{20}\left(\boldsymbol{v}_n^+ + \boldsymbol{v}_{n+1}^-\right)\right] - \boldsymbol{M}\boldsymbol{v}_n^- = \mathbf{0}\end{aligned} \tag{6.49}$$

$$\frac{1}{2}\boldsymbol{M}\left(-\boldsymbol{v}_n^+ + \boldsymbol{v}_{n+1}^-\right) + \boldsymbol{F}_2^{\mathrm{i}} - \boldsymbol{F}_2^{\mathrm{e}} + \boldsymbol{K}_n\left[\frac{\Delta t}{10}\left(\boldsymbol{d}_n^+ - \boldsymbol{d}_{n+1}^-\right) + \frac{\Delta t^2}{20}\left(\boldsymbol{v}_n^+ + \boldsymbol{v}_{n+1}^-\right)\right] = \mathbf{0} \tag{6.50}$$

将式 (6.47) 减去式 (6.48)、式 (6.47) 加上式 (6.48)、式 (6.49) 减去式 (6.50) 和式 (6.48)×2/5、式 (6.49) 加上式 (6.50)，并把式 (6.43) 和式 (6.44) 代入 (6.49) 和式 (6.50) 中的 $\boldsymbol{F}_1^{\mathrm{i}}, \boldsymbol{F}_2^{\mathrm{i}}$, 式 (6.47)~ 式 (6.50) 组成的方程组可改写为

$$\boldsymbol{d}_n^+ = \boldsymbol{d}_n^- \tag{6.51}$$

$$\begin{aligned}&\boldsymbol{M}\boldsymbol{v}_n^+ + \frac{\Delta t}{6}\boldsymbol{C}\left(\boldsymbol{v}_n^+ - \boldsymbol{v}_{n+1}^-\right) + \boldsymbol{K}_{\mathrm{Q}}\left(\frac{\Delta t}{5}\left(\boldsymbol{d}_n^+ - \boldsymbol{d}_{n+1}^-\right) + \frac{\Delta t^2}{60}\left(\boldsymbol{v}_n^+ + \boldsymbol{v}_{n+1}^-\right)\right) \\ &+\left\{\begin{matrix}\boldsymbol{F}_{1\mathrm{u}}^{\mathrm{i}} - \boldsymbol{F}_{2\mathrm{u}}^{\mathrm{i}} \\ \mathbf{0}\end{matrix}\right\} - \left(\boldsymbol{F}_1^{\mathrm{e}} - \boldsymbol{F}_2^{\mathrm{e}}\right) - \boldsymbol{M}\boldsymbol{v}_n^- = \mathbf{0}\end{aligned} \tag{6.52}$$

$$\begin{aligned}&\boldsymbol{M}\boldsymbol{v}_{n+1}^- + \frac{\Delta t}{2}\boldsymbol{C}\left(\boldsymbol{v}_n^+ + \boldsymbol{v}_{n+1}^-\right) + \boldsymbol{K}_{\mathrm{Q}}\left(\frac{\Delta t}{2}\left(\boldsymbol{d}_n^+ + \boldsymbol{d}_{n+1}^-\right) + \frac{\Delta t^2}{12}\left(\boldsymbol{v}_n^+ - \boldsymbol{v}_{n+1}^-\right)\right) \\ &+\left\{\begin{matrix}\boldsymbol{F}_{1\mathrm{u}}^{\mathrm{i}} + \boldsymbol{F}_{2\mathrm{u}}^{\mathrm{i}} \\ \mathbf{0}\end{matrix}\right\} - \left(\boldsymbol{F}_1^{\mathrm{e}} + \boldsymbol{F}_2^{\mathrm{e}}\right) - \boldsymbol{M}\boldsymbol{v}_n^- = \mathbf{0}\end{aligned} \tag{6.53}$$

$$\boldsymbol{d}_{n+1}^- = \boldsymbol{d}_n^- + \frac{\Delta t}{2}\left(\boldsymbol{v}_n^+ + \boldsymbol{v}_{n+1}^-\right) \tag{6.54}$$

式 (6.51)~ 式 (6.54) 构成了 DGFEM_DCVD 求解弹塑性动力学与波传播问题的基本方程组。下面将分别介绍它的隐式和显式求解过程。

6.3.1 隐式算法

对于一个由时刻 t_n 到 t_{n+1} 的时域增量步 I_n，利用线性化假定下的 DGFEM_DCVD 基本方程组 (6.30)~ 式 (6.32) 得到弹塑性动力学问题的初始预测值 $\boldsymbol{d}_n^{+0}$ $\left(\equiv \boldsymbol{d}_n^+ \equiv \boldsymbol{d}_n^-\right), \boldsymbol{v}_n^{+0}, \boldsymbol{v}_{n+1}^{-0}, \boldsymbol{d}_{n+1}^{-0}$，这里上标 “0” 表示隐式算法迭代指标 j 的初始值 j=0。一般地，这些初始预测值将不满足 DGFEM_DCVD 求解弹塑性动力学问题的基本方程组 (6.51)~ 式 (6.54)。对于第 j 次迭代步，方程 (6.52) 和 (6.53) 的残数向量可表示为

$$\boldsymbol{R}_1^j = \boldsymbol{M}\boldsymbol{v}_n^{+(j)} + \frac{\Delta t}{6}\boldsymbol{C}\left(\boldsymbol{v}_n^{+(j)} - \boldsymbol{v}_{n+1}^{-(j)}\right)$$

$$
\begin{aligned}
&+\boldsymbol{K}_{\mathrm{Q}}\left(\frac{\Delta t}{5}\left(\boldsymbol{d}_n^- - \boldsymbol{d}_{n+1}^{-(j)}\right)+\frac{\Delta t^2}{60}\left(\boldsymbol{v}_n^{+(j)}+\boldsymbol{v}_{n+1}^{-(j)}\right)\right)\\
&+\left\{\begin{array}{c}\boldsymbol{F}_{1\mathrm{u}}^{\mathrm{i},j}-\boldsymbol{F}_{2\mathrm{u}}^{\mathrm{i},j}\\ \boldsymbol{0}\end{array}\right\}-\left(\boldsymbol{F}_1^{\mathrm{e}}-\boldsymbol{F}_2^{\mathrm{e}}\right)-\boldsymbol{M}\boldsymbol{v}_n^-(\neq \boldsymbol{0}) \qquad (6.55)
\end{aligned}
$$

$$
\begin{aligned}
\boldsymbol{R}_2^j =&\boldsymbol{M}\boldsymbol{v}_{n+1}^{-(j)}+\frac{\Delta t}{2}\boldsymbol{C}\left(\boldsymbol{v}_n^{+(j)}+\boldsymbol{v}_{n+1}^{-(j)}\right)\\
&+\boldsymbol{K}_{\mathrm{Q}}\left(\frac{\Delta t}{2}\left(\boldsymbol{d}_n^- + \boldsymbol{d}_{n+1}^{-(j)}\right)+\frac{\Delta t^2}{12}\left(\boldsymbol{v}_n^{+(j)}-\boldsymbol{v}_{n+1}^{-(j)}\right)\right)\\
&+\left\{\begin{array}{c}\boldsymbol{F}_{1\mathrm{u}}^{\mathrm{i},j}+\boldsymbol{F}_{2\mathrm{u}}^{\mathrm{i},j}\\ 0\end{array}\right\}-\left(\boldsymbol{F}_1^{\mathrm{e}}+\boldsymbol{F}_2^{\mathrm{e}}\right)-\boldsymbol{M}\boldsymbol{v}_n^-(\neq \boldsymbol{0}) \qquad (6.56)
\end{aligned}
$$

利用 Newton-Raphson 过程，可按下式计算增量 $\Delta\boldsymbol{v}_n^{+j}$ 和 $\Delta\boldsymbol{v}_{n+1}^{-j}$，

$$
\left[\begin{array}{cc}\boldsymbol{M}+\dfrac{\Delta t}{6}\boldsymbol{C}-\dfrac{\Delta t^2}{12}\boldsymbol{K}_{\mathrm{Q}}^{\mathrm{ep}} & -\dfrac{\Delta t}{6}\boldsymbol{C}-\dfrac{\Delta t^2}{12}\boldsymbol{K}_{\mathrm{Q}}^{\mathrm{ep}}\\ \dfrac{\Delta t}{2}\boldsymbol{C}+\dfrac{\Delta t^2}{3}\boldsymbol{K}_{\mathrm{Q}}^{\mathrm{ep}} & \boldsymbol{M}+\dfrac{\Delta t}{2}\boldsymbol{C}+\dfrac{\Delta t^2}{6}\boldsymbol{K}_{\mathrm{Q}}^{\mathrm{ep}}\end{array}\right]\left\{\begin{array}{c}\Delta\boldsymbol{v}_n^{+(j)}\\ \Delta\boldsymbol{v}_{n+1}^{-(j)}\end{array}\right\}=\left\{\begin{array}{c}-\boldsymbol{R}_1^j\\ -\boldsymbol{R}_2^j\end{array}\right\} \qquad (6.57)
$$

式中

$$
\boldsymbol{K}_{\mathrm{Q}}^{\mathrm{ep}}=\left[\begin{array}{cc}\boldsymbol{K}_{11}^*+\boldsymbol{K}_{\mathrm{ep}} & \boldsymbol{K}_{12}\\ \boldsymbol{K}_{12}^{\mathrm{T}} & \boldsymbol{K}_{22}\end{array}\right],\quad \boldsymbol{K}_{\mathrm{ep}}=\mathrm{A}_{l=1}^{N_{\mathrm{e}}}\boldsymbol{k}_{\mathrm{ep}}^l \qquad (6.58)
$$

式中，N_{e} 是单元总数；$\boldsymbol{k}_{\mathrm{ep}}^l$ 是第 l 个单元当前的弹塑性切线刚度矩阵；$\mathrm{A}_{l=1}^{N_{\mathrm{e}}}$ 是组装符号，$\mathrm{A}_{l=1}^{N_{\mathrm{e}}}\boldsymbol{k}_{\mathrm{ep}}^l$ 把所有单元的 $\boldsymbol{k}_{\mathrm{ep}}^l$ 组装成整个饱和多孔介质连续体（或固相连续体）的总弹塑性切线刚度矩阵 $\boldsymbol{K}_{\mathrm{ep}}$。

一个典型的增量时间步 I_n 中的 DGFEM_DCVD 隐式非线性迭代算法可概述如下：

（1）$\boldsymbol{d}_n^+=\boldsymbol{d}_n^-$；

（2）j=0, 按式 (6.31),(6.32) 计算预测值 $\boldsymbol{v}_n^{+(0)},\boldsymbol{v}_{n+1}^{-(0)},\boldsymbol{d}_{n+1}^{-(0)}$；

（3）进入对 j 迭代循环；

（a）由 $\boldsymbol{d}_{n+1}^{-(j)}$ 按弹塑性本构模型计算所有单元中积分点在时刻 t_{n+1} 的有效应力 $\boldsymbol{\sigma}''\left(\boldsymbol{d}_{n+1}^{-(j)}\right)$ 和按式 (6.42) 计算等效节点力向量 $\boldsymbol{f}_{\mathrm{u},n+1}^{\mathrm{i},j}=\boldsymbol{f}_{\mathrm{u}}^{\mathrm{i},j}\left(t_{n+1}\right)=\sum\limits_{j=1}^{N_{\mathrm{e}}}\int_{\Omega_j}\boldsymbol{B}_{\mathrm{u}}^{\mathrm{T}}\boldsymbol{\sigma}''\left(\boldsymbol{d}_{n+1}^{-(j)}\right)\mathrm{d}\Omega_j$；按式 (6.43)~ 式 (6.46) 计算 $\boldsymbol{F}_1^{\mathrm{i},j},\boldsymbol{F}_2^{\mathrm{i},j}$；

（b）按式 (6.55) 和式 (6.56) 计算残数向量 $\boldsymbol{R}_1^j, \boldsymbol{R}_2^j$；

（c）检查第 j 次迭代的收敛性。如果 $\left\|\boldsymbol{R}_1^j\right\| \leqslant R^{\mathrm{tol}}$ 和 $\left\|\boldsymbol{R}_2^j\right\| \leqslant R^{\mathrm{tol}}$ 终止 j 迭代循环（R^{tol} 为允许残差），转至（4）；

（d）利用式 (6.57) 计算 $\Delta\boldsymbol{v}_n^{+(j)}, \Delta\boldsymbol{v}_{n+1}^{-(j)}$；

（e）更新预测值和计算第 j 次修正，$j \leftarrow j+1$

$$\boldsymbol{v}_n^{+(j)} = \boldsymbol{v}_n^{+(j-1)} + \Delta\boldsymbol{v}_n^{+(j)}, \quad \boldsymbol{v}_{n+1}^{-(j)} = \boldsymbol{v}_{n+1}^{-(j-1)} + \Delta\boldsymbol{v}_{n+1}^{-(j)} \tag{6.59}$$

并计算

$$\boldsymbol{d}_{n+1}^{-(j)} = \boldsymbol{d}_n^- + \frac{\Delta t}{2}\left(\boldsymbol{v}_n^{+(j)} + \boldsymbol{v}_{n+1}^{-(j)}\right) \tag{6.60}$$

转至（a）。

（4）结束。

值得再次强调，与 DGFEM_DDVD 中的 $\boldsymbol{d}_n^+ \neq \boldsymbol{d}_n^-$ 相比，由于在 DGFEM_DCVD 中 $\boldsymbol{d}_n^+ \equiv \boldsymbol{d}_n^-$，式 (6.45) 和式 (6.46) 中 $\int_{\Omega_j} \boldsymbol{B}_{\mathrm{u}}^{\mathrm{T}} \boldsymbol{\sigma}''(t_n)\,\mathrm{d}\Omega_j$ 可直接取自于上一时间增量步的计算结果，而无需在本时间增量步中计算，这在提高算法的计算效率上是很重要的优点。

6.3.2　显式算法

由式 (6.52)、式 (6.53)、式 (6.28)，以及式 (6.43)~ 式 (6.46) 可概括显示算法的基本方程如下

$$\boldsymbol{d}_n^+ = \boldsymbol{d}_n^- \tag{6.61}$$

$$\begin{aligned}\boldsymbol{M}\boldsymbol{v}_n^+ =& \boldsymbol{M}\boldsymbol{v}_n^- - \frac{\Delta t}{6}\boldsymbol{C}\left(\boldsymbol{v}_n^+ - \boldsymbol{v}_{n+1}^-\right) \\ & - \boldsymbol{K}_{\mathrm{Q}}\left(\frac{\Delta t}{5}\left(\boldsymbol{d}_n^+ - \boldsymbol{d}_{n+1}^-\right) + \frac{\Delta t^2}{60}\left(\boldsymbol{v}_n^+ + \boldsymbol{v}_{n+1}^-\right)\right) \\ & - \left\{\begin{array}{c}\boldsymbol{F}_{1\mathrm{u}}^{\mathrm{i}} - \boldsymbol{F}_{2\mathrm{u}}^{\mathrm{i}} \\ \boldsymbol{0}\end{array}\right\} + \frac{\Delta t}{6}\left(\boldsymbol{f}_n^{\mathrm{e}} - \boldsymbol{f}_{n+1}^{\mathrm{e}}\right)\end{aligned} \tag{6.62}$$

$$\begin{aligned}\boldsymbol{M}\boldsymbol{v}_{n+1}^- =& \boldsymbol{M}\boldsymbol{v}_n^- - \frac{\Delta t}{2}\boldsymbol{C}\left(\boldsymbol{v}_n^+ + \boldsymbol{v}_{n+1}^-\right) \\ & - \boldsymbol{K}_{\mathrm{Q}}\left(\frac{\Delta t}{2}\left(\boldsymbol{d}_n^+ + \boldsymbol{d}_{n+1}^-\right) + \frac{\Delta t^2}{12}\left(\boldsymbol{v}_n^+ - \boldsymbol{v}_{n+1}^-\right)\right) \\ & - \left\{\begin{array}{c}\boldsymbol{F}_{1\mathrm{u}}^{\mathrm{i}} + \boldsymbol{F}_{2\mathrm{u}}^{\mathrm{i}} \\ \boldsymbol{0}\end{array}\right\} + \frac{\Delta t}{2}\left(\boldsymbol{f}_n^{\mathrm{e}} + \boldsymbol{f}_{n+1}^{\mathrm{e}}\right)\end{aligned} \tag{6.63}$$

$$\boldsymbol{d}_{n+1}^{-} = \boldsymbol{d}_{n}^{-} + \frac{\Delta t}{2}\left(\boldsymbol{v}_{n}^{+} + \boldsymbol{v}_{n+1}^{-}\right) \tag{6.64}$$

作为显式求解过程，式 (6.62) 和式 (6.63) 中质量阵采用堆聚质量阵；式 (6.62) 和式 (6.63) 等号右端项中的 $\boldsymbol{F}_{1\mathrm{u}}^{\mathrm{i}}, \boldsymbol{F}_{2\mathrm{u}}^{\mathrm{i}}$ 依赖于待求未知向量 $\boldsymbol{v}_{n}^{+}, \boldsymbol{v}_{n+1}^{-}, \boldsymbol{d}_{n+1}^{-}$，因此，式 (6.62)~ 式 (6.64) 所示显示算法需要迭代过程。

6.4 数值算例

本节将提供四个例题及其结果以显示所建议 DGFEM_DCVD 模拟动力脉动载荷作用下弹性与弹塑性固体和饱和多孔连续体中动力学与波传播问题的有效性。所模拟问题特征是占主导地位的高频响应与空间域中间断解或高梯度解在空间域的传播。由于这类问题在二维情况下没有解析解，为验证算法，第一个例题考虑存在弹性解析解的弹性应力波传播问题和弹塑性固体柱中一维应力波传播问题。沿一维柱轴的具有间断压缩应力的压缩波传播考题是对数值求解波传播问题的基准测试。一维柱横截面积 $A = 1.0\ \mathrm{m}^2$, 长 $L = 50\ \mathrm{m}$；一端固定，而在另一端施加轴向脉动压力 F，如图 6.1 所示。材料参数取为：杨氏弹性模量 $E = 1.0\times10^7\ \mathrm{kPa}$, 泊松比 $\nu = 0$, 质量密度 $\rho = 2500\ \mathrm{kg/m^3}$。沿柱轴弹性压力波速度的解析解是 $c = \sqrt{E/\rho} = 2\times10^3\ \mathrm{m/s}$。脉动压力 F 随时间变化的历史表示为

$$F(t) = \begin{cases} 1.0\times10^3\ \mathrm{kN}, & (t\in[0,\ 0.005]\ \mathrm{s}) \\ 0, & (t > 0.005\ \mathrm{s}) \end{cases} \tag{6.65}$$

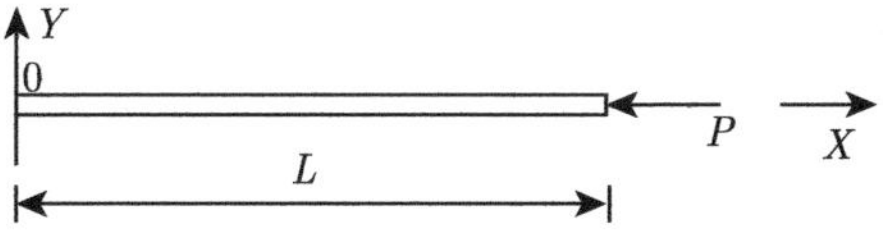

(a)

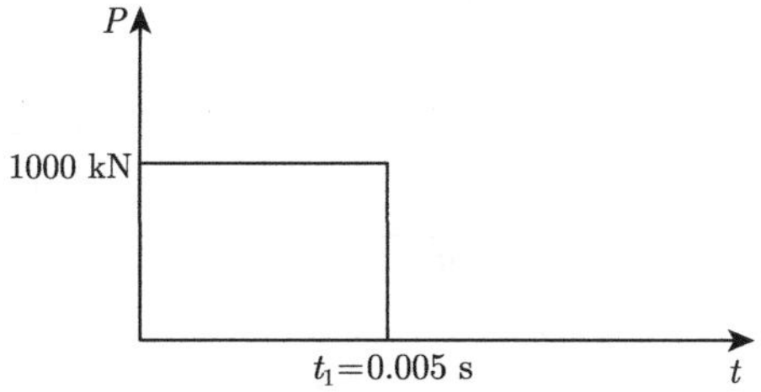

(b)

图 6.1　一维均质弹性或弹塑性柱。一端固定，另一端施加脉动压缩载荷

(a) 一维柱示意图；(b) 加载历史

由此例题解析解所得的应力波是一个沿柱轴以波速 c 传播的压缩应力 $\sigma = -1.0\times10^3$ kPa 和压缩波长为 10 m 的矩形应力波。一维柱模型化为平面应变问题和离散化为沿柱轴 500 个、长度为 0.1 m 的具有均一尺寸的 500×1 四节点矩形线性单元网格。图 6.2 给出了采用时间步长 $\Delta t = 2\times10^4$ s、由 DGFEM_DCVD 所获得的在时刻 $t_1 = 0.015$ s 和 $t_2 = 0.035$ s 的弹性波传播问题解。图 6.2(b) 是在时刻 $t_2 = 0.035$ s 由柱的固定端反射回来的矩形波型。可以看到由 DGFEM_DCVD 和 DGFEM_DDVD（Wiberg and Li, 1999）所获得的结果几乎完全一样。它们与解析解比较，都显示了相同程度的 Gibbs 现象。

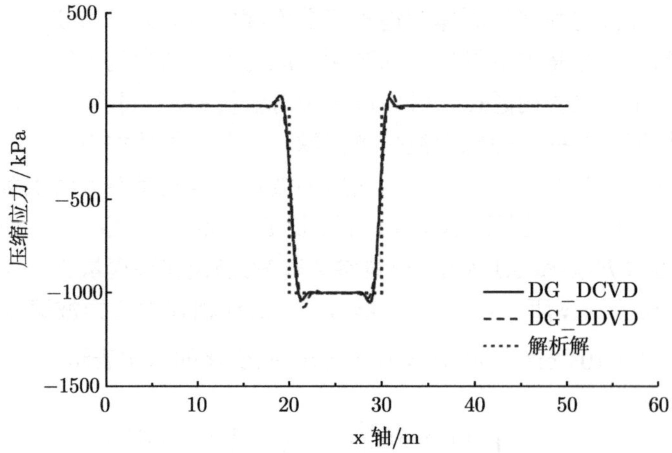

(a)

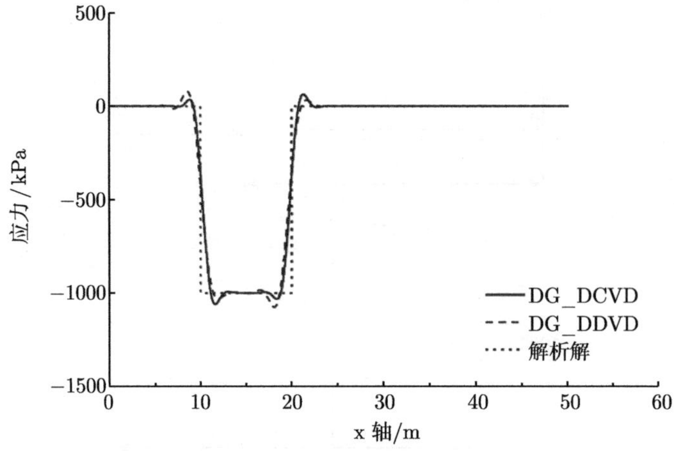

(b)

图 6.2　弹性柱中矩形压缩波的传播。由 DGFEM_DCVD 方法和 DGFEM_DDVD 方法以及解析方法所获得结果比较

(a) 在时刻 $t_1 = 0.015$ s；(b) 在时刻 $t_2 = 0.035$ s

图 6.3 给出了此例题在采用同样材料与计算参数条件下由 CGFEM（即利用传统的时域连续有限元法和采用 Newmark 算法）给出的结果。与解析解比较，所得结果中发生了虚假数值震荡和所传播的矩形波形状的严重失真。通过 DGFEM_DCVD 和 CGFEM 所得结果与解析解的比较，DGFEM_DCVD 相对 CGFEM 在模拟间断波传播过程方面具有突出的优越性。

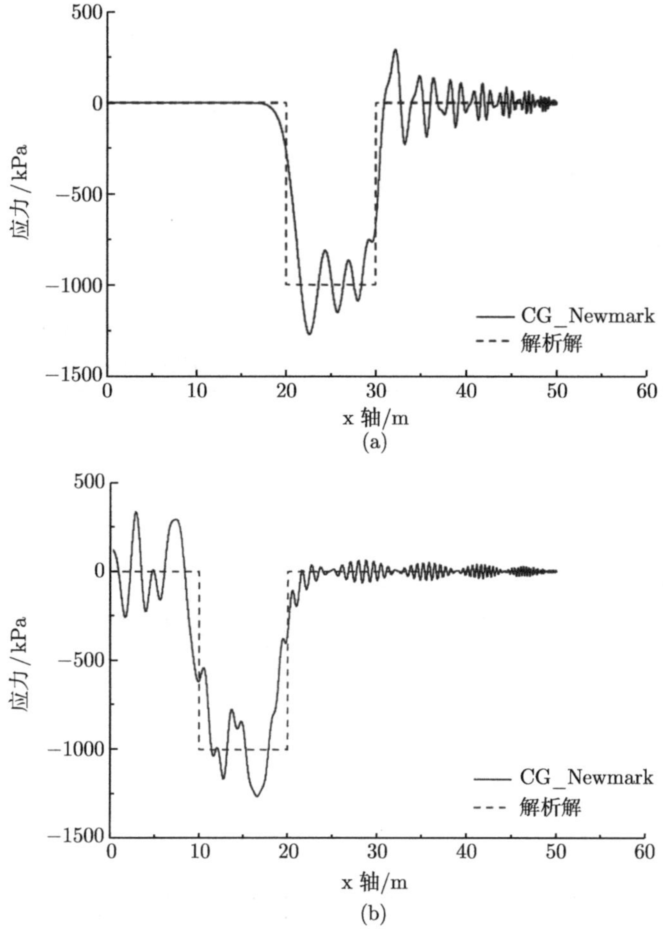

图 6.3 弹性柱中矩形压缩波的传播。CGFEM 方法和解析方法所获得结果比较
(a) 在时刻 $t_1 = 0.015$ s；(b) 在时刻 $t_2 = 0.035$ s

图 6.4 给出了同一例题下弹塑性压力波沿一维柱轴传播的结果。材料的塑性屈服行为服从 von-Mises 准则。塑性屈服应力按分片线性的应变硬化规律演变，即当前屈服应力 $\sigma_{\rm y} = \sigma_{\rm y0} + h_{\rm p}\bar{\varepsilon}_{\rm p}, \sigma_{\rm y0}, h_{\rm p}, \bar{\varepsilon}_{\rm p}$ 分别表示初始屈服应力、应变硬化参数和等效塑性应变。本例题中采用 $\sigma_{\rm y0} = 900$ kPa, $h_{\rm p} = 1155$ kPa。图

6.4(a) 和 (b) 分别给出了采用时间步长 $\Delta t = 2\times10^{-4}$ s、由 DGFEM_DCVD 和采用时间步长 $\Delta t = 1\times10^{-4}$ s、由 CGFEM 所获得的在时刻 $t_1 = 0.015$ s 和 $t_2 = 0.024$ s 的弹塑性波传播问题解。即使前者比后者采用了两倍大的时间步长，仍显示前者在滤除虚假高阶模式和控制虚假数值震荡方面呈现远比后者好得多的表现。

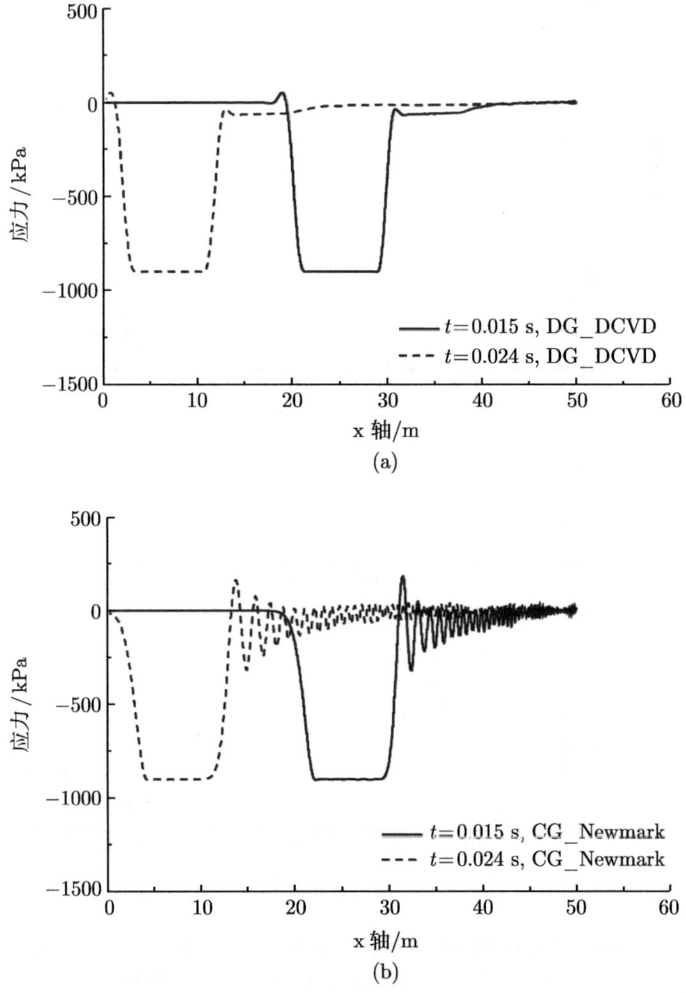

图 6.4 弹塑性柱中压缩波的传播：在 $t_1 = 0.015$ s 和 $t_2 = 0.024$ s 的弹塑性波

(a) 采用 DGFEM_DCVD 和 $\Delta t = 2\times10^{-4}$ s；(b) 采用 CGFEM 和 $\Delta t = 1\times10^{-4}$ s

第二个例题考虑饱和多孔介质柱在脉动载荷作用下的动力波传播过程。它与第一个例题所考虑的一维固体柱具有相同几何尺寸和有限元网格。一维饱和多孔

介质柱在其自由端受到如下脉动压力载荷作用

$$F(t)=\begin{cases}4.0\times10^{3}\ \text{kN}, & (t\in[0,\ 0.04]\ \text{s})\\ 0, & (t>0.04\ \text{s})\end{cases} \tag{6.66}$$

饱和多孔介质柱的材料参数为：孔隙度 $\phi=0.2, E=1.0\times10^{5}$ kPa, $\nu=0.3$, 固相质量密度 $\rho_{\text{s}}=2500$ kg/m^3, 固相颗粒体积模量 $K_{\text{s}}=1.385\times10^{5}$ kPa, 液相质量密度 $\rho_{\text{w}}=1000$ kg/m^3, 液相体积模量 $K_{\text{w}}=2.0\times10^{4}$ kPa 和渗透系数 $k_{\text{w}}=1\times10^{-6}$ m/s。假定材料服从 Drucker-Prager 准则和塑性强度的线性应变硬化演化律，即材料粘聚力 $c=c_0+h_{\text{p}}^{\text{c}}\bar{\varepsilon}_{\text{p}}, c_0, h_{\text{p}}^{\text{c}}, \bar{\varepsilon}_{\text{p}}$ 分别表示初始粘聚力、粘聚力的应变硬化参数和等效塑性应变（Duxbury and Li, 1996）。采用 $c_0=10$ kPa, $h_{\text{p}}^{\text{c}}=1$ kPa。Drucker-Prager 非关联塑性模型中内摩擦角 $\varPhi=15°$，塑性膨胀角 $\psi=5°$。首先考虑弹性情况，弹性压缩波速解析解是 $c_{\text{e}}=\sqrt{\lambda+2G+Q}/\rho\cong3.0\times10^{2}$ m/s, 式中 λ 是 Lame 参数，G 是剪切模量，$\rho=\phi\rho_{\text{w}}+(1-\phi)\rho_{\text{s}}$ 定义为流固混合体的质量密度。所有有限元节点的流相和固相 y 轴方向位移固定为零，即 $\boldsymbol{u}_{\text{y}}=\boldsymbol{U}_{\text{y}}=0$。它意味着既无横向位移，也无横向排水。为考虑在 x 轴方向的非排水条件，所有有限元节点的固相和流相在 x 轴方向的位移被绑定，即 $\boldsymbol{u}_{\text{x}}=\boldsymbol{U}_{\text{x}}$。弹性情况下的解析解是沿柱轴波长为 12 m 的广义有效应力波和压力波，它们的幅值分别为 $\sigma''_{\text{xx}}=-2719.48$ kPa 和 $p=1280.52$ kPa。

图 6.5 给出了当利用时间步长 $\Delta t=1\times10^{-3}$ s，由 DGFEM_DCVD 和 DGFEM_DDVD 和 CGFEM_Newmark 法所得到的在时刻 $t_1=0.06$ s 和 $t_2=0.14$ s 的广义有效应力波和压力波结果。图 6.5 中也给出了它们与解析解的比较。然后，考虑饱和多孔介质柱的弹塑性波传播过程。柱的所有限元节点设定 $\boldsymbol{U}_y=0$ 和允许 $\boldsymbol{u}_{\text{y}}$ 自由以模拟柱的横向变形和排水条件。另一方面，除在柱的固定端，柱的所有限元节点沿 x 轴方向的固相和流相位移，彼此独立，即 $\boldsymbol{u}_{\text{x}}\neq\boldsymbol{U}_{\text{x}}$。图 6.6 和图 6.7 显示了当利用 $\Delta t=1\times10^{-3}$ s、由上述三种不同方法在 $t_1=0.06$ s 和 $t_2=0.14$ s 时刻得到的轴向有效应力、孔隙压力和等效塑性应变沿柱轴的分布。可以看到，DGFEM_DCVD 和 DGFEM_DDVD 所得到的结果不存在虚假的数值震荡，其明显优于 CGFEM_Newmark 方法所得结果。图 6.7(c) 进一步显示了发生在柱自由端的等效塑性应变随时间的发展。可以看到由 CGFEM_Newmark 方法所预测的塑性屈服程度也被很大程度地错误高估了。这是由于 CGFEM_Newmark 方法求解过程不能滤除高阶模式效应，当行波的波尾通过柱的自由端后，发生在柱的自由端的虚假数值震荡将导致虚假的等效塑性应变继续发展。

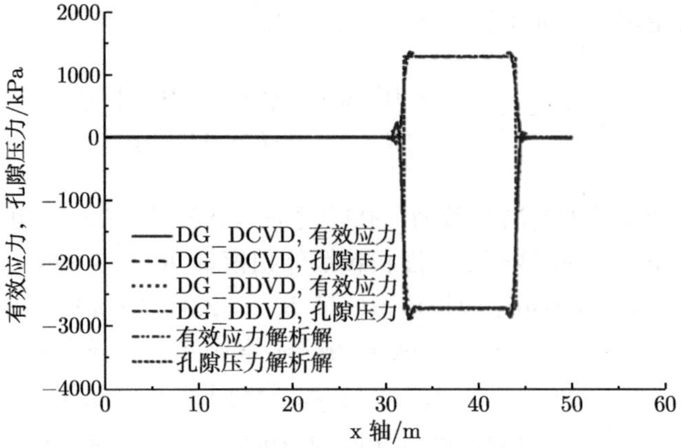

2000
1000
0
−1000
−2000
−3000
−4000
有效应力，孔隙压力/kPa
DG_DCVD, 有效应力
DG_DCVD, 孔隙压力
DG_DDVD, 有效应力
DG_DDVD, 孔隙压力
有效应力解析解
孔隙压力解析解
0
10
20
30
40
50
60
x 轴/m

(a)

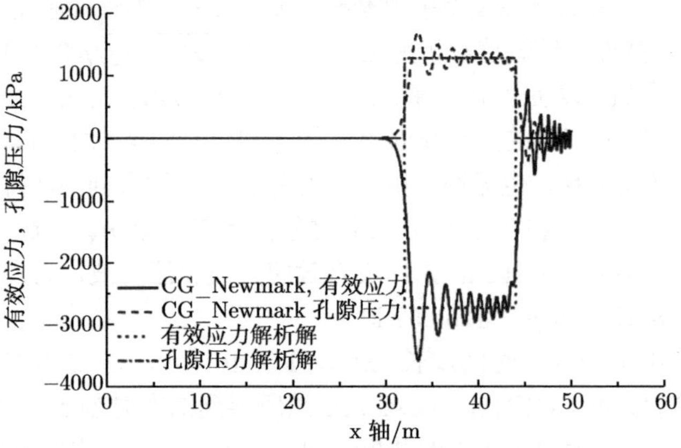

2000
1000
0
−1000
−2000
−3000
−4000
有效应力，孔隙压力/kPa
CG_Newmark, 有效应力
CG_Newmark 孔隙压力
有效应力解析解
孔隙压力解析解
0
10
20
30
40
50
60
x 轴/m

(b)

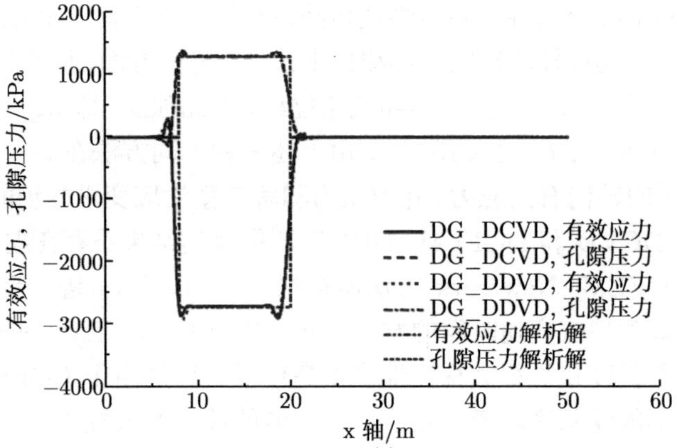

2000
1000
0
−1000
−2000
−3000
−4000
有效应力，孔隙压力/kPa
DG_DCVD, 有效应力
DG_DCVD, 孔隙压力
DG_DDVD, 有效应力
DG_DDVD, 孔隙压力
有效应力解析解
孔隙压力解析解
0
10
20
30
40
50
60
x 轴/m

(c)

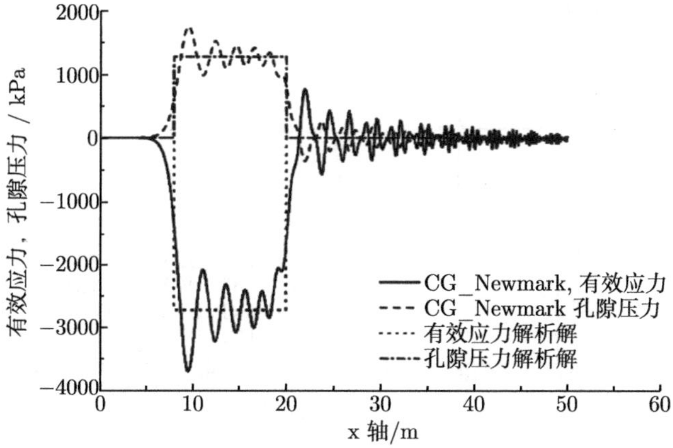

(d)

图 6.5 饱和多孔弹性柱中矩形压缩波的传播。利用 DGFEM_DCVD、DGFEM_DDVD、CGFEM_Newmark 法和解析解所得到的有效应力和孔隙压力波比较

(a) DGFEM_DCVD、DGFEM_DDVD 和解析解在 $t_1 = 0.06$ s 的结果比较; (b) CGFEM_Newmark 法和解析解在 $t_1 = 0.06$ s 的结果比较; (c) DGFEM_DCVD、DGFEM_DDVD 和解析解在 $t_1 = 0.14$ s 的结果比较; (d) CGFEM_Newmark 法和解析解在 $t_1 = 0.14$ s 的结果比较

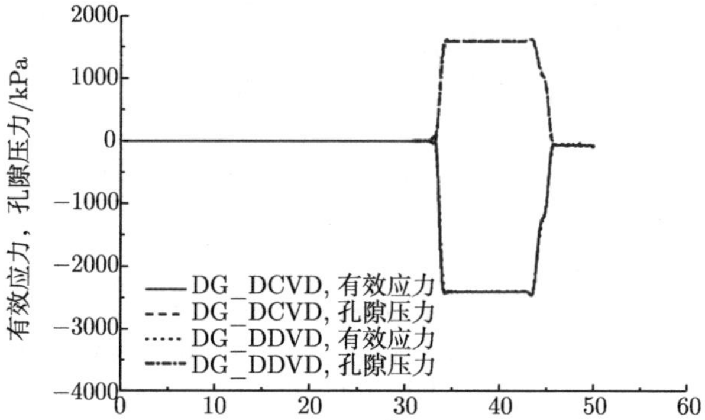

(a)

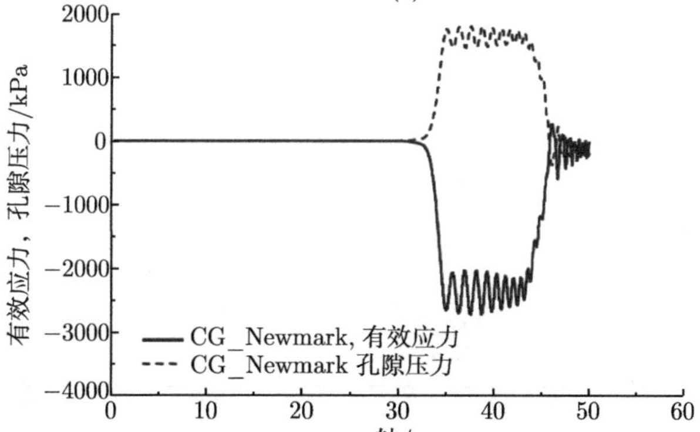

(b)

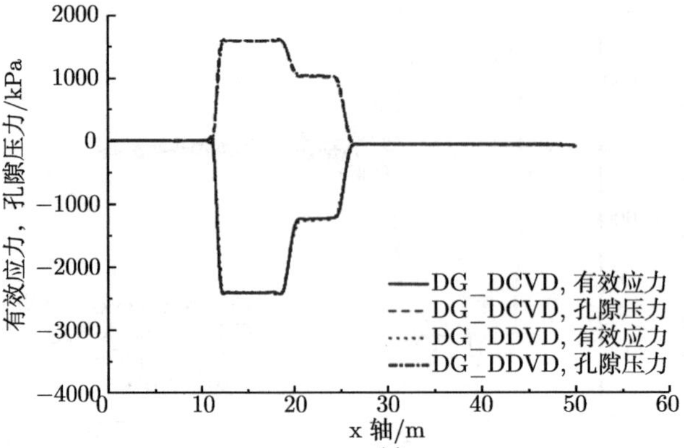

(c)

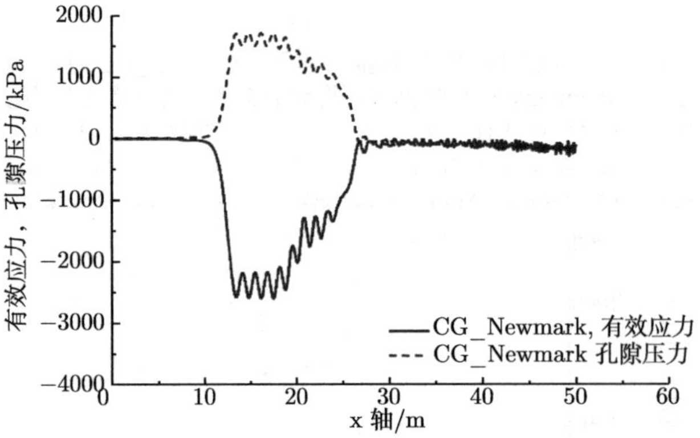

(d)

图 6.6　压缩波在饱和多孔弹塑性柱中的传播。不同方法所获得有效应力和孔隙压力波形比较
(a) 在时刻 $t_1 = 0.06$ s 由 DGFEM_DCVD 和 DGFEM_DCVD 所得结果比较；(b) 在时刻 $t_1 = 0.06$ s 由 CGFEM_Newmark 方法所得结果；(c) 在时刻 $t_2 = 0.14$ s 由 DGFEM_DCVD 和 DGFEM_DDVD 所得结果比较；(d) 在时刻 $t_2 = 0.14$ s 由 CGFEM_Newmark 方法所得结果

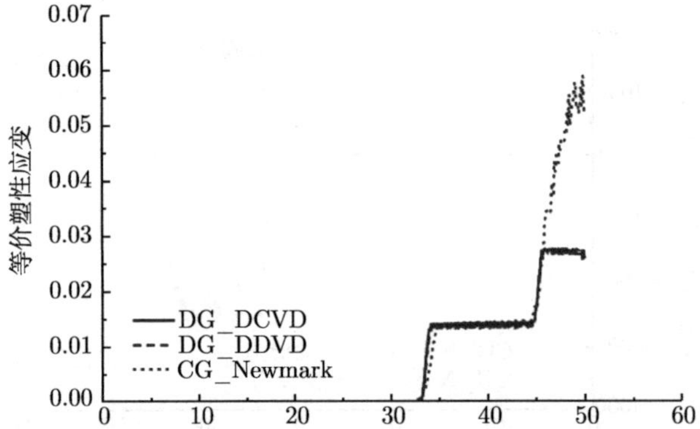

(a)

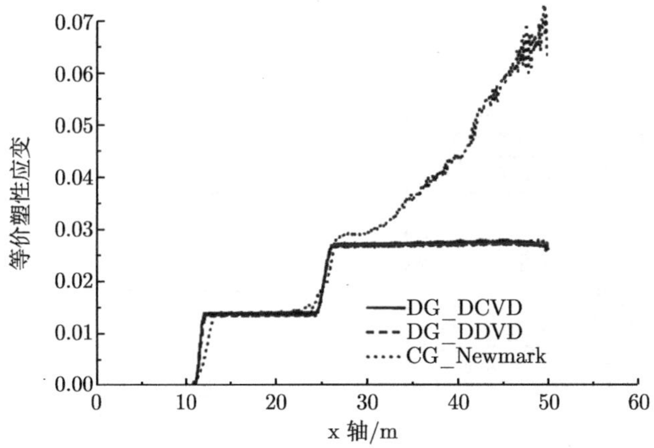

(b)

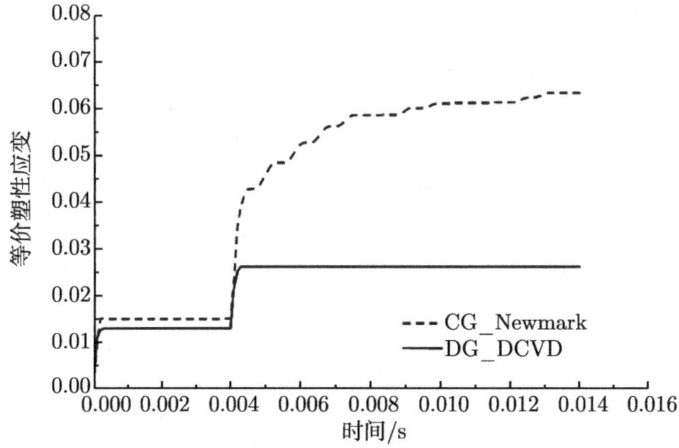

(c)

图 6.7 排水条件下饱和多孔弹塑性柱中的等效塑性应变

(a) 在 $t_1 = 0.06$ s 时沿饱和多孔弹塑性柱等效塑性应变分布；(b) 在 $t_2 = 0.14$ s 时沿饱和多孔弹塑性柱等效塑性应变分布；(c) 饱和多孔弹塑性柱自由端处等效塑性应变随时间的变化

例 3 和例 4 将显示所建议 DGFEM_DCVD 可成功应用于二维情况下固体和饱和多孔介质中弹性和弹塑性波的传播问题。例 3 考虑一个平面应变问题，即考虑二维饱和多孔介质中的弹性波传播。如图 6.8(a) 所示，一个正方域受到一个在其左上角 A 处的斜向脉动集中压力载荷作用。图 6.8(a) 也描述了正方域的几何、边界条件和由 50×50 单元离散的有限元网格。脉动载荷 P 的加载历史如图 6.8(b) 所示。假定饱和弹性多孔介质的材料参数为：孔隙度 $\phi = 0.32$, 杨氏弹性模量 $E = 1.0 \times 10^5$ kPa, 泊松比 $\nu = 0.3$, 固相质量密度 $\rho_{\mathrm{s}} = 2000$ kg/ m^3, 固相颗粒体积模量 $K_{\mathrm{s}} = 6.146 \times 10^5$ kPa, 液相质量密度 $\rho_{\mathrm{w}} = 1000$ kg/m^3, 液相体积模量 $K_{\mathrm{w}} = 2.0 \times 10^4$ kPa 和渗透系数 $k_{\mathrm{w}} = 1 \times 10^{-6}$ m/s。

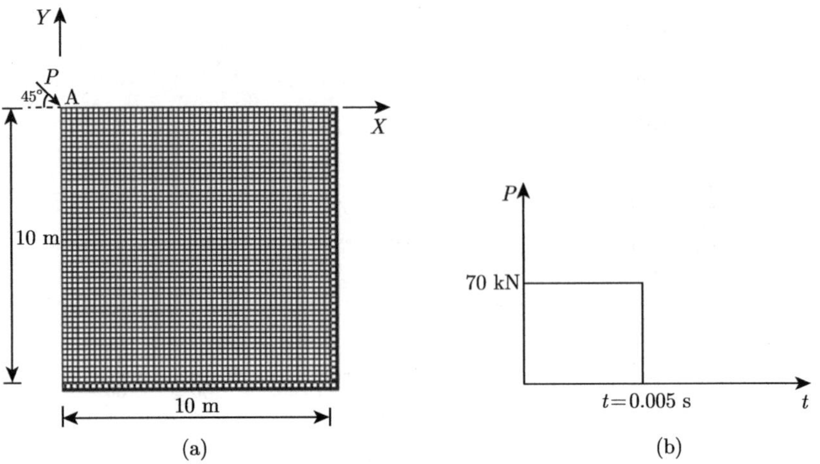

图 6.8 二维饱和多孔弹性介质中应力波传播。平面应变条件下方板受在其左上角的斜向脉动压力载荷作用

(a) 方板的几何、有限元网格和施加的载荷；(b) 载荷历史

图 6.9~ 图 6.11 给出了利用时间步长 $\Delta t = 1 \times 10^{-3}$ s、在时刻 $t = 0.025$ s 由 DGFEM_DCVD 和 CGFEM_Newmark 方法所获得的孔隙流体压力、平均有效应力（有效应力张量的法应力平均值）和剪应力分布。注意到在正方域左侧和顶部边界的固相和孔隙流相位移为自由（无约束）。与在正方域内 P 波（Primary Wave，体波）传播共存的是在域内的 S 波（Secondary Wave，剪切波）传播和沿自由边界传播的 Rayleigh 波（表面波）。P 波与自由边界的交点处形成了以 P 波速传播、在 P 波后面传播的在 S 波的波阵上的 Head 波（前波）。P 波、S 波和 Rayleigh 波的交汇使得在域内的波形较为复杂。尽管如此，由于脉动载荷的特征，由脉动载荷产生的行波前行通过施加脉动载荷的点 A 邻域后，点 A 邻域、即方形域的左上角部分应该恢复平静。图 6.9~ 图 6.11 展现了所建议的 DGFEM_DCVD 具备了再现这个波动特征的能力，而 CGFEM_Newmark 方法显然失效。

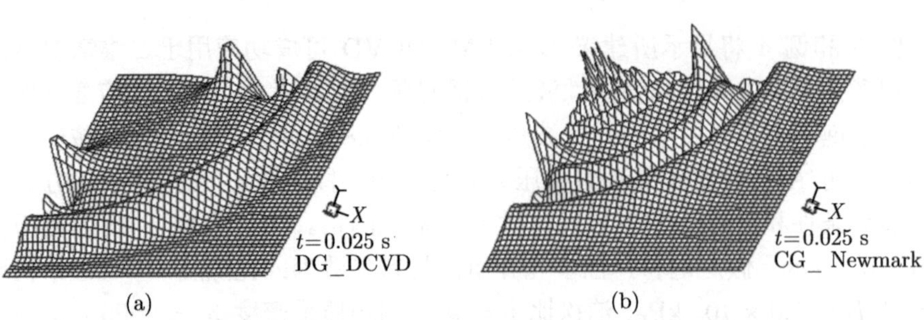

图 6.9 饱和多孔弹性介质方板在时刻 $t = 0.025$ s 的孔隙压力分布

(a) DGFEM_DCVD；(b) CGFEM_Newmark 方法

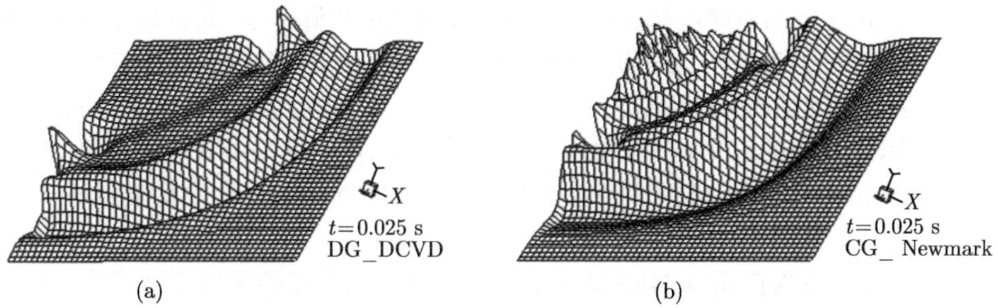

图 6.10 饱和多孔弹性介质方板在时刻 $t = 0.025$ s 的有效球应力分布

(a) DGFEM_DCVD；(b) CGFEM_Newmark 方法

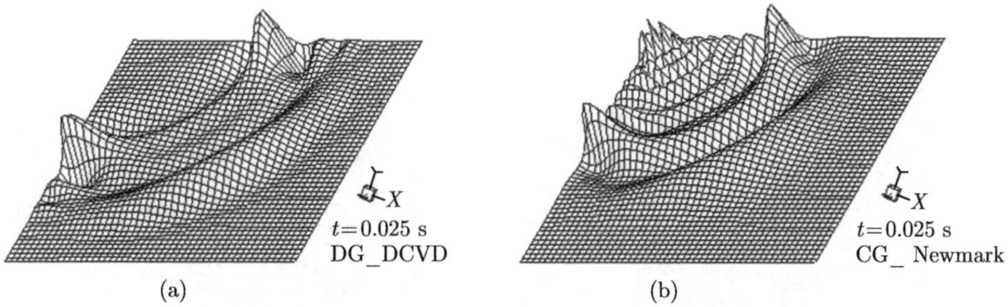

图 6.11 饱和多孔弹性介质方板在时刻 $t = 0.025$ s 的剪应力分布

(a) DGFEM_DCVD；(b) CGFEM_Newmark 方法

第四个例题考虑一个 10 m 深、20 m 宽的底座基础受到图 6.12 所示垂直均布脉动载荷作用的弹塑性动力响应问题。载荷作用于基础顶部中央 2.8 m 宽的部位，其加载历史如图 6.12（b）所示。底座基础模型化为弹塑性固体的瞬态平面应变问题。50×50 有限元网格和边界条件也如图 6.12（a）所示。鉴于对称性，仅对

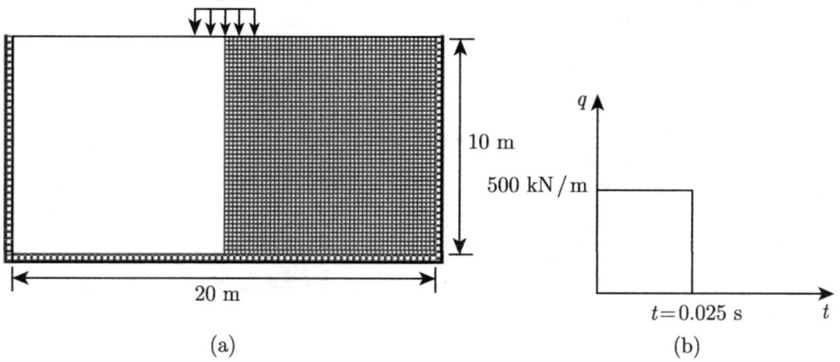

图 6.12 一个受作用于其顶部的垂直脉动均布载荷作用的底座基础的弹塑性动力响应问题分析

(a) 方板的几何、有限元网格和施加的载荷；(b) 载荷历史

10 m 深、10 m 宽的原底座基础的一半执行离散化和数值模拟。其材料弹性性质参数与例 3 中采用的相同。Drucker-Prager 屈服准则和塑性强度的线性应变硬化演化律用以描述问题的弹塑性响应。材料粘聚力 $c = c_0 + h_{\mathrm{p}}^{\mathrm{c}}\bar{\varepsilon}_{\mathrm{p}}, c_0, h_{\mathrm{p}}^{\mathrm{c}}, \bar{\varepsilon}_{\mathrm{p}}$ 分别表示初始粘聚力，粘聚力的应变硬化参数和等效塑性应变。本例题采用 $c_0 = 10\ \mathrm{kPa}, h_{\mathrm{p}}^{\mathrm{c}} = 1\ \mathrm{kPa}$。Drucker-Prager 非关联塑性模型中内摩擦角 $\Phi = 25°$，塑性膨胀角 $\psi = 5°$。

图 6.13～ 图 6.15 给出了当利用时间步长 $\Delta t = 5 \times 10^{-4}$ s、在时刻 $t = 0.03$ s 由 DGFEM_DCVD 和 CGFEM_Newmark 方法所获得的平均有效应力、有效应力（等价于 Biot 有效应力张量的第二偏应力不变量）和等效塑性应变分布。与 DGFEM_DCVD 所获得结果相比，图 6.15 再次显示了由于 CGFEM_Newmark

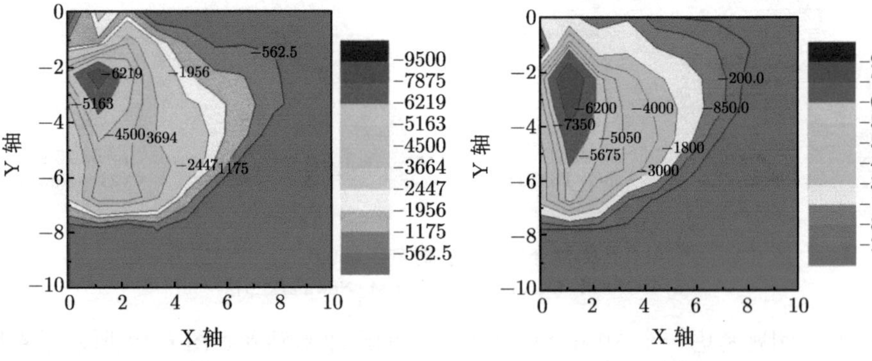

(a)　　(b)

图 6.13　基础在 $t = 0.03$ s 时的球应力分布

(a) DGFEM_DCVD; (b) CGFEM_Newmark 方法

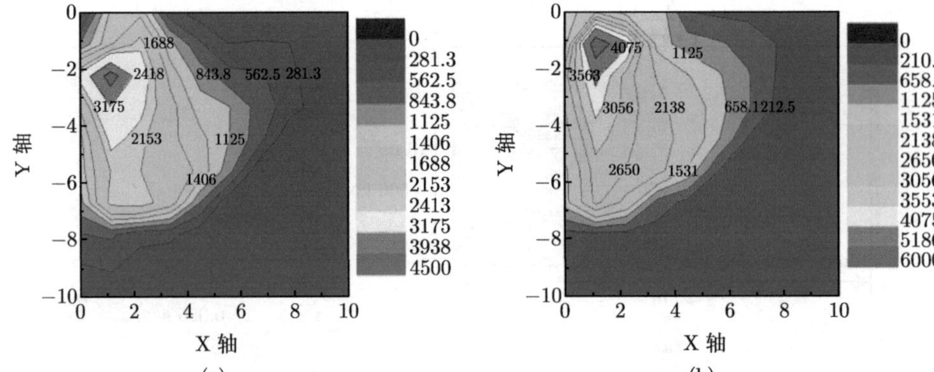

(a)　　(b)

图 6.14　基础在 $t = 0.03$ s 时的有效应力分布

(a) DGFEM_DCVD; (b) CGFEM_Newmark 方法

方法不能滤除虚假数值震荡而导致所获得解过高估计了等效塑性应变这一数值现象。

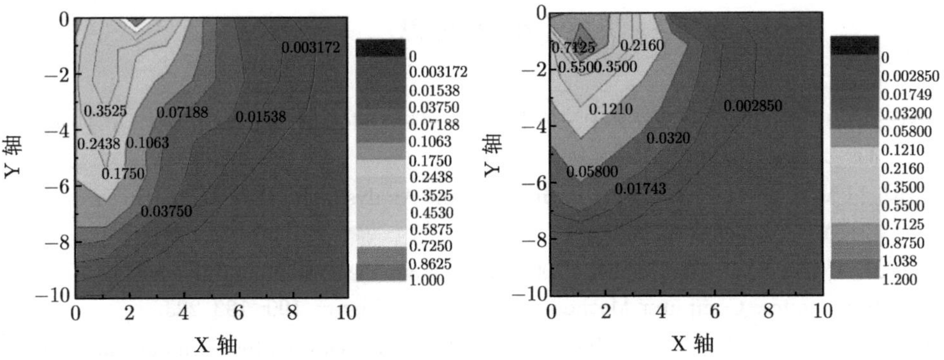

(a) (b)

图 6.15 基础在 $t = 0.03$ s 时的等效塑性应变分布

(a) DGFEM_DCVD; (b) CGFEM_Newmark 法

6.5 总结与讨论

(1) 以在空间域的半离散化过程和在时间域的有限差分方法、例如 Newmark 法、相结合的传统 Galerkin 有限元法不能有效捕捉受到脉动载荷作用的固体和饱和多孔介质动力学问题中的空间间断解和高梯度解。同时，它不能有效滤去虚假的高阶模式和控制虚假的数值震荡。

(2) 时域间断 Galerkin 有限元法的重要特征是在空间域和时间域同时利用有限元离散，以及允许假定的未知（位移）向量和它的时间导数向量在离散的时域点间断。它能有效地捕捉波在空间域传播过程中在波阵面处的间断，以及有效滤去虚假的高阶模式和控制虚假的数值震荡。

(3) 本章所介绍的时域间断 Galerkin 有限元法 DGFEM_DCVD 与先前发展的时域间断 Galerkin 有限元法相比，DGFEM_DCVD 中特殊设计了 P3-P1 时域插值近似，它在时域中对位移和速度分别采用分片的三次与线性插值近似。其结果是位移向量在每个离散时间点处自动地满足连续，而仅仅速度向量在每个离散时间点处保持间断。其有效捕捉波在空间域传播过程中在波阵面处的间断，以及有效滤去虚假的高阶模式和控制虚假的数值震荡的效能仍得以有效保证。另一方面，与 DGFEM_DDVD 比较，计算效率（特别对于材料非线性问题）得到了极大的提高。

(4) 本章介绍的 DGFEM_DCVD 不仅对模拟受脉动载荷作用的连续介质动

力学与波动问题有效，同时也能有效应用于受脉动载荷作用的材料线性和非线性饱和多孔介质中的动力学与波动问题分析。

参 考 文 献

李锡夔, 姚冬梅, 2003. 弹塑性体中波传播问题的间断 Galerkin 有限元法. 固体力学学报，24: 399–409.

Crisfield M A, 1991. Non-linear Finite Element Analysis of Solids and Structures, Vol.1: Essential. Chichester: Wiley.

Durate A, Carmo E, Rochinha F, 2000. Consistent discontinuous finite elements in elastodynamics. Computer Methods Appl. Mech. Engng., 190: 193–223.

Duxbury P G, Li X K, 1996. Development of elasto-plastic material models in a natural coordinate system. Computer Methods in Applied Mechanics and Eng., 135: 283–306.

Freund J, 2001. The space-continuous-discontinuous Galerkin method. Computer Methods Appl. Mech. Engng., 190: 3461–3473.

Hughes T J R, Hulbert G M, 1988. Space-time finite element methods for elastodynamics: Formulations and error estimates. Comput. Methods Appl. Mech. Engrg., 66: 339–363.

Hulbert G M, Hughes T J R, 1990. Space-time finite element methods for second-order hyperbolic equations. Comput. Methods Appl. Mech. Engrg., 84: 327–348.

Hulbert G M, 1992. Time finite element methods for structural dynamics. Int. J. Numer. Methods Eng., 33: 307–331.

Johnson C, 1993. Discontinuous Galerkin finite element methods for second order hyperbolic problems. Comput. Methods Appl. Mech. Eng., 107: 117–129.

Li X D, Wiberg N E, 1996. Structural dynamic analysis by a time-discontinuous Galerkin finite element method. Int. J. Numer. Methods Eng., 39: 2131–2152.

Li X D, Wiberg N E, 1998. Implementation and adaptivity of a space-time finite element method for structural dynamics. Comput. Methods Appl. Mech. Eng., 156: 211–229.

Li X K, Yao D M, 2004. Time discontinuous Galerkin finite element method for dynamic analysis in saturated poro-elasto-plastic media. Acta Mechanica Sinica, 20: 64–75.

Li X K, Yao D M, Lewis R W, 2003. A discontinuous Galerkin finite element method for dynamic and wave propagation problems in non-linear solids and saturated porous media. Int. J. Numer. Meth. Engng., 57: 1775–1800.

Lu M K, Zhang J Y, Zhang H W, Zheng Y G, Chen Z, 2018. Time-discontinuous material point method for transient problems. Comput. Methods Appl. Mech. Engrg., 328: 663–685.

Wiberg N E, Li X D, 1999. Adaptive finite element procedures for linear and non-linear dynamics. Int. J. Numer. Methods Eng., 46: 1781–1802.

Wu W H, Li X K, 2006. Application of the time discontinuous Galerkin finite element method to heat wave simulation. International Journal of Heat and Mass Transfer, 49: 1679–1684.

Zienkiewicz O C, Shiomi T, 1984. Dynamic behavior of saturated porous media: the generalized Boit formulation and its numerical solution. Int. J. Numer. Anal. Meth. Geomech., 8: 71–96.

第 7 章　非饱和多孔介质中污染物传输过程的有限元法

鉴于土壤环境与地下水质对人类健康与经济可持续发展的重要性，地下污染物在模型化为非饱和多孔介质的非饱和土中的传输过程的数值分析研究已得到人们越来越多的关注（Bear and Verruijt, 1987; Brusseau et al., 1989; Yong et al., 1992; Kandil et al., 1992; Smith et al., 1993; Schrefler, 1995; Yong and Thomas, 1997; Li et al, 1997; 1999; 2000b; 李锡夔, 1998; 李锡夔, 武文华, 1999; Kacur et al., 2005）。非饱和区域是污染物在抵达储备着作为维系生命的饮用水的地下蓄水层之前首先渗透通过的区域。植物也从该区域吸取水分和营养成分或污染物。这个区域也是有害物质意外被泄溢时人类可以采取有效措施限制或甚而消除污染物迁移的第一道防线。而这些有效措施的实施依赖于人们对地下污染输运机制的深刻认识，因此有必要发展一个能预测含污染物或化学物的溶质通过非饱和土传输过程的数值模型，以更好理解地下污染输运现象，并进而更好地控制污染和管理水资源。

模拟非饱和土中污染物传输过程的数值模型包含两个耦合部分。第一部分为多孔介质中非混两相流的水力–力学过程分析、或进而考虑温度效应的热–水力–力学过程分析，以确定孔隙水和孔隙气的速度场以及孔隙水的饱和度分布。第二部分为混溶于孔隙水中的污染物在非饱和多孔介质中随孔隙水的传输过程分析。控制污染物传输过程的机制包含污染物随流动孔隙水的对流与扩散效应、不动水效应、污染物蜕化效应、传输污染物在多孔介质固相材料上的吸附与解吸附效应等。它可归结为污染物在非饱和多孔介质中传输过程的非平衡吸附–对流–扩散过程分析。第一部分，即非饱和多孔介质中非混两相流水力–力学过程分析的基本概念、控制方程及其有限元离散与实现已在第 1 章中描述。本章将着重介绍第二部分、即非饱和多孔介质中非平衡吸附–对流–扩散数学模型及基于特征线 Gaerkin 方法的有限元数值方法与隐式算法。本章具体考虑的污染物为可溶于孔隙水并与孔隙水一起流动的硝酸盐（钠离子 Na^+）和重金属（镉离子 Cd^{2+}）。

Bear and Verruijt（1987）描述了控制混溶污染物随孔隙水传输的机制。它们包含对流、分子扩散和机械逸散，以及其他三个体现瞬时污染物存贮（或释放）和由此引起污染物传输延迟效应的三个机制：吸附，蜕化和不动水效应。Biver（1991）, Radu et al. （1994），Li et al. （1997; 1999）把上述控制机制纳入到他们的数值模型中。他们假定吸附为平衡吸附、即吸附被考虑为瞬态可逆；这些模型已成功地预测了许多实际问题并被广泛应用于模拟土壤中的污染物传输过程。

值得注意的是，非平衡过程在污染物传输中的影响已逐渐得到较多的关注。Brusseau et al.（1989）建议了一个考虑包含传输相关与吸附相关在内的多个非平衡源头对吸附过程的效应。已包含在上述模型的不动水效应为传输相关的非平衡过程（常称为物理非平衡过程），它考虑了污染物在不动水与流动水之间的交换。含重金属 Cd^{2+} 的水溶液的溶质传输过程实验研究表明，平衡吸附模型不能正确地描述包含重金属 Cd^{2+} 在内的一些污染物质在非饱和土中传输过程的实际现象（Li et al., 1998)。本章将介绍一个反映化学非平衡过程和由溶质与吸附界面的率限制相互作用（Rate-limited Interaction）引起的非平衡吸附–对流–逸散模型。

此外，人们早已认识到对流–扩散方程数值求解的困难。多孔介质中渗流过程通常由逸散项控制，而某些污染物溶液的意外溢流能导致对流占支配地位的传输。一个可靠的数值方法应能求解对流与吸附–逸散占有不同比重的问题。注意到标准 Galerkin 有限元法在理论上仅对自伴随方程有效，它在应用于求解非自伴随的对流–扩散方程时，特别是对于对流占优问题或者有限元网格密度过于稀疏的情况，将常给出失稳的震荡解。由于标准 Galerkin 有限元法在求解对流–扩散方程过程时存在非稳定性和精度低的问题，已有许多工作致力于发展能够克服上述问题的稳定化方法（Hughes, 1987; Zienkiewicz et al., 1991; Codina, 1993; Zienkiewicz and Codina, 1995)。其中特征线 Galerkin 法的引入很大地推动了求解对流–扩散方程的有限元方法的发展。此方法的主要优点之一是它让在数值求解对流–扩散方程时利用标准 Galerkin 空间离散在理论上成立。此外，为避免采用任意的依赖于网格的迎风系数，该方法以理性方式引入作为迎风项的平衡逸散项。依靠一个恰当的基于由 Chorin（1967）对不可压缩流所提出的分步算法的算子分裂过程，该方法可成功求解吸附–对流–扩散方程。Zienkiewicz et al.（1991; 1995）把特征线 Galerkin 法应用于对流扩散问题并发展了一个相应的显式算法。

考虑由吸附、蜕化和不动水效应等现象导致的延迟效应，李锡夔（1998）, Li et al.（1999）发展了一个修正的特征线 Galerkin 法和相应的显式算法以求解对流–扩散方程。该算法的优点在于它在计算上的有效性、易于实现且所得结果的精度仍有保证。但是半离散控制方程在空间域的显式算法是条件稳定的。受显式算法临界时间步长的限制，在应用算法时要求采用一个相当小的时间步长、即存在一个严重的 Courant 数限制，以保证算法的稳定性。

鉴于显式算法的条件稳定性缺点，本章将对非平衡吸附–对流–扩散方程介绍一个完全隐式的无条件稳定算法（Li et al., 2000a)。利用基于 2^N 算法的精细积分方法确定在算子分裂过程中所需的对流函数的物质时间导数。分析了此积分方案的稳定性。数值例题将用于：（1）显示所建议对流–扩散方程数值方法在计算精度和计算效率方面的优势（Li et al., 2000a），以及（2）显示所建议非饱和多孔介质中污染物传输过程模型在模拟受控于对流、分子扩散、机械和水动力逸散、不流动水效应、平衡与非平衡吸附、蜕变等机制的能力（Li et al., 2000b）。

7.1 污染物传输过程的控制机制与本构方程

7.1.1 对流

流动孔隙水中浓度为 $c_{\mathrm{m}}\left(\mathrm{kg/m^3}\right)$ 的污染物的对流流动定义为

$$\boldsymbol{J}_{\mathrm{c}} = c_{\mathrm{m}}\dot{\boldsymbol{U}}_{\mathrm{w}} \tag{7.1}$$

式中，$\dot{\boldsymbol{U}}_{\mathrm{w}}$ 表示流动孔隙水的固有相速度（Intrinsic Phase Velocity）（Li et al., 1990），即

$$\dot{\boldsymbol{U}}_{\mathrm{w}} = \dot{\boldsymbol{u}} + \frac{\dot{\boldsymbol{w}}}{\theta_{\mathrm{m}}} \approx \frac{\dot{\boldsymbol{w}}}{\theta_{\mathrm{m}}} \tag{7.2}$$

式中，$\dot{\boldsymbol{w}}$ 是孔隙水的 Darcy 速度，$\dot{\boldsymbol{u}}$ 是土壤固体骨架速度，可近似地略去不计；流动孔隙水在孔隙水中所占体积部分 $\theta_{\mathrm{m}} = \phi\left(S_{\mathrm{w}} - S_{\mathrm{w0}}\right)$；$\phi$ 是孔隙度，S_{w} 是孔隙水饱和度，S_{w0} 是不流动孔隙水在 S_{w} 中的部分，ϕS_{w0} 是不流动孔隙水所占体积并表示为 $\theta_{\mathrm{im}} = \phi S_{\mathrm{w0}}$。

7.1.2 分子扩散

由污染物浓度的空间梯度 ∇c_{m} 驱动、流动孔隙水中污染物分子随机运动产生的分子扩散质量流的流量 $\boldsymbol{J}_{\mathrm{m}}\left(\mathrm{kg}/\left(\mathrm{m^2 \cdot s}\right)\right)$ 被定义为服从 Fick 定律

$$\boldsymbol{J}_{\mathrm{m}} = -\boldsymbol{D}_{\mathrm{m}}\nabla c_{\mathrm{m}} \tag{7.3}$$

式中，$\boldsymbol{D}_{\mathrm{m}}$ 是流动孔隙水中分子扩散系数张量，并可按下式（Millington, 1959）计算

$$\boldsymbol{D}_{\mathrm{m}} = D_{\mathrm{m}}\boldsymbol{I}, \quad D_{\mathrm{m}} = \tau\eta\phi D_{\mathrm{m0}} \tag{7.4}$$

式中，$\boldsymbol{I}$ 是单位矩阵；D_{m0} 是水的分子扩散系数，一般地取值 $D_{\mathrm{m0}} = 10^{-5}\ \mathrm{cm^2/s}$；$\eta$ 是分子延迟系数（对碎石或沙土常取值为 0.9~1.0，淤泥为 0.4~0.5，粘土约为 0.2）；$\tau = \theta^{4.3}/\phi^2$ 是 Millington 模型中定义的曲折度，$\theta = \phi S_{\mathrm{w}}$。由式 (7.4) 的第二式可看到，分子扩散系数 D_{m} 一般地与孔隙度 ϕ 和饱和度 S_{w} 有关。

7.1.3 机械逸散和水动力学逸散

渗流速度在垂直于孔隙流方向的孔隙液体横截面上的变化而引起的污染物迁移过程可归结为机械逸散。Bear et al.（1987）建议机械逸散流的流量 $\boldsymbol{J}_{\mathrm{d}}$ 服从 Fick 定律，即

$$\boldsymbol{J}_{\mathrm{d}} = -\boldsymbol{D}_{\mathrm{d}}\nabla c_{\mathrm{m}} \tag{7.5}$$

式中，$\boldsymbol{D}_{\mathrm{d}}$ 是二阶对称机械逸散张量，对于各向同性多孔介质可表示为

$$\boldsymbol{D}_{\mathrm{d}} = \alpha_{\mathrm{T}} \left\| \dot{\boldsymbol{U}}_{\mathrm{w}} \right\| \boldsymbol{I} + (a_{\mathrm{L}} - a_{\mathrm{T}}) \frac{\dot{\boldsymbol{U}}_{\mathrm{w}} \dot{\boldsymbol{U}}_{\mathrm{w}}^{\mathrm{T}}}{\left\| \dot{\boldsymbol{U}}_{\mathrm{w}} \right\|} \tag{7.6}$$

式中，$a_{\mathrm{L}}, a_{\mathrm{T}}(\mathrm{m})$ 分别是沿流线与正交于流线方向的逸散系数。机械逸散流量 $\boldsymbol{J}_{\mathrm{d}}\left(\mathrm{kg}/\left(\mathrm{m}^2\cdot\mathrm{s}\right)\right)$ 与分子扩散流量 $\boldsymbol{J}_{\mathrm{m}}$ 可相加得到所谓的水动力学逸散流量 $\boldsymbol{J}_{\mathrm{h}}$，即

$$\boldsymbol{J}_{\mathrm{h}} = \boldsymbol{J}_{\mathrm{m}} + \boldsymbol{J}_{\mathrm{d}} = -\boldsymbol{D}_{\mathrm{h}} \nabla c_{\mathrm{m}} \tag{7.7}$$

式中，

$$\boldsymbol{D}_{\mathrm{h}} = \boldsymbol{D}_{\mathrm{m}} + \boldsymbol{D}_{\mathrm{d}} = \tau \eta \phi D_{\mathrm{m0}} \boldsymbol{I} + \alpha_{\mathrm{T}} \left\| \dot{\boldsymbol{U}}_{\mathrm{w}} \right\| \boldsymbol{I} + (a_{\mathrm{L}} - a_{\mathrm{T}}) \frac{\dot{\boldsymbol{U}}_{\mathrm{w}} \dot{\boldsymbol{U}}_{\mathrm{w}}^{\mathrm{T}}}{\left\| \dot{\boldsymbol{U}}_{\mathrm{w}} \right\|} \tag{7.8}$$

7.1.4 不流动水效应

孔隙不流动水部分可能是死端孔隙中水或由于局部区域中非常低的渗透性造成。考虑污染物在孔隙不动水与流动水之间的交换，体现了传输相关的非平衡过程（物理非平衡过程）。以 c_{im} 表示不流动水中的污染物浓度，孔隙不流动水和孔隙流动水间污染物的交换率 $f_{\mathrm{im}}^{\mathrm{m}}\left(\mathrm{kg}/\left(\mathrm{m}^3\cdot\mathrm{s}\right)\right)$ 可表示为

$$f_{\mathrm{im}}^{\mathrm{m}} = \alpha_{\mathrm{d}}^{*} (c_{\mathrm{im}} - c_{\mathrm{m}}) \tag{7.9}$$

式中，α_{d}^{*} 是从孔隙流动水到孔隙不流动水的污染物迁移系数 $\left(\mathrm{s}^{-1}\right)$。它依赖于水的分子扩散系数 D_{m0} 和不流动水和流动水间接触面的几何，并利用下式计算（Brusseau et al., 1989）

$$\alpha_{\mathrm{d}}^{*} = \alpha D_{\mathrm{m0}} / \tau \delta^2 \tag{7.10}$$

式中，α 是不流动水和流动水间接触面的几何形状因子，δ 是特征扩散长度。当无法得到式 (7.10) 所示参数的具体值时，可假定 α_{d}^{*} 为常数，如在本章数值例题中采用的 $\alpha_{\mathrm{d}}^{*} = 8.0448 \times 10^{-3}\mathrm{s}^{-1}$。

7.1.5 吸附

吸附是土壤固体骨架在流固界面上污染物质量增加以使流固界面上表面张力趋于最小的现象。影响吸附和解吸附的主要因素是所考虑的污染物质及固体表面的物理和化学特征。本模型中吸附现象由平衡与非平衡两类吸附模型模拟。平衡吸附来自于电子（物理）吸力，也即多孔介质中固相材料和被吸附溶质成分的分子间吸力。平衡吸附模型基于 van Genuchten and Simunek （1995）所建议的以

Freundich 类型等温形式描写吸附过程的法则，并把它推广到流动水和不动水两方面。在平衡吸附过程中单位体积固体质量从流动水和不动水中吸附的污染物质量 $F_{\rm m}$ 和 $F_{\rm im}$ 分别表示成

$$F_{\rm m} = (1-p)K_{\rm d}^{\rm m}c_{\rm m}^{Nm}, \qquad F_{\rm im} = pK_{\rm d}^{\rm im}c_{\rm im}^{Nim} \tag{7.11}$$

式中，$K_{\rm d}^{\rm m}$ 和 $K_{\rm d}^{\rm im}$ 称为分配系数 $(\rm m^3/kg)$；上标 Nm, Nim 是对所考虑土壤材料和污染物料指定的参数；p 是孔隙不动水在总的流固相接触面上所占的部分，并可近似地由 $p = \theta_{\rm im}/\theta$ 确定。式 (7.11) 表明，平衡吸附过程定义为瞬时和可逆；也即多孔介质的固相从流动水和不动水中吸附的污染物质量 $F_{\rm m}$ 和 $F_{\rm im}$ 仅分别随着当前流动水和不动水中的污染物浓度 $c_{\rm m}$ 和 $c_{\rm im}$ 的增减而增减。本章中对孔隙流动水和不动水均采用线性等温线律 $(Nm = Nim = 1)$ 模拟平衡吸附过程，单位体积固体质量从流动水和不动水中平衡吸附的污染物质量 F 分别与流动水和不动水中污染物浓度成正比，即

$$F = F_{\rm m} + F_{\rm im} = (1-p)K_{\rm d}^{\rm m}c_{\rm m} + pK_{\rm d}^{\rm im}c_{\rm im} \tag{7.12}$$

由平衡吸附机理，分别从流动水和不动水被吸附到固相的污染物溶质浓度 $\theta_{\rm s}\rho_{\rm s}F_{\rm m}$ 和 $\theta_{\rm s}\rho_{\rm s}F_{\rm im}$ 的变化率可表示为

$$\frac{\partial(\theta_{\rm s}\rho_{\rm s}F_{\rm m})}{\partial t} = \frac{\partial}{\partial t}\left[\theta_{\rm s}\rho_{\rm s}(1-p)K_{\rm d}^{\rm m}c_{\rm m}\right], \quad \frac{\partial(\theta_{\rm s}\rho_{\rm s}F_{\rm im})}{\partial t} = \frac{\partial}{\partial t}\left[\theta_{\rm s}\rho_{\rm s}pK_{\rm d}^{\rm im}c_{\rm im}\right] \tag{7.13}$$

式中，$\theta_{\rm s} = 1-\phi$ 是单位多孔介质体积中固相体积部分，$\rho_{\rm s}$ 是固相的质量密度 $(\rm kg/m^3)$。由式 (7.12) 和式 (7.13)，可表示基于平衡吸附机理被吸附到固相的污染物溶质浓度 $\theta_{\rm s}\rho_{\rm s}F$ 的时间变化率

$$\frac{\partial(\theta_{\rm s}\rho_{\rm s}F)}{\partial t} = \frac{\partial}{\partial t}\left[\theta_{\rm s}\rho_{\rm s}(1-p)K_{\rm d}^{\rm m}c_{\rm m}\right] + \frac{\partial}{\partial t}\left[\theta_{\rm s}\rho_{\rm s}pK_{\rm d}^{\rm im}c_{\rm im}\right] \tag{7.14}$$

对于含镉离子一类重金属离子的污染溶质，吸附过程常为不可逆的，需要采用更为复杂的非平衡吸附本构关系描述。

本章提出的污染物输运过程模型中，利用 Langmuir 吸附律（Bear and Verruijt, 1987; Brusseau et al., 1989; Yong et al., 1992）模拟非平衡非线性吸附过程。令 $F_{\rm n}$ 表示单位体积固体质量在非平衡吸附过程中从流动水和不动水中所吸附的污染物质量，它为一无量纲量。在非平衡吸附律中被吸附到固体质量 $\theta_{\rm s}\rho_{\rm s}$ 的污染物溶质浓度 $\theta_{\rm s}\rho_{\rm s}F_{\rm n}$ 的变化率假设表示为

$$\frac{\partial(\theta_{\rm s}\rho_{\rm s}F_{\rm n})}{\partial t} = \theta_{\rm s}\rho_{\rm s}\left[K_1\delta(F_0-F_{\rm n})((1-p)c_{\rm m}+pc_{\rm im}) - K_2F_{\rm n}\right] \tag{7.15}$$

式中，$\theta_\mathrm{s}=1-\phi$ 是单位多孔连续体体积中固相体积部分；ρ_s 是固相的质量密度；$K_1\left(\mathrm{m}^3/(\mathrm{kg\cdot s})\right), K_2\left(\mathrm{s}^{-1}\right)$ 分别为非平衡吸附模型中与吸附及解吸附过程关联的参数；F_0 表示由污染物在单位体积固体质量处受相互作用率限制控制的非平衡吸附的污染物质量的最大阈值。式 (7.15) 中函数 $\delta\left(F_0-F_\mathrm{n}\right)$ 定义为

$$\delta\left(F_0-F_\mathrm{n}\right)=h\left(F_0-F_\mathrm{n}\right)\left(F_0-F_\mathrm{n}\right) \tag{7.16}$$

式中，$h\left(F_0-F_\mathrm{n}\right)$ 为 Heaviside 函数，$\delta\left(F_0-F_\mathrm{n}\right)$ 随着吸附到单位体积固体质量表面的污染物质量 F_n 的增长而减小。式 (7.15) 不仅表示污染物的吸附速率将随 F_n 的增长而降低，还表示当单位体积固体质量由非平衡吸附机理吸附的污染物质量密度 F_n 达到允许吸附的最大阀值 F_0 时，该局部处不再进一步吸附；此时，式 (7.15) 等号右端第一项所表示的吸附率由于 Heaviside 函数特征而为零，已累计吸附到固相的污染物总量并不会因为可能的液相中污染物浓度降低等因素而减小。式 (7.15) 等号右端第一项恒大于或等于零表明非平衡吸附模型中的吸附部分是不可逆的。

式 (7.15) 等号右端第二项为非平衡吸附过程中解吸附部分对吸附到固体质量 $\theta_\mathrm{s}\rho_\mathrm{s}$ 的污染物溶质浓度 $\theta_\mathrm{s}\rho_\mathrm{s}F_\mathrm{n}$ 的变化率的负贡献 $-\theta_\mathrm{s}\rho_\mathrm{s}K_2F_\mathrm{n}$，它依赖于污染物溶质浓度 $(\theta_\mathrm{s}\rho_\mathrm{s}F_\mathrm{n})$ 的总量。它的含意是一部分被吸附到固相的污染物将会重新溶入到孔隙液相中，并导致被吸附的污染物总量 $\theta_\mathrm{s}\rho_\mathrm{s}F_\mathrm{n}$ 的减少。就污染物从固相到液相的迁移而言，非平衡吸附模型中解吸附部分体现了非平衡吸附过程中污染物的逆向迁移行为、或简称为可逆部分。非平衡吸附模型所描述的以上特征是基于非平衡吸附（包含吸附和解析附）来自于化学吸附，也即固相材料和被吸附溶质之间的化学相互作用。

令 $g_\mathrm{m}^\mathrm{s}, g_\mathrm{im}^\mathrm{s}\left(\mathrm{kg}/\left(\mathrm{m}^3\cdot\mathrm{s}\right)\right)$ 分别表示受非平衡吸附机制控制、单位时间内由流动水和不动水迁移到单位体积固体的污染物溶质质量，即

$$g_\mathrm{m}^\mathrm{s}=\theta_\mathrm{s}\rho_\mathrm{s}(1-p)\left[K_1\delta\left(F_0-F_\mathrm{n}\right)c_\mathrm{m}-K_2F_\mathrm{n}\right] \tag{7.17}$$

$$g_\mathrm{im}^\mathrm{s}=\theta_\mathrm{s}\rho_\mathrm{s}p\left[K_1\delta\left(F_0-F_\mathrm{n}\right)c_\mathrm{im}-K_2F_\mathrm{n}\right] \tag{7.18}$$

则式 (7.15) 可改写为如下紧凑形式

$$\frac{\partial\left(\theta_\mathrm{s}\rho_\mathrm{s}F_\mathrm{n}\right)}{\partial t}=g_\mathrm{m}^\mathrm{s}+g_\mathrm{im}^\mathrm{s} \tag{7.19}$$

需说明为了简化模型，基于平衡吸附为基于物理机理的吸附，而非平衡吸附则为基于化学机理的吸附，本章介绍的污染物输运模型中假设平衡与非平衡吸附过程不存在相互用。

7.1.6 蜕变

蜕变过程与化学蜕变、放射性分解等过程相关联。这类非平衡过程在孔隙水中导致污染物的产生和汇聚。考虑线性蜕变模型，固、流动水、不动水等各相介质单位质量中污染物溶质在单位时间内的质量蜕变 $\varGamma_{\rm s},\varGamma_{\rm m},\varGamma_{\rm im}$ 可表示为（Radu et al., 1994）

$$\varGamma_{\rm s}=-k_{\rm s}F=-k_{\rm s}\left(F_{\rm m}+F_{\rm im}\right) \tag{7.20}$$

$$\varGamma_{\rm m}=-k_{\rm m}\frac{c_{\rm m}}{\rho_{\rm w}} \tag{7.21}$$

$$\varGamma_{\rm im}=-k_{\rm im}\frac{c_{\rm im}}{\rho_{\rm w}} \tag{7.22}$$

式中，$k_{\rm s},k_{\rm m},k_{\rm im}$ 分别是固、流动水、不动水等各相的蜕化系数 $({\rm s}^{-1})$。$\varGamma_{\rm s},\varGamma_{\rm m},\varGamma_{\rm im}$ 分别具有与 $k_{\rm s},k_{\rm m},k_{\rm im}$ 相同的量纲。$\rho_{\rm w}$ 是孔隙水的质量密度 $({\rm kg/m^3})$。非平衡吸附涉及固相材料与被吸附物质之间的化学相互作用，本模型中假定仅有受平衡吸附控制的由物理吸力吸附到固相材料表面的污染物才会发生蜕变。

以 $f_{\rm m}^{\rm s},f_{\rm im}^{\rm s}\left({\rm kg}/\left({\rm m^3\cdot s}\right)\right)$ 分别表示单位时间内非饱和多孔连续体中一个表征体元中由流动水和不流动水迁移到固相的污染物质量密度。它们分别由式 (7.13) 所示平衡吸附部分与由式 (7.20) 所示的线性蜕变部分组成。利用式 (7.14) 和式 (7.12)，它们可分别表示为

$$f_{\rm m}^{\rm s}=\frac{\partial}{\partial t}\left[\theta_{\rm s}\rho_{\rm s}(1-p)K_{\rm d}^{\rm m}c_{\rm m}\right]+k_{\rm s}\theta_{\rm s}\rho_{\rm s}(1-p)K_{\rm d}^{\rm m}c_{\rm m} \tag{7.23}$$

$$f_{\rm im}^{\rm s}=\frac{\partial}{\partial t}\left[\theta_{\rm s}\rho_{\rm s}pK_{\rm d}^{\rm im}c_{\rm im}\right]+k_{\rm s}\theta_{\rm s}\rho_{\rm s}pK_{\rm d}^{\rm im}c_{\rm im} \tag{7.24}$$

7.2　溶和污染物传输过程的控制方程

7.1 节中介绍的溶和于孔隙水中的污染物在非饱和多孔介质中的传输过程模型包含对流、分子扩散、机械弥散、不动水效应、平衡与非平衡吸附、蜕变等控制机制。

污染物在流动水、不动水和固体骨架等三相中的质量守恒方程可表示如下为它们在非饱和多孔连续介质局部点处所占体积部分 $\theta_{\rm m},\theta_{\rm m}$ 中污染物体积浓度 $c_{\rm m},c_{\rm im}$ 和由平衡与非平衡吸附机制吸附到固相体积部分 $\theta_{\rm s}$ 的污染物浓度 $\rho_{\rm s}$ $(F+F_{\rm n})$ 随时间变化的表达式，即

$$\frac{\partial\left(\theta_{\rm m}c_{\rm m}\right)}{\partial t}+{\rm div}\left[\theta_{\rm m}\left(c_{\rm m}\dot{\boldsymbol{U}}_{\rm w}-\boldsymbol{D}_{\rm h}\nabla c_{\rm m}\right]=\theta_{\rm m}\rho_{\rm w}\varGamma_{\rm m}+f_{\rm im}^{\rm m}-f_{\rm m}^{\rm s}-g_{\rm m}^{\rm s}+Q^{*}c^{*} \tag{7.25}$$

$$\frac{\partial\left(\theta_{\mathrm{im}}c_{\mathrm{im}}\right)}{\partial t}=\theta_{\mathrm{im}}\rho_{\mathrm{w}}\varGamma_{\mathrm{im}}-f_{\mathrm{im}}^{\mathrm{m}}-f_{\mathrm{im}}^{\mathrm{s}}-g_{\mathrm{im}}^{\mathrm{s}} \tag{7.26}$$

$$\frac{\partial\left(\theta_{\mathrm{s}}\rho_{\mathrm{s}}\left(F+F_{\mathrm{n}}\right)\right)}{\partial t}=\theta_{\mathrm{s}}\rho_{\mathrm{s}}\varGamma_{\mathrm{s}}+f_{\mathrm{m}}^{\mathrm{s}}+f_{\mathrm{im}}^{\mathrm{s}}+g_{\mathrm{m}}^{\mathrm{s}}+g_{\mathrm{im}}^{\mathrm{s}} \tag{7.27}$$

式 (7.25) 中 Q^* 表示局部点处具有污染物浓度为 c^* $\left(\mathrm{kg/m^3}\right)$ 的流动水的源通量 (s^{-1})。

将式 (7.23)、式 (7.9) 和式 (7.17) 代入式 (7.25), 并假定式 (7.11) 中定义的分配系数 $K_{\mathrm{d}}^{\mathrm{m}}=K_{\mathrm{d}}^{\mathrm{im}}=K_{\mathrm{d}}$, 孔隙流动水中污染物质量守恒方程 (7.25) 可改写为

$$R_{\mathrm{m}}\frac{\partial\left(\theta_{\mathrm{m}}c_{\mathrm{m}}\right)}{\partial t}+A_{\mathrm{m}}\left(\theta_{\mathrm{m}}c_{\mathrm{m}}\right)+\dot{\boldsymbol{U}}_{\mathrm{w}}^{\mathrm{T}}\nabla\left(\theta_{\mathrm{m}}c_{\mathrm{m}}\right)-\operatorname{div}\left(\theta_{\mathrm{m}}\boldsymbol{D}_{\mathrm{h}}\nabla c_{\mathrm{m}}\right)-\alpha_{\mathrm{d}}^{*}c_{\mathrm{im}}Q^{*}c^{*}+g_{\mathrm{m2}}^{\mathrm{s}}=0 \tag{7.28}$$

式中

$$\begin{aligned}A_{\mathrm{m}}=&\operatorname{div}\dot{\boldsymbol{U}}_{\mathrm{w}}+k_{\mathrm{m}}+\alpha_{\mathrm{m}}+\frac{\partial}{\partial t}\left[\frac{\theta_{\mathrm{s}}}{\theta_{\mathrm{m}}}\rho_{\mathrm{s}}(1-p)K_{\mathrm{d}}\right]\\&+\frac{\theta_{\mathrm{s}}}{\theta_{\mathrm{m}}}\rho_{\mathrm{s}}(1-p)\left[K_{\mathrm{d}}k_{\mathrm{s}}+K_{1}\delta\left(F_{0}-F_{\mathrm{n}}\right)\right]\\R_{\mathrm{m}}=&1+\frac{\theta_{\mathrm{s}}}{\theta_{\mathrm{m}}}\rho_{\mathrm{s}}(1-p)K_{\mathrm{d}},\quad g_{\mathrm{m2}}^{\mathrm{s}}=-\theta_{\mathrm{s}}\rho_{\mathrm{s}}(1-p)K_{2}F_{\mathrm{n}},\quad\alpha_{\mathrm{m}}=\alpha_{\mathrm{d}}^{*}/\theta_{\mathrm{m}}\end{aligned} \tag{7.29}$$

将式 (7.24)、式 (7.9) 和式 (7.18) 代入式 (7.26), 孔隙不动水中污染物质量守恒方程 (7.26) 可改写为

$$R_{\mathrm{im}}\frac{\partial c_{\mathrm{im}}}{\partial t}+A_{\mathrm{im}}c_{\mathrm{im}}=\alpha_{\mathrm{im}}c_{\mathrm{m}}-g_{\mathrm{im2}}^{\mathrm{s*}} \tag{7.30}$$

式中

$$\begin{aligned}&A_{\mathrm{im}}=k_{\mathrm{im}}+\alpha_{\mathrm{im}}+\frac{1}{\theta_{\mathrm{im}}}\left(\frac{\partial\theta_{\mathrm{im}}}{\partial t}+\frac{\partial\left(\theta_{\mathrm{s}}\rho_{\mathrm{s}}pK_{\mathrm{d}}\right)}{\partial t}\right)+\frac{\theta_{\mathrm{s}}}{\theta_{\mathrm{im}}}\rho_{\mathrm{s}}p\left[K_{\mathrm{d}}k_{\mathrm{s}}+K_{1}\delta\left(F_{0}-F_{\mathrm{n}}\right)\right]\\&R_{\mathrm{im}}=1+\frac{\theta_{\mathrm{s}}}{\theta_{\mathrm{im}}}\rho_{\mathrm{s}}pK_{\mathrm{d}},\quad g_{\mathrm{im2}}^{\mathrm{s*}}=-\frac{\theta_{\mathrm{s}}\rho_{\mathrm{s}}pK_{2}F_{\mathrm{n}}}{\theta_{\mathrm{im}}},\quad\alpha_{\mathrm{im}}=\alpha_{\mathrm{d}}^{*}/\theta_{\mathrm{im}}\end{aligned} \tag{7.31}$$

注意式 (7.29)、式 (7.31) 中系数 $A_{\mathrm{m}},A_{\mathrm{im}},g_{\mathrm{m2}}^{\mathrm{s}},g_{\mathrm{im2}}^{\mathrm{s*}}$ 随 F_{n} 值变化，式 (7.28) 中 $\boldsymbol{D}_{\mathrm{h}}$ 依赖于时域 $t\in[\,t_n,t_{n+1}\,]$ 中的饱和度 S_{w} 值，式 (7.28) 和式 (7.30) 不再线性可微。引入符号

$$H_{0}=\left(-A_{\mathrm{im}}/R_{\mathrm{im}}\right)_{n},\quad H_{1}^{t}=\left(-A_{\mathrm{im}}/R_{\mathrm{im}}\right)_{t}-\left(-A_{\mathrm{im}}/R_{\mathrm{im}}\right)_{n},$$

$$H_1^{n+1} = (-A_{\rm im}/R_{\rm im})_{n+1} - (-A_{\rm im}/R_{\rm im})_n, \quad f_t = \left[\left(\alpha_{\rm im}c_{\rm m} - g_{\rm im2}^{\rm s*}\right)/R_{\rm im}\right]_t,$$

$$f_{n+1} = \left[\left(\alpha_{\rm im}c_{\rm m} - g_{\rm im2}^{\rm s*}\right)/R_{\rm im}\right]_{n+1}, \quad f_n = \left[\left(\alpha_{\rm im}c_{\rm m} - g_{\rm im2}^{\rm s*}\right)/R_{\rm im}\right]_n \tag{7.32}$$

将式 (7.32) 代入式 (7.30) 得到

$$\partial c_{\rm im}/\partial t = \left(H_0 + H_1^t\right)c_{\rm im} + f_t \tag{7.33}$$

我们可计及系数 $A_{\rm im}, R_{\rm im}$ 和方程 (7.33) 等号右端项在时域 $[t_n, t_{n+1}]$ 中的变化，在时域中近似地解析求解方程 (7.33) 并得到 $c_{\rm im}$ 在时刻 $t \in [t_n, t_{n+1}]$ 的解析表达式，

$$\begin{aligned} c_{\rm im}^t = \Big[&\exp\left(H_0\Delta t\right)c_{\rm im}^n - H_0^{-1}f_n\left(1-\exp\left(H_0\Delta t\right)\right) \\ &-H_0^{-1}\left(f_t - f_n\right)\left(1 + H_0^{-1}\Delta t^{-1}\left(1-\exp\left(H_0\Delta t\right)\right)\right)\Big]/w \end{aligned} \tag{7.34}$$

式中，$\Delta t = t - t_n$，以及

$$w = 1 + H_0^{-1}H_1^t\left[1 + H_0^{-1}\Delta t^{-1}\left(1-\exp\left(H_0\Delta t\right)\right)\right] \tag{7.35}$$

将式 (7.32) 中定义的符号代入式 (7.34) 得到 $c_{\rm im}^t$ 的展开式

$$\begin{aligned} c_{\rm im}^t =\ & c_{\rm im}(t) \\ =\ & \left[c_{\rm im}^n\exp\left(H_0\Delta t\right) - H_0^{-1}\left[\left(\frac{\alpha_{\rm im}}{R_{\rm im}}\right)_n\left(c_{\rm m}^{n+1} - c_{\rm m}^n\right)\right.\right. \\ & \left.+\left[\left(\frac{\alpha_{\rm im}}{R_{\rm im}}\right)_n c_{\rm m}^n + H_0^{-1}\left(\frac{\alpha_{\rm im}}{R_{\rm im}}\right)_n\frac{c_{\rm m}^{n+1}-c_{\rm m}^n}{\Delta t}\right]\left(1-\exp\left(H_0\Delta t\right)\right)\right] \\ & - H_0^{-1}\left[c_{\rm m}^n\Delta\left(\frac{\alpha_{\rm im}}{R_{\rm im}}\right) - \Delta\left(\frac{g_{\rm im2}^{\rm s*}}{R_{\rm im}}\right)\right. \\ & +\left[-\left(\frac{g_{\rm im2}^{\rm s*}}{R_{\rm im}}\right)_n + H_0^{-1}\Delta t^{-1}\left[c_{\rm m}^n\Delta\left(\frac{\alpha_{\rm im}}{R_{\rm im}}\right) + \Delta\left(\frac{g_{\rm im2}^{\rm s*}}{R_{\rm im}}\right)\right]\right] \\ & \left.\left.\left(1-\exp\left(H_0\Delta t\right)\right)\right]\right]\Big/ w \end{aligned} \tag{7.36}$$

式中

$$\Delta\left(\frac{\alpha_{\rm im}}{R_{\rm im}}\right) = \left(\frac{\alpha_{\rm im}}{R_{\rm im}}\right)_t - \left(\frac{\alpha_{\rm im}}{R_{\rm im}}\right)_n, \quad \Delta\left(\frac{g_{\rm im2}^{\rm s*}}{R_{\rm im}}\right) = \left(\frac{g_{\rm im2}^{\rm s*}}{R_{\rm im}}\right)_t - \left(\frac{g_{\rm im2}^{\rm s*}}{R_{\rm im}}\right)_n \tag{7.37}$$

最终，将由式 (7.36) 提供的 $c_{\rm im}$ 解代入式 (7.28)，可得到控制混溶污染物输运、基本未知量为 $c_{\rm m}$ 的瞬态对流–扩散–吸附方程如下

$$\frac{\partial\left(\theta_{\rm m}c_{\rm m}\right)}{\partial t} + \dot{\boldsymbol{U}}_{\rm w}^{*{\rm T}}\nabla\left(\theta_{\rm m}c_{\rm m}\right) + A\left(\theta_{\rm m}c_{\rm m}\right) - \frac{1}{R_{\rm m}}{\rm div}\left(\theta_{\rm m}\boldsymbol{D}_{\rm h}\nabla c_{\rm m}\right) + Q = 0 \tag{7.38}$$

式中

$$A = \frac{A_{\mathrm{m}}^*}{R_{\mathrm{m}}}, \quad A_{\mathrm{m}}^* = A_{\mathrm{m}} + \alpha_{\mathrm{d}}^* H_0^{-1} \frac{\alpha_{\mathrm{im}}}{\theta_{\mathrm{m}} R_{\mathrm{im}}} \left[1 + H_0^{-1} \Delta t^{-1} \left(1 - \exp\left(H_0 \Delta t\right)\right)\right] / w,$$

$$\dot{\boldsymbol{U}}_{\mathrm{w}}^* = \frac{\dot{\boldsymbol{U}}_{\mathrm{w}}}{R_{\mathrm{m}}}, \quad Q = \left(Q_{\mathrm{im}}(t) - Q^* c^* + g_{\mathrm{m2}}^{\mathrm{s}}\right) / R_{\mathrm{m}},$$

$$\begin{aligned} Q_{\mathrm{im}}(t) = &- \alpha_{\mathrm{d}}^* \Bigg[c_{\mathrm{im}}^n \exp\left(H_0 \Delta t\right) - H_0^{-1} \left(\frac{\alpha_{\mathrm{im}}}{R_{\mathrm{im}}}\right)_n \\ & c_{\mathrm{m}}^n \left[-1 + \left(1 - H_0^{-1} \Delta t^{-1}\right) \left(1 - \exp\left(H_0 \Delta t\right)\right)\right] \\ & - H_0^{-1} \left[c_{\mathrm{m}}^n \Delta \left(\frac{\alpha_{\mathrm{im}}}{R_{\mathrm{im}}}\right) + \Delta \left(\frac{g_{\mathrm{im2}}^{s*}}{R_{\mathrm{im}}}\right) \right. \\ & + \left[\left(\frac{g_{\mathrm{im\,2}}^{s*}}{R_{\mathrm{im}}}\right)_n + H_0^{-1} \Delta t^{-1} \left[c_{\mathrm{m}}^n \Delta \left(\frac{\alpha_{\mathrm{im}}}{R_{\mathrm{im}}}\right) + \Delta \left(\frac{g_{\mathrm{im\,2}}^{s*}}{R_{\mathrm{im}}}\right) \right] \right. \\ & \left.\left. \left(1 - \exp\left(H_0 \Delta t\right)\right) \right]\right] \Bigg/ w \end{aligned} \tag{7.39}$$

为计算单位体积固体质量在非平衡吸附过程中所吸附的污染物质量 F_{n} 的当前值，我们将待求解的方程 (7.15) 改写为

$$\frac{\partial S}{\partial t} = \left(B_0 + B_1^t\right) S + b_t \tag{7.40}$$

式中

$$\begin{aligned} &S = \theta_{\mathrm{s}} \rho_{\mathrm{s}} F_{\mathrm{n}}, \quad B_0 = -\left(K_1 \left[(1-p) c_{\mathrm{m}} + p c_{\mathrm{im}}\right] h\left(F_0 - F_{\mathrm{n}}\right) + K_2\right)_n, \\ &B_1^t = -\left(K_1 \left[(1-p) c_{\mathrm{m}} + p c_{\mathrm{im}}\right] h\left(F_0 - F_{\mathrm{n}}\right) + K_2\right)_t \\ &\qquad + \left(K_1 \left[(1-p) c_{\mathrm{m}} + p c_{\mathrm{im}}\right] h\left(F_0 - F_{\mathrm{n}}\right) + K_2\right)_n, \\ &b_t = \left(\theta_{\mathrm{s}} \rho_{\mathrm{s}} K_1 F_0 h\left(F_0 - F_{\mathrm{n}}\right) \left[(1-p) c_{\mathrm{m}} + p c_{\mathrm{im}}\right]\right)_t \end{aligned} \tag{7.41}$$

类似于方程 (7.33) 的近似解析解 (7.34)，式 (7.40) 的近似解析解可表示为

$$\begin{aligned} \left(F_n\right)_t = &\Big[\exp\left(B_0 \Delta t\right) S_n - B_0^{-1} b_n \left(1 - \exp\left(B_0 \Delta t\right)\right) \\ & - B_0^{-1} \left(b_t - b_n\right) \left(1 + B_0^{-1} \Delta t^{-1} \left(1 - \exp\left(B_0 \Delta t\right)\right)\right)\Big] / w_{\mathrm{s}} / \left(\theta_{\mathrm{s}} \rho_{\mathrm{s}}\right)_t \end{aligned} \tag{7.42}$$

式中

$$S_n = \left(\theta_{\mathrm{s}} \rho_{\mathrm{s}} F_{\mathrm{n}}\right)_{t=t_n}, \quad b_n = \left(\theta_{\mathrm{s}} \rho_{\mathrm{s}} K_1 F_0 h\left(F_0 - F_{\mathrm{n}}\right) \left[(1-p) c_{\mathrm{m}} + p c_{\mathrm{im}}\right]\right)_{t=t_n},$$

$$w_{\mathrm{s}}=1+B_0^{-1}B_1^t\left[1+B_0^{-1}\Delta t^{-1}\left(1-\exp\left(B_0\Delta t\right)\right)\right] \tag{7.43}$$

需指出孔隙不动水中的污染物浓度 $c_{\mathrm{im}}\,(\mathrm{kg/m^3})$ 和由平衡 (物理相关) 与非平衡 (化学相关) 过程被吸附到单位体积固体质量上的污染物质量 F 和 F_{n} 在有限元数值模型中将被处理为单元积分点处的内状态变量。

7.3 对流–扩散方程的隐式特征线 Galerkin 方法

人们早已认识到数值求解对流–扩散方程的困难。众所周知，由于标准 Galerkin 有限元法仅对自伴算子方程有效，当它被用以求解对流–扩散方程时，特别对于对流项占优的对流–扩散方程或当有限元网格过于稀疏，经常呈现震荡的数值解。一系列重要的工作（Chorin, 1967; Brooks and Hughes, 1982; Douglas and Russel, 1982; Pironneau, 1982; Donea, 1984; Lohner, Morgan and Zienkiewicz, 1984; Yu and Heinrich, 1986; 1987; Hughes, 1987; Carey and Jiang 1988; Idelsohn, 1989; Pironneau et al., 1992; Codina, 1993; Zienkiewicz and Taylor, 1991; Zienkiewicz and Codina, 1995）致力于发展可以克服利用标准 Galerkin 有限元法数值求解对流–扩散方程时的数值失稳与不精确性。其中特征线 Galerkin 法的提出为数值求解对流–扩散方程的有限元方法发展带来了巨大推动。该方法的基本思想是对函数的物质（Lagrangian）时间导数、而非函数的空间（Eurarian）时间导数实施离散。该方法与 Taylor-Galerkin 过程或其他途径相比，其主要优点是它使得对于具有非自伴算子方程特点的对流–扩散方程利用 Galerkin 空间离散在理论上成立。此外，平衡扩散项以理性形式作为迎风项引入，可以避免采用具任意性的依赖于网格的迎风系数。籍助于一个恰当的算子分离过程，该方法能成功求解对流–扩散方程。此算子分离过程的关键在于最初由 Chorin（1967）为不可压缩流提出和后来进一步发展的分步算法。

Lohner et al. （1984）首先提出了一个求解双曲型偏微分方程的显式特征线 Galerkin 方法并表明其等价于 Donea（1984）提出的 Taylor-Galerkin 方法。Zienkiewicz and Codina （1995）进一步发展了对流–扩散问题的特征线 Galerkin 方法，他们获得了一个籍以允许处理对流的起稳定化作用的扩散项，并提出了方法的显式特征线 Galerkin 公式。其显式方法的优点在于它的计算效率和易于实现，而由算法所获结果的精度仍得以保证。需要指出，半离散方程在时域的显式算法呈现条件稳定。为保证算法的稳定性，必须采用较小的时间步长，在应用算法时存在一个对 Courant 数十分严厉的限制，即临界最大时间步长限制。

鉴于该显式算法的条件稳定性缺点，特别是当处理在时域上的长期过程数值分析时，需要发展允许采用大时间步长的隐式特征线 Galerkin 方法。Pironneau et al. （1982; 1992）, Douglas et al. （1982）曾发展了由对流–扩散方程解析解导出的无条件稳定隐式 Galerkin 方法。基于由 Zienkiewicz et al. （1991; 1995）进一步发展的显式特征线 Galerkin 方法，本节将介绍一个无条件稳定的隐式特征线 Galerkin 方法（Li et al., 2000）。该方法可被视为一个算子分离过程，整个对流–扩散过程被视为首先处理对流算子和然后处理扩散算子的结合。在第一阶段中，利用基于 2^N 指数算法（Angel and Bellman, 1972; Zhong et al., 1994）的精细数值积分过程（Zhong et al., 1994），而非解析法，求解齐次对流方程以确定对流函数的物质时间导数。本节也将介绍所提出积分方案的稳定性分析。所提出方法的性能以及所提出隐式算法的无条件稳定性将在稍后的数值例题中得以验证。应该指出，本节介绍的无条件稳定隐式 Galerkin 方法不仅应用于稍后介绍的非饱和多孔介质中污染物传输过程的数值模拟，它对于数值求解对流–扩散方程的初边值问题具有普适意义。

一个标量变量 φ 的典型输运过程控制方程，即对流–扩散方程可表示为

$$\frac{\partial \varphi}{\partial t} + \dot{u}_i \frac{\partial \varphi}{\partial x_i} + A\varphi - B\frac{\partial}{\partial x_i}\left(D_{ij}\frac{\partial \varphi}{\partial x_j}\right) + Q = 0 \tag{7.44}$$

或表示为它的向量–张量形式

$$\frac{\partial \varphi}{\partial t} + \dot{\boldsymbol{u}}^{\mathrm{T}}\nabla\varphi + A\varphi - B\,\mathrm{div}(\boldsymbol{D}\nabla\varphi) + Q = 0 \tag{7.45}$$

式中，$\dot{u}_i\varphi$ 和 $\left(-D_{ij}\dfrac{\partial \varphi}{\partial x_j}\right)$ 分别是对流和扩散流通量；Q 是源项；假定 $A, B, \boldsymbol{u}, \boldsymbol{D}$ 可随时间变化以模拟非线性输运过程。方程 (7.44) 或方程 (7.45) 是在流体力学、传热和传质过程中所表示的典型守恒律。

7.3.1 利用精细积分算法的特征线上物质点的物质时间导数确定

按照特征线 Galerkin 方法，对流算子从扩散算子中分离出来，变量 φ 的物质时间导数表示为

$$\left.\frac{\mathrm{d}\varphi}{\mathrm{d}t}\right|_{t=t_{\mathrm{ref}}} = \left.\left[\frac{\partial \varphi}{\partial t} + \dot{\boldsymbol{u}}^{\mathrm{T}}\nabla\varphi\right]\right|_{x=x_{\mathrm{ref}},t=t_{\mathrm{ref}}} \tag{7.46}$$

为了以离散形式计算在时刻 t_{n+1} 位于 $\boldsymbol{x} = \boldsymbol{x}_{\mathrm{ref}}$ 的参考物质点处变量 φ 在时域 $t \in [t_n, t_{n+1}]$ 的物质时间导数，我们取 t_{n+1} 作为参考时刻，在参考时刻 t_{n+1} 的参考物质点的位置为 $\boldsymbol{x}_{n+1}$。将参考时刻 t_{n+1} 位于 $\boldsymbol{x}_{n+1}$ 的参考物质点表示为 $(\boldsymbol{x}(t_{n+1}), t_{n+1})$。同一参考物质点在时刻 t_n 的位置可表示为 $(\boldsymbol{x}(t_n), t_n)$。需要强调指出，考虑到对流效应，$(\boldsymbol{x}(t_{n+1}), t_n)$ 通常并不表示参考物质点，而表示在时刻 t_n 占有 $\boldsymbol{x}_{n+1}$ 位置的另一物质点；而 $\boldsymbol{x}_{n+1}$ 仅在时刻 t_{n+1} 为参考物质点

$(\boldsymbol{x}(t_{n+1}), t_{n+1})$ 所占有。对于参考时刻 t_{n+1} 的参考物质点 $(\boldsymbol{x}(t_{n+1}), t_{n+1})$，其物质时间导数可表示为

$$\left.\frac{\mathrm{d}\varphi}{\mathrm{d}t}\right|_{t=t_{\mathrm{ref}}} = \frac{1}{\Delta t}\left[\varphi(\boldsymbol{x}(t_{n+1}), t_{n+1}) - \varphi(\boldsymbol{x}(t_n), t_n)\right] \tag{7.47}$$

式中，$\varphi(\boldsymbol{x}(t_{n+1}), t_{n+1}), \varphi(\boldsymbol{x}(t_n), t_n)$ 分别表示参考物质点在时刻 t_{n+1} 和 t_n 的函数 φ 值。

需要注意，若参考物质点 $(\boldsymbol{x}(t_{n+1}), t_{n+1})$ 在时刻 t_{n+1} 所占位置 $\boldsymbol{x}(t_{n+1})$ 位于有限元网格节点上，则同一参考物质点在时刻 t_n 所处的位置 $(\boldsymbol{x}(t_n), t_n)$ 一般地并非为有限元节点，而对于时刻 t_n 有限元计算通常并不直接提供该参考物质点在 $(\boldsymbol{x}(t_n), t_n)$ 的函数值 $\varphi(\boldsymbol{x}(t_n), t_n)$。有限元计算直接提供的为 $\varphi(\boldsymbol{x}(t_{n+1}), t_n)$。Zienkiewicz and Codina（1995）导出了计算 $\varphi(\boldsymbol{x}(t_n), t_n)$ 值的显式表述式并应用于标量对流–扩散方程的特征线 Galerkin 方法的显式近似。该算法是显式的，当它被应用于在时域求解半离散有限元方程时呈现条件稳定。时间步长 $\Delta t = t_{n+1} - t_n$，因而 Courant 数 ($C_{\mathrm{r}} = \|\dot{\boldsymbol{u}}\|\Delta t/h, h$ 是典型网格尺寸) 被由算法的稳定性条件确定的临界时间步长限制为一较小的值。

本节所介绍的基于精细积分过程的算法将导出一个确定 $\varphi(\boldsymbol{x}(t_n), t_n)$ 值的表达式。该算法可被视为将对流算子从扩散和其他自伴随算子分离出来的算子分离过程。首先确定在纯对流情况下在参考时刻 t_{n+1} 位于有限元网格节点 $\boldsymbol{x}_{n+1}$ 的参考物质点的函数 $\varphi^*(\boldsymbol{x}(t_{n+1}), t_{n+1})$ 值，也即考虑在时域 $\Delta t = t_{n+1} - t_n$ 中对流方程

$$\frac{\mathrm{d}\varphi^*}{\mathrm{d}t} = \frac{\partial \varphi^*}{\partial t} + \dot{\boldsymbol{u}}^{\mathrm{T}}\nabla\varphi^* = 0 \tag{7.48}$$

在如下两类自然边界条件作用下的解 φ^*

$$\varphi^* = \bar{\varphi}, \quad \text{在 } \Gamma_{\varphi 1}\text{（不变的指定函数值边界）上} \tag{7.49}$$

$$\left.\varphi^*\right|_{t=0} = \left.\bar{\varphi}\right|_{t=0}, \quad \frac{\partial \varphi^*}{\partial t} = \overline{\dot{\varphi}}^*, \quad \text{在 } \Gamma_{\varphi 2}\text{（按指定速率变化的指定函数值边界）上} \tag{7.50}$$

式中，φ^* 区别于对流、扩散和其他自伴随算子共同存在时的参考物质点的函数 φ。

利用标准的 Galerkin 有限元离散化过程，φ^* 可以由其定义于全域有限元网格节点处的函数值 $\boldsymbol{d}^*$ 和定义在全域任一物质点处相应基本未知量 φ 的形函数 $\boldsymbol{N}^{\varphi}$ 近似插值表示，即

$$\varphi^* = \boldsymbol{N}^{\varphi}\boldsymbol{d}^* \tag{7.51}$$

式中，$\boldsymbol{N}^{\varphi}$ 是 $1\times n_{\varphi}$ 行向量，n_{φ} 是 φ^* 在有限元网格节点上定义有节点值的节点数。$\boldsymbol{d}^*$ 是 n_{φ} 维向量。$\boldsymbol{d}^*$ 可以分块表示为

$$\boldsymbol{d}^{*\mathrm{T}}=\left[\begin{array}{lll}\boldsymbol{d}_1^{*\mathrm{T}} & \boldsymbol{d}_2^{*\mathrm{T}} & \boldsymbol{d}_3^{*\mathrm{T}}\end{array}\right] \tag{7.52}$$

$\boldsymbol{d}_1^{*\mathrm{T}},\boldsymbol{d}_2^{*\mathrm{T}},\boldsymbol{d}_3^{*\mathrm{T}}$ 中分别包含有限元网格中可取自由值的 φ^* 节点自由度，在 $\Gamma_{\varphi_1},\Gamma_{\varphi_2}$ 上按 (7.49) 和式 (7.50) 取给定值的 φ^* 节点自由度。按照标准有限元离散化过程，方程 (7.48) 的空间半离散形式可写成

$$\dot{\boldsymbol{d}}_1^*=\boldsymbol{H}\boldsymbol{d}_1^*+\overline{\boldsymbol{r}}_{\mathrm{f}} \tag{7.53}$$

式中

$$\boldsymbol{H}=-\boldsymbol{M}_{11}^{-1}\boldsymbol{C}_{1,11},\qquad \overline{\boldsymbol{r}}_{\mathrm{f}}=-\boldsymbol{M}_{11}^{-1}\left(\boldsymbol{C}_{1,12}\overline{\boldsymbol{d}}_2^*+\boldsymbol{C}_{1,13}\overline{\boldsymbol{d}}_3^*+\boldsymbol{M}_{13}\overline{\boldsymbol{d}}_3^*\right) \tag{7.54}$$

$$\boldsymbol{M}=\int_{\Omega}\left(\boldsymbol{N}^{\varphi}\right)^{\mathrm{T}}\boldsymbol{N}^{\varphi}\mathrm{d}\Omega,\quad \boldsymbol{M}=\left[\begin{array}{lll}\boldsymbol{M}_{11} & \boldsymbol{M}_{12} & \boldsymbol{M}_{13}\\ \boldsymbol{M}_{21} & \boldsymbol{M}_{22} & \boldsymbol{M}_{23}\\ \boldsymbol{M}_{31} & \boldsymbol{M}_{32} & \boldsymbol{M}_{33}\end{array}\right] \tag{7.55}$$

$$\boldsymbol{C}_1=\int_{\Omega}\left(\boldsymbol{N}^{\varphi}\right)^{\mathrm{T}}\dot{u}_j\frac{\partial\boldsymbol{N}^{\varphi}}{\partial x_j}\mathrm{d}\Omega,\quad \boldsymbol{C}_1=\left[\begin{array}{lll}\boldsymbol{C}_{1,11} & \boldsymbol{C}_{1,12} & \boldsymbol{C}_{1,13}\\ \boldsymbol{C}_{1,21} & \boldsymbol{C}_{1,22} & \boldsymbol{C}_{1,23}\\ \boldsymbol{C}_{1,31} & \boldsymbol{C}_{1,32} & \boldsymbol{C}_{1,33}\end{array}\right] \tag{7.56}$$

$\overline{\boldsymbol{d}}_2^*,\overline{\boldsymbol{d}}_3^*$ 中分别包含在 $\Gamma_{\varphi1},\Gamma_{\varphi2}$ 上有限元节点处给定的 φ^* 值。

利用精细积分方法（Zhong ct al., 1994），方程 (7.53) 在时域增量步 $\Delta t=t_{n+1}-t_n$ 上的积分可得到参考物质点在参考时刻的解 $\boldsymbol{d}_1^*\left(\boldsymbol{x}_{n+1},t_{n+1}\right)$

$$\boldsymbol{d}_1^*\left(\boldsymbol{x}_{n+1},t_{n+1}\right)=\boldsymbol{T}\boldsymbol{d}_1^*\left(\boldsymbol{x}_{n+1},t_n\right)+\overline{\boldsymbol{R}}_{\mathrm{f}}=\boldsymbol{T}\boldsymbol{d}_1\left(\boldsymbol{x}_{n+1},t_n\right)+\overline{\boldsymbol{R}}_{\mathrm{f}} \tag{7.57}$$

式中

$$\boldsymbol{T}=\exp(\boldsymbol{H}\Delta t) \tag{7.58}$$

$$\overline{\boldsymbol{R}}_{\mathrm{f}}=(\boldsymbol{T}-\boldsymbol{I})\boldsymbol{H}^{-1}\overline{\boldsymbol{r}}_{\mathrm{f}} \tag{7.59}$$

基于计算指数矩阵的 2^N 算法（Angel and Bellman, 1972; Zhong et al., 1994）的精细数值积分方法（Zhong et al., 1994），指数矩阵 $\boldsymbol{T}=\exp(\boldsymbol{H}\Delta t)$ 可计算如下

$$\exp(\boldsymbol{H}\Delta t)=\left[\exp\left(\boldsymbol{H}\frac{\Delta t}{m}\right)\right]^m=[\exp(\boldsymbol{H}\delta t)]^m \tag{7.60}$$

式中，m 取为“2”的整数幂，即 $m=2^N$，N 为正整数。例如，若取 $N=20$，则有 $m=1048576$。因此，为计算具有如此小的 $\delta t=\Delta t/m$ 值的矩阵 $\exp(\boldsymbol{H}\delta t)$，人们可利用如下截断的 Taylor 展开式以足够高的精度逼近 $\exp(\boldsymbol{H}\delta t)$，

$$\exp(\boldsymbol{H}\delta t)=\boldsymbol{I}+\boldsymbol{H}\delta t+(\boldsymbol{H}\delta t)^2/2!+(\boldsymbol{H}\delta t)^3/3!+(\boldsymbol{H}\delta t)^4/4!=\boldsymbol{I}+\boldsymbol{T}_a \tag{7.61}$$

需要注意的是，$\boldsymbol{H}\delta t$ 的模非常接近于零，因此指数矩阵 $\exp(\boldsymbol{H}\delta t)$ 非常接近于单位矩阵 $\boldsymbol{I}$。矩阵 $\boldsymbol{T}_a$ 中分量的绝对值与 $\boldsymbol{I}$ 中非零分量值“1”相比较非常小，$\exp(\boldsymbol{H}\delta t)$ 中的 $\boldsymbol{T}_a$ 应该要单独计算和存储以保证不因舍入误差而丢失足够的有效数字。把方程 (7.60) 和式 (7.61) 代入式 (7.58) 可得到

$$\begin{aligned}\boldsymbol{T}&=(\boldsymbol{I}+\boldsymbol{T}_a)^{2^N}=(\boldsymbol{I}+\boldsymbol{T}_a)^{2^{N-1}}\times(\boldsymbol{I}+\boldsymbol{T}_a)^{2^{N-1}}\\&=(\boldsymbol{I}+\boldsymbol{T}_a)^{2^{N-2}}\times(\boldsymbol{I}+\boldsymbol{T}_a)^{2^{N-2}}\times(\boldsymbol{I}+\boldsymbol{T}_a)^{2^{N-2}}\times(\boldsymbol{I}+\boldsymbol{T}_a)^{2^{N-2}}=\boldsymbol{I}+\boldsymbol{T}_a^*\end{aligned} \tag{7.62}$$

注意到

$$(\boldsymbol{I}+\boldsymbol{T}_a)\times(\boldsymbol{I}+\boldsymbol{T}_a)=\boldsymbol{I}+2\boldsymbol{T}_a+\boldsymbol{T}_a\times\boldsymbol{T}_a \tag{7.63}$$

可由如下算法计算式 (7.58) 定义的矩阵 $\boldsymbol{T}$：

(a) 计算在式 (7.61) 中定义的 $\boldsymbol{T}_a$；

(b) 执行 $1\sim N$ 递归循环，由如下伪语言描述的过程计算矩阵 $\boldsymbol{T}_a^*$

Do $j=1,\ N$

$\boldsymbol{T}_a\Leftarrow 2\boldsymbol{T}_a+\boldsymbol{T}_a\times\boldsymbol{T}_a$

End do;

$\boldsymbol{T}_a^*\Leftarrow\boldsymbol{T}_a$;

(c) $\boldsymbol{T}\Leftarrow\boldsymbol{I}+\boldsymbol{T}_a^*$.

如式 (7.47) 所示，对流方程 (7.48) 在 t_{n+1} 时刻的有限元解 $\boldsymbol{d}_1^*(\boldsymbol{x}_{n+1},t_{n+1})$ 给出了参考物质点 $(\boldsymbol{x}_{n+1},t_{n+1})$ 在原对流–扩散方程中在 t_n 时刻的函数值，即

$$\boldsymbol{d}_1^*(\boldsymbol{x}_{n+1},t_{n+1})=\boldsymbol{d}_1(\boldsymbol{x}_n,t_n) \tag{7.64}$$

利用式 (7.57) 所得结果，可得到

$$\boldsymbol{d}_1(\boldsymbol{x}_n,t_n)=\boldsymbol{d}_1^*(\boldsymbol{x}_{n+1},t_{n+1})=\boldsymbol{T}\boldsymbol{d}_1(\boldsymbol{x}_{n+1},t_n)+\overline{\boldsymbol{R}}_{\mathrm{f}} \tag{7.65}$$

值得强调的是，利用精细积分方法所得对流方程 (7.48) 的解是作为一个工具以获得在有限元离散意义上在时刻 t_n 特征面上参考物质点 (它一般地并不位于有限元网格节点上) 的函数 $\varphi(\boldsymbol{x}(t_n),t_n)$ 的精细值。它将对保证所提出特征线 Galerkin

方法的无条件稳定性和精度起到关键作用。应该注意到，如 Zienkiewicz and Taylor (1991) 所表明的，利用通常数值积分过程的标准 Galerkin 离散对方程 (7.48) 的数值求解将会失效。然而，只要利用基于 2^N 算法的精细数值积分过程，则允许采用标准 Galerkin 离散对方程 (7.48) 数值求解，并得到如式 (7.57) 所示的结果。这是因为虽然微分方程 (7.48) 并非直接利用解析方法求解，但是其半离散方程 (7.53) 的精细数值积分意味着当计算矩阵 $\boldsymbol{T}_a$ 时，时间步长 Δt 被细分为海量 (高达 $2^N = m = 1048576$, 如采用 N=20) 的时间步长为 $\delta t\left(= \Delta t/2^N = \Delta t/1048576\right)$ 的子时间步。此方法的可行性以及其优良的性能也将由本章稍后提供的数值例题结果予以验证。

7.3.2 标量对流–扩散方程和隐式特征线 Galerkin 方法

由隐式特征线 Galerkin 方法的第一步算得式 (7.47) 中参考物质点的 $\varphi(\boldsymbol{x}(t_n), t_n)$ 后，我们将考虑对流–扩散方程 (7.45) 的特征线 Galerkin 离散。首先将式 (7.45) 改写为在 Lagrange 框架下的表达式

$$L_{\mathrm{c}} = \frac{\mathrm{d}\varphi}{\mathrm{d}t} + A\varphi - B\,\mathrm{div}(\boldsymbol{D}\nabla\varphi) + Q = 0, \quad \text{在域 } \Omega \text{ 上} \tag{7.66}$$

方程的边界条件可表示为

(i) 本质 (Dirichlet) 边界条件

$$\varphi = \bar{\varphi}, \quad \text{在 } \Gamma_{\varphi 1}(\text{不变的指定函数值边界}) \text{ 上} \tag{7.67}$$

$$\varphi|_{t=0} = \bar{\varphi}|_{t=0}, \quad \frac{\mathrm{d}\varphi}{\mathrm{d}t} = \bar{\dot{\varphi}}, \quad \text{在 } \Gamma_{\varphi 2}(\text{按指定速率变化的指定函数值边界}) \text{ 上} \tag{7.68}$$

(ii) 自然 (Neuman) 边界条件

$$-\boldsymbol{n}^{\mathrm{T}}\boldsymbol{D}\nabla\varphi = \bar{J}_n, \quad \text{在 } \Gamma_J \text{ 上} \tag{7.69}$$

式 (7.69) 在 Γ_J 上指定的是扩散边界条件，φ 沿边界外法线方向 $\boldsymbol{n}$ 的扩散率可以在弱 (积分) 形式下满足等于指定的扩散率 $\bar{J}_n$。若在 Γ_J 上指定 $\bar{J}_n = 0$，则意味着这部分 Γ_J 为非扩散边界。

对方程 (7.66) 和自然边界条件一起应用加权残数法可得到

$$\int_{\Omega} \boldsymbol{W}^{\mathrm{T}} L_{\mathrm{c}} \mathrm{d}\Omega + \int_{\Gamma_J} \overline{\boldsymbol{W}}^{\mathrm{T}} \left(-\boldsymbol{n}^{\mathrm{T}}\boldsymbol{D}\nabla\varphi - \bar{J}_n\right) \mathrm{d}\Gamma = 0 \tag{7.70}$$

式中，$\boldsymbol{W}$ 和 $\overline{\boldsymbol{W}}$ 分别为定义于 Ω 和 Γ 的任意权函数。

对于任一参考物质点，利用式 (7.47) 对方程 (7.66) 第一个等号右端后的第一项实施在时域区段 Δt 的离散。方程 (7.66) 第一个等号右端后的另外三项也能以类似方式实施在时域区段 Δt 的离散，并表示为

$$\begin{aligned}
(A\varphi)|_{t=t_{\text{ref}}} &= \gamma(A\varphi)|_{(x(t_{n+1}),t_{n+1})} + (1-\gamma)(A\varphi)|_{(x(t_n),t_n)} \\
(B\,\mathrm{div}(\boldsymbol{D}\nabla\varphi))|_{t=t_{\text{ref}}} &= \gamma(B\,\mathrm{div}(\boldsymbol{D}\nabla\varphi))|_{(\boldsymbol{x}(t_{n+1}),t_{n+1})} \\
&\quad + (1-\gamma)(B\,\mathrm{div}(\boldsymbol{D}\nabla\varphi))|_{(\boldsymbol{x}(t_n),t_n)} \\
Q|_{t=t_{\text{ref}}} &= \gamma Q|_{(x(t_{n+1}),t_{n+1})} + (1-\gamma)Q|_{(x(t_n),t_n)}
\end{aligned} \tag{7.71}$$

式中,$\gamma \in [0,1]$。对于 Crank-Nicolson 方案，取 $\gamma = 0.5$；而对于向后欧拉方案，取 $\gamma = 1$。类似于对流方程 (7.48) 中函数 φ^* 的全域有限元节点值 $\boldsymbol{d}^*$ 的插值近似表示式 (7.51) 及它的分块表示式 (7.52)，对流–扩散方程 (7.66) 中函数 φ 的标准 Galerkin 有限元离散可以利用其有限元节点值 $\boldsymbol{d}$ 插值近似表示为

$$\varphi = \boldsymbol{N}^{\varphi}\boldsymbol{d} \tag{7.72}$$

注意到方程 (7.66) 为由沿特征线的自伴随问题导出，利用标准 Galerkin 有限元空间离散化过程是最优的。同样地，$\boldsymbol{d}$ 也可以分块表示为

$$\boldsymbol{d}^{\mathrm{T}} = \begin{bmatrix} \boldsymbol{d}_1^{\mathrm{T}} & \overline{\boldsymbol{d}}_2^{\mathrm{T}} & \overline{\boldsymbol{d}}_3^{\mathrm{T}} \end{bmatrix} \tag{7.73}$$

式中，$\overline{\boldsymbol{d}}_2, \overline{\boldsymbol{d}}_3$ 分别表示在 $\Gamma_{\varphi1}, \Gamma_{\varphi2}$ 上的指定函数值 φ。其中在参考时刻 t_{n+1} 的全局未知向量 $\boldsymbol{d}_1$ 与它的物质时间导数可表示为

$$\boldsymbol{d}_1(\boldsymbol{x}_{n+1}, t_{n+1}) = \boldsymbol{d}_1^{\mathrm{p}}(\boldsymbol{x}_{n+1}, t_{n+1}) + \gamma\Delta\dot{\boldsymbol{d}}_1\Delta t \tag{7.74}$$

$$\dot{\boldsymbol{d}}_1(\boldsymbol{x}_{n+1}, t_{n+1}) = \dot{\boldsymbol{d}}_1^{\mathrm{p}}(\boldsymbol{x}_{n+1}, t_{n+1}) + \Delta\dot{\boldsymbol{d}}_1 \tag{7.75}$$

式中，预测值 $\boldsymbol{d}_1^{\mathrm{p}}(\boldsymbol{x}_{n+1}, t_{n+1})$ 和 $\dot{\boldsymbol{d}}_1^{\mathrm{p}}(\boldsymbol{x}_{n+1}, t_{n+1})$ 定义为

$$\boldsymbol{d}_1^{\mathrm{p}}(\boldsymbol{x}_{n+1}, t_{n+1}) = \boldsymbol{d}_1(\boldsymbol{x}_n, t_n) + \dot{\boldsymbol{d}}_1(\boldsymbol{x}_n, t_n)\Delta t \tag{7.76}$$

$$\dot{\boldsymbol{d}}_1^{\mathrm{p}}(\boldsymbol{x}_{n+1}, t_{n+1}) = \dot{\boldsymbol{d}}_1(\boldsymbol{x}_n, t_n) \tag{7.77}$$

而参考物质点在时刻 t_n 的函数值及其物质时间导数可利用式 (7.65) 表示为

$$\boldsymbol{d}_1(\boldsymbol{x}_n, t_n) = \boldsymbol{T}\boldsymbol{d}_1(\boldsymbol{x}_{n+1}, t_n) + \overline{\boldsymbol{R}}_{\mathrm{f}} \tag{7.78}$$

$$\dot{\boldsymbol{d}}_1(\boldsymbol{x}_n, t_n) = \boldsymbol{T}\dot{\boldsymbol{d}}_1(\boldsymbol{x}_{n+1}, t_n) + \dot{\overline{\boldsymbol{R}}}_{\mathrm{f}} \tag{7.79}$$

$$\dot{\overline{\boldsymbol{R}}}_{\mathrm{f}} = (\boldsymbol{T}-\boldsymbol{I})\boldsymbol{H}^{-1}\dot{\overline{\boldsymbol{r}}}_{\mathrm{f}} = -(\boldsymbol{T}-\boldsymbol{I})\boldsymbol{H}^{-1}\boldsymbol{M}_{11}^{-1}\boldsymbol{C}_{1,13}\dot{\overline{\boldsymbol{d}}}_3 \tag{7.80}$$

对式 (7.66) 中扩散项应用 Green 定理，以及选择式 (7.70) 中权函数为

$$\boldsymbol{W} = \boldsymbol{N}^{\varphi}, \qquad \text{在域 } \Omega \text{ 上；} \boldsymbol{W} = \boldsymbol{0}, \quad \text{在边界 } \Gamma_{\varphi 1} \cup \Gamma_{\varphi 2} \text{ 上} \tag{7.81}$$

$$\overline{\boldsymbol{W}} = -B\boldsymbol{N}^{\varphi}, \quad \text{在边界 } \Gamma_J \text{ 上} \tag{7.82}$$

利用式 (7.73) 所表示的 $\boldsymbol{d}$ 的分块表示，由式 (7.70) 可以得到采用向后欧拉方案 $(r=1)$ 隐式算法的有限元方程如下

$$\begin{aligned}
&\left[\boldsymbol{M}_{11} + \boldsymbol{K}_{11}^{n+1}\Delta t + \boldsymbol{C}_{2,11}^{n+1}\Delta t\right]\Delta\dot{\boldsymbol{d}}_1 \\
=& -\Big[\boldsymbol{f}^{n+1} + \boldsymbol{K}_{12}^{n+1}\overline{\boldsymbol{d}}_2^{n+1} + \boldsymbol{K}_{13}^{n+1}\overline{\boldsymbol{d}}_3^{n+1} + \boldsymbol{C}_{2,12}^{n+1}\overline{\boldsymbol{d}}_2^{n+1} \\
&+ \boldsymbol{C}_{2,13}^{n+1}\overline{\boldsymbol{d}}_3^{n+1} + \boldsymbol{M}_{13}\dot{\overline{\boldsymbol{d}}}_3^{n+1} + \boldsymbol{M}_{11}\left(\boldsymbol{T}\dot{\boldsymbol{d}}_1^{n+1,\mathrm{p}} + \dot{\overline{\boldsymbol{R}}}_{\mathrm{f}}\right) - \int_{\Gamma-\Gamma_J}\left(\boldsymbol{N}^{\varphi}\right)^{\mathrm{T}} B\boldsymbol{n}^{\mathrm{T}}\boldsymbol{D}\nabla\varphi \mathrm{d}\Gamma \\
&+ \int_{\Gamma_J}\left(\boldsymbol{N}^{\varphi}\right)^{\mathrm{T}} B\bar{J}_n \mathrm{d}\Gamma + \boldsymbol{K}_{11}^{n+1}\left(\boldsymbol{T}\boldsymbol{d}_1^n + \overline{\boldsymbol{R}}_{\mathrm{f}} + \boldsymbol{T}\dot{\boldsymbol{d}}_1^{n+1,\mathrm{p}}\Delta t\right) \\
&+ \boldsymbol{C}_{2,11}^{n+1}\left(\boldsymbol{T}\boldsymbol{d}_1^n + \overline{\boldsymbol{R}}_{\mathrm{f}} + \boldsymbol{T}\dot{\boldsymbol{d}}_1^{n+1,\mathrm{p}}\Delta t\right)\Big]
\end{aligned} \tag{7.83}$$

式中，

$$\overline{\boldsymbol{R}}_{\mathrm{f}} = -(\boldsymbol{T}-\boldsymbol{I})\boldsymbol{H}^{-1}\boldsymbol{M}^{-1}(\boldsymbol{C}_{1,12}\overline{\boldsymbol{d}}_2 + \boldsymbol{C}_{1,13}\overline{\boldsymbol{d}}_3 + \boldsymbol{M}_{13}\dot{\overline{\boldsymbol{d}}}_3)$$

$$\boldsymbol{d}_1^n = \boldsymbol{d}_1\left(\boldsymbol{x}_{n+1}, t_n\right), \quad \dot{\overline{\boldsymbol{R}}}_{\mathrm{f}} = \dot{\overline{\boldsymbol{R}}}_{\mathrm{f}}\left(\boldsymbol{x}_{n+1}, t_n\right) = -(\boldsymbol{T}-\boldsymbol{I})\boldsymbol{H}^{-1}\boldsymbol{M}_{11}^{-1}\boldsymbol{C}_{1,13}\dot{\overline{\boldsymbol{d}}}_3\left(\boldsymbol{x}_{n+1}, t_n\right),$$

$$\boldsymbol{K} = \int_{\Omega} B\frac{\partial\left(\boldsymbol{N}^{\varphi}\right)^{\mathrm{T}}}{\partial x_k} D_{kl}\frac{\partial \boldsymbol{N}^{\varphi}}{\partial x_l}\mathrm{d}\Omega, \quad \boldsymbol{K}^{n+1} = \begin{bmatrix} \boldsymbol{K}_{11}^{n+1} & \boldsymbol{K}_{12}^{n+1} & \boldsymbol{K}_{13}^{n+1} \\ \boldsymbol{K}_{21}^{n+1} & \boldsymbol{K}_{22}^{n+1} & \boldsymbol{K}_{23}^{n+1} \\ \boldsymbol{K}_{31}^{n+1} & \boldsymbol{K}_{32}^{n+1} & \boldsymbol{K}_{33}^{n+1} \end{bmatrix},$$

$$\boldsymbol{C}_2 = \int_{\Omega}\left(\boldsymbol{N}^{\varphi}\right)^{\mathrm{T}} A\boldsymbol{N}^{\varphi}\mathrm{d}\Omega, \quad \boldsymbol{C}_2^{n+1} = \begin{bmatrix} \boldsymbol{C}_{2,11}^{n+1} & \boldsymbol{C}_{2,12}^{n+1} & \boldsymbol{C}_{2,13}^{n+1} \\ \boldsymbol{C}_{2,21}^{n+1} & \boldsymbol{C}_{2,22}^{n+1} & \boldsymbol{C}_{2,23}^{n+1} \\ \boldsymbol{C}_{2,31}^{n+1} & \boldsymbol{C}_{2,32}^{n+1} & \boldsymbol{C}_{2,33}^{n+1} \end{bmatrix},$$

$$\boldsymbol{f}^{n+1} = \int_{\Omega}\left(\boldsymbol{N}^{\varphi}\right)^{\mathrm{T}} Q^{n+1}\mathrm{d}\Omega \tag{7.84}$$

$\boldsymbol{C}_1$ 和它的分块表示如式 (7.56) 所示，式 (7.83) 是对流–扩散方程 (7.44) 或 (7.45) 的隐式特征线 Galerkin 有限元方程。式 (7.83) 和式 (7.84) 中各矩阵的上标 $(n+1)$ 表示在时刻 t_{n+1} 的矩阵值。$\dot{\boldsymbol{d}}_1$ 在时刻 t_{n+1} 的预测值的初始值为

$$\left(\dot{\boldsymbol{d}}_1^{n+1}\right)_{i=0}^{\mathrm{p}} = \dot{\boldsymbol{d}}_1\left(\boldsymbol{x}_n, t_n\right) = \boldsymbol{T}\dot{\boldsymbol{d}}_1\left(\boldsymbol{x}_{n+1}, t_n\right) + \dot{\overline{\boldsymbol{R}}}_{\mathrm{f}}\left(\boldsymbol{x}_{n+1}, t_n\right) \tag{7.85}$$

7.3.3 隐式特征线 Galerkin 方法的非线性方案

方程 (7.83) 是非线性的，需要一个迭代过程对它求解。在每次迭代过程中将由式 (7.83) 所解得的 $\Delta\dot{\boldsymbol{d}}_1$ 代入式 (7.74) 和式 (7.75) 以更新 $\boldsymbol{d}_1$ 和 $\dot{\boldsymbol{d}}$ 的预测值和建立递推关系。

值得强调的是，指数矩阵 $\boldsymbol{T}$ 依赖于对流速度场 $\dot{\boldsymbol{u}}$ 和时间步长 Δt。通常，Δt 在时域积分中取为常数，因此对于稳态速度场（$\dot{\boldsymbol{u}}$ 为不变的速度场）指数矩阵 $\boldsymbol{T}$ 对一个给定问题仅需计算一次。对于非稳态对流情况，原则上应对每个时间增量步计算一次 $\boldsymbol{T}$。尽管利用所建议的隐式方法，时间步长相比显式特征线 Galerkin 方法和其他隐式方法（例如 SUPG 法）(Brooks and Hughes, 1982）能增大很多，但对于实际问题的每个时间增量步均要求重新计算 $\boldsymbol{T}$ 在计算工作量上还是难以接受的。

考虑速度场 $\dot{\boldsymbol{u}}$ 随时间的变化，我们可以把瞬态速度场分离为两部分，即不随时间变化的稳态部分 $\dot{\boldsymbol{u}}_0$ 和随时间在 $\dot{\boldsymbol{u}}_0$ 基础上变化的部分 $\Delta\dot{\boldsymbol{u}}(t)$，即

$$\dot{\boldsymbol{u}}(t)=\dot{\boldsymbol{u}}_0+\Delta\dot{\boldsymbol{u}}(t) \tag{7.86}$$

利用式 (7.86), 式 (7.53) 可改写为

$$\dot{\boldsymbol{d}}_1^*=\left(\boldsymbol{H}_0+\Delta\boldsymbol{H}_1(t)\right)\boldsymbol{d}_1^*+\overline{\boldsymbol{r}}_f \tag{7.87}$$

式中

$$\begin{gathered}
\boldsymbol{H}_0=-\boldsymbol{M}_{11}^{-1}\boldsymbol{C}_{1,11}^0,\quad \Delta\boldsymbol{H}_1(t)=\boldsymbol{M}_{11}^{-1}\boldsymbol{C}_{1,11}^t,\\
\boldsymbol{C}_1^0=\int_\Omega(\boldsymbol{N}^\varphi)^{\mathrm{T}}\dot{u}_{0,j}\frac{\partial\boldsymbol{N}^\varphi}{\partial x_j}\mathrm{d}\Omega,\quad \boldsymbol{C}_1^0=\begin{bmatrix}\boldsymbol{C}_{1,11}^0 & \boldsymbol{C}_{1,12}^0 & \boldsymbol{C}_{1,13}^0\\ \boldsymbol{C}_{1,21}^0 & \boldsymbol{C}_{1,22}^0 & \boldsymbol{C}_{1,23}^0\\ \boldsymbol{C}_{1,31}^0 & \boldsymbol{C}_{1,32}^0 & \boldsymbol{C}_{1,33}^0\end{bmatrix},\\
\boldsymbol{C}_1^t=\int_\Omega(\boldsymbol{N}^\varphi)^{\mathrm{T}}\Delta\dot{u}_j\frac{\partial\boldsymbol{N}^\varphi}{\partial x_j}\mathrm{d}\Omega,\quad \boldsymbol{C}_1^t=\begin{bmatrix}\boldsymbol{C}_{1,11}^t & \boldsymbol{C}_{1,12}^t & \boldsymbol{C}_{1,13}^t\\ \boldsymbol{C}_{1,21}^t & \boldsymbol{C}_{1,22}^t & \boldsymbol{C}_{1,23}^t\\ \boldsymbol{C}_{1,31}^t & \boldsymbol{C}_{1,32}^t & \boldsymbol{C}_{1,33}^{t,}\end{bmatrix}
\end{gathered} \tag{7.88}$$

类似于方程 (7.53) 的时域增量步积分，方程 (7.87) 在时域 $\Delta t=t_{n+1}-t_n$ 上的增量步积分给出参考物质点在参考时刻的解 $\boldsymbol{d}_1^*(\boldsymbol{x}_{n+1},t_{n+1})$ 仍可表示为

$$\boldsymbol{d}_1^*(\boldsymbol{x}_{n+1},t_{n+1})=\boldsymbol{T}\boldsymbol{d}_1^*(\boldsymbol{x}_{n+1},t_n)+\overline{\boldsymbol{R}}_{\mathrm{f}}=\boldsymbol{T}\boldsymbol{d}_1(\boldsymbol{x}_{n+1},t_n)+\overline{\boldsymbol{R}}_{\mathrm{f}} \tag{7.57}$$

式中

$$\boldsymbol{T}=\exp\left(\left(\boldsymbol{H}_0+\Delta\boldsymbol{H}_1(t)\right)\Delta t\right)=\boldsymbol{T}_0(\Delta\boldsymbol{T}) \tag{7.89}$$

$$\boldsymbol{T}_0 = \exp\left(\boldsymbol{H}_0 \Delta t\right), \quad \Delta \boldsymbol{T} = \exp\left(\Delta \boldsymbol{H}_1 \Delta t\right) \tag{7.90}$$

指数矩阵 $\boldsymbol{T}_0$ 仍按式 (7.60)~ 式 (7.63) 所描述的 2^N 算法计算。由于假定 $\|\Delta\dot{\boldsymbol{u}}(t)\| \ll \|\dot{\boldsymbol{u}}_0\|$，指数矩阵 $\Delta\boldsymbol{T}$ 可不必利用精细积分方案、而用它的一阶近似计算，即

$$\Delta \boldsymbol{T} = \exp\left(\Delta \boldsymbol{H}_1 \Delta t\right) \approx \boldsymbol{I} + \Delta \boldsymbol{H}_1 \Delta t \tag{7.91}$$

按精细积分方案的指数矩阵 $\boldsymbol{T}_0$ 计算仅需执行一次。当在时刻 t_c、$\|\Delta\dot{\boldsymbol{u}}\left(t_c\right)\| \ll \|\dot{\boldsymbol{u}}_0\|$ 不被满足时，为保证指数矩阵 $\boldsymbol{T}$ 的精度，需更新 $\dot{\boldsymbol{u}}_0$，即 $\dot{\boldsymbol{u}}_0 \Longleftarrow \dot{\boldsymbol{u}}\left(t_c\right)$，并相应地更新计 $\boldsymbol{T}_0\left(\dot{\boldsymbol{u}}\left(t_c\right)\right)$。在整个时域求解过程仅按精细积分方案计算有限次数的 $\boldsymbol{T}_0$。

作为替代式 (7.87)~ 式 (7.91) 所描述的处理非稳态对流问题的方案，可以近似地对控制方程 (7.66) 中非稳态对流项分离为稳态部分与“非稳态”部分，即

$$\frac{\mathrm{d}\varphi_0}{\mathrm{d}t} + \Delta\dot{\boldsymbol{u}}^{\mathrm{T}} \nabla\varphi + A\varphi - B\,\mathrm{div}(\boldsymbol{D}\nabla\varphi) + Q = 0 \tag{7.92}$$

式中

$$\frac{\mathrm{d}\varphi_0}{\mathrm{d}t} = \frac{\partial\varphi}{\partial t} + \dot{\boldsymbol{u}}_0^{\mathrm{T}} \nabla\varphi^* \tag{7.93}$$

基于式 (7.93) 计算的指数矩阵 $\boldsymbol{T}$ 对整个时间过程有效。“非稳态”部分的影响将由在方程 (7.92) 中的 $\Delta\dot{\boldsymbol{u}}^{\mathrm{T}}\nabla\varphi$ 项在每个时间增量步的迭代过程中予以计入。对于隐式特征线 Galerkin 方法的向后欧拉方案，方程 (7.92) 的有限元离散化可得到

$$\begin{aligned}
&\left[\boldsymbol{M}_{11} + \boldsymbol{K}_{11}^{n+1}\Delta t + \boldsymbol{C}_{2,11}^{n+1}\Delta t + \boldsymbol{C}_{1,11}^{t}\Delta t\right]\Delta\dot{\boldsymbol{d}}_1 \\
= &-\left[\boldsymbol{f}^{n+1} + \boldsymbol{K}_{12}^{n+1}\overline{\boldsymbol{d}}_2^{n+1} + \boldsymbol{K}_{13}^{n+1}\overline{\boldsymbol{d}}_3^{n+1} + \boldsymbol{C}_{2,12}^{n+1}\overline{\boldsymbol{d}}_2^{n+1}\right. \\
&+ \boldsymbol{C}_{2,13}^{n+1}\overline{\boldsymbol{d}}_3^{n+1} + \boldsymbol{M}_{13}\dot{\overline{\boldsymbol{d}}}_3^{n+1} + \boldsymbol{M}_{11}\left(\boldsymbol{T}\dot{\boldsymbol{d}}_1^{n+1,\mathrm{p}} + \dot{\overline{\boldsymbol{R}}}_{\mathrm{f}}\right) + \boldsymbol{C}_{1,12}^{t}\overline{\boldsymbol{d}}_2^{n+1} + \boldsymbol{C}_{1,13}^{t}\overline{\boldsymbol{d}}_3^{n+1} \\
&- \int_{\Gamma-\Gamma_J}\left(\boldsymbol{N}^{\varphi}\right)^{\mathrm{T}} B\boldsymbol{n}^{\mathrm{T}}\boldsymbol{D}\nabla\varphi\mathrm{d}\Gamma \\
&+ \int_{\Gamma_J}\left(\boldsymbol{N}^{\varphi}\right)^{\mathrm{T}} B\bar{J}_n\mathrm{d}\Gamma + \boldsymbol{K}_{11}^{n+1}\left(\boldsymbol{T}\boldsymbol{d}_1^{n} + \overline{\boldsymbol{R}}_{\mathrm{f}} + \boldsymbol{T}\dot{\boldsymbol{d}}_1^{n+1,\mathrm{p}}\Delta t\right) \\
&\left.+ \boldsymbol{C}_{2,11}^{n+1}\left(\boldsymbol{T}\boldsymbol{d}_1^{n} + \overline{\boldsymbol{R}}_{\mathrm{f}} + \boldsymbol{T}\dot{\boldsymbol{d}}_1^{n+1,\mathrm{p}}\Delta t\right) + \boldsymbol{C}_{1,11}^{t}\left(\boldsymbol{T}\boldsymbol{d}_1^{n} + \overline{\boldsymbol{R}}_{\mathrm{f}} + \boldsymbol{T}\dot{\boldsymbol{d}}_1^{n+1,\mathrm{p}}\Delta t\right)\right]
\end{aligned} \tag{7.94}$$

7.3.4 隐式特征线 Galerkin 方法的稳定性分析

在稳定性分析中，我们考虑对流–扩散方程 (7.66) 的齐次形式（不考虑源项 Q），不考虑施加边界条件。此时方程中的函数 φ 的标准 Galerkin 有限元空间离

散表示为

$$\varphi = \boldsymbol{N}^{\varphi}\boldsymbol{\varphi} \tag{7.95}$$

式 (7.66) 齐次形式 ($Q = 0$) 沿特征线的半离散有限元方程的时域离散可表示为

$$\boldsymbol{M}\left(\boldsymbol{\varphi}^{n+1} - \boldsymbol{T}\boldsymbol{\varphi}^{n}\right) + (\boldsymbol{K} + \boldsymbol{C}_2)\left(\gamma\boldsymbol{\varphi}^{n+1} + (1-\gamma)\boldsymbol{T}\boldsymbol{\varphi}^{n}\right)\Delta t = 0 \tag{7.96}$$

式中

$$\boldsymbol{\varphi}^{n+1} = \boldsymbol{\varphi}\left(\boldsymbol{x}_{n+1}, t_{n+1}\right), \quad \boldsymbol{\varphi}^{n} = \boldsymbol{\varphi}\left(\boldsymbol{x}_{n+1}, t_{n}\right) \tag{7.97}$$

重安排式 (7.96) 可得到

$$\left[\boldsymbol{I} + \gamma\Delta t\boldsymbol{M}^{-1}\left(\boldsymbol{K} + \boldsymbol{C}_2\right)\right]\boldsymbol{\varphi}^{n+1} = \left[\boldsymbol{I} - (1-\gamma)\Delta t\boldsymbol{M}^{-1}\left(\boldsymbol{K} + \boldsymbol{C}_2\right)\right]\boldsymbol{T}\boldsymbol{\varphi}^{n} \tag{7.98}$$

式中，矩阵 $\boldsymbol{M}, \boldsymbol{K}, \boldsymbol{C}_2$ 均为对称，利用模态分解途径（Hughes, 1987），方程 (7.98) 能被分解为 n_{φ} 个非耦合的标量方程如下

$$\left(1 + \gamma\Delta t\lambda_{\mathrm{kc}}\right)\varphi^{n+1} = \left[1 - (1-\gamma)\Delta t\lambda_{\mathrm{kc}}\right]T\varphi^{n} \tag{7.99}$$

其中，λ_{kc} 是方程 (7.66) 的齐次形式沿特征线半离散有限元方程 $\boldsymbol{M}\dot{\boldsymbol{\varphi}} + (\boldsymbol{K} + \boldsymbol{C}_2)\boldsymbol{\varphi} = \boldsymbol{0}$ 的特征值。注意到对于 $\boldsymbol{M}, \boldsymbol{K}, \boldsymbol{C}_2$ 中所有可能的参数值，$1 + \gamma\Delta t\lambda_{\mathrm{kc}} > 0$，我们可把方程 (7.99) 写成

$$\varphi^{n+1} = \lambda\varphi^{n} \tag{7.100}$$

式中

$$\lambda = \frac{\left[1 - (1-\gamma)\Delta t\lambda_{\mathrm{kc}}\right]T}{1 + \gamma\Delta t\lambda_{\mathrm{kc}}} \tag{7.101}$$

是放大因子。稳定性要求可被表示为

$$-1 < \lambda = \frac{\left[1 - (1-\gamma)\Delta t\lambda_{\mathrm{kc}}\right]T}{1 + \gamma\Delta t\lambda_{\mathrm{kc}}} < 1 \tag{7.102}$$

按照由式 (7.54)~ 式 (7.56) 表示的 $\boldsymbol{H}$ 的定义，有 $\|\boldsymbol{H}\Delta t\| \leqslant 0$。由 $\boldsymbol{T} = \exp(\boldsymbol{H}\Delta t)$ 意味有 $0 \leqslant T \leqslant 1$。因此，式 (7.102) 的左端和右端两个不等式对所有可能 λ_{kc} ($\boldsymbol{M}, \boldsymbol{K}, \boldsymbol{C}_2$ 允许的参数值）满足。

7.4 应用隐式特征线 Galerkin 方法的污染物输运过程模拟

考虑关于污染物传输过程模拟的吸附–对流–扩散方程 (7.38) 的特征线 Galerkin 法离散。参照式 (7.46)，令控制混溶污染物输运、基本未知量为 c_{m} 的

瞬态吸附–对流–扩散方程 (7.38) 的前两项表示为

$$\left[\frac{\partial\left(\theta_{\mathrm{m}}c_{\mathrm{m}}\right)}{\partial t}+\dot{\boldsymbol{U}}_{\mathrm{w}}^{*\mathrm{T}}\nabla\left(\theta_{\mathrm{m}}c_{\mathrm{m}}\right)\right]\bigg|_{x=x_{\mathrm{ref}},t=t_{\mathrm{ref}}}=\left.\frac{\mathrm{d}\left(\theta_{\mathrm{m}}c_{\mathrm{m}}\right)}{\mathrm{d}t}\right|_{t=t_{\mathrm{ref}}} \tag{7.103}$$

其中, 物质时间导数 $\left.\dfrac{\mathrm{d}\left(\theta_{\mathrm{m}}c_{\mathrm{m}}\right)}{\mathrm{d}t}\right|_{t=t_{\mathrm{ref}}}$ 可表示为

$$\left.\frac{\mathrm{d}\left(\theta_{\mathrm{m}}c_{\mathrm{m}}\right)}{\mathrm{d}t}\right|_{t=t_{\mathrm{ref}}}=\frac{1}{\Delta t}\left[\left(\theta_{\mathrm{m}}c_{\mathrm{m}}\right)\left(\boldsymbol{x}\left(t_{n+1}\right),t_{n+1}\right)-\left(\theta_{\mathrm{m}}c_{\mathrm{m}}\right)\left(\boldsymbol{x}\left(t_{n}\right),t_{n}\right)\right] \tag{7.104}$$

应用式 (7.103)，式 (7.38) 改写为

$$L_{c}=\frac{\mathrm{d}\left(\theta_{\mathrm{m}}c_{\mathrm{m}}\right)}{\mathrm{d}t}+A\left(\theta_{\mathrm{m}}c_{\mathrm{m}}\right)-\frac{1}{R_{\mathrm{m}}}\operatorname{div}\left(\theta_{\mathrm{m}}\boldsymbol{D}_{\mathrm{h}}\nabla c_{\mathrm{m}}\right)+Q=0 \tag{7.105}$$

方程的边界条件可表示为

(i) 本质 (Dirichlet) 边界条件

$$\theta_{\mathrm{m}}c_{\mathrm{m}}\equiv\overline{\theta_{\mathrm{m}}c_{\mathrm{m}}},\quad \text{在 } \Gamma_{\phi 1}(\text{不变的指定函数值边界}) \text{ 上} \tag{7.106}$$

$$\left.\theta_{\mathrm{m}}c_{\mathrm{m}}\right|_{t=0}=\left.\overline{\theta_{\mathrm{m}}c_{\mathrm{m}}}\right|_{t=0},\quad \frac{\mathrm{d}\left(\theta_{\mathrm{m}}c_{\mathrm{m}}\right)}{\mathrm{d}t}=\overline{\left(\theta_{\mathrm{m}}\dot{c}_{\mathrm{m}}\right)}$$

$$\text{在 } \Gamma_{\phi 2}(\text{按指定速率变化的指定函数值边界}) \text{ 上} \tag{7.107}$$

$$c_{\mathrm{m}}=\bar{c}_{\mathrm{m}},\quad \text{在 } \Gamma_{\mathrm{c}}(\text{指定污染物浓度值边界}) \text{ 上} \tag{7.108}$$

(ii) 自然 (Neuman) 边界条件

$$-\boldsymbol{n}^{\mathrm{T}}\boldsymbol{D}_{\mathrm{h}}\nabla c_{\mathrm{m}}=\bar{J}_{n},\quad \text{在 } \Gamma_{J} \text{ 上} \tag{7.109}$$

对控制方程 (7.105) 和如式 (7.109) 所示自然边界条件应用加权残数法可得到

$$\int_{\Omega}\boldsymbol{W}^{\mathrm{T}}L_{\mathrm{c}}\mathrm{d}\Omega+\int_{\Gamma_{J}}\overline{\boldsymbol{W}}^{\mathrm{T}}\left(-\boldsymbol{n}^{\mathrm{T}}\boldsymbol{D}_{\mathrm{h}}\nabla c_{\mathrm{m}}-\bar{J}_{n}\right)\mathrm{d}\Gamma=0 \tag{7.110}$$

式中，$\boldsymbol{W}$ 和 $\overline{\boldsymbol{W}}$ 分别为定义于 Ω 和 Γ 的任意权函数，选取

$$\boldsymbol{W}=\boldsymbol{N}^{\varphi},\quad \text{在域 } \Omega \text{ 上} \tag{7.111}$$

$$\overline{\boldsymbol{W}}=-\frac{\theta_{\mathrm{m}}}{R_{\mathrm{m}}}\boldsymbol{N}^{\varphi},\quad \text{在边界 } \Gamma_{J} \text{ 上} \tag{7.112}$$

应用 7.3.1 节中所描述的基于精细积分算法的函数物质时间导数的确定方法，可确定参考物质点的 $(\theta_{\mathrm{m}}c_{\mathrm{m}})(\boldsymbol{x}(t_n), t_n)$。瞬态吸附–对流–扩散方程 (7.38) 以 $(\theta_{\mathrm{m}}c_{\mathrm{m}})$ 为基本未知量的标准 Galerkin 有限元离散可以利用其有限元网格节点值 $\boldsymbol{d}$ 插值近似表示为

$$(\theta_{\mathrm{m}}c_{\mathrm{m}}) = \boldsymbol{N}^{\varphi}\boldsymbol{d} \tag{7.113}$$

其中，$\boldsymbol{d}$ 可分块表示为

$$\boldsymbol{d}^{\mathrm{T}} = \left[\begin{array}{ccc} \boldsymbol{d}_1^{\mathrm{T}} & \overline{\boldsymbol{d}}_2^{\mathrm{T}} & \overline{\boldsymbol{d}}_3^{\mathrm{T}} \end{array}\right] \tag{7.114}$$

式中，$\overline{\boldsymbol{d}}_2, \overline{\boldsymbol{d}}_3$ 分别表示在 $\Gamma_{\phi 1}, \Gamma_{\phi 2}$ 上的指定函数值 $(\theta_{\mathrm{m}}c_{\mathrm{m}})$。类似于式 (7.113) 所给出的 $(\theta_{\mathrm{m}}c_{\mathrm{m}})$ 的插值表示，c_{m} 的标准 Galerkin 有限元离散可以利用其有限元网格节点值 $\boldsymbol{c}_{\mathrm{m}}$ 插值近似表示为

$$c_{\mathrm{m}} = \boldsymbol{N}^{\varphi}\boldsymbol{c}_{\mathrm{m}} \tag{7.115}$$

其中，$\boldsymbol{c}_{\mathrm{m}}$ 也可如式 (7.114) 所示分块表示为

$$\boldsymbol{c}_{\mathrm{m}}^{\mathrm{T}} = \left[\begin{array}{ccc} \boldsymbol{c}_{\mathrm{m}1}^{\mathrm{T}} & \overline{\boldsymbol{c}}_{\mathrm{m}2}^{\mathrm{T}} & \overline{\boldsymbol{c}}_{\mathrm{m}3}^{\mathrm{T}} \end{array}\right] \tag{7.116}$$

其中，作为自由变量的流动水中污染物浓度 c_{m} 的有限元节点值的向量 $\boldsymbol{c}_{\mathrm{m}1}$ 可表示为

$$\boldsymbol{d}_1 = \boldsymbol{S}_1\boldsymbol{c}_{\mathrm{m}1} \tag{7.117}$$

式中，$\boldsymbol{S}_1$ 是对角线矩阵 $\boldsymbol{S} = \mathrm{Diag}(\theta_{\mathrm{m}1}, \theta_{\mathrm{m}2}, \cdots \theta_{\mathrm{m}n})$ 的子矩阵，$\boldsymbol{S}$ 的维数 n 是定义有污染物浓度 c_{m} 的有限元网格节点总数。参考式 (7.74)，在参考时刻 t_{n+1}、位于有限元节点处参考物质点 $(\boldsymbol{x}_{n+1}, t_{n+1})$ 的污染物浓度 $\boldsymbol{c}_{\mathrm{m}1}$ 可表示为

$$\boldsymbol{c}_{\mathrm{m}1}(\boldsymbol{x}_{n+1}, t_{n+1}) = \boldsymbol{c}_{\mathrm{m}1}^{\mathrm{p}}(\boldsymbol{x}_{n+1}, t_{n+1}) + \gamma\Delta\dot{\boldsymbol{c}}_{\mathrm{m}1}\Delta t \tag{7.118}$$

记 $\boldsymbol{S}_1^{n+1} = \boldsymbol{S}_1(\boldsymbol{x}_{n+1}, t_{n+1})$，由式 (7.115) 和式 (7.76), 式 (7.118) 中预测值 $c_{\mathrm{m}1}^{\mathrm{p}}$ 可表示为

$$\boldsymbol{c}_{\mathrm{m}1}^{\mathrm{p}}(\boldsymbol{x}_{n+1}, t_{n+1}) = \boldsymbol{S}_1^{-1}(\boldsymbol{x}_{n+1}, t_{n+1})\left[\boldsymbol{d}_1(\boldsymbol{x}_n, t_n) + \dot{\boldsymbol{d}}_1(\boldsymbol{x}_n, t_n)\Delta t\right] \tag{7.119}$$

并表示

$$\Delta\dot{\boldsymbol{c}}_{\mathrm{m}1} = \left(\boldsymbol{S}_1^{n+1}\right)^{-1}\Delta\dot{\boldsymbol{d}}_1 \tag{7.120}$$

类似于式 (7.71)，式 (7.105) 第一个等号右端后三项的时域离散可表示为

$$(A\theta_{\mathrm{m}}c_{\mathrm{m}})|_{t=t_{\mathrm{ref}}} = \gamma(A\theta_{\mathrm{m}}c_{\mathrm{m}})|_{(\boldsymbol{x}(t_{n+1}), t_{n+1})} + (1-\gamma)(A\theta_{\mathrm{m}}c_{\mathrm{m}})|_{(\boldsymbol{x}(t_n), t_n)}$$

$$\left(\frac{1}{R_{\mathrm{m}}}\operatorname{div}\left(\theta_{\mathrm{m}}\boldsymbol{D}_{\mathrm{h}}\nabla c_{\mathrm{m}}\right)\right)\bigg|_{t=t_{\mathrm{ref}}}=\gamma\left(\frac{1}{R_{\mathrm{m}}}\operatorname{div}\left(\theta_{\mathrm{m}}\boldsymbol{D}_{\mathrm{h}}\nabla c_{\mathrm{m}}\right)\right)\bigg|_{(\boldsymbol{x}(t_{n+1}),t_{n+1})}+(1-\gamma)\left(\frac{1}{R_{\mathrm{m}}}\operatorname{div}\left(\theta_{\mathrm{m}}\boldsymbol{D}_{\mathrm{h}}\nabla c_{\mathrm{m}}\right)\right)\bigg|_{(\boldsymbol{x}(t_n),t_n)}$$

$$Q|_{t=t_{\mathrm{ref}}}=\gamma Q|_{(\boldsymbol{x}(t_{n+1}),t_{n+1})}+(1-\gamma)Q|_{(\boldsymbol{x}(t_n),t_n)} \tag{7.121}$$

利用式 (7.111)~ 式 (7.121) 所描述的空间域和时域的离散化过程，由式 (7.110) 可以得到利用后欧拉方案隐式算法的特征线 Galerkin 方法模拟污染物在非饱和多孔介质中非平衡吸附–对流–扩散传输过程的有限元方程如下

$$\begin{aligned}&\left[\boldsymbol{M}_{11}+\boldsymbol{K}_{11}^{n+1}\left(\boldsymbol{S}_1^{n+1}\right)^{-1}\Delta t+\boldsymbol{C}_{2,11}^{n+1}\Delta t\right]\Delta\dot{\boldsymbol{d}}_1\\&=-\left[\boldsymbol{f}^{n+1}+\boldsymbol{K}_{12}^{n+1}\overline{\boldsymbol{c}}_{\mathrm{m}2}^{n+1}+\boldsymbol{K}_{13}^{n+1}\overline{\boldsymbol{c}}_{\mathrm{m}3}^{n+1}+\boldsymbol{C}_{2,12}^{n+1}\overline{\boldsymbol{d}}_2^{n+1}\right.\\&+\boldsymbol{C}_{2,13}^{n+1}\overline{\boldsymbol{d}}_3^{n+1}+\boldsymbol{M}_{13}\dot{\overline{\boldsymbol{d}}}_3^{n+1}+\boldsymbol{M}_{11}\left(\boldsymbol{T}\dot{\boldsymbol{d}}_1^{n+1,\mathrm{p}}+\dot{\overline{\boldsymbol{R}}}_{\mathrm{f}}\right)\\&-\int_{\Gamma-\Gamma_J}\left(\boldsymbol{N}^{\varphi}\right)^{\mathrm{T}}\frac{\theta_{\mathrm{m}}}{R_{\mathrm{m}}}\boldsymbol{n}^{\mathrm{T}}\boldsymbol{D}_{\mathrm{h}}\nabla c_{\mathrm{m}}\mathrm{d}\Gamma\\&+\int_{\Gamma_J}\left(\boldsymbol{N}^{\varphi}\right)^{\mathrm{T}}\frac{\theta_{\mathrm{m}}}{R_{\mathrm{m}}}\bar{J}_n\mathrm{d}\Gamma+\boldsymbol{K}_{11}^{n+1}\left(\boldsymbol{S}_1^{n+1}\right)^{-1}\left(\boldsymbol{T}\boldsymbol{d}_1^n+\overline{\boldsymbol{R}}_{\mathrm{f}}+\boldsymbol{T}\dot{\boldsymbol{d}}_1^{n+1,\mathrm{p}}\Delta t\right)\\&\left.+\boldsymbol{C}_{2,11}^{n+1}\left(\boldsymbol{T}\boldsymbol{d}_1^n+\overline{\boldsymbol{R}}_{\mathrm{f}}+\boldsymbol{T}\dot{\boldsymbol{d}}_1^{n+1,\mathrm{p}}\Delta t\right)\right]\end{aligned} \tag{7.122}$$

式中，$\boldsymbol{M}$ 及其子矩阵剖分如式 (7.55) 所示，$\overline{\boldsymbol{R}}_{\mathrm{f}},\dot{\overline{\boldsymbol{R}}}_{\mathrm{f}},\boldsymbol{C}_2$ 及其子矩阵剖分如式 (7.84) 所示，只是 $\overline{\boldsymbol{R}}_{\mathrm{f}},\dot{\overline{\boldsymbol{R}}}_{\mathrm{f}}$ 中的向量 $\boldsymbol{d}$ 及其子向量剖分如式 (7.113) 和式 (7.114) 定义

$$\boldsymbol{K}=\int_{\Omega}\frac{\theta_{\mathrm{m}}}{R_{\mathrm{m}}}\frac{\partial\left(\boldsymbol{N}^{\varphi}\right)^{\mathrm{T}}}{\partial x_k}D_{\mathrm{h},kl}\frac{\partial\boldsymbol{N}^{\varphi}}{\partial x_l}\mathrm{d}\Omega,\qquad \boldsymbol{K}^{n+1}=\begin{bmatrix}\boldsymbol{K}_{11}^{n+1}&\boldsymbol{K}_{12}^{n+1}&\boldsymbol{K}_{13}^{n+1}\\\boldsymbol{K}_{21}^{n+1}&\boldsymbol{K}_{22}^{n+1}&\boldsymbol{K}_{23}^{n+1}\\\boldsymbol{K}_{31}^{n+1}&\boldsymbol{K}_{32}^{n+1}&\boldsymbol{K}_{33}^{n+1}\end{bmatrix},$$

$$\boldsymbol{f}^{n+1}=\int_{\Omega}\left(\boldsymbol{N}^{\varphi}\right)^{\mathrm{T}}Q^{n+1}\mathrm{d}\Omega,$$

$$\boldsymbol{C}_1=\int_{\Omega}\left(\boldsymbol{N}^{\varphi}\right)^{\mathrm{T}}\dot{\boldsymbol{U}}_{wj}^{*}\frac{\partial\boldsymbol{N}^{\varphi}}{\partial x_j}\mathrm{d}\Omega,\quad \boldsymbol{C}_1=\begin{bmatrix}\boldsymbol{C}_{1,11}&\boldsymbol{C}_{1,12}&\boldsymbol{C}_{1,13}\\\boldsymbol{C}_{1,21}&\boldsymbol{C}_{1,22}&\boldsymbol{C}_{1,23}\\\boldsymbol{C}_{1,31}&\boldsymbol{C}_{1,32}&\boldsymbol{C}_{1,33}\end{bmatrix},$$

$$\boldsymbol{d}_1^n=\boldsymbol{d}_1\left(\boldsymbol{x}_{n+1},t_n\right) \tag{7.123}$$

在式 (7.122) 和式 (7.123) 中上标 $(n+1)$ 表示时刻 t_{n+1}。$\dot{\boldsymbol{d}}_1$ 在时刻 t_{n+1} 的初始预测值

$$\left(\dot{\boldsymbol{d}}_1^{n+1}\right)^{\mathrm{p}}_{i=0} = \dot{\boldsymbol{d}}_1\left(\boldsymbol{x}_n, t_n\right) = \boldsymbol{T}\dot{\boldsymbol{d}}_1\left(\boldsymbol{x}_{n+1}, t_n\right) + \dot{\bar{\boldsymbol{R}}}_{\mathrm{f}}\left(\boldsymbol{x}_{n+1}, t_n\right) \tag{7.124}$$

方程 (7.122) 为非线性，其迭代求解过程已在 7.3.3 节介绍。

7.5 非饱和多孔介质中与污染物输运相关的化学–热–水力–力学–传质过程

在 7.1 节和 7.2 节中建立了模拟非饱和多孔介质中污染物输运过程的数学模型；而在 7.3 节和 7.4 节中介绍了控制污染物输运过程的广义对流–扩散方程的特征线 Galerkin 有限元数值求解方法。7.1 节 ~7.4 节中介绍的内容可归结为对非饱和多孔介质中传质过程的数值模拟。在与非饱和多孔介质中污染物输运过程相关的实际问题中，往往伴随着与传质过程相耦合的化学–热–水力–力学过程。其中非饱和多孔介质中的水力–力学过程在第 1 章中已有系统和详细的介绍。本节将简要地介绍与非饱和多孔介质中污染物输运过程相关的与其中水力–力学传质过程相耦合的化学和热过程的控制方程（武文华, 李锡夔, 2003; Wu et al., 2004; 刘泽佳等, 2004; Liu et al., 2005）。在第 8 章中将以混凝土高温下破坏分析为背景系统介绍非饱和多孔介质中的化学–热–水力–力学–传质耦合模型及其数值方法。

7.5.1 包含孔隙水蒸气的孔隙液相质量守恒方程

考虑温度效应，非饱和多孔介质中液相由孔隙水和孔隙水蒸气组成。孔隙水蒸气的流动依赖于两方面因素：由水蒸气压力梯度引起的扩散流动，以及孔隙水蒸气作为孔隙中干空气–水蒸气混合气体中的一部分随干空气–水蒸气混合气体的流动。孔隙流相质量守恒方程可写成

$$\frac{\partial\left(\rho_{\mathrm{w}}\phi S_{\mathrm{w}}\right)}{\partial t} + \frac{\partial\left(\rho_{\mathrm{v}}\phi S_{\mathrm{g}}\right)}{\partial t} + \operatorname{div}\left(\rho_{\mathrm{w}}\dot{\boldsymbol{w}}_{\mathrm{w}}\right) + \operatorname{div}\left(\rho_{\mathrm{v}}\dot{\boldsymbol{w}}_{\mathrm{v}}\right) + \operatorname{div}\left(\rho_{\mathrm{v}}\dot{\boldsymbol{w}}_{\mathrm{g}}\right) = 0 \tag{7.125}$$

式中，ϕ 为孔隙度；$S_{\mathrm{w}}, S_{\mathrm{g}}$ 分别为孔隙水和孔隙气 (孔隙干空气–水蒸气混合气体) 饱和度；$\rho_{\mathrm{w}}, \rho_{\mathrm{v}}$ 分别为依赖于温度的孔隙水和孔隙水蒸气质量密度；$\dot{\boldsymbol{w}}_{\mathrm{w}}, \dot{\boldsymbol{w}}_{\mathrm{g}}$ 为孔隙水和孔隙气的流动速度，它们遵从 Darcy 定理；$\dot{\boldsymbol{w}}_{\mathrm{v}}$ 为遵循 Philip-Veries 方程的孔隙水蒸气的扩散速度。

7.5.2 孔隙气相 (干空气) 质量守恒方程

略去溶于孔隙水的空气部分，非饱和多孔介质中气相的质量守恒方程可表示为

$$\frac{\partial\left(\rho_{\mathrm{a}} \phi S_{\mathrm{g}}\right)}{\partial t}+\operatorname{div}\left(\rho_{\mathrm{a}} \dot{\boldsymbol{w}}_{\mathrm{g}}\right)=0 \tag{7.126}$$

式中，ρ_{a} 为依赖于气体压力和温度、由理想气体状态方程确定的气体质量密度。

7.5.3 孔隙介质混合体的热量守恒方程

略去非饱和多孔介质中固相的热传导效应，考虑介质中液体和气体的热对流、热传导和潜热等因素的热守恒方程可表示为如下形式

$$\frac{\partial \psi}{\partial t}+\operatorname{div} q-\mathcal{H}=0 \tag{7.127}$$

式中，ψ 为单位体积非饱和多孔介质的热容量，q 为热流量，$\mathcal{H}$ 为单位体积的产热率。ψ 表示为孔隙液体、孔隙干空气、孔隙蒸汽和固体骨架的热容量及孔隙水汽化 (相变) 过程的热存储之和，即

$$\psi=\psi_{\mathrm{w}}+\psi_{\mathrm{a}}+\psi_{\mathrm{v}}+\psi_{\mathrm{s}}+\phi S_{\mathrm{g}} \rho_{\mathrm{v}} L_{\mathrm{h}} \tag{7.128}$$

其中，$\psi_{\mathrm{w}}, \psi_{\mathrm{a}}, \psi_{\mathrm{v}}, \psi_{\mathrm{s}}$ 又可分别展开为如下形式

$$\begin{aligned}
&\psi_{\mathrm{w}}=\phi S_{\mathrm{w}} \rho_{\mathrm{w}} C_{\mathrm{pw}}\left(T-T_0\right), \quad \psi_{\mathrm{a}}=\phi S_{\mathrm{g}} \rho_{\mathrm{a}} C_{\mathrm{pa}}\left(T-T_0\right) \\
&\psi_{\mathrm{v}}=\phi S_{\mathrm{g}} \rho_{\mathrm{v}} C_{\mathrm{pv}}\left(T-T_0\right), \quad \psi_{\mathrm{s}}=(1-\phi) \rho_{\mathrm{s}} C_{\mathrm{ps}}\left(T-T_0\right)
\end{aligned} \tag{7.129}$$

式中，$C_{\mathrm{pw}}, C_{\mathrm{pa}}, C_{\mathrm{pv}}, C_{\mathrm{ps}}$ 分别为依赖于当前温度的孔隙液体、孔隙气体、孔隙蒸汽和固体骨架的比热；ρ_{s} 为依赖于温度的固相材料质量密度；L_{h} 为潜热系数。

q 可表示为由热对流、热传导和潜热导致的热流量 $q_{\mathrm{cv}}, q_{\mathrm{cd}}, q_1$ 之和，即

$$q=q_{\mathrm{cv}}+q_{\mathrm{cd}}+q_1 \tag{7.130}$$

式中

$$\begin{aligned}
&q_{\mathrm{cv}}=\psi_{\mathrm{w}} \frac{\dot{\boldsymbol{w}}_{\mathrm{w}}}{\phi S_{\mathrm{w}}}+\left(\psi_{\mathrm{a}}+\psi_{\mathrm{v}}\right) \frac{\dot{\boldsymbol{w}}_{\mathrm{g}}}{\phi S_{\mathrm{g}}}+\rho_{\mathrm{v}} C_{\mathrm{pv}}\left(T-T_0\right) \dot{\boldsymbol{w}}_{\mathrm{v}} \\
&q_{\mathrm{cd}}=-k_{\mathcal{H}} \nabla T=-\left[\phi S_{\mathrm{w}} k_{\mathcal{H} \mathrm{w}}+\phi S_{\mathrm{g}} k_{\mathcal{H} \mathrm{g}}+(1-\phi) k_{\mathcal{H} \mathrm{s}}\right] \nabla T \\
&q_1=\left(\rho_{\mathrm{v}} \dot{\boldsymbol{w}}_{\mathrm{v}}+\rho_{\mathrm{v}} \dot{\boldsymbol{w}}_{\mathrm{g}}\right) L
\end{aligned} \tag{7.131}$$

其中，$k_{\mathcal{H}}, k_{\mathcal{H}\mathrm{w}}, k_{\mathcal{H}\mathrm{g}}, k_{\mathcal{H}\mathrm{s}}$ 分别表示多孔介质混合物、孔隙水、孔隙气和固相材料的热传导率。

7.5.4 化学塑性与非饱和多孔介质的化学–热–水力–力学本构模型

Fernandez and Quigley（1991）的实验研究表明，弹性阶段的污染物浓度增加将引发可逆的膨胀化学弹性应变；而进入塑性屈服阶段后污染物浓度增加会引起不可逆的压缩化学塑性应变。Hueckel（1997）建立了化学弹性应变与孔隙水溶液中污染物浓度之间的关系。化学弹性应变率 $\dot{\varepsilon}_{ij}^{\mathrm{c,e}}$ 与浓度变化率 $\dot{c}$ 的关系定义为

$$\dot{\varepsilon}_{ij}^{\mathrm{c,e}}=-\frac{1}{3}\beta\left(\boldsymbol{\sigma}',c\right)\delta_{ij}\dot{c}=D_{ij}^{\mathrm{c,e}}\dot{c} \tag{7.132}$$

式中，β 为依赖于局部处当前有效应力 $\boldsymbol{\sigma}'$ 和污染物浓度 c 的标量化学膨胀系数。化学塑性应变速率与浓度变化速率的关系定义为

$$\dot{\varepsilon}_{ij}^{\mathrm{c,p}}=\frac{1}{3}\frac{\alpha_{\mathrm{c}}(\kappa(s)-\lambda(s,T))}{1+e}\delta_{ij}\dot{c}=D_{ij}^{\mathrm{c,p}}\dot{c} \tag{7.133}$$

式中，$\alpha_{\mathrm{c}}\geqslant 0$ 是污染物导致固结压力降低的化学软化系数，$\kappa(s)$ 是随吸力 s 变化的弹性刚度系数，$\lambda(s,T)$ 是随吸力 s 和温度 T 变化的塑性刚度系数，e 是孔隙率。

Alonso and Gens（1990）在 Cam_Clay 模型基础上引入了吸力影响并提出了非饱和多孔介质的 Alonso-Gens 本构模型。Wu et al. （2004）在 Alonso-Gens 模型基础上引入了温度影响，建立了一个在由第一应力不变量 I_1、第二偏应力不变量 J_2、吸力 s 和温度 T 四个变量构成的空间中、包含五个屈服面的非饱和多孔介质的热–水力–力学 (THM) 本构模型。Liu et al. （2005）在 THM 本构模型（Wu et al., 2005）基础上考虑了污染物浓度 c 对多孔介质力学性质的影响，提出了一个进一步包含污染物浓度在内的由五个变量构成的空间中、包含了五个屈服面的非饱和多孔介质的化学–热–水力–力学 (CTHM) 本构模型。五个屈服面方程分别为（Wu et al., 2004; Liu et al., 2005）：

（1）状态边界面 (SBS) 方程

$$f_1=J_2+m^2\left(I_1-3p_{\mathrm{s}}\left(\bar{\varepsilon}^{\mathrm{p}},s,T,c\right)\right)\left(I_1+3p_0\left(\varepsilon_{\mathrm{v}}^{\mathrm{p}},s,T,c\right)\right)=0 \tag{7.134}$$

式中，$\bar{\varepsilon}^{\mathrm{p}},\varepsilon_{\mathrm{v}}^{\mathrm{p}}$ 分别表示等效塑性应变和塑性体积应变；m 为内摩擦角 $\varPhi$ 的函数；$p_{\mathrm{s}}\left(\bar{\varepsilon}^{\mathrm{p}},s,T,c\right)$ 和 $p_0\left(\varepsilon_{\mathrm{v}}^{\mathrm{p}},s,T,c\right)$ 分别表示依赖于等效塑性应变 $\bar{\varepsilon}^{\mathrm{p}}$（或塑性体积应变 $\varepsilon_{\mathrm{v}}^{\mathrm{p}}$）、吸力、温度和浓度的多孔介质内聚力和固结压力。

（2）临界状态线 (CSL) 方程

$$f_2=J_2+m\left(I_1-3p_{\mathrm{s}}\left(\bar{\varepsilon}^{\mathrm{p}},s,T,c\right)\right) \tag{7.135}$$

（3）最大拉伸球应力约束 (TM) 方程

$$f_3 = I_1 - 3\sigma_t = 0 \tag{7.136}$$

式中，σ_t 表示指定的作为材料参数的拉应力值。

（4）吸力增加 (SI) 方程

$$f_4 = s - \left(s_0 + \langle S_e \rangle^{k1} \left(S_I\left(\varepsilon_v^p, \Delta T\right) - s_0\right)\right) = 0 \tag{7.137}$$

式中，s_0 为参考温度 T_r 下非饱和多孔介质所经受过的最大吸力，$\Delta T = T - T_r$ 是当前温度与参考温度的差值，S_I 是依赖于当前 $\varepsilon_v^p, \Delta T$ 的吸力值，$k1$ 为经验系数，S_e 为由下式定义的有效饱和度，

$$S_e = \frac{S_w - S_{res}}{1 - S_{res}} \tag{7.138}$$

其中，S_{res} 为残余饱和度。

（5）温度屈服曲线 (TYC) 方程

$$f_5 = T - T_0 = 0 \tag{7.139}$$

7.6 数值算例

第一个例题取自于 Brooks and Hughes（1982）的二维问题。此问题对流–扩散方程 (7.45) 的瞬态解可被视为获得稳态解的手段，在此例题上的表现成为验证所建议隐式特征线 Galerkin 方法的参考准则。例题的 $10 \times 10\ \mathrm{m}^2$ 方域被离散为 10×10 正方形有限元网格。沿底部边界和左边界下部 3 m 的对流–扩散函数被指定为单位值，而沿其余边界的对流–扩散函数被指定为零值。整个空间域的均一对流速度 $\|\dot{\boldsymbol{u}}\| = 1$, 其方向与方域底部边界夹角为 $\vartheta = 60°$。式 (7.45) 中参数 $D_{xx} = D_{yy} = D_m = 0.6, D_{xy} = D_{yx} = 0; A = 0, B = 1, Q = 0$。

定义 Courant 数（Zienkiewicz and Taylor, 2000）

$$C_r = \|\dot{\boldsymbol{u}}\|\Delta t/\Delta l \tag{7.140}$$

(或 $C_r = \|\dot{\boldsymbol{U}}_w\|\Delta t/\Delta l$), $\|\dot{u}\|$ 或 $\|\dot{U}_w\|$ 为对流速度的绝对值，Δl 为有限元网格的典型尺寸，Δt 为时间步长。对于本例题 $\|\dot{\boldsymbol{u}}\| = 1$,　$\Delta l = 1$，因此有 $C_r = \Delta t$。

图 7.1 显示了当分别采用四个不同 Courant 数 $C_r = 0.866, 1.732, 3.467, 6.933$，达到稳态时由所建议隐式特征线 Galerkin 方法所给出的对流–扩散函数等值线图。

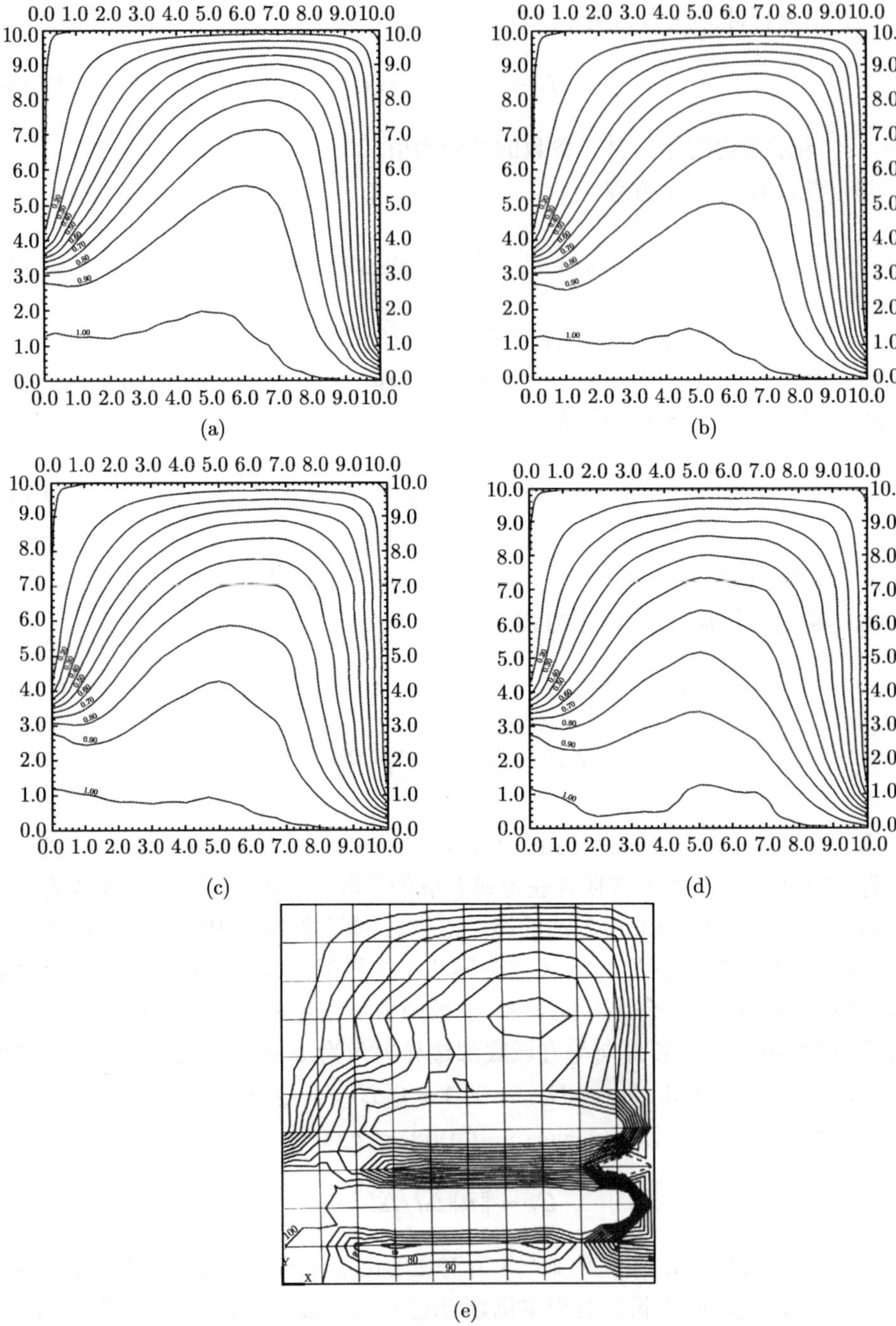

图 7.1　Hughes 二维问题达稳态解时对流–扩散函数等值线

利用特征线 Galerkin 方法和采用 (a) $C_r = 0.866$; (b) $C_r = 1.732$; (c) $C_r = 3.467$; (d) $C_r = 6.933$; 以及 (e) 利用 SUPG 方法和 $C_r > 1$

图 7.1(a) 和 (b) 表明当采用 $C_{\mathrm{r}} = 0.866$ 和 1.732 时获得的等值线图几乎相同。图 7.1(c) 和 (d) 进一步表明即使采用大到 $C_{\mathrm{r}} = 3.467$ 和 6.933 的 Courant 数，所建议的隐式特征线 Galerkin 方法所给出的对流–扩散函数等值线图仍是稳定的，虽然显示了一定的数值误差，但看来还处于允许的误差范围内。Radu (1997) 报告，对于相同的问题，如果采用 SUPG 方法，当 $C_{\mathrm{r}} > 1$ 时等值线图将出现严重的空间震荡，所获得的解变得极坏，如图 7.1(e) 所示。

第二个例题同样在 Brooks and Hughes (1982) 的二维问题上实施。其几何、有限元离散和边界条件与第一个例题完全相同。但本例题旨在考核所建议特征线 Galerkin 方法对于对流项相对于扩散项在对流扩散过程中占绝对优势情况下的表现。描述所模拟问题对流项相对于扩散项在对流扩散过程中所起所用大小的指标为在下式中定义的单元 Peclet 数 (Zienkiewicz and Taylor, 2000), 即

$$P_{\mathrm{e}} = \frac{\|\dot{\boldsymbol{u}}\|\Delta l}{2D} \tag{7.141}$$

式中，D 表示各向同性扩散系数。$P_{\mathrm{e}} = 0$ 表示纯扩散，而 $P_{\mathrm{e}} \to \infty$ 表示纯对流。整个空间域的均一对流速度 $\|\dot{\boldsymbol{u}}\| = 1$, 其方向与方域底部边界夹角为 $\vartheta = 30°$。式 (7.45) 中参数 $D_{\mathrm{xx}} = D_{\mathrm{yy}} = D_{\mathrm{m}} = 0.05$, $D_{\mathrm{xy}} = D_{\mathrm{yx}} = 0; A = 0, B = 1, Q = 0$。时间步长取为 $\Delta t = 2$ s。本例题所利用的 Courant 数和 Peclet 数为 $C_{\mathrm{r}} = 2, P_{\mathrm{e}} = 10$。图 7.2(a)~(d) 分别给出 $t = 4$ s, 8 s, 12 s, 100 s 时的对流–扩散函数等值线图。从图中可以看到从瞬态解到稳态解的演化，以及所建议方法能展现瞬态解快速收敛到稳态解的良好表现。

第三个例题取自于 Pironneau (1992) 的旋转山 (Rotating Hill) 问题。二维全圆域内的流体流动由在域内每一点以如下对流速度场描述的纯旋转流动场描述

$$\dot{\boldsymbol{u}} = [\dot{\omega}y - \dot{\omega}x]^{\mathrm{T}} \tag{7.142}$$

式中，$\dot{\omega}$ 是旋转对流速度场的角速度，在本例题中取 $\dot{\omega} = 1\mathrm{s}^{-1}$。此问题考虑在二维圆域内一个以 $\boldsymbol{x}_0 = [x_0 \quad y_0]^{\mathrm{T}}$ 为中心、具有单位半径的小圆域中具有由下式计算的指数山外形对流函数的初始分布

$$\phi(\boldsymbol{x})|_{t=0} = \exp\left(-10\,(\boldsymbol{x} - \boldsymbol{x}_0)^2\right), \quad \boldsymbol{x}_0 = [\ 0.5 \quad 0.0\ ]^{\mathrm{T}} \tag{7.143}$$

也即在以 $\boldsymbol{x}_0$ 为中心具有单位半径的小圆域内有一个在 $\boldsymbol{x}_0$ 具有峰值 $\phi(\boldsymbol{x}_0)|_{t=0} = 1.0$、以式 (7.143) 表示的函数 ϕ 指数分布，在此小圆域外函数 ϕ 值几乎为零。图 7.3 显示了所分析问题全域的三种不同密度的四节点等参单元有限元网格：(a) 网格 I：256 个单元和 273 个节点; (b) 网格 II：320 个单元和 327 个节点；(c) 网格 III: 540 个单元和 561 个节点。

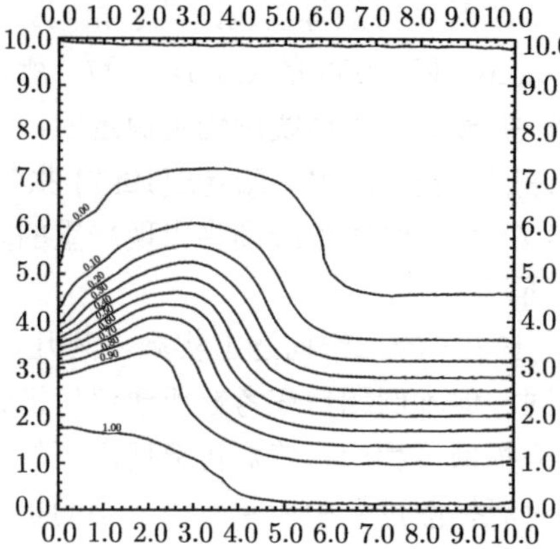

(a)

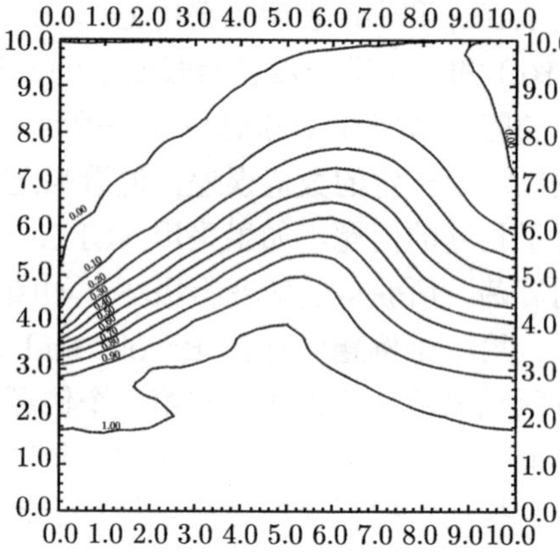

(b)

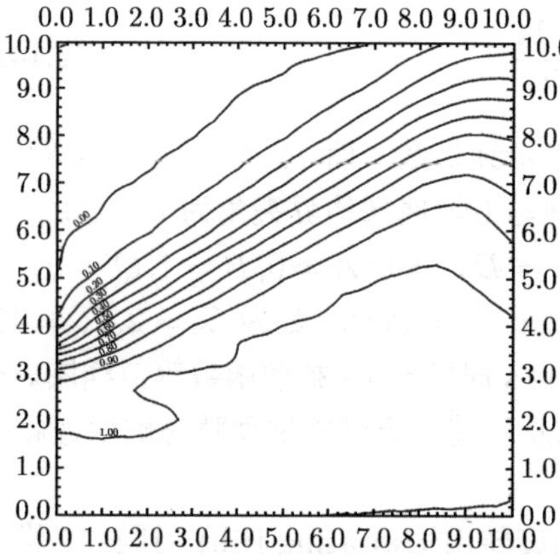

(c)

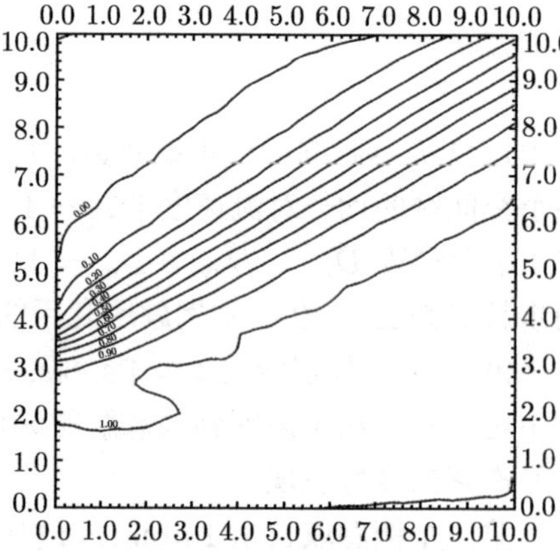

(d)

图 7.2　Hughes 二维问题对流–扩散函数等值线图

对流绝对占优情况 $(P_c = 10, \vartheta = 30°)$ 从瞬态解到稳态解的演化: (a) $t = 4$ s; (b) $t = 8$ s; (c) $t = 12$ s; (d) $t = 100$ s

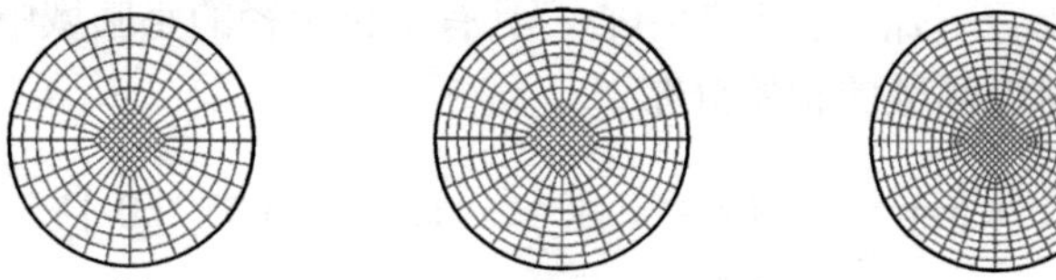

(a)　　(b)　　(c)

图 7.3　旋转山问题的有限元网格

(a) 粗网格；(b) 中等密度网格；(c) 细网格

图 7.4 给出了当取时间步长 $\Delta t = \Delta\omega/\dot{\omega} = \pi/4$ s、分别利用图 7.3 所示三个不同密度有限元网格所得到的旋转山问题在第 10 个增量步结束时的对流函数等

值线图。可以看到，利用三种不同网格所得到的结果非常接近，显示了当网格加密时所建议算法在空间域中非常好的收敛性。

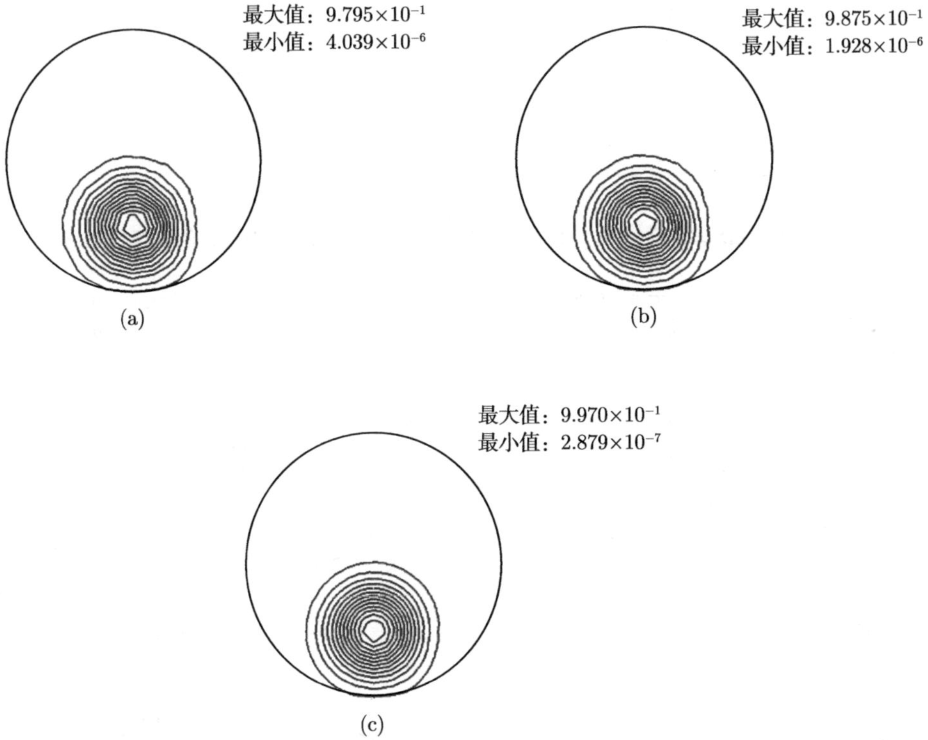

图 7.4 采用时间步长 $\Delta t = \pi/4$ s，旋转山问题在第 10 个增量步结束时的对流函数等值线图

(a) 粗网格；(b) 中等密度网格；(c) 细网格

为了表明求解过程的无条件稳定性和精度，我们进一步利用图 7.3(c) 所示细网格、选择三种不同的时间步长，即 $\Delta t = \pi/2$ s, $\Delta t = \pi$ s, $\Delta t = 2\pi$ s, 考核本例题。图 7.5 显示采用 $\Delta t = \pi/2$ s 在时刻 $t = 2.5\pi$ s 和 $t = 10\pi$ s 的对流函数分布，而图 7.6 则显示了采用 $\Delta t = \pi$ s 在时刻 $t = 3\pi$ s 和 $t = 10\pi$ s 的对流函数分布，图 7.7 显示了采用 $\Delta t = 2\pi$ s 在时刻 $t = 4\pi$ s 和 $t = 10\pi$ s 的对流函数分布。最终，图 7.8 显示了采用 $\Delta t = \pi/10$ s 在时刻 $t = 2.5\pi$ s 的对流函数分布。图 7.5~ 图 7.7 显示，随着所采用时间步长的增加，甚至增加到所采用的在一个增量步中旋转山流体域绕圆域中心运动高达两周的时间步长，如图 7.7 所给出的结果所示，所建议的特征线 Galerkin 方法仍能提供稳定的和比较精确的结果。随着时间步长降低至 $\Delta t = \pi/10$，如图 7.8 所示，该方法将给出不仅是稳定的同时收敛到非常精确的对流函数分布。

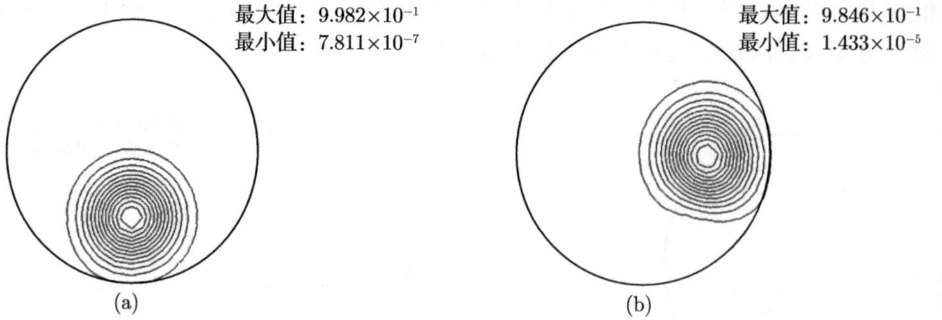

图 7.5　采用 $\Delta t = \pi/2$ s 时，在时刻 (a) $t = 2.5\pi$ s, (b) $t = 10\pi$ s 的对流函数分布

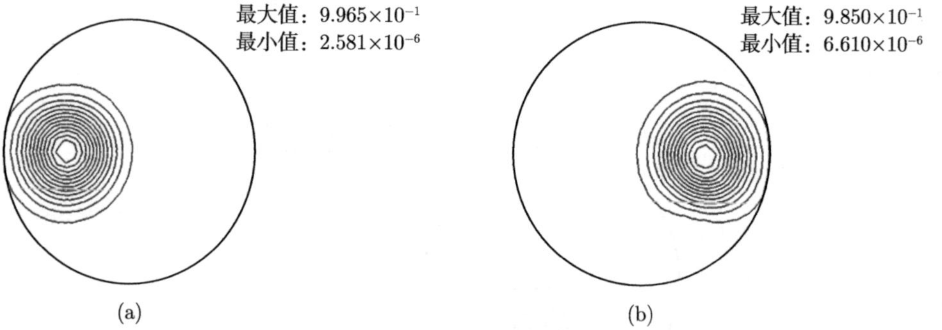

图 7.6　采用 $\Delta t = \pi$ s 时，在时刻 (a) $t = 3\pi$ s, (b) $t = 10\pi$ s 的对流函数分布

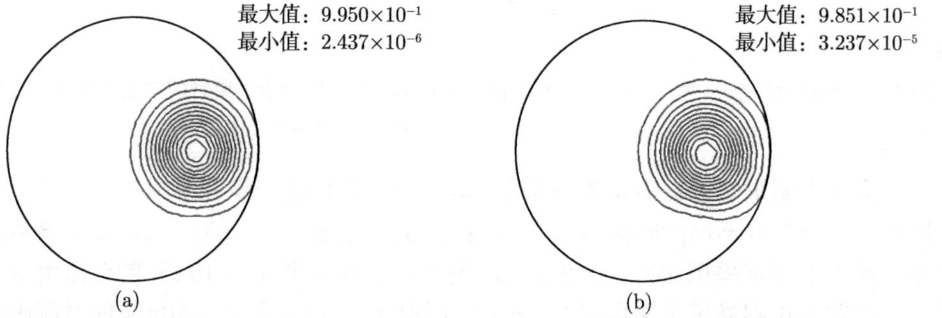

图 7.7　采用 $\Delta t = 2\pi$ s 时，在时刻 (a) $t = 4\pi$ s, (b) $t = 10\pi$ s 的对流函数分布

第四个例题考虑溶质为钠离子 Na^+ 和镉离子 Cd^{2+} 的污染物在非饱和土柱中的输运，以验证所提出的控制污染物在非饱和多孔介质中输运过程的数学模型。对溶质为钠离子 Na^+ 的例题还设计了相应的实验，将实验结果与利用所提出模型所获得的数值结果进行比较。为实验设计的非饱和土柱高 7.9 cm，孔隙度 ϕ=0.32，固体骨架质量密度 $\rho_s = 2.57\ \mathrm{kg/m^3}$。土柱顶部对空气开放，而其底部则与真空箱相通，因而土柱底部压力可被调控以保持土柱两端存在一定的压力差。含溶质 Na^+ 的水溶液从土柱顶部注入，其注入速率由一个流体供给系统控制。在实验过

程中，土柱顶部与底部的孔隙水压力差和从土柱顶部注入的水溶液的 Darcy 速度分别保持为常数 $\Delta p = 2$ kPa 和 $\dot{w} = 1.3557$ cm/h，土柱中孔隙水流和孔隙水饱和度分布将达到一个稳态。实验测量的土柱中平均孔隙水饱和度值为 $S_{\rm w} = 0.65125$，柱中各处孔隙水饱和度偏离其平均值约为 1%。注入的水溶液含 Na^+ 单位浓度。假定污染物输运过程由对流、以 $a_{\rm L} = 0.672$ 表征的水动力学逸散和以 $K_{\rm d} = 0.1741\ {\rm cm^3/g}$ 表征的平衡吸附控制。为有限元数值模拟，土柱被离散化为 50×1 均一的四节点单元。图 7.9 给出了在一系列时间瞬间由土柱底部外流水溶液中 Na^+ 浓度的数值与实验结果比较。可以看到，利用不同 Courant 数 $C_{\rm r} = 2.573, 5.147, 10.293, 20.586$ (相应于 $\Delta t = 0.0625\ {\rm h}, 0.125\ {\rm h}, 0.25\ {\rm h}, 0.5\ {\rm h}$) 所得数值结果与由实验测定的结果相当符合。需要说明的是，在本例题研究中，从土柱底部流出的水溶液中污染物浓度的实验结果值为直接测定，而作为在数值模拟中采用的材料参数 $a_{\rm L}$ 和 $K_{\rm d}$ 值则利用梯度正则化方法（Li et al., 1998）的反分析途径获得。因此，实验结果将仅作为参考解而不是问题的精确（真实）解给出。

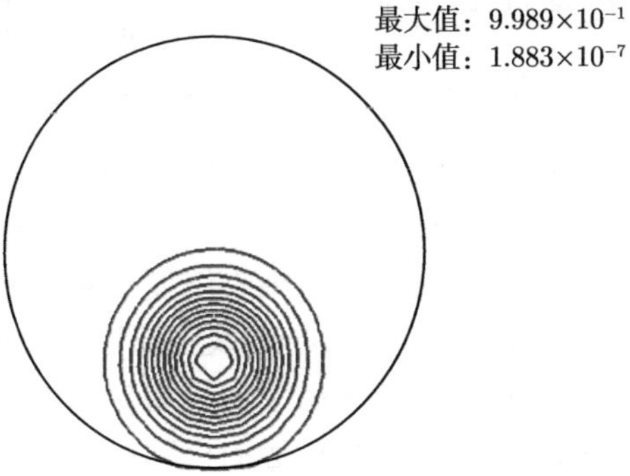

图 7.8 采用 $\Delta t = \pi/10$ s 时，在时刻 $t = 2.5\pi$ s 的对流函数分布

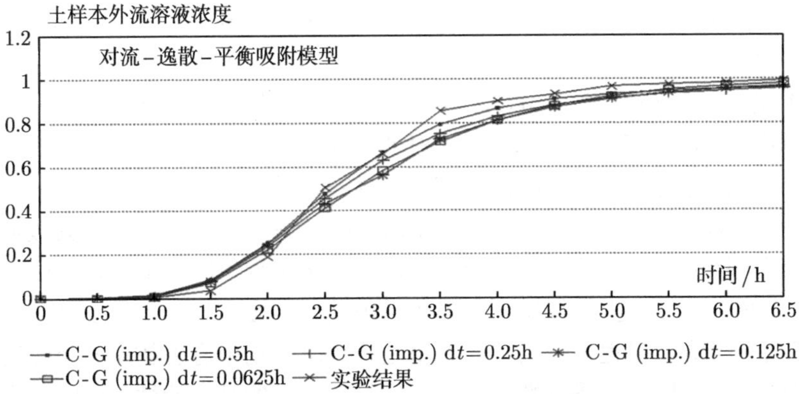

图 7.9 污染物钠离子 Na^+ 在非饱和土柱中输运过程的数值与实验结果比较

此例题第二部分考虑含单位浓度镉离子 Cd^{2+} 水溶液注入非饱和土柱。假定含重金属 Cd^{2+} 污染物输运过程由对流–水动力学逸散–平衡吸附和非平衡吸附过程控制。其相关材料参数 $a_{\rm L} = 0.3738\ {\rm cm}, K_{\rm d} = 0.1013\ {\rm cm^3/g}, K_1 = 5.3466 \times 10^{-4}\ {\rm m^3/(kg \cdot s)}, K_2 = 6.2234 \times 10^{-6}\ {\rm s^{-1}}, F_0 = 1.0$。图 7.10 给出了当采用 $C_{\rm r} = 2.573, 5.147, 10.293, 20.586$ 时在一系列时间瞬间由土柱底部外流水溶液中 Cd^{2+} 浓度的数值结果及其比较。

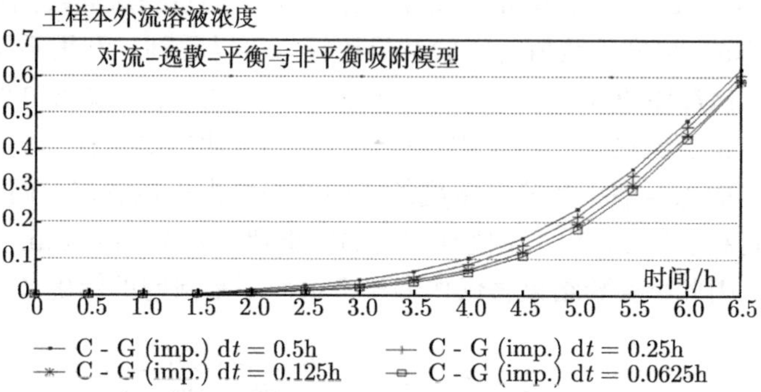

图 7.10　污染物重金属镉离子 Cd^{2+} 在非饱和土柱中输运过程的数值结果比较

第五个例题在 Brooks and Hughes（1982）的二维问题上实施。其几何、有限元离散和边界条件与第一个例题完全相同。底部边界和左边界下部 3 m 的污染物浓度被指定为单位值，而沿其余边界的污染物浓度被被指定为零值。整个空间域的均一对流速度 $\|\dot{\boldsymbol{U}}_{\rm w}\| = 1$ m/s, 其方向与方域底部边界夹角为 $\vartheta = 60°$。本例题旨在考核本章中所提出的非饱和多孔介质中污染物输运过程的数学模型。在此例题中所有控制非饱和多孔介质中污染物输运的机制均存在。控制污染物输运过程的机制和所利用的材料参数为：对流，逸散及其参数 $a_{\rm L} = a_{\rm T} = 0.5$ m; 平衡吸附及其参数 $K_{\rm d} = 0.01\ {\rm cm^3/kg}, p = 0.5$; 线性蜕变及其参数 $k_{\rm s} = k_{\rm m} = k_{\rm im} = 0.01\ {\rm s^{-1}}$; 不动水效应及其参数 $\alpha_{\rm d}^* = 8.0448 \times 10^{-3}\ {\rm s^{-1}}, S_{\rm w0} = 0.25$，$S_{\rm w} = 0.5$；非平衡吸附及其参数 $K_1 = 5.3466 \times 10^{-2}\ {\rm m^3/(kg \cdot s)}$, $K_2 = 6.2234 \times 10^{-4}\ {\rm s^{-1}}, F_0 = 1.0$。图 7.11 给出了当利用 $C_{\rm r} = 0.866$ 和 1.732 时获得的几乎相同的浓度分布等值线图，表明所建议特征线 Galerkin 方法对非饱和多孔介质中污染物输运过程的广义对流–扩散方程数值求解过程的无条件稳定性和计算精度。

第六个例题考虑非饱和多孔介质中污染物传输过程数学模型及其数值方法在保护土壤环境的工程土障分析中的应用，以评价工程土障长期工作有效性和进而为土障系统合理设计提供依据。土障体系由填埋的废弃物、工程土障与土障外围的自然粘土组成。工程土障的主要作用是防止废弃物中有害物质向土障周边的自然环境的渗透，所以低渗透性是工程土障材料必备的基本特性。同时，由于废弃物中某些物质会发生化学反应释放热量，导致工程土障温度的升高，因此耐热性也是对土障材料特性的一个基本要求。工程土障在热和机械载荷作用下可能产生塑性应变、甚至开裂，所以对工程土障的高强度要求也是工程土障必须考虑的一个基本要素。工程土障数值模拟涉及对非饱和多孔介质中的热–水力–力学–传质 (THMC) 耦合过程的分析（武文华和李锡夔，2002a；2002b；2003；Wu et al., 2004）。工程土障包括底部、侧壁和封盖三部分。鉴于所考虑土障系统的对称性，取其右半部分实施有限元数值模拟，其结构和尺寸如图 7.12(a) 所示。其底部和顶部厚度为 1m，侧壁厚度为 3m。采用可在由第一和第二应力不变量、吸力和温度四个物理量构成的空间中表示多重屈服面的修正 CAP 本构模型（Wu and Li et al., 2004）。土障系统的材料参数取自基于实验结果的有关文献（Thomas and Ferguson, 1999；武文华, 李锡夔, 2003）。整个系统划分为共 480 个八节点等参单元和 1529 个节点的有限元网格，如图 7.12(b) 所示。

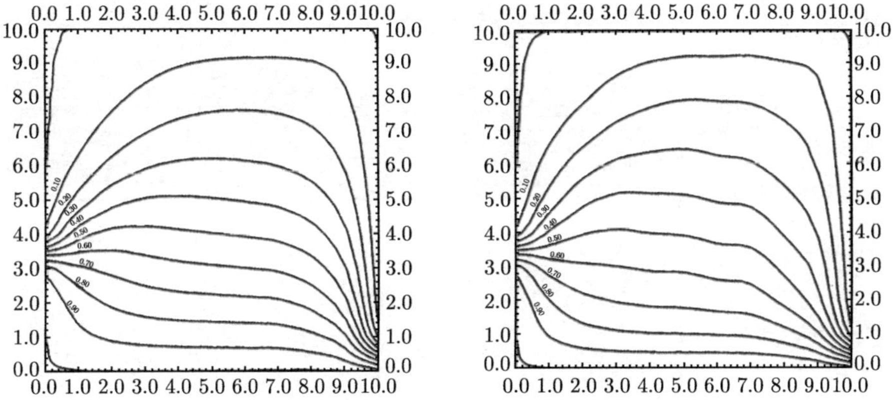

(a) (b)

图 7.11 Hughes 问题的浓度分布等值线图

控制机制：对流–逸散–平衡线性吸附–不动水效应–线性蜕变–非平衡吸附 ($\vartheta = 60^\circ, \|\dot{\boldsymbol{U}}_{\mathrm{w}}\| = 1$ m/s)

(a) $C_{\mathrm{r}} = 0.866$; (b) $C_{\mathrm{r}} = 1.732$

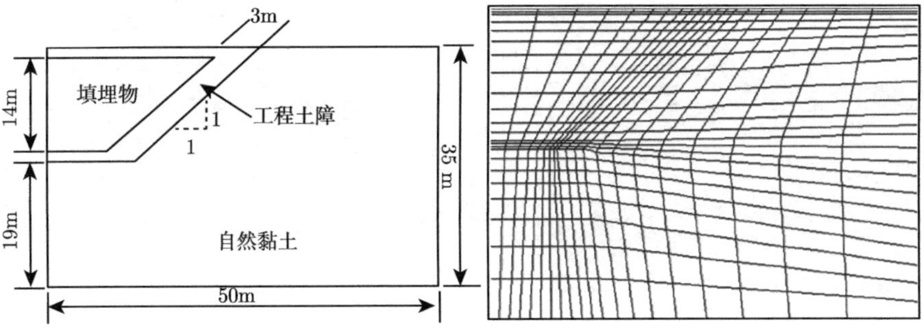

(a) (b)

图 7.12 工程土障系统

(a) 结构示意图及尺寸；(b) 有限元网格图

假定初始时刻整个域内的孔隙水压力、空气压力和温度值分别为 $p_{\mathrm{w}} = -1.99\ \mathrm{MPa}, p_{\mathrm{a}} = 100\ \mathrm{kPa}, T = 273\ \mathrm{K}$。土障系统顶部与大气相通，其空气压力在整个模拟过程中恒等于大气压力。土障系统底部的垂直方向位移和对称轴上水平方向位移均指定为零。作用在土障系统的均一初始广义有效应力为 $\sigma''_{\mathrm{x}} = \sigma''_{\mathrm{y}} = 100\ \mathrm{kPa}$。整个模拟分为两个阶段，第一阶段为填埋废料的升温过程，这个阶段将持续 3 年，废弃填埋物的温度从初始的 298 K 升高到 348 K。第二阶段的分析持续 7 年。在这个阶段中假定废物填埋物温度保持恒定。在模拟过程中伴随着在土障封盖部位的均匀降水过程。降水过程以与液相质量守恒方程相伴随的指定自然边界条件中指定内法向 Darcy 速度 2×10^{-7} m/s 体现。图 7.13(a)~(d)

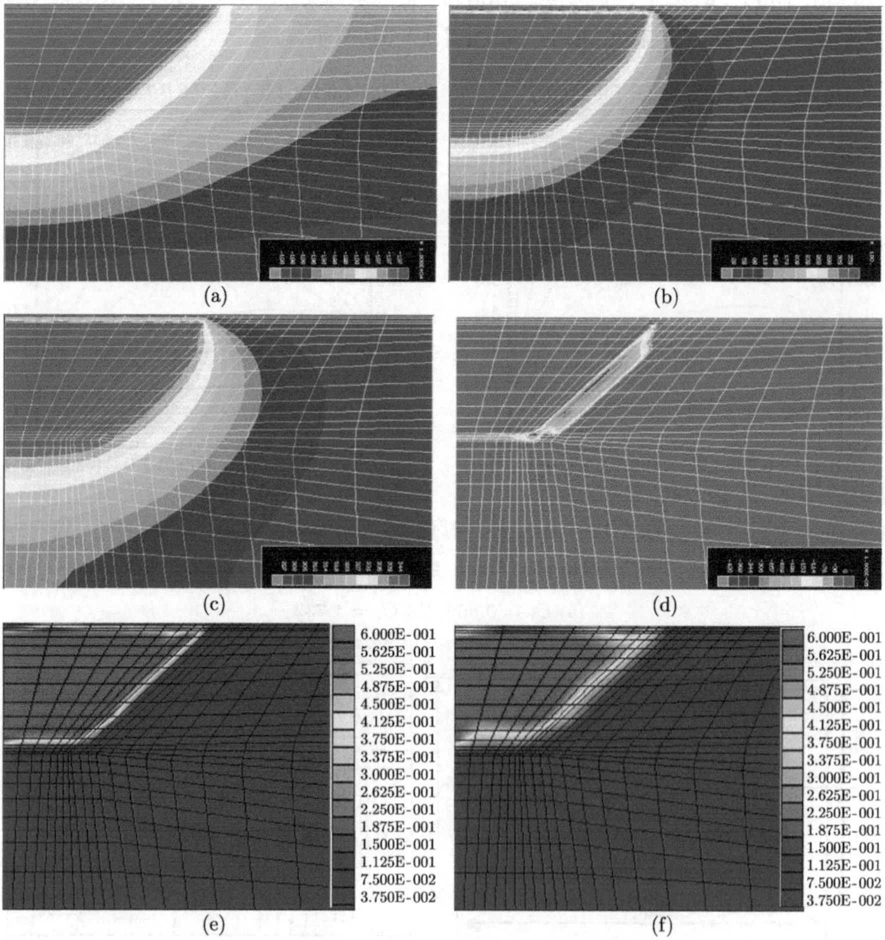

图 7.13　工程土障工作 10 年时的响应等值线图

(a) 孔隙水压力；(b) 孔隙蒸汽压力；(c) 温度；(d) 等效塑性应变；(e) 低扩散系数污染物浓度；(f) 高扩散系数污染物浓度

给出了整个结构在 10 年时的水压力、蒸汽压力、温度、等效塑性应变分布的等值线图。本例题中不考虑污染物化学物质对非饱和多孔介质中热–水力–力学过程的影响。

图 7.13(e)~(f) 分别给出了在 10 年时对应于 $a_{\rm L} = a_{\rm T} = 0.3$ m, $D_{\rm m} = 3.0 \times 10^{-9}$ (低水动力学扩散系数) 和 $a_{\rm L} = a_{\rm T} = 0.6$ m, $D_{\rm m} = 3.0 \times 10^{-8}$ (高水动力学扩散系数) 的污染物浓度分布等值线图。从图 7.13 可以看到，随着温度的升高，孔隙水将大量汽化，从而导致蒸汽压力的升高，以及蒸汽和空气向外流动；温度升高还将导致土体孔隙水压力和孔隙气体压力的变化，甚至产生严重的剪切塑性应变；除对流外，水动力学逸散也是影响污染物输运的重要因素，所以选用低水动力学逸散系数的土障材料十分必要。

上述非饱和多孔介质中的热–水力–力学–传质 (THMC) 耦合过程分析进一步拓展到了包含学塑性、考虑污染物中的化学物质对非饱和多孔介质中热–水力–力学过程影响的化学–热–水力–力学传质 (CTHMC) 耦合过程分析（刘泽佳等, 2004; Liu et al., 2005）。

7.7 总结与讨论

本章介绍了一个预测污染物在非饱和多孔介质中输运过程的数值模型。模型能同时模拟包含物理和化学非平衡过程的六个控制溶混污染物在非饱和多孔介质中输运过程的物理和化学现象。

为数值求解该模型方程，提出了一个求解瞬态多维对流–扩散方程的有限元方法。方法基于特征线 Galerkin 方法和利用精细积分方法的时域隐式算法。所介绍方法的关键是空间坐标沿问题的特征线“对流”，因而对流项消失，对流–扩散方程转化为自伴随并可利用标准的空域 Galerkin 离散化过程。特征线 Galerkin 途径的逻辑基础提供了标量对流–扩散问题的最优求解过程（Lohner et al., 1984）。此外，基于算子分离过程，引入精细积分方法以确定对流–扩散方程中的物质时间导数以及物质点的其他物理量。然后，提出了结合时域精细和传统数值积分过程的隐式算法，并利用该算法建立了特征线 Galerkin 方法的公式。算法的稳定性分析表明，与传统隐式时域数值积分过程相比，本章所介绍隐式算法的无条件稳定性得到了大幅提高，所介绍算法也可用于数值求解一般对流–扩散方程的各种初–边值问题。

参 考 文 献

李锡夔, 1998. 饱和–非饱和土壤中污染物运移过程的数值模拟. 力学学报, 30: 321–332.

李锡夔, 武文华, 1999. 非饱和土中溶混污染物运移模型及特征线有限元法. 岩土工程学报, 21: 427-437.

刘泽佳, 李锡夔, 武文华, 2004. 多孔介质中化学–热–水力力学耦合过程本构模型和数值模拟. 岩土工程学报, 26: 797-803.

武文华, 李锡夔, 2002a. 非饱和土的热–水力–力学本构模型及数值模拟. 岩土工程学报, 24: 411-416.

武文华, 李锡夔, 2002b. 工程土障粘土水力–力学参数识别及工程效核. 大连理工大学学报, 42: 279-285.

武文华, 李锡夔, 2003. 热–水力–力学–传质耦合过程模型及工程土障数值模拟. 岩土工程学报, 25: 188-192.

Alonso E E, Gens A, Josa A, 1990. A constitutive model for partially saturated soils. Geotechnique, 40: 405–430.

Angel E, Bellman R, 1972. Dynamic Programming and Partial Differential Equations. New York: Academic Press.

Bear J and Verruijt A, 1987. Modelling Groundwater Flow and Pollution, D. Reidel Publishing Company, Netherlands.

Biver P, 1991. Modelling transport in a double porosity medium: an alternative approach. Proc. Int. Conf. of Water Pollution: Modelling Measuring and Prediction, Southampton, U.K., Computational Mechanics Publications, Elsevier Science, Amsterdam, 45–57.

Brooks A N, Hughes T J R, 1982. Streamline upwind Petrov-Galerkin formulation for convection dominated flows with particular emphasis on the incompressible Navier-Stokes equation. Computer Methods in Applied Mechanics and Engineering, 32: 199–259.

Brusseau M L, Jessup R E, Rao P S C, 1989. Modeling the transport of solutes influenced by multiprocess nonequilibrium. Water Resources Research, 25: 1971–1988.

Carey C F, Jiang B N, 1988. Least square finite elements for first order hyperbolic systems. International Journal for Numerical Methods in Engineering, 26: 81–93.

Chorin A J, 1967. A numerical method for solving incompressible viscous problems. Journal of Computational Physics, 2: 12–26.

Codina R, 1993. Stability analysis of the forward Euler scheme for the convection-diffusion equation using SUPG formulation in space. Int. J. Numer. Meth. Engng., 36: 1445–1464.

Donea J, 1984. A Taylor-Galerkin method for convective transport problems. International Journal for Numerical Methods in Engineering, 20: 101–119.

Douglas J, Russel T F, 1982. Numerical methods for convection-dominated diffusion problems based on combining the method of characteristics with finite element or finite difference procedures. SIAM Journal of Numerical Analysis, 19: 871–885.

Fernandez F, Quigley R M, 1991. Controlling the destructive effect of clay-organic liquid interactions by application of effective stresses. Canadian Geotechnical Journal, 28: 388–398.

Hueckel T, 1997. Chemo-plasticity of clays subjected to stress and flow of a single contaminant. International Journal for Numerical and Analytical Methods in Geomechanics, 21: 43–72.

Hughes T J R, 1987. Recent progress in the development and understanding of S. U. P. G. methods with special reference to the compressible Euler and Navier-Stokes equations. Int. J. Numer. Meth. Fluids, 7: 1261–1275.

Hughes T J R, 1987. The Finite Element Method. Englewood: Prentice-Hall.

Idelsohn S R, 1989. Upwind techniques via variational principles. International Journal for Numerical Methods in Engineering, 28: 769–784.

Kandil H, Miller C T, Skaggs R W, 1992. Modelling long-term solute transport in drained unsaturated zones, Water Resources Research, 28: 2799–2809.

Kacur J, Malengier B, Remesikova M, 2005. Solution of Contaminant transport with equilibrium and non-equilibrium adoption. Comput. Methods Appl. Mech. Engng., 194: 479–489.

Li B Y, Zhu Z H, Zhang A X, Zheng H H, Liu S L, Jiang L R, Mu W X, 1998. The experimental study on the transport of Na^+ and Cd^{++} in unsaturated soil. Proc. 2nd Int. Conf. on Unsaturated Soils, Int. Academic Publishers, Beijing, China.

Li X K, Cescotto S, Thomas H R, 1999. Finite element method for contaminant transport in unsaturated soils. ASCE Journal of Hydrologic Engineering, 4: 265–274.

Li X K, Radu J, Charlier R, 1997. Numerical modelling of miscible pollutant transport by groundwater in unsaturated zones. Proc. 9th Int. Conf. for Computer Methods and Advances in Geomechanics, Wuhan, China, 1255–1260.

Li X K, Wu W H, Zienkiewicz O C, 2000a. Implicit characteristic Galerkin method for convection-diffusion equations. Int. J. Numer. Meth. Engng., 47: 1689–1708.

Li X K, Wu W H, Cescotto S, 2000b. Contaminant transport with non-equilibrium processes in unsaturated soils and implicit characteristic Galerkin scheme. Int. J. Numer. Anal. Meth. Geomech., 24: 219–243.

Li X K, Zienkiewicz O C, Xie Y M, 1990. A numerical model for immiscible two-phase fluid flow in a porous medium and its time domain solution. Int. J. for Numerical Methods in Eng., 30: 1195–1212.

Liu Z J, Boukpeti N, Li X K, Collin F, Radu J P, Hueckel T and Charlier R, 2005. Modelling chemo-hydro-mechanical behaviour of unsaturated clays: a feasibility study. Int. J. Numer. Anal. Meth. Geomech., 29: 919–940.

Lohner R, Morgan K, Zienkiewicz O C, 1984. The solution of non-linear hyperbolic equation systems by the finite element method. International Journal for Numerical Methods in Fluids, 4: 1043–1063.

Millington R J, 1959. Gas diffusion in porous media. Science, 130: 100–102.

Pironneau O, 1982. On the transport-diffusion algorithm and its application to the Navier-Stokes equations. Numerical Methods, 38: 309–332.

Pironneau O, Liou J, Tezduyar T, 1992. Characteristic-Galerkin and Galerkin/least-squares space-time formulations for the advection-diffusion equation with time-dependent domains. Computer Methods in Applied Mechanics and Engineering, 100: 117–141.

Radu J P, 1997. Report for EC Project. University of Liege, Belgium.

Radu J P, Biver Charlier R, Cescotto S, 1994. 2D and 3D finite element modelling of miscible pollutant transport in groundwater, below the unsaturated zone. Proc. Int. Conf. of Hydrodynamics, ICHD'94, 30 October - 3 November 1994, Wuxi, China.

Schrefler B A, 1995. F.E.in environmental engineering: coupled thermo-hydro-mechanical processes in porous media including pollutant transport. Archives of Computational Methods in Engineering, 2(3): 1–54.

Smith D W, Rowe R K, Booker J P, 1993. The analysis of pollutant migration through soil with linear hereditary time-dependent sorption. Int. J. for Numer. and Anal. Methods in Geomechanics, 17: 255–274.

Thomas H R and Ferguson W J, 1999. A fully coupled heat and mass transfer model incorporating contaminant gas transfer in an unsaturated porous medium. Computer and Geotechnics, 24: 65–87.

van Genuchten M Th, Simunek J, 1995. Evaluation of pollutant transport in unsaturated zone. Proc. NATO Advanced Res. Workshop, Regional Approaches to Water Pollution in Envir. 39.

Wu W H, Li, X K, Charlier R, Collin F, 2004. A thermo-hydro-mechanical constitutive model and its numerical modeling for unsaturated soils. Computers and Geotechnics, 31: 155–167.

Yong R N, Mohamed A M O, Warkentin B P, 1992. Principles of Contaminant Transport in Soils. Netherlands: Elsevier Science.

Yong R N, Thomas H R (Eds.), 1997. Proc.of Geoenvironmental Engineering Conference, Cardiff, U.K., 16–18 Sept

Yu C C, Heinrich J C, 1986. Petrov-Galerkin methods for the time dependent convective transport equation. International Journal for Numerical Methods in Engineering, 23: 883–901.

Yu C C, Heinrich, J C, 1987. Petrov-Galerkin method for multidimensional, time dependent convective diffusion equation. International Journal for Numerical Methods in Engineering, 24: 2201–2215.

Zienkiewicz O C and Codina R, 1995. A general algorithm for compressible and incompressible flow—Part I. The split, characteristic-based scheme. Int. J. Numer. Meth. Fluids, 20: 869–885.

Zienkiewicz O C and Taylor R L, 1991. The Finite Element Methods, 4th Edn., Vol. 2, Chapter 12, MrGraw-Hill, U.K..

Zienkiewicz O C and Taylor R L, 2000. The Finite Element Methods, 5th Edn., Vol. 3, Fluid Dynamics, Chapter 2, MrGraw-Hill, U.K..

Zhong W X, Zhu J P, Zhong X X, 1994. A precise time integration algorithm for nonlinear system. Proceedings of the 3rd WCCM, Tokyo, 12–17.

第 8 章　高温下混凝土中化学–热–湿–气–力学耦合问题有限元过程与破坏分析

由于高强度、高耐久性等内在优良性能，高性能混凝土 (HPC，或称高强度混凝土 HSC) 在高层建筑、隧道、海上石油平台、核工程等行业与领域中混凝土结构物上得到了广泛应用。但与普通混凝土 (NSC) 相比，它在高温下的材料强度丧失率和以弹性模量降低为标志的材料损伤率高得多。在火灾等因素引起的高速率高温 (高于 300℃) 热载荷作用下，由于 HPC 的高密度和低渗透性，易于发生危害更大甚至导致结构崩塌的爆裂性热剥落 (Explosive Thermal Spalling) 破坏现象 (Gawin et al., 1999; 2003; Ali et al., 2001)。

混凝土作为孔隙尺寸极为细小的多孔介质和吸湿材料，在它的凝胶孔和毛细孔中可充满 (饱和混凝土) 或部分地充填 (非饱和混凝土) 了自由水 (毛细水，可蒸发水)；同时由于水泥灰浆水合作用在混凝土中包含了化学束缚水和在混凝土固相表面的吸附 (物理束缚) 水。作为混凝土固相一部分、以晶体形式呈现的盐份可以通过自由离子相和束缚离子相形态溶于孔隙水。盐份的自由离子随孔隙水输运，而其束缚离子由于大部分盐分的高分离性而被吸附到孔隙壁上。混凝土将模型化为一个由固相、含溶解盐的孔隙液体、包含干空气和水蒸气的混溶孔隙气体组成的三相介质—非饱和变形活性多孔介质 (Deforming Reactive Porous Media)(Coussy, 1995)。

火灾等因素引起的混凝土结构中持续发展的高温不仅影响如强度和弹性模量等混凝土的力学性能，同时也将驱动混凝土结构中的湿份迁移。由热对流和热传导规律控制的混凝土中热迁移首先导致自由水蒸发。其次，在高温度下化学束缚水由脱水机制可释放为自由水并蒸发。如果自由水和由束缚水经脱水过程成为自由水的蒸发率超过了水蒸气的迁移速率，孔隙蒸汽压将持续上升。由于 HPC 的密实内结构和添加剂，它相对于 NSC 具有更低的渗透率和高强度，导致超孔隙压力持续上升现象更为突出。另一方面，在热载荷作用下由温度梯度导致混凝土中的热膨胀梯度和在混凝土中对热膨胀的约束，将导致产生非稳定裂纹的扩展和结构承载能力的急剧下降。基与理论分析和实验观察，普遍认为高性能混凝土中以爆裂性剥落为特征的破坏现象主要与高孔隙流体压力和受约束的热膨胀产生的高热应力相关联 (Ulm et al., 1999a; 1999b; Ali et al., 2001; Tenchev et al., 2001)。

为了探索 HPC 相对 NSC 在高速率高温热载荷下材料行为表现差异的机理，

并进而解决 HPC 的防火性能问题，需要从实验研究、理论分析和定量数值模拟三方面着手。由于火灾情况复杂，试验耗资巨大；因此基于有限实验数据，建立能定量描写混凝土、特别是 HPC，在高温高速热载荷下发生和发展的化学–热–湿–气–力–学耦合过程和爆裂性剥落等破坏现象的数学模型，发展有效可靠的数值求解过程以数值模拟和再现混凝土、特别是 HPC 的结构和构件在火灾下的实际状态，将为 HPC 结构的减防火灾设计提供科学依据和有力工具。

已有许多研究工作致力于发展能够描述混凝土在高温和极高温下行为的数学模型；特别在 HPC 引入于工程应用后针对遭受火灾混凝土的爆裂性剥落现象分析（Gawin et al., 1996; 1999; 2002; 2003; Ulm et al., 1999a; 1999b; Phan et al., 2000; 2001; Tenchev et al., 2001; Cerny and Rovnanikova, 2002; Bourgeois et al., 2002）。本章介绍的高温下混凝土 CTHM （Chemo-Thermo-Hygro-Mechanical, 化学–热–湿–气–力学）模型（Li et al., 2006）基于 Padua 模型（Gawin et al., 1996; 1999; 2002; 2003）。混凝土模型化为在孔隙中由两类非混溶孔隙流体、即混溶 (miscible) 气体和混溶液体、填充的非饱和变形活性多孔介质。描述高温下混凝土中化学–热–湿–气–力学耦合行为的数学模型由一组耦合的控制干空气质量守恒、水成分质量守恒、溶解在液相中的基质成分质量守恒、热焓（能量）守恒、整个介质混合物的动量守恒的耦合偏微分方程组成。本章中将给出模型的控制方程、状态方程和在模型中应用的本构方程。在模型中将考虑和计及如下机制：

- 定量描述热致脱盐过程的机制，即基质成分从混凝土骨架脱盐并随之溶解至混凝土孔隙液相；
- 定量描述由于上述脱盐过程导致的混凝土力学性质、例如杨氏模量和材料强度参数的蜕变。

这意味着在化学–力学耦合中不仅考虑了脱水过程，同时还考虑到脱盐过程对混凝土力学性质的影响。

已发展了许多模拟无筋混凝土在常温下的非线性本构行为的本构模型，包括弹塑性模型（Willam and Warnke, 1975; Ohtani and Chen, 1988; Chen, 1994），基于连续损伤力学的损伤模型（Simo and Ju, 1987a; 1987b; Mazars and Pijaudier-Cabot, 1989; Oliver et al., 1990; Zhang, 2008）以及弹塑性–损伤耦合模型（Ju, 1989; Yazdani and Schreyer, 1990; Wu el al., 2005; Jason et al., 2006; Abu Al-Rub and Voyiadjis, 2009）。

为将上述基于室温下不可逆过程热动力学和内状态变量理论的混凝土唯象本构模型拓展到高温情况，必须要把热致混凝土强度和/或刚度损失的热–化学效应计及到上述模型中，以建立用于模拟高温下混凝土力学行为的本构关系。

Ulm et al.（1999a）基于 Willam-Warnke 弹塑性屈服准则（Willam and Warnke, 1975）发展了计及高温导致的化学–塑性软化效应（即脱水过程对粘性力参数效应）

的混凝土热–化学–塑性本构模型。基于 Mazars 和 Pijaudier-Cabot （1989）的损伤模型，Gawin et al. （2003）建立了计及随温度升高的不可逆脱水过程对混凝土损伤效应的热致化学–弹性–损伤本构模型。

考虑到火灾下混凝土中化学–热–湿气–力学耦合行为的复杂性，以及所观察到的高温下混凝土材料中同时存在的塑性破坏过程和以微裂纹/微孔洞的发生发展为特征的损伤过程，本章将介绍一个计及化学因素引起的弹塑性–损伤效应，即以热爆裂性剥离为破坏特征的混凝土强度和刚度丧失的弹塑性–损伤耦合本构模型（Li and Li, 2010）。所介绍模型基于室温下混凝土的 Mazars 和 Pijaudier-Cabot（1989）损伤模型和 Willam-Warnke 弹塑性屈服准则（Willam and Warnke, 1975）。模型中考虑了暴露在高温下的混凝土元件中脱水和脱盐在其材料强度和刚度上的效应。模型计及了随升温发展的脱水和脱盐导致的混凝土骨架粘结力和弹性模量的降低，能够模拟和再现由于混凝土中化学蜕变导致的不断增长的热脱粘和热损伤（热软化）；不仅考虑了高温下脱水和脱盐过程引起的化学软化和化学损伤，并且考虑到了塑性应变硬化/软化、吸力硬化及力学损伤等因素（Li and Li, 2010）。

基于先前弹塑性—损伤耦合本构模拟（Ju, 1989），化学–塑性耦合本构模拟（Sercombe et al., 2000），以及先前为这类耦合问题发展的返回映射方案（Li et al., 1994; Li, 1995），本章将对所提出的化学–弹塑性–损伤耦合模型介绍一个三步算子分离算法，导出考虑全部耦合效应的一致性切线模量张量；为数值模拟遭受火灾和热辐射而导致混凝土材料失效的化学–热–湿–气–力学（CTHM）耦合行为建立非线性有限元求解过程的混合型弱形式。为非线性 CTHM 本构模拟导出一致性切线模量张量，以保证全局 Newton-Raphson 迭代过程的二阶收敛率（Li et al., 2006; Li and Li, 2010）。

8.1 非混溶–混溶两级模型

为描述作为非饱和多孔介质和吸湿材料的混凝土中的化学–热–湿–气–力学耦合行为，本节将简要介绍所建立的非混溶 (immiscible)–混溶 (miscible) 多相介质两级模型。混凝土被首先模型化为一个含孔隙液体和孔隙气体的非混溶三相介质—非饱和变形多孔多相连续介质材料。假定在宏观尺度上围绕多孔连续体中任一数学点的典型单元体同时包含了所有的固、液、气三相，液体混合物、气体混合物填充在多孔固体的孔隙中。两流相间的相互作用通过它们界面上的毛细力体现。令固、液、气三相的质量密度分别表示为 $\rho_{\rm s}, \rho_{\rm l}, \rho_{\rm g}$。典型单元体的单位体积三相剖分为 $(1-\phi), \phi S_{\rm l}, \phi S_{\rm g}$，其中，$\phi$ 是孔隙度，$S_{\rm l}, S_{\rm g}$ 分别表示孔隙液相和孔隙气相的饱和度，并有 $S_{\rm l}+S_{\rm g}=1$。定义 $\rho^{\rm s}=(1-\phi)\rho_s, \rho^{\rm l}=\phi S_{\rm l}\rho_{\rm l}, \rho^{\rm g}=\phi S_{\rm g}\rho_{\rm g}$。混凝土作为多孔多相连续体，其平均密度为 $\rho=\rho^{\rm s}+\rho^{\rm l}+\rho^{\rm g}$。

混凝土模型化中的次级模型是对非混溶的固、液、气三相介质中每一相的混溶介质模型描述：(1) 气相中包含混溶的干空气和水蒸气；(2) 液相中包含混溶于水的由固相溶解到孔隙水 (液相) 中的基质溶解成份；(3) 固相中骨料、灰粉等成分中包含了因水合作用而结合在混凝土固相中的化学束缚水。次级模型的特点是假定每一相中各次相成份彼此均匀地共存，彼此间不存在界面。混溶气相的质量密度表示为 $\rho_{\mathrm{g}}=\rho_{\mathrm{a}}+\rho_{\mathrm{v}}, \rho_{\mathrm{a}}$ 和 ρ_{v} 分别为混溶气相中的干空气和水蒸气的质量浓度。类似地，混溶液相的质量密度表示为 $\rho_{\mathrm{l}}=\rho_{\mathrm{w}}+\rho_{\mathrm{p}}, \rho_{\mathrm{w}}$ 和 $\rho_{\mathrm{p}}\left(c_{\mathrm{p}}\right)$ 分别为混溶液相中的纯水 (H_2O) 和溶解于纯水的基质成分的质量浓度。记干空气、蒸汽、纯水、溶解于纯水中的基质成分的容重 (表观密度)，即干空气质量、蒸汽质量、纯水质量、溶解于单位体积纯水中的基质成分质量为 $\rho^{\mathrm{a}}=\phi S_{\mathrm{g}} \rho_{\mathrm{a}}, \rho^{\mathrm{v}}=\phi S_{\mathrm{g}} \rho_{\mathrm{v}}, \rho^{\mathrm{w}}=\phi S_{\mathrm{l}} \rho_{\mathrm{w}}, \rho^{\mathrm{p}}\left(=c^{\mathrm{p}}\right)=\phi S_{\mathrm{l}} \rho_{\mathrm{p}}\left(=\phi S_{\mathrm{l}} c_{\mathrm{p}}\right)$。

混凝土作为多孔多相连续介质的质量集合体，将考虑由高温条件引起的如下三个相变过程：

(1) 脱水。固相中的化学束缚水被释放作为液相一部分的自由水；

(2) 蒸发。作为孔隙液体的自由水因热效应而转化为混溶气体的一部分的水蒸气；

(3) 脱盐。混凝土固相中的基质成分因热效应被溶解于孔隙液体中。

8.2 控制方程组

模型化为化学反应非饱和多孔连续介质 (Chemically-Reactive Partially Saturated Porous Continua)，计及相变过程的混凝土中固相、孔隙水、溶于孔隙液相中的基质成分、孔隙干空气和孔隙水蒸气等各相质量守恒方程可写成

$$\frac{\mathrm{D} \rho^{\mathrm{s}}}{\mathrm{D} t}+\rho^{\mathrm{s}}(\nabla \cdot \boldsymbol{v})=-\dot{m}_{\mathrm{h}}-\dot{m}_{\mathrm{s}} \tag{8.1}$$

$$\frac{\mathrm{D} \rho^{\mathrm{w}}}{\mathrm{D} t}+\rho^{\mathrm{w}}(\nabla \cdot \boldsymbol{v})+\nabla \cdot\left(\rho^{\mathrm{w}} \boldsymbol{v}_{\mathrm{ls}}\right)=\dot{m}_{\mathrm{h}}-\dot{m}_{\mathrm{v}} \tag{8.2}$$

$$\frac{\mathrm{D} c^{\mathrm{p}}}{\mathrm{D} t}+c^{\mathrm{p}}(\nabla \cdot \boldsymbol{v})+\nabla \cdot\left(c^{\mathrm{p}} \boldsymbol{v}_{\mathrm{ls}}+\boldsymbol{J}_{\mathrm{l}}^{\mathrm{p}}\right)=\dot{m}_{\mathrm{s}} \tag{8.3}$$

$$\frac{\mathrm{D} \rho^{\mathrm{a}}}{\mathrm{D} t}+\rho^{\mathrm{a}}(\nabla \cdot \boldsymbol{v})+\nabla \cdot\left(\rho^{\mathrm{a}} \boldsymbol{v}_{\mathrm{gs}}+\boldsymbol{J}_{\mathrm{g}}^{\mathrm{a}}\right)=0 \tag{8.4}$$

$$\frac{\mathrm{D} \rho^{\mathrm{v}}}{\mathrm{D} t}+\rho^{\mathrm{v}}(\nabla \cdot \boldsymbol{v})+\nabla \cdot\left(\rho^{\mathrm{v}} \boldsymbol{v}_{\mathrm{gs}}+\boldsymbol{J}_{\mathrm{g}}^{\mathrm{v}}\right)=\dot{m}_{\mathrm{v}} \tag{8.5}$$

式 (8.1)~ 式 (8.5) 中记

$$\frac{\mathrm{D}(*)}{\mathrm{D}t}=\frac{\partial(*)}{\partial t}+\nabla(*)^{\mathrm{T}}\dot{\boldsymbol{u}},\quad \boldsymbol{v}=\dot{\boldsymbol{u}}=\frac{\partial\boldsymbol{u}}{\partial t},\quad (\dot{*})=\frac{\partial(*)}{\partial t} \tag{8.6}$$

其中，$\boldsymbol{u},\dot{\boldsymbol{u}}(\boldsymbol{v})$ 分别为固相线位移和线速度。式 (8.3)~ 式 (8.5) 中定义了孔隙液相中基质溶解物相对于孔隙液体的扩散流量 $\boldsymbol{J}_{\mathrm{l}}^{\mathrm{p}}$ 如下

$$\boldsymbol{J}_{\mathrm{l}}^{\mathrm{p}}=c^{\mathrm{p}}\boldsymbol{v}_{\mathrm{pl}}=-\boldsymbol{D}_{\mathrm{h}}\nabla c^{\mathrm{p}} \tag{8.7}$$

和干空气与水蒸气相对于混溶气相速度的扩散流量 $\boldsymbol{J}_{\mathrm{g}}^{\mathrm{a}},\boldsymbol{J}_{\mathrm{g}}^{\mathrm{v}}$ 如下

$$\boldsymbol{J}_{\mathrm{g}}^{\mathrm{a}}=\rho^{\mathrm{a}}\boldsymbol{v}_{\mathrm{ag}},\quad \boldsymbol{J}_{\mathrm{g}}^{\mathrm{v}}=\rho^{\mathrm{v}}\boldsymbol{v}_{\mathrm{vg}} \tag{8.8}$$

式 (8.7) 中 $\boldsymbol{v}_{\mathrm{pl}}$ 是液态溶解基质成分相对于孔隙混溶液体的相对扩散速度，$\boldsymbol{D}_{\mathrm{h}}$ 是定义为 $\boldsymbol{D}_{\mathrm{h}}=D_{\mathrm{h}}\boldsymbol{I}$ 的扩散系数张量。式 (8.3)~ 式 (8.5) 中孔隙混溶液体与混溶气体相对于固相速度 $\boldsymbol{v}$ 的相对速度 $\boldsymbol{v}_{\mathrm{ls}},\boldsymbol{v}_{\mathrm{gs}}$，干空气与水蒸气相对于混溶气相真实速度 $\boldsymbol{v}_{\mathrm{g}}$ 的相对扩散速度 $\boldsymbol{v}_{\mathrm{ag}},\boldsymbol{v}_{\mathrm{vg}}$ 分别定义为

$$\boldsymbol{v}_{\mathrm{ls}}=\boldsymbol{v}_{1}-\boldsymbol{v},\quad \boldsymbol{v}_{\mathrm{gs}}=\boldsymbol{v}_{\mathrm{g}}-\boldsymbol{v},\quad \boldsymbol{v}_{\mathrm{ag}}=\boldsymbol{v}_{\mathrm{a}}-\boldsymbol{v}_{\mathrm{g}},\quad \boldsymbol{v}_{\mathrm{vg}}=\boldsymbol{v}_{\mathrm{v}}-\boldsymbol{v}_{\mathrm{g}} \tag{8.9}$$

式中，$\boldsymbol{v}_1$ 是孔隙混溶液相的真实速度；$\boldsymbol{v}_{\mathrm{a}},\boldsymbol{v}_{\mathrm{v}}$ 分别是混溶气体中干空气与水蒸气的真实速度。式 (8.1)~ 式 (8.3) 和式 (8.5) 中 $\dot{m}_{\mathrm{h}},\dot{m}_{\mathrm{s}}$ 分别是由于脱水和基质溶解两个相变过程而导致固相的质量密度丧失率，$\dot{m}_{\mathrm{v}}$ 是由于蒸发相变过程而导致液相的质量密度丧失率。基质溶解物中一般地包含 n_k 种不同的成份，即 $\dot{m}_{\mathrm{s}}=\sum\limits_{k=1}^{n_k}\dot{m}_s^k$。理论上，式 (8.3) 所示质量守恒方程应对基质溶解物的每一单个成份写出。而实际上可仅对那些对耦合过程具有重要影响的成份逐个地写出方程 (8.3)。为简化本章讨论的数值模型与方法，假定仅考虑存在一个包含若干不同化学成份的基质溶解混溶物，即 $n_k=1$。

注意到固相真实质量密度的变化率不仅与固体颗粒压缩性、固体骨架体积应变率及温度变化相关（Li et al., 1990），同时与固相脱水和基质溶解这两个相变过程相关，以 Γ_{h} 和 Γ_{s} 表示固相脱水度和基质溶解度，固相质量密度可表示为变量 $p_{\mathrm{s}},\nabla\cdot\boldsymbol{u},T,\Gamma_{\mathrm{h}},\Gamma_{\mathrm{s}}$ 的函数，即

$$\rho_{\mathrm{s}}=\rho_{\mathrm{s}}\left(p_{\mathrm{s}},\nabla\cdot\boldsymbol{u},T,\Gamma_{\mathrm{h}},\Gamma_{\mathrm{s}}\right) \tag{8.10}$$

式中，T 为温度，p_{s} 表示综合了非混溶的孔隙混溶液体与孔隙混溶气体作用于固体骨架的流体压力效应的有效压力。令 p_{w} 和 p_{g} 分别表示孔隙混溶液体压力与

孔隙混溶气体压力，在宏观多孔连续体理论中，它可表示为（Li and Zienkiewicz, 1992）

$$p_s = \chi p_w + (1-\chi)p_g \tag{8.11}$$

式中，χ 为 Bishop 参数。简单地可假定 $\chi = S_1$。关于所假定的 Bishop 参数取值的合理性与非饱和多孔介质中 Bishop 参数的进一步讨论可参阅本书第 13 章（Li et al., 2016; 李锡夔等, 2023）。

固相质量密度的变化率可表示为（Li et al., 1990; 2006）

$$\frac{D\rho_s}{\rho_s Dt} = \frac{(\alpha-\phi)\dfrac{Dp_s}{K_s Dt} - (1-\alpha)\nabla\cdot\boldsymbol{v} - (\alpha-\phi)\beta_s\dot{T}}{1-\phi} + \frac{1}{\rho_s}\left(\frac{\partial\rho_s}{\partial\Gamma_h}\frac{\partial\Gamma_h}{\partial T} + \frac{\partial\rho_s}{\partial\Gamma_s}\frac{\partial\Gamma_s}{\partial T}\right)\dot{T} \tag{8.12}$$

式中，$\alpha = 1 - K_T/K_s$ 是 Biot 系数，K_T, K_S 分别是固体骨架和固体颗粒的压缩体积模量；β_s 是热膨胀系数。

利用式 (8.12) 和式 (8.1) 可导得孔隙度的变化率 (Li et al., 2006)

$$\frac{D\phi}{Dt} = (\alpha-\phi)\left(\frac{Dp_s}{K_s Dt} - \beta_s\dot{T} + \nabla\cdot\boldsymbol{v}\right) + \left(\frac{1-\phi}{\rho_s}\left(\frac{\partial\rho_s}{\partial\Gamma_h}\frac{\partial\Gamma_h}{\partial T} + \frac{\partial\rho_s}{\partial\Gamma_s}\frac{\partial\Gamma_s}{\partial T}\right) + \frac{1}{\rho_s}\left(\frac{\partial m_h}{\partial T} + \frac{\partial m_s}{\partial T}\right)\right)\dot{T} \tag{8.13}$$

式 (8.13) 等号右端项表明，孔隙度的变化包含两部分；第一部分为多孔介质中固相的固体骨架体积应变变化 $\nabla\cdot\boldsymbol{v}$，作用于固体颗粒的有效压力变化引起的颗粒体积变化 $\dfrac{Dp_s}{K_s Dt}$ 及固相的热体积应变变化 $(-\beta_s\dot{T})$ 三项之和而导致；而第二部分孔隙度变化为由于温度变化导致的脱水度和脱盐度变化而导致。

注意到与孔隙流相速度相比，固体骨架速度 $\boldsymbol{v}$ 的绝对值很小。我们可略去 p_s 和 $(S_g\rho_a)$ 的时域导数中的对流部分 $\nabla p_s\cdot\boldsymbol{v}$ 和 $\nabla(S_g\rho_a)\cdot\boldsymbol{v}$ 而不会丧失其精度。干空气质量守恒方程 (8.4) 可展开为

$$\begin{aligned} L_2 = {} & \phi\frac{\partial S_g}{\partial t}\rho_a + \phi S_g\frac{\partial\rho_a}{\partial t} + \alpha S_g\rho_a(\nabla\cdot\boldsymbol{v}) + \nabla\cdot(\rho^a\boldsymbol{v}_{gs}) + \nabla\cdot(\rho^a\boldsymbol{v}_{ag}) \\ & + S_g\rho_a\frac{1-\phi}{\rho_s}\left(\frac{\partial\rho_s}{\partial\Gamma_h}\frac{\partial\Gamma_h}{\partial T} + \frac{\partial\rho_s}{\partial\Gamma_s}\frac{\partial\Gamma_s}{\partial T}\right)\dot{T} + S_g\rho_a\frac{1}{\rho_s}(\dot{m}_h + \dot{m}_s) \\ & + S_g\rho_a(\alpha-\phi)\left(\frac{\partial p_s}{K_s\partial t} - \beta_s\dot{T}\right) = 0 \end{aligned} \tag{8.14}$$

把孔隙水和孔隙蒸汽质量守恒方程 (8.2) 和方程 (8.5) 相加，并略去 $\nabla p_{\mathrm{s}} \cdot \boldsymbol{v}$ 和 $\phi\nabla\left(S_{\mathrm{g}}\rho_{\mathrm{v}}+S_{\mathrm{l}}\rho_{\mathrm{w}}\right)\cdot\boldsymbol{v}$, 可得到如下展开形式的孔隙水成分 (包含液态孔隙水和孔隙水蒸气) 的质量守恒方程

$$
\begin{aligned}
L_3 = & \phi\frac{\partial S_{\mathrm{l}}}{\partial t}\left(\rho_{\mathrm{w}}-\rho_{\mathrm{v}}\right)+\phi S_{\mathrm{g}}\frac{\partial\rho_{\mathrm{v}}}{\partial t}+\phi S_{\mathrm{l}}\frac{\partial\rho_{\mathrm{w}}}{\partial t}+\alpha\left(S_{\mathrm{g}}\rho_{\mathrm{v}}+S_{\mathrm{l}}\rho_{\mathrm{w}}\right)(\nabla\cdot\boldsymbol{v}) \\
& +\nabla\cdot\left(\rho^{\mathrm{w}}\boldsymbol{v}_{\mathrm{ls}}\right)+\nabla\cdot\left(\rho^{\mathrm{v}}\boldsymbol{v}_{\mathrm{gs}}\right) \\
& +\nabla\cdot\left(\rho^{\mathrm{v}}\boldsymbol{v}_{\mathrm{vg}}\right)+\frac{1-\phi}{\rho_{\mathrm{s}}}\left(S_{\mathrm{g}}\rho_{\mathrm{v}}+S_{\mathrm{l}}\rho_{\mathrm{w}}\right)\left(\frac{\partial\rho_{\mathrm{s}}}{\partial\Gamma_{\mathrm{h}}}\frac{\partial\Gamma_{\mathrm{h}}}{\partial T}+\frac{\partial\rho_{\mathrm{s}}}{\partial\Gamma_{\mathrm{s}}}\frac{\partial\Gamma_{\mathrm{s}}}{\partial T}\right)\dot{T} \\
& +\left(\left(S_{\mathrm{g}}\rho_{\mathrm{v}}+S_{\mathrm{l}}\rho_{\mathrm{w}}\right)\frac{1}{\rho_{\mathrm{s}}}-1\right)\dot{m}_{\mathrm{h}} \\
& +\left(S_{\mathrm{g}}\rho_{\mathrm{v}}+S_{\mathrm{l}}\rho_{\mathrm{w}}\right)\frac{\dot{m}_{\mathrm{s}}}{\rho_{\mathrm{s}}}-\beta_{\mathrm{swg}}\dot{T}+(\alpha-\phi)\left(S_{\mathrm{g}}\rho_{\mathrm{v}}+S_{\mathrm{l}}\rho_{\mathrm{w}}\right)\frac{\partial p_{\mathrm{s}}}{K_{\mathrm{s}}\partial t}=0
\end{aligned} \tag{8.15}
$$

式中

$$
\beta_{\mathrm{swg}}=\beta_{\mathrm{s}}(\alpha-\phi)\left(S_{\mathrm{g}}\rho_{\mathrm{v}}+S_{\mathrm{l}}\rho_{\mathrm{w}}\right) \tag{8.16}
$$

利用式 (8.7) 和式 (8.6)，液相中随孔隙水流动的基质溶解物的质量守恒方程 (8.3) 可改写为 (Li et al., 2000)

$$
L_5=\frac{\partial c^{\mathrm{p}}}{\partial t}+\nabla\cdot\left(c^{\mathrm{p}}\boldsymbol{v}_1-\boldsymbol{D}_{\mathrm{h}}\nabla c^{\mathrm{p}}\right)-\dot{m}_{\mathrm{s}}=0 \tag{8.17}
$$

假定孔隙材料各相在任何局部物质点处于热动力学平衡状态，任何物质点处各相材料具有相同温度。因而，孔隙材料可作为包含固相和孔隙液、气、蒸汽的多孔多相连续体写出其能量 (焓) 守恒方程如下

$$
\begin{aligned}
& \left(\rho C_{\mathrm{p}}\right)_{\mathrm{eff}}\frac{\partial T}{\partial t}+\left(C_{\mathrm{pl}}\rho^{\mathrm{l}}\boldsymbol{v}_{\mathrm{ls}}+C_{\mathrm{pg}}\rho^{\mathrm{g}}\boldsymbol{v}_{\mathrm{gs}}\right)\cdot\nabla T-\nabla\cdot\left(\lambda_{\mathrm{eff}}\nabla T\right) \\
= & -\Delta h_{\mathrm{v}}\dot{m}_{\mathrm{v}}-\Delta h_{\mathrm{h}}\dot{m}_{\mathrm{h}}-\Delta h_{\mathrm{s}}\dot{m}_{\mathrm{s}}
\end{aligned} \tag{8.18}
$$

式中，多孔多相连续体的有效热容

$$
\left(\rho C_{\mathrm{p}}\right)_{\mathrm{eff}}=\rho^{\mathrm{s}}C_{\mathrm{ps}}+\rho^{\mathrm{w}}C_{\mathrm{pw}}+\rho^{\mathrm{p}}C_{\mathrm{pp}}+\rho^{\mathrm{a}}C_{\mathrm{pa}}+\rho^{\mathrm{v}}C_{\mathrm{pv}} \tag{8.19}
$$

其中，$C_{\mathrm{ps}}, C_{\mathrm{pw}}, C_{\mathrm{pp}}, C_{\mathrm{pa}}, C_{\mathrm{pv}}$ 分别是固相、孔隙水、溶于孔隙水的基质溶液、干空气和水蒸气的等压热容；本书数值例题中略去了温度对它们的影响。式 (8.18) 中的 $C_{\mathrm{pg}}\rho^{\mathrm{g}}=C_{\mathrm{pa}}\rho^{\mathrm{a}}+C_{\mathrm{pv}}\rho^{\mathrm{v}}$，$C_{\mathrm{pl}}\rho^{\mathrm{l}}=C_{\mathrm{pw}}^{\mathrm{p}}\rho^{\mathrm{w}}+C_{\mathrm{pp}}\rho^{\mathrm{p}}$ 混溶气体与混溶液体的等压热容 C_{pg}、C_{pl} 不是常量。$\Delta h_{\mathrm{v}}, \Delta h_{\mathrm{h}}, \Delta h_{\mathrm{s}}$ 分别是单位质量的水蒸发焓、脱水焓

和基质溶解焓。λ_{eff} 是依赖于温度和孔隙水饱和度的多孔多相连续体有效热传导系数（Gawin et al., 1999）

$$\lambda_{\text{eff}}\ (T, S_{\text{l}}) = \lambda_{\text{d}}(T)\left(1 + \frac{4\phi\rho_{\text{l}}S_{\text{l}}}{(1-\phi)\rho_{\text{s}}}\right) \tag{8.20}$$

式中，$\lambda_{\text{d}}(T) = \lambda_{\text{d0}}\left(1 + A_{\lambda}\left(T - T_0\right)\right)$ 是干状态混凝土热传导系数，$T_0 = 298.15\ \text{K}$ 是取为参考温度的绝对温度，$\lambda_{\text{d0}} = 1.67\ \text{W}/(\text{m}\cdot\text{K}), A_{\lambda} = -1.017\times10^{-3}\ \text{K}^{-1}$（Gawin et al., 1999）。利用式 (8.2) 可得到 $\dot{m}_{\text{v}}$ 的表达式，将其代入式 (8.18) 中可消去其中的 $\dot{m}_{\text{v}}$，式 (8.18) 可改写为

$$\begin{aligned}
L_4 = {} & (\rho C_{\text{p}})_{\text{eff}}\frac{\partial T}{\partial t} + \left(C_{\text{pw}}\rho^{\text{w}}\boldsymbol{v}_{\text{ls}} + C_{\text{pg}}\rho^{\text{g}}\boldsymbol{v}_{\text{gs}}\right)\cdot\nabla T - \nabla\cdot\left(\lambda_{\text{eff}}\nabla T\right) \\
& - \Delta h_{\text{v}}\left(\phi\rho_{\text{w}}\frac{\partial S_{\text{l}}}{\partial t} + \phi S_{\text{l}}\frac{\partial \rho_{\text{w}}}{\partial t} + S_{\text{l}}\rho_{\text{w}}\frac{1-\phi}{\rho_{\text{s}}}\left(\frac{\partial\rho_{\text{s}}}{\partial\Gamma_{\text{h}}}\frac{\partial\Gamma_{\text{h}}}{\partial T} + \frac{\partial\rho_{\text{s}}}{\partial\Gamma_{\text{s}}}\frac{\partial\Gamma_{\text{s}}}{\partial T}\right)\dot{T}\right. \\
& \left. + \alpha S_{\text{l}}\rho_{\text{w}}(\nabla\cdot\boldsymbol{v}) + \nabla\cdot\left(\rho^{\text{w}}\boldsymbol{v}_{\text{ls}}\right) + S_{\text{l}}\rho_{\text{w}}(\alpha-\phi)\left(\frac{\partial p_{\text{s}}}{K_{\text{s}}\partial t} - \beta_{\text{s}}\dot{T}\right) + \phi\nabla\left(S_{\text{l}}\rho_{\text{w}}\right)\cdot\boldsymbol{v}\right) \\
& + \left(\Delta h_{\text{h}} + \Delta h_{\text{v}} - \Delta h_{\text{v}}\frac{S_{\text{l}}\rho_{\text{w}}}{\rho_{\text{s}}}\right)\dot{m}_{\text{h}} + \left(\Delta h_{\text{s}} - \Delta h_{\text{v}}\frac{S_{\text{l}}\rho_{\text{w}}}{\rho_{\text{s}}}\right)\dot{m}_{\text{s}} = 0
\end{aligned} \tag{8.21}$$

多孔多相连续介质总体动量守恒方程可写为

$$\boldsymbol{L}_1 = \nabla\cdot\boldsymbol{\sigma} + \rho\boldsymbol{g} = \boldsymbol{0} \tag{8.22}$$

式中

$$\boldsymbol{\sigma} = \boldsymbol{\sigma}'' - \alpha p_{\text{s}}\boldsymbol{I} \tag{8.23}$$

是多孔连续体模型中作用于多孔多相连续体上的总应力张量，$\boldsymbol{\sigma}''$ 是直接地与混凝土固体骨架变形相联系的广义有效应力张量（为避免与连续损伤力学中定义且广为应用的“有效应力”名词混淆，在本章中将简称在非饱和多孔介质中定义的“广义有效应力”$\boldsymbol{\sigma}''$ 为 Bishop 应力；称考虑固体骨架损伤效应的 Bishop 应力为有效 Bishop 应力），$\boldsymbol{I}$ 是单位张量，$\boldsymbol{g}$ 是重力加速度向量。

8.3 状态方程和本构关系

8.3.1 孔隙液相与孔隙混溶气相的相互作用

孔隙流相与孔隙混溶气相的相互作用通过毛细压力 (吸力) 体现。当孔隙介质温度 $T < T_{\text{cr}}$（$T_{\text{cr}} = 647.3\ \text{K}$ 是水的临界温度，$T < T_{\text{cr}}$ 意味可能存在毛细水），以

及 $S_1 > S_{\text{ssp}}$（S_{ssp} 定义为固相饱和点，当 $S_1 > S_{\text{ssp}}$ 存在毛细水，而当 $S_1 \leqslant S_{\text{ssp}}$ 仅存在吸附在固相表面的束缚水），毛细压力定义为（Li and Zienkiewicz, 1992）

$$p_{\text{c}} = p_{\text{g}} - p_{\text{w}} \tag{8.24}$$

需要强调指出，当 $T \geqslant T_{\text{cr}}$ 且 $S_1 \leqslant S_{\text{ssp}}$ 时，混凝土孔隙中不可能存在毛细水；即使 $T < T_{\text{cr}}$，但若 $S_1 \leqslant S_{\text{ssp}}$，实际上也已不存在毛细水；在这些条件下式 (8.24) 已不再成立，但鉴于毛细压力与 $\rho_{\text{w}}\psi_{\text{c}}$($\psi_{\text{c}}$ 为水的势函数）在公式中地位的相似性，即使对如上所描述的情况，在计算过程中仍可在形式上使用毛细压力。只是此时毛细压力仅仅是形式上代替了水的势函数 ψ_{c} 与 ρ_{w} 的乘积（Gawin et al., 2002)。实际上 ψ_{c} 才是状态变量，它描述了束缚水和水蒸气之间的热动态平衡状态。

吸力（包括在符号意义上表示 $\rho_{\text{w}}\psi_{\text{c}}$ 的广义吸力）作为液相饱和度的函数 $p_{\text{c}}(S_1)$ 可改写为 $S_1(p_{\text{c}})$。函数 $S_1(p_{\text{c}})$ 可由实验结果（Bourgeois et al., 2002）拟合表示为如下单值函数

$$S_1 = S_1(p_{\text{c}}) = \left(1 + (ap_{\text{c}})^b\right)^{\text{c}} \tag{8.25}$$

式中，$a = 2.35 \times 10^{-8}\ \text{Pa}^{-1}, b = 1.83, c = -0.58$。

8.3.2 孔隙液相与孔隙混溶气相的非混溶流动

假定相互间非混溶的孔隙液相与孔隙混溶气相的流动由 Darcy 定律描述。混溶气体相对固相流动的平均相对速度定义为（Li et al., 1990）

$$\phi S_{\text{g}}\boldsymbol{v}_{\text{gs}} = -\frac{\boldsymbol{k}_{\text{a}}k_{\text{rg}}}{\mu_{\text{g}}}\nabla p_{\text{g}} \tag{8.26}$$

式中，$\boldsymbol{k}_{\text{a}}$ 是绝对渗透系数张量，对于各向同性多孔介质 $\boldsymbol{k}_{\text{a}} = k_{\text{a}}\boldsymbol{I}, k_{\text{a}}$ 是绝对渗透系数，$\boldsymbol{I}$ 是单位张量；$k_{\text{rg}}, \mu_{\text{g}}$ 分别是孔隙混溶气相的相对渗透系数和动力粘性系数。相对渗透系数 k_{rg} 可以表示成孔隙水饱和度的函数（Couture et al., 1996）

$$k_{\text{rg}}(S_1) = 1 - \left(\frac{S_1}{S_{1,\text{cr}}}\right)^{A_{\text{g}}}, \quad S_1 < S_{1,\text{cr}} \tag{8.27}$$

式中, $S_{1,\text{cr}}$ 是临界液相饱和度，超过这个值介质中则没有混溶气体的流动。A_{g} 是常数，取值通常在 $1 \sim 3$（Gawin et al., 1999)。本章例题中采用 $S_{1,\text{cr}} = 1, A_{\text{g}} = 2$。

对于孔隙液相 (水)，则需区分自由水（即毛细水）和束缚水（弱吸附水）。当 $S_1 > S_{\text{ssp}}$，孔隙毛细水相对于固相流动的平均相对速度由 Darcy 定律描述（Li et al., 1990）

$$\phi S_1\boldsymbol{v}_{\text{ls}} = -\frac{\boldsymbol{k}_{\text{a}}k_{\text{rw}}}{\mu_{\text{w}}}(\nabla p_{\text{w}} - \rho_1\boldsymbol{g}), \quad \text{当 } S_1 > S_{\text{ssp}} \tag{8.28}$$

式中，$k_{\mathrm{rw}}, \mu_{\mathrm{w}}$ 分别为孔隙水的相对渗透系数和动力粘性系数。k_{rw} 与孔隙水饱和度之间的关系可用如下公式表示（Couture et al., 1996）

$$k_{\mathrm{rw}}\left(S_{1}\right)=\left(\frac{S_{1}-S_{1,\mathrm{ir}}}{1-S_{1,\mathrm{ir}}}\right)^{A_{\mathrm{w}}}, \quad S_{1}>S_{1,\mathrm{cr}} \tag{8.29}$$

式中，$S_{1,\mathrm{ir}}$ 是液相的残余饱和度，本章例题中采用 $S_{1,\mathrm{ir}}=0$（Couture et al., 1996），常数 $A_{\mathrm{w}}=2$ （Gawin et al., 1999）。

孔隙水与混溶气体的动力粘性系数利用如下公式计算（Gawin et al., 1999）

$$\mu_{\mathrm{g}}\left(p_{\mathrm{a}}/p_{\mathrm{g}}, \mu_{\mathrm{a}}, \mu_{\mathrm{v}}\right)=\mu_{\mathrm{v}}+\left(\mu_{\mathrm{a}}-\mu_{\mathrm{v}}\right)\left(p_{\mathrm{a}}/p_{\mathrm{g}}\right)^{0.608} \tag{8.30}$$

$$\mu_{\mathrm{w}}(T)=0.6612(T-229)^{-1.562} \tag{8.31}$$

式中，$\mu_{\mathrm{a}}, \mu_{\mathrm{v}}$ 分别是干空气和水蒸气的动力粘性系数，可表示为（Gawin et al., 1999）

$$\mu_{\mathrm{v}}(T)=\mu_{\mathrm{v}0}+\alpha_{\mathrm{v}}\left(T-T_{0}\right) \tag{8.32}$$

$$\mu_{\mathrm{a}}(T)=\mu_{\mathrm{a}0}+\alpha_{\mathrm{a}}\left(T-T_{0}\right)+\beta_{\mathrm{a}}\left(T-T_{0}\right)^{2} \tag{8.33}$$

式中，系数 $\mu_{\mathrm{v}0}=8.85\times10^{-6}\ \mathrm{Pa\cdot s}, \alpha_{\mathrm{v}}=3.35\times10^{-8}\ \mathrm{Pa\cdot s/K}, \mu_{\mathrm{a}0}=17.17\times10^{-6}\ \mathrm{Pa\cdot s}, \alpha_{\mathrm{a}}=4.73\times10^{-8}\ \mathrm{Pa\cdot s/K}, \beta_{\mathrm{a}}=2.22\times10^{-11}\ \mathrm{Pa\cdot s/K^{2}}$。

假定绝对渗透系数 k_{a} 为温度 T、孔隙混溶气体压力 p_{g} 与化学损伤因子 d_{c} 的函数（Gawin et al., 2002）

$$k_{\mathrm{a}}=k_{\mathrm{a}}\left(T, p_{\mathrm{g}}, d_{\mathrm{c}}\right)=k_{\mathrm{a}0}\times10^{A_{\mathrm{T}}\left(T-T_{0}\right)+A_{\mathrm{d}}d_{\mathrm{c}}}\left(\frac{p_{\mathrm{g}}}{p_{0}}\right)^{A_{\mathrm{p}}} \tag{8.34}$$

式中，$k_{\mathrm{a}0}$ 是在参考温度 T_0 和参考压力 p_0 下的绝对渗透系数，本章例题中采用 $k_{\mathrm{a}0}=0.32\times10^{-19}\ \mathrm{m}^{2}$；化学损伤因子 $0\leqslant d_{\mathrm{c}}<1$ 综合了脱水和脱盐对材料损伤的效应，将在本节稍后作进一步讨论。$A_{\mathrm{T}}, A_{\mathrm{p}}, A_{\mathrm{d}}$ 分别是依赖于混凝土类型的定量反映温度 T、孔隙混溶气体压力 p_{g} 与化学损伤因子 d_{c} 对绝对渗透系数 k_{a} 影响的材料常数。本章例题中采用 $A_{\mathrm{T}}=0.0025, A_{\mathrm{p}}=0.368, A_{\mathrm{d}}=5$，以及 $p_{0}=101.325\ \mathrm{kPa}$。

当 $S_{1}\leqslant S_{\mathrm{ssp}}$ 时，只存在由吸附水饱和度 S_{b} 的空间梯度驱动、遵循 Fick 定律的吸附水扩散运动，即

$$\phi S_{\mathrm{l}}\boldsymbol{v}_{\mathrm{ls}}=-\boldsymbol{D}_{\mathrm{b}}\nabla S_{\mathrm{b}}, \quad \text{当 } S_{1}\leqslant S_{\mathrm{ssp}} \tag{8.35}$$

式中，$\boldsymbol{D}_{\mathrm{b}}$ 是吸附水扩散张量，而吸附水的饱和度定义为

$$S_{\mathrm{b}}=\begin{cases}S_{1}, & \text{当 } S_{1}\leqslant S_{\mathrm{ssp}}\\ S_{\mathrm{ssp}}, & \text{当 } S_{1}>S_{\mathrm{ssp}}\end{cases} \tag{8.36}$$

8.3.3 混溶孔隙气相中的干空气与水蒸气的状态方程和扩散流动

在本章模型中假定干空气、水蒸气和它们的混溶气体为理想气体，服从 Clapeyron 状态方程，即

$$p_{\mathrm{a}}=\rho_{\mathrm{a}}TR/M_{\mathrm{a}},\quad p_{\mathrm{v}}=\rho_{\mathrm{v}}TR/M_{\mathrm{v}},\quad p_{\mathrm{g}}=\rho_{\mathrm{g}}TR/M_{\mathrm{g}} \tag{8.37}$$

和 Dalton 定律

$$p_{\mathrm{g}}=p_{\mathrm{a}}+p_{\mathrm{v}} \tag{8.38}$$

式 (8.37) 中 R 是理想气体常数，由式 (8.37) 和式 (8.38) 可导得以干空气和水蒸气 Molar 质量 $M_{\mathrm{a}}, M_{\mathrm{v}}$ 确定的混溶气体 Molar 质量 M_{g} 如下

$$\frac{1}{M_{\mathrm{g}}}=\frac{\rho_{\mathrm{v}}}{\rho_{\mathrm{g}}}\frac{1}{M_{\mathrm{v}}}+\frac{\rho_{\mathrm{a}}}{\rho_{\mathrm{g}}}\frac{1}{M_{\mathrm{a}}} \tag{8.39}$$

由 $\rho_{\mathrm{g}}=\rho_{\mathrm{a}}+\rho_{\mathrm{v}}$ 及流体质量守恒方程和式 (8.8) 可得到

$$\boldsymbol{J}_{\mathrm{g}}^{\mathrm{a}}=-\boldsymbol{J}_{\mathrm{g}}^{\mathrm{v}}\quad 或\quad \rho^{\mathrm{a}}\boldsymbol{v}_{\mathrm{ag}}=-\rho^{\mathrm{v}}\boldsymbol{v}_{\mathrm{vg}} \tag{8.40}$$

混溶气体中干空气与水蒸气的扩散流动的流量可应用 Fick 定律描述

$$\boldsymbol{J}_{\mathrm{g}}^{\mathrm{a}}=-\rho_{\mathrm{g}}\frac{M_{\mathrm{a}}M_{\mathrm{v}}}{M_{\mathrm{g}}^{2}}\boldsymbol{D}_{\mathrm{p}}\nabla\left(\frac{p_{\mathrm{a}}}{p_{\mathrm{g}}}\right)-\boldsymbol{D}_{\mathrm{T}}^{\mathrm{a}}\nabla T \tag{8.41}$$

$$\boldsymbol{J}_{\mathrm{g}}^{\mathrm{v}}=-\rho_{\mathrm{g}}\frac{M_{\mathrm{a}}M_{\mathrm{v}}}{M_{\mathrm{g}}^{2}}\boldsymbol{D}_{\mathrm{p}}\nabla\left(\frac{p_{\mathrm{v}}}{p_{\mathrm{g}}}\right)-\boldsymbol{D}_{\mathrm{T}}^{\mathrm{v}}\nabla T \tag{8.42}$$

式中，有效扩散系数矩阵（Gawin et al., 1999）$\boldsymbol{D}_{\mathrm{p}}$ 由下式确定

$$\boldsymbol{D}_{\mathrm{p}}\left(\phi,S_{1},p_{\mathrm{g}},T\right)=\phi\left(1-S_{1}\right)^{A_{\mathrm{v}}}f_{\mathrm{s}}D_{\mathrm{p0}}\left(\frac{T}{T_{0}}\right)^{B_{\mathrm{v}}}\frac{p_{0}}{p_{\mathrm{g}}}\boldsymbol{I} \tag{8.43}$$

其中，$D_{\mathrm{p0}}=0.258\times10^{-4}\ \mathrm{m^{2}/s}, A_{\mathrm{v}}=1, B_{\mathrm{v}}=1.667, f_{\mathrm{s}}=0.01$（Gawin et al., 1999）。假定 $\boldsymbol{D}_{\mathrm{T}}^{\mathrm{a}}=-\boldsymbol{D}_{\mathrm{T}}^{\mathrm{v}}$，由式 (8.41) 和式 (8.42) 所分别定义的 $\boldsymbol{J}_{\mathrm{g}}^{\mathrm{a}}$ 和 $\boldsymbol{J}_{\mathrm{g}}^{\mathrm{v}}$ 将可保证 $\boldsymbol{J}_{\mathrm{g}}^{\mathrm{a}}=-\boldsymbol{J}_{\mathrm{g}}^{\mathrm{v}}$ 成立。取值 $\boldsymbol{D}_{\mathrm{T}}^{\mathrm{a}}=-\boldsymbol{D}_{\mathrm{T}}^{\mathrm{v}}$ 反映了当存在温度空间梯度时，混溶气体中较轻的气体倾向于由低温处流向高温处，而较重的气体则倾向于由高温处流向低温处这一现象。对于混溶气体中的水蒸气和干空气，$\boldsymbol{D}_{\mathrm{T}}^{\mathrm{a}}=-\boldsymbol{D}_{\mathrm{T}}^{\mathrm{v}}$ 总是成立。

8.3.4 液态水–水蒸气相变过程的热平衡条件

考虑液态水–水蒸气之间相变瞬间的单位质量液相自由焓与它的蒸汽相自由焓保持相等，并假定相变瞬间等温和液态水不可压缩，可得到此相变过程的以如下 Kelvin 定律表示的热动力学平衡条件

$$p_{\mathrm{v}}\left(\rho_{\mathrm{w}}, p_{\mathrm{c}}, T\right)=p_{\mathrm{vs}}(T) \exp \left(\frac{-p_{\mathrm{c}} M_{\mathrm{v}}}{\rho_{\mathrm{w}} R T}\right)=p_{\mathrm{vs}}(T) \cdot R H \tag{8.44}$$

式中，RH 定义为混溶气体的相对湿度。式 (8.44) 描述了一定温度下的蒸汽压力 p_{v} 和饱和蒸汽压力 p_{vs} 之间的关系。当 $T<T_{\mathrm{cr}}$ 时，可以利用 Hyland-Wexler 提出的经验公式（ASHRAE Handbook, 1993）求得 p_{vs}，即

$$p_{\mathrm{vs}}(T)=\exp \left(\frac{C_8}{T}+C_9+C_{10} T+C_{11} T^2+C_{12} T^3+C_{13} \ln (T)\right) \tag{8.45}$$

式中，常参数 $C_8=-5.8 \times 10^3\ \mathrm{MPa} \cdot \mathrm{K}, C_9=1.3915\ \mathrm{MPa}, C_{10}=-4.864 \times 10^{-2}\ \mathrm{MPa} \cdot \mathrm{K}^{-1}$, $C_{11}=4.1765 \times 10^{-5}\ \mathrm{MPa} \cdot \mathrm{K}^{-2}, C_{12}=-1.4452 \times 10^{-8}\ \mathrm{MPa} \cdot \mathrm{K}^{-3}$, $C_{13}=6.546\ \mathrm{MPa} \cdot \mathrm{K}^{-1}$。而当 $T \geqslant T_{\mathrm{cr}}$ 时，$p_{\mathrm{vs}}=p_{\mathrm{cr}}=22.09\ \mathrm{MPa}$。

8.3.5 固相质量密度和孔隙度的变化

式 (8.13) 所表示的多孔介质孔隙度变化率由两部分组成。实验结果表明（Schneider and Herbst, 1989），模型化为多孔介质的混凝土孔隙度可近似地表示为两部分之和，即

$$\phi=\phi_{\mathrm{ref}}+A_{\phi}\left(T-T_{\mathrm{ref}}\right)=\phi_{\mathrm{ref}}+\tilde{\phi}_{\mathrm{dhs}} \tag{8.46}$$

式中，ϕ_{ref} 定义为在固体骨架体积应变、热体积应变、作用于单个颗粒的有效压力引起的颗粒体积变形作用下的参考孔隙度。$\tilde{\phi}_{\mathrm{dhs}}$ 表示若当前温度 $T>T_{\mathrm{ref}}$，由于脱水和脱盐效应而在参考孔隙度基准上产生的孔隙度波动。A_{ϕ} 表示当前温度 $T>T_{\mathrm{ref}}$ 时依赖于混凝土类型、随温度变化的脱水和脱盐过程对孔隙度值的效应。

令 $\phi_0, \rho_{\mathrm{s}0}$ 和 $\phi_1, \rho_{\mathrm{s}1}$ 分别表示在初始时刻 t_0 和当前时刻 t_1 的孔隙度和固相质量密度。式 (8.12) 和 (8.13) 分别给出了固相质量密度和孔隙度随时间变化的时间物质导数。如式中所示，它们可分别表示成两部分之和。第一部为多孔介质中固相的固体骨架体积应变变化 $\nabla \cdot \boldsymbol{v}$、作用于固体颗粒的有效压力变化引起的颗粒体积变化 $\dfrac{\mathrm{D} p_{\mathrm{s}}}{K_{\mathrm{s}} \mathrm{D} t}$ 及固相的热体积应变变化 $(-\beta_{\mathrm{s}} \dot{T})$ 之和导致，如式 (8.12) 和式 (8.13) 右端第一项所示，可分别以 $\left(\dfrac{\partial \phi}{\partial t}\right)_{\mathrm{hmt}}$ 和 $\left(\dfrac{\partial \rho_{\mathrm{s}}}{\rho_{\mathrm{s}} \partial t}\right)_{\mathrm{hmt}}$ 表示；而第二部分

为由于温度变化导致的脱水度和脱盐度变化导致，如式 (8.12) 和式 (8.13) 右端第二项所示，可分别以 $\left(\dfrac{\partial \phi}{\partial t}\right)_{\text{dhs}}$ 和 $\left(\dfrac{\partial \rho_{\text{s}}}{\rho_{\text{s}}\partial t}\right)_{\text{dhs}}$ 表示。略去与固相关联的物理量 ρ_{s} 和孔隙度 ϕ 的物质时间导数中的对流部分，式 (8.13) 和式 (8.12) 可分别表示为

$$\frac{\mathrm{D}\phi}{\mathrm{D}t} = \left(\frac{\partial \phi}{\partial t}\right)_{\text{hmt}} + \left(\frac{\partial \phi}{\partial t}\right)_{\text{dhs}} \tag{8.47}$$

$$\frac{\mathrm{D}\rho_{\text{s}}}{\rho_{\text{s}}\mathrm{D}t} = \left(\frac{\partial \rho_{\text{s}}}{\rho_{\text{s}}\partial t}\right)_{\text{hmt}} + \left(\frac{\partial \rho_{\text{s}}}{\rho_{\text{s}}\partial t}\right)_{\text{dhs}} \tag{8.48}$$

由式 (8.46)、式 (8.47) 和式 (8.13)，我们可表示

$$\begin{aligned}\left(\frac{\partial \phi}{\partial t}\right)_{\text{dhs}} &= \frac{\partial \tilde{\phi}_{\text{dhs}}}{\partial t} = A_{\phi}\dot{T} \\ &= \left(\frac{1-\phi}{\rho_{\text{s}}}\left(\frac{\partial \rho_{\text{s}}}{\partial \Gamma_{\text{h}}}\frac{\partial \Gamma_{\text{h}}}{\partial T} + \frac{\partial \rho_{\text{s}}}{\partial \Gamma_{\text{s}}}\frac{\partial \Gamma_{\text{s}}}{\partial T}\right) + \frac{1}{\rho_{\text{s}}}\left(\frac{\partial m_{\text{h}}}{\partial T} + \frac{\partial m_{\text{s}}}{\partial T}\right)\right)\dot{T}\end{aligned} \tag{8.49}$$

由式 (8.47) 和式 (8.13)，我们可表示仅考虑力学–水力–热应变效应的孔隙度变化率如下

$$\left(\frac{\partial \phi}{\alpha - \phi}\right)_{\text{hmt}} = \left(\frac{\mathrm{D}p_{\text{s}}}{K_{\text{s}}\mathrm{D}t} - \beta_{\text{s}}\dot{T} + \nabla\cdot\boldsymbol{v}\right)\mathrm{d}t \tag{8.50}$$

对式 (8.50) 两边从 t_0 到 t_1 执行时间积分，并记 $\phi_0 = \phi_0(t_0)$，可得到

$$-\ln(\alpha - \phi)\big|_{t=t_0}^{t=t_1} = -(\ln(\alpha - (\phi_0 + \Delta\phi_{\text{hmt}})) - \ln(\alpha - \phi_0)) = \frac{\Delta p_{\text{s}}}{K_{\text{s}}} - \beta_{\text{s}}\Delta T + \Delta\varepsilon_{ii} \tag{8.51}$$

式中，$\Delta p_{\text{s}} = p_{\text{s}}(t_1) - p_{\text{s}}(t_0)$，$\Delta T = T(t_1) - T(t_0) = T_1 - T_0$，$\Delta\varepsilon_{ii} = \varepsilon_{ii}(t_1) - \varepsilon_{ii}(t_0)$，$\Delta\phi_{\text{hmt}}$ 表示从时刻 t_0 到 t_1 仅考虑 hmt（力学–水力–热应变）效应的孔隙度 ϕ 的增量。由式 (8.51) 可以得到仅考虑时刻 t_0 到 t_1 的 hmt 效应的当前时刻 $t = t_1$ 的孔隙度 $\phi_{\text{hmt}}(t_1)$

$$\begin{aligned}\phi_{\text{hmt}}(t_1) &= \phi_0 + \Delta\phi_{\text{hmt}} \\ &= \alpha - (\alpha - \phi_0)\exp\left(-\left(\frac{\Delta p_{\text{s}}}{K_{\text{s}}} - \beta_{\text{s}}\Delta T + \Delta\varepsilon_{ii}\right)\right)\end{aligned} \tag{8.52}$$

利用式 (8.49)，同时考虑力学–水力–热应变效应和脱水度和脱盐度变化效应的当前孔隙度 $\phi(t_1)$ 则可表示为

$$\phi_1 = \phi(t_1) = \phi_0 + \Delta\phi_{\text{hmt}} + \Delta\phi_{\text{dhs}}$$

$$= \alpha - (\alpha - \phi_0)\exp\left(-\left(\frac{\Delta p_{\mathrm{s}}}{K_{\mathrm{s}}} - \beta_{\mathrm{s}}\Delta T + \Delta\varepsilon_{ii}\right)\right) + A_\phi \Delta T \tag{8.53}$$

假定固相基质材料因温度变化而脱水的质量密度丧失率 $\dot{m}_{\mathrm{h}}$ 与温度升高率成正比 (Harmathy and Allen, 1973), 即

$$\dot{m}_{\mathrm{h}} = \frac{\partial m_{\mathrm{h}}}{\partial T}\dot{T}, \quad \frac{\partial m_{\mathrm{h}}}{\partial T} = -H_{\mathrm{h}}(T - T_{\mathrm{h0}})A_{\mathrm{h}} = -H_{\mathrm{h}}A_{\mathrm{h}} \tag{8.54}$$

式中，$H_{\mathrm{h}} = H_{\mathrm{h}}(T - T_{\mathrm{h0}})$ 表示 Heaviside 函数，以及 $T_{\mathrm{h0}} = 393.15\ \mathrm{K}$ 是脱水温度阈值，仅在当前温度 T 高于此温度阈值时混凝土材料才可能发生进一步的脱水过程；脱水系数 $A_{\mathrm{h}} = -(0.04 \sim 0.08)\ \mathrm{kg}/\left(\mathrm{m}^3\cdot\mathrm{K}\right)$。

类似于式 (8.54) 的表达式也可应用于表述固相基质材料因温度变化而脱盐的质量丧失率 $\dot{m}_{\mathrm{s}}$, 即

$$\dot{m}_{\mathrm{s}} = \frac{\partial m_{\mathrm{s}}}{\partial T}\dot{T}, \quad \frac{\partial m_{\mathrm{s}}}{\partial T} = -H_{\mathrm{s}}(T - T_{\mathrm{s0}})A_{\mathrm{s}} = -H_{\mathrm{s}}A_{\mathrm{s}} \tag{8.55}$$

式中，$H_{\mathrm{s}} = H_{\mathrm{s}}(T - T_{\mathrm{s0}})$ 表示 Heaviside 函数，以及 T_{s0} 是脱盐温度阈值，仅在当前温度 T 高于此温度阈值时混凝土材料才可能发生进一步的脱盐过程；脱盐系数 $A_{\mathrm{s}} = -6 \times 10^{-5}\ \mathrm{kg}/\left(\mathrm{m}^3\cdot\mathrm{K}\right)$。

将式 (8.54) 和式 (8.55) 代入式 (8.49) 可得到

$$\frac{\partial \rho_{\mathrm{s}}}{\partial \Gamma_{\mathrm{h}}}\frac{\partial \Gamma_{\mathrm{h}}}{\partial T} + \frac{\partial \rho_{\mathrm{s}}}{\partial \Gamma_{\mathrm{s}}}\frac{\partial \Gamma_{\mathrm{s}}}{\partial T} = \frac{H_{\mathrm{h}}A_{\mathrm{h}} + H_{\mathrm{s}}A_{\mathrm{s}} + A_\phi \rho_{\mathrm{s}}}{1 - \phi} \tag{8.56}$$

利用式 (8.48) 和式 (8.12) 可表示

$$\left(\frac{\partial \rho_{\mathrm{s}}}{\rho_{\mathrm{s}}\partial t}\right)_{\mathrm{hmt}} = \frac{(\alpha - \phi)\dfrac{\mathrm{D}p_{\mathrm{s}}}{K_{\mathrm{s}}\mathrm{D}t} - (1 - \alpha)\nabla\cdot\boldsymbol{v} - (\alpha - \phi)\beta_{\mathrm{s}}\dot{T}}{1 - \phi} \tag{8.57}$$

为对式 (8.57) 执行从 t_0 到 t_1 的时间积分，利用式 (8.50)，将其改写为

$$\begin{aligned}\left(\frac{\partial \rho_{\mathrm{s}}}{\rho_{\mathrm{s}}\partial t}\right)_{\mathrm{hmt}} &= \frac{\alpha - 1}{1 - \phi}\left(\frac{\mathrm{D}p_{\mathrm{s}}}{K_{\mathrm{s}}\mathrm{D}t} + \nabla\cdot\boldsymbol{v}\right) + \frac{\mathrm{D}p_{\mathrm{s}}}{K_{\mathrm{s}}\mathrm{D}t} - \frac{\alpha - \phi}{1 - \phi}\beta_{\mathrm{s}}\dot{T} \\ &= \frac{\alpha - 1}{1 - \phi}\left(\frac{1}{\mathrm{d}t}\left(\frac{\partial \phi}{\alpha - \phi}\right)_{\mathrm{hmt}} + \beta_{\mathrm{s}}\dot{T}\right) + \frac{\mathrm{D}p_{\mathrm{s}}}{K_{\mathrm{s}}\mathrm{D}t} - \frac{\alpha - \phi}{1 - \phi}\beta_{\mathrm{s}}\dot{T}\end{aligned} \tag{8.58}$$

并进而得到

$$\left(\frac{\partial\rho_{\rm s}}{\rho_{\rm s}}\right)_{\rm hmt}=-(1-\alpha)\left(\frac{{\rm d}\phi}{(1-\phi)(\alpha-\phi)}\right)_{\rm hmt}+\frac{{\rm d}p_{\rm s}}{K_{\rm s}}-\beta_{\rm s}{\rm d}T \tag{8.59}$$

注意到 $\int_{t_0}^{t_1}\left(\frac{{\rm d}\phi}{(1-\phi)(\alpha-\phi)}\right)_{\rm hmt}=\frac{1}{1-\alpha}\left(\ln\frac{1-(\phi_0+\Delta\phi_{\rm hmt})}{\alpha-(\phi_0+\Delta\phi_{\rm hmt})}-\ln\frac{1-\phi_0}{\alpha-\phi_0}\right)$，并记 $\phi_{1,{\rm hmt}}=\phi_0+\Delta\phi_{\rm hmt}$，对式 (8.59) 两边执行从 t_0 到 t_1 的时间积分可得到

$$\ln\rho_{\rm s,hmt}\big|_{t=t_0}^{t=t_1}=\ln\left(\frac{(1-\phi_0)(\alpha-\phi_{1,{\rm hmt}})}{(\alpha-\phi_0)(1-\phi_{1,{\rm hmt}})}\right)+\frac{\Delta p_{\rm s}}{K_{\rm s}}-\beta_{\rm s}\Delta T \tag{8.60}$$

由式 (8.60) 可得到尚未考虑脱水脱盐效应的当前时刻固相质量密度

$$\begin{aligned}\rho_{\rm s,hmt}(t_1)&=\rho_{\rm s0}+\Delta\rho_{\rm s,hmt}\\&=\rho_{\rm s0}\frac{1-\phi_0}{\alpha-\phi_0}\frac{\alpha-\phi_{1,{\rm hmt}}}{1-\phi_{1,{\rm hmt}}}\exp\left(\frac{\Delta p_{\rm s}}{K_{\rm s}}-\beta_{\rm s}\Delta T\right)\end{aligned} \tag{8.61}$$

式中 $\phi_{1,{\rm hmt}}=\phi_{\rm hmt}(t_1)$ 由式 (8.52) 计算。利用式 (8.12)、式 (8.48) 和式 (8.56) 可表示

$$\left(\frac{\partial\rho_{\rm s}}{\partial t}\right)_{\rm dhs}=\left(\frac{\partial\rho_{\rm s}}{\partial\Gamma_{\rm h}}\frac{\partial\Gamma_{\rm h}}{\partial T}+\frac{\partial\rho_{\rm s}}{\partial\Gamma_{\rm s}}\frac{\partial\Gamma_{\rm s}}{\partial T}\right)\dot{T}=\frac{H_{\rm h}A_{\rm h}+H_{\rm s}A_{\rm s}+A_\phi\rho_{\rm s}}{(1-\phi)}\dot{T},\quad 若T>T_{\rm ref} \tag{8.62}$$

为了对式 (8.62) 执行从 t_0 到 t_1 的时间积分，注意式 (8.52) 和式 (8.53)，将它改写为

$$\left(\frac{{\rm d}\rho_{\rm s}}{H_{\rm h}A_{\rm h}+H_{\rm s}A_{\rm s}+A_\phi\rho_{\rm s}}\right)_{\rm dhs}=\frac{{\rm d}T}{1-(\phi_{1,{\rm hmt}}+A_\phi(T-T(t_0)))} \tag{8.63}$$

注意到脱水和脱盐过程对于固相质量密度的影响不可逆，即对于一个时刻 t_0 到 t_1 的增量步，仅当 $\Delta T=T(t_1)-T(t_0)>0$，且 $T(t_1)>T_{\rm ref}$ 时脱水与脱盐效应才对孔隙度与固相质量密度的变化起作用，才有 $\left(\frac{\partial\rho_{\rm s}}{\partial t}\right)_{\rm dhs}\neq 0$。若 $T(t_1)>T(t_0)\geqslant T_{\rm ref}$，记 $\Delta T=T(t_1)-T(t_0)$，否则，若 $T(t_1)>T_{\rm ref}>T(t_0)$，记 $\Delta T=T(t_1)-T_{\rm ref}$，对式 (8.63) 两边执行从 t_0 到 t_1 的时间积分可得到

$$\begin{aligned}&\frac{1}{A_\phi}\ln\frac{H_{\rm h}A_{\rm h}+H_{\rm s}A_{\rm s}+A_\phi(\rho_{\rm s0}+\Delta\rho_{\rm s,dhs})}{H_{\rm h}A_{\rm h}+H_{\rm s}A_{\rm s}+A_\phi\rho_{\rm s0}}\\&=-\frac{1}{A_\phi}\ln\frac{1-\phi_{1,{\rm hmt}}-A_\phi\Delta T}{1-\phi_{1,{\rm hmt}}}\end{aligned} \tag{8.64}$$

式 (8.64) 可改写为

$$\frac{H_{\mathrm{h}}A_{\mathrm{h}}+H_{\mathrm{s}}A_{\mathrm{s}}+A_{\phi}\left(\rho_{\mathrm{s0}}+\Delta\rho_{\mathrm{s,dhs}}\right)}{H_{\mathrm{h}}A_{\mathrm{h}}+H_{\mathrm{s}}A_{\mathrm{s}}+A_{\phi}\rho_{\mathrm{s0}}}=\frac{1-\phi_{1,\mathrm{hmt}}}{1-\phi_{1,\mathrm{hmt}}-A_{\phi}\Delta T} \tag{8.65}$$

并由式 (8.65) 解得因脱水和脱盐效应的固相质量密度增量 $\Delta\rho_{\mathrm{s,dhs}}$

$$\begin{aligned}&\Delta\rho_{\mathrm{s,\,dhs}}\\&=\frac{1}{A_{\phi}}\left(\frac{1-\phi_{1,\mathrm{hmt}}}{1-\phi_{1,\mathrm{hmt}}-A_{\phi}\Delta T}(H_{\mathrm{h}}A_{\mathrm{h}}-H_{\mathrm{s}}A_{\mathrm{s}}+A_{\phi}\rho_{\mathrm{so}})-(H_{\mathrm{h}}A_{\mathrm{h}}-H_{\mathrm{s}}A_{\mathrm{s}})\right)-\rho_{\mathrm{s0}}\end{aligned} \tag{8.66}$$

由式 (8.61) 和式 (8.66) 可得到同时考虑力学–水力–热应变效应和脱水度和脱盐度变化效应的当前时刻的固相质量密度 $\rho_{\mathrm{s}}\left(t_1\right)$

$$\begin{aligned}\rho_{\mathrm{s1}}=&\rho_{\mathrm{s}}\left(t_1\right)=\rho_{\mathrm{s0}}+\Delta\rho_{\mathrm{s,hmt}}+\Delta\rho_{\mathrm{s,dhs}}\\&=\rho_{\mathrm{s0}}\frac{1-\phi_0}{\alpha-\phi_0}\frac{\alpha-\phi_{1,\mathrm{hmt}}}{1-\phi_{1,\mathrm{hmt}}}\exp\left(\frac{\Delta p_{\mathrm{s}}}{K_{\mathrm{s}}}-\beta_{\mathrm{s}}\Delta T\right)\\&\quad+\Delta\rho_{\mathrm{s,dhs}}\end{aligned} \tag{8.67}$$

式中 $\Delta\rho_{\mathrm{s,dhs}}$ 由式 (8.66) 计算。

8.3.6 固相弹性模量的变化与化学损伤因子

脱水效应（Sercombe et al., 2000）和脱盐效应（Saetta et al., 1998）对混凝土弹性模量的影响分别依赖于水合度 ξ 和基质溶解物相对浓度 $R_{\mathrm{c}}\,(=c_{\mathrm{p}}/c_{\mathrm{ref}})$。基于连续损伤力学概念，同时考虑脱水和脱盐两者对混凝土材料的损伤效应的弹性模量公式可表示为

$$E\left(\xi,c_{\mathrm{p}}\right)=E_0\left(1-d_{\mathrm{c}}\left(\xi,c_{\mathrm{p}}\right)\right)=E_0\left(1-d_{\mathrm{h}}(\xi)\right)\left(1-d_{\mathrm{s}}\left(c_{\mathrm{p}}\right)\right) \tag{8.68}$$

$$d_{\mathrm{h}}=d_{\mathrm{h}}(\xi)=1-\sqrt{\xi},\quad d_{\mathrm{s}}=d_{\mathrm{s}}\left(c_{\mathrm{p}}\right)=(1-\varphi)\left(1-\frac{1}{1+\left(2R_{\mathrm{c}}\right)^4}\right) \tag{8.69}$$

式中，$0\leqslant d_{\mathrm{c}}<1$ 定义为综合了脱水和脱盐效应的化学损伤因子；$0\leqslant d_{\mathrm{h}}<1, 0\leqslant d_{\mathrm{s}}<1$ 分别定义为脱水和脱盐损伤因子。E_0 是在没有脱水和脱盐情况下的混凝土材料弹性模量。利用式 (8.54), 依赖于当前温度的水合度 ξ 可定义为（Gawin et al., 1999; 2003; Ulm et al., 1999a）

$$\xi=\xi(T)=\frac{m_h(T)}{m_h\left(t_0\right)}=\frac{m_0+H_{\mathrm{h}}A_{\mathrm{h}}\left(T-T_{\mathrm{h0}}\right)}{m_0}=1+\frac{H_{\mathrm{h}}A_{\mathrm{h}}}{m_0}\left(T-T_{\mathrm{h0}}\right) \tag{8.70}$$

式中，m_0 和 $m_h(T)$ 分别表示初始和当前温度 T 下的化学束缚水质量。水合度的变化范围从 0 （固相中没有化学束缚水存在，即完全脱水）到 1（所有的化学束缚水全部吸附在固相上，即没有脱水现象出现）。

相对浓度 $R_c\,(=c_p/c_{\mathrm{ref}})$ 表示化学反应 (脱盐) 的程度，定义为真实基质溶解物的浓度 c_p 与参考浓度 c_{ref} 的比值，参考浓度 c_{ref} 表示当化学侵蚀过程达到最大程度时将溶入孔隙液相的基质浓度。$c_p=0$ 表示没有基质物质融入孔隙液相，$d_s=d_s\left(c_p=0\right)=0$，即没有脱盐损伤效应。式 (8.69) 第二式中 φ 表示当脱盐过程完全结束（也就是 $c_p=c_{\mathrm{ref}}$）时, 由于脱盐引起的相对（归一化）残余混凝土强度。

8.3.7 力学与化学耦合损伤模型

8.3.7.1 Mazars 力学损伤模型

连续损伤力学理论框架中的应变类损伤准则可表示为

$$f^{\mathrm{d}}\left({}^t\tilde{\varepsilon},{}^tr\right)={}^t\tilde{\varepsilon}-{}^tr\leqslant 0 \tag{8.71}$$

式中，${}^t\tilde{\varepsilon}$ 是 t 时刻的有效应变，${}^tr$ 为 t 时刻材料的损伤阈值。Mazars 定义的 ${}^t\tilde{\varepsilon}$ 表达式为

$${}^t\tilde{\varepsilon}=\sqrt{\sum_{i=1}^{3}\left(\langle{}^t\varepsilon_i^{\mathrm{m,e}}\rangle\right)^2} \tag{8.72}$$

其中，${}^t\varepsilon_i^{\mathrm{m,e}}$ 表示 t 时刻由力学因素引起的第 i 个弹性主应变，同时定义：

$$\left\langle{}^t\varepsilon_i^{\mathrm{m,e}}\right\rangle=\begin{cases}{}^t\varepsilon_i^{\mathrm{m,e}}, & \text{若 } {}^t\varepsilon_i^{\mathrm{m,e}}>0\\ 0, & \text{若 } {}^t\varepsilon_i^{\mathrm{m,e}}\leqslant 0\end{cases} \tag{8.73}$$

令 ${}^0r$ 表示混凝土初始损伤阈值，${}^{\max}\tilde{\varepsilon}$ 表示迄今为止 ${}^t\tilde{\varepsilon}$ 的最大值。对于任何当前时刻 t，将有

$${}^tr=\max\left({}^0r,{}^{\max}\tilde{\varepsilon}\right) \tag{8.74}$$

鉴于混凝土在承受单轴拉伸与单轴压缩时损伤萌生与发展的细观机理不同，任何时刻 t 的力学损伤因子 d_{m} 定义为单向拉伸损伤因子 $d_{\mathrm{m,t}}$ 和单向压缩损伤因子 $d_{\mathrm{m,c}}$ 的加权平均，即

$$d_{\mathrm{m}}=\alpha_{\mathrm{t}}d_{\mathrm{m,t}}+\alpha_{\mathrm{c}}d_{\mathrm{m,c}} \tag{8.75}$$

式中，

$$d_{\mathrm{m,t}}=1-\frac{{}^0r\left(1-A_{\mathrm{t}}\right)}{{}^tr}-A_{\mathrm{t}}\exp\left(B_{\mathrm{t}}\left({}^0r-{}^tr\right)\right),$$

$$\alpha_{\mathrm{t}}=\sum_{i=1}^{3}\varepsilon_{i,\mathrm{t}}^{\mathrm{m,e}}\left\langle\varepsilon_{i}^{\mathrm{m,e}}\right\rangle/{}^{t}\tilde{\varepsilon}^{2},\quad {}^{t}\tilde{\varepsilon}>0 \tag{8.76}$$

$$\begin{aligned}&d_{\mathrm{m,c}}=1-\frac{{}^{0}r\left(1-A_{\mathrm{c}}\right)}{{}^{t}r}-A_{\mathrm{c}}\exp\left(B_{\mathrm{c}}\left({}^{0}r-{}^{t}r\right)\right),\\&\alpha_{\mathrm{c}}=\sum_{i=1}^{3}\varepsilon_{i,\mathrm{c}}^{\mathrm{m,e}}\left\langle\varepsilon_{i}^{\mathrm{m,e}}\right\rangle/{}^{t}\tilde{\varepsilon}^{2},\quad {}^{t}\tilde{\varepsilon}>0\end{aligned} \tag{8.77}$$

式中，$A_{\mathrm{t}},B_{\mathrm{t}},A_{\mathrm{c}},B_{\mathrm{c}}$ 是材料的力学损伤参数；$\varepsilon_{i,\mathrm{t}}^{\mathrm{m,e}},\varepsilon_{i,\mathrm{c}}^{\mathrm{m,e}}$ 分别表示由正值和负值有效主应力引起的第 i 个力学弹性应变（固体骨架弹性应变）主值，以及 $\varepsilon_{i}^{\mathrm{m,e}}=\varepsilon_{i,t}^{\mathrm{m,e}}+\varepsilon_{i,\mathrm{c}}^{\mathrm{m,e}}$。在单向拉伸和单向压缩情况下，分别有 $\alpha_{\mathrm{t}}=1,\alpha_{\mathrm{c}}=0$ 和 $\alpha_{\mathrm{t}}=0,\alpha_{\mathrm{c}}=1$。

力学损伤演化律由如下方程表示

$$\dot{d}_{\mathrm{m}}=\dot{\mu}H_{\mathrm{d}}\left(\tilde{\varepsilon},d_{\mathrm{m}}\right)=\dot{\mu}\frac{\partial d_{\mathrm{m}}}{\partial\tilde{\varepsilon}} \tag{8.78}$$

其中，损伤一致性参数 $\dot{\mu}\geqslant 0$。按损伤条件 (8.71) 和式 (8.72) 所示有效应变定义，以及式 (8.75) 所示损伤因子 d_{m} 的定义，可得到

$$\dot{\mu}=\frac{1}{\tilde{\boldsymbol{\varepsilon}}}\left(\boldsymbol{\varepsilon}_{+}^{\mathrm{m,e}}\right)^{\mathrm{T}}\dot{\boldsymbol{\varepsilon}}^{\mathrm{m,e}} \tag{8.79}$$

式中，$\boldsymbol{\varepsilon}_{+}^{\mathrm{m,e}}$ 表示力学效应引起的正值弹性应变向量。它能按谱分解原理确定的特征对表示为

$$\boldsymbol{\varepsilon}_{+}^{\mathrm{m,e}}=\sum_{i=1}^{3}\left\langle\varepsilon_{i}^{\mathrm{m,e}}\right\rangle\boldsymbol{L}_{i}' \tag{8.80}$$

其中，

$$\boldsymbol{L}_{i}'=\left[\begin{array}{cccccc}n_{i,1}^{2} & n_{i,2}^{2} & n_{i,3}^{2} & n_{i,1}n_{i,2} & n_{i,2}n_{i,3} & n_{i,3}n_{i,1}\end{array}\right]^{\mathrm{T}},\quad i=1,2,3 \tag{8.81}$$

式中，$\left[\begin{array}{ccc}n_{i,1} & n_{i,2} & n_{i,3}\end{array}\right]^{\mathrm{T}}$ 表示与第 i 个主弹性应变 $\varepsilon_{i}^{\mathrm{m,e}}$ 相关联的第 i 个主方向。

假定在一个增量步中径向加载（Mazars and Pijaudier-Cabot, 1989)，即 $\mathrm{d}\alpha_{\mathrm{t}}=\mathrm{d}\alpha_{\mathrm{c}}=0$，由式 (8.75)～式 (8.77) 定义的损伤变量 d_{m} 表达式可得到

$$\begin{aligned}H_{\mathrm{d}}\left(\tilde{\varepsilon},d_{\mathrm{m}}\right)=\frac{\partial d_{\mathrm{m}}}{\partial\tilde{\varepsilon}}=&\alpha_{\mathrm{t}}\left[\frac{{}^{0}r\left(1-A_{\mathrm{t}}\right)}{\tilde{\varepsilon}^{2}}+A_{\mathrm{t}}B_{\mathrm{t}}\exp\left(B_{\mathrm{t}}\left({}^{0}r-{}^{t}r\right)\right)\right]\\&+\alpha_{\mathrm{c}}\left[\frac{{}^{0}r\left(1-A_{\mathrm{c}}\right)}{\tilde{\varepsilon}^{2}}+A_{\mathrm{c}}B_{\mathrm{c}}\exp\left(B_{\mathrm{c}}\left({}^{0}r-{}^{t}r\right)\right)\right]\end{aligned} \tag{8.82}$$

8.3.7.2 化学–力学耦合损伤模型

根据式 (8.69) 所定义的 $d_{\mathrm{h}}, d_{\mathrm{s}}$ 可定义同时计及脱水和脱盐效应的化学损伤因子 d_{c} 如下

$$d_{\mathrm{c}} = 1 - (1 - d_{\mathrm{h}})(1 - d_{\mathrm{s}}) \tag{8.83}$$

需要指出的是，当引入由升温引起的脱盐和脱水对混凝土骨架弹性模量的化学损伤影响后，本模型中也就随之考虑了基于化学损伤而带来的不断增长的热损伤过程。

把由式 (8.75) 和式 (8.83) 所定义的力学损伤因子和化学损伤因子结合在一起，综合了由力学和化学因素引起的损伤效应的总损伤因子可定义为

$$d = 1 - (1 - d_{\mathrm{m}})(1 - d_{\mathrm{c}}) = 1 - (1 - d_{\mathrm{m}})(1 - d_{\mathrm{h}})(1 - d_{\mathrm{s}}) \tag{8.84}$$

且有 $d \in [0, 1]$ 和 $\dot{d} \geqslant 0$。

8.3.8 考虑化学塑性软化的弹塑性模型：广义 Willam-Warnke 屈服准则

在本章所介绍的模型中，利用广义三参数 Willam-Warnke 屈服准则（Willam and Warnke, 1975; Ulm et al., 1999a）描述混凝土中出现的化学塑性耦合行为，其中包括了力学引起的应变软化/硬化和由于脱水和脱盐引起的化学软化。广义 Willam-Warnke 屈服函数可表示为

$$f = f\left(\bar{\sigma}''_{\mathrm{m}}, q, \theta\right) = q + r(\theta)\left(\bar{\sigma}''_{\mathrm{m}} - c\left(\bar{\varepsilon}_{\mathrm{p}}, p_{\mathrm{c}}, \xi, c_{\mathrm{p}}\right)\right) \tag{8.85}$$

式中，$(\bar{\sigma}''_{\mathrm{m}}, q, \theta)$ 代表了有效 Bishop 应力张量 $\bar{\sigma}''_{ij} = \bar{s}''_{ij} + \bar{\sigma}''_{\mathrm{m}}\delta_{ij}$ 的三个应力不变量，有效 Bishop 应力张量的主应力以 $\bar{\sigma}''_1 \geqslant \bar{\sigma}''_2 \geqslant \bar{\sigma}''_3$ 表示，$\bar{s}''_{ij}$ 表示 $\bar{\sigma}''_{ij}$ 的偏应力部分，δ_{ij} 是 Kronecker delta 符号。三个应力不变量 $\bar{\sigma}''_{\mathrm{m}}, q, \theta$ 定义为

$$q = \sqrt{\frac{1}{2}\bar{s}''_{ij}\bar{s}''_{ij}}, \quad \bar{\sigma}''_{\mathrm{m}} = \frac{1}{3}\bar{\sigma}''_{ii}; \quad \cos\theta = \frac{2\bar{\sigma}''_1 - \bar{\sigma}''_2 - \bar{\sigma}''_3}{\sqrt{12}q} \tag{8.86}$$

摩擦系数 $r(\theta)$ 是 Lode 角 θ 的函数，它在拉伸摩擦系数 $r_{\mathrm{t}} = r(\theta = 0)$ 和压缩摩擦系数 $r_{\mathrm{c}} = r\left(\theta = 60^\circ\right)$ 之间变化，即 $r_{\mathrm{t}} \leqslant r(\theta) \leqslant r_{\mathrm{c}}$，并可表示为

$$r(\theta) = \frac{u + v}{w} \tag{8.87}$$

式中

$$u = u(\cos\theta) = 2r_{\mathrm{c}}\left(r_{\mathrm{c}}^2 - r_{\mathrm{t}}^2\right)\cos\theta$$

$$v=v(\cos\theta)=r_{\mathrm{c}}\left(2r_{\mathrm{t}}-r_{\mathrm{c}}\right)\left(4\left(r_{\mathrm{c}}^{2}-r_{\mathrm{t}}^{2}\right)\cos^{2}\theta+5r_{\mathrm{t}}^{2}-4r_{\mathrm{t}}r_{\mathrm{c}}\right)^{1/2}$$

$$w=w(\cos\theta)=4\left(r_{\mathrm{c}}^{2}-r_{\mathrm{t}}^{2}\right)\cos^{2}\theta+\left(r_{\mathrm{c}}-2r_{\mathrm{t}}\right)^{2} \tag{8.88}$$

式 (8.85) 中 $c\left(\bar{\varepsilon}_{\mathrm{p}},p_{\mathrm{c}},\xi,c_{\mathrm{p}}\right)$ 是依赖于等价塑性应变 $\bar{\varepsilon}_{\mathrm{p}}$，毛细压力 p_{c}，水合度 ξ 和溶解于混凝土孔隙液相中的固相基质成分浓度 c_{p} 的材料内聚力；假定它随状态变量 $\bar{\varepsilon}_{\mathrm{p}},p_{\mathrm{c}},\xi,c_{\mathrm{p}}$ 的发展而按分片线性硬化/软化规律演化，即

$$c\left(\bar{\varepsilon}_{\mathrm{p}},p_{\mathrm{c}},\xi,c_{\mathrm{p}}\right)=c_{0}+h_{\mathrm{p}}\bar{\varepsilon}_{\mathrm{p}}+h_{\mathrm{s}}p_{\mathrm{c}}+h_{\xi}(1-\xi)+h_{\mathrm{c}}c_{\mathrm{p}} \tag{8.89}$$

式中，c_0 是初始内聚力；$h_{\mathrm{p}},h_{\mathrm{s}},h_{\xi},h_{\mathrm{c}}$ 是材料硬化/软化参数。

当给定单轴拉伸和压缩强度 $f_{\mathrm{t}},f_{\mathrm{c}}$ 和双轴压缩强度 f_{bc}，材料参数 $c_0,r_{\mathrm{t}},r_{\mathrm{c}}$ 可表示为

$$c_{0}=\frac{f_{\mathrm{bc}}f_{\mathrm{t}}}{f_{\mathrm{bc}}-f_{\mathrm{t}}},\quad r_{\mathrm{t}}=\sqrt{3}\frac{f_{\mathrm{bc}}-f_{\mathrm{t}}}{2f_{\mathrm{bc}}+f_{\mathrm{t}}},\quad r_{\mathrm{c}}=\sqrt{3}\frac{\left(f_{\mathrm{bc}}-f_{\mathrm{t}}\right)f_{\mathrm{c}}}{3f_{\mathrm{bc}}f_{\mathrm{t}}+f_{\mathrm{bc}}f_{\mathrm{c}}-f_{\mathrm{t}}f_{\mathrm{c}}} \tag{8.90}$$

注意 $h_{\xi}<0,h_{\mathrm{c}}<0$ 表示材料内聚力将随温度升高发展的脱水和脱盐过程演化而不断降低。因而，在模型中考虑了因混凝土材料化学（脱水和脱盐）蜕变而引起的热脱粘效应。

8.4 化学–弹塑性–损伤耦合模型的本构模拟和算法

8.4.1 非饱和多孔介质 Bishop 应力–应变关系

假定非饱和多孔介质总应变率向量 $\dot{\boldsymbol{\varepsilon}}$ 通过和式分解方式分解为如下各弹性和塑性应变率分量之和，即（Wu et al., 2004）

$$\dot{\boldsymbol{\varepsilon}}=\dot{\boldsymbol{\varepsilon}}^{\mathrm{m,e}}+\dot{\boldsymbol{\varepsilon}}^{\mathrm{T,e}}+\dot{\boldsymbol{\varepsilon}}^{\mathrm{s,e}}+\dot{\boldsymbol{\varepsilon}}^{\xi,\mathrm{e}}+\dot{\boldsymbol{\varepsilon}}^{\mathrm{c,e}}+\dot{\boldsymbol{\varepsilon}}^{\mathrm{m,p}} \tag{8.91}$$

式中，$\dot{\boldsymbol{\varepsilon}}^{\mathrm{m,e}},\dot{\boldsymbol{\varepsilon}}^{\mathrm{T,e}},\dot{\boldsymbol{\varepsilon}}^{\mathrm{s,e}},\dot{\boldsymbol{\varepsilon}}^{\xi,\mathrm{e}},\dot{\boldsymbol{\varepsilon}}^{\mathrm{c,e}},\dot{\boldsymbol{\varepsilon}}^{\mathrm{m,p}}$ 分别表示由力学（固体骨架弹性应变）、热膨胀、毛细压力（吸力）、水合和脱盐效应导致的弹性应变率和由力学（固体骨架塑性应变）因素导致的塑性应变率。

对于三维非饱和多孔介质情况，在连续损伤力学理论中定义的有效 Bishop 应力向量 $\bar{\boldsymbol{\sigma}}''$ 和应变向量 $\boldsymbol{\varepsilon}$ 的分量表示为

$$\bar{\boldsymbol{\sigma}}''=\left[\begin{array}{cccccc}\bar{\sigma}_{\mathrm{x}}'' & \bar{\sigma}_{\mathrm{y}}'' & \bar{\sigma}_{z}'' & \bar{\tau}_{\mathrm{xy}}'' & \bar{\tau}_{\mathrm{yz}}' & \bar{\tau}_{\mathrm{zx}}''\end{array}\right]^{\mathrm{T}} \tag{8.92}$$

$$\boldsymbol{\varepsilon}=\left[\begin{array}{cccccc}\varepsilon_{\mathrm{x}} & \varepsilon_{\mathrm{y}} & \varepsilon_{\mathrm{z}} & \gamma_{\mathrm{xy}} & \gamma_{\mathrm{yz}} & \gamma_{\mathrm{zx}}\end{array}\right]^{\mathrm{T}} \tag{8.93}$$

Bishop 应力向量 $\boldsymbol{\sigma}''=\begin{bmatrix}\sigma''_{\mathrm{x}} & \sigma''_{\mathrm{y}} & \sigma''_{\mathrm{z}} & \tau''_{\mathrm{xy}} & \tau''_{\mathrm{yz}} & \tau''_{\mathrm{zx}}\end{bmatrix}^{\mathrm{T}}$ 与考虑损伤效应的有效 Bishop 应力向量 $\bar{\boldsymbol{\sigma}}''$，并进一步与弹性应变向量 $\boldsymbol{\varepsilon}^{\mathrm{m,e}}$ 联系的表达式可写为

$$\boldsymbol{\sigma}''=(1-d)\bar{\boldsymbol{\sigma}}''=(1-d)\boldsymbol{D}\boldsymbol{\varepsilon}^{\mathrm{m,e}} \tag{8.94}$$

式中，σ'' 与作用于非饱和多孔介质多相混合体的总应力 $\boldsymbol{\sigma}$ 的关系式如式 (8.23) 所示。$\boldsymbol{D}$ 表示多孔介质固体骨架的无损状态的弹性模量矩阵。多孔介质固体骨架塑性应变率 $\dot{\boldsymbol{\varepsilon}}^{\mathrm{m,p}}$ 按塑性流动法则表示为

$$\dot{\boldsymbol{\varepsilon}}^{\mathrm{m,p}}=\dot{\lambda}\frac{\partial g}{\partial\bar{\boldsymbol{\sigma}}''} \tag{8.95}$$

式中，$\dot{\lambda}$ 为塑性乘子，g 是考虑非关联塑性条件的塑性势函数。若考虑关联塑性，则有 $g=f$，f 为如式 (8.85) 所示的广义 Willam-Warnke 屈服函数。

累计等价塑性应变 $\bar{\varepsilon}_{\mathrm{p}}$ 可由增量等价塑性应变 $\Delta\bar{\varepsilon}_{\mathrm{p}}$ 的时间积分表示为

$$\bar{\varepsilon}_{\mathrm{p}}=\int_0^t\Delta\bar{\varepsilon}_{\mathrm{p}} \tag{8.96}$$

式中，增量等价塑性应变 $\Delta\bar{\varepsilon}_{\mathrm{p}}$ 可按第 2 章的式 (2.29) 计算。

由吸力变化导致的弹性应变率 $\dot{\boldsymbol{\varepsilon}}^{\mathrm{s,e}}$ 由下式（Alonso et al., 1990）表示

$$\dot{\boldsymbol{\varepsilon}}^{\mathrm{s,e}}=\boldsymbol{h}^{\mathrm{s,e}}\dot{p}_{\mathrm{c}}=-\frac{\kappa_{\mathrm{s}}}{(1+e)}\frac{1}{(p_{\mathrm{c}}+p_{\mathrm{at}})}\boldsymbol{m}\dot{p}_{\mathrm{c}} \tag{8.97}$$

式中，e 为孔隙比，p_{at} 为标准大气压力，κ_{s} 是与吸力有关的弹性刚度系数。向量 $\boldsymbol{m}$ 定义为

$$\boldsymbol{m}=\begin{bmatrix}1 & 1 & 1 & 0 & 0 & 0\end{bmatrix}^{\mathrm{T}} \tag{8.98}$$

需要指出，在 $S_1\leqslant S_{\mathrm{ssp}}$ 的混凝土吸湿区，混凝土孔隙中不存在毛细水，而仅存在化学束缚水。此时毛细压力仅仅是形式上表示描述束缚水与蒸汽热平衡的水的势函数 ψ_{c} 与 ρ_{w} 的乘积（Gawin et al., 2002)。吸力（包括在符号意义上表示 $\rho_{\mathrm{w}}\psi_{\mathrm{c}}$ 的广义吸力）作为液相饱和度的函数 $p_{\mathrm{c}}(S_1)$ 可改写为 $S_1(p_{\mathrm{c}})$，如式 (8.25) 所示。利用式 (8.25)，可以计算包含毛细区和吸湿区中由于吸力变化而产生的收缩体积应变。

热弹性应变率 $\dot{\boldsymbol{\varepsilon}}^{\mathrm{T,e}}$ 可以利用下式确定

$$\dot{\boldsymbol{\varepsilon}}^{\mathrm{T,e}}=\boldsymbol{T}^{\mathrm{e}}\dot{T}=\frac{1}{3}\beta_{\mathrm{s}}\boldsymbol{m}\dot{T} \tag{8.99}$$

式中，β_s 是与混凝土骨料类型有关的热膨胀系数；对于石灰类或硅土类骨料的混凝土，它可分别取值为 $\beta_s = 1.8 \sim 2.1 \times 10^{-5}\ \mathrm{K}^{-1}$ 或 $\beta_s = 3.6 \sim 3.9 \times 10^{-5}\ \mathrm{K}^{-1}$（Ulm et al., 1999a）。

由于水合度和盐分浓度的变化而引起的弹性应变率可分别表示为

$$\dot{\boldsymbol{\varepsilon}}^{\xi,\mathrm{e}} = \boldsymbol{D}^{\xi,\mathrm{e}}\dot{\xi} = -\beta_\mathrm{h}\boldsymbol{m}\dot{\xi}, \quad \dot{\boldsymbol{\varepsilon}}^{\mathrm{c},\mathrm{e}} = \boldsymbol{D}^{\mathrm{c},\mathrm{e}}\dot{c}_\mathrm{p} = \beta_\mathrm{p}\boldsymbol{m}\dot{c}_\mathrm{p} \tag{8.100}$$

式中，$\beta_\mathrm{h}, \beta_\mathrm{p}$ 分别是混凝土由于脱水和脱盐的化学膨胀系数。本章中采用 $\beta_\mathrm{h} = 4.286 \times 10^{-4}$（Sercombe et al., 2000），$\beta_\mathrm{p}$ 取作与混凝土中基质溶解物浓度相关的函数（Hueckel, 1997）

$$\beta_\mathrm{p} = F_0\beta_0 \exp\left(\beta_0\left(1 - c_\mathrm{p} + \ln c_\mathrm{p}\right)\right)\left(\frac{1}{c_\mathrm{p}} - 1\right) \tag{8.101}$$

式中，$F_0 > 0, \beta_0 > 0$ 是依赖于被溶解基质成分的材料参数。

8.4.2 化学–弹塑性–损伤模型数值积分算法

混凝土材料的化学–弹塑性–损伤耦合分析是一个强非线性问题。本章将在 Ju（1989），Li et al.（1994），Li （1995），Sercombe et al.（2000）等先前工作基础上介绍一个用于高温下混凝土化学–弹塑性–损伤耦合分析数值积分的三步算子分裂算法。

已知时刻 $t_n = t$ 的 Bishop 应力向量 $\boldsymbol{\sigma}''_n$ 以及塑性应变 $\boldsymbol{\varepsilon}_n^{\mathrm{m,p}}$ 和作为内状态变量的损伤因子 $d_{\mathrm{m},n}$，即 $(\boldsymbol{\sigma}''_n, \boldsymbol{\varepsilon}_n^{\mathrm{m,p}}, d_{\mathrm{m},n})$；在由时刻 t_n 到 t_{n+1} 的增量步计算中，它们被要求更新得到时刻 $t_{n+1} = t + \Delta t$ 的相应量 $\left(\boldsymbol{\sigma}''_{n+1}, \boldsymbol{\varepsilon}_{n+1}^{\mathrm{m,p}}, d_{\mathrm{m},n+1}\right)$。

注意满足上述从 t_n 到 t_{n+1} 时刻本构关系的迭代过程中需要被更新的变量组合中并不包含变量 $T, p_\mathrm{c}, \xi, c_\mathrm{p}$。对于当前时间增量步 $[t_n, t_{n+1}]$，这些变量由控制化学–热–湿气–力学耦合过程全局方程的数值解给出，在积分点的率本构方程时域积分过程中为给定和保持不变。对在一个积分点处的由时刻 $t_n = t$ 到时刻 $t_{n+1} = t + \Delta t$ 的增量步率形式本构方程积分的三步算子分裂算法可以描述如下：

（1）弹性预测

(a) 应变更新。

假设积分点处的位移增量为 $\boldsymbol{u}_{n+1}$，则更新后积分点处的应变向量为

$$\boldsymbol{\varepsilon}_{n+1} = \boldsymbol{\varepsilon}_n + \nabla\boldsymbol{u}_{n+1} \tag{8.102}$$

式中

$$\nabla\boldsymbol{u}_{n+1} = \begin{bmatrix} u_{\mathrm{x,x}} & u_{\mathrm{y,y}} & u_{\mathrm{z,z}} & u_{\mathrm{x,y}} + u_{\mathrm{y,x}} & u_{\mathrm{y,z}} + u_{\mathrm{z,y}} & u_{\mathrm{z,x}} + u_{\mathrm{x,z}} \end{bmatrix}_{n+1}^{\mathrm{T}} \tag{8.103}$$

(b) 计算试弹性有效 Bishop 应力。

$$\bar{\boldsymbol{\sigma}}''^{\text{tr}}_{n+1} = \boldsymbol{D}\boldsymbol{\varepsilon}^{\text{m,e}}_{n+1} = \boldsymbol{D}\left(\boldsymbol{\varepsilon}_{n+1} - \left(\boldsymbol{\varepsilon}^{\text{m,p}}_{n} + \boldsymbol{\varepsilon}^{\text{T,e}}_{n+1} + \boldsymbol{\varepsilon}^{\text{s,e}}_{n+1} + \boldsymbol{\varepsilon}^{\xi,\text{e}}_{n+1} + \boldsymbol{\varepsilon}^{\text{c,e}}_{n+1}\right)\right) \tag{8.104}$$

（2）塑性修正

$$\left\{\bar{\boldsymbol{\sigma}}''^{\text{tr}}_{n+1}, \boldsymbol{\varepsilon}^{\text{m,p}}_{n}, d_{\text{m},n}\right\} \quad \Longrightarrow \quad \left\{\bar{\boldsymbol{\sigma}}''_{n+1}, \boldsymbol{\varepsilon}^{\text{m,p}}_{n+1}, d_{\text{m},n}\right\} \tag{8.105}$$

(c) 塑性屈服校验。

$$f\left(\bar{\boldsymbol{\sigma}}''^{\text{tr}}_{n+1}\right)\begin{cases} \leqslant 0 \text{ 弹性；} & \text{转向 (e)} \\ > 0 \text{ 塑性；} & \text{转向 (d)} \end{cases} \tag{8.106}$$

(d) 塑性返回映射修正。

为了使本构方程 $\boldsymbol{S} = \bar{\boldsymbol{\sigma}}''_{n+1} - \boldsymbol{D}\boldsymbol{\varepsilon}^{\text{m,e}}_{n+1} = 0$ 和弹塑性屈服准则 $f\left(\bar{\boldsymbol{\sigma}}''^{\text{tr}}_{n+1}\right) = 0$ 在当前迭代步 k 同时成立，积分点处的有效 Bishop 应力向量 $\bar{\boldsymbol{\sigma}}''_{n+1}$ 和塑性乘子 λ 的 Newton-Raphson 迭代更新过程可表示如下

$$\begin{bmatrix} \dfrac{\partial \boldsymbol{S}}{\partial \bar{\boldsymbol{\sigma}}''} & \dfrac{\partial \boldsymbol{S}}{\partial \lambda} \\ \dfrac{\partial f}{\partial \bar{\boldsymbol{\sigma}}''} & \dfrac{\partial f}{\partial \lambda} \end{bmatrix} \begin{Bmatrix} \Delta \bar{\boldsymbol{\sigma}}'' \\ \Delta \lambda \end{Bmatrix} = \begin{Bmatrix} -\boldsymbol{S}_{k-1} \\ -f_{k-1} \end{Bmatrix} \tag{8.107}$$

式中

$$\begin{aligned} \frac{\partial \boldsymbol{S}}{\partial \bar{\boldsymbol{\sigma}}''} = {} & \boldsymbol{I} + \lambda \boldsymbol{D}\frac{\partial^2 g}{\partial \bar{\boldsymbol{\sigma}}''^2} = \boldsymbol{I} + \lambda \boldsymbol{D}\left[\frac{1}{3}\boldsymbol{m}\frac{\partial r}{\partial(\cos\theta)}\left(\frac{\partial(\cos\theta)}{\partial \bar{\boldsymbol{\sigma}}''}\right)^{\text{T}}\right. \\ & + \frac{1}{6q}\boldsymbol{P} - \frac{1}{36q^3}\boldsymbol{P}\bar{\boldsymbol{\sigma}}''\left(\boldsymbol{P}\bar{\boldsymbol{\sigma}}''\right)^{\text{T}} + \frac{1}{3}\frac{\partial r}{\partial(\cos\theta)}\frac{\partial(\cos\theta)}{\partial \bar{\boldsymbol{\sigma}}''}\boldsymbol{m}^{\text{T}} \\ & \left. + \left(\bar{\sigma}''_{\text{m}} - c\right)\frac{\partial^2 r}{\partial(\cos\theta)^2}\frac{\partial(\cos\theta)}{\partial \bar{\boldsymbol{\sigma}}''}\left(\frac{\partial(\cos\theta)}{\partial \bar{\boldsymbol{\sigma}}''}\right)^{\text{T}} + X^*\left(\frac{\partial^2(\cos\theta)}{\partial \bar{\boldsymbol{\sigma}}''^2}\right)^{\text{T}}\right] \end{aligned} \tag{8.108}$$

$$\begin{aligned} \frac{\partial \boldsymbol{S}}{\partial \lambda} &= \boldsymbol{D}\frac{\partial g}{\partial \bar{\boldsymbol{\sigma}}''} + \lambda \boldsymbol{D}\frac{\partial^2 g}{\partial \bar{\boldsymbol{\sigma}}''\partial \lambda} \\ &= \boldsymbol{D}\left[\frac{1}{3}r(\theta)\boldsymbol{m} + \frac{1}{6q}\boldsymbol{P}\bar{\boldsymbol{\sigma}}'' + X^*\frac{-\left(2\bar{\sigma}''_1 - \bar{\sigma}''_2 - \bar{\sigma}''_3\right)\dfrac{1}{3}\boldsymbol{P}\bar{\boldsymbol{\sigma}}'' + 2q^2\left(2\boldsymbol{L}_1 - \boldsymbol{L}_2 - \boldsymbol{L}_3\right)}{4\sqrt{3}q^3}\right] \end{aligned}$$

$$-\lambda \boldsymbol{D}\frac{\partial c}{\partial \bar{\varepsilon}_{\mathrm{p}}}\frac{\mathrm{d}\bar{\varepsilon}_{\mathrm{p}}}{\mathrm{d}\lambda}\frac{\partial r}{\partial(\cos\theta)}\frac{\partial(\cos\theta)}{\partial \bar{\boldsymbol{\sigma}}''} \tag{8.109}$$

$$\frac{\partial f}{\partial \bar{\boldsymbol{\sigma}}''}=\frac{1}{3}r(\theta)\boldsymbol{m}+\frac{1}{6q}\boldsymbol{P}\bar{\boldsymbol{\sigma}}''+X^{*}\frac{-\left(2\bar{\sigma}_1''-\bar{\sigma}_2''-\bar{\sigma}_3''\right)\frac{1}{3}\boldsymbol{P}\bar{\boldsymbol{\sigma}}''+2q^2\left(2\boldsymbol{L}_1-\boldsymbol{L}_2-\boldsymbol{L}_3\right)}{4\sqrt{3}q^3} \tag{8.110}$$

$$\frac{\partial f}{\partial \lambda}=\frac{\partial f}{\partial \bar{\varepsilon}_{\mathrm{p}}}\frac{\mathrm{d}\bar{\varepsilon}_{\mathrm{p}}}{\mathrm{d}\lambda} \tag{8.111}$$

式 (8.108)$\sim$ 式 (8.111) 中 $\boldsymbol{I}$ 是 $n_{\bar{\boldsymbol{\sigma}}''}\times n_{\bar{\boldsymbol{\sigma}}''}$ 单位矩阵, $n_{\bar{\boldsymbol{\sigma}}''}$ 是向量 $\bar{\boldsymbol{\sigma}}''$ 的维数；以及

$$\boldsymbol{P}=\begin{bmatrix} 2 & -1 & -1 & 0 & 0 & 0\\ -1 & 2 & -1 & 0 & 0 & 0\\ -1 & -1 & 2 & 0 & 0 & 0\\ 0 & 0 & 0 & 6 & 0 & 0\\ 0 & 0 & 0 & 0 & 6 & 0\\ 0 & 0 & 0 & 0 & 0 & 6 \end{bmatrix} \tag{8.112}$$

$$\frac{\partial r}{\partial(\cos\theta)}=\frac{\left(u'+v'\right)w-(u+v)w'}{w^2} \tag{8.113}$$

$$\frac{\partial^2 r}{\partial(\cos\theta)^2}=\frac{\left[\left(u''+v''\right)\boldsymbol{w}-(u+v)w''\right]w^2-2\left[\left(u'+v'\right)w-(u+v)w'\right]ww'}{w^4} \tag{8.114}$$

$$\frac{\partial(\cos\theta)}{\partial \bar{\boldsymbol{\sigma}}''}=\frac{-\left(2\bar{\sigma}_1''-\bar{\sigma}_2''-\bar{\sigma}_3''\right)\frac{1}{3}\boldsymbol{P}\bar{\boldsymbol{\sigma}}''+2q^2\left(2\boldsymbol{L}_1-\boldsymbol{L}_2-\boldsymbol{L}_3\right)}{4\sqrt{3}q^3} \tag{8.115}$$

$$\begin{aligned}\frac{\partial^2(\cos\theta)}{\partial \bar{\boldsymbol{\sigma}}''^2}=&-\frac{1}{12\sqrt{3}q^3}\left[\left(2\bar{\sigma}_1''-\bar{\sigma}_2''-\bar{\sigma}_3''\right)\boldsymbol{P}+\boldsymbol{P}\bar{\boldsymbol{\sigma}}''\left(2\boldsymbol{L}_1-\boldsymbol{L}_2-\boldsymbol{L}_3\right)^{\mathrm{T}}\right.\\&\left.+\left(2\boldsymbol{L}_1-\boldsymbol{L}_2-\boldsymbol{L}_3\right)\left(\boldsymbol{P}\bar{\boldsymbol{\sigma}}''\right)^{\mathrm{T}}\right]\\&+\frac{\left(2\bar{\sigma}_1''-\bar{\sigma}_2''-\bar{\sigma}_3''\right)}{24\sqrt{3}q^5}\left(\boldsymbol{P}\bar{\boldsymbol{\sigma}}''\right)\left(\boldsymbol{P}\bar{\boldsymbol{\sigma}}''\right)^{\mathrm{T}}\end{aligned} \tag{8.116}$$

$$X^{*}=\left(\bar{\sigma}_{\mathrm{m}}''-c\right)\frac{\left(u'+v'\right)w-(u+v)w'}{w^2} \tag{8.117}$$

$$\frac{\partial c}{\partial \bar{\varepsilon}_{\mathrm{p}}}=h_{\mathrm{p}},\quad \frac{\partial f}{\partial \bar{\varepsilon}_{\mathrm{p}}}=-r(\theta)h_{\mathrm{p}},\quad \frac{\mathrm{d}\bar{\varepsilon}_{\mathrm{p}}}{\mathrm{d}\lambda}=\sqrt{\frac{2}{3}\left(\frac{\partial g}{\partial \bar{\sigma}_{ij}''}\frac{\partial g}{\partial \bar{\sigma}_{ij}''}-\frac{1}{3}\frac{\partial g}{\partial \bar{\sigma}_{kk}''}\frac{\partial g}{\partial \bar{\sigma}_{ll}''}\right)} \tag{8.118}$$

$$\boldsymbol{L}_i = \begin{bmatrix} n_{i,1}^2 & n_{i,2}^2 & n_{i,3}^2 & 2n_{i,1}n_{i,2} & 2n_{i,2}n_{i,3} & 2n_{i,3}n_{i,1} \end{bmatrix}^{\mathrm{T}}, \quad i=1,2,3 \tag{8.119}$$

式 (8.113)∼ 式 (8.115) 和式 (8.117) 中，u', v', w' 和 u'', v'', w'' 分别表示 u, v, w 对 $\cos\theta$ 的一阶与二阶偏导数，其中

$$u' = 2r_{\mathrm{c}}\left(r_{\mathrm{c}}^2 - r_{\mathrm{t}}^2\right), \quad v' = \frac{w'}{2v} r_{\mathrm{c}}^2 \left(2r_{\mathrm{t}} - r_{\mathrm{c}}\right)^2, \quad w' = 8\left(r_{\mathrm{c}}^2 - r_{\mathrm{t}}^2\right)\cos\theta \tag{8.120}$$

（3）损伤修正

$$\left\{\bar{\boldsymbol{\sigma}}''_{n+1}, \boldsymbol{\varepsilon}_{n+1}^{\mathrm{m,p}}, d_{\mathrm{m},n}\right\} \quad \Longrightarrow \quad \left\{\bar{\boldsymbol{\sigma}}''_{n+1}, \boldsymbol{\varepsilon}_{n+1}^{\mathrm{m,p}}, d_{\mathrm{m},n+1}\right\} \tag{8.121}$$

(e) 损伤演化。

- 更新当前时刻 t_{n+1} 的有效应变

$$\tilde{\varepsilon}_{n+1} = \sqrt{\sum_{i=1}^{3}\left(\left\langle \varepsilon_{n+1,i}^{\mathrm{m,e}} \right\rangle\right)^2} \tag{8.122}$$

- 参考第 3 章中式 (3.66)∼ 式 (3.71) 所示损伤模型计算及式 (8.78)，可得到当前增量步力学损伤因子 $d_{m,n+1}$

$$d_{\mathrm{m},n+1} \begin{cases} d_{\mathrm{m},n}, & 若\,\tilde{\varepsilon}_{n+1} - r_n \leqslant 0 \\ d_{\mathrm{m},n} + \left(\tilde{\varepsilon}_{n+1} - \tilde{\varepsilon}_n\right) H_{\mathrm{d},n+1}, & 若\,\tilde{\varepsilon}_{n+1} - r_n > 0 \end{cases} \tag{8.123}$$

- 更新当前抗损伤强度 r_{n+1}

$$r_{n+1} = \max\left(r_n, \tilde{\varepsilon}_{n+1}\right) \tag{8.124}$$

- 按式 (8.84) 计算当前损伤因子

$$d_{n+1} = 1 - \left(1 - d_{\mathrm{m},n+1}\right)\left(1 - d_{\mathrm{h},n+1}\right)\left(1 - d_{\mathrm{s},n+1}\right) \tag{8.125}$$

式中，$d_{\mathrm{h},n+1}, d_{\mathrm{s},n+1}$ 由当前时间增量步 $[t_n, t_{n+1}]$ 的控制化学–热–湿–气–力学耦合过程全局方程的数值解给出，在积分点的率本构方程时域积分过程中为给定而保持不变。

- 更新当前 Bishop 应力

$$\boldsymbol{\sigma}''_{n+1} = \left(1 - d_{n+1}\right)\bar{\boldsymbol{\sigma}}''_{n+1} \tag{8.126}$$

8.4.3 化学–热–弹塑性–损伤一致性切线模量矩阵

按照向后欧拉返回算法，时刻 t_{n+1} 的有效 Bishop 应力可表示为

$$\bar{\boldsymbol{\sigma}}'' = \bar{\boldsymbol{\sigma}}''^{,\mathrm{tr}} - \Delta\lambda \boldsymbol{D}\frac{\partial g}{\partial \bar{\boldsymbol{\sigma}}''} \tag{8.127}$$

式中，$\bar{\boldsymbol{\sigma}}''^{,\mathrm{tr}}$ 由式 (8.104) 表示。式 (8.127) 两边在时间域的微分可给出

$$\dot{\bar{\boldsymbol{\sigma}}}'' = \boldsymbol{D}\left(\dot{\boldsymbol{\varepsilon}} - \dot{\lambda}\frac{\partial g}{\partial \bar{\boldsymbol{\sigma}}''} - \Delta\lambda\frac{\partial^2 g}{\partial \bar{\boldsymbol{\sigma}}''^2}\dot{\bar{\boldsymbol{\sigma}}}'' - \dot{\boldsymbol{\varepsilon}}^{\mathrm{T,e}} - \dot{\boldsymbol{\varepsilon}}^{\mathrm{s,e}} - \dot{\boldsymbol{\varepsilon}}^{\xi,\mathrm{e}} - \dot{\boldsymbol{\varepsilon}}^{\mathrm{c,e}}\right) \tag{8.128}$$

把式 (8.97)、式 (8.99) 和式 (8.100) 代入式 (8.128) 得到

$$\dot{\bar{\boldsymbol{\sigma}}}'' = \boldsymbol{D}\left(\dot{\boldsymbol{\varepsilon}} - \dot{\lambda}\frac{\partial g}{\partial \bar{\boldsymbol{\sigma}}''} - \Delta\lambda\frac{\partial^2 g}{\partial \bar{\boldsymbol{\sigma}}''^2}\dot{\bar{\boldsymbol{\sigma}}}'' - \boldsymbol{T}^{\mathrm{e}}\dot{T} - \boldsymbol{h}^{\mathrm{s,e}}\dot{p}_{\mathrm{c}} - \boldsymbol{D}^{\xi,\mathrm{e}}\dot{\xi} - \boldsymbol{D}^{\mathrm{c,e}}\dot{c}_{\mathrm{p}}\right) \tag{8.129}$$

因而有

$$\dot{\bar{\boldsymbol{\sigma}}}'' = \boldsymbol{\varXi}\left(\dot{\boldsymbol{\varepsilon}} - \dot{\lambda}\frac{\partial g}{\partial \bar{\boldsymbol{\sigma}}''} - \boldsymbol{T}^{\mathrm{e}}\dot{T} - \boldsymbol{h}^{\mathrm{s,e}}\dot{p}_{\mathrm{c}} - \boldsymbol{D}^{\xi,\mathrm{e}}\dot{\xi} - \boldsymbol{D}^{\mathrm{c,e}}\dot{c}_{\mathrm{p}}\right) \tag{8.130}$$

式中

$$\boldsymbol{\varXi} = \left(\boldsymbol{D}^{-1} + \Delta\lambda\frac{\partial^2 g}{\partial \bar{\boldsymbol{\sigma}}''^2}\right)^{-1} \tag{8.131}$$

广义 Willam-Warnke 屈服准则 (8.85) 的一致性条件可表示为

$$\dot{f} = \frac{\partial f}{\partial \bar{\boldsymbol{\sigma}}''}\dot{\bar{\boldsymbol{\sigma}}}'' + \frac{\partial f}{\partial \lambda}\dot{\lambda} + \frac{\partial f}{\partial p_{\mathrm{c}}}\dot{p}_{\mathrm{c}} + \frac{\partial f}{\partial \xi}\dot{\xi} + \frac{\partial f}{\partial c_{\mathrm{p}}}\dot{c}_{\mathrm{p}} = 0 \tag{8.132}$$

把式 (8.130) 代入式 (8.132) 得到

$$\begin{aligned}\dot{\lambda} = &\left[\left(\frac{\partial f}{\partial \bar{\boldsymbol{\sigma}}''}\right)^{\mathrm{T}}\boldsymbol{\varXi}\left(\dot{\boldsymbol{\varepsilon}} - \boldsymbol{T}^{\mathrm{e}}\dot{T} - \boldsymbol{h}^{\mathrm{s,e}}\dot{p}_{\mathrm{c}} - \boldsymbol{D}^{\xi,\mathrm{e}}\dot{\xi} - \boldsymbol{D}^{\mathrm{c,e}}\dot{c}_{\mathrm{p}}\right) + \frac{\partial f}{\partial \xi}\dot{\xi} + \frac{\partial f}{\partial c_{\mathrm{p}}}\dot{c}_{\mathrm{p}} + \frac{\partial f}{\partial p_{\mathrm{c}}}\dot{p}_{\mathrm{c}}\right]\\ &\times\left[\left(\frac{\partial f}{\partial \bar{\boldsymbol{\sigma}}''}\right)^{\mathrm{T}}\boldsymbol{\varXi}\frac{\partial g}{\partial \bar{\boldsymbol{\sigma}}''} - \frac{\partial f}{\partial \bar{\varepsilon}_{\mathrm{p}}}\frac{\mathrm{d}\bar{\varepsilon}_{\mathrm{p}}}{\mathrm{d}\lambda}\right]^{-1}\end{aligned} \tag{8.133}$$

注意到由式 (8.70) 可得到

$$\dot{\xi} = \frac{H_{\mathrm{h}} A_{\mathrm{h}}}{m_0} \dot{T} \tag{8.134}$$

将式 (8.133) 和式 (8.134) 代入式 (8.130) 便得到化学–热–湿–气–力学耦合过程的率形式本构关系如下

$$\dot{\bar{\boldsymbol{\sigma}}}'' = \bar{\boldsymbol{D}}_{\mathrm{edpc}}^{\mathrm{m}} \dot{\boldsymbol{\varepsilon}} + \bar{\boldsymbol{D}}_{\mathrm{edpc}}^{\mathrm{T}} \dot{T} + \bar{\boldsymbol{D}}_{\mathrm{edpc}}^{\mathrm{s}} \dot{p}_{\mathrm{c}} + \bar{\boldsymbol{D}}_{\mathrm{edpc}}^{\mathrm{c}} \dot{c}_{\mathrm{p}} \tag{8.135}$$

式中

$$\bar{\boldsymbol{D}}_{\mathrm{edpc}}^{\mathrm{m}} = \boldsymbol{\Xi} - \left(\boldsymbol{\Xi} \frac{\partial g}{\partial \bar{\boldsymbol{\sigma}}''} \left(\frac{\partial f}{\partial \bar{\boldsymbol{\sigma}}''} \right)^{\mathrm{T}} \boldsymbol{\Xi} \right) \left(\left(\frac{\partial f}{\partial \bar{\boldsymbol{\sigma}}''} \right)^{\mathrm{T}} \boldsymbol{\Xi} \frac{\partial g}{\partial \bar{\boldsymbol{\sigma}}''} - \frac{\partial f}{\partial \bar{\varepsilon}_{\mathrm{p}}} \frac{\mathrm{d}\bar{\varepsilon}_{\mathrm{p}}}{\mathrm{d}\lambda} \right)^{-1} \tag{8.136}$$

$$\begin{aligned} \bar{\boldsymbol{D}}_{\mathrm{edpc}}^{\mathrm{T}} = & - \boldsymbol{\Xi} \boldsymbol{T}^{\mathrm{e}} + \left(\boldsymbol{\Xi} \frac{\partial g}{\partial \bar{\boldsymbol{\sigma}}''} \left(\frac{\partial f}{\partial \bar{\boldsymbol{\sigma}}''} \right)^{\mathrm{T}} \boldsymbol{\Xi} \boldsymbol{T}^{\mathrm{e}} \right) \left(\left(\frac{\partial f}{\partial \bar{\boldsymbol{\sigma}}''} \right)^{\mathrm{T}} \boldsymbol{\Xi} \frac{\partial g}{\partial \bar{\boldsymbol{\sigma}}''} - \frac{\partial f}{\partial \bar{\varepsilon}_{\mathrm{p}}} \frac{\mathrm{d}\bar{\varepsilon}_{\mathrm{p}}}{\mathrm{d}\lambda} \right)^{-1} \\ & - \left[\boldsymbol{\Xi} \boldsymbol{D}^{\xi,\mathrm{e}} + \boldsymbol{\Xi} \frac{\partial g}{\partial \bar{\boldsymbol{\sigma}}''} \left(\frac{\partial f}{\partial \xi} - \left(\frac{\partial f}{\partial \bar{\boldsymbol{\sigma}}''} \right)^{\mathrm{T}} \boldsymbol{\Xi} \boldsymbol{D}^{\xi,\mathrm{e}} \right) \right. \\ & \left. \times \left(\left(\frac{\partial f}{\partial \bar{\boldsymbol{\sigma}}''} \right)^{\mathrm{T}} \boldsymbol{\Xi} \frac{\partial g}{\partial \bar{\boldsymbol{\sigma}}''} - \frac{\partial f}{\partial \bar{\varepsilon}_{\mathrm{p}}} \frac{\mathrm{d}\bar{\varepsilon}_{\mathrm{p}}}{\mathrm{d}\lambda} \right)^{-1} \right] \frac{H_{\mathrm{h}} A_{\mathrm{h}}}{m_0} \end{aligned} \tag{8.137}$$

$$\begin{aligned} \bar{\boldsymbol{D}}_{\mathrm{edpc}}^{\mathrm{s}} = & - \boldsymbol{\Xi} \boldsymbol{h}^{\mathrm{s,e}} - \boldsymbol{\Xi} \frac{\partial g}{\partial \bar{\boldsymbol{\sigma}}''} \left(\frac{\partial f}{\partial p_{\mathrm{c}}} - \left(\frac{\partial f}{\partial \bar{\boldsymbol{\sigma}}''} \right)^{\mathrm{T}} \boldsymbol{\Xi} \boldsymbol{h}^{\mathrm{s,e}} \right) \\ & \times \left(\left(\frac{\partial f}{\partial \bar{\boldsymbol{\sigma}}''} \right)^{\mathrm{T}} \boldsymbol{\Xi} \frac{\partial g}{\partial \bar{\boldsymbol{\sigma}}''} - \frac{\partial f}{\partial \bar{\varepsilon}_{\mathrm{p}}} \frac{\mathrm{d}\bar{\varepsilon}_{\mathrm{p}}}{\mathrm{d}\lambda} \right)^{-1} \end{aligned} \tag{8.138}$$

$$\begin{aligned} \bar{\boldsymbol{D}}_{\mathrm{edpc}}^{\mathrm{c}} = & - \boldsymbol{\Xi} \boldsymbol{D}^{\mathrm{c,e}} - \boldsymbol{\Xi} \frac{\partial g}{\partial \bar{\boldsymbol{\sigma}}''} \left(\frac{\partial f}{\partial c_{\mathrm{p}}} - \left(\frac{\partial f}{\partial \bar{\boldsymbol{\sigma}}''} \right)^{\mathrm{T}} \boldsymbol{\Xi} \boldsymbol{D}^{\mathrm{c,e}} \right) \\ & \times \left(\left(\frac{\partial f}{\partial \bar{\boldsymbol{\sigma}}''} \right)^{\mathrm{T}} \boldsymbol{\Xi} \frac{\partial g}{\partial \bar{\boldsymbol{\sigma}}''} - \frac{\partial f}{\partial \bar{\varepsilon}_{\mathrm{p}}} \frac{\mathrm{d}\bar{\varepsilon}_{\mathrm{p}}}{\mathrm{d}\lambda} \right)^{-1} \end{aligned} \tag{8.139}$$

由式 (8.94)，Bishop 应力速率可表示为

$$\dot{\boldsymbol{\sigma}}'' = (1-d)\dot{\bar{\boldsymbol{\sigma}}}'' - \dot{d}\bar{\boldsymbol{\sigma}}'' = \boldsymbol{M}_{\mathrm{ed}} \dot{\bar{\boldsymbol{\sigma}}}'' - (1-d_{\mathrm{m}}) \left(\frac{\partial d_{\mathrm{c}}}{\partial \xi} \dot{\xi} + \frac{\partial d_{\mathrm{c}}}{\partial c_{\mathrm{p}}} \dot{c}_{\mathrm{p}} \right) \boldsymbol{D} \boldsymbol{\varepsilon}^{\mathrm{m,e}} \tag{8.140}$$

式中

$$\boldsymbol{M}_{\mathrm{ed}}=(1-d)\boldsymbol{I}-(1-d_{\mathrm{c}})\frac{H_{\mathrm{d}}}{\tilde{\varepsilon}}\boldsymbol{D}\boldsymbol{\varepsilon}^{\mathrm{m,e}}\left(\boldsymbol{\varepsilon}_{+}^{\mathrm{m,e}}\right)^{\mathrm{T}}\boldsymbol{D}^{-1} \tag{8.141}$$

式 (8.141) 中 $d_{\mathrm{c}}, H_{\mathrm{d}}, \tilde{\varepsilon}$ (即式中 (8.72) 中所示 ${}^{t}\tilde{\varepsilon}$), $\boldsymbol{\varepsilon}_{+}^{\mathrm{m,e}}$ 分别由式 (8.83)、式 (8.82)、式 (8.72) 和式 (8.80) 确定。

最终，将式 (8.135) 代入式 (8.140) 可得到

$$\dot{\boldsymbol{\sigma}}''=\boldsymbol{D}_{\mathrm{edpc}}^{\mathrm{m}}\dot{\boldsymbol{\varepsilon}}+\boldsymbol{D}_{\mathrm{edpc}}^{\mathrm{T}}\dot{T}+\boldsymbol{D}_{\mathrm{edpc}}^{\mathrm{s}}\dot{p}_{\mathrm{c}}+\boldsymbol{D}_{\mathrm{edpc}}^{\mathrm{e}}\dot{c}_{\mathrm{p}} \tag{8.142}$$

式中，一致性化学–热–水力–弹塑性–损伤切线模量矩阵给定如下

$$\boldsymbol{D}_{\mathrm{edpc}}^{\mathrm{m}}=\boldsymbol{M}_{\mathrm{ed}}\boldsymbol{\varXi}-\left(\boldsymbol{M}_{\mathrm{ed}}\boldsymbol{\varXi}\frac{\partial g}{\partial\bar{\boldsymbol{\sigma}}''}\left(\frac{\partial f}{\partial\bar{\boldsymbol{\sigma}}''}\right)^{\mathrm{T}}\boldsymbol{\varXi}\right)\left(\left(\frac{\partial f}{\partial\bar{\boldsymbol{\sigma}}''}\right)^{\mathrm{T}}\boldsymbol{\varXi}\frac{\partial g}{\partial\bar{\boldsymbol{\sigma}}''}-\frac{\partial f}{\partial\bar{\varepsilon}_{\mathrm{p}}}\frac{\mathrm{d}\bar{\varepsilon}_{\mathrm{p}}}{\mathrm{d}\lambda}\right)^{-1} \tag{8.143}$$

$$\begin{aligned}\boldsymbol{D}_{\mathrm{edpc}}^{\mathrm{T}}=&-\boldsymbol{M}_{\mathrm{ed}}\boldsymbol{\varXi}\boldsymbol{T}^{\mathrm{e}}+\left(\boldsymbol{M}_{\mathrm{ed}}\boldsymbol{\varXi}\frac{\partial g}{\partial\bar{\boldsymbol{\sigma}}''}\left(\frac{\partial f}{\partial\bar{\boldsymbol{\sigma}}''}\right)^{\mathrm{T}}\boldsymbol{\varXi}\boldsymbol{T}^{\mathrm{e}}\right)\left(\left(\frac{\partial f}{\partial\bar{\boldsymbol{\sigma}}''}\right)^{\mathrm{T}}\boldsymbol{\varXi}\frac{\partial g}{\partial\bar{\boldsymbol{\sigma}}''}-\frac{\partial f}{\partial\bar{\varepsilon}_{\mathrm{p}}}\frac{\mathrm{d}\bar{\varepsilon}_{\mathrm{p}}}{\mathrm{d}\lambda}\right)^{-1}\\&-\left(\boldsymbol{M}_{\mathrm{ed}}\boldsymbol{\varXi}\boldsymbol{D}^{\xi,\mathrm{e}}+\boldsymbol{M}_{\mathrm{ed}}\boldsymbol{\varXi}\frac{\partial g}{\partial\bar{\boldsymbol{\sigma}}''}\left(\frac{\partial f}{\partial\xi}-\left(\frac{\partial f}{\partial\bar{\boldsymbol{\sigma}}''}\right)^{\mathrm{T}}\boldsymbol{\varXi}\boldsymbol{D}^{\xi,\mathrm{e}}\right)\right.\\&\left.\times\left(\left(\frac{\partial f}{\partial\bar{\boldsymbol{\sigma}}''}\right)^{\mathrm{T}}\boldsymbol{\varXi}\frac{\partial g}{\partial\bar{\boldsymbol{\sigma}}''}-\frac{\partial f}{\partial\bar{\varepsilon}_{\mathrm{p}}}\frac{\mathrm{d}\bar{\varepsilon}_{\mathrm{p}}}{\mathrm{d}\lambda}\right)^{-1}+(1-d_{\mathrm{m}})\frac{\partial d_{\mathrm{c}}}{\partial\xi}\boldsymbol{D}\boldsymbol{\varepsilon}^{\mathrm{m,e}}\right)\frac{H_{\mathrm{h}}A_{\mathrm{h}}}{m_0}\end{aligned} \tag{8.144}$$

$$\begin{aligned}\boldsymbol{D}_{\mathrm{edpc}}^{\mathrm{s}}=&-\boldsymbol{M}_{\mathrm{ed}}\boldsymbol{\varXi}\boldsymbol{h}^{\mathrm{s,e}}-\boldsymbol{M}_{\mathrm{ed}}\boldsymbol{\varXi}\frac{\partial g}{\partial\bar{\boldsymbol{\sigma}}''}\left(\frac{\partial f}{\partial p_{\mathrm{c}}}-\left(\frac{\partial f}{\partial\bar{\boldsymbol{\sigma}}''}\right)^{\mathrm{T}}\boldsymbol{\varXi}\boldsymbol{h}^{\mathrm{s,e}}\right)\\&\times\left(\left(\frac{\partial f}{\partial\bar{\boldsymbol{\sigma}}''}\right)^{\mathrm{T}}\boldsymbol{\varXi}\frac{\partial g}{\partial\bar{\boldsymbol{\sigma}}''}-\frac{\partial f}{\partial\bar{\varepsilon}_{\mathrm{p}}}\frac{\mathrm{d}\bar{\varepsilon}_{\mathrm{p}}}{\mathrm{d}\lambda}\right)^{-1}\end{aligned} \tag{8.145}$$

$$\begin{aligned}\boldsymbol{D}_{\mathrm{edpc}}^{\mathrm{c}}=&-\boldsymbol{M}_{\mathrm{ed}}\boldsymbol{\varXi}\boldsymbol{D}^{\mathrm{c,e}}-\boldsymbol{M}_{\mathrm{ed}}\boldsymbol{\varXi}\frac{\partial g}{\partial\bar{\boldsymbol{\sigma}}''}\left(\frac{\partial f}{\partial c_{\mathrm{p}}}-\left(\frac{\partial f}{\partial\bar{\boldsymbol{\sigma}}''}\right)^{\mathrm{T}}\boldsymbol{\varXi}\boldsymbol{D}^{\mathrm{c,e}}\right)\\&\times\left(\left(\frac{\partial f}{\partial\bar{\boldsymbol{\sigma}}''}\right)^{\mathrm{T}}\boldsymbol{\varXi}\frac{\partial g}{\partial\bar{\boldsymbol{\sigma}}''}-\frac{\partial f}{\partial\bar{\varepsilon}_{\mathrm{p}}}\frac{\mathrm{d}\bar{\varepsilon}_{\mathrm{p}}}{\mathrm{d}\lambda}\right)^{-1}-(1-d_{\mathrm{m}})\frac{\partial d_{\mathrm{c}}}{\partial c_{\mathrm{p}}}\boldsymbol{D}\boldsymbol{\varepsilon}^{\mathrm{m,e}}\end{aligned} \tag{8.146}$$

8.5 化学–热–湿–气–力学（CTHM）耦合模型的有限元方法

方程 (8.22)、式 (8.14)、式 (8.15)、式 (8.21) 和式 (8.17) 构成了模型化为多孔多相连续体的混凝土在高温下化学–热–湿–气–力学（CTHM）耦合模型的控制方程组。多孔多相连续体五个控制方程中的五个基本独立场变量是：多孔多相混溶介质的位移向量 $\boldsymbol{u}$，由干空气与水蒸气组成的孔隙混溶气体的压力 p_{g}, 毛细压力 p_{c}, 温度 T, 溶于孔隙液体中的固相基质成分的浓度 c_{p}。与每个控制方程相关联的自然（Neumann's）边界条件或混合（Cauchy's）边界条件可表示为

$$\boldsymbol{B}_1=\boldsymbol{\sigma}\cdot\boldsymbol{n}-\bar{\boldsymbol{t}}=\boldsymbol{0},\quad 在\ \Gamma_{\mathrm{t}}\left(\Gamma_1\right)\ 上 \tag{8.147}$$

$$B_2=\left(\rho^{\mathrm{a}}\boldsymbol{v}_{\mathrm{gs}}+\boldsymbol{J}_{\mathrm{g}}^{\mathrm{a}}\right)\cdot\boldsymbol{n}-q_{\mathrm{a}}=0,\quad 在\ \Gamma_{\mathrm{a}}\left(\Gamma_2\right)\ 上 \tag{8.148}$$

$$B_3=\left(\rho^{\mathrm{w}}\boldsymbol{v}_{\mathrm{ls}}+\rho^{\mathrm{v}}\boldsymbol{v}_{\mathrm{gs}}+\boldsymbol{J}_{\mathrm{g}}^{\mathrm{v}}\right)\cdot\boldsymbol{n}-\left(q_{\mathrm{v}}+q_{\mathrm{w}}+\beta_{\mathrm{c}}\left(\rho_{\mathrm{v}}-\rho_{\mathrm{v}\infty}\right)\right)=0,\quad 在\ \Gamma_{\mathrm{w}}\left(\Gamma_3\right)\ 上 \tag{8.149}$$

$$B_4=\left(\rho^{\mathrm{w}}\boldsymbol{v}_{\mathrm{ls}}\Delta h_{\mathrm{v}}+\lambda_{\mathrm{eff}}\nabla T\right)\cdot\boldsymbol{n}+\left(q_{\mathrm{T}}+\alpha_{\mathrm{c}}\left(T-T_{\infty}\right)+e\sigma_0\left(T^4-T_{\infty}^4\right)\right)=0,\quad 在\ \Gamma_{\mathrm{T}}\left(\Gamma_4\right)\ 上 \tag{8.150}$$

$$B_5=\left(-\boldsymbol{D}_{\mathrm{h}}\nabla c^{\mathrm{p}}\right)\cdot\boldsymbol{n}-q_{\mathrm{c}}=0,\quad 在\ \Gamma_{\mathrm{c}}\left(\Gamma_5\right)\ 上 \tag{8.151}$$

式中，$\bar{\boldsymbol{t}},q_{\mathrm{a}},q_{\mathrm{v}},q_{\mathrm{w}},q_{\mathrm{T}},q_{\mathrm{c}}$ 分别是施加于各边界上的法向力、干空气流通量、水蒸气流通量、液体流通量、热流通量、基质溶液流通量；$\rho_{\mathrm{v}\infty},T_{\infty}$ 分别为远离边界无扰动处的水蒸气质量密度和温度；β_{c} 是质量对流系数；α_{c} 是热对流系数；e 是表示边界辐射性的热辐射系数；σ_0 是 Stefan-Boltzmann 常数。

本节将介绍以控制方程 (8.22)、式 (8.14)、式 (8.15)、式 (8.21) 和式 (8.17) 和相应边界条件 (8.147)~ 式 (8.151) 描述的化学–热–湿–气–力学（CTHM）耦合模型的初边值问题有限元方法。模型的基本独立变量 $\boldsymbol{u},p_{\mathrm{g}},p_{\mathrm{c}},T,c_{\mathrm{p}}$ 在整个空间域内任何一物质点处的有限元插值近似可表示为

$$\boldsymbol{u}=\boldsymbol{N}^{\mathrm{u}}\bar{\boldsymbol{u}},\quad p_{\mathrm{g}}=\boldsymbol{N}^{\mathrm{p}}\bar{\boldsymbol{p}}_{\mathrm{g}},\quad p_{\mathrm{c}}=\boldsymbol{N}^{\mathrm{p}}\bar{\boldsymbol{p}}_{\mathrm{c}},\quad T=\boldsymbol{N}^{\mathrm{T}}\bar{\boldsymbol{T}},\quad c_{\mathrm{p}}=\boldsymbol{N}^{\mathrm{c}}\bar{\boldsymbol{c}}_{\mathrm{p}} \tag{8.152}$$

式中，$\bar{\boldsymbol{u}},\bar{\boldsymbol{p}}_{\mathrm{g}},\bar{\boldsymbol{p}}_{\mathrm{c}},\bar{\boldsymbol{T}},\bar{\boldsymbol{c}}_{\mathrm{p}}$ 是定义于全域有限元网格节点处的基本独立变量 $\boldsymbol{u},p_{\mathrm{g}},p_{\mathrm{c}},T,c_{\mathrm{p}}$ 的值；$\boldsymbol{N}^{\mathrm{u}},\boldsymbol{N}^{\mathrm{p}},\boldsymbol{N}^{\mathrm{T}},\boldsymbol{N}^{\mathrm{c}}$ 是定义在全域任一物质点处相应于各自基本未知量的形函数。它们分别是 $3\times(3\times n_{\mathrm{u}})$ 矩阵，$1\times n_{\mathrm{p}}$, $1\times n_{\mathrm{T}}$ 和 $1\times n_{\mathrm{c}}$ 行向量；$n_{\mathrm{u}},n_{\mathrm{p}},n_{\mathrm{T}},n_{\mathrm{c}}$ 分别是基本未知量 $\boldsymbol{u},p_{\mathrm{g}}\left(p_{\mathrm{c}}\right),T,c_{\mathrm{p}}$ 在有限元网格节点上定义有节点值的节点数。

由控制方程 (8.22)、式 (8.14)、式 (8.15)、式 (8.21) 和式 (8.17) 和相应自然（或混合）边界条件 (8.147)～ 式 (8.151) 构成的弱形式可以写成

$$\boldsymbol{F}_{\rm u}=\boldsymbol{F}_{\rm u}^{\rm i}-\boldsymbol{f}_{\rm u}^{\rm e}=\int_{\Omega}\boldsymbol{W}^{\rm u}\cdot\boldsymbol{L}_1{\rm d}\Omega+\int_{\Gamma_1}\boldsymbol{W}^{\rm u}\cdot\boldsymbol{B}_1{\rm d}\Gamma_1=\boldsymbol{0} \tag{8.153}$$

$$\boldsymbol{F}_{\rm a}=\boldsymbol{F}_{\rm a}^{\rm i}-\boldsymbol{f}_{\rm a}^{\rm e}=\int_{\Omega}\boldsymbol{W}^{\rm a}\cdot L_2{\rm d}\Omega+\int_{\Gamma_2}\boldsymbol{W}^{\rm a}B_2{\rm d}\Gamma_2=\boldsymbol{0} \tag{8.154}$$

$$\boldsymbol{F}_{\rm w}=\boldsymbol{F}_{\rm w}^{\rm i}-\boldsymbol{f}_{\rm w}^{\rm e}=\int_{\Omega}\boldsymbol{W}^{\rm w}\cdot L_3{\rm d}\Omega+\int_{\Gamma_3}\boldsymbol{W}^{\rm w}B_3{\rm d}\Gamma_3=\boldsymbol{0} \tag{8.155}$$

$$\boldsymbol{F}_{\rm T}=\boldsymbol{F}_{\rm T}^{\rm i}-\boldsymbol{f}_{\rm T}^{\rm e}=\int_{\Omega}\boldsymbol{W}^{\rm T}\cdot L_4{\rm d}\Omega+\int_{\Gamma_4}\boldsymbol{W}^{\rm T}B_4{\rm d}\Gamma_4=\boldsymbol{0} \tag{8.156}$$

$$\boldsymbol{F}_{\rm c}=\boldsymbol{F}_{\rm c}^{\rm i}-\boldsymbol{f}_{\rm c}^{\rm e}=\int_{\Omega}\boldsymbol{W}^{\rm c}\cdot L_5{\rm d}\Omega+\int_{\Gamma_5}\boldsymbol{W}^{\rm c}B_5{\rm d}\Gamma_5=\boldsymbol{0} \tag{8.157}$$

式中，$\boldsymbol{F}_{\rm u}^{\rm i},\boldsymbol{F}_{\rm a}^{\rm i},\boldsymbol{F}_{\rm w}^{\rm i},\boldsymbol{F}_{\rm T}^{\rm i},\boldsymbol{F}_{\rm c}^{\rm i}$ 表示依赖于耦合问题基本变量和内状态变量的“内力向量”；$\boldsymbol{f}_{\rm u}^{\rm e},\boldsymbol{f}_{\rm a}^{\rm e},\boldsymbol{f}_{\rm w}^{\rm e},\boldsymbol{f}_{\rm T}^{\rm e},\boldsymbol{f}_{\rm c}^{\rm e}$ 为由指定的初始条件和由式 (8.147)～ 式 (8.151) 所表示的边界条件确定的“外力向量”。权函数 $\boldsymbol{W}^{\rm u},\boldsymbol{W}^{\rm a},\boldsymbol{W}^{\rm w},\boldsymbol{W}^{\rm T},\boldsymbol{W}^{\rm c}$ 是分别具有与 $\bar{\boldsymbol{u}},\bar{\boldsymbol{p}}_{\rm g},\bar{\boldsymbol{p}}_{\rm c},\bar{\boldsymbol{T}},\bar{\boldsymbol{c}}_{\rm p}$ 相同维数的向量。鉴于模型的前四个控制方程为自伴随方程，采用标准 Galerkin 方法是最优近似，因而采用 $\boldsymbol{W}^{\rm u}=\boldsymbol{N}^{\rm u},\boldsymbol{W}^{\rm a}=\boldsymbol{W}^{\rm w}=\boldsymbol{N}^{\rm p},\boldsymbol{W}^{\rm T}=\boldsymbol{N}^{\rm T}$ 离散方程 (8.153)～ 式 (8.156)。

考虑到模型的第五个控制方程 (8.17) 的对流–扩散本质，对它采用 SUPG 方法（Brooks and Hughes, 1982）实施空间离散。权函数 $\boldsymbol{W}^{\rm c}$ 构造如下

$$\boldsymbol{W}^{\rm c}=\boldsymbol{N}^{\rm c}+\gamma\tilde{\boldsymbol{W}}^{\rm c} \tag{8.158}$$

式中，$\gamma\tilde{\boldsymbol{W}}^{\rm c}$ 定义为

$$\gamma\tilde{\boldsymbol{W}}^{\rm c}=\tau_{\rm c}\boldsymbol{v}_{\rm ls}\nabla\boldsymbol{N}^{\rm c} \tag{8.159}$$

$$\tau_{\rm c}=\frac{\gamma h}{2\left|\boldsymbol{v}_{\rm ls}\right|},\quad \gamma=\coth P_{\rm e}-\frac{1}{P_{\rm e}},\quad P_{\rm e}=\frac{\left|\boldsymbol{v}_{\rm ls}\right|h}{2D_{\rm h}} \tag{8.160}$$

其中，$P_{\rm e}$ 是单元的 Peclet 数，h 是典型单元尺寸。

“内力向量”$\boldsymbol{F}_{\rm u}^{\rm i},\boldsymbol{F}_{\rm a}^{\rm i},\boldsymbol{F}_{\rm w}^{\rm i},\boldsymbol{F}_{\rm T}^{\rm i},\boldsymbol{F}_{\rm c}^{\rm i}$ 和“外力向量” $\boldsymbol{f}_{\rm u}^{\rm e},\boldsymbol{f}_{\rm a}^{\rm e},\boldsymbol{f}_{\rm w}^{\rm e},\boldsymbol{f}_{\rm T}^{\rm e},\boldsymbol{f}_{\rm c}^{\rm e}$ 可以表示为

$$\boldsymbol{F}_{\rm u}^{\rm i}=\int_{\Omega}\left(\nabla\boldsymbol{N}^{\rm u}\boldsymbol{\sigma}-\boldsymbol{N}^{\rm u}\rho{\rm g}\right){\rm d}\Omega,\quad \boldsymbol{F}_{\rm a}^{\rm i}=\int_{\Omega}\left(\boldsymbol{N}^{\rm p}R_{\rm a}-\nabla\boldsymbol{N}^{\rm p}\boldsymbol{V}_{\rm a}\right){\rm d}\Omega,$$

$$\boldsymbol{F}_{\rm w}^{\rm i}=\int_{\Omega}\left(\boldsymbol{N}^{\rm p}R_{\rm w}-\nabla\boldsymbol{N}^{\rm p}\boldsymbol{V}_{\rm w}\right){\rm d}\Omega+\int_{\Gamma_{\rm w}}\boldsymbol{N}^{\rm p}\beta_{\rm c}\rho_{\rm v}{\rm d}\Gamma_{\rm w},$$

$$\begin{aligned}\boldsymbol{F}_{\mathrm{T}}^{\mathrm{i}}&=\int_{\Omega}\left(\boldsymbol{N}^{\mathrm{T}}R_{\mathrm{T}}-\nabla\boldsymbol{N}^{\mathrm{T}}\boldsymbol{V}_{\mathrm{T}}\right)\mathrm{d}\Omega+\int_{\Gamma_{\mathrm{T}}}\boldsymbol{N}^{\mathrm{T}}\left(\alpha_{\mathrm{c}}T+e\sigma_0T^4\right)\mathrm{d}\Gamma_{\mathrm{T}},\\ \boldsymbol{F}_{\mathrm{c}}^{\mathrm{i}}&=\int_{\Omega}\left(\boldsymbol{W}^{\mathrm{c}}R_{\mathrm{c}}-\nabla\boldsymbol{W}^{\mathrm{c}}\boldsymbol{V}_{\mathrm{c}}\right)\mathrm{d}\Omega\end{aligned}\tag{8.161}$$

$$\begin{aligned}\boldsymbol{f}_{\mathrm{u}}^{\mathrm{e}}&=\int_{\Gamma_{\mathrm{t}}}\boldsymbol{N}^{\mathrm{u}}\bar{\boldsymbol{t}}\mathrm{d}\Gamma_{\mathrm{t}},\quad \boldsymbol{f}_{\mathrm{a}}^{\mathrm{e}}=-\int_{\Gamma_{\mathrm{a}}}\boldsymbol{N}^{\mathrm{p}}q_{\mathrm{a}}\mathrm{d}\Gamma_{\mathrm{a}},\\ \boldsymbol{f}_{\mathrm{w}}^{\mathrm{e}}&=\int_{\Gamma_{\mathrm{w}}}\boldsymbol{N}^{\mathrm{p}}\left(-\left(q_{\mathrm{w}}+q_{\mathrm{v}}\right)+\beta_{\mathrm{c}}\rho_{\mathrm{v}\infty}\right)\mathrm{d}\Gamma_{\mathrm{w}},\\ \boldsymbol{f}_{\mathrm{T}}^{\mathrm{e}}&=\int_{\Gamma_{\mathrm{T}}}\boldsymbol{N}^{\mathrm{T}}\left(-q_{\mathrm{T}}+\left(\alpha_{\mathrm{c}}T_{\infty}+e\sigma_0T_{\infty}^4\right)\right)\mathrm{d}\Gamma_{\mathrm{T}},\\ \boldsymbol{f}_{\mathrm{c}}^{\mathrm{e}}&=-\int_{\Gamma_{\mathrm{c}}}\boldsymbol{W}^{\mathrm{c}}q_{\mathrm{c}}\mathrm{d}\Gamma_{\mathrm{c}}\end{aligned}\tag{8.162}$$

式 (8.161) 中定义了

$$\begin{aligned}\boldsymbol{V}_{\mathrm{a}}&=\rho^{\mathrm{a}}\left(\boldsymbol{v}_{\mathrm{gs}}+\boldsymbol{v}_{\mathrm{ag}}\right),\quad \boldsymbol{V}_{\mathrm{w}}=\rho^{\mathrm{w}}\boldsymbol{v}_{\mathrm{ls}}+\rho^{\mathrm{v}}\left(\boldsymbol{v}_{\mathrm{gs}}+\boldsymbol{v}_{\mathrm{vg}}\right),\\ \boldsymbol{V}_{\mathrm{T}}&=-\lambda_{\mathrm{eff}}\nabla T-\Delta h_{\mathrm{v}}\rho^{\mathrm{w}}\boldsymbol{v}_{\mathrm{ls}},\quad \boldsymbol{V}_{\mathrm{c}}=-\boldsymbol{D}_{\mathrm{h}}\nabla c_{\mathrm{p}}\end{aligned}\tag{8.163}$$

考虑一个典型的时间增量步 $\Delta t=t_{n+1}-t_n$, 各变量的速率，例如由符号 $(*)$ 表示的温度、压力的速率，$(\dot{*})$ 可以离散表示为 $(\dot{*})=\left(*^{n+1}-*^{n}\right)/\Delta t$。式 (8.161) 中孔隙干空气、孔隙水（包括蒸汽状态的孔隙水）的质量变化率 $R_{\mathrm{a}},R_{\mathrm{w}}$ 和非饱和混凝土材料作为包含固相和孔隙液、气、蒸汽相的多孔多相连续体的热量变化率 R_{T} 以及基质溶解物的质量变化率 R_{c} 可在欧拉框架下展开表示为

$$\begin{aligned}R_{\mathrm{a}}=&\,\phi\frac{\partial S_{\mathrm{g}}}{\partial t}\rho_{\mathrm{a}}+\alpha S_{\mathrm{g}}\rho_{\mathrm{a}}(\nabla\cdot\boldsymbol{v})+\rho_{\mathrm{a}}S_{\mathrm{g}}(\alpha-\phi)\left(\frac{\partial p_{\mathrm{s}}}{K_{\mathrm{s}}\partial t}-\beta_{\mathrm{s}}\dot{T}\right)+\phi S_{\mathrm{g}}\frac{\partial\rho_{\mathrm{a}}}{\partial t}\\ &+\rho_{\mathrm{a}}S_{\mathrm{g}}\frac{1-\phi}{\rho_{\mathrm{s}}}\left(\frac{\partial\rho_{\mathrm{s}}}{\partial\Gamma_{\mathrm{h}}}\frac{\mathrm{d}\Gamma_{\mathrm{h}}}{\mathrm{d}T}+\frac{\partial\rho_{\mathrm{s}}}{\partial\Gamma_{\mathrm{s}}}\frac{\mathrm{d}\Gamma_{\mathrm{s}}}{\mathrm{d}T}\right)\dot{T}+\rho_{\mathrm{a}}S_{\mathrm{g}}\frac{1}{\rho_{\mathrm{s}}}\left(\dot{m}_{\mathrm{h}}+\dot{m}_{\mathrm{s}}\right)\\ =&\,\alpha S_{\mathrm{g}}\rho_{\mathrm{a}}(\nabla\cdot\boldsymbol{v})+\left(\phi S_{\mathrm{g}}\frac{\partial\rho_{\mathrm{a}}}{\partial p_{\mathrm{g}}}+\frac{\rho_{\mathrm{a}}S_{\mathrm{g}}(\alpha-\phi)}{K_{\mathrm{s}}}\right)\frac{p_{\mathrm{g}}^{n+1}-p_{\mathrm{g}}^{n}}{\Delta t}\\ &+\left(-\phi\rho_{\mathrm{a}}\frac{\partial S_{\mathrm{l}}}{\partial p_{\mathrm{c}}}+\phi S_{\mathrm{g}}\frac{\partial\rho_{\mathrm{a}}}{\partial p_{\mathrm{c}}}-\frac{\rho_{\mathrm{a}}S_{\mathrm{g}}(\alpha-\phi)}{K_{\mathrm{s}}}\left(p_{\mathrm{c}}\frac{\partial S_{\mathrm{l}}}{\partial p_{\mathrm{c}}}+S_{\mathrm{l}}\right)\right)\frac{p_{\mathrm{c}}^{n+1}-p_{\mathrm{c}}^{n}}{\Delta t}\\ &+\left[\phi S_{\mathrm{g}}\frac{\partial\rho_{\mathrm{a}}}{\partial T}+\rho_{\mathrm{a}}S_{\mathrm{g}}\frac{1-\phi}{\rho_{\mathrm{s}}}\left(\frac{\partial\rho_{\mathrm{s}}}{\partial\Gamma_{\mathrm{h}}}\frac{\mathrm{d}\Gamma_{\mathrm{h}}}{\mathrm{d}T}+\frac{\partial\rho_{\mathrm{s}}}{\partial\Gamma_{\mathrm{s}}}\frac{\mathrm{d}\Gamma_{\mathrm{s}}}{\mathrm{d}T}\right)\right.\\ &\left.-\rho_{\mathrm{a}}S_{\mathrm{g}}(\alpha-\phi)\beta_{\mathrm{s}}+\rho_{\mathrm{a}}S_{\mathrm{g}}\frac{1}{\rho_{\mathrm{s}}}\left(\frac{\partial m_{\mathrm{h}}}{\partial T}+\frac{\partial m_{\mathrm{s}}}{\partial T}\right)\right]\frac{T^{n+1}-T^{n}}{\Delta t}\end{aligned}\tag{8.164}$$

$$
\begin{aligned}
R_{\mathrm{w}} = & \phi\frac{\partial S_{\mathrm{l}}}{\partial t}\left(\rho_{\mathrm{w}}-\rho_{\mathrm{v}}\right)+\phi S_{\mathrm{g}}\frac{\partial \rho_{\mathrm{v}}}{\partial t}+\phi S_{1}\frac{\partial \rho_{\mathrm{w}}}{\partial t}+\alpha\left(S_{\mathrm{g}}\rho_{\mathrm{v}}+S_{\mathrm{l}}\rho_{\mathrm{w}}\right)(\nabla\cdot\boldsymbol{v})-\beta_{\mathrm{swg}}\dot{T} \\
& +\frac{1-\phi}{\rho_{\mathrm{s}}}\left(S_{\mathrm{g}}\rho_{\mathrm{v}}+S_{\mathrm{l}}\rho_{\mathrm{w}}\right)\left(\frac{\partial \rho_{\mathrm{s}}}{\partial \Gamma_{\mathrm{h}}}\frac{\mathrm{d}\Gamma_{\mathrm{h}}}{\mathrm{d}T}+\frac{\partial \rho_{\mathrm{s}}}{\partial \Gamma_{\mathrm{s}}}\frac{\mathrm{d}\Gamma_{\mathrm{s}}}{\mathrm{d}T}\right)\dot{T} \\
& +\left(\left(S_{\mathrm{g}}\rho_{\mathrm{v}}+S_{\mathrm{l}}\rho_{\mathrm{w}}\right)\frac{1}{\rho_{\mathrm{s}}}-1\right)\dot{m}_{\mathrm{h}}+\left(S_{\mathrm{g}}\rho_{\mathrm{v}}+S_{\mathrm{l}}\rho_{\mathrm{w}}\right)\frac{\dot{m}_{\mathrm{s}}}{\rho_{\mathrm{s}}}+\frac{\beta_{\mathrm{swg}}}{\beta_{\mathrm{s}}K_{\mathrm{s}}}\dot{p}_{\mathrm{s}} \\
= & \alpha\left(S_{\mathrm{g}}\rho_{\mathrm{v}}+S_{\mathrm{l}}\rho_{\mathrm{w}}\right)(\nabla\cdot\boldsymbol{v})+\frac{(\alpha-\phi)\left(S_{\mathrm{g}}\rho_{\mathrm{v}}+S_{\mathrm{l}}\rho_{\mathrm{w}}\right)}{K_{\mathrm{s}}}\frac{p_{\mathrm{g}}^{n+1}-p_{\mathrm{g}}^{n}}{\Delta t} \\
& +\left(\phi\frac{\partial S_{\mathrm{l}}}{\partial p_{\mathrm{c}}}\left(\rho_{\mathrm{w}}-\rho_{\mathrm{v}}\right)+\phi S_{\mathrm{g}}\frac{\partial \rho_{\mathrm{v}}}{\partial p_{\mathrm{c}}}-\frac{(\alpha-\phi)\left(S_{\mathrm{g}}\rho_{\mathrm{v}}+S_{\mathrm{l}}\rho_{\mathrm{w}}\right)}{K_{\mathrm{s}}}\right. \\
& \left.\times\left(p_{\mathrm{c}}\frac{\partial S_{\mathrm{l}}}{\partial p_{\mathrm{c}}}+S_{\mathrm{l}}\right)\right)\frac{p_{\mathrm{c}}^{n+1}-p_{\mathrm{c}}^{n}}{\Delta t} \\
& +\left[\phi\left(S_{\mathrm{g}}\frac{\partial \rho_{\mathrm{v}}}{\partial T}+S_{1}\frac{\partial \rho_{\mathrm{w}}}{\partial T}\right)-\beta_{\mathrm{swg}}+\frac{1-\phi}{\rho_{\mathrm{s}}}\left(S_{\mathrm{g}}\rho_{\mathrm{v}}+S_{\mathrm{l}}\rho_{\mathrm{w}}\right)\left(\frac{\partial \rho_{\mathrm{s}}}{\partial \Gamma_{\mathrm{h}}}\frac{\mathrm{d}\Gamma_{\mathrm{h}}}{\mathrm{d}T}+\frac{\partial \rho_{\mathrm{s}}}{\partial \Gamma_{\mathrm{s}}}\frac{\mathrm{d}\Gamma_{\mathrm{s}}}{\mathrm{d}T}\right)\right. \\
& \left.+\left(\left(S_{\mathrm{g}}\rho_{\mathrm{v}}+S_{\mathrm{l}}\rho_{\mathrm{w}}\right)\frac{1}{\rho_{\mathrm{s}}}-1\right)\frac{\partial m_{\mathrm{h}}}{\partial T}+\left(S_{\mathrm{g}}\rho_{\mathrm{v}}+S_{\mathrm{l}}\rho_{\mathrm{w}}\right)\frac{1}{\rho_{\mathrm{s}}}\frac{\partial m_{\mathrm{s}}}{\partial T}\right]\frac{T^{n+1}-T^{n}}{\Delta t}
\end{aligned}
\tag{8.165}
$$

$$
\begin{aligned}
R_{\mathrm{T}} = & \left(\rho c_{\mathrm{p}}\right)_{\mathrm{eff}}\frac{\partial T}{\partial t}+\left(C_{\mathrm{pw}}\rho^{\mathrm{w}}\boldsymbol{v}_{\mathrm{ls}}+C_{\mathrm{pg}}\rho^{\mathrm{g}}\boldsymbol{v}_{\mathrm{gs}}\right)\cdot\nabla T \\
& -\Delta h_{\mathrm{v}}\left(\phi\rho_{\mathrm{w}}\frac{\partial S_{\mathrm{l}}}{\partial t}+\phi S_{\mathrm{l}}\frac{\partial \rho_{\mathrm{w}}}{\partial t}+S_{\mathrm{l}}\rho_{\mathrm{w}}\frac{1-\phi}{\rho_{\mathrm{s}}}\left(\frac{\partial \rho_{\mathrm{s}}}{\partial \Gamma_{\mathrm{h}}}\frac{\partial \Gamma_{\mathrm{h}}}{\partial T}+\frac{\partial \rho_{\mathrm{s}}}{\partial \Gamma_{\mathrm{s}}}\frac{\partial \Gamma_{\mathrm{s}}}{\partial T}\right)\dot{T}\right. \\
& \left.+\alpha S_{\mathrm{l}}\rho_{\mathrm{w}}(\nabla\cdot\boldsymbol{v})+S_{\mathrm{l}}\rho_{\mathrm{w}}(\alpha-\phi)\left(\frac{\dot{p}_{\mathrm{s}}}{K_{\mathrm{s}}}-\beta_{\mathrm{s}}\dot{T}\right)+\phi\nabla\left(S_{\mathrm{l}}\rho_{\mathrm{w}}\right)\cdot\mathrm{v}\right) \\
& +\left(\Delta h_{\mathrm{h}}+\Delta h_{\mathrm{v}}-\Delta h_{\mathrm{v}}\frac{S_{\mathrm{l}}\rho_{\mathrm{w}}}{\rho_{\mathrm{s}}}\right)\dot{m}_{\mathrm{h}}+\left(\Delta h_{\mathrm{s}}-\Delta h_{\mathrm{v}}\frac{S_{\mathrm{l}}\rho_{\mathrm{w}}}{\rho_{\mathrm{s}}}\right)\dot{m}_{\mathrm{s}} \\
= & -\Delta h_{\mathrm{v}}\alpha S_{\mathrm{l}}\rho_{\mathrm{w}}(\nabla\cdot\boldsymbol{v})-\Delta h_{\mathrm{v}}\frac{S_{\mathrm{l}}\rho_{\mathrm{w}}(\alpha-\phi)}{K_{\mathrm{s}}}\frac{p_{\mathrm{g}}^{n+1}-p_{\mathrm{g}}^{n}}{\Delta t} \\
& +\left(-\Delta h_{\mathrm{v}}\phi\rho_{\mathrm{w}}\frac{\partial S_{\mathrm{l}}}{\partial p_{\mathrm{c}}}+\Delta h_{\mathrm{v}}\frac{(\alpha-\phi)S_{\mathrm{l}}\rho_{\mathrm{w}}}{K_{\mathrm{s}}}\left(\frac{\partial S_{\mathrm{l}}}{\partial p_{\mathrm{c}}}p_{\mathrm{c}}+S_{\mathrm{l}}\right)\right)\frac{p_{\mathrm{c}}^{n+1}-p_{\mathrm{c}}^{n}}{\Delta t} \\
& +\left[-\Delta h_{\mathrm{v}}\left(\phi S_{\mathrm{l}}\frac{\partial \rho_{\mathrm{w}}}{\partial T}+S_{\mathrm{l}}\rho_{\mathrm{w}}\frac{1-\phi}{\rho_{\mathrm{s}}}\left(\frac{\partial \rho_{\mathrm{s}}}{\partial \Gamma_{\mathrm{h}}}\frac{\partial \Gamma_{\mathrm{h}}}{\partial T}+\frac{\partial \rho_{\mathrm{s}}}{\partial \Gamma_{\mathrm{s}}}\frac{\partial \Gamma_{\mathrm{s}}}{\partial T}\right)-S_{\mathrm{l}}\rho_{\mathrm{w}}(\alpha-\phi)\beta_{\mathrm{s}}\right)\right. \\
& +\left(\rho c_{\mathrm{p}}\right)_{\mathrm{eff}}+\left(\Delta h_{\mathrm{h}}+\Delta h_{\mathrm{v}}-\Delta h_{\mathrm{v}}\frac{S_{\mathrm{l}}\rho_{\mathrm{w}}}{\rho_{\mathrm{s}}}\right)\frac{\partial m_{\mathrm{h}}}{\partial T} \\
& \left.+\left(\Delta h_{\mathrm{s}}-\Delta h_{\mathrm{v}}\frac{S_{\mathrm{l}}\rho_{\mathrm{w}}}{\rho_{\mathrm{s}}}\right)\frac{\partial m_{\mathrm{s}}}{\partial T}\right]\frac{T^{n+1}-T^{n}}{\Delta t}
\end{aligned}
$$

$$+\left(C_{\mathrm{pw}}\rho^{\mathrm{w}}\boldsymbol{v}_{\mathrm{ls}}+C_{\mathrm{pg}}\rho^{\mathrm{g}}\boldsymbol{v}_{\mathrm{gs}}\right)\cdot\nabla T \tag{8.166}$$

$$\begin{aligned}R_{\mathrm{c}}&=\frac{\partial c^{\mathrm{p}}}{\partial t}+c^{\mathrm{p}}\nabla\cdot\boldsymbol{v}+\boldsymbol{v}_{\mathrm{ls}}\cdot\nabla c^{\mathrm{p}}-\dot{m}_{\mathrm{s}}\\&=\frac{c^{\mathrm{p,n+1}}-c^{\mathrm{p,n}}}{\Delta t}+c^{\mathrm{p}}\nabla\cdot\boldsymbol{v}+\boldsymbol{v}_{\mathrm{ls}}\cdot\nabla c^{\mathrm{p}}-\frac{\partial m_{\mathrm{s}}}{\partial T}\frac{T^{n+1}-T^{n}}{\Delta t}\end{aligned} \tag{8.167}$$

对于一个典型的时间增量步 $\Delta t=t_{n+1}-t_n$，可以利用 Newton-Raphson 过程迭代求解非线性方程组 (8.153)~ 式 (8.157) 以获得 t_{n+1} 时刻的基本未知变量 $\boldsymbol{X}=\left[\bar{\boldsymbol{u}}^{\mathrm{T}},\bar{\boldsymbol{p}}_{\mathrm{g}}^{\mathrm{T}},\bar{\boldsymbol{p}}_{\mathrm{c}}^{\mathrm{T}},\bar{\boldsymbol{T}}^{\mathrm{T}},\bar{\boldsymbol{c}}_{\mathrm{p}}^{\mathrm{T}}\right]^{\mathrm{T}}$ 值，即

$$\boldsymbol{F}^{k}\left(\boldsymbol{X}_{n+1}^{k}\right)=\boldsymbol{F}^{k-1}\left(\boldsymbol{X}_{n+1}^{k-1}\right)+\Delta\boldsymbol{F}_{n+1}^{k}\left(\boldsymbol{X}_{n+1}^{k-1}\right)=\mathbf{0} \tag{8.168}$$

$$\Delta\boldsymbol{F}_{n+1}^{k}\left(\boldsymbol{X}_{n+1}^{k-1}\right)=\left.\frac{\partial\boldsymbol{F}^{k}}{\partial\boldsymbol{X}}\right|_{\boldsymbol{X}=\boldsymbol{X}_{n+1}^{k-1}}\Delta\boldsymbol{X}_{n+1}^{k},\quad \boldsymbol{X}_{n+1}^{k}=\boldsymbol{X}_{n+1}^{k-1}+\Delta\boldsymbol{X}_{n+1}^{k} \tag{8.169}$$

式中，定义了全局离散控制方程的残数向量 $\boldsymbol{F}=\left[\boldsymbol{F}_{\mathrm{u}}^{\mathrm{T}},\boldsymbol{F}_{\mathrm{a}}^{\mathrm{T}},\boldsymbol{F}_{\mathrm{w}}^{\mathrm{T}},\boldsymbol{F}_{\mathrm{T}}^{\mathrm{T}},\boldsymbol{F}_{\mathrm{c}}^{\mathrm{T}}\right]^{\mathrm{T}}$，$k$ 表示迭代次数，非线性方程组 (8.153)~ 式 (8.157) 在第 k 次迭代时的 Jacobian 矩阵 $\left.\dfrac{\partial\boldsymbol{F}^{k}}{\partial\boldsymbol{X}}\right|_{\boldsymbol{X}=\boldsymbol{X}_{n+1}^{k-1}}$ 可展开表示为

$$\begin{aligned}\left.\frac{\partial\boldsymbol{F}^{k}}{\partial\boldsymbol{X}}\right|_{\boldsymbol{X}=\boldsymbol{X}_{n+1}^{k-1}}&=\left.\begin{bmatrix}\dfrac{\partial\boldsymbol{F}_{\mathrm{u}}}{\partial\bar{\boldsymbol{u}}}&\dfrac{\partial\boldsymbol{F}_{\mathrm{u}}}{\partial\bar{\boldsymbol{p}}_{\mathrm{g}}}&\dfrac{\partial\boldsymbol{F}_{\mathrm{u}}}{\partial\bar{\boldsymbol{p}}_{\mathrm{c}}}&\dfrac{\partial\boldsymbol{F}_{\mathrm{u}}}{\partial T}&\dfrac{\partial\boldsymbol{F}_{\mathrm{u}}}{\partial c_{\mathrm{p}}}\\\dfrac{\partial\boldsymbol{F}_{\mathrm{a}}}{\partial\bar{\boldsymbol{u}}}&\dfrac{\partial\boldsymbol{F}_{\mathrm{a}}}{\partial\bar{\boldsymbol{p}}_{\mathrm{g}}}&\dfrac{\partial\boldsymbol{F}_{\mathrm{a}}}{\partial\bar{\boldsymbol{p}}_{\mathrm{c}}}&\dfrac{\partial\boldsymbol{F}_{\mathrm{a}}}{\partial T}&\mathbf{0}\\\dfrac{\partial\boldsymbol{F}_{\mathrm{w}}}{\partial\bar{\boldsymbol{u}}}&\dfrac{\partial\boldsymbol{F}_{\mathrm{w}}}{\partial\bar{\boldsymbol{p}}_{\mathrm{g}}}&\dfrac{\partial\boldsymbol{F}_{\mathrm{w}}}{\partial\bar{\boldsymbol{p}}_{\mathrm{c}}}&\dfrac{\partial\boldsymbol{F}_{\mathrm{w}}}{\partial T}&\mathbf{0}\\\dfrac{\partial\boldsymbol{F}_{\mathrm{T}}}{\partial\bar{\boldsymbol{u}}}&\dfrac{\partial\boldsymbol{F}_{\mathrm{T}}}{\partial\bar{\boldsymbol{p}}_{\mathrm{g}}}&\dfrac{\partial\boldsymbol{F}_{\mathrm{T}}}{\partial\bar{\boldsymbol{p}}_{\mathrm{c}}}&\dfrac{\partial\boldsymbol{F}_{\mathrm{T}}}{\partial T}&\mathbf{0}\\\dfrac{\partial\boldsymbol{F}_{\mathrm{c}}}{\partial\bar{\boldsymbol{u}}}&\dfrac{\partial\boldsymbol{F}_{\mathrm{c}}}{\partial\bar{\boldsymbol{p}}_{\mathrm{g}}}&\dfrac{\partial\boldsymbol{F}_{\mathrm{c}}}{\partial\bar{\boldsymbol{p}}_{\mathrm{c}}}&\dfrac{\partial\boldsymbol{F}_{\mathrm{c}}}{\partial T}&\dfrac{\partial\boldsymbol{F}_{\mathrm{c}}}{\partial c_{\mathrm{p}}}\end{bmatrix}\right|_{\boldsymbol{X}=\boldsymbol{X}_{n+1}^{k-1}}\\&=\left.\begin{bmatrix}\boldsymbol{K}_{\mathrm{uu}}&\boldsymbol{K}_{\mathrm{ug}}&\boldsymbol{K}_{\mathrm{uc}}&\boldsymbol{K}_{\mathrm{uT}}&\boldsymbol{K}_{\mathrm{up}}\\\boldsymbol{K}_{\mathrm{au}}&\boldsymbol{K}_{\mathrm{ag}}&\boldsymbol{K}_{\mathrm{ac}}&\boldsymbol{K}_{\mathrm{aT}}&\mathbf{0}\\\boldsymbol{K}_{\mathrm{wu}}&\boldsymbol{K}_{\mathrm{wg}}&\boldsymbol{K}_{\mathrm{wc}}&\boldsymbol{K}_{\mathrm{wT}}&\mathbf{0}\\\boldsymbol{K}_{\mathrm{Tu}}&\boldsymbol{K}_{\mathrm{Tg}}&\boldsymbol{K}_{\mathrm{Tc}}&\boldsymbol{K}_{\mathrm{TT}}&\mathbf{0}\\\boldsymbol{K}_{\mathrm{pu}}&\boldsymbol{K}_{\mathrm{pg}}&\boldsymbol{K}_{\mathrm{pc}}&\boldsymbol{K}_{\mathrm{pT}}&\boldsymbol{K}_{\mathrm{pp}}\end{bmatrix}\right|_{\boldsymbol{X}=\boldsymbol{X}_{n+1}^{k-1}}\end{aligned} \tag{8.170}$$

式 (8.170) 中的子矩阵是增量形式的离散化非线性质量、能量和动量守恒方程的切线矩阵，它们的具体表达式可导出表示如下

$$\boldsymbol{K}_{\mathrm{uu}}=\int_{\Omega}\boldsymbol{B}^{\mathrm{T}}\boldsymbol{D}_{\mathrm{edpc}}^{\mathrm{m}}\boldsymbol{B}\mathrm{d}\Omega,\quad \boldsymbol{K}_{\mathrm{ug}}=-\int_{\Omega}\boldsymbol{B}^{\mathrm{T}}\alpha\boldsymbol{m}^{\mathrm{T}}\boldsymbol{N}^{\mathrm{p}}\mathrm{d}\Omega,$$

$$\boldsymbol{K}_{\mathrm{uc}}=\int_{\Omega}\boldsymbol{B}^{\mathrm{T}}\boldsymbol{D}_{\mathrm{edpc}}^{\mathrm{s}}\boldsymbol{N}^{\mathrm{p}}\mathrm{d}\Omega,\quad \boldsymbol{K}_{\mathrm{uT}}=\int_{\Omega}\boldsymbol{B}^{\mathrm{T}}\boldsymbol{D}_{\mathrm{edpc}}^{\mathrm{T}}\boldsymbol{N}^{\mathrm{T}}\mathrm{d}\Omega,$$

$$\boldsymbol{K}_{\mathrm{up}}=\int_{\Omega}\boldsymbol{B}^{\mathrm{T}}\boldsymbol{D}_{\mathrm{edpc}}^{\mathrm{c}}\boldsymbol{N}^{\mathrm{c}}\mathrm{d}\Omega \tag{8.171}$$

$$\begin{aligned}
\boldsymbol{K}_{\mathrm{au}}&=\int_{\Omega}\boldsymbol{N}^{\mathrm{p}}\varLambda_{\mathrm{au}}\boldsymbol{m}^{\mathrm{T}}\boldsymbol{B}\mathrm{d}\Omega\\
\boldsymbol{K}_{\mathrm{ag}}&=\int_{\Omega}\left(\boldsymbol{N}^{\mathrm{p}}\varLambda_{\mathrm{ag}}\boldsymbol{N}^{\mathrm{pT}}+\nabla\boldsymbol{N}^{\mathrm{p}}\boldsymbol{H}_{\mathrm{ag}}\nabla\boldsymbol{N}^{\mathrm{pT}}+\nabla\boldsymbol{N}^{\mathrm{p}}\boldsymbol{M}_{\mathrm{ag}}\boldsymbol{N}^{\mathrm{pT}}\right)\mathrm{d}\Omega\\
\boldsymbol{K}_{\mathrm{ac}}&=\int_{\Omega}\left(\boldsymbol{N}^{\mathrm{p}}\varLambda_{\mathrm{ac}}\boldsymbol{N}^{\mathrm{pT}}+\nabla\boldsymbol{N}^{\mathrm{p}}\boldsymbol{H}_{\mathrm{ac}}\nabla\boldsymbol{N}^{\mathrm{pT}}+\nabla\boldsymbol{N}^{\mathrm{p}}\boldsymbol{M}_{\mathrm{ac}}\boldsymbol{N}^{\mathrm{pT}}\right)\mathrm{d}\Omega\\
\boldsymbol{K}_{\mathrm{aT}}&=\int_{\Omega}\left(\boldsymbol{N}^{\mathrm{p}}\varLambda_{\mathrm{aT}}\boldsymbol{N}^{\mathrm{TT}}+\nabla\boldsymbol{N}^{\mathrm{p}}\boldsymbol{H}_{\mathrm{aT}}\nabla\boldsymbol{N}^{\mathrm{TT}}+\nabla\boldsymbol{N}^{\mathrm{p}}\boldsymbol{M}_{\mathrm{aT}}\boldsymbol{N}^{\mathrm{TT}}\right)\mathrm{d}\Omega
\end{aligned} \tag{8.172}$$

$$\begin{aligned}
\boldsymbol{K}_{\mathrm{wu}}&=\int_{\Omega}\boldsymbol{N}^{\mathrm{p}}\varLambda_{\mathrm{wu}}\boldsymbol{m}^{\mathrm{T}}\boldsymbol{B}\mathrm{d}\Omega\\
\boldsymbol{K}_{\mathrm{wg}}&=\int_{\Omega}\left(\boldsymbol{N}^{\mathrm{p}}\varLambda_{\mathrm{wg}}\boldsymbol{N}^{\mathrm{pT}}+\nabla\boldsymbol{N}^{\mathrm{p}}\boldsymbol{H}_{\mathrm{wg}}\nabla\boldsymbol{N}^{\mathrm{pT}}+\nabla\boldsymbol{N}^{\mathrm{p}}\boldsymbol{M}_{\mathrm{wg}}\boldsymbol{N}^{\mathrm{pT}}\right)\mathrm{d}\Omega\\
\boldsymbol{K}_{\mathrm{wc}}&=\int_{\Omega}\left(\boldsymbol{N}^{\mathrm{p}}\varLambda_{\mathrm{wc}}\boldsymbol{N}^{\mathrm{pT}}+\nabla\boldsymbol{N}^{\mathrm{p}}\boldsymbol{H}_{\mathrm{wc}}\nabla\boldsymbol{N}^{\mathrm{pT}}+\nabla\boldsymbol{N}^{\mathrm{p}}\boldsymbol{M}_{\mathrm{wc}}\boldsymbol{N}^{\mathrm{pT}}\right)\mathrm{d}\Omega\\
&\quad+\int_{\varGamma_{\mathrm{w}}}\boldsymbol{N}^{\mathrm{p}}G_{\mathrm{wc}}\boldsymbol{N}^{\mathrm{pT}}\mathrm{d}\varGamma_{\mathrm{w}}\\
\boldsymbol{K}_{\mathrm{wT}}&=\int_{\Omega}\left(\boldsymbol{N}^{\mathrm{p}}\varLambda_{\mathrm{wT}}\boldsymbol{N}^{\mathrm{TT}}+\nabla\boldsymbol{N}^{\mathrm{p}}\boldsymbol{H}_{\mathrm{wT}}\nabla\boldsymbol{N}^{\mathrm{TT}}+\nabla\boldsymbol{N}^{\mathrm{p}}\boldsymbol{M}_{\mathrm{wT}}\boldsymbol{N}^{\mathrm{TT}}\right)\mathrm{d}\Omega\\
&\quad+\int_{\varGamma_{\mathrm{w}}}\boldsymbol{N}^{\mathrm{p}}G_{\mathrm{wT}}\boldsymbol{N}^{\mathrm{TT}}\mathrm{d}\varGamma_{\mathrm{w}}
\end{aligned} \tag{8.173}$$

$$\boldsymbol{K}_{\mathrm{Tu}}=\int_{\Omega}\boldsymbol{N}^{\mathrm{T}}\varLambda_{\mathrm{Tu}}\boldsymbol{m}^{\mathrm{T}}\boldsymbol{B}\mathrm{d}\Omega$$

$$
\begin{aligned}
\boldsymbol{K}_{\mathrm{Tg}} &= \int_{\Omega} (\boldsymbol{N}^{\mathrm{T}} \Lambda_{\mathrm{Tg}} \boldsymbol{N}^{\mathrm{pT}} + \boldsymbol{N}^{\mathrm{T}} \boldsymbol{M}_{\mathrm{Tg1}} \nabla \boldsymbol{N}^{\mathrm{pT}} \\
&\quad + \nabla \boldsymbol{N}^{\mathrm{T}} \boldsymbol{H}_{\mathrm{Tg}} \nabla \boldsymbol{N}^{\mathrm{pT}} + \nabla \boldsymbol{N}^{\mathrm{T}} \boldsymbol{M}_{\mathrm{Tg2}} \boldsymbol{N}^{\mathrm{pT}}) \mathrm{d}\Omega \\
\boldsymbol{K}_{\mathrm{Tc}} &= \int_{\Omega} (\boldsymbol{N}^{\mathrm{T}} \Lambda_{\mathrm{Tc}} \boldsymbol{N}^{\mathrm{pT}} + \boldsymbol{N}^{\mathrm{T}} \boldsymbol{M}_{\mathrm{Tc1}} \nabla \boldsymbol{N}^{\mathrm{pT}} \\
&\quad + \nabla \boldsymbol{N}^{\mathrm{T}} \boldsymbol{H}_{\mathrm{Tc}} \nabla \boldsymbol{N}^{\mathrm{pT}} + \nabla \boldsymbol{N}^{\mathrm{T}} \boldsymbol{M}_{\mathrm{Tc2}} \boldsymbol{N}^{\mathrm{pT}}) \mathrm{d}\Omega \\
\boldsymbol{K}_{\mathrm{TT}} &= \int_{\Omega} (\boldsymbol{N}^{\mathrm{T}} \Lambda_{\mathrm{TT}} \boldsymbol{N}^{\mathrm{TT}} + \boldsymbol{N}^{\mathrm{T}} \boldsymbol{M}_{\mathrm{TT1}} \nabla \boldsymbol{N}^{\mathrm{TT}} \\
&\quad + \nabla \boldsymbol{N}^{\mathrm{T}} \boldsymbol{H}_{\mathrm{TT}} \nabla \boldsymbol{N}^{\mathrm{TT}} + \nabla \boldsymbol{N}^{\mathrm{T}} \boldsymbol{M}_{\mathrm{TT2}} \boldsymbol{N}^{\mathrm{TT}}) \mathrm{d}\Omega \\
&\quad + \int_{\Gamma_{\mathrm{w}}} \boldsymbol{N}^{\mathrm{T}} G_{\mathrm{TT}} \boldsymbol{N}^{\mathrm{TT}} \mathrm{d}\Gamma_{\mathrm{T}}
\end{aligned} \tag{8.174}
$$

$$
\boldsymbol{K}_{\mathrm{pu}} = \int_{\Omega} \boldsymbol{W}^{\mathrm{c}} \Lambda_{\mathrm{pu}} \boldsymbol{m}^{\mathrm{T}} \boldsymbol{B} \mathrm{d}\Omega, \quad \boldsymbol{K}_{\mathrm{pg}} = \int_{\Omega} \left(\boldsymbol{W}^{\mathrm{c}} \Lambda_{\mathrm{pg}} \boldsymbol{N}^{\mathrm{pT}} + \boldsymbol{W}^{\mathrm{c}} \boldsymbol{M}_{\mathrm{pg}} \nabla \boldsymbol{N}^{\mathrm{pT}} \right) \mathrm{d}\Omega,
$$

$$
\boldsymbol{K}_{\mathrm{pc}} = \int_{\Omega} \left(\boldsymbol{W}^{\mathrm{c}} \Lambda_{\mathrm{pc}} \boldsymbol{N}^{\mathrm{pT}} + \boldsymbol{W}^{\mathrm{c}} \boldsymbol{M}_{\mathrm{pc}} \nabla \boldsymbol{N}^{\mathrm{pT}} \right) \mathrm{d}\Omega, \quad \boldsymbol{K}_{\mathrm{pT}} = \int_{\Omega} \boldsymbol{W}^{\mathrm{c}} \Lambda_{\mathrm{pT}} \boldsymbol{N}^{\mathrm{TT}} \mathrm{d}\Omega,
$$

$$
\boldsymbol{K}_{\mathrm{pp}} = \int_{\Omega} \left(\boldsymbol{W}^{\mathrm{c}} \Lambda_{\mathrm{pp}} \boldsymbol{N}^{\mathrm{cT}} + \boldsymbol{W}^{\mathrm{c}} \boldsymbol{M}_{\mathrm{pp}} \nabla \boldsymbol{N}^{\mathrm{cT}} + \nabla \boldsymbol{W}^{\mathrm{c}} \boldsymbol{H}_{\mathrm{pp}} \nabla \boldsymbol{N}^{\mathrm{cT}} \right) \mathrm{d}\Omega \tag{8.175}
$$

式 (8.172)~ 式 (8.175) 中所示被积函数中所出现的标量和矩阵的具体表达式可查阅本章附录。

半离散有限元方程组 (8.153)~ 式 (8.157) 需要进一步实施时域离散。本章中利用隐式 Newmark 时域离散算法对瞬态耦合问题实现时域中的增量数值求解过程。无条件稳定隐式方案允许利用较大时间步长。其时间步长的选择基于数值结果的精度考虑和/或更重要地基于为达到求解非线性 CTHM 耦合模型全局系统的质量、动量和能量守恒方程迭代过程的高收敛率。由于 CTHM 耦合过程的复杂性和发生在耦合过程不同阶段时 CTHM 耦合行为的不同非线性程度，在本章描述的数值求解过程将采用根据所执行增量步收敛率而设计的自适应时域步长增量方案（Li et al., 2006）。

8.6　数值算例

本章将提供两个数值例题与结果以考核所提出的 CTHM 耦合模型和所发展的相应非线性有限元过程在重现火灾、热辐射等高温条件下混凝土中化学–热–湿–

气–力学耦合行为的有效性，同时显示相关物理量随时间变化的规律，特别是热–化学因素对混凝土损伤和弹塑性破坏的影响。

第一个例题关注曾在实验研究中取为实验样本的承受热载荷、高度为 12 cm、横截面为 30×30 cm^2 的混凝土柱（Kalifaet al., 2000）。它可以被视为承受热载荷的混凝土墙的一部分。通过距表面 3cm 处放置的 5 kW-600℃ 辐射加热器对面积为 30×30 cm^2 的顶部表面均匀加热，而同样面积的底部表面与空气接触。尺寸为 30×12 cm^2 的四个侧面使用多孔陶瓷块进行绝热处理。本例可以模型化为尺寸为如图 8.1 所示 12×0.4 cm^2 的一维瞬态轴向应变问题。图 8.1 中表示一维混凝土柱的边界分为 A、B、C 三部分。边界 A 为距辐射加热器 3 cm 的顶部边界，边界 B 为与空气接触边界面，而一维混凝土柱两侧的边界 C 为绝热面。尺寸为 12×0.4 cm^2 的混凝土柱离散化为 36×1 的八节点 Serendipity 单元（Zienkiewicz and Taylor, 2000）网格。边界 A 处的加热历史按实验研究中测得的距混凝土柱顶部加热面仅 2 mm 处的温度变化历史施加，如图 8.2 所示。数值模拟中初始时间步长取为 $\Delta t=1$ s，在加热期间自适应可变时间步长方案中所取最大时间步长达 $\Delta t_{\max}=100$ s。本例在边界 A、B、C 上施加的边界条件分别概括如下。边界 A：$u_{\mathrm{x}}=u_{\mathrm{y}}=0; p_{\mathrm{g}}=101325$ Pa, $p_{\mathrm{v}}=1000$ Pa, 质量和热传导对流系数 $\beta_{\mathrm{c}}=0.005$ m/s, $\alpha_{\mathrm{c}}=10$ W/$\left(\mathrm{m}^2\cdot\mathrm{K}\right)$, 式 (8.149) 中所示系数 $e\sigma_0=5.1\times10^{-8}$ W/$\left(\mathrm{m}^2\cdot\mathrm{K}^4\right)$, $q_{\mathrm{c}}=0$; 按图 8.2 曲线确定在不同时刻给定的温度 T；边界 B：$u_{\mathrm{y}}=0, p_{\mathrm{g}}=101325$ Pa, $p_{\mathrm{v}}=1000$ Pa, 质量和热传导对流系数 $\beta_{\mathrm{c}}=1\times10^{-4}$ m/s, $\alpha_{\mathrm{e}}=1$ W/$\left(\mathrm{m}^2\cdot\mathrm{K}\right)$, $T=298$ K, $q_{\mathrm{p}}=0$; 边界 C：$u_{\mathrm{y}}=0, q_{\mathrm{a}}=q_{\mathrm{v}}=q_{\mathrm{w}}=q_{\mathrm{T}}=q_{\mathrm{c}}=0$。所分析全域的初始条件给出如下：液相初始饱和度 $S_1^0=0.38$，相应于大气压力的混溶气体初始压力 $p_{\mathrm{g}}^0=101.325$ kPa。化学束缚水初始质量密度 $m_0=80$ kg/m^3。

除了上面给出的模型参数，在本例中利用的混凝土材料参数为：初始杨氏弹性模量和泊松比 $E_0=44$ GPa, $\nu=0.18$; 用以确定 Willam-Warnke 屈服准则中的材料参数 $c_0, r_{\mathrm{c}}, r_{\mathrm{t}}$ 的强度参数 $f_{\mathrm{c}}=100$ MPa, $f_{\mathrm{t}}=8$ MPa, $f_{\mathrm{bc}}=110$ MPa; 材料内聚压力的硬化/软化参数 $h_{\mathrm{p}}=-1\times10^7$ MPa, $h_{\mathrm{s}}=1\times10^{-3}$, $h_{\xi}=-2.76\times10^6$ MPa, $h_{\mathrm{c}}=-5\times10^7$ MPa；初始固相质量密度 $\rho_{\mathrm{s0}}=2800$ kg/m^3；热膨胀系数 $\beta_{\mathrm{s}}=3.0\times10^{-5}$ K^{-1}；初始孔隙度 $\phi_0=0.1$; 反映脱水和脱盐过程对孔隙度值效应的系数 $A_{\phi}=0.195\times10^{-3}$ K^{-1}; 固体颗粒的压缩体积模量 $K_{\mathrm{s}}=114.6$ GPa; 非混溶孔隙液相与孔隙混溶气相相对于固相流动的绝对渗透系数 $k_{\mathrm{a}}=3.0\times10^{-21}$ m^2; Biot 常数 $\alpha=0.8$; 为计算混凝土因脱盐效应的化学膨胀系数 β_{p} 的材料参数 $F_0=0.8, \beta_0=1.1$。混凝土中固相、液相、干空气和水蒸气的等压热容系数 $C_{\mathrm{ps}}=948$ J/(kg·K), $C_{\mathrm{pw}}=4181$ J/(kg·K), $C_{\mathrm{pa}}=1005.7$ J/(kg·K), $C_{\mathrm{pv}}=1805$ J/(kg·K)。

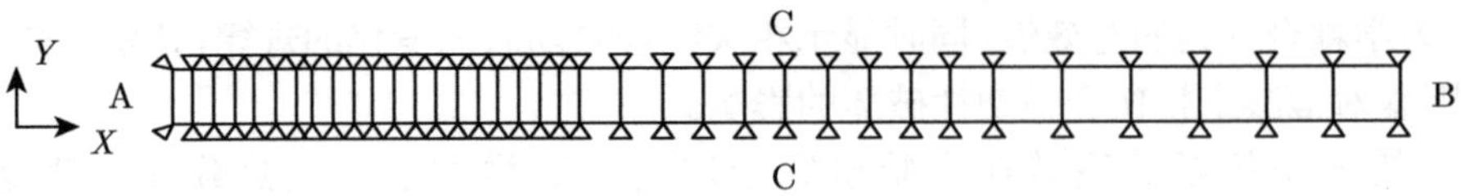

图 8.1 一维问题的有限元模型示意图

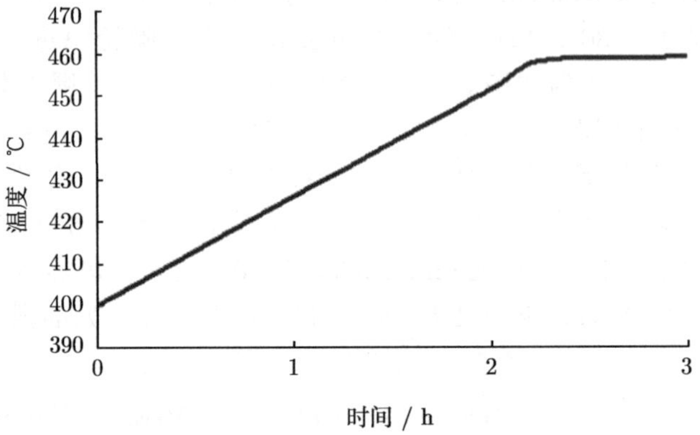

图 8.2 一维问题的热载荷加载历史

孔隙水密度随温度的变化将按下列液态水的状态方程计算（Gawin et al., 2003）

$$\rho_{\mathrm{w}}(T) = b_0 + b_1 T + b_2 T^2 + b_3 T^3 + b_4 T^4 + b_5 T^5 + (p_{\mathrm{wl}} - p_{\mathrm{wT}})\left(a_0 + a_1 T + a_2 T^2 + a_3 T^3 + a_4 T^4 + a_5 T^5\right)$$

式中，$p_{\mathrm{wl}} = 10\ \mathrm{MPa}, p_{\mathrm{wT}} = 20\ \mathrm{MPa}, a_0 = 4.89 \times 10^{-7}, a_1 = -1.65 \times 10^{-9}$, $a_2 = 1.86 \times 10^{-12}, a_3 = 2.43 \times 10^{-13}, a_4 = -1.60 \times 10^{-15}, a_5 = 3.37 \times 10^{-18}$, $b_0 = 1.02 \times 10^3, b_1 = -7.74 \times 10^{-1}, b_2 = 8.77 \times 10^{-3}, b_3 = -9.21 \times 10^{-5}$, $b_4 = 3.35 \times 10^{-7}, b_5 = -4.40 \times 10^{-10}$。

图 8.3 和图 8.4 分别给出了利用本章所建议模型所获得的受热混凝土试件中不同位置处随时间变化的温度和混溶气体压力数值预测曲线。图中同时给出了随时间变化的温度和混溶气体压力实验测量值曲线（Kalifa et al., 2000）。从图 8.3 和图 8.4 可以很清楚地看出由所建议 CTHM 耦合模型所预测的数值结果与实验结果吻合得相当好。

图 8.5~ 图 8.10 分别给出了受热混凝土试件在不同时刻 (1 h, 2 h, 3 h) 的温度、孔隙水饱和度、孔隙蒸汽压力、水合度、盐溶质浓度、由脱水合脱盐导致的化学损伤因子等变量沿一维混凝土柱的分布。

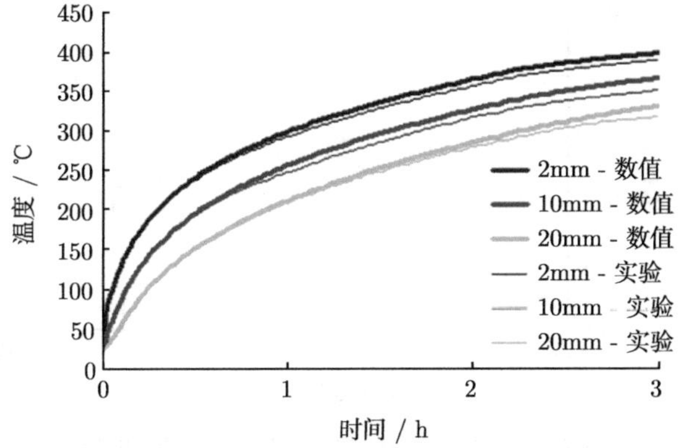

图 8.3　不同位置处随时间变化的实验测量与数值预测温度曲线比较

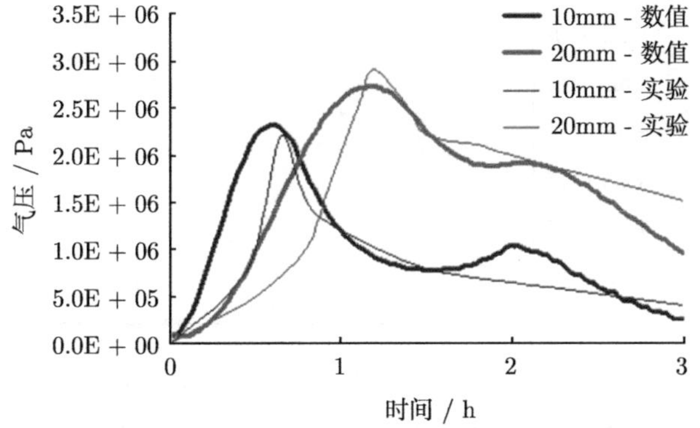

图 8.4　不同位置处随时间变化的实验测量与数值预测孔隙混溶气压曲线比较

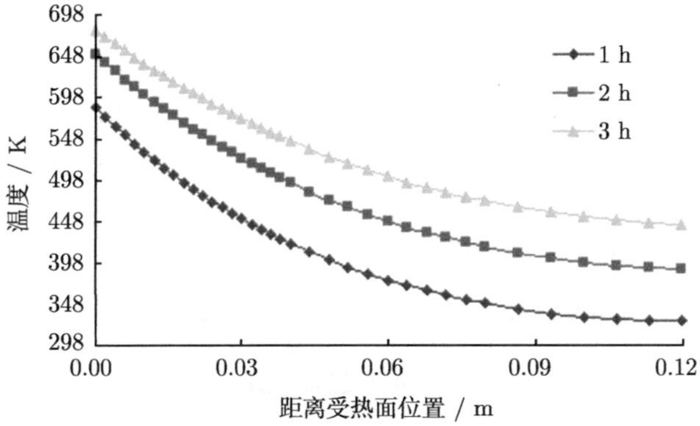

图 8.5　不同时刻下的混凝土试件中的温度分布

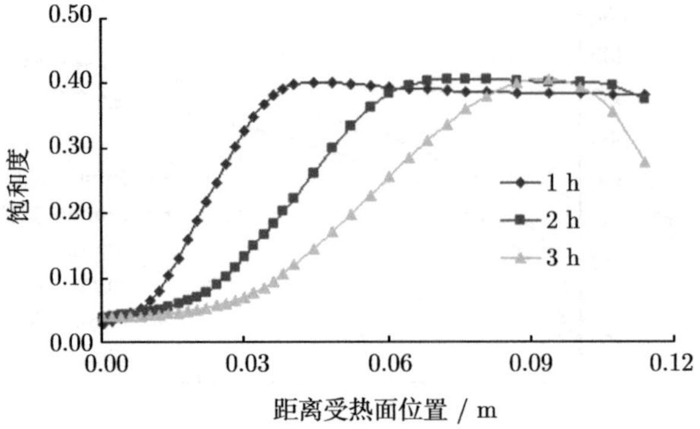

图 8.6　不同时刻下的混凝土试件中的饱和度分布

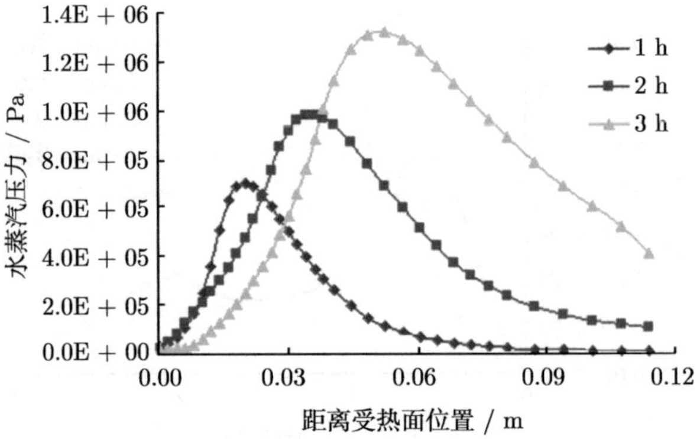

图 8.7　不同时刻下的混凝土试件中的水蒸气压力分布

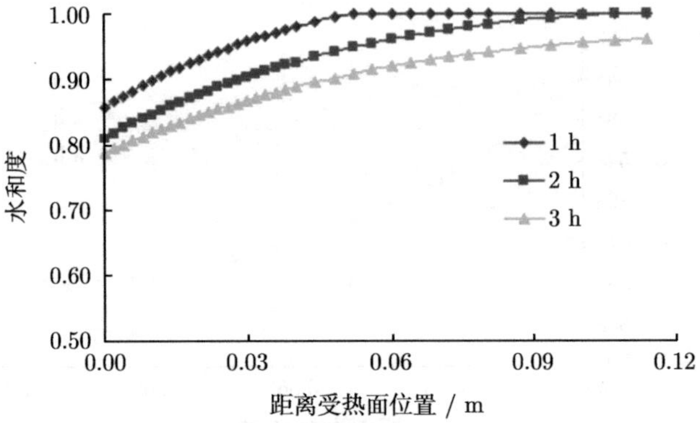

图 8.8　不同时刻下的混凝土试件中的水和度分布

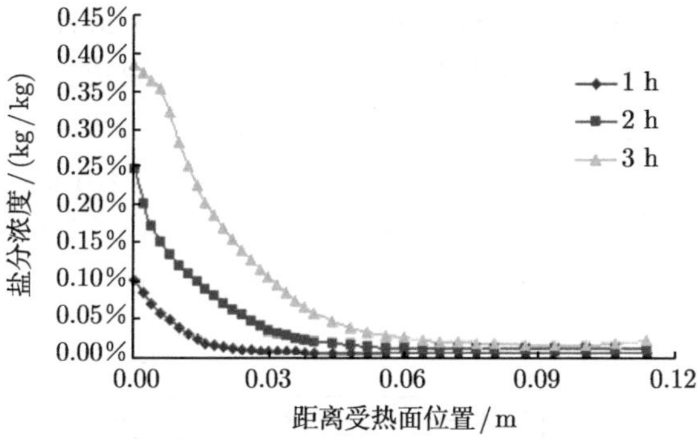

图 8.9 不同时刻下的混凝土试件中的盐分浓度分布

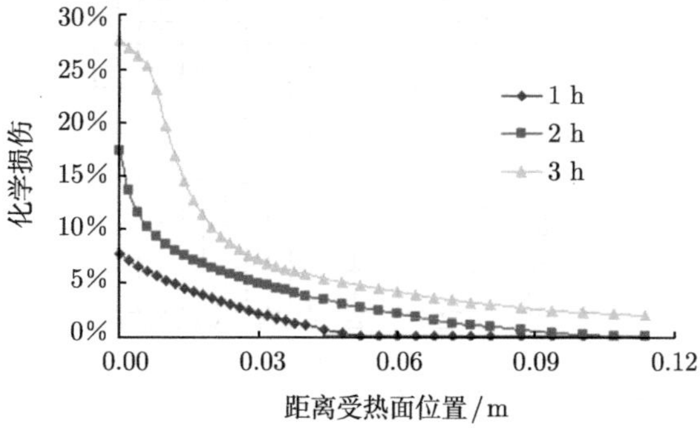

图 8.10 不同时刻下的混凝土试件中的化学损伤系数分布

可以注意到，如图 8.6 所示，在靠近混凝土试件受热面附近的地方出现了饱和度明显降低的现象。由于混凝土的密实内结构，当孔隙水的蒸发率超过了水蒸气的迁移速率时，混凝土中就会形成一个高蒸汽压力峰值区域，而且这一区域会向混凝土墙内不断移动，其峰值随着时间的推移不断增大，在 $t=3$ h 会达到 1.3 MPa，如图 8.7 所示。图 8.7 中的水蒸气压力梯度会引起水蒸气流向两个相反的方向流动，即向受热面和向混凝土柱底部方向的流动。从图 8.8 和图 8.9 中可以看到脱水度和盐份浓度是随着温度的升高而持续地单调增长。由于脱水和脱盐的共同化学损伤效应，导致了在受热面附近的混凝土强度的下降。在受热面附近由于化学损伤的影响，混凝土材料的损伤程度在 $t=3$ h 甚至达到了近 30%，如图 8.10 所示。

第二个例题考虑暴露在火中的横截面为 40 cm×40 cm 的混凝土方柱。此例题可模型化为 40 cm × 40 cm 分析域中与非混溶的孔隙水和孔隙混溶气流动以及热流动相耦合的瞬态平面应变问题。模拟混凝土柱在开始遭受火灾后的前 16 min 的化学–热–湿–气–力学耦合行为。模拟过程增量步的时间步长从其初始值 $\Delta t=1$ s 开始、在整个加热过程的 16 min 内按时间步长的自适应方案变化，其最大值达到 $\Delta t_{\max}=20$ s。由于所分析域的对称性，只取出其 1/4 的 20 cm×20 cm 区域

和离散化为 15×15 的八节点 Serendipity 单元（Zienkiewicz and Taylor, 2000）网格。单元网格划分和由对称性条件所施加的位移约束边界条件如图 8.11 所示。施加于图 8.11 所表示分析域的边界条件综述如下。边界 A：按加热曲线 $T = 298 + 0.5t$ 直至 $t_{\max} = 1000$ s 的 $T_{\max} = 798$ K；$p_{\mathrm{g}} = 101325$ Pa, $p_{\mathrm{v}} = 1000$ Pa, 质量和热传导对流系数 $\beta_{\mathrm{c}} = 0.044$ m/s, $\alpha_{\mathrm{c}} = 2$ W/$\left(\mathrm{m}^2 \cdot \mathrm{K}\right)$, 系数 $e\sigma_0 = 5.1 \times 10^{-8}$ W/$\left(\mathrm{m}^2 \cdot \mathrm{K}^4\right)$, $q_{\mathrm{c}} = 0$ 。边界 B 和边界 C：$q_{\mathrm{c}} = q_{\mathrm{v}} = q_{\mathrm{w}} = q_{\mathrm{T}} = q_{\mathrm{c}} = 0$。

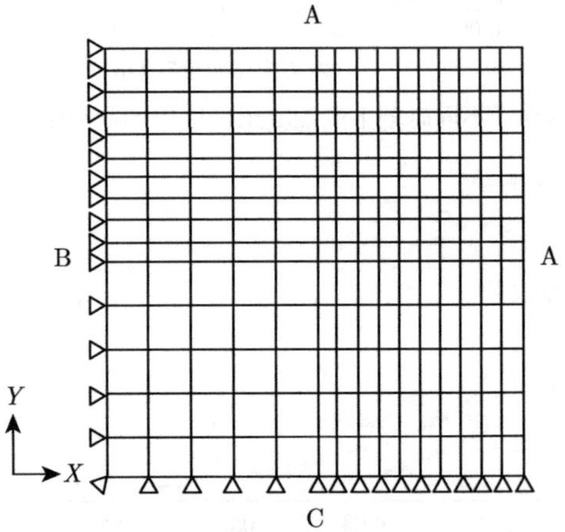

图 8.11　二维平面应变问题的有限元网格与边界条件

本例中利用的主要材料参数为：初始杨氏弹性模量和泊松比 $E_0 = 42$ GPa, $\nu = 0.2$; 用以确定 Willam-Warnke 屈服准则中的材料参数 $c_0, r_{\mathrm{c}}, r_{\mathrm{t}}$ 的强度参数 $f_{\mathrm{c}} = 80$ MPa, $f_{\mathrm{t}} = 6.4$ MPa, $f_{\mathrm{bc}} = 88$ MPa; 材料内聚力的硬化/软化参数 $h_{\mathrm{p}} = -1 \times 10^7$ MPa, $h_{\mathrm{s}} = 1 \times 10^{-3}$, $h_{\xi} = -2.76 \times 10^6$ MPa, $h_{\mathrm{c}} = -1 \times 10^7$ MPa；混凝土初始力学损伤阈值 $r_0 = 1 \times 10^{-4}$；为计算混凝土因脱盐效应的化学膨胀系数 β_{p} 的材料参数 $F_0 = 1.6 \times 10^{-3}$, $\beta_0 = 1.1$；热膨胀系数 $\beta_{\mathrm{s}} = 3.0 \times 10^{-5}$ K^{-1}；初始孔隙度 $\phi_0 = 0.1$; 非混溶孔隙液相与孔隙混溶气相相对于固相流动的绝对渗透系数 $k_{\mathrm{a}} = 3.7 \times 10^{-21}$ m^2；混凝土中固相、液相、干空气和水蒸气的等压热容系数 $C_{\mathrm{ps}} = 940$ J/(kg·K), $C_{\mathrm{pw}} = 4181$ J/(kgK), $C_{\mathrm{pa}} = 1005.7$ J/(kgK), $C_{\mathrm{pv}} = 1805$ J/(kgK)；初始固相质量密度 $\rho_{\mathrm{s0}} = 2750$ kg/m^3；反映脱水和脱盐过程对孔隙度值效应的系数 $A_{\phi} = 0.195 \times 10^{-3}$ K^{-1}; 固体颗粒的压缩体积模量 $K_{\mathrm{s}} = 114.6$ GPa; Biot 常数 $\alpha = 0.8$。

图 8.11 所表示分析域的初始条件给定为：孔隙液相饱和度 $S_1^0 = 0.44$, 相应于大气压力的孔隙混溶气体压力 $p_{\mathrm{g}}^0 = 101.325$ kPa, 化学束缚水质量密度 $m_0 = 80$ kg/m^3。

图 8.12～ 图 8.17 分别给出了在 t =4 min, 8 min, 12 min, 16 min 时分析域中的温度、蒸汽压力、等效塑性应变、力学损伤、由于脱水和脱盐共同引起的化学损伤和总损伤随时间演化的分布云图。

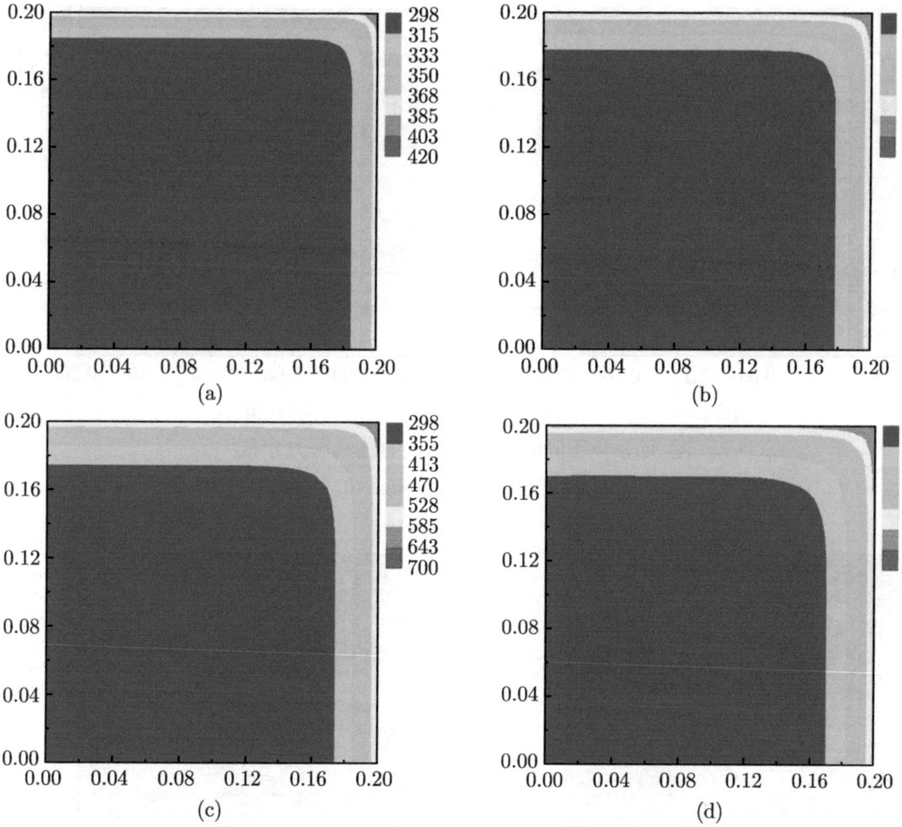

图 8.12 不同时刻混凝土柱的温度分布

(a) 4 min; (b) 8 min; (c) 12 min; (d) 16 min

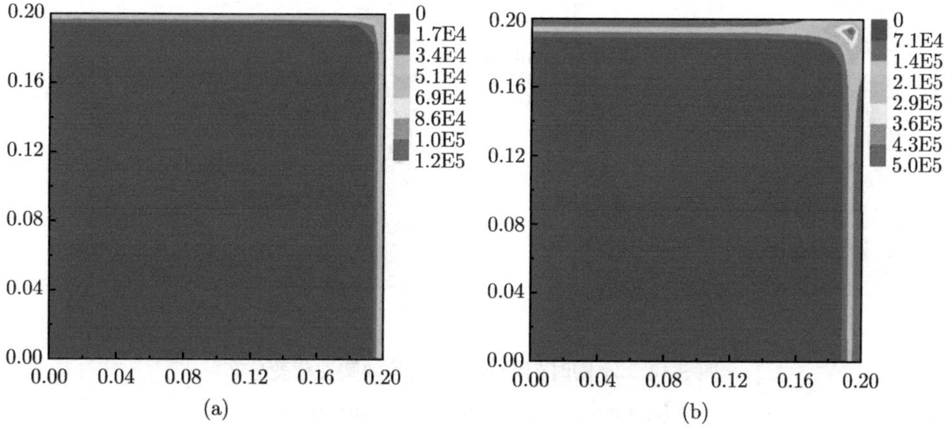

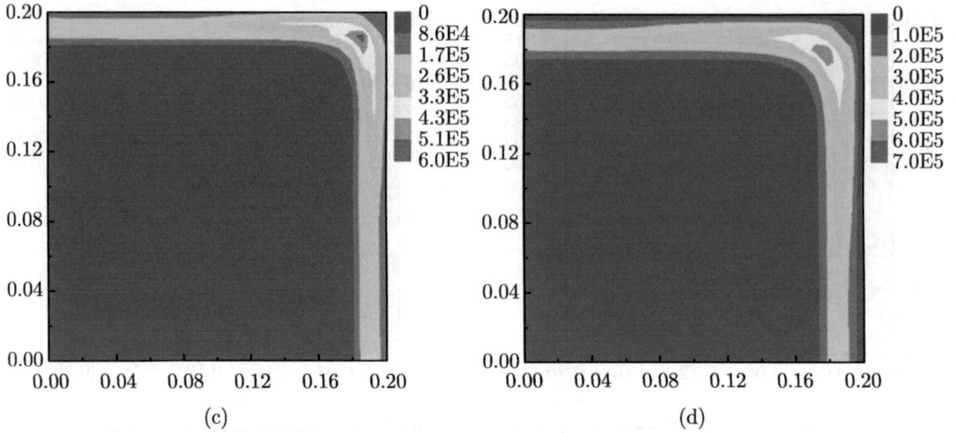

图 8.13 不同时刻混凝土柱的蒸汽压力分布

(a) 4 min; (b) 8 min; (c) 12 min; (d) 16 min

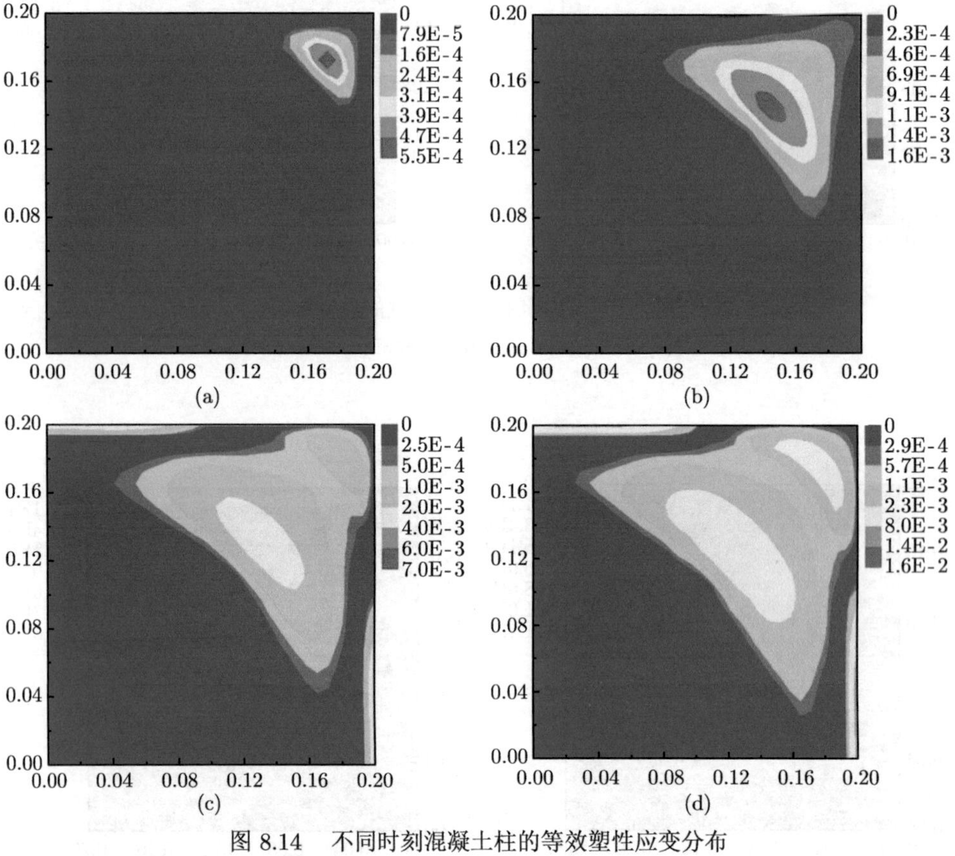

图 8.14 不同时刻混凝土柱的等效塑性应变分布

(a) 4 min; (b) 8 min; (c) 12 min; (d) 16 min

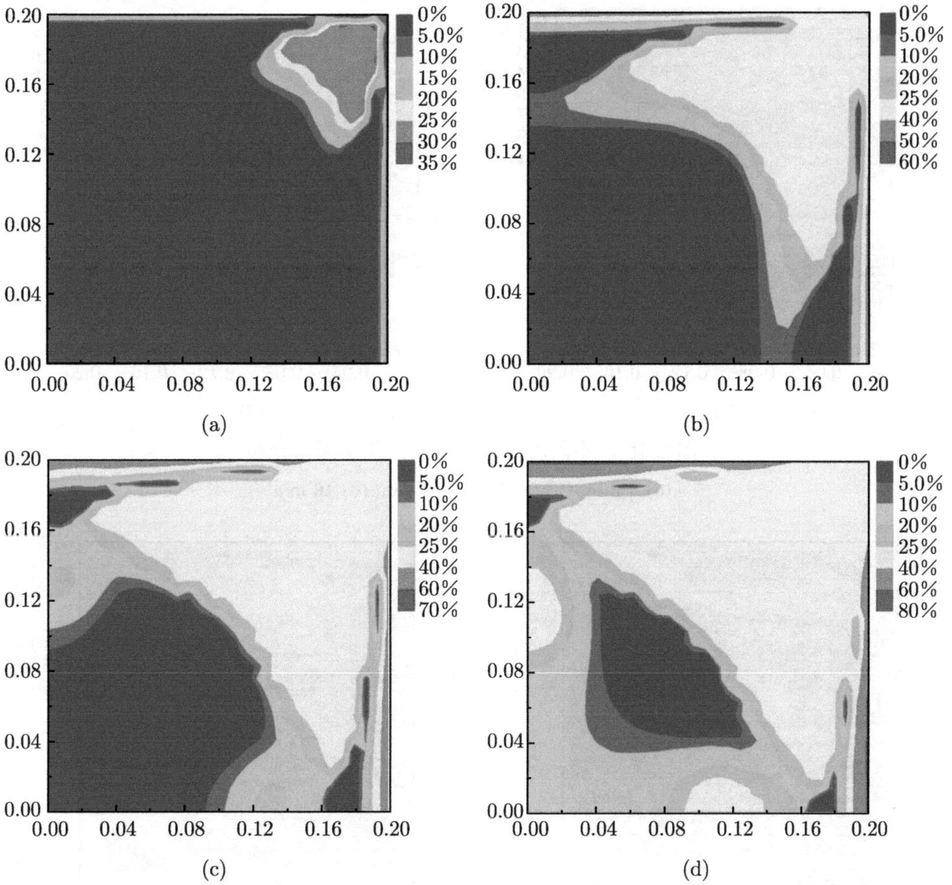

图 8.15 不同时刻混凝土柱的力学损伤分布

(a) 4 min; (b) 8 min; (c) 12 min; (d) 16 min

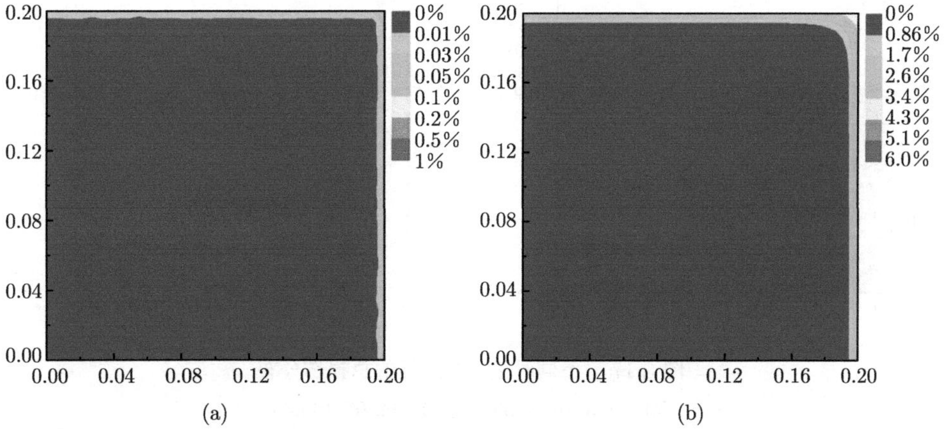

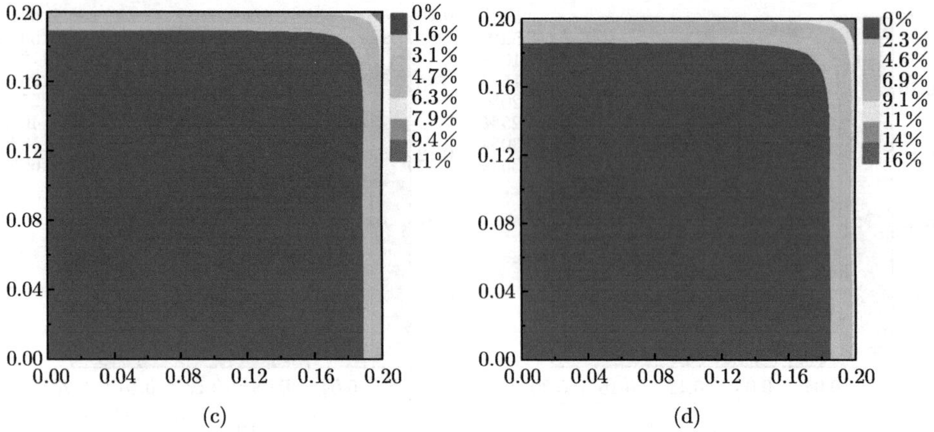

图 8.16 不同时刻混凝土柱的化学损伤分布

(a) 4 min; (b) 8 min; (c) 12 min; (d) 16 min

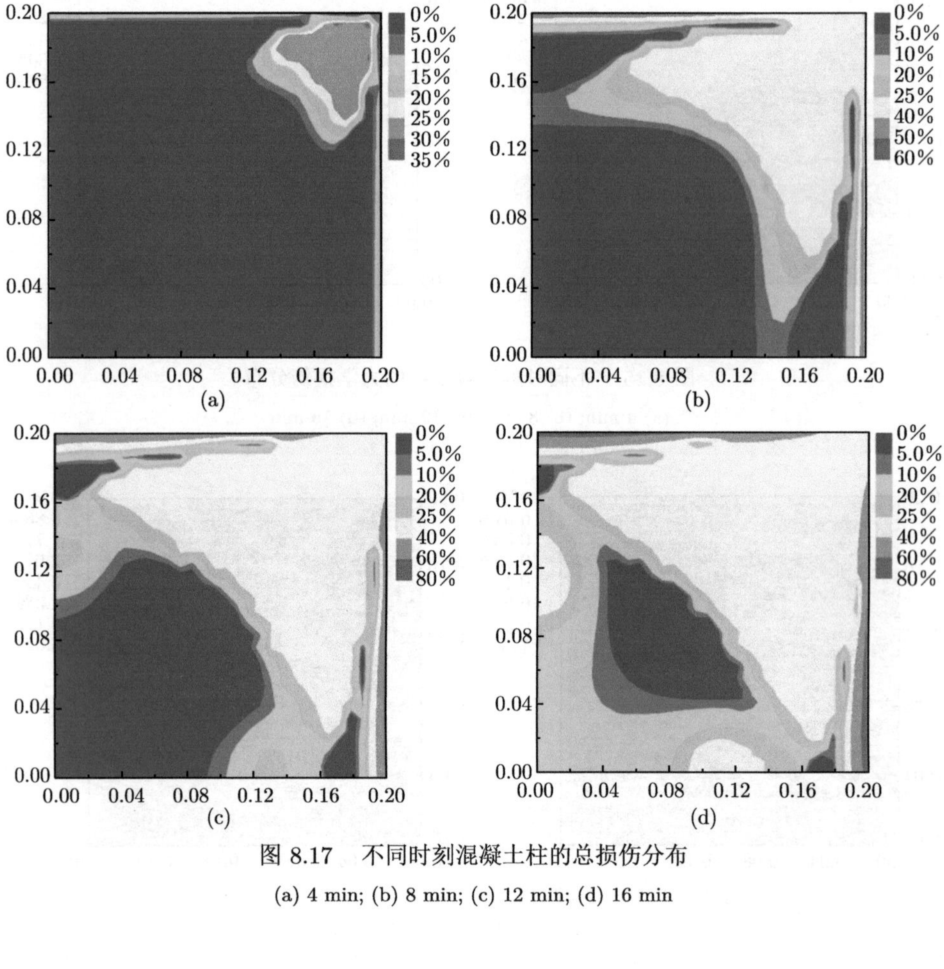

图 8.17 不同时刻混凝土柱的总损伤分布

(a) 4 min; (b) 8 min; (c) 12 min; (d) 16 min

随着受热面附近区域温度如图 8.12 所示的不断升高，从图 8.13 可以看到该区域混凝土中水分快速蒸汽化所引起的该区域蒸汽压力快速升高，其最高值在 $t=16$ min 时达到了 0.7 MPa。

上述物理过程和相伴随的在混凝土柱外围部分的热膨胀，以及其内部仍基本上保持着初始温度导致高拉伸应力等因素产生了以塑性破坏和力学损伤为特征的材料蜕化，如图 8.14 和图 8.15 所示，在混凝土柱的棱角附近可较清晰地观察到。

如图 8.16 所示，由于高温引起混凝土脱水和脱盐所导致的在 $t=16$ min 时在混凝土柱角处的化学损伤因子 d_c 达到 0.16。如图 8.17 所示，化学损伤效应相当程度上加重了加热区域附近的材料损伤破坏。混凝土柱角附近的高蒸汽压力和高值材料总损伤因子构成了在该区域引发爆裂性剥落破坏的潜在根源。火灾下混凝土柱样本实验结果也表明（Phan et al., 1997; Brite Euram, 1999），爆裂性剥落破坏经常发生在加热区域附近柱角处；这也验证了本章中发展的化学–弹塑性–损伤破坏模型、化学–热–湿–气–力学（CTHM）耦合数学模型与非线性有限元过程在再现受火灾与热辐射作用的混凝土 CTHM 耦合行为与复杂破坏过程的能力和有效性。

8.7 总结与讨论

本章介绍了为数值模拟混凝土在高温（以火灾为背景）下破坏过程发展的化学–热–湿–气–力学（CTHM）耦合过程数学模型与有限元方法。混凝土模型化为吸湿、变形和反应性非饱和多孔连续体（Hygroscopic and Deforming Reactive Porous Continuum）。多孔介质中孔隙由作为两非混溶流体的混溶气体和混溶液体所填充。

介绍了一个在 CTHM 数学模型中发展的计及热和化学因素引起的弹塑性–损伤效应，即以热爆裂性剥离为破坏特征的混凝土强度和刚度丧失的化学–热–弹塑性–损伤耦合本构模型。本构模型中计及了由于随着升温过程发展的脱水和脱盐所致的混凝土骨架粘结力和弹性模量的降低，能够模拟和再现混凝土中随温度增长而增长的热脱粘和热损伤而导致的化学软化现象。模型不仅考虑了高温下脱水和脱盐过程引起的化学软化和化学损伤，并且计及了塑性应变硬化/软化、吸力硬化及力学损伤等因素。导出了为化学–热–弹塑性–损伤耦合本构模型发展的三步算子分裂积分算法和化学热–弹塑性–损伤一致性切线模量矩阵。

为混凝土 CTHM 模型非线性有限元求解过程建立了变分原理意义上混合弱形式。导出了为利用 Newton-Raphson 过程迭代求解增量过程的非线性有限元方程组的 Jacobian （切线“刚度”）矩阵。它和在有限元网格积分点处为非线性 CTHM 本构模拟过程导出的化学热–弹塑性–损伤一致性切线模量矩阵一起保证了全局非线性有限元方程组 Newton-Raphson 迭代过程的二阶收敛率。

参考文献

李荣涛，李锡夔，2006. 混凝土中化学–热–湿–力耦合过程的数值模拟. 力学学报，38: 471–479.

李荣涛，李锡夔，2007. 高温下混凝土的本构模拟及破坏分析. 计算力学学报，24: 550–554.

李荣涛，李锡夔，2008. 高温下混凝土化学塑性–损伤耦合本构模拟及破坏分析. 应用力学学报，25: 51–56.

李锡夔，李荣涛，张雪珊，武文华，2005. 高温下混凝土中热–湿–气–力学耦合过程数值模拟. 工程力学，22: 171–178.

李锡夔, 张松鸽, 楚锡华，2023. 非饱和颗粒材料的多孔连续体有效压力与有效广义 Biot 应力. 力学学报, 55: 458–469.

Abu Al-Rub R K and Voyiadjis G Z, 2009. Gradient-enhanced coupled plasticity anisotropic damage model for concrete fracture: computational aspects and applications. International Journal of Damage Mechanics, 18: 115–154.

Ali F A, O'Connor D, Abu-Tair A, 2001. Explosive spalling of high-strength concrete columns in fire. Magazine of Concrete Research, 53(3): 197–204.

Alonso E E, Gens A and Josa A, 1990. A constitutive model for partially saturated soils. Geotechnique, 40: 405–430.

ASHRAE Handbook, Fundamentals, 1993. ASHRAE: Atlanta.

Bourgeois F, Burlion N, Shao J F, 2002. Modelling of elastoplastic damage in concrete due to desiccation shrinkage. International Journal for Numerical and Analytical Methods in Geomechanics, 26: 759–774.

Brite Euram III BRPR-CT95-0065 HITECO, 1999. Understanding and Industrial Application of High Performance Concrete in High Temperature Environment, Final Report.

Brooks A N, Hughes T J R, 1982. Streamline upwind/Petrov–Galerkin formulation for convection dominated flows with particular emphasis on the incompressible Navier Stokes equation. Computer Methods in Applied Mechanics and Engineering, 32: 199–259.

Cerny R, Rovnanikova P, 2002. Transport Processes in Concrete. Spon Press.

Chen W F, 1994. Constitutive Equations for Engineering Materials—Plasticity and Modeling, Vol. 2. Amsterdam: Elsevier.

Coussy O, 1995. Mechanics of Porous Continua. Chichester: Wiley.

Couture F, Jomaa W, Puiggali J R, 1996. Relative permeability relations: a key factor for a drying model. Transp. Porous Media, 23: 303–335.

Gawin D, Baggio P, Schrefler B A, 1996. Modelling heat and moisture transfer in deformable porous building materials. Archives of Civil Engineering, 42: 325–349.

Gawin D, Majorana CE, Schrefler B A, 1999. Numerical analysis of hygro-thermal behaviour and damage of concrete at high temperature. Mechanics of Cohesive-Frictional Materials 4: 37–74.

Gawin D, Pesavento F, Schrefler B A, 2002. Modelling of hygro-thermal behaviour and damage of concrete at temperature above the critical point of water. International Journal for Numerical and Analytical Methods in Geomechanics, 26: 537–562.

Gawin D, Pesavento F, Schrefler B A, 2003. Modelling of hygro-thermal behaviour of concrete at high temperature with thermo-chemical and mechanical material degradation. Computer Methods in Applied Mechanics and Engineering, 192: 1731–1771.

Harmathy T Z, Allen L W, 1973. Thermal properties of selected masonry unit concretes. ACI Journal, 70: 132–142.

Hueckel T, 1997. Chemo-Plasticity of Clays Subjected to Stress and Flow of a Single Contaminant. Int. J. Numer. Anal. Meth. Geomech, 21: 43–72.

Jason L, Huerta A, Pijaudier-Cabot G. and Ghavamian S, 2006. An elastic plastic damage formulation for concrete: application to elementary tests and comparison with an isotropic damage model, Computer Methods in Applied Mechanics and Engineering, 195: 7077–7092.

Ju J W, 1989. On energy-based coupled elastoplastic damage theories: constitutive modeling and computational aspects, International Journal of Solids and Structures, 25: 803–833.

Kalifa P, Menneteau F, Quenard D, 2000. Spalling and pore pressure in HPC at high temperatures. Cement and Concrete Research, 30: 1915–1927.

Li R T, Li X K, 2010. A Coupled Chemo-elastoplastic-damage Constitutive Model for Plain Concrete Subjected to High Temperature. Int. J. of Damage Mechanics, 19: 971–1000.

Li X K, 1995. Large strain constitutive modeling and computation for isotropic, creep elastoplastic damage solids. International Journal for Numerical Methods in Engineering, 38: 841–860.

Li X K, Du Y Y, Zhang S G, Duan Q L and Schrefler B A, 2016. Meso-hydro-mechanically informed effective stresses and effective pressures for saturated and unsaturated porous media. European Journal of Mechanics - A/Solids, 59: 24–36.

Li X K, Duxbury P D and Lyons P, 1994. Coupled creep-elastoplastic-damage analysis for isotropic and anisotropic nonlinear materials. International Journal of Solids and Structures, 31: 1181–1206.

Li X K, Li R T, Schrefler B A, 2006. A coupled chemo-thermo-hygro-mechanical model of concrete at high temperature and failure analysis. Int. J. Numer. Anal. Meth. Geomech., 30: 635–681.

Li X K, Wu W H, Cescotto S, 2000. Contaminant transport with non-equilibrium processes in unsaturated soils and implicit characteristic Galerkin scheme. International Journal for Numerical and Analytical Methods in Geomechanics, 24: 219–243.

Li X K, Zienkiewicz O C, Xie Y M, 1990. A numerical model for immiscible two-phase fluid flow in a porous medium and its time domain solution. Int. J. for Numerical Methods in Eng., 30: 1195–1212.

Li X K, Zienkiewicz O C, 1992. Multiphase flow in deforming porous media and finite element solutions. Computers & Structures, 45: 211–227.

Mazars J and Pijaudier-Cabot G, 1989. Continuum damage theory: application to concrete. Journal of Engineering Mechanics ASCE, 115: 345–365.

Ohtani Y and Chen W F, 1988. Multiple hardening plasticity for concrete materials. Journal of Engineering Mechanics ASCE, 114: 1890–1910.

Oliver J, Cervera M, Oller S and Lubliner J, 1990. Isotropic damage models and smeared crack analysis of concrete. Computer Aided Analysis and Design of Concrete Structures, 2: 945–957.

Phan L T, Carino N J, Duthinh D. and Garboczi, E. (Eds), (1997). Proceedings of the International Workshop on Fire Performance of High-strength Concrete, Gaithersburg, NIST.

Phan L T, Carino N J, 2000. The advanced technology in structural engineering. Proceedings of ASCE/SEI Structures Congress, Philadelphia, PA, 8–10 May.

Phan L T, Lawson J R, Davis F L, 2001. Effects of elevated temperature exposure on heating characteristics, spalling and residual properties of high performance concrete. Materials and Structures, 34: 83–91.

Saetta A, Scotta R, Vitaliani R, 1998. Mechanical behaviour of concrete under physical-chemical attacks. Journal of Engineering Mechanics (ASCE), 124: 1100–1109.

Schneider U, Herbst H J, 1989. Permeabilitaet und porositaet von Beton bei hohen temperaturen. Deutscher Ausschuss Stahlbeton, 403: 23–52 (in German).

Sercombe J, Ulm F J and Mang H A, 2000. Consistent return mapping algorithm for chemoplastic constitutive laws with internal couplings. International Journal for Numerical Methods in Engineering, 47: 75–100.

Simo J C and Ju J W, 1987a. Strain-and stress-based continuum damage models-I. formulation. International Journal of Solids and Structures, 23: 821–840.

Simo J C and Ju J W, 1987b. Strain-and stress-based continuum damage models-II. computational aspects. International Journal of Solids and Structures, 23: 841–869.

Tenchev R T, Li L Y, Purkiss J A, 2001. Finite element analysis of coupled heat and moisture transfer in concrete subjected to fire. Numerical Heat Transfer, 39: 685–710.

Ulm F J, Coussy O, Bazant Z P, 1999a, The "Chunnel" fire. I: Chemoplastic softening in rapidly heated concrete. ASCE Journal of Engineering Mechanics,125: 272–282.

Ulm F J, Acker P, Levy M, 1999b. The "Chunnel" fire. II: Analysis of concrete damage. ASCE Journal of Engineering Mechanics, 125: 283–289.

Willam K J, Warnke E P, 1975. Constitutive model for the triaxial behaviour of concrete. IABSE Proceedings of 19, Seminar on Concrete Structure Subjected to Triaxial Stresses, Paper III-1, International Association for Bridge and Structural Engineering, Zurich, 1975.

Wu J Y, Li J and Faria R, 2005. An energy release rate-based plastic-damage model for concrete. International Journal of Solids and Structures, 43: 583–612.

Wu W H, Li X K, Charlier R and Collin F, 2004. A Thermo-hydro-mechanical Constitutive Model for Unsaturated Soils, Computers and Geotechnics, 31: 155–167.

Yazdani S and Schreyer H L, 1990. Combined plasticity and damage mechanics model for plain concrete. Journal of Engineering Mechanics-ASCE, 116: 1435–1450.

Zhang J, Liang N G, Deng S C, Liu J X, Liu X Y and Fu Q, 2008. Study for the damage-induced anisotropy of quasi-brittle materials using the component assembling model, International Journal of Damage Mechanics, 17: 197–222.

Zienkiewicz O C, Taylor R L, 2000. The Finite Element Method, Fifth Edition. Vol.1, The Basic.

附　录

式 (8.172)~ 式 (8.175) 中所示被积函数中所出现的标量和矩阵的具体表达式导出如下：

$$\Lambda_{\mathrm{au}} = \frac{(1-S_{\mathrm{l}})\,\rho_{\mathrm{a}}}{\Delta t} \tag{8.A.1}$$

$$\begin{aligned}\Lambda_{\mathrm{ag}} =& (1-S_{\mathrm{l}})\frac{\partial \rho_{\mathrm{a}}}{\partial p_{\mathrm{g}}}\left(\alpha\dot{\varepsilon}_{\mathrm{v}} + \frac{(\alpha-\phi)}{K_{\mathrm{s}}}\frac{p_{\mathrm{g}}^{n+1}-p_{\mathrm{g}}^{n}}{\Delta t}\right)\\ &-\frac{\partial \rho_{\mathrm{a}}}{\partial p_{\mathrm{g}}}\left(\frac{(1-S_{\mathrm{l}})(\alpha-\phi)}{K_{\mathrm{s}}}\left(S_{\mathrm{l}}+\frac{\partial S_{\mathrm{l}}}{\partial p_{\mathrm{c}}}p_{\mathrm{c}}\right)+\phi\frac{\partial S_{\mathrm{l}}}{\partial p_{\mathrm{c}}}\right)\frac{p_{\mathrm{c}}^{n+1}-p_{\mathrm{c}}^{n}}{\Delta t}\\ &+\left[\phi(1-S_{\mathrm{l}})\frac{\partial^2 \rho_{\mathrm{a}}}{\partial T\partial p_{\mathrm{g}}}+(1-S_{\mathrm{l}})\frac{\partial \rho_{\mathrm{a}}}{\partial p_{\mathrm{g}}}\left(\frac{1-\phi}{\rho_{\mathrm{s}}}\left(\frac{\partial \rho_{\mathrm{s}}}{\partial \Gamma_{\mathrm{h}}}\frac{\mathrm{d}\Gamma_{\mathrm{h}}}{\mathrm{d}T}+\frac{\partial \rho_{\mathrm{s}}}{\partial \Gamma_{\mathrm{s}}}\frac{\mathrm{d}\Gamma_{\mathrm{s}}}{\mathrm{d}T}\right)\right)\right.\\ &\left.+(1-S_{\mathrm{l}})\frac{\partial \rho_{\mathrm{a}}}{\partial p_{\mathrm{g}}}\left(\frac{1}{\rho_{\mathrm{s}}}\left(\frac{\partial m_{\mathrm{h}}}{\partial T}+\frac{\partial m_{\mathrm{s}}}{\partial T}\right)-(\alpha-\phi)\beta_{\mathrm{s}}\right)\right]\frac{T^{n+1}-T^{n}}{\Delta t}\\ &+(1-S_{\mathrm{l}})\left(\frac{\rho_{\mathrm{a}}(\alpha-\phi)}{K_{\mathrm{s}}}+\phi\frac{\partial \rho_{\mathrm{a}}}{\partial p_{\mathrm{g}}}\right)\frac{1}{\Delta t}\end{aligned} \tag{8.A.2}$$

$$\boldsymbol{H}_{\mathrm{ag}} = \rho_{\mathrm{a}}\frac{\boldsymbol{k}_{\mathrm{a}}k_{\mathrm{rg}}}{\mu_{\mathrm{g}}} + \rho_{\mathrm{g}}\frac{M_{\mathrm{a}}M_{\mathrm{v}}}{M_{\mathrm{g}}^2}\boldsymbol{D}_{\mathrm{p}}\frac{p_{\mathrm{v}}}{P_{\mathrm{g}}^2} \tag{8.A.3}$$

$$\boldsymbol{M}_{\mathrm{ag}} = \left(\frac{\partial \rho_{\mathrm{a}}}{\partial p_{\mathrm{g}}}\frac{\boldsymbol{k}_{\mathrm{a}}k_{\mathrm{rg}}}{\mu_{\mathrm{g}}} + \rho_{\mathrm{a}}\frac{\partial \boldsymbol{k}_{\mathrm{a}}}{\partial p_{\mathrm{g}}}\frac{k_{\mathrm{rg}}}{\mu_{\mathrm{g}}} - \rho_{\mathrm{a}}\frac{\partial \mu_{\mathrm{g}}}{\partial p_{\mathrm{g}}}\frac{\boldsymbol{k}_{\mathrm{a}}k_{\mathrm{rg}}}{\mu_{\mathrm{g}}^2}\right)\nabla p_{\mathrm{g}}$$

$$
\begin{aligned}
&-\frac{M_{\mathrm{a}}M_{\mathrm{v}}}{M_{\mathrm{g}}^2}\left(\frac{\partial\rho_{\mathrm{g}}}{\partial p_{\mathrm{g}}}\boldsymbol{D}_{\mathrm{p}}-\frac{2\rho_{\mathrm{g}}}{M_{\mathrm{g}}}\frac{\partial M_{\mathrm{g}}}{\partial p_{\mathrm{g}}}\boldsymbol{D}_{\mathrm{p}}+\rho_{\mathrm{g}}\frac{\partial\boldsymbol{D}_{\mathrm{p}}}{\partial p_{\mathrm{g}}}\right)\\
&\times\left(\frac{1}{p_{\mathrm{g}}}\left(\frac{\partial p_{\mathrm{v}}}{\partial p_{\mathrm{c}}}\nabla p_{\mathrm{c}}+\frac{\partial p_{\mathrm{v}}}{\partial T}\nabla T\right)-\frac{p_{\mathrm{v}}}{p_{\mathrm{g}}^2}\nabla p_{\mathrm{g}}\right)\\
&-\rho_{\mathrm{g}}\frac{M_{\mathrm{a}}M_{\mathrm{v}}}{M_{\mathrm{g}}^2}\boldsymbol{D}_{\mathrm{p}}\left(-\frac{1}{p_{\mathrm{g}}^2}\left(\frac{\partial p_{\mathrm{v}}}{\partial p_{\mathrm{c}}}\nabla p_{\mathrm{c}}+\frac{\partial p_{\mathrm{v}}}{\partial T}\nabla T\right)+2\frac{p_{\mathrm{v}}}{p_{\mathrm{g}}^3}\nabla p_{\mathrm{g}}\right)
\end{aligned}\tag{8.A.4}
$$

$$
\begin{aligned}
\Lambda_{\mathrm{ac}}=&\ \alpha\left((1-S_{\mathrm{l}})\frac{\partial\rho_{\mathrm{a}}}{\partial p_{\mathrm{c}}}-\rho_{\mathrm{a}}\frac{\partial S_{\mathrm{l}}}{\partial p_{\mathrm{c}}}\right)\dot{\varepsilon}_{\mathrm{v}}+\left(-\phi\frac{\partial S_{\mathrm{l}}}{\partial p_{\mathrm{c}}}\frac{\partial\rho_{\mathrm{a}}}{\partial p_{\mathrm{g}}}+\frac{\alpha-\phi}{K_{\mathrm{s}}}\right.\\
&\left.\times\left((1-S_{\mathrm{l}})\frac{\partial\rho_{\mathrm{a}}}{\partial p_{\mathrm{c}}}-\rho_{\mathrm{a}}\frac{\partial S_{\mathrm{l}}}{\partial p_{\mathrm{c}}}\right)\right)\frac{p_{\mathrm{g}}^{n+1}-p_{\mathrm{g}}^{n}}{\Delta t}\\
&+\left[-\phi\rho_{\mathrm{a}}\frac{\partial^2 S_{\mathrm{l}}}{\partial p_{\mathrm{c}}^2}-2\phi\frac{\partial S_{\mathrm{l}}}{\partial p_{\mathrm{c}}}\frac{\partial\rho_{\mathrm{a}}}{\partial p_{\mathrm{c}}}+\phi(1-S_{\mathrm{l}})\frac{\partial^2\rho_{\mathrm{a}}}{\partial p_{\mathrm{c}}^2}-\frac{\alpha-\phi}{K_{\mathrm{s}}}\right.\\
&\times\left((1-S_{\mathrm{l}})\frac{\partial\rho_{\mathrm{a}}}{\partial p_{\mathrm{c}}}-\rho_{\mathrm{a}}\frac{\partial S_{\mathrm{l}}}{\partial p_{\mathrm{c}}}\right)\left(S_{\mathrm{l}}+\frac{\partial S_{\mathrm{l}}}{\partial p_{\mathrm{c}}}p_{\mathrm{c}}\right)\\
&\left.-\frac{\rho_{\mathrm{a}}(1-S_{\mathrm{l}})(\alpha-\phi)}{K_{\mathrm{s}}}\left(p_{\mathrm{c}}\frac{\partial^2 S_{\mathrm{l}}}{\partial p_{\mathrm{c}}^2}+2\frac{\partial S_{\mathrm{l}}}{\partial p_{\mathrm{c}}}\right)\right]\frac{p_{\mathrm{c}}^{n+1}-p_{\mathrm{c}}^{n}}{\Delta t}\\
&+\left[-\phi\frac{\partial S_{\mathrm{l}}}{\partial p_{\mathrm{c}}}\frac{\partial\rho_{\mathrm{a}}}{\partial T}+\phi(1-S_{\mathrm{l}})\frac{\partial^2\rho_{\mathrm{a}}}{\partial p_{\mathrm{c}}\partial T}+\left(\frac{1-\phi}{\rho_{\mathrm{s}}}\left(\frac{\partial\rho_{\mathrm{s}}}{\partial\Gamma_{\mathrm{h}}}\frac{\mathrm{d}\Gamma_{\mathrm{h}}}{\mathrm{d}T}\right.\right.\right.\\
&\left.\left.+\frac{\partial\rho_{\mathrm{s}}}{\partial\Gamma_{\mathrm{s}}}\frac{\mathrm{d}\Gamma_{\mathrm{s}}}{\mathrm{d}T}\right)+\frac{1}{\rho_{\mathrm{s}}}\left(\frac{\partial m_{\mathrm{h}}}{\partial T}+\frac{\partial m_{\mathrm{s}}}{\partial T}\right)-(\alpha-\phi)\beta_{\mathrm{s}}\right)\\
&\left.\times\left(\frac{\partial\rho_{\mathrm{a}}}{\partial p_{\mathrm{c}}}(1-S_{\mathrm{l}})-\rho_{\mathrm{a}}\frac{\partial S_{\mathrm{l}}}{\partial p_{\mathrm{c}}}\right)\right]\frac{T^{n+1}-T^{n}}{\Delta t}\\
&-\left(\phi\rho_{\mathrm{a}}\frac{\partial S_{\mathrm{l}}}{\partial p_{\mathrm{c}}}-\phi(1-S_{\mathrm{l}})\frac{\partial\rho_{\mathrm{a}}}{\partial p_{\mathrm{c}}}+\frac{\rho_{\mathrm{a}}(1-S_{\mathrm{l}})(\alpha-\phi)}{K_{\mathrm{s}}}\left(S_{\mathrm{l}}+\frac{\partial S_{\mathrm{l}}}{\partial p_{\mathrm{c}}}p_{\mathrm{c}}\right)\right)\frac{1}{\Delta t}
\end{aligned}\tag{8.A.5}
$$

$$
\boldsymbol{H}_{\mathrm{ac}}=-\rho_{\mathrm{g}}\frac{M_{\mathrm{a}}M_{\mathrm{v}}}{M_{\mathrm{g}}^2}\boldsymbol{D}_{\mathrm{p}}\frac{1}{p_{\mathrm{g}}}\frac{\partial p_{\mathrm{v}}}{\partial p_{\mathrm{c}}}\tag{8.A.6}
$$

$$
\begin{aligned}
\boldsymbol{M}_{\mathrm{ac}}=&\left(\frac{\boldsymbol{k}_{\mathrm{a}}k_{\mathrm{rg}}}{\mu_{\mathrm{g}}}\left(\frac{\partial\rho_{\mathrm{a}}}{\partial p_{\mathrm{c}}}-\frac{\rho_{\mathrm{a}}}{\mu_{\mathrm{g}}}\frac{\partial\mu_{\mathrm{g}}}{\partial p_{\mathrm{c}}}\right)+\rho_{\mathrm{a}}\frac{\partial k_{\mathrm{rg}}}{\partial p_{\mathrm{c}}}\frac{\boldsymbol{k}_{\mathrm{a}}}{\mu_{\mathrm{g}}}\right)\boldsymbol{\nabla}p_{\mathrm{g}}\\
&-\frac{M_{\mathrm{a}}M_{\mathrm{v}}}{M_{\mathrm{g}}^2}\left(\left(\frac{\partial\rho_{\mathrm{g}}}{\partial p_{\mathrm{c}}}-\frac{2\rho_{\mathrm{g}}}{M_{\mathrm{g}}}\frac{\partial M_{\mathrm{g}}}{\partial p_{\mathrm{c}}}\right)\boldsymbol{D}_{\mathrm{p}}+\rho_{\mathrm{g}}\frac{\partial\boldsymbol{D}_{\mathrm{p}}}{\partial p_{\mathrm{c}}}\right)
\end{aligned}
$$

$$\times\left(\frac{1}{p_{\mathrm{g}}}\left(\frac{\partial p_{\mathrm{v}}}{\partial p_{\mathrm{c}}}\boldsymbol{\nabla} p_{\mathrm{c}}+\frac{\partial p_{\mathrm{v}}}{\partial T}\nabla T\right)-\frac{p_{\mathrm{v}}}{p_{\mathrm{g}}^{2}}\nabla p_{\mathrm{g}}\right)$$

$$-\rho_{\mathrm{g}}\frac{M_{\mathrm{a}}M_{\mathrm{v}}}{M_{\mathrm{g}}^{2}}\boldsymbol{D}_{\mathrm{p}}\left(\frac{1}{p_{\mathrm{g}}}\left(\frac{\partial^{2} p_{\mathrm{v}}}{\partial p_{\mathrm{c}}^{2}}\nabla p_{\mathrm{c}}+\frac{\partial^{2} p_{\mathrm{v}}}{\partial p_{\mathrm{c}}\partial T}\nabla T\right)-\frac{1}{p_{\mathrm{g}}^{2}}\frac{\partial p_{\mathrm{v}}}{\partial p_{\mathrm{c}}}\nabla p_{\mathrm{g}}\right) \quad (8.A.7)$$

$$\begin{aligned}
\Lambda_{\mathrm{aT}}=&\ \alpha\left(1-S_{\mathrm{l}}\right)\frac{\partial\rho_{\mathrm{a}}}{\partial T}\dot{\varepsilon}_{\mathrm{v}}+\left(1-S_{\mathrm{l}}\right)\left(\frac{\partial\phi}{\partial T}\frac{\partial\rho_{\mathrm{a}}}{\partial p_{\mathrm{g}}}+\phi\frac{\partial^{2}\rho_{\mathrm{a}}}{\partial p_{\mathrm{g}}\partial T}\right.\\
&\left.+\frac{1}{K_{\mathrm{s}}}\left(\frac{\partial\rho_{\mathrm{a}}}{\partial T}\left(\alpha-\phi\right)-\frac{\partial\phi}{\partial T}\rho_{\mathrm{a}}\right)\right)\frac{p_{\mathrm{g}}^{n+1}-p_{\mathrm{g}}^{n}}{\Delta t}\\
&+\left[\left(-\frac{\partial\phi}{\partial T}\rho_{\mathrm{a}}-\phi\frac{\partial\rho_{\mathrm{a}}}{\partial T}\right)\frac{\partial S_{\mathrm{l}}}{\partial p_{\mathrm{c}}}+\left(1-S_{\mathrm{l}}\right)\left(\frac{\partial\phi}{\partial T}\frac{\partial\rho_{\mathrm{a}}}{\partial p_{\mathrm{c}}}+\phi\frac{\partial^{2}\rho_{\mathrm{a}}}{\partial p_{\mathrm{c}}\partial T}\right)\right.\\
&\left.+\frac{1-S_{\mathrm{l}}}{K_{\mathrm{s}}}\left(-\frac{\partial\rho_{\mathrm{a}}}{\partial T}\left(\alpha-\phi\right)+\frac{\partial\phi}{\partial T}\rho_{\mathrm{a}}\right)\left(S_{\mathrm{l}}+\frac{\partial S_{\mathrm{l}}}{\partial p_{\mathrm{c}}}p_{\mathrm{c}}\right)\right]\frac{p_{\mathrm{c}}^{n+1}-p_{\mathrm{c}}^{n}}{\Delta t}\\
&+\left(1-S_{\mathrm{l}}\right)\left\{\frac{\partial\phi}{\partial T}\frac{\partial\rho_{\mathrm{a}}}{\partial T}+\phi\frac{\partial^{2}\rho_{\mathrm{a}}}{\partial T^{2}}+\frac{1-\phi}{\rho_{\mathrm{s}}}\frac{\partial\rho_{\mathrm{a}}}{\partial T}\left(\frac{\partial\rho_{\mathrm{s}}}{\partial\Gamma_{\mathrm{h}}}\frac{\mathrm{d}\Gamma_{\mathrm{h}}}{\mathrm{d}T}+\frac{\partial\rho_{\mathrm{s}}}{\partial\Gamma_{\mathrm{s}}}\frac{\mathrm{d}\Gamma_{\mathrm{s}}}{\mathrm{d}T}\right)\right.\\
&+\rho_{\mathrm{a}}\left[\left(-\frac{\partial\phi}{\rho_{\mathrm{s}}\partial T}-\frac{1-\phi}{\rho_{\mathrm{s}}^{2}}\frac{\partial\rho_{\mathrm{s}}}{\partial T}\right)\left(\frac{\partial\rho_{\mathrm{s}}}{\partial\Gamma_{\mathrm{h}}}\frac{\mathrm{d}\Gamma_{\mathrm{h}}}{\mathrm{d}T}+\frac{\partial\rho_{\mathrm{s}}}{\partial\Gamma_{\mathrm{s}}}\frac{\mathrm{d}\Gamma_{\mathrm{s}}}{\mathrm{d}T}\right)\right.\\
&\left.+\frac{1-\phi}{\rho_{\mathrm{s}}}\partial\left(\frac{\partial\rho_{\mathrm{s}}}{\partial\Gamma_{\mathrm{h}}}\frac{\mathrm{d}\Gamma_{\mathrm{h}}}{\mathrm{d}T}+\frac{\partial\rho_{\mathrm{s}}}{\partial\Gamma_{\mathrm{s}}}\frac{\mathrm{d}\Gamma_{\mathrm{s}}}{\mathrm{d}T}\right)\Big/\partial T\right]\\
&+\left[\left(\frac{1}{\rho_{\mathrm{s}}}\frac{\partial\rho_{\mathrm{a}}}{\partial T}-\frac{\rho_{\mathrm{a}}}{\rho_{\mathrm{s}}^{2}}\frac{\partial\rho_{\mathrm{s}}}{\partial T}\right)\left(\frac{\partial m_{\mathrm{h}}}{\partial T}+\frac{\partial m_{\mathrm{s}}}{\partial T}\right)\right.\\
&\left.\left.-\left(\frac{\partial\rho_{\mathrm{a}}}{\partial T}\left(\alpha-\phi\right)-\rho_{\mathrm{a}}\frac{\partial\phi}{\partial T}\right)\beta_{\mathrm{s}}\right]\right\}\frac{T^{n+1}-T^{n}}{\Delta t}\\
&+\left(1-S_{\mathrm{l}}\right)\left[\phi\frac{\partial\rho_{\mathrm{a}}}{\partial T}-\rho_{\mathrm{a}}\left(\alpha-\phi\right)\beta_{\mathrm{s}}\right.\\
&\left.+\frac{\rho_{\mathrm{a}}}{\rho_{\mathrm{s}}}\left(\frac{\partial m_{\mathrm{h}}}{\partial T}+\frac{\partial m_{\mathrm{s}}}{\partial T}+\left(1-\phi\right)\left(\frac{\partial\rho_{\mathrm{s}}}{\partial\Gamma_{\mathrm{h}}}\frac{\mathrm{d}\Gamma_{\mathrm{h}}}{\mathrm{d}T}+\frac{\partial\rho_{\mathrm{s}}}{\partial\Gamma_{\mathrm{s}}}\frac{\mathrm{d}\Gamma_{\mathrm{s}}}{\mathrm{d}T}\right)\right)\right]\frac{1}{\Delta t}
\end{aligned} \quad (8.A.8)$$

$$\boldsymbol{H}_{\mathrm{aT}}=-\rho_{\mathrm{g}}\frac{M_{\mathrm{a}}M_{\mathrm{v}}}{M_{\mathrm{g}}^{2}}\boldsymbol{D}_{\mathrm{p}}\frac{1}{p_{\mathrm{g}}}\frac{\partial p_{\mathrm{v}}}{\partial T} \quad (8.A.9)$$

$$\begin{aligned}
\boldsymbol{M}_{\mathrm{aT}}=&\left(\frac{\boldsymbol{k}_{\mathrm{a}}k_{\mathrm{rg}}}{\mu_{\mathrm{g}}}\frac{\partial\rho_{\mathrm{a}}}{\partial T}+\rho_{\mathrm{a}}\frac{k_{\mathrm{rg}}}{\mu_{\mathrm{g}}}\frac{\partial\boldsymbol{k}_{\mathrm{a}}}{\partial T}-\rho_{\mathrm{a}}\frac{\boldsymbol{k}_{\mathrm{a}}k_{\mathrm{rg}}}{\mu_{\mathrm{g}}^{2}}\frac{\partial\mu_{\mathrm{g}}}{\partial T}\right)\nabla p_{\mathrm{g}}\\
&-\frac{M_{\mathrm{a}}M_{\mathrm{v}}}{M_{\mathrm{g}}^{2}}\left(\frac{\partial\rho_{\mathrm{g}}}{\partial T}\boldsymbol{D}_{\mathrm{p}}-\frac{2\rho_{\mathrm{g}}}{M_{\mathrm{g}}}\frac{\partial M_{\mathrm{g}}}{\partial T}\boldsymbol{D}_{\mathrm{p}}+\rho_{\mathrm{g}}\frac{\partial\boldsymbol{D}_{\mathrm{p}}}{\partial T}\right)
\end{aligned}$$

$$\times\left(\frac{1}{p_{\mathrm{g}}}\left(\frac{\partial p_{\mathrm{v}}}{\partial p_{\mathrm{c}}}\nabla p_{\mathrm{c}}+\frac{\partial p_{\mathrm{v}}}{\partial T}\nabla T\right)-\frac{p_{\mathrm{v}}}{p_{\mathrm{g}}^{2}}\nabla p_{\mathrm{g}}\right)$$

$$-\rho_{\mathrm{g}}\frac{M_{\mathrm{a}}M_{\mathrm{v}}}{M_{\mathrm{g}}^{2}}\boldsymbol{D}_{\mathrm{p}}\left(\frac{1}{p_{\mathrm{g}}}\left(\frac{\partial^{2}p_{\mathrm{v}}}{\partial p_{\mathrm{c}}\partial T}\nabla p_{\mathrm{c}}+\frac{\partial^{2}p_{\mathrm{v}}}{\partial T^{2}}\nabla T\right)-\frac{1}{p_{\mathrm{g}}^{2}}\frac{\partial p_{\mathrm{v}}}{\partial T}\nabla p_{\mathrm{g}}\right) \tag{8.A.10}$$

$$\Lambda_{\mathrm{wu}}=\frac{(1-S_{\mathrm{l}})\,\rho_{\mathrm{v}}+S_{\mathrm{l}}\rho_{\mathrm{w}}}{K_{\mathrm{s}}\Delta t} \tag{8.A.11}$$

$$\Lambda_{\mathrm{wg}}=\frac{(\alpha-\phi)\,(S_{\mathrm{g}}\rho_{\mathrm{v}}+S_{\mathrm{l}}\rho_{\mathrm{w}})}{K_{\mathrm{s}}\Delta t} \tag{8.A.12}$$

$$\boldsymbol{H}_{\mathrm{wg}}=\rho_{\mathrm{w}}\frac{\boldsymbol{k}_{\mathrm{a}}k_{\mathrm{rw}}}{\mu_{\mathrm{w}}}+\rho_{\mathrm{v}}\frac{\boldsymbol{k}_{\mathrm{a}}k_{\mathrm{rg}}}{\mu_{\mathrm{g}}}-\rho_{\mathrm{g}}\frac{M_{\mathrm{a}}M_{\mathrm{v}}}{M_{\mathrm{g}}^{2}}\frac{p_{\mathrm{v}}}{P_{\mathrm{g}}^{2}}\boldsymbol{D}_{\mathrm{p}} \tag{8.A.13}$$

$$\boldsymbol{M}_{\mathrm{wg}}=\rho_{\mathrm{w}}\frac{k_{\mathrm{rw}}}{\mu_{\mathrm{w}}}\frac{\partial\boldsymbol{k}_{\mathrm{a}}}{\partial p_{\mathrm{g}}}(\nabla p_{\mathrm{g}}-\nabla p_{\mathrm{c}})+\rho_{\mathrm{v}}\left(\frac{k_{\mathrm{rg}}}{\mu_{\mathrm{g}}}\frac{\partial\boldsymbol{k}_{\mathrm{a}}}{\partial p_{\mathrm{g}}}-\frac{\partial\mu_{\mathrm{g}}}{\partial p_{\mathrm{g}}}\frac{\boldsymbol{k}_{\mathrm{a}}k_{\mathrm{rg}}}{\mu_{\mathrm{g}}^{2}}\right)\nabla p_{\mathrm{g}}$$

$$+\frac{M_{\mathrm{a}}M_{\mathrm{v}}}{M_{\mathrm{g}}^{2}}\left(\frac{\partial\rho_{\mathrm{g}}}{\partial p_{\mathrm{g}}}\boldsymbol{D}_{\mathrm{p}}-\frac{2\rho_{\mathrm{g}}}{M_{\mathrm{g}}}\frac{\partial M_{\mathrm{g}}}{\partial p_{\mathrm{g}}}\boldsymbol{D}_{\mathrm{p}}+\rho_{\mathrm{g}}\frac{\partial\boldsymbol{D}_{\mathrm{p}}}{\partial p_{\mathrm{g}}}\right)$$

$$\times\left(\frac{1}{p_{\mathrm{g}}}\left(\frac{\partial p_{\mathrm{v}}}{\partial p_{\mathrm{c}}}\nabla p_{\mathrm{c}}+\frac{\partial p_{\mathrm{v}}}{\partial T}\nabla T\right)-\frac{p_{\mathrm{v}}}{P_{\mathrm{g}}^{2}}\nabla p_{\mathrm{g}}\right)$$

$$+\rho_{\mathrm{g}}\frac{M_{\mathrm{a}}M_{\mathrm{v}}}{M_{\mathrm{g}}^{2}}\boldsymbol{D}_{\mathrm{p}}\left(-\frac{1}{P_{\mathrm{g}}^{2}}\left(\frac{\partial p_{\mathrm{v}}}{\partial p_{\mathrm{c}}}\nabla p_{\mathrm{c}}+\frac{\partial p_{\mathrm{v}}}{\partial T}\nabla T\right)+2\frac{p_{\mathrm{v}}}{P_{\mathrm{g}}^{3}}\nabla p_{\mathrm{g}}\right) \tag{8.A.14}$$

$$\Lambda_{\mathrm{wc}}=\alpha\left((1-S_{\mathrm{l}})\frac{\partial\rho_{\mathrm{v}}}{\partial p_{\mathrm{c}}}+(\rho_{\mathrm{w}}-\rho_{\mathrm{v}})\frac{\partial S_{\mathrm{l}}}{\partial p_{\mathrm{c}}}\right)\dot{\varepsilon}_{\mathrm{v}}$$

$$+\frac{\alpha-\phi}{K_{\mathrm{s}}}\left((1-S_{\mathrm{l}})\frac{\partial\rho_{\mathrm{v}}}{\partial p_{\mathrm{c}}}+(\rho_{\mathrm{w}}-\rho_{\mathrm{v}})\frac{\partial S_{\mathrm{l}}}{\partial p_{\mathrm{c}}}\right)\frac{p_{\mathrm{g}}^{n+1}-p_{\mathrm{g}}^{n}}{\Delta t}$$

$$+\left[\phi(\rho_{\mathrm{w}}-\rho_{\mathrm{v}})\frac{\partial^{2}S_{\mathrm{l}}}{\partial p_{\mathrm{c}}^{2}}-2\phi\frac{\partial S_{\mathrm{l}}}{\partial p_{\mathrm{c}}}\frac{\partial\rho_{\mathrm{a}}}{\partial p_{\mathrm{c}}}+\phi(1-S_{\mathrm{l}})\frac{\partial^{2}\rho_{\mathrm{v}}}{\partial p_{\mathrm{c}}^{2}}\right.$$

$$-\frac{\alpha-\phi}{K_{\mathrm{s}}}\left((1-S_{\mathrm{l}})\frac{\partial\rho_{\mathrm{v}}}{\partial p_{\mathrm{c}}}+(\rho_{\mathrm{w}}-\rho_{\mathrm{v}})\frac{\partial S_{\mathrm{l}}}{\partial p_{\mathrm{c}}}\right)$$

$$\times\left(S_{\mathrm{l}}+\frac{\partial S_{\mathrm{l}}}{\partial p_{\mathrm{c}}}p_{\mathrm{c}}\right)-\frac{(\alpha-\phi)\,(S_{\mathrm{g}}\rho_{\mathrm{v}}+S_{\mathrm{l}}\rho_{\mathrm{w}})}{K_{\mathrm{s}}}$$

$$\left.\times\left(p_{\mathrm{c}}\frac{\partial^{2}S_{\mathrm{l}}}{\partial p_{\mathrm{c}}^{2}}+2\frac{\partial S_{\mathrm{l}}}{\partial p_{\mathrm{c}}}\right)\right]\frac{p_{\mathrm{c}}^{n+1}-p_{\mathrm{c}}^{n}}{\Delta t}$$

$$+\left[\phi\frac{\partial S_{\mathrm{l}}}{\partial p_{\mathrm{c}}}\frac{\partial(\rho_{\mathrm{w}}-\rho_{\mathrm{v}})}{\partial T}+\phi(1-S_{\mathrm{l}})\frac{\partial^{2}\rho_{\mathrm{v}}}{\partial p_{\mathrm{c}}\partial T}\right.$$

$$
\begin{aligned}
&+\left(\left(1-S_{\mathrm{l}}\right)\frac{\partial\rho_{\mathrm{v}}}{\partial p_{\mathrm{c}}}+\left(\rho_{\mathrm{w}}-\rho_{\mathrm{v}}\right)\frac{\partial S_{\mathrm{l}}}{\partial p_{\mathrm{c}}}\right)\\
&\times\left(\frac{1-\phi}{\rho_{\mathrm{s}}}\left(\frac{\partial\rho_{\mathrm{s}}}{\partial\mathit{\Gamma}_{\mathrm{h}}}\frac{\mathrm{d}\mathit{\Gamma}_{\mathrm{h}}}{\mathrm{d}T}+\frac{\partial\rho_{\mathrm{s}}}{\partial\mathit{\Gamma}_{\mathrm{s}}}\frac{\mathrm{d}\mathit{\Gamma}_{\mathrm{s}}}{\mathrm{d}T}\right)\right.\\
&\left.\left.+\frac{1}{\rho_{\mathrm{s}}}\left(\frac{\partial m_{\mathrm{h}}}{\partial T}+\frac{\partial m_{\mathrm{s}}}{\partial T}\right)-(\alpha-\phi)\,\beta_{\mathrm{s}}\right)\right]\frac{T^{n+1}-T^{n}}{\Delta t}\\
&+\left(\phi\left(\rho_{\mathrm{w}}-\rho_{\mathrm{v}}\right)\frac{\partial S_{\mathrm{l}}}{\partial p_{\mathrm{c}}}+\phi\left(1-S_{\mathrm{l}}\right)\frac{\partial\rho_{\mathrm{v}}}{\partial p_{\mathrm{c}}}\right.\\
&\left.-\frac{(\alpha-\phi)\left(S_{\mathrm{g}}\rho_{\mathrm{v}}+S_{\mathrm{l}}\rho_{\mathrm{w}}\right)}{K_{\mathrm{s}}}\left(S_{\mathrm{l}}+\frac{\partial S_{\mathrm{l}}}{\partial p_{\mathrm{c}}}p_{\mathrm{c}}\right)\right)\frac{1}{\Delta t}
\end{aligned}
\tag{8.A.15}
$$

$$
\boldsymbol{H}_{\mathrm{wc}}=-\rho_{\mathrm{w}}\frac{\boldsymbol{k}_{\mathrm{a}}k_{\mathrm{rw}}}{\mu_{\mathrm{w}}}+\rho_{\mathrm{g}}\frac{M_{\mathrm{a}}M_{\mathrm{v}}}{M_{\mathrm{g}}^{2}}\frac{1}{p_{\mathrm{g}}}\frac{\partial p_{\mathrm{v}}}{\partial p_{\mathrm{c}}}\boldsymbol{D}_{\mathrm{p}}
\tag{8.A.16}
$$

$$
\begin{aligned}
\boldsymbol{M}_{\mathrm{wc}}=&\ \rho_{\mathrm{w}}\frac{\boldsymbol{k}_{\mathrm{a}}}{\mu_{\mathrm{w}}}\frac{\partial k_{\mathrm{rw}}}{\partial p_{\mathrm{c}}}\left(\nabla p_{\mathrm{g}}-\nabla p_{\mathrm{c}}\right)+\left(\frac{\partial\rho_{\mathrm{v}}}{\partial p_{\mathrm{c}}}\frac{\boldsymbol{k}_{\mathrm{a}}k_{\mathrm{rg}}}{\mu_{\mathrm{g}}}+\rho_{\mathrm{v}}\frac{\partial k_{\mathrm{rg}}}{\partial p_{\mathrm{c}}}\frac{\boldsymbol{k}_{\mathrm{a}}}{\mu_{\mathrm{g}}}-\rho_{\mathrm{v}}\frac{\partial\mu_{\mathrm{g}}}{\partial p_{\mathrm{c}}}\frac{\boldsymbol{k}_{\mathrm{a}}k_{\mathrm{rg}}}{\mu_{\mathrm{g}}^{2}}\right)\nabla p_{\mathrm{g}}\\
&+\frac{M_{\mathrm{a}}M_{\mathrm{v}}}{M_{\mathrm{g}}^{2}}\left(\frac{\partial\rho_{\mathrm{g}}}{\partial p_{\mathrm{c}}}\boldsymbol{D}_{\mathrm{p}}-\frac{2\rho_{\mathrm{g}}}{M_{\mathrm{g}}}\frac{\partial M_{\mathrm{g}}}{\partial p_{\mathrm{c}}}\boldsymbol{D}_{\mathrm{p}}+\rho_{\mathrm{g}}\frac{\partial\boldsymbol{D}_{\mathrm{p}}}{\partial p_{\mathrm{c}}}\right)\\
&\times\left(\frac{1}{p_{\mathrm{g}}}\left(\frac{\partial p_{\mathrm{v}}}{\partial p_{\mathrm{c}}}\nabla p_{\mathrm{c}}+\frac{\partial p_{\mathrm{v}}}{\partial T}\nabla T\right)-\frac{p_{\mathrm{v}}}{p_{\mathrm{g}}^{2}}\nabla p_{\mathrm{g}}\right)\\
&+\rho_{\mathrm{g}}\frac{M_{\mathrm{a}}M_{\mathrm{v}}}{M_{\mathrm{g}}^{2}}\boldsymbol{D}_{\mathrm{p}}\left(\frac{1}{p_{\mathrm{g}}}\left(\frac{\partial^{2}p_{\mathrm{v}}}{\partial p_{\mathrm{c}}^{2}}\nabla p_{\mathrm{c}}+\frac{\partial^{2}p_{\mathrm{v}}}{\partial p_{\mathrm{c}}\partial T}\nabla T\right)-\frac{1}{p_{\mathrm{g}}^{2}}\frac{\partial p_{\mathrm{v}}}{\partial p_{\mathrm{c}}}\nabla p_{\mathrm{g}}\right)
\end{aligned}
\tag{8.A.17}
$$

$$
G_{\mathrm{wc}}=\beta_{\mathrm{c}}\frac{\partial\rho_{\mathrm{v}}}{\partial p_{\mathrm{c}}}
\tag{8.A.18}
$$

$$
\begin{aligned}
\mathit{\Lambda}_{\mathrm{wT}}=&\ \alpha\left(\left(1-S_{\mathrm{l}}\right)\frac{\partial\rho_{\mathrm{v}}}{\partial p_{\mathrm{c}}}+S_{\mathrm{l}}\frac{\partial\rho_{\mathrm{w}}}{\partial p_{\mathrm{c}}}\right)\dot{\varepsilon}_{\mathrm{v}}+\frac{\alpha-\phi}{K_{\mathrm{s}}}\left(\left(1-S_{\mathrm{l}}\right)\frac{\partial\rho_{\mathrm{v}}}{\partial T}+S_{\mathrm{l}}\frac{\partial\rho_{\mathrm{w}}}{\partial T}\right)\frac{p_{\mathrm{g}}^{n+1}-p_{\mathrm{g}}^{n}}{\Delta t}\\
&+\left[\frac{\partial S_{\mathrm{l}}}{\partial p_{\mathrm{c}}}\left(\left(\rho_{\mathrm{w}}-\rho_{\mathrm{v}}\right)\frac{\partial\phi}{\partial T}+\phi\frac{\partial\left(\rho_{\mathrm{w}}-\rho_{\mathrm{v}}\right)}{\partial T}\right)+\left(1-S_{\mathrm{l}}\right)\left(\frac{\partial\phi}{\partial T}\frac{\partial\rho_{\mathrm{v}}}{\partial p_{\mathrm{c}}}+\phi\frac{\partial^{2}\rho_{\mathrm{v}}}{\partial p_{\mathrm{c}}\partial T}\right)\right.\\
&\left.-\frac{\alpha-\phi}{K_{\mathrm{s}}}\left(\left(1-S_{\mathrm{l}}\right)\frac{\partial\rho_{\mathrm{v}}}{\partial T}+S_{\mathrm{l}}\frac{\partial\rho_{\mathrm{w}}}{\partial T}\right)\left(S_{\mathrm{l}}+\frac{\partial S_{\mathrm{l}}}{\partial p_{\mathrm{c}}}p_{\mathrm{c}}\right)\right]\frac{p_{\mathrm{c}}^{n+1}-p_{\mathrm{c}}^{n}}{\Delta t}\\
&+\left\{\left(1-S_{\mathrm{l}}\right)\left(\frac{\partial\phi}{\partial T}\frac{\partial\rho_{\mathrm{v}}}{\partial T}+\phi\frac{\partial^{2}\rho_{\mathrm{v}}}{\partial T^{2}}\right)+S_{\mathrm{l}}\left(\frac{\partial\phi}{\partial T}\frac{\partial\rho_{\mathrm{w}}}{\partial T}+\phi\frac{\partial^{2}\rho_{\mathrm{w}}}{\partial T^{2}}\right)\right.\\
&+\frac{1-\phi}{\rho_{\mathrm{s}}}\left(\left(1-S_{\mathrm{l}}\right)\frac{\partial\rho_{\mathrm{v}}}{\partial T}+S_{\mathrm{l}}\frac{\partial\rho_{\mathrm{w}}}{\partial T}\right)\left(\frac{\partial\rho_{\mathrm{s}}}{\partial\mathit{\Gamma}_{\mathrm{h}}}\frac{\mathrm{d}\mathit{\Gamma}_{\mathrm{h}}}{\mathrm{d}T}+\frac{\partial\rho_{\mathrm{s}}}{\partial\mathit{\Gamma}_{\mathrm{s}}}\frac{\mathrm{d}\mathit{\Gamma}_{\mathrm{s}}}{\mathrm{d}T}\right)
\end{aligned}
$$

$$
\begin{aligned}
&+((1-S_{\mathrm{l}})\rho_{\mathrm{v}}+S_{\mathrm{l}}\rho_{\mathrm{w}})\left(\left(-\frac{\partial\phi}{\rho_{\mathrm{s}}\partial T}-\frac{1-\phi}{\rho_{\mathrm{s}}^{2}}\frac{\partial\rho_{\mathrm{s}}}{\partial T}\right)\left(\frac{\partial\rho_{\mathrm{s}}}{\partial\Gamma_{\mathrm{h}}}\frac{\mathrm{d}\Gamma_{\mathrm{h}}}{\mathrm{d}T}+\frac{\partial\rho_{\mathrm{s}}}{\partial\Gamma_{\mathrm{s}}}\frac{\mathrm{d}\Gamma_{\mathrm{s}}}{\mathrm{d}T}\right)\right.\\
&\left.+\frac{1-\phi}{\rho_{\mathrm{s}}}\partial\left(\frac{\partial\rho_{\mathrm{s}}}{\partial\Gamma_{\mathrm{h}}}\frac{\mathrm{d}\Gamma_{\mathrm{h}}}{\mathrm{d}T}+\frac{\partial\rho_{\mathrm{s}}}{\partial\Gamma_{\mathrm{s}}}\frac{\mathrm{d}\Gamma_{\mathrm{s}}}{\mathrm{d}T}\right)\Big/\partial T\right)\\
&+\left(\frac{1}{\rho_{\mathrm{s}}}\left((1-S_{\mathrm{l}})\frac{\partial\rho_{\mathrm{v}}}{\partial T}+S_{\mathrm{l}}\frac{\partial\rho_{\mathrm{w}}}{\partial T}\right)-((1-S_{\mathrm{l}})\rho_{\mathrm{v}}+S_{\mathrm{l}}\rho_{\mathrm{w}})\frac{1}{\rho_{\mathrm{s}}^{2}}\frac{\partial\rho_{\mathrm{s}}}{\partial T}\right)\left(\frac{\partial m_{\mathrm{h}}}{\partial T}+\frac{\partial m_{\mathrm{s}}}{\partial T}\right)\\
&+((1-S_{\mathrm{l}})\rho_{\mathrm{v}}+S_{\mathrm{l}}\rho_{\mathrm{w}})\beta_{\mathrm{s}}\frac{\partial\phi}{\partial T}-\left((1-S_{\mathrm{l}})\frac{\partial\rho_{\mathrm{v}}}{\partial T}+S_{\mathrm{l}}\frac{\partial\rho_{\mathrm{w}}}{\partial T}\right)(\alpha-\phi)\beta_{\mathrm{s}}\Bigg\}\frac{T^{n+1}-T^{n}}{\Delta t}\\
&+\left\{\frac{1}{\rho_{\mathrm{s}}}((1-S_{\mathrm{l}})\rho_{\mathrm{v}}+S_{\mathrm{l}}\rho_{\mathrm{w}})\left(\frac{\partial m_{\mathrm{h}}}{\partial T}+\frac{\partial m_{\mathrm{s}}}{\partial T}\right)-\frac{\partial m_{\mathrm{h}}}{\partial T}\right.\\
&+\phi\left((1-S_{\mathrm{l}})\frac{\partial\rho_{\mathrm{v}}}{\partial T}+S_{\mathrm{l}}\frac{\partial\rho_{\mathrm{w}}}{\partial T}\right)-\beta_{\mathrm{swg}}\\
&\left.+\frac{1-\phi}{\rho_{\mathrm{s}}}((1-S_{\mathrm{l}})\rho_{\mathrm{v}}+S_{\mathrm{l}}\rho_{\mathrm{w}})\left(\frac{\partial\rho_{\mathrm{s}}}{\partial\Gamma_{\mathrm{h}}}\frac{\mathrm{d}\Gamma_{\mathrm{h}}}{\mathrm{d}T}+\frac{\partial\rho_{\mathrm{s}}}{\partial\Gamma_{\mathrm{s}}}\frac{\mathrm{d}\Gamma_{\mathrm{s}}}{\mathrm{d}T}\right)\right\}\frac{1}{\Delta t}
\end{aligned}
\tag{8.A.19}
$$

$$
\boldsymbol{H}_{\mathrm{wT}}=\rho_{\mathrm{g}}\frac{M_{\mathrm{a}}M_{\mathrm{v}}}{M_{\mathrm{g}}^{2}}\frac{1}{p_{\mathrm{g}}}\frac{\partial p_{\mathrm{v}}}{\partial T}\boldsymbol{D}_{\mathrm{p}}
\tag{8.A.20}
$$

$$
\begin{aligned}
\boldsymbol{M}_{\mathrm{wT}}=&\left(\frac{\boldsymbol{k}_{\mathrm{a}}k_{\mathrm{rw}}}{\mu_{\mathrm{w}}}\frac{\partial\rho_{\mathrm{w}}}{\partial T}+\rho_{\mathrm{w}}\frac{k_{\mathrm{rw}}}{\mu_{\mathrm{w}}}\frac{\partial\boldsymbol{k}_{\mathrm{a}}}{\partial T}-\rho_{\mathrm{w}}\frac{\boldsymbol{k}_{\mathrm{a}}k_{\mathrm{rw}}}{\mu_{\mathrm{w}}^{2}}\frac{\partial\mu_{\mathrm{w}}}{\partial T}\right)(\nabla p_{\mathrm{g}}-\nabla p_{\mathrm{c}})\\
&+\left(\frac{\boldsymbol{k}_{\mathrm{a}}k_{\mathrm{rg}}}{\mu_{\mathrm{g}}}\frac{\partial\rho_{\mathrm{v}}}{\partial T}+\rho_{\mathrm{v}}\frac{k_{\mathrm{rg}}}{\mu_{\mathrm{g}}}\frac{\partial\boldsymbol{k}_{\mathrm{a}}}{\partial T}-\rho_{\mathrm{v}}\frac{\boldsymbol{k}_{\mathrm{a}}k_{\mathrm{rg}}}{\mu_{\mathrm{g}}^{2}}\frac{\partial\mu_{\mathrm{g}}}{\partial T}\right)\nabla p_{\mathrm{g}}\\
&+\frac{M_{\mathrm{a}}M_{\mathrm{v}}}{M_{\mathrm{g}}^{2}}\left(\frac{\partial\rho_{\mathrm{g}}}{\partial T}\boldsymbol{D}_{\mathrm{p}}-\frac{2\rho_{\mathrm{g}}}{M_{\mathrm{g}}}\frac{\partial M_{\mathrm{g}}}{\partial T}\boldsymbol{D}_{\mathrm{p}}+\rho_{\mathrm{g}}\frac{\partial\boldsymbol{D}_{\mathrm{p}}}{\partial T}\right)\\
&\times\left(\frac{1}{p_{\mathrm{g}}}\left(\frac{\partial p_{\mathrm{v}}}{\partial p_{\mathrm{c}}}\nabla p_{\mathrm{c}}+\frac{\partial p_{\mathrm{v}}}{\partial T}\nabla T\right)-\frac{p_{\mathrm{v}}}{p_{\mathrm{g}}^{2}}\nabla p_{\mathrm{g}}\right)\\
&+\rho_{\mathrm{g}}\frac{M_{\mathrm{a}}M_{\mathrm{v}}}{M_{\mathrm{g}}^{2}}\boldsymbol{D}_{\mathrm{p}}\left(\frac{1}{p_{\mathrm{g}}}\left(\frac{\partial^{2}p_{\mathrm{v}}}{\partial p_{\mathrm{c}}\partial T}\nabla p_{\mathrm{c}}+\frac{\partial^{2}p_{\mathrm{v}}}{\partial T^{2}}\nabla T\right)-\frac{1}{p_{\mathrm{g}}^{2}}\frac{\partial p_{\mathrm{v}}}{\partial T}\nabla p_{\mathrm{g}}\right)
\end{aligned}
\tag{8.A.21}
$$

$$
G_{\mathrm{wT}}=\beta_{\mathrm{c}}\frac{\partial\rho_{\mathrm{v}}}{\partial T}
\tag{8.A.22}
$$

$$
\Lambda_{\mathrm{Tu}}=-\frac{\Delta h_{\mathrm{v}}S_{\mathrm{l}}\rho_{\mathrm{w}}}{\Delta t}
\tag{8.A.23}
$$

$$
\Lambda_{\mathrm{Tg}}=\frac{\partial\left((\rho C_{\mathrm{p}})_{\mathrm{eff}}\right)}{\partial p_{\mathrm{g}}}\frac{T^{n+1}-T^{n}}{\Delta t}-\Delta h_{\mathrm{v}}\frac{S_{\mathrm{l}}\rho_{\mathrm{w}}(\alpha-\phi)}{K_{\mathrm{s}}\Delta t}
$$

$$
\begin{aligned}
&+\left[\left(-C_{\mathrm{pw}}\rho_{\mathrm{w}}\frac{k_{\mathrm{rw}}}{\mu_{\mathrm{w}}}\frac{\partial \boldsymbol{k}_{\mathrm{a}}}{\partial T}\right)(\nabla p_{\mathrm{g}}-\nabla p_{\mathrm{c}})\right.\\
&-\left(\frac{\partial C_{\mathrm{pg}}}{\partial p_{\mathrm{g}}}\rho_{\mathrm{g}}+C_{\mathrm{pg}}\frac{\partial \rho_{\mathrm{g}}}{\partial p_{\mathrm{g}}}\right)\frac{\boldsymbol{k}_{\mathrm{a}}k_{\mathrm{rg}}}{\mu_{\mathrm{g}}}\nabla p_{\mathrm{g}}+C_{\mathrm{pg}}\rho_{\mathrm{g}}\\
&\left.\times\left(-\frac{k_{\mathrm{rg}}}{\mu_{\mathrm{g}}}\frac{\partial \boldsymbol{k}_{\mathrm{a}}}{\partial p_{\mathrm{g}}}+\frac{\boldsymbol{k}_{\mathrm{a}}k_{\mathrm{rg}}}{\mu_{\mathrm{g}}^{2}}\frac{\partial \mu_{\mathrm{g}}}{\partial p_{\mathrm{g}}}\right)\nabla p_{\mathrm{g}}\right]\cdot\nabla T
\end{aligned}
\tag{8.A.24}
$$

$$
\boldsymbol{M}_{\mathrm{Tg1}}=\left(-C_{\mathrm{pw}}\rho_{\mathrm{w}}\frac{\boldsymbol{k}_{\mathrm{a}}k_{\mathrm{rw}}}{\mu_{\mathrm{w}}}-C_{\mathrm{pg}}\rho_{\mathrm{g}}\frac{\boldsymbol{k}_{\mathrm{a}}k_{\mathrm{rg}}}{\mu_{\mathrm{g}}}\right)\cdot\nabla T \tag{8.A.25}
$$

$$
\boldsymbol{H}_{\mathrm{Tg}}=-\Delta h_{\mathrm{v}}\rho_{\mathrm{w}}\frac{\boldsymbol{k}_{\mathrm{a}}k_{\mathrm{rw}}}{\mu_{\mathrm{w}}} \tag{8.A.26}
$$

$$
\boldsymbol{M}_{\mathrm{Tg2}}=-\Delta h_{\mathrm{v}}\rho_{\mathrm{w}}\frac{k_{\mathrm{rw}}}{\mu_{\mathrm{w}}}\frac{\partial \boldsymbol{k}_{\mathrm{a}}}{\partial p_{\mathrm{g}}}(\nabla p_{\mathrm{g}}-\nabla p_{\mathrm{c}}) \tag{8.A.27}
$$

$$
\begin{aligned}
\mathit{\Lambda}_{\mathrm{Tc}}=&-\Delta h_{\mathrm{v}}\alpha\rho_{\mathrm{w}}\frac{\partial S_{\mathrm{l}}}{\partial p_{\mathrm{c}}}\dot{\varepsilon}_{\mathrm{v}}-\Delta h_{\mathrm{v}}\frac{\partial S_{\mathrm{l}}}{\partial p_{\mathrm{c}}}\frac{\rho_{\mathrm{w}}(\alpha-\phi)}{K_{\mathrm{s}}}\frac{p_{\mathrm{g}}^{n+1}-p_{\mathrm{g}}^{n}}{\Delta t}\\
&+\left[\left(-C_{\mathrm{pw}}\rho_{\mathrm{w}}\frac{\boldsymbol{k}_{\mathrm{a}}}{\mu_{\mathrm{w}}}\frac{\partial k_{\mathrm{rw}}}{\partial p_{\mathrm{c}}}\right)(\nabla p_{\mathrm{g}}-\nabla p_{\mathrm{c}})\right.\\
&\left.+\left(-C_{\mathrm{pg}}\frac{\partial \rho_{\mathrm{g}}}{\partial p_{\mathrm{c}}}\frac{\boldsymbol{k}_{\mathrm{a}}k_{\mathrm{rg}}}{\mu_{\mathrm{g}}}+C_{\mathrm{pg}}\rho_{\mathrm{g}}\left(-\frac{\partial k_{\mathrm{rg}}}{\partial p_{\mathrm{c}}}\frac{\boldsymbol{k}_{\mathrm{a}}}{\mu_{\mathrm{g}}}+\frac{\partial \mu_{\mathrm{g}}}{\partial p_{\mathrm{c}}}\frac{\boldsymbol{k}_{\mathrm{a}}k_{\mathrm{rg}}}{\mu_{\mathrm{g}}^{2}}\right)\right)\nabla p_{\mathrm{g}}\right]\cdot\nabla T\\
&-\Delta h_{\mathrm{v}}\left[\rho_{\mathrm{w}}\phi\frac{\partial^{2} S_{\mathrm{l}}}{\partial p_{\mathrm{c}}^{2}}-\frac{\partial S_{\mathrm{l}}}{\partial p_{\mathrm{c}}}\frac{\rho_{\mathrm{w}}(\alpha-\phi)}{K_{\mathrm{s}}}\left(S_{\mathrm{l}}+\frac{\partial S_{\mathrm{l}}}{\partial p_{\mathrm{c}}}p_{\mathrm{c}}\right)\right.\\
&\left.-\frac{S_{\mathrm{l}}\rho_{\mathrm{w}}(\alpha-\phi)}{K_{\mathrm{s}}}\left(\frac{\partial^{2} S_{\mathrm{l}}}{\partial p_{\mathrm{c}}^{2}}p_{\mathrm{c}}+2\frac{\partial S_{\mathrm{l}}}{\partial p_{\mathrm{c}}}\right)\right]\frac{p_{\mathrm{c}}^{n+1}-p_{\mathrm{c}}^{n}}{\Delta t}\\
&+\left\{-\Delta h_{\mathrm{v}}\left[\phi\frac{\partial S_{\mathrm{l}}}{\partial p_{\mathrm{c}}}\frac{\partial \rho_{\mathrm{w}}}{\partial T}+\frac{\partial S_{\mathrm{l}}}{\partial p_{\mathrm{c}}}\rho_{\mathrm{w}}\frac{1-\phi}{\rho_{\mathrm{s}}}\left(\frac{\partial \rho_{\mathrm{s}}}{\partial \mathit{\Gamma}_{\mathrm{h}}}\frac{\mathrm{d}\mathit{\Gamma}_{\mathrm{h}}}{\mathrm{d}T}+\frac{\partial \rho_{\mathrm{s}}}{\partial \mathit{\Gamma}_{\mathrm{s}}}\frac{\mathrm{d}\mathit{\Gamma}_{\mathrm{s}}}{\mathrm{d}T}\right)\right.\right.\\
&-\frac{\partial S_{\mathrm{l}}}{\partial p_{\mathrm{c}}}\rho_{\mathrm{w}}(\alpha-\phi)\beta_{\mathrm{s}}\\
&\left.\left.+\frac{\partial S_{\mathrm{l}}}{\partial p_{\mathrm{c}}}\frac{\rho_{\mathrm{w}}}{\rho_{\mathrm{s}}}\left(\frac{\partial m_{\mathrm{h}}}{\partial T}+\frac{\partial m_{\mathrm{s}}}{\partial T}\right)\right]+\frac{\partial\left((\rho c_{\mathrm{p}})_{\mathrm{eff}}\right)}{\partial p_{\mathrm{c}}}\right\}\frac{T^{n+1}-T^{n}}{\Delta t}\\
&-\Delta h_{\mathrm{v}}\left(\rho_{\mathrm{w}}\phi\frac{\partial S_{\mathrm{l}}}{\partial p_{\mathrm{c}}}-\frac{S_{\mathrm{l}}\rho_{\mathrm{w}}(\alpha-\phi)}{K_{\mathrm{s}}}\left(S_{\mathrm{l}}+\frac{\partial S_{\mathrm{l}}}{\partial p_{\mathrm{c}}}p_{\mathrm{c}}\right)\right)\frac{1}{\Delta t}
\end{aligned}
\tag{8.A.28}
$$

$$\boldsymbol{M}_{\mathrm{Tc1}}=\left(C_{\mathrm{pw}}\rho_{\mathrm{w}}\frac{\boldsymbol{k}_{\mathrm{a}}k_{\mathrm{rw}}}{\mu_{\mathrm{w}}}\right)\cdot\nabla T \tag{8.A.29}$$

$$\boldsymbol{H}_{\mathrm{Tc}}=\Delta h_{\mathrm{v}}\rho_{\mathrm{w}}\frac{\boldsymbol{k}_{\mathrm{a}}k_{\mathrm{rw}}}{\mu_{\mathrm{w}}} \tag{8.A.30}$$

$$\boldsymbol{M}_{\mathrm{Tc2}}=\frac{\partial\lambda_{\mathrm{eff}}}{\partial p_{\mathrm{c}}}\cdot\nabla T+\Delta h_{\mathrm{v}}\rho_{\mathrm{w}}\frac{\partial k_{\mathrm{rg}}}{\partial p_{\mathrm{c}}}\frac{\boldsymbol{k}_{\mathrm{a}}}{\mu_{\mathrm{g}}}\left(\nabla p_{\mathrm{g}}-\nabla p_{\mathrm{c}}\right) \tag{8.A.31}$$

$$\begin{aligned}
\varLambda_{\mathrm{TT}}=&-\left(\Delta h_{\mathrm{v}}+\frac{\partial\left(\Delta h_{\mathrm{v}}\right)}{\partial T}\right)\alpha S_{\mathrm{l}}\rho_{\mathrm{w}}\dot{\varepsilon}_{\mathrm{v}}\\
&+\left[\left(C_{\mathrm{pw}}\rho_{\mathrm{w}}\left(-\frac{k_{\mathrm{rw}}}{\mu_{\mathrm{w}}}\frac{\partial\boldsymbol{k}_{\mathrm{a}}}{\partial T}+\frac{\boldsymbol{k}_{\mathrm{a}}k_{\mathrm{rw}}}{\mu_{\mathrm{w}}^{2}}\frac{\partial\mu_{\mathrm{w}}}{\partial T}\right)\right.\right.\\
&\left.-\left(\frac{\partial C_{\mathrm{pw}}}{\partial T}\rho_{\mathrm{w}}+C_{\mathrm{pw}}\frac{\partial\rho_{\mathrm{w}}}{\partial T}\right)\frac{\boldsymbol{k}_{\mathrm{a}}k_{\mathrm{rw}}}{\mu_{\mathrm{w}}}\right)\left(\nabla p_{\mathrm{g}}-\nabla p_{\mathrm{c}}\right)\\
&+\left(C_{\mathrm{pg}}\rho_{\mathrm{g}}\left(-\frac{k_{\mathrm{rg}}}{\mu_{\mathrm{g}}}\frac{\partial\boldsymbol{k}_{\mathrm{a}}}{\partial T}+\frac{\boldsymbol{k}_{\mathrm{a}}k_{\mathrm{rg}}}{\mu_{\mathrm{g}}^{2}}\frac{\partial\mu_{\mathrm{g}}}{\partial T}\right)\right.\\
&\left.\left.-\left(\frac{\partial C_{\mathrm{pg}}}{\partial T}\rho_{\mathrm{g}}+C_{\mathrm{pg}}\frac{\partial\rho_{\mathrm{g}}}{\partial T}\right)\frac{\boldsymbol{k}_{\mathrm{a}}k_{\mathrm{rg}}}{\mu_{\mathrm{g}}}\right)\nabla p_{\mathrm{g}}\right]\cdot\nabla T\\
&-\left(\frac{\partial\left(\Delta h_{\mathrm{v}}\right)}{\partial T}\frac{S_{\mathrm{l}}\rho_{\mathrm{w}}\left(\alpha-\phi\right)}{K_{\mathrm{s}}}+\Delta h_{\mathrm{v}}\frac{S_{\mathrm{l}}}{K_{\mathrm{s}}}\right.\\
&\left.\times\left(\left(\alpha-\phi\right)\frac{\partial\rho_{\mathrm{w}}}{\partial T}-\frac{\partial\phi}{\partial T}\rho_{\mathrm{w}}\right)\right)\frac{p_{\mathrm{g}}^{n+1}-p_{\mathrm{g}}^{n}}{\Delta t}\\
&+\left[\frac{\partial\left(\Delta h_{\mathrm{v}}\right)}{\partial T}\left(-\phi\rho_{\mathrm{w}}\frac{\partial S_{\mathrm{l}}}{\partial p_{\mathrm{c}}}+\frac{S_{\mathrm{l}}\rho_{\mathrm{w}}\left(\alpha-\phi\right)}{K_{\mathrm{s}}}\left(S_{\mathrm{l}}+\frac{\partial S_{\mathrm{l}}}{\partial p_{\mathrm{c}}}p_{\mathrm{c}}\right)\right)\right.\\
&+\Delta h_{\mathrm{v}}\frac{S_{\mathrm{l}}}{K_{\mathrm{s}}}\left(\left(\alpha-\phi\right)\frac{\partial\rho_{\mathrm{w}}}{\partial T}-\rho_{\mathrm{w}}\frac{\partial\phi}{\partial T}\right)\left(S_{\mathrm{l}}+\frac{\partial S_{\mathrm{l}}}{\partial p_{\mathrm{c}}}p_{\mathrm{c}}\right)\\
&\left.-\Delta h_{\mathrm{v}}\left(\phi\frac{\partial\rho_{\mathrm{w}}}{\partial T}+\rho_{\mathrm{w}}\frac{\partial\phi}{\partial T}\right)\frac{\partial S_{\mathrm{l}}}{\partial p_{\mathrm{c}}}\right]\frac{p_{\mathrm{c}}^{n+1}-p_{\mathrm{c}}^{n}}{\Delta t}\\
&+\left\{\frac{\partial\left(\left(\rho C_{\mathrm{p}}\right)_{\mathrm{eff}}\right)}{\partial T}-\Delta h_{\mathrm{v}}S_{\mathrm{l}}\left[\phi\frac{\partial^{2}\rho_{\mathrm{w}}}{\partial T^{2}}+\frac{\partial\phi}{\partial T}\frac{\partial\rho_{\mathrm{w}}}{\partial T}\right.\right.\\
&+\left(\frac{\partial\rho_{\mathrm{w}}}{\partial T}\frac{1-\phi}{\rho_{\mathrm{s}}}-\frac{\rho_{\mathrm{w}}}{\rho_{\mathrm{s}}}\frac{\partial\phi}{\partial T}-\rho_{\mathrm{w}}\frac{1-\phi}{\rho_{\mathrm{s}}^{2}}\frac{\partial\rho_{\mathrm{s}}}{\partial T}\right)\left(\frac{\partial\rho_{\mathrm{s}}}{\partial\varGamma_{\mathrm{h}}}\frac{\mathrm{d}\varGamma_{\mathrm{h}}}{\mathrm{d}T}+\frac{\partial\rho_{\mathrm{s}}}{\partial\varGamma_{\mathrm{s}}}\frac{\mathrm{d}\varGamma_{\mathrm{s}}}{\mathrm{d}T}\right)\\
&\left.+\left(\rho_{\mathrm{w}}\frac{\partial\phi}{\partial T}-\left(\alpha-\phi\right)\frac{\partial\rho_{\mathrm{w}}}{\partial T}\right)\beta_{\mathrm{s}}+\frac{(1-\phi)\rho_{\mathrm{w}}}{\rho_{\mathrm{s}}}\partial\left(\frac{\partial\rho_{\mathrm{s}}}{\partial\varGamma_{\mathrm{h}}}\frac{\mathrm{d}\varGamma_{\mathrm{h}}}{\mathrm{d}T}+\frac{\partial\rho_{\mathrm{s}}}{\partial\varGamma_{\mathrm{s}}}\frac{\mathrm{d}\varGamma_{\mathrm{s}}}{\mathrm{d}T}\right)\Big/\partial T\right]
\end{aligned}$$

$$
\begin{aligned}
&-\frac{S_{\mathrm{l}}}{\rho_{\mathrm{s}}}\left(\rho_{\mathrm{w}}\frac{\partial\left(\Delta h_{\mathrm{v}}\right)}{\partial T}+\Delta h_{\mathrm{v}}\left(\frac{\partial\rho_{\mathrm{w}}}{\partial T}-\frac{\rho_{\mathrm{w}}}{\rho_{\mathrm{s}}}\frac{\partial\rho_{\mathrm{s}}}{\partial T}\right)\right)\left(\frac{\partial m_{\mathrm{h}}}{\partial T}+\frac{\partial m_{\mathrm{s}}}{\partial T}\right)\\
&+\frac{\partial\left(\Delta h_{\mathrm{v}}\right)}{\partial T}\frac{\partial m_{\mathrm{h}}}{\partial T}-\frac{\partial\left(\Delta h_{\mathrm{v}}\right)}{\partial T}S_{\mathrm{l}}\left[\phi\frac{\partial\rho_{\mathrm{w}}}{\partial T}\right.\\
&\left.\left.+\rho_{\mathrm{w}}\left(\frac{1-\phi}{\rho_{\mathrm{s}}}\left(\frac{\partial\rho_{\mathrm{s}}}{\partial\Gamma_{\mathrm{h}}}\frac{\mathrm{d}\Gamma_{\mathrm{h}}}{\mathrm{d}T}+\frac{\partial\rho_{\mathrm{s}}}{\partial\Gamma_{\mathrm{s}}}\frac{\mathrm{d}\Gamma_{\mathrm{s}}}{\mathrm{d}T}\right)-\left(\alpha-\phi\right)\beta_{\mathrm{s}}\right)\right]\right\}\frac{T^{n+1}-T^{n}}{\Delta t}\\
&+\left[\rho\left(C_{\mathrm{p}}\right)_{\mathrm{eff}}-\Delta h_{\mathrm{v}}S_{\mathrm{l}}\left(\phi\frac{\partial\rho_{\mathrm{w}}}{\partial T}-\rho_{\mathrm{w}}\left(\alpha-\phi\right)\beta_{\mathrm{s}}\right.\right.\\
&\left.+\frac{(1-\phi)\rho_{\mathrm{w}}}{\rho_{\mathrm{s}}}\left(\frac{\partial\rho_{\mathrm{s}}}{\partial\Gamma_{\mathrm{h}}}\frac{\mathrm{d}\Gamma_{\mathrm{h}}}{\mathrm{d}T}+\frac{\partial\rho_{\mathrm{s}}}{\partial\Gamma_{\mathrm{s}}}\frac{\mathrm{d}\Gamma_{\mathrm{s}}}{\mathrm{d}T}\right)\right)\\
&\left.+\left(\Delta h_{\mathrm{h}}+\Delta h_{\mathrm{v}}-\Delta h_{\mathrm{v}}\frac{S_{\mathrm{l}}\rho_{\mathrm{w}}}{\rho_{\mathrm{s}}}\right)\frac{\partial m_{\mathrm{h}}}{\partial T}+\left(\Delta h_{\mathrm{s}}-\Delta h_{\mathrm{v}}\frac{S_{\mathrm{l}}\rho_{\mathrm{w}}}{\rho_{\mathrm{s}}}\right)\frac{\partial m_{\mathrm{s}}}{\partial T}\right]\frac{1}{\Delta t}
\end{aligned}\tag{8.A.32}
$$

$$
\boldsymbol{M}_{\mathrm{TT1}}=-C_{\mathrm{pw}}\rho_{\mathrm{w}}\frac{\boldsymbol{k}_{\mathrm{a}}k_{\mathrm{rw}}}{\mu_{\mathrm{w}}}\left(\nabla p_{\mathrm{g}}-\nabla p_{\mathrm{c}}\right)-C_{\mathrm{pg}}\rho_{\mathrm{g}}\frac{\boldsymbol{k}_{\mathrm{a}}k_{\mathrm{rg}}}{\mu_{\mathrm{g}}}\nabla p_{\mathrm{g}}\tag{8.A.33}
$$

$$
\boldsymbol{H}_{\mathrm{TT}}=\lambda_{\mathrm{eff}}\tag{8.A.34}
$$

$$
\begin{aligned}
\boldsymbol{M}_{\mathrm{TT2}}=&\frac{\partial\lambda_{\mathrm{eff}}}{\partial T}\nabla T-\rho_{\mathrm{w}}\frac{\partial\left(\Delta h_{\mathrm{v}}\right)}{\partial T}\frac{\boldsymbol{k}_{\mathrm{a}}k_{\mathrm{rw}}}{\mu_{\mathrm{w}}}\left(\nabla p_{\mathrm{g}}-\nabla p_{\mathrm{c}}\right)\\
&-\Delta h_{\mathrm{v}}\left(\frac{\partial\rho_{\mathrm{w}}}{\partial T}\frac{\boldsymbol{k}_{\mathrm{a}}k_{\mathrm{rw}}}{\mu_{\mathrm{w}}}+\rho_{\mathrm{w}}\frac{k_{\mathrm{rw}}}{\mu_{\mathrm{w}}}\left(\frac{\partial\boldsymbol{k}_{\mathrm{a}}}{\partial T}-\frac{\boldsymbol{k}_{\mathrm{a}}}{\mu_{\mathrm{w}}}\frac{\partial\mu_{\mathrm{g}}}{\partial T}\right)\right)\left(\nabla p_{\mathrm{g}}-\nabla p_{\mathrm{c}}\right)
\end{aligned}\tag{8.A.35}
$$

$$
G_{\mathrm{TT}}=\alpha_{\mathrm{c}}+4e\sigma_{0}T^{3}\tag{8.A.36}
$$

$$
\varLambda_{\mathrm{pu}}=c^{\mathrm{P}}/\Delta t\tag{8.A.37}
$$

$$
\varLambda_{\mathrm{pg}}=-\frac{k_{\mathrm{rw}}}{\phi S_{\mathrm{l}}\mu_{\mathrm{w}}}\frac{\partial\boldsymbol{k}_{\mathrm{a}}}{\partial p_{\mathrm{g}}}\left(\nabla p_{\mathrm{g}}-\nabla p_{\mathrm{c}}\right)\cdot\nabla c^{\mathrm{P}}\tag{8.A.38}
$$

$$
\boldsymbol{M}_{\mathrm{pg}}=-\frac{k_{\mathrm{rw}}\boldsymbol{k}_{\mathrm{a}}}{\phi S_{\mathrm{l}}\mu_{\mathrm{w}}}\nabla c^{\mathrm{P}}\tag{8.A.39}
$$

$$
\varLambda_{\mathrm{pc}}=-\left(\frac{\boldsymbol{k}_{\mathrm{a}}}{\phi S_{\mathrm{l}}\mu_{\mathrm{w}}}\frac{\partial k_{\mathrm{rw}}}{\partial p_{\mathrm{c}}}-\frac{k_{\mathrm{rw}}\boldsymbol{k}_{\mathrm{a}}}{\phi S_{\mathrm{l}}^{2}\mu_{\mathrm{w}}}\frac{\partial S_{\mathrm{l}}}{\partial p_{\mathrm{c}}}\right)\left(\nabla p_{\mathrm{g}}-\nabla p_{\mathrm{c}}\right)\cdot\nabla c^{\mathrm{P}}\tag{8.A.40}
$$

$$
\boldsymbol{M}_{\mathrm{pc}}=\frac{k_{\mathrm{rw}}\boldsymbol{k}_{\mathrm{a}}}{\phi S_{\mathrm{l}}\mu_{\mathrm{w}}}\nabla c^{\mathrm{P}}\tag{8.A.41}
$$

$$\Lambda_{\mathrm{pT}} = -\frac{\partial m_{\mathrm{s}}}{\partial T}\frac{1}{\Delta t}+\left(-\frac{\boldsymbol{k}_{\mathrm{a}}k_{\mathrm{rw}}}{\phi^2 S_{\mathrm{l}}\mu_{\mathrm{w}}}\frac{\partial \phi}{\partial T}+\frac{k_{\mathrm{rw}}}{\phi S_{\mathrm{l}}\mu_{\mathrm{w}}}\frac{\partial \boldsymbol{k}_{\mathrm{a}}}{\partial T}-\frac{\boldsymbol{k}_{\mathrm{a}}k_{\mathrm{rw}}}{\phi S_{\mathrm{l}}\mu_{\mathrm{w}}^2}\frac{\partial \mu_{\mathrm{w}}}{\partial T}\right)(\nabla p_{\mathrm{g}}-\nabla p_{\mathrm{c}})\cdot\nabla c^{\mathrm{P}} \tag{8.A.42}$$

$$\Lambda_{\mathrm{pp}} = \frac{1}{\Delta t}+\dot{\varepsilon}_{\mathrm{v}} \tag{8.A.43}$$

$$\boldsymbol{M}_{\mathrm{pp}} = -\frac{k_{\mathrm{rw}}\boldsymbol{k}_{\mathrm{a}}}{\phi S_{\mathrm{l}}\mu_{\mathrm{w}}}(\nabla p_{\mathrm{g}}-\nabla p_{\mathrm{c}}) \tag{8.A.44}$$

$$\boldsymbol{H}_{\mathrm{pp}} = \boldsymbol{D}_{\mathrm{h}} \tag{8.A.45}$$

第 9 章　含滚动机制的离散颗粒模型及颗粒材料破坏模拟

··· The fundamental error was introduced by Coulomb, who purposely ignored the fact that sand consists of individual grains, and who dealt with the sand as if it were a homogenous mass with certain mechanical properties. Coulomb's idea proved very useful as a working hypothesis for the solution of one special problem of the earth-pressure theory, but it developed into an obstacle against further progress as soon as its hypothetical character came to be forgotten by Coulomb's successors.

The way of out of the difficulty lies in dropping the old fundamental principles and starting again from the elementary fact that sand consists of individual grains ...

Terzaghi

砂，堆石料等颗粒材料/颗粒土在经典土力学中被视为连续体，自 1925 年太沙基（Terzaghi）出版《理论土力学》以来基于连续体的颗粒土/颗粒材料的相关理论取得了巨大的成功。然而考虑到这些材料的离散特性，即其为宏观固体颗粒的集合体，连续体模型存在着很大的局限。正如太沙基（Terzaghi，1920）所言"Coulomb 有意忽略砂是由单个颗粒组成的事实，而将砂模型化为具有一定力学性质的均匀介质，Coulomb 的思想作为一种求解土压力这类特殊问题的工作假设被证明是非常有用，然而一旦后继者忘记了 Coulomb 思想的假设特征，它将成为进一步发展的障碍。破除发展障碍的出路是舍弃经典的基本原则（连续性假设），并从砂是由单个颗粒组成的这一基本事实出发。"

随着理论和计算能力的发展，颗粒材料的离散颗粒模型及相应数值方法日益成为研究这类材料复杂宏细观力学行为的强有力工具。注意到应用离散颗粒模型时，基于经典连续介质力学的一些基本概念和变量需要重新审视。本章将主要介绍和离散颗粒模型及其数值方法密切相关的一些基础知识。

9.1 单个颗粒与颗粒集合体几何性质描述与表征

单个颗粒的几何描述主要包括粒度、形状、粗糙度等。颗粒集合体的几何描述主要包括粒度分布、孔隙度、组构张量等。简单介绍如下。

9.1.1 颗粒粒度描述与表征

颗粒粒度是指颗粒所占空间大小的线性尺度。球形颗粒的粒度为其直径，非球形颗粒的粒度一般规定为某种几何等价（如表面积相等或体积相等）球体的直径。此外，也可基于其他性质或物理力学原理定义有效直径，如阻力直径可定义为颗粒在同一介质中以相同速度运动时承受相同阻力的球体的直径。

9.1.2 颗粒形状描述

颗粒形状对颗粒材料性质有很大影响，其与颗粒材料堆积、流动、摩擦等性能密切相关。在离散单元模拟中，为简化对离散元法理论和计算模型的描述，颗粒形状常被假定为圆形或球形。这与砂、堆石料等颗粒的真实形状存在一定的差异，为了更接近颗粒的真实形状，研究者发展了不同的描述和表征途径，如基于若干圆形颗粒绑定形成颗粒簇（楚锡华等，2009；周伦伦等，2017），或基于超二次曲面（Williams and Pentland, 1992）傅里叶级数展开（Bowman, 2001）等对颗粒形状描述的途径。此外，在描述颗粒形状的参数方面，可引入形状指数或形状系数等，所谓形状指数指颗粒各种几何度量的无因次组合，包括圆形度、扁平度等。形状系数指颗粒各几何变量之间的关系，其反映了颗粒体积、表面积或在某一方向上的投影面积与某种粒度的相应次方的关系，如表面积形状系数、体积形状系数等。对颗粒形状更详细的描述可参看（楚锡华, 2006; Lu et al., 2014; 季顺迎, 2020）。

9.1.3 颗粒集合体的几何描述

颗粒集合体是由大量宏观固体颗粒与孔隙组成，其相关孔隙度、孔隙比、颗粒级配及结构密度等概念可参阅土力学相关著作，这里不做介绍。需说明在离散元模拟时的颗粒样本生成通常需满足给定的孔隙度和颗粒级配，此外，对样本颗粒集合体的均匀性和各向同性也有一定的要求（楚锡华, 2011; 楚锡华等，2014）。对各向同性的度量通常引入组构张量或接触方向密度函数等概念。

组构张量可以描述颗粒集合体内各个颗粒的相对排列位置（Brewer, 1964; Oda, 1972），可分为接触组构张量 F_{ij}^{c} 和分支组构张量 F_{ij}^{b}，其定义分别为

$$F_{ij}^{\mathrm{c}} = \frac{1}{N_{\mathrm{c}}}\sum_{N_{\mathrm{c}}} n_i^{\mathrm{c}} n_j^{\mathrm{c}}, \quad F_{ij}^{\mathrm{b}} = \frac{1}{N_{\mathrm{c}}}\sum_{N_{\mathrm{c}}} n_i^{\mathrm{b}} n_j^{\mathrm{b}} \tag{9.1}$$

式中，N_c 为颗粒集合内接触总数，n_i^c 为接触法向方向的单位向量分量，n_i^b 为相互接触两颗粒中心连线的单位向量的分量。当颗粒为圆形（球形）时，F_{ij}^c 与 F_{ij}^b 相同。组构张量的特征值之和为 1，组构张量各特征值之间的差异反映了各向异性的强度。当各特征值相等时，认为颗粒材料为各向同性。

接触方向密度函数 $E(\theta)$ 则直接定义了接触密度随接触角度 θ 的变化，它与接触总数 N_c 存在如下关系，（Oda, 1972; Mehrabadi et al., 1982）

$$dN_c = N_c E(\theta) d\theta \tag{9.2}$$

式中，接触角度 θ 定义为接触法向方向与 x 轴的夹角，dN_c 为接触法向方向在 θ 与 $(\theta + d\theta)$ 之间的接触个数。对有限颗粒集合而言，接触方向总是离散分布的，为了研究方便，这里假定 $E(\theta)$ 是角度 θ 的连续函数。若 $E(\theta)$ 为常数则表明接触在各个方向上分布均匀，可认为颗粒集合体是各向同性。

9.2 颗粒材料离散单元法简介

颗粒材料由大量宏观固体颗粒组成。在工程上通常将其模型化为连续介质进行力学分析，然而基于连续介质途径的本构模型往往包含大量没有明确物理意义的常数，且有些常数的测定也存在一定困难。考虑到颗粒材料的离散特性，1979 年 Cundall and Strack（1979）提出了适用于颗粒材料的离散单元方案，由于简单而易于实现，很快成为颗粒材料数值模拟的主要工具。它以牛顿运动学定律为基础，以接触力的计算为核心。早期的颗粒离散单元模型遵循如下假设：（1）颗粒为圆形且视为刚体；（2）颗粒之间的接触面积无限小；（3）颗粒之间允许在接触点有小量重叠；（4）除非颗粒分离或者产生了相对滑动，两个相互接触颗粒在接触点处重叠量的大小与法向接触力线性相关；（5）颗粒间滑动遵循 Mohr-Coulomb 定律。由于离散颗粒模型与离散单元法更接近颗粒材料的物理本质，且颗粒之间的接触行为的物理意义明确，同时可以获得大量连续体途径及实验途径难以获取的颗粒尺度的信息，成为深入研究颗粒材料宏细观力学行为的强有力工具。特别是随着计算机技术的发展为颗粒材料的大规模离散单元模拟应用提供了保证。

对颗粒材料离散单元法的起源、发展及国内外的研究现状已有较多的文献评述，这里不再详细介绍，有兴趣的读者可参看（Oda and Iwashita, 1999; 楚锡华, 2006; Zhu et al., 2007; 季顺迎, 2020）。本节主要介绍颗粒材料离散单元模拟时颗粒运动方程的求解，力与位移的计算等。

9.2.1 运动方程的求解

运动方程求解及颗粒之间的接触计算是离散单元法计算模型的核心。根据牛顿第二定律，一个参考颗粒的运动方程可写为

$$M_i a_i = m_{\mathrm{A}} \frac{\mathrm{d}^2 u_i}{\mathrm{d}t^2} = f_i^{\mathrm{e}} + f_i^{\mathrm{c}}, \quad (i = 1, 2; \text{不求和}) \tag{9.3}$$

式中，M_i 为颗粒材料的广义质量（质量或转动惯量），a_i 为加速度，u_i 为广义位移，f_i^{c} 为与参考颗粒 A 接触的所有直接相邻颗粒作用于参考颗粒的广义接触力（力或力矩）的合力，f_i^{e} 为 f_i^{c} 之外作用在颗粒 A 上的其他广义力。式中各符号下标表示空间坐标序号。若考虑单个颗粒运动时的阻尼，式 (9.3) 可改写为

$$M_i \ddot{u}_i + C_i \dot{u}_i - f_i^{\mathrm{c}} = f_i^{\mathrm{e}} \tag{9.4}$$

式中，C_i 为阻尼系数。对于一个时间增量步 $[t, t+\Delta t]$，为求解上述运动方程，常用的有限差分算法如下。

(a) 蛙跳算法（Leap-Frog Algorithm）

蛙跳算法是离散单元求解运动方程时应用最广泛的一种算法，基本公式如下

$$\dot{u}_i(t + \Delta t/2) = \dot{u}_i(t - \Delta t/2) + \Delta t \frac{f_i(t)}{M_i} \tag{9.5a}$$

$$u_i(t + \Delta t) = u_i(t) + \dot{u}_i(t + \Delta t/2)\Delta t \tag{9.5b}$$

$$\dot{u}_i(t + \Delta t) = \frac{1}{2}\left(\dot{u}_i(t + \Delta t/2) + \dot{u}_i(t - \Delta t/2)\right) \tag{9.5c}$$

式中，$f_i(t) = f_i^{\mathrm{e}}(t) + f_i^{\mathrm{c}}(t)$。

(b) 预测修正算法（Predictor-Corrector Algorithm）

预测阶段：计算单个颗粒在增量步终止时刻 $(t + \Delta t)$ 的速度与位移的预测值

$$\dot{u}_i^{\mathrm{p}}(t + \Delta t) = \dot{u}_i(t) + \Delta t(1 - \alpha)\frac{f_i^{\mathrm{e}}(t) + f_i^{\mathrm{c}}(t)}{M_i} \tag{9.6a}$$

$$u_i^{\mathrm{p}}(t + \Delta t) = u_i(t) + u_i(t)\Delta t + 0.5\Delta t^2(1 - 2\beta)\frac{f_i^{\mathrm{e}}(t) + f_i^{\mathrm{c}}(t)}{M_i} \tag{9.6b}$$

式中，α, β 为控制算法精度及稳定性的参数，一般取 $\alpha = 0.5,\quad \beta = 0.25$。通过 $u_i^{\mathrm{p}}(t + \Delta t)$ 可获得新的接触力记为 $\hat{f}_i^{\mathrm{c}}(t + \Delta t)$。随即利用此值进入

修正阶段：计算单个颗粒在增量步终止时刻 $(t + \Delta t)$ 的速度与位移的修正值

$$\dot{u}_i^{\mathrm{c}}(t + \Delta t) = \dot{u}_i^{\mathrm{p}}(t + \Delta t) + \alpha\Delta t \frac{f_i^{\mathrm{e}}(t) + \hat{f}_i^{\mathrm{c}}(t + \Delta t)}{M_i} \tag{9.6c}$$

$$u_i^{\mathrm{c}}(t+\Delta t) = u_i^{\mathrm{p}}(t+\Delta t) + \beta\Delta t^2 \frac{f_i^{\mathrm{e}}(t) + \hat{f}_i^{\mathrm{c}}(t+\Delta t)}{M_i} \tag{9.6d}$$

一般可近似假定 $\dot{u}_i(t+\Delta t) = \dot{u}_i^{\mathrm{c}}(t+\Delta t), u_i(t+\Delta t) = u_i^{\mathrm{c}}(t+\Delta t)$。

由于颗粒材料的离散单元法起源于分子动力学思想，因此用于求解原子运动的各种差分算法也同样适用于颗粒材料离散颗粒模型，如 Verlet 算法、Beeman 算法及 Rahman 算法等（文玉华等，2003），这里不做赘述。

9.2.2 离散单元法的计算流程及现有接触模型的评述

颗粒材料的离散单元法模拟通常采用时间步 Δt 的显式算法，其整体计算流程如图 9.1 所示。由于显式算法，在一个时间步的计算中，每个颗粒单元只能影响到与其相接触的颗粒单元，因此对时间步长有限制。从图 9.1 可以看到颗粒材料的离散单元模拟概念清晰，容易实现，因此自 1979 年 Cundall 提出后，很快成为颗粒材料的数值模拟的主要工具。

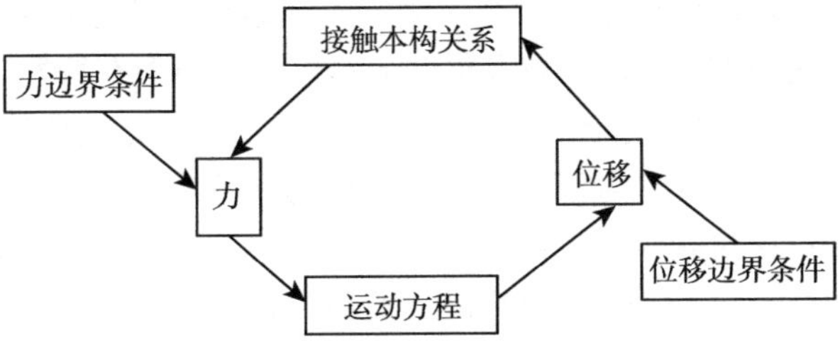

图 9.1 离散单元法的计算路径示意图

颗粒材料离散单元模拟的核心是接触力的计算，随着颗粒材料离散元法的发展，涌现出了大量的颗粒接触法向与切向接触力计算模型。如早期 Cundall and Strack(1979)提出了简单实用的弹簧–粘壶–滑片模型，此后 Elperin and Golshtein (1997)、Iwashita and Oda (1998)、Zhou et al. (1999)、Zhang and Whiten (1999)、Feng et al.（2002）、Jiang et al.（2005）在其基础上介绍、讨论并发展了各类接触本构关系。Thornton（1991）与 Vu-Quoc et al.（1999; 2001）讨论了接触力的产生演化机制，特别是考虑了接触区域半径与接触力的具体量化关系，发展了基于考虑弹塑性的接触本构关系。Oda et al.（1982）与 Bardet（1994）观察到颗粒滚动对颗粒材料的剪切强度及剪切带的出现及发展有显著的影响，为此 Iwashita and Oda（1998）在 Cundall 接触模型的基础上引入了滚动摩擦阻矩考虑颗粒之间的滚动机制，给出一个了修正离散单元模型。但其模型并未将接触点相对切向位移区分解为相对滚动部分与相关滑动部分，因此其切向接触力的计算也无法区分滚动摩擦力与滑动摩擦力。

Feng et al.（2002）指出虽然颗粒接触点处摩擦属性以及正确模拟摩擦的模型化研究已经开展很多年了，但至今仍没有一个普遍接受的摩擦模型。在其所建议的模型中，他们讨论和强调了滚动摩擦力在颗粒物理行为模拟中的重要性，并考虑了滚动摩擦力与滑动摩擦力。但他们并未将其整合进颗粒材料离散颗粒模型中。Jiang et al.（2005）在接触点位移可线性分解为滚动位移与滑动位移的假设下，基于纯滚动与纯滑动的重新定义，应用数学手段严格推导出了 Iwashita 等的修正接触模型（Iwashita and Oda, 1998），并在此基础上考虑了接触宽度（即三维情形下的接触域直径）影响给出了重新修正的离散单元接触本构模型。Vu-Quo et al.（1999; 2001）基于连续介质的弹塑性理论建议的接触力计算模型虽然考虑了接触点的塑性影响，但在离散颗粒模型具体实施时仍可能存在一些问题。假定颗粒 A 与颗粒 B 在一段加载过程中保持接触，由于对特定的时刻颗粒 A 上的接触点，作为一个物质点，在下一个时刻，一方面颗粒 A 可能与颗粒 B 不再接触，另一方面颗粒 A 与颗粒 B 虽然接触，但颗粒 A 上的接触点通常已不是上一时刻的物质点。因此在加载过程中颗粒 A 上与接触点位置及塑性变形相关的修正半径等信息很难处理。另外由于相互接触的两个运动颗粒之间摩擦力的物理机制仍没有一个很好的理解，特别是微观角度上摩擦力的模型有待发展完善。Li et al.（2005）给出了相互接触的两个颗粒之间接触力发生及演化机理的详细描述，特别是给出了基于理性分析的包含滚动机制的接触力计算模型。

需要指出近年来对颗粒滚动的重要性的认识逐步加深，研究者已发展了大量包含滚动的接触模型（Ai et al., 2011）。此外，需说明虽然在离散元法框架内已有诸多途径考虑颗粒形状，然而仍缺少针对复杂形状颗粒接触力的计算模型。考虑到仅有球形颗粒间的 Hertz 接触模型是物理的，大多数复杂形状颗粒接触力计算仍采用线性弹簧模型或 Hertz 模型。最近，Feng（2021）基于能量途径为任意形状的颗粒间的接触力计算建立了理论框架。

本章主要目的是对圆形颗粒间运动和度量做一个较为理性的分析，并建议了一个包含完整滚动机制的离散颗粒模型（Li et al., 2005）。

9.3 一个包含滚动机制的离散颗粒模型

该模型仍将颗粒系统中的每个颗粒视为刚性圆盘（圆球），基于相互接触的两个典型颗粒之间的相对运动分析，即相对滚动与相对滑动的运动度量，定义了平动速度、滚动速度、平动位移、滚动位移。在此基础上给出切向滚动摩擦力、切向滑动摩擦力以及滚动摩擦阻矩的计算公式，并将法向粘性、滑动粘性及滚动粘性引入相应的接触本构计算中。此外，将法向刚度系数定义为相互接触的两个颗粒法向重叠量的函数。然后将以上本构关系整合进离散单元法的框架内形成一个能够考虑滚动摩擦力及滚动摩擦阻矩的颗粒材料离散颗粒模型。

9.3.1 运动学分析：不同半径圆形接触颗粒的相对运动分析

（1）接触颗粒间的相对滑动与滚动

为分析相互接触颗粒由于相对运动引起的接触力，在二维空间的颗粒集合内，考虑两个典型颗粒 A 与 B，其半径分别记为 $r_{\mathrm{A}}, r_{\mathrm{B}}$。假定在时间段 $I_n=[t_n, t_n+\Delta t]$ 内颗粒 A 与颗粒 B 相互接触，如图 9.2 所示。考虑 t_n 时刻，在全局笛卡儿坐标系 **X** 内接触点作为一个空间点记为 O_n，其坐标以 $\boldsymbol{X}(\mathrm{O}_n)$ 表示。t_n 时刻的局部笛卡儿坐标系 $\mathbf{x}^n$ 按如下方式定义，以 $\boldsymbol{X}(\mathrm{O}_n)$ 为坐标原点，以颗粒 A 与颗粒 B 形心 $\mathrm{A}_{\mathrm{o}}^n$、$\mathrm{B}_{\mathrm{o}}^n$ 的联线为 y^n 轴，方向以 $\mathrm{B}_{\mathrm{o}}^n$ 指向 $\mathrm{A}_{\mathrm{o}}^n$ 为正，x^n 轴定义为颗粒 A 与颗粒 B 在接触点处的切线，其正方向按照 x^n，y^n 形成右手坐标系确定。

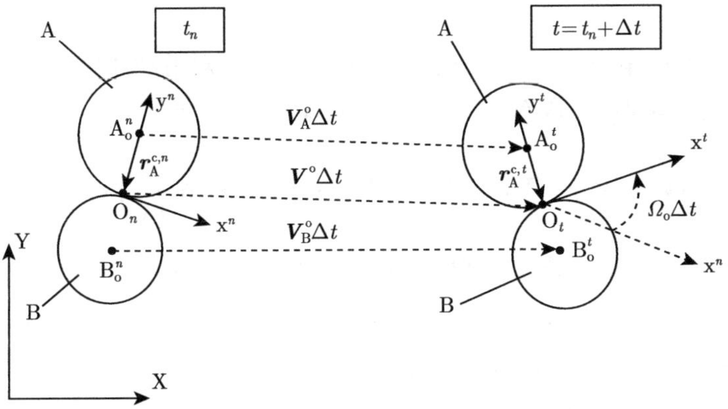

图 9.2 从 t_n 到 $(t_n+\Delta t)$ 接触颗粒的运动学分析

设 $t\in I_n$，时刻 t 两颗粒的接触点（空间点）记为 O_t，它参考全局笛卡儿坐标系 **X** 的坐标记为 $\boldsymbol{X}(\mathrm{O}_t)$。则 t_n 时刻的局部坐标系 $\mathbf{x}^n$ 的平动速度与转动速度分别定义为

$$\boldsymbol{V}_{\mathrm{o}}=\lim_{t\to t_n}\frac{\boldsymbol{X}(\mathrm{O}_t)-\boldsymbol{X}(\mathrm{O}_n)}{t-t_n},\quad \Omega_{\mathrm{o}}=\lim_{t\to t_n}\frac{\alpha_t-\alpha_n}{t-t_n} \tag{9.7}$$

式中，α_n, α_t 分别为 t_n 时刻与 t 时刻局部坐标系的 x 轴，即 x^n 和 x^t 与全局坐标系 X 轴的夹角，从 x^n 轴到 x^t 轴的转角 $\Omega_{\mathrm{o}}\Delta t$ 如图 9.2 所示，方向以逆时针方向为正。

参考全局坐标系 **X**，颗粒 A 与颗粒 B 形心 A_{o}^n、B_{o}^n 在 t_n 时刻的平动速度与转动（角）速度分别以 $\boldsymbol{V}_{\mathrm{A}}^{\mathrm{o}}$、$\boldsymbol{V}_{\mathrm{B}}^{\mathrm{o}}$、$\Omega_{\mathrm{A}}$、$\Omega_{\mathrm{B}}$ 表示。颗粒 A 和颗粒 B 在它们接触点处的物质点分别记为 A_{c} 和 B_{c}，其速度分别记为 $\boldsymbol{V}_{\mathrm{A}}^{\mathrm{c}}$ 与 $\boldsymbol{V}_{\mathrm{B}}^{\mathrm{c}}$，可表示为

$$\boldsymbol{V}_{\mathrm{A}}^{\mathrm{c}}=\boldsymbol{V}_{\mathrm{A}}^{\mathrm{o}}+\boldsymbol{\Omega}_{\mathrm{A}}\times\boldsymbol{r}_{\mathrm{A}}^{\mathrm{c},n},\quad \boldsymbol{V}_{\mathrm{B}}^{\mathrm{c}}=\boldsymbol{V}_{\mathrm{B}}^{\mathrm{o}}+\boldsymbol{\Omega}_{\mathrm{B}}\times\boldsymbol{r}_{\mathrm{B}}^{\mathrm{c},n} \tag{9.8}$$

式中

$$\boldsymbol{r}_{\mathrm{A}}^{\mathrm{c},n}=\boldsymbol{X}(\mathrm{O}_n)-\boldsymbol{X}\left(\mathrm{A}_{\mathrm{o}}^{\mathrm{n}}\right),\quad \boldsymbol{r}_{\mathrm{B}}^{\mathrm{c},n}=\boldsymbol{X}(\mathrm{O}_n)-\boldsymbol{X}\left(\mathrm{B}_{\mathrm{o}}^{\mathrm{n}}\right) \tag{9.9a}$$

$$\boldsymbol{\Omega}_{\mathrm{A}}=\Omega_{\mathrm{A}}\boldsymbol{e}_{\mathrm{z}},\quad \boldsymbol{\Omega}_{\mathrm{B}}=\Omega_{\mathrm{B}}\boldsymbol{e}_{\mathrm{z}} \tag{9.9b}$$

在二维空间内，伪向量（Pseudo-Vectors）Ω_{A} 与 Ω_{B} 的方向 $\boldsymbol{e}_{\mathrm{z}}$ 为按右手螺旋法则确定的垂直于全局坐标系 X-Y 平面的 Z 轴单位向量。为了表达简洁，以后略去公式 (9.8) 及式 (9.9) 中 $\boldsymbol{r}_{\mathrm{A}}^{\mathrm{c},n}$，$\boldsymbol{r}_{\mathrm{B}}^{\mathrm{c},n}$ 的上标 n。显然，对于两个圆形颗粒有

$$\boldsymbol{r}_{\mathrm{B}}^{\mathrm{c}}=-\frac{r_{\mathrm{B}}}{r_{\mathrm{A}}}\boldsymbol{r}_{\mathrm{A}}^{\mathrm{c}} \tag{9.10}$$

需要说明的是在模型中计算颗粒 A 与颗粒 B 之间的法向力时，考虑了两个颗粒之间存在重叠，为了简化运动模型的几何学描述在二维情况下将颗粒 A 与 B 近似视为点接触。

定义时刻 t_n 颗粒 A 与 B 在接触点处 O_n 的相对滑动速度向量 $\Delta\boldsymbol{V}$ 和相对滚动速度向量 $\Delta\boldsymbol{\Omega}$，并代入式 (9.8)~ 式 (9.10)，可表示

$$\Delta\boldsymbol{V}=\boldsymbol{V}_{\mathrm{A}}^{\mathrm{c}}-\boldsymbol{V}_{\mathrm{B}}^{\mathrm{c}}=\boldsymbol{V}_{\mathrm{A}}^{\mathrm{o}}-\boldsymbol{V}_{\mathrm{B}}^{\mathrm{o}}+\left(\Omega_{\mathrm{A}}+\Omega_{\mathrm{B}}\frac{r_{\mathrm{B}}}{r_{\mathrm{A}}}\right)\boldsymbol{e}_{\mathrm{z}}\times\boldsymbol{r}_{\mathrm{A}}^{\mathrm{c}} \tag{9.11}$$

$$\Delta\boldsymbol{\Omega}=\boldsymbol{\Omega}_{\mathrm{A}}-\boldsymbol{\Omega}_{\mathrm{B}}=\left(\Omega_{\mathrm{A}}-\Omega_{\mathrm{B}}\right)\boldsymbol{e}_{\mathrm{z}} \tag{9.12}$$

当 $\Delta\boldsymbol{V}=0,\Delta\boldsymbol{\Omega}\neq\mathbf{0}$ 时，称为纯滚动；而当 $\Delta\boldsymbol{\Omega}=\mathbf{0},\Delta\boldsymbol{V}\neq\mathbf{0}$ 时，称为纯滑动。在纯滑动条件下，由式 (9.11) 和式 (9.12) 可得

$$\Omega_{\mathrm{A}}=\Omega_{\mathrm{B}},\quad \Delta\boldsymbol{V}=\boldsymbol{V}_{\mathrm{A}}^{\mathrm{o}}-\boldsymbol{V}_{\mathrm{B}}^{\mathrm{o}}+\Omega_{\mathrm{A}}\left(1+\frac{r_{\mathrm{B}}}{r_{\mathrm{A}}}\right)\boldsymbol{e}_{\mathrm{z}}\times\boldsymbol{r}_{\mathrm{A}}^{\mathrm{c}} \tag{9.13}$$

在纯滚动条件下则有

$$\Omega_{\mathrm{A}}\neq\Omega_{\mathrm{B}},\quad \boldsymbol{V}_{\mathrm{B}}^{\mathrm{o}}=\boldsymbol{V}_{\mathrm{A}}^{\mathrm{o}}+\left(\Omega_{\mathrm{A}}+\Omega_{\mathrm{B}}\frac{r_{\mathrm{B}}}{r_{\mathrm{A}}}\right)\boldsymbol{e}_{\mathrm{z}}\times\boldsymbol{r}_{\mathrm{A}}^{\mathrm{c}} \tag{9.14}$$

由式 (9.11) 和式 (9.12) 不难得出如下结论：当两个颗粒接触时，若两个颗粒仅作平动（即 $\boldsymbol{V}_{\mathrm{A}}^{\mathrm{o}}\neq\mathbf{0}$ 和/或 $\boldsymbol{V}_{\mathrm{B}}^{\mathrm{o}}\neq\mathbf{0}$，而 $\Omega_{\mathrm{A}}=\Omega_{\mathrm{B}}=0$），则其相对运动只可能是纯滑动。但如两个颗粒仅作转动（即 $\boldsymbol{V}_{\mathrm{A}}^{\mathrm{o}}=\mathbf{0},\boldsymbol{V}_{\mathrm{B}}^{\mathrm{o}}=\mathbf{0}$ 而 $\Omega_{\mathrm{A}}\neq 0$ 和/或 $\Omega_{\mathrm{B}}\neq 0$），则颗粒间相对运动通常不是纯滚动，而同时包含滑动和滚动。

注意到所定义的 $\boldsymbol{V}_{\mathrm{A}}^{\mathrm{o}},\boldsymbol{V}_{\mathrm{B}}^{\mathrm{o}}$ 为拉格朗日导数（物质点的时间导数），而 $\boldsymbol{V}_{\mathrm{o}}$ 为欧拉导数（空间点的时间导数），对颗粒 A，若在时间段 $[t_n,t]$ 内将 $\boldsymbol{V}_{\mathrm{o}}$ 与 $\boldsymbol{V}_{\mathrm{A}}^{\mathrm{o}}$ 视为常数，注意已约定可表示 $\boldsymbol{r}_{\mathrm{A}}^{\mathrm{c},n}=\boldsymbol{r}_{\mathrm{A}}^{\mathrm{c}}$，由图 9.2 所示几何关系可得到

$$\boldsymbol{r}_{\mathrm{A}}^{\mathrm{c}}+\boldsymbol{V}_{\mathrm{o}}\Delta t=\boldsymbol{V}_{\mathrm{A}}^{\mathrm{o}}\Delta t+\boldsymbol{r}_{\mathrm{A}}^{\mathrm{c},t} \tag{9.15}$$

对颗粒 B 有类似关系式，即

$$\boldsymbol{r}_{\mathrm{B}}^{\mathrm{c}}+\boldsymbol{V}_{\mathrm{o}}\Delta t=\boldsymbol{V}_{\mathrm{B}}^{\mathrm{o}}\Delta t+\boldsymbol{r}_{\mathrm{B}}^{\mathrm{c},t} \tag{9.16}$$

以颗粒 A 为例，这里需要注意到 $\mathrm{O}_n,\mathrm{O}_t$ 所对应的颗粒 A 上的点不是同一个物质点，所以 $\boldsymbol{r}_{\mathrm{A}}^{\mathrm{c},n}$ 与 $\boldsymbol{r}_{\mathrm{A}}^{\mathrm{c},t}$ 并不是同一个物质线段向量。当 $t\to t_n$ 时

$$\lim_{t\to t_n}\left(\boldsymbol{r}_{\mathrm{A}}^{\mathrm{c},t}-\boldsymbol{r}_{\mathrm{A}}^{\mathrm{c}}\right)/\Delta t=\varOmega_{\mathrm{o}}\times\boldsymbol{r}_{\mathrm{A}}^{\mathrm{c}},\quad \lim_{t\to t_n}\left(\boldsymbol{r}_{\mathrm{B}}^{\mathrm{c},t}-\boldsymbol{r}_{\mathrm{B}}^{\mathrm{c}}\right)/\Delta t=\varOmega_{\mathrm{o}}\times\boldsymbol{r}_{\mathrm{B}}^{\mathrm{c}} \tag{9.17}$$

将式 (9.17) 与式 (9.15) 和式 (9.16) 结合，则 $\boldsymbol{V}_{\mathrm{A}}^{\mathrm{o}}$，$\boldsymbol{V}_{\mathrm{B}}^{\mathrm{o}}$ 可以用局部坐标系 $\mathbf{x}^n$ 的平动速度 $\boldsymbol{V}_{\mathrm{o}}$ 与转动速度 $\varOmega_{\mathrm{o}}$ 表示

$$\boldsymbol{V}_{\mathrm{A}}^{\mathrm{o}}=\boldsymbol{V}_{\mathrm{o}}-\boldsymbol{\varOmega}_{\mathrm{o}}\times\boldsymbol{r}_{\mathrm{A}}^{\mathrm{c}},\quad \boldsymbol{V}_{\mathrm{B}}^{\mathrm{o}}=\boldsymbol{V}_{\mathrm{o}}-\boldsymbol{\varOmega}_{\mathrm{o}}\times\boldsymbol{r}_{\mathrm{B}}^{\mathrm{c}} \tag{9.18}$$

式 (9.18) 代入式 (9.8) 给出

$$\boldsymbol{V}_{\mathrm{A}}^{\mathrm{c}}-\boldsymbol{V}_{\mathrm{o}}=(\boldsymbol{\varOmega}_{\mathrm{A}}-\boldsymbol{\varOmega}_{\mathrm{o}})\times\boldsymbol{r}_{\mathrm{A}}^{\mathrm{c}},\quad \boldsymbol{V}_{\mathrm{B}}^{\mathrm{c}}-\boldsymbol{V}_{\mathrm{o}}=(\boldsymbol{\varOmega}_{\mathrm{B}}-\boldsymbol{\varOmega}_{\mathrm{o}})\times\boldsymbol{r}_{\mathrm{B}}^{\mathrm{c}} \tag{9.19}$$

式 (9.19) 中 $(\boldsymbol{V}_{\mathrm{A}}^{\mathrm{c}}-\boldsymbol{V}_{\mathrm{o}}),(\boldsymbol{V}_{\mathrm{B}}^{\mathrm{c}}-\boldsymbol{V}_{\mathrm{o}})$ 分别表示了时刻 t_n 颗粒 A 与 B 在接触处相对于空间接触点 $\boldsymbol{X}(\mathrm{O}_n)$ 的相对移动速度。

（2）接触颗粒的相对运动度量

在一个增量时间步 $[t_n,t_{n+1}]$ 内，以向前时间差分格式考虑相对运动度量。应用式 (9.11) 和式 (9.19), 可定义时刻 t_n 至 t_{n+1} 颗粒 A 与 B 在接触处的相对滑动位移 $\Delta\boldsymbol{U}_{\mathrm{s}}$

$$\Delta\boldsymbol{U}_{\mathrm{s}}=\Delta\boldsymbol{V}\mathrm{d}t=\left(\boldsymbol{V}_{\mathrm{A}}^{\mathrm{c}}-\boldsymbol{V}_{\mathrm{B}}^{\mathrm{c}}\right)\Delta t=\left(\boldsymbol{V}_{\mathrm{A}}^{\mathrm{c}}-\boldsymbol{V}_{\mathrm{o}}\right)\Delta t-\left(\boldsymbol{V}_{\mathrm{B}}^{\mathrm{c}}-\boldsymbol{V}_{\mathrm{o}}\right)\Delta t \tag{9.20}$$

进一步应用式 (9.12) 并注意到 $\boldsymbol{r}_{\mathrm{B}}^{\mathrm{c}}=-\dfrac{r_{\mathrm{B}}}{r_{\mathrm{A}}}\boldsymbol{r}_{\mathrm{A}}^{\mathrm{c}}$，则 $\Delta\boldsymbol{U}_{\mathrm{s}}$ 沿局部坐标系 $\mathbf{x}^n$ 的 x^n 轴投影，即颗粒 A 与颗粒 B 在接触处的相对切向滑动位移增量 Δu_{s}，可表示为

$$\Delta u_{\mathrm{s}}=r_{\mathrm{A}}\left(\varOmega_{\mathrm{A}}-\varOmega_{\mathrm{o}}\right)\Delta t+r_{\mathrm{B}}\left(\varOmega_{\mathrm{B}}-\varOmega_{\mathrm{o}}\right)\Delta t \tag{9.21}$$

记 $\Delta\theta_{\mathrm{A}}=\varOmega_{\mathrm{A}}\Delta t,\Delta\theta_{\mathrm{B}}=\varOmega_{\mathrm{B}}\Delta t,\Delta\theta_{\mathrm{o}}=\varOmega_{\mathrm{o}}\Delta t$, 并记

$$\Delta a=r_{\mathrm{A}}\left(\Delta\theta_{\mathrm{A}}-\Delta\theta_{\mathrm{o}}\right),\quad \Delta b=r_{\mathrm{B}}\left(\Delta\theta_{\mathrm{B}}-\Delta\theta_{\mathrm{o}}\right) \tag{9.22}$$

应用式 (9.22) 可将式 (9.21) 改写为

$$\Delta u_{\mathrm{s}}=\Delta a+\Delta b \tag{9.23}$$

根据式 (9.12)，时刻 t_n 至 t_{n+1} 颗粒 A 与 B 相对滚动角位移的增量

$$\Delta\theta_{\rm r} = \Delta\Omega {\rm d}t = (\Omega_{\rm A} - \Omega_{\rm B})\,{\rm d}t = \Delta\theta_{\rm A} - \Delta\theta_{\rm B} \tag{9.24}$$

注意到式 (9.20) 最后一个等号右端的两项分别表示了颗粒 A 与 B 在接触处相对于空间接触点 $\boldsymbol{X}({\rm O}_n)$ 的相对滑动位移增量，颗粒 A 与 B 在接触处分别相对于空间接触点 $\boldsymbol{X}({\rm O}_n)$ 的相对滚动位移增量可类似地表示为

$$\Delta\boldsymbol{U}_{\rm r}^{\rm A_o} = \Delta t\left(\boldsymbol{\Omega}_{\rm A} - \boldsymbol{\Omega}_{\rm o}\right) \times \boldsymbol{r}_{\rm A}^{\rm c},\quad \Delta\boldsymbol{U}_{\rm r}^{\rm B_o} = \Delta t\left(\boldsymbol{\Omega}_{\rm B} - \boldsymbol{\Omega}_{\rm o}\right) \times \boldsymbol{r}_{\rm B}^{\rm c} \tag{9.25}$$

记 $\Delta\boldsymbol{U}_{\rm r}$ 为颗粒 A 与 B 在接触处的相对滚动位移，它可表示为

$$\Delta\boldsymbol{U}_{\rm r} = \Delta\boldsymbol{U}_{r}^{\rm A_o} + \Delta\boldsymbol{U}_{\rm r}^{\rm B_o} \tag{9.26}$$

$\Delta\boldsymbol{U}_{\rm r}$ 沿 ${\rm x}^n$ 轴的投影, 即在接触处的相对切向滚动位移可表示为

$$\Delta u_{\rm r} = \Delta a - \Delta b \tag{9.27}$$

9.3.2　动力学分析：颗粒间接触力

虽然在沙土或粘土等颗粒材料的力学行为模拟中土壤颗粒转动的重要性已经得到充分的认识（Iwashita and Oda, 1998; Zhou et al., 1999; Feng et al., 2002; Jiang et al., 2005），然而早期的离散颗粒模型中都忽略了滚动摩擦的影响。Feng et al.（2002）评述了滚动摩擦的正确模拟问题，并发展了一个滚动阻力模型并将其耦合进滑动摩擦模型内。需要指出一般情况下接触颗粒运动时滑动阻力和滚动阻力并存，由于滚动摩擦阻力相对滑动摩擦阻力小很多，在计算切向力时可以忽略不计；然而当颗粒间仅作相对纯滚动时，忽略滚动摩擦阻力（矩）的切向力计算模型将导致数值计算上不真实的结果。此外，需指出，现在包含滚动机制的离散颗粒模型已得到充分的发展（Ai et al., 2011; Wensrich and Katterfeld, 2012; Wang et al., 2015; Tang et al., 2016; Zhao et al., 2018）。对滚动机制的作用及局限已有较多的认识，如滚动机制可作为颗粒形状的一种表征途径（Estrada et al., 2011; Wensrich et al., 2012; 2014），考虑接触颗粒对的相对滚动效应，在某些宏观性质如强度及应力–应变曲线方面能够获得较为满意的结果，然而通过计及滚动机制的圆形颗粒模拟非圆颗粒集合体的细观结构及相对密度时仍存在一定的挑战（Cho et al., 2016; Zhou et al., 2017）。

本节主要展示一个同时计及滚动和滑动摩擦阻力的颗粒间切向力计算模型，并将其引入到颗粒材料的离散单元模型中以模拟颗粒材料的不同破坏模式（Li et al., 2005）。在模型中，颗粒间接触点处的摩擦力，即切向滚动摩擦力 $F_{\rm r}$、滚动摩

擦阻矩 $M_{\rm r}$、切向滑动摩擦力 $F_{\rm s}$ 分别与接触点处的相对运动度量 $\Delta u_{\rm r}$、$\Delta\theta_{\rm r}$、$\Delta u_{\rm s}$ 以及它们对时间的导数相关联。

(a) 切向滚动摩擦力与滑动摩擦力

在本小节内，下标 $\tau={\rm r,s}$ 分别表示滚动摩擦力（$\tau={\rm r}$）与滑动摩擦力（$\tau={\rm s}$）。

相应于典型时间段 $[t_n,t_n+\Delta t]$ 内的相对切向滚动位移增量或滑动位移增量 $\Delta u_\tau\,({\rm d}u_\tau)$，时刻 t_{n+1} 颗粒间切向滚动摩擦力或切向滑动摩擦力的预测值 $F_{\tau,{\rm tr}}^{n+1}$ 按下式计算

$$F_{\tau,{\rm tr}}^{n+1}=f_\tau^{n+1}+d_\tau^{n+1} \tag{9.28}$$

式中

$$f_\tau^{n+1}=f_\tau^n+\Delta f_\tau,\quad \Delta f_\tau=-k_\tau\Delta u_\tau,\quad d_\tau^{n+1}=-c_\tau\frac{{\rm d}u_\tau}{{\rm d}t} \tag{9.29}$$

其中，k_τ,c_τ 分别为切向滚动或滑动刚度系数与粘性阻尼系数；d_τ^{n+1} 反映了动力模型中切向滚动/滑动阻尼的影响。预测值 $F_{\tau,{\rm tr}}^{n+1}$ 必须满足 Coulomb 摩擦定律，从而得到 F_τ^{n+1}，即

$$F_\tau^{n+1}=F_{\tau,{\rm tr}}^{n+1},\quad 若\ \left|F_{\tau,{\rm tr}}^{n+1}\right|\leqslant\mu_\tau\left|F_{\rm N}^{n+1}\right| \tag{9.30a}$$

$$F_\tau^{n+1}={\rm sign}\left(F_{\tau,{\rm tr}}^{n+1}\right)\mu_\tau\left|F_{\rm N}^{n+1}\right|,\quad 若\ \left|F_{\tau,{\rm tr}}^{n+1}\right|>\mu_\tau\left|F_{\rm N}^{n+1}\right| \tag{9.30b}$$

式中，$F_{\rm N}^{n+1}$ 为 t_{n+1} 时刻的法向力，μ_τ 为（最大）静切向滚动/滑动摩擦系数。

(b) 滚动摩擦阻矩

相应于典型时间段 $[t_n,t_n+\Delta t]$ 内的相对滚动角位移增量 $\Delta\theta_{\rm r}\,({\rm d}\theta_{\rm r})$，时刻 t_{n+1} 颗粒间滚动摩擦阻矩的预测值 $M_{\rm r,tr}^{n+1}$ 按下式计算

$$M_{\rm r,tr}^{n+1}=M_{\rm rs}^{n+1}+M_{\rm rv}^{n+1} \tag{9.31a}$$

式中

$$M_{\rm rs}^{n+1}=M_{\rm rs}^n+\Delta M_{\rm rs},\quad \Delta M_{\rm rs}=-k_\theta\Delta\theta_{\rm r},\quad M_{\rm rv}^{n+1}=-c_\theta\frac{{\rm d}\theta_{\rm r}}{{\rm d}t} \tag{9.31b}$$

其中，k_θ,c_θ 分别为滚动阻矩的刚度系数与粘性阻尼系数；$M_{\rm rv}^{n+1}$ 反映了动力模型中滚动摩擦阻尼的影响。预测值 $M_{\rm r,tr}^{n+1}$ 必须要满足 Coulomb 摩擦定律，从而得到滚动摩擦阻矩，即

$$M_{\rm r}^{n+1}=M_{\rm r,tr}^{n+1},\quad 若\ \left|M_{\rm r,tr}^{n+1}\right|\leqslant\mu_\theta r\left|F_{\rm N}^{n+1}\right| \tag{9.32a}$$

$$M_{\rm r}^{n+1}={\rm sign}\left(M_{\rm r,tr}^{n+1}\right)\mu_\theta r\left|F_{\rm N}^{n+1}\right|,\quad 若\ \left|M_{\rm r,tr}^{n+1}\right|>\mu_\theta r\left|F_{\rm N}^{n+1}\right| \tag{9.32b}$$

其中，μ_θ 为（最大）滚动摩擦阻矩系数，r 为所考虑颗粒的半径。在二维情况下，颗粒间接触为线接触，$e = r\mu_\theta$ 表征了法向接触力相对于其静止位置在滚动方向上的偏心矩（楚锡华等，2014）。因此式 (9.32a) 与式 (9.32b) 中所定义的滚动阻矩极限 $\mu_\theta r \left|F_{\mathrm{N}}^{n+1}\right|$ 对颗粒 A 与颗粒 B 在滚动过程中具有相同的数值，即 $e = r_{\mathrm{A}}\mu_{\theta\mathrm{A}} = r_{\mathrm{B}}\mu_{\theta\mathrm{B}}$。并且颗粒 A 与颗粒 B 同时达到滚动阻矩极限值，在实际数值模拟时作为参数的是 e。

(c) 考虑滚动和滑动摩擦阻力的切向力计算公式

一般情况下，两个接触颗粒之间滑动与滚动共存。在一个典型时间段 $[t_n, t_n + \Delta t]$ 内由于相对滑动位移增量 $\Delta u_{\mathrm{s}}(\mathrm{d}u_{\mathrm{s}})$ 与相对滚动位移增量 $\Delta u_{\mathrm{r}}(\mathrm{d}u_{\mathrm{r}})$ 引起的切向力 F_{T}^{n+1} 的预测值 $F_{\mathrm{T,tr}}^{n+1}$ 按下式计算

$$F_{\mathrm{T,tr}}^{n+1} = F_{\mathrm{s}}^{n+1} + F_{\mathrm{r}}^{n+1} \tag{9.33}$$

由预测值 $F_{\mathrm{T,tr}}^{n+1}$ 必须满足 Coulomb 摩擦定律可以确定切向力 F_{T}^{n+1}

$$F_{\mathrm{T}}^{n+1} = F_{\mathrm{T,tr}}^{n+1}, \quad 若 \ \left|F_{\mathrm{T,tr}}^{n+1}\right| \leqslant \mu_{\mathrm{s}} \left|F_{\mathrm{N}}^{n+1}\right| \tag{9.34a}$$

$$F_{\mathrm{T}}^{n+1} = \mathrm{sign}\left(F_{\mathrm{T,tr}}^{n+1}\right) \mu_{\mathrm{s}} \left|F_{\mathrm{N}}^{n+1}\right|, \quad 若 \left|F_{\mathrm{T,tr}}^{n+1}\right| > \mu_{\mathrm{s}} \left|F_{\mathrm{N}}^{n+1}\right| \tag{9.34b}$$

需要指出的是一般情况下 $\mu_{\mathrm{s}} \geqslant \mu_{\mathrm{r}}$，因而有

$$\max\left(\left|F_{\mathrm{T}}\right|\right) = \mu_{\mathrm{s}} \left|F_{\mathrm{N}}\right| \tag{9.35}$$

为了简化下面的讨论，假定颗粒 B 固定，并略去表示颗粒 A 的上下标。Feng et al.（2002）强调了一个必须在切向考虑滚动摩擦力的纯滚动例子。为此考虑颗粒 A 与固定颗粒 B 在接触点处作纯滚动运动，由式 (9.11) 所定义颗粒 A 与 B 在接触点处 O_n 的相对滑动速度向量 $\Delta\boldsymbol{V} = \boldsymbol{V}_{\mathrm{A}}^{\mathrm{c}} - \boldsymbol{V}_{\mathrm{B}}^{\mathrm{c}} = 0$ 可得到其在颗粒间切线方向的投影，即 $\Delta V = v^{\mathrm{c}} = 0, v^{\mathrm{c}}$ 表示颗粒 A 在它与和颗粒 B 接触点处物质点速度 $\boldsymbol{V}_{\mathrm{A}}^{\mathrm{c}}$ 沿颗粒间切线方向的线速度。分析颗粒 A 的运动

$$v^{\mathrm{c}} = v^{\mathrm{o}} + r\Omega = 0 \tag{9.36}$$

式中，v^{o} 是颗粒中心沿接触点切向的平动速度；r, Ω 是颗粒半径和滚动角速度。由式 (9.36) 两边对时间求导可得到

$$\dot{v}^{\mathrm{o}} + r\dot{\Omega} = 0 \tag{9.37}$$

另一方面，应用牛顿第二运动定律，根据切线方向的平动及颗粒的转动可知

$$m\dot{v}^{\mathrm{c}} = F_{\mathrm{e}} + F_{\mathrm{T}} \tag{9.38}$$

$$I_{\mathrm{m}}\dot{\varOmega} = F_{\mathrm{T}}r + M_{\mathrm{r}} \tag{9.39}$$

式中，F_{e} 为作用在颗粒 A 中心沿切向方向的外力；m, I_{m} 分别为颗粒 A 的质量与转动惯量。考虑如下情况，即 $F_{\mathrm{e}} \neq 0$ 且平稳滚动时（$\dot{\varOmega} = 0$），根据式 (9.37) 知 $\dot{v}^{\mathrm{o}} = 0$。由于是纯滚动，即 $F_{\mathrm{s}} = 0$ ($u_{\mathrm{s}} = 0$)。如果忽略滚动摩擦阻力，容易得出 $F_{\mathrm{T}} = F_{\mathrm{s}} = 0$，这显然与表示控制颗粒 A 运动的牛顿第二定律的式 (9.38) 相矛盾。由此我们可以得到如下结论，虽然一般情况下滚动摩擦与滑动摩擦共存且 $\mu_{\mathrm{s}} \geqslant \mu_{\mathrm{r}}$，并且多数情况 $|F_{\mathrm{s}}| \geqslant |F_{\mathrm{r}}|$，但为了数值模拟的可靠性在计算切向摩擦力时有必要同时考虑滚动摩擦力与滑动摩擦力。进一步作如下分析，由于作用在颗粒 A 中心的外力 $F_{\mathrm{e}} \neq 0$，而同时是平稳的纯滚动（即 $\dot{\varOmega} = 0$），从式 (9.36)~ 式 (9.39) 可得到 $F_{\mathrm{r}} = F_{\mathrm{T}} = -F_{\mathrm{e}}$ 和 $M_{\mathrm{r}} = -F_{\mathrm{T}}r = F_{\mathrm{e}}r$，该结论揭示了所建议模型同时包含滚动摩擦力与滑动摩擦力为平稳纯滚动状态提供了一种能量逸散机制。

(d) 接触法向力计算公式

法向力模型基于允许两颗粒在接触处存在小量重迭，并由于颗粒存在法向接触刚度在相互接触的颗粒 A 与颗粒 B 间引起法向斥力。颗粒间法向接触力由两接触颗粒的重叠量和反映颗粒压缩性的材料参数计算。在该模型中，法向力与相对法向位移相关，亦即与 t_{n+1} 时刻两颗粒的重叠量 u_{N}^{n+1} 以及 u_{N}^{n+1} 对时间导数相关。在圆形颗粒假定下，u_{N}^{n+1} 可以通过两个颗粒中心距离与颗粒半径和的差值来计算，即

$$u_{\mathrm{N}}^{n+1} = r_{\mathrm{A}} + r_{\mathrm{B}} - \left\| \boldsymbol{X}\left(\mathrm{A}_{\mathrm{o}}^{n+1}\right) - \boldsymbol{X}\left(\mathrm{B}_{\mathrm{o}}^{n+1}\right) \right\| \tag{9.40}$$

颗粒间法向力 F_{N}^{n+1} 可按下式计算

$$F_{\mathrm{N}}^{n+1} = -k_{\mathrm{N}}u_{\mathrm{N}}^{n+1} - c_{\mathrm{N}}\frac{u_{\mathrm{N}}^{n+1} - u_{\mathrm{N}}^{n}}{\Delta t}, \quad u_{\mathrm{N}}^{n+1} > 0 \tag{9.41a}$$

$$F_{\mathrm{N}}^{n+1} = 0, \qquad u_{\mathrm{N}}^{n+1} \leqslant 0 \tag{9.41b}$$

式中，$k_{\mathrm{N}}, c_{\mathrm{N}}$ 分别为法向压缩刚度系数与法向接触变形的粘性阻尼系数。在 Cundall 模型（1979）及 Oda 的修正模型（1998）中 k_{N} 为常数，亦即法向为线弹性接触，这里基于 Han et al.（2000）提出的法向幂律模型与法向线性模型计算非线性法向刚度系数，即

$$k_{\mathrm{N}} = k_{\mathrm{N}}\left(u_{\mathrm{N}}^{n+1}\right) = k_{\mathrm{N}0}\exp\left(\frac{u_{\mathrm{N}}^{n+1}}{r_A + r_B}\right) \tag{9.42}$$

式中，$k_{\mathrm{N}0} = k_{\mathrm{N}}(0)$ 为初始法向压缩刚度系数。

9.3.3 颗粒材料离散单元法控制方程

考虑在任意时刻 $t \in [t_n, t_{n+1}]$ 的典型颗粒 A，以 Ξ_{A} 标记所有可能与颗粒 A 接触的邻近颗粒的集合，Ξ_{A} 内颗粒的数目以 n_{A} 表示。检查集合 Ξ_{A} 中每个颗粒

与颗粒 A 的相对位置，确定 Ξ_{A} 的一个子集 $\Xi_{\mathrm{A}}^{\mathrm{c}}$，$\Xi_{\mathrm{A}}^{\mathrm{c}}$ 中所有颗粒在当前时刻与颗粒 A 均保持接触。应用离散元方法，对处于二维情况下的颗粒 A 可建立如下动力平衡方程

$$m^{\mathrm{A}}\ddot{U}_{\mathrm{X}}^{\mathrm{A}}=\sum_{i\in\Xi_{\mathrm{A}}^{\mathrm{c}}}F_{\mathrm{X}}^{i}+F_{\mathrm{X}}^{\mathrm{e,A}} \tag{9.43a}$$

$$m^{\mathrm{A}}\ddot{U}_{\mathrm{Y}}^{\mathrm{A}}=\sum_{i\in\Xi_{\mathrm{A}}^{\mathrm{c}}}F_{\mathrm{Y}}^{i}+F_{\mathrm{Y}}^{\mathrm{e,A}} \tag{9.43b}$$

$$I_{\mathrm{m}}^{\mathrm{A}}\ddot{\theta}^{\mathrm{A}}=\sum_{i\in\Xi_{\mathrm{A}}^{\mathrm{c}}}\left(F_{\mathrm{T}}^{i}r_{\mathrm{A}}+M_{\mathrm{r}}^{i}\right)+M^{\mathrm{e,A}} \tag{9.43c}$$

式中，$m^{\mathrm{A}},I_{\mathrm{m}}^{\mathrm{A}}$ 分别为颗粒 A 的质量与转动惯量；$\ddot{U}_{\mathrm{X}}^{\mathrm{A}},\ddot{U}_{\mathrm{Y}}^{\mathrm{A}},\ddot{\theta}^{\mathrm{A}}$ 分别为颗粒 A 沿全局坐标系的 X, Y 轴的平动加速度及 X-Y 平面内颗粒 A 的角位移加速度。$F_{\mathrm{X}}^{\mathrm{e,A}},F_{\mathrm{Y}}^{\mathrm{e,A}},M^{\mathrm{e,A}}$ 为分别对应于自由度 $U_{\mathrm{X}}^{\mathrm{A}},U_{\mathrm{Y}}^{\mathrm{A}},\theta^{\mathrm{A}}$ 作用于颗粒 A 的外力。M_{r}^{i} 表示颗粒 i 作用在颗粒 A 上的摩擦阻矩，可通过公式 (9.32a) 与 (9.32b) 计算。令 $\boldsymbol{F}_{\mathbf{X},i}^{\mathrm{T}}=\left[F_{\mathrm{X}}^{i}\ \ F_{\mathrm{Y}}^{i}\right]$ 表示参考全局坐标颗粒 i 作用在颗粒 A 上的接触力。以 α_i 表示全局坐标系 $\mathbf{X}$ 的 X 轴与由颗粒 i 与颗粒 A 以接触点为坐标原点形成的局部坐标系 $\mathbf{x}^{n}(i=B)$ 的 x 轴之间的夹角，如图 9.2 所示。

参考局部坐标系 $\mathbf{x}^{n}$ 表示的颗粒 i 作用在颗粒 A 上的接触力记为 $\boldsymbol{F}_{\mathbf{x},i}^{\mathrm{T}}=[F_{\mathrm{T}}^{i}\ \ F_{\mathrm{N}}^{i}]$，其中切向力 F_{T}^{i} 可通过公式 (9.28)$\sim$ 式 (9.30)、式 (9.34a) 和式 (9.34b) 计算，法向力 F_{N}^{i} 可通过公式 (9.40)、式 (9.41a) 和式 (9.41b) 计算。$\boldsymbol{F}_{\mathbf{X},i}$ 与 $\boldsymbol{F}_{\mathbf{x},i}$ 之间的转换关系如下

$$\boldsymbol{F}_{\mathbf{X},i}=\boldsymbol{T}_{i}^{\mathrm{T}}\boldsymbol{F}_{\mathbf{x},i},\quad \boldsymbol{T}_{i}=\begin{bmatrix}\cos\alpha_i & \sin\alpha_i\\ -\sin\alpha_i & \cos\alpha_i\end{bmatrix} \tag{9.44}$$

值得指出的是公式 (9.43a)$\sim$ 式 (9.43c) 右端项除依赖于作用于颗粒 A 局部处的外载荷外, 还依赖于为确定其相邻接触颗粒作用于颗粒 A 的接触力 $F_{\mathrm{X}}^{i},F_{\mathrm{Y}}^{i}$ 及接触力矩 $\left(F_{\mathrm{T}}^{i}r_{\mathrm{A}}+M_{\mathrm{r}}^{i}\right)$ 的颗粒 A 与包含在 $\Xi_{\mathrm{A}}^{\mathrm{c}}$ 中所有颗粒的相对位移 $U_{\mathrm{X}}^{\mathrm{A}},U_{\mathrm{Y}}^{\mathrm{A}}$, θ^{A}, U_{X}^{i}, U_{Y}^{i}, θ^{i} $(i\in\Xi_{\mathrm{A}}^{\mathrm{c}})$，以及它们对时间变化率。

正如 9.2.1 节所叙述，颗粒系统的每个颗粒的控制方程 (9.43a)$\sim$(9.43c) 一般采用显式积分算法求解，如蛙跳算法，预测–修正算法等。显式算法的条件稳定性要求限制了求解过程中的最大时间步长。临界时间步长应用下式计算

$$\Delta t_{\mathrm{cr}}=\lambda_{\mathrm{cr}}\sqrt{m/k_{\mathrm{n}}} \tag{9.45}$$

式中，k_{n} 与 m 分别为典型颗粒的等价法向接触刚度系数和质量。λ_{cr} 为考虑粘性影响的系数，Tanaka et al.（2000）建议取 $\lambda_{\mathrm{cr}}=0.75$。考虑颗粒系统中各颗粒

的质量与刚度可能不相同，为此本章内的算例按下式计算临界时间步长

$$\Delta t_{\mathrm{cr}} = \lambda_{\mathrm{cr}} \min_i \sqrt{m_i/k_{\mathrm{n},i}} \tag{9.46}$$

式中，$k_{\mathrm{n},i}$ 表示颗粒 i 的法向刚度系数，m_i 为颗粒 i 的质量，$\min\limits_i$ 表示为颗粒系统遍历取其中的最小值。

9.3.4 颗粒材料名义应变的定义

为了度量在载荷作用下每个颗粒与其周围颗粒之间相对位置的变化，基于颗粒形心的位置改变为颗粒材料的每个颗粒定义了两个名义应变，即有效应变与有效体积应变。

考察一典型颗粒 A 与其直接相邻颗粒中任一颗粒 B 之间相对位置的变化, 如图 9.3 所示。颗粒 A 与颗粒 B 形心在时刻 t_n 与时刻 t_{n+1} 参考全局坐标系 $\mathbf{X}$ 的空间坐标分别用 $\boldsymbol{X}_{\mathrm{A}}^n$，$\boldsymbol{X}_{\mathrm{B}}^n$ 和 $\boldsymbol{X}_{\mathrm{A}}^{n+1}, \boldsymbol{X}_{\mathrm{B}}^{n+1}$ 表示。颗粒 A 与颗粒 B 形心在 t_n 和 t_{n+1} 时刻的空间坐标差值可分别表示为

$$\Delta \boldsymbol{X}_{\mathrm{BA}}^n = \boldsymbol{X}_{\mathrm{B}}^n - \boldsymbol{X}_{\mathrm{A}}^n \tag{9.47a}$$

$$\Delta \boldsymbol{X}_{\mathrm{BA}}^{n+1} = \boldsymbol{X}_{\mathrm{B}}^{n+1} - \boldsymbol{X}_{\mathrm{A}}^{n+1} \tag{9.47b}$$

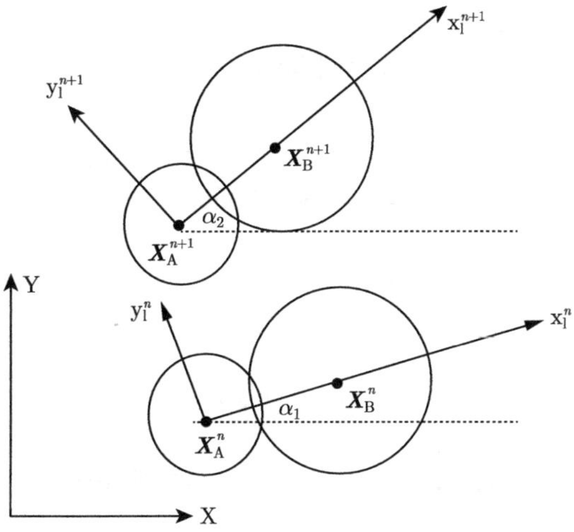

图 9.3　颗粒 A 相对接触颗粒 B 的位置变化

参考由 t_n 时刻颗粒 A 与颗粒 B 的形心位置而定义的局部坐标系 $\mathbf{x}^n$ (如图 9.3 所示的坐标系 $\mathrm{x}_{\mathrm{l}}^n-\mathrm{y}_{\mathrm{l}}^n$)，颗粒 A 与颗粒 B 在 t_n 时刻与 t_{n+1} 时刻的相对位置可分别表达为

$$\Delta \boldsymbol{x}_{\mathrm{BA}}^n = \boldsymbol{x}_{\mathrm{B}}^n - \boldsymbol{x}_{\mathrm{A}}^n \tag{9.48a}$$

$$\Delta \boldsymbol{x}_{\mathrm{BA}}^{n+1} = \boldsymbol{x}_{\mathrm{B}}^{n+1} - \boldsymbol{x}_{\mathrm{A}}^{n+1} \tag{9.48b}$$

式中，$\boldsymbol{x}_{\mathrm{A}}^{n}, \boldsymbol{x}_{\mathrm{B}}^{n}$ 与 $\boldsymbol{x}_{\mathrm{A}}^{n+1}, \boldsymbol{x}_{\mathrm{B}}^{n+1}$ 分别为 t_n 与 t_{n+1} 时刻颗粒 A 与颗粒 B 形心位置参考局部坐标系 $\mathbf{x}^n$ 的空间坐标。颗粒 A 与颗粒 B 形心在 t_n 与 t_{n+1} 时刻参考全局与局部坐标系的位置向量差的坐标变换表示式可写成

$$\Delta \boldsymbol{x}_{\mathrm{BA}}^{n} = \boldsymbol{T}\Delta \boldsymbol{X}_{\mathrm{BA}}^{n}, \quad \Delta \boldsymbol{x}_{\mathrm{BA}}^{n+1} = \boldsymbol{T}\Delta \boldsymbol{X}_{\mathrm{BA}}^{n+1}, \quad \boldsymbol{T} = \begin{bmatrix} \cos\alpha_1 & \sin\alpha_1 \\ -\sin\alpha_1 & \cos\alpha_1 \end{bmatrix} \tag{9.49}$$

参考局部坐标系 $\mathbf{x}^n$，颗粒 A 与颗粒 B 形心由 t_n 到 t_{n+1} 时刻的相对位置变化可以通过如下参考局部坐标的相对变形梯度 $\boldsymbol{f}_n$ 描述，即

$$\boldsymbol{f}_n = \frac{\Delta \boldsymbol{x}_{\mathrm{BA}}^{n+1}}{\Delta \boldsymbol{x}_{\mathrm{BA}}^{n}} = \boldsymbol{R}_n \boldsymbol{U}_n \tag{9.50}$$

其中

$$\boldsymbol{R}_n = \begin{bmatrix} \cos(\alpha_2-\alpha_1) & -\sin(\alpha_2-\alpha_1) \\ \sin(\alpha_2-\alpha_1) & \cos(\alpha_2-\alpha_1) \end{bmatrix}, \quad \boldsymbol{U}_n = \begin{bmatrix} \lambda_{\mathrm{AB}} & 0 \\ 0 & 1 \end{bmatrix} \tag{9.51}$$

$$\lambda_{\mathrm{AB}} = \frac{l_{\mathrm{AB}}^{n+1}}{l_{\mathrm{AB}}^{n}}, \quad l_{\mathrm{AB}}^{n} = \left\|\Delta \boldsymbol{x}_{\mathrm{BA}}^{n}\right\|, \quad l_{\mathrm{AB}}^{n+1} = \left\|\Delta \boldsymbol{x}_{\mathrm{BA}}^{n+1}\right\| \tag{9.52}$$

式中，α_1, α_2 分别为全局坐标系 $\mathbf{X}$ 的 X 轴与定义在 t_n 时刻与 t_{n+1} 时刻的局部坐标系 $\mathbf{x}^n$ 和 $\mathbf{x}^{n+1}$ 的 x 轴的夹角，如图 9.3 所示。公式 (9.49) 代入式 (9.50) 得到

$$\Delta \boldsymbol{X}_{\mathrm{BA}}^{n+1} = \boldsymbol{F}\Delta \boldsymbol{X}_{\mathrm{BA}}^{n} \tag{9.53}$$

其中

$$\boldsymbol{F} = \boldsymbol{T}^{\mathrm{T}} \boldsymbol{f}_n \boldsymbol{T} \tag{9.54}$$

在公式 (9.54) 的基础上，进一步定义“位移导数矩阵”（displacement derivative matrix）

$$\boldsymbol{D} = \boldsymbol{F} - \boldsymbol{I} \tag{9.55}$$

式中，$\boldsymbol{I}$ 为单位阵，并由此定义

$$\gamma_{\mathrm{AB}} = \left[\frac{2}{3} D_{ij} D_{ij}\right]^{1/2} \tag{9.56}$$

其中，D_{ij} 为矩阵 $\boldsymbol{D}$ 的分量。借鉴连续介质力学理论，具有 $n_{\rm A}$ 个邻近颗粒的颗粒 A 在其中心位置处的等效应变定义为

$$\gamma_{\rm A} = \frac{1}{n_{\rm A}} \sum_{B=1}^{n_{\rm A}} \gamma_{{\rm A}B} \tag{9.57}$$

颗粒 A 中心处的等效体积应变定义为

$$\gamma_{\rm A}^{\rm v} = \frac{1}{n_{\rm A}} \sum_{B=1}^{n_{\rm A}} \gamma_{{\rm A}B}^{\rm v}, \quad \gamma_{{\rm A}B}^{\rm v} = \lambda_{{\rm A}B} - 1 \tag{9.58}$$

上述基于二维定义的应变也可方便地扩展至三维（Tang et al., 2016）。

9.4 数值算例

9.4.1 无侧限平板压缩

首先考虑由颗粒集合形成的一个尺寸为 86.7 cm × 50 cm 的长方形平板，如图 9.4 所示。该颗粒集合由 4950 个半径为 5 mm 的颗粒按照规则排列的方式生成。

图 9.4 由 4950 个半径为 5 mm 的颗粒以规则方式生成的尺寸为 86.7 cm × 50 cm 的长方形颗粒集合平板

在竖直方向上，通过两个刚性板施加逐渐增长的指定均一位移以实施对该平板逐渐增长的单向压缩加载。为了下文叙述简便，将半径为 5 mm 的颗粒组成的该颗粒集合标记为“S.G”，将半径为 5 mm 的颗粒称为小颗粒。不计重力影响，位于颗粒集合平板左、右边界上的颗粒在竖直与水平方向上都是自由的，上下边界的颗粒在竖直方向与刚性板粘合在一起，也就是位于平板上下边界上的颗粒在竖直方向的位移等于由控制条件指定的刚性板竖向位移。位于平板上下边界与刚性板接触的颗粒允许有水平方向的运动，其与刚性板的滑动摩擦系数为 0.5，算例中用到的颗粒集合平板的其他材料参数见表 9.1。

表 9.1　颗粒集合平板压缩算例中的材料参数

参数名称	相应数值
颗粒密度 (ρ)	2000 (kg/m^3)
法向力刚度系数 (k_n)	2.5×10^8 (N/m)
切向滑动力刚度系数 (k_s)	1.0×10^8 (N/m)
切向滚动力刚度系数 (k_r)	1.0×10^6 (N/m)
滚动阻矩刚度系数 (k_θ)	2.5 (N·m/rad)
法向力阻尼系数 (c_n)	0.4 (N·s/m)
切向滑动力阻尼系数 (c_s)	0.4 (N·s/m)
切向滚动力阻尼系数 (c_r)	0.4 (N·s/m)
滚动阻矩阻尼系数 (c_θ)	0.4 (N·m·s/rad)
滑动摩擦（力）系数 (μ_s)	0.5
滚动摩擦（力）系数 (μ_r)	0.05
滚动摩擦阻矩系数 (μ_θ)	0.02

为论证滚动摩擦，特别是颗粒切向滚动摩擦力对剪切强度及颗粒系统中剪切带的出现与演化的影响，需对模型中考虑滚动摩擦与不考虑滚动摩擦取得的数值结果进行比较。现将数值算例分为如下四种情况，即

1）不考虑滚动摩擦，即 $k_r=0, k_\theta=0$；

2）考虑滚动摩擦 A，$k_r=0, k_\theta=2.5$ N·m/rad；

3）考虑滚动摩擦 B，$k_r=10^6$ N/m, $k_\theta=2.5$ N·m/rad；

4）考虑滚动摩擦 C，$k_r=10^8$ N/m, $k_\theta=2.5$ N·m/rad。

这里以 k_r 数据的变化来体现切向滚动摩擦力的影响，现有的离散单元模型中通常不包含参数 k_r，因而无法区分接触点处的切向滑动摩擦力与切向滚动摩擦力。

图 9.5 所示的位移–承载曲线显示了随着顶部刚性板的移动作用在颗粒集合平板上载荷（力）的变化，结果显示了表征结构软化行为的颗粒集合平板随其压缩变形增长的承载能力降低。

图 9.6～ 图 9.8 给出了颗粒集合平板顶部刚性板位移为 0.6 cm、1.2 cm、1.8 cm 与 3.6 cm 时等效应变，等效体积应变及颗粒转动角的分布云图。可以看到等效应变、体积应变以及转动角的发展呈局部化现象并迅速发展为狭窄的带状分布。图

9.6～ 图 9.8 显示该离散颗粒模型具有捕捉以软化行为及应变局部化现象为特征的剪切带破坏模式。

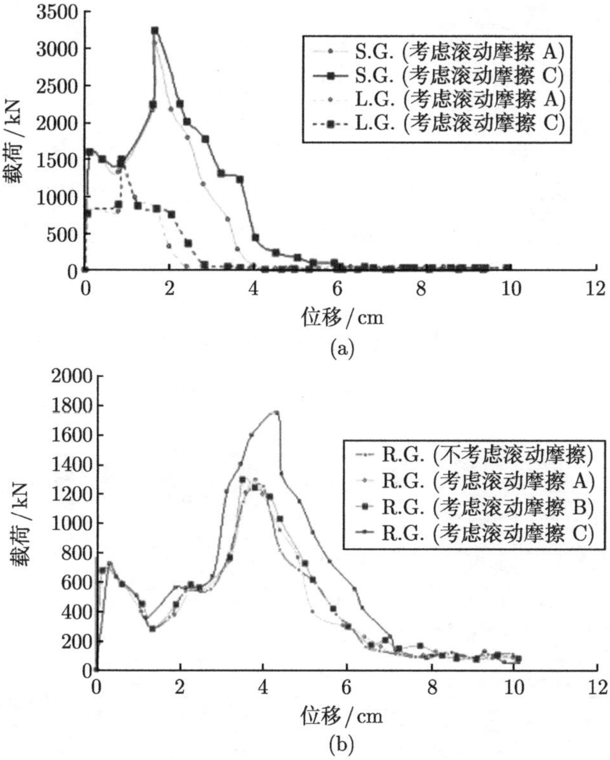

图 9.5　颗粒集合平板的位移承载曲线

(a) 由半径相同的颗粒规则生成的颗粒集合平板；(b) 由不同半径的颗粒以随机方式生成的颗粒集合平板

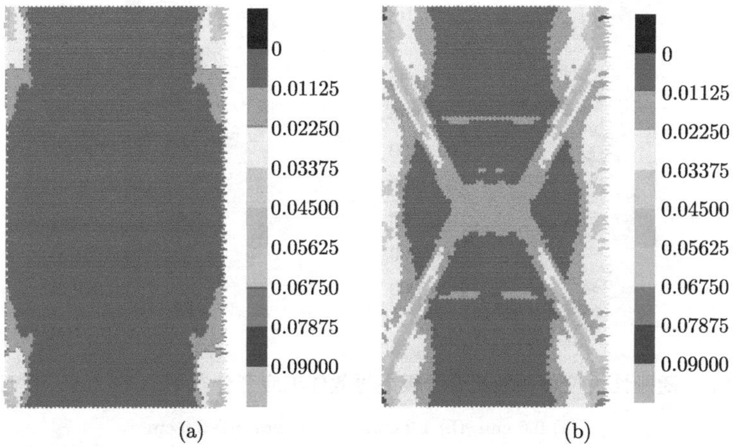

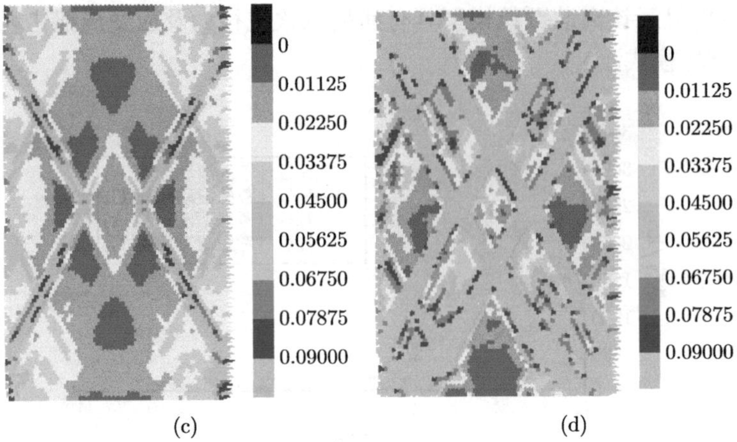

图 9.6　随刚性板位移颗粒集合平板中等效应变分布 ($k_{\rm s} = 1.0 \times 10^8$ N/m)

(a) 0.6 cm；(b) 1.2 cm；(c) 1.8 cm；(d) 3.6 cm

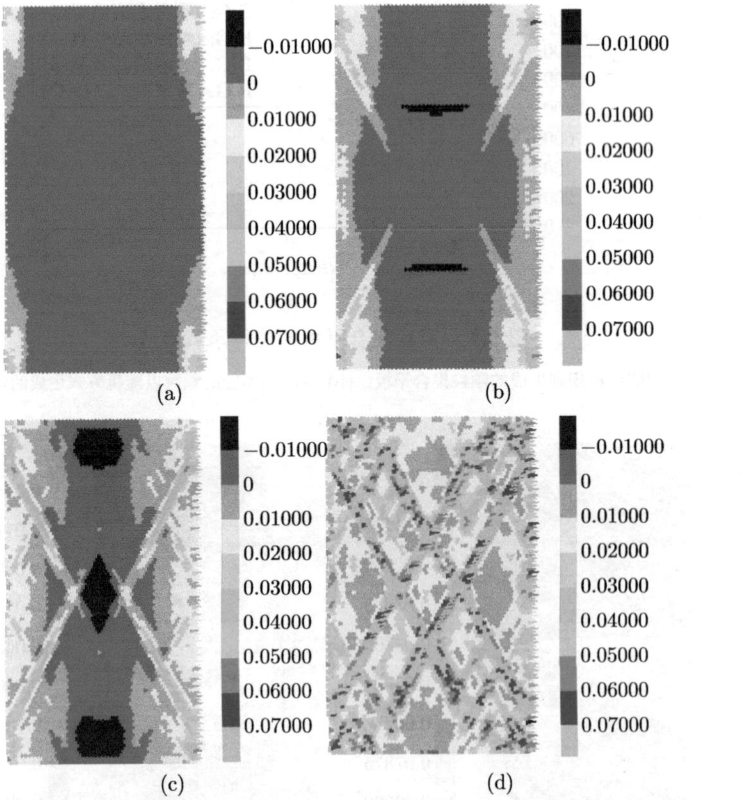

图 9.7　随刚性板位移颗粒集合平板中等效体积应变分布 ($k_{\rm s} = 1.0 \times 10^8$ N/m)

(a) 0.6 cm；(b) 1.2 cm；(c) 1.8 cm；(d) 3.6 cm

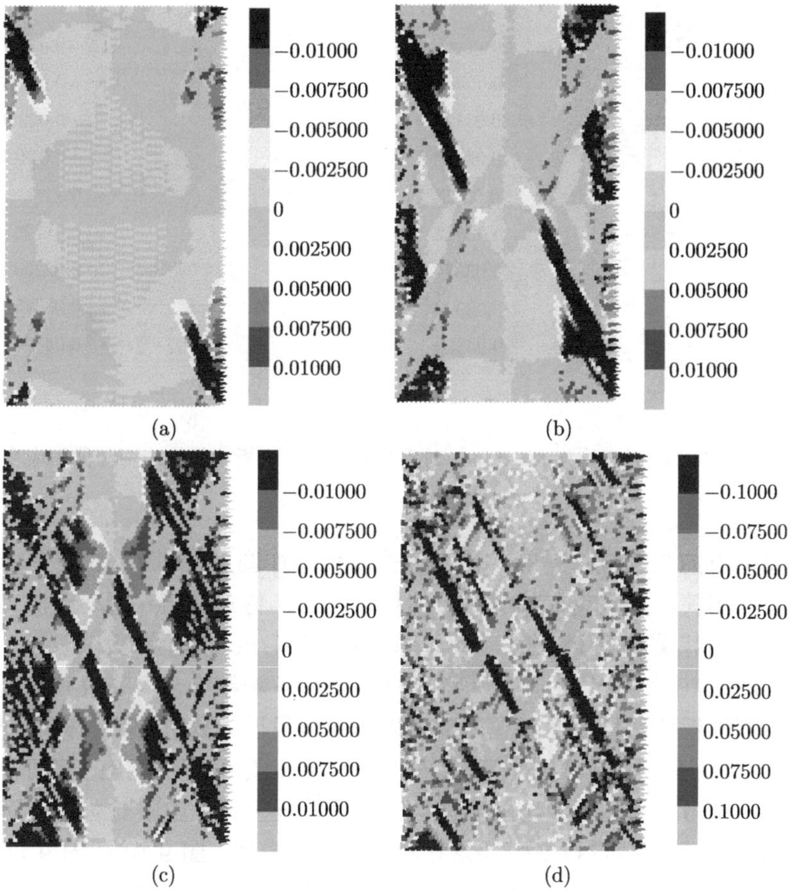

图 9.8 随刚性板位移颗粒集合平板中转动角分布 ($k_s = 1.0 \times 10^8$ N/m)

(a) 0.6 cm；(b) 1.2 cm；(c) 1.8 cm；(d) 3.6 cm

为显示剪切带宽度及颗粒材料承载能力与颗粒尺寸之间的关系，以同样的方式生成半径为 10 mm 的由 1225 个颗粒组成的长方形颗粒集合平板，为叙述方便将该颗粒集合平板以 “L.G” 标记，材料参数除 $\mu_\theta = 0.01$ 外，其余与上面的小颗粒集合平板的材料参数相同。图 9.9 显示了当刚性板竖直位移为 1.8 cm 时，该颗粒集合平板的有效应变及有效体积应变分布，可以看到图 9.9 中的粗颗粒的剪切带明显要比图 9.6 和图 9.7 中所给的细颗粒的剪切带宽，颗粒材料的离散单元模型中颗粒尺寸可以看作与剪切带的宽度相关的内尺度变量。另一方面图 9.5(a) 显示粗颗粒平板的承载能力要比细小颗粒平板的承载低一半左右，这可能是由于粗颗粒集合平板中总的接触点个数少，因而抵抗导致材料破坏的外载荷的内部摩擦力之和也较小。

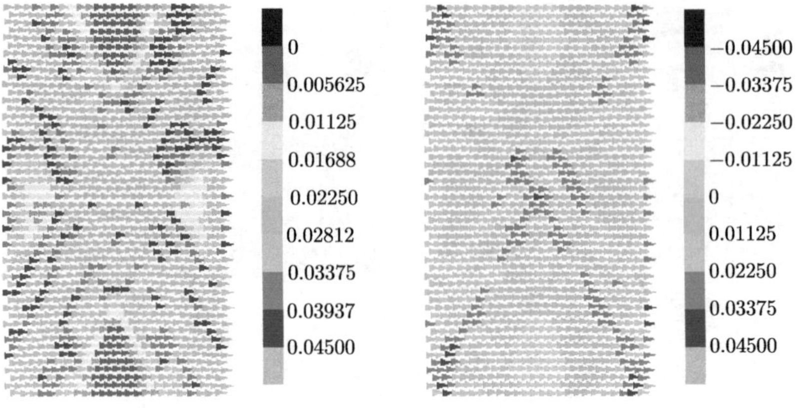

(a)　　(b)

图 9.9　当刚性板竖直位移为 1.8 cm 时粗糙颗粒集合平板中等效应变与体积应变分布

(a) 等效应变分布；(b) 体积应变分布

需要指出的是颗粒材料的剪切带模式不仅与如图 9.6、图 9.7 及图 9.9 所示与颗粒尺寸相关，并且也依赖于颗粒的材料参数，特别是切向滑动摩擦力刚度系数 k_s。对 “S.G” 颗粒集合平板，取 $k_s = 1 \times 10^6$ N/m，其余参数与表 9.1 所列参数相同。图 9.10 和图 9.11 显示了这种参数条件下颗粒集合内等效应变及体积应变分布随刚性板位移增加而出现局部化以及逐步发展为狭窄带状结构的现象。图 9.10 和图 9.11 中所显示的剪切带模式与图 9.6 和图 9.7 所给出的剪切带模式有明显不同，图 9.6 和图 9.7 显示在模拟的最后阶段出现了四条剪切带，而图 9.10 和图 9.11 显示在模拟过程中始终只有两条剪切带出现。图 9.10 和图 9.11 所给出的剪切带模式与 Li et al.（2003）基于连续介质理论应用有限元模拟所给出的剪切带在平板算例中出现的剪切带模式相似。

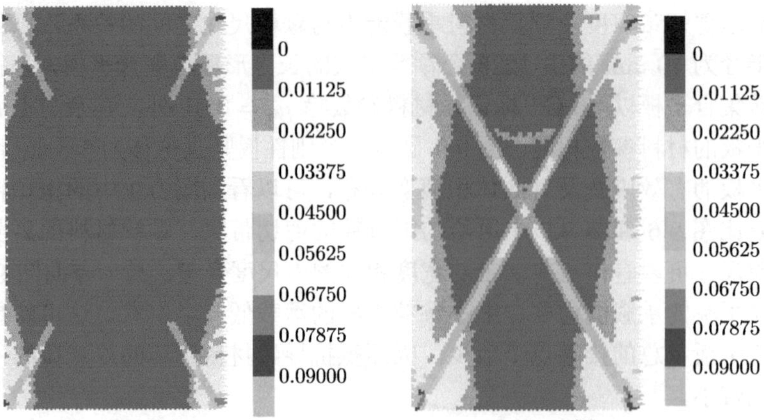

(a)　　(b)

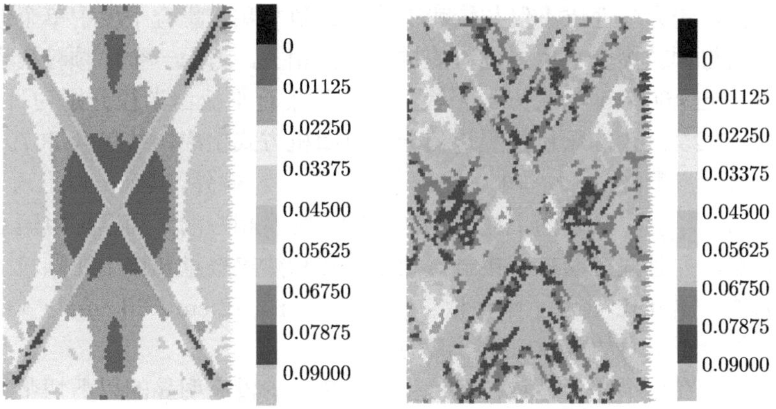

(c) (d)

图 9.10 随刚性板位移颗粒集合平板中等效应变分布 ($k_s = 1.0 \times 10^6$ N/m)

(a) 0.6 cm；(b) 1.2 cm；(c) 1.8 cm；(d) 3.6 cm

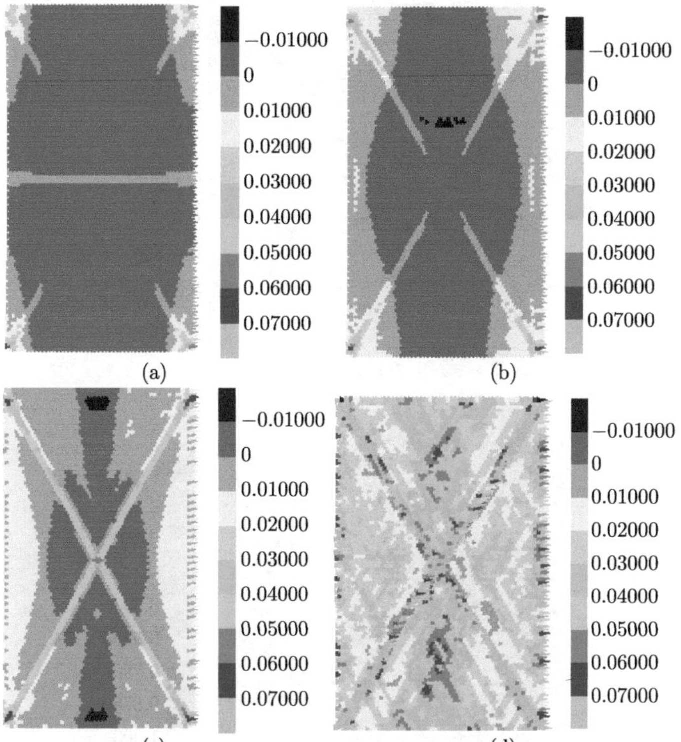

图 9.11 随刚性板位移颗粒集合平板中等效体积应变分布 ($k_s = 1.0 \times 10^6$ N/m)

(a) 0.6 cm；(b) 1.2 cm；(c) 1.8 cm；(d) 3.6 cm

颗粒材料的力学性质不仅与依赖于物理参数与颗粒集合平板中单个颗粒的几何尺寸，也与颗粒集合平板中颗粒的排列方式相关。考虑一个由颗粒集合形成的尺寸为 80 cm×60 cm 的长方形平板，该颗粒集合平板由半径分别为 4.35 mm、5.8 mm 及 7.25 mm 的颗粒按照均匀分布以随机方式生成，共包含 3679 个颗粒。该算例中材料参数除 $\mu_{\theta,i}r_i = 1.0\times10^{-4}$ m $(i=1,2,3)$ 外，其余与以上表 9.1 中所列参数相同，$r_i, \mu_{\theta,i}$ 分别为上述三类颗粒的半径及相应的滚动摩擦阻矩系数。忽略重力影响，并且假定颗粒在接触点处不存在初始重叠量及作用在颗粒上的初始微力等因素。图 9.12 显示了刚性板位移为 1.2 cm、12 cm、30 cm 与 43.2 cm 时随机颗粒集合平板内的等效应变分布的演化。

可以看到在由不同半径颗粒随机生成的集合内没有明显的以剪切带为特征的应变局部化破坏模式，随着竖直方向的沉降在水平方面出现了较大的膨胀。这是由于在该集合内随机分布了不同尺寸的空隙，竖直方向压缩时，半径小的颗粒趋于填充由半径大的颗粒形成的较大空隙而发生水平方向的错动；同时由于不同半

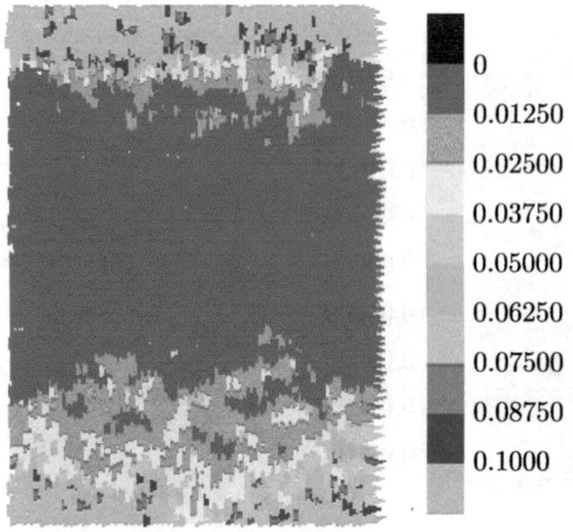

(a)

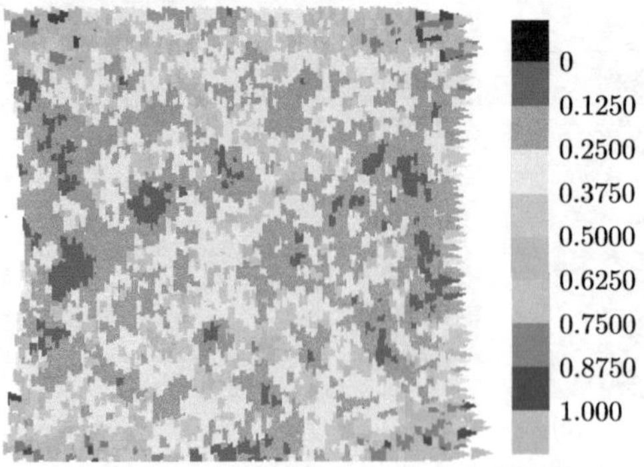

(b)

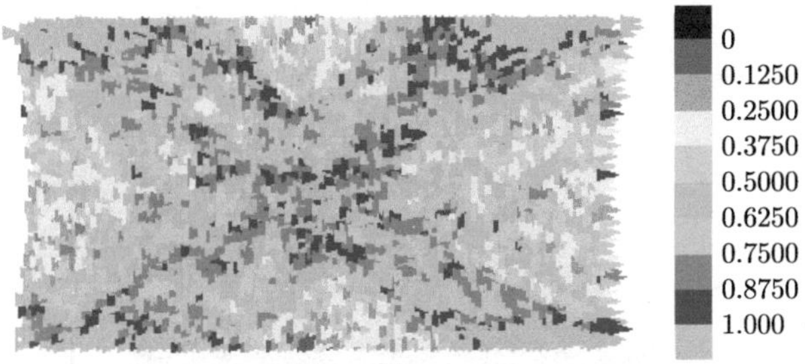

(c)

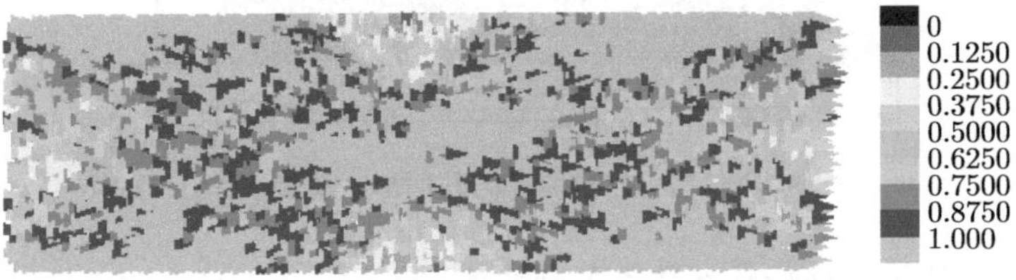

(d)

图 9.12 随刚性板位移增加，由不同半径颗粒按随机方式生成的颗粒集合平板内等效应变分布

(a) 1.2 cm；(b) 12 cm；(c) 30 cm；(d) 43.2 cm

径的颗粒按照随机方式排列，因而颗粒材料内部的任意一点都具有随机各向异性的特点，也就是该颗粒集合平板的这种介观结构特点决定了其宏观变形结构及力学行为。

切向滚动摩擦力对随机颗粒集合平板承载能力的影响如图 9.5(b) 所示，对比图 9.5(b) 与图 9.5(a)，可以看到切向滚动摩擦力对随机颗粒集合平板承载能力的影响比规则生成的颗粒集合平板更明显。从图 9.5 可以看到随着滚动摩擦力刚度系数 k_r 的增加，颗粒集合平板的承载能力也得到提高。

9.4.2 边坡稳定

考虑边坡稳定问题，边坡几何形状如图 9.13 所示。右边界上颗粒在竖直方向自由，在水平方向上固定；底部边界上颗粒在竖直方向固定，水平方向自由，边界上的颗粒沿边界切面运动时的摩擦系数与边坡内部任何两直接接触颗粒之间的摩擦系数相同。如图 9.13 所示，通过放置在边坡顶部的刚性板对边坡施加地基载荷。载荷通过在 A 点竖直方向指定增长位移而逐步增加，并且刚性板（地基）允许绕 A 点转动。用于计算刚性板对边坡顶部边界接触颗粒作用的材料参数与边坡内部两直接接触颗粒之间接触力计算参数相同。边坡算例的主要用途在于显示离散颗粒模型捕捉颗粒材料边坡不同破坏模式的能力，即滑坡、泥石流及压裂。

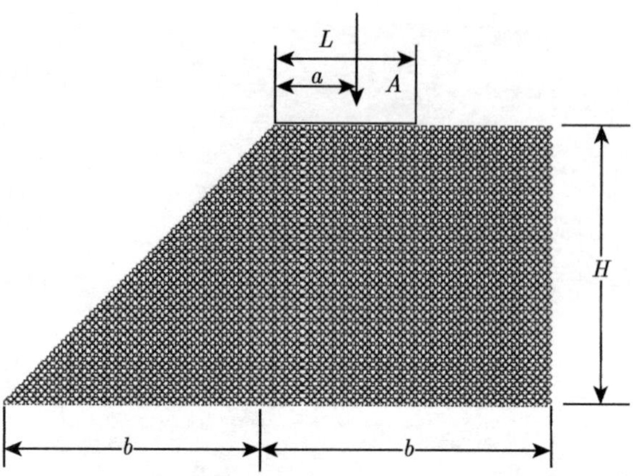

图 9.13　颗粒材料边坡的几何形状及加载模式

首先考虑边坡几何形状参数为下列数值，$b = 50$ cm, $H = 50$ cm, $L = 25$ cm, $a = 15$ cm。该边坡是由 3710 个半径为 5 mm 的颗粒以规则方式排列构成。所用材料参数如表 9.2 所列，考虑重力，A 点竖直方向的位移速度为 69 cm/s，时间步长取公式 (9.46) 所计算的临界值 $\Delta t_{\rm cr}$，此时 $\Delta t \approx 1.441856 \times 10^{-5}$ s。图 9.14 给出了当 A 点竖向位移分别为 3 cm、6 cm、9 cm 时边坡内部等效应变的分布。由图 9.14(a)~(c) 可以看到边坡内部等效应变的发展演化，首先局部化的颗粒间剧烈相对位移使得与其等价的等效应变表征体现了在边坡中形成的剪切带（图 9.14(a)），然后逐步扩展至周围区域，形成了弥漫性的破坏，这种破坏模式与发生在连续介质模型内的剪切带不同，这可解释为由于剪切带内颗粒的剧烈运动以及重力的影响，使得剪切带及其邻近周围区域内原先相互接触的颗粒不同程度地脱离接触，甚

表 9.2　模拟颗粒材料边坡不同破坏模式的材料参数

参数名称	相应数值
颗粒密度 (ρ)	2000 (kg/m^3)
法向力刚度系数 ($k_{\rm n}$)	5×10^6 (N/m)
切向滑动力刚度系数 ($k_{\rm s}$)	2.0×10^6 (N/m)
切向滚动力刚度系数 ($k_{\rm r}$)	2.0×10^2 (N/m)
滚动阻矩刚度系数 (k_θ)	1.0 (N·m/rad)
法向力阻尼系数 ($c_{\rm n}$)	0.4 (N·s/m)
切向滑动力阻尼系数 ($c_{\rm s}$)	0.4 (N·s/m)
切向滚动力阻尼系数 ($c_{\rm r}$)	0.4 (N·s/m)
滚动阻矩阻尼系数 (c_θ)	0.4 (N·m·s/rad)
滑动摩擦（力）系数 ($\mu_{\rm s}$)	0.5
滚动摩擦（力）系数 ($\mu_{\rm r}$)	0.05
滚动摩擦阻矩系数 (μ_θ)	$r\mu_\theta = 5.0 \times 10^{-5}$ m

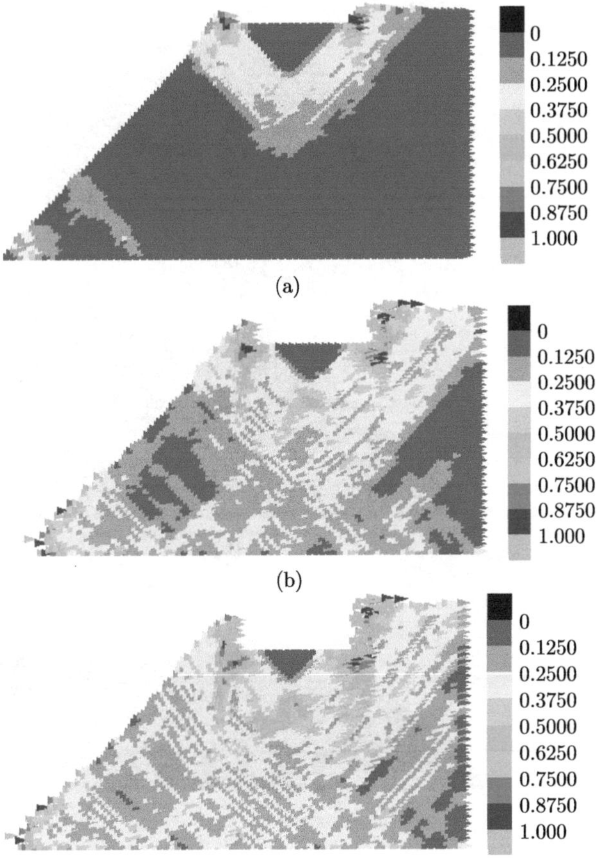

图 9.14 随 A 点位移颗粒材料边坡等效应变分布的演化

(a) 3 cm；(b) 6 cm；(c) 9 cm

至其中一些颗粒与其原先相互接触的颗粒完全脱离接触，呈现了类似于高速剪切颗粒流失稳（Hopkins and Louge, 1991）中所描述的颗粒分离（segregation）与堆聚（agglomerations of particles into clusters）现象。

其次考虑上述算例中的边坡，几何参数保持不变。材料参数及时间步长除 $c_{\rm n} = c_{\rm s} = c_\theta = 0$ 外与上述算例相同，亦即忽略了粘性阻尼的影响。不计重力影响，A 点施加竖直方向位移速度为 69 cm/s 的载荷外，同时对每个颗粒施加体力加速度，施加方式为从零开始以 226.4 m/s^3 的变化率增加到 10 m/s^2($\approx$ 1 g) 后停止，并保持该加速度不变。图 9.15 显示了边坡变形的演化，可以看到颗粒集合平板的行为类似于颗粒流，亦即此时边坡呈现泥石流的破坏模式。图 9.16 给出了颗粒材料内部的等效应变分布，可以看到并没有明显的应变局部化现象，亦即没有狭窄的剪切带出现。

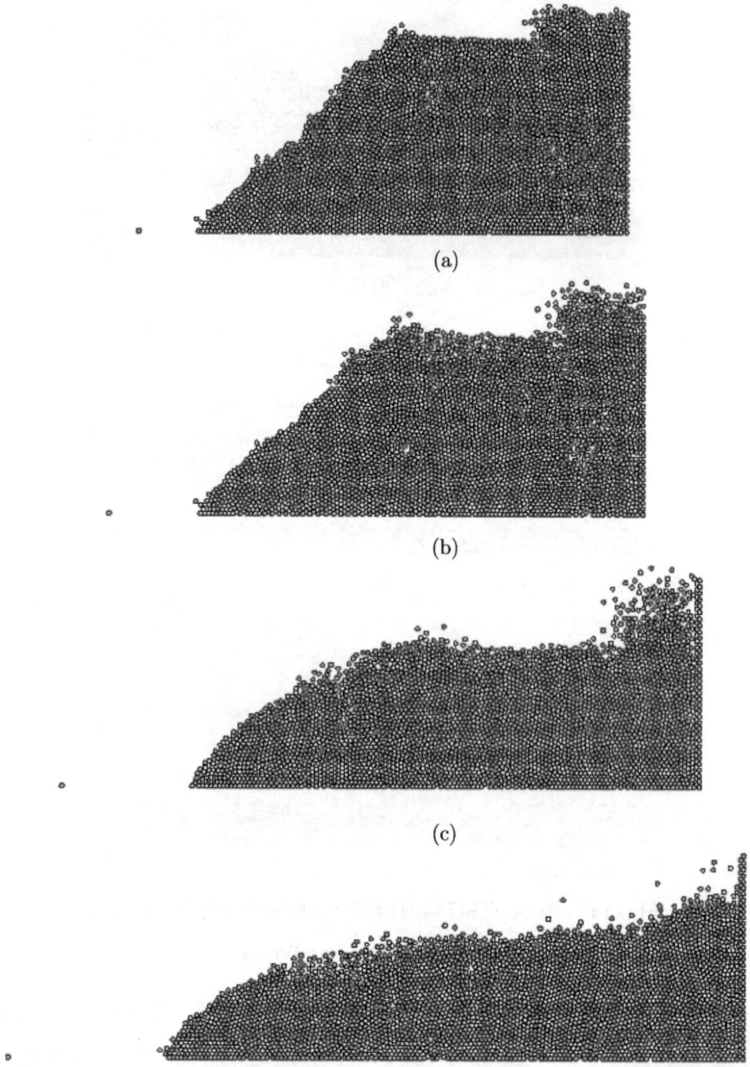

(a)

(b)

(c)

(d)

图 9.15　随 A 点位移增加，颗粒材料边坡的泥石流破坏模式

(a) 3.3 cm；(b) 4.8 cm ；(c) 7.8 cm；(d) 10.8 cm

最后考虑如下的边坡尺寸及加载模式，即 $b = 60.5$ cm, $H = 35.5$ cm, $L = 30$ cm, $a = 20$ cm。该颗粒集合平板由 3710 个半径为 5 mm 的颗粒以规则方式生成，材料参数见表 9.3，考虑重力影响，边坡通过 A 点以 690 cm/s 的竖直速度施加载荷，时间步取 $\Delta t \approx 1.441856 \times 10^{-5}$ s。图 9.17 给出了颗粒材料内部的等效应变分布，可以看到宏观上出现了压裂现象，即有竖直方向的裂纹穿过颗粒材料。

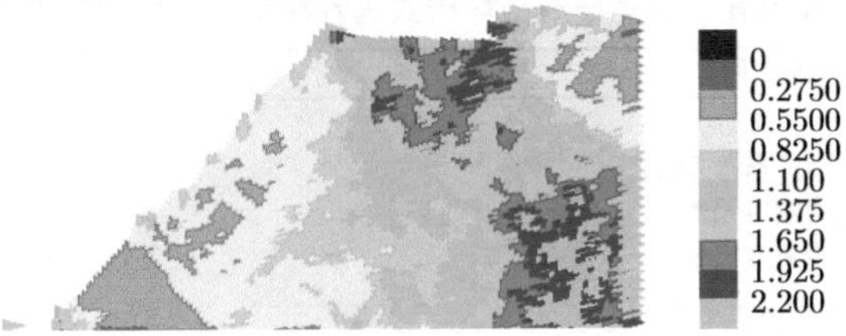

(a)

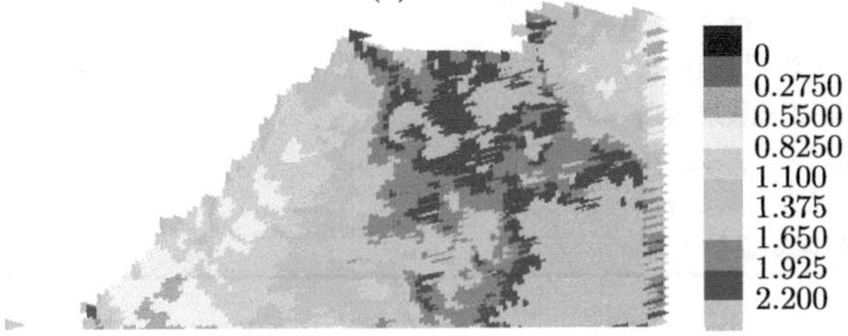

(b)

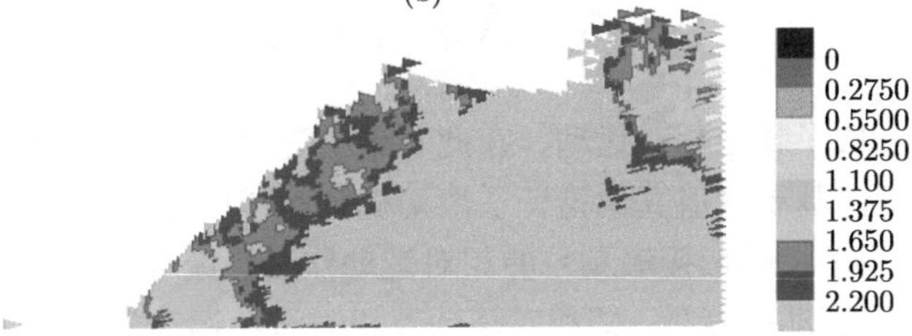

(c)

图 9.16　随 A 点竖向位移的增加变形边坡内的等效应变演化

(a) 2.4 cm；(b) 3.3 cm；(c) 4.8 cm

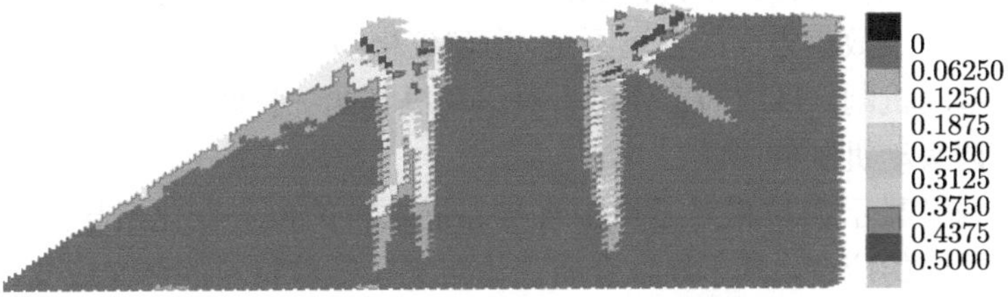

(a)

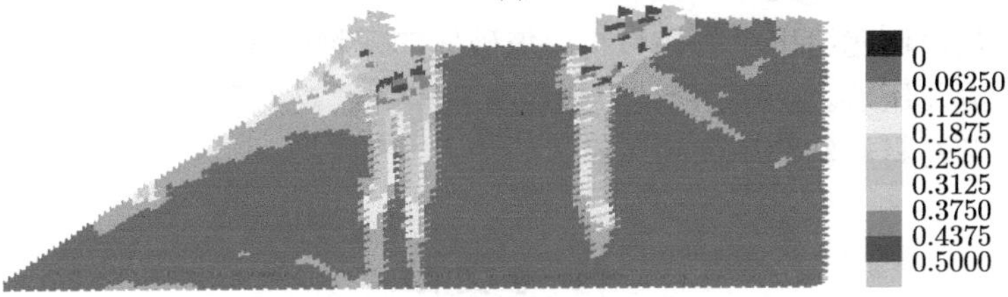

(b)

图 9.17　随 A 点竖向位移的增加边坡压裂破坏模式中等效应变演化

(a) 2.1 cm；(b) 2.4 cm

表 9.3　具有压裂破坏模式的颗粒材料边坡材料参数

参数名称	相应数值
颗粒密度 (ρ)	2000 (kg/m^3)
法向力刚度系数 (k_n)	5×10^8 (N/m)
切向滑动力刚度系数 (k_s)	2.0×10^8 (N/m)
切向滚动力刚度系数 (k_r)	2.0×10^2 (N/m)
滚动阻矩刚度系数 (k_θ)	1.0 (N·m/rad)
法向力阻尼系数 (c_n)	0.4 (N·s/m)
切向滑动力阻尼系数 (c_s)	0.4 (N·s/m)
切向滚动力阻尼系数 (c_r)	0.4 (N·s/m)
滚动阻矩阻尼系数 (c_θ)	0.4 (N·m·s/rad)
滑动摩擦（力）系数 (μ_s)	0.5
滚动摩擦（力）系数 (μ_r)	0.05
滚动摩擦阻矩系数 (μ_θ)	$r\mu_\theta = 5.0 \times 10^{-5}$ (m)

9.5　总结与讨论

本章详细分析了颗粒相对运动，在此基础上建立了一个包含滚动机制的颗粒接触力计算模型，基于数值算例论证了滚动机制的作用及模型的模拟能力，即

（1）对不同半径圆形接触颗粒的相对运动作了系统分析。在此基础上，定义了相对运动的度量，即相对滚动及相对滑动运动学度量，并给出了相对平动速度、相对角动速度及相应位移的定义。对应这些运动学度量定义了切向滑动及滚动摩擦力，滚动摩擦阻矩等两直接接触颗粒的动力学度量，并将其引入离散元的动力模拟框架内。

（2）为颗粒材料建立了离散颗粒模型。考虑了现有文献中对滚动抵抗机制在物理及数值方面的描述不足，所建议模型着力于探讨并描述颗粒之间的滚动机制。目前的工作可看对滚动机制的一种解释，同时更主要是为强调滚动机制的影响。

（3）为了显示颗粒相对于周围直接邻近颗粒的位置变化所导致的等效连续体中的应变，基于连续介质理论定义了颗粒材料的名义应变，即等效应变与体积应变。

（4）数值例题给出了颗粒材料边坡破坏的三种模式：滑坡（剪切带）、泥石流及压裂。显示了所建议颗粒材料离散颗粒模型及其数值方案具有模拟颗粒材料结构不同破坏模式的能力。

参 考 文 献

楚锡华, 2006. 颗粒材料的离散颗粒模型与离散–连续耦合模型及数值方法. 大连理工大学博士论文.

楚锡华, 2011. 颗粒材料数值样本的坐标排序生成技术. 岩土力学, 32: 2852–2856.

楚锡华, 徐远杰, 武文华, 2014. 颗粒材料的样本描述及生成方法评述. 武汉大学学报（工学版）, 47: 671–679.

楚锡华, 周剑萍, 徐远杰, 2009. 筒仓卸料过程中阻塞现象的数值模拟. 计算力学学报, 26: 342–346.

季顺迎, 2020. 计算颗粒力学及工程应用. 北京：科学出版社.

文玉华, 朱如曾, 周富信, 王崇愚, 2003. 分子动力学模拟的主要技术. 力学进展, 33: 65–73.

周伦伦, 楚锡华, 徐远杰. 2017. 基于离散元法的真三轴应力状态下砂土破碎行为研究. 岩土工程学报, 39: 1–9.

Ai J, Chen J F, Rotter J M, Yo J, 2011. Assessment of rolling resistance models in discrete element simulations. Powder Technology, 206: 269–282.

Bagi K, Kuhn M, 2004. A definition of particle rolling in a granular assembly in terms of particle translations and rotations. Journal of Applied Mechanics, 71: 493–501.

Bardet J P, 1994. Observations on the effects of particle rotations on the failure of idealized granular materials. Mechanics of Materials, 18: 159–182.

Bowman E T, 2001. Particle shape characterisation using Fourier descriptor analysis. Géotechnique. 51: 545–554.

Brewer R, 1964. Fabric and Mineral Analysis of Soils. New York: J. Wiley.

Cho G C, Dodds J, Santamarina J C. 2006, Particle shape effects on packing density, stiffness, and strength: natural and crushed sands. Journal of Geotechnical & Geoenvironmental Engineering, 132(5): 591–602.

Cundall P A, Strack O D L, 1979. A discrete numerical model for granular assemblies. Geotechnique, 29: 47–65.

Elperin T, Golshtein E, 1997. Comparison of different models for tangential forces using the particle dynamics method. Physica A, 242: 332–340.

Estrada N, Azéma E, Radjai F, Taboada A, 2011. Identification of rolling resistance as a shape parameter in sheared granular media. Physical Review E, 84(1): 011306.

Feng Y T, 2021. An energy-conserving contact theory for discrete element modelling of arbitrarily shaped particles: Basic framework and general contact model. Computer Methods in Applied Mechanics and Engineering, 373: 113454.

Feng Y T, Han K, Owen D R J, 2002. Some computational issues numerical simulation of particulate systems. Fifth World Congress on Computational Mechanics, Vienna, Austira.

Han K, Peric D, Crook A J L, Owen D R J, 2000. A combined finite element/discrete element simulation of shot peening processes, Part I: Studies on 2D interaction laws. Engineering Computations, 17: 593–619.

Hopkins M A and Louge M Y, 1991. Inelastic microstructure in rapid granular flows of smooth disks. Phys. Fluids A, 3: 47–57.

Iwashita K, Oda M, 1998. Rolling resistance at contacts in simulation of shear and development by DEM. Journal of Engineering Mechanics, 124: 285–292.

Jiang M J, Yu H S, Harris D, 2005. A novel discrete model for granular material incorporating rolling resistance. Computers and Geotechnics, 32: 340–357.

Li X K, Liu Z J, Lewis R W, Suzuki Kiichi, 2003. Mixed finite element method for saturated poro-elasto-plastic media at large strains. I. J. Numer. Methods Eng., 57: 875–898.

Li X K, Chu X H, Feng Y T, 2005. A discrete particle model and numerical modeling of the failure modes of granular materials. Engineering Computations, 22: 894–920.

Lu G, Third J, Muller C, 2014. Discrete element models for non-spherical particle systems: from theoretical developments to applications. Chemical Engineering Science, 127: 425–465.

Mehrabadi M M, Nemat-Nasser S, Oda M, 1982. On statistical description of stress and fabric in granular materials. International Journal for Numerical and Analytical Methods in Geomechanics, 6: 95–108.

Oda M, 1972. Initial fabrics and their relations to mechanical properties of granular materials. Soils & Foundations, 12: 1–18.

Oda M, Iwashita K, 1999. Mechanics of Granular Materials. A.A.Ballkema, Rotterdam.

Oda M, Konishi J, Nemat-Nasser S, 1982. Experimental micromechanical evaluation of strength of granular materials: effects of particular rolling. Mechanics of Materials, 1: 269–283.

Rothenburg L, Bathurst R J, 1989. Analytical study of induced anisotropy in idealized granular materials. Géotechnique, 39: 601–614.

Tanaka H, Momozu M, Oida A, Yamazaki M, 2000. Simulation of soil deformation and resistance at bar penetration by the distinct element method. Journal of Terramechanics, 37: 41–56.

Tang H X, Dong Y F, Chu X H, Zhang X, 2016. The influence of particle rolling and imperfections on the formation of shear bands in granular material. Granular Matter, 18: 12.

Terzaghi C, 1920. Old earth-pressure theories and new test results. Engineering News-Record, 85: 14, 632–637.

Thornton C, 1991. Interparticle sliding in the presence of adhesion. Journal of Physics D, 24: 1942–1946.

Vu-Quoc L, Zhang X, 1999. An elastoplastic contact force – displacement model in the normal direction: displacement – driven version. Proceedings of the Royal Society of London, Series A, 455: 4013–4044.

Vu-Quoc L, Zhang X, Lesburg L, 2001. Normal and tangential force – displacement relations for frictional elasto-plastic contact of spheres. International Journal of Solids and Structures, 38: 6455–6489.

Wang Y, Alonso-Marroquin F, Guo W, 2015. Rolling and sliding in 3-D discrete element models. Particuology, 18: 35–41.

Wang Y C. Alonso-Marroquin F, Guo W W, 2015. Rolling and sliding in 3-D discrete element models. Particuology, 23: 49–55.

Wang R, 2018. Discussion of "Experimental characterizations of contact movement in two-dimensional rod assembly subjected to direct shearing" by Q. Yuan, Y.H. Wang, P.O. Tam, X. Li, and Y. Gao. International Journal of Geomechanics, 18: 07018009.

Wensrich C M, Katterfeld A, 2012. Rolling friction as a technique for modeling particle shape in DEM. Powder Technology, 217: 409–417.

Wensrich C M, Katterfeld A, Sugo D, 2014. Characterisation of the effects of particle shape using a normalised contact eccentricity. Granular Matter, 16(3): 327–337.

Williams J R, Pentland A P, 1992. Superquadrics and modal dynamics for discrete element in interactive design. Engineering Computation, 9: 115–127.

Zhang D, Whiten W J, 1999. A new calculation method for particle motion in tangential direction in discrete simulations. Powder Technology, 102: 235–243.

Zhao C, Li C B, Hu L, 2018. Rolling and sliding between non-spherical particles. Physica A, 492: 181–191.

Zhao S W, Evans T M, Zhou X W, 2018. Shear-induced anisotropy of granular materials with rolling resistance and particle shape effects. International Journal of Solids and Structures, 150: 268–281.

Zhou L L, Chu X H, Xu Y J, 2017. Dem investigation on characteristics of rolling resistance for modeling particle shape, EPJ Web of Conferences 140, 05005.

Zhou Y C, Wright B D, Yang R Y, Xu B H, Yu A B, 1999. Rolling friction in the dynamic simulation of sandpile formation. Physica A, 269: 536–553.

Zhu H P, Zhou Z Y, Yang R Y, Yu A B, 2007. Discrete particle simulation of particulate systems: Theoretical developments. Chemical Engineering Science, 62: 3378–3396.

第 10 章　颗粒材料波动行为的离散元分析

颗粒材料由于内部接触网络的随机性和接触本构关系的非线性，在宏观动力响应上表现出强非线性性质。这使得颗粒材料在调控波传播方面有广阔的应用前景，如基于颗粒物质的超材料设计（Theocharis et al., 2015; Delpero et al., 2016）。基于颗粒材料的超材料设计的优势在于可以从优化内部介观结构和外部加载条件达到调控应力波传播性能的目的。近年来，颗粒材料介观结构对波传播行为的影响已经受到了研究者的关注（Sadd et al., 2000; Mouraille and Luding, 2008; Awasthi et al., 2012; Babaee et al., 2016; Chong et al., 2016; 张攀等, 2016）。Sadd et al.（2000）基于离散元法研究了接触本构关系和分支向量对波传播行为的影响及材料介观结构与波传播行为之间的联系，结果表明波速依赖于波传播方向上的接触刚度和分支向量的分布，波幅衰减也与传播方向上分支向量的数量相关。Mouraille and Luding（2008）的研究表明声波在具有接近于晶体结构的颗粒材料（即具有按一定规则有序排列、呈现规则几何形状介观结构的颗粒材料）中传播时，当颗粒尺寸少许变化（尺度上相当于或大于典型的颗粒接触变形尺寸），低频带的波可以较好地传播，但高频波衰减或发散较快，研究还表明摩擦可提高波传播速度，并扩展了可通过的波的带宽。上述研究表明颗粒材料的介观结构对波传播性质具有重要影响。一维均匀球形颗粒链作为最简单的排列方式，已经被理论、数值模拟和实验证明能够支持强非线性孤立波[①]的传播（Nesterenko, 2001; Chaunsali et al., 2018; Song et al., 2018）。二聚体链由物理力学性质不同的两种颗粒周期性交替排列组成，Jayaprakash et al.（2011）对二聚体颗粒指定不同的质量比，发现穿过二聚体链的透射力峰值有显著变化，这为通过二聚体颗粒链来控制传输力峰值提供了一个有趣的机制。由于颗粒排列方式的多样性以及空间结构的复杂性，二维甚至三维的研究结果还较少见到。Wang and Chu 等（Wang and Chu, 2018; 2019; Wang et al., 2019a; 2019b）研究了二维规则排列颗粒集合体样本中波的衰减、色散[②]等问题，并讨论了波速随介观结构变化的机理。然而目前的研究仍未能明确颗粒材料中波传播行为的控制参数，如仍未能建立颗粒尺寸或力链尺寸等介观组构与波传播机制的具体关联。所以，致力于研究包含不同介观结构的颗粒材料的非线性动力响应问题，基于离散颗粒模型系统研究颗粒介观结构对波传播行

① 孤立波：在传播过程中波形、幅度和速度均保持不变的脉冲状行波。

② 色散：在介质中传播的波，其波速随频率变化的现象，称为波的色散或频散。

为的影响，关注衰减、导波[①]及散射[②]等现象将会为建立颗粒材料介观参数和波传播机制的关联提供帮助。

颗粒材料中波传播研究主要集中在材料介观结构的影响，对于波前形状的演化、边界处产生的波的反射、吸收等问题的研究成果还远不能让人满意，这限制了颗粒材料在隔音吸能等方面的进一步应用。颗粒材料中波前形状与能量传播范围有关，波传播的这一特性能够应用于结构缺陷的检测；在吸能减震材料的设计中，边界效应有着不可忽视的作用。但是目前有关颗粒材料的波传播研究中，只有很少一部分关注边界效应的影响。充分利用颗粒材料的性质，合理利用介观结构调控波前的传播行为，在隔能减震、能量收集、声光屏蔽等方面有巨大的应用前景。由此可见，调查介观结构对波传播过程的影响，分析波在材料内部和边界处的传播情况，并探究其作用机理，可促进利用颗粒物质进行超材料设计。研究结果也将为具备隔音、吸能、减震、冲击载荷防护等功能的颗粒晶体类超材料设计提供理论指导和依据。

基于文献（Wang and Chu, 2018; 2019; Wang and Chu et al., 2019a; 2019b），本章一方面重点介绍颗粒材料在局部脉冲激励下，不同介观结构对强非线性瞬态波传播的影响。研究不同介观结构对颗粒材料波前形状的影响，并给出了密排六边形结构中波前形状随时间的演化方程。分析单个颗粒弹性模量对波速的影响和冲击动能在颗粒集合体内的分布，着重于波的传播过程，试图找出颗粒接触力的传播与波前形状之间的关系。另一方面引入傅里叶变换，分析应力波的频率成分，讨论激励频率、激励能量和介观结构对波传播特性的影响。

需要说明本章所涉及的波为机械波，主要以位移、速度或加速度表征，与其对应的可分别称为位移波、速度波或加速度波。此外本章研究的颗粒材料集合体处于扰动较小的情况，其响应为可视为弹性。注意到在弹性体中应变分量、应力分量、质点的速度和加速度均可以位移分量对空间坐标和时间坐标的偏导数表示，因此弹性体中位移波、速度波、加速度波以及应变波或应力波传播方式相同 (杜修力，2009)。

10.1 介观结构对波速及波前形状的影响

颗粒材料中波传播的研究成果在各工程领域均有潜在应用，如冲击波屏蔽及冲击载荷缓冲等（Daraio et al., 2006; Sen et al., 2008)。研究者已经对随机接触球体的动力学及其力传播、能量分布和衰减特性进行了广泛的研究（Abd-Elhady et

① 导波：在波导中传播的波称为导波，其实质为一系列谐波的叠加，波导是指具有有限固定边界的传输介质，如传输线等。

② 散射：波（光波）在通过非均匀介质界面时经界面反射后向各个方向传播的现象。

al., 2000; Lu et al., 2014; O'Donovan et al., 2016)。Xu and Shukla (1990) 证明颗粒材料中的波速远低于块体材料 (bulk material) 中的波速。人们研究了诸如围压、孔隙率、饱和度、粒径和排列等参数对波速的影响（Goddard, 1990; Sadd et al., 2000; Tang and Yang, 2021; Yang et al., 2023)。在颗粒材料中，声波优先沿基于由静态力传递引起的颗粒接触网络的力链传播（Liu et al., 1995)。了解波通过接触力链网络的传播过程及机理是捕获颗粒物质声学行为的关键（Clark et al., 2012; Owens et al., 2012)。二维颗粒晶体中静态载荷传递路径的研究结果表明，有序颗粒阵列允许载荷主要沿着晶格矢量[①]传输（Geng et al., 2001; Mueggenburg et al., 2002; Breton et al., 2007)，这与无序颗粒排列所表现出的复杂的力链网络形成鲜明对比（Geng et al., 2003; Knuth et al., 2013; Leonard et al., 2013; Manjunath et al., 2014; Li et al., 2018)。密排六方的可变 2D 圆盘阵列实验（Mouraille et al., 2006; Daraio et al., 2010; Leonard and Daraio, 2012; Leonard et al., 2013）清楚表明，载荷传递路径与晶格布置的法向接触角有关。关注波传播（尤其是脉冲传播）过程中波阵面形状的演变可以搞清波传播的范围，有助于研究能量耗散和色散。Leonard and Daraio（2012）的研究结果表明，颗粒材料力学特性的变化会导致通过颗粒系统的应力波前 (wave front) 发生很大变化，通过选择质量和刚度比，可以调整波阵面。

本节将针对嵌入小颗粒的四方排列基体颗粒集合体，通过改变嵌入颗粒的半径大小，引入介观结构的变化，研究弹性应力波在一系列的球形颗粒阵列和嵌入其间的半径逐渐增加的小球体组成的颗粒集合体中的传播。本节将重点研究介观结构演变对高密度填充的颗粒晶体受到局部脉冲激发的高度非线性瞬态波传播的影响。基体颗粒与嵌入颗粒的半径比被用来度量介观结构的变化，研究显示它对波速和应力波阵面在系统中传播特性的影响以及其作用机理是复杂的。在研究中重点关注颗粒集合体中弹性波的传播路径，试图找出传播路径和波前形状之间的关系。最后，为合理预测颗粒材料中冲击波的传播过程，分析了密排颗粒样本中波前形状的方程。对颗粒介质中力传递的机理和路径的深入研究，将为日益复杂的结构化颗粒材料的设计提供。

10.1.1　数值样本

9.2 节已介绍了离散单元法的基本原理和求解过程，这里不再赘述。本节算例颗粒间的接触模型采用了 Hertz 接触模型，具体描述可参看文献（Wang et al., 2019b)。为调查颗粒材料介观结构对波传播过程的影响，考虑图 10.1 所示两个样本尺寸约为 1 m × 1 m 的有序四方排列颗粒样本。图 10.1(a) 所示颗

① 晶格矢量：原本为晶体学中的概念，用来描述晶体周期性结构的向量，这里借用描述规则排列的周期性颗粒材料的介观结构。

粒样本 I 仅包含半径为 R 的大颗粒，图 10.1(b) 所示颗粒样本 Ⅱ 由在颗粒样本 I 的基础上在大颗粒间隙中嵌入半径为 r 的小颗粒而生成。如图 10.1(b) 所示，由在四方排列的每四个大颗粒中间嵌入的小颗粒与周边四个大颗粒均保持接触同时与其接触的大颗粒原有几何位置保持不变的条件可得到小颗粒半径 $r=\left(\sqrt{2}-1\right)R$。样本的初始外轮廓尺寸为 1 m×1 m，大颗粒半径 $R=0.01$ m。注意到，将样本 Ⅱ 中小颗粒的半径值从 $\left(\sqrt{2}-1\right)R$ 逐渐增大到 R，可以得到一系列对应介观结构的颗粒样本，如图 10.2(a) 所示。加载过程中整个颗粒样本的上下和左右外轮廓边界分别由与其“绑定”的四面光滑墙体的上下和左右均一约束位移控制。在加载之前，样本内部处于静态平衡，通过在某个位置施加扰动获得冲击波，如移动左边界中部处的某一颗粒。数值模拟中利用的物理参数见表 10.1，计算过程中时间步长取为 $\Delta t=1.0\times10^{-8}$ s ($\leqslant 0.01\times\Delta t_c$)，其中 $\Delta t_c=\min\left(r_i/\sqrt{E_i/\rho_i}\right), i=1,N$，$N$ 为颗粒样本中颗粒总数，r_i, E_i, ρ_i 分别为颗粒 i 的半径，弹性模量及密度。在模拟过程中，冲击波由激励源发出，如图 10.2(b) 所示。给左边界中部颗粒一个瞬时速度 $v_0=10$ m/s。实际上，在应力波传播的过程中，不可避免地发生反射、折射等现象，特别是在边界处，这将给相关问题的分析带来极大的困难。本研究在分析时仅考虑速度，加速度等物理量的初次峰值，即仅考虑初次的不受干扰的波，在后文中将其称为主波。

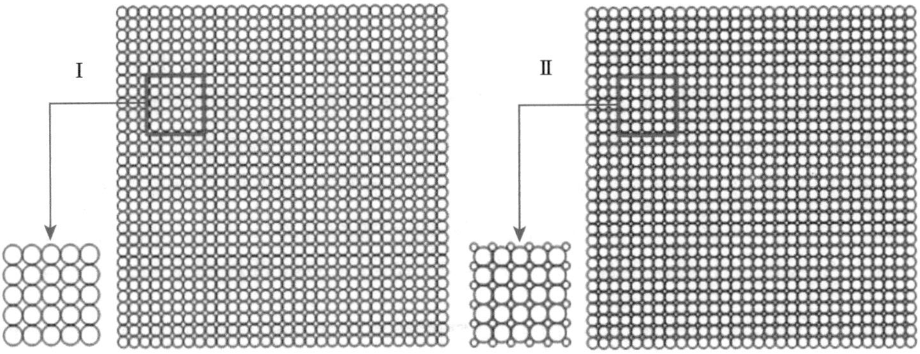

(a) (b)

图 10.1 高度有序颗粒样本示意图

表 10.1 颗粒材料参数

样本尺寸/m	大颗粒半径 R/m	小颗粒半径 r/m	弹性模量 E/GPa	泊松比 ν	颗粒密度 ρ/(kg/m^3)	摩擦系数 μ
1.0×1.0	0.01	4.142e-3	5	0.3	2000	0.3

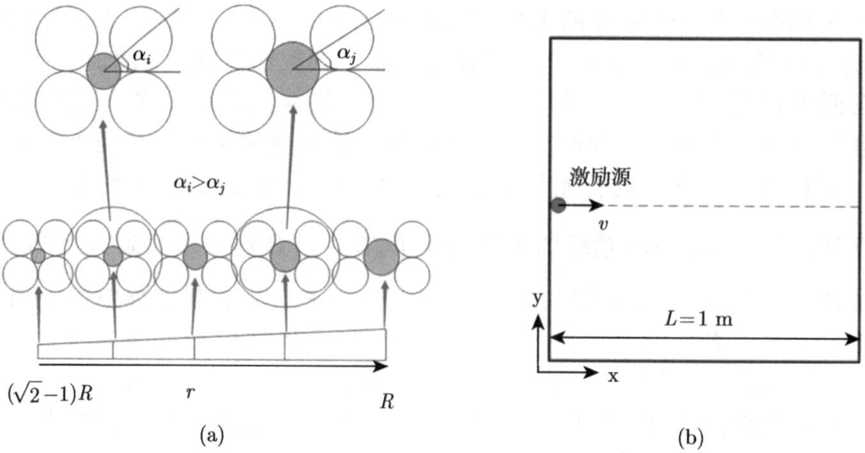

图 10.2　(a) 介观结构随嵌入颗粒半径的演化；(b) 激励源位置示意图

10.1.2　介观结构对波速的影响

首先考察介观结构对颗粒物质中波传播速度的影响。在块体材料（连续介质）样本中任一局部材料点在任一时刻 t 的波速可由归属于双曲型偏微分方程的波动方程初边值问题确定。本节中关注颗粒材料样本内波传播过程中任一时刻的波前位置与形状，波传播速度将以平均速度表征，即计算一定时间 (t) 内波传播相应距离 (l) 的平均速度 (v)，可表示为

$$v = l/t \tag{10.1}$$

对于颗粒样本 I 和颗粒样本 Ⅱ，记录 $t = 1.5$ ms 及 $t = 3.0$ ms 时被沿 x 轴方向传播的距离，并计算相应的速度，结果如图 10.3 所示。注意平均速度不再具有固体力学中经典速度定义下速度与局部材料点相关联的局部变量特性。

图 10.3 中每一条曲线反映了以不同 r/R 值表征的不同介观结构对某一指定时刻（$t = 1.5$ ms 或 $t = 3.0$ ms）下波前在均一颗粒样本中推进距离的影响。注意图 10.3 中未包含小颗粒半径 $r = \left(\sqrt{2}-1\right)R$ 所对应的颗粒样本的数值结果。这是因为小颗粒半径 $r = \left(\sqrt{2}-1\right)R$ 的数值样本中大颗粒的配位数 $N = 8$，而对于小颗粒半径为其他值的数值样本，大颗粒的配位数 $N = 6$。不同的配位数意味着不同的接触分布，从而引起力传递路径的差异，也将导致波速不同。这里我们关注配位数相同的情况下，由于接触分布不同而导致的波速差异，因此小颗粒半径 $r = \left(\sqrt{2}-1\right)R$ 的样本的速度并没有呈现在图 10.3 中。

当同时关注图 10.3 两条曲线中以相同 r/R 值表征的同一介观结构颗粒样本在两个指定时刻（相应于 $t = 1.5$ ms 和 $t = 3.0$ ms 的两条曲线）的平均波速及其

差值，可定量评估不同介观结构（不同 r/R 值）对颗粒样本中平均波速及其衰减程度的影响。为探究图 10.3 中显示的波速随用以表征介观结构的半径比变化的演化机理，我们先给出颗粒样本中剪切波与压缩波的波速的表达式（Mavko et al., 1998）

$$v_{\mathrm{s}}^2=\frac{G_{\mathrm{HM}}}{\rho},\quad v_{\mathrm{p}}^2=\frac{K_{\mathrm{HM}}+\frac{4}{3}G_{\mathrm{HM}}}{\rho} \tag{10.2}$$

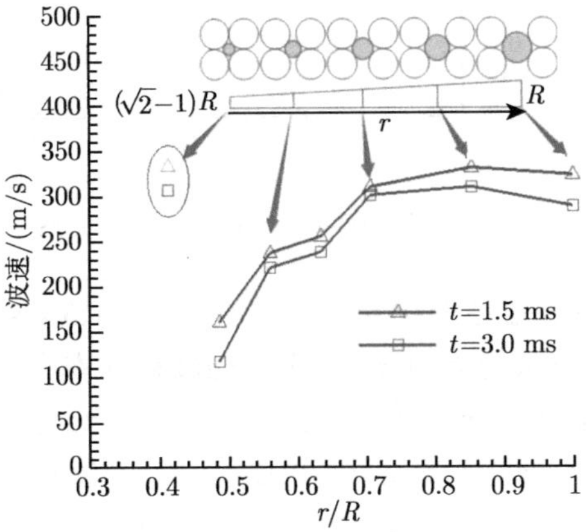

图 10.3 不同颗粒样本中波速的变化

式中，ρ 为密度，G_{HM}，K_{HM} 分别对应 Hertz-Mindlin 接触本构关系中的剪切模量和体积模量，可表示为（Mavko et al., 1998）

$$G_{\mathrm{HM}}=\frac{N(1-\beta)}{20\pi R}\left(k_{\mathrm{n}}+\frac{3}{2}k_{\mathrm{t}}\right),\quad K_{\mathrm{HM}}=\frac{N(1-\beta)}{20\pi R}k_{\mathrm{n}} \tag{10.3}$$

式中，N 表示颗粒集合体的平均配位数，β 为孔隙率，R 为颗粒半径，k_{n}，k_{t} 分别为法向和切向接触刚度。考虑本节中所用的所有数值样本，除孔隙率外，其他参数相同。由图 10.2(a) 知孔隙率与半径比 r/R 满足如下关系

$$\beta=\frac{\pi\left[1+(r/R)^2\right]}{4\sqrt{(r/R)^2+2(r/R)}} \tag{10.4}$$

式 (10.4) 描述的孔隙率随半径比的变化趋势如图 10.4 所示，可以看到孔隙率随半径比的增大先减小后增大，结合式 (10.2) 和式 (10.3) 可知波速将随半径比的增大先增大后减小，这就解释图 10.3 中给出的波速变化趋势。此外，从图 10.3 中还可以看到蓝线 ($t=3.0$ ms) 总是位于红线 ($t=1.5$ ms) 之下，表明在同一样本（半径比相同）中波速随着传播时间（距离）的增加而减小，意味着波在其中不是

匀速传播的，传播过程存在能量耗散。同时注意到半径比不同时，以红线与蓝线之间的竖直距离表示的波速差并不相同，意味着不同样本中的能量耗散不同。

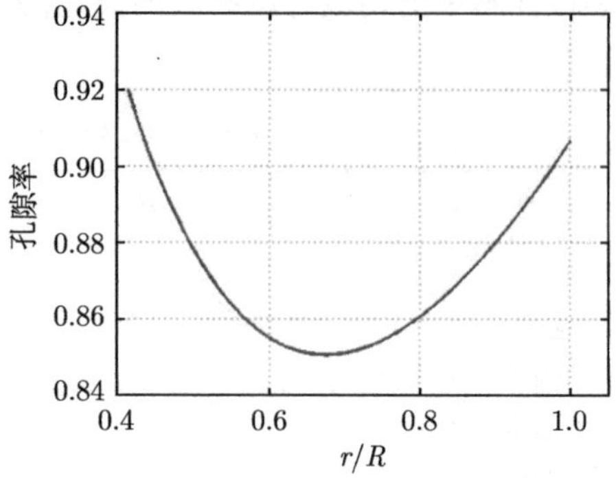

图 10.4　孔隙率随半径比的变化关系

图 10.3 中的红色和蓝色曲线分别给出了在 $t = 1.5$ ms 和 $t = 3.0$ ms 两个不同时刻颗粒样本中平均波速随以 r/R 表征的颗粒样本介观结构变化而变化的趋势。红色和蓝色曲线在同一 r/R 值下竖向坐标值差表示了同一介观结构的颗粒样本中平均波速在两个不同时刻的变化。可以看到该差值随 r/R 的变化趋势为两端大，中间小。差值越小，亦即两个时刻的波速越接近，表明相同时间内波速的衰减越小。由图 10.3 可知，当半径比 r/R 接近 $\sqrt{2}/2$ 时，同一样本中前后不同时刻的平均速度最接近。此时，该样本在波传播方向上能量衰减最小。颗粒材料中波传播速度及衰减特性与可能与不同介观结构下力的传递路径不同有关，由于波速与能量密切相关，我们将在下节将从能量的角度进一步分析影响波速 (能量) 衰减的因素。

10.1.3　能量衰减

当颗粒样本在受到面内冲击载荷作用时，冲击波在颗粒集合体内通过颗粒间接触传播，并且在传播方向上存在波速衰减。考虑到所考察的数值样本中，半径比变化直接引起孔隙率的不同以及接触方位的差异，下面将通过分析孔隙率和接触方位两个因素与能量衰减的关系，给出波速变化的合理解释。首先考察由于波传播至图 10.5 所示白球颗粒引起的颗粒扰动所导致的颗粒间的作用力。这里以速度表征扰动，考虑接触方位以及颗粒大小不同，根据图 10.1 所示四方排列颗粒集合体介观结构特点将由于速度扰动引起的颗粒间碰撞归纳为图 10.5 所示的三种情况，即图 10.5(a) 的正碰撞（白球初始扰动速度方向为两球中心连线方向）；图 10.5(b) 的斜碰撞（白球初始扰动速度方向与两球中心连线方向的夹角为 α），且被碰撞球的质量与 10.5(a) 中被碰撞球的相同；以及图 10.5(c) 所示被碰撞球体质量大于 10.5(a) 中被碰撞球体质量的正碰撞。在不考虑摩擦且完全弹性碰撞的条件下，应用动量守恒、能量守恒及冲量定理可知，两球之间的作用量（冲量）的大小随被碰撞灰球质量的增大而增大，在夹角 α 从 90° 至 0° 变化时则随 α 减小而增大，假定作用时间相同，则扰动速度相同时，上述不同情况下两球之间（在）的相互作用力的大小 F_{m} 满足以下关系式

$$F_{\mathrm{m}}^{\mathrm{a}} > F_{\mathrm{m}}^{\mathrm{b}}, \quad F_{\mathrm{m}}^{\mathrm{a}} < F_{\mathrm{m}}^{\mathrm{c}} \tag{10.5}$$

式 (10.5) 中 $F_{\mathrm{m}}^{\mathrm{a}}, F_{\mathrm{m}}^{\mathrm{b}}, F_{\mathrm{m}}^{\mathrm{c}}$ 分别表示图 10.5(a)~(c) 中所表示三种情况下两颗粒间的相互作用力 F_{m}。若考虑摩擦及非弹性碰撞，则相互作用量的计算有些复杂，可参看文献（Luding et al., 1998；楚锡华，2007）中的分析及相关结论可知式 (10.5) 仍可成立，此外亦可通过离散元计算验证式 (10.5) 的成立。需要强调的是，行波在离散颗粒集合体中的传播依赖于颗粒间的接触。若不考虑在行波通过两碰撞颗粒时颗粒集合体的局部毁伤，上述扰动引起的两颗粒间碰撞通常将由于颗粒间粘附力和互相碰撞两接触颗粒的周边颗粒约束而仍保持接触。

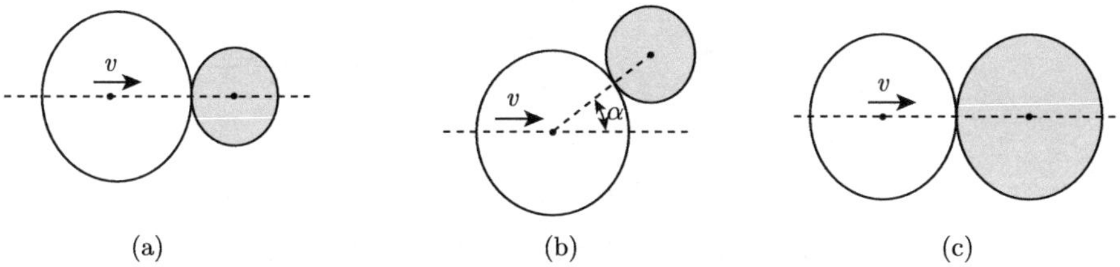

图 10.5 颗粒集合体中典型颗粒接触方位示意

考察介观结构随小颗粒半径的演化，如图 10.2(a) 所示，可知当颗粒样本中小颗粒半径变大时，小颗粒与大颗粒的接触角度 α 变小，将越接近于正碰撞，结合式 (10.5) 可以假定当半径比增大时，颗粒间的相互作用力也增大。进一步假设在波传播过程中，能量耗散仅发生在接触界面处 (即单个颗粒内不发生耗散)，定义波穿过一次接触界面时耗散能量的百分比为单个颗粒的界面能量耗散率，记为 P。考虑到颗粒集合体内的主要耗散源于颗粒间摩擦，且与颗粒间相互作用力和接触面积正相关，因此假定界面能量耗散率与半径比存在正相关关系，即

$$P \propto \frac{r}{R} \tag{10.6}$$

注意到波在颗粒集合体中可沿不同路径传播，图 10.6(a) 给出了波在颗粒集合体中的传播路径，简便起见，本章仅分析 x 方向，亦即水平方向的传播路径。记波传播单位长度需要穿过的最少界面数为 n，参考图 10.6(a)，经过几何运算可知 n 与半径比存在如下关系，

$$n=\left\lceil\frac{2}{R\sqrt{(r/R)^2+2r/R}}\right\rceil \tag{10.7}$$

式中 $\lceil\cdot\rceil$ 表示向上取整（如 2.1 将取整为 3）。图 10.6(b) 显示了依据式 (10.7 给出的 n 随半径比变化趋势。注意到式 (10.6) 所包含的假设，即在外部激励相同的情况若单位长度耗散率 η_{d} 只考虑界面处的摩擦耗散，则它仅与界面数目和界面处的能量耗散率相关，亦即单位长度的耗散率 η_{d} 由 n 和 P 决定，且由下式给出

$$\eta_{\mathrm{d}}=1-(1-P)^n \tag{10.8}$$

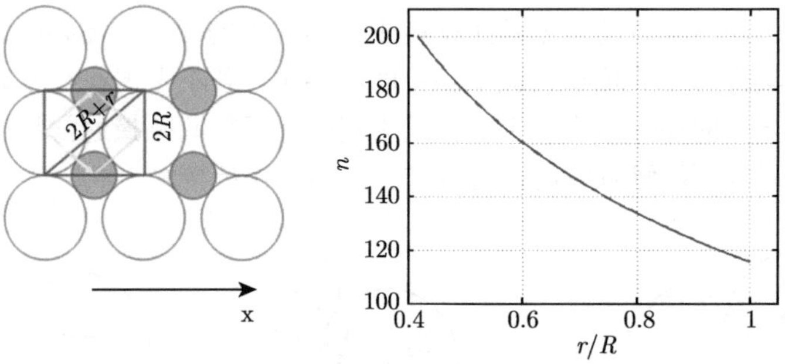

(a) (b)

图 10.6 波传播方向及单位长度内界面数与半径关系

(a) 波沿 x 方向的传播路径；(b) 单位长度内界面数随半径比的变化关系

作为"启发式"（heuristic）公式，式 (10.8) 基于如下物理机理考虑提出：波在颗粒集合体中传过第一个界面，界面耗散率为 P, 即传过能量的比率为 $(1-P)$，当传过第二个界面时，传过的能量比率为 $(1-P)^2$，$\cdots\cdots$ 依次可得到式 (10.8) 所表示的单位长度的耗散率表达式。

图 10.7 给出了 η_{d} 随 n 和 P 的变化趋势。结合式 (10.2)，式 (10.3)，式 (10.6)，式 (10.7) 及图 10.6 和图 10.7 可知，半径比 r/R 增大时，一方面 n 减小，从而使耗散率 η_{d} 减小；另一方面 P 增大，从而使耗散率 η_{d} 变大。所以半径比对耗散率 η_{d} 的影响取决于以上两种机制的竞争。由图 10.6(b) 可知 n 随半径比的变化将逐渐趋于和缓，亦即当半径比由 0.4 左右逐渐增加至 1 的过程中，在前半个过程中，n 的变化较大，后半个过程 n 的变化逐渐变小。也就是说随着半径比的增大，η_{d} 的变化将主要取决于单个界面耗散率的变化。两种机制的竞争结果使得在半径比的增大过程中耗散率 η_{d} 先减小后增大，中间存在极小值，此时能量耗散最小，对应于图 10.3 中红色线表征的速度与蓝色线表征的速度最近的点，即半径比 r/R 约为 $\sqrt{2}/2$。这也就意味着当波沿 x 方向传播时，半径比 r/R 约为 $\sqrt{2}/2$ 的颗粒材料样本的能量耗散率最小。

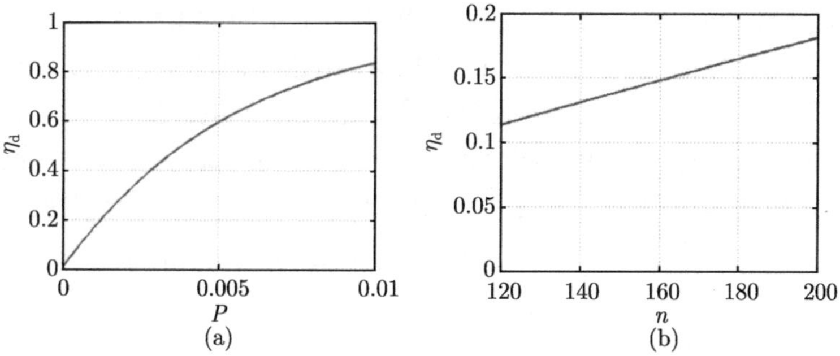

图 10.7 耗散率变化规律

(a) 随单颗粒对界面耗散率的变化，$n = 180$；(b) 随 n 的变化，$P = 0.001$

10.1.4 颗粒间能量的传递

波在颗粒材料中传播时，一部分机械能（动能与势能）通过摩擦及碰撞转化为热能、声能 (acoustic energy) 等耗散掉。另一部分机械能会通过接触点以动能和势能相互转化的方式进行弥散式传播。为定量研究颗粒间通过接触传递能量的比例，也即耗散和接触弥散传播部分的关系，一般来讲，其与颗粒集合体的介观结构有关。本节研究中仅以密排六方样本（即图 10.1(b) 中 $r/R = 1$ 时对应的样本）为例重点关注与激励源相邻近的颗粒的以速度表征的动能的变化。激励源附近沿关注的波传播方向的颗粒分布如图 10.8 所示，红色颗粒表示激励源（即该颗粒以初始速度碰撞其他颗粒），该颗粒在赋予初速度前可能与被撞颗粒未接触 (图 10.8(a))，也可能处于接触状态 (图 10.8(b))，数值分析结果表明这两种初始状态对能量传递分析没有影响。因此以下只分析图 10.8(b) 和 (c) 所示情形的对应结果。

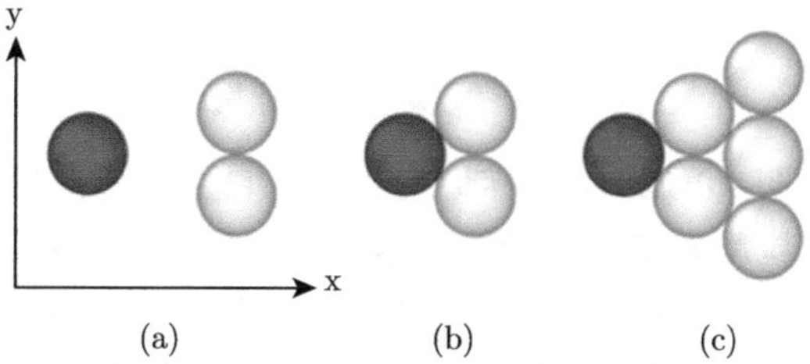

图 10.8 激励源邻近颗粒分布图

对应图 10.8(b) 和 (c) 所示两种情形（“三颗粒系统” 和 “六颗粒系统”）下颗粒的相互作用过程和速度传递分别如图 10.9 和图 10.10 所示，可以看到沿 x 轴方向冲击波逐层向前传播，基于不同冲击角度可以调查能量衰减量之间的差异。设定激励颗粒的冲击速度与 x 轴之间的夹角从 0° 变化到 90°，其他参数见表 10.1。图 10.11 给出了图 10.8(b) 所示 “三颗粒系统” 情形下冲击角度为零时每个颗粒速度随时间变化的情况。图 10.12 给出了不同冲击角度时“三颗粒系统”稳定后的系统机械能变化，其中图 10.12(a) 给出了总能量、主波传递能量及耗散能量随角度的演化，图中灰色区域为总动能和主波动能之差，可以定义为能量传递的最大衰减部分。它由两部分组成，结合图 10.12(b) 可知，这两部分分别为耗散部分和次级波部分。需说明图 10.12(a) 中总能量不等于主波能量与耗散能之和，其差值为次波能量。上述能量的计算表达式为，总能量 $E_{\mathrm{t}}=\dfrac{1}{2}m_{\mathrm{P_0}}v_0^2$，主波动能 $E_{\mathrm{p}}=\dfrac{1}{2}m_{\mathrm{P_A}}v_{\mathrm{P_A}}^2+\dfrac{1}{2}m_{\mathrm{P_B}}v_{\mathrm{P_B}}^2$，次波动能 $E_{\mathrm{s}}=\dfrac{1}{2}m_{\mathrm{P_0}}v_{\mathrm{P_0}}^2$，耗散能量 $E_{\mathrm{d}}=E_{\mathrm{t}}-E_{\mathrm{p}}-E_{\mathrm{s}}$。其中 $m_{\mathrm{P_0}}$，$m_{\mathrm{P_A}}$，$m_{\mathrm{P_B}}$ 分别为图 10.11 中所示颗粒 $\mathrm{P_0}$，$\mathrm{P_A}$，$\mathrm{P_B}$ 的质量，v_0 为激励源颗粒 $\mathrm{P_0}$ 的初始速度，$v_{\mathrm{P_A}}$，$v_{\mathrm{P_B}}$，$v_{\mathrm{P_0}}$ 分别为碰撞后对应颗粒的稳定速度。

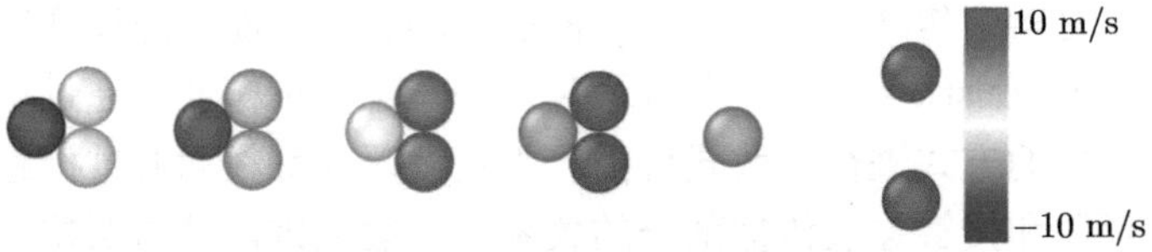

图 10.9 三颗粒相互作用过程

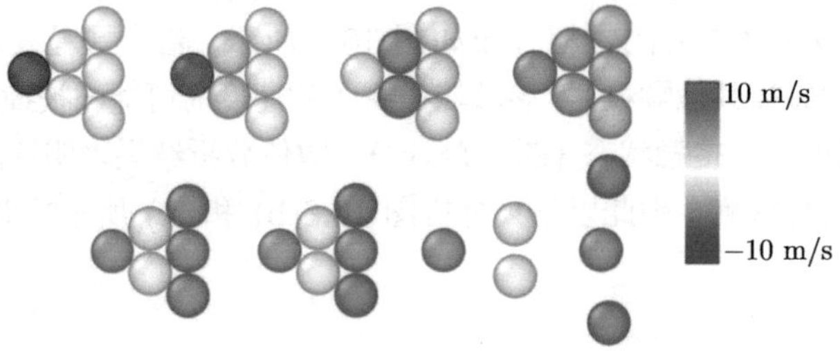

图 10.10 六颗粒相互作用过程

耗散能部分在图 10.12(b) 中标记为红色，它主要是由颗粒之间的摩擦引起。次级波部分来自颗粒反弹带来的动能，这部分能量会在随后的碰撞过程中弥散到样本中去。影响次级波的因素较多，这里不做分析，仅考虑主波所携带的能量。水平方向冲击时，由于样本的对称性，传递的动能被平均分配给图 10.11 中所示的颗粒 $\mathrm{P_A}$ 和 $\mathrm{P_B}$，即动能分配比例为 $K_{\mathrm{B}}/K_{\mathrm{A}}=1$。其他冲击角度时，动能分配比例随冲击角度的变化如图 10.13 所示。可以看到随着冲击角度的增大，波传播方向上同一层的颗粒动能分配比例呈指数规律变化。(注：由于颗粒半径相同，当冲击角度超过 30° 时，激励源几乎不与 $\mathrm{P_A}$ 发生直接作用，$\mathrm{P_A}$ 通过摩擦等作用获得动能，因此在角度大于 30° 时，认为颗粒 $\mathrm{P_A}$ 和 $\mathrm{P_B}$ 之间的速度相差较大，不再有可比性，故而不在图中呈现。)

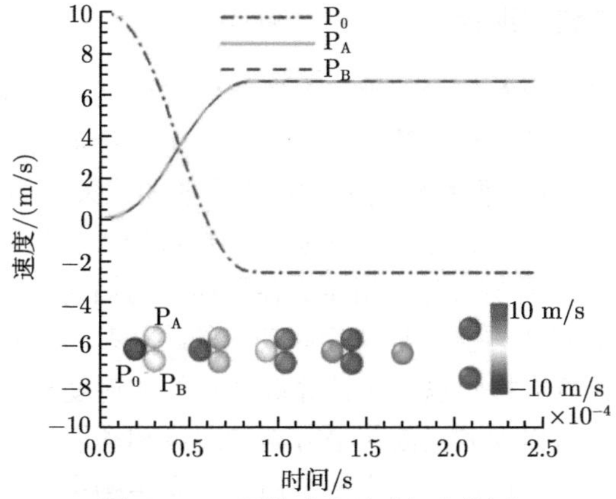

图 10.11 颗粒速度随时间变化图

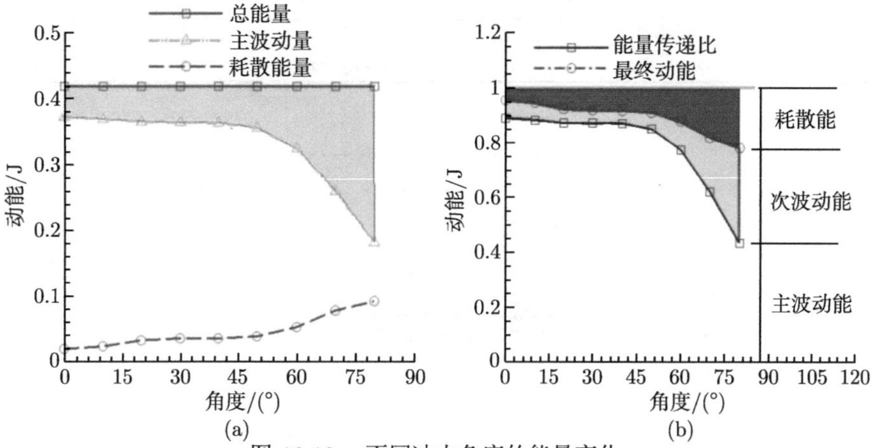

图 10.12 不同冲击角度的能量变化

(a) 变化趋势；(b) 能量传递比

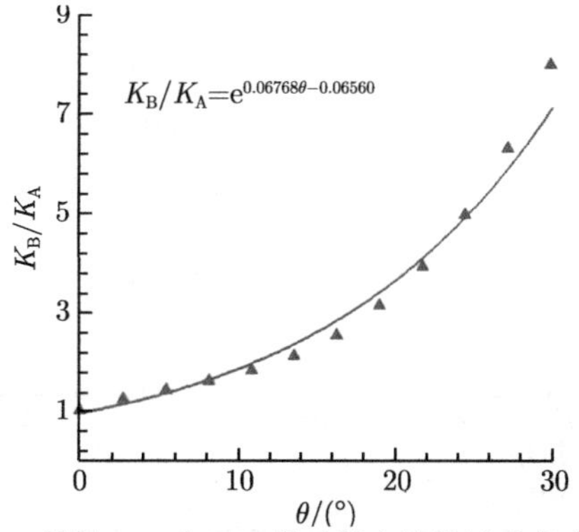

图 10.13 颗粒 P_A 和 P_B 的动能之比随冲击角度的变化

10.1.5　传力路径与波前形状

颗粒材料中接触分布和接触特性将会影响力传递路径。为研究不同的接触力传递路径对能量衰减和波前形状的影响，考虑图 10.1 所示的两种不同介观结构的颗粒样本中的波传播情况。两种结构的颗粒样本的加载条件如图 10.2(b) 所示，模拟时所用参数见表 10.2。对于图 10.1 所示无小颗粒嵌入的颗粒样本 I 沿激励方向取 5 个计算取样点，如图 10.14(a) 所示。各取样点的加速度和动能随时间的变化如图 10.14(b) 所示，可以看到其加速度和动能的峰值基本保持不变。对于嵌入小颗粒的样本 Ⅱ，其计算取样点以及各计算取样点的加速度和动能随时间的变化曲线如图 10.15 所示，可以看到沿波传播方向加速度和动能均呈现明显的指数式衰减。两个样本所给结果之间的差别主要是由于介观结构不同或者说排列差异导致

表 10.2　计算中使用的参数

半径	弹性模量	泊松比	密度	摩擦系数	冲击速度
0.01 m	5×10^9 Pa	0.3	2000 kg/m^3	0.3	10 m/s

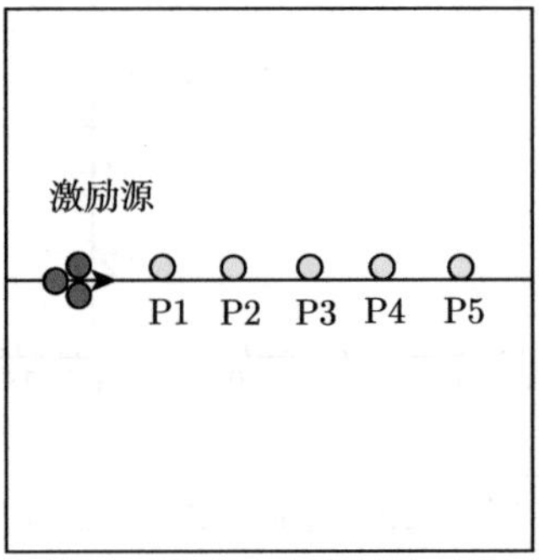

(a)

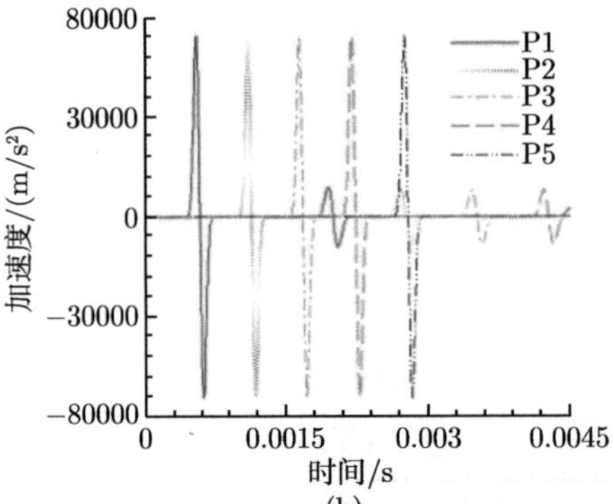

(b)

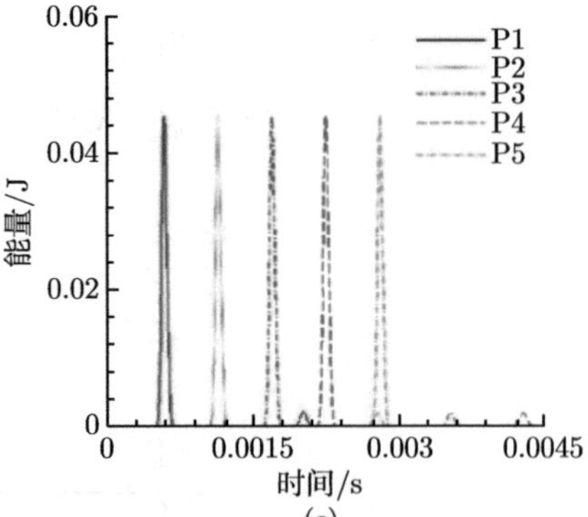

(c)

图 10.14　颗粒样本 I 的计算取样点及颗粒加速度和动能

的传力路径不同，由此进一步导致能量耗散不同，具体解释如下：如 10.1.4 节所述沿传播方向上的能量耗散主要有两种机制，一种为颗粒间摩擦，一种为沿接触网络向其他方向的弥散。样本 I 和样本 Ⅱ 中力的传递路径如图 10.16 所示。可以看到，当样本 I（图 10.16(a)）中颗粒 A 被激发时，它只能与颗粒 B 和 C 相互作用，在直接接触的颗粒中法向接触力仅沿 x 和 y 传递，而对于样本 Ⅱ（10.16(b)），当颗粒 A 被激发后，接触力不仅沿 x 和 y 传递，还将沿 C 和 D 传递。上述传力模式的不同不仅使其摩擦耗能存在差异，还导致了能量的逐次弥散的差异，从而导致颗粒加速度、动能以及波前形状随时间演化的差异，如图 10.17 所示。需说明 t 时刻离散颗粒样本中的波前形状按如下方式获取，将颗粒样本沿 y 方向或 x 方向分为若干颗粒条，搜索得到每个颗粒条中 t 时刻速度值最大的颗粒，将这些颗粒连接起来，形成的曲线即为 t 时刻的波前形状。

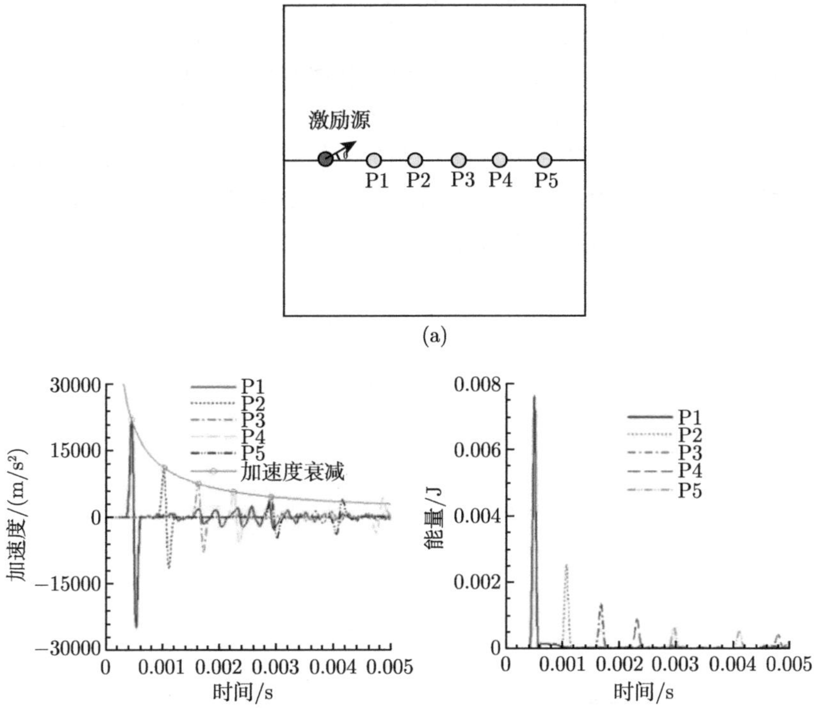

(b) (c)

图 10.15 颗粒样本 Ⅱ 的计算取样点及颗粒加速度和动能

进一步分析颗粒间接触力的传递，可以将其分为两个方面，一是接触力的传递路径或传递网络，其由颗粒间的接触点分布决定。一是力的传递比，即同一颗粒与不同颗粒接触时接触力的大小的比值，其由颗粒间接触特性决定。这里我们保持嵌入颗粒的弹性模量不变，仅改变基体颗粒的弹性模量，可以看到颗粒样本

Ⅱ 中的波前型形状随基体颗粒弹性模量的变化如图 10.18 所示。图 10.19 给出了力的传递比随基体颗粒弹性模量的变化及与波前形状的对应。

下面分析激励角度对颗粒材料中波传播行为的影响。考虑图 10.1 所示的颗粒样本 Ⅱ，所有计算参数均与表 10.1 相同。激励角度自 $0^\circ \sim 90^\circ$ 每 15° 取一个值。由于不同激励角度对应曲线的变化趋势相同，仅振幅存在差异。为了避免重复，图 10.20 仅显示了 $\theta = 45^\circ$ 和 $\theta = 90^\circ$ 情况下的对应曲线。需说明，图 10.20 中结果仅考虑了初始未受干扰的主波（仅考虑与第一个峰关联的量，而不考虑次级波）。由图 10.20 可看到，在传播方向上以时间表征的波前位置处颗粒的加速度峰值呈指数衰减。为方便对比，图 10.21 给出了 7 个不同激励角度下的波前颗粒加速度曲线，可以看到所有曲线变化趋势相同。然而随着激励角度的增加，加速度曲线的初始阶段变得更陡峭，即波前颗粒加速度在更短的时间内衰减到较低的水平。图 10.22(a) 给出了初始激励速度相同，不同激励角度下（红色实线）计算取样点 P1 处的动能峰值，图中黑色虚线表示在 x 轴方向上的颗粒的初始动能。两条曲线之间的阴影部分表示当波从激励源传播到第一计算取样点时能量的衰减部分。如 10.1.4 节所述，衰减部分包括摩擦能量消耗（红色部分，通过接触点摩擦力计算得到）和不同方位接触分散（弥散）掉能量（灰色部分，由总衰减部分减去摩擦能量消耗）。由图 10.22(a) 可以看到主要衰减是由接触分散引起的，且能量衰减量随着激励角的增加先增加后减小，最大值位于 $45^\circ \sim 60^\circ$。

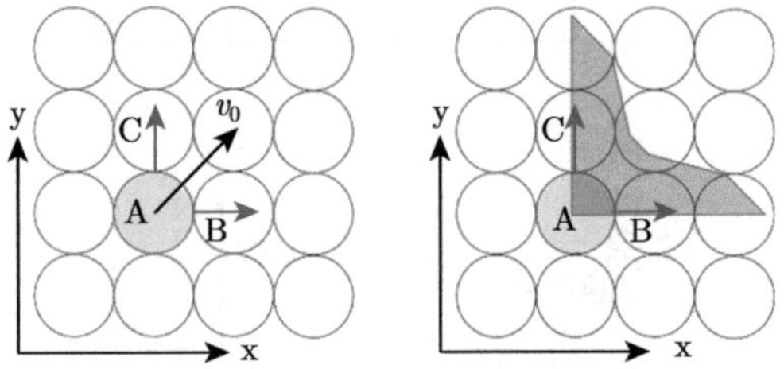

(a)

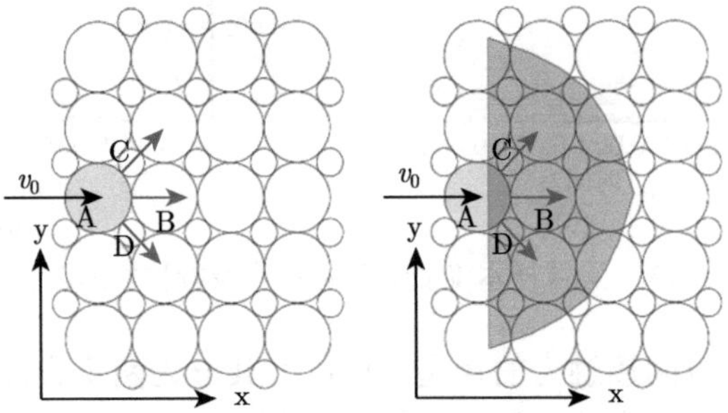

(b)

图 10.16　颗粒样本内的传力途径示意图

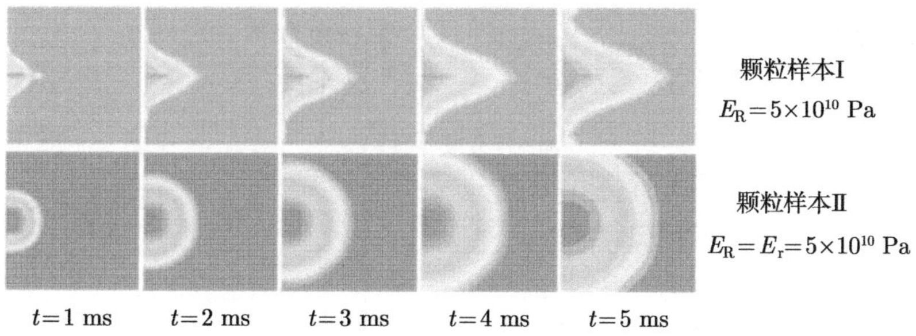

图 10.17 两种颗粒样本内波前形状随时间演化图（图中模量单位改成 Pa）

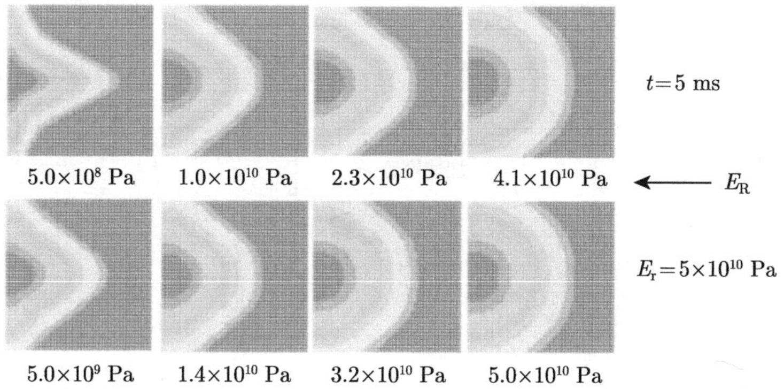

图 10.18 颗粒样本 Ⅱ 中波前形状随基体颗粒弹性模量的变化图

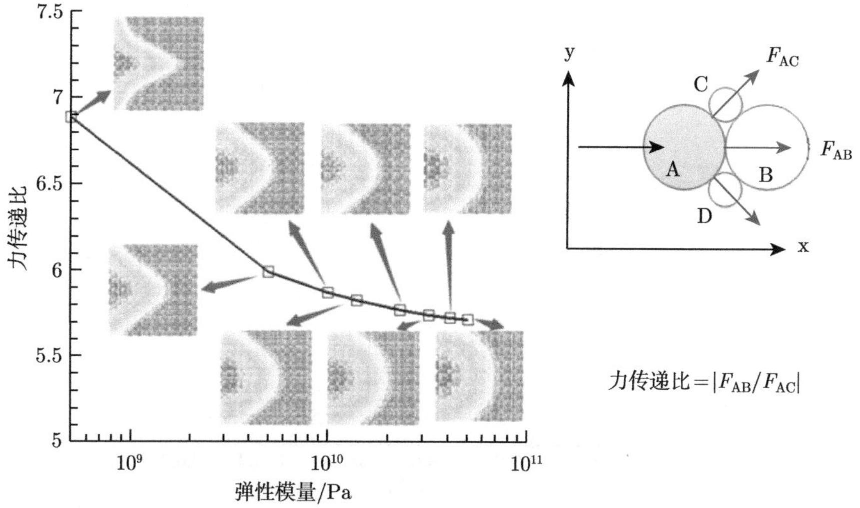

图 10.19 颗粒样本 Ⅱ 中接触力传递比随基体弹性模量的变化关系

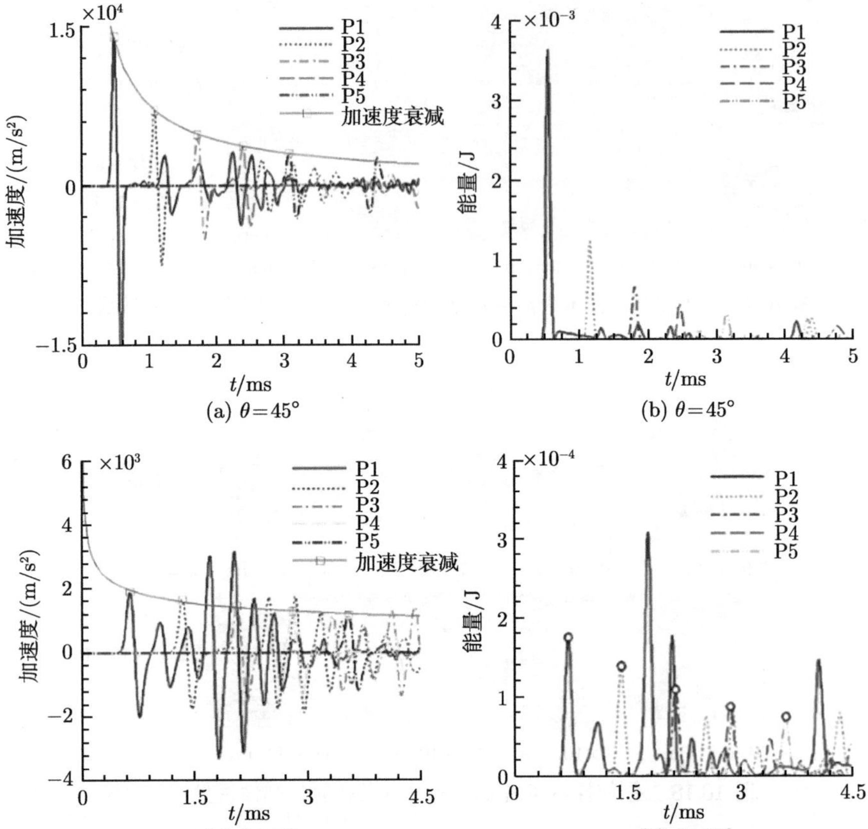

(a) $\theta=45°$　　(b) $\theta=45°$

(c) $\theta=90°$　　(d) $\theta=90°$

图 10.20　不同激励角度条件下计算取样点处颗粒加速度和动能随时间的变化

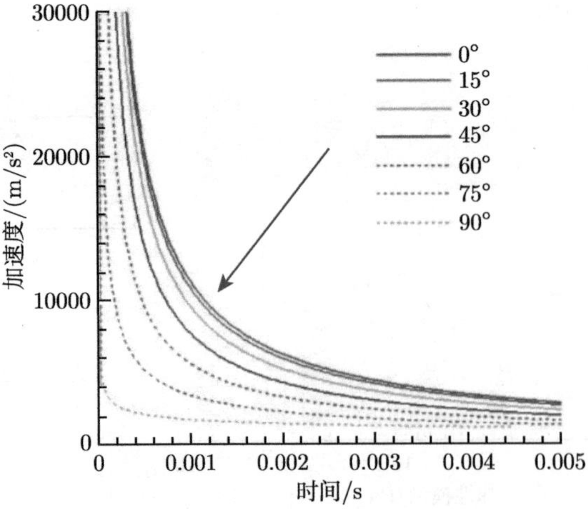

图 10.21　不同激励角度条件下波前颗粒加速度随时间的变化

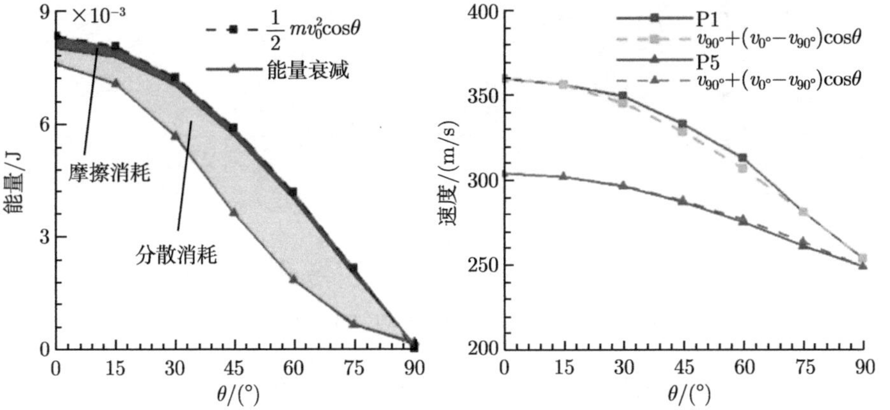

(a) (b)

图 10.22 计算取样点 P1 和 P5 颗粒动能和速度

(a) P1 处能量耗散；(b) 速度随激励角度的变化

图 10.22(b) 给出了初始激励速度相同，不同激励角度时，计算取样点 P1 处的平均波速，以红色实线表示。虚线表示激励角度为零时的平均波速和激励角度为 90° 时的平均波速的差值与冲击角度余弦的乘积与冲击角度为 90° 的平均波速之和。可以看到两条线非常接近，尤其是在 0°~15° 和 75°~90° 时，几乎重合。由此可知，应力波的传播速度随激励角度近似呈余弦规律变化。将计算取样点 P5 的平均速度一并绘制在图 10.22(b) 中，可以看到离散元计算给出速度随激励角度的变化曲线（蓝色实线）也符合余弦规律（灰色虚线），这进一步验证了波速随激励角度呈余弦变化的规律。

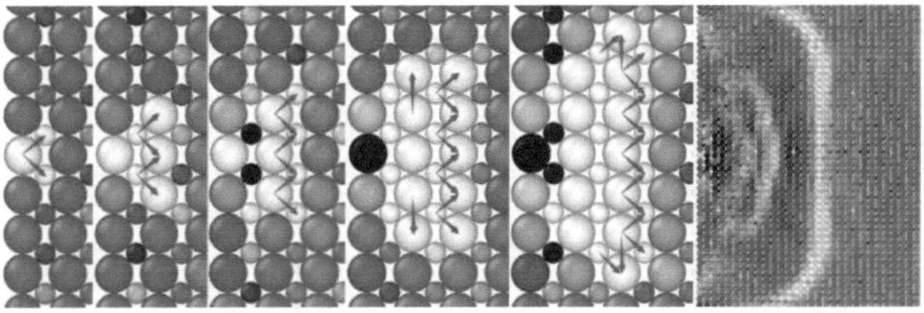

(a)

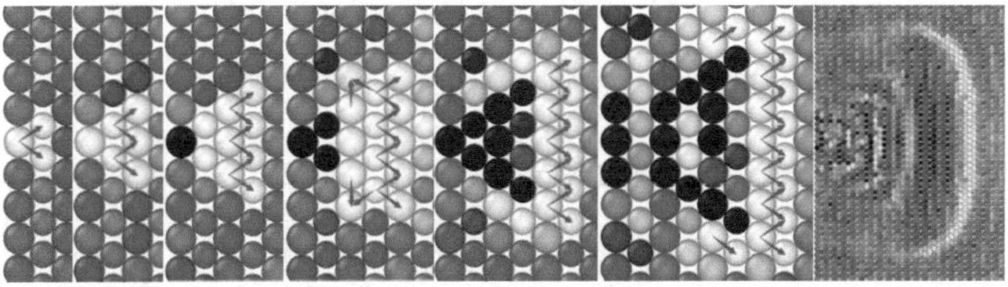

(b)

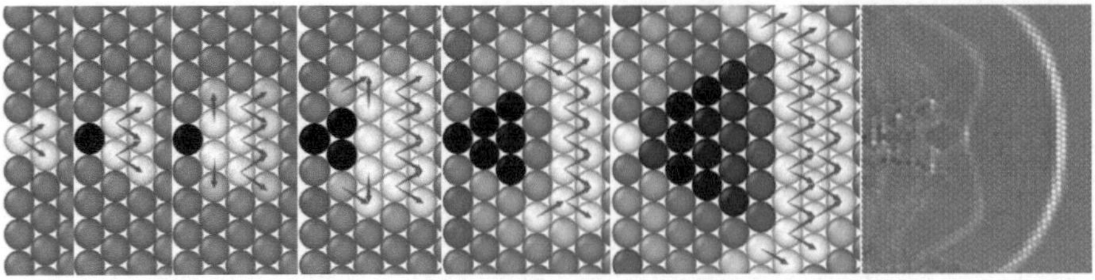

(c)

图 10.23　不同排列的颗粒集合体中力传递路径与波前形状

(a) $r/R = 0.56$; (b) $r/R = 0.71$; (c) $r/R = 1.00$

前面讨论了接触特性不变的情况下，通过调整基体颗粒弹性模量改变接触力传递比对波前形状和能量衰减的影响。下面讨论调整介观结构导致接触力传递路径变化对波前形状的影响。参考颗粒样本 Ⅱ，通过改变嵌入颗粒半径改变颗粒集合体的介观结构，从而改变接触力传递路径。图 10.23 给出了以粒径比表征的三个具有不同细观结构的样本对应的力传递路径和波前形状，可以看到当半径比 r/R 较小时（图 10.23(a)），接触力沿 y 方向传播的趋势更大，使得波前形状中存在一段直线；随着半径比的增大，接触力沿 y 方向传播的趋势逐渐减小，波前形状中的直线部分也相应减小（图 10.23(b) 和 (c)）。图 10.24 概念性地显示了上述波前形状随半径比的变化。

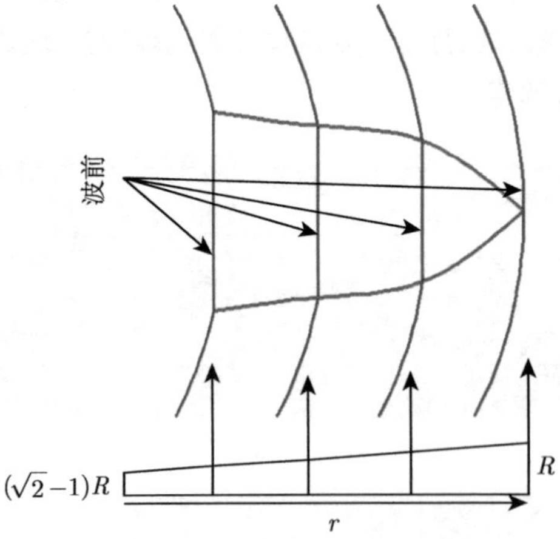

图 10.24　波前形状随半径比变化示意图

10.1.6　密排结构中波前形状的解析式

10.1.5 节讨论了波前形状与以半径比表征的细观结构有关。本节关注密排结构 $(r = R)$ 波前形状的解析表达式，以激励点为坐标原点，建立如图 10.25 所示坐标系。首先分析 t 时刻波前形状，假设其由圆弧和抛物线组成，$r(t)$ 为 t 时刻圆弧的半径，且圆弧与抛物线交接点的矢径与 x 轴的夹角为 θ，记其在 x，y，θ（其中密排颗粒样本 $\theta = 30°$）方向上的坐标为 L_{x}、L_{y}、L_{θ}，可得到不同时刻交接点的坐标如表 10.3 所示。其中，$D = 2R$，$\bar{D} = \sqrt{3}R$。采用如下形式的拟合方程来逼近表 10.3 中的数据点：

$$L_i = \left(b_i - \frac{c_i}{t - a_i}\right) R \tag{10.9}$$

其中，下标 i 轮流表示下标 x，y，θ。式 (10.9) 中的待定系数在表 10.4 中列出。

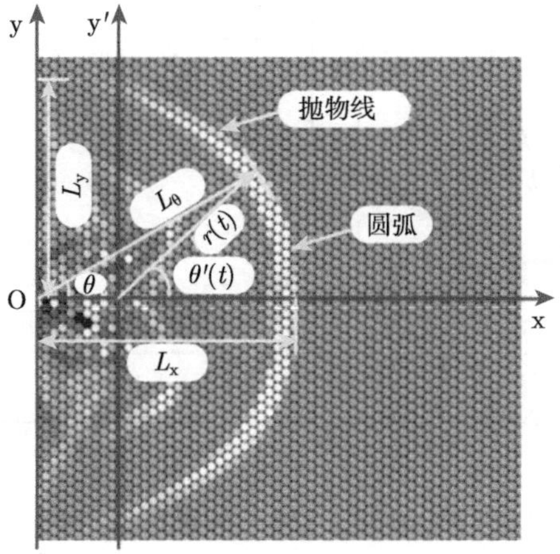

图 10.25 波前形状拟合示意图及坐标系

表 10.3 离散点在三个方向上的坐标

$L_{\mathrm{x}}\,(*\bar{D})$	4	7	11	14	18	20	23	30
$L_{\mathrm{y}}\,(*D)$	5	10	15	19	23	27	31	46
$L_{\theta}\,(*D)$	5	9	13	17	20	24	27	39

表 10.4 三个方向上距离的拟合参数

方向	a	b	c
L_{x}	−0.0141	483.5884	6.8154
L_{y}	−0.0037	146.2804	0.5570
L_{θ}	−0.0104	366.5150	3.7799

式 (10.9) 所给双曲线如图 10.26 所示，每条曲线均对应一条渐近线，这表明波传播到一定距离后会停止，与实际相符。对式 (10.9) 所描述的位移曲线求时间

导数，可以得到相应的速度如下，

$$v_i = \frac{c_i R}{(t - a_i)^2} \tag{10.10}$$

其中，下标 i 轮流表示下标 x，y，θ。式 (10.10) 所描述的速度随时间的变化如图 10.27 所示。

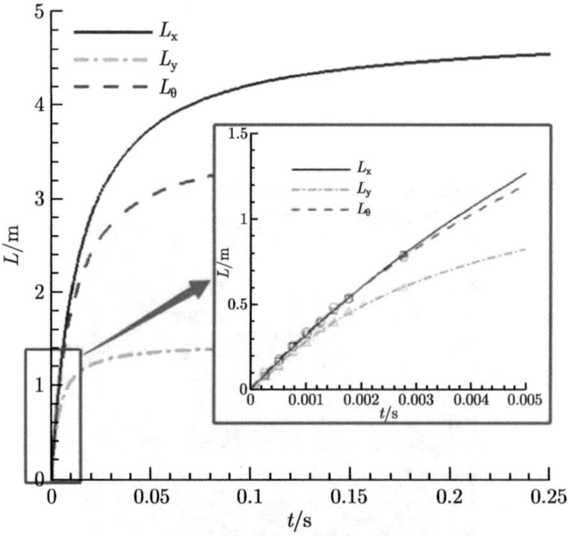

图 10.26　位移时间拟合曲线

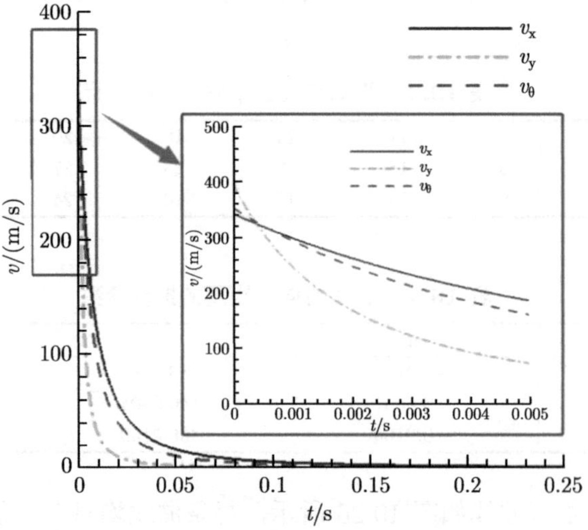

图 10.27　速度随时间的变化曲线

取时间间隔 $\Delta t = 0.01$ s，当满足以下两个条件：a) 位移相对变化量不超过 5%，b) 速度相对变化量不超过 5%，即当

$$\begin{cases} \dfrac{L_i^{t+\Delta t} - L_i^t}{L_i^t} \leqslant 5\% \\ \dfrac{v_i^{t+\Delta t} - v_i^t}{v_i^t} \leqslant 5\% \end{cases} \tag{10.11}$$

满足时认为波停止传播。相应的停止时间和停止距离如表 10.5 所示。

表 10.5 波传播停止时间和停止距离

方向	x	y	$\theta = 30^\circ$
停止时间/s	0.3708	0.3812	0.3745
停止距离/m	4.6588	1.4483	3.5669

根据上表可以画出密排颗粒组成的半无限平面上，点冲击载荷引发的应力波传播的范围，如图 10.28 所示。考虑到对称性，波前形状的确定由三个方向上的离散点决定，即图 10.28 中，点 $\mathrm{A}_1\,(0, L_{\mathrm{y}})$，交点 $\mathrm{A}_2\,(L_\theta \cos(\theta), L_\theta \sin(\theta))$（或 B_2），前端点 $\mathrm{B}_1\,(L_{\mathrm{x}}, 0)$。由图 10.25 可以看出，圆弧对应的圆心在加载过程中并不总是与坐标原点重合，为了得到与离散元模拟给出的波前形状更接近的拟合波前形状，做如下修正：当样本中的波形完全演化为圆弧时，记此时刻为 t_{c}，则 t 时刻波前形状曲线中抛物线与圆弧交接点和圆弧圆心的连线与 x 轴的夹角为 $\theta'(t)$（如图 10.25 所示），假定 θ' 按下式变化

$$\theta'(t) = \theta + \frac{t}{t_{\mathrm{c}}}\bar{\theta} \tag{10.12}$$

当 $\theta = 30^\circ$ 时（对应为密排颗粒样本）建议 $\bar{\theta} = 10^\circ$。

基于以上分析，可以得出如下的波前形状公式：

$$\begin{cases} (x - a_{\mathrm{c}})^2 + y^2 = (L_{\mathrm{x}} - a_{\mathrm{c}})^2, & x > L_\theta \cos\theta' \\ y^2 + \dfrac{L_{\mathrm{y}}^2 - (L_\theta \cos\theta')^2}{L_\theta \sin\theta'} x - L_{\mathrm{y}}^2 = 0, & 0 \leqslant x \leqslant L_\theta \cos\theta' \end{cases} \tag{10.13}$$

其中，$a_{\mathrm{c}} = \dfrac{1}{2}\left[L_{\mathrm{x}} + L_\theta \cos\theta' - \dfrac{(L_\theta \sin\theta')^2}{L_{\mathrm{x}} - L_\theta \cos\theta'}\right]$，$L_{\mathrm{x}}$，$L_{\mathrm{y}}$，$L_\theta$ 由式 (10.9) 确定。图 10.29 给出了离散元模拟的波前形状和式 (10.13) 所给出的波前形状的对比，可以看到二者具有较好的一致性。式 (10.13) 可为波的传播速度和范围预测提供依据。

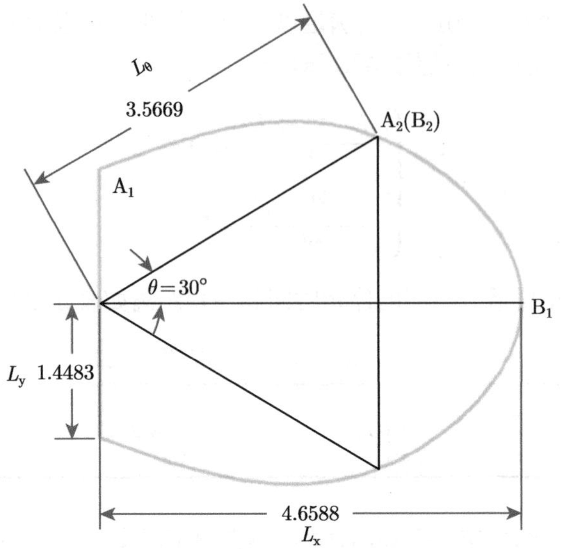

图 10.28　冲击波传播范围示意图 (L_x, L_y, L_θ 的单位为 m)

10.1.7　小结

本节研究了不同半径比的颗粒集合体受到点冲击载荷作用时的波传播行为。首先分析了应力波速随着介观结构的变化；然后根据颗粒间的作用力和接触点处能量衰减的相关假设，分析了能量衰减的影响因素；基于激励源附近颗粒的运动情况，分析了冲击动能在颗粒中耗散和弥散的比例；在解释了波前形状与介观结构关系之后，研究了密排颗粒样本中的波前形状，得出了其解析表达式，并对停止距离和传播范围做了预测。具体结论如下：

（1）在包含嵌入颗粒的四方排列颗粒样本中，冲击波的波速随着半径比 r/R 的增加先增大后减小。弹性波在颗粒介质中传播并不是匀速的，波速随着传播距离的增加而减小。当半径比 r/R 接近 $\sqrt{2}/2$ 时，相同时间内速度的衰减最小，即同一样本中前后不同时刻的平均速度最接近；这种结构在波传播方向上对应最低的能量衰减。

（2）颗粒半径比对于样本中波传播能量衰减率的影响有两方面的作用，它使耗散率先减小后增大，中间存在极小值，能量耗散率曲线表现为存在谷值的单峰函数。由冲击总动能和主波动能之差，可以定义能量传递的最大衰减部分，它由耗散部分和次级波分散（弥散）部分组成。其中，耗散主要是由于颗粒之间的摩擦作用引起的；次级波的部分来自颗粒反弹之后所具有的动能，这部分能量会在随后的碰撞过程中散布到样本中去。随着冲击角度的增大，波传播方向上同一层颗粒所获得的动能之比呈指数规律变化。

(3) 接触分布和接触力的传递比会影响波前形状：倾斜接触的存在使波前形状倾向于呈凸形。波前形状也受到力传递路径的影响。较小的半径比 r/R 使力的传递更偏向于 y 轴方向，因此波前形状被“拉长”，随着半径比增加，波前形状逐渐演变成圆弧。解析地给出了密排六方结构中冲击波的波形方程，其中传播距离用双曲线的形式来描述，与实际情况相符合，与模拟得到波形具有良好一致性，可为颗粒材料中波速和波形的预测提供了基础。

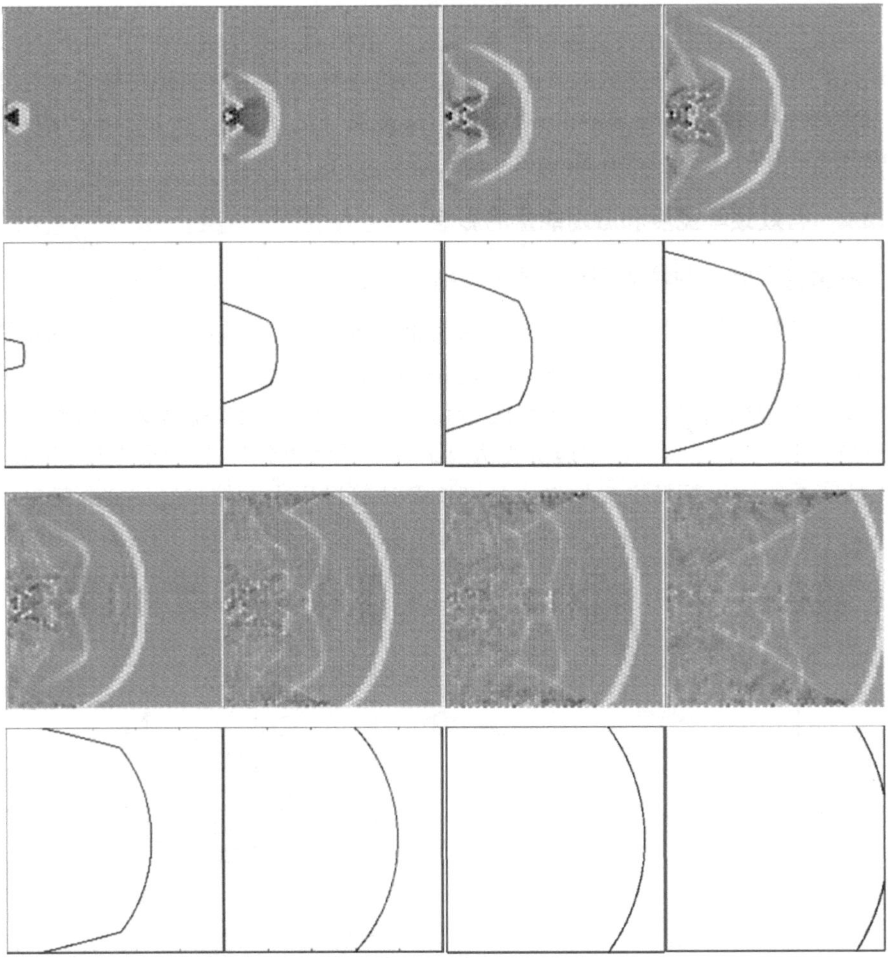

图 10.29 计算模拟得到的波形与解析波形对比图

10.2　颗粒材料能量传递与频散

本节主要关注颗粒材料中波传播时的振幅衰减和色散特性。首先通过傅里叶变换分析激励频率和激励能量对波传播行为的影响。然后基于波速变化得出色散关系。最后分析了介观结构（即半径比）对波数的影响。本节研究揭示的激励频率等对颗粒材料中波传播行为的影响，可以加深对波在颗粒材料中的传播机理的理解，为颗粒波导超材料设计提供指导。

10.2.1　数值样本及输入激励

本节使用的计算方法及颗粒样本与 10.1 节相同。波的激励位置如图 10.2(b) 所示，与 10.1 节不同的是在本节计算模拟时，位于样本左中部的颗粒被设置为激励源，激励源颗粒的运动满足冲击 $v_0 = 10\,\mathrm{m/s}$ 或简谐振动 $\phi\,(\mathrm{t}) = A_{\mathrm{m}}\sin\left(2\pi f t + \varphi\right)$，其中 $A_{\mathrm{m}} = 0.01R$，$f = 10\ \mathrm{Hz} \sim 1\ \mathrm{MHz}$, $\varphi = \pi/3$。

10.2.2　有效频率宽度和激励能量的影响

考虑包含嵌入颗粒的颗粒样本 Ⅱ，如图 10.1(b) 所示。首先关注 $r = \left(\sqrt{2}-1\right)R$ 时样本中的波传播特性。分别对激励源施加不同频率 (10 Hz ~ 1 MHz) 的正弦激励，记录颗粒的沿 x 方向的加速度随时间的变化情况，通过傅里叶变换将时域信号转变换为频域信号，以 $f = 1\ \mathrm{MHz}$ 为例，其变换如图 10.30 所示。将对应振幅小于最大振幅的 10%的频率成分视为“无效的频率成分”，即“噪声”。引起“噪声”的两个原因为颗粒之间接触点处摩擦及计算过程中颗粒半径值截断精度（如取 $\mathrm{r} = \left(\sqrt{2}-1\right)R = 0.414214R$）。将对应振幅大于最大振幅 10%的频率的范围定义为有效频率宽度。

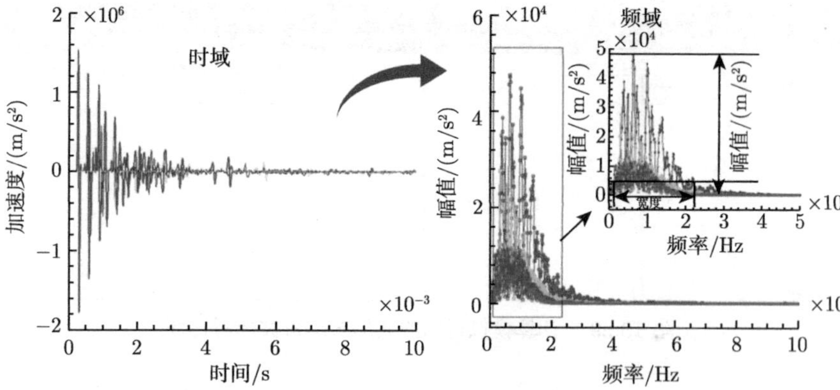

图 10.30　时域空间和频域空间中的加速度波

图 10.31 给出了经过傅里叶变换后获得的激励能量、加速度幅值、有效频率宽度与激励频率的关系。从图中可以看出，随着激励频率的增加，激励能量、加速度的幅值呈指数变化，有效频率宽度则呈幂函数变化。此外总动能和激励颗粒加速度幅值也呈幂函数变化，如图 10.32 所示。

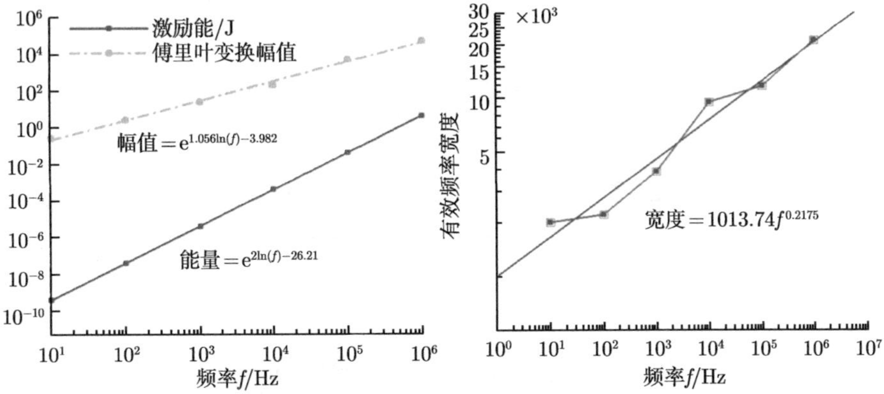

图 10.31 频率与激励能量、加速度幅值以及有效频率宽度的关系

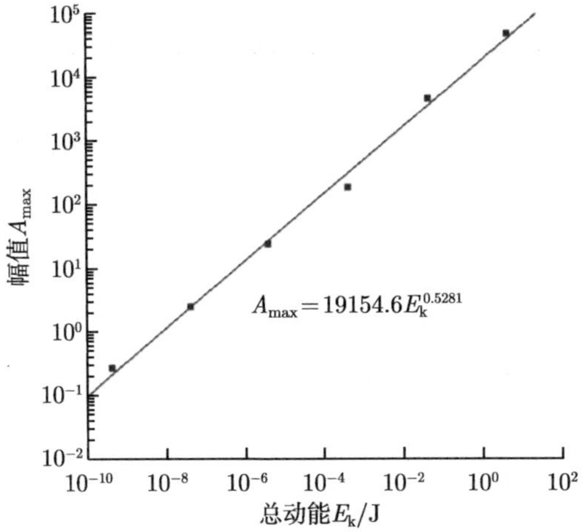

图 10.32 总动能与颗粒加速度幅值的关系

10.2.3 波速和频散关系

频散关系（dispersion relation）指波速随频率的变化关系或者角频率与角波数之间非线性关系。若角频率与角波数为线性关系，则意味着波速将不随频率变化，即不存在频散现象。波速计算时采用式 (10.1)，其中距离为波前位置和激励源之间的距离，其随时间变化关系如图 10.33 所示。图 10.33 中曲线的斜率表示

应力波在颗粒样本内的传播速度，可以看到波的传播速度随着传播距离增加有轻微的下降。下面对不同激励时的速度进行了比较，将不同激励频率下计算得到的波速绘制在双对数坐标下，如图 10.34 所示。可以看到随着激励频率的增加，波速表现出指数增长的规律，其中 $f_c = 2$ kHz 可以视为转折点。当激励频率小于 2 kHz 时，波速增速较缓，当激励频率在于 2 kHz 时，波速增加得较快。

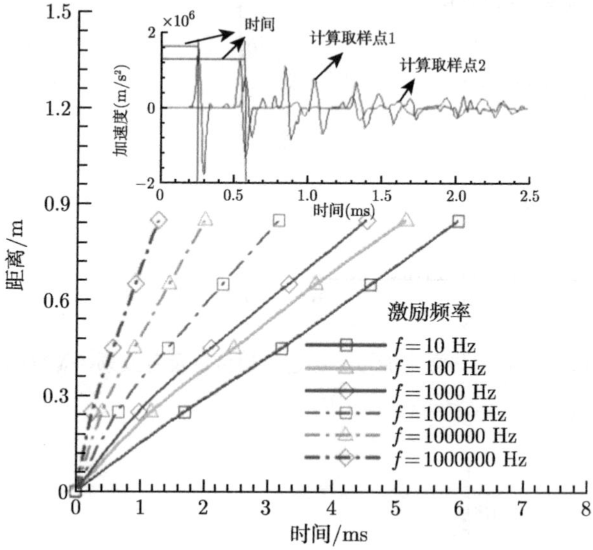

图 10.33　不同激励频率条件下的距离—时间图

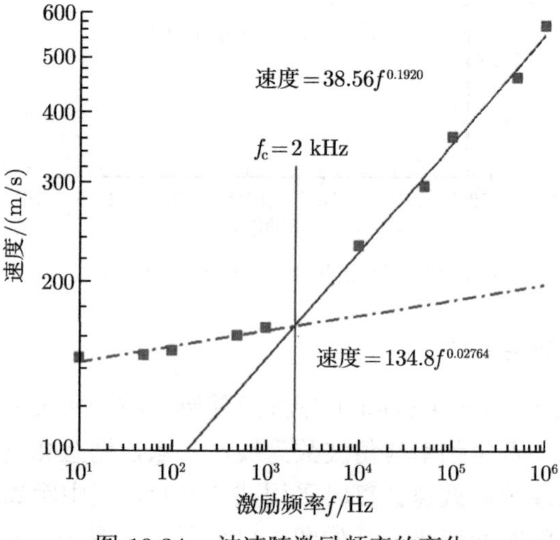

图 10.34　波速随激励频率的变化

前文定性分析了波速和激励频率的关系。下面进一步基于波速和激励频率的数据，应用拟合方法给出具体表达式，即角频率 ω 与角波数 k 的关系 $\omega = \omega(k)$，其中角频率 $\omega = 2\pi f$，f 为频率；角波数可通过波长 λ 表示为 $k = 2\pi/\lambda$。根据图 10.33 和图 10.34 中速度和激励频率的关系，通过拟合可以得到如下色散关系：

$$\omega = 129.55k^{1.1354} \tag{10.14}$$

为了对比，将其（红色点划线）与非频散关系（蓝色实线，即角频率与角波数为线性关系，不存在频散现象）一并画在图 10.35 中，可以看到两条线在 $k = 1$ 处相交，当 $k > 1$ 时频散曲线总是在非频散曲线上方。

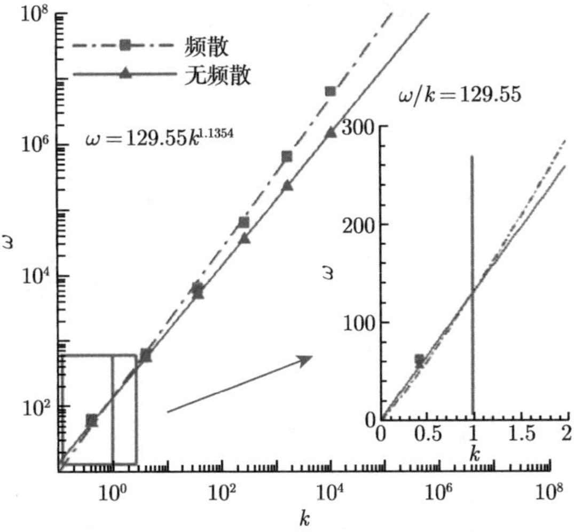

图 10.35　颗粒样本 Ⅱ 中波的频散关系

10.2.4　波数随介观结构的变化

10.1 节中讨论了介观结构（以颗粒半径比表征）对波速的影响，这里基于同样的数值样本，进一步讨论介观结构对波数的影响，以加深对颗粒材料中波传播特征的认识。将图 10.3 重绘成图 10.36，其中拟合曲线的方程也标注在图中。选定图 10.14 中 x 轴上的计算取样点，对相应颗粒沿 x 轴方向的加速度进行傅里叶变换，从时域变到频域，结果如图 10.37 所示。

由图 10.37 可以看到冲击载荷实际上包含多个频率成分。尽管具有不同半径比的颗粒材料样本对应的幅值可能会有很大不同，但频率成分基本都集中在 0~1.5kHz 范围内。因此，可以认为频率成分不受颗粒半径比的影响，即当应力波在颗粒样本内传播时，冲击波的频率成分不变。

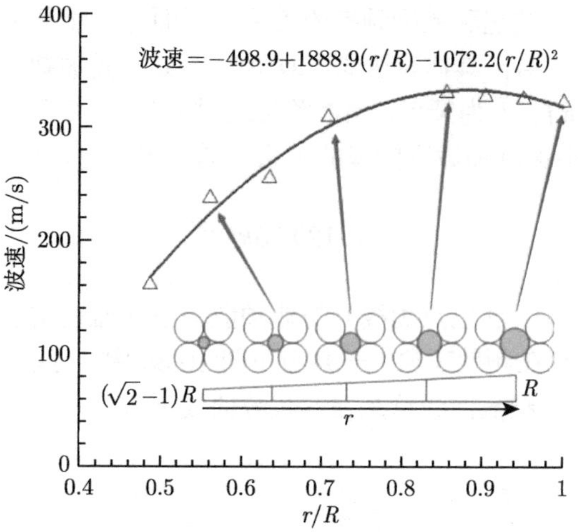

图 10.36　平均速度随颗粒半径比的变化

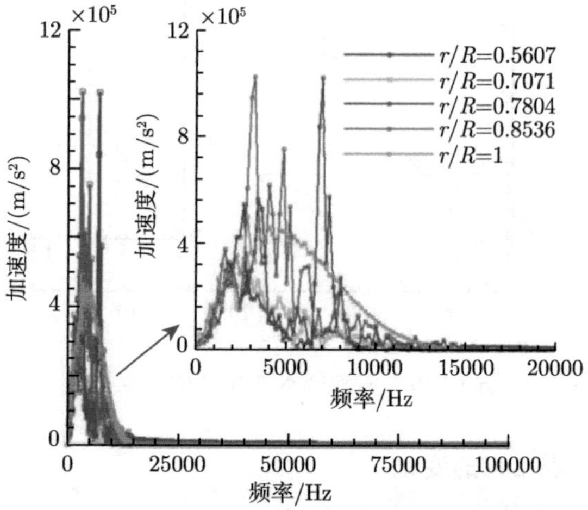

图 10.37　频域中不同半径比条件下的颗粒加速度

根据角波数的定义 $k = 2\pi/\lambda$，可以得到角波数与波速 v 之间的关系为 $k = 2\pi f/v$，结合图 10.36 中波速与粒径比之间的关系，可以得到角波数与颗粒半径比的关系，在给定频率的条件下，其变化曲线如图 10.38 所示。可以看到随着颗粒半径比的增加，波数减小；在同一颗粒样本中，高频成分对应着较大波数；对于任一频率成分，存在一个最小波数，且该最小波数随着频率增大而增大。

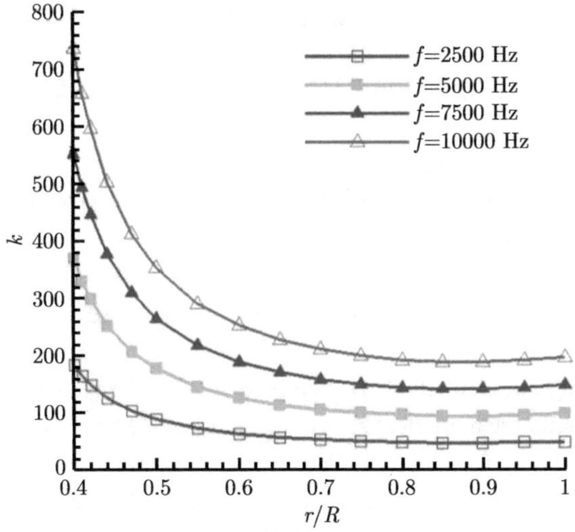

图 10.38 不同具有不同半径比的颗粒样本内传播的波的波数

10.2.5 小结

本节从傅里叶变换的角度出发研究了波在一系列具有特定微结构的颗粒样本中的传播。在频域中，定义了有效频率宽度；讨论了激励能量的影响；分析了激励频率和波速之间的关系，得到了频散关系的具体表达式，并分析了介观结构对波数的影响。具体结论如下

（1） 波有效频率宽度随激励频率呈指数变化。激励能量通过影响颗粒之间接触的重叠来影响颗粒的加速度。

（2） 随着传播距离的增加，波速略有降低。波速随激励频率的增加而增加：临界频率的存在将速度的变化分为两个区域。当频率小于等于 2kHz 时，波速缓慢增加，反之，波速迅速增加。

（3） 推导了应力波在颗粒材料中的频散关系。当波数大于 1 时，尽管色散曲线总是在非色散曲线上方，但是两条曲线通常是接近的，因此这种排列方式构成的颗粒样本频散效果不明显。

（4） 随着半径比的增加，波数减小。任何频率都有一个最小波数，且随着频率的增大而增大。

10.3 总结与讨论

本章主要基于离散单元法研究了波在颗粒材料中的传播行为，重点关注了波前形状与颗粒材料介观结构的关系。分析了介观结构对波传播速度及频散行为的影响。相关结论可为基于颗粒材料的超材料设计提供借鉴。

参 考 文 献

楚锡华, 2007. 颗粒材料的离散颗粒模型与离散—连续耦合模型及数值方法. 大连理工大学博士论文.

杜修力, 2009. 工程波动：理论与方法. 北京: 科学出版社.

张攀, 赵雪丹, 张国华, 张祺, 孙其诚, 侯志坚, 董军军, 2016. 垂直载荷下颗粒物质的声波探测和非线性响应. 物理学报, 65: 210–216.

Abd-Elhady M, Abd-Elhady S, Rindt C, Steenhoven A, 2010. Force propagation speed in a bed of particles due to an incident particle impact. Advanced Powder Technology, 21: 150–164.

Awasthi A P, Smith K J, Geubelle P H, Lambros J, 2012. Propagation of solitary waves in 2D granular media: A numerical study. Mechanics of Materials, 54: 100–112.

Babaee S, Viard N, Wang P, Fang N X, Bertoldi K, 2016. Harnessing deformation to switch on and off the propagation of sound. Advanced Materials, 28: 1631–1635.

Breton L, Claudin P, Clément E, Zucker J D, 2007. Stress response function of a two-dimensional ordered packing of frictional beads. Europhysics Letters, 60: 813.

Chaunsali R, Kim E, Yang J, 2018. Demonstration of accelerating and decelerating nonlinear impulse waves in functionally graded granular chains. Philosophical Transactions of the Royal Society A, 376: 20170136.

Chong C, Kevrekidis P G, Ablowitz M J, Ma Y P, 2016. Conical wave propagation and diffraction in two-dimensional hexagonally packed granular lattices. Physical Review E, 93: 012909.

Clark A H, Lou K, Behringer R P, 2012. Particle scale dynamics in granular impact. Physical Review Letters, 109: 238302.

Daraio C, Nesterenko V F, Herbold E B, Jin S, 2006. Tunability of solitary wave properties in one-dimensional strongly nonlinear phononic crystals. Physical Review E, 73: 026610.

Daraio C, Ngo D, Nesterenko V F, Fraternali F, 2010. Highly nonlinear pulse splitting and recombination in a two-dimensional granular network. Physical Review E, 82: 36603.

Delpero T, Schoenwald S, Zemp A, Bergamini A, 2016. Structural engineering of three-dimensional phononic crystals. Journal of Sound and Vibration, 363: 156–165.

Denoth A, 1982. The pendular-funicular liquid transition and snow metamorphism. Journal of Glaciology, 28: 357–364.

Geng J F, Howell D, Longhi E C, Behringer R P, Reydellet G, Vanel L, Clément E, Luding S, 2001. Footprints in sand: the response of a granular material to local perturbations. Physical Review Letters, 87: 035506.

Geng J F, Reydellet G, Clément E, Behringer R P, 2003. Green's function measurements of force transmission in 2D granular materials. Physica D, 182: 274–303.

Goddard J D, 1990. Nonlinear elasticity and pressure-dependent wave speeds in granular media. Proceedings of the royal society A, 430: 105–131.

Jayaprakash K R, Starosvetsky Y, Vakakis A F, 2011. New family of solitary waves in granular dimer chains with no precompression. Physical Review E, 83: 036606.

Knuth M W, Tobin H J, Marone C, 2013. Evolution of ultrasonic velocity and dynamic elastic moduli with shear strain in granular layers. Granular Matter, 15: 499–515.

Leonard A, Daraio C, 2012. Stress wave anisotropy in centered square highly nonlinear granular systems. Physical Review Letters, 108: 214301.

Leonard A, Fraternali F, Daraio C, 2013. Directional wave propagation in a highly nonlinear square packing of spheres. Experimental Mechanics, 53: 327–337.

Li L L, Yang X Q, Zhang W, 2018. Two interactional solitary waves propagating in two-dimensional hexagonal packing granular system. Granular Matter, 20: 49.

Liu C H, Nagel S R, Schecter D A, Coppersmith S N, Majumdar S, Narayan O, 1995. Force fluctuations in bead packs. Science, 269: 513–515.

Lu G, Third J R, Müller C R, 2014. Effect of particle shape on domino wave propagation: a perspective from 3D, anisotropic discrete element simulations. Granular Matter, 16: 107–114.

Luding S, 1998. Collision and contacts between two particles. In: physics of dry granular media. Herrmann H J, Hovi J P and Luding S. Eds. NATO Advanced Study Institute, Kluwer: 285–304.

Manjunath M, Awasthi A P, Geubelle P H, 2014. Plane wave propagation in 2D and 3D monodisperse periodic granular media. Granular Matter, 16: 141–150.

Mavko G, Mukerji T, Dvorkin J, 1998. The Rock Physics Handbook. Cambridge University Press, 149–151.

Mouraille O, Mulder W A, Luding S, 2006. Sound wave acceleration in granular materials, Journal of Statistical Mechanics Theory and Experiment, 47: 1192–1197.

Mouraille O, Luding S, 2008. Sound wave propagation in weakly polydispersity granular materials. Ultrasonics, 48: 498–505.

Mueggenburg N, Jaeger H M, Nagel S R, 2002. Stress transmission through three-dimensional ordered granular arrays. Physical Review E, 66: 031304.

Nesterenko V F, 2001. Dynamics of Heterogeneous Materials. New York: Springer.

O'Donovan J, Ibraim E, O'Sullivan C, Hamlin S, Wood D M, Marketos G, 2016. Micromechanics of seismic wave propagation in granular materials. Granular Matter, 18: 56.

Owens E T, Daniels K E, 2012. Sound propagation and force chains in granular materials. Epl, 94: 138–161.

Sadd M H, Adhikari G, Cardoso F, 2000. Discrete simulation of wave propagation in granular materials. Powder Technology, 100: 222–233.

Sen S, Hong J, Bang J, Avalos E, Doney R, 2008. Solitary waves in the granular chain, Physics Reports, 462: 21–66.

Song Z B, Yang X Y, Feng W X, Xi Z H, Li L J, Shi Y R, 2018. Decaying solitary waves propagating in one-dimensional damped granular chain. Chinese Physics B, 27: 074501.

Theocharis G, Boechler N, Daraio C, 2015. Nonlinear periodic phononic structures and granular crystals. Acoustic Metamaterials and Phononic Crystals. Springer: 217–251.

Tang X, Yang J, 2021. Wave propagation in granular material: what is the role of particle shape? Journal of the mechanics and physics of solids, 157: 104605.

Wang J, Chu X H, 2018. Compressive Wave propagation in highly ordered granular media based on DEM. International Journal of Nonlinear Sciences and Numerical Simulation, 19: 545–552.

Wang J, Chu X H, 2019. Impact energy distribution and wavefront shape in granular material assemblies. Granular Matter, 21: 23.

Wang, J, Chu, X. Jiang Q H, Xiu C X, 2019a. Energy transfer and influence of excitation frequency in granular materials from the perspective of Fourier transform, Powder Technology, 356: 493–499.

Wang J, Chu X H, Zhang J B, Liu H, 2019b. The effects of microstructure on wave velocity and wavefront in granular assemblies with binary-sized particles. International Journal of Solids and Structures, 159: 156–162.

Xu Y, Shukla A, 1990. Stress wave velocity in granular medium. Mechanics Research Communications, 17: 383–391.

Yang D Z, Chu X H, Xiu C X, Pan Y, 2023. Influence of aspect ratio on wave propagation in granular crystals consisting of ellipse-shaped particles. International Journal of Applied Mechanics, 2250096.

第 11 章 颗粒材料破碎行为的离散元模拟

可破碎土具有特殊的力学和工程特性。对土体颗粒破碎的力学机理和工程效应的研究关系到各种大型工程建筑的安全和正常工作。介观尺度上颗粒破碎和材料宏观非线性行为有直接的联系，研究颗粒破碎对土力学的完善有重要意义。由于物理试验存在试样制备繁琐以及介观信息不易获取等困难，离散单元法（DEM）被广泛用于颗粒材料破碎行为研究，然而大部分现有离散元模型不考虑颗粒破碎。楚锡华和李锡夔（2006），Einav（2007a；2007b），Arslan et al.（2009）等发现，颗粒破碎所导致的颗粒位置重置是与接触颗粒间相对摩擦滑动和滚动（在宏观尺度与连续体塑性相关联）和颗粒接触丧失（在宏观尺度与连续体损伤相关联）同时发生和发展的导致材料能量耗散的介观机理。一些研究工作者已致力于把离散元模型拓展到可破碎颗粒集合体，发展了不同的可破碎离散元模型（Astrom and Herrmann 1998; Tsoungui et al., 1999; McDowel, 2002; Cheng, 2003; Cheng et al., 2004; Lobo-Guerrero and Vallejo, 2005; 楚锡华和李锡夔, 2006; Ben-Nun and Einav, 2010; Elghezal et al., 2013; Bono and McDowell, 2014; Li et al., 2016）。

可模拟颗粒破碎的离散元方法可归结为两类途径。第一类途径的基本思想是把一小簇具有简单形状的子颗粒和/或由独立子颗粒结合的子颗粒簇拼接形成一个具有内孔隙的超级颗粒（可破碎团粒）。作为超级颗粒的颗粒簇按照一定破坏准则破裂和解体为一系列形成颗粒簇的具有简单形状的子颗粒（Jensen et al., 2001; McDowell and Harireche, 2002; Cheng et al., 2003; 楚锡华和李锡夔 2006; Zhou et al., 2014; 2015）。

另一途径是假定单个颗粒为无内孔隙的固体颗粒。一旦单个颗粒满足一定的颗粒破碎准则，先按事先假定的破碎后替代颗粒模式生成破碎后颗粒碎片以替代破碎前颗粒。由于单个颗粒破碎后产生碎片间孔隙所导致的碎片包络体相对原颗粒的体积膨胀，因此需根据破碎颗粒周边的颗粒位置检查并确定是否需要调整原碎片模式中的碎片尺寸和安排新的附加小碎片等数值措施，以在原颗粒所占空间及其周边孔隙中容纳所产生的颗粒碎片，并保证颗粒破碎后碎片总质量相对于原颗粒的质量守恒（Lobo-Guerrero and Vallejo, 2005; Ben-Nun and Einav, 2010; Elghezal et al., 2013；Li et al., 2016）。

一个可破碎颗粒的破碎过程数值模拟的两个核心问题是：（1）单个颗粒的破碎准则和（2）单个颗粒破碎后的碎片模式确定。破碎模式将指定一个破碎母颗粒如何被一组表示颗粒碎片的子颗粒替代。虽然上述文献表明在这两方面均已取得了重要进展和一定程度的成功。但在这两方面都尚存一些有争议和没有定论的问题需要进一步地工作和解决（Astrom and Herrmann 1998; Elghezal et al. 2013）。

迄今文献中应用的单个颗粒破碎准则基于 Cauchy 连续体模型弹性断裂力学、由 Tsoungui et al.（1999）和 Ben-Nun and Einav（2010）等提出的源自于处于两刚性板间受压球形颗粒在产生最大拉应力的颗粒中心点首先萌发裂纹（McDowell et al., 1996）导致材料局部破坏的颗粒破碎准则，即定义在破碎球形颗粒中心点处的材料局部破坏准则。对于离散颗粒集合体中的单个参考颗粒的破碎，上述以触发单向压缩颗粒破碎的在颗粒中心发生的最大拉应力（与颗粒直径之比）作为颗粒破碎判据被推广为颗粒在其直接相邻颗粒接触力作用下在颗粒中心处拉应力作为颗粒破碎判据。如果此拉应力超过一个临界应力值，参考颗粒发生破碎。然而，在现有文献中并没有计算参考颗粒在其直接相邻颗粒接触力作用下颗粒中心点处的应力，而是基于参考颗粒在其直接相邻颗粒接触力作用下所计算的颗粒平均应力评估颗粒是否破碎。

此外，通过参考颗粒与其相邻颗粒接触点作用于参考颗粒的不仅有法向和切向接触力，同时还有摩擦阻矩，后者也应在评估颗粒破碎时考虑。在本章介绍的一个颗粒破碎准则中将假定表征颗粒破碎的应力状态的状态变量是一个计及作用于参考颗粒摩擦阻矩、颗粒平均应力的应力不变量或两个应力不变量的组合，它对于参考颗粒受到任意一组接触力、包括在各向同性和近似各向同性受力情况下评估颗粒破碎均有效。

本章内容可以分为三个部分。第一部分将介绍沿上述模拟颗粒破碎的离散元方法的第一类途径的工作，给出一个基于子颗粒簇替代方案的颗粒材料分级破碎模型（楚锡华和李锡夔，2006）。第二部分内容为基于第一类途径中团粒途径研究颗粒级配的演化过程和基于级配演化所定义的破碎率分析剪切过程中颗粒破碎演化规律的研究，并考察颗粒破碎的演化与试验输入能量之间的关系（Zhou et al., 2016; 周伦伦等，2017）。需要说明上述两部分的工作主要体现在破碎对表征元层次的影响，给出了颗粒破碎在集合体内的演化以及摩擦角的演化等。然而考虑计算量的限制，上述方法直接用于研究破碎对颗粒材料结构的影响仍有一定的困难。考虑颗粒破碎对结构层次的影响较为常用的方法是发展考虑破碎影响的本构模型，这类方法通常需要引入假设以考虑破碎引起的级配演化或孔隙比演化（Russell et al., 2004; Einav 2007a; 2007b；楚锡华等，2012）。第三部分将介绍两个包含破碎准则和碎片模式在内的单个可破碎颗粒的破碎模型；并已在颗粒材料二阶计算均匀化方法框架内利用它们模拟颗粒材料结构中颗粒破碎对结构承载能力的影响（Li et al., 2016）。在破碎准则中不仅计及作用于参考破碎颗粒的接触力、也计及了通过参考破碎颗粒表面接触点作用于参考破碎颗粒的接触摩擦阻矩。导致颗粒破碎的应力度量不仅包含了作用于模型化为 Cosserat 连续体的参考颗粒的平均 Cauchy 应力张量，同时也包含了平均偶应力张量。建议和实现了如何用一组碎片替代一个破碎母颗粒的破碎模式。在破碎模式中需保证破碎后的碎片总数相对于破碎母颗粒的质量守恒，且需保证碎片间无重叠，它们与破碎母颗粒在破碎前的直接相邻颗粒也无重叠。

第一个单个颗粒破碎准则基于 Ben-Nun and Einav（2010）和 Tsoungui et al.（1999）提出的颗粒破碎准则。此准则基于等效 Cauchy 连续体断裂力学、以定义在一个参考颗粒在直接相邻颗粒接触力作用下颗粒中心点材料局部断裂破坏为颗粒破碎准则。当参考颗粒中心点处的拉应力超过临界应力值，参考颗粒将发生破碎。提出第二个颗粒破碎准则的出发点基于如下事实：在现有文献中，基于 Ben-Nun and Einav（2010）的单个颗粒破碎准则中表达应力状态的名义剪切力和名义法向力并非由断裂力学理论确定的局部点应力，而是基于作用于参考颗粒的接触力计算的颗粒平均应力的主应力。此外，在现有破碎准则中仅考虑作用于参考颗粒的接触力，而没有计及相邻颗粒通过接触点作用于参考颗粒的接触阻矩。因此，在所建议的第二个颗粒破碎准则中假定表征颗粒破碎的标量力学变量是一个平均应力的不变量或平均应力的不变量组合，它将应适合于受到任意一组接触力和各向同性或近似各向同性加载的颗粒破碎准则。

Tsoungui et al.（1999）提出了一个无质量丢失的破碎模式。该模式中一个单个破碎颗粒由在破碎颗粒原有体积内四个不同半径的 12 个圆碎片替代。利用由 Astrom and Herrmann（1998）提出的技术将 12 个碎片破碎前颗粒所缺失的质量放置于碎片与破碎前颗粒与周边颗粒间的空隙之中，以保持破碎前颗粒在破碎后的质量守恒。Ben-Nun and Einav（2010）提出了包括保持质量守恒的两阶段策略；在第一阶段安排碎片而没有保证质量守恒，然后在第二阶段中采用碎片体积膨胀与旋转方案把第一阶段安排碎片时的质量丢失重新获得以保证破碎颗粒在破碎后的质量守恒。他们建议了三种具有不同破碎后母颗粒碎片构形的破碎模式。虽然所设计算法相对 Tsoungui et al.（1999）的方案具有显著优势，但不能完全消除碎片间不应有的重叠。Elghezal et al.（2013）采用了 Tsoungui et al.（1999）的技术，但采取了特殊的碎片替代方案。破碎母颗粒分裂为在母颗粒固体体积内放置的一组碎片。没有被这组碎片所包含的母颗粒固体体积内其余体积将被分布在一组部分位于母颗粒固体体积内的等价小颗粒。

本章将建议一个可破碎母颗粒的破碎模式。在此模式中替代破碎母颗粒的数目和位置安排可变，它们依赖于母颗粒与其直接相邻颗粒间的接触拓扑。在不考虑质量守恒的第一阶段中破碎母颗粒被分裂为一组碎片。破碎后碎片数目和它们的尺寸，以及碎片位置安排将依据破碎母颗粒的直接相邻颗粒数及其他们相对于破碎母颗粒的位置。母颗粒破碎后碎片安排的质量守恒将在后继的第二和第三阶段的碎片进一步安排中得以保证。在第二阶段和第一阶段中已生成和安排的碎片将在不引入碎片间重叠和碎片与破碎母颗粒直接相邻颗粒间重叠的前提下，实施碎片质量密度不变条件下的体积膨胀以部分或完全地把在第一阶段生成碎片时的质量丢失找回。若仅有部分丢失的母颗粒质量在第二阶段被找回，将需要第三阶段以满足破碎母颗粒质量在破碎成碎片后的质量守恒。在第三阶段中一些较小颗粒将放入位于破碎母颗粒破碎前的外形之内和之外的孔隙中。若在第三阶段结束时破碎母颗粒的碎片总质量仍小于破碎母颗粒质量，则将按第三阶段结束时的质量丢失人为地增加碎片的质量密度以保证质量守恒，碎片颗粒的法向力刚度系数也随碎片质量密度的增长而增长。

11.1 颗粒分级破碎的颗粒簇模型

与离散单元法相结合，颗粒材料的离散颗粒模型在研究颗粒材料结构物破坏的数值模拟中得到了广泛应用。同时也存在一些问题，一方面颗粒材料结构物中所包含物质颗粒的数量庞大，若将物质颗粒与模型颗粒一一对应，虽模型简单直观，但计算量过大；另一方面颗粒材料中物质颗粒大小和形状各异，同时，某些颗粒材料（如土壤）中的物质颗粒在宏观力学行为上又可分为两类：不可破碎的基本物质颗粒与由这些基本物质颗粒组成的可破碎较大物质颗粒。在传统离散颗粒模型中，简化了颗粒形状，用不同尺寸来模拟颗粒大小。但对能够破碎的物质颗粒却无法模拟其破碎现象。文献（Plesha et al., 2001）引入了颗粒簇的概念以模拟复杂形状的颗粒，同时，利用解簇的概念模拟颗粒破碎。但其模型在本质上仍是传统离散颗粒模型，参与接触计算的基本颗粒的数量和大小是不变的。文献（McDowell et al., 1996）建立了以断裂概念描述颗粒破碎的模型。在模拟颗粒材料断裂时，将颗粒模型化为等边直角三角形，在颗粒断裂时生成两个相同的等边直角三角形，断裂后生成的等边直角三角形仍可以进一步地断裂，从而形成了一种无限断裂模型。但其模型固定了颗粒的拓扑关系和颗粒接触点数量，不能模拟颗粒间空隙。本节将结合颗粒簇的概念及无限断裂思想，给出了一种离散颗粒分级模型以模拟可破碎土的破碎现象。

11.1.1 颗粒簇及颗粒分级模型

颗粒簇（Cluster）是指将若干个颗粒单元通过接触点联结形成具有复杂形状的颗粒团。图 11.1（Plesha et al., 2001）显示了 Thomas and Bray（1999）所建议的由不同半径圆形颗粒构成的颗粒簇及颗粒分级模型。Plesha et al.（2001）基于颗粒簇的概念模拟颗粒的破坏。我们在颗粒簇概念的基础上进一步作如下扩展。定义不可破碎的物质颗粒为一级颗粒尺度的基本颗粒，称为一级基本颗粒。为了简化，在二维情况下把一级基本颗粒模型化圆盘，它们可具不同粒径。若干相互接触的一级基本颗粒可组成不同模式的一级颗粒簇。一级颗粒簇中每个组成它的一级基本颗粒与簇中其他一级基本颗粒至少有两个接触点，如图 11.2 所示。C3，C4，C5A，C5B，C6A，C7A 是一级颗粒簇模式中典型的六种类型。可以看到在上述颗粒簇中，颗粒簇 C7A 的外轮廓在形状上最接近模型化为圆盘的一级基本颗粒，因此定义由七个一级基本颗粒组成的一级颗粒簇 C7A 为具二级（颗粒）尺度的基本颗粒，简称为二级基本颗粒。在数值模拟中，模型化为二级基本颗粒的一级颗粒簇 C7A 与其他一级颗粒簇的不同点在于它作为一个整体参与接触计算和运动计算。组成它的一级颗粒（包括一级基本颗粒和除 C7A 模式外的其他五类模式的一级颗粒簇）在接触和运动计算中不再具有个体特性。只有在二级颗粒破碎时，组成它的一级颗粒的个体特性才恢复。而其余模式的一级颗粒簇在接触计算时，组成它的一级基本颗粒在接触分析中仍作为单个颗粒参与运算，只是在运动计算中这些颗粒簇作为一个非圆形颗粒整体更新位移和速度。定义为二级基本颗粒的 C7A 模式一级颗粒簇被模型化为单个颗粒。

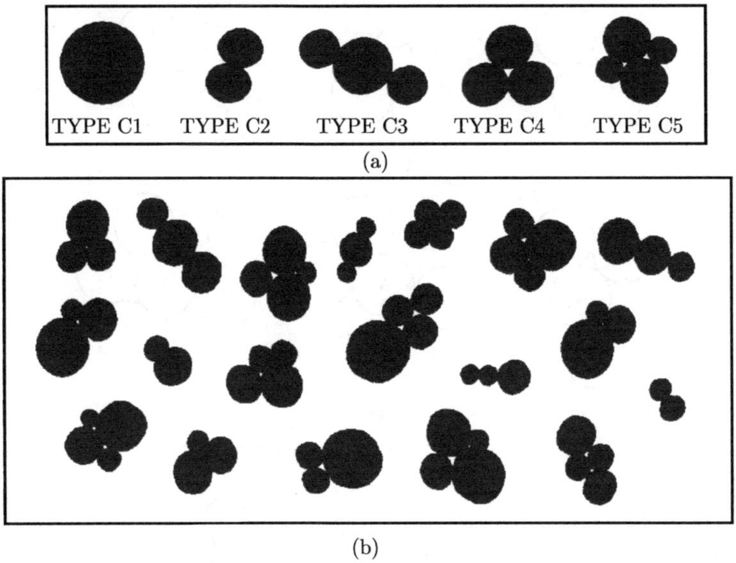

图 11.1 圆盘颗粒簇 (a) 和颗粒簇类型 (b) 一些颗粒簇举例（Plesha et al., 2001）

按照由一级基本颗粒和不同类型一级颗粒簇组成二级（尺度）颗粒的思路，可以由二级基本颗粒和基于二级基本颗粒定义的不同模式二级颗粒簇定义三级基本颗粒，直至由 $(n-1)$ 级基本颗粒和基于 $(n-1)$ 级基本颗粒定义的不同模式的 $(n-1)$ 级颗粒簇定义 n 级尺度基本颗粒。我们把以上描述的逐级地由本级基本颗粒和基于本级基本颗粒组成的不同类型颗粒簇组成高一级基本颗粒的离散颗粒模型称为“离散颗粒多尺度分级模型”。

在上述模型中每一尺度上在该尺度上定义的基本颗粒根据其存在状态分为独立基本颗粒和非独立基本颗粒。独立基本颗粒是指那些在该尺度上没有参与颗粒簇组成的处于独立状态的基本颗粒。非独立基本颗粒是指那些参与组成并构成了本尺度颗粒簇的基本颗粒。独立基本颗粒的位移增量更新与它们在传统离散颗粒模型中的相同；非独立基本颗粒的位移增量以其所在颗粒簇的运动表示，将在后文介绍。

在该模型中，一级颗粒簇与二级以上基本颗粒或颗粒簇具有双重含义。一方面为可破碎的较大物质颗粒建立了模型；另一方面在它们没有破碎之前，则在离散颗粒模型中承担了具有较大尺度的单个"大颗粒"的作用，而在破碎后母颗粒的碎片（包括圆盘外形的低级基本颗粒和各种模式非圆外形的本级颗粒簇）可以起到模拟圆形与不同形状非圆颗粒的作用。在二维情况，本模型可以模拟较大物质颗粒之间的点接触和颗粒之间的多点接触。如图 11.3 所示，两个"大颗粒"在接触时，可以具有一个接触点，两个接触点或者三个接触点。以上论述可以看出本模型定义的较大物质颗粒具有一定的物质真实性。

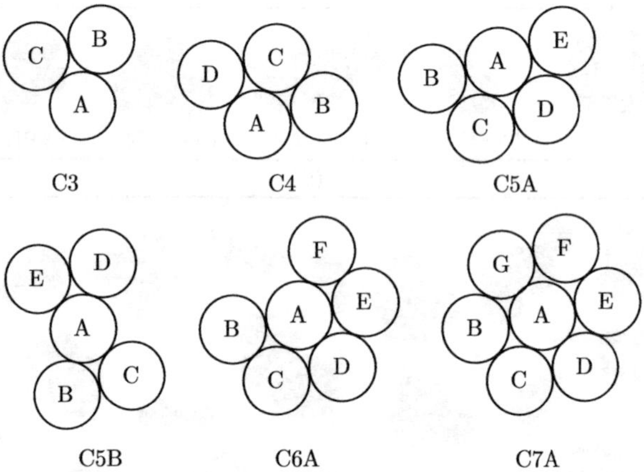

图 11.2　若干典型类型的一级颗粒簇

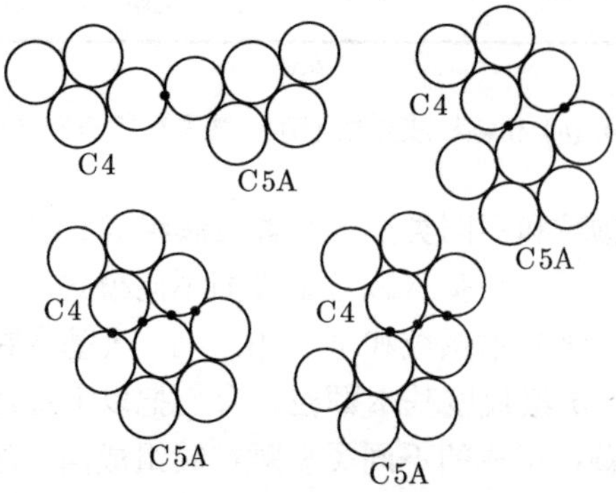

图 11.3　由颗粒簇模拟大尺度颗粒时的不同接触模式

在本节所建议模型中设定一级基本颗粒用以模拟最小尺度圆形颗粒，除 C7A 模式外的其他五类模式一级颗粒簇用以模拟不同形状的最小尺度非圆形颗粒。由于二级尺度以上颗粒被模拟为单个颗粒整体参与接触运算和运动更新，组成它的下级颗粒信息消失。因而在该模型中，二级尺度以上基本颗粒一次破碎只能生成下一级尺度颗粒和相应颗粒簇，也就是说只能模拟逐级破碎，不能模拟组成它的基本颗粒的破碎情况。如三级基本颗粒一次破碎时只能生成二级基本颗粒和二级颗粒簇，不能模拟组成它的二级基本颗粒的破碎。但离散颗粒多尺度分级模型的优势也很突出。能够模拟孔隙，参与计算的颗粒数量随破碎过程而增加，颗粒尺寸随破碎而减小。并且颗粒分级的概念减少了计算量。数值模拟时，颗粒样本可以由多级基本颗粒与颗粒簇组成，也可以由某一级基本颗粒与相应颗粒簇组成，还可以只使用某一级颗粒组成。由于一级基本颗粒是不可破碎的，因此尽可能将其与物理上不可破碎的物质颗粒相对应。

上文描述的基于一级基本颗粒模型化为圆盘的二维离散颗粒多尺度分级模型可以简单地扩展为基于一级基本颗粒模型化为球体的三维离散颗粒多尺度分级模型。其簇间接触计算和二维模型没有本质的区别。

控制二级及二级以上基本颗粒破碎的准则将在 11.1.2 节介绍。而控制一级或以上颗粒簇破碎的解簇准则在 11.1.3 节介绍，将以簇外颗粒对该颗粒簇所作剪切功作为解簇的控制变量。无论基本颗粒破碎或者颗粒簇解簇，其破碎模式均按照表 11.1 给出，此外需说明，除作为二级基本颗粒的颗粒簇 C7A 外的其他颗粒簇均采用剪切功控制解簇，而不是以名义应力控制破碎，主要是其与圆形外轮廓差别较大，计算诱导应力时会带来重大误差。

11.1.2 颗粒的名义应力、诱导应力及破碎概率

为利用离散颗粒模型模拟颗粒破碎，需要定义单个颗粒的破碎准则。考虑到连续介质力学中常以应力为控制变量建立破坏或屈服准则，这里我们对将被模型化为多孔连续体的具有一定孔隙度的离散颗粒集合体中的单个颗粒定义名义应力。

对如图 11.4 所示受力状态下的典型颗粒 A，按照如下方式定义它的名义应力（Oda and Iwashita，1999；Stake 2004；Chang and Kuhn，2005）

$$\sigma_{ij}^{\mathrm{A}} = \frac{1}{V^{\mathrm{A}}} \sum_{\mathrm{c}=1}^{N_{\mathrm{c}}} l_i^{\mathrm{c}} f_j^{\mathrm{c}} = \frac{r}{V^{\mathrm{A}}} \sum_{\mathrm{c}=1}^{N_{\mathrm{c}}} n_i^{\mathrm{c}} f_j^{\mathrm{c}} \tag{11.1}$$

式中，V^{A} 为表征包含颗粒 A 及其周边孔隙的等效多孔连续体元的体积，$V^{\mathrm{A}} = V_{\mathrm{s}}^{\mathrm{A}}/(1-\phi^{\mathrm{A}})$，$V_{\mathrm{s}}^{\mathrm{A}}$ 表示颗粒 A 体积，ϕ^{A} 为等效多孔连续体元的孔隙度；N_{c} 表示与颗粒 A 接触的颗粒总数，c 表示颗粒 A 上的接触点，l_i^{c} 为由颗粒 A 中心指向接触点 c 的向量，n_i^{c} 是它的单位向量。f_j^{c} 为颗粒 A 的接触点 c 处由周边颗粒作

用于颗粒 A 的接触力。若考虑动力影响，可以借鉴分子动力学概念修正为（Vitek and Egami, 1987）：

$$\sigma_{ij}^{\mathrm{A}} = \frac{1}{V^{\mathrm{A}}}\left(\sum_{\mathrm{c}=1}^{N_{\mathrm{c}}} l_i^{\mathrm{c}} f_j^{\mathrm{c}} + \frac{p_i^{\mathrm{A}} p_j^{\mathrm{A}}}{m^{\mathrm{A}}}\right) \tag{11.2}$$

其中，$p_i^{\mathrm{A}}, p_j^{\mathrm{A}}$ 为颗粒 A 的动量分量；m^{A} 为颗粒 A 的质量。动量分量 p_i^{A} 与质量及颗粒中心速度分量 v_i^{A} 的关系为 $p_i^{\mathrm{A}} = m^{\mathrm{A}} v_i^{\mathrm{A}}$。

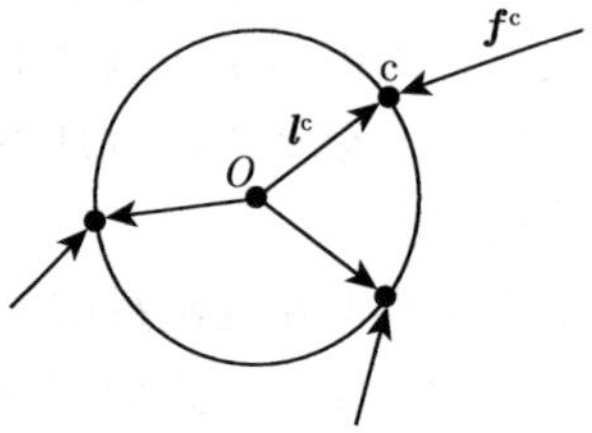

图 11.4　颗粒 A 受外力作用示意图

这里特别指出的是，由式 (11.1) 或式 (11.2) 所定义的名义应力及 9.3.4 节中所定义的名义应变只是当颗粒材料模型化为多孔连续体时用于在颗粒 A 局部邻域处的变形状况描述和颗粒材料破碎分析。在离散颗粒模型中对（单个）颗粒物性的描述是通过接触点处的力–位移模型体现的。单个颗粒的物性只在介观层次上有意义。由大量颗粒组成的颗粒材料（结构物）的物性需要通过本构关系来描述，它和单个颗粒物性，排列方式等有关。为颗粒材料的连续介质模型建立本构关系是颗粒材料离散模型的任务之一。但这里着重于使用离散颗粒模型直接模拟颗粒材料的破坏，如何建立（连续介质模型意义上）颗粒材料的本构关系可参看本书的第三部分。

如何基于单个颗粒的名义应力判断颗粒是否破碎呢？需要先分析颗粒的破碎机理。破碎机理研究起源于 Griffith 强度理论。Griffith（Foyed and Otten, 1984; McDowell et al., 1996）认为固体中包含很多细小的裂纹，在外力作用下，裂纹尖端产生应力集中，且始终为拉应力，称为诱导应力。当裂纹尖端的诱导应力超过材料的抗拉强度时，裂纹将扩展直至材料破坏。考虑一个直径为 d 的拟球状颗粒（如本节中一级基本颗粒或在二维情况下模型化为二级基本颗粒、具有接近圆形外轮廓的 C7A 模式一级颗粒簇）受力状态如图 11.5 所示，Jaeger（1967）定义了该颗粒的诱导应力 σ 为

$$\sigma = \frac{F}{d^2} \tag{11.3}$$

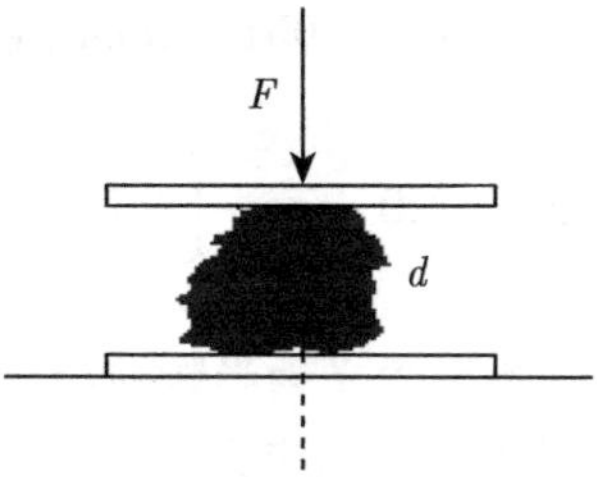

图 11.5 诱导应力定义示意图

式 (11.3) 只能计算颗粒简单受力状态下的诱导应力，对复杂受力状态可以通过基于由式 (11.1) 或式 (11.2) 所定义的名义应力及有效应力概念获得诱导应力。图 11.5 中的块体用直径为 d 的球体来代替，分析其受力状态，利用式 (11.3) 定义的诱导应力，略去 ϕ^{A} 的上标 A，按式 (11.1) 计算其名义应力张量，可得：

$$\sigma_{\mathrm{yy}}=-\frac{6(1-\phi)}{\pi}\frac{F}{d^2}=-\frac{6(1-\phi)}{\pi}\sigma,\quad \sigma_{\mathrm{zz}}=\sigma_{\mathrm{xx}}=\sigma_{\mathrm{xy}}=\sigma_{\mathrm{yx}}=\sigma_{\mathrm{zy}}=\sigma_{\mathrm{zx}}=0 \tag{11.4}$$

基于名义应力张量的 Von-Mises 有效应力定义，对于图 11.5 所示简单受力状态，它可表示为

$$\bar{\sigma}=\sqrt{\frac{3}{2}s_{ij}s_{ij}}=\frac{6(1-\phi)}{\pi}\sigma \tag{11.5}$$

其中，s_{ij} 是名义应力的偏应力，即

$$s_{ij}=\sigma_{ij}-\frac{1}{3}\delta_{ij}\left(\sigma_{\mathrm{xx}}+\sigma_{\mathrm{yy}}+\sigma_{\mathrm{zz}}\right)\quad (i,j=1,2,3\leftarrow \mathrm{x},\mathrm{y},\mathrm{z}) \tag{11.6}$$

式中，$\delta_{ij}=\begin{cases}1, & 若\ i=j\\ 0, & 若\ i\neq j\end{cases}$，由式 (11.5) 可以直接建立以有效名义应力 $\bar{\sigma}$ 表达诱导应力 σ 的公式

$$\sigma=\frac{\pi}{6(1-\phi)}\bar{\sigma}=\frac{\pi}{\sigma(1-\phi)}\sqrt{\frac{3}{2}s_{ij}s_{ij}} \tag{11.7}$$

注意到式 (11.7) 是从图 11.5 所拟球状颗粒的简单受力状态出发导出。本节的一个重要假定是把此式拓展到确定离散颗粒集合体中处于一般受力状态下一个球状或非球状参考颗粒破碎的诱导应力。式 (11.7) 表示控制模型化为单个颗粒（如本节中模型化为二级基本颗粒的 C7A 模式一级颗粒簇）的破碎的诱导应力 σ 不仅与单个颗粒的应力状态 ($\bar{\sigma}(s_{ij})$) 有关，同时也与表征单个颗粒的内结构的孔隙度 (ϕ) 相关联。根据 Weibull 的断裂破碎统计理论，可以计算依赖于诱导应力 σ

的颗粒破碎概率 $P_{cr}(\sigma)$ 为（Weibull, 1951; McDowell, 1996）

$$P_{cr}(\sigma) = 1.0 - \exp\left\{-\left(\frac{\sigma}{\sigma_0}\right)^m\right\} \tag{11.8}$$

σ_0 为试验测定的材料常数，其物理含义为当颗粒材料试样中破碎颗粒与颗粒总数比值为 63%时，颗粒材料试样所承受的应力。m 为 Weibull 模量，对土壤颗粒其取值为：$5 < m < 10$。式 (11.8) 给出了颗粒材料结构物在外界作用下结构物中破碎颗粒的数量与破碎前二级以上颗粒总数的比值。注意到式 (11.8) 描述的是包含较多颗粒数量的颗粒集合体的破碎规律，对于单个颗粒承受一定应力时，当应力超过一定值时，颗粒必然会发生破碎，而应力值小于一定数值时，颗粒不会发生破碎。因此式 (11.8) 应用于二级以上单个颗粒的破碎时，作如下修正

$$P_{cr} = \begin{cases} 1.0, & 若\ \sigma > \sigma_{crU} \\ 1.0 - \exp\left\{-\left(\dfrac{\sigma}{\sigma_0}\right)^m\right\}, & 若\ \sigma_{crL} \leqslant \sigma \leqslant \sigma_{crU} \\ 0.0, & 若\ \sigma < \sigma_{crL} \end{cases} \tag{11.9}$$

其中，σ_{crL} 与 σ_{crU} 通过下式获得

$$1.0 - \exp\left\{-\left(\frac{\sigma_{crU}}{\sigma_0}\right)^m\right\} = P_U \tag{11.10a}$$

$$1.0 - \exp\left\{-\left(\frac{\sigma_{crL}}{\sigma_0}\right)^m\right\} = P_L \tag{11.10b}$$

式中，P_U, P_L 为给定值。P_U 表示破碎概率上限，即将此破碎概率代入式 (11.10a) 所确定的应力 σ_{crU}（或大于该应力）作用单颗粒时，此单颗粒必然发生破碎。P_L 表示破碎概率下限，即将此破碎概率代入式 (11.10b) 所确定的应力 σ_{crL} 作用于单颗粒时，此单颗粒不破碎。

11.1.3　颗粒簇的破坏准则与破坏模式

前面的内容讨论二级以上独立颗粒的破坏准则与概率。二级以上独立颗粒的破坏表现为破碎，将生成下级颗粒和相应的下级颗粒簇。对一个颗粒按照如下方式判断其是否破碎。把计算出的诱导应力代入式 (11.9) 得到破碎概率 P_{cr}^{σ}，然后由程序在 0.0~1.0 产生一个均匀随机数 P_{rand}，如果 $P_{rand} \leqslant P_{cr}^{\sigma}$ 则颗粒破碎，否则颗粒幸存。独立颗粒破碎可能模式见表 11.1。决定独立颗粒破碎模式的因素有待进一步的研究。为了简化讨论，在以下例题中颗粒的破碎模式采用随机方式给出。

表 11.1 部分颗粒簇的破坏模式

颗粒类型	破坏模式					
	模式 1	模式 2	模式 3	模式 4	模式 5	模式 6
独立颗粒 C7A	1P+C6A	2P+C5A	2P+C5B	3P+C4	4P+C3	7P
颗粒簇 C6A	1P+C5A	1P+C5B	2P+C4	3P+C3	6P	
颗粒簇 C5A	1P+C4	2P+C3	5P			
颗粒簇 C5B	2P+C3	5P				
颗粒簇 C4	1P+C3	4P				
颗粒簇 C3	3P					

在介绍颗粒簇的破坏模式之前，先简略给出颗粒簇的运动计算。典型颗粒簇 G 包含 K 个颗粒，其质心 O_{G} 的位置向量 $\boldsymbol{X}^{\mathrm{G}}$，质量 m^{G} 围绕质心的转动惯量 I^{G}，回转半径 r^{G} 分别按照下式计算

$$\boldsymbol{X}^{\mathrm{G}}=\frac{1}{m^{\mathrm{G}}}\sum_{p=1}^{K}m^{p}\boldsymbol{X}^{p},\quad m^{\mathrm{G}}=\sum_{p=1}^{K}m^{p},$$

$$I^{\mathrm{G}}=\sum_{p=1}^{K}\left[I^{p}+\left|\boldsymbol{X}^{\mathrm{G}}-\boldsymbol{X}^{p}\right|^{2}m^{p}\right],\quad r^{\mathrm{G}}=\sqrt{2I^{\mathrm{G}}/m^{\mathrm{G}}} \tag{11.11}$$

式中，$\boldsymbol{X}^{p},m^{p},I^{p}$ 分别表示组成颗粒簇 G 的第 p 个颗粒的位置向量、质量和围绕其自身质心的转动惯量。

通过接触计算，可以得到 G 内各颗粒的受力情况，记时刻 t，其中典型颗粒 p 的质心为 O_p，作用于颗粒 p 质心 O_p 处的作用力以 $F_{\mathrm{x}}^{p},F_{\mathrm{y}}^{p},M_{\mathrm{m}}^{p}$ 表示，则作用于颗粒簇 G 质心处的力系表示为

$$F_{\mathrm{x}}^{\mathrm{G}}=\sum_{p=1}^{K}F_{\mathrm{x}}^{p},\quad F_{\mathrm{y}}^{\mathrm{G}}=\sum_{p=1}^{K}F_{\mathrm{y}}^{p},$$

$$M_{\mathrm{m}}^{\mathrm{G}}=\sum_{p=1}^{K}\left[M_{\mathrm{m}}^{p}+\left(x^{\mathrm{G}}-x^{p}\right)F_{\mathrm{y}}^{p}+\left(y^{\mathrm{G}}-y^{p}\right)F_{\mathrm{x}}^{p}\right] \tag{11.12}$$

式中，$x^{\mathrm{G}},y^{\mathrm{G}}$ 和 x^{p},y^{p} 分别为位置向量 $\boldsymbol{X}^{\mathrm{G}},\boldsymbol{X}^{p}$ 的分量表示。

至此可以按照 9.3 节求解颗粒运动的求解方式确定颗粒簇的运动。同一簇内的颗粒具有相同的位移增量。

一个颗粒簇的破碎表现为它的解簇，即生成比它低一级的各同级颗粒与颗粒簇。Plesha et al.（2001）假定簇外颗粒（或簇外颗粒簇）对该簇所做的剪切功为颗粒簇解簇的判断依据，即

$$\Delta W_i = \sum_{j=1}^{N} F_{i,j}^{\mathrm{t}} \Delta u_{i,j}^{\mathrm{t}}, \quad W_n = \sum_{i=1}^{n} \Delta W_i \tag{11.13}$$

式中，ΔW_i 表示第 i 个时间步内簇外颗粒（或簇外颗粒簇）对该簇所做的剪切功，N 表示该颗粒簇与簇外颗粒（或簇外颗粒簇）接触点总数，$F_{i,j}^{\mathrm{t}}$ 表示 i 时刻簇外颗粒（簇）通过第 j 个簇外接触点作用于给定颗粒簇的切向力。$\Delta u_{i,j}^{\mathrm{t}}$ 表示 i 时刻在第 j 个簇外接触点处簇外颗粒（簇）相对于该颗粒簇的切向位移增量。n 为已执行的计算步数，W_n 表示第 n 步时簇外颗粒（簇）对该颗粒簇所做的剪切功之和。给定颗粒簇破坏所需能量的门槛值 $W^{\max}$，当 $W_n \geqslant W^{\max}$ 颗粒簇破坏，否则颗粒簇保持完整。

其可能破坏模式见表 11.1。最终给定颗粒簇的破坏模式也采用随机方式给出。

11.1.4 数值算例

考虑由 362 个半径 50 mm 的二级基本颗粒组成的 2.18 m×1.5 m 平板，如图 11.6 所示。二级基本颗粒即如图 11.2 中所示由 7 个假定为不能进一步破碎的一级（基本）颗粒构成的 C7A 颗粒簇模式。基于 C7A 颗粒簇定义的二级基本颗粒破碎时，可按照表 11.1 第一行所表示的任意模式生成基本颗粒和由基本颗粒组成的颗粒簇。为了简化，本算例认为二级基本颗粒破碎时破碎为表 11.1 中第一行所给六种模式的概率相同。需说明，生成的颗粒簇可进一步破碎，当柱体内所有颗粒或颗粒簇均破碎为一级基本颗粒时，将会产生 2534 (362×7) 个一级基本颗粒（由于破碎时存在小颗粒垫效应（particle cushion effect），被小颗粒包围的大颗粒的破碎概率将变小，因此通常不会产生 2534 个一级基本颗粒）。离散颗粒多尺度分级模型开始只需处理 362 个颗粒，随着颗粒破碎过程的进展，需要处理的颗粒数目逐渐增加。而文献（McDowell, 2002）模拟颗粒断裂破碎时，参与运算的颗粒数目不变，也即计算开始就要处理 2534 个颗粒。多尺度分级模型的优势也在于此。模拟中采用的材料常数为：$\rho = 2000\ \mathrm{kg/m^3}, k_{\mathrm{n}} = 2.5 \times 10^8\ \mathrm{N/m}$, $k_{\mathrm{s}} = 1.0 \times 10^6\ \mathrm{N/m}$, $k_{\mathrm{r}} = 1.0 \times 10^{-4}\ \mathrm{N/m}$, $k_\theta = 2.5\ \mathrm{N \cdot m/rad}$, $\mu_{\mathrm{s}} = 0.5$, $\mu_{\mathrm{r}} = 0.5$, $\mu_\theta r = 1.0 \times 10^{-4}\ \mathrm{m}$, $c_{\mathrm{n}} = c_{\mathrm{s}} = c_{\mathrm{r}} = 0$, $c_\theta = 0$，颗粒破碎应力 $\sigma_0 = 5.0 \times 10^4\ \mathrm{N/m^2}$, $m = 6.0$, $P_{\mathrm{U}} = 0.63$, $P_{\mathrm{L}} = 0.37$。对所有类型的颗粒簇使用相同的 $W^{\max} = 5.0 \times 10^2$ J。上下边界颗粒竖向粘合在刚性板上，沿刚性板滑动时摩擦系数为 0.5，左右边界自由，通过上端刚性板匀速移动加载，刚性板位移速率 1.0×10^{-1} m/s。图 11.7 给出的不同时刻颗粒破碎图显示了方板结构中颗粒破碎的发展过程，其中红色颗粒表示发生破碎的颗粒。从颗粒由上而下的破碎过程可以看出动力波的传播方向。需要指出当颗粒破碎到一定程度后将不再破碎（图 11.7(d) 是该算例中最终破碎形态)。图 11.8 和图 11.9 分别展现了以等效连续体等效应变和体积应变分布演变过程表示的颗粒材料平板的结构软化和相伴随的应变局部化(剪切带)萌发和最终形成的过程。

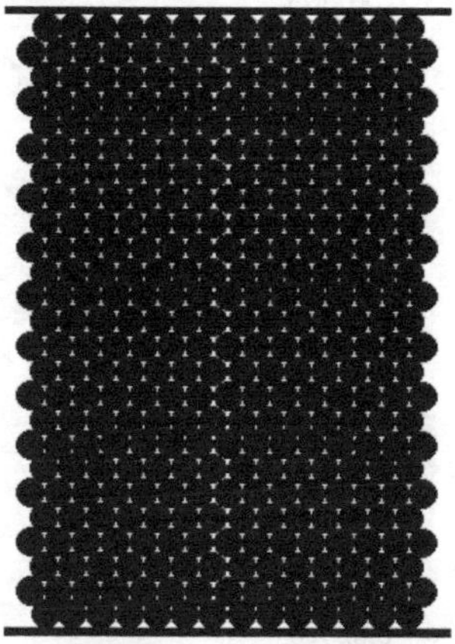

图 11.6 由半径为 50 mm 的二级基本颗粒组成的尺寸为 2.18 m × 1.5 m 平板

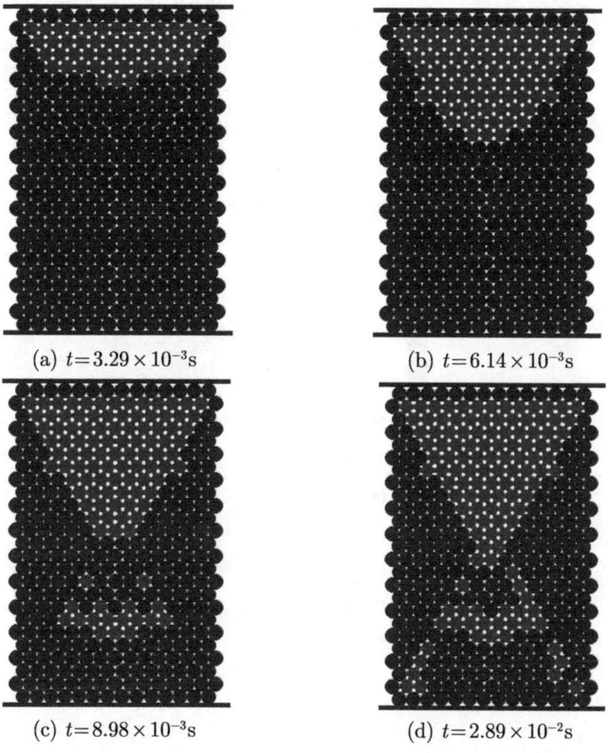

(a) $t=3.29\times10^{-3}$s (b) $t=6.14\times10^{-3}$s

(c) $t=8.98\times10^{-3}$s (d) $t=2.89\times10^{-2}$s

图 11.7 不同时刻颗粒集合体内破碎颗粒分布示意图

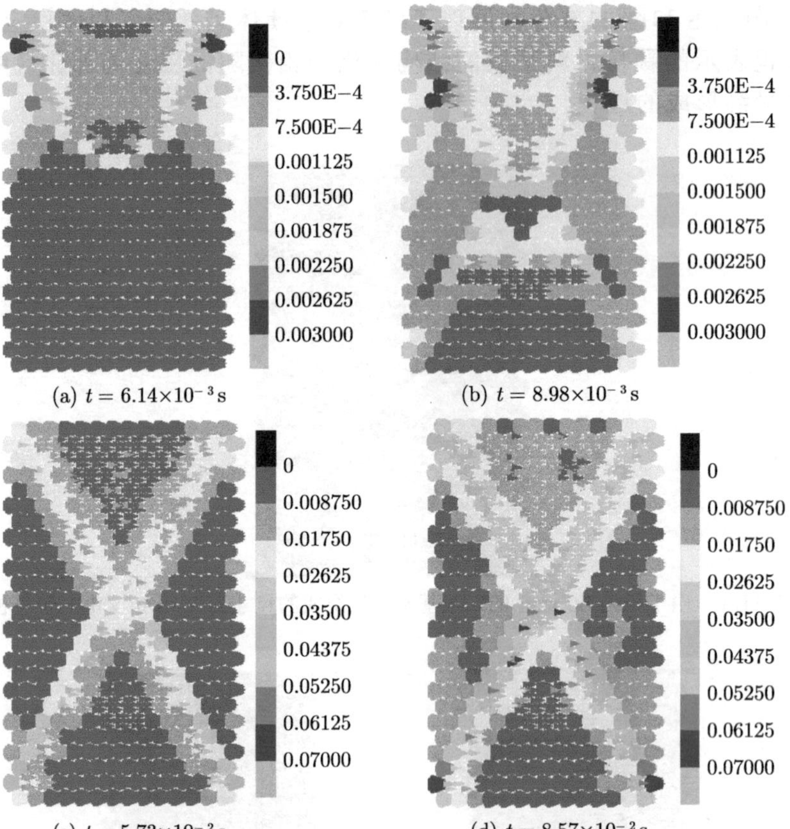

(a) $t = 6.14\times10^{-3}$ s　(b) $t = 8.98\times10^{-3}$ s

(c) $t = 5.73\times10^{-2}$ s　(d) $t = 8.57\times10^{-2}$ s

图 11.8　不同时刻颗粒集合体内等效应变分布演化

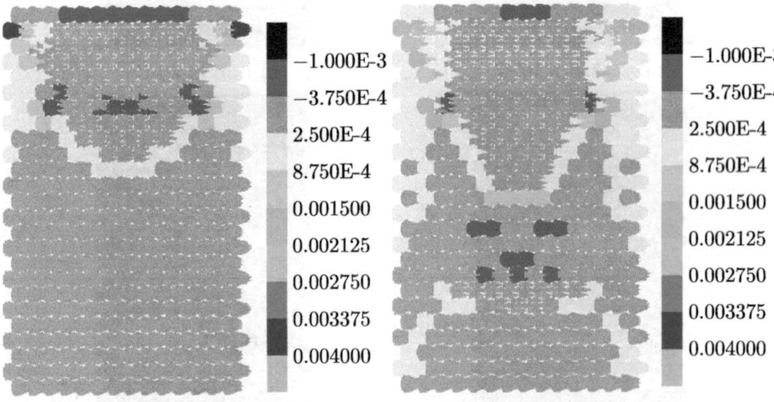

(a) $t = 6.14\times10^{-3}$ s　(b) $t = 8.98\times10^{-3}$ s

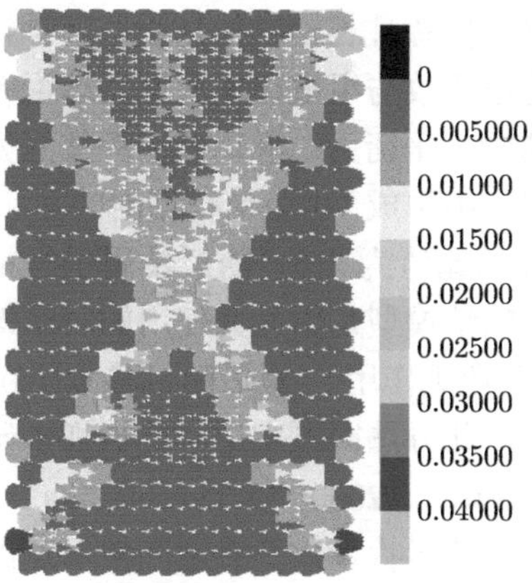

(c) $t = 5.73\times10^{-2}$s

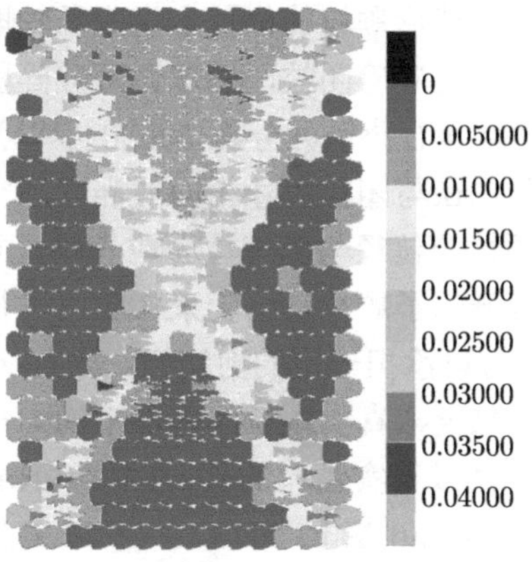

(d) $t = 8.57\times10^{-2}$s

图 11.9 不同时刻颗粒集合体内体积应变分布演化

11.1.5 小结

在离散颗粒模型基础上对颗粒材料引入颗粒分级概念，并应用所定义颗粒名义应力建立了能够模拟颗粒破碎的离散颗粒多尺度分级模型。应用名义应变显示了破碎过程对应变分布的影响。对平板压缩问题而言破碎过程对剪切带发展有明显影响，破碎进程稳定后，考虑破碎与不考虑破碎的应变分布在形式差别不大，即最终都形成了以剪切带为特征的应变局部化现象。

11.2 基于团粒途径的真三轴应力状态下颗粒破碎模拟

本部分基于由接触粘结形成可破碎团粒的模型模拟颗粒破碎行为，主要通过对由椭球形可破碎团粒组成的试样进行了一系列常规三轴和真三轴数值试验考察三轴应力状态下的颗粒破碎行为。重点关注中值主应力对破碎的影响以及颗粒破碎的演化规律等。该部分工作应用软件 PFC3D 完成。首先生成由 415 个椭球体团粒组成的立方体数值样本，其初始尺寸为：高 12 mm、长 8 mm、宽 8 mm。其中团粒长轴直径在 0.85~2.0 mm，团粒直径比为 1.2:1:1，其级配与 Nakata et al.（1999）的试验中 Aio 砂的级配一致。立方体数值样本处于由六块无摩擦的刚性板组成的压缩室内。

11.2.1 数值样本的生成及数值实验方案

上述颗粒试样的生成过程简单描述如下：首先在压缩室内使用“半径膨胀法”（Itasca Consulting Group Inc., 2008）按照相应级配生成由一定数量的球形颗粒组成的样本，样本的孔隙率为 0.20，在生成过程中颗粒的切向刚度与摩擦系数均取为零值，以保证样本的密实性与均匀性。记录所有颗粒粒径与中心位置并将其删除，在原球形颗粒的位置上生成长轴取向任意且长轴直径与原球形颗粒直径相同的椭球体可破碎团粒，椭球体可破碎团粒总数与组成样本的原始球形颗粒数相等，并循环执行离散元分析 50000 步以消除不平衡力。椭球体团粒按照如下方式生成，首先在与团粒尺寸相同的椭球形空间中生成 73 个粒径相同的球状子颗粒，球状子颗粒的粒径与椭球体团粒长轴直径的比值为 1:6，随后使用平行粘结模型将相互接触的子颗粒粘结起来（应用平行粘结模型是因为其使用的胶结键具有一定宽度，可以承担一定的剪切力、拉力以及弯矩作用）。最后随机移除团粒内 20% 的子颗粒来模拟真实颗粒的内部不均匀性。此方法简单实用，已被许多研究者成功应用于模拟真实颗粒的破碎强度（Robertson, 2000; McDowell, 2002; Cheng, 2003; Wang and Yan, 2013）。表 11.2 为团粒形状参数及典型团粒示意图。团粒替换完成后的 DEM 数值试样如图 11.10 所示。基于该数值试样，模拟了一组常规三轴试验和真三轴试验，具体方案为

表 11.2　团粒形状尺寸参数

颗粒数	团粒三轴直径比	典型团粒
57	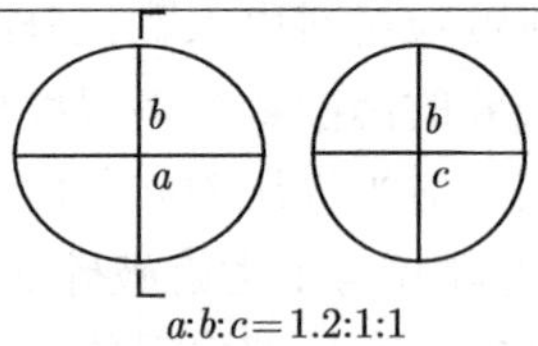 a:b:c = 1.2:1:1	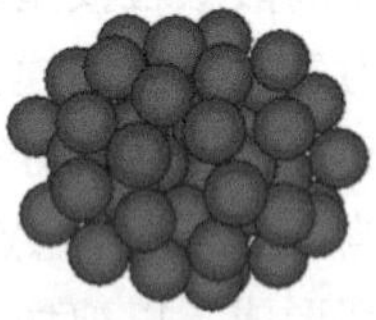

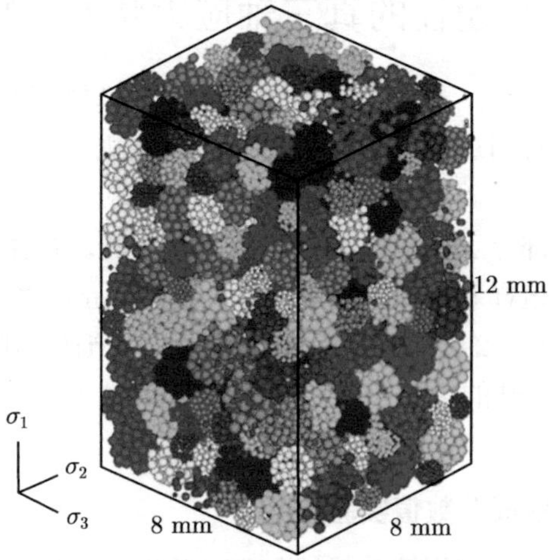

图 11.10　DEM 数值试样图

I：常规三轴压缩试验，围压 σ_3 分别取 0.5 MPa, 1.5 MPa, 3.0 MPa, 5.0 MPa, 10.0 MPa, 20.0 MPa 和 30.0 MPa；

II：真三轴试验，保持围压分别为 $\sigma_3 = 0.5$ 和 $\sigma_3 = 10.0$ MPa 不变，取 $b=(\sigma_2-\sigma_3)/(\sigma_1-\sigma_3)=0.0, 0.25, 0.5, 0.75$ 和 1.0 进行试验。其中 $b=0$ 时真三轴试验等价于常规三轴压缩试验，$b=1$ 时其等价于三轴拉伸试验。

11.2.2 介观参数标定

介观参数参考了文献（Wang and Yan, 2013）中模拟可破碎砂土所用的参数，并基于 Nakata et al.（1999）对 Aio 砂的单颗粒平板压碎试验①及常规三轴压缩试验②结果进行标定，得到相应的离散元介观参数，其值如表 11.3 所示。Nakata et al.（1999）与 McDowell（2002）的研究表明单颗粒的破碎强度满足 Weibull 统计分布，即粒径为 d 的颗粒的存活（不破碎）概率取决于其所受到的诱导应力（由式 (11.7) 计算确定，式中 s_{ij} 是表征包含此粒径为 d 的颗粒及其周边孔隙的等效多孔连续体元的平均偏 Cauchy 应力张量）。Nakata et al.（1999）的单颗粒平板压碎试验结果表明由于颗粒粒径（0.85~2.0 mm）和矿物成分（石英与长石）的影响，Aio 砂颗粒破碎强度为 18.33~51.75 MPa，Weibull 模量 m 为 1.8~4.2。

表 11.3 子颗粒与平行粘结模型介观参数

参数名称	参数值
子颗粒直径/mm	0.14~0.33
子颗粒密度/(kg/m^3)	2650
子颗粒法向与切向接触刚度/(N/m)	2.0×10^8
子颗粒摩擦系数	0.65
平行粘结法向与切向强度/(N/m^2)	2.0×10^9
平行粘结法向与切向刚度/(N/m^2)	5.0×10^{14}
平行粘结半径与子颗粒半径比	0.5
墙体法向与切向接触刚度/(N/m)	2.0×10^8
墙体摩擦系数	0.0

本节随机选取可破碎团粒进行 30 组单颗粒平板压碎试验。图 11.11(a) 为一组典型的单颗粒平板压碎试验结果，取诱导应力–位移曲线上的峰值应力为颗粒的破碎应力 σ_c，图 11.11(b) 为破碎后的团粒。需说明此处的破碎模式是基于颗粒间粘结接触模型，根据颗粒间的相互作用力是否超出粘结强度来判断粘结是否失效，并未采用 11.1 节的途径。

① 单颗粒平板压碎试验：选取一个颗粒放置在两个可施加力的平板之间进行测定，记录当颗粒破碎时所施加的力。

② 常规三轴压缩试验：亦称三轴剪切试验。是以摩尔–库仑强度理论为依据而设计的三轴向加压的剪力试验，试样在某一固定周围压力下，逐渐增大轴向压力，直至试样破坏，据此可做出一个极限应力圆。用同一种土样的 3~4 个试件分别在不同的周围压力下进行实验，可得一组极限应力圆。作出这些极限应力圆的公切线，即为该土样的抗剪强度包络线，由此便可求得土样的抗剪强度指标。

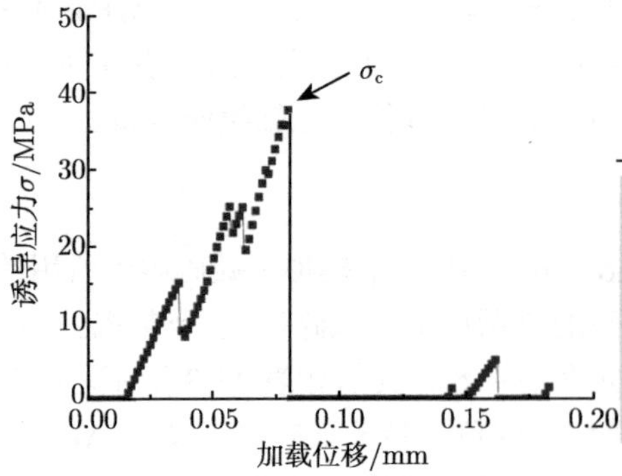

(a) 诱导应力与加载位移关系

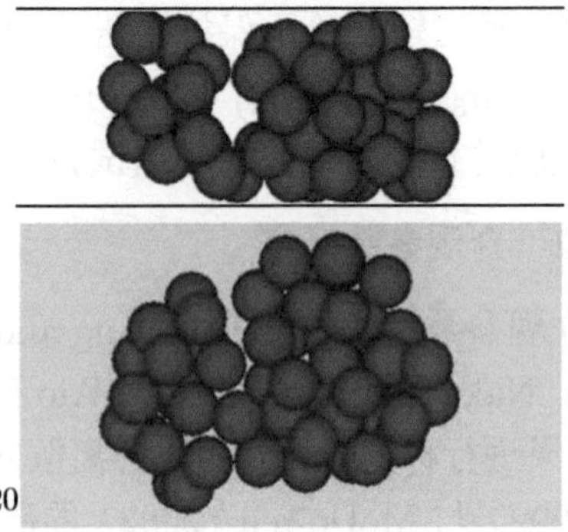
(b) 破碎颗粒

图 11.11　典型单颗粒平板压碎试验结果

团粒存活概率 P_S 由平均秩法（Davidge, 1979）求得，即在 N 次试验中，团粒存活概率随破碎应力增加依次为：$N/N+1, N-1/N+1, \cdots, 1/N+1$, 如表 11.4 所示。图 11.12 为团粒破碎强度 Weibull 分布图，可见团粒破碎强度较好的符合 Weibull 分布，其 Weibull 模量 $m=2.06$，破碎强度 $\sigma_0=45.18$ MPa，其值均在 Nakata et al.（1999）实验所给出的范围内。

表 11.4　颗粒破碎应力与存活概率

破碎应力/MPa	存活概率/P_S
8.46	30/31
8.73	29/31
15.13	28/31
18.12	27/31
21.55	26/31
22.5	25/31
22.97	24/31
23.37	23/31
25.39	22/31
27.62	21/31
28.81	20/31
31.58	19/31
33.29	18/31
35.88	17/31
37.17	16/31
40.43	15/31
40.62	14/31
40.77	13/31
44.27	12/31
44.42	11/31
48.46	10/31
49.04	9/31

续表

破碎应力/MPa	存活概率/P_S
50.86	8/31
52.63	7/31
53.55	6/31
53.58	5/31
55.39	4/31
62.81	3/31
83.23	2/31
99.76	1/31

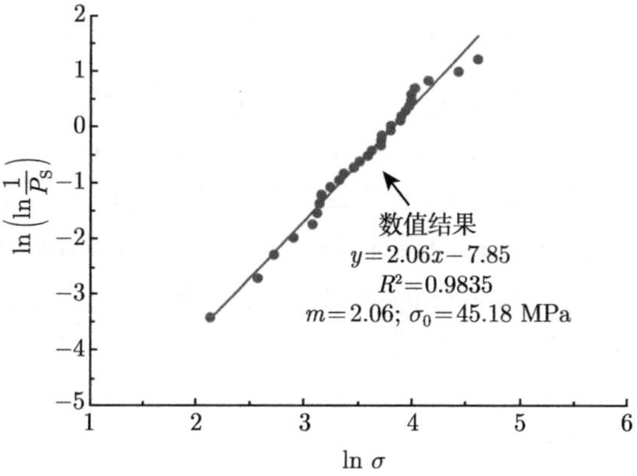

图 11.12　单颗粒平板压碎试验中团粒破碎强度 Weibull 分布图

图 11.13 为 $\sigma_3 = 3.0$ MPa 时常规三轴压缩数值试验应力应变关系与 Aio 砂试验结果 (Nakata et al., 1999) 的对比图。Aio 砂三轴试验 (Lee and Farhoomand,

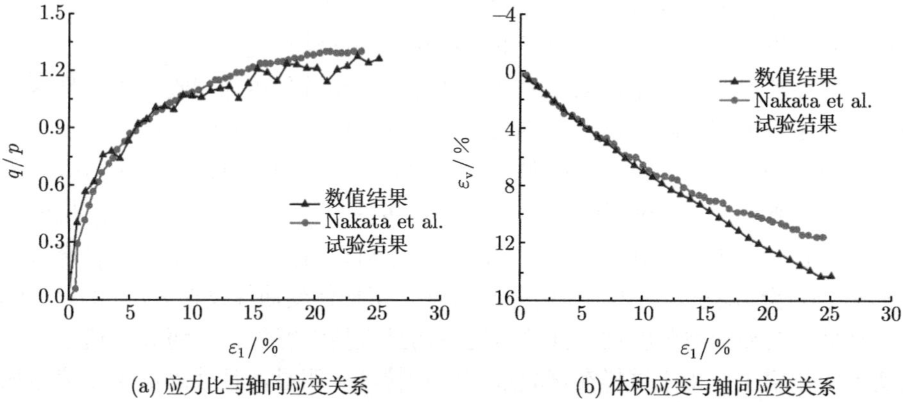

图 11.13　数值试验应力应变关系与室内试验对比图 ($\sigma_3 = 3.0$ MPa)

1967) 中试样高为 110 mm，直径为 50 mm，在围压 $\sigma_3 = 2.94$ MPa 下以应变速率 0.1%/min 进行剪切。由图 11.3(a) 可见数值试验应力应变曲线与试验结果吻合良好，验证了本节所取介观参数的合理性。

11.2.3　数值试验结果与分析

1. 应力应变行为分析

图 11.14 为数值试样在围压 0.5~30.0 MPa 下常规三轴压缩试验的偏应力相对球应力之比 q/p $\left(q = \sqrt{\left((\sigma_1 - \sigma_3)^2 + (\sigma_1 - \sigma_2)^2 + (\sigma_2 - \sigma_3)^2\right)/2},\ p = (\sigma_1 + \sigma_2 + \sigma_3)/3\right)$ 和体积应变 ε_{v} 与轴向应变 ε_1 的曲线。这里，$\sigma_1, \sigma_2, \sigma_3$ 为三轴实验对应的三个主应力，亦即数值试样所包含离散颗粒集合体的等效多孔连续体的平均主 Cauchy 应力，可以按式 (11.1) 计算，但此时式中 V^{A} 为表征包含数值试样中所有颗粒及其间和周边孔隙的等效多孔连续体表征元的体积，N_{c} 表示与等效多孔连续体表征元边界接触的表征元内数值试样离散颗粒集合体周边颗粒总数（Oda and Iwashita，1999；Chang and Kuhn，2005）。可以看到当围压较小时 ($\sigma_3 = 0.5$ MPa)，试样先剪缩再剪胀，伴随其体积膨胀，其应力应变曲线在达到峰值后发生了一定的应变软化。此时，试样在剪切过程中颗粒破碎程度较小，呈现出较为明显的剪胀。图 11.14(a) 和 (c) 显示随着 q/p 峰值逐渐减小，破坏点处的轴向应变逐渐增大，应力应变曲线逐渐由应变软化特性向应变硬化特性过渡。随着围压逐渐增大到 5.0 MPa，由于剪切过程中颗粒破碎程度逐渐增大，颗粒不断破碎形成小颗粒并填充至试样的原有孔隙中，导致试样的体积收缩增大，体变曲线逐渐由先剪缩后剪胀过渡到持续剪缩。当围压从 5.0 MPa 增加到 30.0 MPa 时，试样体积收缩量反而随围压增大逐渐减小，与低围压时的变化规律相反。这种体变规律与 Yamamuro and Lade（1996）对 Cambria 砂的高围压（0.05~52.0 MPa）三轴试验结果相同。由于在高围压下试样在等向固结过程中就会大量破碎，使试样的剪前孔隙率明显减小，从而限制了试样在剪切过程中体积收缩量，且这种影响会随围压增大变得越发显著（Yamamuro and Lade, 1996）。

试样在围压 $\sigma_3 = 0.5$ MPa 和 10.0 MPa 下真三轴数值试验的应力应变关系如图 11.15 所示。试验过程中保持 σ_3 不变，$b\,(= (\sigma_2 - \sigma_3)/(\sigma_1 - \sigma_3))$ 值分别取 0.0, 0.25, 0.5, 0.75 和 1.0。由图 11.5(a) 和 (c) 可以看到不同围压下 q/p 峰值均随 b 值增大而逐渐减小。图 11.15(b) 和 (d) 中，试样体变曲线仅在 $\sigma_3 = 0.5$ MPa，$b = 0$ 时呈现明显的剪胀特性，其他情况下均呈现剪缩特性，且随着 b 值增大，剪缩变形明显增大。由于试样在试验过程中颗粒破碎明显，且破碎量随 b 值增加而明显增大，较高的颗粒破碎量抑制了试样的剪胀，导致体变曲线呈现明显的剪缩特性，这与颗粒破碎较为明显的颗粒材料室内试验给出的体变曲线演化规律一致（孔德志等，2009；张家铭等，2008）。

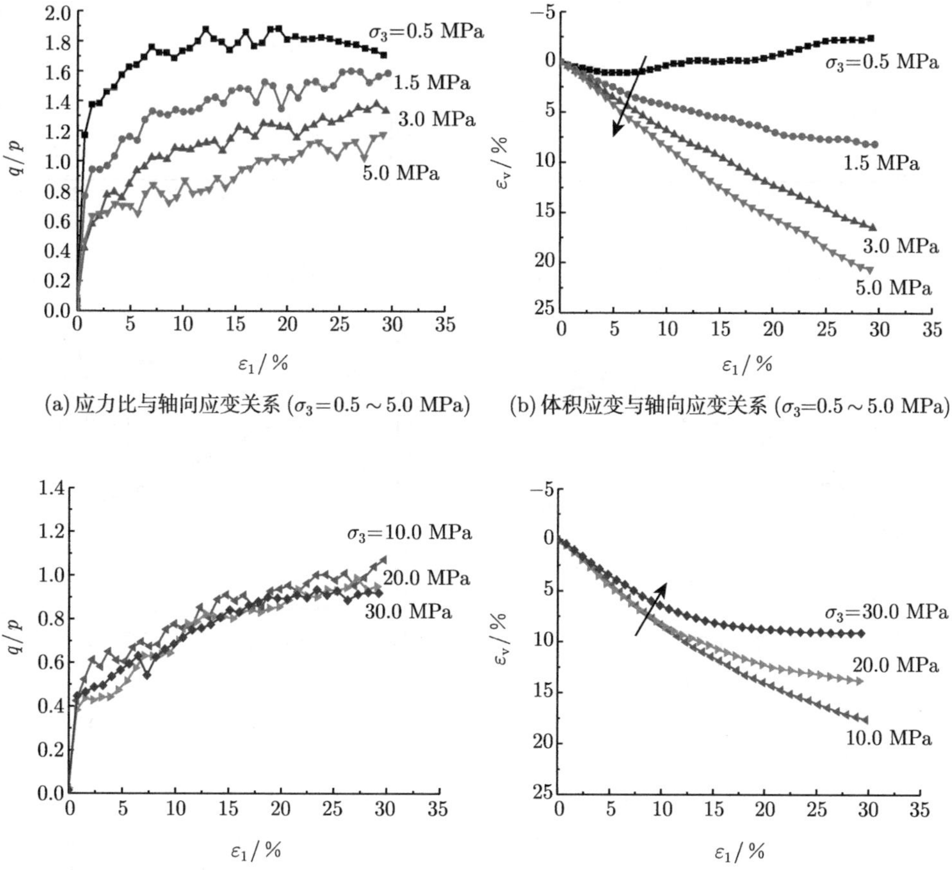

(a) 应力比与轴向应变关系 (σ_3=0.5～5.0 MPa) (b) 体积应变与轴向应变关系 (σ_3=0.5～5.0 MPa)

(c) 应力比与轴向应变关系 (σ_3=10.0～30.0 MPa) (d) 体积应变与轴向应变关系 (σ_3=10.0～30.0 MPa)

图 11.14 常规三轴压缩试验应力应变关系

图 11.16 为不同 b 值下中主应变和小主应变随大主应变的演化关系。在不同围压下主应变间的关系曲线规律相似，随着 b 值增大，中主应变以 $b=0.25$ 为临界点逐渐由膨胀转为压缩，而小主应变方向均为膨胀，且随 b 值增大，其膨胀性逐渐增强。上述现象可解释为加载过程中当保持 σ_3 不变，b 值增加，意味着 σ_2 增大，基于泊松效应等因素，小主应变方向（σ_3 方向）的膨胀也逐渐增强。然而，b 值增加同时意味着平均围压（$(\sigma_2+\sigma_3)/2$）增大，由此体积应变的剪缩程度逐渐增强。

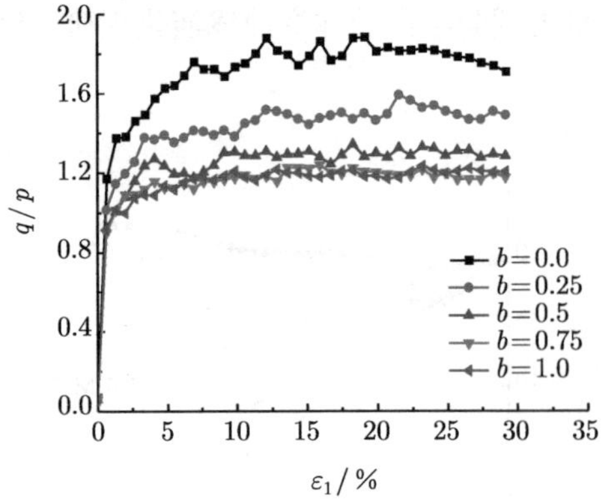

(a) 应力比与大主应变关系(σ_3=0.5 MPa)

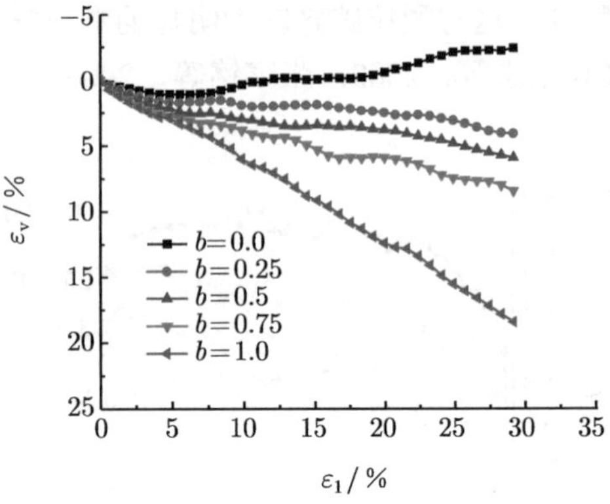

(b) 体积应变与大主应变关系(σ_3=0.5 MPa)

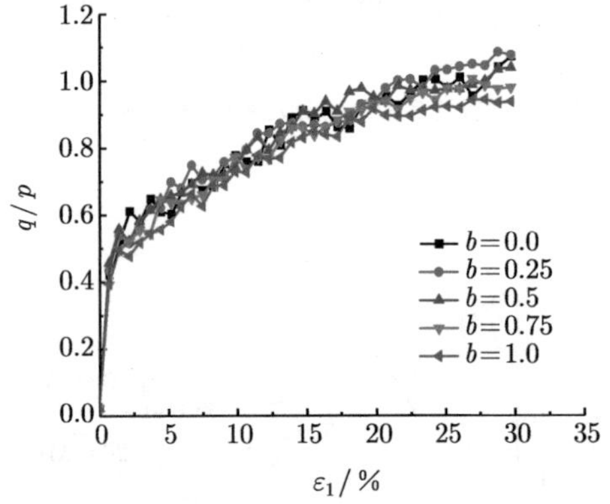

(c) 应力比与大主应变关系(σ_3=10.0 MPa)

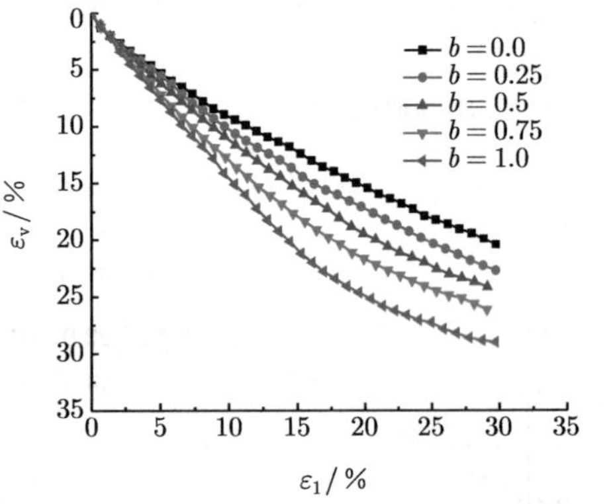

(d) 体积应变与大主应变关系(σ_3=10.0 MPa)

图 11.15　真三轴试验应力应变关系

试样内摩擦角 $\phi\,(\phi = \arcsin[(\sigma_1 - \sigma_3)\,/\,(\sigma_1 + \sigma_3)])$ 与围压 σ_3 的关系曲线如图 11.17(a) 所示。随着围压增大，试样内摩擦角逐渐减小，由曲线拟合可知其演化满足对数关系：$\phi = \phi_0 - \Delta\phi \lg(\sigma_3/p_\mathrm{a})$，式中，$\phi_0$ 为 $\sigma_3 = p_\mathrm{a}$ 时的内摩擦角（p_a 为参考围压，通常取 1 个大气压），$\Delta\phi$ 为反映内摩擦角随围压增大而降低的参数，本节研究中 $\phi_0 = 51.41°, \Delta\phi = 5.08°$。上述对数关系与 Duncan 的摩擦角演化公式（Duncan et al., 1980）相一致。图 11.17(b) 和 (c) 分别为两种围压下真三轴试验试样内摩擦角 ϕ 与应力比参数 b 的关系曲线，并给出了由 Lade-Duncan 破坏准则（Lade and Duncan，1975）和 Matsuoka-Nakai 破坏准则（Matsuoka and Nakai，1978）获得的预测曲线。可见，不同围压下，数值试样的内摩擦角均随 b 值的增加先增加后减小，峰值点均出现在 $b = 0.75$ 处。而 Lade-Duncan 破坏准则获得的内摩擦角峰值出现在 $b = 0.5$ 处，Matsuoka-Nakai 破坏准则预测的峰值则在 $b = 0.3$ 处。总体上看，不同围压下 Lade-Duncan 破坏准则所得到内摩擦角与数值试验的演化规律均较为吻合，其更适合描述在真三轴应力状态下的试样强度特性随 b 值的变化规律。

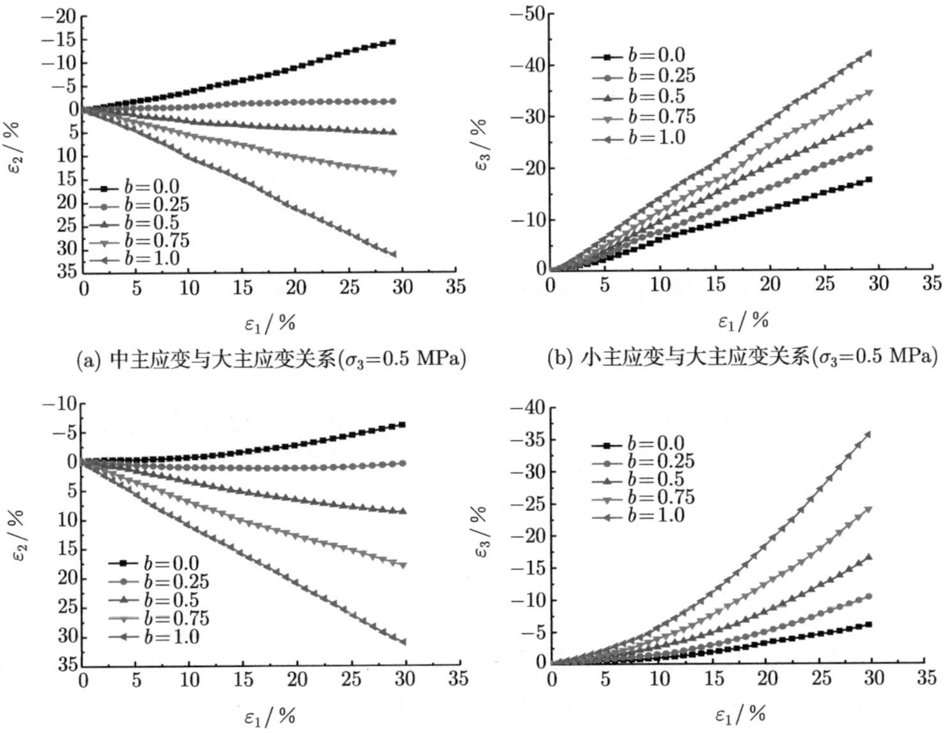

(a) 中主应变与大主应变关系(σ_3=0.5 MPa)　(b) 小主应变与大主应变关系(σ_3=0.5 MPa)

(c) 中主应变与大主应变关系(σ_3=10.0 MPa)　(d) 小主应变与大主应变关系(σ_3=10.0 MPa)

图 11.16　真三轴试验主应变间的关系曲线

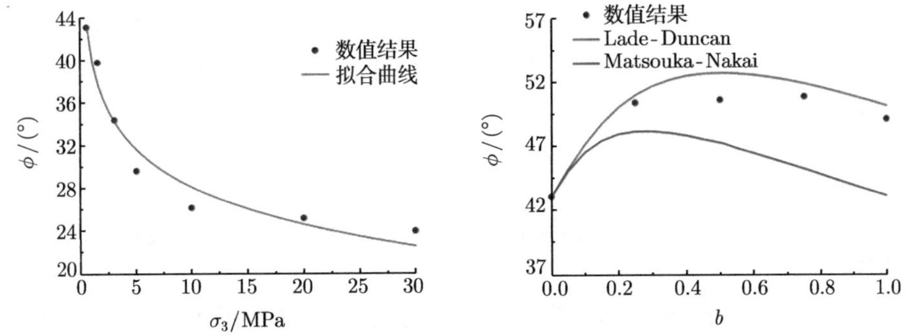

(a) 内摩擦角与围压关系　(b) 内摩擦角与 b 值关系(σ_3=0.5 MPa)

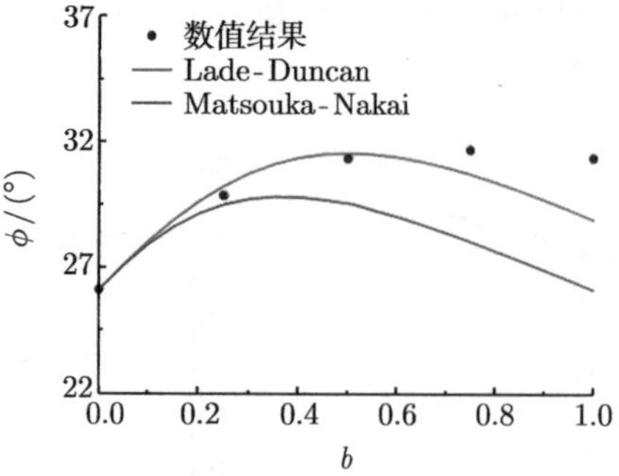

(c) 内摩擦角与 b 值关系(σ_3=10 MPa)

图 11.17　内摩擦角与围压及 b 值关系曲线

2. 颗粒破碎与级配演化

颗粒破碎对试样最直接的影响体现在加载前后试样级配曲线的变化，许多研究者以试样级配的变化作为度量颗粒破碎的指标。其中以 Hardin（1985）所定义的相对破碎率应用最为广泛，其定义为

$$B_{\mathrm{r}} = B_{\mathrm{t}}/B_{\mathrm{p}} \tag{11.14}$$

式中，总破碎量 B_{t} 为试验后试样级配曲线与初始级配曲线之间的面积，破碎势 B_{p} 为粒径 $d = 0.074$ mm 的竖线与初始级配曲线之间的面积。需要说明 B_{p} 的定义基于 Hardin（1985）的假设：在足够高的应力作用下，所有颗粒均会破碎至粒径 $d < 0.074$ mm，而此假设并不符合破碎的真实情况。试验结果（Lade et al., 1996; Zhang et al., 2013）表明破碎导致颗粒粒径的分布范围更为广泛，增加了细小颗粒的比例，但破碎后试样内颗粒最大粒径一般不会发生明显变化，颗粒级配最终会趋于一个满足分形理论的最优级配。因此，将 B_{p} 的定义修正为满足分形理论的最优级配曲线与初始级配曲线之间的面积（Einav, 2007），最优级配曲线由下式定义：

$$p(d) = (d/d_{\mathrm{M}})^{3-D} \tag{11.15}$$

式中，$p(d)$ 为粒径小于 d 的颗粒所占比例，d_{M} 为样本内最大颗粒粒径，D 为分形维数。

图 11.18(a) 为不同围压下常规三轴压缩试验后试样的级配曲线。作为比较，图中给出了分形维数 $D = 2.8$ 的分形级配曲线和初始级配曲线。对于团粒而言，式 (11.15) 中的 d 取团粒的等效粒径，所谓团粒的等效粒径为体积与团粒内子颗粒体积和相等的球体的直径。由于在试样生成阶段部分团粒已经出现破碎现象，

初始级配包含有一定比例的小颗粒。可见，随着围压增大，数值试验后试样级配曲线逐渐趋近于分形维数 $D=2.8$ 的分形级配。在本节的试验围压和应变范围内，可取分形维数 $D=2.8$ 的分形级配为最优级配来计算相对破碎率 B_{r}，根据图 11.18(a) 中的级配曲线计算出不同围压下的破碎率，破碎率与围压的关系如图 11.18(b) 所示。试样的破碎率随围压的增大而增大，但增大的速率逐渐降低，这暗示着若继续增大围压，破碎率最终会趋于稳定，试样存在最优级配，这与文献（Lade et al., 1996; Tarantino and Hyde, 2005; Zhang et al., 2013）的结论相一致。根据文献（Nakata et al., 1999）中 $\sigma_3=2.94$ MPa 与 $\sigma_3=9.81$ MPa 下的常规三轴试验后的级配曲线计算出其破碎率，如图 11.18(b) 所示。$\sigma_3=2.94$ MPa 时数值结果与试验结果相差 11.6%，$\sigma_3=9.81$ MPa 时数值结果小 3.3%。数值试验破碎率略小于试验数据（Nakata et al., 1999），且高围压时差值较小。由于数值试验中使用椭球形团粒模拟真实砂粒，无法模拟真实砂粒的棱角，低围压下砂粒棱角对颗粒破碎有明显影响，而高围压下真实砂粒的棱角磨损严重，颗粒浑圆度与数值颗粒更为接近，导致数值试验破碎率在高围压时与物理试验更为吻合。

图 11.18(c)~(f) 为围压分别为 $\sigma_3=10.0$ MPa 和 $\sigma_3=30.0$ MPa 时级配曲线和破碎率随轴向应变演化关系。当围压较小时 ($\sigma_3=10.0$ MPa)，试样级配离最优级配较远，破碎率随轴向应变增加而线性增加，而围压较大时 ($\sigma_3=30.0$ MPa)，试样级配接近于最优级配，破碎率随应变增大的速率逐渐减小。图 11.19 为不同 b 值下真三轴试验后试样的级配曲线及破碎率随大主应变演化曲线。可见，$\sigma_3=0.5$ MPa 时，随 b 值增加，试样最大破碎率由 8.9%增加到 47.5%，但不同 b 值下试样的破碎率均随应变线性增加；$\sigma_3=10.0$ MPa 时不同 b 值下试样最大破碎率由 76.5%增加到 91.4%，但破碎率均随应变增加的速率逐渐减小。

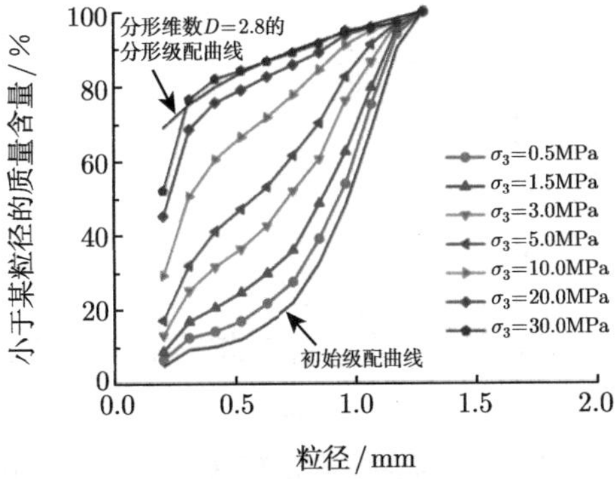

(a) 试验后级配曲线

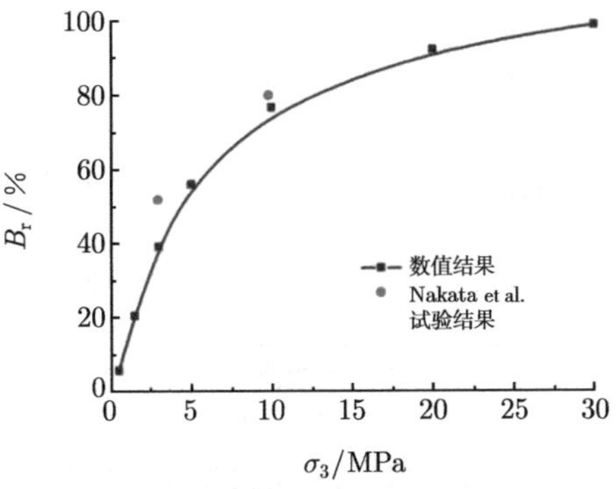

(b) 破碎率随围压演化关系

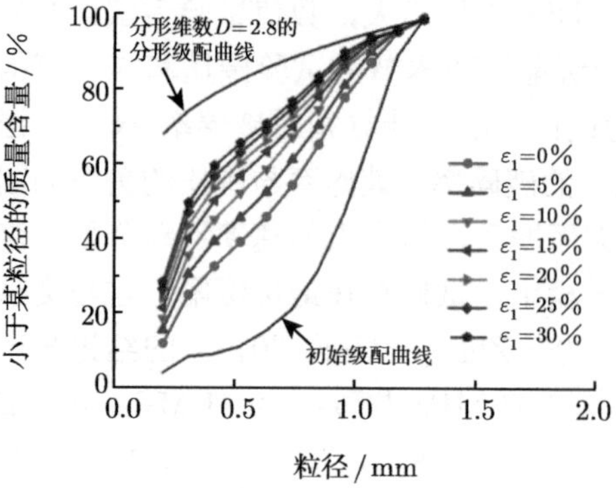

(c) 级配随轴向应变演化关系(σ_3=10.0 MPa)

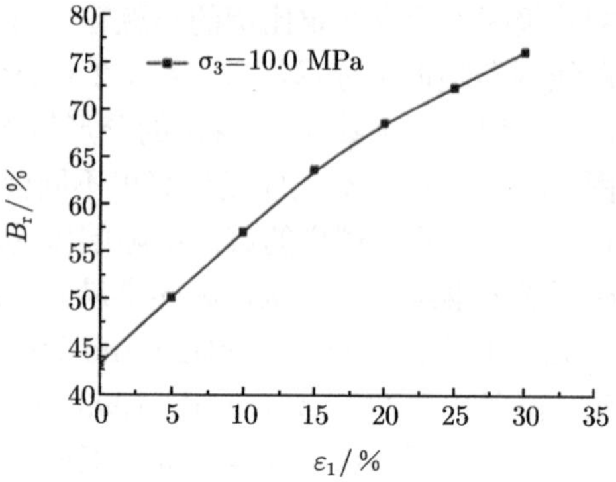

(d) 破碎率随轴向应变演化关系(σ_3=10.0 MPa)

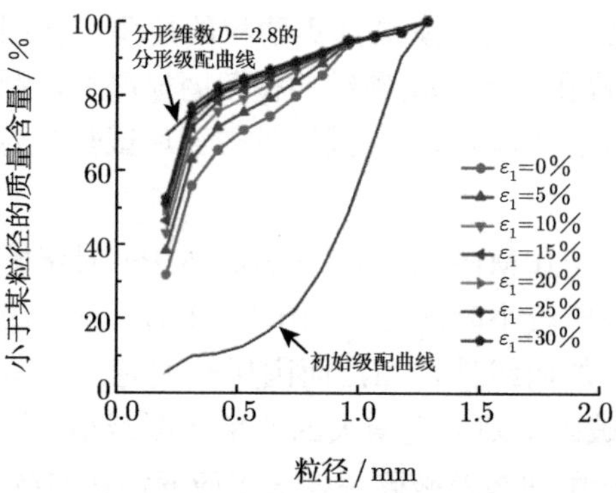

(e) 级配随轴向应变演化关系(σ_3=30.0 MPa)

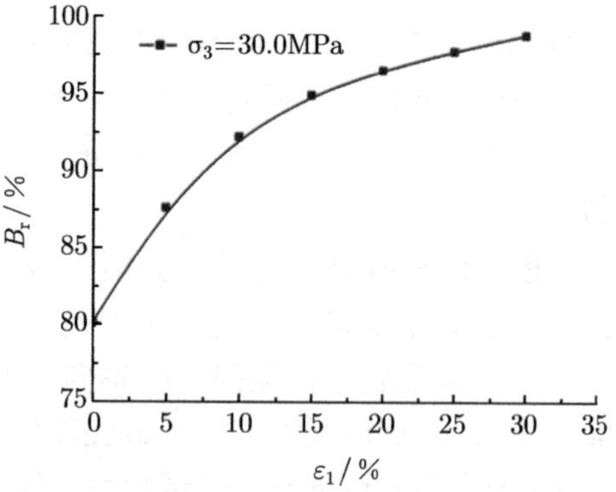

(f) 破碎率随轴向应变演化关系(σ_3=30.0 MPa)

图 11.18　常规三轴压缩试验级配曲线及破碎率演化

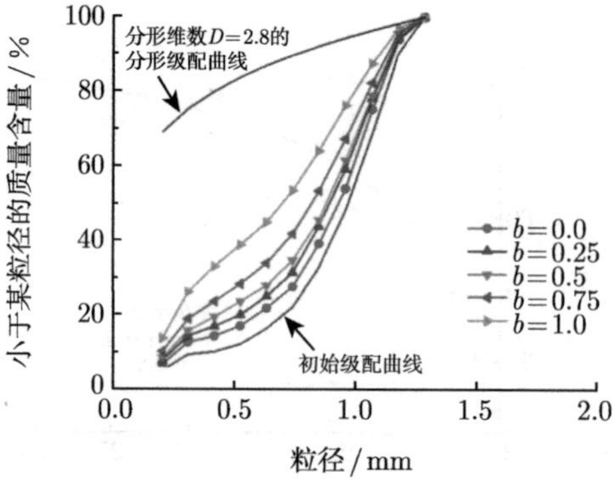

(a) 级配随b 值演化关系(σ_3=0.5 MPa)

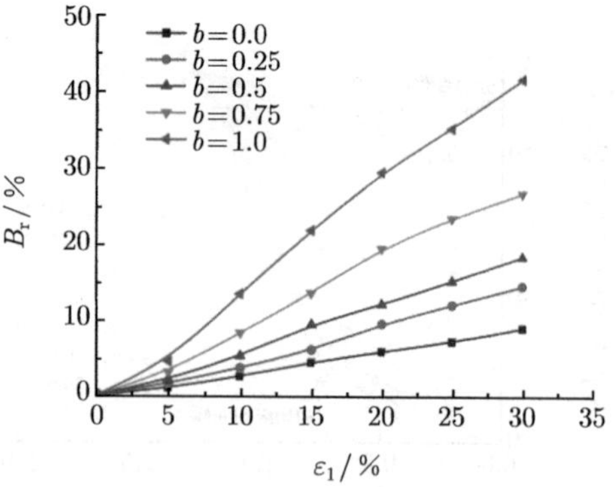

(b) 破碎率随轴向应变演化关系(σ_3=0.5 MPa)

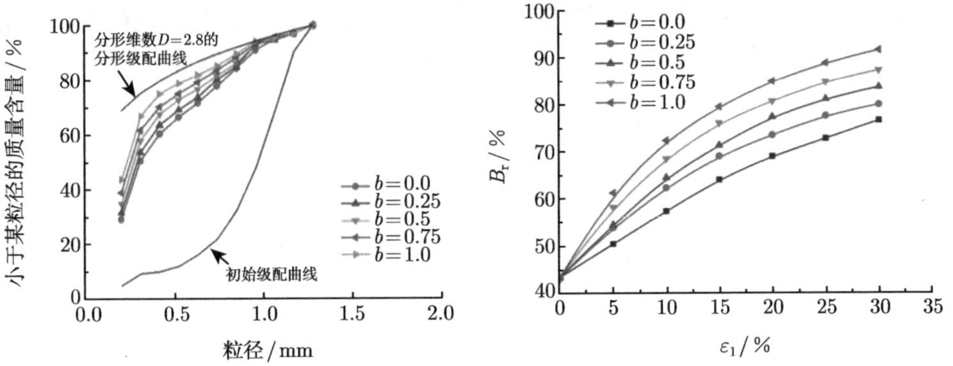

(c) 级配随b 值演化关系(σ_3=10.0 MPa) (d) 破碎率随轴向应变演化关系(σ_3=10.0 MPa)

图 11.19 真三轴试验级配曲线及破碎率演化

3. 破碎率与能量

Lade et al.（1996）指出颗粒材料的破碎率与试验过程中对试样输入的能量直接相关，下面基于数值试验过程中试样颗粒破碎率与对其输入能量间的关系进行论述。真三轴应力状态下试样的主应力分别为 σ_1, σ_2, σ_3，主应变增量分别为 $\delta\varepsilon_1$，$\delta\varepsilon_2$，$\delta\varepsilon_3$，对试样单位体积输入的能量为

$$W_{\mathrm{T}}=\int\sigma_1\cdot\delta\varepsilon_1+\int\sigma_2\cdot\delta\varepsilon_2+\int\sigma_3\cdot\delta\varepsilon_3=\int q\cdot\delta\varepsilon_{\mathrm{q}}+\int p\cdot\delta\varepsilon_{\mathrm{v}}\qquad(11.16)$$

式中，$\delta\varepsilon_{\mathrm{v}}=(\delta\varepsilon_1+\delta\varepsilon_2+\delta\varepsilon_3)/3$ 和 $\delta\varepsilon_{\mathrm{q}}=\delta\varepsilon_1-\delta\varepsilon_{\mathrm{v}}$ 分别为试样体积应变增量和剪切应变增量。在常规三轴应力状态下有 $\sigma_2=\sigma_3$ 和 $\delta\varepsilon_2=\delta\varepsilon_3$。

图 11.20 为常规三轴压缩试验与真三轴试验中对试样输入能量与相应的破碎率之间的关系。计算输入能量时以固结阶段开始时为起点，包括了试样在等向固结阶段所吸收的能量。试样破碎率随着输入能量的增加而增加，但其增加速率逐渐放缓。当输入能量较大时，试样的级配接近于最优级配，需要输入更多的能量才能产生相同的破碎率增量，破碎率逐渐趋于定值。Lade et al.（1996）提出颗粒破碎率与输入能量满足双曲线关系：$B_{\mathrm{r}}=W_{\mathrm{T}}/(\alpha+\beta W_{\mathrm{T}})$，式中，$\alpha$ 和 β 均为试验拟合参数。由于当输入能量极大时，破碎率应趋近于 1，因此 β 的理论值应为 1。

使用该双曲线关系对数值试验结果进行拟合，如图 11.20 所示，其中 $\beta=1,\alpha=3.12$。可见，试样的破碎率与输入能量之间呈现唯一的双曲线关系，这种关系与数值试验应力水平，应力路径等试验条件无关。这可能是由于数值试验中所使用的试样的力学性质几乎为各向同性，在试验过程中破碎耗能、摩擦耗能及阻尼耗能等能量耗散与输入总能量的比例关系对试验应力路径和试验方法等不敏感，所以不同的试验条件下试样破碎率与输入能量存在唯一的关系。这种宏观现象的成因还有待从能量耗散、接触力链和组构各向异性等介观角度进一步研究分析。

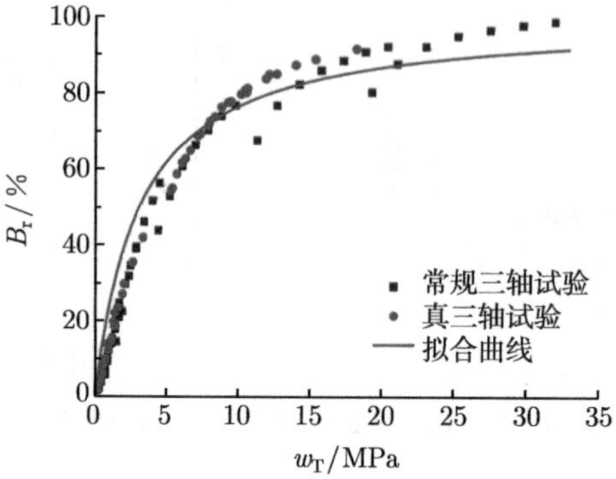

图 11.20　破碎率与输入能量的双曲线拟合关系

11.2.4　小结

使用 DEM 数值模拟对由破碎强度满足 Weibull 分布的可破碎团粒组成的砂土试样进行了一系列数值试验，包括不同围压下的常规三轴试验以及不同中主应力参数 b 下的真三轴试验，并对数值试验中试样的应力–应变行为、级配曲线以及颗粒破碎率演化规律进行了分析，可得到以下结论：

（1） 随着围压增加，试样破碎率逐渐增大，应力–应变关系逐渐由应变软化向应变硬化过渡，且试样剪胀性降低，但当围压较高时，由于固结过程中试样的大量破碎，试样体积膨胀反而增大。真三轴试验中，随 b 值增加，偏应力比峰值逐渐减小。由于破碎率随 b 值增加而明显增大，试样剪胀性随 b 值增大而逐渐减弱。

（2） 内摩擦角随围压增大而逐渐减小，其演化关系基本满足对数关系。内摩擦角随 b 值增大先增加后减小，但不同围压下内摩擦角峰值点处的 b 值有所差别，Lade-Duncan 破坏准则较为适合描述内摩擦角随 b 的变化规律。

（3） 数值试样存在最优级配，相对破碎率随围压和应变增加而增加，但随着级配趋近于最优级配，增加速率逐渐降低。相对破碎率与试验输入能量之间存在近似唯一性的双曲线关系。

11.3　无内孔隙单个固体颗粒的破碎模型

本节遵循本章前言中归结的第二条模拟颗粒破碎的 DEM 途径。考虑单个无内孔隙的固体颗粒破碎。本章前言中已指出，颗粒破碎过程数值模拟的两个要素：

破碎准则和破碎后碎片模式。本节介绍的颗粒破碎准则中表征破碎时的颗粒应力状态不仅依赖于通过直接相邻颗粒与参考颗粒的接触点作用于参考颗粒的任意一组接触力，同时也包括通过接触点作用于参考颗粒的摩擦阻矩。它对包括各向同性和近似各向同性受力情况下评估参考颗粒的破碎均有效。

与先前文献中已有的在破碎准则中用以判断颗粒是否破碎的作用于颗粒的广义力不同，本章中提出了两个不同的颗粒破碎准则。第一个颗粒破碎准则是考虑了颗粒所承受的名义 Cauchy 应力和偶应力的广义 Ben-Num 和 Einav 颗粒破碎准则；而第二个是新提出的基于岩土弹塑性破坏分析的 Drucker-Prager 模型及修正 Cam-Clay 模型而建立的颗粒破碎准则。

11.3.1 考虑名义偶应力的颗粒破碎准则

式 (11.1) 已经给出了单个颗粒名义 Cauchy 应力的定义。已经证明，在离散颗粒集合体中由 Voronoi 胞元模型描述的参考离散颗粒 A 的等效连续体元为 Cosserat 连续体元（Li et al., 2013）。描述 Cosserat 连续体局部点应力状态的不仅包括 Cauchy 应力，还应包括偶应力。单个颗粒的名义偶应力可表示为（Li et al., 2013）

$$\mu_{j3} = \frac{r}{V^{\mathrm{A}}} \sum_{\mathrm{c}=1}^{N_{\mathrm{c}}} \left(m_3^{\mathrm{c}} + e_{3ki} f_i^{\mathrm{c}} n_k^{\mathrm{c}} r\right) n_j^{\mathrm{c}} \tag{11.17}$$

式中，m_3^{c} 为接触点处由相对滚动引起的力矩，其他符号在式 (11.1) 下方均有说明。

1. *考虑名义偶应力的广义 Ben-Num 和 Einav 颗粒破碎准则：颗粒破碎准则 1*

将 Ben-Nun and Einav（2010）基于 Tsoungui et al. 的颗粒破碎准则（1999）进一步发展的破碎准则拓展至 Cosserat 连续体元，定义基于 Cosserat 连续体模型的广义等效偏应力如下（Li et al., 2016）

$$\varSigma = \sqrt{J_2'} = \left[\frac{1}{2} s_{ij} s_{ij} + l^{-1} \mu_{j3} l^{-1} \mu_{j3}\right]^{1/2} \tag{11.18}$$

式中，s_{ij} 为式 (11.1) 所定义的颗粒平均应力 σ_{ij} 的偏应力的对称部分；l 为等效 Cosserat 连续体的内禀材料特征长度，可通过均匀化过程由介观颗粒材料参数确定 (Li et al., 2013)。式 (11.18) 中的 $\frac{1}{2} s_{ij} s_{ij}$ 可由平均应力 σ_{ij} 直接给出，即

$$\frac{1}{2} s_{ij} s_{ij} = \left(\frac{\sigma_{\mathrm{xx}} - \sigma_{\mathrm{yy}}}{2}\right)^2 + \left(\frac{\sigma_{\mathrm{xy}} + \sigma_{\mathrm{yx}}}{2}\right)^2 \tag{11.19}$$

二维情况下 Cosserat 连续体的平均应力的最大和最小主应力为

$$\sigma_{\substack{\max\\\min}} = \frac{\sigma_{xx}+\sigma_{yy}}{2} \pm \sqrt{\left(\frac{\sigma_{xx}-\sigma_{yy}}{2}\right)^2 + \left(\frac{\sigma_{xy}+\sigma_{yx}}{2}\right)^2} \tag{11.20}$$

式 (11.20) 代入式 (11.19) 和式 (11.18) 可得到

$$\frac{1}{2}s_{ij}s_{ij} = \left(\frac{\sigma_{\max}-\sigma_{\min}}{2}\right)^2 = \tau^2, \quad \Sigma = \sqrt{J_2'} = \left[\tau^2 + l^{-1}\mu_{j3}l^{-1}\mu_{j3}\right]^{1/2} \tag{11.21}$$

式中，$\tau = \dfrac{\sigma_{\max}-\sigma_{\min}}{2}$ 定义为平均应力的名义剪应力。

• 颗粒破碎准则 1A

基于 Ben-Nun 等建议的单个颗粒破碎准则（Ben-Nun and Einav, 2010），考虑参考颗粒受到接触力矩作用，则假定下式满足时，参考颗粒破碎

$$\pi r\left(2\Sigma + \sigma_{\mathrm{m}}\right) \geqslant F_{\mathrm{crit}} \tag{11.22}$$

式中，$\sigma_{\mathrm{m}} = (\sigma_{xx}+\sigma_{yy})/2 = (\sigma_{\max}+\sigma_{\min})/2$ 为平均应力的静水压力。若忽略接触力矩的影响，式 (11.22) 则可退化为 Ben-Nun and Einav（2010）基于 Cauchy 连续体提出的破碎准则。由式 (11.22) 也可看出负的静水压力可减缓颗粒的断裂，亦即围压将起到阻止颗粒内裂纹扩展的作用。

式 (11.22) 右端项 F_{crit} 为有效临界力，表征了颗粒抵抗破裂的强度，对于半径为 r 的颗粒，F_{crit} 被定义为（Ben-Nun and Einav, 2010）

$$F_{\mathrm{crit}} = 2r\sigma_{\mathrm{fM}}f_{\mathrm{W}} \tag{11.23}$$

式中，σ_{fM} 为颗粒集合体中半径为 r_{M} 的最大颗粒破碎时的临界拉应力，f_{W} 为考虑颗粒内部缺陷的 Weibull 统计折减系数。

• 颗粒破碎准则 1B

注意到当参考颗粒受到各向同性或近似各向同性载荷作用时，式 (11.18) 所定义的广义等效偏应力将趋于零，且静水压力为负值，式 (11.22) 的左端项始终小于零，此时，无论各向同性的载荷值的大小，颗粒破碎准则 1A 将给出颗粒不会发生破碎的不当结论。针对这种情况，Ben-Nun 等建议了另一个单个颗粒破碎准则，即破碎准则 1B。在此破碎准则下，假定下式满足时参考颗粒破碎

$$\bar{F}_{\mathrm{n}} \geqslant F_{\mathrm{crit}}^{*} \tag{11.24}$$

式中，$\bar{F}_{\mathrm{n}}$ 为作用于参考颗粒所有接触点处法向力 $F_{\mathrm{n}}^{\mathrm{c}}\ (F_{\mathrm{n}}^{\mathrm{c}} \geqslant 0)$ 的平均值，即

$$\bar{F}_{\mathrm{n}} = \frac{1}{N_{\mathrm{c}}}\sum_{\mathrm{c}=1}^{N_{\mathrm{c}}} F_{\mathrm{n}}^{\mathrm{c}} \tag{11.25}$$

当半径为 r 的参考颗粒受到各向同性或近似各向同性载荷作用时，式 (11.24) 等号右端项为有效临界力，Ben-Nun 等将其定义为（Ben-Nun and Einav, 2010）

$$F_{\text{crit}}^{*} = 2r\sigma_{\text{fM}} f_{\text{W}} f_{\text{D}} f_{\text{CN}} \tag{11.26}$$

式中，$f_{\text{D}}, f_{\text{CN}}$ 表示了颗粒在遭受各向同性载荷模式下抵抗破碎的强度分别依赖参考破碎颗粒的配位数和曲率的附加因子。

需要注意到式 (11.25) 在计算 $\bar{F}_{\text{n}}$ 时并没有考虑接触力的施加位置以及接触力的相对大小，即没有考虑接触力 F_{n}^{c} 与 $\bar{F}_{\text{n}}$ 的比值的影响。因此，在受到各向同性或近各向同性载荷作用时，表征颗粒破碎的平均应力 $\bar{F}_{\text{n}}$ 并不能唯一地对应于载荷状态。也就是说相同数值的 $\bar{F}_{\text{n}}$ 可以对应不同的颗粒应力状态。此外，如果不满足颗粒破碎准则 1A，施加在参考颗粒上的应力张量的剪切部分也可能导致颗粒破碎，为此，我们将建议如下的颗粒破碎准则 2。

2. *考虑名义偶应力、基于 Drucker-Prager 模型及修正 Cam-Clay 模型的颗粒破碎准则 2*

颗粒破碎准则 2 是在岩土弹塑性破坏分析的 Drucker-Prager 模型及修正 Cam-Clay 模型的启发下建立的。考虑到两个不同的断裂机制，该准则由两部分组成：颗粒破碎准则 2A 和颗粒破碎准则 2B。

- 颗粒破碎准则 2A

颗粒破碎准则 2A 基于 Drucker-Prager 准则定义等效应力度量及颗粒破碎的临界强度。具体表述为：施加在单个颗粒上引起颗粒破碎的应力变量可用广义平均等效应力 Σ 和 Cauchy 应力平均应力表示，若下式满足时，颗粒将发生破碎，

$$\pi r\left(\Sigma + 2A\sigma_{\text{m}}\right) \geqslant \tilde{F}_{\text{crit}} \tag{11.27}$$

式中，材料参数 A 定义为离散颗粒集合体中最大颗粒的临界拉伸应力 $\tilde{\sigma}_{\text{fM}}^{\text{t}}$ 和压缩应力 $\tilde{\sigma}_{\text{fM}}^{\text{c}}$ 的函数或为内摩擦角 ϕ_{fM} 的函数，李锡夔等给出了它的具体形式如下（Duxbury and Li，1996）

$$A = \frac{\tilde{\sigma}_{\text{fM}}^{\text{c}} - \tilde{\sigma}_{\text{fM}}^{\text{t}}}{2\left(\tilde{\sigma}_{\text{fM}}^{\text{c}} + \tilde{\sigma}_{\text{fM}}^{\text{t}}\right)} = \frac{2\sin\phi_{\text{fM}}}{\sqrt{3}\left(3 - \sin\phi_{\text{fM}}\right)} \tag{11.28}$$

式 (11.27) 右端项可采用类似 Ben-Nun 等对临界力的定义方式，对半径为 r 的参考颗粒定义其临界力

$$\tilde{F}_{\text{crit}} = 2r\tilde{\sigma}_{\text{fM}} f_{\text{W}} \tag{11.29}$$

式中，$\tilde{\sigma}_{\text{fM}}$ 为离散颗粒集合体中最大颗粒的广义临界力，它与最大颗粒的临界拉伸和压缩应力 $(\tilde{\sigma}_{\text{fM}}^{\text{t}}, \tilde{\sigma}_{\text{fM}}^{\text{c}})$ 或者内摩擦角 ϕ_{fM}、粘性系数 c_{fM} 相关，可表示为（Duxbury and Li，1996）

$$\tilde{\sigma}_{\mathrm{fM}}=\frac{\tilde{\sigma}_{\mathrm{fM}}^{\mathrm{c}}\tilde{\sigma}_{\mathrm{fM}}^{\mathrm{t}}}{2\left(\tilde{\sigma}_{\mathrm{fM}}^{\mathrm{c}}+\tilde{\sigma}_{\mathrm{fM}}^{\mathrm{t}}\right)}=\frac{6c_{\mathrm{fM}}\cos\phi_{\mathrm{fM}}}{\sqrt{3}\left(3-\sin\phi_{\mathrm{fM}}\right)} \tag{11.30}$$

- 颗粒破碎准则 2B

当参考颗粒受到以压力为主的各向同性或接近各向同性载荷作用，式 (11.27) 左端项的 $(\Sigma+2\mathrm{A}\sigma_{\mathrm{m}})$ 趋近于零或者为负数，式 (11.27) 将无法满足，也就是说在该破碎准则下，颗粒不会发生破碎。对于这种受力情况，需要建立颗粒破碎准则 2B。在颗粒破碎准则 2B 中采用修正 Cam-Clay 模型定义颗粒破碎的等效应力及单个颗粒破碎的临界强度。

单个颗粒破碎的等效应力与施加在参考颗粒上广义平均等效应力 Σ 和平均 Cauchy 应力相关，假定下式满足时，颗粒将发生破碎

$$\pi r\left(-\sigma_{\mathrm{m}}+\frac{\Sigma^{2}}{M^{2}\left(-\sigma_{\mathrm{m}}\right)}\right)\geqslant\tilde{F}_{\mathrm{crit}}^{*} \tag{11.31}$$

式中，材料参数 M 定义为

$$M=\frac{4\sin\phi_{\mathrm{fM}}}{\sqrt{3}\left(3-\sin\phi_{\mathrm{fM}}\right)} \tag{11.32}$$

式 (11.31) 右端项表征了阻止颗粒破碎的等效临界力，对半径为 r 的参考颗粒，其定义为

$$\tilde{F}_{\mathrm{crit}}^{*}=2r\hat{\sigma}_{\mathrm{fM}}f_{\mathrm{W}} \tag{11.33}$$

式中，$\hat{\sigma}_{\mathrm{fM}}$ 为离散颗粒集合体中半径为 r_{M} 的最大颗粒破碎时的临界应力，其定义为（Chen and Mizuno，1990）

$$\hat{\sigma}_{\mathrm{fM}}=p_{0}+\frac{3}{2}c_{\mathrm{fM}}\left(\frac{p_{0}}{\left(-\sigma_{\mathrm{m}}\right)}-1\right)\operatorname{ctg}\phi_{\mathrm{fM}} \tag{11.34}$$

其中，材料参数 p_0 表示半径为 r_{M} 的最大颗粒破碎时的静水压应力。

11.3.2　破碎模式：单个颗粒受限破碎后的自适应碎片安排方案

当描述颗粒破碎的式 (11.22)、式 (11.24)、式 (11.27) 和式 (11.31) 中任一准则满足时，颗粒将发生破碎。此时需要给出描述颗粒破碎后在颗粒破碎前的受限孔隙空间内形成一系列碎片的数目、尺寸、生成和排列方式等信息的破碎模式。本节将介绍以单个颗粒受限破碎后的自适应碎片安排方案描述的破碎模式。破碎后的碎片总质量应保证相对于破碎前母颗粒的质量守恒。自适应碎片安排方案通过如下三个步骤完成母颗粒破碎后的碎片排布。

(1) 在半径为 r 的参考破碎母颗粒中心放置一个以半径为 r_{y} 的黄色子颗粒 Y 表示的碎片 (以下用子颗粒表示碎片)，如图 11.21 所示。在参考破碎颗粒圆周内，围绕子颗粒 Y，放置 N_{c} 个具有相同初始半径 r_{b}^{0} 的蓝色子颗粒 $(r_{\mathrm{b}}^{0}=(r-r_{\mathrm{y}})/2)$，这些子颗粒标记为 B，如图 11.21(a) 所示。这意味着子颗粒 B 的个数与参考颗粒的直接相邻颗粒数相同，它们自适应地排列在参考颗粒与直接相邻颗粒之间的位置内。为确定 r_{y} 与 r_{b}^{0} 的数值，记每两个直接相邻子颗粒 B 的中心分别与参考破碎母颗粒中心连线形成的两分支向量 (branch vector) 间的夹角为 $\theta_i, 0<\theta_i\leqslant\pi$。子颗粒 B 的形心放置在对应的分支向量上。为保证每两个直接相邻子颗粒之间没有重叠，如图 11.21(a) 所示，定义

$$\theta_{\mathrm{b}}=\min\left(\theta_1,\theta_2,\cdots,\theta_{N_{\mathrm{c}}}\right) \tag{11.35}$$

则半径 r_{y} 与 r_{b}^{0} 可由以下两个条件得到

$$\sin\left(\frac{\theta_{\mathrm{b}}}{2}\right)=\frac{r_{\mathrm{b}}^{0}}{r-r_{\mathrm{b}}^{0}} \tag{11.36}$$

$$r_{\mathrm{y}}+2r_{\mathrm{b}}^{0}=r \tag{11.37}$$

联立式 (11.36) 与式 (11.37) 求解可得到

$$r_{\mathrm{b}}^{0}=\frac{\sin\left(\dfrac{\theta_{\mathrm{b}}}{2}\right)}{1+\sin\left(\dfrac{\theta_{\mathrm{b}}}{2}\right)}r,\quad r_{\mathrm{y}}=\frac{1-\sin\left(\dfrac{\theta_{\mathrm{b}}}{2}\right)}{1+\sin\left(\dfrac{\theta_{\mathrm{b}}}{2}\right)} \tag{11.38}$$

由式 (11.38) 确定子颗粒半径 r_{b}^{0} 和 r_{y} 的子颗粒 Y 与各子颗粒 B 将保证它们均被放置在参考破碎母颗粒内部，且各子颗粒 B 之间以及它们与子颗粒 Y 和参考颗粒在破碎前的直接相邻颗粒之间没有引入任何虚假重叠，如图 11.21(a) 所示。

(2) 注意到参考颗粒在破碎前并不一定与所有 N_{c} 个直接相邻颗粒都接触，这将使得所有 N_{c} 个子颗粒 B 中的一部分子颗粒 B 与参考颗粒的直接相邻颗粒之间不存在接触。因而，自适应碎片安排方案的第二步是对这些子颗粒 B 实施体积膨胀，在保证这些子颗粒 B 与其直接相邻的其他子颗粒之间不产生重叠前提下，使得它们分别和与破碎母颗粒的直接相邻颗粒之间刚好接触。对部分子颗粒 B 实施体积膨胀后的 N_{c} 个子颗粒 B 的半径将不再相同，将其记为 $r_{\mathrm{b}}^{i}\,(i=1,2,\cdots,N_{\mathrm{c}})$。这意味着与破碎前参考颗粒没有接触的直接相邻颗粒，在参考颗粒破碎后与实施

了体积膨胀处理的子颗粒 B 之间也没有重叠。通过第二步可以收回一些损失的质量（如图 11.21(a) 所示，由于破碎后的碎片颗粒并未填满参考颗粒，因此会造成质量损失），如图 11.21(b) 所示。

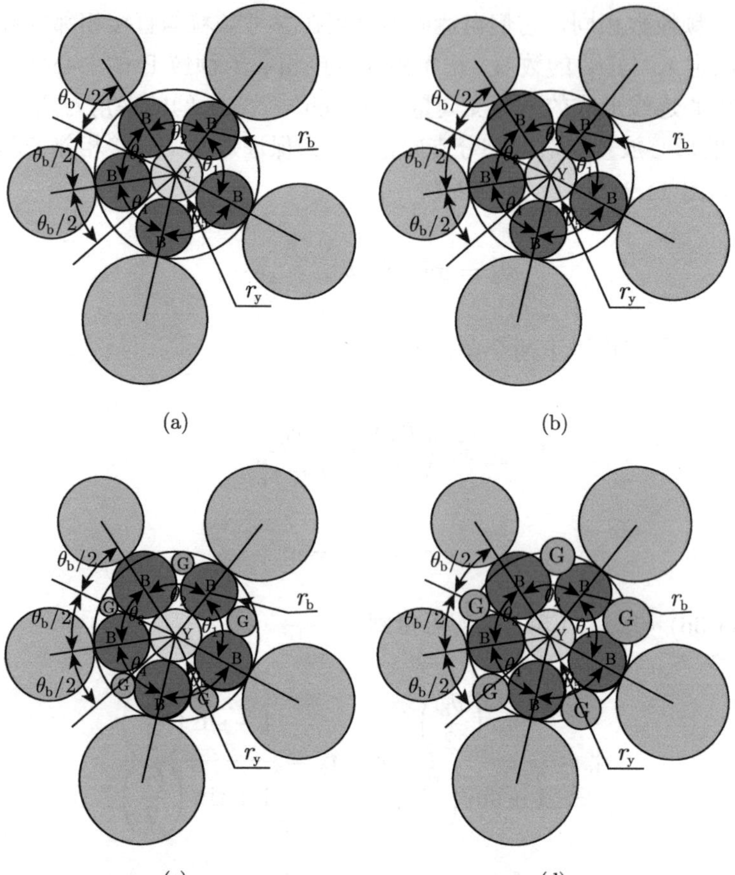

图 11.21　颗粒破碎后置换碎片颗粒安置

(a) 第一步：初始任意排列；(b) 第二步：碎片颗粒膨胀；(c) 第三步：填塞更小的碎片颗粒；(d) 第三步：膨胀第三步填塞的碎片颗粒

（3）在第三步中，将在母颗粒破碎前的体积范围内未被子颗粒 Y 和各子颗粒 B 占据的空间处，生成表示小碎片的具有不同半径 $r_g^i\,(i=1\sim N_g)$ 的一系列子颗粒 G，如图 11.21(c) 所示。为使质量减损尽可能地减少，将在母颗粒破碎前的体积范围内填充约 6~12 个子颗粒 G。子颗粒 G 将逐个地安插在每两个直接相邻子颗粒 B 之间的空间中，按子颗粒 G 与破碎母颗粒表面具有内接触、并由与它的两个直接相邻子颗粒 B 无虚假重叠而限定的条件确定其初始半径和位置，如

图 11.21(c) 所示。每生成一个子颗粒 G 就要检查母颗粒破碎后的质量亏损情况，直到全部子颗粒 G 全部生成为止。若当生成一个新的子颗粒 G 后或生成全部 N_g 个子颗粒时 G，所有碎片 Y、B、G 的质量之和大于参考颗粒质量，则最后生成的子颗粒 G 的半径要缩小，以满足质量守恒。这种情况下生成的所有子颗粒 G 与碎片 B 之间以及与破碎母颗粒的直接相邻颗粒之间没有虚假重叠。如果生成 N_g 个子颗粒 G 后，仍存在质量损失，则对 N_g 个子颗粒按照图 11.21(d) 的方式执行体积膨胀，并通过调整子颗粒 G 的位置，使子颗粒 G 与子颗粒 B 之间以及与破碎母颗粒的直接相邻颗粒之间没有虚假重叠。

记执行体积膨胀后的子颗粒 B 和子颗粒 G 的半径分别为 $r_\mathrm{b}^i\,(i=1\sim N_\mathrm{c})$ 和 $r_\mathrm{g}^j\,(j=1\sim N_\mathrm{g})$，破碎母颗粒的密度记为 ρ_0，若存在质量损失，则先计算参考颗粒破碎后损失的体积为

$$\pi\left(r^2-r_\mathrm{y}^2-\sum_{i=1}^{N_\mathrm{c}}\left(r_\mathrm{b}^i\right)^2-\sum_{i=1}^{N_\mathrm{g}}\left(r_\mathrm{g}^i\right)^2\right) \tag{11.39}$$

为保证参考颗粒破碎前后的质量守恒，人为地增加碎片颗粒的密度，记为 ρ，则有

$$\rho=\rho_0\frac{r^2}{r^2-r_\mathrm{y}^2-\sum\limits_{i=1}^{N_\mathrm{c}}\left(r_\mathrm{b}^i\right)^2-\sum\limits_{i=1}^{N_\mathrm{g}}\left(r_\mathrm{g}^i\right)^2} \tag{11.40}$$

质量密度增加将体现在弹性刚度的增强上，令 ρ_1、ρ_2 与 r_1、r_2 分别表示相互接触的两个颗粒的密度与半径。若质量密度 ρ_0 对应的特征弹性模量为 E_0，则质量密度分别为 ρ_1、ρ_2 的颗粒对应的特征弹性模量 E_1、E_2 可近似表示为

$$E_1=\frac{\rho_1}{\rho_0}E_0,\quad E_2=\frac{\rho_2}{\rho_0}E_0 \tag{11.41}$$

则采用线性接触模型的两个颗粒间的法向接触刚度可写为（Scholtes et al., 2009a）

$$K_\mathrm{n}=(E_1+E_2)\frac{r_1r_2}{r_1+r_2} \tag{11.42}$$

两个颗粒间的切向滑动刚度为

$$K_\mathrm{s}=\beta K_\mathrm{n} \tag{11.43}$$

式中，β 为法向刚度与切向刚度的关联系数，并假定其为与内摩擦角相关的一个常数（Scholtes et al., 2009a; 2009b）。

11.3.3　数值算例

本节将在颗粒材料二阶协同计算均匀化方法及相应地在宏–介观两尺度分别采用梯度 Cosserat 连续体模型混合有限元和离散颗粒集合体表征元的嵌套算法框架内（Li et al, 2010; 2014; 2016），应用基于所提出颗粒破碎模型建立的可破碎离散颗粒集合体表征元，对颗粒材料结构破坏过程例题实施数值模拟。颗粒材料二阶协同计算均匀化方法及其混合元–离散元嵌套算法可参阅上面引用的参考文献和本书第 17 章及第 18 章内容，这里不作赘述。

数值算例的用途主要在两方面：（1）验证颗粒破碎对颗粒材料结构以应变局部化和软化过程为破坏特征的力学响应及承载能力的影响；（2）颗粒破碎是影响颗粒材料结构宏观响应及承载能力的主要介观机理之一，数值例题结果将定量显示在颗粒材料结构破坏发展过程中颗粒材料结构局部处颗粒破碎及其在结构全域的分布与发展。

采用如图 11.22(a) 所示的平板压缩问题论证颗粒破碎对宏观结构响应的影响。模拟过程中分别采用了两种破碎准则，即式 (11.22) 与式 (11.24) 描述的破碎准则 1 及式 (11.27) 与式 (11.31) 描述的破碎准则 2。采用的破碎模式则如 11.3.2 节所描述和图 11.21 所示。平板两端采用刚性板施加单轴压缩载荷，通过指定竖直位移控制压缩量，直至加载历史结束。因忽略重力影响和满足对称性要求，取方板 1/4 进行分析，它被离散化为 20×20 个有限网格，如图 11.22(b) 所示，其中 $L=30$ m。

刚性板与方板之间假设为理想粘结，即在位移控制下，上边界节点的水平位移为零，竖直位移为均一指定值。刚性板与方板间的理想粘结及界面附近受限制的水平膨胀变形是激活剪切带或其他破坏模式并使之从右上角开始演化的机制。此外，考虑对称性，如图 11.22(b) 所示，下边界上有限元节点的垂直方向位移固定而水平方向位移自由；左边界上有限元节点位移在垂直方向自由而在水平方向固定；下边界与左边界上的有限元节点微转角自由度均固定。对于该算例，在方板任意点处的表面单元的单位法线 $\boldsymbol{n}$ 有 $n_i n_j=\delta_{ij}$ 成立。其他边界条件如下 $\Psi_{12}=u_{2,1}=0$；下边界 $\Psi_{21}=u_{1,2}=0$；上边界 $\Psi_{12}=u_{2,1}=0$ 和 $\Psi_{11}=u_{1,1}=0$（Li et al., 2016）。

本算例中在每个有限元网格积分点处设置的表征元样本为尺寸为 $l\times l$ 的正方形，由 n_{r} 个半径为 $r=0.02$ m 的圆形离散颗粒以均一排列模式组成，简称为 RVE60 ($l=0.3228$ m, $n_{\mathrm{r}}=60$)，如图 11.22(c) 所示。在多尺度计算的下传过程中，为能够方便把宏观应变传递至每个表征元的边界，假定每个表征元的外围颗粒不发生破碎。颗粒间的接触模型采用李锡夔等提出的考虑颗粒间滑移耗散和滚动摩擦的线性弹簧–粘壶接触模型（Li et al., 2005）。模拟中采用的颗粒材料参数见表 11.5.

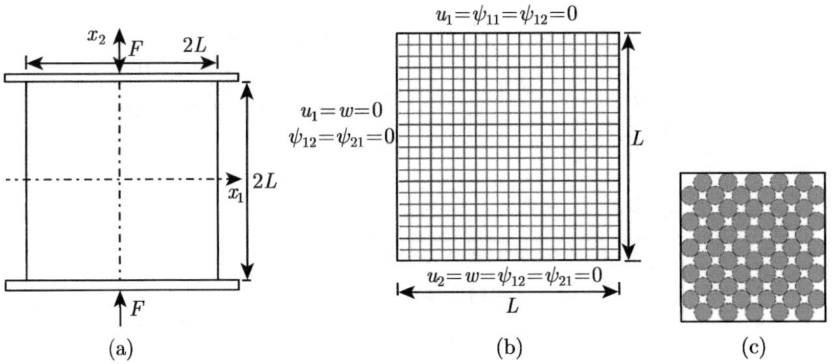

图 11.22　平板压缩问题的示意图

(a) 尺寸和加载条件；(b) 1/4 方板的网格划分及边界条件；(c) 均一介观结构表征元样本 RVE60

$(l = 0.3228\ \text{m}, n_{\text{r}} = 60)$

表 11.5　表征元中颗粒破碎离散元法模拟所用参数

参数	数值
特征模量 E/Pa	2.5×10^8
$\beta\ (k_{\text{s}}/k_{\text{n}})$	0.6
法向力刚度系数 k_{n}^0/(N/m)	5×10^6
滑动力刚度系数 k_{s}^0/(N/m)	3×10^6
滚动力刚度系数 k_{r}/(N/m)	0
滚动矩刚度系数 k_θ/(N·m/rad)	1.0
法向力阻尼系数 c_{n}/(N·s/m)	0.4
滑动力阻尼系数 c_{s}/(N·s/m)	0.4
滚动力阻尼系数 c_{r}/(N·s/m)	0.4
滚动矩阻尼系数 c_θ/(N·m·s/rad)	0.4
滑动摩擦系数 μ_{s}	0.5
滚动力摩擦系数 μ_{r}	0
滚动矩摩擦系数 μ_θ	0.02

算例考虑三种情况：（1）颗粒不破碎；（2）利用破碎准则 1；（3）利用破碎准则 2。图 11.23 给出了以上三种情况下的位移载荷曲线，显示了不同破碎强度的影响。可以看到考虑颗粒破碎时，方板的承载能力降低，达到峰值时的方板压缩量也随破碎强度的降低而减小。

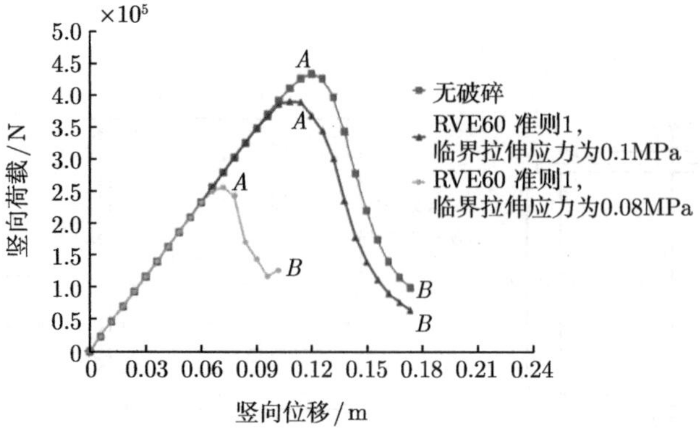

(a)

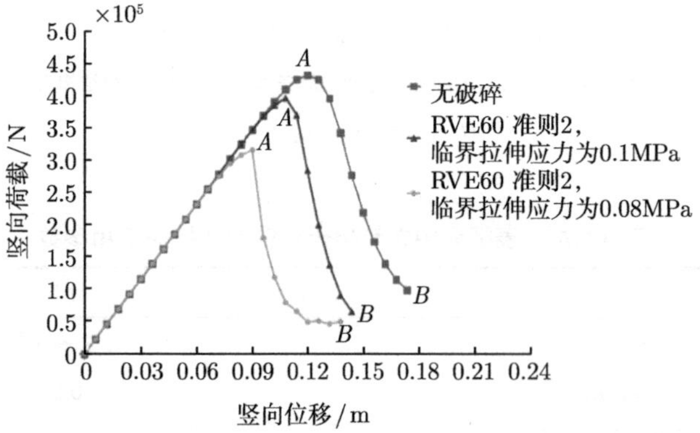

(b)

图 11.23　受均匀单轴压缩方板的位移载荷曲线

(a) 三种情况下三条曲线：不破碎、破碎准则 1 及 $\sigma_{\mathrm{fM}} = 0.1$ MPa、破碎准则 1 及 $\sigma_{\mathrm{fM}} = 0.08$ MPa;

(b) 三种情况下三条曲线：不破碎、破碎准则 2 及 $\tilde{\sigma}_{\mathrm{fM}}^{\mathrm{t}} = 0.1$ MPa、破碎准则 2 及 $\tilde{\sigma}_{\mathrm{fM}}^{\mathrm{t}} = 0.08$ MPa

图 11.24 给出了不考虑破碎时从软化阶段开始到加载结束时方板中的有效应变分布，可以清晰地观察到以剪切带模式呈现的颗粒材料结构失效过程。图 11.25 和图 11.26 分别给出了采用破碎准则 1 和破碎准则 2，在加载历史结束时的有效应变分布。对于破碎准则 1，图 11.25 显示在颗粒破碎临界拉伸应力值较高时 ($\sigma_{\mathrm{fM}} = 0.1$ MPa) 可形成剪切带破碎模式在破碎临界拉伸应力值较低时 ($\sigma_{\mathrm{fM}} = 0.08$ MPa)，有效应变在方板内呈现弥散分布，没有形成剪切带破坏模式。对于破碎准则 2，图 11.26 展示了临界拉伸应力 $\tilde{\sigma}_{\mathrm{fM}}^{\mathrm{t}} = 0.1$ MPa 与 $\tilde{\sigma}_{\mathrm{fM}}^{\mathrm{t}} = 0.08$ MPa 时方板内剪切带分布，但剪切带的宽度随着临界拉伸应力的减小而增加。图 11.25 和图 11.26 的数值结果表明剪切带是否出现依赖于本构模型的选择和单个颗粒抵抗破碎的能力。此外，还展示了破碎准则及单个颗粒破碎参数对剪切带形成的影响。图 11.25(b) 显示，采用破碎准则 1 时，方板没有出现剪切带失效模式，这意味着

当抵抗单个颗粒破碎的材料强度降低时，不会发生剪切带形式的材料失稳。一般而言，当受剪颗粒材料中两个接触颗粒间不能承受住随剪切载荷增长而增长的摩擦力以维持材料的均质状态时，剪切带形式材料失稳将被激发。较低的颗粒破碎材料强度使得颗粒易破碎，导致累计增长的颗粒间摩擦力在达到其临界值前因颗粒破碎而得以释放，阻止了剪胀、剪切带失稳和结晶化等现象的随之发生（Alam and Luding, 2003; Alam et al., 2008）。

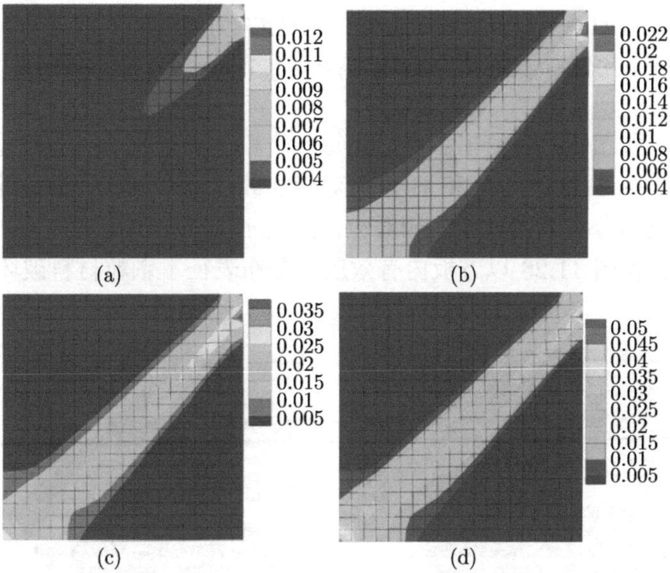

图 11.24 不考虑颗粒破碎，从软化阶段开始至加载结束方板中等效应变分布

(a) $u_y = 0.12$ m; (b) $u_y = 0.14$ m; (c) $u_y = 0.16$ m; (d) $u_y = 0.18$ m

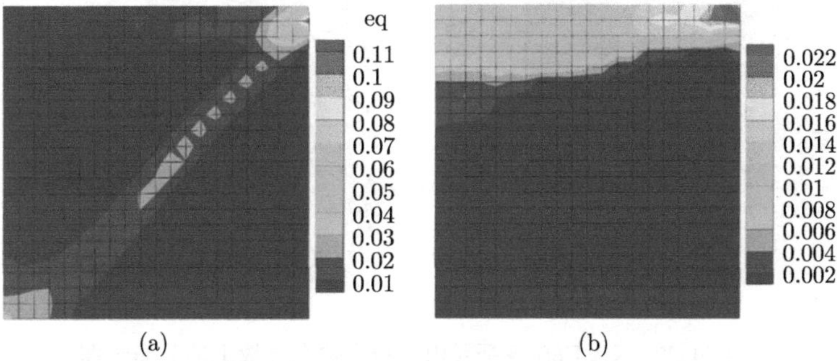

图 11.25 采用破碎准则 1 加载结束时方板中等效应变分布

(a) $\sigma_{fM} = 0.1$ MPa, $u_y = 0.16$ m; (b) $\sigma_{fM} = 0.08$ MPa, $u_y = 0.12$ m

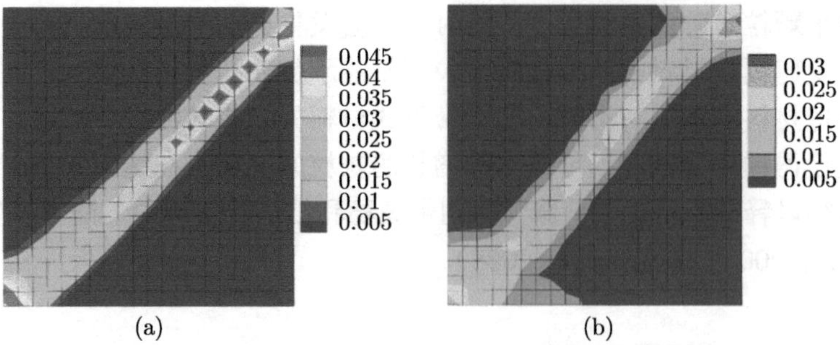

图 11.26 采用破碎准则 2，加载结束时方板中等效应变分布

(a) $\tilde{\sigma}_{\mathrm{fM}}^{\mathrm{t}}=0.1$ MPa, $u_{\mathrm{y}}=0.16$ m; (b) $\tilde{\sigma}_{\mathrm{fM}}^{\mathrm{t}}=0.08$ MPa, $u_{\mathrm{y}}=0.14$ m

图 11.27 和图 11.28 给出了有限元每一个积分点处在承载力峰值和加载历史结束时，亦即图 11.23 中 A 和 B 点所对应加载时刻，表征元内破碎碎片与未破碎颗粒总个数的分布云图。与之相对应，采用不同的破碎准则和不同的临界强度时，图 11.25 和图 11.26 以方板内有效应变分布表征了颗粒材料破坏形式。

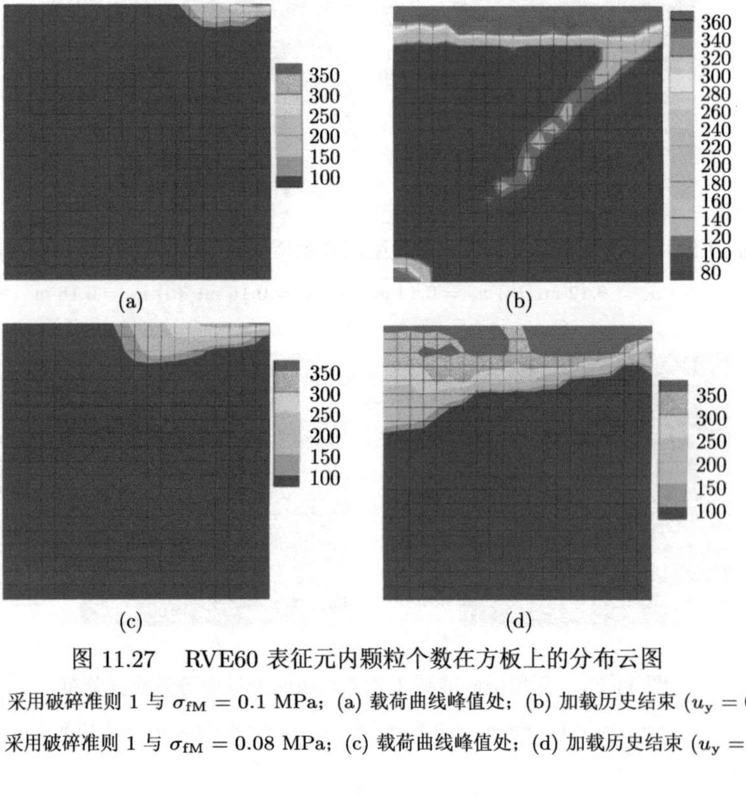

图 11.27 RVE60 表征元内颗粒个数在方板上的分布云图

(a) 与 (b) 采用破碎准则 1 与 $\sigma_{\mathrm{fM}}=0.1$ MPa；(a) 载荷曲线峰值处；(b) 加载历史结束 ($u_{\mathrm{y}}=0.16$ m)；(c) 与 (d) 采用破碎准则 1 与 $\sigma_{\mathrm{fM}}=0.08$ MPa；(c) 载荷曲线峰值处；(d) 加载历史结束 ($u_{\mathrm{y}}=0.12$ m)

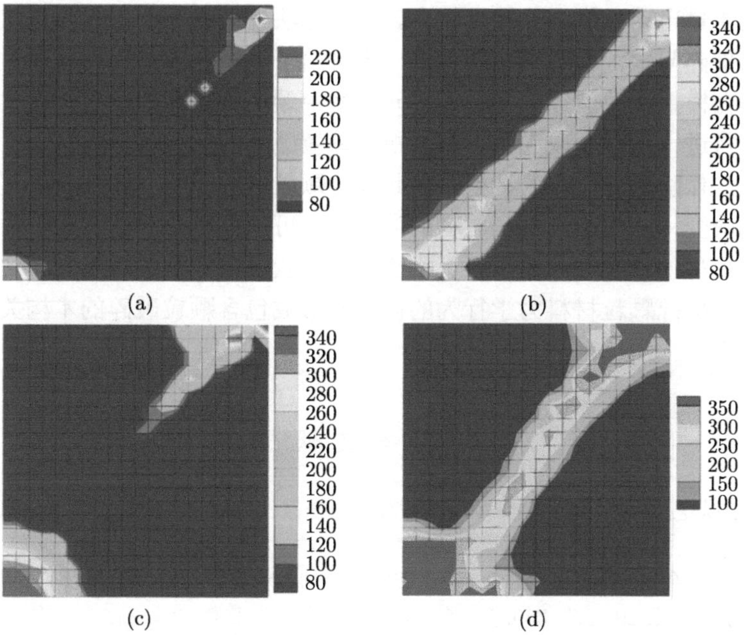

图 11.28 RVE60 表征元内颗粒个数在方板上的分布云图

(a) 与 (b) 采用破碎准则 2 与 $\tilde{\sigma}^{\mathrm{t}}_{\mathrm{fM}} = 0.1$ MPa；(a) 载荷曲线峰值处；(b) 加载历史结束 ($u_{\mathrm{y}} = 0.16$ m)；(c) 与 (d) 采用破碎准则 2 与 $\tilde{\sigma}^{\mathrm{t}}_{\mathrm{fM}} = 0.08$ MPa；(c) 载荷曲线峰值处；(d) 加载历史结束 ($u_{\mathrm{y}} = 0.14$ m)

11.3.4 小结

颗粒材料在受压或剪切作用下，颗粒破碎是其介观尺度上的一个主要耗散机制。颗粒破碎通常会触发破碎颗粒重排，并伴随着由接触颗粒间相对滑动和滚动运动以及颗粒间的接触丧失等引起的耗散。Einav（2007）和 Arslan et al.（2009）指出岩土颗粒材料宏观上的破坏，如损伤和塑性，主要来源于颗粒破碎。

为完成岩土结构的破坏分析以揭示岩土颗粒材料宏观破坏的介观机制，特别是颗粒破碎对宏观破坏行为的影响，本节发展了一个可破碎离散颗粒模型，给出了两个破碎准则和相应的破碎模式。

11.4 总结与讨论

颗粒破碎对颗粒材料的宏介观力学行为有重要的影响。研究表明离散元方法在研究颗粒破碎过程以及探究破碎机理及影响等方面具有显著优势。本章给出了两种常用的模拟颗粒破碎的离散颗粒模型，即本章第一部分和第二部分所描述的有内孔隙单个固体颗粒的破碎模型，第三部分描述的无内孔隙的单个固体颗粒的破碎模型。前者通过颗粒簇模拟单个固体颗粒，预设了破碎后的子颗粒分布模式，其优点为质量自动守恒、计算量较小。但其无法处理物理上不含内孔隙的单个固体颗粒的破碎问题，本章第三部分进一步给出了无内孔隙单个固体颗粒的破碎模型，然而在模拟颗粒破碎的各种离散元模型中颗粒破碎准则及破碎模式等方面的研究仍有待进一步地发展完善。需要指出颗粒破碎的后果包括颗粒形状和颗粒尺寸的变化，伴随颗粒位置的调整，由此导致颗粒材料级配、孔隙度以及表观摩擦等方面的改变，从而影响颗粒材料的弹塑性、可压缩以及渗透特性等性质。基于离散颗粒模型的颗粒破碎模拟便于描述颗粒形状、尺寸及颗粒级配演化等，因此在促进对可破碎颗粒材料力学行为的认识并形成包含颗粒破碎的本构关系方面具有重要意义。

参 考 文 献

楚锡华, 李锡夔, 2006. 离散颗粒多尺度分级模型与破碎模拟. 大连理工大学学报, 46: 319–326.

楚锡华, 沈顺, 余村, 姜清辉, 2012. 考虑破碎影响的颗粒材料亚塑性模型及应变局部化模拟. 计算力学学报, 29: 375–380.

孔德志, 张丙印, 孙逊, 2009. 人工模拟堆石料颗粒破碎应变的三轴试验研究. 岩土工程学报, 31(3): 464–469.

张家铭, 张凌, 蒋国盛. 等, 2008. 剪切作用下钙质砂颗粒破碎试验研究. 岩土力学, 29(10): 2789–2793.

周伦伦, 楚锡华, 徐远杰, 2017. 基于离散元法的真三轴应力状态下砂土破碎行为研究. 岩土工程学报, 39: 1–9.

Alam M, Luding S, 2003. First normal stress difference and crystallization in a dense sheared granular fluid. Physical Fluids, 15: 2298.

Alam M, Shukla P, Luding S, 2008. Universality of shear-banding instability and crystallization in sheared granular fluid. Journal of Fluid Mechanics, 615: 293–321.

Altuhafi F, Baudet B A, 2011. A hypothesis on the relative roles of crushing and abrasion in the mechanical genesis of a glacial sediment. Engineering Geology, 120(1–4): 1–9.

Arslan H, Baykal G, Sture S, 2009. Analysis of the influence of crushing on the behavior of granular materials under shear. Granular Matter, 11: 87–97.

Astrom J A, Herrmann H J, 1998. Fragmentation of grains in a two-dimensional packing. European Physical Journal B, 5: 551–554.

Ben-Nun O, Einav I, 2010. The role of self-organization during confined comminution of granular materials. Philosophical Transactions of the Royal Society A Mathematical Physical and Engineering Sciences, 368: 231–247.

Bono J P D, McDowell G R, 2014. DEM of triaxial tests on crushable sand. Granular Matter, 16: 551–562.

Chang C S, Kuhn M R, 2005. On virtual work and stress in granular media. Int. J. Solids Struct., 42: 3773–3793.

Cheng Y P, 2003. Discrete element simulation of crushable soil. Géotechnique, 53: 633–642.

Cheng Y P, Bolton M D and Nakata Y, 2004. Crushing and plastic deformation of soils simulated using DEM. Geotechnique, 54: 131–141.

Davidge R W, 1979. Mechanical Behaviour of Ceramics. University of Cambridge Press.

Duncan J M, Byrne P, Wong K S and Marbry P, 1980. Strength, stress-strain and bulk modulus parameters for finite element analysis of stresses and movements in soil masses. Report No. UCB/GT/80-01, Dept. Civil Engineering, U.C. Berkeley.

Einav I, 2007a. Breakage Mechanics-Part I: theory. Journal of the Mechanics and Physics of Solids, 55: 1274–1297.

Einav I, 2007b. Breakage Mechanics-Part II: modeling granular materials . Journal of the Mechanics and Physics of Solids, 55: 1274–1297

Elghezal L, Jamei M, Georgopoulos I O, 2013. Dem simulation of stiff and soft materials with crushable particles: an application of expanded perlite as a soft granular material. Granular Matter, 15: 685–704.

Foyed M E, Otten L, 1984. Size reduction of solids, crushing and grinding equipment. In Handbook of Powder Science and Technology.

Hardin B O, 1985. Crushing of soil particles. Journal of Geotechnical Engineering, 111(10): 1177–1192.

Itasca Consulting Group Inc., 2008. PFC3D Manual (Version 4.0). Minneapolis, Itasca Consulting Group Inc.

Jaeger J C, 1967. Failure of rocks under tensile conditions. International Journal of Rock and Mining Science, 4: 219–227.

Lade P V, Duncan J M, 1975. Elastoplastic stress-strain theory for cohesionless soil. Journal of the Geotechnical Engineering Division, 101(1): 1037–1053.

Lade P V, Yamamuro J A, Bopp P A, 1996. Significance of particle crushing in granular materials. Journal of Geotechnical Engineering, 122(4): 309–316.

Lee K L, Farhoomand I, 1967. Compressibility and crushing of granular soil in anisotropic triaxial compression. Canadian Geotechnical Journal, 4: 69–86.

Lobo-Guerrero S, Vallejo L E, 2005. Crushing a week granular material: experimental numerical analyses. Geotechnique, 55: 245–249.

Li X K, Chu X H, Feng Y T, 2005. A discrete particle model and numerical modeling of the failure modes of granular materials. Engineering Computation, 22: 894–920.

Li X K, Du Y Y, Duan Q L, 2013. Micromechanically informed constitutive model and anisotropic damage characterization of Cosserat continuum for granular materials. International Journal of Damage Mechanics, 22: 643–682.

Li X K, Liang Y B, Duan Q L, Schrefler B A, Du Y Y, 2014. A mixed finite element procedure of gradient Cosserat continuum for second-order computational homogenisation of granular materials. Comput. Mech., 54: 1331–1356.

Li X K, Wang Z H, Liang Y B, Duan Q L, 2016. Mixed FEM-crushable DEM nested scheme in second-order computational homogenization for granular materials. International

Journal of Geomechanics, 16: C4016004.
Li X K, Zhang X, Zhang J B, 2010. A generalized Hill's lemma and micromechanically based macroscopic constitutive model for heterogeneous granular materials. Comput. Methods Appl. Mech. Eng., 199: 3137–3152.
Matsuoka H, Nakai T, 1978.A generalized frictional law for soil shear deformation. Proceedings of the US—Japan Seminar on Continuum-Mechanical & Statistical Approaches in the Mechanics of Granular Materials, Tokyo, 138–154.
McDowell G R, Bolton M D, Robertson D, 1996. The fractal crushing of granular materials. Journal of the Mechanics and Physics of Solids, 44: 2079–2102.
McDowell G R, 2002. Discrete element modelling of soil particle fracture. Géotechnique, 52: 131–135.
Mohamed A, Gutierrez M, 2010. Comprehensive study of the effects of rolling resistance on the stress-strain and strain localization behavior of granular materials. Granular Matter, 12(5): 527–541.
Nakata A F L, Hyde M, Hyodo H, 1999. A probabilistic approach to sand particle crushing in the triaxial test. Géotechnique, 49(5): 567–583.
Oda M, Iwashita K (Eds), 1999. Mechanics of Granular Materials: An Introduction. Rotterdam: A., A. Balkema.
Plesha M E, Edil T B, Bosscher P J, 2001. Modeling particle damage in discrete element simulations. Computer Methods and Advances in Geomechanics, Balkema, Rotterdam.
Robertson D, 2000. Numerical simulations of crushable aggregates. Ph.D Dissertation, University of Cambridge, UK.
Russell A R, Khalili N, 2004. A bounding surface plasticity model for sands exhibiting particle crushing. Canadian Geotechnical Journal, 41: 1179–1192.
Scholtes L, Chareyre B, Nicot F, et al., 2009a. Micromechanics of granular materials with capillary effects. International Journal of Engineering Science, 47: 1460–1471.
Scholtes L, Hicher P Y, Nicot F, et al., 2009b. On the capillary stress tensor in wet granular materials. International Journal of Numerical and Analytical Methods in Geomechanics, 33: 1289–1313.
Satake M, 2004. Tensorial form definitions of discrete-mechanical quantities for granular assemblies. Int. J. Solids and Structures, 41: 5775–5791
Tarantino A, Hyde A F L, 2005. An experimental investigation of work dissipation in crushable materials. Géotechnique, 55(8): 575–584.
Thomas P A, Bray J D, 1999. Capturing nonspherical shape of granular media with disk clusters. Journal of Geotechnical and Geoenvironmental Engineering, 125: 169–178.
Tsoungui O, Vallet D, Charmet J C, 1999. Numerical model of crushing of grains inside two-dimensional granular materials. Powder Technology, 105: 190–198.
Turcotte D L, 1986. Fractals and fragmentation. Journal of Geophysical Research, 91(2): 1921–1926.
Vitek V, Egamt T, 1987. Atomic level stresses in solids and liquids. Phys. Stat. Sol.(b):

144, 145.

Wang J F, Yan H B, 2013. On the role of particle breakage in the shear failure behavior of granular soils by DEM. International Journal for Numerical and Analytical Methods in Geomechanics, 37: 832–854.

Weibull W, 1951. A statistical distribution function of wide applicability. Journal of Applied Mechanics 18: 293–297.

Yamamuro J A, Lade P V, 1996. Drained sand behavior in axisymmetric tests at high pressures. Journal of Geotechnical Engineering, 122(2): 109–119.

Zhang B Y, Jie Y X, Kong D Z, 2013. Particle size distribution and relative breakage for a cement ellipsoid aggregate. Computers and Geotechnics, 53(53): 31–39.

Zhao B, Wang J, Coop M R, Viggiani G, Jiang M J, 2015. An investigation of single sand particle fracture using X-ray micro-tomography. Géotechnique, 65(8): 625–641.

Zhou L L, Chu X H, Xu Y J, 2014. Evolution of anisotropy in granular materials: effect of particle rolling and particle crushing. Strength of Materials, 46: 214–220.

Zhou L L, Chu X H, Zhang X, Xu Y J, 2016. Numerical investigations on breakage behaviour of granular materials under triaxial stresses. Geomechanics and Engineering, 11: 639–655.

Zhou W, Yang L F, Ma G, Chang X L, Chen Y G, Li D Q, 2015. Macro-micro responses of crushable granular materials in simulated true triaxial tests. Granular Matter, 17: 497–509.

Zhou W, Yang L F, Ma G, Chang X L, Lai Z Q, 2016. DEM analysis of the size effects on the behavior of crushable granular materials. Granular Matter, 18(3): 1–11.

第 12 章　饱和颗粒材料离散–连续模型及数值模拟

经典饱和土力学基于宏观唯象理论或者均匀化细观力学方程的途径将饱和颗粒材料中由固相颗粒与孔隙流体组成的混合物模型化为饱和多孔连续介质。通常忽略孔隙流体的粘性，引入 Darcy 定律求解孔隙水流动及流–固耦合（Zienkiewicz and Shiomi, 1984; Li et al., 1999）。但由于本质上作为颗粒材料的饱和多孔连续介质在其介观结构层次的非均质性、非连续性和随机性，在连续介质理论框架内描述其固相行为的唯象本构模型非常复杂，种类繁多，难以统一，且引入了一些往往缺乏物理含义和难以实验确定的材料参数；另一方面描述孔隙流体流动本构关系的 Darcy 定律在雷诺数大于 1 的情况下有较大的误差。鉴于经典饱和土力学存在以上问题，越来越多的研究者开始从介观力学的角度（颗粒层次或孔隙层次）把饱和颗粒材料模型化为饱和离散颗粒集合体，研究饱和土中的水力–力学响应。

由于对颗粒材料介观层次的实验研究存在一定的困难，数值模拟分析显得非常重要。离散单元法因能在介观尺度上方便地模拟和揭示在外载作用下决定土体宏观行为的离散颗粒间相互作用机制（如颗粒转动，颗粒排列变化，颗粒间接触变化等) 而成为颗粒材料复杂行为研究的有力工具。

土体作为一种密相颗粒材料，在非液化状态固体颗粒之间的接触脱离较少，颗粒集合体有较高的抵抗剪切变形的能力。这类密相颗粒材料中相互邻近的两个固体颗粒间除接触点外，通常存在一定间隙，这些间隙往往相互连接形成固体颗粒间的孔隙。当颗粒材料中引入间隙液体或孔隙液体①，按照液体量的多少含液颗粒材料中的间隙液体将大体以如图 12.1 所示如下四个形态（Newitt and Conway-Jones, 1958）存在，即

摆动（pendular）状态：相邻颗粒间隙存在以透镜状或环状液相表现的两两颗粒间双联液桥，液桥间互不连接；（低饱和度颗粒材料）

链索（funicular）状态：随着液体量的增多，颗粒孔隙间的液相以多联液桥形式连接成液体网，空气分布在液体网之间；（中饱和度颗粒材料）

毛细（capillary）状态：颗粒间所有孔隙都被液体填满，仅在外表面存在气液界面；（近似饱和颗粒材料）

浸渍（immersed）状态：颗粒浸在液体中，存在自由液面。（完全饱和颗粒材料）

---

① 间隙液体的英文为 interstitial liquid, 侧重于介观结构，孔隙液体的英文为 pore liquid, 侧重于宏观描述，本书倾向于使用间隙液体，但是本章并未作严格区分。

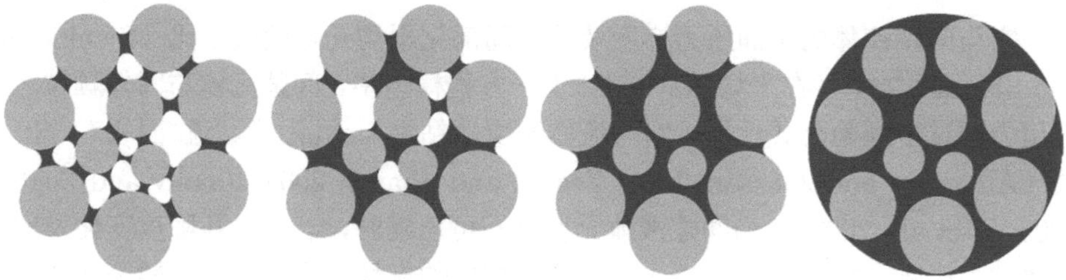
(a)　(b)　(c)　(d)

图 12.1　颗粒材料中间隙液体的不同状态

(a) 摆动状态；(b) 链索状态；(c) 毛细状态；(d) 浸渍状态

概言之，在含液颗粒材料介观力学框架内颗粒间液相根据其含量多少而分别以非饱和态（摆动状态与链索状态）与饱和态（毛细状态与浸渍状态）两类不同形态呈现。它们分别体现了非饱和与饱和颗粒材料中孔隙液体截然不同的离散和连续的介观结构。

本章将在颗粒材料离散颗粒模型框架内考虑饱和颗粒材料中颗粒间隙完全或近于完全由液体填充。基于饱和颗粒材料中孔隙液体的连续介观结构特点，需要发展考虑颗粒材料间隙液体效应的连续液相模型和与固相颗粒离散元法耦合的用以饱和颗粒材料中介观水力–力学耦合过程分析的数学模型与数值方法。

已有许多工作致力于对饱和颗粒材料发展基于干颗粒材料离散元法（DEM）的水力–力学耦合过程数值模型和数值方法。这些方法把饱和孔隙液体模型化为以不可压缩流平均 Navier-Stokes（N-S）方程描述的连续介质。Cook 等（Cook et al., 2004; Boutt et al., 2011）建议了一个与 DEM 耦合、采用格子 Boltzmann 方法（LBM）（Chen and Doolen, 1998）数值求解平均 N-S 方程并计及作用于固体颗粒的孔隙液体静力和动力效应的 DEM-LBM 耦合方法。另一类考虑饱和颗粒材料中流–固耦合作用是基于 DEM-CFD 耦合方法的介观模型。在此类方法中采用计算流体动力学（CFD）方法数值求解平均 N-S 方程（Anderson and Jackson, 1967; Tsuji et al., 1993; Gera et al., 1998; Zhu et al., 1999; Zeghal and Shamy, 2004; Shamy and Zeghal, 2005; Li et al., 2007; Zhu et al., 2007; 2008;）。Tsuji et al.（1993）假定孔隙流为蠕变（Stokes）流，提出了孔隙气体与固体颗粒的耦合模型。Zhu et al.（2007; 2008）进一步发展了 DEM-CFD 耦合方法，特别关注颗粒–流体之间的相互作用：流固间相对运动阻力、压力梯度力等。

Li et al.（2007）提出了在饱和离散颗粒集合体中分别基于间隙液体 Darcy 渗流模型及局部平均 Navier-Stokes 方程模型模拟孔隙水流动和孔隙水作用于固体颗粒拖曳力的 DEM-SPH 耦合方法，在此方法中建议了一个基于特征线（Zienkiewicz and Codina, 2005）的 SPH 方法以模拟离散化的孔隙流相对于移动固体颗粒的运动。在 Darcy 渗流模型中，孔隙液体与固体颗粒的相互作用通过线性的粘性阻力体现，它与间隙液体的空间压力梯度及该点局部化平均孔隙度成正比（Zienkiewicz and Shiomi 1984）。在平均 Navier-Stokes 方程模型中，间隙流体与固体颗粒之间作用力通过半经验公式计算，它与流体性质（粘性）、孔隙度、流–固相对速度相关（Anderson and Jackson, 1967; Zeghal and Shamy, 2004; Shamy and Zeghal, 2005; Li et al., 2007）。当间隙液体无粘且不可压缩时，若忽略孔隙度变化及间隙液体动力影响，并进一步以 Darcy 渗流模型中的粘性阻力代替半经验公式所计算的流–固耦合力，则间隙液体的平均 Navier-Stokes 方程模型可退化为 Darcy 渗流模型（Li et al., 2007）。

在岩土力学中，基于饱和多孔连续介质模型的 Darcy 渗流模型被广泛用于描述孔隙流体的流动。但是实验表明 Darcy 渗流模型适用于描述间隙流体的低速或中速流动，当间隙流体的流速较高时，忽略流体的动力效应以及应用线性的粘性阻力计算流体与固体颗粒之间相互作用将会带来较大的误差。在岩石力学领域已有学者基于离散单元模型应用 Darcy 定律描述岩石裂隙内的流体流动，此时通常将离散固相单元模拟为多边形，将裂隙模拟为相互连接的网状结构（Indraratna et al., 1999）。此时的 Darcy 模型属于孔隙尺度的流体流动模型。在这些模型中通常并不认为间隙流体充满多孔连续体的全域，而是仅以裂隙为流动通道。这与在颗粒材料变形条件下应用 Darcy 定律描述间隙流体流动与流–固作用有本质区别。

基于局部平均化 Navier-Stokes（N-S）方程的连续介质模型在化工领域和粉体工程领域的流化床模拟中得到了广泛的应用（Tsuji et al., 1993; Gera et al., 1998; Potapov et al., 2001）。Zeghal and Shamy（2004; 2005）发展了饱和土颗粒材料离散–连续介质模型，即以平均 N-S 方程描述颗粒间隙液体的流动，以离散单元描述固体颗粒，以半经验公式计算液体与固体颗粒的相互作用。

对基于局部平均化 N-S 方程的连续介质模型可以采用不同的数值方案求解间隙流体流动的相关信息，如流速与压力。目前应用较多的是有限差分法，特别是基于交错网格的 Simple 算法（semi-implicit method for pressure-linked equations）被广泛用于求解颗粒材料中流体相流动（Mikami et al., 1998; Zeghal and Shamy, 2004; Shamy and Zeghal, 2005），Simple 算法最早由帕坦卡（1984）提出，其后在计算流体动力学领域得到了广泛的应用与发展（陶文铨，2001），成为传热与流体流动的主要数值方案之一。Zeghal 与 Shamy 应用 Simple 算法与上风差分格式求解颗粒间隙液体的流动。差分算法或 Simple 算法是基于网格计算的，不便于处理区域变动或者变形较大的问题。

光滑质点流体动力学方案（SPH-smoothed particle hydrodynamics method）具有拉格朗日方案与无网格方案的优点，因而被广泛应用于模拟流体的流动问题。Morris et al.（1997）与 Zhu et al.（1999）应用 SPH 模拟连续介质框架下多孔介质中的流体流动；Potapov et al.（2001）基于 DEM 与 SPH 给出了一个用于模拟包含粘性流体及宏观固体颗粒的流–固混合物（如泥浆、泥石流、岩体碎片流等）流动的数值方案，在其方案中，以 DEM 模拟固体颗粒，以 SPH 模拟流体流动，通过液固不可滑移边界条件（no-slip boundary conditions）将 DEM 模型与 SPH 模型耦合起来。

本章将基于 DEM-特征线 SPH 耦合方法介绍描述饱和颗粒材料水力–力学耦合过程的离散–连续数学模型及无网格数值模拟方案。在所介绍的离散–连续数学模型及无网格方案中利用 Lagrangian 方法描述分别模型化为离散元的固相颗粒和以 SPH 方法离散化的液相材料点之间相互作用。由在每个移动固相颗粒嵌入的坐标系所组成的 Lagrangian 坐标系下建立流–固相材料点间相互作用公式。平均意义上假定的连续孔隙液体场被离散化为具有与计算域内离散固相颗粒数量相等的 SPH 液相 Lagrangian（材料）颗粒。在增量计算过程中每个典型时间步的开始时刻，每个等价液相颗粒形心被安排与相关联的固相颗粒形心重合。考虑每个液相颗粒以不同于与它相关联的固体颗粒的速度运动，提出了一个特征线基 SPH 方法追踪液相物质颗粒在前一时刻的位置，并模拟液体流动。提出了结合了模拟固相颗粒集合体的 DEM 模型和模拟间隙液体的特征线基 SPH 模型的离散–连续模型。发展了分别由平均不可压缩 N-S 方程和利用 Darcy 定律的液相质量守恒方程控制的模拟特征线基 SPH 模型中间隙液体流动的数值无网格模拟方案。

12.1 基于离散颗粒模型的饱和颗粒材料液相连续模型

12.1.1 固相的离散颗粒模型

这里我们假定间隙液体并不改变固体颗粒的物理力学性质，因此第 9 章中的模拟干颗粒材料的离散颗粒模型的接触模型可以应用于模拟含液颗粒材料的固相颗粒计算，只是需要在运动方程中考虑到液–固耦合力的影响，亦即二维情况下动量方程需写为

$$m_{\mathrm{a}}\frac{\mathrm{d}\boldsymbol{v}_{\mathrm{a}}}{\mathrm{d}t}=\sum_{j=1}^{k_{\mathrm{a}}}\boldsymbol{f}_{\mathrm{a}}^{\mathrm{c}j}+\boldsymbol{f}_{\mathrm{a}}^{\mathrm{fs}}+m_{\mathrm{a}}\boldsymbol{g}+\boldsymbol{f}_{\mathrm{a}}^{\mathrm{e}} \tag{12.1}$$

$$I_{\mathrm{a}}\frac{\mathrm{d}\omega_{\mathrm{a}}}{\mathrm{d}t}=\sum_{j=1}^{k_{\mathrm{a}}}\left(\boldsymbol{r}_{\mathrm{a}}^{j}\times\boldsymbol{f}_{\mathrm{a}}^{\mathrm{c}j}+M_{\mathrm{r}}^{j}\right) \tag{12.2}$$

式中，$m_{\mathrm{a}},\boldsymbol{v}_{\mathrm{a}}$ 分别为固体颗粒 a 的质量和速度；ω_{a} 为颗粒 a 绕其质心的旋转速度；k_{a} 是和固体颗粒 a 接触的颗粒数；$\boldsymbol{f}_{\mathrm{a}}^{\mathrm{c}j}$ 为颗粒 a 的直接相邻颗粒作用于颗粒 a 的接触力；$\boldsymbol{f}_{\mathrm{a}}^{\mathrm{fs}}$ 为流体对固体颗粒 a 的作用力；$m_{\mathrm{a}}\boldsymbol{g}$ 和 $\boldsymbol{f}_{\mathrm{a}}^{\mathrm{e}}$ 分别为作用于颗粒 a 的重力其他外力；I_{a} 为转动惯量；$\boldsymbol{r}_{\mathrm{a}}^{j}$ 表示从颗粒 a 中心指向与其第 j 个直接相

邻颗粒的接触点位置的向量；M_{r}^{j} 为滚动阻矩。固体颗粒位置、位移增量以及接触力的更新可参阅第 9 章的描述，这里不再重复。

12.1.2　间隙液体的连续介质模型

1. 基于平均化 N-S 方程的连续模型

当将间隙液体模型化为理想流体时，平均化的 N-S 方程，亦即在平均意义下表示的间隙液体连续方程与动量方程可写为

$$\frac{\partial\left(\phi\rho_{\mathrm{f}}\right)}{\partial t}+\frac{\partial\left(\phi\rho_{\mathrm{f}}u_i\right)}{\partial x_i}=0 \tag{12.3}$$

$$\frac{\partial\left(\phi\rho_{\mathrm{f}}u_i\right)}{\partial t}+\frac{\partial\left(\phi\rho_{\mathrm{f}}u_iu_j\right)}{\partial x_j}=-\phi\frac{\partial p}{\partial x_i}+\phi F_i^{\mathrm{sf}} \tag{12.4}$$

式中，ρ_{f} 为间隙液体密度；ϕ 为孔隙度；u_i, p 分别为间隙液体的速度与压力；F_i^{sf} 为作用于液相的流–固作用力，通常可写为（Tsuji et al., 1993; Gera et al., 1998）

$$\boldsymbol{F}^{\mathrm{sf}}=150\frac{(1-\phi)^2}{\phi^2}\frac{\mu\left(\boldsymbol{v}^n-\boldsymbol{u}^n\right)}{d_{\mathrm{a}}^2}+1.75\frac{1-\phi}{\phi}\rho_{\mathrm{f}}\frac{\left(\boldsymbol{v}^n-\boldsymbol{u}^n\right)\left|\boldsymbol{v}^n-\boldsymbol{u}^n\right|}{d_{\mathrm{a}}},\quad(\phi\leqslant 0.8) \tag{12.5}$$

$$\boldsymbol{F}^{\mathrm{sf}}=\frac{3}{4}C_{\mathrm{D}}\rho\frac{(1-\phi)\left(\boldsymbol{v}^n-\boldsymbol{u}^n\right)\left|\boldsymbol{v}^n-\boldsymbol{u}^n\right|}{d_{\mathrm{a}}}\phi^{-2.65},\quad(\phi>0.8) \tag{12.6}$$

式中，$\boldsymbol{v}^n$ 为典型颗粒 a 形心在 t^n 时刻的速度，$\boldsymbol{u}^n$ 为与颗粒 a 中心位置重合的流体质点的速度，d_{a} 为颗粒 a 直径，C_{D} 按照如下方式计算

$$C_{\mathrm{D}}=\begin{cases}24\left(1+0.15Re^{0.687}\right)/Re, & (Re<1000)\\ 0.43, & (Re\geqslant 1000)\end{cases} \tag{12.7}$$

$$Re=\left|\boldsymbol{v}^n-\boldsymbol{u}^n\right|\rho_{\mathrm{f}}\phi d_{\mathrm{a}}/\mu \tag{12.8}$$

式中，Re 为雷诺数，μ 为流体的动力粘性系数。

依据牛顿第三定律可以得到作用在颗粒 a 的液–固作用力为

$$\boldsymbol{f}_{\mathrm{a}}^{\mathrm{fs}}=\boldsymbol{f}^{\mathrm{fs}}=-\phi\boldsymbol{F}^{\mathrm{sf}}V^{\mathrm{p}}/(1-\phi) \tag{12.9}$$

其中，V^{p} 为颗粒 a 的体积，结合颗粒材料的离散颗粒模型；孔隙度 ϕ 按下式计算

$$\phi=1-\frac{V_{\mathrm{s}}}{V_{\mathrm{T}}} \tag{12.10a}$$

式中，V_{T} 为以某一固体颗粒为中心的表征元（represent volume element）的体积，V_{s} 为位于表征元内的固相部分的体积，对二维情况，如图 12.2 所示，式 (12.10a) 改写为

$$\phi = 1 - \frac{A_{\mathrm{s}}}{A_{\mathrm{T}}} \tag{12.10b}$$

其中，A_{T} 为表征元面积，A_{s} 为表征元内固体颗粒的面积。

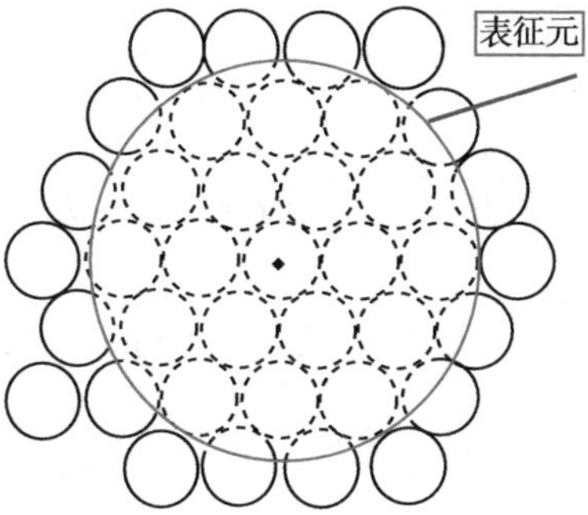

图 12.2 计算孔隙度的表征元

2. 基于 Darcy 定律的连续模型

连续介质模型假定孔隙流体相对于固体颗粒的平均速度由 Darcy 定律给出，即

$$w_i = -k_{ij}\frac{\partial p}{\partial x_{ij}} \quad 或 \quad w_i = -k_{\mathrm{p}}\frac{\partial p}{\partial x_i} \tag{12.11}$$

式中，w_i 为 Darcy 速度，k_{ij}，k_{p} 分别为各向异性与各向同性颗粒材料的渗透系数。孔隙液体的真实速度 u_i 可写为

$$u_i = v_i + \frac{w_i}{\phi} \tag{12.12}$$

基于 Darcy 定律，固体颗粒对间隙流体的作用 $\bar{F}_i^{\mathrm{sf}}$ 通过固相对流相的粘性阻力体现，它与渗透系数成反比而与 Darcy 速度成正比（Zienkiewicz and Shiomi，1984），即

$$\bar{F}_i^{\mathrm{sf}} = -k_{ij}^{-1} w_j \tag{12.13}$$

根据牛顿第三定律，作用在固体颗粒上的流–固耦合力为

$$f_i^{\mathrm{fs}} = -\phi \bar{F}_i^{\mathrm{sf}} V_{\mathrm{s}}/(1-\phi) = \phi k_{ij}^{-1} w_j V_{\mathrm{s}}/(1-\phi) \tag{12.14}$$

需要说明间隙液体 Darcy 定律可通过平均 N-S 方程退化得到。简单论证如下，当间隙液体不可压缩时，平均 N-S 方程，即公式 (12.3)~ 式 (12.4) 可改写为

$$\frac{\partial(\phi)}{\partial t}+\frac{\partial\left(\phi u_i\right)}{\partial x_i}=0 \tag{12.15}$$

$$\frac{\partial\left(\phi u_i\right)}{\partial t}+\frac{\partial\left(\phi u_i u_j\right)}{\partial x_j}=-\frac{\phi}{\rho_{\mathrm{f}}}\left(\frac{\partial p}{\partial x_i}-F_i^{\mathrm{sf}}\right) \tag{12.16}$$

将式 (12.15) 代入式 (12.16) 中可得到

$$\frac{\mathrm{d} u_i}{\mathrm{d} t}=-\frac{1}{\rho_{\mathrm{f}}}\left(\frac{\partial p}{\partial x_i}-F_i^{\mathrm{sf}}\right) \tag{12.17}$$

式中，$\dfrac{\mathrm{d} u_i}{\mathrm{d} t}=\dfrac{\partial u_i}{\partial t}+\dfrac{\partial u_i}{\partial x_j} u_j$ 为速度 u_i 的 Lagrange 导数或物质导数，如果进一步忽略间隙流体的动力影响，即假定 $\dfrac{\mathrm{d} u_i}{\mathrm{d} t}=0$；并将式 (12.17) 中的流–固耦合作用 F_i^{sf} 以粘性阻尼代替，即 $F_i^{\mathrm{sf}}=\bar{F}_i^{\mathrm{sf}}=-k_{ij}^{-1} w_j$。则基于平均 N-S 方程的连续介质模型将退化为 Darcy 模型。

12.2　间隙液体流动模拟的数值方案：特征线 SPH 方案

本节将基于颗粒材料的离散颗粒模型与间隙液体连续介质模型，介绍一个特征线基 SPH 方案（characteristic-based SPH scheme）以模拟颗粒材料间隙液体相对于离散颗粒的流动。在该方案中假定描述液相流动的 Lagrangian 坐标系随固体颗粒运动。平均意义上的假想连续流场通过一系列在数量上等同于固体颗粒数的 Lagrangian 质点进行离散。考虑典型增量时间步 $I_n=[t_n,t_{n+1}]$，时间步长记为 $\Delta t=t_{n+1}-t_n$，假定 t_{n+1} 时刻为参考时刻，以此时固体颗粒为参考颗粒，其中心作为固相参考点，选择与固相参考点位置重合的液体质点作为液相参考点，亦即此时刻描述孔隙液体流动的平均 N-S 方程 SPH 离散化的节点，且令液相参考点与固相参考点重合。注意到在时间段 $I_n=[t_n,t_{n+1}]$ 内，沿特征线计算液相参考点物理量的 Lagrange 导数时，需要提供 t_{n+1} 时刻液相参考点的物理量在 t_n 时刻的数值，一般情况下 t_{n+1} 时刻该液相参考点作为 Lagrangian 质点在 t_n 时刻的位置未知，它并不是在前一时刻 t_n 与同一参考固体颗粒重合的液相质点，如图 12.3 中所示。t_{n+1} 时刻液相参考点在 t_n 时刻的物理量也并不能直接获得。如何计算参考时刻 t_{n+1} 与固相参考质点重合的液相参考质点作为 Lagrangian 质点在 t_n 时刻的位置及其物理量值是实现特征线基 SPH 方案的关键问题之一。

12.2.1 光滑质点流体动力学（SPH）方法简介

光滑质点流体动力学（SPH）方法的基本思想可参阅综述性文献（Monaghon, 1992; Zhu et al., 1997）。在本章所讨论的 SPH 途径中通过一系列与在计算域中离散固体颗粒形心位置重合的离散化液体 Lagrangian 质点作为 SPH 方案中的节点模拟孔隙液体。考虑以位置向量 $\boldsymbol{r}_{\mathrm{a}}$ 表示的液体 Lagrangian 质点。定义于此液体质点的场变量 $A_{\mathrm{a}}(\boldsymbol{r}_{\mathrm{a}})$ 可以近似地由定义于其周边邻近 N_{a} 个液体质点的场变量 $A_b(b=1\sim N_{\mathrm{a}})$ 插值表示为

$$A_{\mathrm{a}}(\boldsymbol{r}_{\mathrm{a}})=\sum_{b=1}^{N_{\mathrm{a}}}A_b\frac{m_b}{\rho_b}W_{\mathrm{a}}(\boldsymbol{r}_{\mathrm{a}}-\boldsymbol{r}_b,h) \tag{12.18}$$

式中，r_b, m_b, ρ_b 分别为液体质点 b 的位置向量和它所代表的质量、密度；h 为液体质点 a 的影响域半径或支撑域半径，也可称为光滑长度；W_{a} 表示定义于液体 a 的光滑长度为 h 的光滑函数或者称为核函数。质点 a 的邻近质点 b 的集合 $\mathrm{N_a}$ 一般按照如下方式定义

$$\mathrm{N_a}=\{b\mid\|\boldsymbol{r}_{\mathrm{a}}-\boldsymbol{r}_b\|\leqslant\alpha h\} \tag{12.19}$$

其中，α 为与光滑函数 W_{a} 的具体形式相关的参数，包含在集合 $\mathrm{N_a}$ 中的液体 Lagrangian 质点数以 $\mathrm{N_a}$ 表示。SPH 方案的一个基本特点在于可以不需要任何网格。对式 (12.18) 两边微分，可得到以定义于质点 a 处的核函数梯度 ∇W_{a} 表示的定义于质点 a 处的场变量 A_{a} 的梯度 ∇A_{a}，略去 r_{a} 和 A_{a} 的下标 a，即

$$\nabla A(\boldsymbol{r})=\sum_{b=1}^{N_{\mathrm{a}}}A_b\frac{m_b}{\rho_b}\nabla W_{\mathrm{a}}(\boldsymbol{r}-\boldsymbol{r}_b,h) \tag{12.20}$$

需要注意的是当在 Lagrangian 坐标系下计算定义于某一参考液相物质点在典型增量时间步 $I_n=[t_n,t_{n+1}]$ 沿特征线的物理量的物质时间（Lagrangian）导数，需要提供属于参考液相物质点在时刻 t_n 的物理量值；而时刻 t_n 的数值解通常并不直接提供定义于时刻 t_{n+1} 当前构形的参考液相物质点在时刻 t_n 的物理量值。这将是下面要介绍的特征线基 SPH 方案中的关键问题。

12.2.2 间隙液体模型的特征线基 SPH 方案

饱和含液颗粒材料的固相采用离散颗粒模型模拟，即将固相模型化为相互接触的离散颗粒。对间隙液相采用光滑质点动力学方案，即在固体离散颗粒基础上，为每个液体质点定义一个 Lagrangian 局部坐标系 x-y，坐标系 x-y 以对应固体颗

粒形心速度 v_i 与固体颗粒一起运动，以液体质点构成光滑质点动力学方案所需要的离散点群求解间隙液体的运动。具体描述如下。

以 $\boldsymbol{x}_\mathrm{s}^{n+1}:(\boldsymbol{x}_\mathrm{s}(t_{n+1}),t_{n+1})$ 表示 t_{n+1} 时刻参考固体颗粒的形心位置，此颗粒在 t_n 时刻的位置记为 $\boldsymbol{x}_\mathrm{s}^n:(\boldsymbol{x}_\mathrm{s}(t_n),t_n)$，如图 12.3 所示，$\boldsymbol{x}_\mathrm{s}^{n+1}$ 与 $\boldsymbol{x}_\mathrm{s}^n$ 存在如下关系

$$\boldsymbol{x}_\mathrm{s}^{n+1}=\boldsymbol{x}_\mathrm{s}^n+\boldsymbol{\delta}_\mathrm{s}+\boldsymbol{O}\left(\Delta t^2\right)\cong\boldsymbol{x}_\mathrm{s}^n+\boldsymbol{\delta}_\mathrm{s}\tag{12.21}$$

其中，$\boldsymbol{\delta}_\mathrm{s}=\boldsymbol{v}^n(\boldsymbol{x}_\mathrm{s}^n)\Delta t$。应用特征线方案（Shao and Lo, 2003）描述孔隙流体流动时，定义与 t_{n+1} 时刻固体颗粒形心位置重合的流体质点作为 t_{n+1} 时刻的流体参考点，记为 $\boldsymbol{x}_\mathrm{f}^{n+1}:(\boldsymbol{x}_\mathrm{f}(t_{n+1}),t_{n+1})$，并且有 $\boldsymbol{x}_\mathrm{f}^{n+1}=\boldsymbol{x}_\mathrm{s}^{n+1},t_{n+1}$ 时刻的流体参考点在 t_n 时刻的位置记为 $\boldsymbol{x}_\mathrm{f}^n:(\boldsymbol{x}_\mathrm{f}(t_n),t_n)$，如图 12.3 所示，存在如下关系

$$\boldsymbol{x}_\mathrm{f}^{n+1}=\boldsymbol{x}_\mathrm{f}^n+\boldsymbol{\delta}_\mathrm{f}+\boldsymbol{O}\left(\Delta t^2\right)\cong\boldsymbol{x}_\mathrm{f}^n+\boldsymbol{\delta}_\mathrm{f}\tag{12.22}$$

其中，$\boldsymbol{\delta}_\mathrm{f}=\boldsymbol{u}^n(\boldsymbol{x}_\mathrm{f}^n)\Delta t$。

在时间域沿特征线方向将 u_i 的 Lagrange 导数离散化为

$$\left.\frac{\mathrm{d}u_i}{\mathrm{d}t}\right|_{x,t_{n+1}}\cong\frac{1}{\Delta t}\left[u_i\left(\boldsymbol{x}_\mathrm{f}^{n+1},t_{n+1}\right)-u_i\left(\boldsymbol{x}_\mathrm{f}^n,t_n\right)\right]=\frac{1}{\Delta t}\left[u_i^{n+1}-u_i\left(\boldsymbol{x}_\mathrm{f}^n\right)\right]\tag{12.23}$$

需要注意到在数值求解过程中，通常并不能直接获得 t_{n+1} 时刻流体参考点在 t_n 时刻的速度值 $\boldsymbol{u}^n(\boldsymbol{x}_\mathrm{f}^n)=\boldsymbol{u}^n(\boldsymbol{x}_\mathrm{f}^n,t_n)$，所知道的速度值为 $\boldsymbol{u}^n(\boldsymbol{x}_\mathrm{s}^n,t_n)$，也就是在 t_n 时刻与参考固体颗粒的形心位置重合的流体参考点的速度值，而一般情况下，t_n 时刻与 t_{n+1} 时刻的流体参考点不是同一物质点，如图 12.3 所示，$\boldsymbol{u}^n(\boldsymbol{x}_\mathrm{f}^n)$ 可表示为

$$\boldsymbol{u}^n\left(\boldsymbol{x}_\mathrm{f}^n,t_n\right)=\boldsymbol{u}^n\left(\boldsymbol{x}_\mathrm{s}^n-\left(\boldsymbol{\delta}_\mathrm{f}-\boldsymbol{\delta}_\mathrm{s}\right),t_n\right)=\boldsymbol{u}^n\left(\boldsymbol{x}_\mathrm{s}^n-\left(\boldsymbol{u}^n\left(\boldsymbol{x}_\mathrm{f}^n\right)-\boldsymbol{v}^n\left(\boldsymbol{x}_\mathrm{s}^n\right)\right)\Delta t,t_n\right)\tag{12.24}$$

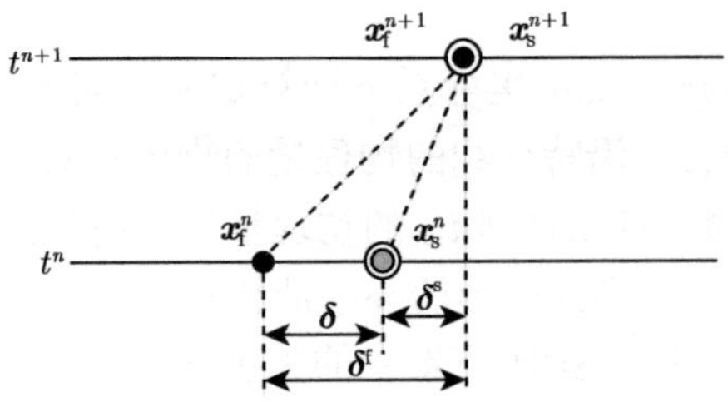

图 12.3　t_{n+1} 时刻，位置重合的流体与固体参考点以及它们在 t_n 时刻的位置

将式 (12.24) Taylor 展开为

$$\boldsymbol{u}^n\left(\boldsymbol{x}_\mathrm{f}^n\right)\cong\boldsymbol{u}^n\left(\boldsymbol{x}_\mathrm{s}^n\right)-\Delta t\frac{\partial\boldsymbol{u}^n\left(\boldsymbol{x}_\mathrm{s}^n\right)}{\partial x_i}\left[u_i^n\left(\boldsymbol{x}_\mathrm{f}^n\right)-v_i^n\left(\boldsymbol{x}_\mathrm{s}^n\right)\right]\tag{12.25}$$

求解式 (12.25) 可通过 t_n 时刻 $\boldsymbol{u}^n\left(\boldsymbol{x}_{\mathrm{s}}^n\right)$，$\dfrac{\partial \boldsymbol{u}^n\left(\boldsymbol{x}_{\mathrm{s}}^n\right)}{\partial x_i}$，$\boldsymbol{v}^n\left(\boldsymbol{x}_{\mathrm{s}}^n\right)$ 在 $\boldsymbol{x}_{\mathrm{s}}^n$ 的数值表示 $\boldsymbol{u}^n\left(\boldsymbol{x}_{\mathrm{f}}^n\right)$，即

$$\boldsymbol{u}^n\left(\boldsymbol{x}_{\mathrm{f}}^n\right)=\boldsymbol{B}^{-1}\boldsymbol{u}^{n^*} \tag{12.26}$$

其中，矩阵 $\boldsymbol{B}$ 与向量 $\boldsymbol{u}^{n^*}$ 的分量可表示为

$$B_{ij}=\delta_{ij}+\frac{\partial u_i^n\left(\boldsymbol{x}_{\mathrm{s}}^n\right)}{\partial x_j}\Delta t \tag{12.27}$$

$$u_j^{n^*}=u_j^n\left(\boldsymbol{x}_{\mathrm{s}}^n\right)+\frac{\partial u_j^n\left(\boldsymbol{x}_{\mathrm{s}}^n\right)}{\partial x_k}v_k^n\left(\boldsymbol{x}_{\mathrm{s}}^n\right)\Delta t \tag{12.28}$$

将式 (12.17) 等号右端项记为

$$Q_i=-\frac{1}{\rho_{\mathrm{f}}}\left(\frac{\partial p}{\partial x_i}-F_i^{\mathrm{sf}}\right) \tag{12.29}$$

并沿特征线将其在时间域离散化为

$$\begin{aligned}Q_i&\cong\theta Q_i\left(\boldsymbol{x}_{\mathrm{f}}^{n+1},t_{n+1}\right)+(1-\theta)Q_i\left(\boldsymbol{x}_{\mathrm{f}}^n,t_n\right)\\&=\theta Q_i^{n+1}+(1-\theta)Q_i\left(\boldsymbol{x}_{\mathrm{s}}^n-\boldsymbol{\delta}+O\left(\Delta t^2\right),t_n\right)\end{aligned} \tag{12.30}$$

其中，$\theta\in[0,1]$，并且如式 (12.24) 中所示，$\boldsymbol{\delta}=\boldsymbol{\delta}_{\mathrm{f}}-\boldsymbol{\delta}_{\mathrm{s}}$ 存在如下关系：

$$\boldsymbol{\delta}=\boldsymbol{\delta}_{\mathrm{f}}-\boldsymbol{\delta}_{\mathrm{s}}=\left(\boldsymbol{u}^n\left(\boldsymbol{x}_{\mathrm{f}}^n\right)-\boldsymbol{v}^n\left(\boldsymbol{x}_{\mathrm{s}}^n\right)\right)\Delta t \tag{12.31}$$

将公式 (12.31) 代入式 (12.30) 的 $Q_i\left(\boldsymbol{x}_{\mathrm{f}}^n,t_n\right)$ 项中，并作 Taylor 展开，利用式 (12.26)～式 (12.28)，可得到

$$\begin{aligned}Q_i\left(\boldsymbol{x}_{\mathrm{f}}^n,t_n\right)&=Q_i\left(\boldsymbol{x}_{\mathrm{s}}^n-\boldsymbol{\delta}+O\left(\Delta t^2\right),t_n\right)\\&\cong Q_i\left(\boldsymbol{x}_{\mathrm{s}}^n\right)-\frac{\partial Q_i\left(\boldsymbol{x}_{\mathrm{s}}^n\right)}{\partial x_j}\left(B_{jk}^{-1}u_k^{n^*}-v_j^n\left(\boldsymbol{x}_{\mathrm{s}}^n\right)\right)\Delta t\\&=Q_i^n-\frac{\partial Q_i^n}{\partial x_j}\left(B_{jk}^{-1}u_k^{n^*}-v_j^n\right)\Delta t\end{aligned} \tag{12.32}$$

应用公式 (12.23)、式 (12.26)、式 (12.29)、式 (12.30) 和式 (12.32)，公式 (12.17) 可离散化为

$$\frac{1}{\Delta t}\left[u_i^{n+1}-u_i^n\left(\boldsymbol{x}_{\mathrm{f}}^n\right)\right]=\theta Q_i\left(\boldsymbol{x}_{\mathrm{f}}^{n+1},t_{n+1}\right)+(1-\theta)\left[Q_i^n-\frac{\partial Q_i^n}{\partial x_j}\left(B_{jk}^{-1}u_k^{n^*}-v_j^n\right)\Delta t\right] \tag{12.33}$$

亦即

$$u_i^{n+1}=B_{ij}^{-1}u_j^{n^*}+\theta Q_i\left(\boldsymbol{x}_{\mathrm{f}}^{n+1},t_{n+1}\right)\Delta t+(1-\theta)\left[Q_i^n-\frac{\partial Q_i^n}{\partial x_j}\left(B_{jk}^{-1}u_k^{n^*}-v_j^n\right)\Delta t\right]\Delta t \tag{12.34}$$

注意到公式 (12.34) 等号右端第二项是 $Q_i\left(\boldsymbol{x}_{\mathrm{f}}^{n+1},t_{n+1}\right)=-\frac{1}{\rho_{\mathrm{f}}}\left(\frac{\partial p\left(\boldsymbol{x}_{\mathrm{f}}^{n+1},t_{n+1}\right)}{\partial x_i}-F_i^{\mathrm{sf}}\left(\boldsymbol{x}_{\mathrm{f}}^{n+1},t_{n+1}\right)\right)$ 未知项，因此应用投射方案（projection method）（Peyret and Taylor, 1983），首先按下式计算出仅含式 (12.34) 等号右端第一和第三两项的定义为 u_i^{n+1} 的一个中间速度的 $\tilde{u}_i^{n+1}$

$$\tilde{u}_i^{n+1}=B_{ij}^{-1}u_j^{n^*}+(1-\theta)\left[Q_i^n-\frac{\partial Q_i^n}{\partial x_j}\left(B_{jk}^{-1}u_k^{n^*}-v_j^n\right)\Delta t\right]\Delta t \tag{12.35}$$

则式 (12.34) 可改写为

$$\begin{aligned}u_i^{n+1}&=\tilde{u}_i^{n+1}+\theta Q_i\left(\boldsymbol{x}_{\mathrm{f}}^{n+1},t_{n+1}\right)\Delta t\\&=\tilde{u}_i^{n+1}-\frac{\theta\Delta t}{\rho_{\mathrm{f}}}\left(\frac{\partial p\left(\boldsymbol{x}_{\mathrm{f}}^{n+1},t_{n+1}\right)}{\partial x_i}-F_i^{\mathrm{sf}}\left(\boldsymbol{x}_{\mathrm{f}}^{n+1},t_{n+1}\right)\right)\end{aligned} \tag{12.36}$$

然后将式 (12.36) 代入流体的不可压缩条件

$$\nabla\cdot\boldsymbol{u}^{n+1}=0 \tag{12.37}$$

后可得到

$$\nabla^2p^{n+1}=\nabla\cdot\left(\frac{\rho_{\mathrm{f}}}{\theta\Delta t}\tilde{\boldsymbol{u}}^{n+1}+\boldsymbol{F}^{\mathrm{sf}}\right) \tag{12.38}$$

其中，$p^{n+1}=p\left(\boldsymbol{x}_{\mathrm{f}}^{n+1},t_{n+1}\right),\boldsymbol{F}^{\mathrm{sf}}=F_i^{\mathrm{sf}}\left(\boldsymbol{x}_{\mathrm{f}}^{n+1},t_{n+1}\right)$ 当以 $\tilde{\boldsymbol{u}}^{n+1}$ 代入式 (12.5) 和式 (12.6) 近似计算 $\boldsymbol{F}^{\mathrm{sf}}$ 时，由公式 (12.38) 和式 (12.36) 可得到 p^{n+1}， $\boldsymbol{u}^{n+1}$。

为计算 p^{n+1} 将公式 (12.38) 等号右端项在空间域进行 SPH 离散化，对于参考液体质点 a，它可表示为

$$Z_{\mathrm{a}}=\nabla\cdot\left(\frac{\rho_{\mathrm{f}}}{\theta\Delta_{\mathrm{t}}}\bar{u}^{n+1}+\boldsymbol{F}^{\mathrm{sf}}\right)_{\mathrm{a}}=\frac{\rho_{\mathrm{f}}}{\theta\Delta_{\mathrm{t}}}\nabla\cdot\left(\bar{u}^{n+1}\right)_{\mathrm{a}}+\nabla\cdot\left(\boldsymbol{F}^{\mathrm{sf}}\right)_{\mathrm{a}} \tag{12.39}$$

其中

$$\left(\frac{\partial\tilde{u}_i}{\partial x_j}\right)_{\mathrm{a}}=\sum_{b=1}^{N_{\mathrm{a}}}\left(\tilde{u}_{bi}^{n+1}-\tilde{u}_{\mathrm{a}i}^{n+1}\right)\frac{\partial W_{\mathrm{a}}}{\partial x_j}\Delta V_b \tag{12.40}$$

式中，ΔV_b 为与质点 b 相关的体积，通常用 m_b/ρ_b 代替。需要说明的是泊松方程 (12.38) 等号左端对压力的 Laplacian 算子虽然也可以应用 SPH 在空间域的标准离散化格式，但是数值计算表明采用 SPH 的标准离散化格式计算压力的二阶导数时，其结果对 SPH 节点（质点）在空间分布相当敏感。为此通过对 SPH 的一阶导数进行有限差分近似从而形成如下求解压力二阶导数的混合格式（Morris et al., 1997; Zhu et al., 1997; Shao and Lo, 2003）

$$\left(\nabla^2 p\right)_{\mathrm{a}}=\sum_{b=1}^{N_{\mathrm{a}}}\left(\frac{2\boldsymbol{r}_{\mathrm{a}b}\cdot\nabla W_{\mathrm{a}b}}{\boldsymbol{r}_{\mathrm{a}b}^2+0.01h^2}\right)p_{\mathrm{a}b}^{n+1}\Delta V_b=L_{\mathrm{a}}p_{\mathrm{a}}^{n+1}-L_{\mathrm{neigh}}^{\mathrm{p}} \tag{12.41}$$

其中，$\nabla W_{\mathrm{a}b}$ 为 $\nabla W_{\mathrm{a}}(\boldsymbol{r}-\boldsymbol{r}_b,h)$ 的缩写，

$$\boldsymbol{r}_{\mathrm{a}b}=\boldsymbol{r}_{\mathrm{a}}-\boldsymbol{r}_b,\quad p_{\mathrm{a}b}^{n+1}=p_{\mathrm{a}}^{n+1}-p_b^{n+1} \tag{12.42}$$

$$L_{\mathrm{a}}=\sum_{b=1}^{N_{\mathrm{a}}}\left(\frac{2\boldsymbol{r}_{\mathrm{a}b}\cdot\nabla W_{\mathrm{a}b}}{\boldsymbol{r}_{\mathrm{a}b}^2+0.01h^2}\right)\Delta V_b,\quad L_{\mathrm{neigh}}^{\mathrm{p}}=\sum_{b=1}^{N_{\mathrm{a}}}\left(\frac{2\boldsymbol{r}_{\mathrm{a}b}\cdot\nabla W_{\mathrm{a}b}}{\boldsymbol{r}_{\mathrm{a}b}^2+0.01h^2}\right)p_b^{n+1}\Delta V_b \tag{12.43}$$

公式 (12.41) 与式 (12.39) 代入式 (12.38) 得到

$$L_{\mathrm{a}}p_{\mathrm{a}}^{n+1}=L_{\mathrm{neigh}}^{\mathrm{p}}+Z_{\mathrm{a}} \tag{12.44}$$

由于 t_{n+1} 时刻的 p_b^{n+1} 是未知的，如果以 $p_b\left(\boldsymbol{x}_{\mathrm{f}}^n,t_n\right)$ 代替 p_b^{n+1} 来近似计算 $L_{\mathrm{neigh}}^{\mathrm{p}}$，则公式 (12.44) 可显式求解，其中 $p_b\left(\boldsymbol{x}_{\mathrm{f}}^n,t_n\right)$ 可通过下式获得

$$\begin{aligned}p_b\left(\boldsymbol{x}_{\mathrm{f}}^n,t_n\right)&=p_b\left(\boldsymbol{x}_{\mathrm{s}}^n-\boldsymbol{\delta}+O\left(\Delta t^2\right),t_n\right)\\&\cong p_b\left(\boldsymbol{x}_{\mathrm{s}}^n\right)-\frac{\partial p_b\left(\boldsymbol{x}_{\mathrm{s}}^n\right)}{\partial x_j}\left(B_{jk}^{-1}u_k^{n^*}-v_j^n\left(\boldsymbol{x}_{\mathrm{s}}^n\right)\right)_b\Delta t\\&=p_b^n-\frac{\partial p_b^n}{\partial x_j}\left(B_{jk}^{-1}u_k^{n^*}-v_j^n\right)_b\Delta t\end{aligned} \tag{12.45}$$

其中

$$\left(\frac{\partial p^n}{\partial x_j}\right)_b=\sum_{c=1}^{N_b}\left(p_c^n-p_b^n\right)\frac{\partial W_b}{\partial x_j}\Delta V_c \tag{12.46}$$

式中 N_b 表示按式 (12.19) 理解的包含在集合 N_b 中的液体 Lagrangian 质点数。

12.3 数值算例

前面的章节给出了饱和颗粒材料的离散颗粒–连续介质模型，即以离散颗粒模型模拟固相变形，以平均不可压缩流体的 N-S 方程或者渗流方程（Darcy 定律）描述间隙液相。并形成了基于离散单元法——特征线 SPH 方法的数值计算格式。本

节将应用所介绍的模型及数值方案模拟尺寸为 $25\times44.3\ \text{cm}^2$ 的饱和颗粒材料平板内的水–力耦合行为。该平板固相以 1249 个半径为 5mm 的均一圆形颗粒组成，如图 12.4 所示。固相颗粒的材料参数分别为 $\rho_\text{s}=2000\ \text{kg}\cdot\text{m}^{-3}$，$k_\text{n}=6\times10^8\ \text{N}\cdot\text{m}^{-1}$，$k_\text{s}=4\times10^8\ \text{N}\cdot\text{m}^{-1}$，$k_\text{r}=2\times10^3\ \text{N}\cdot\text{m}^{-1}$，$k_\theta=700\ \text{N}\cdot\text{m}\cdot\text{rad}^{-1}$，$\mu_\text{s}=0.5$，$\mu_\text{r}=0.5$，$\mu_\theta r=1\times10^{-4}\ \text{m}$，$c_\text{n}=c_\text{s}=c_\text{r}=c_\theta=0$。间隙液体密度为 $\rho_\text{w}=1.0\times10^3\ \text{kg}\cdot\text{m}^{-3}$，动力粘性系数 $\mu=1.01\times10^{-3}\ \text{N}\cdot\text{m}^{-2}\cdot\text{s}$。在二维情况下，应用公式 (12.1b) 计算孔隙度前需给定表征元尺寸，这里取圆形表征元的半径为 $4r$，即表征元中心固体颗粒半径的 4 倍。对于位于边界处或角点处固体颗粒，以它们为中心定义的表征元为弓形或扇形。根据式 (12.1b) 首先计算颗粒 a 的预测孔隙度为

$$\phi_\text{a}^0=\frac{A^\text{a}-A_\text{s}^\text{a}}{A^\text{a}} \tag{12.47}$$

对规则排列的颗粒而言，理论上初始孔隙度是均匀的。但数值计算表明依据上式计算的孔隙度对位于边角处的颗粒将有较大误差，为此采用对表征元内所有颗粒的预测孔隙度取算术平均后作为表征元中心颗粒 a 处的孔隙度，即

$$\phi_\text{a}=\frac{1}{N}\sum_{j=1}^{N}\phi_j^0 \tag{12.48}$$

式中，N 为以颗粒 a 为中心的表征元内固体颗粒的总数。对如图 12.4 所示的六方形排列颗粒集合，典型内部颗粒的初始孔隙度为 $\phi=0.0931$，典型边界处或角点处颗粒的孔隙度约为 $\phi=0.0945$ 和 0.105。算例中特征线 SPH 方案所用的光滑函数或核函数采用立方样条形式（Monaghon, 1992），即

$$W(\boldsymbol{r},h)=\frac{\sigma}{h^v}\begin{cases}1-\dfrac{3}{2}q^2+\dfrac{3}{4}q^3, & 若\ 0\leqslant q\leqslant 1\\ \dfrac{1}{4}(2-q)^3, & 若\ 1\leqslant q\leqslant 2\\ 0, & 其他\end{cases} \tag{12.49}$$

其中光滑长度 $h=12.5\ \text{mm}$；$q=\dfrac{|\boldsymbol{r}|}{h}$；$|\boldsymbol{r}|$ 为两个节点间的距离；v 为空间维数；σ 为正则化常数，当 $v=1,2,3$ 时，分别对应取 $\dfrac{2}{3},\dfrac{10}{7\pi},\dfrac{1}{\pi}$。

如图 12.4 所示，颗粒集合位于两个刚性板之间，并通过上边界刚性板施加位移边界条件，其向下的移动速度为 $6.18\times10^{-2}\ \text{m/s}$。与刚性板接触的颗粒沿竖直方向的位移等于刚性板的位移，在水平方向允许自由移动，颗粒与刚性板的摩擦系数为 0.5。左右边界上的颗粒可自由移动与转动（不包括与上下边界刚性板接触的颗粒）。为模拟间隙液体流动及其与固体颗粒耦合行为，考虑如下两种加载条

件。加载条件（I）：间隙液体在边界处均自由，亦即随着刚性板沿竖直方向的压缩，间隙液体可通过所有的边界流出。加载条件（II）：与加载条件（I）不同，在上边界以指定相对于固体颗粒的平均水流速度 $w_{\mathrm{y}} = 2.0 \times 10^{-2}$ m/s 注水。对饱和颗粒集合指定初始孔隙水压力为 1.0×10^5 Pa，但在第二种加载条件下，上边界处为自然边界条件，即通过 $w_{\mathrm{y}} = 2 \times 10^{-2}$ m/s 描述。为论证孔隙液体对颗粒材料承载能力的影响，应用如下三种数值方案模拟饱和颗粒材料的水–力耦合行为：（1）间隙液体基于平均 N-S 方程描述的饱和颗粒材料离散颗粒模型；（2）间隙液体基于平均 Darcy 定律描述的饱和颗粒材料离散颗粒模型；（3）干颗粒模型，亦即不考虑间隙液体影响。

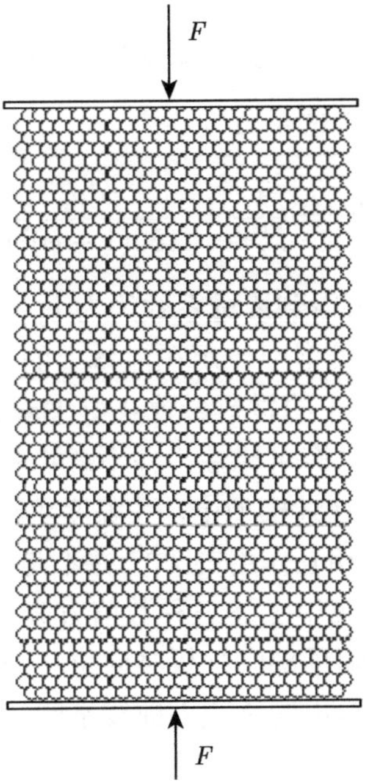

图 12.4　由 1249 个半径为 5 mm 的颗粒按规则方式生成的尺寸为 $25 \times 44.3\ \mathrm{cm}^2$ 的平板

为使模拟间隙流体流动及水–力耦合行为的两种连续介质模型 (即基于 Darcy 定律的渗流模型与基于平均 N-S 方程的流体模型) 所得的数值结果具有可比性，首先要保证两种模型计算出的流–固耦合作用近似相等，由此可近似计算出 Darcy 模型中的渗透系数。考虑基于平均 N-S 方程的连续介质模型，流–固相互作用采用公式 (12.5) 与式 (12.6) 计算。对如图 12.4 所示的颗粒集合，其平均孔隙度 $\phi < 0.8$，将公式 (12.5) 改写为如下形式

$$\boldsymbol{F}^{\mathrm{sf}} = \boldsymbol{F}_1^{\mathrm{sf}} + \boldsymbol{F}_2^{\mathrm{sf}} = -\left(k_1^{\mathrm{NS}} + k_{\mathrm{nl}}^{\mathrm{NS}}\right)\boldsymbol{w} \tag{12.50}$$

式中

$$k_{\mathrm{l}}^{\mathrm{NS}}=150\frac{(1-\phi)^2\mu}{\phi^3 d_{\mathrm{a}}^2},\quad k_{\mathrm{nl}}^{\mathrm{NS}}=1.75\frac{1-\phi}{\phi^3}\rho_{\mathrm{w}}\frac{|\boldsymbol{w}|}{d_{\mathrm{a}}}\tag{12.51}$$

对比 Darcy 定律，可以将 $k_{\mathrm{l}}^{\mathrm{NS}}$ 与 $k_{\mathrm{nl}}^{\mathrm{NS}}$ 之和看作基于平均 N-S 方程描述的等价渗透系数的倒数。从式 (12.51) 可看出，$k_{\mathrm{l}}^{\mathrm{NS}}$ 为与流速无关的常数，$k_{\mathrm{nl}}^{\mathrm{NS}}$ 随 Darcy 速度的绝对值 $|\boldsymbol{w}|$ 线性变化。当 $\phi=0.0931\sim0.1025$, $\mu=1.01\times10^{-3}\ \mathrm{N\cdot m^{-2}\cdot s}$, $d_{\mathrm{a}}=1\times10^{-2}$ m, $\rho_{\mathrm{w}}=1.0\times10^{3}\ \mathrm{kg\cdot m^{-3}}$，若 $|\boldsymbol{w}|\ll\dfrac{150(1-\phi)}{1.75\rho_{\mathrm{w}}d_{\mathrm{a}}}\mu=7.85\times10^{-1}$ cm/s 则有 $k_{\mathrm{nl}}^{\mathrm{NS}}\ll k_{\mathrm{l}}^{\mathrm{NS}}$，此时 $k_{\mathrm{nl}}^{\mathrm{NS}}$ 可近似略去。假定 Darcy 渗透系数与 Darcy 速度无关，则 Darcy 模型流–固耦合作用 $\bar{\boldsymbol{F}}^{\mathrm{sf}}=-k_{\mathrm{p}}^{-1}\boldsymbol{w}$，令其与式 (12.50) 计算出的 $\boldsymbol{F}^{\mathrm{sf}}$ 相等，即

$$\bar{\boldsymbol{F}}^{\mathrm{sf}}=-k_{\mathrm{p}}^{-1}\boldsymbol{w}=\boldsymbol{F}^{\mathrm{sf}}=-k_{\mathrm{l}}^{\mathrm{NS}}\boldsymbol{w}\tag{12.52}$$

由公式 (12.52) 得到 Darcy 渗透系数为

$$k_{\mathrm{p}}=\frac{1}{k_{\mathrm{l}}^{\mathrm{NS}}}=\frac{\phi^3 d_{\mathrm{a}}^2}{150(1-\phi)^2\mu}\tag{12.53}$$

将相关数据代入式 (12.53) 可得到渗透系数约为 $k_{\mathrm{x}}=k_{\mathrm{y}}=6.5\times10^{-7}\ \mathrm{m^4/(N\cdot s)}$。

需要强调，通过使两个模型中作用在流体上的流–固作用力近似相等，仅仅是为了从基于 N-S 方程模型中的材料参数获得 Darcy 渗透系数，从而使两个模型的数值结果在一定意义上具有可比性，并不意味着两个模型具有等价性。实际上由于基于平均 N-S 方程的连续模型中，孔隙度随时间与空间位置变化，因而公式 (12.50) 中用于计算流–固相互作用的 $k_{\mathrm{l}}^{\mathrm{NS}}$ 并不是一个常数。

在第一种加载条件下，应用上述三种数值方案获得了位移–加载曲线显示了作用于颗粒集合体顶部载荷随顶部刚性板竖向位移的变化，如图 12.5 所示。数值结果显示了不同数值方案所给出的承载力曲线不同，亦即表现了不同的软化行为。

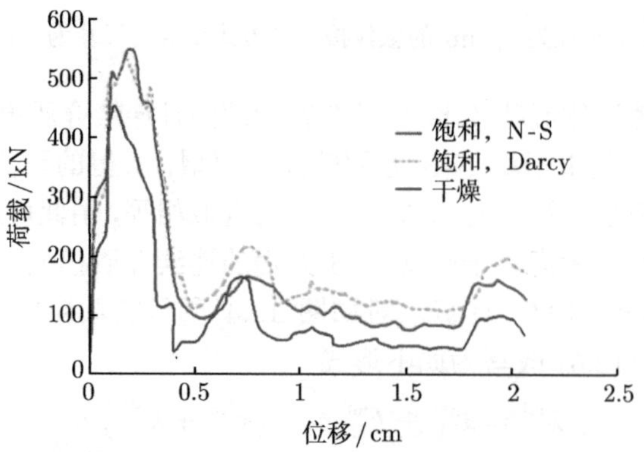

图 12.5　第一种加载条件下的位移–承载曲线 (上边界刚性板向下移动速度 6.18×10^{-2} m/s)

对充满孔隙水的离散颗粒集合体，由于孔隙液体承担部分外载，因而加强了颗粒材料的承载能力，并且也推迟了软化行为的出现。由图 12.5 可以看到基于 N-S 方程给出的最高承载能力略高于 Darcy 方案，部分原因为 N-S 方程描述中考虑了间隙液体流动的惯性影响。从图 12.5 所给的三条曲线可看出加载过程可分为三个不同的阶段，第一阶段承载值随位移增加直至达到位移–承载曲线的最高点；第二阶段为承载值达到最高点后随位移的增加持续缩减直到承载能力部分恢复，这是剪切带形成与颗粒集合体逐步失去承载能力的阶段。在最后阶段，颗粒集合体由于颗粒的重新排列而维持一定的残余承载能力。

考虑间隙液体的影响，当刚性板位移为 2.1 cm 时，图 12.6 与图 12.7 分别给出了应用两种模型（N-S 方程与 Darcy 定律）计算出的名义等效应变分布、体积

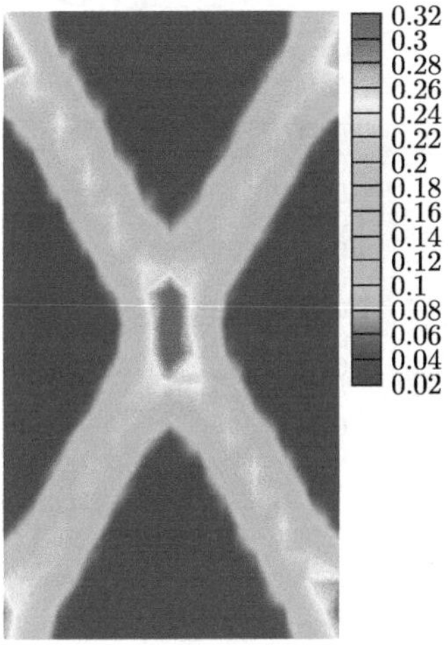

(a)

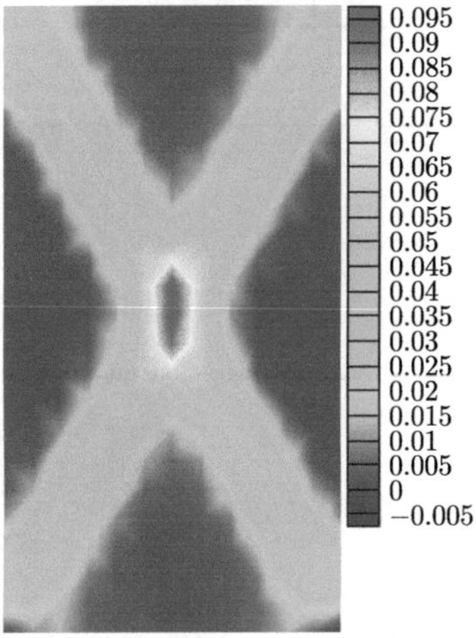

(b)

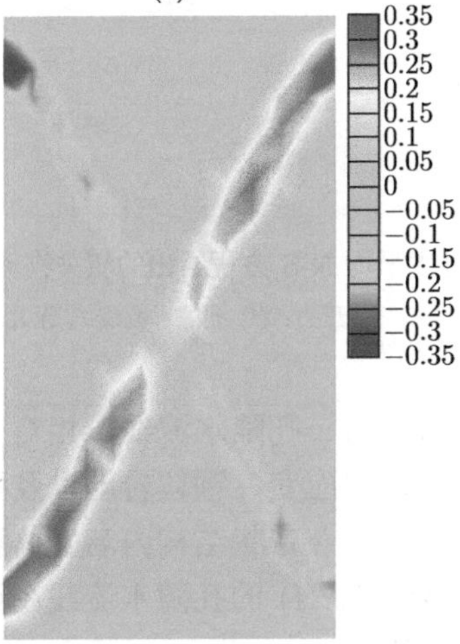

(c)

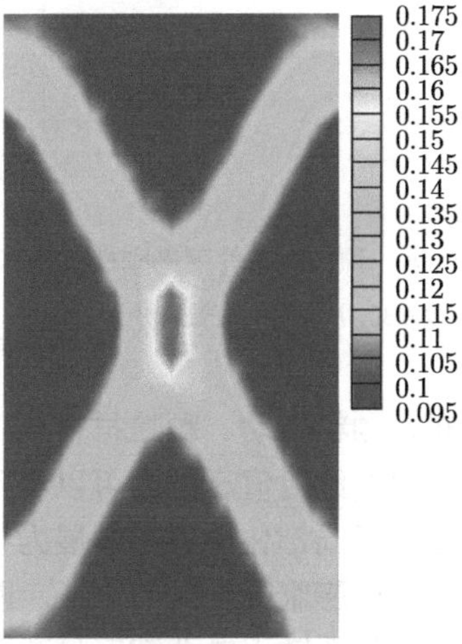

(d)

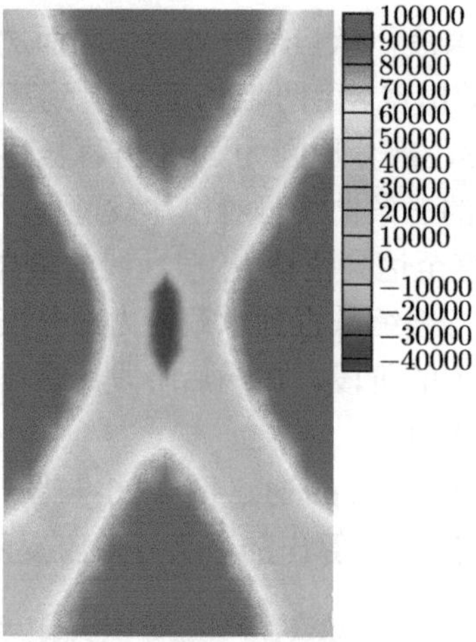

(e)

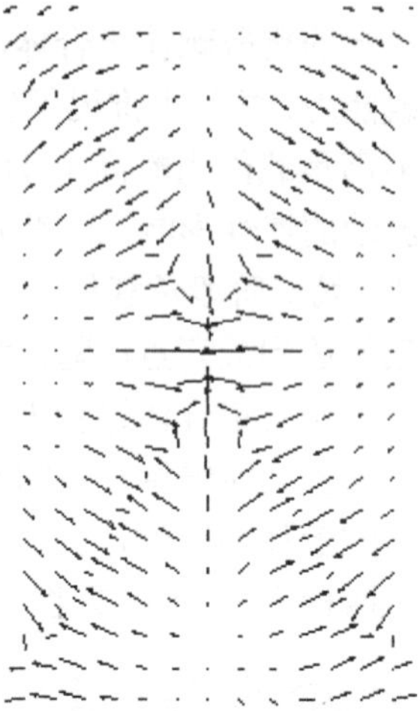

(f)

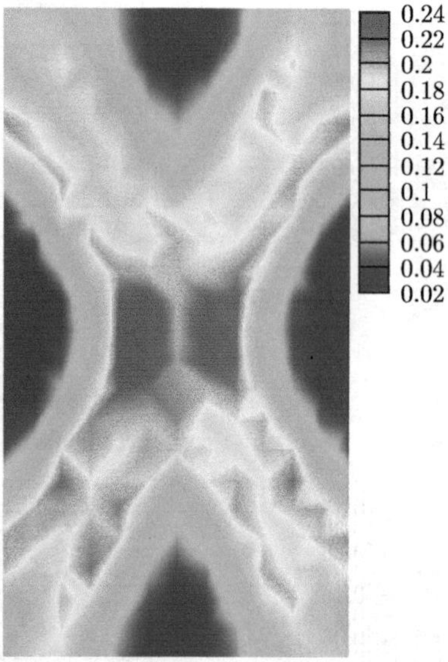

(g)

图 12.6　第一种加载条件下当刚性板位移为 2.1 cm 时由平均 N-S 方程给出的相关物理量分布

(a) 名义等效应变；(b) 体积应变；(c) 颗粒转动；(d) 孔隙度；(e) 孔隙水压力；(f) 孔隙水流线；(g) 相对固相的孔隙水平均速度的绝对值云图

应变分布、颗粒转动、颗粒材料孔隙度、孔隙水压力、孔隙水流线、相对于固相的孔隙水速度绝对值云图。可以看到等效应变、体积应变、颗粒转动以及孔隙度分布都出现了局部化现象并发展为狭长的带状结构，在带状结构内名义体积应变及孔隙度呈现膨胀或增大的特征。图 12.6(f) 与图 12.7(f) 的孔隙水流线图论证了颗粒集合内的孔隙水向孔隙度显著增大的剪切带流动。

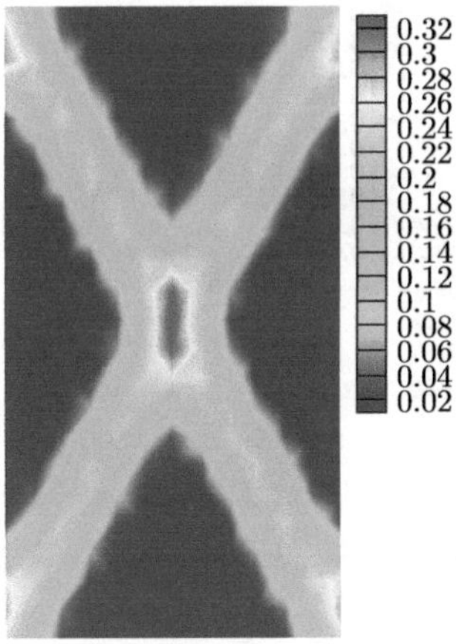
0.32
0.3
0.28
0.26
0.24
0.22
0.2
0.18
0.16
0.14
0.12
0.1
0.08
0.06
0.04
0.02

(a)

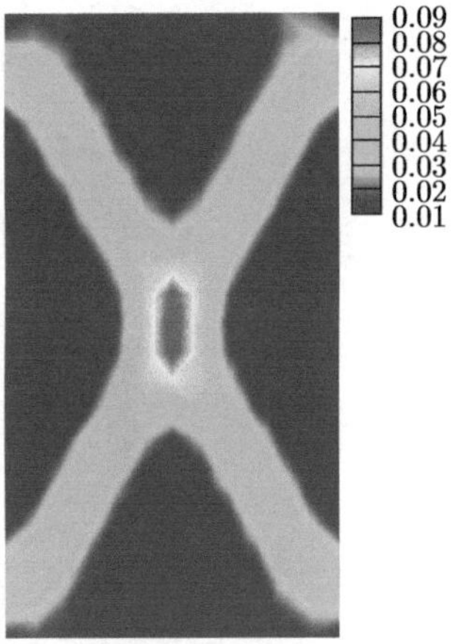
0.09
0.08
0.07
0.06
0.05
0.04
0.03
0.02
0.01

(b)

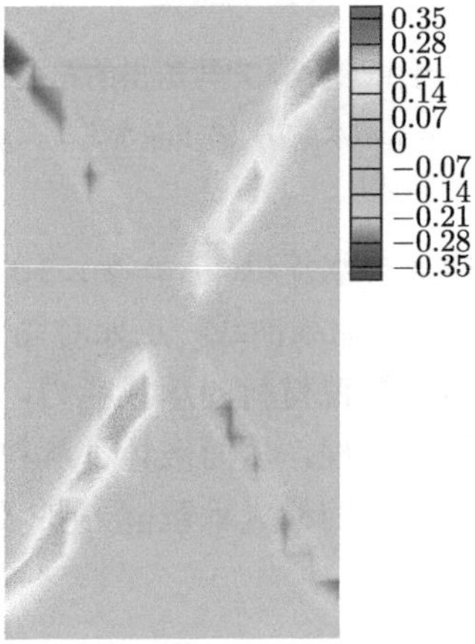
0.35
0.28
0.21
0.14
0.07
0
−0.07
−0.14
−0.21
−0.28
−0.35

(c)

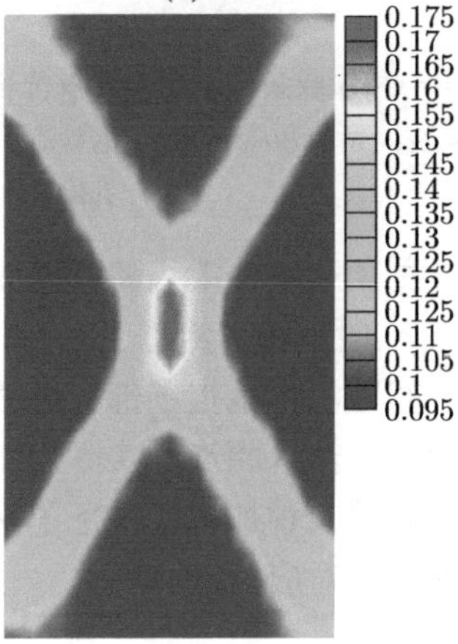
0.175
0.17
0.165
0.16
0.155
0.15
0.145
0.14
0.135
0.13
0.125
0.12
0.125
0.11
0.105
0.1
0.095

(d)

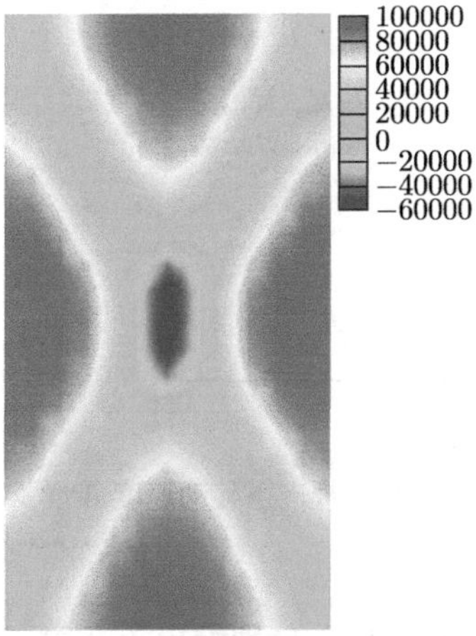
100000
80000
60000
40000
20000
0
−20000
−40000
−60000

(e)

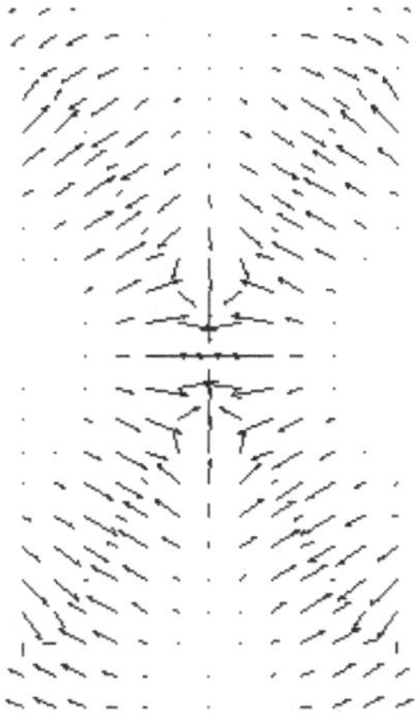

(f)

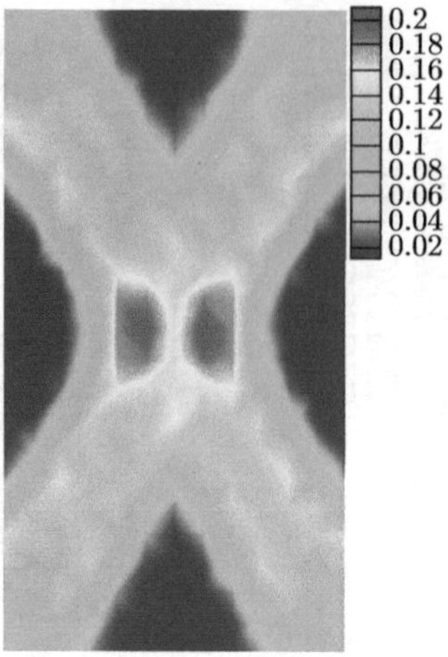

(g)

图 12.7　第一种加载条件下当刚性板位移为 2.1 cm 时由 Darcy 定律给出的相关物理量分布
(a) 名义等效应变；(b) 体积应变；(c) 颗粒转动；(d) 孔隙度；(e) 孔隙水压力；(f) 孔隙水流线；(g) 相对固相的孔隙水平均速度的绝对值云图

在第二种加载条件下，随刚性板位移的增加与水流以 $w_{\mathrm{y}} = 2 \times 10^{-2}$ m/s 的速度持续注入，图 12.8 给出了这种情况下的位移–加载曲线，正如对图 12.5 所分析的一样，间隙液体承担了部分外载因此加强了颗粒材料的承载能力，但是由于顶部水流的持续注入相当于实际岩土结构的降雨过程，从而破坏了颗粒结构的承载能力，因此第二种加载条件下了两种模型所给出的最大承载能力要略低于第一种加载条件下的对应值。

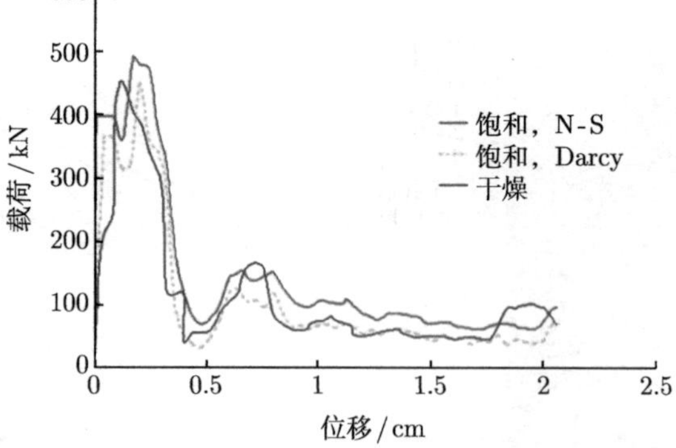

图 12.8　第二种加载条件下的位移–承载曲线 (上边界刚性板向下移动速度 6.18×10^{-2} m/s, $w_{\mathrm{y}} = 2 \times 10^{-2}$ m/s)

当刚性板位移为 2.1 cm 时，图 12.9 与图 12.10 分别给出了在第二种加载条件下，应用两种模型（N-S 方程与 Darcy 定律）计算出的名义等效应变分布、体积应变分布、颗粒转动、颗粒材料孔隙度、孔隙水压力、孔隙水流线、相对于固相的孔隙水速度绝对值云图。可以看到诸如等效应变、体积应变、颗粒转动角度及孔隙度等物理量的分布再次论证局部化破坏特征，但是由于顶部水流的注入局部化现象在竖向方向不再对称。虽然图 12.8 所给出的承载能力要低于第一种加载条件下使用相应模型所预测的值，但由图 12.9 与图 12.10 可以看出第二种加载条件下的等效应变与体积应变明显要大于第一种加载条件下的相应结果，这是由于水流的注入，也就是环境加载，加速了相同力学加载条件下的破坏过程。图 12.9(f) 与图 12.10(f) 显示了孔隙水在颗粒集合内部的流动情况，可以看到由于水流的注入，孔隙水在整个颗粒集合区域内都有较大的流动，这与如图 12.6(f) 与图 12.7(f) 所示的第一种加载条件下孔隙水流动只局限于剪切带附近不同。由图 12.9(f) 与

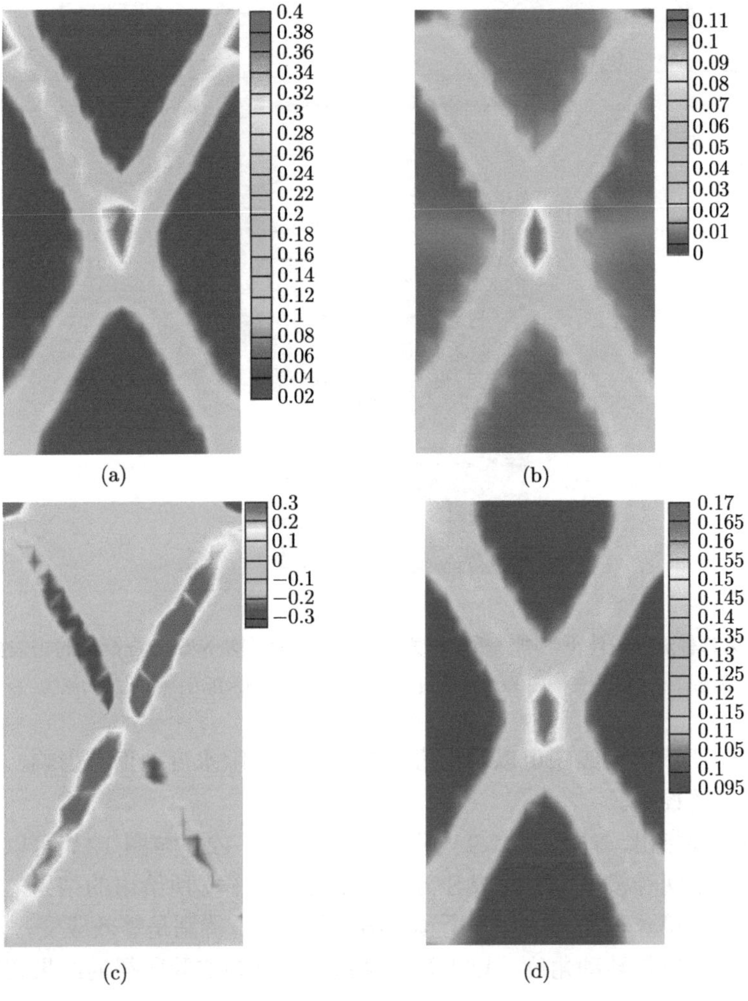

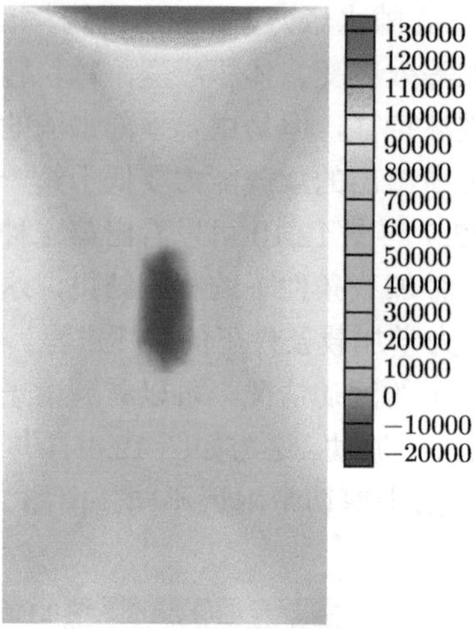

(e)

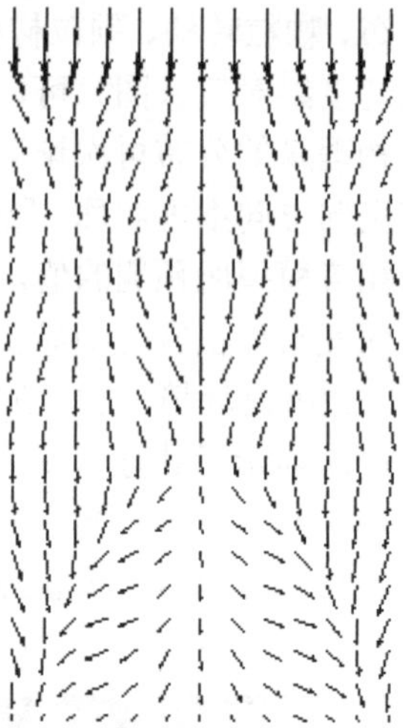

(f)

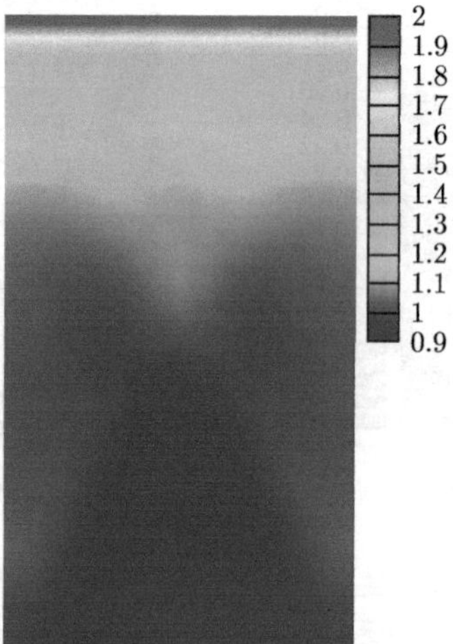

(g)

图 12.9　第二种加载条件下当刚性板位移为 2.1 cm 时由平均 N-S 方程给出的相关物理量分布
(a) 名义等效应变；(b) 体积应变；(c) 颗粒转动；(d) 孔隙度；(e) 孔隙水压力；(f) 孔隙水流线；(g) 相对固相的孔隙水平均速度的绝对值云图

图 12.10(f) 所示的流线图可以看出虽然剪切带对孔隙水流动仍有影响，但其主要受注入水流的控制。

最后需要指出，对比图 12.9 与图 12.10 以及图 12.6 与图 12.7 可以看到第二种加载条件下两种模型（平均 N-S 方程与 Darcy 定律）所给出的结果之间存在的差别相对大于第一种加载条件下所预测结果的差别，特别是等效应变、体积应变、孔隙水压力及颗粒转动角度。以上数值结果的特征与实验所得的结果相符，也就

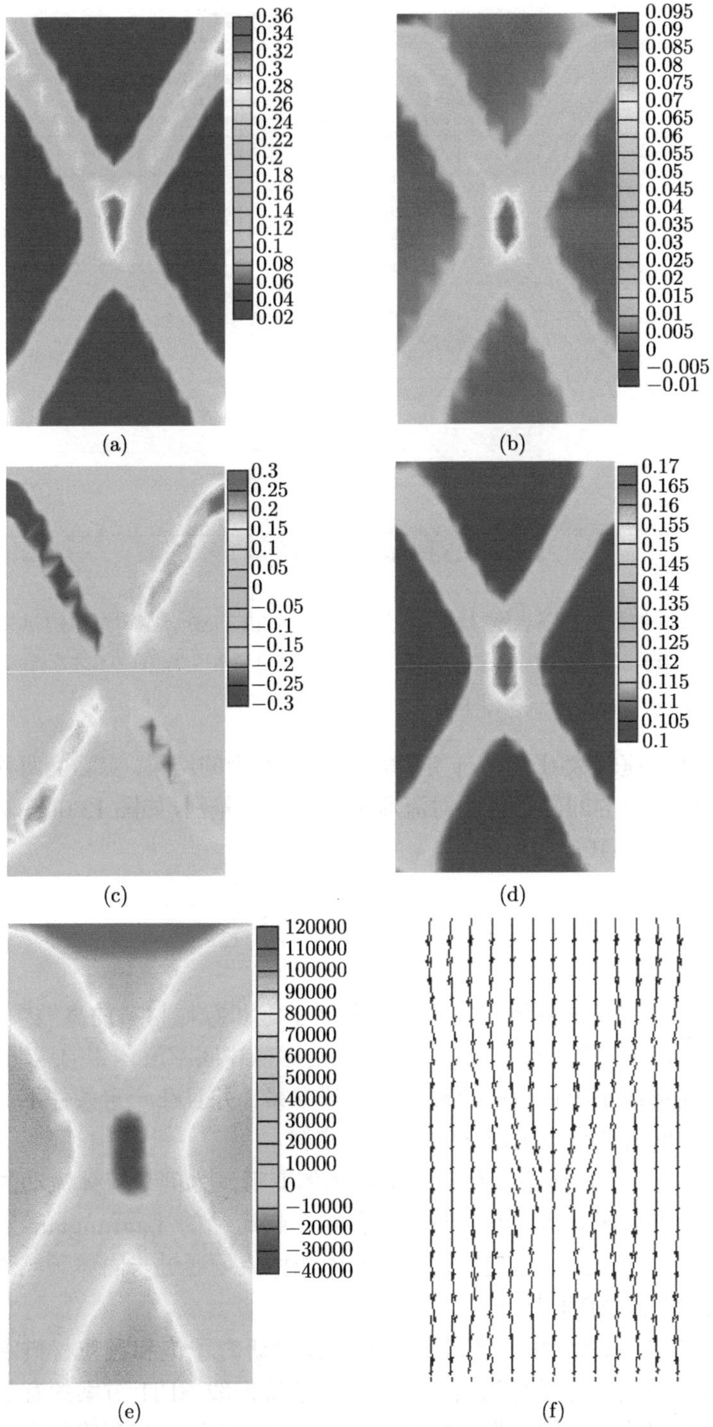
0.36
0.34
0.32
0.3
0.28
0.26
0.24
0.22
0.2
0.18
0.16
0.14
0.12
0.1
0.08
0.06
0.04
0.02
(a)
0.095
0.09
0.085
0.08
0.075
0.07
0.065
0.06
0.055
0.05
0.045
0.04
0.035
0.03
0.025
0.02
0.015
0.01
0.005
0
−0.005
−0.01
(b)
0.3
0.25
0.2
0.15
0.1
0.05
0
−0.05
−0.1
−0.15
−0.2
−0.25
−0.3
(c)
0.17
0.165
0.16
0.155
0.15
0.145
0.14
0.135
0.13
0.125
0.12
0.115
0.11
0.105
0.1
(d)
120000
110000
100000
90000
80000
70000
60000
50000
40000
30000
20000
10000
0
−10000
−20000
−30000
−40000
(e)
(f)

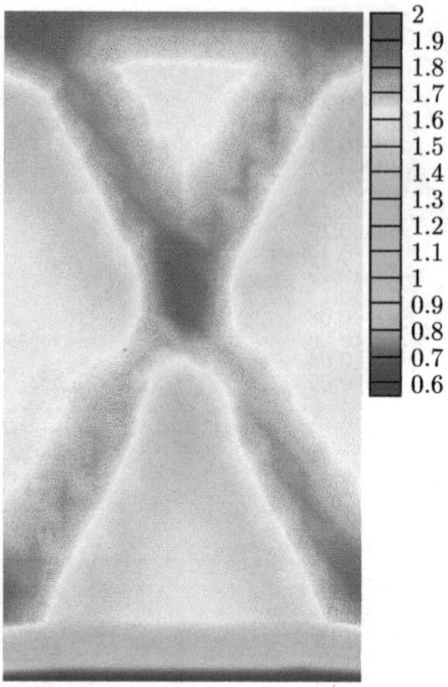

(g)

图 12.10　第二种加载条件下当刚性板位移为 2.1 cm 时由 Darcy 定律给出的相关物理量分布
(a) 名义等效应变；(b) 体积应变；(c) 颗粒转动；(d) 孔隙度；(e) 孔隙水压力；(f) 孔隙水流线；(g) 相对固相的孔隙水平均速度的绝对值云图

是当间隙液体流速较大时，Darcy 定律将给出不准确的结果。实际上两种加载条件下两种模型所给出的间隙液体相对流速也存在较大差别，如图 12.6(g)、图 12.7(g)、图 12.9(g) 和图 12.10(g) 所示。

12.4　总结与讨论

基于干颗粒材料的离散颗粒模型，发展了饱和颗粒材料的离散颗粒–连续介质耦合模型。应用平均 N-S 方程或 Darcy 定律描述间隙流体相的运动与流–固耦合作用，从而形成了流体相的两种平行求解方案。并且在一定条件下，基于平均 N-S 方程描述的数值方案可退化为 Darcy 定律。

在 SPH 框架下，考虑固体颗粒集合体的变形，为间隙流体流动的建议了特征线 SPH 数值求解方案，基于与固体颗粒一起运动的 Lagrangian 坐标系导出了间隙流体的计算公式。假定的连续化间隙液体流场通过与固体颗粒数目相等的 Lagrangian 质点（SPH 节点）实现离散化。

应用所建议的离散颗粒–连续介质耦合模型研究了饱和颗粒材料中间隙液体流动对固体颗粒集合力学行为的影响，显示了特征线 SPH 方案的有效性。数据结果表明，当间隙流体假定为无粘性不可压缩流体，进一步忽略间隙液体动力影响且孔隙度变化不明显的情况下，基于 Darcy 定律的数值方案给出的结果与平均 N-S 方程方案接近。由于相对于平均 N-S 方程基于 Darcy 定律的模型的计算费用较低，因此基于 Darcy 定律的模型得到广泛的应用。然而当间隙液体流速较高时，数值结果表明基于 Darcy 定律的模型将给出不准确的结果。

参 考 文 献

楚锡华, 2006. 颗粒材料的离散颗粒模型与离散–连续耦合模型及数值方法. 博士学位论文, 大连理工大学.

帕坦卡, 1984. 传热和流体流动的数值方法. 郭宽良, 译. 合肥: 安徽科学技术出版社.

陶文铨, 2001. 计算传热学的近代进展. 北京: 科学出版社.

Anderson T, Jackson R, 1967. A fluid mechanical description of fluidized beds: Equation of Motion. Industrial Engineering Chemical Fundamentals. 6: 527–539.

Boutt D F, Cook B K, Williams J R, 2011. A coupled fluid-solid model for problems in Geomechanics: Application to sand production. Int. J. Numer. Anal. Mech. Geomech., 35: 997–1018.

Chen S Y, Doolen G D, 1998. Lattice Boltzmann method for fluid flow. Annual Review of Fluid Mechanics, 30: 329–364.

Cook B K, Noble D R, Williams J R, 2004. A direct simulation method for particle-fluid systems Engineering Computations, 21: 151–168.

Gera D, Gautam M, Tsuji Y, Kawaguchi T, Tanaka T, 1998. Computer simulation of bubbles in large-particle fluidized beds. Powder Technology, 98: 38–47.

Indraratna B, Ranjith P G, Gale W, 1999. Single phase water flow through rock fractures. Geotechnical and Geological Engineering, 17: 211–240.

Li X K, Chu X H, Sheng D C, 2007. A saturated discrete particle model and Characteristic-based SPH method in granular materials, International Journal for Numerical Methods in Engineering, 72: 858–882.

Li X K, Thomas H R, Fan Y Q, 1999. Finite element method and constitutive modelling and computation for unsaturated soils. Comput. Methods Appl. Mech. Engrg., 169: 135–159.

Monaghon J J, 1992. Smoothed particle hydrodynamics. Annu. Rev. Astrophys. 30: 543 –574.

Morris J P, Fox P J, Zhu Y, 1997. Modeling low Reynolds number incompressible Flows using SPH. Journal of Computational Physics, 136: 214–226.

Newitt D M, Conway-Jones J M, 1958. A contribution to the theory and practice of granulation. Trans. Inst. Chem. Engrs, London, 36: 422–441.

Peyret R, Taylor T D, 1983. Computational Methods for Fluid Flow. Berlin: Springer.

Potapov A V, Hunt M L, Campbell C S, 2001. Liquid-solid flows using smoothed particle hydrodynamics and the discrete element method. Powder Technology, 116: 204–213.

Shamy U E, Zeghal M, 2005. Coupled continuum-discrete model for saturated granular soils. ASCE Journal of Engineering Mechanics, 131: 413–426.

Shao S D, Lo E Y M, 2003. Incompressible SPH method for simulating Newtonian and non-Newtonian flows with a free surface. Advances in Water Resources, 26: 787–800.

Tsuji Y, Kawaguchi T, Tanaka T, 1993. Discrete particle simulation of two-dimensional fluidized bed. Powder Technology, 77: 79–87.

Zeghal M, Shamy U E, 2004. A continuum-discrete hydromechanical analysis of granular deposit liquefaction. International Journal for Numerical and Analytical Methods in Geomechanics, 28: 1361–1383.

Zhu H P, Zhou Z Y, Yang R Y and Yu A B, 2008. Discrete particle simulation of particulate systems: A review of major applications and findings. Chemical Engineering Science, 63: 5728–5770

Zhu H P，Zhou Z Y, Yang R Y, Yu A B, 2007.Discrete particle simulation of particulate system: Theoretical developments. Chemical Engineering Science, 62: 3378–3396.

Zhu Y, Fox P J, Morris J P, 1997. Smoothed particle hydrodynamics model for flow through porous media. Computer Methods and Advances in Geomechanics, Yuan(Ed) Balkema, Rotterdam, 1041–1046.

Zhu Y, Morris J P, Fox P J, 1999. A pore-scale numerical model for flow through porous media. International Journal for Numerical and Analytical Methods in Geomechanics, 23: 881–904.

Zienkiewicz O C, Codina R, 1995. A general algorithm for compressible and incompressible flow—Part I. The split, characteristic based scheme. Int. J. Numer. Methods Fluids, 20: 869–885.

Zienkiewicz O C, Shiomi T, 1984. Dynamic behavior of saturated porous media; the generalized Biot formulation and its numerical solution. Int. J. Numer. Anal. Meth. Geomech., 8: 71–96.

第 13 章　基于离散颗粒与间隙流体信息的饱和与非饱和多孔材料有效应力与有效压力

饱和与非饱和颗粒材料是由众多颗粒和其间充满或部分填充了液体的孔隙组成的高度非均匀介质。它在宏观尺度通常模型化为饱和或非饱和多孔连续体。Terzaghi（1936）提出了饱和多孔介质力学的有效应力定义。基于有效应力原理，Biot（1941; 1956; 1962a; 1962b）建立了饱和多孔介质中静力和动力响应流固相耦合作用的控制方程。考虑孔隙液压所引起之颗粒体积变形对饱和多孔介质中固体骨架变形的效应，Zienkiewicz and Shiomi（1984），Zienkiewicz et al.（1999）引入了考虑孔隙液体压力对饱和多孔连续体固体骨架变形影响的 Biot 系数，对饱和多孔连续体提出了称为广义有效应力的新有效应力定义。

将饱和颗粒材料在介观尺度模型化为饱和离散颗粒集合体特别有助于理解孔隙液体对饱和多孔介质水力–力学行为的效应以及孔隙液体压力施加于固体颗粒与固体骨架的方式。针对饱和单分散球状颗粒的晶格排列，Kytomaa et al.（1997）将饱和颗粒材料在介观尺度模型化为含液离散颗粒集合体，考虑由孔隙液体压力引起的单个颗粒压缩变形的静水压力效应，研究了孔隙液体压力对饱和多孔介质各向同性本构性质的影响。

Bishop et al.（1959; 1963），Skempton（1960），Li and Zienkiewicz（1992），Zienkiewicz et al.（1999）将有效应力概念推广到含两相或多相非混溶孔隙流体的非饱和多孔介质中。Bishop et al.（1959）首先把在饱和多孔介质中建立的经典有效应力概念拓展到非饱和多孔介质，用平均孔隙压力表示非混溶多相孔隙流体的压力效应。把有效应力概念简单地推广到非饱和多孔介质的论据不如它在仅有单一孔隙流体存在的饱和多孔介质中那么清楚，对非饱和多孔介质中各种有效应力定义仍有争论（Skempton, 1960; Zienkiewicz et al., 1999，邵龙潭和郭晓霞，2014）。Gray and Schrefler（2001）在理性热动力学框架下对非饱和多孔介质有效应力概念作出了一些澄清。Gray and Miller（2014）把对于相性质、界面性质和系统热动力学的热动力学约束平均理论（TCAT）引入到多孔介质系统，所提供的一致性框架有助于对 Gray and Schrefler（2007）所提出的非饱和多孔介质中的有效应力和总应力张量中的物理量作出解释。

利用介–宏观均匀化方法（Auriault and Sanchez-Palencia, 1977; Auriault, 1987; Nemat-Nasser and Hori, 1999; Qu, 2006; Scholtes et al., 2009; Li, 2003;

Hicher and Chang, 2007; 2008），人们基于介观水力–力学模型致力于研究孔隙液体对非饱和多孔连续体中水力–力学行为影响以及发展定义非饱和多孔介质有效应力与有效压力的方法（Li, 2003; Hicher and Chang, 2007; 2008; Scholtes et al., 2009）。

基于由 Bishop and Blight（1963）在以非饱和土为背景的多孔介质框架内建议的、也为后来 Li （2003）和 Lu et al.（2006）按介观力学途径建议的有效应力定义，Scholtes et al.（2009））把总 Cauchy 应力张量剖分为两部分：由每两个接触颗粒间接触力形成的应力张量部分和表示每两个直接相邻（不是一定接触的）颗粒间形成的摆动（双联）液桥的毛细力的应力张量部分。它们可分别归结为等效有效应力和等效有效压力。按峡谷法（gorge method）（Hotta et al., 1974; Souli´e et al., 2006; Richefeu et al., 2008）计算由单个双联液桥作用于两直接相邻颗粒上的毛细力，并利用均匀化过程提取等效有效压力张量。有效压力不再由非饱和多孔连续体理论（Bishop and Blight, 1963; Coussy, 1995）中所定义的标量表示，而是一个依赖于由固体颗粒、孔隙液体和气体组成的离散颗粒集合体介观结构、反映毛细力各向异性效应的张量。在低饱和度情况下，它特别归因于非饱和多孔介质局部介观尺度的液桥系统和液桥力分布特征（Scholtes et al., 2009）。

在介观尺度上，颗粒材料的每个离散颗粒在运动学上除平移自由度还具独立的旋转自由度，在动力学上由一个颗粒到其相邻接触颗粒不仅能传递接触力，还能传递接触力偶。为表征离散颗粒介观结构, 颗粒材料应模型化为在每个材料点定义具有独立旋转自由度的等效多孔 Cosserat 连续体（Onck, 2002; Ehlers et al., 2003; Pasternak and Muhlhaus, 2005; Chang and Kuhn, 2005; Li et al., 2010a; Alonso-Marroquin, 2011）。考虑饱和或非饱和颗粒材料，它在介观尺度模型化为含液离散颗粒集合体；而在宏观尺度上模型化为在一个材料点处同时存在固相与饱和液相的饱和等效多孔 Cosserat 连续体元，或固相与非混溶液、气相并存的非饱和等效多孔 Cosserat 连续体元。尽管如此，孔隙流体压力对多孔连续体的效应可假定仅对总 Cauchy 应力的有效 Cauchy 应力和有效压力的定量剖分有关，而与定义于 Cosserat 连续体的偶应力无关。

非饱和颗粒材料由三个非混溶的相互关联成分、即固体颗粒、间隙液体和间隙气体组成，具有复杂和非均匀分布的介观结构。定义在宏观非饱和多孔连续体局部材料点的有效压力张量依赖于局部材料点的三个组分的介观结构。当定义基于介观水力–力学信息的有效压力张量时，应当意识到由于分布在非饱和颗粒介质中材料介观结构的非均质性所导致的它的局部特征。有鉴于此，将以由一个参考颗粒及其周边直接相邻颗粒组成的一小簇颗粒和分散在参考颗粒和其各直接相邻颗粒之间的间隙流体分布构造非饱和颗粒材料介观结构模型。为此，本章将把基于 Voronoi 胞元概念（Oda and Iwashita, 1999; Walsh et al., 2007）为“干”颗粒材料发展的 Voronoi 胞元模型（Li et al., 2013）拓展到在孔隙空间包含间隙流体的饱和与非饱和颗粒材料。

本章前两节中饱和与非饱和颗粒材料的介观结构将由一个参考颗粒与其直接相邻颗粒以及其间的间隙流体组成的两相或三相 Voronoi 胞元模型描述。它可以从材料介观结构视角描述围绕参考颗粒的宏观多孔多相连续体局部材料点处的孔隙度、液相和气相饱和度、表征固体骨架力学特性的参考颗粒与其直接相邻颗粒接触拓扑和接触状态等。基于均匀化理论，含液 Voronoi 胞元模型也同时被模型化为一个饱和或部分饱和等效多孔 Cosserat 连续体元。遵循 Hill 定理和 Hill-Mandel 能量条件（Hill, 1963; Qu, 2006; Li et al., 2010b）以及颗粒介质的虚功原理（Chang and Kuhn, 2005），定义在该胞元的多孔连续体模型的状态变量和本构关系将可与含液 Voronoi 胞元的离散颗粒运动学和水静力学量相关联并上传到宏观尺度。由非饱和 Voronoi 胞元模型导出的有效压力张量依赖于胞元内液桥系统的几何特征。液桥结构的构形随孔隙液体的饱和度增长从摆动状态演化到索状和毛细状态，直至浸渍状态。13.2 节和 13.3 节将具体考虑在低饱和度下间隙液体以在每两个直接相邻颗粒间双联（binary bond）模式（图 13.1(a) 和 (b)）存在和以摆动（pendular）构形液桥为特征的介观水力–力学模型（El Shamy and Groger, 2008）；并对以双联液桥模式存在的非连续间隙液体及其间间隙气体的非饱和等效多孔连续体推导有效压力张量。

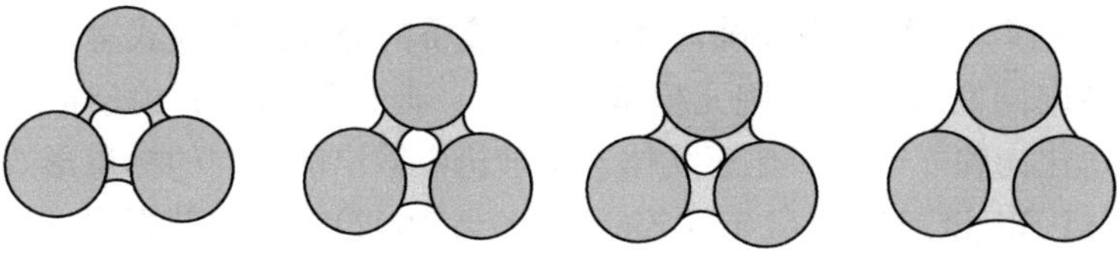

(a)　(b)　(c)　(d)

图 13.1　随间隙液体局部饱和度增长液桥结构从摆动状态演化到索状和毛细状态的示意图

13.2 节中介绍的非饱和 Voronoi 胞元模型仅包含低饱和度含液颗粒材料介观局部点的最基本介观结构，它不足以表征含液颗粒材料宏观尺度局部材料点处的复杂介观结构。作为能代表高度非均质颗粒材料宏观局部点介观结构的表征元需要由一定数量具有不同尺寸的离散颗粒以随机方式排列、其间充满具有一定湿相介观结构的非混溶两相间隙流体而构成的非饱和颗粒材料代表体元表征。基于 13.2 节中建立的三相非饱和 Voronoi 胞元模型，13.3 节将对包含一系列固体颗粒及孔隙液体和气体的具有一定介观结构的非饱和颗粒材料表征元建立三相模型（Zhang et al., 2022）。

事实上，液桥构形将随着间隙液体局部饱和度的增长由如图 13.1(a) 和 (b) 所示的摆动（pendular）状态向如图 13.1(c) 所示的索状（funicular）状态演变，直至如图 13.1(d) 所示局部孔隙空间完全由孔隙液体充满的毛细（capillary）状态。以索状状态存在的间隙液体的构形特征是存在于三个直接相邻颗粒间的连续而尚未充满局部孔隙的液相。索状液桥是从摆动状态到毛细状态之间在相当大液体饱和度范围内普遍存在的三联液桥构形模式。双联与三联模式液桥分别代表了具有不同介观结构的液桥（Urso et al., 1999; 2002）。尽管如此，本章在讨论基于介观水力–力学信息的非饱和多孔连续体中有效应力和有效压力时，将仅限于考虑低液相饱和度下由摆动构形表征的双联模式液桥介观结构。

本章将基于颗粒材料的均匀化过程定义基于介观水力–力学信息的饱和与非饱和多孔连续体广义有效 Cauchy 应力和有效压力。第一部分将首先利用介宏观尺度均匀化过程推导饱和多孔连续体的经典（Terzaghi, 1936）Cauchy 有效应力。进一步，计及由饱和孔隙液体压力引起的固体颗粒体积变形，导出饱和多孔连续体的广义有效 Cauchy 应力，获得与之相关联的基于介观水力–力学信息的 Biot 系数；并比较和讨论它们与由饱和多孔连续体广义 Biot 理论（Zienkiewicz and Shiomi, 1984）得到的广义 Cauchy 有效应力和 Biot 系数之间的不同。

第二部分基于非饱和颗粒材料介观水力–力学信息推导非饱和多孔连续体的各向异性有效压力张量和相应的有效 Cauchy 应力张量（李锡夔等，2023）。为此目的，在 13.2 节中首先对低饱和颗粒材料（间隙液体饱和度低于约 30%）引入由三个相互作用的非混溶相组成的具有固体颗粒、间隙液体和气体介观结构的 Voronoi 胞元模型。模型中间隙液体以双联液桥的介观结构模式呈现。在具有介观结构的各向同性 Voronoi 胞元模型情况下，基于介观水力–力学信息的有效压力张量将退化为和非饱和多孔连续体宏观理论中给出的相同的标量形式有效压力（Bishop and Blight, 1963; Li and Zienkiewicz, 1992）。13.2 节表明，基于介观水力–力学信息，我们可以无需指定宏观唯象水力–力学本构关系而导出作为依赖于饱和度、孔隙度和介观结构参数的函数的 Bishop 参数。然后，基于在 13.2 节中建立的非饱和颗粒 Voronoi 胞元模型，在 13.3 节中建立了由非饱和颗粒 Voronoi 胞元模型组成、能反映非饱和颗粒材料复杂介观结构的表征元模型，导出基于表征元介观结构和响应的有效应力张量和有效压力张量。

13.1　基于介观水力–力学信息的饱和多孔连续体有效应力与广义有效应力

13.1.1　饱和多孔连续体的有效应力

图 13.2 表示饱和多孔连续体的二维饱和 Voronoi 胞元模型。它由一簇具有单位厚度的圆盘和充满在它们间隙中的液体组成。上述描述也可概念性地扩展为

由一簇浸透孔隙液体的球体组成的三维饱和 Voronoi 胞元模型。定义 Voronoi 胞元边界内颗粒为参考颗粒。以 m 表示半径为 r、体积为 $V_{\rm s}$ 的参考颗粒的直接接触颗粒数，表示 $V_{\rm cell}$ 定义于参考颗粒处的 Voronoi 胞元体积。以 $\bar{\phi}$ 表示 Voronoi 胞元的平均孔隙度，Voronoi 胞元内的孔隙体积 $V_{\rm v}$、则孔隙液体体积 $V_{\rm l}(=V_{\rm v})$ 可表示 $V_{\rm l}=V_{\rm cell}-V_{\rm s}=\bar{\phi}V_{\rm cell}$ 为。而 $V_{\rm s}$ 可表示为 $V_{\rm s}=(1-\bar{\phi})V_{\rm cell}$。

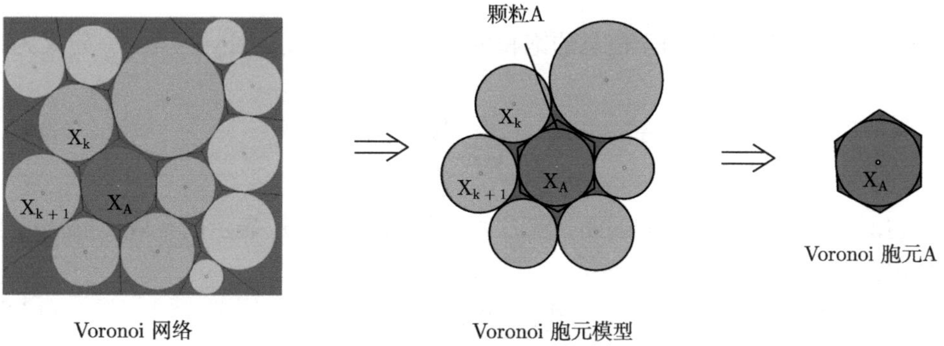

图 13.2 饱和多孔连续体的二维饱和 Voronoi 胞元模型示意图

基于由饱和离散颗粒集合体到饱和多孔连续体的介–宏观均匀化，定义于 Voronoi 胞元的饱和多孔连续体的平均总 Cauchy 应力 $\bar{\sigma}_{ji}$ 可表示为

$$\bar{\sigma}_{ji}=\frac{1}{V_{\rm cell}}\int_{V_{\rm cell}}\sigma_{ji}{\rm d}V=\frac{1}{V_{\rm cell}}\left[\int_{V_{\rm s}}\sigma_{ji}{\rm d}V_{\rm s}-\int_{V_{\rm l}}p_{\rm l}\delta_{ji}{\rm d}V_{\rm l}\right] \tag{13.1}$$

式中，σ_{ji} 是施加于体积为 $V_{\rm s}$ 的固体颗粒内任一物质点的 Cauchy 应力；$p_{\rm l}$ 是体积为 $V_{\rm l}$ 的孔隙液体中各点孔隙液体压力，定义压为正。假定 $V_{\rm l}$ 中 $p_{\rm l}$ 为常数，式 (13.1) 可简化为

$$\bar{\sigma}_{ji}=\frac{1}{V_{\rm cell}}\int_{V_{\rm cell}}\sigma_{ji}{\rm d}V=\frac{1}{V_{\rm cell}}\left[\int_{V_{\rm s}}\sigma_{ji}{\rm d}V-V_{\rm l}p_{\rm l}\delta_{ji}\right] \tag{13.2}$$

式 (13.2) 第二个等号右端第一项描述作用于参考颗粒的颗粒间接触力和颗粒表面孔隙液压对于 Voronoi 胞元总平均 Cauchy 应力 $\bar{\sigma}_{ji}$ 的贡献，利用 $V_{\rm s}=(1-\bar{\phi})V_{\rm cell}$，根据 Gauss 散度定理和平衡方程 $\sigma_{ji,j}=0$，可计算如下

$$\begin{aligned}\frac{1}{V_{\rm cell}}\int_{V_{\rm s}}\sigma_{ji}{\rm d}V_{\rm s}&=\frac{1}{V_{\rm cell}}\int_{\Gamma_{\rm s}}t_i x_j{\rm d}\Gamma_{\rm s}=\frac{1}{V_{\rm cell}}\sum_{c=1}^{m}f_i^c x_j^c-\frac{1}{V_{\rm cell}}\int_{\Gamma_{\rm s}}(p_{\rm l}n_i)x_j{\rm d}\Gamma_{\rm s}\\&=\frac{r}{V_{\rm cell}}\sum_{c=1}^{m}f_i^c n_j^c-\frac{p_{\rm l}}{V_{\rm cell}}\int_{V_{\rm s}}\frac{\partial_{x_j}}{\partial_{x_i}}{\rm d}V_{\rm s}=\frac{r}{V_{\rm cell}}\sum_{c=1}^{m}f_i^c n_j^c-(1-\bar{\phi})p_{\rm l}\delta_{ji}\end{aligned} \tag{13.3}$$

式中，Γ_{s} 是 Voronoi 胞元内参考颗粒表面积，t_i 是作用于颗粒表面 x_j 处的表面力，n_j 为该处颗粒表面单位外法线方向。表面力 t_i 包含作用于该处的颗粒间接触力 $f_i^c(c=1\sim m)$ 和分布液压 p_1。将式 (13.3) 代入式 (13.2) 得到

$$\bar{\sigma}_{ji}=\frac{r}{V_{\text{cell}}}\sum_{c=1}^{m}f_i^c n_j^c-p_1\delta_{ji}=\bar{\sigma}'_{ji}-p_1\delta_{ji} \tag{13.4}$$

式中，基于介观水力–力学信息的饱和多孔连续体有效 Cauchy 应力 $\bar{\sigma}'_{ji}$ 定义为

$$\bar{\sigma}'_{ji}=\frac{r}{V_{\text{cell}}}\sum_{c=1}^{m}f_i^c n_j^c \tag{13.5}$$

式 (13.4) 可改写为用总 Cauchy 应力 $\bar{\sigma}_{ji}$ 和孔隙液压 p_1 表示的有效 Cauchy 应力 $\bar{\sigma}'_{ji}$，即

$$\bar{\sigma}'_{ji}=\bar{\sigma}_{ji}+p_1\delta_{ji} \tag{13.6}$$

它再现了 Terzaghi（1936）提出的经典的有效 Cauchy 应力定义。式 (13.5) 表示，在宏观多孔连续体中定义为控制一个材料点处固体骨架力学行为的有效应力由该处局部离散颗粒系统的介观结构和力链强度表征。式 (13.6) 表明饱和多孔介质中孔隙液体压力效应的各向同性。

13.1.2 饱和多孔连续体的广义有效应力

利用式 (13.5)，略去接触颗粒间的耗散摩擦效应，由模型化为多孔 Cosserat 连续体的 Voronoi 胞元导出基于介观力学的本构关系为（Li et al., 2013）

$$\bar{\sigma}'_{ji}=D_{jilk}^{\sigma\varepsilon}\bar{\varepsilon}_{lk}+D_{jil}^{\sigma\kappa}\bar{\kappa}_l \tag{13.7}$$

式中，$\bar{\varepsilon}_{lk}=\bar{u}_{k,l}+e_{mkl}\bar{\omega}_m$。$\bar{\varepsilon}_{lk},\bar{u}_{k,l},\bar{\omega}_m,\bar{\kappa}_l$ 是由 Voronoi 胞元模型定义的等效多孔 Cosserat 连续体元的应变、线位移空间梯度、微转角、微曲率。式 (13.7) 中弹性模量张量为

$$D_{jilk}^{\sigma\varepsilon}=\frac{r}{V_{\text{cell}}}\sum_{c=1}^{m}h(u_n^c)([k_{\mathrm{s}}^c(r+r_B^c)+k_{\mathrm{r}}^c(r-r_B^c)]t_i^c n_j^c t_k^c n_l^c+k_{\mathrm{n}}^c(r+r_B^c)n_i^c n_j^c n_k^c n_l^c) \tag{13.8}$$

$$D_{jil}^{\sigma\kappa}=\frac{r}{V_{\text{cell}}}\sum_{c=1}^{m}h(u_n^c)(k_{\mathrm{s}}^c-k_{\mathrm{r}}^c)r_{\mathrm{B}}^c(r+r_{\mathrm{B}}^c)t_i^c n_j^c n_l^c \tag{13.9}$$

式中，u_n^c 是参考颗粒与其第 c 个直接相邻颗粒 B 的当前重叠量，$h(u_n^c)$ 是依赖 u_n^c 于的 Heaviside 单位函数，体现了颗粒接触的丧失和产生及其随时间的演变。

r_{B}^c $(c=1\sim m)$ 是第 c 个直接相邻颗粒 B 的半径。$k_{\mathrm{s}},k_{\mathrm{r}},k_{\mathrm{n}}$ 分别是两接触颗粒间相应于切向滑动、滚动摩擦力与法向接触力的刚度系数。t_i^c $(i=1,2,3),n_j^c$ $(j=1,2,3)$ 代表参考颗粒在接触点 c $(c=1\sim m)$ 处 Voronoi 胞元边界的单位切向量和法向量。由式 (13.5)~ 式 (13.7) 描述的饱和多孔连续体的有效应力 $\bar{\sigma}_{ji}'$ 基于所考虑颗粒系统中每个颗粒为刚性。

当计及单个颗粒在静水压力下的可压缩性，假定作用于颗粒的孔隙液体压力引起的颗粒的体积应变为弹性。颗粒在静水压力率 $\dot{p}_1$ 下的各向同性体积应变率 $\dot{\varepsilon}_{\mathrm{v}}$ 可表示为

$$\dot{\varepsilon}_{\mathrm{v}}=\frac{\dot{p}_1}{K_{\mathrm{s}}}=\frac{3(1-2\nu_{\mathrm{s}})}{E_{\mathrm{s}}}\dot{p}_1=3b\dot{p}_1 \tag{13.10}$$

式中，定义 $\varepsilon_{\mathrm{v}},p_1$ 压为正；$K_{\mathrm{s}},E_{\mathrm{s}},\nu_{\mathrm{s}}$, 是单个颗粒的材料体积模量、杨氏弹性模量和泊松比；$b=(1-2\nu_{\mathrm{s}})/E_{\mathrm{s}}$。静水 p_1 压力作用下参考半径为 r_0 的颗粒的当前半径 r 可给出（Kytomaa et al., 1997) 为

$$r=r_0(1-bp_1)=r_0\eta\leqslant r_0 \tag{13.11}$$

式中所描述的参考颗粒半径对 p_1 的依赖性对于 Voronoi 胞元模型中位于参考颗粒周边、颗粒半径为 r_{B}^c $(c=1\sim m)$ 的直接相邻颗粒也成立。式 (13.11) 中定义了

$$\eta=1-bp_1=1-\frac{1}{3}\varepsilon_{\mathrm{v}} \tag{13.12}$$

r_0 定义为在参考孔隙液体压力 p_{10} 下的颗粒半径，单个颗粒仅能受压，即 $\varepsilon_{\mathrm{v}}\geqslant 0$。由式 (13.10) 所定义的 ε_{v} 可知 $\eta\leqslant 1$，并且 $\eta\approx 1$。为简化表述本章假定 $p_{10}=0$。

考虑由静水压力引起之颗粒体积应变对基于介观力学的本构关系的影响，由式 (13.7) 定义的有效应力 $\bar{\sigma}_{ji}'$ 的变化率 $\dot{\bar{\sigma}}_{ji}'$ 不仅依赖于应变变化率 $\dot{\bar{\varepsilon}}_{lk}$,$\dot{\bar{\kappa}}_l$，同时也与静水压力变化率 $\dot{p}_1$ 引起的颗粒半径变化所导致的弹性模量张量 $D_{jilk}^{\sigma\epsilon},D_{jil}^{\sigma\kappa}$ 的变化相关。审视式 (13.8) 和式 (13.9)，可以表示 $\dot{\bar{\sigma}}_{ji}'$ 如下

$$\begin{aligned}\dot{\bar{\sigma}}_{ji}'=D_{jilk}^{\sigma\varepsilon 0}\dot{\bar{\varepsilon}}_{lk}+D_{jil}^{\sigma\kappa 0}\dot{\bar{\kappa}}_l-\Bigg(\bigg(&\frac{\partial D_{jilk}^{\sigma\varepsilon}}{\partial r}\frac{\partial r}{\partial p_1}+\frac{\partial D_{jilk}^{\sigma\varepsilon}}{\partial r_{\mathrm{B}}^c}\frac{\partial r_{\mathrm{B}}^c}{\partial p_1}+\frac{\partial D_{jilk}^{\sigma\varepsilon}}{\partial V_{\mathrm{cell}}}\frac{\partial V_{\mathrm{cell}}}{\partial p_1}\bigg)\bar{\varepsilon}_{lk}\\&+\bigg(\frac{\partial D_{jil}^{\sigma\kappa}}{\partial r}\frac{\partial r}{\partial p_1}+\frac{\partial D_{jil}^{\sigma\kappa}}{\partial r_{\mathrm{B}}^c}\frac{\partial r_{\mathrm{B}}^c}{\partial p_1}+\frac{\partial D_{jil}^{\sigma\kappa}}{\partial V_{\mathrm{cell}}}\frac{\partial V_{\mathrm{cell}}}{\partial p_1}\bigg)\bar{\kappa}_l\Bigg)\dot{p}_1\end{aligned} \tag{13.13}$$

式中，$D_{jilk}^{\sigma\varepsilon 0}=D_{jilk}^{\sigma\varepsilon 0}\mid_{p_1=p_{10}}$，$D_{jil}^{\sigma\kappa 0}=D_{jil}^{\sigma\kappa}\mid_{p_1=p_{10}}$ 由式 (13.11) 可计算

$$\frac{\partial r}{\partial p_1}=-\frac{rb}{\eta},\quad \frac{\partial r_{\mathrm{B}}^c}{\partial p_1}=-\frac{r_{\mathrm{B}}^c b}{\eta} \tag{13.14}$$

根据 Voronoi 胞元体积 V_{cell} 和 Voronoi 胞元中参考颗粒体积 V_{s} 之间的关系式 $V_{\text{s}}=(1-\bar{\phi})V_{\text{cell}}$ 和式 (13.10)，略去 p_1 对于孔隙 $\bar{\phi}$ 的影响，可以得到

$$\frac{\partial V_{\text{cell}}}{\partial p_1}=\frac{1}{1-\bar{\phi}}\frac{\partial V_{\text{s}}}{\partial p_1}=\frac{1}{1-\bar{\phi}}V_{\text{s}}\frac{1}{K_{\text{s}}}=V_{\text{cell}}\frac{1}{K_{\text{s}}} \tag{13.15}$$

利用式 (13.8) 和式 (13.14)、式 (13.10)，可计算得到

$$\frac{\partial D_{jilk}^{\sigma\varepsilon}}{\partial r}\frac{\partial_r}{\partial p_1}+\frac{\partial D_{jilk}^{\sigma\varepsilon}}{\partial r_{\text{B}}^c}\frac{\partial r_{\text{B}}^c}{\partial p_1}=-\frac{2b}{\eta}D_{jilk}^{\sigma\varepsilon}=-\frac{2}{3K_{\text{s}}\eta}D_{jilk}^{\sigma\varepsilon} \tag{13.16}$$

利用式 (13.8) 和式 (13.15)，并注意到由 $\dot{\varepsilon}_{lk}$ 计算的体积应变率是拉为正，可得到

$$\frac{\partial D_{jilk}^{\sigma\varepsilon}}{\partial V_{\text{cell}}}\frac{\partial V_{\text{cell}}}{\partial p_1}=\frac{1}{K_{\text{s}}}D_{jilk}^{\sigma\varepsilon} \tag{13.17}$$

由类似的推导可得到

$$\frac{\partial D_{jil}^{\sigma\kappa}}{\partial r}\frac{\partial r}{\partial p_1}+\frac{\partial D_{jil}^{\sigma\kappa}}{\partial r_{\text{B}}^c}\frac{\partial r_{\text{B}}^c}{\partial p_1}=-\frac{1}{K_{\text{s}}\eta}D_{jil}^{\sigma\kappa},\quad \frac{\partial D_{jil}^{\sigma\kappa}}{\partial V_{\text{cell}}}\frac{\partial V_{\text{cell}}}{\partial p_1}=\frac{1}{K_{\text{s}}}D_{jil}^{\sigma\kappa} \tag{13.18}$$

将式 (13.16)～式 (13.18) 代入式 (13.13) 可得到

$$\dot{\sigma}'_{ji}=D_{jilk}^{\sigma\varepsilon0}\dot{\bar{\varepsilon}}_{lk}+D_{jil}^{\sigma\kappa0}\dot{\bar{\kappa}}_l-\left(\gamma_\varepsilon D_{jilk}^{\sigma\varepsilon}\bar{\varepsilon}_{lk}+\gamma_\kappa D_{jil}^{\sigma\kappa}\bar{\kappa}_l\right)\dot{p}_1 \tag{13.19}$$

式中

$$\gamma_\varepsilon=\frac{1}{K_{\text{s}}}\left(1-\frac{2}{3\eta}\right),\quad \gamma_\kappa=\frac{1}{K_{\text{s}}}\left(1-\frac{1}{\eta}\right) \tag{13.20}$$

定义 α_{ji} 和 β_{ji} 如下

$$\alpha_{ji}=\delta_{ji}+\gamma_\varepsilon D_{jilk}^{\sigma\varepsilon}\bar{\varepsilon}_{lk} \tag{13.21}$$

$$\beta_{ji}=\delta_{ji}+\gamma_\kappa D_{jil}^{\sigma\kappa}\bar{\kappa}_l \tag{13.22}$$

并定义与模型化为 Cosserat 连续体的固体骨架应变度量速率 $\dot{\bar{\varepsilon}}_{lk},\dot{\bar{\kappa}}_l$ 相关联的广义有效应力速率

$$\dot{\bar{\sigma}}''_{ji}=D_{jilk}^{\sigma\varepsilon0}\dot{\bar{\varepsilon}}_{lk}+D_{jil}^{\sigma\kappa0}\dot{\bar{\kappa}}_l \tag{13.23}$$

把式 (13.21)～式 (13.23) 代入式 (13.19) 得到

$$\dot{\bar{\sigma}}'_{ji}=\dot{\bar{\sigma}}''_{ji}+(2\delta_{ji}-\alpha_{ji}-\beta_{ji})\dot{\bar{p}}_1 \tag{13.24}$$

注意到由式 (13.6) 所定义的率形式有效应力

$$\dot{\bar{\sigma}}'_{ji}=\dot{\bar{\sigma}}_{ji}+\dot{\bar{\rho}}_1\delta_{ji} \tag{13.25}$$

利用式 (13.24) 和式 (13.25)，可得到广义有效应力率与总 Cauchy 应力率之间关系

$$\dot{\sigma}''_{ji} = \dot{\sigma}_{ji} + \dot{p}_1(\alpha_{ji} + \beta_{ji} - \delta_{ji}) \tag{13.26}$$

实验结果表明孔隙液压率 $\dot{p}_1$ 仅导致各向同性体积应变率（Zienkiewicz and Shiomi, 1984），它对总 Cauchy 应力率和广义有效应力率的效应可考虑为各向同性。因而表示 α_{ji}，β_{ji} 如下

$$\alpha_{ji} = \alpha\delta_{ji}, \quad \beta_{ji} = \beta\delta_{ji} \tag{13.27}$$

注意到式 (13.9) 所示弹性模量张量 $D^{\sigma\kappa}_{jil}$ 的结构，可知 $\delta_{ji}D^{\sigma\kappa}_{jil} = D^{\sigma\kappa}_{iil} = 0$。式 (13.22) 两边前乘 δ_{ji} 可得

$$\delta_{ji}\beta_{ji} = \delta_{ji}\delta_{ji} + \gamma_\kappa\delta_{ji}D^{\sigma\kappa}_{jil}\bar{\kappa}_1 = \delta_{ji}\delta_{ji} \tag{13.28}$$

利用式 (13.27) 中第二式可给出

$$\beta = 1, \quad \beta_{ji} = \delta_{ji} \tag{13.29}$$

将式 (13.29) 代入式 (13.24) 和式 (13.26) 得到

$$\dot{\sigma}'_{ji} = \dot{\sigma}''_{ji} + (\delta_{ji} - \alpha_{ji})\dot{p}_1, \quad \dot{\sigma}''_{ji} = \dot{\sigma}_{ji} + \dot{p}_1\alpha_{ji} \tag{13.30}$$

如式 (13.21) 所示，基于介观信息的 Biot 系数是一个二阶张量。一般地，由式 (13.30) 中第二式表示的它对广义有效应力张量的效应为各向异性，甚至影响广义有效应力张量的剪切分量。

审视式 (13.21) 以及式 (13.8) 所示 $D^{\sigma\varepsilon}_{jilk}$ 和式 (13.20) 中第一式所示 γ_ε，可以看到 Biot 系数以及式 (13.30) 中的广义有效应力不仅依赖于局部介观结构材料参数，如颗粒半径、颗粒间接触刚度系数、颗粒体积模量以及由 $D^{\sigma\varepsilon}_{jilk}$ 表征的介观结构参数，同时还与由 p_1 导致的颗粒体积应变 ε_{v} 和作用于 Voronoi 胞元的应变 $\bar{\varepsilon}_{lk}$ 等状态变量相关。

为将本章中提出的如式 (13.21) 所示基于介观水力–力学信息张量 Biot 系数 α_{ji} 和宏观饱和多孔连续体中导出的标量 Biot 系数 α（Zienkiewicz and Shiomi, 1984）做比较, 我们需要考虑 α_{ji} 的标量形式，为此假定为 α_{ji} 一个二阶对角线张量 $\alpha_{ji} = \alpha\delta_{ji}$。式 (13.21) 两边乘 δ_{ji} 得到

$$\delta_{ji}\alpha_{ji} = \delta_{ji}\delta_{ji} + \gamma_\varepsilon\delta_{ji}D^{\sigma\varepsilon}_{jilk}\bar{\varepsilon}_{lk} \tag{13.31}$$

由于 $\delta_{ji}D^{\sigma\kappa 0}_{jil} = D^{\sigma\kappa 0}_{iil} = 0$ 并假定体积应力–应变关系为线弹性，由式 (13.23) 可得到

$$\delta_{ji}D^{\sigma\varepsilon 0}_{jilk}\bar{\varepsilon}_{lk} = \delta_{ji}\bar{\sigma}''_{ji} = \bar{\sigma}''_{ii} = 3\bar{\sigma}''_{\mathrm{m}} \tag{13.32}$$

式中，$\bar{\sigma}''_{\mathrm{m}}$ 和 $\bar{\sigma}''_{ii}$ 分别表示与饱和多孔连续体元体积应变相关联的平均广义有效应力和平均广义有效应力张量的迹 $\bar{\sigma}''_{ii} = \mathrm{tr}(\bar{\sigma}''_{ji})$。另一方面，多孔连续体元的体积应变张量 $\delta_{lk}\bar{\varepsilon}_{\mathrm{m}}$ 可表示为

$$\delta_{lk}\bar{\varepsilon}_{\mathrm{m}} = \delta_{lk}\frac{1}{3}\delta_{rs}\bar{\varepsilon}_{rs} \tag{13.33}$$

利用式 (13.33)，式 (13.32) 可进一步演绎并得到

$$\delta_{ji}D^{\sigma\varepsilon 0}_{jilk}\bar{\varepsilon}_{lk} = 3\bar{\sigma}''_{\mathrm{m}} = \delta_{ji}D^{\sigma\varepsilon 0}_{jilk}\delta_{lk}\bar{\varepsilon}_{\mathrm{m}} = \delta_{ji}D^{\sigma\varepsilon 0}_{jilk}\delta_{lk}\left(\frac{1}{3}\delta_{rs}\bar{\varepsilon}_{rs}\right) \tag{13.34}$$

利用 $\alpha_{ji} = \alpha\delta_{ji}$ 和式 (13.20) 中第一式，将式 (13.34) 代入式 (13.31) 得到

$$3\alpha = 3 + \frac{1}{K_{\mathrm{s}}}\left(1 - \frac{2}{3\eta}\right)\delta_{ji}D^{\sigma\varepsilon 0}_{jilk}\delta_{lk}\left(\frac{1}{3}\delta_{rs}\bar{\varepsilon}_{rs}\right) \tag{13.35}$$

定义饱和多孔连续体元固体骨架体积模量

$$K_{\mathrm{T}} = \frac{1}{9}\delta_{ji}D^{\sigma\varepsilon 0}_{jilk}\delta_{lk} \tag{13.36}$$

一般地，饱和多孔介质固体骨架承受压缩体积应变，即 $\bar{\varepsilon}_{ii} \leqslant 0$。改 $\bar{\varepsilon}_{ii} = -\mid\bar{\varepsilon}_{ii}\mid \leqslant 0$，$\mid\bar{\varepsilon}_{ii}\mid$ 表示 $\bar{\varepsilon}_{ii}$ 的绝对值，并利用 $\alpha_{ji} = \alpha\delta_{ji}$ 和式 (13.12)，可由式 (13.30) 得到基于介观水力–力学模型的广义有效应力张量率 $\dot{\sigma}''_{ji}$ 的表达式及它与饱和多孔介质经典有效应力张量率 $\dot{\sigma}''_{ji}$ 之间的关系式如下

$$\dot{\sigma}''_{ji} = \dot{\sigma}_{ji} + \alpha\dot{p}_1\delta_{ji} \tag{13.37}$$

$$\dot{\sigma}'_{ji} = \dot{\sigma}''_{ji} + (1-\alpha)\dot{p}_1\delta_{ji} \tag{13.38}$$

式中，基于介观水力–力学模型的标量 Biot 系数定义为

$$\alpha = 1 + \left(1 - \frac{2}{3\eta}\right)\bar{\varepsilon}_{ii}\frac{K_{\mathrm{T}}}{K_{\mathrm{s}}} = 1 - \frac{1-\varepsilon_{\mathrm{v}}}{3-\varepsilon_{\mathrm{v}}}\mid\bar{\varepsilon}_{ii}\mid\frac{K_{\mathrm{T}}}{K_{\mathrm{s}}} = 1 - \xi\frac{K_{\mathrm{T}}}{K_{\mathrm{s}}} \tag{13.39}$$

式中

$$\xi = \frac{1-\varepsilon_{\mathrm{v}}}{3-\varepsilon_{\mathrm{v}}}\mid\bar{\varepsilon}_{ii}\mid < \mid\bar{\varepsilon}_{ii}\mid \ll 1 \tag{13.40}$$

值得指出，式 (13.37) 与在饱和多孔连续体途径中获得的广义有效应力率（Zienkiewicz and Shiomi, 1984; Zienkiewicz et al., 1999）具有类似的形式。然而，由 Zienkiewicz and Shiomi（1984）定义的 Biot 系数 α 是一个常系数

$$\alpha = 1 - \frac{K_{\mathrm{T}}}{K_{\mathrm{s}}} \tag{13.41}$$

而在式 (13.39) 中引入的由式 (13.39) 和式 (13.40) 所定义的 Biot 系数 α 是一个不仅依赖于材料参数 K_{T},K_{s}，同时也依赖当前状态变量 $|\bar{\varepsilon_{ii}}|$ 和 ε_{v}（即当前时刻的固体骨架体积应变和颗粒因孔隙液压而产生的体积应变）的变系数。可以注意到，按式 (13.39) 计算的 Biot 系数要远比由式 (13.41) 得到的 Biot 系数接近于 1。当单个颗粒的平均体积模量远 K_{s} 大于 ξK_{T}，即 $\xi K_{\mathrm{T}} \ll K_{\mathrm{S}}$，因孔隙液体压引起的颗粒体积应变对广义有效应力的影响可略去。将由式 (13.37) 和式 (13.38) 得到广义有效应力率 $\dot{\sigma}''_{ji}$ 退化为经典有效应力率 $\dot{\sigma}'_{ji}$, 即

$$\dot{\sigma}''_{ji} \cong \dot{\sigma}'_{ji} = \dot{\sigma}_{ji} + \dot{p}_{\mathrm{l}}\delta_{ji} \tag{13.42}$$

13.2 基于介观水力–力学信息的非饱和多孔连续体有效应力与有效压力

Bishop（1959）, Skempton（1960）, Bishop and Blight（1963）, Coussy（1995）, Zienkiewicz et al.（1999）, Gray and Schrefler（2007）等在多孔连续体理论框架内把由式 (13.6) 所表示的饱和多孔介质 Biot 有效应力概念推广到非饱和多孔介质情况。考虑到非饱和多孔介质中孔隙气体（或其他干相孔隙流体（如孔隙油等））的存在，孔隙流体压力定义为如下所示孔隙液体压力 p_{l} 和孔隙气体压力 p_{g} 的加权平均（Bishop, 1959; Skempton, 1960; Li and Zienkiewicz, 1992; Zienkiewicz et al., 1999）

$$p = \chi p_{\mathrm{l}} + (1-\chi)p_{\mathrm{g}} \tag{13.43}$$

即对饱和多孔介质定义的 Biot 有效应力修改为如下对非饱和多孔介质定义的广义 Biot 有效应力

$$\sigma'_{ji} = \sigma_{ji} + P_{ji} = (\sigma_{ji} + p_{\mathrm{g}}\delta_{ji}) - (p_{\mathrm{g}} - p_{\mathrm{l}})\chi\delta_{ji} = (\sigma_{ji} + p_{\mathrm{g}}\delta_{ji}) + Q_{ji} \tag{13.44}$$

式中，依赖于饱和度 S_{l} 的加权参数 χ 称为 Bishop 参数，P_{ji} 和 Q_{ji} 分别是非饱和多孔连续体唯象理论中定义为对角线二阶张量的有效压力和基质毛细压力张量，即

$$P_{ji} = p\delta_{ji} = (\chi p_{\mathrm{l}} + (1-\chi)p_{\mathrm{g}})\delta_{ji} \tag{13.45}$$

$$Q_{ji} = -(p_{\mathrm{g}} - p_{\mathrm{l}})\chi\delta_{ji} \tag{13.46}$$

如式 (13.44) 和式 (13.45) 所示，非饱和多孔连续体模型中孔隙非混溶两相流体的有效压力 P_{ji} 对有效应力的效应被假定为各向同性，P_{ji} 是对角线张量。作用于非混溶两相流体压力 p_{l} 和 p_{g} 的被称为 Bishop 参数的加权系数是被假定为依赖于介质饱和度的标量。

细观力学研究表明（Scholtes et al., 2009），由于液桥分布、液桥力和分支向量分布通常呈各向异性，由非饱和孔隙液体引起的毛细力将导致非饱和多孔介质的诱导各向异性。非饱和多孔介质总 Cauchy 应力 σ_{ji} 可表示为

$$\sigma_{ji} = \sigma'_{ji} - P_{ji}, \quad \boldsymbol{\sigma} = \boldsymbol{\sigma}' - \boldsymbol{P} \tag{13.47}$$

式中，控制固体骨架变形的有效 Cauchy 应力 σ'_{ji} 表征了颗粒间接触力；P_{ji} 是表示非饱和多孔介质中各向异性毛细效应的二阶张量，它依赖于局部液桥介观结构、孔隙气体（干相流体）和孔隙液体（湿相流体）压力差和液桥处表面张力。本章将限于对低饱和度非饱和颗粒材料建立基于介观水力–力学信息确定广义有效应力张量 σ'_{ji} 和有效压力张量 P_{ji} 的公式。为此，将首先在“干”颗粒材料 Voronoi 胞元模型（Li et al., 2013）基础上，引入基于介观水力–力学信息的非饱和 Voronoi 胞元模型。由于本章内容仅限于确定广义有效应力张量 σ'_{ji} 和有效压力张量 P_{ji}，无需考虑非饱和颗粒材料中间隙液体的流动和质量传输，在本章模型中仅考虑以颗粒间液桥形式存在的孔隙液体，略去与固体颗粒材料亲水性相关的在液桥附着的其余颗粒表面上以液体薄膜形式存在的孔隙液体。

低饱和度非饱和颗粒材料的二维非饱和 Voronoi 胞元模型如图 13.3 所示。低饱和度情况下含液量足够小，因而在模型中重力影响可略去不计，间隙液体以直接相邻颗粒间的“摆动”(pendular) 液桥形态存在。Voronoi 胞元模型由胞元内的参考颗粒及位于 Voronoi 胞元几何边界外的它的直接相邻颗粒，以及 Voronoi 胞元内的间隙流体（包含非混溶液体和气体）组成。

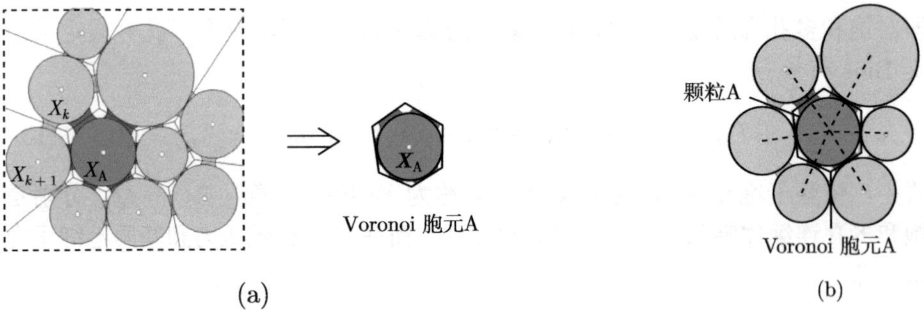

图 13.3　非饱和颗粒材料 Voronoi 胞元模型示意图
(a) 取自湿离散颗粒集合体 Voronoi 分布的一个参考 Voronoi 胞元；(b) 由参考颗粒、它的直接相邻颗粒以及参考 Voronoi 胞元内间隙液体和气体组成的参考 Voronoi 胞元模型

非饱和颗粒材料二维 Voronoi 胞元模型描述了模型化为非饱和离散颗粒系统的非饱和颗粒材料介观结构，同时也代表了在参考颗粒处定义的具有介观结构、体积为 Voronoi 胞元体积的等效非饱和多孔 Cosserat 连续体元。以 V_1^i $(i = 1 \sim m)$ 表示 Voronoi 胞元内第 i 个液桥处液体体积，V_g^i $(i = 1 \sim m)$ 表示 Voronoi 胞

元内围绕参考颗粒两个相邻液桥间的孔隙气体体积。记 Voronoi 胞元内孔隙体积 V_{v}，它被胞元内包含体积为 V_{l} 的间隙液体和体积为 V_{g} 的间隙气体的体积为 V_{f} 的非混溶两相间隙流体充填，即可表示

$$V_{\mathrm{v}} = V_{\mathrm{f}} = V_{\mathrm{l}} + V_{\mathrm{g}} \tag{13.48}$$

式中

$$V_{\mathrm{l}} = \sum_{i=1}^{m} V_{\mathrm{l}}^{i}, \quad V_{\mathrm{g}} = \sum_{i=1}^{m} V_{\mathrm{g}}^{i} \tag{13.49}$$

以 $\bar{p}_{\mathrm{l}}^{i}$ 和 $\bar{p}_{\mathrm{g}}^{i}$ 分别表示 V_{l}^{i} 和 V_{g}^{i} 中平均孔隙液压和气压，则 Voronoi 胞元内中 V_{l} 和 V_{g} 内平均孔隙液体压力和气体压力 $\bar{p}_{\mathrm{l}}$,$\bar{p}_{\mathrm{g}}$ 可定义为

$$\bar{p}_{\mathrm{l}} = \frac{1}{V_{\mathrm{l}}} \int_{V_{\mathrm{l}}} p_{\mathrm{l}} \mathrm{d}V_{\mathrm{l}} = \frac{1}{V_{\mathrm{l}}} \sum_{i=1}^{m} \bar{p}_{\mathrm{l}}^{i} V_{\mathrm{l}}^{i}, \quad \bar{p}_{\mathrm{g}} = \frac{1}{V_{\mathrm{g}}} \int_{V_{\mathrm{g}}} p_{\mathrm{g}} \mathrm{d}V_{\mathrm{g}} = \frac{1}{V_{\mathrm{g}}} \sum_{i=1}^{m} \bar{p}_{\mathrm{g}}^{i} V_{\mathrm{g}}^{i} \tag{13.50}$$

参考 Voronoi 胞元在平均意义下的总 Cauchy 应力张量 $\bar{\sigma}_{ji}$ 可定义为

$$\bar{\sigma}_{ji} = \frac{1}{V_{\mathrm{cell}}} \int_{V_{\mathrm{cell}}} \sigma_{ji} \mathrm{d}V_{\mathrm{cell}} = \frac{1}{V_{\mathrm{cell}}} \left[\int_{V_{\mathrm{s}}} \sigma_{ji} \mathrm{d}V_{\mathrm{s}} + \int_{V_{\mathrm{l}}} (-p_{\mathrm{l}}) \delta_{ji} \mathrm{d}V_{\mathrm{l}} + \int_{V_{\mathrm{g}}} (-p_{\mathrm{g}}) \delta_{ji} \mathrm{d}V_{\mathrm{g}} \right] \tag{13.51}$$

式中，V_{cell},V_{s} 分别是参考 Voronoi 胞元的总体积和固相颗粒体积；p_{l},p_{g} 分别为在 V_{l}, V_{g} 中局部点的孔隙液体压力和孔隙气体压力。利用式 (13.50)，式 (13.51) 第二个等号右端的第二和第三个积分可表示为

$$-\frac{1}{V_{\mathrm{cell}}} \int_{V_{\mathrm{l}}} p_{\mathrm{l}} \delta_{ji} \mathrm{d}V_{\mathrm{l}} = -\frac{V_{\mathrm{l}}}{V_{\mathrm{cell}}} \bar{p}_{\mathrm{l}} \delta_{ji} = -\frac{V_{\mathrm{l}}}{V_{\mathrm{v}}} \frac{V_{\mathrm{v}}}{V_{\mathrm{cell}}} \bar{p}_{\mathrm{l}} \delta_{ji} = -\bar{\phi}\, \bar{S}_{\mathrm{l}} \bar{p}_{\mathrm{l}} \delta_{ji} \tag{13.52}$$

$$-\frac{1}{V_{\mathrm{cell}}} \int_{V_{\mathrm{g}}} p_{\mathrm{g}} \delta_{ji} \mathrm{d}V_{\mathrm{g}} = -\frac{V_{\mathrm{g}}}{V_{\mathrm{cell}}} \bar{p}_{\mathrm{g}} \delta_{ji} = -\frac{V_{\mathrm{g}}}{V_{\mathrm{v}}} \frac{V_{\mathrm{v}}}{V_{\mathrm{cell}}} \bar{p}_{\mathrm{g}} \delta_{ji} = -\bar{\phi}\, \bar{S}_{\mathrm{g}} \bar{p}_{\mathrm{g}} \delta_{ji} = -\bar{\phi} (1 - \bar{S}_{\mathrm{l}}) \bar{p}_{\mathrm{g}} \delta_{ji} \tag{13.53}$$

式中，ϕ,$\bar{S}_{\mathrm{l}}$,$\bar{S}_{\mathrm{g}}$ 分别表示定义在参考颗粒形心的参考 Voronoi 胞元的孔隙度、平均孔隙液体饱和度和平均孔隙气体饱和度，并定义如下

$$\bar{\phi} = (V_{\mathrm{cell}} - V_{\mathrm{s}}) / V_{\mathrm{cell}} = V_{\mathrm{v}} / V_{\mathrm{cell}} \tag{13.54}$$

$$\bar{S}_{\mathrm{l}} = \frac{V_{\mathrm{l}}}{V_{\mathrm{v}}}, \quad \bar{S}_{\mathrm{g}} = \frac{V_{\mathrm{g}}}{V_{\mathrm{v}}}, \quad \bar{S}_{\mathrm{l}} + \bar{S}_{\mathrm{g}} = 1 \tag{13.55}$$

应用 Gauss 定理和略去重力效应的平衡条件 $\sigma_{ji,j} = 0$，式 (13.51) 第二个等号右端的第一个积分可表示为

$$\frac{1}{V_{\text{cell}}}\int_{V_{\text{s}}}\sigma_{ji}\text{d}V_{\text{s}}=\frac{1}{V_{\text{cell}}}\int_{\varGamma_{\text{s}}}t_i x_j\text{d}\varGamma_{\text{s}} \tag{13.56}$$

式中，作用于颗粒表面 $x_j(j=1,2)$ 处的表面力 $t_i(i=1,2)$ 包含作用于该处的颗粒间接触力、孔隙液体和气体压力、孔隙液相与气相界面上表面张力，如图 13.3 所示。式 (13.56) 等号右端积分可展开和计算如下

$$\begin{aligned}\frac{1}{V_{\text{cell}}}\int_{\varGamma_{\text{s}}}t_i x_j\text{d}\varGamma_{\text{s}}=&\frac{1}{V_{\text{cell}}}\sum_{k=1}^{m}f_i^k x_j^k-\frac{1}{V_{\text{cell}}}\sum_{k=1}^{m}\int_{\varGamma_{\text{s}}^{k\text{l}}}(p_{\text{l}}^k n_i^{k\text{l}})(rn_j^{k\text{l}})\text{d}\varGamma_{\text{s}}^{k\text{l}}\\&-\frac{1}{V_{\text{cell}}}\sum_{k=1}^{m}\int_{\varGamma_{\text{s}}^{k\text{g}}}(p_{\text{g}}^k n_i^{k\text{g}})(rn_j^{k\text{g}})\text{d}\varGamma_{\text{s}}^{k\text{g}}+\frac{r}{V_{\text{cell}}}\sum_{k=1}^{m}(T_i^{k1}n_j^{k\text{l}1}+T_i^{k2}n_j^{k\text{l}2})\end{aligned} \tag{13.57}$$

式中，f_i^k 是参考颗粒的第 k 个直接相邻颗粒在接触点 x_j^k 处作用于参考颗粒的颗粒间接触力，r 是参考颗粒半径，$\varGamma_{\text{s}}^{k\text{l}}$ 是 $\varGamma_{\text{s}}$ 上被参考颗粒与第 k 个直接相邻颗粒之间液桥湿化的表面段，$\varGamma_{\text{s}}^{k\text{g}}$ 是把 $\varGamma_{\text{s}}$ 上两个相邻湿化表面部分 $\varGamma_{\text{s}}^{k\text{l}}$ 和 $\varGamma_{\text{s}}^{(k+1)\text{l}}$ 分隔开的干表面部分，如图 13.4 所示。$n_i^{k\text{l}}$ 是沿连接参考颗粒形心和它的第 k 个直接相邻颗粒形心的分支向量在 $\varGamma_{\text{s}}^{k\text{l}}$ 面上的外法向单位向量，$n_n^{k\text{g}}$ 是表面段 $\varGamma_{\text{s}}^{k\text{g}}$ 上的中点处外法向单位向量，$p_{\text{l}}^k,p_{\text{g}}^k$ 分别为沿颗粒表面 $\varGamma_{\text{s}}^{k\text{l}}$ 和 $\varGamma_{\text{s}}^{k\text{g}}$ 均匀分布的孔隙液体和气体压力。$\boldsymbol{T}^{k1}$ 与 $\boldsymbol{T}^{k2}$ 是第 k 个液桥半月板液面与颗粒表面 $\varGamma_{\text{s}}^{k\text{l}}$ 两交汇处作用于颗粒的孔隙液相与气相间表面张力向量；$n_j^{k\text{l}1},n_j^{k\text{l}2}$ 是该两交汇处颗粒表面段 $\varGamma_{\text{s}}^{k\text{l}}$ 的外法向单位向量，如图 13.5 所示。式 (13.57) 中表面张力向量 $\boldsymbol{T}^{k1}$ 和 $\boldsymbol{T}^{k2}$ 可表示为

$$\boldsymbol{T}^{k1}=\gamma_k\left\{\begin{array}{c}\cos\left(\alpha_{k1}+\dfrac{\pi}{2}-\theta\right)\\\sin\left(\alpha_{k1}+\dfrac{\pi}{2}-\theta\right)\end{array}\right\},\quad \boldsymbol{T}^{k2}=\gamma_k\left\{\begin{array}{c}\cos\left(\alpha_{k2}-\dfrac{\pi}{2}+\theta\right)\\\sin\left(\alpha_{k2}-\dfrac{\pi}{2}+\theta\right)\end{array}\right\} \tag{13.58}$$

式中 α_{k1},α_{k2} 及接触角 θ 如图 13.5 中所示。基于二维双联液桥的计算模型（Soulié et al., 2006; 杜友耀和李锡夔, 2015），式 (13.58) 中的第 k 个液桥间隙液体表面张力 γ_k 可表示为

$$\gamma_k=\rho_k(p_{\text{g}}^k-p_{\text{l}}^k)=\frac{r(1-\cos\beta_k)+d_k/2}{\cos(\theta+\beta_k)}(p_{\text{g}}^k-p_{\text{l}}^k) \tag{13.59}$$

式中，p_k 是第 k 个二维液桥构形半月面的曲率半径；β_k 是参考颗粒表面上第 k 个液桥的半填充角；d_k 是参考颗粒与它的第 k 个直接相邻颗粒间的间隙（正）或重叠（负）。

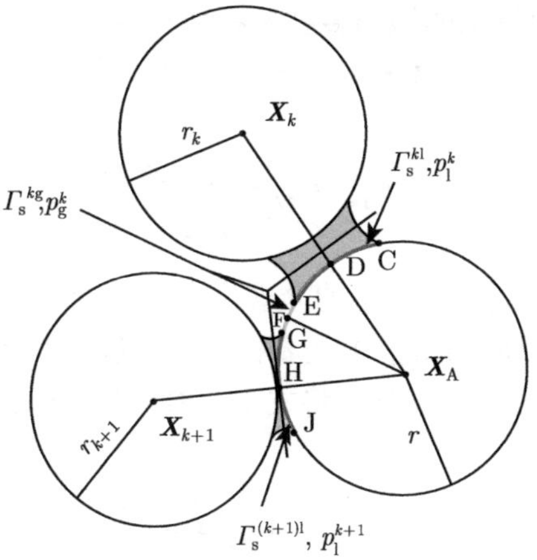

图 13.4 参考颗粒表面 Γ_s 上由一个干表面段（绿色）隔开的两个相邻湿表面段（红色）

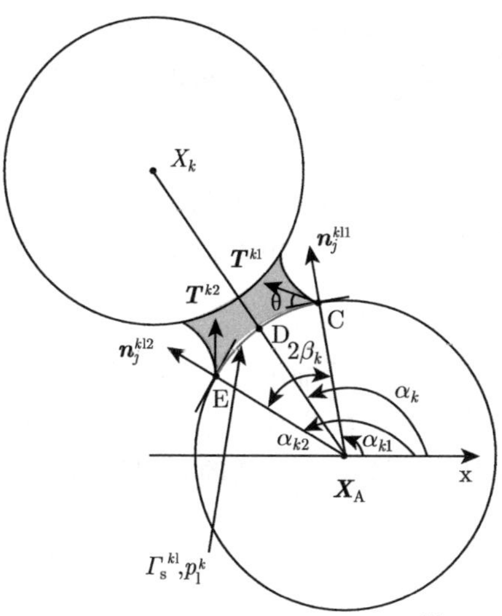

图 13.5 作用于第 k 个双联液桥半月面与参考颗粒表面段 Γ_s^{kl} 两个交汇处的孔隙液相与气相之间的表面张力向量 $\boldsymbol{T}^{k1}$ 和 $\boldsymbol{T}^{k2}$

将式 (13.52)~ 式 (13.53)，式 (13.56)~ 式 (13.57) 代入式 (13.51)，得到

$$\bar{\sigma_{ji}} = \frac{1}{V_{\text{cell}}}\sum_{k=1}^{m} f_i^k x_j^k - \frac{r}{V_{\text{cell}}}\sum_{k=1}^{m}\int_{\Gamma_s^{kl}} p_l^k n_i^{kl} n_j^{kl} \mathrm{d}\Gamma_s^{kl} - \frac{r}{V_{\text{cell}}}\sum_{k=1}^{m}\int_{\Gamma_s^{kg}} p_k^{g} n_i^{kg} n_j^{kg} \mathrm{d}\Gamma_s^{kg}$$
$$+ \frac{r}{V_{\text{cell}}}\sum_{k=1}^{m}(T_i^{k1} n_j^{kl1} + T_i^{k2} n_j^{kl2}) - \bar{\phi}\bar{S}_l\bar{p}_l\delta_{ji} - \bar{\phi}(1-\bar{S}_l)\bar{p}_g\delta_{ji} \tag{13.60}$$

与基于介观水力–力学信息的饱和多孔连续体有效 Cauchy 应力 $\bar{\sigma}'_{ji}$ 定义相同，可以定义非饱和多孔连续体有效 Cauchy 应力 $\bar{\sigma}'_{ji}$

$$\bar{\sigma}'_{ji} = \frac{1}{V_{\text{cell}}}\sum_{k=1}^{m} f_i^k x_j^k \tag{13.61}$$

它揭示了广义 Biot 有效应力 $\bar{\sigma}'_{ji}$ 的介观机理为沿接触网络传递的颗粒间接触力。式 (13.60) 表明它是总应力 $\bar{\sigma}_{ji}$ 中代表在宏观尺度控制等效连续体变形和破坏而作用于固体骨架应力的那一部分。将式 (13.61) 代入式 (13.60) 给出

$$\bar{\sigma}'_{ji} = \bar{\sigma}_{ji} + \bar{\phi}\bar{p}_{\text{g}}\delta_{ji} - \bar{\phi}\,\bar{S}_{\text{l}}(\bar{P}_{\text{g}} - \bar{p}_{\text{l}})\delta_{ji} + \frac{r}{V_{\text{cell}}}\sum_{k=1}^{m}(rp_{\text{l}}^{k}F_{ji}^{k\text{l}} + rp_{\text{g}}^{k}F_{ji}^{k\text{g}} - \gamma_k F_{ji}^{k\gamma}) \tag{13.62}$$

式中，$F_{ji}^{k\text{l}}$ 和 $F_{ji}^{k\text{g}}$ 分别为如下所示的表示 $\boldsymbol{n}^{k\text{l}}$ 和 $\boldsymbol{n}^{k\text{g}}$ 空间分布的组构张量

$$F_{ji}^{k\text{l}} = \int_{\alpha_{k1}}^{\alpha_{k2}} n_i^{k\text{l}} n_j^{k\text{l}} \text{d}\alpha_k = \frac{1}{2}\begin{bmatrix} 2\beta_k + \sin 2\beta_k \cos 2\alpha_k & \sin 2\beta_k \sin 2\alpha_k \\ \sin 2\beta_k \sin 2\alpha_k & 2\beta_k - \sin 2\beta_k \cos 2\alpha_k \end{bmatrix} \tag{13.63}$$

$$F_{ji}^{k\text{g}} = \int_{\alpha_{k1}^{\text{g}}}^{\alpha_{k2}^{\text{g}}} n^{k}\text{g}_i n_j^{k\text{g}} \text{d}\alpha_k^{\text{g}} = \frac{1}{2}\begin{bmatrix} 2\beta_k^{\text{g}} + \sin 2\beta_k^{\text{g}} \cos 2\alpha_k^{\text{g}} & \sin 2\beta_k^{\text{g}} \sin 2\alpha_k^{\text{g}} \\ \sin 2\beta_k^{\text{g}} \sin 2\alpha_k^{\text{g}} & 2\beta_k^{\text{g}} - \sin 2\beta_k^{\text{g}} \cos 2\alpha_k^{\text{g}} \end{bmatrix} \tag{13.64}$$

它们表征了第 k 个液桥所引起的毛细压力（基质吸力）为各向异性。式 (13.63) 中所示 α_k 是 x 坐标轴和连接参考颗粒形心与其第 k 个直接相邻颗粒形心的分支向量间的夹角。α_k,β_k 能由描述第 k 个液桥的介观结构的如图 13.5 所示的 α_{k1},α_{k2} 确定，即

$$\alpha_k = \frac{\alpha_{k2} + \alpha_{k1}}{2}, \quad \beta_k = \frac{\alpha_{k2} - \alpha_{k1}}{2} \tag{13.65}$$

式 (13.64) 中 α_k^{g} 和 β_k^{g} 如图 13.6 所示，它们能由描述两个相邻液桥介观结构的数据表示，即

$$\alpha_k^{\text{g}} = \frac{\alpha_{k2}^{\text{g}} + \alpha_{k1}^{\text{g}}}{2} = \frac{\alpha_{(k+1)1} + \alpha_{k2}}{2}, \quad \beta_k^{\text{g}} = \frac{\alpha_{k2}^{\text{g}} - \alpha_{k1}^{\text{g}}}{2} = \frac{\alpha_{(k+1)1} - \alpha_{k2}}{2} \tag{13.66}$$

利用式 (13.58)，式 (13.62) 中表示 k 由第个液桥中表面张力引起的各向异性组构张量 $F_{ji}^{k\gamma}$ 可表示为

$$F_{ji}^{k\gamma} = \begin{bmatrix} \sin\theta + \sin(\theta + 2\beta_k)\cos 2\alpha_k & \sin(\theta + 2\beta_k)\sin 2\alpha_k \\ \sin(\theta + 2\beta_k)\sin 2\alpha_k & \sin\theta - \sin(\theta + 2\beta_k)\cos 2\alpha_k \end{bmatrix} \tag{13.67}$$

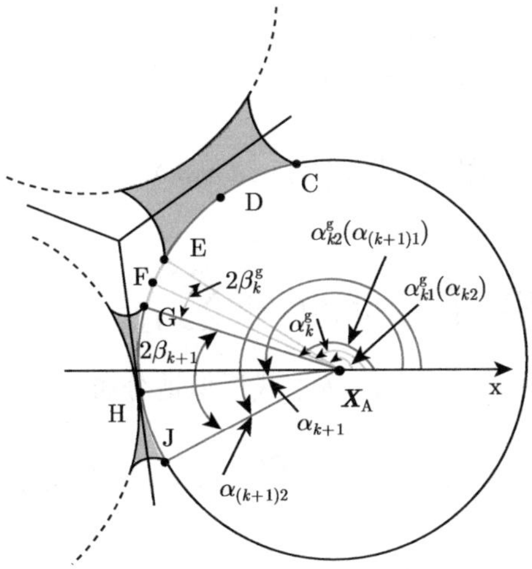

图 13.6 围绕参考颗粒两相邻液桥的取向和构形

注意到式 (13.47) 和式 (13.62) 提供了下式所定义的基于介观水力–力学信息的有效压力张量 $\bar{P}_{ji}$

$$\bar{P}_{ji} = \bar{\phi}\bar{p}\delta_{ji} - \bar{\phi}\bar{S}_{\rm l}(\bar{p}_{\rm g} - \bar{p}_{\rm l})\delta_{ji} + \frac{r}{V_{\rm cell}}\sum_{k=1}^{m}\left(rp_{\rm l}^{k}F_{ji}^{k\rm l} + rp_{\rm g}^{k}F_{ji}^{k\rm g} - \gamma_k F_{ji}^{k\gamma}\right) \quad (13.68)$$

对比式 (13.44) 所示在非饱和多孔连续体模型中所定义的有效 Cauchy 应力张量的剖分，基于式 (13.62) 所示基于介观水力–力学模型的有效 Cauchy 应力张量 $\bar{\sigma}'_{ji}$ 能以总 Cauchy 应力 $\bar{\sigma}_{ji}$ 和基于介观水力–力学信息的有效压力张量 $\bar{P}_{ji}$ 表示，也能类似地剖分为净应力张量 $(\bar{\sigma}_{ji} + \bar{p}_{\rm g}\delta_{ji})$ 和基质毛细压力张量 $\bar{Q}_{ji}$，即

$$\bar{\sigma}'_{ji} = \bar{\sigma}_{ji} + \bar{P}_{ji} = (\bar{\sigma}_{ji} + \bar{p}_{\rm g}\delta_{ji}) + \bar{Q}_{ji} \quad (13.69)$$

式中

$$\bar{Q}_{ji} = -(1-\bar{\phi})\bar{p}_{\rm g}\delta_{ji} - \bar{\phi}\,\bar{S}_{\rm l}(\bar{p}_{\rm g} - \bar{p}_{\rm l})\delta_{ji} + \frac{r}{V_{\rm cell}}\sum_{k=1}^{m}(\gamma p_{\rm l}^{k}F_{ji}^{k\rm l} + \gamma p_{\rm g}^{k}F_{ji}^{k\rm g} - \gamma_k F_{ji}^{k\gamma}) \quad (13.70)$$

但与在多孔连续体模型中定义的各向同性基质毛细压力张量 $Q_{ji} = -\chi(p_{\rm g} - p_{\rm l})\delta_{ji}$ 不同，式 (13.69) 与式 (13.70) 表示，基于介观水力–力学模型的基质毛细压力张量为各向异性。

引入表示施加于分段颗粒表面 $\Gamma_{\rm s}^{k\rm l}(k = 1 \sim m)$ 上的虚拟孔隙气压分布的系列积分 $-\dfrac{r}{V}\sum_{k=1}^{m}\int_{\Gamma_{\rm s}^{k\rm l}} p_k^{\rm g} n_i^{k\rm l} n_j^{k\rm l}{\rm d}\Gamma_{\rm s}^{k\rm l}$，式 (13.60) 改写为

$$\bar{\sigma}_{ji} = \frac{1}{V_{\text{cell}}}\sum_{k=1}^{m} f_i^k x_j^k + \frac{r}{V_{\text{cell}}}\sum_{k=1}^{m}\int_{\Gamma_{\text{s}}^{k\text{l}}}(p_{\text{g}}^k - p_{\text{l}}^k)n_i^{k\text{l}} n_j^{k\text{l}}\text{d}\Gamma_{\text{s}}^{k\text{l}} - \frac{r}{V_{\text{cell}}}\int_{\Gamma_{\text{s}}} p_g n_i n_j \text{d}\Gamma_{\text{s}}$$
$$+ \frac{r}{V_{\text{cell}}}\sum_{k=1}^{m}(T_i^{k1} n_j^{k\text{l}1} + T_i^{k2} n_j^{k\text{l}2}) - \bar{\phi}\,\bar{S}_{\text{l}}\bar{p}_{\text{l}}\delta_{ji} - \bar{\phi}(1-\bar{S}_{\text{l}})\bar{p}_{\text{g}}\delta_{ji} \tag{13.71}$$

为计算式 (13.71) 中积分 $\int_{\Gamma_{\text{s}}} p_{\text{g}} n_i n_j \text{d}\Gamma_{\text{s}}$ 和 $\sum_{k=1}^{m}\int_{\Gamma_{\text{s}}^{k\text{l}}} p_{\text{g}}^k n_i^{k\text{l}} n_j^{k\text{l}}\text{d}\Gamma_{\text{s}}^{k\text{l}}$ ，假定沿颗粒表面 Γ_{s} 的孔隙气体压力 $p_{\text{g}} = p_{\text{g}}(\alpha)$ 按下式近似地分布

$$p_{\text{g}} = p_{\text{g}}(\alpha) = \bar{p}_{\text{g}} + \left(\frac{\partial \bar{p}_{\text{g}}}{\partial x}\cos\alpha + \frac{\partial \bar{p}_{\text{g}}}{\partial y}\sin\alpha\right) r \tag{13.72}$$

式中，$\frac{\partial \bar{p}_{\text{g}}}{\partial x}, \frac{\partial \bar{p}_{\text{g}}}{\partial y}$ 是定义于参考颗粒形心处 $\bar{p}_{\text{g}}$ 的空间梯度；α 表示参考颗粒表面微元 $\text{d}\Gamma_{\text{s}}$ 的单位外法线向量与 x 轴的夹角。利用式 (13.72)，式 (13.71) 中积分项 $-\frac{r}{V_{\text{cell}}}\int_{\Gamma_{\text{s}}} p_{\text{g}} n_i n_j \text{d}\Gamma_{\text{s}}$ 可表示为

$$-\frac{r}{V_{\text{cell}}}\int_{\Gamma_{\text{s}}} p_{\text{g}} n_i n_j \text{d}\Gamma_{\text{s}} = -\frac{r}{\pi r^2/(1-\bar{\phi})}\bar{p}_{\text{g}}\pi r\delta_{ji} = -(1-\bar{\phi})\bar{p}_{\text{g}}\delta_{ji} \tag{13.73}$$

将式 (13.73) 以及分别表示 $\bar{\sigma}'_{ji}, F_{ji}^{k\text{l}}, F_{ji}^{k\gamma}$ 的式 (13.61)、式 (13.63) 和式 (13.67) 代入式 (13.71) 得到

$$\bar{\sigma}'_{ji} = \bar{\sigma}_{ji} + \bar{p}_{\text{g}}\delta_{ji} - \bar{\phi}\,\bar{S}_{\text{l}}(\bar{p}_{\text{g}} - \bar{p}_1)\delta_{ji} - \frac{r}{V_{\text{cell}}}\sum_{k=1}^{m}[r(p_{\text{g}}^k - p_{\text{l}}^k)F_{ji}^{k\text{l}} + \gamma_k F_{ji}^{k\gamma}] \tag{13.74}$$

基于式 (13.69) 和利用式 (13.74)，介观水力–力学模型的有效压力张量可定义为

$$\bar{P}_{ji} = \bar{p}_{\text{g}}\delta_{ji} - \bar{\phi}\,\bar{S}_{\text{l}}(\bar{p}_{\text{g}} - \bar{p}_1)\delta_{ji} - \frac{r}{V_{\text{cell}}}\sum_{k=1}^{m}[r(p_{\text{g}}^k - p_{\text{l}}^k)F_{ji}^{k\text{l}} + \gamma_k F_{ji}^{k\gamma}] \tag{13.75}$$

而基于介观水力–力学模型的基质毛细压力张量定义为

$$\bar{Q}_{ji} = -\bar{\phi}\,\bar{S}_{\text{l}}(\bar{p}_{\text{g}} - \bar{p}_{\text{l}})\delta_{ji} - \frac{r}{V_{\text{cell}}}\sum_{k=1}^{m}[r(p_{\text{g}}^k - p_{\text{l}}^k)F_{ji}^{k\text{l}} + \gamma_k F_{ji}^{k\gamma}] \tag{13.76}$$

式 (13.75) 和式 (13.76) 表明孔隙液体对等效连续体水力–力学行为的影响由两部分组成：由式 (13.75) 等号右端前两项或式 (13.76) 等号右端第一项表示的等

效连续体元中由平均气、液相压力引起的各向同性毛细力 $(\bar{p}_g - \bar{p}_l)\delta_{ji}$ 和气相压力 $\bar{p}_g\delta_{ji}$；由式 (13.75) 和式 (13.76) 等号右端最后一项表示的可定义为织构张量 σ_{ji}^{cap} 的各向异性部分，即

$$\sigma_{ji}^{cap} = \frac{r}{V_{cell}} \sum_{k=1}^{m} [r(p_g^k - p_l^k)F_{ji}^{kl} + \gamma_k F_{ji}^{k\gamma}] \tag{13.77}$$

它与孔隙液桥分布相关，表征了毛细液体效应的各向异性部分。其各向异性依赖于非饱和等效多孔连续体 Voronoi 胞元中以 F_{ji}^{kl},$F_{ji}^{k\gamma}(k = 1 \sim m)$ 表征的介观结构，即 Voronoi 胞元中参考颗粒与周边直接相邻颗粒间形成的双联液桥构形与分布。利用式 (13.77)，式 (13.75) 和式 (13.76) 可分别简明地表示为

$$\bar{P}_{ji} = \bar{p}_g\delta_{ji} - \bar{\phi}\,\bar{S}_l(\bar{p}_g - \bar{p}_l)\delta_{ji} - \sigma_{ji}^{cap} \tag{13.78}$$

$$\bar{Q}_{ji} = -\bar{\phi}\,\bar{S}_l(\bar{p}_g - \bar{p}_l)\delta_{ji} - \sigma_{ji}^{cap} \tag{13.79}$$

式 (13.75) 表示，非饱和多孔连续体的有效压力张量 $\bar{P}_{ji}$ 基于两部分介观水力–力学信息获得。第一部分反映了具有介观结构的等效非饱和多孔连续体元中平均局部饱和度 $\bar{S}_l$ 和孔隙两相流体平均压力 $\bar{p}_g$,$\bar{p}_l$ 对 $\bar{P}_{ji}$ 和 $\bar{\sigma}'_{ji}$ 的各向同性效应；第二部分依赖于等效非饱和多孔连续体的介观结构和介观材料参数，如孔隙度、围绕参考颗粒的双联液桥数目和分布、各液桥的半填充角、接触角等，同时也依赖于各液桥的孔隙液体和气体压力分布（即各液桥的毛细压力）。式 (13.75) 和式 (13.76) 显式地显示了有效压力张量 $\bar{P}_{ji}$ 和基质毛细压力张量 $\bar{Q}_{ji}$ 的各向异性。它们的各向异性来自于两个方面：（1）由非饱和 Voronoi 胞元模型定义的描述围绕参考颗粒各双联液桥分布与构形的液桥系统介观结构；（2）围绕参考颗粒非饱和 Voronoi 胞元中非均匀的孔隙液体和气体压力分布。

注意到非饱和多孔连续体宏观理论中的有效压力和结合了孔隙液体压力和孔隙气体压力对作用于固体骨架有效应力效应的 Bishop 参数均是标量。为将式 (13.75) 和式 (13.76) 所示基于介观水力–力学信息的有效压力张量 $\bar{P}_{ji}$ 和基质毛细压力张量 $\bar{Q}_{ji}$ 与式 (13.45) 和式 (13.46) 所示在非饱和多孔连续体理论中唯象地假定的有效压力张量与基质毛细压力张量比较，需要考虑 $\bar{P}_{ji}$ 和 $\bar{Q}_{ji}$ 在各向同性情况下的标量形式。

下面将通过介观各向同性情况下的 $\bar{P}_{ji}$ 和 $\bar{Q}_{ji}$ 公式验证在非饱和多孔连续体理论中唯象假定的有效压力公式 $p = \chi p_l + (1 - \chi)p_g$ 在形式上的正确性；另一方面，对于由宏观唯象理论假定的有争议的不同 Bishop 参数，本节也将通过介观各向同性情况下导出的 $\bar{P}_{ji}$ 和 $\bar{Q}_{ji}$ 公式，唯理而非唯象地提出基于介观水力–力学信息的 Bishop 参数。

为考虑介观各向非饱和多孔连续体同性情况下的 $\bar{P}_{ji}$ 和 $\bar{Q}_{ji}$，假定在非饱和 Voronoi 胞元模型中参考颗粒的所有直接相邻颗粒具有相同的几何与物理性质，以及:(1)围绕参考颗粒的液桥系统的介观结构对称，即:围绕参考颗粒均匀地分布的双联液桥数为偶数，它们具有相同的半填充角和局部表面张力值 $\gamma_k(k=1\sim m)$，可表示 $\gamma_k=\gamma$；(2) 非饱和 Voronoi 胞元内孔隙流体压力均匀地分布，围绕参考颗粒每个液桥的气液相压力差相同，即 $p_{\rm g}^k-p_{\rm l}^k=\bar{p}_{\rm g}-\bar{p}_{\rm l}(k=1\sim m)$；(3) 围绕参考颗粒的固相介观结构对称，即参考颗粒与它的每个直接相邻颗粒间的间隙（正）或重叠（负）值 $d_k(k=1\sim m)$ 相等，可表示 $d_k=d$。利用式 (13.54)，参考 Voronoi 胞元体积可表示为

$$V_{\rm cell}=\frac{V_{\rm s}}{1-\bar{\phi}}=\frac{\pi r^2}{1-\bar{\phi}} \tag{13.80}$$

另一方面，根据 Voronoi 胞元构形的几何计算得到

$$V_{\rm cell}=m\left(r+\frac{d}{2}\right)^2\tan\left(\frac{\pi}{m}\right) \tag{13.81}$$

根据式 (13.75) 和式 (13.76) 可得到各向同性情况下基于介观水力–力学模型的有效压力张量与基质毛细压力张量

$$\bar{P}_{ji}=\bar{p}_{\rm g}\delta_{ji}-\bar{\phi}\bar{S}_{\rm l}(\bar{p}_{\rm g}-\bar{p}_{\rm l})\delta_{ji}-\frac{1-\bar{\phi}}{\pi}m\left[(\bar{p}_{\rm g}-\bar{p}_{\rm l})\beta+\frac{\gamma}{r}\sin\theta\right]\delta_{ji} \tag{13.82}$$

$$\bar{Q}_{ji}=-\bar{\phi}\bar{S}_{\rm l}(\bar{p}_{\rm g}-\bar{p}_{\rm l})\delta_{ji}-\frac{1-\bar{\phi}}{\pi}m\left[(\bar{p}_{\rm g}-\bar{p})\beta+\frac{\gamma}{r}\sin\theta\right]\delta_{ji} \tag{13.83}$$

将表面张力表达式 (13.59) 代入式 (13.82) 得到

$$\bar{P}_{ji}=\bar{p}\delta_{ji} \tag{13.84}$$

式中，定义了基于各向同性介观水力–力学结构和响应信息的标量有效压力 $\bar{p}$，即

$$\bar{p}=\bar{\chi}\bar{p}_{\rm l}+(1-\bar{\chi})\bar{p}_{\rm g} \tag{13.85}$$

及基于各向同性介观水力–力学信息的 Bishop 参数

$$\bar{\chi}=\bar{\phi}\bar{S}_{\rm l}+\frac{1-\bar{\phi}}{\pi}m\left[\beta+\sin\theta\frac{(1-\cos\beta)+{\rm d}/(2r)}{\cos(\theta+\beta)}\right]=\bar{\phi}\bar{S}_{\rm l}+(1-\bar{\phi})\psi \tag{13.86}$$

式中，定义了依赖于介观结构参数 r,θ,m 和介观响应参数 β,d 的系数 ψ

$$\psi=\frac{m}{\pi}\left[\beta+\sin\theta\frac{(1-\cos\beta)+\mathrm{d}/(2r)}{\cos(\theta+\beta)}\right] \tag{13.87}$$

需要指出，如式 (13.85) 所示，在退化的各向同性情况下基于介观–水力–力学模型的有效压力与非饱和多孔连续体理论中唯象地假定的有效压力定义具有相同的形式。然而，式 (13.85) 与式 (13.86) 给出的 Bishop 参数是基于由离散颗粒系统到多孔连续体的介宏观均匀化过程导出，而非唯象地假定。

如式 (13.86) 和式 (13.87) 显示，基于介观水力–力学模型所导出的 Bishop 参数 $\bar{\chi}$ 不仅与在非饱和多孔连续体中定义的孔隙度 $\bar{\phi}$ 和饱和度 $\bar{S}_{\mathrm{l}}$ 有关，且与描述非饱和 Voronoi 胞元介观结构的参数 r,m,β,d 等及材料参数 θ 有关。

孔隙液体饱和度可由式 (13.54) 和式 (13.55) 及定义于 Voronoi 胞元的孔隙度、液桥数和单个液桥体积及颗粒半径计算

$$\bar{S}_{\mathrm{l}}=\frac{V_{\mathrm{l}}}{V_{\mathrm{v}}}=\frac{V_{\mathrm{l}}(1-\bar{\phi})}{\bar{\phi}V_{\mathrm{s}}}=\frac{1-\bar{\phi}}{\bar{\phi}\pi r^2}mV_{\mathrm{b}/2} \tag{13.88}$$

式中，$V_{\mathrm{b}/2}$ 表示包含在 Voronoi 胞元边界内的单个双联液桥的液体体积一半，并可计算和确定为（Li et al., 2016; 杜友耀和李锡夔, 2015；李锡夔等, 2016）

$$V_{\mathrm{b}/2}=r^2\left[\begin{array}{c}2\left(1-\cos\beta+\dfrac{d}{2r}\right)\sin\beta-\left(\beta-\dfrac{1}{2}\sin 2\beta\right)\\-\dfrac{\left(1-\cos\beta+\dfrac{d}{2r}\right)^2}{\cos^2(\beta+\theta)}\left(\dfrac{\pi}{2}-(\beta+\theta)-\dfrac{1}{2}\sin 2(\beta+\theta)\right)\end{array}\right] \tag{13.89}$$

式中，d 可视为孔隙度、颗粒半径和液桥数的函数 $d(\bar{\phi},r,m)$，由式 (13.80) 和式 (13.81) 可表示

$$d=d(\bar{\phi},r,m)=2r\left[\left(\frac{\pi}{1-\bar{\phi}}\frac{1}{m\tan\left(\dfrac{\pi}{m}\right)}\right)^{1/2}-1\right] \tag{13.90}$$

将式 (13.89) 代入式 (13.88) 可得到

$$\begin{aligned}&2\left(1-\cos\beta+\frac{d}{2r}\right)\sin\beta-\left(\beta-\frac{1}{2}\sin 2\beta\right)-\frac{\left(1-\cos\beta+\dfrac{d}{2r}\right)^2}{\cos^2(\beta+\theta)}\\&\times\left(\frac{\pi}{2}-(\beta+\theta)-\frac{1}{2}\sin 2(\beta+\theta)\right)=\frac{\bar{S}_{\mathrm{l}}\bar{\phi}\pi}{1-\bar{\phi}}m\end{aligned} \tag{13.91}$$

式 (13.90) 和式 (13.91) 表明，半填充角 β 可表示为

$$\beta=\beta(\bar{S}_{\rm l},\bar{\phi},r,\theta,m,d(\phi,r,m))=\beta(\bar{S}_{\rm l},\bar{\phi},r,\theta,m) \tag{13.92}$$

式 (13.86) 所定义的各向同性介观水力–力学信息的 Bishop 参数 $\bar{\chi}$ 中由式 (13.87) 表示的系数 ψ 可改写成依赖于 $\bar{S}_{\rm l},\bar{\phi},r,\theta,m$ 的函数

$$\begin{aligned}\psi&=\psi(\bar{S}_{\rm l},\bar{\phi},r,\theta,m)\\&=\frac{m}{\pi}\left[\beta(\bar{S}_{\rm l},\bar{\phi},r,\theta,m)+\sin\theta\frac{1-\cos\beta(\bar{S}_{\rm l},\bar{\phi},r,\theta,m)+d(\bar{\phi},r,m)/(2r)}{\cos(\beta(\bar{S}_{\rm l},\bar{\phi},r,\theta,m)+\theta)}\right]\end{aligned} \tag{13.93}$$

对非饱和颗粒材料中具有一定局部介观结构的材料点，即参考颗粒半径 $r=\tilde{r}$ 接触角 $\theta=\tilde{\theta}$ 和描写介观结构的参考颗粒直接相邻颗粒数 $m=\tilde{m}$ 给定，系数 ψ 可改写成依赖于 $\bar{S}_{\rm l},\bar{\phi}$ 的函数，即

$$\begin{aligned}\psi&=\psi_{\tilde{r},\tilde{\theta},\tilde{m}}(\bar{S}_{\rm l},\bar{\phi})\\&=\frac{\tilde{m}}{\pi}\left[\beta(\bar{S}_{\rm l},\bar{\phi},\tilde{r},\tilde{\theta},\tilde{m})+\sin\tilde{\theta}\frac{1-\cos\beta(\bar{S},\bar{\phi},\tilde{r},\tilde{\theta},\tilde{m})+d(\bar{\phi},\tilde{r},\tilde{m})/(2\tilde{r})}{\cos(\beta(\bar{S}_{\rm l},\bar{\phi},\tilde{r},\tilde{\theta},\tilde{m})+\tilde{\theta})}\right]\end{aligned} \tag{13.94}$$

利用表达式 (13.94)，基于各向同性介观水力–力学信息的 Bishop 参数可表示为

$$\bar{\chi}=\bar{\chi}(\bar{S}_{\rm l},\bar{\phi})=\bar{\phi}\bar{S}_{\rm l}+(1-\bar{\phi})\psi_{\tilde{r},\tilde{\theta},\tilde{m}}(\bar{S}_{\rm l},\bar{\phi}) \tag{13.95}$$

式中，$\psi_{\tilde{r},\tilde{\theta},\tilde{m}}(\bar{S}_{\rm l},\bar{\phi})$ 由式 (13.94) 确定。

13.3　基于含液离散颗粒集合体表征元介观水力–力学信息的非饱和多孔连续体有效应力与有效压力

13.3.1　非饱和颗粒材料表征元的 Voronoi 胞元网格离散化

基于上节引入的非饱和颗粒材料 Voronoi 胞元模型，本节考虑由一定数量具有不同尺寸的离散颗粒以随机方式排列、其间充满具有一定湿相介观结构的非混溶两相间隙流体而构成的非饱和颗粒材料表征元，它由一系列非饱和颗粒材料 Voronoi 胞元构成的 Voronoi 胞元网络表示，如图 13.7 所示。它的介观结构由总数为 $N_{\rm cell}(=N_{\rm p})$ 的非饱和颗粒材料 Voronoi 胞元表示。$N_{\rm p}$ 是表征元内固体颗粒总数（在图 13.7 中作为举例显示为 $N_{\rm p}=22$）。基于式 (13.51)，表征元在平均意义下的总 Cauchy 应力张量 $\bar{\sigma}_{ji}$ 可表示为

$$\bar{\sigma}_{ji} = \frac{1}{V}\int_V \sigma_{ji}\mathrm{d}V = \frac{1}{V}\left[\int_{V_\mathrm{s}} \sigma_{ji}\mathrm{d}V_\mathrm{s} + \int_{V_\mathrm{l}} (-p_\mathrm{l})\delta_{ji}\mathrm{d}V_\mathrm{l} + \int_{V_\mathrm{g}} (-p_\mathrm{g})\delta_{ji}\mathrm{d}V_\mathrm{g}\right] \quad (13.96)$$

式中，V 是表征元体积；$V_\mathrm{s},V_\mathrm{l},V_\mathrm{g}$ 分别是表征元中固体颗粒、孔隙液体（湿相流体）和孔隙气体（干相孔隙流体）的体积，即有 $V = V_\mathrm{s} + V_\mathrm{l} + V_\mathrm{g}$。$\sigma_{ji}, p_\mathrm{l}, p_\mathrm{g}$ 分别是作用于表征元中体积为 $V_\mathrm{s},V_\mathrm{l},V_\mathrm{g}$ 的固相、液相和气相内任一局部点的 Cauchy 应力、孔隙液体压力和孔隙气体压力。

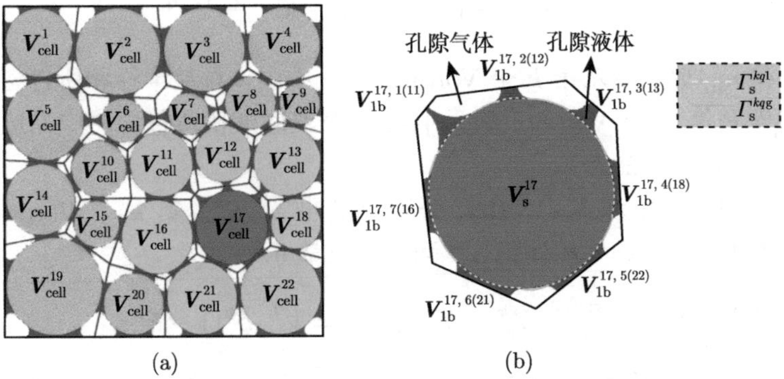

图 13.7 基于 Voronoi 胞元模型构成的非饱和颗粒材料的表征元

(a) 表征元的介观结构; (b) 表征元中编号 $k = 17$ 的 Voronoi 胞元中流相介观结构

孔隙度、孔隙液体饱和度及孔隙液体与孔隙气体压力在非饱和颗粒材料表征元内的体积平均分别定义为

$$\bar{\phi} = \frac{1}{V}\int_V \phi\mathrm{d}V = \frac{1}{V}\sum_{k=1}^{N_\mathrm{p}} \bar{\phi}^k V_\mathrm{cell}^k \quad (13.97)$$

$$\bar{S}_\mathrm{l} = \frac{V_\mathrm{l}}{V\bar{\phi}} = \frac{1}{V\bar{\phi}}\sum_{k=1}^{N_\mathrm{p}} V_\mathrm{l}^k = \frac{1}{V\bar{\phi}}\sum_{k=1}^{N_\mathrm{p}} \bar{\phi}^k \bar{S}_\mathrm{l}^k V_\mathrm{cell}^k \quad (13.98)$$

$$\bar{p}_\mathrm{l} = \frac{1}{V_\mathrm{l}}\int_{V_\mathrm{l}} p_\mathrm{l}\mathrm{d}V_\mathrm{l} = \frac{1}{V_\mathrm{l}}\sum_{k=1}^{N_\mathrm{p}}\int_{V_\mathrm{l}^k} p_\mathrm{l}\mathrm{d}V_\mathrm{l}^k = \frac{1}{V_\mathrm{l}}\sum_{k=1}^{N_\mathrm{p}} \bar{p}_\mathrm{l}^k V_\mathrm{l}^k \quad (13.99)$$

$$\bar{p}_\mathrm{g} = \frac{1}{V_\mathrm{g}}\int_{V_\mathrm{g}} p_\mathrm{g}\mathrm{d}V_\mathrm{g} = \frac{1}{V_\mathrm{g}}\sum_{k=1}^{N_\mathrm{p}}\int_{V_\mathrm{g}^k} p_\mathrm{g}\mathrm{d}V_\mathrm{g}^k = \frac{1}{V_\mathrm{g}}\sum_{k=1}^{N_\mathrm{p}} \bar{p}_\mathrm{g}^k V_\mathrm{g}^k \quad (13.100)$$

式中，$V_\mathrm{cell}^k, V_\mathrm{l}^k, V_\mathrm{g}^k$ 分别表示表征元中第 k 个 Voronoi 胞元的体积及包含在其中的孔隙液体体积和孔隙气体体积。利用由式 (13.97) 和式 (13.98) 定义所给出的 $\bar{\phi}, \bar{S}_\mathrm{l}$ 值，可分别表示表征元的孔隙液相和孔隙气相体积为

$$V_\mathrm{l} = V\bar{\phi}\bar{S}_\mathrm{l}, \quad V_\mathrm{g} = V\bar{\phi}\bar{S}_\mathrm{g} = V\bar{\phi}(1 - \bar{S}_\mathrm{l}) \quad (13.101)$$

式中，$\bar{S}_{\mathrm{g}}$ 为孔隙气体饱和度在非饱和颗粒材料表征元内的体积平均。

表征元内第 k 个 Voronoi 胞元内孔隙液体的平均孔隙度 $\bar{\phi}^k$ 和平均饱和度 $\bar{S}_{\mathrm{l}}^k$ 分别定义为

$$\bar{\phi}^k = \frac{V_{\mathrm{cell}}^k - V_{\mathrm{s}}^k}{V_{\mathrm{cell}}^k} = \frac{V_{\mathrm{cell}}^k - \pi r_k^2}{V_{\mathrm{cell}}^k} \tag{13.102}$$

$$\bar{S}_{\mathrm{l}}^k = \frac{V_{\mathrm{l}}^k}{V_{\mathrm{cell}}^k - V_{\mathrm{s}}^k} = \frac{1}{V_{\mathrm{cell}}^k - \pi r_k^2} \sum_{j=1}^{n_{\mathrm{lb}}^k} V_{\mathrm{lb}}^{k,j} \tag{13.103}$$

式中，r_k 和 n_{lb}^k 分别表示第 k 个 Voronoi 胞元中固体颗粒半径和所包含的双联液桥数，$V_{\mathrm{lb}}^{k,j}$ 是第 k 个 Voronoi 胞元中第 j 个双联液桥所包含的胞元边界内液体体积（Zhang et al., 2022）。

利用式 (13.102) 和式 (13.103) 分别定义的 $\bar{\phi}^k, \bar{S}_{\mathrm{l}}^k$，第 k 个 Voronoi 胞元中的孔隙液体体积 V_{l}^k 和气相体积 V_{g}^k 可由下式表示

$$V_{\mathrm{l}}^k = V_{\mathrm{cell}}^k \bar{\phi}^k \bar{S}_{\mathrm{l}}^k, \quad V_{\mathrm{g}}^k = V_{\mathrm{cell}}^k \bar{\phi}^k \bar{S}_{\mathrm{g}}^k = V_{\mathrm{cell}}^k \bar{\phi}^k (1 - \bar{S}_{\mathrm{l}}^k) \tag{13.104}$$

式中，$\bar{S}_{\mathrm{g}}^k$ 为表征元内第 k 个 Voronoi 胞元内孔隙气体的平均饱和度。表征元内第 k 个 Voronoi 胞元的平均孔隙液体压力则可定义为

$$\bar{p}_{\mathrm{l}}^k = \frac{1}{V_{\mathrm{l}}^k} \sum_{j=1}^{n_{\mathrm{lb}}^k} p_{\mathrm{l}}^{k,j} V_{\mathrm{lb}}^{k,j} \tag{13.105}$$

式 (13.105) 中 $p_{\mathrm{l}}^{k,j}$ 是表征元第 k 个 Voronoi 胞元内总共 n_{lb}^k 个双联液桥中第 j 个双联液桥的孔隙液体压力，$V_{\mathrm{lb}}^{k,j}$ 是该双联液桥在第 k 个 Voronoi 胞元边界内的液桥体积（Zhang et al., 2022）。在第 14 章中将具体介绍随表征元中液桥介观结构变化而演变的每个液桥体积的计算（Zhang et al., 2022）。

13.3.2　基于非饱和颗粒材料表征元介观结构和响应信息的非饱和多孔介质有效应力

利用式 (13.101), 式 (13.96) 中第二个等号后的第二和第三个积分项可分别表示为

$$\frac{1}{V} \int_{V_{\mathrm{l}}} (-p_{\mathrm{l}}) \delta_{ji} \mathrm{d}V_{\mathrm{l}} = -\frac{1}{V} \bar{p}_{\mathrm{l}} V_{\mathrm{l}} \delta_{ji} = -\bar{\phi} \bar{S}_{\mathrm{l}} \bar{p}_{\mathrm{l}} \delta_{ji} \tag{13.106}$$

$$\frac{1}{V} \int_{V_{\mathrm{g}}} (-p_{\mathrm{g}}) \delta_{ji} \mathrm{d}V_{\mathrm{g}} = -\frac{1}{V} \bar{p}_{\mathrm{g}} V_{\mathrm{g}} \delta_{ji} = -\bar{\phi} \bar{S}_{\mathrm{g}} \bar{p}_{\mathrm{g}} \delta_{ji} = -\bar{\phi} (1 - \bar{S}_{\mathrm{l}}) \bar{p}_{\mathrm{g}} \delta_{ji} \tag{13.107}$$

应用 Gauss 定理和略去重力项的力平衡方程 $\sigma_{ji,j} = 0$，式 (13.96) 中第二个等号后的第一个积分项可表示为

$$\frac{1}{V}\int_{V_{\mathrm{s}}}\sigma_{ji}\mathrm{d}V_{\mathrm{s}}=\frac{1}{V}\int_{\Gamma_{\mathrm{s}}}t_i x_j\mathrm{d}\Gamma_{\mathrm{s}} \tag{13.108}$$

式中，Γ_{s} 是表征元内所有固体颗粒的表面边界之和，$x_j(j=1,2)$ 是所有固体颗粒表面上任一点参考全局坐标系 x 的位置向量，$t_i(i=1,2)$ 是由颗粒间接触力、湿相和干相孔隙流体压力作用于固体颗粒表面的力。式 (13.108) 等号右端项积分可演绎和表示为

$$\begin{aligned}\frac{1}{V}\int_{\Gamma_{\mathrm{s}}}t_i x_j\mathrm{d}\Gamma_{\mathrm{s}}=&\frac{1}{V}\sum_{k=1}^{N_{\mathrm{p}}}\sum_{q=1}^{m(k)}f_i^{kq}(x_j^{k0}+r_k n_j^{kq})\\&-\frac{1}{V}\sum_{k=1}^{N_{\mathrm{p}}}\sum_{q=1}^{m(k)}\int_{\Gamma_{\mathrm{s}}^{kq\mathrm{l}}}(p_{\mathrm{l}}^{kq}n_i^{kq\mathrm{l}})(x_j^{k0}+r_k n_j^{kq\mathrm{l}})\mathrm{d}\Gamma_{\mathrm{s}}^{kq\mathrm{l}}\\&-\frac{1}{V}\sum_{k=1}^{N_{\mathrm{p}}}\sum_{q=1}^{m(k)}\int_{\Gamma_{\mathrm{s}}^{kq\mathrm{g}}}(p_{\mathrm{g}}^{kq}n_i^{kq\mathrm{g}})(x_j^{k0}+r_k n_j^{kq\mathrm{g}})\mathrm{d}\Gamma_{\mathrm{s}}^{kq\mathrm{g}}\\&+\frac{1}{V}\sum_{k=1}^{N_{\mathrm{p}}}\sum_{q=1}^{m(k)}(T_i^{kq\mathrm{l}}(x_j^{k0}+r_k n_j^{kq\mathrm{l}1})+T_i^{kq2}(x_j^{k0}+r_k n_j^{kq\mathrm{l}2}))\\=&\frac{1}{V}\sum_{k=1}^{N_{\mathrm{p}}}x_j^{k0}\sum_{q=1}^{m(k)}\left(f_i^{kq}-\int_{\Gamma_{\mathrm{s}}^{kq\mathrm{l}}}p_{\mathrm{l}}^{kq}n_i^{kq\mathrm{l}}\mathrm{d}\Gamma_{\mathrm{s}}^{kq\mathrm{l}}\right.\\&\left.-\int_{\Gamma_{\mathrm{s}}^{kq\mathrm{g}}}p_{\mathrm{g}}^{kq}n_i^{kq\mathrm{g}}\mathrm{d}\Gamma_{\mathrm{s}}^{kq\mathrm{g}}+T_i^{kq1}+T_i^{kq2}\right)\\&+\frac{1}{V}\sum_{k=1}^{N_{\mathrm{p}}}r_k\sum_{q=1}^{m(k)}\left(f_i^{kq}n_j^{kq}-\int_{\Gamma_{\mathrm{s}}^{kq\mathrm{l}}}p_{\mathrm{l}}^{kq}n_i^{kq\mathrm{l}}n_j^{kq\mathrm{l}}\mathrm{d}\Gamma_{\mathrm{s}}^{kq\mathrm{l}}\right.\\&\left.-\int_{\Gamma_{\mathrm{s}}^{kq\mathrm{g}}}p_{\mathrm{g}}^{kq}n_i^{kq\mathrm{g}}n_j^{kq\mathrm{g}}\mathrm{d}\Gamma_{\mathrm{s}}^{kq\mathrm{g}}+T_i^{kq1}n_j^{kq\mathrm{l}1}+T_i^{kq2}n_j^{kq\mathrm{l}2}\right)\end{aligned} \tag{13.109}$$

式中，$m(k)$ 是第 k 个颗粒的直接相邻颗粒数。对于与表征元边界直接相邻的边界颗粒 k，$m(k)$ 中包含了模拟边界颗粒与表征元边界的接触点。表征元颗粒总数 N_{p} 中不包含模拟表征元边界与边界颗粒接触点的“虚拟”颗粒 b。f_i^{kq} 表示颗粒 k 的直接相邻颗粒 q 作用于颗粒 k 的接触力。x_j^{k0} 表示第 k 个颗粒形心处的全局坐标。$\Gamma_{\mathrm{s}}^{kq\mathrm{l}}$ 是第 k 个颗粒表面上被颗粒 k 与其直接相邻颗粒 q 间液桥湿化的表面段；$\Gamma_{\mathrm{s}}^{kq\mathrm{g}}$ 是把第 k 个颗粒表面上两个相邻湿化表面部分 $\Gamma_{\mathrm{s}}^{kq\mathrm{l}}$ 和 $\Gamma_{\mathrm{s}}^{k(q+1)\mathrm{l}}$ 分隔开的第 k 个颗粒上干表面部分（略去干表面部分上由于固体颗粒材料的亲水性而附有的液体薄膜的效应），如图 13.8 所示。$p_{\mathrm{l}}^{kq},p_{\mathrm{g}}^{kq}$ 分别为作用于 $\Gamma_{\mathrm{s}}^{kq\mathrm{l}}$ 和 $\Gamma_{\mathrm{s}}^{kq\mathrm{g}}$ 上

的孔隙液体和孔隙气体的压力。n_i^{kql}, n_j^{kql} 是颗粒 k 湿表面微段 $\mathrm{d}\Gamma_{\mathrm{s}}^{kql}$ 上的外法向单位向量的分量。n_i^{kqg}, n_j^{kqg} 是颗粒 k 干表面微段 $\mathrm{d}\Gamma_{\mathrm{s}}^{kqg}$ 上的外法向单位向量的分量。T_i^{kq1}, T_i^{kq2} 是在颗粒 k 与其直接相邻颗粒 q 间双联液桥半月板液面与颗粒 k 湿表面段 $\Gamma_{\mathrm{s}}^{kql}$ 的两交汇处作用于颗粒 k 的依赖于局部孔隙液相与气相压力差的表面张力向量的分量；n_j^{kql1}, n_j^{kql2} 是颗粒 k 湿表面段 $\Gamma_{\mathrm{s}}^{kql}$ 在该两交汇处的外法向单位向量，如图 13.9 所示。图 13.9 中 $\boldsymbol{T}^{kq1}, \boldsymbol{T}^{kq2}$ 分别是 T_i^{kq1}, T_i^{kq2} 的黑体表示。

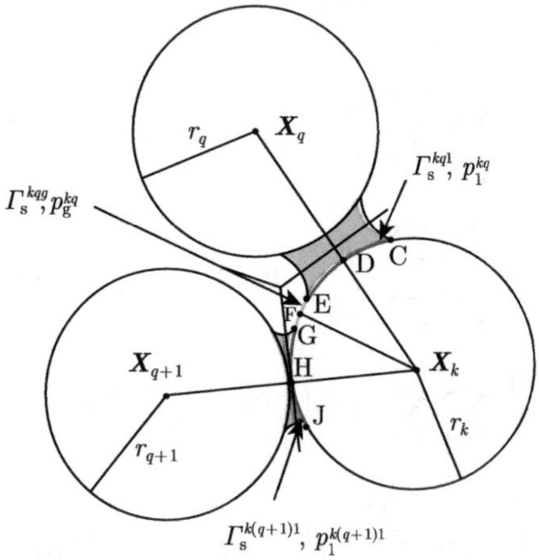

图 13.8　参考颗粒 k 表面上由一个干表面段（绿色）隔开的两个相邻湿表面段（红色）

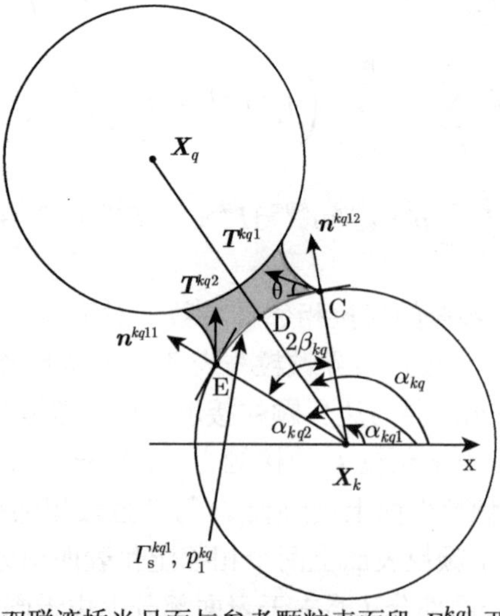

图 13.9　作用于第 q 个双联液桥半月面与参考颗粒表面段 $\Gamma_{\mathrm{s}}^{kql}$ 两个交汇处的孔隙液相与气相之间的表面张力向量 $\boldsymbol{T}^{kq1}$ 和 $\boldsymbol{T}^{kq2}$

假定表征元内任意颗粒 k 在颗粒表面的接触力和液、气相压力，以及固、液、气三相交汇处的表面张力作用下处于平衡状态（略去固体颗粒的动力效应），式 (13.109) 中第二个等号右端第一项为零，即

$$\sum_{q=1}^{m(k)}\left(f_i^{kq}-\int_{\Gamma_\mathrm{s}^{kql}}p_\mathrm{l}^{kq}n_i^{kql}\mathrm{d}\Gamma_\mathrm{s}^{kql}-\int_{\Gamma_\mathrm{s}^{kqg}}p_\mathrm{g}^{kq}n_i^{kqg}\mathrm{d}\Gamma_\mathrm{s}^{kqg}+T_i^{kg1}+T_i^{kg2}\right)=0 \quad (13.110)$$

式 (13.109) 可简化为

$$\begin{aligned}\frac{1}{V}\int_{\Gamma_\mathrm{s}}t_ix_j\mathrm{d}\Gamma_\mathrm{s}=&\frac{1}{V}\sum_{k=1}^{N_\mathrm{p}}r_k\sum_{q=1}^{m(k)}\left(f_i^{kq}n_j^{kq}-\int_{\Gamma_\mathrm{s}^{kql}}p_\mathrm{l}^{kq}n_i^{kql}n_j^{kql}\mathrm{d}\Gamma_\mathrm{s}^{kql}\right.\\&\left.-\int_{\Gamma_\mathrm{s}^{kqg}}p_\mathrm{g}^{kq}n_i^{kqg}n_j^{kqg}\mathrm{d}\Gamma_\mathrm{s}^{kqg}+T_i^{kq1}n_j^{kql1}+T_i^{kq2}n_j^{kql2}\right)\end{aligned} \quad (13.111)$$

注意到对于表征元的内部颗粒 k,q 存在如下关系式

$$f_i^{kq}=-f_i^{qk},\quad n_j^{kq}=-n_j^{qk} \quad (13.112)$$

$$\begin{aligned}f_i^{kg}r_kn_j^{kq}+f_i^{qk}r_qn_j^{qk}=&f_i^{kg}(r_kn_j^{kq}-r_qn_j^{qk})=f_i^{kq}(r_kn_j^{kq}+r_qn_j^{kq})\\=&f_i^{kq}(r_k+r_q)n_j^{kq}=f_i^{kq}l_j^{kq}=f_i^{qk}l_j^{qk}\end{aligned} \quad (13.113)$$

式中

$$l_j^{kq}=(r_k+r_q)n_j^{kq},\quad l_j^{qk}=(r_k+r_q)n_j^{qk}=-l_j^{kq} \quad (13.114)$$

对于表征元的一个边界颗粒 k，其 $m(k)$ 个直接相邻颗粒中包含了颗粒 k 与边界的接触点 b。对于边界颗粒 k 与表示 $r_q\to 0$ 的虚拟颗粒 q 的边界接触点 b，可由式 (13.114) 中第一式得到

$$l_j^{kb}=r_kn_j^{kb}=x_j^{kb}-x_j^k \quad (13.115)$$

式中，x_j^{kb},x_j^k 分别是颗粒 k 与边界的接触点和颗粒 k 形心的全局坐标。

利用式 (13.113)，可定义式 (13.111) 等号右端的第一项为表征元的平均有效应力 $\bar{\sigma}'_{ji}$（Scholtes et al, 2009）

$$\bar{\sigma}'_{ji}=\frac{1}{V}\sum_{k=1}^{N_\mathrm{p}}\sum_{q=1}^{m(k)}f_i^{kq}r_kn_j^{kq}=\frac{1}{V}\sum_{kq=1}^{N_\mathrm{c}}f_i^{kq}l^{kq}-j \quad (13.116)$$

式中，N_c 是表征元中直接相邻颗粒对的总数，其中包括表征元中边界颗粒与表征元边界的虚拟接触对。

13.3.3 基于非饱和颗粒材料表征元介观结构和响应信息的非饱和多孔介质有效压力

利用式 (13.116)，式 (13.111) 可表达为

$$\frac{1}{V}\int_{\Gamma_{\rm s}} t_i x_j {\rm d}\Gamma_{\rm s} = \bar{\sigma}'_{ji} - \frac{1}{V}\sum_{k=1}^{N_{\rm p}} r_k \sum_{q=1}^{m(k)} \left(\int_{\Gamma_{\rm s}^{kql}} p_{\rm l}^{kq} n_i^{kql} n_j^{kql} {\rm d}\Gamma_{\rm s}^{kql} \right. \\ \left. + \int_{\Gamma_{\rm s}^{kqg}} p_{\rm g}^{kq} n_i^{kqg} n_j^{kqg} {\rm d}\Gamma_{\rm s}^{kqg} - T_i^{kq1} n_j^{kql1} - T_i^{kq2} n_j^{kql2} \right) \tag{13.117}$$

式 (13.117) 中等号右端第三项可表示成

$$-\frac{1}{V}\sum_{k=1}^{N_{\rm p}}\sum_{q=1}^{m(k)} \int_{\Gamma_{\rm s}^{kqg}} (p_{\rm g}^{kq} n_i^{kqg})(r_k n_j^{kqg}) {\rm d}\Gamma_{\rm s}^{kqg}$$

$$= -\frac{1}{V}\sum_{k=1}^{N_{\rm p}} \left(\int_0^{2\pi} (p_{\rm g}^k n_i^k)(r_k n_j^k) {\rm d}\Gamma_{\rm s}^k - \sum_{q=1}^{m(k)} \int_{\Gamma_{\rm s}^{kql}} (p_{\rm g}^{kq} n_i^{kql})(r_k n_j^{kql}) {\rm d}\Gamma_{\rm s}^{kql} \right)$$

$$= -\frac{1}{V}\sum_{k=1}^{N_{\rm p}} \left(r_k \int_0^{2\pi} p_{\rm g}^k n_i^k n_j^k {\rm d}\Gamma_{\rm s}^k - \sum_{q=1}^{m(k)} \int_{\Gamma_{\rm s}^{kql}} (p_{\rm g}^{kg} n_i^{kql})(r_k n_j^{kql}) {\rm d}\Gamma_{\rm s}^{kql} \right) \tag{13.118}$$

该式中第一个等号右端项把作用于颗粒 k 的 m 段上的孔隙气体压力假想地变换为作用于颗粒 k 整个表面 $\Gamma_{\rm s}^k$ 上的连续分布孔隙气体压力 $p_{\rm g}^k$，然后再扣除作用于颗粒 k 的 m 个液桥段上 $\Gamma_{\rm s}^{kql}(q=1\sim m)$ 上并不存在的“孔隙气体压力”。n_i^k,n_j^k 表示颗粒 k 边界微段 ${\rm d}\Gamma_{\rm s}^k$ 上的外法线向量的分量。

为计算式 (13.118) 中的积分项 $\int_0^{2\pi}(p_{\rm g}^k n_i^k)(r_k n_j^k){\rm d}\Gamma_s^k$ 和 $\sum_{q=1}^{m(k)}\int_{\Gamma_{\rm s}^{kql}}(p_{\rm g}^{kq} n_i^{kql})$ $\times(r_k n_j^{kql}){\rm d}\Gamma_{\rm s}^{kql}$，如式 (13.72) 所示，假定沿颗粒表面 $\Gamma_{\rm s}^k$ 的孔隙气体压力 $p_{\rm g}^k$ 按下式近似地分布

$$p_{\rm g}^k = \bar{p}_{\rm g}^k + \left(\frac{\partial \bar{p}_{\rm g}^k}{\partial x}\cos\alpha + \frac{\partial \bar{p}_{\rm g}^k}{\partial y}\sin\alpha \right) r_k \tag{13.119}$$

式中，$\dfrac{\partial \bar{p}_{\rm g}^k}{\partial x},\dfrac{\partial \bar{p}_{\rm g}^k}{\partial y}$ 是定义于参考颗粒 k 形心处的 $\bar{p}_{\rm g}^k$ 的空间梯度；α 表示参考颗粒表面微元 ${\rm d}\Gamma_{\rm s}^k$ 的单位外法线向量与 x 轴的夹角。由于

$$\int_0^{2\pi} n_i^k n k_j {\rm d}\Gamma_{\rm s}^k = \pi r_k \delta_{ji} \tag{13.120}$$

利用式 (13.119) 和式 (13.120)，式 (13.118) 中最后一个等号后的第一项积分可表示为

$$-\frac{1}{V}\sum_{k=1}^{N_{\mathrm{p}}} r_k \int_0^{2\pi} p_{\mathrm{g}}^k n_i^k n_j^k \mathrm{d}\Gamma_{\mathrm{s}}^k = -\frac{1}{V}\sum_{k=1}^{N_{\mathrm{p}}} \bar{p}_{\mathrm{g}}^k \pi r_k^2 \delta_{ji} = -\frac{1}{V}\sum_{k=1}^{N_{\mathrm{p}}} \bar{p}_{\mathrm{g}}^k V_{\mathrm{s}}^k \delta_{ji}$$
$$= -\frac{1}{V}\bar{p}_{\mathrm{g}} V_{\mathrm{s}} \delta_{ji} = -(1-\bar{\phi})\bar{p}_{\mathrm{g}}\delta_{ji} \tag{13.121}$$

式 (13.118) 中最后一个等号右端第二项积分与式 (13.111) 中等号右端第二项积分合写在一起可表示为

$$\frac{1}{V}\sum_{k=1}^{N_{\mathrm{p}}} r_k \sum_{q=1}^{m(k)} \int_{\Gamma_{\mathrm{s}}^{kq\mathrm{g}}} p_{\mathrm{g}}^{kq} n_i^{kq\mathrm{l}} n_j^{kq\mathrm{l}} \mathrm{d}\Gamma_{\mathrm{s}}^{kq\mathrm{l}} - \frac{1}{V}\sum_{k=1}^{N_{\mathrm{p}}} r_k \sum_{q=1}^{m(k)} \int_{\Gamma_{\mathrm{s}}^{kq\mathrm{l}}} p_{\mathrm{l}}^{kq} n_i^{kq\mathrm{l}} n_j^{kq\mathrm{l}} \mathrm{d}\Gamma_{\mathrm{s}}^{kq\mathrm{l}}$$
$$=\frac{1}{V}\sum_{k=1}^{N_{\mathrm{p}}} r_k \sum_{q=1}^{m(k)} \int_{\Gamma_{\mathrm{s}}^{kq\mathrm{l}}} \left(p_{\mathrm{g}}^{kq} - p_{\mathrm{l}}^{kq}\right) n_i^{kq\mathrm{l}} n_j^{kq\mathrm{l}} \mathrm{d}\Gamma_{\mathrm{s}}^{kq\mathrm{l}} \tag{13.122}$$

将式 (13.106)～式 (13.109)、式 (13.116)～式 (13.118) 和式 (13.121)～式 (13.122) 代入式 (13.96)，可得到

$$\bar{\sigma}_{ji} = \frac{1}{V}\int_V \sigma_{ji} \mathrm{d}V$$
$$= \bar{\sigma}'_{ji} - \left(1-\bar{\phi}\right)\bar{p}_{\mathrm{g}}\delta_{ji} + \frac{1}{V}\sum_{k=1}^{N_{\mathrm{p}}} r_k \sum_{q=1}^{m(k)} \int_{\Gamma_{\mathrm{s}}^{kq\mathrm{l}}} (p_{\mathrm{g}}^{kq} - p_l^{kq}) n_i^{kq\mathrm{l}} n_j^{kq\mathrm{l}} \mathrm{d}\Gamma_{\mathrm{s}}^{kq\mathrm{l}}$$
$$+ \frac{1}{V}\sum_{k=1}^{N_{\mathrm{p}}} r_k \sum_{q=1}^{m} (T_i^{kq1} n_j^{kq\mathrm{l}1} + T_i^{kq2} n_j^{kq\mathrm{l}2}) - \bar{\phi}\bar{S}_{\mathrm{l}}\bar{p}_{\mathrm{l}}\delta_{ji} - \bar{\phi}(1-\bar{S}_{\mathrm{l}})\bar{p}_{\mathrm{g}}\delta_{ji}$$
$$= \bar{\sigma}'_{ji} - \bar{p}_{\mathrm{g}}\delta_{ji} + \bar{\phi}\bar{S}_{\mathrm{l}}(\bar{p}_{\mathrm{g}} - \bar{p}_{\mathrm{l}})\delta_{ji} + \frac{1}{V}\sum_{k=1}^{N_{\mathrm{p}}} r_k \sum_{q=1}^{m(k)} \int_{\Gamma_{\mathrm{s}}^{kq\mathrm{l}}} (p_{\mathrm{g}}^{kq} - p_{\mathrm{l}}^{kq}) n_i^{kq\mathrm{l}} n_j^{kq\mathrm{l}} \mathrm{d}\Gamma_{\mathrm{s}}^{kq\mathrm{l}}$$
$$+ \frac{1}{V}\sum_{k=1}^{N_{\mathrm{p}}} r_k \sum_{q=1}^{m(k)} (T_i^{kq1} n_j^{kq\mathrm{l}1} + T_i^{kq2} n_j^{kq\mathrm{l}2}) \tag{13.123}$$

式 (13.123) 可改写为

$$\bar{\sigma}_{ji} = \bar{\sigma}'_{ji} - \bar{P}_{ji} \tag{13.124}$$

式 (13.124) 中定义了表征元的平均有效压力 $\bar{P}_{ji}$

$$\bar{P}_{ji} = \bar{p}_{\mathrm{g}}\delta_{ji} - (\bar{p}_{\mathrm{g}} - \bar{p}_{\mathrm{l}})\bar{\phi}\bar{S}_{\mathrm{l}}\delta_{ji} - \frac{1}{V}\sum_{k=1}^{N_{\mathrm{p}}} r_k \sum_{q=1}^{m(k)} \int_{\Gamma_{\mathrm{s}}^{kql}} (p_{\mathrm{g}}^{kq} - p_{\mathrm{l}}^{kq}) n_i^{kql} n_j^{kql} \mathrm{d}\Gamma_{\mathrm{s}}^{kql}$$
$$- \frac{1}{V}\sum_{k=1}^{N_{\mathrm{p}}} r_k \sum_{q=1}^{m(k)} (T_i^{kq1} n_j^{kql1} + T_i^{kq2} n_j^{kql2}) \tag{13.125}$$

令

$$\bar{P}_{ji}^{*} = \frac{1}{V}\sum_{k=1}^{N_{\mathrm{p}}} r_k \sum_{q=1}^{m(k)} \int_{\Gamma_{s}^{kql}} (p_{\mathrm{g}}^{kq} - p_{\mathrm{l}}^{kq}) n_i^{kql} n_j^{kql} \mathrm{d}\Gamma_{\mathrm{s}}^{kql} \tag{13.126}$$

基于平均场理论可表示

$$\bar{P}_{ji}^{*} = \frac{1}{V}\int_V P_{ji}^{*}\mathrm{d}V = \frac{1}{V}\sum_{k=1}^{N_{\mathrm{p}}} \bar{P}_{ji}^{*k} V_{\mathrm{cell}}^{k} \tag{13.127}$$

式中，$\bar{P}_{ji}^{*k}$ 表示第 k 个 Voronoi 胞元的 $\bar{P}_{ji}^{*}$。结合式 (13.126) 和式 (13.127) 可表示

$$\int_V P_{ji}^{*}\mathrm{d}V = \sum_{k=1}^{N_{\mathrm{p}}} r_k \sum_{q=1}^{m(k)} \int_{\Gamma_{\mathrm{s}}^{kql}} (p_{\mathrm{g}}^{kq} - p_{\mathrm{l}}^{kq}) n_i^{kql} n_j^{kql} \mathrm{d}\Gamma_{\mathrm{s}}^{kql} = \sum_{k=1}^{N_{\mathrm{p}}} \bar{P}_{ji}^{*k} V_{\mathrm{cell}}^{k} \tag{13.128}$$

定义第 k 个 Voronoi 胞元中颗粒 k 与其直接相邻颗粒 q 之间的双联液桥毛细压力 p_{c}^{kq} 为

$$p_{\mathrm{c}}^{kq} = p_{\mathrm{g}}^{kq} - p_{\mathrm{l}}^{kq} \tag{13.129}$$

利用式 (13.129)，由式 (13.128) 可表示 $\bar{P}_{ji}^{*k}$ 为

$$\begin{aligned}\bar{P}_{ji}^{*k} =& \frac{r_k}{V_{\mathrm{cell}}^{k}} \sum_{q=1}^{m(k)} \int_{\Gamma_{\mathrm{s}}^{kql}} (p_{\mathrm{g}}^{kq} - p_{\mathrm{l}}^{kq}) n_i^{kql} n_j^{kql} \mathrm{d}\Gamma_{\mathrm{s}}^{kql} \\ =& \frac{r_k^2}{V_{\mathrm{cell}}^{k}} \sum_{q=1}^{m(k)} p_{\mathrm{c}}^{kq} \int_{\Gamma_{\mathrm{s}}^{kql}} n_i^{kql} n_j^{kql} \mathrm{d}\alpha_{kql} = \frac{r_k^2}{V_{\mathrm{cell}}^{k}} \sum_{q=1}^{m(k)} p_{\mathrm{c}}^{kq} F_{ji}^{kql}\end{aligned} \tag{13.130}$$

式中利用了由式 (13.63) 所定义的液桥组构张量 F_{ji}^{kql}（Li et al., 2016）

$$\begin{aligned}F_{ji}^{kql} =& \int_{\Gamma_{\mathrm{s}}^{kql}} n_i^{kql} n_j^{kql} \mathrm{d}\alpha_{kql} = \int_{\alpha_{kq1}}^{\alpha_{kq2}} n_i^{kql} n_j^{kql} \mathrm{d}\alpha_{kql} \\ =& \frac{1}{2}\begin{bmatrix} 2\beta_{kq} + \sin 2\beta_{kq}\cos 2\alpha_{kq} & \sin 2\beta_{kq}\sin 2\alpha_{kq} \\ \sin 2\beta_{kq}\sin 2\alpha_{kq} & 2\beta_{kq} - \sin 2\beta_{kq}\cos 2\alpha_{kq} \end{bmatrix}\end{aligned} \tag{13.131}$$

利用式 (13.127) 和式 (13.130)，可通过每个 Voronoi 胞元中的双联液桥毛细压力 $p_{\rm c}^{k{\rm g}}$ 和液桥组构张量 $F_{ji}^{kq{\rm l}}$ 表示 $\bar{P}_{ji}^{*}$，即

$$\begin{aligned}\bar{P}_{ji}^{*}=&\frac{1}{V}\sum_{k=1}^{N_{\rm p}}r_k\sum_{q=1}^{m(k)}\int_{\Gamma_{\rm s}^{kq{\rm l}}}(p_{\rm g}^{k{\rm g}}-p_{\rm l}^{k{\rm g}})n_i^{kq{\rm l}}n_j^{kq{\rm l}}{\rm d}\Gamma_{\rm s}^{kq{\rm l}}=\frac{1}{V}\int_V p_{ji}^{*}{\rm d}V=\frac{1}{V}\sum_{k=1}^{N_{\rm p}}\bar{P}_{ji}^{*k}V_{\rm cell}^{k}\\=&\frac{1}{V}\sum_{k=1}^{N_{\rm p}}\frac{1}{V_{\rm cell}^{k}}r_k^2\sum_{q=1}^{m(k)}p_{\rm c}^{kq}F_{ji}^{kq{\rm l}}V_{\rm cell}^{k}=\frac{1}{V}\sum_{k=1}^{N_{\rm p}}r_k^2\sum_{q=1}^{m(k)}p_{\rm c}^{kq}F_{ji}^{kq{\rm l}}\end{aligned}\tag{13.132}$$

由表征元内各 Voronoi 胞元的平均毛细压力 $\bar{p}_{\rm c}^{k}(k=1\sim n_{\rm cell})$ 的体积平均定义表征元平均毛细压力 $\bar{p}_{\rm c}$

$$\bar{p}_{\rm c}=\frac{1}{V_{\rm l}}\int_{V_{\rm l}}p_{\rm c}{\rm d}V_{\rm l}=\frac{1}{V_{\rm l}}\sum_{k=1}^{n_{\rm cell}}\bar{p}_{\rm c}^{k}V_{\rm l}^{k}\tag{13.133}$$

类似于式 (13.105) 所示，式 (13.133) 中 $\bar{p}_{\rm c}^{k}$ 可由表征元内第 k 个 Voronoi 胞元内的各双联液桥毛细压力 $p_{\rm c}^{kq}(q=1\sim m(k))$ 的体积平均表示，即

$$\bar{p}_{\rm c}^{k}=\frac{1}{V_{\rm l}^{k}}\sum_{q=1}^{m(k)}p_{\rm c}^{kq}V_{\rm lb}^{kq}\tag{13.134}$$

将式 (13.134) 代入式 (13.133) 得到

$$\bar{p}_{\rm c}=\frac{1}{V_{\rm l}}\int_{V_{\rm l}}p_{\rm c}{\rm d}V_{\rm l}=\frac{1}{V_{\rm l}}\sum_{k=1}^{n_{\rm cell}}\bar{p}_{\rm c}^{k}V_{\rm l}^{k}=\frac{1}{V_{\rm l}}\sum_{k=1}^{n_{\rm cell}}\sum_{q=1}^{m(k)}p_{\rm c}^{kq}V_{\rm lb}^{kq}\tag{13.135}$$

定义联系表征元中任意两个直接相邻颗粒 k 和 q 之间的液桥毛细压力 $p_{\rm c}^{kq}$ 和表征元全域平均毛细压力 $\bar{p}_{\rm c}$ 的张量为毛细压力集中张量 A^{kq}，即

$$p_{\rm c}^{kq}=A^{kq}\bar{p}_{\rm c}\tag{13.136}$$

将式 (13.136) 代入关于 $\bar{P}_{ji}^{*}$ 的式 (13.132) 中最后一个等号后的表达式可得到

$$\bar{P}_{ji}^{*}=\left(\frac{1}{V}\sum_{k=1}^{N_{\rm p}}r_k^2\sum_{q=1}^{m(k)}A^{kq}F_{ji}^{kq{\rm l}}\right)\bar{p}_{\rm c}=\left(\frac{1}{V}\sum_{k=1}^{N_{\rm p}}r_k^2\sum_{q=1}^{m(k)}A^{kq}F_{ji}^{kq{\rm l}}\right)(\bar{p}_{\rm g}-\bar{p}_{\rm l})\tag{13.137}$$

如图 13.5 和式 (13.58) 所示，在式 (13.125) 引入的 $\boldsymbol{T}^{kq1}$ 和 $\boldsymbol{T}^{kq2}$ 可表示为

$$\boldsymbol{T}^{kq1}=\gamma\left\{\begin{array}{c}\cos\left(\alpha_{kq1}+\dfrac{\pi}{2}-\theta\right)\\\sin\left(\alpha_{kq1}+\dfrac{\pi}{2}-\theta\right)\end{array}\right\},\quad \boldsymbol{T}^{kq2}=\gamma\left\{\begin{array}{c}\cos\left(\alpha_{kq2}-\dfrac{\pi}{2}+\theta\right)\\\sin\left(\alpha_{kq2}-\dfrac{\pi}{2}+\theta\right)\end{array}\right\} \tag{13.138}$$

利用式 (13.138), 式 (13.125) 等号右端最后一项可表示为

$$\sum_{q=1}^{m(k)}(T_i^{kq1}n_j^{kgl1}+T_i^{kq2}n_j^{kgl2})=\sum_{q=1}^{m}\gamma F_{ji}^{kq\gamma} \tag{13.139}$$

式中

$$F_{ji}^{kq\gamma}=\begin{bmatrix}\sin\theta+\sin(\theta+2\beta_{kq})\cos 2\alpha_{kq} & \sin(\theta+2\beta_{kq})\sin 2\alpha_{kq}\\ \sin(\theta+2\beta_{kq})\sin 2\alpha_{kq} & \sin\theta-\sin(\theta+2\beta_{kq})\cos 2\alpha_{kq}\end{bmatrix} \tag{13.140}$$

将式 (13.126)，式 (13.137) 和式 (13.139) 代入式 (13.125) 可得到基于表征元介观结构和响应的有效压力张量

$$\bar{P}_{ji}=\bar{p}_{\rm g}\delta_{ji}-(\bar{p}_{\rm g}-\bar{p}_{\rm l})\bar{\phi}\bar{S}_{\rm l}\delta_{ji}-\left(\frac{1}{V}\sum_{k=1}^{N_{\rm p}}r_k^2\sum_{q=1}^{m(k)}A^{kq}F_{ji}^{kql}\right)(\bar{p}_{\rm g}-\bar{p}_{\rm l})-\frac{1}{V}\sum_{k=1}^{N_{\rm p}}r_k\sum_{q=1}^{m(k)}\gamma F_{ji}^{kq\gamma} \tag{13.141}$$

它可以表示为各向同性和各向异性两部分之和，即

$$\bar{P}_{ji}=\bar{P}_{ji}^{\rm iso}+\bar{P}_{ji}^{\rm aniso} \tag{13.142}$$

式中

$$\bar{P}_{ji}^{\rm iso}=\bar{p}_{\rm g}\delta_{ji}-(\bar{p}_{\rm g}-\bar{p}_{\rm l})\bar{\phi}\bar{S}_{\rm l}\delta_{ji}=(\bar{\phi}\bar{S}_{\rm l}\bar{p}_{\rm l}+(1-\bar{\phi}\bar{S}_{\rm l})\bar{p}_{\rm g})\delta_{ji}=(\bar{\chi}\bar{p}_{\rm l}+(1-\bar{\chi})\bar{p}_{\rm g})\delta_{ji} \tag{13.143}$$

$$\bar{p}_{ji}^{\rm aniso}=-\left(\frac{1}{V}\sum_{k=1}^{N_{\rm p}}r_k^2\sum_{q=1}^{m(k)}A^{kq}F_{ji}^{kql}\right)(\bar{p}_{\rm g}-\bar{p}_{\rm l})-\frac{1}{V}\sum_{k=1}^{N_{\rm p}}r_k\sum_{q=1}^{m(k)}\gamma F_{ji}^{kq\gamma} \tag{13.144}$$

式 (13.143) 所定义的各向同性部分 $\bar{P}_{ji}^{\mathrm{iso}}$ 仅与表示表征元中孔隙流相介观结构的局部孔隙度 ϕ 和局部饱和度 S_l 的体积平均 $\bar{\phi}$,$\bar{S}_\mathrm{l}$ 和表示表征元中孔隙流相介观响应的局部液相压力 p_l 和局部气相压力 p_g 的体积平均 $\bar{p}_\mathrm{l}$,$\bar{p}_\mathrm{g}$ 有关；式 (13.143) 中同时定义了平均 Bishop 参数 $\bar{\chi}=\bar{\phi}\bar{S}_\mathrm{l}$。而式 (13.144) 所定义的各向异性部分 $\bar{p}_{ji}^{\mathrm{aniso}}$ 则不仅与表征元内局部毛细压力的体积平均 $(\bar{p}_\mathrm{g}-\bar{p}_\mathrm{l})$ 有关，同时与导致有效压力张量各向异性和反映表征元内孔隙流相局部介观结构分布的各双联液桥毛细压力集中张量 A^{kq} 和组构张量 $F_{ji}^{kq\mathrm{l}}$,$F_{ji}^{kq\gamma}$ 相关联。

本节导出的基于非饱和颗粒材料表征元介观水力–力学信息的有效应力和有效压力不仅可用于表征含液颗粒材料在具有复杂介观结构的宏观非饱和多孔连续体局部材料点处的水力–力学响应；同时，它也可以在利用协同计算均匀化方法的非饱和颗粒材料的水力–力学响应计算多尺度模拟中被上传到设置了表征元的非饱和多孔连续体有限元网格的积分点。

13.3.4 讨论与小结

在 13.3 节中提出了非饱和颗粒材料表征元的 Voronoi 胞元离散网格模型，基于介观水力–力学信息和平均场理论导出了非饱和多孔介质的有效应力张量 $\bar{\sigma}_{ji}'$ 和非混溶两相孔隙流体有效压力张量 $\bar{P}_{ji}$。

式 (13.116) 表明，基于介观水力–力学信息的非饱和颗粒材料在宏观非饱和多孔连续体尺度中的 Cauchy 有效应力张量 $\bar{\sigma}_{ji}'$ 与基于介观水力–力学信息的饱和颗粒材料在宏观饱和多孔连续体尺度中 Cauchy 有效应力张量 $\bar{\sigma}_{ji}'$ 具有类似于基于介观力学信息的“干”(即不考虑孔隙流体效应）颗粒材料在宏观“干”多孔连续体尺度中 Cauchy 应力张量 $\bar{\sigma}_{ji}$ 的表达式。它们均仅依赖于表征元中每两个直接相邻接触颗粒间相对运动所致的接触力与接触方向，与表征元中孔隙流体的存在与否无直接关联。

Li et al.(1990; 1992), Schrefler and Zhan(1993), Lewis and Schrefler(1998), Zienkiewicz et al.（1999）把饱和多孔连续体的 Biot 有效应力概念拓展应用于非饱和多孔连续体，在非饱和多孔连续体广义 Biot 理论中提出了以 Biot 有效应力–应变本构张量把广义 Biot 有效应力与多孔介质的固体骨架应变张量相关联。在 $\sigma_{ji}'=\sigma_{ji}+P_{ji}$ 中有效压力张量 P_{ji} 表达式 (13.45) 没能从概念上正确引入非混溶两相孔隙流体对非饱和多孔连续体中水力–力学响应具有十分重要效应的吸力 $(p_\mathrm{g}-p_\mathrm{l})$ 项。在稍后为非饱和多孔连续体提出的双变量理论（Fredlund and Rahardjo, 1993; 沈珠江, 2000）中摒弃了饱和多孔连续体中的 Biot 有效应力概念，提出了如式 (13.44) 所示将 Biot 有效应力剖分为由新引入的净应力（net stress）张量 $(\sigma_{ji}+p_\mathrm{g}\delta_{ji})$ 和吸力张量 $Q_{ji}=-(p_\mathrm{g}-p_\mathrm{l})\chi\delta_{ji}$ 所定义的“双变量”。

然而，如式 (13.44)~ 式 (13.46) 所示，无论在非饱和多孔连续体中采用以固体骨架应变张量和 Biot 有效应力-应变本构张量定义的广义 Biot 有效应力张量作为固体骨架的应力度量，或者如在双变量理论中以应变–净应力本构张量及应变–吸力本构张量分别与净应力张量及吸力张量点积之和表达固体骨架应变张量（沈珠江, 2000, 第 231 页），均意味着假定了采用如式 (13.45) 所示的以 Bishop 参数作为加权系数的各向同性有效压力张量 P_{ji} 表达式。

作为表征非混溶两相孔隙流体对非饱和多孔连续体水力效应的有效压力张量 P_{ji} 的表达式 (13.45) 仅与非饱和多孔连续体局部材料点处的孔隙液–气相压力 $p_{\rm l}, p_{\rm g}$ 和 Bishop 参数 χ 有关，不能理性及正确地反映局部材料点处的固–液–气三相介观结构和非混溶两相孔隙流体的吸力效应。非饱和多孔连续体框架下在唯象和假定基础上定义的 P_{ji} 缺乏足够的物理根据，它是采用广义 Biot 有效应力或采用净应力和吸力双应力变量的非饱和多孔连续体理论中共同存在的问题。

对具有介观结构的非饱和颗粒材料表征元导出的式 (13.141) 所示非饱和多孔介质有效压力张量 $\bar{P}_{ji}$ 中包含了反映吸力 $(\bar{p}_{\rm g}-\bar{p}_{\rm l})$ 的各向异性效应的项。此结果表明在非饱和多孔连续体理论中把总 Cauchy 应力剖分为固相骨架承受的广义 Biot 有效应力和非混合两相流体对非饱和多孔连续体承载能力所贡献的 P_{ji}，即定义 $\sigma_{ji}=\sigma'_{ji}-P_{ji}$，并没有问题。本节基于对非饱和颗粒材料表征元的介观水力–力学分析所得的 $\bar{\sigma}_{ji}=\bar{\sigma}'_{ji}-\bar{P}_{ji}$ 中的 $\bar{\sigma}'_{ji}$ 和 $\bar{P}_{ji}$ 表达式已对此问题给出了定量的解答。

需要指出，式 (13.116) 所显示的广义 Biot 有效应力仅依赖于表征元中每两个直接相邻接触颗粒间相对运动的接触力和接触力方向这一特征揭示了基于介观水力–力学分析的非饱和多孔介质的有效 Cauchy 应力 $\bar{\sigma}'_{ji}$ 能反映它作为总 Cauchy 应力 $\bar{\sigma}_{ji}$ 中固体骨架所承受部分的介观机理。而基于介观水力–力学分析的表征元平均净应力张量 $(\bar{\sigma}_{ji}+\bar{p}_{\rm g}\delta_{ji})$ 并不具有明确的介观机理。

对比式 (13.141) 所示基于介观水力–力学模型的非饱和多孔介质有效压力张量 $\bar{P}_{ji}$ 和式 (13.45) 与式 (13.43) 所示基于非饱和多孔连续体理论的非饱和多孔介质有效压力张量 P_{ji}，可以得到如下进一步的结论：

（1）$\bar{P}_{ji}$ 是表征围绕局部材料点处液桥分布、液桥毛细力分布、固体颗粒及接触状态分布等介观结构和响应的各向异性张量。$\bar{P}_{ji}$ 的各向异性特征意味着非混溶孔隙液–气相不仅对非饱和多孔连续体有效应力的法应力分量的影响呈各向异性、同时也对它的剪切应力分量有影响。

（2）式 (13.143) 所示的 $\bar{P}_{ji}$ 中各向同性部分 $\bar{P}^{\rm iso}_{ji}$ 与式 (13.45) 所示的各向同性张量 P_{ji} 具有类似形式的表达式。$\bar{P}^{\rm iso}_{ji}$ 中的表征元平均孔隙液–气相压力 $\bar{p}_{\rm l},\bar{p}_{\rm g}$ 相应于 $\bar{P}_{ji}$ 中的非饱和多孔连续体局部材料点的 $p_{\rm l},p_{\rm g}$；但 $\bar{P}^{\rm iso}_{ji}$ 中的表征元平均 Bishop 参数 $\bar{\chi}$ 由介观水力–力学模型和平均场理论导出，为表征元平均液相饱和度 $\bar{S}_{\rm l}$ 和表征元平均孔隙度 $\bar{\phi}$ 的乘积，即 $\bar{\chi}=\bar{\phi}\bar{S}_{\rm l}$；而式 (13.45) 中所示非饱

和多孔连续体理论中定义的 Bishop 参数基于唯象模型假定，当非饱和多孔连续体中的干、湿相孔隙流体分别为孔隙气和孔隙水时，通常选取 $\chi = S_\mathrm{l}$（Li and Zienkiewicz, 1992; Lewis and Schrefler, 1998; Zienkiewicz et al., 1999），与非饱和多孔连续体局部材料点的孔隙度 ϕ 无关。事实上，虽然式 (13.144) 被简单地归结为有效压力张量的各向异性部分，但如式 (13.86) 所示，式 (13.144) 中包含了没有被分离出来的依赖于非饱和颗粒材料表征元介观结构与介观响应参数的各向同性部分。因此，不能因为 $\bar{P}_{ji}^{\mathrm{iso}}$ 与式 (13.45) 所示非饱和多孔连续体中唯象假定的各向同性有效压力张量 P_{ji} 在形式上的类似性而忽视了非饱和多孔连续体中唯象假定的标量有效压力定义及 Bishop 参数的局限性、不合理性和不准确性。

非饱和颗粒材料表征元中由每两个直接相邻颗粒间的接触状态和双联液桥的存在或失效表征的水力–力学介观结构以及由每两个直接相邻颗粒间的接触力值与液桥力值表征的水力–力学状态量及其随时间的变化，将由非饱和颗粒材料表征元的离散颗粒–液桥–液膜模型计算确定（Zhang et al., 2022；杜友耀和李锡夔, 2015）。

13.4 总结与讨论

考虑饱和多孔介质中由孔隙液体压力引起的固体颗粒压缩体积变形，Zienkiewicz et al.（1984; 1999）引入了饱和多孔介质的广义有效应力概念和相关联的 Biot 系数。由饱和多孔介质多孔连续体理论导出的 Biot 系数为仅依赖于多孔连续体体积模量与单个固体颗粒材料体积模量之比的常数。

基于介–宏观均匀化过程和 Voronoi 胞元模型，本章论证了表示广义有效应力的 Biot 系数应是一个变系数，不仅依赖于等效多孔连续体和单个固体颗粒的体积模量，同时还与两者的当前局部状态变量、即与等效多孔连续体局部材料点的当前体积应变和在该材料点处单个颗粒在静水压力作用下的当前压缩体积变形有关。一般情况下，按所建议的基于介观水力–力学模型计算的 Biot 系数远比按照饱和多孔连续体模型所得 Biot 系数接近于 1。

在非饱和多孔连续体理论中定义非混溶孔隙液–气相压力的加权平均为孔隙液–气相混合体的孔隙流体有效压力。它对作用于非饱和多孔连续体固体骨架有效应力的效应假定为各向同性。孔隙液–气相压力的加权系数由作为标量的依赖于介质饱和度的 Bishop 参数表示，有效压力张量假定为对角线张量。但将饱和多孔连续体中仅有单一饱和孔隙液体情况下定义的孔隙液体压力效应和有效压力概念推广到非饱和多孔连续体的论据不十分清楚。在多孔连续体理论框架中所建议的各种不同的非饱和多孔介质有效应力和 Bishop 参数定义存在争议。

本章基于 Voronoi 胞元介观水力–力学模型所导出的非饱和多孔介质非混溶

两相孔隙流体有效压力张量表明，一般地它是表征围绕局部材料点处液桥分布、液桥毛细力分布、固体颗粒及接触状态分布等介观结构和介观结构响应的各向异性张量。考虑退化的各向同性情况，本章证明基于介观水力–力学模型所导出的非饱和多孔介质孔隙流体有效压力张量的标量形式与在非饱和多孔连续体模型中唯象假定的有效压力标量形式相同。关键区别在于 Bishop 参数。本章中给出的 Bishop 参数是基于由含液离散颗粒系统到多孔多相连续体的介–宏观均匀化过程导出，而非唯象地假定。所导出的 Bishop 参数不仅与非饱和多孔连续体的孔隙度 ϕ 和饱和度 S_{l} 有关，且与描述非饱和 Voronoi 胞元介观结构的参数 r, θ, m 等有关。而在非饱和多孔连续体理论中引入的 Bishop 参数为唯象的假定，同时它不能反映非饱和多孔介质介观结构对 Bishop 参数的影响。

本章 13.3 节提出了利用非饱和颗粒材料介观 Voronoi 胞元模型作为一个参考 Voronoi 样本单元构建以 Voronoi 网格划分的非饱和离散颗粒集合体表征元模型；并基于均匀化过程导出非饱和颗粒材料中具有非均匀复杂固–液–气三相介观结构的局部材料点的各向异性有效压力张量。基于非饱和颗粒材料表征元介观水力–力学信息的非饱和多孔介质有效应力张量 $\bar{\sigma}'_{ji}$ 和非混溶两相孔隙流体有效压力张量 $\bar{P}_{ji}$（包括反映有效压力各向同性效应的 Bishop 参数）及其变化将可定量确定，并可在以协同计算均匀化方法（Li et al., 2010; 2020）为代表的非饱和颗粒材料计算多尺度方法中由表征元上传到宏观尺度非饱和多孔介质局部材料点。

参考文献

杜友耀, 李锡夔, 2015. 二维液桥计算模型及湿颗粒材料离散元模拟. 计算力学学报, 32: 496–502.

李锡夔, 杜友耀, 段庆林, 2016. 基于介观结构的饱和与非饱和多孔介质有效应力. 力学学报, 48: 29–39.

李锡夔, 张松鸽, 楚锡华, 2023. 非饱和颗粒材料的多孔连续体有效压力与广义 Biot 应力. 力学学报, 55: 458–469.

邵龙潭, 郭晓霞, 2014. 有效应力新解. 北京: 中国水利水电出版社.

沈珠江, 2000. 理论土力学. 北京：中国水利水电出版社.

Alonso-Marroquin F, 2011. Static equations of the Cosserat continuum derived from intra-granular stresses. Granul. Matter, 13: 189–196.

Auriault J L, 1987. Nonsaturated Deformable Porous Media: Quasistatics. Transport in Porous Media, 2: 45–64.

Auriault J L, Sanchez-Palencia E, 1977. Etude du comportement macroscopique d'un milieu poreux sature deformable. Journal de Mecanique, 16: 575–603.

Biot M A, 1941. General theory of three-dimensional consolidation. J. Appl. Phys., 12: 155–164.

Biot M A, 1956. Theory of propagation of elastic waves in a fluid saturated porous solid. J. Acoust. Soc. Am., 28: 168–191.

Biot M A, 1962a. Mechanics of deformation and acoustic propagation in porous media. J. Appl. Phys., 33: 1482–1498.

Biot M A, 1962b. Generalized theory of acoustic propagation in porous media. J. Acoust. Soc. Am., 34: 1254–1264.

Bishop A W, 1959. The principle of effective stress. Teknisk Ukeblad., 106: 859–863.

Bishop A W, Blight G E, 1963. Some aspects of effective stress in saturated and partly saturated soils. Geotechnique, 13: 177–197.

Chang C S, Kuhn M R, 2005. On virtual work and stress in granular media. Int J Solids Struct., 42: 3773–3793.

Coussy O, 1995. Mechanics of Porous Continua. Chichester: Wiley.

Ehlers W, Ramm E, Diebels S, et al., 2003. From particle ensembles to Cosserat continua: homogenization of contact forces towards stresses and couple stresses. Int J Solids Struct., 40: 6681–6702.

El Shamy U, Groger T, 2008. Micromechanical aspects of the shear strength of wet granular soils. Int J Numer Anal Meth Geomech., 32: 1763–1790.

Fredlund D G and Rahardjo H, 1993. Soil Mechanics for Unsaturated Soils. New York: John Wiley & Sons, Inc.

Gray W G, Miller T C, 2014. Introduction to the Thermodynamically Constrained Averaging Theory for porous medium systems. Switzerland: Springer.

Gray W G, Schrefler B A, 2001. Thermodynamic approach to effective stress in partially saturated porous media. Eur. J. Mech. A: Solids, 20: 521–538.

Gray W G, Schrefler B A, 2007. Analysis of the solid phase stress tensor in multiphase porous media. Int. J. Numer. Anal. Meth. Geomech., 31: 541–581.

Hicher P Y, Chang C S, 2007. A microstructural elastoplastic model for unsaturated granular materials. Int. J. Solids Struct., 44: 2304–2323.

Hicher P Y, Chang C S, 2008. Elastic model for partially saturated granular materials. J. Eng. Mech., 134: 505–513.

Hill R, 1963. Elastic properties of reinforced solids: some theoretical principles. J. Mech. Phys. Solids, 11: 357–372.

Hotta K, Takeda K, Iionya K, 1974. The capillary binding force of a liquid bridge. Powder Technol., 10: 231–242.

Kytomaa H, Kataja M, Timonen J, 1997. On the effect of pore pressure on the isotropic behavior of saturated porous media. J. Appl. Phys., 24: 7148–7152.

Lewis R W and Schrefler B A, 1998. The Finite Element Method in the Static and Dynamic Deformation and Consolidation of Porous Media. Second Edition. England: John Wiley & Sons Ltd.

Li X K, Du Y Y, Duan Q L, 2013. Micromechanically informed constitutive model and anisotropic damage characterization of Cosserat continuum for granular materials. Int. J. Damage Mech., 22: 643–682.

Li X K, Du Y Y, Zhang S G, Duan Q L, Schrefler B A, 2016. Meso-hydro-mechanically informed effective stresses and effective pressures for saturated and unsaturated porous media. European Journal of Mechanics A/Solids, 59: 24–36.

Li X K, Liu Q P, Zhang J B, 2010a. A micro–macro homogenization approach for discrete particle assembly–Cosserat continuum modeling of granular materials. Int. J. Solids Struct., 47: 291–303.

Li X K, Zhang X, Zhang J B, 2010b. A generalized Hill's lemma and micromechanically based macroscopic constitutive model for heterogeneous granular materials. Comput. Methods Appl. Mech. Eng., 199: 3137–3152.

Li X K, Zienkiewicz O C, 1992. Multiphase flow in deforming porous media and finite element solutions. Comput. Struct., 45:, 211–227.

Li X K, Zienkiewicz O C, Xie Y M, 1990. A numerical model for immiscible two-phase fluid flow in a porous medium and its time domain solution. Int. J. for Numerical Methods in Eng., 30: 1195–1212.

Li X S, 2003. Effective stress in unsaturated soil: a microstructural analysis. Geotechnique, 53: 273–277.

Lu N, Likos W J, 2006. Suction stress characteristic curve for unsaturated soil. J. Geotech. Geoenviron. Eng., 132: 131–142.

Nemat-Nasser S, Hori M, 1999. Micromechanics: Overall Properties of Heterogeneous Materials. Amsterdam: Elsevier.

Oda M, Iwashita K, 1999. Mechanics of Granular Materials: An Introduction. Rotterdam: A., A. Balkema.

Onck P R, 2002. Cosserat modeling of cellular solids. C. R. Méc., 330: 717–722.

Pasternak E, Muhlhaus H B, 2005. Generalised homogenisation procedures for granular materials. J. Eng. Mathematics, 52: 199–229.

Qu J M and Cherkaoui M, 2006. Fundamentals of Micromechanics of Solids. New Jersey: John Wiley & Sons , Inc.

Richefeu V, El Youssoufi M S, Peyroux R, Radjai F, 2008. A model of capillary cohesion for numerical simulations of 3D polydisperse granular media. Int. J. Numer. Anal. Meth. Geomech., 32: 1365–1383.

Scholtes L, Hicher P Y, Nicot F, et al., 2009. On the capillary stress tensor in wet granular materials. Int. J. Numer. Anal. Meth. Geomech., 33: 1289–1313.

Schrefler B A and Zhan X Y, 1993. A fully coupled model for water flow and airflow in deformable porous media. Water Resour Res, 29: 155–67.

Skempton A W, 1960. Effective stress in soils, concrete and rock, in: Proc. Conf. on Pore Pressure and Suction in Soils. Butterworth, pp. 4–16.

Soulié F, Cherblanc F, El Youssoufi M S, Saix C, 2006. Influence of liquid bridges on the mechanical behaviour of polydisperse granular materials. Int. J. Numer. Anal. Meth. Geomech., 30: 213–228.

Terzaghi K, 1936. The shearing resistance of saturated soils. Proc. 1st ICSMFE. 1, 54–56.

Urso M E D, Lawrence C J, Adams M J, 1999. Pendular funicular and capillary bridges: results for two dimensions. J. Colloid Interface Sci., 220: 42–56.

Urso M E D, Lawrence C J, Adams M J, 2002. A two-dimensional study of the rupture of funicular liquid bridges. Chem. Eng. Sci., 57: 677–692.

Walsh S D C, Tordesillas A, Peters J F, 2007. Development of micromechanical models for granular media: the projection problem. Granul. Matter, 9: 337–352.

Zhang S G, Li X K, Du Y Y, 2022. A numerical model of discrete element - liquid bridge – liquid thin film system for wet deforming granular medium at low saturation. Powder Technology, 399: 117217.

Zienkiewicz O C, Chan A H C, Pastor M, Schrefler B A, Shiomi T, 1999. Computational Geomechanics with Special Reference to Earthquake Engineering. Chichester: Wiley.

Zienkiewicz O C, Shiomi T, 1984. Dynamic behavior of saturated porous media: the generalized Boit formulation and its numerical solution. Int. J. Numer. Anal. Meth. Geomech., 8: 71–96.

第 14 章　非饱和颗粒材料的离散元–液桥–液体薄膜模型

非饱和颗粒材料广泛存在于岩土力学、生物力学、增材制造等诸多材料与工程学科中。从介观角度审视，它由固相离散颗粒集合体和填充于颗粒间隙的两相（或多于两相）非混合间隙液体（通常为气体和液体）构成。间隙液体的存在影响着离散固体颗粒集合体的力学行为（Pierrat and Caram, 1997; Richefeu et al., 2006; Than et al., 2017）。存在于间隙空间的液体的介观结构随着含液量的增加可依次分类为摆动（pendular state）、悬索（funicular state）直至孔隙被液体几乎完全或完全填充的毛细（capillary state）、浸润形态（droplet state），如图 13.1 所示（Urso et al., 1999; EI Shamy and Groger, 2008）。

当含液量较少（饱和度约低于 30%），孔隙液体通常以摆动状态、即以每两个直接相邻颗粒间（不必一定处于接触状态）的双联模式液桥形态存在，如图 13.1(a) 所示（EI Shamy and Groger, 2008）。双联模式液桥的基本特点是每个单个双联液桥仅连接两个直接相邻固体颗粒。当间隙液体以液桥模式存在时，液体对颗粒集合体的影响通过液桥力体现。液桥力值与液桥局部处的液体表面张力以及气、液压力差相关。

本章将介绍一个低液相饱和度的湿离散颗粒集合体表征元中水力–力学行为分析的介观水力–力学耦合模型。在模型中固相颗粒模型化为离散颗粒集合体，而液相介观结构由每两个直接相邻颗粒间的双联液桥和游离于液桥外并粘附在固体颗粒表面上的液体薄膜构成。固体颗粒上液体薄膜的厚度依赖于固体颗粒的材料亲水性。它在模型中起到连接表征元中每两个相邻但间断分布的液桥的作用，并使两个间断分布的相邻液桥间在其液体压力差驱动下的液桥间液体传输在物理机制上合乎逻辑。

忽略游离于液桥外粘附在颗粒表面的液体薄膜在固体颗粒表面上的毛细效应。本章把基于 Cundall and Strack（1979）的离散单元法模型所发展的包含了颗粒间滚动摩擦力和滚动摩擦阻矩的离散元模型（Li et al., 2005）拓展到计及双联液桥和液体薄膜效应而发展的含液离散元模型。对具有离散颗粒和离散双联液桥液体薄膜介观结构的非饱和颗粒材料建立模拟水力–力学行为的离散元–液桥–液体薄膜模型（Zhang et al., 2022）。

为发展非饱和颗粒材料离散元–液桥–液体薄膜模型，首先推导基于双联液桥构形的液桥毛细力公式，并建立控制双联液桥存在或断裂的稳定性条件（杜友耀和李锡夔，2015）。双联液桥构形由 Laplace-Young 方程（Fisher, 1926; Erle et al., 1971; Orr et al., 1975）描述。Laplace-Young 方程给出了液桥平均曲率和表面张力与液–气相压力差之间的联系，并精确地描述了液桥毛细力和液桥断裂距离等双联液桥特性参数。许多工作致力于发展求解 Laplace-Young 方程的数值方法以较高精度地确定液桥外形和毛细力值（Erle et al., 1971; De Bisschop et al., 1982; Lian et al., 1993; Mikami et al., 1998; Willett et al., 2000; Soulie et al., 2006）。

Lian et al.（1993）针对两个具有相同半径的球形颗粒间双联液桥，建议了一个用于求解（非线性）Laplace-Young 方程的递推迭代方案；在所建议方案中给定液桥的半填充角和接触角，计算液桥弯月面的颈部半径和无量纲平均曲率。Soulie et al.（2006）则提出了对两个具有不同半径的球形颗粒间双联液桥求解 Laplace-Young 方程的迭代方案；在所建议方案中给定参数为液桥的两个不同半填充角值之一和毛细压力相对表面张力之比，有待确定和计算的变量为颗粒间距、液桥体积和毛细压力。

假定低饱和度含液颗粒材料中含液量小，因而可略去其重力影响。此时二维双联液桥的液–气界面可处理为圆弧，即沿液桥弯月面的表面曲率为常数，因而二维液桥外形能由 Laplace-Young 方程的精确求解过程确定（杜友耀和李锡夔，2015）。

一般地，两个直接相邻颗粒间双联液桥的毛细力依赖于随颗粒间距和颗粒间隙液体体积变化而变化的液桥构形（Willett et al., 2000; 杜友耀和李锡夔, 2015）。毛细力的计算可以利用基于液桥颈部作用力的 Gorge 方法（如图 14.1(b)），或如图 14.1(a) 所示，计算在液桥与两个颗粒表面接触界面处分布液桥作用力和表面张力 γ 在颗粒形心连线方向合力的直接法。

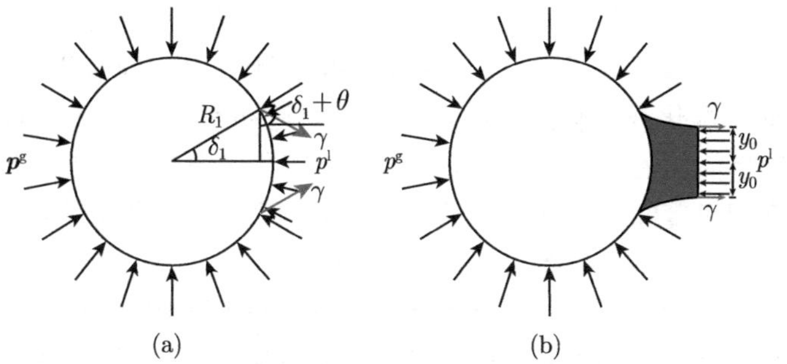

图 14.1　液桥力计算方法示意图

(a) 直接法；(b) Gorge 法

对于给定的在两个具有不同半径的圆形颗粒间二维双联液桥，两颗粒半径、表面张力和接触角已知，表征元的内部两颗粒间和边界颗粒与模拟为虚拟颗粒的表征元边界间接触点间的液桥可分别通过如下两个方案计算其特征几何参数和液桥毛细力：

（I）饱和度驱动方案。此方案中指定液桥体积和两颗粒间距。两个半填充角、液–气相压力差（吸力）、液桥颈部半径和毛细力有待确定。

（II）吸力驱动方案。此方案中指定液–气相压力差（吸力）和两颗粒间距。两个半填充角、液桥体积、液桥颈部半径和毛细力有待确定。

除计算液桥力值，还需研究双联液桥的稳定性条件（Orr et al., 1975; Gao, 1997; Soulié et al., 2006）。液桥的稳定性条件可陈述为：颗粒间距应小于一定临界值以保证颗粒间双联液桥存在。对于一个具有一定液体体积量的液桥，当颗粒间距增加到超过一定临界值时液桥将断裂，称之为失稳。Erle et al.（1971）和 De Bisschop and Rigole（1982）利用 Gibbs 自由能变分的充要条件导出了双联液桥的稳定性条件。他们发现，当颗粒间距增加，Laplace-Young 方程的两个数值解将收敛到同一解，此时的颗粒间距值被称为临界距离。当颗粒间距超过此临界距离，液桥断裂将发生。Lian et al.（1993）提出了由液桥体积和接触角表示、而没有关联到颗粒尺寸的确定液桥断裂距离的断裂准则。Willet et al.（2000）基于实验结果发展了计算两个不同尺寸球形颗粒间双联液桥断裂距离的闭合近似。杜友耀和李锡夔（2015）研究了颗粒尺寸对液桥断裂距离的效应，获得了依赖于三相接触角、颗粒半径和液桥体积的液桥临界断裂距离的拟合公式。

本章将介绍所发展的一个二维双联液桥计算模型。该模型将计算两不等颗粒半径的颗粒间依赖于颗粒半径、颗粒间距、液桥含液量和液体表面张力、液–气–固三相接触角等流–固相互作用材料参数的液桥几何特征参数（如半填充角，液桥颈部厚度等）和液桥力；并进而讨论与液桥体系稳定性相关的单个二维双联液桥的临界断裂距离（杜友耀和李锡夔, 2015）。

表征元内间隙液体的介观结构演变对揭示非饱和颗粒材料局部点处水力–力学行为的机理起到重要作用。处于摆动状态的低饱和度间隙液相的传质过程的机制为伴随表征元湿化或干化过程的颗粒间相对运动所驱动的液桥断裂和/或重生成以及相邻液桥间的液体传输。需要发展间隙液体在介观尺度的质量重分配方案，并进一步把介观尺度间隙液体分布的演变与低饱和度的非饱和多孔连续体（Li et al., 1990; Coussy, 1995）中渗流过程联系起来。

Muguruma et al.（2000），杜友耀和李锡夔（2015）假定间隙液体以双联液桥形式分布在每两个直接相邻颗粒间，而略去了以游离于液桥之外粘附在颗粒其余表面上的液体薄膜的存在。Soulié et al.（2006）和 Richefeu et al.（2008）指出，包含在一个液桥的液体体积依赖于平均颗粒尺寸。

不同于先前没有考虑时间相关瞬时孔隙液体流动的研究工作（Muguruma et

al., 2000; Soulié et al., 2006; Richefeu et al., 2008; Scholtès et al., 2009a; 杜友耀和李锡夔, 2015; Durieza et al., 2017），大量实验研究（Kohonen et al., 2004; Sheel et al., 2008; Lukyanov et al., 2012）表明，由相邻液桥毛细压力差驱动并经由存在于粗糙颗粒表面的液体薄膜的间隙液体流动将影响间隙液体在非饱和颗粒材料中的重分布。Gili and Alonso （2002）定义了非饱和颗粒材料中三个离散元素：颗粒、以离散形式存在的弯月面形状间隙液体元、孔隙。利用公式以一定方式表示它们之间的相互作用，他们提出了一个基于介观水力–力学机理、计入颗粒间相互作用力、孔隙液体传输机制及其相互作用的耦合离散体系模型，并将模型用以研究非饱和颗粒土的基本行为。Mani et al.（2013; 2015）指出了驱动孔隙液体重分布的两个相关机制：液桥断裂和相邻液桥间隙液体的局部传输。

尽管至今在理解非饱和颗粒材料中间隙液体的分布和演化取得一定进展，但许多细节仍不清楚。本章中将介绍一个模拟低饱和度下由随时间变化的水力–力学边界条件驱动的表征元中间隙液体分布演化的数值方案。在此数值方案中假定间隙液体质量传输由如下三个机理控制：

（1）两个直接相邻颗粒相对运动以及/或引起液桥含液量降低的局部干化过程所导致的双联液桥断裂。也即当两直接相邻颗粒间距超过与液桥含液量相关的临界断裂距离，连接两个直接相邻颗粒的液桥断裂，包含在断裂液桥中的间隙液体的一部分将重分布到该断裂液桥的相邻液桥中，而另一部分将根据颗粒材料的亲水性在相关颗粒表面段上形成液体薄膜。

（2）双联液桥的生成或重生成。对于在增量步起始时刻并不存在双联液桥连接的两个直接相邻颗粒，在增量过程中它们趋向于相互接触的相对运动将使以液体薄膜存在和粘附在两颗粒的邻近表面区域的间隙液体被瞬时吸入和形成两颗粒间的新液桥。

（3）受两个直接相邻液桥之间液体压力差驱动，由一个具有较高液压（当气压保持常数时，即具有较低毛细压力) 的液桥向它的具有较低液压（当气压保持常数时，即具有较高毛细压力）的某个直接相邻液桥的液体传输。这意味着在两个直接相邻液桥之间的颗粒表面上存在一个通过液体薄膜实现液体传输的渠道。受两液桥间压力差驱动，由 Poiseuille 类方程可近似估计由一个液桥向另一个液桥传输的液体体积。注意到不同于（1）和（2）中描述的由液桥断裂和液桥生成（重生成）的液体质量传输的瞬时性，由相邻液桥之间液体压力差驱动的液体质量传输不是瞬时的，而是依赖于时间的质量传输过程。

本章将针对以双联液桥–液膜模型描述液相介观结构的低饱和度非饱和颗粒材料开展水力–力学行为的介观模拟研究；建立对固相采用离散颗粒模型，对液相采用所建立离散液桥–液膜系统模型模拟低饱和度颗粒材料水力–力学行为的含液离散元法（Zhang et al., 2022; 杜友耀和李锡夔, 2015）。

为开始非饱和颗粒材料介观表征元的水力–力学耦合过程初边值问题数值模拟过程，将在给定表征元初始平均液相饱和度条件下首先建立确定湿离散颗粒表征元中以双联液桥和液体薄膜表征的液相初始介观结构的数值方案。湿颗粒材料表征元在给定的随时间变化的水力–力学边界条件驱动下，含液离散元法将模拟和追踪与固体颗粒运动和液桥断裂与液桥再生成相伴随的间隙液体迁移过程以及表征元作为整体的“排水”和“吸水”过程。

增量载荷步数值模拟中确定两个直接相邻固体颗粒间的间距和包含于其间双联液桥（若存在的话）中的间隙液体体积是一个非线性求解过程，需要对两直接相邻固体颗粒设计一个与接触力更新相耦合的颗粒间双联液桥毛细力更新的迭代过程。在这个迭代过程中，控制与固体离散颗粒运动耦合的液桥–液体薄膜系统演变和间隙液体在颗粒间隙中流动的机制为：（1）液桥的断裂；（2）液桥的生成和/或再生成；（3）两个相邻液桥间的液体传输。

14.1　二维双联液桥计算模型：液桥几何、液桥力和液桥断裂准则

14.1.1　二维双联液桥的几何描述

两个直接相邻颗粒间存在的间隙液体在液–气–固相交汇处形成的表面张力 γ 和液–气相在其界面的压力差 $\Delta p = p_{\mathrm{g}} - p_{\mathrm{l}}$ 作用下，形成了以凹形液体弯月面形状间隙液体连接两个颗粒组成的双联液桥，如图 14.2 所示；并在两个颗粒间产生了使两个颗粒互相吸引的毛细力。气、液交界面处的压力差 Δp 与液桥平均曲率（mean curvature）和表面张力 γ 的关系可用 Laplace-Young 方程描述（Fisher, 1926）

$$\Delta p = \gamma \left(\frac{1}{\rho_{\mathrm{ext}}} - \frac{1}{\rho_{\mathrm{in}}} \right) \tag{14.1}$$

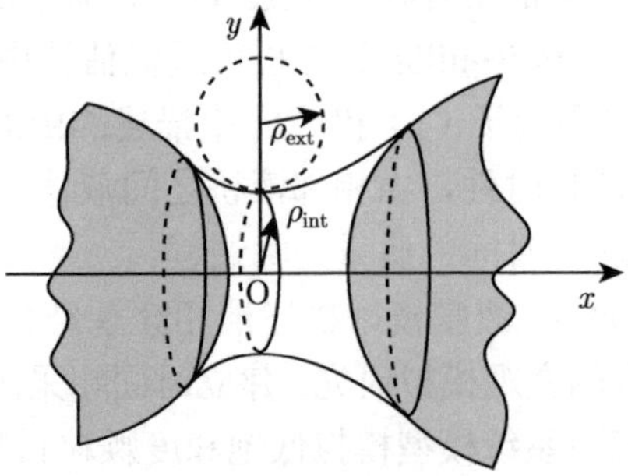

图 14.2　液桥模型的内外半径示意图

Δp 在非饱和土力学中常称作基质吸力，即 $\Delta p=p_c=p_g-p_l$，p_g, p_l 为液桥局部处的气、液相压力值；ρ_{ext} 和 ρ_{in} 分别为液桥弯月面的外曲率半径和内曲率半径，它们分别由下式给出

$$\frac{1}{\rho_{ext}}=\frac{y''}{\left(1+y'^2\right)^{3/2}},\quad \frac{1}{\rho_{in}}=\frac{1}{y\sqrt{\left(1+y'^2\right)}} \tag{14.2}$$

式中，y', y'' 分别表示 $y'=\mathrm{d}y/\mathrm{d}x, y=\mathrm{d}^2y/\mathrm{d}x^2$。式 (14.1) 和式 (14.2) 所表示的 Laplace-Young 方程为高度非线性方程，只有在极特殊的情况下才能得到解析解，对于一般情况数值求解成为重要手段。

本章限于考虑二维情况，如图 14.3 所示。此时，液桥弯月面内的内曲率半径趋于无穷大，式 (14.1) 可退化改写为

$$\Delta p=\gamma\frac{y''}{\left(1+y'^2\right)^{3/2}} \tag{14.3}$$

式 (14.3) 的理论解为

$$y=-\frac{\gamma}{\Delta p}\sqrt{1-\left(\frac{\Delta p}{\sigma}x+c_1\right)^2}+c_2 \tag{14.4}$$

式中，c_1, c_2 为待定系数，鉴于包含在处于摆动形态（pendular state）的双联液桥中的液体量小到足可忽略其重力的影响，可以假定单一液桥中气液压力差 Δp 为常数。式 (14.4) 表明二维液桥的外形可被处理为圆弧（Willett et al., 2000），式 (14.3) 可改写为如下式表示的退化 Young-Laplace 方程，

$$\frac{\Delta p}{\gamma}=\frac{1}{\rho} \tag{14.5}$$

式中，ρ 为二维双联液桥的平均曲率，如图 14.3 中所示。图中显示了坐标系的 x 轴和 y 轴, 液桥瓶颈处厚度 y_0，液桥在左右颗粒表面的半填充角 δ_1, δ_2，三相接触角 θ 以及颗粒半径 R_1,R_2，两颗粒形心距离 D_0, 两颗粒间隙 D 等。x 轴通过由液桥联系的两个颗粒的形心、与液桥对称轴重合。y 轴垂直于 x 轴，通过液桥面斜率为零的液桥面上的点，如图 14.3 所示。

由图 14.3 所示的双联液桥几何关系，液桥圆弧面平均曲率半径 ρ 可表示为（杜友耀, 2017; Zhang et al., 2022）

$$\rho=\frac{D_0-R_1\cos\delta_1-R_2\cos\delta_2}{\cos\left(\delta_1+\theta\right)+\cos\left(\delta_2+\theta\right)} \tag{14.6}$$

或当 $\delta_1 \neq \delta_2$ 时，可表示为另一形式

$$\rho = \frac{R_1 \sin \delta_1 - R_2 \sin \delta_2}{\sin(\delta_2 + \theta) - \sin(\delta_1 + \theta)} \tag{14.7}$$

相应地，液桥体积 V_l 可由下式计算

$$\begin{aligned} V_l = & 2\rho \left[R_1 \sin \delta_1 \cos(\delta_1 + \theta) + R_2 \sin \delta_2 \cos(\delta_2 + \theta)\right] \\ & - \left[\delta_1 R_1^2 + \delta_2 R_2^2 - 0.5\left(R_1^2 \sin 2\delta_1 + R_2^2 \sin 2\delta_2\right)\right] \\ & - \rho^2 (\pi - \delta_1 - \delta_2 - 2\theta) + 0.5\rho^2 \left[\sin(2\delta_1 + 2\theta) + \sin(2\delta_2 + 2\theta)\right] \end{aligned} \tag{14.8}$$

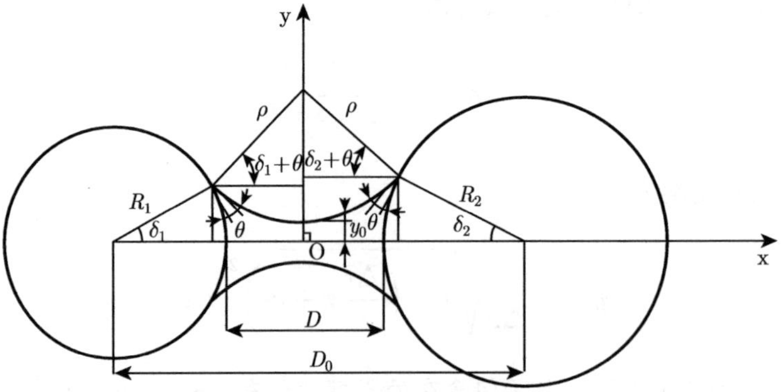

图 14.3　二维双联液桥的几何表示

对于一个给定的双联液桥，与液桥关联的两个具有不同半径 R_1, R_2 的颗粒、三相接触角 θ 和液相表面张力 γ 已知，可以有如下两种计算液桥几何特征参数的方案：

（I）饱和度驱动方案。液桥体积 V_l 和液桥所连接的两个颗粒的形心间距离 D_0 给定。将式 (14.6) 和式 (14.7) 分别代入式 (14.8) 得到两个以半填充角 δ_1, δ_2 为变量的非线性方程。当 δ_1, δ_2 由两个联立的非线性方程求解确定，则可由式 (14.6) 或式 (14.7) 解得液桥平均曲率半径 ρ，并进一步由式 (14.5) 得到气–液相压力差 Δp。

（II）吸力驱动方案。气–液相压力差 Δp 和液桥所连接的两个颗粒的形心间距离 D_0 给定。首先由 (14.5) 式确定液桥平均曲率半径 ρ，然后利用式 (14.6) 和式 (14.7) 联立求解得到半填充角 δ_1, δ_2，最终由式 (14.8) 确定液桥体积 V_l。

对于一个联系两个具有相同半径的颗粒的液桥，$\delta_1 = \delta_2$，仅利用式 (14.6) 表示 ρ，上述饱和度驱动模式和吸力驱动模式下确定液桥几何特征参数的方案仍可在退化情况下执行。

14.1.2 二维双联液桥的液桥力计算

双联液桥作用于其所联系的两个颗粒表面的分布毛细力和表面张力在双联液桥对称轴（即双联液桥局部坐标系 x 轴）方向上的合力称为液桥力 $\boldsymbol{f}^{\mathrm{cap}}$ 。它对由双联液桥联系的两个颗粒起到相互吸引的作用。它可定义为液桥作用于其粘附于颗粒表面区段的合力在 x 轴的投影 $f_{\mathrm{d}}^{\mathrm{cap}}$ ，并由两部分贡献组成：（1）沿颗粒表面段法向作用的气液相分布压力差 Δp;（2）如图 14.1(a) 所示，作为集中力作用于颗粒表面两个三相接触点的表面张力 γ。在颗粒表面段计算作用于颗粒的液桥力的方法称为直接法。由直接法计算的液桥力可表示为

$$f_{\mathrm{d}}^{\mathrm{cap}}=\Delta p\cdot 2R_1\sin\delta_1+2\gamma\cdot\sin(\delta_1+\theta)=\Delta p\cdot 2R_2\sin\delta_2+2\gamma\cdot\sin(\delta_2+\theta) \tag{14.9}$$

作为另一个选择，Gorge 方法（Lian et al., 1993; Hotta et al., 1974）定义液桥力 f^{cap} 为图 14.1(b) 所示作用于液桥颈部沿 x 轴均匀分布吸引力的合力 $f_{\mathrm{G}}^{\mathrm{cap}}$，即

$$f_{\mathrm{G}}^{\mathrm{cap}}=\Delta p\cdot 2y_0+2\gamma \tag{14.10}$$

式中，y_0 如图 14.3 中所示是液桥颈部半径并可表示为

$$y_0=R_1\sin\delta_1-\rho\left[1-\sin(\delta_1+\theta)\right]=R_2\sin\delta_2-\rho\left[1-\sin(\delta_2+\theta)\right] \tag{14.11}$$

利用式 (14.5)，将式 (14.11) 所示对 y_0 的两个不同表达式代入式 (14.10) 可分别得到

$$\begin{aligned}f_{\mathrm{G}}^{\mathrm{cap}}&=\Delta p\cdot 2\left\{R_1\sin\delta_1-\frac{\gamma}{\Delta p}\left[1-\sin(\delta_1+\theta)\right]\right\}+2\gamma\\&=\Delta p\cdot 2R_1\sin\delta_1-2\gamma\left[1-\sin(\delta_1+\theta)\right]+2\gamma\\&=\Delta p\cdot 2R_1\sin\delta_1+2\gamma\cdot\sin(\delta_1+\theta)=f_{\mathrm{d}}^{\mathrm{cap}}\end{aligned} \tag{14.12}$$

$$\begin{aligned}f_{\mathrm{G}}^{\mathrm{cap}}&=\Delta p\cdot 2\left\{R_2\sin\delta_2-\frac{\gamma}{\Delta p}\left[1-\sin(\delta_2+\theta)\right]\right\}+2\gamma\\&=\Delta p\cdot 2R_2\sin\delta_2-2\gamma\left[1-\sin(\delta_2+\theta)\right]+2\gamma\\&=\Delta p\cdot 2R_2\sin\delta_2+2\gamma\cdot\sin(\delta_2+\theta)=f_{\mathrm{d}}^{\mathrm{cap}}\end{aligned} \tag{14.13}$$

实际上，沿固体颗粒表面段法向作用的分布压力差 Δp 和表面张力 γ 能分解为两部分：作为第一部分是它们投影于 x 轴的部分，即式 (14.9) 所示的 $f_{\mathrm{d}}^{\mathrm{cap}}$ ；而第二部分为分布压力差 Δp 和表面张力 γ 投影于 y 轴的一组自平衡分布力和两个沿 y 轴方向的自平衡集中力。当在直接法中略去作为第二部分的作用于与液桥联系的颗粒表面局部处的自平衡力系的局部效应时，由直接法与 Gorge 方法所分别得到的 $f_{\mathrm{d}}^{\mathrm{cap}}$ 和 $f_{\mathrm{G}}^{\mathrm{cap}}$ 将完全一致。

14.1.3　二维双联液桥的断裂准则

两颗粒之间双联液桥的几何特征随颗粒间距离而变化，并导致液桥力也随之变化。实验结果显示，在液桥的含液量不变条件下，液桥颈部尺寸 y_0 将随颗粒间距增大而减小，当颗粒间距增大到一定程度时，y_0 将缩小到某一临界值，液桥发生断裂。Urso et al.（1999; 2002）和 Maria et al.（2002）认为可以假定当液桥颈部尺寸减小到 $y_0=0$ 时液桥发生断裂，并称此时液桥失去了稳定性，定义 $y_0=0$ 时的两颗粒间隙 D^{r}（$D^{\mathrm{r}}=D_0^{\mathrm{r}}-R_1-R_2$，$D_0^{\mathrm{r}}$ 表示液桥发生断裂时两颗粒形心间距离）为液桥临界断裂距离。D_0^{r} 表示液桥断裂时两颗粒形心的距离 D_0，如图 14.3 所示。

本章中将采用此液桥断裂准则。将 $y_0=0$ 代入式 (14.11)，并利用式 (14.6) 所表示的在液桥临界状态下液桥临界断裂距离 D^{r} 与 ρ 的临界值 ρ_{crit} 之间的关系，可得到

$$\begin{aligned}\rho_{\mathrm{crit}} &= \frac{R_1\sin\delta_{1,\mathrm{crit}}}{1-\sin\left(\delta_{1,\mathrm{crit}}+\theta\right)}=\frac{R_2\sin\delta_{2,\mathrm{crit}}}{1-\sin\left(\delta_{2,\mathrm{crit}}+\theta\right)}\\ &= \frac{D^{\mathrm{r}}+R_1\left(1-\cos\delta_{1,\mathrm{crit}}\right)+R_2\left(1-\cos\delta_{2,\mathrm{crit}}\right)}{\cos\left(\delta_{1,\mathrm{crit}}+\theta\right)+\cos\left(\delta_{2,\mathrm{crit}}+\theta\right)}\end{aligned} \tag{14.14}$$

式中，$\delta_{1,\mathrm{crit}}$ 和 $\delta_{2,\mathrm{crit}}$ 表示在液桥即将断裂的临界状态下的半填充角值。

相应于在 14.1.1 节讨论的两种计算液桥特征几何参数的方案，确定液桥临界断裂距离的两个计算过程可描述如下：

（I）对于连接两个颗粒的“内部”液桥，采用饱和度驱动方案。当液桥体积 V_{l} 给定，将式 (14.14) 第一个和第二个等号后的两项依次代入式 (14.8) 获得两个联立非线性方程组以确定液桥断裂时的 $\delta_{1,\mathrm{crit}}, \delta_{2,\mathrm{crit}}$ 值。然后再次利用式 (14.14) 可确定液桥断裂时的 ρ_{crit} 和 D^{r} 值。

（II）对一个与表征元边界相连接的颗粒，采用吸力驱动方案。当与此颗粒关联的边界液桥的气–液相压力差 Δp 给定，将由式 (14.5) 确定液桥平均曲率 ρ_{crit}，半填充角 $\delta_{1,\mathrm{crit}}, \delta_{2,\mathrm{crit}}$ 值和 D^{r} 值可由式 (14.14) 计算确定。

为了避免如上描述为确定临界液桥断裂距离 D^{r} 需要耗时地求解联立非线性方程组，可以利用数值拟合方法构造依赖于三相接触角 θ、颗粒半径 R_1, R_2 及液桥含液量 V_{l} 表示的液桥断裂距离拟合公式 $D^{\mathrm{r}}(V_{\mathrm{l}},\theta,R_1,R_2)$。在公式拟合中，引入和定义无量纲颗粒半径 $\bar{R}$、无量纲液桥临界断裂距离 $\bar{D}^{\mathrm{r}}$ 和无量纲液桥体积 $\bar{V}_{\mathrm{l}}$。它们分别定义如下：

$$\bar{R}=\sqrt{R_1\cdot R_2}/R_{\min},\quad \bar{D}^{\mathrm{r}}=D^{\mathrm{r}}/R_{\min},\quad \bar{V}_{\mathrm{l}}=V_{\mathrm{l}}/R_{\min}^2 \tag{14.15}$$

式中，$R_{\min}$ 为颗粒半径 R_1, R_2 中的较小值。

需要说明 Lian et al.（1993）在三维液桥临界断裂距离拟合中略去了颗粒半径的影响。本章的数值拟合表明颗粒半径对液桥临界断裂距离有影响。在数值拟合研究中采集了 12177 个由不同液体体积 V_l，颗粒半径 R_1 和 R_2 及三相接触角 θ 构成的样本点。首先在给定颗粒间液体体积 V_l 和三相接触角 θ 情况下，图 14.4 给出了无量纲断裂距离 $\bar{D}^r$ 随无量纲半径 $\bar{R}$ 的变化趋势，从图中可以看到，随着无量纲半径 $\bar{R}$ 的增大，无量纲断裂距离 $\bar{D}^r$ 先增大后再减少。

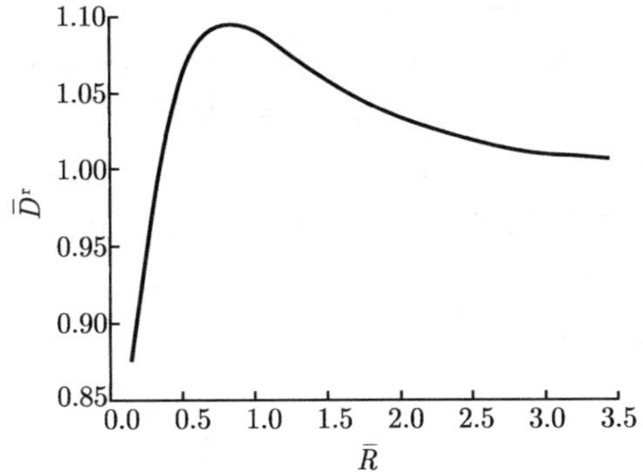

图 14.4 无量纲断裂距离随无量纲半径的变化

为了进一步提高拟合精度，将无量纲体积 $\bar{V}_l$ 分为两个区间、即 $\bar{V}_l \in [0.005, 0.05]$ 和 $\bar{V}_l \in [0.05, 0.3]$ 两个区间、分别采用最小二乘法拟合，并利用相对误差检验拟合值的精度。对 $\bar{V}_l \in [0.005, 0.05]$ 共采用了 1886 个样本点，拟合结果为（杜友耀和李锡夔，2015）

$$D^r = \sqrt{R_1 R_2}\left[(-0.0068 - 0.0039\theta) + (2.2219 + 0.7814\theta)\left(\frac{\bar{V}_l R_{\min}^2}{R_1 R_2}\right)^{1/2}\right] \tag{14.16}$$

对 $\bar{V}_l \in [0.05, 0.3]$ 共采用了 10291 个样本点，拟合结果为

$$D^r = \sqrt{R_1 R_2}\left[(-0.048 - 0.0263\theta) + (2.4472 + 0.9061\theta)\left(\frac{\bar{V}_l R_{\min}^2}{R_1 R_2}\right)^{1/2}\right] \tag{14.17}$$

由式 (14.6) 和式 (14.17) 给出的拟合结果相对于样本点值的最大相对误差分别为 4.86%和 5.53%。

14.1.4 二维双联液桥的液桥力随颗粒间距及含液量的变化

14.1.3 节分析表明了双联液桥的断裂距离随接触角、含液量的变化，此外已有研究表明液桥力也随含液量及颗粒间距离变化，如土力学中常用以描述非饱和多孔连续体局部材料点处水–力行为的称为土水特征曲线（soil water characteristic curve, SWCC）的吸力随饱和度变化曲线。SWCC 表明，在单调干化或单调湿化过程中饱和度越低（含水量越少），吸力越高，其中吸力与液桥力成正比。为直观给出液桥力随颗粒间距及含液量的变化趋势，定义无量纲液桥力 $\bar{F}$ 为

$$\bar{F} = f_{\mathrm{G}}^{\mathrm{cap}} / \gamma \tag{14.18}$$

式中，$f_{\mathrm{G}}^{\mathrm{cap}}$ 为基于式 (14.12) 或式 (14.13) 计算的液桥力。通过计算分析在颗粒半径为 $R_1 = 1\ \mathrm{mm}, R_2 = 2\ \mathrm{mm}$ 的颗粒间形成的液桥力，取液体表面张力 $\gamma = 0.07275\ \mathrm{N/m}$，三相接触角 $\theta = 0$，得到了如图 14.5 所示结果。从图 14.5 (a) 可以看到，对于接触颗粒间的液桥，无量纲液桥力 $\bar{F}$ 随无量纲液桥体积的增大而减小。从图 14.5 (b) 可以看到对于颗粒间距为 $D > 0$ 的非接触颗粒间液桥，无量纲液桥力随无量纲液桥体积的增大而先增大后再减少，同时随颗粒间距离增大，液桥力的最大值逐渐减小。

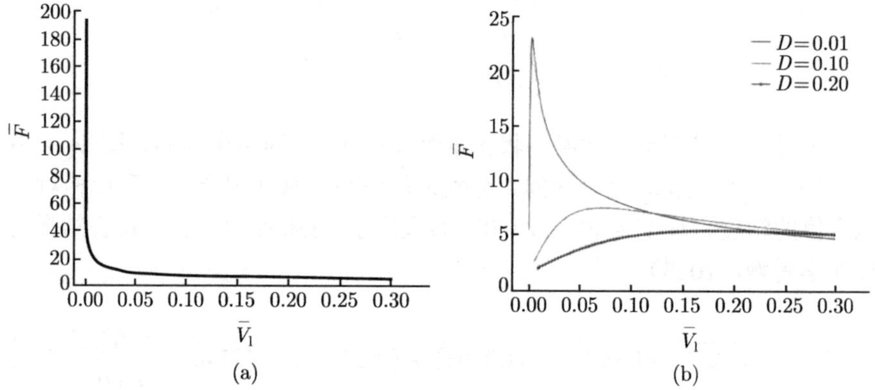

图 14.5　无量纲液桥力随无量纲液桥体积的变化

(a) 接触颗粒；(b) 非接触颗粒

14.1.5　两直接相邻非接触颗粒间形成二维双联液桥需要的最小液体体积

当两个直接相邻非接触颗粒的位置给定，两颗粒半径 R_1, R_2 和其间的间隙 D（如图 14.3 所示，间隙 $D > 0$）为固定和已知。基于此前设条件，本节将讨论如何确定形成一个二维双联液桥所需要最小液体体积 $V_{\mathrm{l,min}}$。

用 $\bar{\bar{D}}$ 标记给定的间隙 D 值。当考虑 $V_{\mathrm{l,min}}$ 值的确定，液桥轮廓由临界条件 $y_0 = 0$ 表征，由式 (14.11) 可给出

$$\rho_{\mathrm{cr}\,\bar{\bar{D}}} = \frac{R_1 \sin \delta_{1,\mathrm{cr}\,\bar{\bar{D}}}}{1 - \sin\left(\delta_{1,\mathrm{cr}\bar{\bar{D}}} + \theta\right)} \tag{14.19}$$

或

$$\rho_{\mathrm{cr}\,\bar{\bar{D}}}=\frac{R_2\sin\delta_{2,\mathrm{cr}\,\bar{\bar{D}}}}{1-\sin\left(\delta_{2,\mathrm{cr}\,\bar{\bar{D}}}+\theta\right)} \tag{14.20}$$

式中，$\delta_{1,\mathrm{cr}\,\bar{\bar{D}}}$，$\delta_{2,\mathrm{cr}\,\bar{\bar{D}}}$ 和 $\rho_{\mathrm{cr}\,\bar{\bar{D}}}$ 分别表示在临界状态 $y_0=0$ 时在给定 $\bar{\bar{D}}$ 值条件下两个半填充角和形成液桥构型的圆弧半径。另一方面，在给定 $\bar{\bar{D}}$ 条件下，按图 14.3 中显示的几何关系，由式 (14.6) 表示的圆弧半径 ρ 在临界状态 $y_0=0$ 时将被表示为 $\rho_{\mathrm{cr}\,\bar{\bar{D}}}$，即

$$\rho_{\mathrm{cr}\,\bar{\bar{D}}}=\frac{\bar{\bar{D}}+R_1\left(1-\cos\delta_{1,\mathrm{cr}\,\bar{\bar{D}}}\right)+R_2\left(1-\cos\delta_{2,\mathrm{cr}\,\bar{\bar{D}}}\right)}{\cos\left(\delta_{1,\mathrm{cr}\,\bar{\bar{D}}}+\theta\right)+\cos\left(\delta_{2,\mathrm{cr}\bar{\bar{D}}}+\theta\right)} \tag{14.21}$$

式 (14.19)、式 (14.20) 和式 (14.21) 的联立求解将可获得 $\delta_{1,\mathrm{cr}\,\bar{\bar{D}}}$，$\delta_{2,\mathrm{cr}\,\bar{\bar{D}}}$ 和 $\rho_{\mathrm{cr}\,\bar{\bar{D}}}$ 的确定值。最终，将它们代入式 (14.8) 可确定 $V_{\mathrm{l,min}}$，并表示如下

$$\begin{aligned}V_{\mathrm{l,min}}=&2\rho_{\mathrm{cr}\,\bar{\bar{D}}}\left[R_1\sin\delta_{1,\mathrm{cr}\,\bar{\bar{D}}}\cos\left(\delta_{1,\mathrm{cr}\bar{\bar{D}}}+\theta\right)+R_2\sin\delta_{2,\mathrm{cr}\bar{\bar{D}}}\cos\left(\delta_{2,\mathrm{cr}\bar{\bar{D}}}+\theta\right)\right]\\&-\left[\delta_{1,\mathrm{cr}\bar{\bar{D}}}R_1^2+\delta_{2,\mathrm{cr}\bar{\bar{D}}}R_2^2-0.5\left(R_1^2\sin\left(2\delta_{1,\mathrm{cr}\bar{\bar{D}}}\right)+R_2^2\sin\left(2\delta_{2,\mathrm{cr}\bar{\bar{D}}}\right)\right)\right]\\&-\rho^2_{\mathrm{cr}\,\bar{\bar{D}}}\left(\pi-\delta_{1,\mathrm{cr}\bar{\bar{D}}}-\delta_{2,\mathrm{cr}\,\bar{\bar{D}}}-2\theta\right)+0.5\rho^2_{\mathrm{cr}\,\bar{\bar{D}}}\left(\sin\left(2\delta_{1,\mathrm{cr}\,\bar{\bar{D}}}+2\theta\right)\right.\\&\left.+\sin(2\delta_{2,\mathrm{cr}\,\bar{\bar{D}}}+2\theta\right)\end{aligned} \tag{14.22}$$

14.2 “离散颗粒集合体–液桥–液体薄膜”表征元的离散元模型

对间隙液体处于摆动状态的低饱和度湿离散颗粒集合体表征元，假定初始时刻间隙液体主要地以双联液桥形式存在，少量间隙液体粘附在游离于液桥外的颗粒表面上。前者通过颗粒间液桥毛细力承担部分外载，而后者则假定对非饱和颗粒材料的强度没有贡献，它的数量主要依赖于固体颗粒的材料亲水性。

考虑颗粒间间隙水影响，遵循牛顿第二定律，控制湿颗粒材料表征元中参考固体颗粒 i 平动和转动的离散元模型动量守恒方程可写为

$$m_i\frac{\mathrm{d}\dot{\boldsymbol{u}}_i}{\mathrm{d}t}=\sum_{k=1}^{N_i}\mathrm{H}\left(-D_{ik}\right)\boldsymbol{f}_i^{\mathrm{cont}\ ,k}+\sum_{k=1}^{N_i}\mathrm{H}\left(D_{ik}^{\mathrm{r}}-D_{ik}\right)\boldsymbol{f}_i^{\mathrm{cap}\ ,k}+m_i\mathbf{g}+\boldsymbol{f}_i^{\mathrm{e}} \tag{14.23}$$

$$I_i\frac{\mathrm{d}\dot{\boldsymbol{\omega}}_i}{\mathrm{d}t}=\sum_{k=1}^{N_i}\mathrm{H}\left(-D_{ik}\right)\left(\boldsymbol{r}^{ik}\times\boldsymbol{f}_i^{\mathrm{cont},k}+\boldsymbol{M}_i^{\mathrm{cont},k}\right) \tag{14.24}$$

式中，$m_i, \dot{\boldsymbol{u}}_i, I_i, \dot{\boldsymbol{\omega}}_i$ 分别为固体颗粒 i 的质量、平动速度、转动惯量和转动速度；N_i 为颗粒 i 的直接相邻颗粒数；$\mathrm{H}(-D_{ik}), \mathrm{H}(D_{ik}^r - D_{ik})$ 分别为依赖于 $(-D_{ik})$ 值和 $(D_{ik}^{\mathrm{r}} - D_{ik})$ 值的单位 Heaviside 函数；D_{ik} 是参考颗粒 i 与它的第 k 个直接相邻颗粒间的间隙，如在图 14.3 中所示的 D；若 $D_{ik} > 0$，两颗粒不接触。若 $D_{ik} < 0$ 则两颗粒接触（此时间隙理解为“重叠”）。D_{ik}^r 是参考颗粒 i 与它的第 k 个直接相邻颗粒间液桥的临界断裂距离；仅当间隙值 D_{ik} 小于此临界值 D_{ik}^{r}，即 $D_{ik} < D_{ik}^{\mathrm{r}}$，液桥才存在；在此意义上定义为间隙 D_{ik} 的临界值。$\boldsymbol{f}_i^{\mathrm{cont},k}, \boldsymbol{f}_i^{\mathrm{cap},k}, \boldsymbol{M}_i^{\mathrm{cont},k}$ 分别为颗粒 k 作用于参考颗粒 i 的接触力、液桥力、滚动摩擦阻矩；$\boldsymbol{f}_i^e$ 是作用于参考颗粒 i 的外力向量；$\boldsymbol{r}^{ik}$ 为从颗粒 i 形心指向第 k 个直接相邻颗粒形心的颗粒 i 半径向量。

本章工作中式 (14.23) 和式 (14.24) 中所示的颗粒间（排斥）接触力 $\boldsymbol{f}_i^{\mathrm{cont},k}$ 将由简单的线性弹簧–阻尼接触模型结合 Coulomb 摩擦准则计算（Cundall and Strack, 1979; Li et al., 2005），式 (14.23) 中的颗粒间（吸引）毛细力 $\boldsymbol{f}_i^{\mathrm{cap},k}$ 将按式 (14.10) 计算，液桥临界断裂距离 D_{ik}^{r} 将按式 (14.16) 和式 (14.17) 计算。

在利用式 (14.23) 和式 (14.24) 执行非饱和离散颗粒集合体表征元的水力–力学分析之前，需要在给定表征元间隙液相平均饱和度的初始均匀间隙液体分布条件下，设计一个在表征元内构造以双联液桥和液体薄膜表征间隙液体介观结构的方案。在此方案中引入一个非饱和 Voronoi 胞元模型。对与参考颗粒相关联的非饱和 Voronoi 胞元给定局部液相饱和度（即表征元间隙液相平均饱和度），可以确定参考非饱和 Voronoi 胞元中间隙液体体积总量；其中主要部分被吸入和形成参考颗粒与其每个满足液桥稳定性条件的直接相邻颗粒间的双联液桥，而仅少量间隙液体游离在液桥之外和作为液体薄膜粘附在其余的颗粒表面段上。关于构造表征元内间隙液体初始介观结构的细节将在下节中介绍。

对于由在非饱和离散颗粒集合体表征元边界上指定增量位移和吸力驱动的表征元内水力–力学分析的一个增量步，需要发展一个数值过程确定表征元内所有固体颗粒的位置更新和间隙液体的重分布。此数值过程中所发展的液桥力计算模型和间隙液体传输模型将与现有针对干颗粒的离散元模型结合，形成非饱和离散颗粒集合体的离散元–液桥–液体薄膜模型。对于表征元初–边值问题数值模拟的一个增量步，湿表征元在给定水力–力学边界条件驱动下与由离散元求解过程获得的固体颗粒运动耦合的表征元内间隙液体介观结构将发生演变。

需要设计一个数值过程以确定在上一增量步结束时没有双联液桥联系的两个直接相邻颗粒间在当前增量步中是否将有一个新的双联液桥生成，以及上一增量步结束时两个直接相邻颗粒间存在的双联液桥在当前增量步中是否将会断裂。同时，将需要利用当前增量步模拟结束时获得的表征元内每个双联液桥的更新后液桥体积和与液桥关联的两颗粒间距更新液桥的毛细压力 $p_{\mathrm{c}} = \Delta p = p_{\mathrm{g}} - p_{\mathrm{l}}$。若在当前增量步中一个新双联液桥形成，新形成液桥与它的两个直接相邻液桥间的液体薄膜段上的液体将要重新分配；其中一部分将被新形成的液桥吸取，而其余部分将分别均匀地分布于新液桥与其两直接相邻液桥之间的两个颗粒表面段上。若在上个增量步结束时一个存在的双联液桥在当前增量步中断裂，包含在断裂液桥的液体体积将首先在两个关联颗粒表面上形成互相分离的两个液滴。包含在每个液滴中的液体将分成两部分，它们分别沿相关颗粒表面流向两个相反方向的直接相邻液桥，并最终流入这两个液桥中。同时，在流动过程中，少量液体将粘附在所途经的颗粒表面段上形成均匀的液体薄膜。

此外，由两个相邻液桥间液体压力差驱动的通过颗粒表面液体薄膜流动的间隙液体传输也将影响液桥–液体薄膜系统的介观结构。与瞬时完成的液桥生成和液桥断裂不同，两个相邻液桥间的液体传输是一个依赖时间的过程。在两个相邻液桥间沿液体薄膜的液体传输过程中，分别包含在两个液桥中的液体体积将随时间变化，但两个液桥中液体体积之和在传输过程中保持不变。若增量步长较大，两个相邻液桥间的压力差在整个增量步内保持不变的假定已欠合理。为处理这个问题，增量步长将被分成一系列等步长的子时间步，两液桥间的毛细压力差将在每个子时间步的结束时根据两个液桥体积的演变而更新。

当一个增量步结束时由液桥系统和粘附在颗粒表面的液体薄膜系统的更新所体现的表征元内间隙液体重分配完成，围绕在一个参考固体颗粒周边的双联液桥作用于参考颗粒的毛细力也将因参考颗粒周边液桥的含液量和参考颗粒与其直接相邻颗粒间距离的变化而更新。式 (14.23) 显示了为确定非饱和颗粒集合体表征元内介观结构演变的求解过程的非线性。固体颗粒位置的更新与由液桥断裂、生成以及相邻液桥间质量传输引起的间隙液体质量重分布求解过程之间相互关联，它们需依靠一个交错迭代过程直至达到耦合的水力–力学响应模拟过程的收敛解。图 14.6 给出了具有“离散元–液桥–液体薄膜”介观结构的表征元的水力–力学模拟过程交错–迭代求解方案流程（Zhang, Li and Du, 2022; 张松鸽, 2021）。

值得注意的是，对于非饱和离散颗粒集合体表征元介观水力–力学模拟的一个增量步，边界双联液桥的压力由设置了表征元的宏观等效连续体局部点处下传的宏观压力指定。换言之，表征元边界液桥的更新压力值为给定和在增量步中保持不变。因此，人们可依靠此指定的更新边界液桥压力值和由当前增量步在表征元处下传的指定宏观应变增量计算的表征元边界周边颗粒位移增量（Li et al., 2010）确定表征元边界液桥的液体体积更新值，并且在增量步中保持不变。

由位于表征元边界各个液桥的更新液桥压力和更新液桥体积驱动，表征元边界液桥与表征元内部液桥之间的间隙液体质量传输过程可以启动，从而实现由表征元内液桥–液体薄膜系统描述的液相介观结构更新。

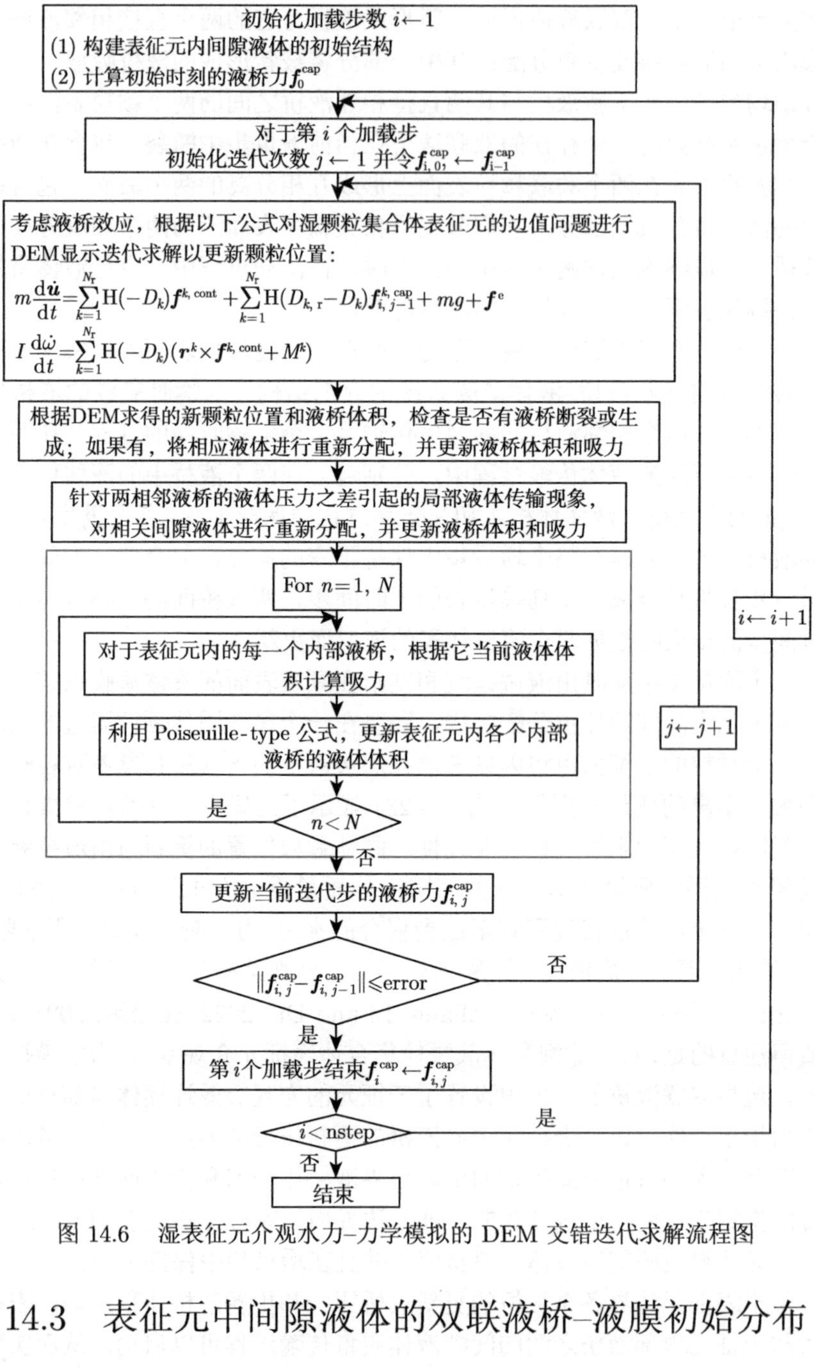

图 14.6　湿表征元介观水力–力学模拟的 DEM 交错迭代求解流程图

14.3　表征元中间隙液体的双联液桥–液膜初始分布

为执行非饱和颗粒材料表征元的介观水力–力学过程模拟，本节将对给定初始平均液相饱和度的湿离散颗粒集合体表征元介绍一个在表征元内确定以双联液桥和液体薄膜系统描述介观结构的间隙液体初始分布方案。

基于 Voronoi 胞元的概念（Oda et al., 1999; Walsh et al., 2007）和对干颗粒材料提出的 Voronoi 胞元模型（Li et al., 2013），Li et al.（2016）提出了一个低间隙液体饱和度颗粒材料的 Voronoi 胞元模型。一个参考颗粒的非饱和颗粒材料 Voronoi 胞元模型取自于表示表征元中含液离散颗粒集合体的 Voronoi 网格，如图 14.7 所示。它不仅包含位于参考 Voronoi 胞元边界内的参考颗粒和非混合的间隙液体和气体，同时也包括围绕参考颗粒的直接相邻颗粒以及，如果存在的话，联系参考颗粒与其直接相邻颗粒的双联液桥，如图 14.7(b) 所示。

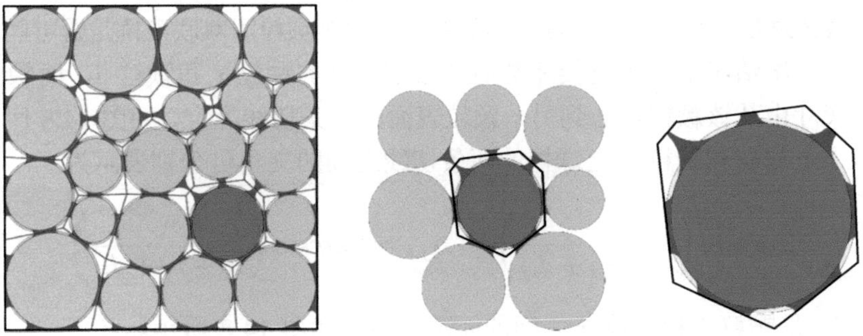

(a) (b) (c)

图 14.7 非饱和离散颗粒集合体表征元示意图

(a) 非饱和离散颗粒集合体的 Voronoi 网格; (b) 参考 Voronoi 胞元模型; (c) 参考 Voronoi 胞元

与参考颗粒 i 相关联的局部间隙液体平均饱和度 $\bar{S}_{\rm l}^i$ 可通过参考 Voronoi 胞元体积 $V_{\rm cell}^i$、参考颗粒体积 $V_{\rm s}^i$ 和参考 Voronoi 胞元边界内的间隙液体体积 $V_{\rm l}^i$ 表示如下

$$\bar{S}_{\rm l}^i = V_{\rm l}^i / \left(V_{\rm cell}^i - V_{\rm s}^i\right) \tag{14.25}$$

假定初始时刻表征元内的间隙液体在表征元全域内均匀地分布，即表征元内所有 Voronoi 胞元的局部间隙液体饱和度相同并等于给定的表征元间隙液体饱和度。包含在第 i 个参考 Voronoi 胞元内的间隙液体体积 $V_{\rm l}^i$ 可表示为

$$V_{\rm l}^i = \bar{S}_{\rm l}^i \bar{\phi}^i V_{\rm cell}^i \tag{14.26}$$

式中，$\bar{\phi}^i$ 是定义于参考颗粒 i 的形心的局部孔隙度，并可表示为

$$\bar{\phi}^i = \left(V_{\rm cell}^i - V_{\rm s}^i\right) / V_{\rm cell}^i \tag{14.27}$$

在检查参考颗粒与它的直接相邻颗粒间是否可能存在双联液桥前，略去参考颗粒 i 的序号，假想与参考颗粒相关联的全部间隙液体 $V_{\rm l}$ 以一定厚度的初设液

层形式均匀地粘附在参考颗粒表面上，粘附在参考颗粒表面的初设液层厚度可表示为

$$h = \sqrt{(\pi r^2 + V_1)/\pi} - r \tag{14.28}$$

式中，r 为参考颗粒半径。

基于针对两个接触颗粒之间液桥生成提出的球帽概念（concept of spherical cap）（Shi et al., 2008），本章提出了一个从参考颗粒表面初设液层与其一直接相邻颗粒（不必一定接触）的颗粒表面初设液层的间隙液体“收割”间隙液体以形成双联液桥的球帽模型。若参考颗粒与其直接相邻颗粒处于接触状态，则两颗粒间必定形成双联液桥；否则，则首先需按球帽概念计算能从两颗粒表面液层“收割”的间隙液体总量，并根据两个颗粒的间距判断两个颗粒间双联液桥是否可能生成。

对于二维情况下两个直接相邻而非必定接触的颗粒 i 和颗粒 j，两颗粒之一的球帽尺寸由从该颗粒形心到另一颗粒表面的两条切线界定，如图 14.8 所示。形成颗粒 i 上球帽和颗粒 j 上球帽的两条切线之间的夹角可分别表示为

$$\alpha_{i,j} = 2\arcsin\left(\frac{r_j}{r_i + r_j + d_{ij}}\right), \quad \alpha_{j,i} = 2\arcsin\left(\frac{r_i}{r_i + r_j + d_{ij}}\right) \tag{14.29}$$

式中，d_{ij} 是颗粒 i 和颗粒 j 之间的间隙距离，如图 14.8 所示。

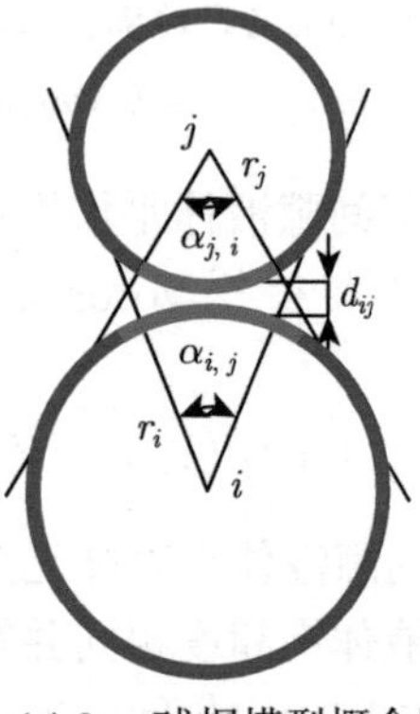

图 14.8　球帽模型概念图

当球帽模型应用于非饱和颗粒材料的一个低间隙液体饱和度 Voronoi 胞元模型，参考颗粒的整个表面被由形成球帽的一系列“切线对”剖分为若干表面段，如图 14.9 中红色球帽所示。在建立参考颗粒与它的一个直接相邻颗粒之间的双联液桥之前，需先检查从两个颗粒的初设液层“收割”的间隙液体量是否足够形成两个颗粒间的双联液桥。

就定义于参考颗粒 i 的 Voronoi 胞元而言，由颗粒 i 和它的第 j 个相邻颗粒的球帽切线对所界定的、由厚度分别为 h_i, h_j 的两个颗粒表面初设液层段为建立

两颗粒间液桥可以提供的液体体积 V_1^{ij} 表示为

$$V_1^{ij} = V_1^{ij,i} + V_1^{ij,j} \tag{14.30}$$

式中，$V_1^{ij,i}$ 和 $V_1^{ij,j}$ 是由颗粒 i 和它的第 j 个相邻颗粒表面液层段为两颗粒间双联液桥贡献的液体体积，它们可分别按下式计算

$$V_1^{ij,i} = \alpha_{i,j}\left(h_i r_i + h_i^2/2\right), \quad V_1^{ij,j} = \alpha_{j,i}\left(h_j r_j + h_j^2/2\right) \tag{14.31}$$

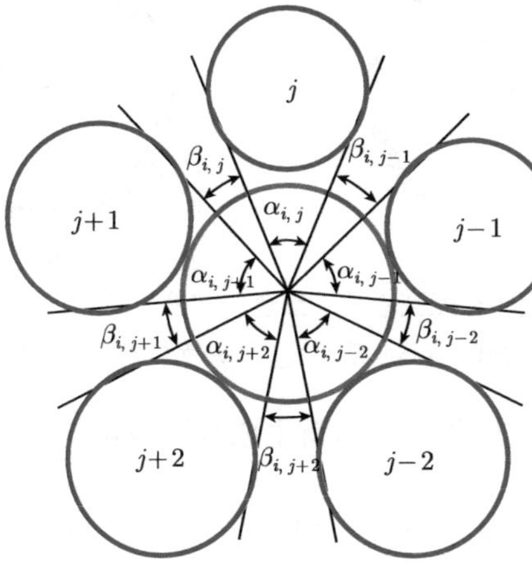

图 14.9 利用一系列球帽剖分参考颗粒表面的示意图

在摆动状态的间隙液体分布中，当由式 (14.30) 计算的液体被用于在颗粒 i 和它的第 j 个相邻颗粒间生成一个双联液桥时，它的半填充角 $2\delta_i^j, 2\delta_j^i$ 通常分别小于 $\alpha_{i,j}$ 和 $\alpha_{j,i}$，如图 14.10(b) 所示。换言之，以夹角 $\alpha_{i,j}$ 和 $\alpha_{j,i}$ 分别表征的颗粒 i 和它的第 j 个相邻颗粒上球帽表面并没有被新生成的双联液桥所覆盖，如图 14.10 所示。因此，少量的液体体积 $V_{\rm lm}^{ij}$ 应从 V_1^{ij} 中扣除，并作为厚度分别为 $h_i^{\min}, h_j^{\min}$ 的液体薄膜粘附于两个颗粒表面上以 $\alpha_{i,j}$ 和 $\alpha_{j,i}$ 分别表征的球帽面积内未被液桥覆盖的面积上，如图 14.10(b) 所示。

颗粒 i 和它的第 j 个相邻颗粒在球帽覆盖颗粒表面段内的液体薄膜层的总液体体积 $V_{\rm lm}^{ij}$ 可表示为

$$V_{\rm lm}^{ij} = V_{\rm lm}^{ij,i} + V_{\rm lm}^{ij,j} \tag{14.32}$$

式中，$V_{\rm lm}^{ij,i}$ 和 $V_{\rm lm}^{ij,j}$ 分别表示颗粒 i 和它的第 j 个相邻颗粒上球帽覆盖颗粒表面段内的液体薄膜层体积，如图 14.10(b) 中黄色部分标记的液体所示，它们可分别计算如下

$$V_{\rm lm}^{ij,i} = \left(\alpha_{i,j} - 2\delta_i^j\right)\left(h_i^{\min} r_i + h_i^{\min 2}/2\right), \quad V_{\rm lm}^{ij,j} = \left(\alpha_{j,i} - 2\delta_j^i\right)\left(h_j^{\min} r_j + h_j^{\min 2}/2\right) \tag{14.33}$$

式中，$h_i^{\min}, h_j^{\min}$ 分别是在两颗粒上依赖颗粒材料亲水性的液体薄膜厚度。

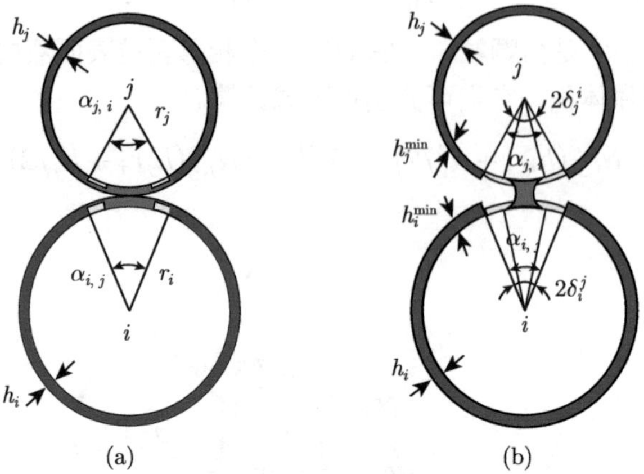

图 14.10　球帽内液体分配到液桥（红色）和液体薄膜（黄色）的方案示意图

(a) 液桥生成（液体分配）前；(b) 液桥生成（液体分配）后

基于质量守恒律，连接两颗粒的新生成双联液桥的总液体体积 V_{lb}^{ij} 可表示为

$$V_{\mathrm{lb}}^{ij} = V_{\mathrm{lb}}^{ij,i} + V_{\mathrm{lb}}^{ji,j} = V_{\mathrm{l}}^{ij} - V_{\mathrm{lm}}^{ij} \tag{14.34}$$

式中，$V_{\mathrm{lb}}^{ij,i}$ 和 $V_{\mathrm{lb}}^{ji,j}$ 分别为由归属于两颗粒的间隙液体贡献到新形成双联液桥的液体体积，如图 14.10(a) 中红色部分标记的间隙液体所示，它们可按下式计算

$$V_{\mathrm{lb}}^{ij,i} = V_{\mathrm{l}}^{ij,i} - V_{\mathrm{lm}}^{ij,i} = \alpha_{i,j}\left(h_i r_i + h_i^2/2\right) - \left(\alpha_{i,j} - 2\delta_i^j\right)\left(h_i^{\min} r_i + h_i^{\min\,2}/2\right) \tag{14.35}$$

$$V_{\mathrm{lb}}^{ji,j} = V_{\mathrm{l}}^{ji,j} - V_{\mathrm{lm}}^{ji,j} = \alpha_{j,i}\left(h_j r_j + h_j^2/2\right) - \left(\alpha_{j,i} - 2\delta_j^i\right)\left(h_j^{\min} r_j + h_j^{\min\,2}/2\right) \tag{14.36}$$

若颗粒 i 与它的第 j 个相邻颗粒接触，如图 14.11(a) 所示，则在本模型中新双联液桥将能无条件生成。若颗粒 i 与它的第 j 个相邻颗粒不接触，则需要检查由式 (14.34) 计算的液体量 V_{lb}^{ij} 是否大于或等于由双联液桥断裂准则所确定的液桥最小体积量 $V_{\mathrm{lb,min}}^{ij}$（即由式 (14.21) 给出的 $V_{\mathrm{l,min}}$），即检查是否满足

$$V_{\mathrm{lb}}^{ij} \geqslant V_{\mathrm{lb,\,min}}^{ij} \tag{14.37}$$

若式 (14.37) 满足，则两个非接触颗粒间将如图 14.11(b) 所示形成一个双联液桥。否则，若 $V_{\mathrm{lb}}^{ij} < V_{\mathrm{lb,min}}^{ij}$，为补充形成新双联液桥所需的不足液体体积 $(V_{\mathrm{lb,min}}^{ij} - V_{\mathrm{lb}}^{ij})$，可进一步探试是否可在液桥系统初始生成过程中在由 $\alpha_{i,j}, \alpha_{j,i}$ 表征的两颗粒

球帽外的相邻颗粒表面初设液层段、例如图 14.12(a) 所示颗粒 i 上液层厚度为 h_i 由夹角 $\beta_{i,j}$ 和 $\beta_{i,j-1}$ 表征的颗粒表面初设液层段、中"收割"间隙液体。

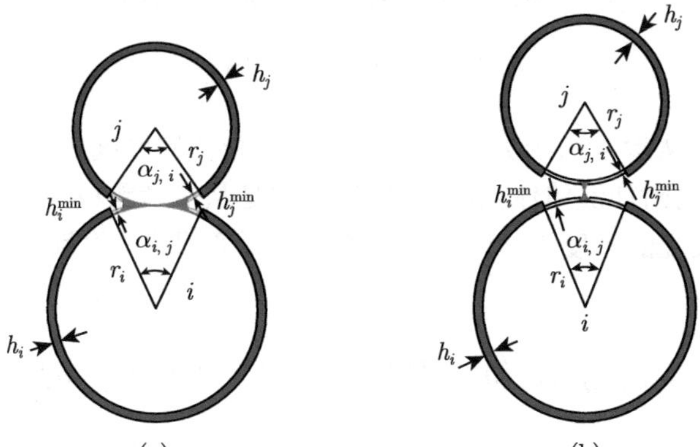

图 14.11 计算仅由球帽界定的颗粒表面段内初设液层贡献的液桥体积示意图

(a) 对于接触颗粒对；(b) 对于非接触颗粒对

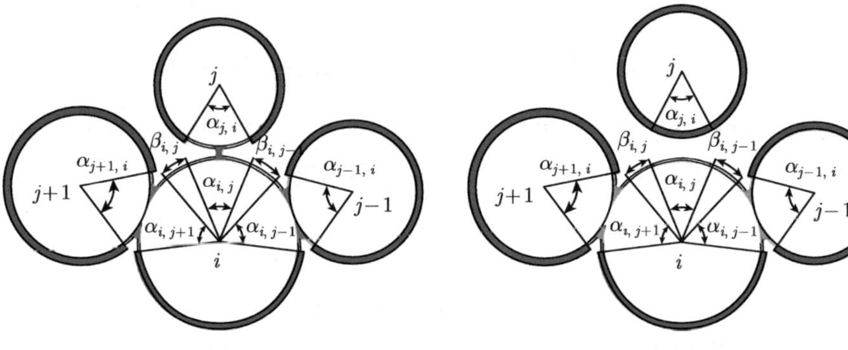

图 14.12 计算由颗粒 i 上归属于以夹角 $\alpha_{i,j}, \beta_{i,j}, \beta_{i,j-1}$ 表征的三个表面段上初设液层对非接触颗粒 i 和 j 之间液桥的体积贡献示意图

(a) 液桥形成；(b) 颗粒 i 和 j 之间未能形成液桥

上述在双联液桥系统初始生成过程实现中所提出的模型化假设基于如下考虑。对于低液相饱和度的非饱和颗粒材料，间隙液体中的主要部分将以毛细液桥形态存在，因而它与干颗粒材料相比可观地提高了承载能力。需要强调指出，由式 (14.28) 确定的液层厚度 h_i 是假想的；它仅表示在初始时刻围绕参考颗粒 i 的毛细液桥生成前，围绕参考颗粒 i 的间隙液体体积假定均匀地分布。真正以液体薄膜粘附在颗粒表面的液体体积，根据固体颗粒的亲水性，仅是间隙液体总量中较小甚至是极少部分，它对非饱和颗粒材料的承载能力没有贡献。

从相邻颗粒 i 和它的第 j 个相邻颗粒上分别以位于颗粒 i 上以 $\beta_{i,j}$ 和 $\beta_{i,j-1}$

表征的两个颗粒表面初设液层和位于第 j 个相邻颗粒上以 $\beta_{j,i},\beta_{j,i-1}$ 表征的两个颗粒表面初设液层（如图 14.12(a) 所示）可能为形成颗粒 i 和它的第 j 个相邻颗粒之间双联液桥所“收割”的附加液体体积 $\Delta V_{\mathrm{lb}}^{ij}$ 可表示为

$$\Delta V_{\mathrm{lb}}^{ij,i}=\Delta V_{\mathrm{lb}}^{ij,i}+\Delta V_{\mathrm{lb}}^{ji,j}\tag{14.38}$$

式中，$\Delta V_{\mathrm{lb}}^{ij,i}$ 为从参考颗粒 i 以 $\beta_{i,j}$ 和 $\beta_{i,j-1}$ 表征的厚度为 h_i 的两个颗粒表面液层段“收割”的附加液体体积，而 $\Delta V_{\mathrm{lb}}^{ji,j}$ 则是从参考颗粒 i 的第 j 个相邻颗粒以 $\beta_{j,i},\beta_{j,i-1}$ 表征的厚度为 h_j 的两个颗粒表面液层段“收割”的附加液体体积。它们可分别表示为

$$\Delta V_{\mathrm{lb}}^{ij,i}=(\beta_{i,j}+\beta_{i,j-1})\left[\left(h_i-h_i^{\min}\right)\left(r_i+h_i^{\min}\right)+\left(h_i-h_i^{\min}\right)^2/2\right]\tag{14.39}$$

$$\Delta V_{\mathrm{lb}}^{ji,j}=(\beta_{j,i}+\beta_{j,i-1})\left[\left(h_j-h_j^{\min}\right)\left(r_j+h_j^{\min}\right)+\left(h_j-h_j^{\min}\right)^2/2\right]\tag{14.40}$$

相应地，由于颗粒材料的亲水性仍粘附在颗粒 i 的以 $\boldsymbol{\beta}_{i,j}$ 和 $\boldsymbol{\beta}_{i,j-1}$ 表征的两个颗粒表面段上厚度为 $h_i^{\min}$ 的液体薄膜体积 $V_{\mathrm{l}\beta}^{i,j},V_{\mathrm{l}\beta}^{i,j-1}$ 可分别确定为

$$V_{\mathrm{l}\beta}^{i,j}=\beta_{i,j}\left(h_i^{\min}r_i+(h_i^{\min})^2/2\right),\quad V_{\mathrm{l}\beta}^{i,j-1}=\beta_{i,j-1}\left(h_i^{\min}r_i+(h_i^{\min})^2/2\right)\tag{14.41}$$

类似地，仍粘附在第 j 个相邻颗粒的以 $\beta_{j,i},\beta_{j,i-1}$ 表征的两个颗粒表面段上厚度为 $h_j^{\min}$ 的液体薄膜体积 $V_{\mathrm{l}\beta}^{j,i},V_{\mathrm{l}\beta}^{j,i-1}$ 可分别确定为

$$V_{\mathrm{l}\beta}^{j,i}=\beta_{j,i}\left(h_j^{\min}r_j+(h_j^{\min})^2/2\right),\quad V_{\mathrm{l}\beta}^{j,i-1}=\beta_{j,i-1}\left(h_j^{\min}r_j+(h_j^{\min})^2/2\right)\tag{14.42}$$

利用式 (14.38) 所示可能“收割”的附加液体体积 $\Delta V_{\mathrm{lb}}^{ij}$，能够提供形成颗粒 i 和它的第 j 个相邻颗粒之间双联液桥的液体体积将由式 (14.34) 所示的 V_{lb}^{ij} 增加到 V_{lb}^{ij*} 并表示如下

$$V_{\mathrm{lb}}^{ij*}=V_{\mathrm{lb}}^{ij}+\Delta V_{\mathrm{lb}}^{ij}=\left(V_{\mathrm{lb}}^{ij,i}+V_{\mathrm{lb}}^{ji,j}\right)+\left(\Delta V_{\mathrm{lb}}^{ij,i}+\Delta V_{\mathrm{lb}}^{ji,j}\right)\tag{14.43}$$

式中，$V_{\mathrm{lb}}^{ij,i},V_{\mathrm{lb}}^{ji,j},\Delta V_{\mathrm{lb}}^{ij,i},\Delta V_{\mathrm{lb}}^{ji,j}$ 可分别由式 (14.35)、式 (14.36)、式 (14.39) 和式 (14.40) 计算确定。

若 $V_{\mathrm{lb}}^{ij}<V_{\mathrm{lb,min}}^{ij}\leqslant V_{\mathrm{lb}}^{ij*}$，颗粒 i 和它的第 j 个相邻颗粒之间包含液体体积 V_{lb}^{ij*} 的双联液桥将形成。同时，在两个颗粒上与以 $\alpha_{i,j},\alpha_{j,i}$ 表征的两个液帽直接相邻的四个颗粒表面段上粘附有厚度分别为 $h_i^{\min}$ 和 $h_j^{\min}$ 的液体薄膜，其体积按式 (14.41) 和式 (14.42) 计算。

若 $V_{\mathrm{lb}}^{ij*}<V_{\mathrm{lb,min}}^{ij}$，两个颗粒间将不能形成双联液桥，如图 14.12(b) 所示。以液体体积 $V_{\mathrm{lm}}^{i,j**}$ 表示的少量液体将从颗粒 i 表面上由夹角 $(\beta_{i,j-1}+\alpha_{i,j}+\beta_{i,j})$

表征的厚度为 h_i 的液层上扣除而作为厚度为 $h_i^{\min}$ 的液体薄膜粘附在由 $(\beta_{i,j-1}+\alpha_{i,j}+\beta_{i,j})$ 表征的颗粒 i 表面上。它的体积可按下式计算

$$V_{\mathrm{lm}}^{i,j**}=(\beta_{i,j-1}+\alpha_{i,j}+\beta_{i,j})\left(h_i^{\min}r_i+(h_i^{\min})^2/2\right) \tag{14.44}$$

而颗粒 i 表面上由夹角 $(\beta_{i,j-1}+\alpha_{i,j}+\beta_{i,j})$ 表征的原先厚度为 h_i 的液层的其余部分 $V_{\mathrm{lb}}^{i,j**}$, 即

$$V_{\mathrm{lb}}^{i,j**}=(\beta_{i,j-1}+\alpha_{i,j}+\beta_{i,j})\left[\left(h_i-h_i^{\min}\right)\left(r_i+h_i^{\min}\right)+\left(h_i-h_i^{\min}\right)^2/2\right] \tag{14.45}$$

将被等分地以上述颗粒 i 表面上以夹角 $(\beta_{i,j-1}+\alpha_{i,j}+\beta_{i,j})$ 表征的厚度为 $h_i^{\min}$ 的液体薄膜为通道分配到由此通道与颗粒 i 和它的第 $(j-1)$ 个和第 $(j+1)$ 两个直接相邻颗粒已有相连接的双联液桥，后者所包含的液体体积将增加和被更新为

$$V_{\mathrm{lb}}^{i,j-1}\leftarrow V_{\mathrm{lb}}^{i,j-1}+\Delta V_{\mathrm{lb}}^{i,j-1},\quad V_{\mathrm{lb}}^{i,j+1}\leftarrow V_{\mathrm{lb}}^{i,j+1}+\Delta V_{\mathrm{lb}}^{i,j+1} \tag{14.46}$$

式中，$\Delta V_{\mathrm{lb}}^{i,j-1},\Delta V_{\mathrm{lb}}^{i,j+1}$ 是这两个液桥的液体体积增量，并可表示为

$$\Delta V_{\mathrm{lb}}^{i,j-1}=\Delta V_{\mathrm{lb}}^{i,j+1}=V_{\mathrm{lb}}^{i,j**}/2 \tag{14.47}$$

而这两个液桥之间粘附在颗粒 i 上的则是厚度为 $h_i^{\min}$、液体体积为 $V_{\mathrm{lm}}^{i,j**}$ 的液体薄膜。

图 14.13 描述了在表征元中建立初始液桥–液体薄膜系统的方案及其实现的流程。(Zhang et al., 2022; 张松鸽, 2021)

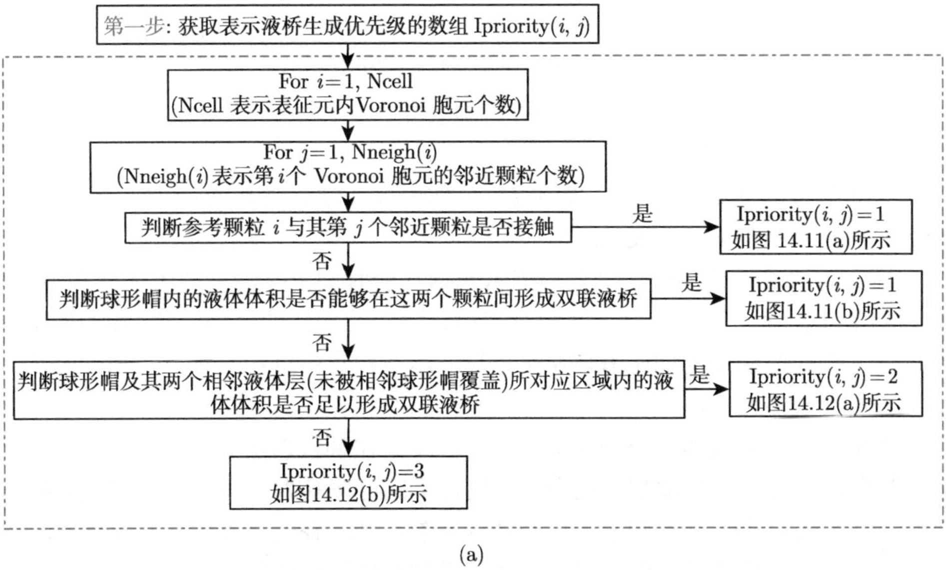

(a)

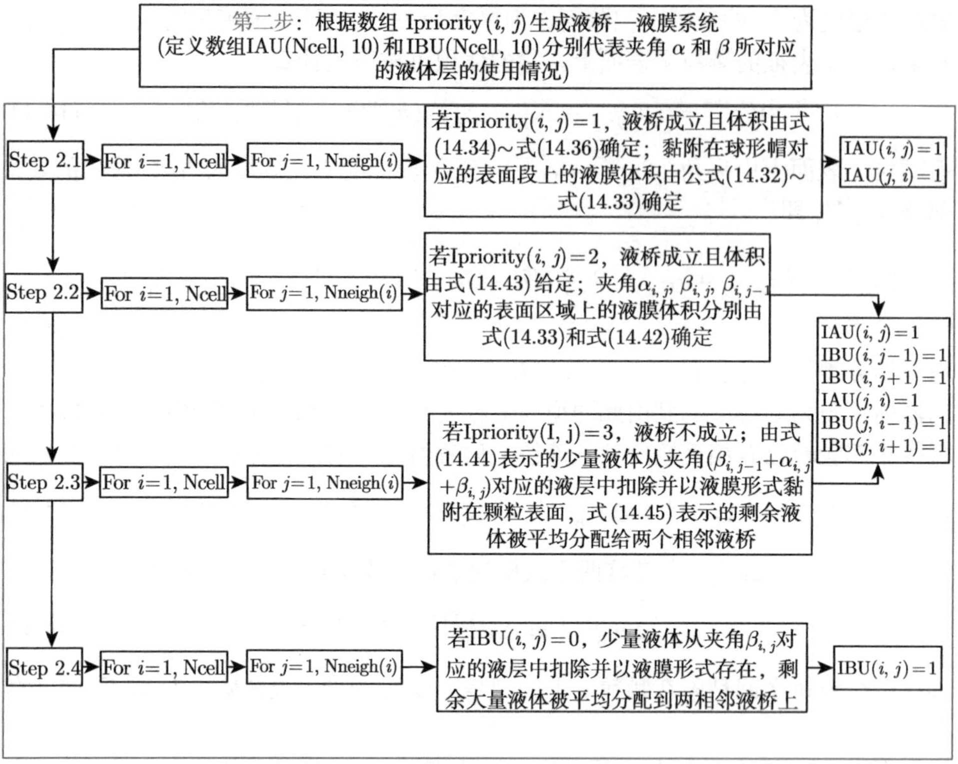

(b)

图 14.13 构建表征元内间隙液体的初始液桥–液膜系统流程图

14.4 非饱和离散颗粒集合体中间隙液体介观结构演变的物理机制

低间隙液体饱和度的湿离散颗粒集合体表征元中介观水力–力学响应过程与间隙液体介观结构演变高度关联。

导致间隙液体介观结构演变的因素包括在随时间变化的指定表征元水力–力学边界条件驱动下的固体颗粒间相对运动、颗粒间液体的毛细液桥–液体薄膜系统演变和颗粒间隙中的间隙液体质量传输。本节将集中讨论与颗粒间相对运动耦合的液相介观结构的演变。

表征元内间隙液体以颗粒间双联液桥和粘附在颗粒表面的液体薄膜的形式存在。控制液相介观结构演变的三个主要物理机制可概括为：（1）一个双联液桥的生成或重生成；（2）一个已有双联液桥的断裂；（3）在两个相邻双联液桥间液体压力差驱动下经由液桥间颗粒表面液体薄膜的液体质量传输。

在表征元介观水力–力学模拟过程中引入被动空气压力假定（Zienkiewicz et al., 1990; 1999），湿离散颗粒集合体表征元全域中孔隙气体压力保持为大气压力值，并简单地取值为零。因此，定义为毛细压力的 $\Delta p = p_c = p_g - p_l$ 将退化为 $\Delta p = p_c = -p_l$。

14.4.1 一个双联液桥的生成或重生成

在表征元介观水力–力学响应分析过程中初始步后的任一增量步，当两个颗粒 i 和 j 趋于接触，或粘附于两颗粒的液体薄膜彼此接触，两颗粒间的一个新双联液桥将形成，如图 14.14 所示。形成新双联液桥的液体来自于依赖于颗粒材料亲水性而粘附在两颗粒表面上的液体薄膜。

参考 14.3 节讨论结果，包含在新形成双联液桥的液体体积 V_{lb}^{ij} 将由下式确定

$$V_{\mathrm{lb}}^{ij} = 2\delta_i^j \left(h_i^{\min} r_i + \left(h_i^{\min}\right)^2 /2\right) + 2\delta_j^i \left(h_j^{\min} r_j + \left(h_j^{\min}\right)^2 /2\right) \tag{14.48}$$

式中，r_i, r_j 是颗粒 i 和 j 的半径；$h_i^{\min}, h_j^{\min}$ 是粘附在两颗粒上的液体薄膜厚度；δ_i^j, δ_j^i 连接两个颗粒的双联液桥的半填充角。

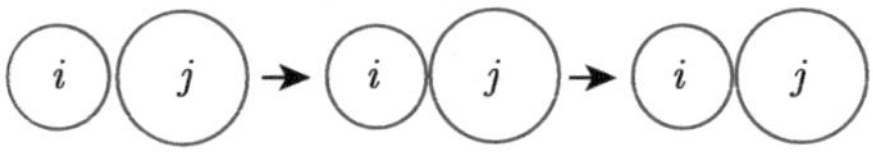

图 14.14　一个双联液桥的形成过程

14.4.2 双联液桥断裂后原液桥所包含液体体积的重分布

当一个双联液桥连接的两个颗粒 i 和 j 朝向互相离开的方向运动直至它们间的距离超过双联液桥的临界距离，双联液桥在它的颈部断裂，断裂液桥在断裂前所包含体积为 V_{lb}^{ij} 的液体被吸回到两个颗粒表面形成液滴，如图 14.15 所示。

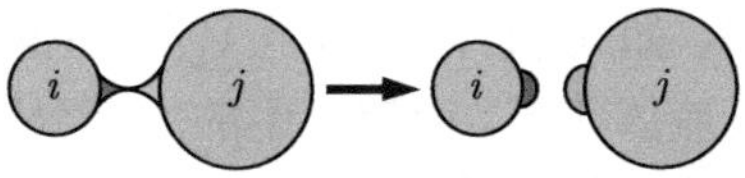

图 14.15　液桥断裂后的液体重分布

按照趋向断裂时该断裂液桥的几何可确定与计算包含在两个液滴中的液体体积 $V_{\mathrm{lb}}^{ij,i}$ 和 $V_{\mathrm{lb}}^{ji,j}$，并满足 $V_{\mathrm{lb}}^{ij,i} + V_{\mathrm{lb}}^{ji,j} = V_{\mathrm{lb}}^{ij}$。接着，包含在每个液滴中的液体体积将被重分配到所在颗粒与液滴邻近的两个相邻液桥，并在断裂液桥所基于的颗粒表面段上形成液体薄膜。不同于先前文献中关于断裂液桥的研究，在那里由断裂液桥所释放的液体被等分地分配到两个相邻液桥。本章中由断裂液桥所释放的液滴液体将按断裂液桥与它的相邻液桥之间的毛细压力空间梯度和断裂液桥与它的相邻液桥之间的距离重分配到它的相邻液桥。

位于颗粒 i 表面液滴所包含的液体将以如下两个方式之一重分配：

(1) 若在液滴邻近的颗粒 i 表面存在有两个与颗粒 i 相关联的相邻液桥，则包含在液体体积为 $V_{\mathrm{lb}}^{ij,i}$ 的液滴内大部分液体体积将按一定比例分配给此两相邻液桥；同时液体在从液滴到两相邻液桥的传输过程中，液滴中少量液体将被截留和涂抹在颗粒 i 从液滴流向两个相邻液桥的表面途径上形成液体薄膜，其液体体积 $V_{\mathrm{l\delta}}^{ij,i}$ 被表示如下

$$V_{\mathrm{l\delta}}^{ij,i} = 2\delta_i^j \left(r_i h_i^{\min} + (h_i^{\min})^2/2\right) \tag{14.49}$$

液滴中被分配到与断裂液桥相邻近的颗粒 i 上两个液桥的液体体积 $(V_{\mathrm{lb}}^{ij,i} - V_{\mathrm{l\delta}}^{ij,i})$ 将使包含在此两液桥的液体体积 $V_{\mathrm{lb}}^{i,j-1}, V_{\mathrm{lb}}^{i,j+1}$ 得到增加，并可表示为

$$V_{\mathrm{lb}}^{i,j-1} \leftarrow V_{\mathrm{lb}}^{i,j-1} + k_{\mathrm{rup}}^{i,j-1}\left(V_{\mathrm{lb}}^{ij,i} - V_{\mathrm{l\delta}}^{ij,i}\right), \quad V_{\mathrm{lb}}^{i,j+1} \leftarrow V_{\mathrm{lb}}^{i,j+1} + k_{\mathrm{rup}}^{i,j+1}\left(V_{\mathrm{lb}}^{ij,i} - V_{\mathrm{l\delta}}^{ij,i}\right) \tag{14.50}$$

式中，$k_{\mathrm{rup}}^{i,j-1}, k_{\mathrm{rup}}^{i,j+1}$ 分别是来自断裂液桥在颗粒 i 的液滴中液体分配到两个相邻液桥液的分配系数。它们与两个相邻液桥的毛细压力成正比，和断裂液桥与它的两个相邻液桥的距离成反比，并假定可分别表示为

$$\begin{aligned} k_{\mathrm{rup}}^{i,j-1} &= \frac{\Delta p^{i,j-1}/\Delta l^{i,j-1}}{\Delta p^{i,j-1}/\Delta l^{i,j-1} + \Delta p^{i,j+1}/\Delta l^{i,j+1}} \\ k_{\mathrm{rup}}^{i,j+1} &= \frac{\Delta p^{i,j+1}/\Delta l^{i,j+1}}{\Delta p^{i,j-1}/\Delta l^{i,j-1} + \Delta p^{i,j+1}/\Delta l^{i,j+1}} \end{aligned} \tag{14.51}$$

式中，$\Delta p^{i,j-1}, \Delta p^{i,j+1}$ 分别是颗粒 i 表面上与颗粒 i 和其第 j 个直接相邻颗粒间断裂液桥相邻的两个相邻液桥的毛细压力；$\Delta l^{i,j-1}, \Delta l^{i,j+1}$ 分别是断裂液桥与其两个相邻液桥之间的圆弧段长度。

(2) 若在颗粒 i 表面上液滴邻近仅存在一个与颗粒 i 相关联的相邻液桥，则除包含在液滴中液体体积、如式 (14.49) 所示 $V_{\mathrm{l\delta}}^{ij,i}$ 的少量部分将在颗粒 i 断裂液桥坐落的表面上形成一段液体薄膜，而液滴中的大部分液体 $(V_{\mathrm{lb}}^{ij,i} - V_{\mathrm{l\delta}}^{ij,i})$ 将完全被配置到与颗粒 i 相关联的相邻液桥。相邻液桥所包含的液体体积 $V_{\mathrm{lb}}^{i,j+1}$ 将得以增加并更新为

$$V_{\mathrm{lb}}^{i,j+1} \leftarrow V_{\mathrm{lb}}^{i,j+1} + \left(V_{\mathrm{lb}}^{ij,i} - V_{\mathrm{l\delta}}^{ij,i}\right) \tag{14.52}$$

14.4.3 两个相邻双联液桥间的液体传输

除了在 14.4.1 节和 14.4.2 节中分别介绍的导致间隙液体重分布及其介观结构演变的两个机制外，由两个相邻双联液桥间液体压力差驱动的沿颗粒表面液层的液体传输也将导致间隙液体重分布。然而，与由于液桥形成与断裂所导致的间隙液体重分布的瞬间发生特征不同，由液体压力差驱动的两个相邻液桥间的液体传输是依赖于时间的过程。

图 14.16 表示了连接颗粒 i 和它的两个直接相邻颗粒的相邻液桥间的液体传输。事实上，间隙液体传输分别发生如图 14.16 所示的与颗粒 i 连接的三对以它们液体压力 $p_{\mathrm{l}}^{i,j-1} \leftrightarrow p_{\mathrm{l}}^{i,j}, p_{\mathrm{l}}^{i,j} \leftrightarrow p_{\mathrm{l}}^{i,j+1}, p_{\mathrm{l}}^{i,j+1} \leftrightarrow p_{\mathrm{l}}^{i,j-1}$ 标识的相邻液桥之间。但作为典型实例，这里仅图示以液压 $p_{\mathrm{l}}^{i,j+1}, p_{\mathrm{l}}^{i,j-1}$ 标识的与颗粒 i 相连接的两个相邻液桥之间的液体传输。若包含在连接颗粒 i 和它的第 $(j-1)$ 个相邻颗粒间液桥的间隙液体压力 $p_{\mathrm{l}}^{i,j-1}$ 高于连接颗粒 i 和它的第 $(j+1)$ 个相邻颗粒间液桥的间隙液体压力 $p_{\mathrm{l}}^{i,j+1}$，包含在前者液桥的间隙液体将持续地经由粘附于颗粒 i 表面的液体薄膜流向后者液桥。

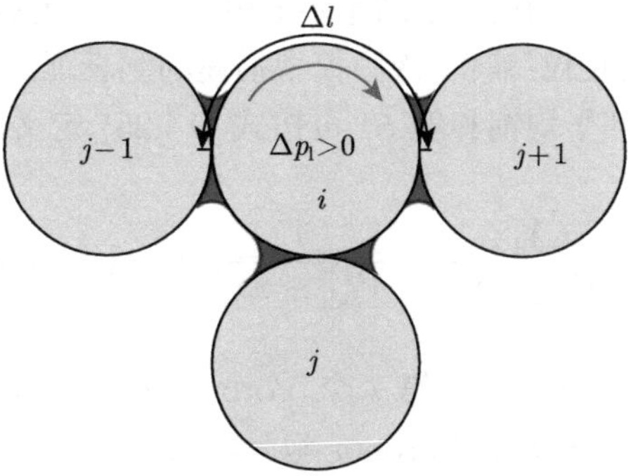

图 14.16 由液体压力差驱动的两相邻液桥间液体传输

由高液压液桥向其相邻的低液压液桥的液体传输导致前者液桥体积的收缩和后者液桥体积的膨胀，但两液桥的体积之和保持不变。单位时间被传输的液体体积可近似地由下面所示的 Poiseuille 类方程（Gili and Alonso, 2002; Mani et al., 2015）估计

$$\frac{\Delta V_{\mathrm{l}}}{\Delta t} = C\frac{h_i^3}{\mu}\frac{\Delta p_{\mathrm{l}}}{\Delta l}l_{\mathrm{T}} \tag{14.53}$$

式中，h_i 是粘附在颗粒 i 表面的液体薄膜厚度；μ 表示间隙液体的动力粘性系数；$\Delta p_{\mathrm{l}}, \Delta l$ 和 ΔV_{l} 分别表示两液桥间的液体压力差、两液桥间液体薄膜在 x-y 平面的圆弧段长度和两个液桥间传输的液体体积；l_{T} 为两个液桥间液体薄膜在垂直于 x-y 平面方向的等效尺寸，对于假定具有单位圆盘厚度的二维离散元模型，设定 $l_{\mathrm{T}} = 1$ m；C 为无量纲传递系数（conductance coefficient）。

14.5 基于介观水力–力学信息的非饱和多孔介质表征元状态变量

本节目的在于利用离散元–液桥–液体薄膜模型所获得的非饱和离散颗粒集合体表征元内介观水力–力学响应模拟结果，通过平均场理论以它们的体积平均获得作为与表征元相关联的宏观非饱和多孔连续体局部点的状态变量。

由表征元解确定的作用于非饱和多孔连续体固体骨架的广义有效 Cauchy 应力 $\bar{\sigma}'_{ji}$ 可表示为（Scholtès et al., 2009b; Li et al., 2016）

$$\bar{\sigma}'_{ji} = \frac{1}{V_{\mathrm{RVE}}} \sum_{c=1}^{N_{\mathrm{c}}} f_i^c x_j^c \tag{14.54}$$

式中，V_{RVE} 是湿表征元总体积；N_{c} 是表征元周边颗粒与表征元连续边界轮廓线的接触点数；x_j^c, f_i^c 分别是表征元每个周边颗粒与表征元边界接触点的位置坐标和在接触点的表面力，它们由当前增量步的表征元离散元解获得。

图 14.7(a) 所示由颗粒–液桥–液膜模型描述的湿表征元的第 i 个参考 Voronoi 胞元中间隙液体的局部平均饱和度 $\bar{S}_{\mathrm{l}}^i$ 可按式 (14.25) 定义计算如下

$$\bar{S}_{\mathrm{l}}^i = \frac{V_{\mathrm{l}}^i}{V_{\mathrm{cell}}^i - V_{\mathrm{s}}^i} = \frac{1}{V_{\mathrm{cell}}^i - \pi r_i^2} \sum_{j=1}^{n_{\mathrm{lb}}^i} \left(V_{\mathrm{lb}}^{i,j} + V_{\mathrm{lm}}^{i,j}\right) \tag{14.55}$$

式中，$V_{\mathrm{cell}}^i, V_{\mathrm{l}}^i, V_{\mathrm{s}}^i$ 分别表示第 i 个 Voronoi 胞元的总体积、间隙液体体积、固体颗粒的体积；r_i 是第 i 个 Voronoi 胞元内固体颗粒的半径；n_{lb}^i 是与第 i 个 Voronoi 胞元相关联的双联液桥数（也为颗粒表面液体薄膜段数）；$V_{\mathrm{lb}}^{i,j}, V_{\mathrm{lm}}^{i,j}$ 是第 i 个 Voronoi 胞元内所包含的第 j 个液桥和液膜段的液体体积。

由于在表征元的介观水力–力学模拟中引入了被动空气压力假定，在湿表征元中与第 i 个 Voronoi 胞元相关联的基质吸力 $\bar{p}_{\mathrm{c}}^i$ 可按式 (13.105) 对 $\bar{p}_{\mathrm{l}}^i$ 的定义表示为（Li et al., 2016）

$$\bar{p}_{\mathrm{c}}^i = -\bar{p}_{\mathrm{l}}^i = -\frac{1}{V_{\mathrm{l}}^i} \sum_{j=1}^{n_{\mathrm{lb}}^i} p_{\mathrm{l}}^{i,j} V_{\mathrm{lb}}^{i,j} \tag{14.56}$$

式中，$p_{\mathrm{l}}^{i,j}$ 是第 i 个 Voronoi 胞元中第 j 个液桥的液体压力。湿表征元全域的间隙液体饱和度和基质吸力体积平均分别可按式 (13.98) 和式 (13.99) 计算

$$\bar{S}_{\mathrm{l}} = \frac{1}{V_{\mathrm{RVE}}\bar{\phi}} \sum_{i=1}^{n_{\mathrm{cell}}} \bar{\phi}^i \bar{S}_{\mathrm{l}}^i V_{\mathrm{cell}}^i \tag{14.57}$$

$$\bar{p}_{\mathrm{c}} = -\bar{p}_{\mathrm{l}} = -\frac{1}{V_{\mathrm{l}}} \int_{V_{\mathrm{l}}} p_{\mathrm{l}} \mathrm{d}V_{\mathrm{l}} = -\frac{1}{V_{\mathrm{l}}} \sum_{i=1}^{n_{\mathrm{cell}}} \bar{p}_{\mathrm{l}}^i V_{\mathrm{l}}^i = \frac{1}{V_{\mathrm{l}}} \sum_{i=1}^{n_{\mathrm{cell}}} \bar{p}_{\mathrm{c}}^i V_{\mathrm{l}}^i \tag{14.58}$$

式中，n_{cell} 是湿表征元内的 Voronoi 胞元的总数；V_{l} 是湿表征元的液体体积，$\bar{\phi}$ 和 $\bar{\phi}^i$ 分别由式 (13.97) 和式 (13.102) 所定义和计算。

14.6 数值算例

湿颗粒集合体表征元初边值问题的介观水力–力学分析数值模型的实现主要包括两部分：（1）构建 14.3 节描述的表征元内间隙液体的初始液桥–液膜系统；（2）实现 14.4 节中所介绍的以三个物理机制控制的表征元内液相介观结构演化过程。本节通过两个数值例题考核所发展的离散元–液桥–液体薄膜数值模型对低饱和度非饱和颗粒集合体水力–力学非线性行为模拟的能力。

14.6.1 算例 1：基质吸力饱和度滞回曲线

对湿颗粒集合体表征元边界施加随时间变化的、均匀分布的基质吸力 $p_c = p_g - p_l$，模拟表征元的干燥（干化）和润湿（湿化）过程。该算例有两个目的：一是验证所提出的数值模型在两方面的能力，即（1）在给定饱和度下确定以双联液桥和液膜两种形式呈现的间隙液体初始分布，和（2）模拟表征元内液桥之间的间隙液体传输；二是获得基于介观水力学信息的非饱和多孔连续介质中基质吸力–饱和度曲线（在非饱和土力学中称为土水特征曲线（soil water characteristic curve, SWCC））。

本算例采用如图 14.17 所示的在初始时刻具有规则固相介观结构和均匀分布间隙液体的湿颗粒集合体表征元 RVE187（下文中简称“湿 RVE187”），其中包含 187 个半径为 $r = 0.02$ m 的固体颗粒，表征元尺寸为 $L_1 \times L_2 = 0.52\ \text{m} \times 0.525\ \text{m}$，表征元内孔隙度均匀分布且为 $\phi_0 = 0.160$。初始时刻表征元内的饱和度处处相等，并设置为 $\bar{S}_{1,0} = 0.3$，意味着初始时刻基质吸力在整个表征元域内均匀分布。

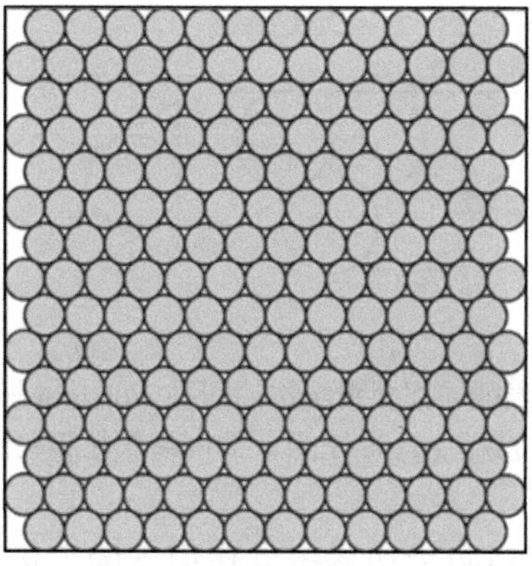

图 14.17 湿表征元样本（湿 RVE187）

数值模拟中所采用的固体颗粒和间隙液相材料参数如表 14.1 所示。基于 14.2 节中所介绍的双联液桥基本理论和 14.3 节中提出的表征元内间隙液体初始分布方案，可以计算并确定表征元域内均匀分布的基质吸力值为 $\bar{p}_c = 29.59$ Pa。

表 14.1　表征元数值模拟中的材料参数

参数	值
固体颗粒质量密度 (ρ_s)	2000 kg/m^3
法向接触力刚度系数 (k_n)	5.0×10^6 N/m
切向滑动摩擦力刚度系数 (k_s)	2.0×10^6 N/m
切向滚动摩擦力刚度系数 (k_r)	0.0 N/m
滚动摩擦阻矩刚度系数 (k_θ)	1.0 N·m/rad
法向接触力阻尼系数 (c_n)	0.4 N·s/m
切向滑动摩擦力阻尼系数 (c_s)	0.4 N·s/m
切向滚动摩擦力阻尼系数 (c_r)	0.0 N·s/m
滚动摩擦阻矩阻尼系数 (C_θ)	0.4 N·m·s/rad
切向滑动摩擦系数 (μ_s)	0.5
切向滚动摩擦系数 (μ_r)	0.0
滚动摩擦阻矩系数 (μ_θ)	0.02
三相接触角 (θ)	30°
表面张力 (γ)	0.07275 N/m
动力粘性系数 (μ)	1.005×10^{-3} N·s/m^2
（相邻两液桥之间的）液体传导系数 (C)	1.0×10^6
液体薄膜最小厚度 ($h^{\min}$)	1.0×10^{-6} m

湿 RVE187 中固体颗粒周围间隙液体的局部介观结构通过与其相关联的 Voronoi 胞元模型来表征。表征元中典型内部固体颗粒周围间隙液体的局部介观结构采用图 14.18(a) 所示的 Voronoi 胞元模型进行表征；而与顶部/底部边界接触的边界颗粒、与左/右边界接触的边界颗粒，以及位于四个角处的固体颗粒，它们周围间隙液体的局部介观结构分别采用图 14.18(b)~(d) 所示的 Voronoi 胞元模型进行表征。

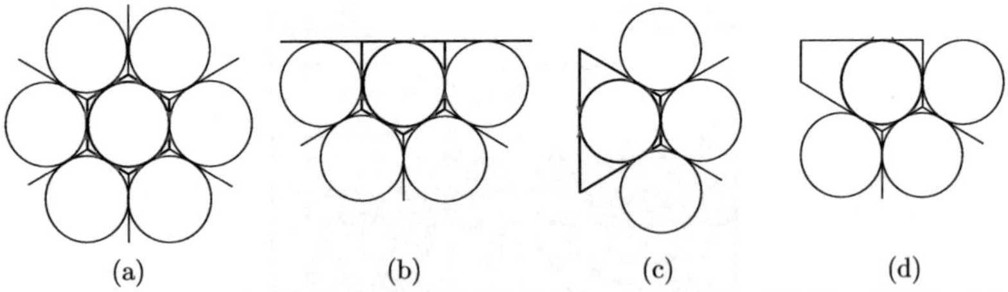

(a)　(b)　(c)　(d)

图 14.18　湿 RVE187 中表征局部介观结构的四种 Voronoi 胞元模型：分别与 (a) 内部，(b) 上边界，(c) 左边界，(d) 左上角，的固体颗粒相关的 Voronoi 胞元模型

在指定均匀分布的基质吸力边界条件作用下的干化或湿化过程中，表征元内的间隙液体被排放到表征元外部，或者位于表征元外部的湿介质中间隙液体被吸入表征元内。由于本算例未在表征元边界施加平动或转动位移，因此表征元内固体颗粒之间不会发生显著的相对运动，表征元内固相介观结构不会发生显著演变。

选取如图 14.19 所示的五种加载方式，对湿 RVE187 实施“高常边界吸力驱动排水低常边界吸力驱动吸水”的干化湿化加载过程。五种加载方式所用总时间相同，即都为 1200 s。但高常边界吸力 $\langle p_c \rangle = 300$ Pa, 驱动的排水过程用时不同，分别是 80 s，60 s，50 s，40 s 和 30 s；相应地，低常边界吸力 $\langle p_c \rangle = 30$ Pa 驱动的吸水过程用时亦不同，分别是 1120 s，1140 s，1150 s，1160 s 和 1170 s。

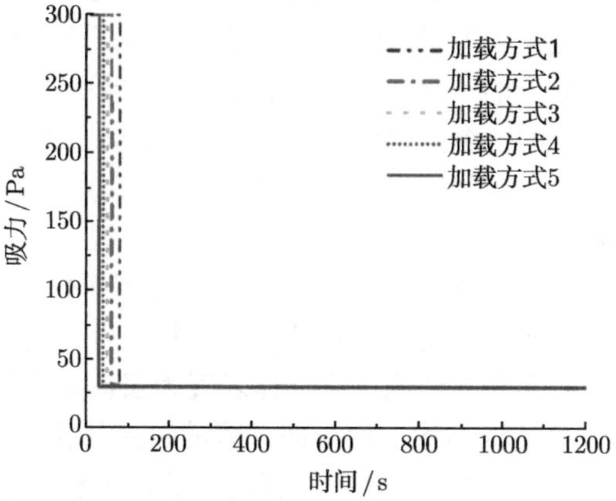

图 14.19 湿 RVE187 的干湿循环加载曲线

在干化–湿化加载过程中，介观水力学变量的体积平均随时间不断变化。对于每一个离散时间点，液相饱和度的体积平均 $\bar{S}_l$ 和基质吸力的体积平均 $\bar{p}_c$ 可以表示为湿 RVE187 内每个 Voronoi 胞元的相应物理量在整个表征元域内的体积平均值，如式 (14.57) 和式 (14.58) 所示。

考虑图 14.19 中的第一种加载方式。采用分别利用不同时间步长 $\Delta t = 0.1$ s, 0.2 s, 0.4 s 的三种计算方案，数值模拟湿 RVE187 的干化湿化过程，考察所发展的数值模型在时间域上的收敛性。图 14.20 显示了三种计算方案分别得到的三条

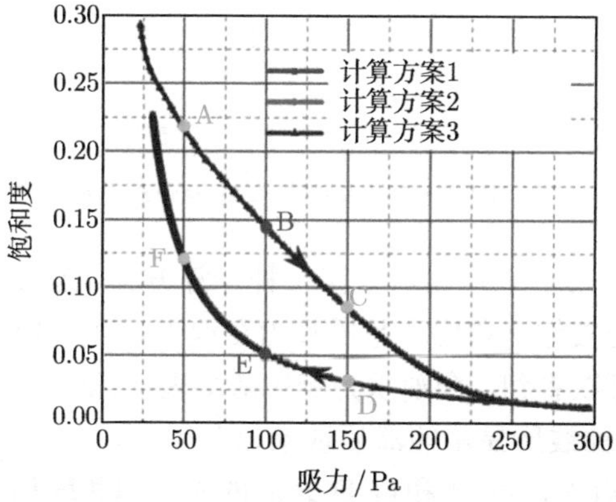

图 14.20 由三种计算方案获得的三条基于介观水力学信息的 $\bar{p}_c$-$\bar{S}_l$ 曲线

基于介观水力学信息的 $\bar{p}_c$-$\bar{S}_l$ 曲线的滞迴特性。结果表明，三条 $\bar{p}_c$-$\bar{S}_l$ 曲线吻合得很好 (因而在图 14.20 看不到以红色和蓝色表示的由方案 1 和 2 得到的两条 $\bar{p}_c$-$\bar{S}_l$ 曲线，它们完全被方案 3 所得的以黑色表示的 $\bar{p}_c$-$\bar{S}_l$ 曲线所覆盖)，所提出的数值模型在时域上具有很好的收敛性。

图 14.20 显示的 $\bar{p}_c$-$\bar{S}_l$ 曲线中用 A、B 和 C 标记的三个点依次代表基质吸力不断增加和间隙液体饱和度不断降低的干化过程中的三个演化状态；相反，$\bar{p}_c$-$\bar{S}_l$ 曲线中用 D、E 和 F 标记的三个点依次代表基质吸力不断降低和间隙液体饱和度不断增加的湿化过程中的三个演化状态。可以观察到，干化和湿化曲线上具有相同基质吸力值的两个状态点（如点 A 和点 F、点 B 和点 E、点 C 和点 D）具有不同的间隙液体饱和度。

如图 14.18 所示，湿 RVE187 内部域和边界域具有不同的局部介观结构。这种表征元内材料介观机构的不均匀性是从均匀材料中以一定的有限尺寸截取作为均匀材料窗口的表征元而人为造成。它具体表现为表征元边界处和表征元内部之间虚假的材料局部介观结构不均一性（即虚假的边界效应）。为清楚地显示均匀材料在指定均匀干化–湿化水力边界条件驱动下的排水和吸水过程模拟结果，在湿 RVE187 内截取具有矩形外形和均匀介观结构、包含 93 个颗粒及相应间隙液体、尺寸为 $l_1 \times l_2 = 0.36\ \text{m} \times 0.3864\ \text{m}$ 的内部部分, 如图 14.21 所示。

图 14.21　湿 RVE187 及其中具有均匀介观结构的内部部分

图 14.22 和图 14.23 分别显示了第一种计算方案 ($\Delta t = 0.4$ s) 下，从 A 到 F 六个不同状态点处液体饱和度和基质吸力在湿 RVE187 内具有均匀介观结构的内域中分布情况。可以看到，介观水力响应随湿表征元的干化湿化过程不断演变；与图 14.20 中 $\bar{p}_c$-$\bar{S}_l$ 曲线所显示的滞后现象相对应，图 14.20 所示 $\bar{p}_c$-$\bar{S}_l$ 曲线上点 A 和点 F、点 B 和点 E、点 C 和点 D 之间的液体饱和度和基质吸力分布差异可以从图 14.22 和图 14.23 中观察到。

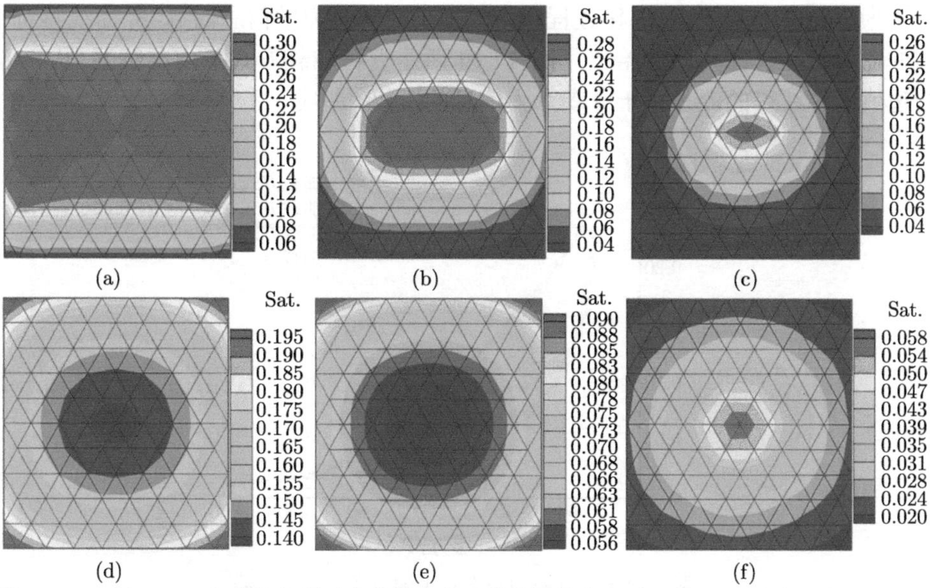

图 14.22　图 14.20 中曲线上所示六个状态点处液体饱和度在湿 RVE187 域内具有均匀介观结构的内域中分布情况

(a) A 点；(b) B 点；(c) C 点；(d) F 点；(e) E 点；(f) D 点

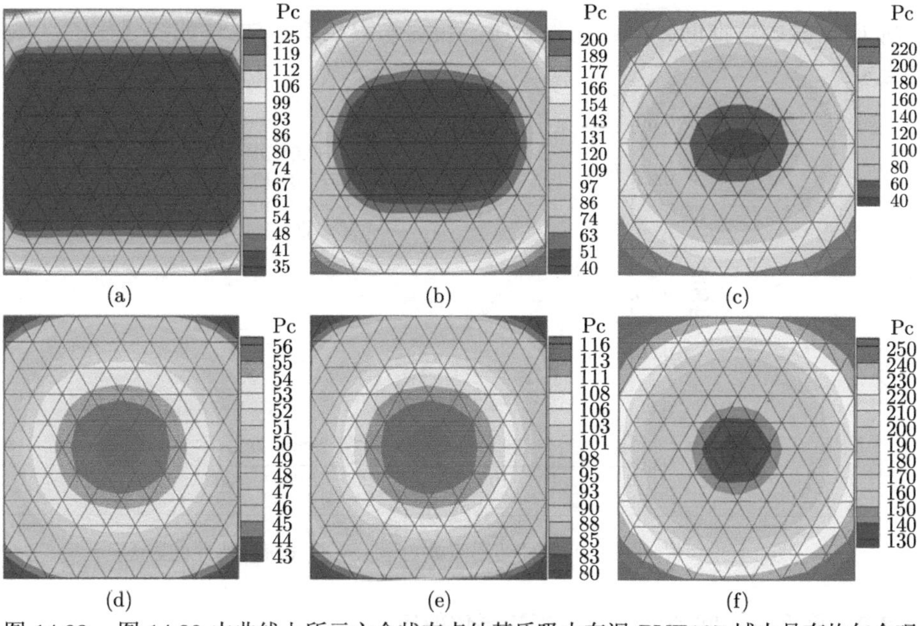

图 14.23　图 14.20 中曲线上所示六个状态点处基质吸力在湿 RVE187 域内具有均匀介观结构的内域中分布情况

(a) A 点；(b) B 点；(c) C 点；(d) F 点；(e) E 点；(f) D 点

为了验证不同干化–湿化过程产生的基于介观水力学信息的 $\bar{p}_c$-$\bar{S}_l$ 曲线具有不同的滞后特性，图 14.24 给出了图 14.19 所示五种加载方式下由求解湿 RVE187 初边值问题获得的五条基于介观水力信息的 $\bar{p}_c$-$\bar{S}_l$ 曲线。

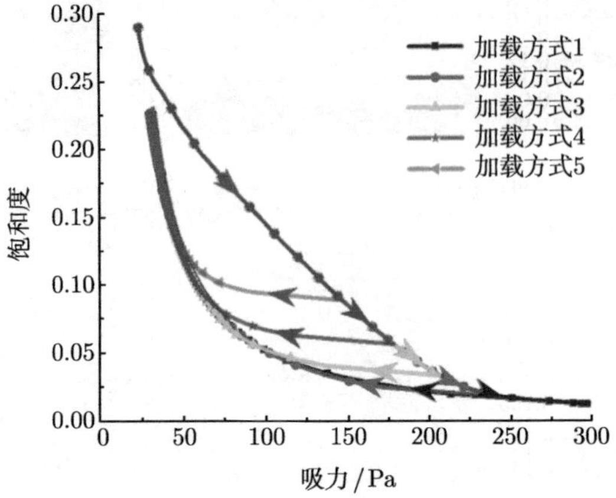

图 14.24 五种加载方式下的五条 $\bar{p}_c$-$\bar{S}_l$ 曲线

采用图 14.19 所示的第一种加载方式，选取四个不同的传递系数 $C=1.0\times10^6$，7.0×10^5，6.0×10^5，5.0×10^5。图 14.25 显示了相邻液桥之间的液体传递系数 C 对 $\bar{p}_c$-$\bar{S}_l$ 曲线滞后特性的影响。结果表明，传递系数越高，$\bar{p}_c$-$\bar{S}_l$ 曲线包围的区域面积越大。

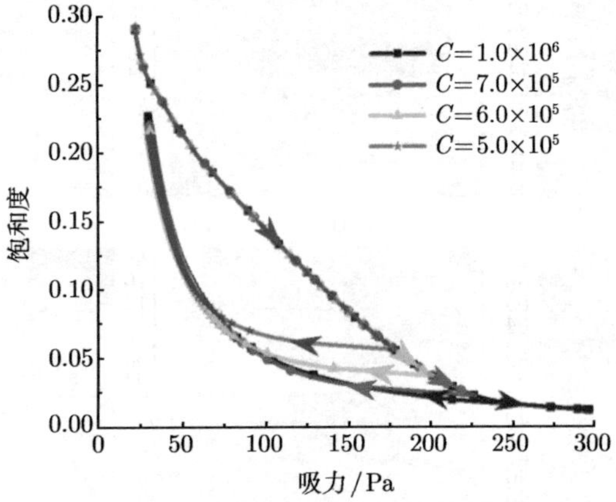

图 14.25 相邻液桥间液体传递系数对 $\bar{p}_c$-$\bar{S}_l$ 曲线滞后特性的影响

14.6.2 算例 2：间隙液体对固相的强化效应

第二个算例考虑含液离散颗粒集合体表征元 RVE187 受到指定均一分布常基质吸力 $p_c=\langle p_c\rangle$ 边界条件和如下式表示、随时间变化的在表征元周边颗粒与表征

元边界接触点处指定的平动和转动位移边界条件作用，即（Li et al., 2014; 2020）

$$\Delta u_i(\boldsymbol{x})|_\Gamma = \left(\langle \Delta u_{i,j}\rangle x_j + \frac{1}{2}\langle \Delta u_{i,jk}\rangle x_j x_k\right)\Big|_\Gamma \tag{14.59}$$

$$\Delta \omega_i(\boldsymbol{x})|_\Gamma = \left(\langle \Delta \omega_i\rangle + \langle \Delta \omega_{i,j}\rangle x_j\right)|_\Gamma \tag{14.60}$$

式中，$\langle \Delta u_{i,j}\rangle, \langle \Delta u_{i,jk}\rangle, \langle \Delta\omega_i\rangle, \langle \Delta\omega_{i,j}\rangle$ 是给定的由宏观连续体局部点下传的增量变形梯度、它的空间梯度、增量微转角和增量微曲率；Γ 表示具有外法线向量 n_i、体积为 V_{RVE} 的表征元边界；x_j, x_k 表示表征元边界点的坐标。

该算例将起到两个作用。首先是验证所提出数值模型中模拟液桥间的液体质量传输机制，以及湿表征元在指定渐增剪切变形下由于表征元内接触颗粒间剧烈耗散性相对位移和接触脱离所导致的双联液桥断裂和重生成机制。第二个作用在于利用所提出数值模型获得的表征元初边值问题数值解的体积平均提取基于介观水力–力学信息的包含软化过程的应力–应变曲线。

具有初始均匀分布间隙液体饱和度 $\bar{S}_{1,0} = 0.3$（即意味着具有初始均匀分布基质吸力 $p_{\mathrm{c},0} = 29.59$ Pa）的湿 RVE187 在由指定预双向压缩应变 $\langle u_{1,1}\rangle = \langle u_{2,2}\rangle = -0.002$ 按式 (14.59) 确定的指定边界位移作用下，通过离散元求解过程确定表征元双向预压缩的平衡态。接着对湿 RVE187 边界施加均匀分布的指定常基质吸力 $p_{\mathrm{c}} = \langle p_{\mathrm{c}}\rangle = 300$ Pa 以模拟干化过程。同时将按式 (14.59) 在湿 RVE187 周边固体颗粒与边界接触点处施加由指定增量剪应变 $\langle \Delta u_{1,2}\rangle = 6.0\times10^{-4}$ 确定的增量位移边界条件。数值模拟执行 500 个增量步，直至表征元所承受的总剪应变增至 $\langle u_{1,2}\rangle = 0.3$。增量时间步长 $\Delta t = 0.1$ s，数值模拟过程将持续 $t = 50$ s。

对表征元执行数值模拟中采用的固体颗粒材料参数给定为 $k_{\mathrm{n}} = 5.0\times10^5$ N/m, $k_{\mathrm{s}} = 2.0\times10^5$ N/m, $k_{\mathrm{r}} = 0.0$ N/m, $k_\theta = 1.0$ N·m/rad, $c_{\mathrm{n}} = 0.4$ N·s/m, $c_{\mathrm{s}} = 0.4$ N·s/m, $c_{\mathrm{r}} = 0.0$ N·s/m, $c_\theta = 0.4$ N·m·s/rad, $\mu_{\mathrm{s}} = 0.5$, $\mu_{\mathrm{r}} = 0.0$, $\mu_\theta = 4.0\times10^{-4}$, $\rho_{\mathrm{s}} = 2000$ kg/m^3。相邻两液桥之间液体传递系数采用 $C = 3.0\times10^6$，其余间隙液相材料性质数据均与在算例 1 中采用的相同。

图 14.26 显示了由湿 RVE187 和干 RVE187 的全域介观水力–力学模拟数值结果和它们的体积平均分别得到的两条 $\bar{\sigma}'_{21}$-$\langle u_{1,2}\rangle$ 曲线（对于干颗粒材料 $\bar{\sigma}'_{21} = \bar{\sigma}_{21}$），并可以利用此两条曲线比较它们的整体力学行为，即承载能力和软化路径。从图 14.26 可以看到，源自表征元内固体颗粒间液桥系统的吸力效应很大程度上提高了非饱和颗粒材料相对于干颗粒材料的承载能力。对于非饱和颗粒材料，不仅非线性（耗散性）硬化及随后的软化阶段的发生时刻被推迟，即触发两个材料非线性行为所要求施加于表征元的剪应变值得以提升，而且 $\bar{\sigma}'_{21}$-$\langle u_{1,2}\rangle$ 曲线上激发软化行为开始、表征非饱和颗粒材料极限承载能力的 $\bar{\sigma}'_{21}$ 峰值也得到提高。

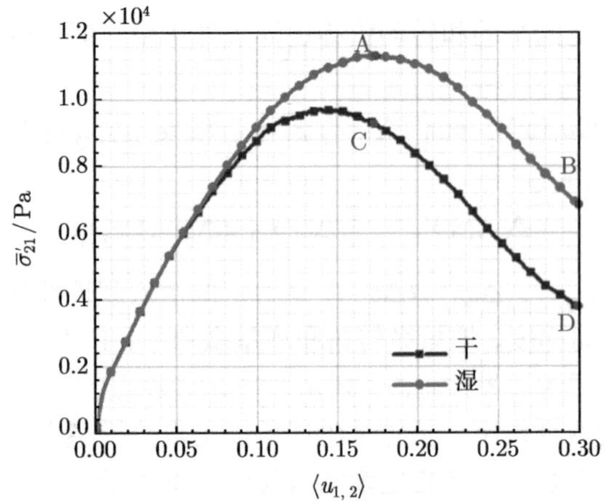

图 14.26　干、湿 RVE187 的 $\bar{\sigma}'_{21}$-$\langle u_{1,2}\rangle$ 曲线比较

颗粒对（两个直接相邻颗粒，无需一定接触）的接触状态可归结为如下三类。它们可分别简称为非耗散接触，耗散接触和丧失接触，在图 14.28 中分别蓝、红和绿色标记。非耗散或耗散接触分别定义为两直接相邻颗粒相互接触，并发生无耗散或耗散相对运动的接触状态。丧失接触定义为原先接触的两直接相邻颗粒丧失了它们之间的接触。包含在干、湿 RVE187 内三类颗粒对的集合分别以 $\mathrm{N_e}, \mathrm{N_p}, \mathrm{N_d}$ 表示，归属它们的颗粒对数目分别记为 $N_{\mathrm{e}}, N_{\mathrm{p}}, N_{\mathrm{d}}$。在湿、干 RVE187 中总颗粒对数记为 N_{t}，它恒等于 $N_{\mathrm{e}}, N_{\mathrm{p}}, N_{\mathrm{d}}$ 之和，即尽管随加载过程的 RVE187 介观结构演变可导致分别归属于 $\mathrm{N_e}, \mathrm{N_p}, \mathrm{N_d}$ 的颗粒对数数目 $N_{\mathrm{e}}, N_{\mathrm{p}}, N_{\mathrm{d}}$ 的变化，但在加载过程的任意时刻，$N_{\mathrm{t}} \equiv N_{\mathrm{e}} + N_{\mathrm{p}} + N_{\mathrm{d}}$。注意到由于 RVE187 介观结构的剧烈演变，导致 RVE187 内某些颗粒的直接相邻颗粒数、即围绕某些颗粒的接触对数的变化，N_{t} 值可能随加载过程变化。

图 14.27(a)~(b) 和 (c)~(d) 分别显示了图 14.26 所示湿 RVE187 曲线上的 A 点、B 点和干 RVE187 曲线上的 C 点、D 点标识的四个状态下归属于 $\mathrm{N_e}, \mathrm{N_p}, \mathrm{N_d}$ 的颗粒对数目的演变，它们在湿、干 RVE187 域内的分布，以及变形的湿、干 RVE187 构形。这些数值结果显示了湿、干 RVE187 的介观结构演变和颗粒材料破坏程度，并揭示了图 14.26 所示颗粒材料承载能力下降和材料软化发展的介观机理、即在集中变形邻近区域大量归属于 $\mathrm{N_e}$ 的颗粒对随图 14.26 所示软化行为的持续发展而变换为归属于 $\mathrm{N_p}, \mathrm{N_d}$ 的颗粒对。

本例湿、干 RVE187 在它们的初始状态时颗粒对总数 $N_{\mathrm{t}} = 508$。图 14.27(a)~(c) 显示，对于湿 RVE187 的 $N_{\mathrm{t}} = 508$ 在整个加载历史中、包括软化和后软化阶段直至模拟过程结束、保持不变；但对于干 RVE187 的初始 $N_{\mathrm{t}} = 508$ 仅在软化过程的早期阶段保持不变。如图 14.27(d) 所示，在加载历史结束时干 RVE187 内颗粒对总数增加到 $N_{\mathrm{t}} = 516$。这意味着在后软化阶段干 RVE187 内发生了比在湿 RVE187 内更剧烈的介观结构演变，因此对某些颗粒，其每个颗粒的直接相邻颗粒数增加，并导致 N_t 数的增加。干 RVE187 比湿 RVE187 呈现更剧烈介观结构演化可解释为在干 RVE187 中不存在对加固干 RVE187 离散颗粒集合体作为一个整体的在每两个直接相邻颗粒间起相互吸引作用的液桥力。概言之，图 14.27 提供了随 $\langle u_{1,2}\rangle$ 增长而演变的颗粒接触状态分布，显示了双联液桥形式间隙液体改善每两个直接相邻颗粒间接触状态的效应。

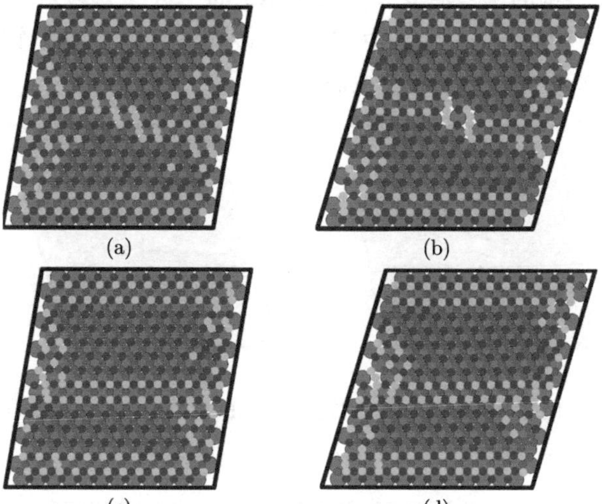

图 14.27 N_e, N_p, N_d 三类颗粒对中颗粒对数目演化及其分布和 RVE187 构形

(a) 图 14.26 中湿 RVE187 曲线上 A 点：$N_d = 123, N_p = 185, N_e = 200$; (b) 图 14.26 中湿 RVE187 曲线上 B 点：$N_d = 108, N_p = 206, N_e = 194$; (c) 图 14.26 中干 RVE187 曲线上 C 点：$N_d = 107, N_p = 203, N_e = 198$; (d) 图 14.26 中干 RVE187 曲线上 D 点：$N_d = 108, N_p = 218, N_e = 190$

与图 14.27 所示结果相关联，图 14.28 (a) 和 (b) 分别显示了在图 14.26 所示曲线上 A 点和 B 点处湿 RVE187 全域中有效与失稳双联液桥的分布和演化。连接两个直接相邻颗粒的有效与失稳双联液桥分别用连接两个颗粒形心的蓝色与红色线段表示。在初始时刻，即在常基质吸力 $p_c = \langle p_c\rangle = 300$ Pa 和增量剪应变 $\langle \Delta u_{1,2}\rangle = 6.0 \times 10^{-4}$ 施加于湿 RVE187 边界之前，在湿 RVE187 内的初始有效双联液桥总数 N_t 值等于 508。这表示湿 RVE187 内每个颗粒对的两个颗粒均接触，所有颗粒对均存在有效液桥。

虽然图 14.27(a) 显示在图 14.26 中 $\bar{\sigma}'_{21}$-$\langle u_{1,2}\rangle$ 曲线上 A 点处的湿 RVE187 内有 $N_d = 123$ 个颗粒对丧失了接触，但图 14.28(a) 显示在此时刻湿 RVE187 仅有 64 个液桥断裂。这可理解为由于湿 RVE187 作为整体在曲线上 A 点处刚跨入材料软化的门槛，在丧失接触的 123 个颗粒对中的大部分（确切地说 59 个颗粒对）颗粒对中两个颗粒间距离并没有超过为保证该两颗粒间双联液桥成立所要求的临界断裂距离。

图 14.28(b) 显示在图 14.26 中 $\bar{\sigma}'_{21}$-$\langle u_{1,2}\rangle$ 曲线上 B 点处的湿 RVE187 内有 90 个液桥断裂，而图 14.27(b) 显示此时湿 RVE187 内的丧失接触颗粒对数目为 $N_\mathrm{d}=108$。虽然在材料软化结束时的 $N_\mathrm{d}=108$ 小于在材料整体软化开始时的 $N_\mathrm{d}=123$（实际上软化开始时归属于 $\mathrm{N_d}$ 的颗粒对数目中的一些在其后直至材料软化过程模拟结束的后软化过程中变换为归属于 $\mathrm{N_p}$ 的耗散性接触状态），但由于湿 RVE187 内介观结构的剧烈演变和归属于 $\mathrm{N_d}$ 的 108 个颗粒对中大部分颗粒对的颗粒间距超过了它们间的临界液桥距离，连接丧失接触的 108 个颗粒对的液桥中大部分、即 90 个液桥失去了稳定性而断裂。

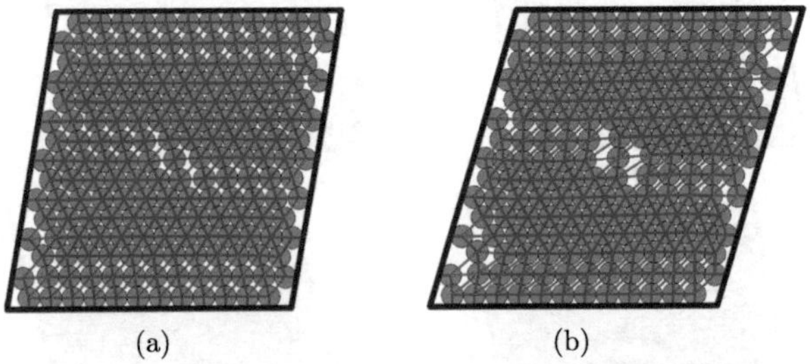

图 14.28　在图 14.26 湿 RVE187 曲线上 A 和 B 点处有效双联液桥和失稳液桥分布

(a) A 点（$\bar{\sigma}'_{21}$ 峰值）；(b) B 点（$\langle u_{1,2}\rangle$ 最大值）

图 14.29 和图 14.30 分别显示了湿 RVE187 域内局部间隙液体饱和度和局部基质吸力的分布。它们在湿 RVE187 域内分布的反对称性提供了证实所提出离散元–液桥–液体薄膜模型及其程序实现的正确性的一个论据。这些分布结果可由施加于湿 RVE187 的随时间变化的指定水力–力学边界条件，以及由图 14.28 所显示的有效和失效双联液桥分布结果解释。

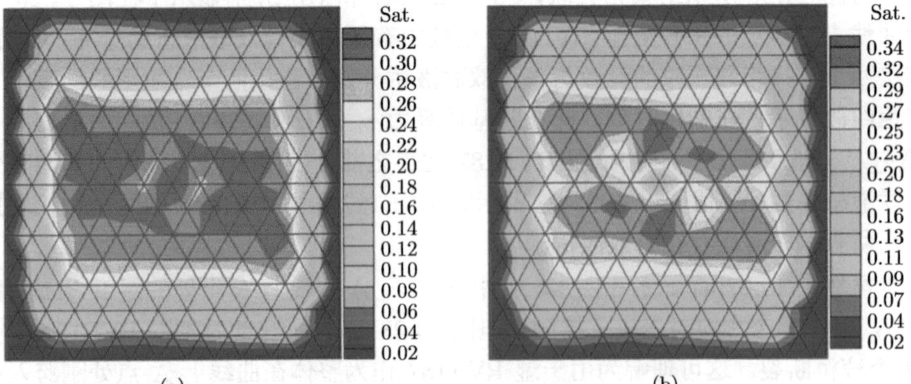

图 14.29　湿 RVE187 域内间局部间隙液体饱和度分布

(a) 图 14.26 曲线上 A 点状态；(b) 图 14.26 曲线上 B 点状态

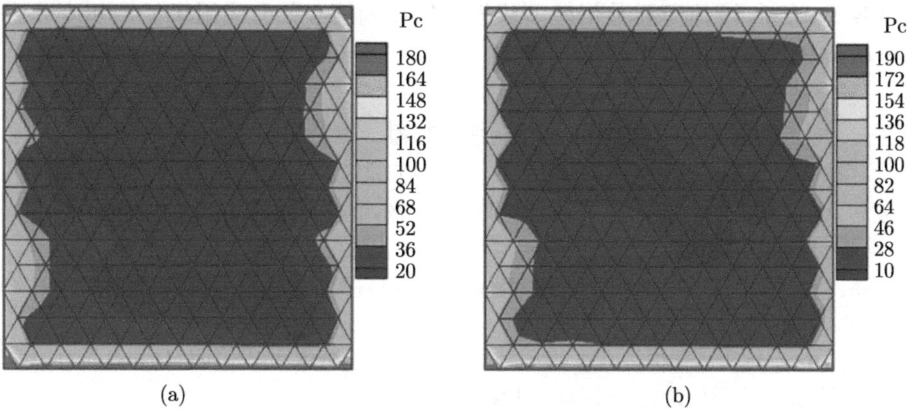

图 14.30 湿 RVE187 域内间局部基质吸力分布

(a) 图 14.26 曲线上 A 点状态；(b) 图 14.26 曲线上 B 点状态

14.7 总结与讨论

本章介绍的内容可概括和总结为如下要点：

• 对具有介观离散结构的低饱和度湿变形颗粒材料提出了一个离散元–液桥–液体薄膜数值模型。间隙液体模型化为通过粘附于固体颗粒表面的液体薄膜连接的颗粒间双联液桥系统。此模型也可用以在宏观尺度非饱和多孔连续体的一个包含固–液–气三相的局部材料点建立一个具有介观固–液–气三相离散结构的表征元。

• 设计和实现了在湿表征元内对间隙液体构造“以液体薄膜连接的间断分布双联液桥”初始介观结构的方案。

• 提出了控制间隙液体介观结构演变的三个物理机制和实现介观水力–力学响应数值模拟的湿离散元法（wet DEM）。这三个物理机制为双联液桥的生成和/或重生成、双联液桥的断裂失效、两个相邻双联液桥间经由其间粘附于固体颗粒表面液体薄膜的液体传输。

• 为湿表征元在不同类型水力–力学边界条件下介观水力–力学响应模拟发展了基于湿离散元法（wet DEM）的交错迭代求解过程。

• 提取基于介观水力–力学信息的描述的等效非饱和多孔连续体水力–力学关系的本构曲线：基质吸力饱和度滞迴曲线和广义有效应力–应变曲线等，而无需宏观唯象本构关系及相关材料参数。

• 基于以上描述的所发展离散元–液桥–液体薄膜数值模型的功能，当由宏观尺度到介观尺度下传法则指定的下传信息给定，计算均匀化方法中所要求上传的基于介观水力–力学信息的宏观水力–力学变量和本构关系即可确定。因此，所发展离散元–液桥–液体薄膜数值模型将很方便作为核心部分应用于低饱和度非饱和颗粒材料计算均匀化方法中。

参 考 文 献

杜友耀, 2017. 基于介观结构及介宏观均匀化方法的颗粒材料力学行为研究. 博士学位论文, 大连理工大学.

杜友耀, 李锡夔, 2015. 二维液桥计算模型及湿颗粒材料离散元模拟. 计算力学学报, 32: 496–502.

张松鸽, 2021. 饱和颗粒材料协同二阶计算均匀化方法与低饱和度颗粒材料介观水力–力学行为研究. 博士学位论文, 大连理工大学.

Cundall P A and Strack O D L. 1979. A discrete numerical model for granular assemblies. Géotechnique, 29: 47–65.

Coussy O, 1995. Mechanics of Porous Continua. Chichester: Wiley.

De Bisschop F R E, Rigole W J L, 1982. A physical model for liquid capillary bridges between adsorptive solid spheres: the nodoid of plateau. J. Colloid Interf. Sci., 88: 117–128.

Durieza J, Eghbaliana M, Wan R, Darve F, 2017. The micromechanical nature of stresses in triphasic granular media with interfaces. Journal of the Mechanics and Physics of Solids, 99: 495–511.

EI Shamy U, Groger T, 2008. Micromechanical aspects of the shear strength of wet granular soils. International Journal for Numerical and Analytical Methods in Geomechanics, 32: 1763–1790.

Erle M A, Dyson D, Morrow N R, 1971. Liquid bridges between cylinders, in a torus, and between spheres. Aiche J., 17: 115–121.

Fisher R A, 1926. On the capillarity forces in an ideal soil; correction of formulae given by W. B. Haines. Journal of Agricultural Science, 16: 492–505.

Gao C, 1997. Theory of menisci and its application. Appl. Phys. Lett. 71: 1801–1803.

Gili J A and Alonso E E, 2002. Microstructural deformation mechanisms of unsaturated granular soils. Int. J. Numer. Anal. Meth. Geomech., 26: 433–468.

Hotta K, Takeda K, Linoya K, 1974. The capillary binding force of a liquid bridge. Powder Technol., 10: 231–242.

Kohonen M M, Geromichalos D, Scheel M, Schier C, Herminghaus S, 2004. On capillary bridges in wet granular materials, Physica A, 339: 7–15.

Li X K, Chu X H, Feng Y T, 2005. A discrete particle model and numerical modeling of the failure modes of granular materials. Eng. Computation, 22: 894–920:

Li X K, Du Y Y, Duan Q L, 2013. Micromechanically informed constitutive model and anisotropic damage characterization of Cosserat continuum for granular materials. International Journal of Damage Mechanics, 22: 643–682.

Li X K, Du Y Y, Zhang SG, Duan Q L, Schrefler B A, 2016. Meso-hydro-mechanically informed effective stresses and effective pressures for saturated and unsaturated porous media. European Journal of Mechanics A/Solids, 59: 24–36.

Li X K, Liang Y B, Duan Q L, Schrefler B A, Du Y Y, 2014. A mixed finite element procedure of gradient Cosserat continuum for second-order computational homogenisation of granular materials. Comput. Mech., 54: 1331–1356.

Li X K, Zhang S G, Duan Q L, 2020. Effective hydro-mechanical material properties and constitutive behaviors of meso-structured RVE of saturated granular media. Comput. Geotech.,127: 103774.

Li X K, Zhang X, Zhang J B, 2010. A generalized Hill's lemma and micromechanically based macroscopic constitutive model for heterogeneous granular materials. Comput. Methods Appl. Mech. Eng., 199: 3137–3152.

Li X K, Zienkiewicz O C, Xie Y M, 1990. A numerical model for immiscible two-phase fluid flow in a porous medium and its time domain solution. Int. J. for Numerical Methods in Eng., 30: 1195–1212.

Lian G, Thornton C, Adams M J A, 1993. A theoretical study of the liquid bridge force between rigid spherical bodies. Journal of Colloid and Interface Science, 161: 138–147.

Lukyanov A V, Sushchikh M M, Baines M J, Theofanous T G, 2012. Superfast nonlinear diffusion: capillary transport in particulate porous media. Phys. Rev. Lett., 109: 214501.

Mani R, Kadau D, · Herrmann H J, 2013. Liquid migration in sheared unsaturated granular media. Granular Matter, 15: 447–454.

Mani R, Semprebon C, Kadau D, Herrmann H J, Brinkmann M, Herminghaus S, 2015. Role of contact-angle hysteresis for fluid transport in wet granular matter. Physical Review E, 91: 042204.

Maria E D U, Chris J L, Michale J A, 2002. A two-dimensional study of the rupture of funicular liquid bridges. Chemical Engineering Science, 57: 677–692.

Mikami T, Kamiya H, Horio M, 1998. Numerical simulation of cohesive powder behavior in a fluidized bed. Chemical Engineering Science, 53: 1927–1940.

Muguruma Y, Tanaka T, Tsuji Y, 2000. Numerical simulation of particulate flow with liquid bridge between particles (simulation of centrifugal tumbling granulator). Powder Technology, 109: 49–57.

Oda M, Iwashita K, 1999. Mechanics of Granular Materials: An Introduction. Rotterdam: A. A. Balkema.

Orr F, Scriven L, Rivas A P, 1975. Pendular rings between solids: meniscus properties and capillary force. J. Fluid Mech., 67: 723–742.

Pierrat P, Caram H S, 1997. Tensile strength of wet granular materials, Powder Technol., 91: 83–93.

Richefeu V, El Youssoufi M S, Radja F, 2006. Shear strength properties of wet granular materials. Phys. Rev. E, 73: 051304.

Richefeu V, Youssoufi M S EI, Peyroux R, Radjaï F, 2008. A model of capillary cohesion for numerical simulations of 3D polydisperse granular media. Int. J. Numer. Anal. Meth. Geomech., 32: 1365–1383.

Scholtès L, Chareyre B, Nicot F, Darve F, 2009a. Discrete modelling of capillary mechanisms in multi-phase granular media. Computer Modeling in Engineering & Sciences, 52: 297–318.

Scholtès L, Hicher P Y, Nicto F, Chareyre B, Darve F, 2009b. On the capillary stress tensor in wet granular materials. International Journal of Numerical and Analytical Method in Geomechanics, 33: 1289–1313.

Sheel M, Seemann R, Brinkmann M, Di Michiel M, Sheppard A, Breidenbach B, Herminghaus S, 2008. Morphological clues to wet granular pile stability. Nat. Mater., 7: 189–193.

Shi D, McCarthy J J, 2008. Numerical simulation of liquid transfer between particles. Powder Technology, 184: 64–75.

Soulié F, Cherblance F, Youssoufi M S EI, et al., 2006. Influence of liquid bridges on the mechanical behavior of polydisperse granular materials. International journal for numerical and analytical methods in Geomechanics, 30: 213–228.

Than V D, Khamseh S, Tang A M, Pereira J M, Chevoir F, Roux J N, 2017. Basic mechanical properties of wet granular materials: a DEM study. J. Eng. Mech., 143: C4016001.

Urso M E D, Lawrence C J, Adams M J, 1999. Pendular, Funicular, and Capillary Bridges: Results for Two Dimensions. J. Colloid Interf. Sci., 220: 42–56.

Urso M E D, Lawrence C J, Adams M J, 2002. A two-dimensional study of the rupture of funicular liquid bridges. Chemical Engineering Science, 57: 677–692.

Walsh S D C, Tordesillas A, Peters J F, 2007. Development of micromechanical models for granular media: the projection problem. Granul. Matter, 9: 337–352.

Willett C D, Adams M J, Johnson S A, Seville J, 2000. Capillary bridges between two spherical bodies. Langmuir, 16: 9396–9405.

Zhang S G, Li X K, Du Y Y, 2022. A numerical model of discrete element - liquid bridge – liquid thin film system for wet deforming granular medium at low saturation. Powder Technology, 399: 117217, 1–21.

Zienkiewicz O C, Chan A H C, Pastor M, Schrefler B A, Shiomi T, 1999. Computational Geomechanics with Special Reference to Earthquake Engineering. Chichester: Wiley.

Zienkiewicz O C, Xie Y M, Schrefler B A, Ledesma A and Bicanic N, 1990. Static and dynamic behavior of geometerials. A rational approach to quantitative solutions. Part II – semi-saturated problems. Proc. Royal Soc. London A, 429: 311–321.

第 15 章　基于离散颗粒簇的颗粒材料连续体模型：等效各向异性 Cosserat 连续体

在颗粒材料多尺度方法中通常利用表征元描述宏观连续体局部处材料的离散颗粒介观[1]结构；并基于平均场理论，通过表征元的介观信息表征宏观连续体局部处的材料有效性质、本构关系和反映宏观响应的内状态变量。表征元通常被设计为具有一定尺寸和包含一定数量颗粒的集合体，以有效表征具有随机和非均质特性的颗粒材料局部处介观结构。

颗粒材料的内在本质是组成离散颗粒集合体的每个离散颗粒在运动学上除具有平移自由度外还具有转动自由度，而在动力学上能承受并从一个颗粒到另一与其直接相邻颗粒传递力和力矩。因而，作为表征离散颗粒集合体局部介观结构的等效连续体元应是在连续体中每一物质点不仅定义有线位移自由度、而且还定义有角位移自由度的 Cosserat 连续体（Onck, 2002），而非经典的 Cauchy 连续体。Chang and Kuhn（2005）从虚功原理出发论证了由颗粒和孔隙组成的颗粒介质应处理为等效 Cosserat 连续体；许多研究工作者从不同角度论证了这一点（Mühlhaus and Oka, 1996; Ehlers et al., 2003; Kruyt, 2003; D'Addetta et al., 2004; Alonso-Marroquin, 2011）。

Oda and Iwashita（1999），Walsh et al.（2007）对颗粒材料中每个参考颗粒及其周边孔隙引入了 Voronoi 胞元的概念。对于一个参考颗粒，其相应的参考 Voronoi 胞元可以取自于对离散颗粒集合体生成的 Voronoi 多边形网格。基于 Voronoi 胞元概念，本章将介绍一个 Voronoi 胞元模型。该模型不仅包含 Voronoi 胞元边界内的参考颗粒及由 Voronoi 胞元边界所界定的参考颗粒周边孔隙，同时还包含在 Voronoi 胞元边界之外与 Voronoi 胞元内参考颗粒直接相邻的周边颗粒，可以看到该胞元模型不是一个仅局限于包含胞元边界内一个参考颗粒及其周边孔隙的简单胞元（Li et al., 2013）。若不考虑颗粒材料随机和非均质性，Voronoi 胞

① “介观”定义为介于微观和宏观之间的状态，是 Van Kampen 于 1981 年在介观物理学中定义的。目前材料的多尺度模拟跨越了纳观、微观、介观（mesoscopic）、宏观。一般而言，在纳观尺度（nano-scale）上采用的是量子力学模型；在微观尺度（micro-scale）上采用的是分子动力学（molecular dynamics）模型；在宏观尺度（macro-scale）上采用的是各类连续介质模型。就单个颗粒或少量颗粒组成的颗粒簇而言，颗粒材料从其尺度上应归结为介于利用分子动力学模型的微观尺度与利用连续介质模型的宏观尺度之间、并利用离散元模型的介观尺度（meso-scale）。相对于利用连续介质模型的宏观尺度，利用分子动力学模型的微观尺度和利用离散元模型的介观尺度，以及利用连续介质模型（非离散体系模型）的具有微结构的复合材料或多孔连续体胞元尺度常被称为细观尺度。

元模型反映的是围绕一个参考颗粒、具有最小尺寸和最具局部特性的颗粒材料介观结构。Voronoi 胞元模型中参考颗粒与其直接相邻颗粒间的相对运动将导致以 Voronoi 胞元模型所表征的局部介观结构的演变，和以 Voronoi 胞元边界界定的等效连续体元的变形。

本章的首要目标为从具有最小尺度、但能充分表征颗粒材料局部离散介观结构的 Voronoi 胞元模型推导等效连续体本构关系出发，论证此等效连续体为各向异性 Cosserat 连续体。同时，从等效各向异性 Cosserat 连续体元本构关系可以发现 Cauchy 应力不仅依赖于应变，也与定义在 Cosserat 连续体模型中的微曲率有关联；同样地，Cosserat 连续体模型中的偶应力不仅依赖于微曲率，也与应变有关联。

当 Voronoi 胞元模型的离散介观结构退化为广义各向同性时，可以发现基于介观力学信息的等效 Cosserat 连续体元的本构模型也将是各向同性的，具有与经典（各向同性）Cosserat 连续体本构关系相同的结构，并可进一步导出基于 Voronoi 胞元离散介观结构信息的各向同性 Cosserat 连续体元本构关系中的材料参数。

本章的第二个重要目标为论证基于不断演变的颗粒材料离散介观结构信息得到的等效 Cosserat 连续体元的本构关系与弹性模量张量，人们可以直接定义和确定等效 Cosserat 连续体元中等效塑性应变和各向异性损伤因子张量，而无需指定在宏观唯象塑性模型和经典连续损伤力学理论（Kachanov, 1958）中所需指定的确定损伤萌生的唯象损伤模型和模型参数，以及描述损伤发展和计算损伤因子的损伤演化律。由基于介观结构演化信息的等效连续体损伤内变量模拟结果也可以验证所建立的基于颗粒材料离散介观结构信息得到的 Cosserat 连续体本构关系与确定的弹性模量张量的有效性。

Chow and Wang（1987）表明，在连续损伤力学的宏观唯象理论框架中采用等价弹性应变假定将导致在给定初始（无损）弹性刚度 $\boldsymbol{D}_0$ 条件下由材料损伤后的损伤因子张量 $\boldsymbol{d}$ 确定的弹性刚度矩阵 $\boldsymbol{D}_{\mathrm{t}}(\boldsymbol{D}_0, \boldsymbol{d})$ 不对称。而基于介观力学信息途径的各向异性损伤因子张量 $\boldsymbol{d}$ 和它的演变完全由在局部材料点处指定的 Voronoi 等效连续体胞元的初始（无损）和当前（损伤）构形的弹性模量张量（$\boldsymbol{D}_0, \boldsymbol{D}_{\mathrm{t}}$）表征的非损伤（初始）介观结构和逐渐发展的损伤（当前）介观结构确定，即 $\boldsymbol{d} = \boldsymbol{d}(\boldsymbol{D}_0, \boldsymbol{D}_{\mathrm{t}})$。$\boldsymbol{D}_{\mathrm{t}}$ 的对称性由基于当前离散介观结构信息确定的弹性模量张量得到保证，而与采用等价弹性应变假定无关。

损伤（当前）介观结构的弹性模量张量公式由离散元模型求解器提供的 Voronoi 胞元模型中颗粒位置和颗粒间相对运动确定和表示。就描写一个参考 Voronoi 胞元模型初始介观结构的颗粒配置模式而言，它并不一定相应于围绕参考颗粒所有可能颗粒配置模式中具有最大刚度弹性模量张量的颗粒配置模式。另一方面，伴随颗粒结构一个给定变形过程的参考 Voronoi 胞元模型的介观结构演变可以导致参考颗粒与其直接相邻颗粒间接触的丧失，但也可能导致参考颗粒与其原本不接触的直接相邻颗粒间的接触产生。此外，介观结构演变中参考颗粒与其直接相邻接触颗粒间的接触方向也可能朝增强或降低弹性刚度的不同方向改变。总之，Voronoi 胞元的介观结构演变可能对弹性刚度导致降低或增强这两类截然相反的效应。本章将通过理论公式和数值例题表明上述介观结构演变可被视为颗粒材料宏观唯象的损伤和愈合过程的介观机理。基于离散介观结构机理的颗粒材料等效 Cosserat 连续体的塑性–损伤–愈合表征的深入陈述将在本书第 19 章介绍的热动力学框架内进一步讨论。

15.1　Voronoi 胞元模型中移动接触颗粒对的运动学与静力学分析

基于 Voronoi 胞元模型离散介观结构和力学信息的等效连续体元的变形与本构关系不仅与参考 Voronoi 胞元内的参考颗粒、同时也和与它直接相邻颗粒的运动有关。为研究一个以 Voronoi 胞元边界界定的等效 Cosserat 连续体元的力学行为，我们期待与参考颗粒直接相邻颗粒的平动和转动位移不显式地出现在所建立的本构关系中。为达到此目的，参考颗粒的每个直接相邻接触颗粒平动位移将通过其与 Voronoi 胞元边界上的空间接触点位移表示；而每个直接相邻接触颗粒的转动位移将通过等效 Cosserat 连续体元的微曲率沿参考颗粒形心与直接相邻接触颗粒形心连线方向的向量表示。本节将在 9.3.1 节和 9.3.2 节基础上针对建立等效连续体元本构关系介绍移动接触颗粒对的运动学与静力学分析。

15.1.1　Voronoi 胞元模型中移动接触颗粒对的运动学分析

假定颗粒系统中每个颗粒为刚性和圆形（球形）。当两个颗粒接触时将假定在它们的接触处存在微小变形和少量重叠。基于此基本假定，已发展了许多描述两接触颗粒间相对位移和接触力的模型（Cundall and Strack, 1979; Oda and Iwashita, 1999; Li et al., 2005a）。考虑两个分别具有半径 $r_{\mathrm{A}}, r_{\mathrm{B}}$ 的相互接触的典型颗粒 A 和 B 从时刻 t_{n} 至时刻 $t_{\mathrm{n+1}} = t_{\mathrm{n}} + \Delta t$ 的接触演变，如图 15.1 所示。

以 $\boldsymbol{x}_{\mathrm{A}}^{\mathrm{n}}, \boldsymbol{x}_{\mathrm{A}}^{\mathrm{t}}$ 和 $\boldsymbol{x}_{\mathrm{B}}^{\mathrm{n}}, \boldsymbol{x}_{\mathrm{B}}^{\mathrm{t}}$ 分别表示在时刻 t_{n} 和 $t_{\mathrm{n+1}}$ 颗粒 A 和 B 形心参考全局坐标系的位置向量，$\boldsymbol{x}_{\mathrm{C}}^{\mathrm{n}}, \boldsymbol{x}_{\mathrm{C}}^{\mathrm{t}}$ 分别表示在时刻 t_{n} 和 $t_{\mathrm{n+1}}$ 作为空间点的两颗粒接触点 $\mathrm{C_n}, \mathrm{C_t}$ 参考全局坐标系的位置向量。注意到为在公式和行文中简约对 $t_{\mathrm{n+1}}$ 时刻空间或物质点以及与其相关联的物理量或几何量的表述和识别，原本应该以“$\mathrm{n}+1$”作为上标识别的在本章中均代之以“t”识别。在时刻 t_{n} 和 $t_{\mathrm{n+1}}$ 定义在两颗粒接触点的两局部坐标系 $\boldsymbol{n}_{\mathrm{A}}^{\mathrm{n}} - \boldsymbol{t}_{\mathrm{A}}^{\mathrm{n}}$ 和 $\boldsymbol{n}_{\mathrm{A}}^{\mathrm{t}} - \boldsymbol{t}_{\mathrm{A}}^{\mathrm{t}}$ 的坐标原点分别设于 $\mathrm{C_n}, \mathrm{C_t}$；

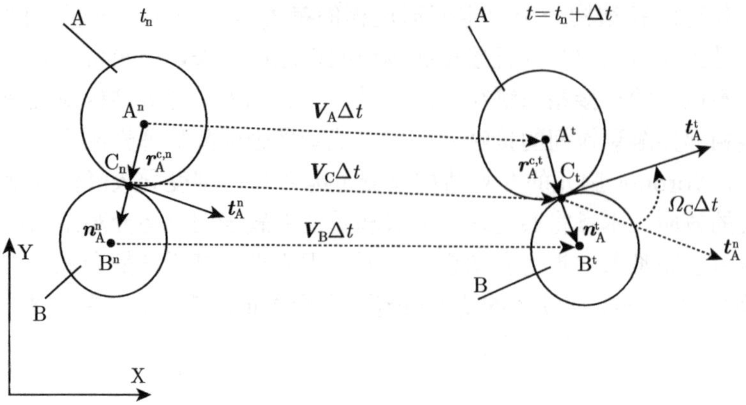

图 15.1　两移动接触颗粒从 $t_{\rm n}$ 到 $(t_{\rm n}+\Delta t)$ 的运动学分析

$\boldsymbol{n}_{\rm A}^{\rm n},\boldsymbol{n}_{\rm A}^{\rm t}$ 分别表示时刻 $t_{\rm n}$ 和 $t_{\rm n+1}$ 沿颗粒 A 与 B 形心连线的颗粒 A 的单位外法线向量。$\boldsymbol{t}_{\rm A}^{\rm n},\boldsymbol{t}_{\rm A}^{\rm t}$ 分别表示时刻 $t_{\rm n}$ 和 $t_{\rm n+1}$ 在全局坐标系 X-Y 平面中与 $\boldsymbol{n}_{\rm A}^{\rm n},\boldsymbol{n}_{\rm A}^{\rm t}$ 正交、在 $\rm C_n,C_t$ 处与两颗粒相切的单位向量，如图 15.1 所示，其正方向分别由局部坐标系 $\boldsymbol{n}_{\rm A}^{\rm n}-\boldsymbol{t}_{\rm A}^{\rm n}$ 与 $\boldsymbol{n}_{\rm A}^{\rm t}-\boldsymbol{t}_{\rm A}^{\rm t}$ 按右手螺旋法则确定而定义。

以 $\boldsymbol{V}_{\rm A},\boldsymbol{V}_{\rm B}$ 和 $\boldsymbol{\Omega}_{\rm A},\boldsymbol{\Omega}_{\rm B}$ 表示时刻 t_n 颗粒 A 和 B 的形心 $\rm A^n,B^n$ 参考全局坐标系的线速度和角速度。时刻 t_n 两颗粒在接触点处的材料点 $\rm A_c$ 和 $\rm B_c$ 的线速度分别记以 $\boldsymbol{V}_{\rm A}^{\rm c},\boldsymbol{V}_{\rm B}^{\rm c}$，它们可表示为

$$\boldsymbol{V}_{\rm A}^{\rm c}=\boldsymbol{V}_{\rm A}+\boldsymbol{\Omega}_{\rm A}\boldsymbol{r}_{\rm A}^{\rm c,n},\quad \boldsymbol{V}_{\rm B}^{\rm c}=\boldsymbol{V}_{\rm B}+\boldsymbol{\Omega}_{\rm B}\boldsymbol{r}_{\rm B}^{\rm c,n}\tag{15.1}$$

式中

$$\boldsymbol{\Omega}_{\rm A}=\Omega_{\rm A}\boldsymbol{e}_z,\quad \boldsymbol{\Omega}_{\rm B}=\Omega_{\rm B}\boldsymbol{e}_z\tag{15.2}$$

$\boldsymbol{\Omega}_{\rm A},\boldsymbol{\Omega}_{\rm B}$ 的方向按右手螺旋法则、以垂直于全局坐标系的 X-Y 平面的单位向量 $\boldsymbol{e}_z$ 表示，即 $\boldsymbol{e}_z=\boldsymbol{n}_{\rm A}^{\rm n}\times\boldsymbol{t}_{\rm A}^{\rm n}=\boldsymbol{n}_{\rm A}^{\rm t}\times\boldsymbol{t}_{\rm A}^{\rm t}$，以及

$$\boldsymbol{r}_{\rm A}^{\rm c,n}=\boldsymbol{x}_{\rm C}^{\rm n}-\boldsymbol{x}_{\rm A}^{\rm n}\cong r_{\rm A}\boldsymbol{n}_{\rm A}^{\rm n},\quad \boldsymbol{r}_{\rm B}^{\rm c,n}=\boldsymbol{x}_{\rm C}^{\rm n}-\boldsymbol{x}_{\rm B}^{\rm n}\cong r_{\rm B}\boldsymbol{n}_{\rm B}^{\rm n}\tag{15.3}$$

对于时刻 $t_{\rm n+1}$，如图 15.1 所示，可以有类似于式 (15.3) 所示的表达式

$$\boldsymbol{r}_{\rm A}^{\rm c,t}=\boldsymbol{x}_{\rm C}^{\rm t}-\boldsymbol{x}_{\rm A}^{\rm t}\cong r_{\rm A}\boldsymbol{n}_{\rm A}^{\rm t},\quad \boldsymbol{r}_{\rm B}^{\rm c,t}=\boldsymbol{x}_{\rm C}^{\rm t}-\boldsymbol{x}_{\rm B}^{\rm t}\cong r_{\rm B}\boldsymbol{n}_{\rm B}^{\rm t}\tag{15.4}$$

式中，$\boldsymbol{n}_{\rm B}^{\rm n},\boldsymbol{n}_{\rm B}^{\rm t}$ 分别表示颗粒 B 在时刻 $t_{\rm n}$ 和 $t_{\rm n+1}$ 沿 $\boldsymbol{r}_{\rm B}^{\rm c,n},\boldsymbol{r}_{\rm B}^{\rm c,t}$ 的单位外法线向量，对于颗粒 A 和 B 有 $\boldsymbol{n}_{\rm A}^{\rm n}=-\boldsymbol{n}_{\rm B}^{\rm n},\boldsymbol{n}_{\rm A}^{\rm t}=-\boldsymbol{n}_{\rm B}^{\rm t}$，以及

$$\boldsymbol{r}_{\rm B}^{\rm c,n}=-\frac{r_{\rm B}}{r_{\rm A}}\boldsymbol{r}_{\rm A}^{\rm c,n},\quad \boldsymbol{r}_{\rm B}^{\rm c,t}=-\frac{r_{\rm B}}{r_{\rm A}}\boldsymbol{r}_{\rm A}^{\rm c,t}\tag{15.5}$$

颗粒 A 和 B 在时刻 t_{n} 和 $t_{\mathrm{n+1}}$ 的空间接触点 $\mathrm{C_n}, \mathrm{C_t}$ 的位置向量 $\boldsymbol{x}_{\mathrm{C}}^{\mathrm{n}}, \boldsymbol{x}_{\mathrm{C}}^{\mathrm{t}}$ 可分别表示为

$$\boldsymbol{x}_{\mathrm{C}}^{\mathrm{n}} = \boldsymbol{x}_{\mathrm{A}}^{\mathrm{n}} + \frac{r_{\mathrm{A}}}{r_{\mathrm{A}}+r_{\mathrm{B}}}\left(\boldsymbol{x}_{\mathrm{B}}^{\mathrm{n}} - \boldsymbol{x}_{\mathrm{A}}^{\mathrm{n}}\right), \quad \boldsymbol{x}_{\mathrm{C}}^{\mathrm{t}} = \boldsymbol{x}_{\mathrm{A}}^{\mathrm{t}} + \frac{r_{\mathrm{A}}}{r_{\mathrm{A}}+r_{\mathrm{B}}}\left(\boldsymbol{x}_{\mathrm{B}}^{\mathrm{t}} - \boldsymbol{x}_{\mathrm{A}}^{\mathrm{t}}\right) \tag{15.6}$$

如图 15.1 所示，从时刻 t_{n} 到 $t_{\mathrm{n+1}}$，颗粒 A 和 B 形心的位置向量和颗粒间接触点的位置向量之间有如下关系式

$$\boldsymbol{r}_{\mathrm{A}}^{\mathrm{c,n}} + \left(\boldsymbol{x}_{\mathrm{C}}^{\mathrm{t}} - \boldsymbol{x}_{\mathrm{C}}^{\mathrm{n}}\right) = \left(\boldsymbol{x}_{\mathrm{A}}^{\mathrm{t}} - \boldsymbol{x}_{\mathrm{A}}^{\mathrm{n}}\right) + \boldsymbol{r}_{\mathrm{A}}^{\mathrm{c,t}}, \quad \boldsymbol{r}_{\mathrm{B}}^{\mathrm{c,n}} + \left(\boldsymbol{x}_{\mathrm{C}}^{\mathrm{t}} - \boldsymbol{x}_{\mathrm{C}}^{\mathrm{n}}\right) = \left(\boldsymbol{x}_{\mathrm{B}}^{\mathrm{t}} - \boldsymbol{x}_{\mathrm{B}}^{\mathrm{n}}\right) + \boldsymbol{r}_{\mathrm{B}}^{\mathrm{c,t}} \tag{15.7}$$

接触点 $\mathrm{C_n}$ 的线速度和定义在 $\mathrm{C_n}$ 的局部坐标系 $\boldsymbol{n}_{\mathrm{A}}^{\mathrm{n}} - \boldsymbol{t}_{\mathrm{A}}^{\mathrm{n}}$ 的角速度分别记以 $\boldsymbol{V}_{\mathrm{C}}$ 和 $\boldsymbol{\Omega}_{\mathrm{C}}$。以 $\alpha^{\mathrm{n}}, \alpha^{\mathrm{t}}$ 分别表示 $\boldsymbol{t}_{\mathrm{A}}^{\mathrm{n}}, \boldsymbol{t}_{\mathrm{A}}^{\mathrm{t}}$ 与全局坐标系的 X 轴的夹角。利用表达式 $\boldsymbol{\Omega}_{\mathrm{C}} = \Omega_{\mathrm{C}}\boldsymbol{e}_z$，定义在接触点处的局部坐标系的角位移增量 $\Delta\theta_{\mathrm{C}}$ 可以用角速度 Ω_{C} 表示为

$$\Delta\theta_{\mathrm{C}} = \alpha^{\mathrm{t}} - \alpha^{\mathrm{n}} = \Omega_{\mathrm{C}}\Delta t \tag{15.8}$$

注意到 $\boldsymbol{V}_{\mathrm{A}}, \boldsymbol{V}_{\mathrm{B}}$ 被定义为材料点位移的时间导数（Lagrangian 导数），而 $\boldsymbol{V}_{\mathrm{C}}$ 则被定义为空间点位移的时间导数（Eulerian 导数）。$\boldsymbol{V}_{\mathrm{A}}, \boldsymbol{V}_{\mathrm{B}}$ 可以通过 $\boldsymbol{V}_{\mathrm{C}}, \boldsymbol{\Omega}_{\mathrm{C}}$ 表示为

$$\boldsymbol{V}_{\mathrm{A}} = \boldsymbol{V}_{\mathrm{C}} - \boldsymbol{\Omega}_{\mathrm{C}} \times \boldsymbol{r}_{\mathrm{A}}^{\mathrm{c,n}}, \quad \boldsymbol{V}_{\mathrm{B}} = \boldsymbol{V}_{\mathrm{C}} - \boldsymbol{\Omega}_{\mathrm{C}} \times \boldsymbol{r}_{\mathrm{B}}^{\mathrm{c,n}} \tag{15.9}$$

颗粒 A 和 B 形心和空间接触点 C 在时间区间 $[t_{\mathrm{n}}, t_{\mathrm{n}} + \Delta t]$ 的线位移增量 $\Delta\boldsymbol{U}_{\mathrm{A}}, \Delta\boldsymbol{U}_{\mathrm{B}}, \Delta\boldsymbol{U}_{\mathrm{C}}$ 可以分别通过 $\boldsymbol{V}_{\mathrm{A}}, \boldsymbol{V}_{\mathrm{B}}$ 和 $\boldsymbol{V}_{\mathrm{C}}$ 表示为

$$\begin{aligned}\Delta\boldsymbol{U}_{\mathrm{A}} &= \boldsymbol{x}_{\mathrm{A}}^{\mathrm{t}} - \boldsymbol{x}_{\mathrm{A}}^{\mathrm{n}} = \boldsymbol{V}_{\mathrm{A}}\Delta t \\ \Delta\boldsymbol{U}_{\mathrm{B}} &= \boldsymbol{x}_{\mathrm{B}}^{\mathrm{t}} - \boldsymbol{x}_{\mathrm{B}}^{\mathrm{n}} = \boldsymbol{V}_{\mathrm{B}}\Delta t \\ \Delta\boldsymbol{U}_{\mathrm{C}} &= \boldsymbol{x}_{\mathrm{C}}^{\mathrm{t}} - \boldsymbol{x}_{\mathrm{C}}^{\mathrm{n}} = \boldsymbol{V}_{\mathrm{C}}\Delta t\end{aligned} \tag{15.10}$$

利用式 (15.1)、式 (15.2) 和式 (15.5)，颗粒 A 和 B 在接触点处的相对滑动线速度 $\boldsymbol{V}_{\mathrm{AB}}^{\mathrm{c}}$ 和相对滚动角速度 $\boldsymbol{\Omega}_{\mathrm{AB}}$ 可表示为

$$\boldsymbol{V}_{\mathrm{AB}}^{\mathrm{c}} = \boldsymbol{V}_{\mathrm{A}}^{\mathrm{c}} - \boldsymbol{V}_{\mathrm{B}}^{\mathrm{c}} = \boldsymbol{V}_{\mathrm{A}} - \boldsymbol{V}_{\mathrm{B}} + \left(\Omega_{\mathrm{A}} + \Omega_{\mathrm{B}}\frac{r_{\mathrm{B}}}{r_{\mathrm{A}}}\right)\boldsymbol{e}_z \times \boldsymbol{r}_{\mathrm{A}}^{\mathrm{c,n}} \tag{15.11}$$

$$\boldsymbol{\Omega}_{\mathrm{AB}} = \boldsymbol{\Omega}_{\mathrm{A}} - \boldsymbol{\Omega}_{\mathrm{B}} = \left(\Omega_{\mathrm{A}} - \Omega_{\mathrm{B}}\right)\boldsymbol{e}_z \tag{15.12}$$

利用式 (15.9) 和式 (15.1)，我们可定义在时间增量步 $[t_{\mathrm{n}}, t_{\mathrm{n}} + \Delta t]$ 中发生的接触颗粒对 A 和 B 间的相对滑动位移增量向量 $\Delta\boldsymbol{U}_{\mathrm{s}}$ 如下

$$\Delta\boldsymbol{U}_{\mathrm{s}} = \boldsymbol{V}_{\mathrm{AB}}^{\mathrm{c}}\Delta t = \left(\boldsymbol{V}_{\mathrm{A}}^{\mathrm{c}} - \boldsymbol{V}_{\mathrm{B}}^{\mathrm{c}}\right)\Delta t = \left(\boldsymbol{V}_{\mathrm{A}}^{\mathrm{c}} - \boldsymbol{V}_{\mathrm{C}}\right)\Delta t - \left(\boldsymbol{V}_{\mathrm{B}}^{\mathrm{c}} - \boldsymbol{V}_{\mathrm{C}}\right)\Delta t$$

$$= (\boldsymbol{\Omega}_{\rm A} - \boldsymbol{\Omega}_{\rm C}) \times \boldsymbol{r}_{\rm A}^{\rm c,n} \Delta t - (\boldsymbol{\Omega}_{\rm B} - \boldsymbol{\Omega}_{\rm C}) \times \boldsymbol{r}_{\rm B}^{\rm c,n} \Delta t \tag{15.13}$$

接触颗粒对 A 和 B 间的相对滚动位移增量向量 $\Delta \boldsymbol{U}_{\rm r}$ 定义为

$$\begin{aligned}\Delta \boldsymbol{U}_{\rm r} &= (\boldsymbol{V}_{\rm A}^{\rm c} - \boldsymbol{V}_{\rm C})\Delta t + (\boldsymbol{V}_{\rm B}^{\rm c} - \boldsymbol{V}_{\rm C})\Delta t \\ &= (\boldsymbol{\Omega}_{\rm A} - \boldsymbol{\Omega}_{\rm C}) \times \boldsymbol{r}_{\rm A}^{\rm c,n} \Delta t + (\boldsymbol{\Omega}_{\rm B} - \boldsymbol{\Omega}_{\rm C}) \times \boldsymbol{r}_{\rm B}^{\rm c,n} \Delta t\end{aligned} \tag{15.14}$$

利用式 (15.11) 和式 (15.3)，$\Delta \boldsymbol{U}_{\rm s}$ 在 $\boldsymbol{t}_{\rm A}^{\rm n}$ 上的投影，也即接触颗粒对 A 和 B 间在接触点处参考局部坐标系的相对切向滑动位移增量 $\Delta u_{\rm s}$ 可表示为

$$\Delta u_{\rm s} = \Delta \boldsymbol{U}_{\rm s} \cdot \boldsymbol{t}_{\rm A}^{\rm n} = (\Omega_{\rm A} - \Omega_{\rm C})\, r_{\rm A} \Delta t + (\Omega_{\rm B} - \Omega_{\rm C})\, r_{\rm B} \Delta t \tag{15.15}$$

记 $\Delta\theta_{\rm A} = \Omega_{\rm A}\Delta t, \Delta\theta_{\rm B} = \Omega_{\rm B}\Delta t, \Delta\theta_{\rm C} = \Omega_{\rm C}\Delta t, \Delta\theta_{\rm A}, \Delta\theta_{\rm B}$ 表示颗粒 A 和 B 的角位移增量，$\Delta\theta_{\rm C}$ 表示接触颗粒对 A 和 B 在接触点处两个局部坐标系 $\boldsymbol{n}_{\rm A}^{\rm n} - \boldsymbol{t}_{\rm A}^{\rm n}$ 与 $\boldsymbol{n}_{\rm A}^{\rm t} - \boldsymbol{t}_{\rm A}^{\rm t}$ 间的转角，如图 15.1 所示。我们可改写式 (15.15) 为

$$\Delta u_{\rm s} = (\Delta\theta_{\rm A} - \Delta\theta_{\rm C})\, r_{\rm A} + (\Delta\theta_{\rm B} - \Delta\theta_{\rm C})\, r_{\rm B} \tag{15.16}$$

$\Delta \boldsymbol{U}_{\rm r}$ 在 $\boldsymbol{t}_{\rm A}^{\rm n}$ 上的投影，也即接触颗粒对 A 和 B 间在接触点处参考局部坐标系的相对切向滚动位移增量 $\Delta u_{\rm r}$ 可表示为

$$\Delta u_{\rm r} = \Delta \boldsymbol{U}_{\rm r} \cdot \boldsymbol{t}_{\rm A}^{\rm n} = (\Delta\theta_{\rm A} - \Delta\theta_{\rm C})\, r_{\rm A} - (\Delta\theta_{\rm B} - \Delta\theta_{\rm C})\, r_{\rm B} \tag{15.17}$$

按式 (15.12)，接触颗粒对 A 和 B 在时间增量步 $[t_{\rm n}, t_{\rm n} + \Delta t]$ 的相对滚动角位移 $\Delta\theta_{\rm r}$ 可表示为

$$\Delta\theta_{\rm r} = \Omega_{\rm AB}\Delta t = (\Omega_{\rm A} - \Omega_{\rm B})\,\Delta t = \Delta\theta_{\rm A} - \Delta\theta_{\rm B} \tag{15.18}$$

为确定 $\Delta u_{\rm s}$ 和 $\Delta u_{\rm r}$，需要进一步推导 $\Delta\theta_{\rm C} = \Omega_{\rm C}\Delta t$ 的表达式。利用式 (15.10)、式 (15.7)、式 (15.3) 和式 (15.4)，可导得

$$(\boldsymbol{V}_{\rm B} - \boldsymbol{V}_{\rm A})\,\Delta t = \Delta \boldsymbol{U}_{\rm B} - \Delta \boldsymbol{U}_{\rm A} = (r_{\rm A} + r_{\rm B})\left(\boldsymbol{n}_{\rm A}^{\rm t} - \boldsymbol{n}_{\rm A}^{\rm n}\right) \tag{15.19}$$

$$(\boldsymbol{V}_{\rm C} - \boldsymbol{V}_{\rm A})\,\Delta t = \Delta \boldsymbol{U}_{\rm C} - \Delta \boldsymbol{U}_{\rm A} = r_{\rm A}\left(\boldsymbol{n}_{\rm A}^{\rm t} - \boldsymbol{n}_{\rm A}^{\rm n}\right) \tag{15.20}$$

注意到向量 $\boldsymbol{e}_z \times \left(\boldsymbol{n}_{\rm A}^{\rm t} + \boldsymbol{n}_{\rm A}^{\rm n}\right)$ 的模等于 $2\cos\left(\dfrac{\Delta\theta_{\rm C}}{2}\right)$，我们可表示式 (15.19) 和式 (15.20) 中的 $\left(\boldsymbol{n}_{\rm A}^{\rm t} - \boldsymbol{n}_{\rm A}^{\rm n}\right)$ 为

$$\boldsymbol{n}_{\rm A}^{\rm t} - \boldsymbol{n}_{\rm A}^{\rm n} = 2\sin\left(\frac{\Delta\theta_{\rm C}}{2}\right)\frac{\boldsymbol{e}_z \times \left(\boldsymbol{n}_{\rm A}^{\rm t} + \boldsymbol{n}_{\rm A}^{\rm n}\right)}{\left\|\boldsymbol{e}_z \times \left(\boldsymbol{n}_{\rm A}^{\rm t} + \boldsymbol{n}_{\rm A}^{\rm n}\right)\right\|} = \tan\left(\frac{\Delta\theta_{\rm C}}{2}\right)\boldsymbol{e}_z \times \left(\boldsymbol{n}_{\rm A}^{\rm t} + \boldsymbol{n}_{\rm A}^{\rm n}\right) \tag{15.21}$$

将式 (15.21) 代入式 (15.20) 得到

$$\Delta\boldsymbol{U}_{\mathrm{C}}-\Delta\boldsymbol{U}_{\mathrm{A}}=r_{\mathrm{A}}\tan\left(\frac{\Delta\theta_{\mathrm{C}}}{2}\right)\boldsymbol{e}_z\times\left(\boldsymbol{n}_{\mathrm{A}}^{\mathrm{t}}+\boldsymbol{n}_{\mathrm{A}}^{\mathrm{n}}\right)\tag{15.22}$$

进一步对式 (15.22) 两边前乘 $\boldsymbol{e}_z\times\left(\boldsymbol{n}_{\mathrm{A}}^{\mathrm{t}}+\boldsymbol{n}_{\mathrm{A}}^{\mathrm{n}}\right)$ 可得到

$$2\sin(\Delta\theta_{\mathrm{C}})=\frac{1}{r_{\mathrm{A}}}\boldsymbol{e}_z\cdot\left[\left(\boldsymbol{n}_{\mathrm{A}}^{\mathrm{t}}+\boldsymbol{n}_{\mathrm{A}}^{\mathrm{n}}\right)\times(\Delta\boldsymbol{U}_{\mathrm{C}}-\Delta\boldsymbol{U}_{\mathrm{A}})\right]\tag{15.23}$$

单位法线向量 $\boldsymbol{n}_{\mathrm{A}}^{\mathrm{t}},\boldsymbol{n}_{\mathrm{A}}^{\mathrm{n}}$ 可表示为

$$\boldsymbol{n}_{\mathrm{A}}^{\mathrm{t}}=\frac{\boldsymbol{x}_{\mathrm{C}}^{\mathrm{t}}-\boldsymbol{x}_{\mathrm{A}}^{\mathrm{t}}}{\left\|\boldsymbol{x}_{\mathrm{C}}^{\mathrm{t}}-\boldsymbol{x}_{\mathrm{A}}^{\mathrm{t}}\right\|}=\frac{\boldsymbol{x}_{\mathrm{C}}^{\mathrm{t}}-\boldsymbol{x}_{\mathrm{A}}^{\mathrm{t}}}{d_{\mathrm{CA}}^{\mathrm{t}}},\quad\boldsymbol{n}_{\mathrm{A}}^{\mathrm{n}}=\frac{\boldsymbol{x}_{\mathrm{C}}^{\mathrm{n}}-\boldsymbol{x}_{\mathrm{A}}^{\mathrm{n}}}{\left\|\boldsymbol{x}_{\mathrm{C}}^{\mathrm{n}}-\boldsymbol{x}_{\mathrm{A}}^{\mathrm{n}}\right\|}=\frac{\boldsymbol{x}_{\mathrm{C}}^{\mathrm{n}}-\boldsymbol{x}_{\mathrm{A}}^{\mathrm{n}}}{d_{\mathrm{CA}}^{\mathrm{n}}}\tag{15.24}$$

根据刚性颗粒假定，$d_{\mathrm{CA}}^{\mathrm{t}}\cong d_{\mathrm{CA}}^{\mathrm{n}}\cong r_{\mathrm{A}}$，可以表示式 (15.23) 中的 $\left(\boldsymbol{n}_{\mathrm{A}}^{\mathrm{t}}+\boldsymbol{n}_{\mathrm{A}}^{\mathrm{n}}\right)\times(\Delta\boldsymbol{U}_{\mathrm{C}}-\Delta\boldsymbol{U}_{\mathrm{A}})$ 为

$$\begin{aligned}\left(\boldsymbol{n}_{\mathrm{A}}^{\mathrm{t}}+\boldsymbol{n}_{\mathrm{A}}^{\mathrm{n}}\right)\times(\Delta\boldsymbol{U}_{\mathrm{C}}-\Delta\boldsymbol{U}_{\mathrm{A}})&=\frac{2}{r_{\mathrm{A}}}\left(\boldsymbol{x}_{\mathrm{C}}^{\mathrm{n}}-\boldsymbol{x}_{\mathrm{A}}^{\mathrm{n}}\right)\times\left(\boldsymbol{x}_{\mathrm{C}}^{\mathrm{t}}-\boldsymbol{x}_{\mathrm{A}}^{\mathrm{t}}\right)\\&=\frac{2}{r_{\mathrm{A}}}\left(\boldsymbol{x}_{\mathrm{C}}^{\mathrm{n}}-\boldsymbol{x}_{\mathrm{A}}^{\mathrm{n}}\right)\times(\Delta\boldsymbol{U}_{\mathrm{C}}-\Delta\boldsymbol{U}_{\mathrm{A}})\end{aligned}\tag{15.25}$$

利用式 (15.25)，并注意到表达式 $\boldsymbol{n}_{\mathrm{A}}^{\mathrm{n}}=\begin{bmatrix}n_1^{\mathrm{n}} & n_2^{\mathrm{n}}\end{bmatrix}^{\mathrm{T}},\boldsymbol{t}_{\mathrm{A}}^{\mathrm{n}}=\begin{bmatrix}t_1^{\mathrm{n}} & t_2^{\mathrm{n}}\end{bmatrix}^{\mathrm{T}}$ 中有 $t_1^{\mathrm{n}}=-n_2^{\mathrm{n}},t_2^{\mathrm{n}}=n_1^{\mathrm{n}}$，式 (15.23) 能以增量线位移 $\Delta\boldsymbol{U}_{\mathrm{C}},\Delta\boldsymbol{U}_{\mathrm{A}}$ 表示为

$$\Delta\theta_{\mathrm{C}}\cong\sin\Delta\theta_{\mathrm{C}}=\boldsymbol{t}_{\mathrm{A}}^{\mathrm{n}}\cdot(\Delta\boldsymbol{U}_{\mathrm{C}}-\Delta\boldsymbol{U}_{\mathrm{A}})/r_{\mathrm{A}}=\boldsymbol{t}_{\mathrm{A}}^{\mathrm{n}}\cdot\Delta\boldsymbol{U}_{\mathrm{CA}}/r_{\mathrm{A}}\tag{15.26}$$

式中定义了 $\Delta U_{\mathrm{CA}}=\Delta U_{\mathrm{C}}-\Delta U_{\mathrm{A}}$。

15.1.2 Voronoi 胞元模型中移动接触颗粒对的静力学分析

为简化基于介观力学信息的等效 Cosserat 连续体元本构关系推导，将忽略两移动接触颗粒间依赖于相对切向位移速率的阻尼效应。由颗粒 B 在接触点施加于参考颗粒 A 的增量摩擦阻力，即增量滑动和滚动摩擦切向力 $\Delta f_{\mathrm{s}}^{\mathrm{c}},\Delta f_{\mathrm{r}}^{\mathrm{c}}$，以及增量滚动摩擦阻矩 $\Delta m_{\mathrm{r}}^{\mathrm{c}}$ 与相应的两颗粒间相对运动学度 $\Delta u_{\mathrm{s}},\Delta u_{\mathrm{r}},\Delta\theta_{\mathrm{r}}$ 相关联。在时刻 $t_{\mathrm{n+1}}=t_{\mathrm{n}}+\Delta t$ 的摩擦阻力和阻力矩 $f_{\mathrm{s}}^{\mathrm{c}},f_{\mathrm{r}}^{\mathrm{c}},m_{\mathrm{r}}^{\mathrm{c}}$ 假定为满足 Coulomb 摩擦律，即（Li et al, 2005a）

$$f_{\mathrm{s}}^{\mathrm{c,n+1}}=f_{\mathrm{s}}^{\mathrm{c,n}}+\Delta f_{\mathrm{s,}}^{\mathrm{c}},\quad\left|f_{\mathrm{s}}^{\mathrm{c,n}}\right|\leqslant\mu_{\mathrm{s}}\left|f_{\mathrm{n}}^{\mathrm{c,n}}\right|,\quad\left|f_{\mathrm{s}}^{\mathrm{c,n}}+\Delta f_{\mathrm{s}}^{\mathrm{c}}\right|\leqslant\mu_{\mathrm{s}}\left|f_{\mathrm{n}}^{\mathrm{c,n+1}}\right|\tag{15.27}$$

$$f_{\mathrm{r}}^{\mathrm{c,n+1}}=f_{\mathrm{r}}^{\mathrm{c,n}}+\Delta f_{\mathrm{r}}^{\mathrm{c}},\quad\left|f_{\mathrm{r}}^{\mathrm{c,n}}\right|\leqslant\mu_{\mathrm{r}}\left|f_{\mathrm{n}}^{\mathrm{c,n}}\right|,\quad\left|f_{\mathrm{r}}^{\mathrm{c,n}}+\Delta f_{\mathrm{r}}^{\mathrm{c}}\right|\leqslant\mu_{\mathrm{r}}\left|f_{\mathrm{n}}^{\mathrm{c,n+1}}\right|\tag{15.28}$$

$$m_{\rm r}^{\rm c,n+1}=m_{\rm r}^{\rm c,n}+\Delta m_{\rm r}^{\rm c},\quad \left|m_{\rm r}^{\rm c,n}\right|\leqslant\mu_{\theta}\left|f_{\rm n}^{\rm c,n}\right|,\quad \left|m_{\rm r}^{\rm c,n}+\Delta m_{\rm r}^{\rm c}\right|\leqslant\mu_{\theta}\left|f_{\rm n}^{\rm c,n+1}\right| \tag{15.29}$$

式 (15.27)~ 式 (15.29) 中 $\mu_{\rm s},\mu_{\rm r},\mu_{\rm B}$ 分别为（最大）静切向滑动、滚动阻力系数和（最大）静滚动阻矩系数。此外，两接触颗粒间的相对滑动和滚动一般地同时存在，由于相对滑动和滚动同时产生的

切向摩擦阻力也应假定满足 Coulomb 摩擦律，即

$$\begin{gathered}f_{\rm t}^{\rm c}=f_{\rm s}^{\rm c}+f_{\rm r}^{\rm c},\quad \left|f_{\rm t}^{\rm c,n}\right|=\left|f_{\rm s}^{\rm c,n}+f_{\rm r}^{\rm c,n}\right|\leqslant\mu_{\rm s}\left|f_{\rm n}^{\rm c,n}\right|,\\ \left|f_{\rm t}^{\rm c,n}+\Delta f_{\rm t}^{\rm c}\right|\leqslant\mu_{\rm s}\left|f_{\rm n}^{\rm c,n+1}\right|\end{gathered} \tag{15.30}$$

一般地 $\mu_{\rm s}\geqslant\mu_{\rm r}$。式中

$$\Delta f_{\rm t}^{\rm c}=\Delta f_{\rm s}^{\rm c}+\Delta f_{\rm r}^{\rm c} \tag{15.31}$$

按照 Coulomb 摩擦律，确定 $\Delta f_{\rm s}^{\rm c},\Delta f_{\rm r}^{\rm c},\Delta m_{\rm r}^{\rm c}$ 的增量本构关系可表示为

$$\begin{gathered}\Delta f_{\rm s}^{\rm c}=-k_{\rm s}^{\rm c}\left(\Delta u_{\rm s}-\Delta u_{\rm s}^{\rm p}\right),\quad \Delta f_{\rm r}^{\rm c}=-k_{\rm r}^{\rm c}\left(\Delta u_{\rm r}-\Delta u_{\rm r}^{\rm p}\right),\\ \Delta m_{\rm r}^{\rm c}=-k_{\theta}^{\rm c}\left(\Delta\theta_{\rm r}-\Delta\theta_{\rm r}^{\rm p}\right)\end{gathered} \tag{15.32}$$

式中，$\Delta u_{\rm s}^{\rm p},\Delta u_{\rm r}^{\rm p},\Delta\theta_{\rm r}^{\rm p}$ 分别定义为 $\Delta u_{\rm s},\Delta u_{\rm r},\Delta\theta_{\rm r}$ 中在摩擦耗散意义上的“塑性部分”。将式 (15.16)、式 (15.17) 和式 (15.32) 代入式 (15.31) 得到

$$\Delta f_{\rm t}^{\rm c}=\begin{bmatrix}k_{\rm A}^{\rm c} & k_{\rm B}^{\rm c}\end{bmatrix}\begin{Bmatrix}\Delta\theta_{\rm A}\\ \Delta\theta_{\rm B}\end{Bmatrix}+k_0^{\rm c}\boldsymbol{t}_{\rm A}^{\rm n}\cdot\Delta\boldsymbol{U}_{\rm CA}/r_{\rm A}-\Delta f_{\rm t}^{\rm cp} \tag{15.33}$$

式中

$$k_{\rm A}^{\rm c}=-\left(k_{\rm s}^{\rm c}+k_{\rm r}^{\rm c}\right)r_{\rm A},\quad k_{\rm B}^{\rm c}=-\left(k_{\rm s}^{\rm c}-k_{\rm r}^{\rm c}\right)r_{\rm B},\quad k_0^{\rm c}=-\left(k_{\rm A}^{\rm c}+k_{\rm B}^{\rm c}\right) \tag{15.34}$$

$$\Delta f_{\rm t}^{\rm cp}=-k_{\rm s}^{\rm c}\Delta u_{\rm s}^{\rm p}-k_{\rm r}^{\rm c}\Delta u_{\rm r}^{\rm p} \tag{15.35}$$

由颗粒 B 作用于颗粒 A 的增量法向接触力 $\Delta f_{\rm n}^{\rm c}$ 由下式确定，即

$$\Delta f_{\rm n}^{\rm c}=-k_{\rm n}^{\rm c}\Delta u_{\rm n}^{\rm BA}=-k_{\rm n}^{\rm c}\left(u_{\rm n}^{\rm BAt}-u_{\rm n}^{\rm BAn}\right) \tag{15.36}$$

式中

$$u_{\rm n}^{\rm BAt}=r_{\rm A}+r_{\rm B}-\left\|\boldsymbol{x}_{\rm B}^{\rm t}-\boldsymbol{x}_{\rm A}^{\rm t}\right\|>0,\quad u_{\rm n}^{\rm BAn}=r_{\rm A}+r_{\rm B}-\left\|\boldsymbol{x}_{\rm B}^{\rm n}-\boldsymbol{x}_{\rm A}^{\rm n}\right\|>0 \tag{15.37}$$

将式 (15.37) 和式 (15.6) 代入式 (15.36) 得到

$$\Delta f_{\rm n}^{\rm c}=-k_{\rm n}^{\rm c}\frac{r_{\rm A}+r_{\rm B}}{r_{\rm A}}\left(u_{\rm n}^{\rm CAt}-u_{\rm n}^{\rm CAn}\right)=-k_{\rm n}^{\rm c}\frac{r_{\rm A}+r_{\rm B}}{r_{\rm A}}\Delta u_{\rm n}^{\rm c} \tag{15.38}$$

式中

$$u_{\mathrm{n}}^{\mathrm{CAt}}=r_{\mathrm{A}}-\left\|\boldsymbol{x}_{\mathrm{C}}^{\mathrm{t}}-\boldsymbol{x}_{\mathrm{A}}^{\mathrm{t}}\right\|>0,\quad u_{\mathrm{n}}^{\mathrm{CAn}}=r_{\mathrm{A}}-\left\|\boldsymbol{x}_{\mathrm{C}}^{\mathrm{n}}-\boldsymbol{x}_{\mathrm{A}}^{\mathrm{n}}\right\|>0 \tag{15.39}$$

利用式 (15.24) 所给出的 $\boldsymbol{n}_{\mathrm{A}}^{\mathrm{t}},\boldsymbol{n}_{\mathrm{A}}^{\mathrm{n}}$ 表达式和式 (15.10)，以及为表达方便令 $\boldsymbol{n}_{\mathrm{A}}^{\mathrm{n}}=\boldsymbol{n}^{\mathrm{c}},\boldsymbol{t}_{\mathrm{A}}^{\mathrm{n}}=\boldsymbol{t}^{\mathrm{c}}$，式 (15.38) 中的 $\Delta u_{\mathrm{n}}^{\mathrm{c}}$ 可表示为

$$\Delta u_{\mathrm{n}}^{\mathrm{c}}=-\frac{1}{d_{\mathrm{CA}}^{\mathrm{n}}}\left(\boldsymbol{x}_{\mathrm{C}}^{\mathrm{n}}-\boldsymbol{x}_{\mathrm{A}}^{\mathrm{n}}\right)\cdot\left(\Delta\boldsymbol{x}_{\mathrm{C}}-\Delta\boldsymbol{x}_{\mathrm{A}}\right)=-\boldsymbol{n}_{\mathrm{A}}^{\mathrm{n}}\cdot\Delta\boldsymbol{U}_{\mathrm{CA}}=-\boldsymbol{n}^{\mathrm{c}}\cdot\Delta\boldsymbol{U}_{\mathrm{CA}} \tag{15.40}$$

将式 (15.40) 代入式 (15.38) 得到

$$\Delta f_{\mathrm{n}}^{\mathrm{c}}=k_{\mathrm{n}}^{\mathrm{c}}\frac{r_{\mathrm{A}}+r_{\mathrm{B}}}{r_{\mathrm{A}}}\boldsymbol{n}^{\mathrm{c}}\cdot\Delta\boldsymbol{U}_{\mathrm{CA}} \tag{15.41}$$

利用式 (15.33) 和式 (15.41)，令 $\boldsymbol{n}^{\mathrm{c}}=\left[\begin{array}{ll}n_1^{\mathrm{c}} & n_2^{\mathrm{c}}\end{array}\right]^{\mathrm{T}},\boldsymbol{t}^{\mathrm{c}}=\left[\begin{array}{ll}t_1^{\mathrm{c}} & t_2^{\mathrm{c}}\end{array}\right]^{\mathrm{T}}$, $\Delta\boldsymbol{U}_{\mathrm{CA}}=\left[\begin{array}{ll}\Delta U_1^{\mathrm{CA}} & \Delta U_2^{\mathrm{CA}}\end{array}\right]^{\mathrm{T}}$ 略去表示发生在时刻 t_{n} 的物理量的上标 “n”，参考全局坐标系，由参考颗粒 A 的直接相邻接触颗粒 B 作用于颗粒 A 的增量接触力可表示为

$$\begin{aligned}\Delta f_i^{\mathrm{c}}&=\Delta f_{\mathrm{t}}^{\mathrm{c}}t_i^{\mathrm{c}}+\Delta f_{\mathrm{n}}^{\mathrm{c}}n_i^{\mathrm{c}}\\&=\left(\left[\begin{array}{ll}k_{\mathrm{A}}^{\mathrm{c}} & k_{\mathrm{B}}^{\mathrm{c}}\end{array}\right]\left\{\begin{array}{c}\Delta\theta_{\mathrm{A}}\\\Delta\theta_{\mathrm{B}}\end{array}\right\}+\frac{k_0^{\mathrm{c}}}{r_{\mathrm{A}}}t_k^{\mathrm{c}}\Delta U_k^{\mathrm{CA}}-\Delta f_{\mathrm{t}}^{\mathrm{cp}}\right)t_i^{\mathrm{c}}\\&\quad+\frac{r_{\mathrm{A}}+r_{\mathrm{B}}}{r_{\mathrm{A}}}k_{\mathrm{n}}^{\mathrm{c}}\Delta U_k^{\mathrm{CA}}n_k^{\mathrm{c}}n_i^{\mathrm{c}},\quad(i=1,2)\end{aligned} \tag{15.42}$$

15.2 基于 Voronoi 胞元模型的等效 Cosserat 连续体非线性本构关系和弹性模量张量

如图 15.2(a) 所示，围绕一个参考颗粒的 Voronoi 胞元可取自于离散颗粒集合体的 Voronoi 网格。它表示了一个具有 Voronoi 胞元体积的等效多孔 Cosserat 连续体元。

在 Cosserat 连续体模型中,独立的运动学自由度是线位移 u_i 和微转角(micro-rotations) ω_i。相应地，除经典的 Cauchy 应力 σ_{ji} 外，引入了偶应力（couple stresses）μ_{ji}。与应力度量 σ_{ji},μ_{ji} 功共轭的应变度量分别为应变 ε_{ji} 和微曲率 κ_{ji}，并定义为（Onck, 2002），可参见本书第 2 章

$$\varepsilon_{ji}=u_{i,j}-e_{kji}\omega_k,\quad\kappa_{ji}=\omega_{i,j} \tag{15.43}$$

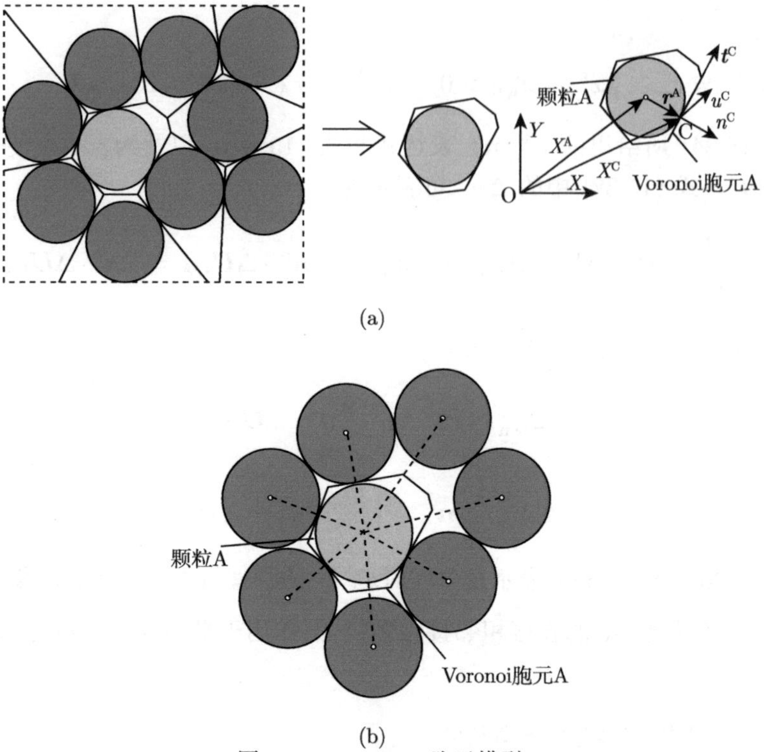

图 15.2 Voronoi 胞元模型

(a) 取自离散颗粒集合体 Voronoi 几何剖分的 Voronoi 胞元；(b) Voronoi 胞元模型包含参考颗粒和它的直接相邻颗粒

式中，e_{kji} 表示置换张量。当略去体力项，平衡条件能表示为

$$\sigma_{ji,j} = 0, \quad \mu_{ji,j} + e_{ijk}\sigma_{jk} = 0 \tag{15.44}$$

而在连续体表面，平衡条件给出为

$$\boldsymbol{t}_i = \sigma_{ji}\boldsymbol{n}_j, \quad m_i = \mu_{ji}\boldsymbol{n}_j \tag{15.45}$$

式中，$\boldsymbol{t}, m_i$ 分别表示表面力和表面力偶。$\boldsymbol{n}_j$ 表示连续体表面的单位法向量。

当考虑参考 Voronoi 胞元所代表的等效多孔 Cosserat 连续体元的本构行为模拟时，必须要计及参考颗粒的直接相邻接触颗粒相对参考颗粒的相对运动，如图 15.2(b) 所示。用 m 表示参考颗粒 A 的直接相邻接触和非接触颗粒总数；V_{A} 和 S_{A} 分别表示在参考颗粒 A 处所取的参考 Voronoi 胞元的体积和表面积；$\bar{u}_{i,j}^{\mathrm{A}}(i=1,2;j=1,2)$，$\bar{\omega}^{\mathrm{A}}, \bar{\kappa}_j^{\mathrm{A}} = \bar{\omega}_j^{\mathrm{A}}(j=1,2)$ 分别表示等效 Cosserat 连续体元在其 Voronoi 胞元域内的线位移梯度、微转角和微曲率的体积平均。Voronoi 胞元可被视为一个特殊的表征元，根据平均应变定理（Qu and Cherkaoui, 2006），当

Voronoi 胞元边界上任一点 x_j 的线位移 U_i 由作用于 Voronoi 胞元的宏观线位移梯度 $\langle u^{\mathrm{A}}_{i,j}\rangle (i=1,2;j=1,2)$ 指定为 $U_i=\langle u^{\mathrm{A}}_{i,j}\rangle x_j$，则可证明 $\langle u^{\mathrm{A}}_{i,j}\rangle=\bar{u}^{\mathrm{A}}_{i,j}$，因而 Voronoi 胞元边界上任一点 x_j 的线位移 U_i 指定为

$$U_i=\bar{u}^{\mathrm{A}}_{i,j}x_j \tag{15.46}$$

颗粒 A 的形心在均匀化过程中仅是 Voronoi 胞元的内点，当计算它的线位移时，考虑到 Voronoi 胞元边界内只包含了一个颗粒 A，假定也以式 (15.46) 确定。将式 (15.46) 代入式 (15.26) 中定义的 $\Delta\boldsymbol{U}_{\mathrm{CA}}=\Delta\boldsymbol{U}_{\mathrm{C}}-\Delta\boldsymbol{U}_{\mathrm{A}}$ 可得到它的分量 U^{CA}_k 的表达式，即

$$U^{\mathrm{CA}}_k=\bar{u}^{\mathrm{A}}_{k,j}\left(x^{\mathrm{C}}_j-x^{\mathrm{A}}_j\right)=\bar{u}^{\mathrm{A}}_{k,j}x^{\mathrm{c}}_j=\bar{u}^{\mathrm{A}}_{k,j}r_{\mathrm{A}}n^{\mathrm{c}}_j \tag{15.47}$$

式中，x^{c}_j 是颗粒 A 与 Voronoi 胞元边界接触点参考以颗粒 A 形心为坐标原点的局部笛卡儿坐标系的坐标值，$x^{\mathrm{C}}_j,x^{\mathrm{A}}_j$ 分别为颗粒 A 形心和颗粒 A 与 Voronoi 胞元边界接触点参考全局笛卡儿坐标的坐标值。对于 Voronoi 胞元模型，取参考颗粒 A 形心为坐标原点的局部笛卡儿坐标系与全局笛卡儿坐标具有相同的取向 $n^{\mathrm{c}}_j(j=1,2),t^{\mathrm{c}}_i(i=1,2)$。将式 (15.47) 代入式 (15.42) 可得到

$$\Delta f^{\mathrm{c}}_i=\left(k^{\mathrm{c}}_0t^{\mathrm{c}}_kn^{\mathrm{c}}_lt^{\mathrm{c}}_i+k^{\mathrm{c}}_{\mathrm{n}}\left(r_{\mathrm{A}}+r_{\mathrm{B}}\right)n^{\mathrm{c}}_kn^{\mathrm{c}}_ln^{\mathrm{c}}_i\right)\bar{u}^{\mathrm{A}}_{k,l}+\left(k^{\mathrm{c}}_{\mathrm{A}}\Delta\theta_{\mathrm{A}}+k^{\mathrm{c}}_{\mathrm{B}}\Delta\theta_{\mathrm{B}}\right)t^{\mathrm{c}}_i-\Delta f^{\mathrm{cp}}_{\mathrm{t}}t^{\mathrm{c}}_i \tag{15.48}$$

令 $\bar{\omega}^{\mathrm{A}},\bar{\omega}^{\mathrm{B}}$ 表示作为 Cosserat 连续体元的 Voronoi 胞元 A 和 Voronoi 胞元 B 中微转角的体积平均；并假定 $\bar{\omega}^{\mathrm{A}}=\theta_{\mathrm{A}},\bar{\omega}^{\mathrm{B}}=\theta_{\mathrm{B}}$。颗粒 A 和颗粒 B 在时间增量步 Δt 内的相对角位移 θ_{AB} 可表示为

$$\theta_{\mathrm{AB}}=\left(\varOmega_{\mathrm{A}}-\varOmega_{\mathrm{B}}\right)\Delta t=\theta_{\mathrm{A}}-\theta_{\mathrm{B}}=\bar{\omega}^{\mathrm{A}}-\bar{\omega}^{\mathrm{B}} \tag{15.49}$$

当考虑以颗粒 A 为参考颗粒的 Voronoi 胞元模型，假定 $\bar{\kappa}^{\mathrm{A}}_j=\bar{\omega}^{\mathrm{A}}_j$ 的应用域覆盖参考颗粒及其所有直接相邻颗粒，即包括以颗粒 A 为参考颗粒的 Voronoi 胞元模型的所有颗粒；因而可定义

$$\frac{\theta_{\mathrm{AB}}}{r_{\mathrm{A}}+r_{\mathrm{B}}}=\frac{\theta_{\mathrm{A}}-\theta_{\mathrm{B}}}{r_{\mathrm{A}}+r_{\mathrm{B}}}=\frac{\bar{\omega}^{\mathrm{A}}-\bar{\omega}^{\mathrm{B}}}{r_{\mathrm{A}}+r_{\mathrm{B}}}=-\bar{\omega}^{\mathrm{A}}_jn^{\mathrm{c}}_j=-\bar{\kappa}^{\mathrm{A}}_jn^{\mathrm{c}}_j \tag{15.50}$$

利用式 (15.50)，$\bar{\omega}^{\mathrm{B}}$ 可以通过定义于 Voronoi 胞元 A 的 $\bar{\omega}^{\mathrm{A}}$ 和 $\bar{\kappa}^{\mathrm{A}}_j$ 及表征直接相邻接触颗粒 B 相对参考颗粒 A 取向 n^{c}_j 表示为

$$\bar{\omega}^{\mathrm{B}}=\bar{\omega}^{\mathrm{A}}+\left(r_{\mathrm{A}}+r_{\mathrm{B}}\right)\bar{\kappa}^{\mathrm{A}}_jn^{\mathrm{c}}_j \tag{15.51}$$

略去重力与惯性力效应，与线位移方向相关联的参考颗粒 A 的拟静力平衡条件可表示为

$$\sum_{c=1}^{m}f^{c}_i=0,\quad(i=1,2) \tag{15.52}$$

需要说明的是，当限于讨论两个颗粒间接触时，表示两个颗粒间接触点的上标是“c”，而如在式 (15.52) 及以后类似语境（包括公式）中表示与一个参考颗粒直接相邻的 m 个颗粒的接触点的上标则是“c” ($c=1\sim m$)。

利用式 (15.52) 和 Gauss-Ostrogradski 定理，为计算等效 Cosserat 连续体元 A 中 Cauchy 应力的体积平均 $\bar{\sigma}_{ji}^{\mathrm{A}}$ 的体积积分可以变换为围绕 Voronoi 胞元 A 的表面积分和进一步离散化，并表示为

$$\bar{\sigma}_{ji}^{\mathrm{A}}=\frac{1}{V_{\mathrm{A}}}\int_{V_{\mathrm{A}}}\sigma_{ji}\mathrm{d}V_{\mathrm{A}}=\frac{1}{V_{\mathrm{A}}}\sum_{c=1}^{m}f_i^c x_j^c=\frac{1}{V_{\mathrm{A}}}\left(\sum_{c=1}^{m}f_i^c x_j^{\mathrm{C}}-x_j^{\mathrm{A}}\sum_{c=1}^{m}f_i^c\right)=\frac{r_{\mathrm{A}}}{V_{\mathrm{A}}}\sum_{c=1}^{m}f_i^c n_j^c \tag{15.53}$$

式中利用了式 (15.47) 中表示的 $x_j^c=x_j^{\mathrm{C}}-x_j^{\mathrm{A}}$。进一步利用式 (15.48)，式 (15.53) 可改写为

$$\begin{aligned}\bar{\sigma}_{ji}^{\mathrm{A}}=&\frac{r_{\mathrm{A}}}{V_{\mathrm{A}}}\sum_{c=1}^{m}\mathrm{H}\left(u_{\mathrm{n}}^{c\mathrm{At}}\right)\\&\times\left[\left(k_0^c t_k^c n_l^c t_i^c+k_{\mathrm{n}}^c\left(r_{\mathrm{A}}+r_{\mathrm{B}}\right)n_k^c n_l^c n_i^c\right)\bar{u}_{k,l}^{\mathrm{A}}+\left(k_{\mathrm{A}}^c\bar{\omega}^{\mathrm{A}}+k_{\mathrm{B}}^c\bar{\omega}^{\mathrm{B}}\right)t_i^c-f_{\mathrm{t}}^{c\mathrm{p}}t_i^c\right]n_j^c\end{aligned} \tag{15.54}$$

式中，$\mathrm{H}\left(u_{\mathrm{n}}^{c\mathrm{At}}\right)$ 表示依赖于由式 (15.39) 确定的 $u_{\mathrm{n}}^{c\mathrm{At}}$ 值的 Heaviside 函数，它体现了随加载历史演变的参考颗粒 A 与一个直接相邻颗粒的接触的产生 ($\mathrm{H}\left(u_{\mathrm{n}}^{c\mathrm{At}}\right)=1$) 与丧失 ($\mathrm{H}\left(u_{\mathrm{n}}^{c\mathrm{At}}\right)=0$)。$f_{\mathrm{t}}^{c\mathrm{p}}$ 表示两直接相邻颗粒间在时间增量过程中的颗粒间切向接触耗散力 $\Delta f_{\mathrm{t}}^{c\mathrm{p}}$ 累加，即

$$\left(f_{\mathrm{t}}^{c\mathrm{p}}\right)_{t_{n+1}}=\left(f_{\mathrm{t}}^{c\mathrm{p}}\right)_{t_n}+\Delta f_{\mathrm{t}}^{c\mathrm{p}} \tag{15.55}$$

需要说明的是参考颗粒与其直接相邻颗粒的接触点是空间点而不是物质点，当在离散颗粒材料力学中考虑小位移假定，将可近似地略去空间点与物质点之间的差别。在式 (15.54) 以及本章后面公式中的 Heaviside 函数不仅显式地表示参考颗粒与其一个直接相邻颗粒之间是否接触和存在接触力，同时也隐式地控制了与由两颗粒间增量耗散相对位移 $\Delta u_{\mathrm{s}}^{\mathrm{p}},\Delta u_{\mathrm{r}}^{\mathrm{p}},\Delta\theta_{\mathrm{r}}^{\mathrm{p}}$ 计算的 $\Delta f_{\mathrm{t}}^{c\mathrm{p}}$ 按式 (15.55) 累计。当 $\mathrm{H}\left(u_{\mathrm{n}}^{c\mathrm{At}}\right)=0$，则将重置 $\left(f_{\mathrm{t}}^{c\mathrm{p}}\right)_{t_{n+1}}=0$。

将式 (15.51) 代入式 (15.54)，可以导得基于介观力学信息的关于等效 Cosserat 连续体元平均 Cauchy 应力 $\bar{\sigma}_{ji}^{\mathrm{A}}$ 的表达式如下

$$\bar{\sigma}_{ji}^{\mathrm{A}}=\bar{\sigma}_{ji}^{\mathrm{Ae}}-\bar{\sigma}_{ji}^{\mathrm{Ap}} \tag{15.56}$$

式中

$$\bar{\sigma}_{ji}^{\mathrm{Ae}}=D_{jilk}^{\mathrm{e}\sigma\varepsilon}\bar{u}_{k,l}^{\mathrm{A}}+D_{ji}^{\mathrm{e}\sigma\omega}\bar{\omega}^{\mathrm{A}}+D_{jil}^{\mathrm{e}\sigma\kappa}\bar{\kappa}_l^{\mathrm{A}} \tag{15.57}$$

$$\bar{\sigma}_{ji}^{\mathrm{Ap}}=\frac{r_{\mathrm{A}}}{V_{\mathrm{A}}}\sum_{c=1}^{m}\mathrm{H}\left(u_{\mathrm{n}}^{c\mathrm{At}}\right)n_{j}^{c}f_{i}^{c\mathrm{p}} \tag{15.58}$$

其中，弹性模量张量和耗散接触力 $f_i^{c\mathrm{p}}$ 分别为

$$D_{jilk}^{\mathrm{e}\sigma\varepsilon}=\frac{r_{\mathrm{A}}}{V_{\mathrm{A}}}\sum_{c=1}^{m}\mathrm{H}\left(u_{\mathrm{n}}^{c\mathrm{At}}\right)\left(k_{0}^{c}t_{i}^{c}n_{j}^{c}t_{k}^{c}n_{l}^{c}+k_{\mathrm{n}}^{c}\left(r_{\mathrm{A}}+r_{\mathrm{B}}\right)n_{i}^{c}n_{j}^{c}n_{k}^{c}n_{l}^{c}\right) \tag{15.59}$$

$$D_{ji}^{\mathrm{e}\sigma\omega}=\frac{r_{\mathrm{A}}}{V_{\mathrm{A}}}\left(\sum_{c=1}^{m}\mathrm{H}\left(u_{\mathrm{n}}^{c\mathrm{At}}\right)\left(k_{\mathrm{A}}^{c}+k_{\mathrm{B}}^{c}\right)t_{i}^{c}n_{j}^{c}\right) \tag{15.60}$$

$$D_{jil}^{\mathrm{e}\sigma\kappa}=\frac{r_{\mathrm{A}}}{V_{\mathrm{A}}}\left(\sum_{c=1}^{m}\mathrm{H}\left(u_{\mathrm{n}}^{c\mathrm{At}}\right)k_{\mathrm{B}}^{c}\left(r_{\mathrm{A}}+r_{\mathrm{B}}\right)t_{i}^{c}n_{j}^{c}n_{l}^{c}\right) \tag{15.61}$$

$$f_{i}^{c\mathrm{p}}=t_{i}^{c}f_{\mathrm{t}}^{c\mathrm{p}} \tag{15.62}$$

注意到在 Cosserat 连续体理论框架下，作为 Cosserat 连续体元的 Voronoi 胞元平均应变定义为

$$\bar{\varepsilon}_{lk}^{\mathrm{A}}=\bar{u}_{k,l}^{\mathrm{A}}+e_{3kl}\bar{\omega}^{\mathrm{A}} \tag{15.63}$$

式中，e_{3kl} 表示置换张量；以及如图 15.2(a) 所示，每两个单位正交向量 $\boldsymbol{n}^c,\boldsymbol{t}^c(c=1\sim m)$ 与置换张量的乘积具有等式

$$e_{3kl}t_{l}^{c}n_{k}^{c}=e_{312}t_{2}^{c}n_{1}^{c}+e_{321}t_{1}^{c}n_{2}^{c}=n_{1}^{c}n_{1}^{c}-\left(-n_{2}^{c}\right)n_{2}^{c}=1 \tag{15.64}$$

$$e_{3kl}n_{l}^{c}n_{k}^{c}=e_{312}n_{2}^{c}n_{1}^{c}+e_{321}n_{1}^{c}n_{2}^{c}=0 \tag{15.65}$$

利用式 (15.59) 和注意到式 (15.60) 可得到

$$\begin{aligned}D_{jilk}^{\mathrm{e}\sigma\varepsilon}e_{3kl}&=\frac{r_{\mathrm{A}}}{V_{\mathrm{A}}}\sum_{c=1}^{m}\mathrm{H}\left(u_{\mathrm{n}}^{c\mathrm{At}}\right)\left(k_{0}^{c}t_{i}^{c}n_{j}^{c}t_{k}^{c}n_{l}^{c}+k_{\mathrm{n}}^{c}\left(r_{\mathrm{A}}+r_{\mathrm{B}}\right)n_{i}^{c}n_{j}^{c}n_{k}^{c}n_{l}^{c}\right)e_{3kl}\\&=\frac{-r_{\mathrm{A}}}{V_{\mathrm{A}}}\sum_{c=1}^{m}\mathrm{H}\left(u_{\mathrm{n}}^{c\mathrm{At}}\right)k_{0}^{c}t_{i}^{c}n_{j}^{c}=\frac{r_{\mathrm{A}}}{V_{\mathrm{A}}}\left(\sum_{c=1}^{m}\mathrm{H}\left(u_{\mathrm{n}}^{c\mathrm{At}}\right)\left(k_{\mathrm{A}}^{c}+k_{\mathrm{B}}^{c}\right)t_{i}^{c}n_{j}^{c}\right)\\&=D_{ji}^{\mathrm{e}\sigma\omega}\end{aligned} \tag{15.66}$$

对式 (15.63) 两端乘以 $D_{jilk}^{\mathrm{c}\sigma\varepsilon}$ 并利用式 (15.66)，式 (15.57) 等号右端的前两项可以合并和表示为

$$D_{jilk}^{\mathrm{e}\sigma\varepsilon}\bar{u}_{k,l}^{\mathrm{A}}+D_{ji}^{\mathrm{e}\sigma\omega}\bar{\omega}^{\mathrm{A}}=D_{jilk}^{\mathrm{e}\sigma\varepsilon}\bar{\varepsilon}_{lk}^{\mathrm{A}} \tag{15.67}$$

式 (15.57) 则可进一步表示为

$$\bar{\sigma}_{ji}^{\mathrm{Ae}} = D_{jilk}^{\mathrm{e\sigma\varepsilon}} \bar{\varepsilon}_{lk}^{\mathrm{A}} + D_{jil}^{\mathrm{e\sigma\kappa}} \bar{\kappa}_{l}^{\mathrm{A}} \tag{15.68}$$

二维等效 Cosserat 连续体元域内偶应力的体积平均 $\overline{\boldsymbol{\mu}}^{\mathrm{A}}$ 可表示为

$$\overline{\boldsymbol{\mu}}^{\mathrm{A}} = \begin{bmatrix} \bar{\mu}_{\mathrm{xz}}^{\mathrm{A}} & \bar{\mu}_{\mathrm{yz}}^{\mathrm{A}} \end{bmatrix}^{\mathrm{T}} \tag{15.69}$$

利用式 (15.44) 中第二式、式 (15.45) 中第二式和 Gauss-Ostrogradski 定理，可推导得到式 (15.69) 所示 $\overline{\boldsymbol{\mu}}^{\mathrm{A}}$ 的分量表示

$$\begin{aligned} \bar{\mu}_{j3}^{\mathrm{A}} &= \frac{1}{V_{\mathrm{A}}} \int_{V_{\mathrm{A}}} \mu_{j3} \mathrm{d}V_{\mathrm{A}} = \frac{1}{V_{\mathrm{A}}} \int_{V_{\mathrm{A}}} \left(\mu_{k3} x_j\right)_{,k} \mathrm{d}V_{\mathrm{A}} - \frac{1}{V_{\mathrm{A}}} \int_{V_{\mathrm{A}}} \mu_{k3,k} x_j \mathrm{d}V_{\mathrm{A}} \\ &= \frac{1}{V_{\mathrm{A}}} \int_{S_{\mathrm{A}}} \mu_{k3} x_j n_k \mathrm{d}S_{\mathrm{A}} + e_{3kl} \frac{1}{V_{\mathrm{A}}} \int_{V_{\mathrm{A}}} \sigma_{kl} x_j \mathrm{d}V_{\mathrm{A}} \\ &= \frac{1}{V_{\mathrm{A}}} \int_{S_{\mathrm{A}}} m_3 x_j \mathrm{d}S_{\mathrm{A}} + e_{3kl} \frac{1}{V_{\mathrm{A}}} \int_{V_{\mathrm{A}}} \sigma_{kl} x_j \mathrm{d}V_{\mathrm{A}}, \quad (j = 1, 2) \end{aligned} \tag{15.70}$$

注意到式 (15.70) 所表示的等效 Cosserat 连续体元偶应力体积平均 $\bar{\mu}_{j3}^{\mathrm{A}}$ 中包含了覆盖胞元全域的体积积分（Chang and Kuhn, 2005; Li et al., 2010）。这使得表达基于介观力学信息的等效 Cosserat 连续体中确定 $\bar{\mu}_{j3}^{\mathrm{A}}$ 的本构关系非常困难，甚至成为不可能。为使偶应力体积平均表达式中只包含围绕胞元的边界积分，在保证满足 Hill-Mandel 能量条件下，引入修正的与微曲率功共轭的偶应力体积平均 $\overline{\boldsymbol{\mu}}^{\mathrm{A}}(\bar{\mu}_{j3}^{\mathrm{A}}, j = 1, 2)$, 并令其取代式 (15.70)。它可表示为（Li et al., 2013）

$$\bar{\mu}_{j3}^{\mathrm{A}} = \frac{1}{V_{\mathrm{A}}} \int_{S_{\mathrm{A}}} m_3 x_j \mathrm{d}S_{\mathrm{A}} + e_{3kl} \frac{1}{V_{\mathrm{A}}} \int_{S_{\mathrm{A}}} t_l x_j x_k \mathrm{d}S_{\mathrm{A}} \tag{15.71}$$

该式围绕 Voronoi 胞元 A 关于表面分布力偶 m_3 和表面分布力 t_l 的表面积分可离散化到颗粒 A 的直接相邻颗粒与 Voronoi 胞元 A 边界的接触点上关于表面集中力矩 m_3^c 和表面集中力 f_l^c 的求和，即

$$\bar{\mu}_{j3}^{\mathrm{A}} = \frac{1}{V_{\mathrm{A}}} \sum_{c=1}^{m} m_3^c x_j^C + \frac{1}{V_{\mathrm{A}}} e_{3kl} \sum_{c=1}^{m} f_l^c x_k^C x_j^C \tag{15.72}$$

取参考颗粒 A 的形心作为坐标系的原点，即 $x_j^{\mathrm{A}} = 0(j = 1, 2)$, 则由式 (15.47) 可表示

$$x_j^C = x_j^c = r_{\mathrm{A}} n_j^c \tag{15.73}$$

$$x_k^C = x_k^c = r_{\mathrm{A}} n_k^c \tag{15.74}$$

将式 (15.73) 和式 (15.74) 代入式 (15.72) 得到

$$\bar{\mu}_{j3}^{\mathrm{A}} = \frac{1}{V_{\mathrm{A}}} \sum_{c=1}^{m} m_3^c n_j^c r_{\mathrm{A}} + \frac{r_{\mathrm{A}}}{V_{\mathrm{A}}} e_{3kl} \sum_{c=1}^{m} f_l^c r_{\mathrm{A}} n_k^c n_j^c = \frac{r_{\mathrm{A}}}{V_{\mathrm{A}}} \sum_{c=1}^{m} \left(m_3^c + e_{3kl} f_l^c n_k^c r_{\mathrm{A}}\right) n_j^c \tag{15.75}$$

利用式 (15.32) 中第三式和式 (15.48)，由式 (15.72) 可导出基于介观力学信息的关于等效 Cosserat 连续体元平均偶应力 $\bar{\mu}_{j3}^{\mathrm{A}}$ 表达式如下

$$\bar{\mu}_{j3}^{\mathrm{A}} = \bar{\mu}_{j3}^{\mathrm{Ae}} - \bar{\mu}_{j3}^{\mathrm{Ap}} \tag{15.76}$$

式中

$$\bar{\mu}_{j3}^{\mathrm{Ae}} = D_{j3mi}^{\mathrm{e\mu\varepsilon}} \bar{u}_{i,m}^{\mathrm{A}} + D_{j3}^{\mathrm{e\mu\omega}} \bar{\omega}^{\mathrm{A}} + D_{j3i}^{\mathrm{e\mu\kappa}} \bar{\kappa}_i^{\mathrm{A}} \tag{15.77}$$

$$\bar{\mu}_{j3}^{\mathrm{Ap}} = \frac{r_{\mathrm{A}}}{V_{\mathrm{A}}} \sum_{c=1}^{m} \mathrm{H}\left(u_{\mathrm{n}}^{c\mathrm{At}}\right) m_3^{\mathrm{cp}} n_j^c + \frac{r_{\mathrm{A}}^2}{V_{\mathrm{A}}} \sum_{c=1}^{m} \mathrm{H}\left(u_{\mathrm{n}}^{c\mathrm{At}}\right) f_{\mathrm{t}}^{\mathrm{cp}} n_j^c \tag{15.78}$$

m_3^{cp} 是随时间增量步累计的耗散转动力矩，并可表示为

$$\left(m_3^{\mathrm{cp}}\right)_{t_{\mathrm{n}+1}} = \left(m_3^{\mathrm{cp}}\right)_{t_{\mathrm{n}}} + \Delta m_3^{\mathrm{cp}} \tag{15.79}$$

式中，增量耗散转动力矩由式 (15.32) 中第三式可表示为 $\Delta m_3^{\mathrm{cp}} = -k_\theta^c \Delta\theta_{\mathrm{r}}^{\mathrm{cp}}$。

注意到恒等式 (15.64) 和式 (15.65)，利用式 (15.50)，式 (15.77) 中的弹性模量张量可表示为

$$D_{j3mi}^{\mathrm{e\mu\varepsilon}} = \frac{r_{\mathrm{A}}^2}{V_{\mathrm{A}}} \sum_{c=1}^{m} \mathrm{H}\left(u_{\mathrm{n}}^{c\mathrm{At}}\right) k_0^c t_i^c n_m^c n_j^c \tag{15.80}$$

$$D_{j3}^{\mathrm{e\mu\omega}} = \frac{r_{\mathrm{A}}^2}{V_{\mathrm{A}}} \sum_{c=1}^{m} \mathrm{H}\left(u_{\mathrm{n}}^{c\mathrm{At}}\right) \left(k_{\mathrm{A}}^c + k_{\mathrm{B}}^c\right) n_j^c \tag{15.81}$$

$$D_{j3i}^{\mathrm{e\mu\kappa}} = \frac{r_{\mathrm{A}}}{V_{\mathrm{A}}} \sum_{c=1}^{m} \mathrm{H}\left(u_{\mathrm{n}}^{c\mathrm{At}}\right) \left(r_{\mathrm{A}} + r_{\mathrm{B}}\right) \left[r_{\mathrm{A}} r_{\mathrm{B}} \left(k_{\mathrm{r}}^c - k_{\mathrm{s}}^c\right) + k_\theta^c\right] n_j^c n_i^c \tag{15.82}$$

由式 (15.80) 和式 (15.81)，并利用恒等式 (15.64)，可以得到

$$D_{j3mi}^{\mathrm{e\mu\varepsilon}} e_{3im} = \frac{r_{\mathrm{A}}^2}{V_{\mathrm{A}}} e_{3im} \sum_{c=1}^{m} \mathrm{H}\left(u_{\mathrm{n}}^{c\mathrm{At}}\right) k_0^c t_i^c n_m^c n_j^c = -\frac{r_{\mathrm{A}}^2}{V_{\mathrm{A}}} \sum_{c=1}^{m} \mathrm{H}\left(u_{\mathrm{n}}^{c\mathrm{At}}\right) k_0^c n_j^c = D_{j3}^{\mathrm{e\mu\omega}} \tag{15.83}$$

利用式 (15.83) 和基于式 (15.63)，式 (15.77) 可改写为

$$\bar{\mu}_{j3}^{\mathrm{Ae}} = D_{j3mi}^{\mathrm{e\mu\varepsilon}}\bar{\varepsilon}_{mi}^{\mathrm{A}} + D_{j3i}^{\mathrm{e\mu\kappa}}\bar{\kappa}_{i}^{\mathrm{A}} \tag{15.84}$$

式 (15.56)、式 (15.68)、式 (15.58) 和式 (15.72)、式 (15.84)、式 (15.78) 表示了基于介观力学信息的等效 Cosserat 连续体元的非线性本构关系。将式 (15.68) 和式 (15.84) 写成如下矩阵形式 (式中沿袭了前面公式中对向量和张量的分量表示)

$$\left\{\begin{array}{c}\bar{\sigma}_{ji}^{\mathrm{Ae}}\\ \bar{\mu}_{j3}^{\mathrm{Ae}}\end{array}\right\} = \left[\begin{array}{cc}D_{jilk}^{\mathrm{e\sigma\varepsilon}} & D_{jil}^{\mathrm{e\sigma\kappa}}\\ D_{j3lk}^{\mathrm{e\mu\varepsilon}} & D_{j3l}^{\mathrm{e\mu\kappa}}\end{array}\right]\left\{\begin{array}{c}\bar{\varepsilon}_{lk}^{\mathrm{A}}\\ \bar{\kappa}_{l}^{\mathrm{A}}\end{array}\right\} \tag{15.85}$$

该式清楚地表明，与经典 Cosserat 连续体本构关系中 Cauchy 应力和偶应力仅分别与应变和微曲率有关不同，在基于颗粒材料介观力学信息导出的等效各向异性 Cosserat 连续体本构关系中 Cauchy 应力和偶应力分别同时与应变和微曲率相关联。

15.3 基于广义各向同性 Voronoi 胞元模型的等效各向同性 Cosserat 连续体弹性模量参数

宏观各向同性弹性 Cosserat 连续体的弹性本构关系，即弹性 Cauchy 应力–应变关系和弹性偶应力–微曲率关系可表示为（Li and Tang, 2005b）

$$\sigma_{ji} = \hat{D}_{jikk}^{\mathrm{e\sigma\varepsilon}}\varepsilon_{lk}, \quad \mu_{j3} = \hat{D}_{j3i}^{\mathrm{e\mu\kappa}}\kappa_i \tag{15.86}$$

或展开为

$$\left\{\begin{array}{c}\sigma_{\mathrm{xx}}\\ \sigma_{\mathrm{yy}}\\ \sigma_{\mathrm{xy}}\\ \sigma_{\mathrm{yx}}\end{array}\right\} = \left[\begin{array}{cccc}\lambda+2G & \lambda & 0 & 0\\ \lambda & \lambda+2G & 0 & 0\\ 0 & 0 & G+G_{\mathrm{c}} & G-G_{\mathrm{c}}\\ 0 & 0 & G-G_{\mathrm{c}} & G+G_{\mathrm{c}}\end{array}\right]\left\{\begin{array}{c}u_{\mathrm{x,x}}\\ u_{\mathrm{y,y}}\\ u_{\mathrm{y,x}}-\omega\\ u_{\mathrm{x,y}}+\omega\end{array}\right\} \tag{15.87}$$

$$\left\{\begin{array}{c}\mu_{\mathrm{x3}}\\ \mu_{\mathrm{y3}}\end{array}\right\} = \left[\begin{array}{cc}2Gl_{\mathrm{c}}^2 & 0\\ 0 & 2Gl_{\mathrm{c}}^2\end{array}\right]\left\{\begin{array}{c}\kappa_{\mathrm{x}}\\ \kappa_{\mathrm{y}}\end{array}\right\} \tag{15.88}$$

式中，$\lambda = 2G\nu/(1-2\nu)$ 表示材料的 Lame 常数；G, ν 分别表示剪切模量和泊松比；G_{c} 表示 Cosserat 剪切模量；l_{c} 表示 Cosserat 连续体的内尺度参数。

式 (15.86) 所示的宏观弹性模量张量 $\hat{D}_{jilk}^{\mathrm{e\sigma\varepsilon}}$ 和 $\hat{D}_{j3i}^{\mathrm{e\mu\kappa}}$ 相应于上节式 (15.85) 中所示的基于广义各向同性介观结构的等效 Cosserat 连续体的弹性模量张量 $D_{jilk}^{\mathrm{e\sigma\varepsilon}}$

和 $D_{j3l}^{\mathrm{e\mu\kappa}}$。式 (15.86) 还表明宏观弹性模量张量 $\hat{D}_{jil}^{\mathrm{e\sigma\kappa}} \equiv 0, \hat{D}_{j3lk}^{\mathrm{e\mu\varepsilon}} \equiv 0$，即 Cauchy 应力与微曲率无关，偶应力与应变无关。

本节中首先要定义具有广义各向同性介观结构的离散颗粒 Voronoi 胞元模型。它可定义为参考颗粒周边直接相邻接触颗粒具有相同的颗粒几何与颗粒材料性质、并且均匀地分布在参考颗粒周边，如图 15.3 所示。

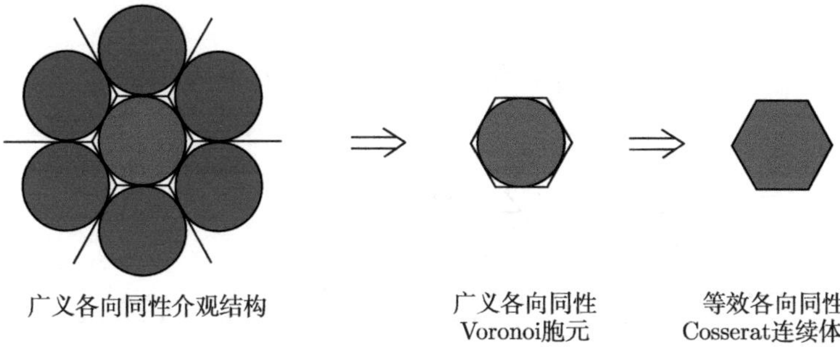

图 15.3 广义各向同性介观结构的 Voronoi 胞元模型示意图

然后将验证由广义各向同性介观结构的离散颗粒 Voronoi 胞元模型导出的等效 Cosserat 连续体本构关系呈各向同性，$D_{jilk}^{\mathrm{e\sigma\varepsilon}}$ 和 $D_{j3l}^{\mathrm{e\mu\kappa}}$ 分别与式 (15.87) 和式 (15.88) 所示的 $\hat{D}_{jilk}^{\mathrm{e\sigma\varepsilon}}$ 和 $\hat{D}_{j3i}^{\mathrm{e\mu\kappa}}$ 的结构相同，且能由 $D_{jilk}^{\mathrm{e\sigma\varepsilon}}$ 和 $D_{j3l}^{\mathrm{e\mu\kappa}}$ 识别得到 $\hat{D}_{jilk}^{\mathrm{e\sigma\varepsilon}}$ 和 $\hat{D}_{j3i}^{\mathrm{e\mu\kappa}}$ 中弹性模量参数依赖于介观结构和介观颗粒材料参数的表达式，即有效弹性模量参数；另一方面，需要验证 $D_{jil}^{\mathrm{e\sigma\kappa}} \equiv 0, D_{j3lk}^{\mathrm{e\mu\varepsilon}} \equiv 0$；即验证广义各向同性离散颗粒 Voronoi 胞元模型的等效 Cosserat 连续体模型中 Cauchy 应力与微曲率无关，偶应力与应变无关，即如式 (15.87) 和式 (15.88) 中所示 $\hat{D}_{jil}^{\mathrm{e\sigma\kappa}} \equiv 0, \hat{D}_{j3lk}^{\mathrm{e\mu\varepsilon}} \equiv 0$。

15.3.1 广义几何各向同性 Voronoi 胞元模型的基本恒等式

参考颗粒与其 m 个直接相邻接触颗粒之一在接触点处的局部正交坐标系 $\boldsymbol{n}^c - \boldsymbol{t}^c$ 的单位正交向量有关系式 $\boldsymbol{t}^c \cdot \boldsymbol{n}^c = 0$。对于含 m 个直接相邻接触颗粒的广义几何各向同性 Voronoi 胞元模型，可注意到

$$\boldsymbol{n}^c = \begin{Bmatrix} n_1^c \\ n_2^c \end{Bmatrix} = \begin{Bmatrix} \cos(2\pi c/m) \\ \sin(2\pi c/m) \end{Bmatrix}, \quad \boldsymbol{t}^c = \begin{Bmatrix} t_1^c \\ t_2^c \end{Bmatrix} = \begin{Bmatrix} -\sin(2\pi c/m) \\ \cos(2\pi c/m) \end{Bmatrix},$$
$$(c = 1 \sim m) \tag{15.89}$$

利用三角函数项级数求和公式

$$\cos\phi + \cos 2\phi + \cdots + \cos(m\phi) = \frac{\sin(m\phi/2)\cos((m+1)\phi/2)}{\sin(\phi/2)} \tag{15.90}$$

$$\sin\phi + \sin 2\phi + \cdots + \sin(m\phi) = \frac{\sin(m\phi/2)\sin((m+1)\phi/2)}{\sin(\phi/2)} \tag{15.91}$$

可以证明

$$\sum_{c=1}^{m} t_1^c n_1^c = \sum_{c=1}^{m} t_2^c n_2^c = \sum_{c=1}^{m} (n_1^c)^3 n_2^c = \sum_{c=1}^{m} (n_2^c)^3 n_1^c = 0 \tag{15.92}$$

$$\sum_{c=1}^{m} n_1^c = \sum_{c=1}^{m} n_2^c = \sum_{c=1}^{m} n_1^c n_2^c = \sum_{c=1}^{m} (n_1^c)^3 = \sum_{c=1}^{m} (n_2^c)^3 = 0 \tag{15.93}$$

$$\begin{aligned} &\sum_{c=1}^{m} t_i^c n_j^c n_l^c = 0, \quad (i,j,l=1,2; m \geqslant 4) \\ &\sum_{c=1}^{m} (n_1^c)^2 = \sum_{c=1}^{m} (n_2^c)^2 = \frac{m}{2}, \quad (m \geqslant 4) \end{aligned} \tag{15.94}$$

$$\sum_{c=1}^{m} (n_1^c)^4 = \sum_{c=1}^{m} (n_2^c)^4 = \frac{3}{8}m, \quad \sum_{c=1}^{m} (n_1^c n_2^c)^2 = \frac{m}{8}, \quad (m > 4 \text{ 或 } m = 3) \tag{15.95}$$

15.3.2 基于介观信息的弹性模量张量 $\boldsymbol{D}_{jilk}^{\mathrm{e\sigma\varepsilon}}, \boldsymbol{D}_{j3l}^{\mathrm{e\mu\kappa}}$ 识别宏观弹性模量张量 $\hat{\boldsymbol{D}}_{jilk}^{\mathrm{e\sigma\varepsilon}}, \hat{\boldsymbol{D}}_{j3l}^{\mathrm{e\mu k}}$ 中材料参数

注意到式 (15.87) 和式 (15.88) 所示的宏观弹性模量张量 $\hat{D}_{jilk}^{\mathrm{e\sigma\varepsilon}}, \hat{D}_{j3l}^{\mathrm{e\mu\kappa}}$ 的结构，即 $\hat{D}_{jilk}^{\mathrm{e\sigma\varepsilon}}$ 的拟对角线各向同性矩阵和 $\hat{D}_{jilk}^{\mathrm{e\sigma\varepsilon}}$ 的对角线各向同性矩阵的结构特性。本节将要验证具有广义各向同性离散介观结构的等效 Cosserat 连续体元的 $D_{jilk}^{\mathrm{e\sigma\varepsilon}}, D_{j3l}^{\mathrm{e\mu\kappa}}$ 也具有相同的结构特性。

把由式 (15.59) 定义的基于介观力学信息的 $D_{1212}^{\mathrm{e\sigma\varepsilon}}, D_{2121}^{\mathrm{e\sigma\varepsilon}}$ 和 $D_{1221}^{\mathrm{e\sigma\varepsilon}}, D_{2112}^{\mathrm{e\sigma\varepsilon}}$ 与式 (15.87) 所示 $\hat{D}_{jilk}^{\mathrm{e\sigma\varepsilon}}$ 中的 $\hat{D}_{1212}^{\mathrm{e\sigma\varepsilon}}, \hat{D}_{2121}^{\mathrm{e\sigma\varepsilon}}$ 和 $\hat{D}_{1221}^{\mathrm{e\sigma\varepsilon}}, \hat{D}_{2112}^{\mathrm{e\sigma\varepsilon}}$ 分别比较，可得到

$$D_{1212}^{\mathrm{e\sigma\varepsilon}} = D_{2121}^{\mathrm{e\sigma\varepsilon}} = \frac{r_{\mathrm{A}} k_0}{V_{\mathrm{A}}} \sum_{c=1}^{m} (n_1^c)^4 + \frac{r_{\mathrm{A}}(r_{\mathrm{A}} + r_{\mathrm{B}}) k_{\mathrm{n}}}{V_{\mathrm{A}}} \sum_{c=1}^{m} (n_1^c n_2^c)^2 = G + G_{\mathrm{c}} \tag{15.96}$$

$$D_{1221}^{\mathrm{e\sigma\varepsilon}} = D_{2112}^{\mathrm{e\sigma\varepsilon}} = \left(-\frac{r_{\mathrm{A}} k_0}{V_{\mathrm{A}}} + \frac{r_{\mathrm{A}}(r_{\mathrm{A}} + r_{\mathrm{B}}) k_{\mathrm{n}}}{V_{\mathrm{A}}}\right) \sum_{c=1}^{m} (n_1^c n_2^c)^2 = G - G_{\mathrm{c}} \tag{15.97}$$

利用恒等式 (15.95)，由方程 (15.96) 和 (15.97) 可解得 G, G_{c} 如下

$$G_{\mathrm{c}} = \frac{r_{\mathrm{A}} m k_0}{4V_{\mathrm{A}}} \tag{15.98}$$

$$G = \frac{r_{\mathrm{A}} m}{8V_{\mathrm{A}}} \left[(r_{\mathrm{A}} + r_{\mathrm{B}})(k_{\mathrm{n}} + k_{\mathrm{s}}) + (r_{\mathrm{A}} - r_{\mathrm{B}}) k_{\mathrm{r}}\right] \tag{15.99}$$

把由式 (15.59) 定义的基于介观力学信息的 $D_{2211}^{e\sigma\varepsilon}, D_{1122}^{e\sigma\varepsilon}$ 和 $D_{1111}^{e\sigma\varepsilon}, D_{2222}^{e\sigma\varepsilon}$ 与式 (15.87) 所示 $\hat{D}_{jilk}^{e\sigma\varepsilon}$ 中的 $\hat{D}_{2211}^{e\sigma\varepsilon}, \hat{D}_{1122}^{e\sigma\varepsilon}$ 和 $\hat{D}_{1111}^{e\sigma\varepsilon}, \hat{D}_{2222}^{e\sigma\varepsilon}$ 分别比较，可得到

$$D_{2211}^{e\sigma\varepsilon} = D_{1122}^{e\sigma\varepsilon} = \left(-\frac{r_{\mathrm{A}} k_0}{V_{\mathrm{A}}} + \frac{r_{\mathrm{A}}\left(r_{\mathrm{A}} + r_{\mathrm{B}}\right) k_{\mathrm{n}}}{V_{\mathrm{A}}}\right) \sum_{c=1}^{m} \left(n_1^c n_2^c\right)^2 = \lambda \tag{15.100}$$

$$D_{1111}^{e\sigma\varepsilon} = D_{2222}^{e\sigma\varepsilon} = \frac{r_{\mathrm{A}} k_0}{V_{\mathrm{A}}} \sum_{c=1}^{m} \left(n_1^c n_2^c\right)^2 + \frac{r_{\mathrm{A}}\left(r_{\mathrm{A}} + r_{\mathrm{B}}\right) k_{\mathrm{n}}}{V_{\mathrm{A}}} \sum_{c=1}^{m} \left(n_2^c\right)^4 = \lambda + 2G \tag{15.101}$$

把式 (15.100) 代入式 (15.101)，并利用恒等式 (15.95)，求解得到与式 (15.99) 所显示的完全一致的 G；这一事实也从一个侧面验证了所导出的基于介观力学信息的 $D_{jilk}^{e\sigma\varepsilon}$ 的正确性。由式 (15.100) 可直接解得

$$\lambda = \frac{r_{\mathrm{A}} m}{8 V_{\mathrm{A}}} \left[\left(r_{\mathrm{A}} + r_{\mathrm{B}}\right)\left(k_{\mathrm{n}} - k_{\mathrm{s}}\right) - \left(r_{\mathrm{A}} - r_{\mathrm{B}}\right) k_{\mathrm{r}}\right] \tag{15.102}$$

利用分别由式 (15.102) 和式 (15.99) 给出的基于介观力学信息的 Cosserat 连续体弹性常数 λ, G，可解得泊松比和杨氏弹性模量

$$\nu = \frac{\lambda}{2(\lambda + G)} = \frac{\left(r_{\mathrm{A}} + r_{\mathrm{B}}\right)\left(k_{\mathrm{n}} - k_{\mathrm{s}}\right) - \left(r_{\mathrm{A}} - r_{\mathrm{B}}\right) k_{\mathrm{r}}}{4\left(r_{\mathrm{A}} + r_{\mathrm{B}}\right) k_{\mathrm{n}}} \tag{15.103}$$

$$\begin{aligned} E = {} & \frac{r_{\mathrm{A}} m}{16\left(r_{\mathrm{A}} + r_{\mathrm{B}}\right) k_{\mathrm{n}} V_{\mathrm{A}}} \left[\left(r_{\mathrm{A}} + r_{\mathrm{B}}\right)\left(k_{\mathrm{n}} + k_{\mathrm{s}}\right) + \left(r_{\mathrm{A}} - r_{\mathrm{B}}\right) k_{\mathrm{r}}\right] \\ & \times \left[\left(r_{\mathrm{A}} + r_{\mathrm{B}}\right)\left(5 k_{\mathrm{n}} - k_{\mathrm{s}}\right) - \left(r_{\mathrm{A}} - r_{\mathrm{B}}\right) k_{\mathrm{r}}\right] \end{aligned} \tag{15.104}$$

式 (15.87) 表明，各向同性 Cosserat 连续体模型中法向 Cauchy 应力与剪应变无关，切向 Cauchy 应力与法应变无关；确实，可以很容易验证在具有广义各向同性离散介观结构的等效 Cosserat 连续体元弹性模量张量 $D_{jilk}^{e\sigma\varepsilon}$ 中的 $D_{1112}^{e\sigma\varepsilon}, D_{1121}^{e\sigma\varepsilon}, D_{2212}^{e\sigma\varepsilon}, D_{2221}^{e\sigma\varepsilon}$ 和 $D_{1211}^{e\sigma\varepsilon}, D_{1222}^{e\sigma\varepsilon}, D_{2111}^{e\sigma\varepsilon}, D_{2122}^{e\sigma\varepsilon}$ 均为零值。

其次，考察如式 (15.82) 所示的基于广义各向同性离散介观结构的等效 Cosserat 连续体元中描述偶应力–微曲率之间本构关系的弹性模量张量 $D_{j3i}^{e\mu\kappa}$。式 (15.88) 表明，各向同性 Cosserat 连续体模型中表示这个弹性本构关系的是对角线矩阵；确实，我们可以很容易验证等效各向同性 Cosserat 连续体元弹性模量张量 $D_{j3i}^{e\mu\kappa}$ 中的非对角线元 $D_{231}^{e\mu\kappa} = D_{132}^{e\mu\kappa} = 0$；而 $D_{j3i}^{e\mu\kappa}$ 的对角线元表达式为

$$D_{131}^{e\mu\kappa} = D_{232}^{e\mu\kappa} = \frac{r_{\mathrm{A}}\left(r_{\mathrm{A}} + r_{\mathrm{B}}\right) m}{2 V_{\mathrm{A}}} \left[r_{\mathrm{A}} r_{\mathrm{B}}\left(k_{\mathrm{s}} - k_{\mathrm{r}}\right) - k_{\theta}\right] = 2 G l_{\mathrm{c}}^2 \tag{15.105}$$

由此可得到基于介观力学信息等效 Cosserat 连续体元的内尺度参数

$$l_{\mathrm{c}}^2 = \frac{2\left(r_{\mathrm{A}} + r_{\mathrm{B}}\right)\left[r_{\mathrm{A}} r_{\mathrm{B}}\left(k_{\mathrm{s}} - k_{\mathrm{r}}\right) - k_{\theta}\right]}{\left(r_{\mathrm{A}} + r_{\mathrm{B}}\right)\left(k_{\mathrm{n}} + k_{\mathrm{s}}\right) + \left(r_{\mathrm{A}} - r_{\mathrm{B}}\right) k_{\mathrm{r}}} \tag{15.106}$$

15.3.3 验证基于广义各向同性介观结构 Voronoi 胞元模型的 $\boldsymbol{D}_{jil}^{\text{e}\sigma\kappa}, \boldsymbol{D}_{j3lk}^{\text{e}\mu\varepsilon}$ 为零子矩阵

式 (15.86) 表明，各向同性 Cosserat 连续体模型本构关系中，$\hat{D}_{jil}^{\text{e}\sigma\kappa}, \hat{D}_{j3lk}^{\text{e}\mu\varepsilon}$ 并不出现，即 $\hat{D}_{jil}^{\text{e}\sigma\kappa}=0\ (j,i,l=1,2)$, $\hat{D}_{j3lk}^{\text{e}\mu\varepsilon}=0\ (j,l,k=1,2)$。

注意到式 (15.94) 中第一式，对于具有广义各向同性离散介观结构的等效各向同性 Cosserat 连续体元，下列方程 $(j,i,l=1,2)$ 成立

$$
\begin{aligned}
D_{jil}^{\text{e}\sigma\kappa} &= -\frac{r_{\text{A}}}{V_{\text{A}}}\sum_{c=1}^{m}\text{H}\left(u_{\text{n}}^{c\text{At}}\right)k_{\text{B}}^{c}\left(r_{\text{A}}+r_{\text{B}}\right)t_i^c n_j^c n_l^c \\
&= -\frac{r_{\text{A}}}{V_{\text{A}}}k_{\text{B}}\left(r_{\text{A}}+r_{\text{B}}\right)\sum_{c=1}^{m}\text{H}\left(u_{\text{n}}^{c\text{At}}\right)t_i^c n_j^c n_l^c = 0
\end{aligned}
\tag{15.107}
$$

$$
D_{j3li}^{\text{e}\mu\varepsilon} = \frac{r_{\text{A}}^2}{V_{\text{A}}}\sum_{c=1}^{m}\text{H}\left(u_{n}^{c\text{At}}\right)k_0^c n_j^c t_i^c n_l^c = \frac{r_{\text{A}}^2}{V_{\text{A}}}k_0^c\sum_{c=1}^{m}\text{H}\left(u_{n}^{c\text{At}}\right)n_j^c t_i^c n_l^c = 0 \tag{15.108}
$$

这与式 (15.86) 中不出现 $\hat{D}_{jil}^{\text{e}\sigma\kappa}, \hat{D}_{j3lk}^{\text{e}\mu\varepsilon}$ 是一致的。

15.4 基于介观信息的等效各向异性 Cosserat 连续体的损伤表征

根据连续损伤力学概念（Kachanov, 1958）和弹性损伤模型（Kachanov, 1958; Simo and Ju, 1987; Lemaitre and Chaboche, 1990），材料弹性损伤可被定义为以材料弹性模量张量表征的材料弹性刚度的降低。以 Voronoi 胞元模型表示介观结构的颗粒材料等效 Cosserat 连续体元在内在本质上为各向异性。这意味着不仅颗粒材料等效 Cosserat 连续体的弹性模量张量、并且它的材料弹性损伤都呈各向异性。

在连续损伤力学的唯象理论框架（Kachanov, 1958）中需要指定控制材料损伤萌发的唯象损伤准则和控制材料损伤发展和确定损伤内状态变量的损伤演化律。损伤准则和损伤演化律依赖于定义在局部材料点的某个状态变量，例如弹性应变，主拉压弹性应变值等。简言之，在宏观唯象连续损伤力学框架下，对于一个材料点给定初始（无损）弹性模量张量 $\boldsymbol{D}_0$，在确定当前损伤构形下弹性模量张量 $\boldsymbol{D}_{\text{t}}$ 之前，需依赖损伤准则和演化律确定当前材料状态下的损伤因子张量 $\boldsymbol{d}$，然后由 $\boldsymbol{D}_0, \boldsymbol{d}$ 确定当前（损伤）弹性模量张量 $\boldsymbol{D}_{\text{t}}\left(\boldsymbol{D}_0, \boldsymbol{d}\right)$。

在基于离散介观结构及其演变信息的连续体损伤力学框架内，损伤弹性模量张量 $\boldsymbol{D}_{\text{t}}$ 直接由当前（损伤）介观结构确定计算。人们不需要指定唯象损伤准则，

也不需要指定用以确定损伤因子张量的损伤演化律。相反地，首先由在离散颗粒材料力学框架内确定的 Voronoi 胞元模型中参考颗粒与其直接相邻颗粒的当前接触状态确定等效 Cosserat 连续体元的当前（损伤）弹性模量张量 $\boldsymbol{D}_{\mathrm{t}}$，然后再由在局部材料点指定的 Voronoi 胞元的等效 Cosserat 连续体元的初始和当前弹性模量张量 $\boldsymbol{D}_0, \boldsymbol{D}_{\mathrm{t}}$ 确定损伤因子张量 $\boldsymbol{d} = \boldsymbol{d}(\boldsymbol{D}_0, \boldsymbol{D}_{\mathrm{t}})$。

为简洁公式的表示，略去表示等效 Cosserat 连续体应力与应变度量平均值的上横线以及分别表示局部材料点和 "弹性" 应力的上标 A 和 e。等效 Cosserat 连续体元的各向异性本构关系方程式 (15.85) 可表示为如下矩阵–向量形式

$$\boldsymbol{\Sigma} = \boldsymbol{D}_{\mathrm{t}}^{\mathrm{e}} \boldsymbol{E} \tag{15.109}$$

式中

$$\boldsymbol{\Sigma} = \left\{ \begin{array}{c} \boldsymbol{\sigma} \\ \boldsymbol{\mu} \end{array} \right\}, \quad \boldsymbol{D}_{\mathrm{t}}^{\mathrm{e}} = \begin{bmatrix} \boldsymbol{D}_{\mathrm{t}}^{\sigma\varepsilon} & \boldsymbol{D}_{\mathrm{t}}^{\sigma\kappa} \\ \boldsymbol{D}_{\mathrm{t}}^{\mu\varepsilon} & \boldsymbol{D}_{\mathrm{t}}^{\mu\kappa} \end{bmatrix}, \quad \boldsymbol{E} = \left\{ \begin{array}{c} \boldsymbol{\varepsilon} \\ \boldsymbol{\kappa} \end{array} \right\} \tag{15.110}$$

$$\boldsymbol{\sigma} = \begin{bmatrix} \sigma_{\mathrm{xx}} & \sigma_{\mathrm{yy}} & \sigma_{\mathrm{xy}} & \sigma_{\mathrm{yx}} \end{bmatrix}^{\mathrm{T}} \quad \boldsymbol{\mu} = \begin{bmatrix} \mu_{\mathrm{xz}} & \mu_{\mathrm{yz}} \end{bmatrix}^{\mathrm{T}} \tag{15.111}$$

当前时刻、即材料在经受损伤后、的弹性模量张量 $\boldsymbol{D}_{\mathrm{t}}^{\sigma\varepsilon}, \boldsymbol{D}_{\mathrm{t}}^{\mu\kappa}, \boldsymbol{D}_{\mathrm{t}}^{\sigma\kappa}, \boldsymbol{D}_{\mathrm{t}}^{\mu\varepsilon}$ 的分量表示依次如式 (15.59)、式 (15.82)、式 (15.61) 和式 (15.80) 所示。

在连续损伤力学理论框架中，Cosserat 连续体中有效应力向量 $\tilde{\boldsymbol{\Sigma}}$ 可表示为

$$\tilde{\boldsymbol{\Sigma}} = \left\{ \begin{array}{c} \tilde{\boldsymbol{\sigma}} \\ \tilde{\boldsymbol{\mu}} \end{array} \right\} = \boldsymbol{D}_0^{\mathrm{e}} \tilde{\boldsymbol{E}} = \begin{bmatrix} \boldsymbol{D}_0^{\sigma\varepsilon} & \boldsymbol{D}_0^{\sigma\kappa} \\ \boldsymbol{D}_0^{\mu\varepsilon} & \boldsymbol{D}_0^{\mu\kappa} \end{bmatrix} \left\{ \begin{array}{c} \tilde{\boldsymbol{\varepsilon}} \\ \tilde{\boldsymbol{\kappa}} \end{array} \right\} \tag{15.112}$$

式中，$\boldsymbol{D}_0^{\mathrm{e}}$ 表示初始时刻、即在材料无损伤状态下的弹性模量张量，$\tilde{\boldsymbol{E}}$ 表示有效弹性应变向量。在建立损伤效应矩阵时略去 Cauchy 应力与微曲率和偶应力与应变间的耦合刚度，即略去 $\boldsymbol{D}_{\mathrm{t}}^{\sigma\kappa}, \boldsymbol{D}_{\mathrm{t}}^{\mu\varepsilon}$ 与 $\boldsymbol{D}_0^{\sigma\kappa}, \boldsymbol{D}_0^{\mu\varepsilon}$ 在材料损伤估计中的效应。在连续损伤力学的弹性应变等价假定下可以分别得到有效 Cauchy 应力 $\tilde{\boldsymbol{\sigma}}$ 与名义 Cauchy 应力 σ、有效偶应力 $\tilde{\boldsymbol{\mu}}$ 与名义偶应力 μ 之间关系如下

$$\tilde{\boldsymbol{\sigma}} = \hat{\boldsymbol{M}}_{\sigma} \boldsymbol{\sigma}, \quad \tilde{\boldsymbol{\mu}} = \hat{\boldsymbol{M}}_{\mu} \boldsymbol{\mu} \tag{15.113}$$

式中，$\hat{\boldsymbol{M}}_{\sigma}, \hat{\boldsymbol{M}}_{\mu}$ 分别定义为参考 x–y 坐标系表示的以弹性刚度退化表征的材料损伤效应矩阵

$$\hat{\boldsymbol{M}}_{\sigma} = \boldsymbol{D}_0^{\sigma\varepsilon} \left(\boldsymbol{D}_{\mathrm{t}}^{\sigma\varepsilon} \right)^{-1}, \quad \hat{\boldsymbol{M}}_{\mu} = \boldsymbol{D}_0^{\mu\kappa} \left(\boldsymbol{D}_{\mathrm{t}}^{\mu\kappa} \right)^{-1} \tag{15.114}$$

包含一小簇相互接触的离散颗粒的 Voronoi 胞元在其本质上一般地为各向异性，不仅表现在其等效 Cosserat 连续体的本构关系，而且也体现在需要利用损伤因子张量、而非标量损伤因子、表征各向异性 Cosserat 连续体的材料损伤行为。

为清晰表达损伤因子张量的物理含义，在 Cauchy 应力和偶应力空间中引入了与全局坐标系 x–y 坐标轴 x 的夹角为 α,β 的两坐标轴 α, β，并定义沿此两坐标轴的方向为主损伤方向。以两主损伤方向为参考坐标轴系表示的名义应力向量可记为

$$\boldsymbol{\Sigma}_{\mathrm{d}}=\left\{\begin{array}{c}\boldsymbol{\sigma}_{\mathrm{d}}\\ \boldsymbol{\mu}_{\mathrm{d}}\end{array}\right\},\quad \boldsymbol{\sigma}_{\mathrm{d}}=\left[\begin{array}{cccc}\sigma_{\alpha\alpha} & \sigma_{\beta\beta} & \sigma_{\alpha\beta} & \sigma_{\beta\alpha}\end{array}\right]^{\mathrm{T}},\quad \boldsymbol{\mu}_{\mathrm{d}}=\left[\begin{array}{cc}\mu_{\alpha z} & \mu_{\beta z}\end{array}\right]^{\mathrm{T}} \tag{15.115}$$

式中，$\boldsymbol{\sigma}_{\mathrm{d}}$ 和 $\boldsymbol{\mu}_{\mathrm{d}}$ 与式 (15.110) 中第一式中参考 x–y 坐标系表示的 $\boldsymbol{\sigma}$ 和 $\boldsymbol{\mu}$ 之间坐标变换关系可表示为

$$\boldsymbol{\sigma}_{\mathrm{d}}=\boldsymbol{T}_{\sigma}(\alpha,\beta)\boldsymbol{\sigma},\quad \boldsymbol{\mu}_{\mathrm{d}}=\boldsymbol{T}_{\mu}(\alpha,\beta)\boldsymbol{\mu} \tag{15.116}$$

式中

$$\boldsymbol{T}_{\sigma}=\left[\begin{array}{cccc}\cos^2\alpha & \sin^2\alpha & \sin\alpha\cos\alpha & \sin\alpha\cos\alpha\\ \cos^2\beta & \sin^2\beta & \sin\beta\cos\beta & \sin\beta\cos\beta\\ -\sin\alpha\cos\alpha & \sin\alpha\cos\alpha & \cos^2\alpha & -\sin^2\alpha\\ -\sin\beta\cos\beta & \sin\beta\cos\beta & \cos^2\beta & -\sin^2\beta\end{array}\right] \tag{15.117}$$

$$\boldsymbol{T}_{\mu}=\left[\begin{array}{cc}\cos\alpha & \sin\alpha\\ \cos\beta & \sin\beta\end{array}\right] \tag{15.118}$$

参考 α − β − z 坐标系定义连续损伤力学框架内的有效 Cauchy 应力 $\tilde{\boldsymbol{\sigma}}_{\mathrm{d}}$ 和有效偶应力 $\tilde{\boldsymbol{\mu}}_{\mathrm{d}}$ 可表示为

$$\tilde{\boldsymbol{\sigma}}_{\mathrm{d}}=\boldsymbol{M}_{\sigma}\boldsymbol{\sigma}_{\mathrm{d}},\quad \tilde{\boldsymbol{\mu}}_{\mathrm{d}}=\boldsymbol{M}_{\mu}\boldsymbol{\mu}_{\mathrm{d}} \tag{15.119}$$

式中，$\boldsymbol{M}_{\sigma},\boldsymbol{M}_{\mu}$ 分别定义为参考主损伤方向表示的以弹性刚度退化表征的材料损伤效应矩阵。

类似于式 (15.116)，参考 x–y 坐标系和 α − β 坐标系的有效 Cauchy 应力和有效偶应力之间也有坐标变换关系如下，

$$\tilde{\boldsymbol{\sigma}}_{\mathrm{d}}=\boldsymbol{T}_{\sigma}(\alpha,\beta)\tilde{\boldsymbol{\sigma}},\quad \tilde{\boldsymbol{\mu}}_{\mathrm{d}}=\boldsymbol{T}_{\mu}(\alpha,\beta)\tilde{\boldsymbol{\mu}} \tag{15.120}$$

利用式 (15.116)、式 (15.113) 和式 (15.120), 可由式 (15.119) 演绎得到

$$\tilde{\boldsymbol{\sigma}}_{\mathrm{d}}=\boldsymbol{M}_{\sigma}\boldsymbol{T}_{\sigma}\boldsymbol{\sigma}=\boldsymbol{M}_{\sigma}\boldsymbol{T}_{\sigma}\hat{\boldsymbol{M}}_{\sigma}^{-1}\tilde{\boldsymbol{\sigma}}=\boldsymbol{M}_{\sigma}\boldsymbol{T}_{\sigma}\hat{\boldsymbol{M}}_{\sigma}^{-1}\boldsymbol{T}_{\sigma}^{-1}\tilde{\boldsymbol{\sigma}}_{\mathrm{d}} \tag{15.121}$$

$$\tilde{\boldsymbol{\mu}}_{\mathrm{d}}=\boldsymbol{M}_{\mu}\boldsymbol{T}_{\mu}\boldsymbol{\mu}=\boldsymbol{M}_{\mu}\boldsymbol{T}_{\mu}\hat{\boldsymbol{M}}_{\mu}^{-1}\tilde{\boldsymbol{\mu}}=\boldsymbol{M}_{\mu}\boldsymbol{T}_{\mu}\hat{\boldsymbol{M}}_{\mu}^{-1}\boldsymbol{T}_{\mu}^{-1}\tilde{\boldsymbol{\mu}}_{\mathrm{d}} \tag{15.122}$$

由式 (15.121) 和式 (15.122) 可分别得到

$$\boldsymbol{M}_{\sigma}=\left(\boldsymbol{T}_{\sigma}\hat{\boldsymbol{M}}_{\sigma}^{-1}\boldsymbol{T}_{\sigma}^{-1}\right)^{-1}=\boldsymbol{T}_{\sigma}\hat{\boldsymbol{M}}_{\sigma}\boldsymbol{T}_{\sigma}^{-1} \tag{15.123}$$

$$\boldsymbol{M}_{\mu}=\left(\boldsymbol{T}_{\mu}\hat{M}_{\mu}^{-1}\boldsymbol{T}_{\mu}^{-1}\right)^{-1}=\boldsymbol{T}_{\mu}\hat{M}_{\mu}\boldsymbol{T}_{\mu}^{-1} \tag{15.124}$$

确定以 α,β 表示的主损伤轴方向的条件是使由式 (15.123) 和式 (15.124) 确定的 $\boldsymbol{M}_{\sigma},\boldsymbol{M}_{\mu}$ 成为对角线矩阵。基于连续损伤力学理论框架，可令 $\boldsymbol{M}_{\sigma},\boldsymbol{M}_{\mu}$ 表示为如下形式

$$\boldsymbol{M}_{\sigma}=\begin{bmatrix}(1-d_{11})^{-1} & 0 & 0 & 0\\ 0 & (1-d_{22})^{-1} & 0 & 0\\ 0 & 0 & (1-d_{12})^{-1} & 0\\ 0 & 0 & 0 & (1-d_{21})^{-1}\end{bmatrix}=(\boldsymbol{I}_4-\boldsymbol{d}_{\sigma})^{-1} \tag{15.125}$$

$$\boldsymbol{M}_{\mu}=\begin{bmatrix}(1-d_{31})^{-1} & 0\\ 0 & (1-d_{32})^{-1}\end{bmatrix}=(\boldsymbol{I}_2-\boldsymbol{d}_{\mu})^{-1} \tag{15.126}$$

式中，$\boldsymbol{I}_4,\boldsymbol{I}_2$ 分别表示维数为 4×4 和 2×2 的单位阵。$\boldsymbol{d}_{\sigma},\boldsymbol{d}_{\mu}$ 定义为主损伤因子对角线矩阵，即

$$\boldsymbol{d}_{\sigma}=\begin{bmatrix}d_{11} & 0 & 0 & 0\\ 0 & d_{22} & 0 & 0\\ 0 & 0 & d_{12} & 0\\ 0 & 0 & 0 & d_{21}\end{bmatrix},\quad \boldsymbol{d}_{\mu}=\begin{bmatrix}d_{31} & 0\\ 0 & d_{32}\end{bmatrix} \tag{15.127}$$

将式 (15.125) 和式 (15.126) 分别代入式 (15.123) 和式 (15.124)，并利用式 (15.114) 可得到

$$\boldsymbol{d}_{\sigma}=\boldsymbol{I}_4-\boldsymbol{T}_{\sigma}\hat{\boldsymbol{M}}_{\sigma}^{-1}\boldsymbol{T}_{\sigma}^{-1}=\boldsymbol{I}_4-\boldsymbol{T}_{\sigma}\boldsymbol{D}_{\mathrm{t}}^{\sigma\varepsilon}\left(\boldsymbol{D}_{0}^{\sigma\varepsilon}\right)^{-1}\boldsymbol{T}_{\sigma}^{-1} \tag{15.128}$$

$$\boldsymbol{d}_{\mu}=\boldsymbol{I}_2-\boldsymbol{T}_{\mu}\hat{\boldsymbol{M}}_{\mu}^{-1}\boldsymbol{T}_{\mu}^{-1}=\boldsymbol{I}_2-\boldsymbol{T}_{\mu}\boldsymbol{D}_{\mathrm{t}}^{\mu\kappa}\left(\boldsymbol{D}_{0}^{\mu\kappa}\right)^{-1}\boldsymbol{T}_{\mu}^{-1} \tag{15.129}$$

人们可以对与 Cauchy 应力和偶应力相应的弹性刚度退化设定不同的主损伤方向。然而，鉴于本章在 Voronoi 胞元模型框架中讨论等效 Cosserat 连续体元材料损伤的目的是在概念上阐述基于材料介观结构信息和平均化过程途径与基于经典连续损伤力学理论和宏观唯象损伤模型及其演化律途径在材料损伤模拟计算

中的根本区别。为算法简洁和简化讨论，本章中假定了利用相同的 α, β 表示统一的主损伤轴方向。利用式 (15.114) 中第二式，以指定式 (15.124) 中 $\boldsymbol{M}_{\mu}$ 的两个非对角线元等于零为条件确定 α, β。诚然，以此条件确定的 α, β 不能保证以式 (15.123) 确定的 $\boldsymbol{M}_{\sigma}$ 精确地满足对角线矩阵条件。但本章后面给出的数值结果表明，由此确定的 α, β 计算所得 $\boldsymbol{M}_{\sigma}$(因而也是 $\boldsymbol{d}_{\sigma}$) 的绝大多数非对角线元为零，而 $\boldsymbol{d}_{\sigma}$ 中少量非零值的非对角线元在数值上与对角线元、即主损伤因子、相比可以忽略。也即表明，可以近似地假定 Cauchy 应力和偶应力相应的弹性刚度退化具有相同的主损伤方向。

从式 (15.128)、式 (15.129) 和式 (15.59)、式 (15.82) 可以看到，引起以弹性模量张量退化表征的材料损伤的三个表征微结构演变的介观机理是：(1) 以公式中 Heaviside 函数 $\mathrm{H}\left(u_{\mathrm{n}}^{\mathrm{cAt}}\right)$ 表示的接触拓扑 (参考颗粒与其直接相邻颗粒的接触的丧失或再生) 的演变；(2) 以公式中 $t_i^c(i=1,2), n_j^c(j=1,2)$ 表示的由参考颗粒与其直接相邻颗粒的接触方向改变导致的弹性模量张量的演变；(3) 以公式中 V_{A} 变化表示的体积膨胀或收缩引起的弹性模量张量演变；显然，此影响弹性模量张量变化或材料损伤演化的因素与前两个机理相关联。

注意到式 (15.56) 和式 (15.76)，并且记等效 Cosserat 连续体元的塑性应力为

$$\boldsymbol{\Sigma}^{\mathrm{p}}=\left\{\begin{array}{c}\boldsymbol{\sigma}^{\mathrm{p}}\\ \boldsymbol{\mu}^{\mathrm{p}}\end{array}\right\},\quad \boldsymbol{\sigma}^{\mathrm{p}}=\left\{\bar{\sigma}_{(ji)}^{\mathrm{Ap}}\right\},\quad \boldsymbol{\mu}^{\mathrm{p}}=\left\{\bar{\mu}_{(j3)}^{\mathrm{Ap}}\right\} \tag{15.130}$$

式中，$\bar{\sigma}_{(ji)}^{\mathrm{Ap}}$ 和 $\bar{\mu}_{(j3)}^{\mathrm{Ap}}$ 分别由式 (15.58) 和式 (15.78) 给出。利用式 (15.110) 给出的 $\boldsymbol{D}_{\mathrm{t}}^{\mathrm{e}}$，基于 Voronoi 胞元模型离散介观力学信息的等效 Cosserat 连续体元塑性应变向量可由下式确定

$$\begin{gathered}\boldsymbol{E}^{\mathrm{p}}=\left\{\begin{array}{c}\boldsymbol{\varepsilon}^{\mathrm{p}}\\ \boldsymbol{\kappa}^{\mathrm{p}}\end{array}\right\}=\left(\boldsymbol{D}_{\mathrm{t}}^{\mathrm{e}}\right)^{-1}\boldsymbol{\Sigma}_2^{\mathrm{p}},\quad \boldsymbol{\varepsilon}^{\mathrm{p}}=\left\{\varepsilon_i^{\mathrm{p}}\right\},\quad (i=1\sim 4)\\ \boldsymbol{\kappa}^{\mathrm{p}}=\left\{\kappa_j^{\mathrm{p}}\right\},\quad (j=1,2)\end{gathered} \tag{15.131}$$

相应地，等效 Cosserat 连续体元等效塑性应变可由下式确定

$$\gamma^{\mathrm{p}}=\left[\frac{2}{3}\left(\varepsilon_i^{\mathrm{p}}\varepsilon_i^{\mathrm{p}}+l_{\mathrm{c}}^2\kappa_j^{\mathrm{p}}\kappa_j^{\mathrm{p}}\right)\right]^{1/2},\quad (i=1\sim 4;\quad j=1,2) \tag{15.132}$$

15.5 数 值 算 例

在 15.2 节中已从基于 Voronoi 胞元模型离散介观结构和力学信息推导所得的等效连续体元的应力–应变本构关系表明和论证了该等效连续体应是 Cosserat 连续体，而非经典的 Cauchy 连续体。在 15.3 节中还进一步论证了具有广义各向同

性离散介观结构的等效 Cosserat 连续体元的本构关系与经典各向同性 Cosserat 连续体本构关系具有相同的结构。

需要强调指出，即使颗粒材料介观结构在初始时呈广义各向同性；但在加载过程中，颗粒材料介观结构一般地将演变为各向异性，因此颗粒材料本构关系本质上为各向异性。本节将从数值例题与结果论证基于初始广义各向同性或初始各向异性介观结构的等效 Cosserat 连续体本构关系随介观结构演变获取的弹性模量张量，可以得到颗粒材料等效连续体的主损伤因子及其方向，以及模拟颗粒材料结构中由材料损伤导致的以应变局部化和软化为特征的结构破坏与失效过程；并以此揭示颗粒材料等效 Cosserat 连续体材料损伤的介观机理和验证基于离散颗粒模型和均匀化过程所导得的等效 Cosserat 连续体元各向异性本构关系及各向异性损伤表征方法的有效性。

第一个例题考察一个初始各向异性 Voronoi 胞元，其中一个以白色表示的颗粒与参考颗粒在初始状态脱离了接触，如图 15.4(a) 所示。材料参数 $k_\mathrm{n} = 6.0 \times 10^8$ N/m, $k_\mathrm{s} = 4.0 \times 10^8$ N/m, $k_\mathrm{r} = 2.0 \times 10^3$ N/m, $k_\theta = 7.0 \times 10^2$ N · m/rad; 颗粒半径 $r = 5$ mm。

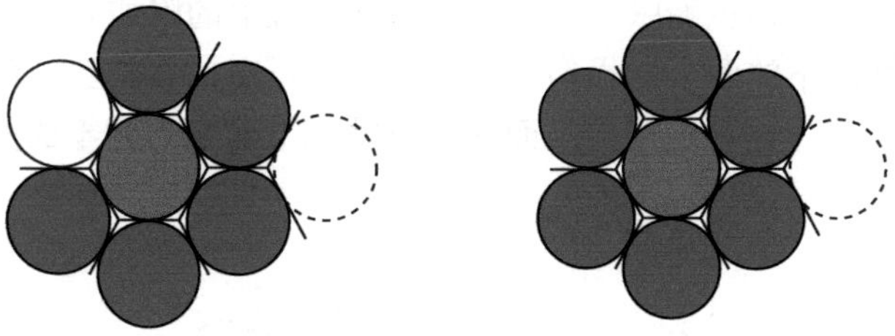

(a) (b)

图 15.4 Voronoi 胞元模型

(a) 初始各向异性胞元；(b) 初始广义各向同性胞元

图 15.5 表示图 15.4(a) 所示初始各向异性 Voronoi 胞元 (白色颗粒为与参考颗粒脱离接触的颗粒) 在不同介观机理驱动下导致等效连续体元材料损伤的不同变形模式。为在本章中陈述简明起见，简称受参考颗粒与其一个或两个直接相邻接触颗粒 (以灰色颗粒表示) 脱离接触这一介观机理驱动导致等效连续体元材料损伤的变形模式为基本损伤模式。事实上，如上节中概括的，导致等效连续体元材料损伤的还往往伴随着另两个介观机理，即颗粒间接触方向改变与/或 Voronoi 胞元的体积膨胀。图 15.6 表示在图 15.5(a) 所示基本损伤模式基础上已脱离接触的灰色直接相邻颗粒继续远离参考颗粒导致 Voronoi 胞元体积膨胀这一介观机理所引起的进一步损伤发展。表 15.1 给出了图 15.4(a) 所示初始各向异性等效 Cosserat 连续元在利用图 15.5 和图 15.6 和表 15.1 最左列信息所示不同介观机理作用下的主损伤方向，主损伤因子，孔隙度。从表 15.1 所示数值结果比较可以

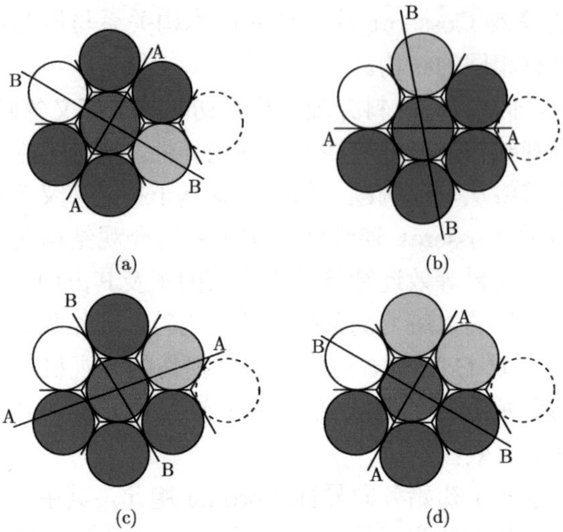

图 15.5　初始各向异性 Voronoi 胞元仅因一或两个直接接触相邻颗粒脱离接触 (无体积变化，无接触方向变化) 导致的等效连续体元材料损伤

观察到 Voronoi 胞元体积膨胀在基本损伤模式基础上的附加效应；同时可以看到，各向异性损伤情况下的两个主损伤方向可以是非正交的。这应与 Cosserat 连续体一般地不满足剪应力互等定理、因而在二维情况下剪应力为零的两个特征方向不正交有关。

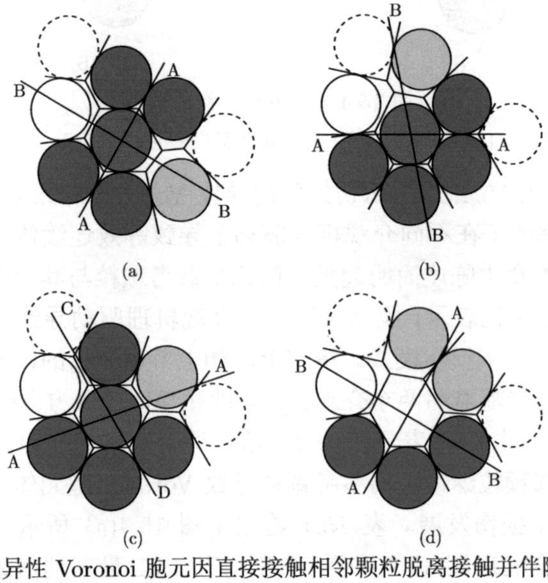

图 15.6　初始各向异性 Voronoi 胞元因直接接触相邻颗粒脱离接触并伴随体积膨胀 (无接触方向变化) 导致的等效连续体元材料损伤

表 15.1 初始各向异性等效 Cosserat 连续体在不同介观损伤模式下的主损伤方向，主损伤因子，孔隙度

损伤结果	主损伤轴		主损伤因子值						孔隙度
	α	β	d_{11}	d_{22}	d_{12}	d_{21}	d_{31}	d_{32}	ϕ
图 15.5(a)	60°	150°	0.0000	0.5789	0.0000	0.4286	0.0000	0.5000	0.0935
图 15.6(a)	60°	150°	0.1019	0.6219	0.1019	0.4868	0.1019	0.5510	0.1859
图 15.5(b)	0°	100.9°	0.0000	0.3982	0.0000	0.3499	0.0000	0.3750	0.0935
图 15.6(b)	0°	100.9°	0.1120	0.4656	0.1120	0.4227	0.1120	0.4450	0.1951
图 15.5(c)	19°	120°	0.3982	0.0000	0.3500	0.0000	0.3750	0.0000	0.0935
图 15.6(c)	19°	120°	0.4388	0.0675	0.3938	0.0675	0.4172	0.0675	0.1547
图 15.5(d)	60°	150°	0.5000	0.2105	0.5000	0.2857	0.5000	0.2500	0.0935
图 15.6(d)	60°	150°	0.5695	0.3202	0.5695	0.3850	0.5695	0.3542	0.2195

第二个例题考察一个初始广义各向同性 Voronoi 胞元，如图 15.4(b) 所示。在初始时刻参考颗粒与它的所有六个直接相邻颗粒保持接触。材料参数与颗粒半径与算例一中采用的相同。Voronoi 胞元承受了两类损伤模式作用。第一类损伤模式作用下的等效连续体材料损伤由 Voronoi 胞元模型中颗粒接触脱离和相伴随的体积膨胀驱动，但颗粒接触方向没有变化；其介观结构演变如图 15.7(a)~(d) 所示。而在第二类损伤模式作用下的等效连续体材料损伤的介观机理包含颗粒接触脱离、体积膨胀、接触方向变化等；其介观结构演变如图 15.8(a)~(d) 所示。

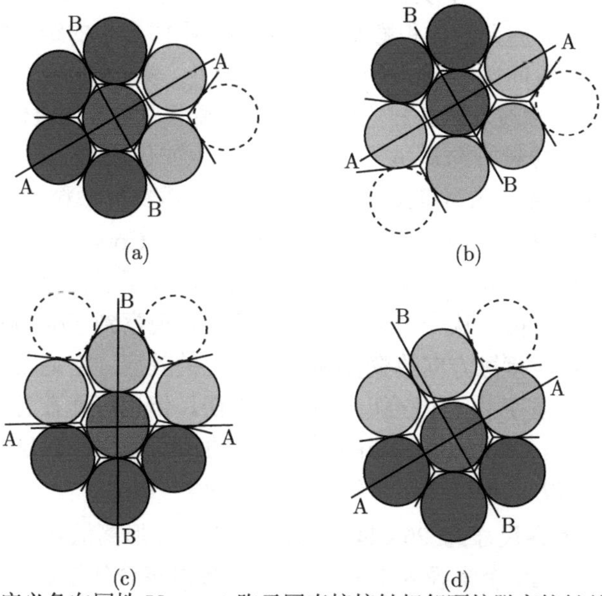

图 15.7 初始广义各向同性 Voronoi 胞元因直接接触相邻颗粒脱离接触并伴随体积膨胀 (无接触方向变化) 导致的等效连续体元材料损伤

(a) 模式 1.1; (b) 模式 1.2; (c) 模式 1.3; (d) 模式 1.4

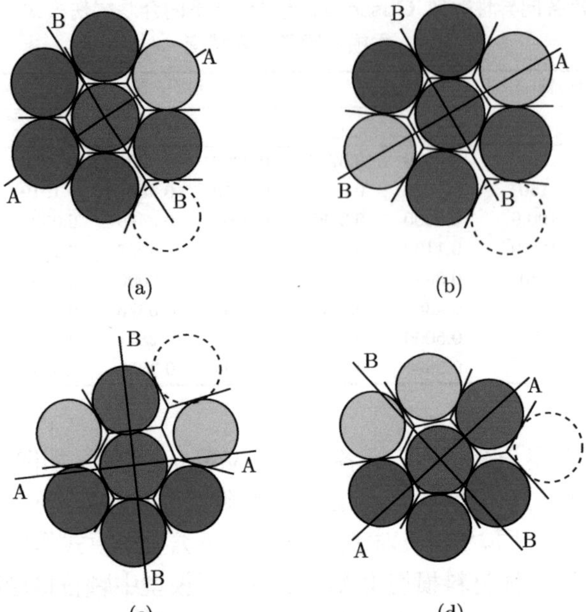

图 15.8　初始广义各向同性 Voronoi 胞元因直接接触相邻颗粒脱离接触并伴随体积膨胀和接触方向变化导致的等效连续体元材料损伤

(a) 模式 2.1; (b) 模式 2.2; (c) 模式 2.3; (d) 模式 2.4

在图 15.7 和图 15.8 中灰色颗粒表示与参考颗粒丧失接触的直接相邻颗粒，并且伴随以 Voronoi 胞元的体积膨胀。相对于在图 15.7 中的绿色颗粒与参考颗粒保持接触并且以颗粒间接触单位外法线向量 $\boldsymbol{n}_{\text{green}}^{\text{c}}$ 表示的接触方向保持不变，在图 15.8 中以粉红色颗粒表示的相应的直接相邻颗粒与参考颗粒保持接触、但相互间以 $\boldsymbol{n}_{\text{pink}}^{\text{c}}$ 表示的接触方向与 $\boldsymbol{n}_{\text{green}}^{\text{c}}$ 比较已发生变化。图 15.7 中四种不同损伤模式的绿色颗粒和图 15.8 中四种不同损伤模式的粉红色颗粒的 $\boldsymbol{n}_{\text{green}}^{\text{c}}$ 和 $\boldsymbol{n}_{\text{pink}}^{\text{c}}$ 在表 15.2 中列出。表 15.3 给出了初始各向同性等效 Cosserat 连续体在不同介观损伤模式下的主损伤方向、主损伤因子、孔隙度，显示了在材料损伤状态下所呈现的各向异性损伤特征。从表中数值结果比较可以观察到 Voronoi 胞元中参考颗粒与其直接相邻颗粒接触方向改变在损伤表征上的效应。它通常引发某个主损伤方向进一步损伤，但在另一主损伤方向缓解损伤。但也可能在各主损伤方向均激化或缓解损伤效应。图 15.8(d) 与图 15.7(d) 的损伤结果比较反映了颗粒接触方向改变在各主损伤方向均降低了材料损伤的效应。

第三个例题考察尺寸为 $25\times44.3\ \text{cm}^2$ 的矩形外形离散颗粒集合体，它由按规则方式生成的 1249 个半径为 5 mm 的离散颗粒集合体组成，如图 15.9(a) 所示。通过上、下刚性板间逐渐增加的单轴压缩位移控制对平板的加载。略去重力作用。离散颗粒集合体的左、右边界为自由边界；即左、右边界处颗粒在垂直和水平方向均能自由移动。在集合体顶部和底部边界处的颗粒与施加垂直指定位移的两刚性板间的接触模拟为“垂直粘着”，即顶部和底部边界处颗粒的垂直方向位移由受垂直位移控制下的顶、底部刚性板均匀分布位移值指定；而允许顶部和底部边界处颗粒与刚性板在水平方向存在相对滑动位移，其滑动摩擦系数为 $\mu_s = 0.5$。采用 Li et al.（2005a）基于 Cundall 和 Strack[2] 提出的离散元法进一步发展的离散元模型和算法执行例题的离散元边值问题数值模拟。在例题中采用的颗粒材料参数 k_n, k_s, k_r, k_θ 与前两个算例中采用的相同；最大静切向滑动、滚动阻力系数和静滚动阻矩系数分别为 $\mu_s = 0.5, \mu_r = 0.05, \mu_\theta = 0.0001$，颗粒质量密度 ρ=2000 kg/m^3。

表 15.2 参考颗粒与直接相邻接触颗粒单位外法线向量

损伤模式	$(\boldsymbol{n}^c_{\text{green}})^T$	损伤模式	$(\boldsymbol{n}^c_{\text{pink}})^T$
图 15.7(a)	(0.8660 −0.5000)	图 15.8(a)	(0.9135 −0.4068)
图 15.7(b)	(0.0000 −1.0000) (0.8660 −0.5000)	图 15.8(b)	(−0.1094 −0.9940) (0.9142 −0.4053)
图 15.7(c)	(0.0000 1.0000)	图 15.8(c)	(−0.1078 0.9942)
图 15.7(d)	(0.8660 0.5000)	图 15.8(d)	(0.7490 0.6626)

表 15.3 颗粒材料 Voronoi 胞元在接触丧失和体积膨胀驱动 (图 15.7) 下和在此基础上进一步受接触方向变化驱动 (图 15.8) 的损伤结果比较

损伤结果	主损伤轴		主损伤因子值						孔隙度
	α	β	d_{11}	d_{22}	d_{12}	d_{21}	d_{31}	d_{32}	ϕ
图 15.7(a)	30°	120°	0.3854	0.0296	0.3207	0.0296	0.3530	0.0296	0.1203
图 15.8(a)	33°	123°	0.3568	0.0670	0.2871	0.0500	0.3220	0.0585	0.1192
图 15.7(b)	30°	120°	0.7843	0.0560	0.6224	0.0560	0.6853	0.0560	0.1443
图 15.8(b)	30°	120°	0.6896	0.1336	0.5561	0.1012	0.6228	0.1174	0.1435
图 15.7(c)	0°	90°	0.5410	0.2043	0.5410	0.2655	0.5410	0.2349	0.1677
图 15.8(c)	6°	96°	0.5434	0.2086	0.5434	0.2695	0.5434	0.2390	0.1723
图 15.7(d)	30°	120°	0.1823	0.5283	0.2452	0.5283	0.2138	0.5283	0.1448
图 15.8(d)	41.5°	131.5°	0.1806	0.5273	0.2436	0.5273	0.2121	0.5273	0.1430

本例题旨在考察本章基于 Voronoi 胞元模型的颗粒材料等效 Cosserat 连续体模型与材料损伤表征方法在导致结构软化的颗粒材料结构边值问题中损伤表征的表现。鉴于 Voronoi 胞元模型只包含一个参考颗粒，它可视为具有介观结构的最小尺度的等效连续体表征元，当应用于颗粒材料结构的损伤表征时不至于因均匀化过程而在高应变梯度区域抹平损伤因子、等效塑性应变等内状态变量的峰值。

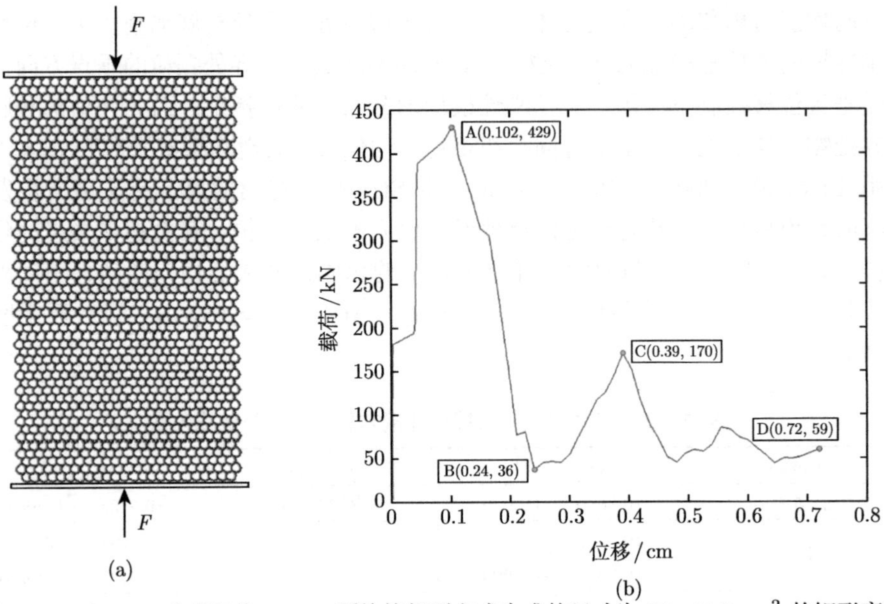

图 15.9　由 1249 个半径为 5 mm 颗粒按规则方式生成的尺寸为 $25\times44.3\ \mathrm{cm}^2$ 的矩形离散颗粒集合体受两端刚性板压缩

(a) 矩形离散颗粒集合体几何示意图；(b) 位移—载荷曲线

图 15.9(b) 给出了由增长指定位移控制作用于矩形离散颗粒集合体顶部的位移—载荷曲线。曲线显示了矩形离散颗粒集合体承载能力的演变。作用于颗粒集合体顶部的载荷首先增长直至曲线上的峰值 A 点，然后呈现随增长指定位移而承载能力急剧下降的软化行为，直至曲线上的 B 点。此后，由曲线上的 B 点到 C 点，矩形离散颗粒集合体部分地恢复了它的承载能力。这是由于在曲线的 B-C 阶段因离散颗粒集合体中颗粒的不均匀位移导致颗粒介观结构重组的结果。在位移—载荷曲线从 C 点到 D 点的最后阶段，再次显示了软化行为直至完全丧失承载能力。

图 15.10 显示了在加载过程结束时、即处于图 15.9(b) 所示曲线上 D 点的矩形离散颗粒集合体的变形图与各状态量的分布。此时离散颗粒集合体中的剪切带完全形成，沿剪切带的损伤已充分发展。从这些图中都能观察到所形成剪切带轮廓。图 15.10(c) 所示局部区域中主损伤值的不对称性是由于离散元法的显式求解过程的缺点所致。图 15.10(f) 显示处于剪切带处的颗粒与其直接相邻的六个颗粒从初始状态下的完全接触到曲线上 D 点时与其相当数量的直接相邻颗粒丧失了接触，与图 15.10(c) 显示的剪切带处的主损伤因子值分布联合起来看，表明剪切带局部处参考颗粒与其直接相邻颗粒的接触颗粒数减少是颗粒材料宏观材料损伤的最重要介观机理。

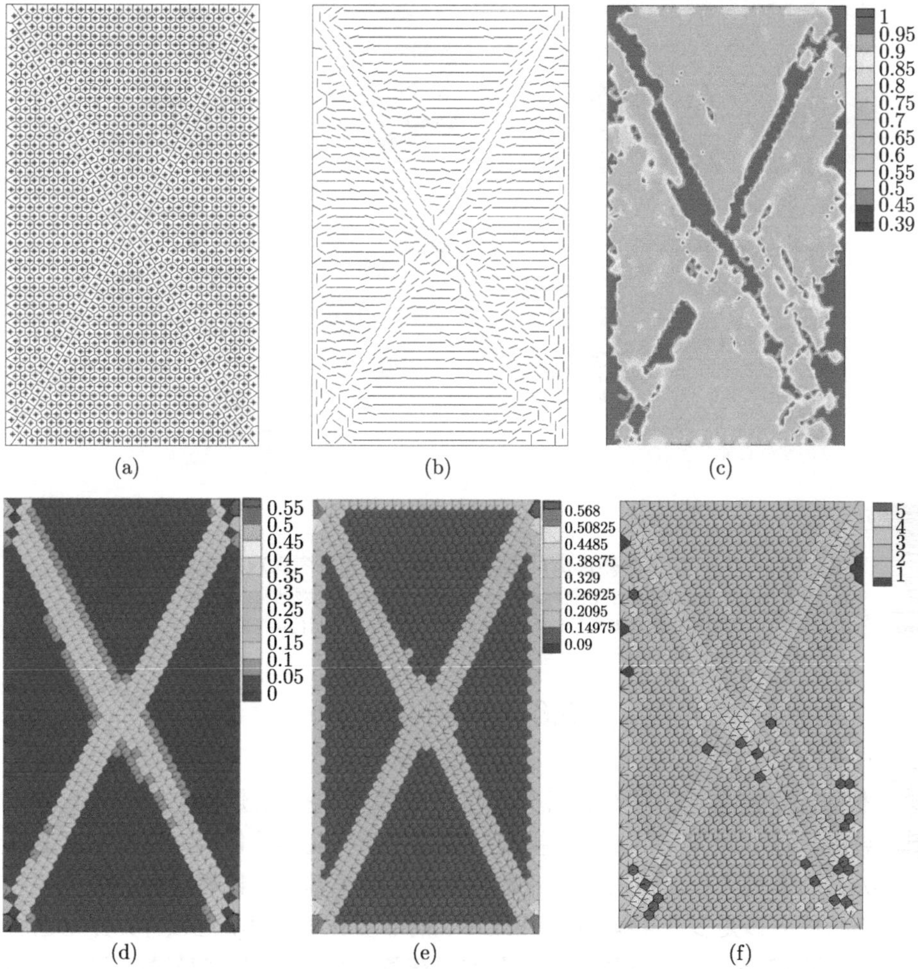

图 15.10　矩形离散颗粒集合体在加载结束剪切带完全形成时（即位移载荷曲线 D 点）的损伤表征

(a) 变形后的 Voronoi 网格；(b) 最大主损伤方向分布；(c) 最大主损伤值分布；(d) 体积应变分布；(e) 孔隙度分布；(f) 与直接相邻颗粒丧失接触数分布

图 15.11(a) 显示了在加载结束时（即位移载荷曲线 D 点处）以呈现剪切带变形模式的 Voronoi 网格表示的矩形离散颗粒集合体变形图。图中并标出了在剪切带附近以洋红色、绿色、褐色、红色表示的四个不同位置参考颗粒。图 15.11(b)~(f) 中蓝色、灰色颗粒分别表示与参考颗粒保持接触和脱离接触的直接相邻颗粒。所有参考颗粒的初始介观结构均如图 15.11(b) 所示。图 15.11(c)~(f) 分别显示了加载结束时不同位置参考颗粒的介观结构；表明加载结束时剪切带附近颗粒材料介观结构演化剧烈，参考颗粒的直接相邻接触颗粒个数急剧较少，定义在参考颗粒的 Voronoi 胞元等效 Cosserat 连续体元发生严重的材料损伤。

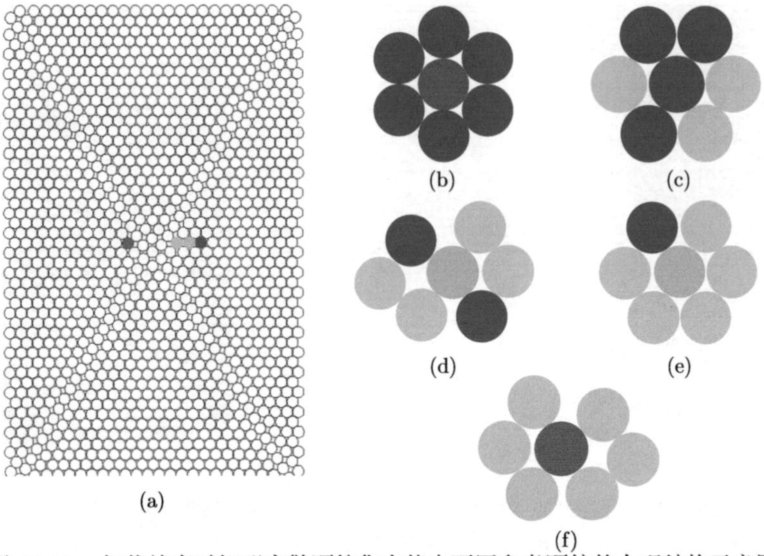

图 15.11　加载结束时矩形离散颗粒集合体中不同参考颗粒的介观结构示意图
(a) 变形图中的四个参考颗粒位置标志；(b) 均一分布的初始介观结构；(c) 洋红色参考颗粒；(d) 绿色参考颗粒；(e) 褐色参考颗粒；(f) 红色参考颗粒

15.6　总结与讨论

本章首先建立基于颗粒材料介观信息的等效多孔连续体的 Voronoi 胞元模型，导出了基于此 Voronoi 胞元模型的描述等效多孔连续体应力度量和应变度量之间关系的本构方程。由所导出的本构方程论证了基于颗粒材料介观信息的等效多孔连续体应该是多孔 Cosserat 连续体、而非多孔 Cauchy 连续体；并论证所导出等效多孔 Cosserat 连续体本构关系的内在和变形所致的各向异性，进一步揭示了在等效多孔 Cosserat 连续体中 Cauchy 应力不仅与应变、同时也与微曲率相关联，偶应力不仅与微曲率、同时也与应变相关联。

本章还论证了在连续损伤力学理论框架下，所建议基于颗粒材料介观力学信息的损伤表征方法和传统连续体损伤表征方法的显著区别，以及前一方法相对后者方法的优越性。

在所建议的基于介观力学信息的表征方法中，可以根据增量步初始和当前时刻的损伤颗粒材料局部点介观结构分别确定两个时刻的弹性模量张量，并由此计算等效多孔连续体局部材料点的损伤因子张量。因此，等效多孔连续体局部材料点的损伤表征完全由损伤颗粒材料局部点的介观结构确定，无需唯象损伤准则和损伤演化律，也无需引入和提供损伤模型参数。而传统的连续体局部材料点损伤表征方法需先依赖假定的唯象损伤模型和损伤演化律以确定用以表征材料损伤程度的损伤因子标量（或表示材料各向异性损伤的损伤因子张量），然后才能计算依赖于指定唯象损伤模型和演化律的损伤材料弹性模量张量。

显然，用描述增量步初始与当前两个时刻在局部材料点处介观结构的初始与当前时刻弹性模量张量直接表征局部点材料损伤的表征方法更加理性和合乎逻辑。此外，在此方法中当前时刻损伤材料弹性模量张量仅依赖于损伤材料当前介观结构。不论当前介观结构为各向同性或各向异性，材料承受各向同性或各向异性损伤，损伤材料弹性模量张量的对称性始终能得到保证。而在传统连续体损伤表征方法中，当前时刻损伤材料弹性模量张量依赖于假定的唯象损伤模型和损伤演化律。当材料局部点承受各向异性损伤，各向异性损伤材料的当前时刻损伤材料弹性模量张量的对称性将依赖于在唯象损伤模型中采用弹性应变等价假设抑或采用弹性应变能等价假设（Chow and Wang, 1987）。

在连续损伤力学理论框架下，不论对于基于介观力学信息的弹性损伤表征方法或传统连续体弹性损伤表征方法，损伤因子张量的定量计算均基于表征材料初始弹性刚度的初始弹性模量张量。然而，对于颗粒材料，局部材料点的初始弹性模量张量并非一定相应于该材料点处所有可能的颗粒排列中的最刚介观结构；在外部因素作用下材料当前弹性刚度有可能高于材料初始弹性高度，即在外部因素作用下材料的弹性刚度得到部分“恢复”或“补强”。传统连续体弹性损伤表征方法不能处理这类可归结为“愈合”的非耗散过程。然而，基于介观力学信息的弹性损伤表征方法通过比较材料局部点的初始与当前弹性模量张量就可以判断局部材料点处于损伤抑或愈合状态。我们将在第 19 章中进一步讨论颗粒材料局部材料点的损伤与愈合表征。

参 考 文 献

Alonso-Marroquin F, 2011. Static equations of the Cosserat continuum derived from intra-granular stresses. Granular Matter, 13: 189–196.

Chang C S and Kuhn M R, 2005. On virtual work and stress in granular media. International Journal of Solids and Structures, 42: 3773–3793.

Chow C L and Wang J, 1987. An anisotropic theory of elasticity for continuum damage mechanics. International Journal of Fracture, 33(1): 3–16.

Cundall P A and Strack O D L, 1979. A discrete numerical model for granular assemblies. Geotechnique, 29: 47–65.

D'Addetta G, Ramm E, Diebels S, Ehlers W, 2004. Static equations of the Cosserat continuum derived from intra-granular stresses. Granular Matter, 13: 189–196

Ehlers W, Ramm E, Diebels S, D'Addetta G. 2003. From particle ensembles to Cosserat continua: homogenization of contact forces towards stresses and couple stresses. Int. J. Solids Struct., 40: 6681–6702.

Kachanov L M, 1958. Time rupture under creep conditions. Izvestiya Akademii Nauk SSSR, Otdelenie Tekhnicheskikh Nauk, 8: 26–31.

Kruyt N P, 2003. Statics and kinematics of discrete Cosserat-type granular materials. Int J Solids Struct, 40: 511–534.

Lemaitre J and Chaboche J L, 1990. Mechanics of Solid Materials. Cambridge: Cambridge University Press.

Li X K, Chu X H, Feng Y T, 2005a. A discrete particle model and numerical modeling of the failure modes of granular materials. Engrg. Computation, 22: 894-920.

Li X K, Du Y Y and Duan Q L, 2013. Micromechanically informed constitutive model and anisotropic damage characterization of Cosserat continuum for granular materials. International Journal of Damage Mechanics, 22: 643–682.

Li X K and Tang H X, 2005b. A consistent mapping algorithm for pressure-dependent elastoplastic Cosserat continua and modeling of strain localization. Comput. Struct., 83: 1-10.

Li X K, Zhang X and Zhang J B, 2010. A generalized Hill' s lemma and micromechanically based macroscopic constitutive model for heterogeneous granular materials. Computer Methods in Applied Mechanics and Engineering, 199: 3137–3152.

Mühlhaus H-B, Oka F, 1996. Dispersion and wave propagation in discrete and continuous models for granular materials. Int. J. Solids Struct., 33: 2841–2858

Oda M and Iwashita K, 1999. Mechanics of Granular Materials: An Introduction. Rotterdam: A. A. Balkema.

Onck P R, 2002. Cosserat modeling of cellular solids, C. R. Méc. 330: 717–722.

Qu J and Cherkaoui M. 2006. Fundamentals of Micromechanics of Solids. New Jersey: JohnWiley Sons.

Simo J C and Ju J W, 1987. Strain- and stress-based continuum damage models, I. Formulation. International Journal of Solids and Structures, 23: 821–840.

Walsh S D C, Tordesillas A and Peters J F, 2007. Development of micromechanical models for granular media: the projection problem. Granular Matter, 9: 337–352.

第 16 章　基于 Cosserat 连续体的颗粒材料一阶协同计算均匀化方法

颗粒材料是由众多颗粒和其间孔隙组成的高度非均匀的非连续介质。它在介观尺度被模型化为相互接触的离散颗粒集合。另一方面，在宏观尺度它又可被模型化为一个等效多孔连续体。颗粒材料在两个尺度上具有截然不同的离散与连续特性。

颗粒材料多尺度分析的主要目标之一是要确定基于离散介观结构材料性质与响应信息的宏观连续体有效材料性质和建立相应的宏观本构关系。鉴于作为非均匀介质的颗粒材料在介观结构上的离散性与复杂性，推导基于介观结构、能详实描述复杂材料随响应演变的宏观非线性本构关系的闭合形式几乎是不可能的。因此有必要发展计算多尺度方法。

对于以复合材料为背景的非均质材料已发展了一些以渐近均匀化方法（Asymptotic Homogenization Method）（Forest and Sab, 1998; Forest et al., 1999; 2001; Yuan and Tomita, 2001）和计算均匀化方法（Computational Homogenization Method）（Hill, 1963; Smit et al., 1998; Terada and Kikuchi, 2001; Kouznetsova et al., 2001; 2002; 2004）为代表的均匀化途径。然而，渐近均匀化方法通常限于非常简单的介观几何或具有周期性介观结构的非均质材料以及简单材料模型，并且主要限于小应变（Kouznetsova et al., 2001）。而利用基于平均场理论及相应计算方法的计算均匀化方法是实现颗粒材料多尺度分析目标的颇具发展前景的一个途径。

计算均匀化方法基于表征元概念和平均场理论。在宏观连续体计算网格的每个积分点指定一个体现局部材料点处介观结构的表征元。应用平均场理论，宏观局部材料点在介观尺度的非均匀材料性质及响应和本构关系由表征元在给定宏观物理量的边界条件作用下的初边值问题详尽模拟结果确定。

对于作为非均匀介质的颗粒材料，表征元包含了一簇具有不同尺寸和形状并能反映颗粒材料局部处离散介观结构特性的颗粒。根据尺度分离概念，表征元虽具有限尺寸，但应尽可能比宏观结构的表征尺寸小得多；同时它也需足够大，以使颗粒材料局部介观结构的物理和几何特性得以体现。此外，需要对表征元边界条件有恰当的表述以使表征元边值问题的求解满足 Hill-Mandel 介–宏观能量等价条件（Qu and Cherkaoui, 2006）。

本书第 15 章基于 Voronoi 胞元模型论证了离散颗粒集合体表征元的等效连续体元应为 Cosserat 连续体元 (Onck, 2002)。许多研究工作已论证了为保证介–宏观尺度在运动学与静力学物理量的合理连接与传输，宏观颗粒材料结构将被模型化为 Cosserat 连续体（Ehler et al., 2003; Kruyt, 2003; D'Addetta et al., 2004; Chang and Kuhn, 2005; Pasternak and Mühlhaus, 2005; Li et al., 2010a; Alonso-Marroquín, 2011; Li et al., 2013）。

已有很多研究工作致力于发展基于经典 Cauchy 连续体模型的平均场理论，并广泛应用于复合材料及其结构的多尺度分析与计算（Hill, 1963; Hashin, 1983; Suquet, 1985; Michel et al., 1999; Nemat-Nasser and Hori, 1999; Miche and Koch 2002）。而基于 Cosserat 连续体模型的均匀化方法研究工作还较少（Forest and Sab, 1998; Forest et al., 1999; Yuan and Tomita, 2001）。近年来，针对颗粒材料的 Cosserat 连续体均匀化方法有了一定的发展（Ehler et al., 2003; Kruyt, 2003; D'Addetta et al., 2004; Chang and Kuhn, 2005; Pasternak and Mühlhaus, 2005; Li and Liu, 2009; Li et al., 2011a; 2011b; Alonso-Marroquín, 2011; Li et al., 2013）。

计算均匀化方法可大致分为两类：分级（hierarchical）和协同（concurrent）计算均匀化方法。协同计算均匀化方法在介–宏观尺度同时执行模拟，宏观信息通过表征元边界条件下传到介观尺度，表征元介观响应变量的体积平均则由介观表征元尺度上传到宏观连续体尺度。该方法达到了介-宏观尺度信息的双向传输和耦合（Hill,1963; Smit et al., 1998; Terada and Kikuchi, 2001; Kouznetsova et al., 2001; 2002; 2004）。图 16.1 简要地描述了协同计算均匀化方法中的介–宏观尺度之间的双向耦合过程。

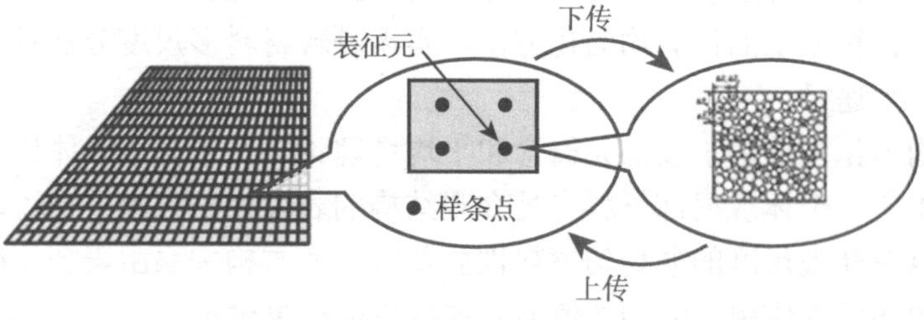

图 16.1 协同计算均匀化方法的介–宏观尺度间双向耦合过程概念图

在颗粒材料的一阶计算均匀化方法中，颗粒材料在宏观尺度模型化为经典 Cosserat 连续体和利用有限元方法（或其他连续体离散化数值方法）求解颗粒材料结构边值问题。在有限元网格每个积分点（样条点）设定一个具有一定尺寸、能充分表征颗粒材料局部介观结构的表征元。表征元模型化为由一定数量离散颗粒组成的离散颗粒集合体；为了从宏观经典 Cosserat 连续体下传作为表征元“载荷” 的宏观响应量到表征元边界，表征元也需同时模型化为以离散颗粒集合体的外包络线为边界的 Cosserat 连续体元。

分级计算均匀化方法并不执行介–宏观尺度信息的双向传输和耦合，因而有助于克服协同计算均匀化方法的计算工作量负担过重的缺点。它通过材料体元的先验（offline）数值模拟或把解析性识别嵌入到表征元物理量的体积平均以获取介观模拟过程的有效细节，并进而执行平均化过程以确定宏观尺度的本构行为。此方法意味着近似地假定介观结构演变的动力学具有同样的形式（Carrere et al., 2004; Hao et al., 2004; McVeigh et al., 2007）。Luscher et al. （2010）综述了协同与分级计算均匀化方法的优缺点。

颗粒材料计算均匀化方法的发展基于先前以复合材料为背景发展的非均质材料计算均匀化方法。颗粒材料分级计算均匀化方法的代表性工作有 Guo and Zhao（2014; 2016）。Li and Liu（2009）和 Li et al.（2010a）为颗粒材料建议了在介–宏观分别模型化为离散颗粒集合体和经典 Cosserat 连续体的一阶协同计算均匀化方法。这是本章将要介绍的内容。一阶计算均匀化方法基于尺度分离原理成立的假定，每个介观结构表征元边界上施加的是均一的宏观应变或应力变量。

颗粒材料协同计算均匀化方法的框架由三部分组成：

（1）推导经典 Cosserat 连续体的广义 Hill 定理，并籍此导出以满足宏–介观能量等价的 Hill-Mandel 条件为前提由宏观局部点下传到介观表征元边界的信息下传法则；为推导广义 Hill 定理和将宏观 Cosserat 连续体的运动学与动力学量下传到介观尺度的表征元，作为具有离散颗粒集合体介观结构的表征元也需同时模型化为等效的 Cosserat 连续体。

（2）根据由宏观下传到介观表征元边界的宏观应力或应变信息，对离散颗粒集合体表征元施加位移或力边界条件；并应用离散元法求解离散颗粒集合体表征元的增量步边值问题。

（3）应用平均化过程，基于求解离散颗粒集合体表征元边值问题所得数值结果的体积平均确定并上传力学响应量和联系应力–应变的率本构关系到宏观 Cosserat 连续体。

16.1 Cosserat 连续体的广义 Hill 定理、Hill-Mandel 条件和信息下传

16.1.1 Cosserat 连续体理论：平衡与应变–位移关系

为方便读者阅读和引入相关符号，本小节重复列出了在 15.2 节中关于 Cosserat 连续体模型的基本公式 (Onck, 2002)。在 Cosserat 连续体模型中，独立的运动学

自由度是线位移 u_i 和微转角 (micro-rotations)ω_i。相应地，除经典的 Cauchy σ_{ji} 应力外，引入了偶应力 (couple stresses)μ_{ji}。与应力度量 σ_{ji}, μ_{ji} 功共轭的应变度量分别为应变 ε_{ji} 和曲率 κ_{ji} ，其定义分别为

$$\varepsilon_{ji} = u_{i,j} - e_{kji}\omega_k, \quad \kappa_{ji} = \omega_{i,j} \tag{16.1}$$

式中，e_{kji} 表示置换张量。平衡条件能表示为

$$\sigma_{ji,j} = 0, \quad \mu_{ji,j} + e_{ijk}\sigma_{jk} = 0 \tag{16.2}$$

式中，已假定体力向量 $b_i^{\mathrm{t}} = 0$ 和体力矩向量 $b_i^{\mathrm{m}} = 0$。连续体边界的平衡条件给出为

$$t_i = \sigma_{ji}n_j, \quad m_i = \mu_{ji}n_j \tag{16.3}$$

式中，t_i, m_i 分别表示表面力和表面力偶；n_j 表示连续体表面的单位外法向向量。

16.1.2 Cosserat 连续体的广义 Hill 定理

考虑在宏观 Cosserat 连续体局部材料点处指定的具有体积 V 和边界 Γ 的等效 Cosserat 连续体表征元。表征元在指定边界力 t_i 和边界力矩 m_i 条件或指定边界位移 u_i 和边界微转角 ω_i 条件作用下产生表征元内介观应力场 σ_{ji}, μ_{ji} 和介观应变场 $u_{j,i}, \varepsilon_{ji}, \kappa_{ji}$，我们可用 $\bar{\sigma}_{ji}, \bar{\mu}_{ji}$ 和 $\bar{u}_{j,i}, \bar{\varepsilon}_{ji}, \bar{\kappa}_{ji}$ 分别表示表征元域内应力和应变张量的体积平均，它们分别定义为

$$\bar{\sigma}_{ji} = \frac{1}{V}\int_V \sigma_{ji}\mathrm{d}V, \quad \bar{\mu}_{ji} = \frac{1}{V}\int_V \mu_{ji}\mathrm{d}V \tag{16.4}$$

$$\bar{u}_{j,i} = \frac{1}{V}\int_V u_{j,i}\mathrm{d}V, \quad \bar{\varepsilon}_{ji} = \frac{1}{V}\int_V (u_{i,j} - e_{kji}\omega_k)\,\mathrm{d}V, \quad \bar{\kappa}_{ji} = \frac{1}{V}\int_V \kappa_{ji}\mathrm{d}V \tag{16.5}$$

另一方面，令 $\langle\sigma_{ji}\rangle, \langle\mu_{ji}\rangle$ 和 $\langle u_{i,j}\rangle, \langle\varepsilon_{ji}\rangle, \langle\kappa_{ji}\rangle$ 表示在指定有表征元的宏观 Cosserat 连续体局部点的宏观应力与应变张量。在本章中将默认 $(\bar{*})$ 表示表征元内介观场变量 $(*)$ 的体积平均，$\langle(*)\rangle$ 表示在指定有表征元的宏观 Cosserat 连续体局部点处相应于介观变量 $(*)$ 的宏观变量。在均匀化过程中，假定 $(\bar{*}) = \langle(*)\rangle$，例如 $\bar{\sigma}_{ji} = \langle\sigma_{ji}\rangle$。相关内容的进一步讨论将在本书第 20 章中陈述。

Hill 定理首先由 Hill 对 Cauchy 连续体提出（Hill, 1963; Qu and Cherkaoui, 2006）。李锡夔和刘其鹏 (Li and Liu, 2009)，李锡夔等 (Li et al., 2010a) 把 Hill 定理拓展到 Cosserat 连续体，提出了针对 Cosserat 连续体的如下形式广义 Hill 定理

$$\overline{\sigma_{ji}\varepsilon_{ji}} + \overline{\mu_{ji}\kappa_{ji}} - \bar{\sigma}_{ji}\bar{\varepsilon}_{ji} - \bar{\mu}_{ji}\bar{\kappa}_{ji}$$

$$=\frac{1}{V}\int_{\Gamma}\left(n_k\sigma_{ki}-n_k\bar{\sigma}_{ki}\right)\left(u_i-\bar{u}_{i,j}x_j\right)\mathrm{d}\Gamma+\frac{1}{V}\int_{\Gamma}\left(n_k\mu_{ki}-n_k\bar{\mu}_{ki}\right)\left(\omega_i-\bar{\omega}_i\right)\mathrm{d}\Gamma \tag{16.6}$$

式中，Γ 表示表征元域 V 的边界，其外法线向量为 n_i; x_j, x_k 是位于边界 Γ 上材料点的空间坐标。

为证明式 (16.6)，利用式 (16.2)，可把式 (16.6) 等号右端边界积分展开计算如下

$$\begin{aligned}\frac{1}{V}\int_{\Gamma}\left(n_k\sigma_{ki}-n_k\bar{\sigma}_{ki}\right)u_i\mathrm{d}\Gamma&=\frac{1}{V}\int_{\Gamma}n_k\sigma_{ki}u_i\mathrm{d}\Gamma-\frac{1}{V}\int_{\Gamma}n_k\bar{\sigma}_{ki}u_i\mathrm{d}\Gamma\\&=\frac{1}{V}\int_{V}\left(\sigma_{ki}u_i\right)_{,k}\mathrm{d}V-\frac{\bar{\sigma}_{ki}}{V}\int_{V}u_{i,k}\mathrm{d}V\\&=\frac{1}{V}\int_{V}u_{i,k}\sigma_{ki}\mathrm{d}V+\frac{1}{V}\int_{V}u_i\sigma_{ki,k}\mathrm{d}V-\bar{u}_{i,k}\bar{\sigma}_{ki}\\&=\overline{\sigma_{ji}u_{i,j}}-\bar{\sigma}_{ji}\bar{u}_{i,j}\end{aligned} \tag{16.7}$$

$$\begin{aligned}&-\frac{1}{V}\int_{\Gamma}\left(n_k\sigma_{ki}-n_k\bar{\sigma}_{ki}\right)\bar{u}_{i,j}x_j\mathrm{d}\Gamma\\=&-\left(\frac{1}{V}\int_{\Gamma}n_k\sigma_{ki}x_j\mathrm{d}\Gamma\right)\bar{u}_{i,j}+\left(\frac{1}{V}\int_{\Gamma}n_kx_j\mathrm{d}\Gamma\right)\bar{\sigma}_{ki}\bar{u}_{i,j}\\=&-\left(\frac{1}{V}\int_{V}\left(\sigma_{ki}x_j\right)_{,k}\mathrm{d}V\right)\bar{u}_{i,j}+\left(\frac{1}{V}\int_{V}x_{j,k}\mathrm{d}V\right)\bar{\sigma}_{ki}\bar{u}_{i,j}\\=&-\left(\frac{1}{V}\int_{V}\sigma_{ki}x_{j,k}\mathrm{d}V\right)\bar{u}_{i,j}+\left(\frac{1}{V}\int_{V}\delta_{jk}\mathrm{d}V\right)\bar{\sigma}_{ki}\bar{u}_{i,j}\\=&-\left(\frac{1}{V}\int_{V}\sigma_{ji}\mathrm{d}V\right)\bar{u}_{i,j}+\bar{\sigma}_{ji}\bar{u}_{i,j}=0\end{aligned} \tag{16.8}$$

$$\begin{aligned}&\frac{1}{V}\int_{\Gamma}\left(n_k\mu_{ki}-n_k\bar{\mu}_{ki}\right)\omega_i\mathrm{d}\Gamma\\=&\frac{1}{V}\int_{V}\left(\mu_{ji}\omega_i\right)_{,j}\mathrm{d}V-\bar{\mu}_{ji}\frac{1}{V}\int_{V}\omega_{i,j}\mathrm{d}V\\=&\frac{1}{V}\int_{V}\mu_{ji}\omega_{i,j}\mathrm{d}V+\frac{1}{V}\int_{V}\mu_{ji,j}\omega_i\mathrm{d}V-\bar{\mu}_{ji}\bar{\kappa}_{ji}\\=&\overline{\mu_{ji}\kappa_{ji}}-\bar{\mu}_{ji}\bar{\kappa}_{ji}+\frac{1}{V}\int_{V}\left(-e_{ijk}\sigma_{jk}\right)\omega_i\mathrm{d}V\\=&\overline{\mu_{ji}\kappa_{ji}}-\bar{\mu}_{ji}\bar{\kappa}_{ji}-e_{kji}\overline{\sigma_{ji}\omega_k}\end{aligned} \tag{16.9}$$

$$\begin{aligned}\frac{1}{V}\int_{\Gamma}(n_k\mu_{ki}-n_k\bar{\mu}_{ki})(-\bar{\omega}_i)\,\mathrm{d}\Gamma&=-\frac{1}{V}\bar{\omega}_i\int_V\mu_{ji,j}\mathrm{d}V\\&=-\frac{1}{V}\bar{\omega}_i\int_V(-e_{ijk}\sigma_{jk})\,\mathrm{d}V=e_{kji}\bar{\sigma}_{ji}\bar{\omega}_i\end{aligned}\tag{16.10}$$

将式 (16.7) ~ 式 (16.10) 代入式 (16.6) 等号右端边界积分，并利用式 (16.1) 中第一式，可得到

$$\begin{aligned}&\frac{1}{V}\int_{\Gamma}(n_k\sigma_{ki}-n_k\bar{\sigma}_{ki})(u_i-\bar{u}_{i,j}x_j)\,\mathrm{d}\Gamma+\frac{1}{V}\int_{\Gamma}(n_k\mu_{ki}-n_k\bar{\mu}_{ki})(\omega_i-\bar{\omega}_i)\,\mathrm{d}\Gamma\\&=\overline{\sigma_{ji}u_{i,j}}-\bar{\sigma}_{ji}\bar{u}_{i,j}+\overline{\mu_{ji}\kappa_{ji}}-\bar{\mu}_{ji}\bar{\kappa}_{ji}-e_{kji}\overline{\sigma_{ji}\omega_k}+e_{kji}\bar{\sigma}_{ji}\bar{\omega}_i\\&=\overline{\sigma_{ji}\varepsilon_{ji}}+\overline{\mu_{ji}\kappa_{ji}}-\bar{\sigma}_{ji}\bar{\varepsilon}_{ji}-\bar{\mu}_{ji}\bar{\kappa}_{ji}\end{aligned}\tag{16.11}$$

也即证明了式 (16.6) 所示的针对 Cosserat 连续体的广义 Hill 定理。当不存在偶应力与微转角和微曲率时，式 (16.6) 就退化为由 Hill 对 Cauchy 连续体提出的 Hill 定理

$$\overline{\sigma_{ji}\varepsilon_{ji}}-\bar{\sigma}_{ji}\bar{\varepsilon}_{ji}=\frac{1}{V}\int_{\Gamma}(n_k\sigma_{ki}-n_k\bar{\sigma}_{ki})(u_i-\bar{u}_{i,j}x_j)\,\mathrm{d}\Gamma\tag{16.12}$$

式中，$\varepsilon_{ji}=u_{i,j}$。

16.1.3 Cosserat 连续体的 Hill-Mandel 条件与表征元边界条件

式 (16.6) 表示的 Cosserat 连续体广义 Hill 定理表明，Cosserat 连续体的 Hill-Mandel 条件

$$\overline{\sigma_{ji}\varepsilon_{ji}}+\overline{\mu_{ji}\kappa_{ji}}=\bar{\sigma}_{ji}\bar{\varepsilon}_{ji}+\bar{\mu}_{ji}\bar{\kappa}_{ji}\tag{16.13}$$

仅当式 (16.6) 等号右端所示的表征元边界积分保持为零时才成立，即

$$\frac{1}{V}\int_{\Gamma}(n_k\sigma_{ki}-n_k\bar{\sigma}_{ki})(u_i-\bar{u}_{i,j}x_j)\,\mathrm{d}\Gamma=0\tag{16.14}$$

$$\frac{1}{V}\int_{\Gamma}(n_k\mu_{ki}-n_k\bar{\mu}_{ki})(\omega_i-\bar{\omega}_i)\,\mathrm{d}\Gamma=0\tag{16.15}$$

为保证满足式 (16.13) 所示的 Hill-Mandel 条件，可以在表征元边界上逐点满足式 (16.14) 和式 (16.15) 中被积函数为零 (“强形式” 满足)，也可以在积分意义上保证满足式 (16.14) 和式 (16.15) 所示边界积分为零 (“弱形式” 满足)。

1. 强形式下许可的表征元边界条件

为保证满足 Cosserat 连续体的 Hill-Mandel 条件，存在如下四种可能的以逐点强迫式 (16.14) 和式 (16.15) 中被积函数为零 (“强形式”) 的方式，即

(1) 均一边界线位移和转角位移条件

$$u_i(\boldsymbol{x})|_\Gamma = (\bar{u}_{i,j}x_j)|_\Gamma, \quad \omega_i(\boldsymbol{x})|_\Gamma = \bar{\omega}_i \tag{16.16}$$

(2) 均一边界力和力矩条件

$$t_i(\boldsymbol{x})|_\Gamma = (n_k\sigma_{ki})|_\Gamma = (n_k\bar{\sigma}_{ki})|_\Gamma, \quad m_i(\boldsymbol{x})|_\Gamma = (n_k\mu_{ki})|_\Gamma = (n_k\bar{\mu}_{ki})|_\Gamma \tag{16.17}$$

(3) 混合均一边界条件 I：均一边界线位移条件和均一边界力矩条件

$$u_i(\boldsymbol{x})|_\Gamma = (\bar{u}_{i,j}x_j)|_\Gamma, \quad m_i(\boldsymbol{x})|_\Gamma = (n_k\mu_{ki})|_\Gamma = (n_k\bar{\mu}_{ki})|_\Gamma \tag{16.18}$$

(4) 混合均一边界条件 II：均一边界转角位移条件和均一边界力条件

$$\omega_i(\boldsymbol{x})|_\Gamma = \bar{\omega}_i, \quad t_i(\boldsymbol{x})|_\Gamma = (n_k\sigma_{ki})|_\Gamma = (n_k\bar{\sigma}_{ki})|_\Gamma \tag{16.19}$$

然而，式 (16.16) 和式 (16.19) 中的均一转角位移边界条件 $\omega_i(\boldsymbol{x})|_{\mathrm{s}} = \bar{\omega}_i$ 意味着

$$\bar{\kappa}_{ji} = \bar{\omega}_{i,j} = \frac{1}{V}\int_V \omega_{i,j}\mathrm{d}V = \frac{1}{V}\int_\Gamma \omega_i n_j \mathrm{d}\Gamma = \bar{\omega}_i \frac{1}{V}\int_\Gamma n_j \mathrm{d}\Gamma \equiv 0 \tag{16.20}$$

也即由表征元上传至宏观 Cosserat 连续体的微曲率将消失。概言之，施加于表征元的均一转角位移边界条件将使宏观 Cosserat 连续体赖以成立的与偶应力功共轭的微曲率为非零的要求不再成立。

另一方面，若采用式 (16.17) 所表示的均一边界力和力矩条件，表征元的力矩平衡条件将表示为

$$\int_\Gamma e_{ijk}x_j t_k \mathrm{d}\Gamma + \int_\Gamma m_i \mathrm{d}\Gamma = \int_\Gamma e_{ijk}x_j n_l \bar{\sigma}_{lk}\mathrm{d}\Gamma + \int_\Gamma n_k\bar{\mu}_{ki}\mathrm{d}\Gamma = e_{ijk}\bar{\sigma}_{jk} \neq 0 \tag{16.21}$$

该式表明，若采用式 (16.17) 所示的均一边界力和力矩条件，表征元将不再自平衡，这也违反了平均场理论的基本假定。

综合式 (16.20) 和式 (16.21) 的分析结果，式 (16.16) ~ 式 (16.19) 所示的四种可能的以强形式保证满足式 (16.6) 等号右端边界积分为零、从而保证满足 Hill-Mandel 条件的表征元边界条件中仅有式 (16.18) 所表示的混合均一边界条件 I，即均一边界线位移条件和均一边界力矩条件是许可的。

2. 弱形式下许可的表征元边界条件

本节将对式 (16.14) 和式 (16.15) 分别讨论是否存在保证它们以弱形式成立的许可边界条件。可以注意到，式 (16.14) 等号左端的边界积分与对 Cauchy 连续体所表示的 Hill 定理的式 (16.12) 的右端边界积分完全一致。众所周知，对 Cauchy 连续体存在以弱形式满足式 (16.12) 等号的右端边界积分为零的表征元边界条件，即在表征元施加基于 $\bar{u}_{i,j}$ 的均一边界线位移条件基础上施加附加的表示介观尺度上以周期性约束表示的边界位移和边界力扰动，即

$$u_i(\boldsymbol{x})|_\Gamma = (\bar{u}_{i,j}x_j + u_i^*)|_\Gamma \tag{16.22}$$

$$t_i(\boldsymbol{x})|_\Gamma = (n_k\sigma_{ki})|_\Gamma = t_i^*(\boldsymbol{x})|_\Gamma = (n_k\sigma_{ki}^*)|_\Gamma \tag{16.23}$$

它们对 Cosserat 连续体同样有效，即式 (16.22) 和式 (16.23) 所示的周期性边界条件对 Cosserat 连续体成立。以二维初始矩形形状的表征元为例 (见图 16.2)，周期性边界条件约束可表示为

$$u_i^*(s)|_\mathrm{b} = u_i^*(s)|_\mathrm{t}, \quad u_i^*(s)|_\mathrm{l} = u_i^*(s)|_\mathrm{r} \tag{16.24}$$

$$t_i^*(s)|_\mathrm{b} = -\,t_i^*(s)|_\mathrm{t}, \quad t_i^*(s)|_\mathrm{l} = -\,t_i^*(s)|_\mathrm{r} \tag{16.25}$$

如图 16.2 所示，式 (16.24) 和式 (16.25) 中的下标 b, t, l, r 分别表示矩形表征元的底边界、顶边界、左边界和右边界；s 表示沿矩形表征元四条边的局部坐标值。式 (16.24) 和式 (16.25) 表示处于两相对边界的每两个具有相同局部坐标值的点具有相同位移值，且具有在其绝对值上相同、但其方向相反的边界力。

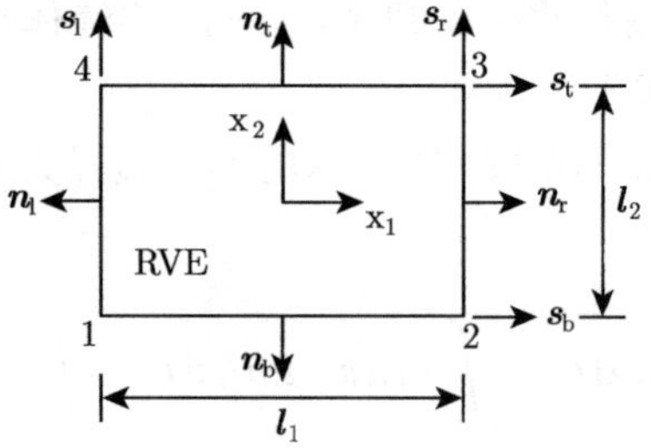

图 16.2 二维矩形形状表征元及沿其四边界的局部坐标

然后，考察 Cosserat 连续体以弱形式满足式 (16.6) 等号右端第二个边界积分为零的表征元周期性边界条件，它为依赖于表征元均一 $\bar{\omega}_i$ 的边界微转角条件基础上，施加附加的表示介观尺度上周期性的边界微转角和边界力矩的约束扰动，即

$$\omega_i(\boldsymbol{x})|_\Gamma = (\bar{\omega}_i + \omega_i^*)|_\Gamma \tag{16.26}$$

$$m_i(\boldsymbol{x})|_\Gamma = (n_k\mu_{ki})|_\Gamma = m_i^*(\boldsymbol{x})|_\Gamma = (n_k\mu_{ki}^*)|_\Gamma \tag{16.27}$$

以二维初始矩形形状的表征元为例 (见图 16.2)，表征元边界微转角和边界力矩的周期性边界条件约束可表示为

$$\omega_i^*(s)|_{\rm b} = \omega_i^*(s)|_{\rm t}\,, \quad \omega_i^*(s)|_{\rm l} = \omega_i^*(s)|_{\rm r} \tag{16.28}$$

$$m_i^*(s)|_{\rm b} = -\,m_i^*(s)|_{\rm t}\,, \quad m_i^*(s)|_{\rm l} = -\,m_i^*(s)|_{\rm r} \tag{16.29}$$

按式 (16.26) ~ 式 (16.29)，以及注意到 $|n_k(s)|_{\rm b} = -\,n_k(s)|_{\rm t}$ 和 $n_k(s)|_\ell = -\,n_k(s)|_{\rm r}$，式 (16.15) 等号左端边界积分可计算并得到

$$\frac{1}{V}\int_\Gamma (n_k\mu_{ki} - n_k\bar{\mu}_{ki})\,(\omega_i - \bar{\omega}_i)\,{\rm d}\Gamma = \frac{1}{V}\int_\Gamma (n_k\mu_{ki} - n_k\bar{\mu}_{ki})\,\omega_i^*{\rm d}\Gamma = 0 \tag{16.30}$$

即当利用式 (16.22) 和式 (16.23) 以及式 (16.26) 和式 (16.27) 所表示的表征元边界条件能在以弱形式满足式 (16.6) 右端边界积分为零、从而保证满足 Cosserat 连续体的 Hill-Mandel 条件，然而

$$\bar{\kappa}_{ji} = \bar{\omega}_{i,j} = \frac{1}{V}\int_V \omega_{i,j}{\rm d}V = \frac{1}{V}\int_\Gamma \omega_i n_j{\rm d}\Gamma = \frac{1}{V}\int_\Gamma (\bar{\omega}_i + \omega_i^*)\,n_j{\rm d}\Gamma \equiv 0 \tag{16.31}$$

该式意味着用以表征宏观 Cosserat 连续体的微曲率将消失，因而试图以对表征元施加周期性位移 (线位移和转动位移) 边界条件和周期性边界力和力矩约束的方式在弱形式下满足 Hill-Mandel 条件的尝试也失效。概言之，若采用一阶 Cosserat 连续体模型的计算均匀化方法，对表征元边界允许施加的边界条件将是按式 (16.18) 所示依赖于 $\bar{u}_{i,j}$ 和 $\bar{\mu}_{ki}$ 的混合均一边界条件 I：均一边界线位移条件和均一边界力矩条件。$\bar{u}_{i,j}$ 和 $\bar{\mu}_{ki}$ 将是由宏观 Cosserat 连续体局部点处下传给在该局部点设置的具有颗粒材料介观结构的 Cosserat 连续体表征元的宏观信息。

16.1.4 宏观 Cosserat 连续体到离散颗粒集合体表征元的信息下传

式 (16.18) 所表示的混合均一边界条件 I 作为"载荷"施加于等效 Cosserat 连续体表征元。为实现将连续形式的混合均一边界条件 I 通过离散颗粒集合体与表征元边界的接触点施加于离散颗粒集合体的周边颗粒，由式 (16.18) 表示的连续形式边界条件需改写成对总数为 $N_{\rm c}$ 的周边颗粒与表征元边界的接触点的离散形式边界条件。对于一个典型的周边颗粒与表征元边界的接触点 $b \in \Gamma$, 连续形式混合边界条件 (16.18) 的离散形式可表示为

$$(u_i^{\rm c})_{\rm b} = \bar{u}_{i,j}\left(x_j^{\rm c}\right)_{\rm b} \quad 或 \quad \boldsymbol{u}_{\rm b}^{\rm c} = (\overline{\boldsymbol{u}}\nabla)\cdot\boldsymbol{x}_{\rm b}^{\rm c} = \boldsymbol{x}_{\rm b}^{\rm c}\cdot\overline{\boldsymbol{\Gamma}} \tag{16.32}$$

$$(m_i^{\rm c})_{\rm b} = \bar{\mu}_{ji}\left(n_j^{\rm c}\right)_{\rm b}\Delta S_{\rm b} \quad 或 \quad \boldsymbol{m}_{\rm b}^{\rm c} = \overline{\boldsymbol{\mu}}\cdot\boldsymbol{n}_{\rm b}^{\rm c}\Delta S_{\rm b} \tag{16.33}$$

式中，位移梯度张量 $\overline{\boldsymbol{\Gamma}}$ 定义为位移向量的右梯度 $\bar{\boldsymbol{u}}\nabla$；$\left(x_j^{\mathrm{c}}\right)_{\mathrm{b}}, \left(n_j^{\mathrm{c}}\right)_{\mathrm{b}}$ 分别表示边界颗粒 b 和表征元边界接触点的位置向量 $\boldsymbol{x}_{\mathrm{b}}^{\mathrm{c}}$、边界颗粒 b 和它与表征元边界的接触点处沿边界的单位外法线向量 $\boldsymbol{n}_{\mathrm{b}}^{\mathrm{c}}$ 的第 j 个分量；$(u_i^{\mathrm{c}})_{\mathrm{b}}$ 表示边界颗粒 b 与表征元边界的接触点的线位移向量 $\boldsymbol{u}_{\mathrm{b}}^{\mathrm{c}}$ 的第 i 个分量；$(m_i^{\mathrm{c}})_{\mathrm{b}}$ 表示表征元边界外材料通过接触点施加于边界颗粒 b 的力矩向量 $\boldsymbol{m}_{\mathrm{b}}^{\mathrm{c}}$ 的第 i 个分量。

16.2 具有介观结构的 Cosserat 连续体表征元到宏观 Cosserat 连续体局部点的信息上传

16.2.1 Cosserat 连续体表征元中 Cauchy 应力和微曲率体积平均的上传

在一阶 Cosserat 连续体计算均匀化框架中，假定表征元中应力和应变的体积平均分别等于表征元所在宏观 Cosserat 连续体局部点处的宏观应力和应变。按 16.1.2 节所定义的表征元应力和应变体积平均和宏观应力和应变的符号，即有

$$\bar{\sigma}_{ji} = \frac{1}{V}\int_V \sigma_{ji}\mathrm{d}V = \langle\sigma_{ji}\rangle, \quad \bar{\mu}_{ji} = \frac{1}{V}\int_V \mu_{ji}\mathrm{d}V = \langle\mu_{ji}\rangle \tag{16.34}$$

$$\bar{u}_{j,i} = \frac{1}{V}\int_V u_{j,i}\mathrm{d}V = \langle u_{j,i}\rangle, \quad \bar{\kappa}_{ji} = \frac{1}{V}\int_V \kappa_{ji}\mathrm{d}V = \frac{1}{V}\int_V \omega_{i,j}\mathrm{d}V = \langle\kappa_{ji}\rangle \tag{16.35}$$

$$\bar{\varepsilon}_{ji} = \frac{1}{V}\int_V (u_{i,j} - e_{kji}\omega_k)\,\mathrm{d}V = \langle\varepsilon_{ji}\rangle \tag{16.36}$$

16.1 节讨论已明确按式 (16.18) 所示混合均一边界条件 I 从宏观 Cosserat 连续体局部点下传给在该局部点设置的 Cosserat 连续体表征元的宏观信息是 $\langle u_{j,i}\rangle$ $(=\bar{u}_{i,j})$ 和 $\langle\mu_{ji}\rangle\,(=\bar{\mu}_{ki})$。而由具有介观离散结构的 Cosserat 连续体表征元上传给表征元所在宏观 Cosserat 连续体局部点的介观信息是分别与 $\bar{u}_{i,j}$ 和 $\bar{\mu}_{ki}$ 功共轭的表征元中的 Cauchy 应力和微曲率的体积平均，即 $\bar{\sigma}_{ji}$ 和 $\bar{\kappa}_{ji}$。

按由式 (16.34) 中第一式给出的表征元中 Cauchy 应力体积平均，可展开写成

$$\begin{aligned}\bar{\sigma}_{ji} &= \frac{1}{V}\int_V \sigma_{ji}\mathrm{d}V = \frac{1}{V}\int_V \sigma_{ki}\delta_{jk}\mathrm{d}V = \frac{1}{V}\int_V \sigma_{ki}x_{j,k}\mathrm{d}V \\ &= \frac{1}{V}\int_V \left[\left(\sigma_{ki}x_j\right)_{,k} - \sigma_{ki,k}x_j\right]\mathrm{d}V\end{aligned} \tag{16.37}$$

利用高斯定理和平衡条件 (16.2) 中第一式，式 (16.37) 可进一步表示为

$$\bar{\sigma}_{ji} = \frac{1}{V}\int_\Gamma \sigma_{ki}x_j n_k\mathrm{d}\Gamma = \frac{1}{V}\int_\Gamma t_i x_j\mathrm{d}\Gamma \tag{16.38}$$

或它的黑体形式

$$\overline{\boldsymbol{\sigma}} = \frac{1}{V}\int_{\Gamma} \boldsymbol{x} \otimes \boldsymbol{t} \mathrm{d}\Gamma \tag{16.39}$$

按由式 (16.35) 中第二式给出的表征元中微曲率体积平均，并利用高斯定理可表示为

$$\bar{\kappa}_{ji} = \frac{1}{V}\int_{V} \kappa_{ji} \mathrm{d}V = \frac{1}{V}\int_{V} \omega_{i,j} \mathrm{d}V = \frac{1}{V}\int_{\Gamma} \omega_i n_j \mathrm{d}\Gamma \tag{16.40}$$

或它的黑体形式

$$\bar{\boldsymbol{\kappa}} = \frac{1}{V}\int_{\Gamma} \boldsymbol{n} \otimes \boldsymbol{\omega} \mathrm{d}\Gamma \tag{16.41}$$

16.2.2 基于离散介观信息的表征元体积平均 Cauchy 应力和微曲率的上传

为确定如式 (16.39) 和式 (16.41) 所示的表征元平均 Cauchy 应力 $\bar{\boldsymbol{\sigma}}$ 和平均微曲率 $\bar{\boldsymbol{\kappa}}$，表征元不仅如 16.2.1 节所讨论的被模型化为 Cosserat 连续体元，同时也应进一步被模型化为具有离散介观结构的离散颗粒集合体，如图 16.3 所示。为简化均匀化过程的讨论，离散颗粒集合表征元内每个离散颗粒被假定为刚性和球 (圆) 形，由颗粒间接触力所引起的颗粒变形忽略不计。

表征元内颗粒可分为两部分：内部颗粒与周边颗粒。周边颗粒被定义为与表征元外材料相接触的颗粒集合。表征元的边界可视为离散颗粒集合体表征元中周边颗粒的外包络线，如图 16.3 所示。以 N_{T} 表示表征元内颗粒总数，$N_{\mathrm{P}}, N_{\mathrm{I}}$ 分别表示表征元内的周边颗粒总数和内部颗粒总数，它们在图 16.3 中分别以灰色和白色颗粒表示，即有 $N_{\mathrm{T}} = N_{\mathrm{P}} + N_{\mathrm{I}}$。以 N_{c} 表示表征元 N_{P} 个周边颗粒与表征元外部介质的接触点。为方便讨论表征元边界条件从施加于周边颗粒与表征元边界的接触点转换到定义有离散颗粒集合体基本变量的周边颗粒形心，令 $N_{\mathrm{c}} = N_{\mathrm{P}}$，即每个周边颗粒与表征元边界只有一个接触点，如图 16.4 所示。

式 (16.39) 和式 (16.41) 所示边界积分可离散到表征元周边颗粒与表征元边界的接触点上，即

$$\overline{\boldsymbol{\sigma}} = \frac{1}{V}\int_{\Gamma} \boldsymbol{x} \otimes \boldsymbol{t} \mathrm{d}\Gamma = \frac{1}{V}\sum_{i=1}^{N_{\mathrm{c}}} \boldsymbol{x}_i^{\mathrm{c}} \otimes \boldsymbol{t}_i^{\mathrm{c}} \Delta S_i = \frac{1}{V}\sum_{i=1}^{N_{\mathrm{c}}} \boldsymbol{x}_i^{\mathrm{c}} \otimes \boldsymbol{f}_i^{\mathrm{c}} \tag{16.42}$$

$$\overline{\boldsymbol{\kappa}} = \frac{1}{V}\int_{\Gamma} \boldsymbol{n} \otimes \boldsymbol{\omega} \mathrm{d}\Gamma = \frac{1}{V}\sum_{i=1}^{N_{\mathrm{c}}} \boldsymbol{n}_i^{\mathrm{c}} \otimes \omega_i^{\mathrm{c}} \Delta S_i \tag{16.43}$$

式中，$\boldsymbol{x}_i^{\mathrm{c}}$ 是周边颗粒与表征元边界第 i 个接触点的位置向量，$\boldsymbol{f}_i^{\mathrm{c}}$ 是表征元边界外材料通过第 i 个接触点施加于表征元周边颗粒的外力，$\boldsymbol{n}_i^{\mathrm{c}}$ 和 ω_i^{c} 分别是表征元

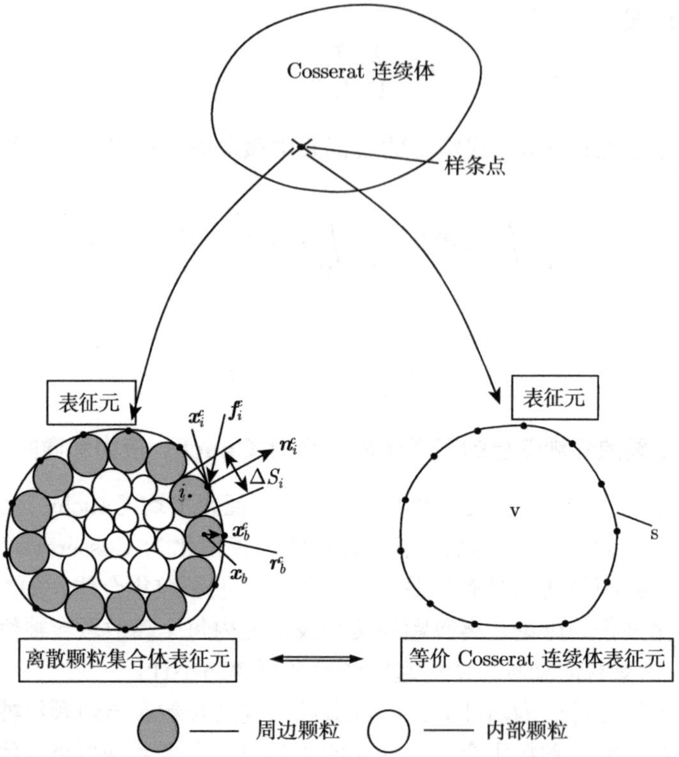

图 16.3 颗粒材料的介–宏观均匀化：离散颗粒集合体–Cosserat 连续体模拟

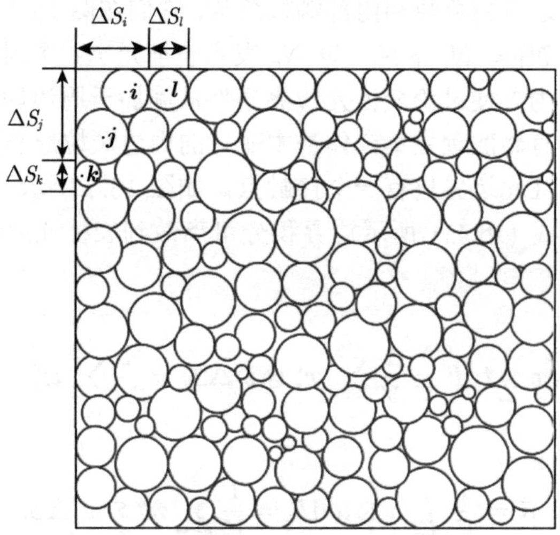

图 16.4 离散颗粒集合体矩形表征元

边界与第 i 个表征元周边颗粒接触点处的单位外法向向量和周边颗粒转角，ΔS_i 如图 16.3 和图 16.4 所示。

16.2.3　上传 Cauchy 应力和微曲率的变化率

在均匀化过程中假定表征元内的 Cauchy 应力和微曲率的体积平均 $\bar{\boldsymbol{\sigma}},\bar{\boldsymbol{\kappa}}$ 等于与之相关联的宏观 Cosserat 连续体局部材料点处的 Cauchy 应力和微曲率 $\langle\boldsymbol{\sigma}\rangle$, $\langle\boldsymbol{\kappa}\rangle$。利用式 (16.42) 和式 (16.43)，$\langle\boldsymbol{\sigma}\rangle,\langle\boldsymbol{\kappa}\rangle$ 的变化率可分别表示为

$$\langle\dot{\boldsymbol{\sigma}}\rangle=\dot{\bar{\boldsymbol{\sigma}}}=\mathrm{d}\left(\frac{1}{V}\right)\sum_{i=1}^{N_\mathrm{c}}\boldsymbol{x}_i^\mathrm{c}\otimes\boldsymbol{f}_i^\mathrm{c}+\frac{1}{V}\sum_{i=1}^{N_\mathrm{c}}\dot{\boldsymbol{x}}_i^\mathrm{c}\otimes\boldsymbol{f}_i^\mathrm{c}+\frac{1}{V}\sum_{i=1}^{N_\mathrm{c}}\boldsymbol{x}_i^\mathrm{c}\otimes\dot{\boldsymbol{f}}_i^\mathrm{c} \tag{16.44}$$

$$\langle\dot{\boldsymbol{\kappa}}\rangle=\dot{\bar{\boldsymbol{\kappa}}}=\mathrm{d}\left(\frac{1}{V}\right)\sum_{i=1}^{N_\mathrm{c}}\boldsymbol{n}_i^\mathrm{c}\otimes\omega_i^\mathrm{c}\Delta S_i+\frac{1}{V}\sum_{i=1}^{N_\mathrm{c}}\dot{\boldsymbol{n}}_i^\mathrm{c}\otimes\omega_i^\mathrm{c}\Delta S_i+\frac{1}{V}\sum_{i=1}^{N_\mathrm{c}}\boldsymbol{n}_i^\mathrm{c}\otimes\dot{\omega}_i^\mathrm{c}\Delta S_i \tag{16.45}$$

注意在式 (16.44) 和式 (16.44) 所表示的 Cauchy 应力和微曲率的变化率计算中假定了表征元周边颗粒数 N_c 和每个周边颗粒的代表性边界长度 ΔS_i 不变。

16.3　作用于离散颗粒集合体表征元的内力与外力增量

16.3.1　作用于表征元内离散颗粒集合体的内力增量

表征元内离散颗粒系统的基本自由度由每个颗粒的独立自由度组成。在二维情况下，一个典型颗粒 n 的独立自由度包含两个线位移和一个角位移，它的位移增量可表示为 $\Delta\boldsymbol{U}^n=\begin{bmatrix}\Delta u_\mathrm{x}^n & \Delta u_\mathrm{y}^n & \Delta\omega^n\end{bmatrix}^\mathrm{T}$。典型颗粒 $n(n=1\sim N_\mathrm{T})$ 的一个直接相邻颗粒 m 通过接触点作用于颗粒 n 形心的增量力和力矩可表示为 $\Delta\boldsymbol{f}^{nm}=\begin{bmatrix}\Delta f_\mathrm{x}^{nm} & \Delta f_\mathrm{y}^{nm} & \Delta m_\mathrm{r}^{nm}\end{bmatrix}^\mathrm{T}$。令 $N_\mathrm{m}(n)$ 表示在一个均匀化过程增量步中颗粒 n 的直接相邻颗粒数。典型颗粒 n 的所有 $N_\mathrm{m}(n)$ 个直接相邻颗粒作用于颗粒 n 形心的增量力和力矩的增量合力和增量合力矩 $\Delta\boldsymbol{f}^n$ 可表示为

$$\Delta\boldsymbol{f}^n=\sum_{m=1}^{N_\mathrm{m}(n)}\mathrm{H}\left(u_\mathrm{n}^{nm}\right)\Delta\boldsymbol{f}^{nm}=\sum_{m=1}^{N_\mathrm{m}(n)}\mathrm{H}\left(u_\mathrm{n}^{nm}\right)\left(\boldsymbol{K}_\mathrm{e}^{nm}\Delta\boldsymbol{u}^{nm}-\Delta\boldsymbol{f}^{nm,\mathrm{p}}\right) \tag{16.46}$$

式中，$\mathrm{H}\left(u_\mathrm{n}^{nm}\right)$ 是依赖于 u_n^{nm} 值的 Heaviside 单位函数，u_n^{nm} 为颗粒 n 和其直接相邻颗粒 m 的重叠量，即

$$u_\mathrm{n}^{nm}=r_n+r_m-\|\boldsymbol{x}_n-\boldsymbol{x}_m\| \tag{16.47}$$

式中，$\boldsymbol{x}_n,\boldsymbol{x}_m$ 分别表示颗粒 n 和颗粒 m 形心的位置向量；r_n,r_m 分别表示两颗粒的半径。向量 $\Delta\boldsymbol{u}^{nm}$ 中列出了两颗粒参考全局坐标系的线位移和角位移增量，

即

$$\Delta\boldsymbol{u}^{nm}=\left[\begin{array}{cc}(\Delta\boldsymbol{u}^{n})^{\mathrm{T}} & (\Delta\boldsymbol{u}^{m})^{\mathrm{T}}\end{array}\right]^{\mathrm{T}}=\left[\begin{array}{cccccc}\Delta u_{\mathrm{x}}^{n} & \Delta u_{\mathrm{y}}^{n} & \Delta\omega^{n} & \Delta u_{\mathrm{x}}^{m} & \Delta u_{\mathrm{y}}^{m} & \Delta\omega^{m}\end{array}\right]^{\mathrm{T}} \tag{16.48}$$

$\boldsymbol{K}_{\mathrm{e}}^{nm}$ 是联系 $\Delta\boldsymbol{u}^{nm}$ 和 $\Delta\boldsymbol{f}^{nm}$ 的 3×6 弹性刚度矩阵；它依赖于增量步初始时刻以 $\boldsymbol{u}^{nm}$ 表示的两颗粒接触状态并可表示为

$$\boldsymbol{K}_{\mathrm{e}}^{nm}=\left[\begin{array}{cccccc}
-k_{00}^{nm}t_{\mathrm{x}}^{nm}t_{\mathrm{x}}^{nm}-k_{\mathrm{n}}^{nm}n_{\mathrm{x}}^{nm}n_{\mathrm{x}}^{nm} & -k_{00}^{nm}t_{\mathrm{x}}^{nm}t_{\mathrm{y}}^{nm}-k_{\mathrm{n}}^{nm}n_{\mathrm{x}}^{nm}n_{\mathrm{y}}^{nm} & k_{0\mathrm{n}}^{nm}t_{\mathrm{x}}^{nm} & k_{00}^{nm}t_{\mathrm{x}}^{nm}t_{\mathrm{x}}^{nm}+k_{\mathrm{n}}^{nm}n_{\mathrm{x}}^{nm}n_{\mathrm{x}}^{nm} & k_{00}^{nm}t_{\mathrm{x}}^{nm}t_{\mathrm{y}}^{nm}+k_{\mathrm{n}}^{nm}n_{\mathrm{x}}^{nm}n_{\mathrm{y}}^{nm} & k_{0\mathrm{m}}^{nm}t_{\mathrm{x}}^{nm}\\
-k_{00}^{nm}t_{\mathrm{x}}^{nm}t_{\mathrm{y}}^{nm}-k_{\mathrm{n}}^{nm}n_{\mathrm{x}}^{nm}n_{\mathrm{y}}^{nm} & -k_{00}^{nm}t_{\mathrm{y}}^{nm}t_{\mathrm{y}}^{nm}-k_{\mathrm{n}}^{nm}n_{\mathrm{y}}^{nm}n_{\mathrm{y}}^{nm} & k_{0\mathrm{n}}^{nm}t_{\mathrm{y}}^{nm} & k_{00}^{nm}t_{\mathrm{x}}^{nm}t_{\mathrm{y}}^{nm}+k_{\mathrm{n}}^{nm}n_{\mathrm{x}}^{nm}n_{\mathrm{y}}^{nm} & k_{00}^{nm}t_{\mathrm{y}}^{nm}t_{\mathrm{y}}^{nm}+k_{\mathrm{n}}^{nm}n_{\mathrm{y}}^{nm}n_{\mathrm{y}}^{nm} & k_{0\mathrm{m}}^{nm}t_{\mathrm{y}}^{nm}\\
-k_{00}^{nm}t_{\mathrm{x}}^{nm}r_{n} & -k_{00}^{nm}t_{\mathrm{y}}^{nm}r_{n} & -k_{\theta}^{nm}+k_{0\mathrm{n}}^{nm}r_{n} & k_{00}^{nm}t_{\mathrm{x}}^{nm}r_{n} & k_{00}^{nm}t_{\mathrm{y}}^{nm}r_{n} & k_{\theta}^{nm}+k_{0\mathrm{m}}^{nm}r_{n}
\end{array}\right] \tag{16.49}$$

式中

$$k_{0\mathrm{n}}^{nm}=-r_{n}\left(k_{\mathrm{s}}^{nm}+k_{\mathrm{r}}^{nm}\right),\quad k_{0\mathrm{m}}^{nm}=-r_{m}\left(k_{\mathrm{s}}^{nm}-k_{\mathrm{r}}^{nm}\right),\quad k_{00}^{nm}=k_{\mathrm{s}}^{nm}+k_{\mathrm{r}}^{nm}\frac{r_{n}-r_{m}}{r_{n}+r_{m}} \tag{16.50}$$

$k_{\mathrm{n}}^{nm},k_{\mathrm{s}}^{nm},k_{\mathrm{r}}^{nm},k_{\theta}^{nm}$ 分别表示颗粒 n 和颗粒 m 之间法向、滑动和滚动接触力和接触滚动矩的刚度系数；$n_{\mathrm{x}}^{nm},n_{\mathrm{y}}^{nm}$ 和 $t_{\mathrm{x}}^{nm},t_{\mathrm{y}}^{nm}$ 分别表示颗粒 n 在与颗粒 m 接触处的外法线向量与切线向量沿全局坐标系的分量，如图 16.5 所示。

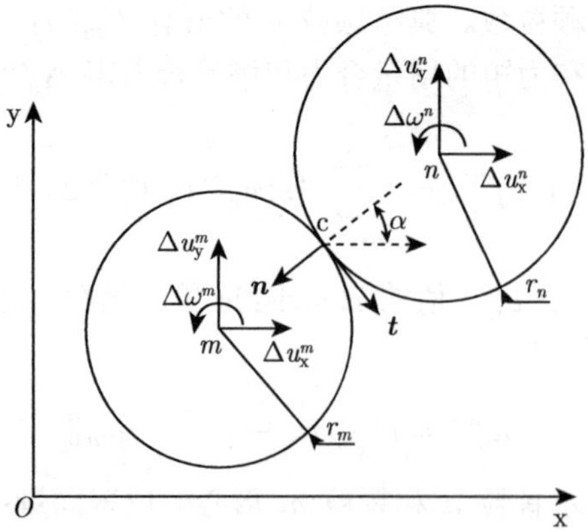

图 16.5 两接触颗粒 n 和 m

式 (16.46) 中由颗粒 m 通过接触点施加于颗粒 n 的耗散摩擦力 $\Delta\boldsymbol{f}^{nm,\mathrm{p}}$ 可表示为

$$\Delta\boldsymbol{f}^{nm,\mathrm{p}}=\left\{\begin{array}{c}\Delta f_{\mathrm{x}}^{nm,\mathrm{p}}\\ \Delta f_{\mathrm{y}}^{nm,\mathrm{p}}\\ \Delta m_{\mathrm{r}}^{nm,\mathrm{p}}\end{array}\right\}=\left\{\begin{array}{c}\left(-k_{\mathrm{s}}^{nm}\Delta u_{\mathrm{s}}^{nm,\mathrm{p}}-k_{\mathrm{r}}^{nm}\Delta u_{\mathrm{r}}^{nm,\mathrm{p}}\right)t_{\mathrm{x}}^{nm}\\ \left(-k_{\mathrm{s}}^{nm}\Delta u_{\mathrm{s}}^{nm,\mathrm{p}}-k_{\mathrm{r}}^{nm}\Delta u_{\mathrm{r}}^{nm,\mathrm{p}}\right)t_{\mathrm{y}}^{nm}\\ \left(-k_{\mathrm{s}}^{nm}\Delta u_{\mathrm{s}}^{nm,\mathrm{p}}-k_{\mathrm{r}}^{nm}\Delta u_{\mathrm{r}}^{nm,\mathrm{p}}\right)r_{n}-k_{\theta}^{nm}\Delta\theta_{\mathrm{r}}^{nm,\mathrm{p}}\end{array}\right\}\tag{16.51}$$

式中，$\Delta u_{\mathrm{s}}^{nm,\mathrm{p}},\Delta u_{\mathrm{r}}^{nm,\mathrm{p}},\Delta\theta_{\mathrm{r}}^{nm,\mathrm{p}}$ 分别是相互接触的颗粒 m 和 n 之间的相对切向滑动和滚动增量位移以及相对增量角位移的耗散部分，并按 Coulomb 摩擦律确定（Li et al., 2005）。

定义表征元中包含了 N_{T} 个颗粒的离散颗粒集合体位移向量 $\boldsymbol{U}$ 为

$$\boldsymbol{U}=\left\{\begin{array}{c}\boldsymbol{U}_{\mathrm{I}}\\ \boldsymbol{U}_{\mathrm{B}}\end{array}\right\},\quad U_{\mathrm{l}}=\left\{\begin{array}{c}\boldsymbol{u}_{\mathrm{I}}\\ \boldsymbol{\omega}_{\mathrm{I}}\end{array}\right\},\quad \boldsymbol{U}_{\mathrm{B}}=\left\{\begin{array}{c}\boldsymbol{u}_{\mathrm{B}}\\ \boldsymbol{\omega}_{\mathrm{B}}\end{array}\right\}\tag{16.52}$$

式中

$$\begin{aligned}
\boldsymbol{u}_{\mathrm{I}}&=\left[\begin{array}{cccc}(\boldsymbol{u}_{1})^{\mathrm{T}} & (\boldsymbol{u}_{2})^{\mathrm{T}} & \cdots & (\boldsymbol{u}_{N_{\mathrm{I}}})^{\mathrm{T}}\end{array}\right]^{\mathrm{T}}\\
\boldsymbol{\omega}_{\mathrm{I}}&=\left[\begin{array}{cccc}\omega_{1} & \omega_{2} & \cdots & \omega_{N_{\mathrm{I}}}\end{array}\right]^{\mathrm{T}}\\
\boldsymbol{u}_{\mathrm{B}}&=\left[\begin{array}{cccc}(\boldsymbol{u}_{N_{\mathrm{I}}+1})^{\mathrm{T}} & (\boldsymbol{u}_{N_{\mathrm{I}}+2})^{\mathrm{T}} & \cdots & (\boldsymbol{u}_{N_{\mathrm{I}}+N_{\mathrm{P}}})^{\mathrm{T}}\end{array}\right]^{\mathrm{T}}\\
\boldsymbol{\omega}_{\mathrm{B}}&=\left[\begin{array}{cccc}\omega_{N_{\mathrm{I}}+1} & \omega_{N_{\mathrm{I}}+2} & \cdots & \omega_{N_{\mathrm{I}}+N_{\mathrm{P}}}\end{array}\right]^{\mathrm{T}}\\
\boldsymbol{u}_{i}&=\left\{\begin{array}{c}(u_{\mathrm{x}})_{i}\\ (u_{\mathrm{y}})_{i}\end{array}\right\},\quad (i=1\sim N_{\mathrm{T}})
\end{aligned}\tag{16.53}$$

式 (16.52) 中，$\boldsymbol{U}_{\mathrm{I}},\boldsymbol{u}_{\mathrm{I}},\boldsymbol{\omega}_{\mathrm{I}}$ 分别表示包含了表征元中 N_{I} 个内部颗粒的位移 (包括线位移和角位移)、线位移和角位移的向量；$\boldsymbol{U}_{\mathrm{B}},\boldsymbol{u}_{\mathrm{B}},\boldsymbol{\omega}_{\mathrm{B}}$ 分别表示包含了表征元中 N_{B} 个周边颗粒的位移 (包括线位移和角位移)、线位移和角位移的向量。

相应于由式 (16.52) 所定义的表征元中离散颗粒集合体位移向量 $\boldsymbol{U}$，定义表征元中所有颗粒间相互接触力和接触力矩引起的作用于表征元中所有颗粒形心的合力增量和合力矩增量为内力向量增量 $\Delta\boldsymbol{F}^{\mathrm{int}}$，并表示为

$$\Delta\boldsymbol{F}^{\mathrm{int}}=\left\{\begin{array}{c}\Delta\boldsymbol{F}_{\mathrm{I}}^{\mathrm{int}}\\ \Delta\boldsymbol{F}_{\mathrm{B}}^{\mathrm{int}}\end{array}\right\},\quad \Delta\boldsymbol{F}_{1}^{\mathrm{int}}=\left\{\begin{array}{c}\Delta\boldsymbol{f}_{\mathrm{I}}^{\mathrm{int}}\\ \Delta\boldsymbol{m}_{\mathrm{I}}^{\mathrm{int}}\end{array}\right\},\quad \Delta\boldsymbol{F}_{\mathrm{B}}^{\mathrm{int}}=\left\{\begin{array}{c}\Delta\boldsymbol{f}_{\mathrm{B}}^{\mathrm{int}}\\ \Delta\boldsymbol{m}_{\mathrm{B}}^{\mathrm{int}}\end{array}\right\}\tag{16.54}$$

利用式 (16.46)，式 (16.54) 可表示为

$$\begin{aligned}\Delta \boldsymbol{F}^{\text{int}} &= A_{n=1}^{N_{\text{T}}} \Delta \boldsymbol{f}^{n} = A_{n=1}^{N_{\text{T}}} \sum_{m=1}^{N_{\text{m}}(n)} \text{H}\left(u_{\text{n}}^{nm}\right)\left(\boldsymbol{K}_{\text{e}}^{nm} \Delta \boldsymbol{u}^{nm} - \Delta \boldsymbol{f}^{nm,\text{p}}\right) \\ &= \begin{bmatrix} \boldsymbol{K}_{\text{ii}} & \boldsymbol{K}_{\text{ib}} \\ \boldsymbol{K}_{\text{bi}} & \boldsymbol{K}_{\text{bb}} \end{bmatrix} \begin{Bmatrix} \Delta \boldsymbol{U}_{\text{I}} \\ \Delta \boldsymbol{U}_{\text{B}} \end{Bmatrix} - \begin{Bmatrix} \Delta \boldsymbol{F}_{\text{I}}^{\text{int,p}} \\ \Delta \boldsymbol{F}_{\text{B}}^{\text{int,p}} \end{Bmatrix}\end{aligned} \tag{16.55}$$

式中，$A_{n=1}^{N_{\text{T}}} \Delta \boldsymbol{f}^{n}$ 表示对定义在表征元内所用 N_{T} 个颗粒的作用于每个参考颗粒 n 的颗粒间接触力 $\Delta \boldsymbol{f}^{n}$ 的组装。式 (16.55) 定义了

$$\begin{bmatrix} \boldsymbol{K}_{\text{ii}} & \boldsymbol{K}_{\text{ib}} \\ \boldsymbol{K}_{\text{bi}} & \boldsymbol{K}_{\text{bb}} \end{bmatrix} \begin{Bmatrix} \Delta \boldsymbol{U}_{\text{I}} \\ \Delta \boldsymbol{U}_{\text{B}} \end{Bmatrix} = A_{n=1}^{N_{\text{T}}} \sum_{m=1}^{N_{\text{m}}(n)} \text{H}\left(u_{\text{n}}^{nm}\right) \boldsymbol{K}_{\text{e}}^{nm} \Delta \boldsymbol{u}^{nm} \tag{16.56}$$

$$\Delta \boldsymbol{F}^{\text{int, p}} = \begin{Bmatrix} \Delta \boldsymbol{F}_{\text{I}}^{\text{int,p}} \\ \Delta \boldsymbol{F}_{\text{B}}^{\text{int,p}} \end{Bmatrix} = A_{n=1}^{N_{\text{T}}} \sum_{m=1}^{N_{\text{m}}(n)} \text{H}\left(u_{\text{n}}^{nm}\right) \Delta \boldsymbol{f}^{nm,\text{p}} \tag{16.57}$$

$\boldsymbol{K}_{\text{ii}}, \boldsymbol{K}_{\text{ib}}, \boldsymbol{K}_{\text{bi}}, \boldsymbol{K}_{\text{bb}}$ 是按离散颗粒集合体表征元的内部颗粒与周边颗粒自由度剖分而表示的表征元各子刚度矩阵。

16.3.2 作用于表征元内周边颗粒形心和周边颗粒与边界接触点的外力增量

考虑一个增量载荷步 $\Delta t = t_{\text{n+1}} - t_{\text{n}}$，并假设在 t_{n} 时刻离散颗粒集合体表征元处于平衡状态，即

$$\boldsymbol{F}^{\text{int}} + \boldsymbol{F}^{\text{ext}} = 0 \tag{16.58}$$

式中，$\boldsymbol{F}^{\text{int}}$ 排列了在 t_{n} 时刻由表征元中所有颗粒间相互接触力和接触力矩作用于表征元中所有颗粒形心的合力和合力矩；若略去作用于颗粒的体力和体力矩效应，$\boldsymbol{F}^{\text{ext}}$ 排列了在 t_{n} 时刻由表征元边界外材料通过与表征元周边颗粒的接触点作用于周边颗粒形心的接触力和接触力矩；并可表示成分块形式如下

$$\boldsymbol{F}^{\text{ext}} = \begin{Bmatrix} \boldsymbol{F}_{\text{I}}^{\text{ext}} \\ \boldsymbol{F}_{\text{B}}^{\text{ext}} \end{Bmatrix} = \begin{Bmatrix} 0 \\ \boldsymbol{F}_{\text{B}}^{\text{ext}} \end{Bmatrix} \tag{16.59}$$

因已假设在 t_{n} 时刻满足式 (16.58)，则 $t_{\text{n+1}}$ 时刻离散颗粒集合体表征元的平衡条件可表示为如下增量形式

$$\Delta \boldsymbol{F}^{\text{ext}} = -\Delta \boldsymbol{F}^{\text{int}} \tag{16.60}$$

利用式 (16.55), 式 (16.60) 可表示为

$$\Delta \boldsymbol{F}^{\mathrm{ext}}=\left\{\begin{array}{c}0\\ \Delta \boldsymbol{F}_{\mathrm{B}}^{\mathrm{ext}}\end{array}\right\}=-\left[\begin{array}{cc}\boldsymbol{K}_{\mathrm{ii}} & \boldsymbol{K}_{\mathrm{ib}}\\ \boldsymbol{K}_{\mathrm{bi}} & \boldsymbol{K}_{\mathrm{bb}}\end{array}\right]\left\{\begin{array}{c}\Delta \boldsymbol{U}_{\mathrm{I}}\\ \Delta \boldsymbol{U}_{\mathrm{B}}\end{array}\right\}+\left\{\begin{array}{c}\Delta \boldsymbol{F}_{\mathrm{I}}^{\mathrm{int,p}}\\ \Delta \boldsymbol{F}_{\mathrm{B}}^{\mathrm{int,p}}\end{array}\right\} \tag{16.61}$$

式 (16.61) 可进一步被凝聚到以周边颗粒形心位移增量 $\Delta \boldsymbol{U}_{\mathrm{B}}$ 和作用于周边颗粒形心的增量外力 $(-\Delta \boldsymbol{F}_{\mathrm{B}}^{\mathrm{ext}}+\Delta \tilde{\boldsymbol{F}}_{\mathrm{B}}^{\mathrm{int,p}})$ 之间关系表示的平衡方程

$$\boldsymbol{K}_{\mathrm{B}}\Delta \boldsymbol{U}_{\mathrm{B}}=-\Delta \boldsymbol{F}_{\mathrm{B}}^{\mathrm{ext}}+\Delta \tilde{\boldsymbol{F}}_{\mathrm{B}}^{\mathrm{int,p}} \tag{16.62}$$

式中

$$\boldsymbol{K}_{\mathrm{B}}=\boldsymbol{K}_{\mathrm{bb}}-\boldsymbol{K}_{\mathrm{bi}}\boldsymbol{K}_{\mathrm{ii}}^{-1}\boldsymbol{K}_{\mathrm{ib}} \tag{16.63}$$

$$\Delta \tilde{\boldsymbol{F}}_{\mathrm{B}}^{\mathrm{int,p}}=\Delta \boldsymbol{F}_{\mathrm{B}}^{\mathrm{int,p}}-\boldsymbol{K}_{\mathrm{bi}}\boldsymbol{K}_{\mathrm{ii}}^{-1}\Delta \boldsymbol{F}_{\mathrm{I}}^{\mathrm{int,p}} \tag{16.64}$$

式 (16.62) 表明作用于周边颗粒形心的等价外力增量来源于两部分：表征元边界外材料通过表征元边界作用于周边颗粒形心的外力增量和表征元内颗粒间耗散性相对位移增量凝聚到作用于周边颗粒形心的耗散力增量。

类似于式 (16.54) 中第三式所表示的 $\Delta \boldsymbol{F}_{\mathrm{B}}^{\mathrm{int}}$ 剖分，也可将式 (16.62) 中作用于表征元年周边颗粒形心的 $\Delta \boldsymbol{F}_{\mathrm{B}}^{\mathrm{ext}}, \Delta \tilde{\boldsymbol{F}}_{\mathrm{B}}^{\mathrm{int,p}}$ 剖分如下

$$\Delta \boldsymbol{F}_{\mathrm{B}}^{\mathrm{ext}}=\left\{\begin{array}{c}\Delta \boldsymbol{f}_{\mathrm{B}}^{\mathrm{ext}}\\ \Delta \boldsymbol{m}_{\mathrm{B}}^{\mathrm{ext}}\end{array}\right\},\quad \Delta \tilde{\boldsymbol{F}}_{\mathrm{B}}^{\mathrm{int,p}}-\left\{\begin{array}{c}\Delta \tilde{\boldsymbol{f}}_{\mathrm{B}}^{\mathrm{int,p}}\\ \Delta \tilde{\boldsymbol{m}}_{\mathrm{B}}^{\mathrm{int,p}}\end{array}\right\} \tag{16.65}$$

利用式 (16.65) 和式 (16.52) 中第三式对 $\boldsymbol{U}_{\mathrm{B}}$ 的剖分，式 (16.62) 可展开表示为

$$\left[\begin{array}{cc}\boldsymbol{K}_{\mathrm{uu}}^{\mathrm{B}} & \boldsymbol{K}_{\mathrm{u}\omega}^{\mathrm{B}}\\ \boldsymbol{K}_{\omega\mathrm{u}}^{\mathrm{B}^*} & \boldsymbol{K}_{\omega\omega}^{\mathrm{B}^*}\end{array}\right]\left\{\begin{array}{c}\Delta \boldsymbol{u}_{\mathrm{B}}\\ \Delta \boldsymbol{\omega}_{\mathrm{B}}\end{array}\right\}=-\left\{\begin{array}{c}\Delta \boldsymbol{f}_{\mathrm{B}}^{\mathrm{ext}}\\ \Delta \boldsymbol{m}_{\mathrm{B}}^{\mathrm{ext}}\end{array}\right\}+\left\{\begin{array}{c}\Delta \tilde{\boldsymbol{f}}_{\mathrm{B}}^{\mathrm{int,p}}\\ \Delta \tilde{\boldsymbol{m}}_{\mathrm{B}}^{\mathrm{int,p}}\end{array}\right\} \tag{16.66}$$

需要注意的是，$\Delta \boldsymbol{f}_{\mathrm{B}}^{\mathrm{ext}}, \Delta \boldsymbol{m}_{\mathrm{B}}^{\mathrm{ext}}$ 中所列的是施加于表征元周边颗粒形心的平移力和力矩。然而，由表征元边界外材料施加于表征元周边颗粒的平移力和力矩作用于它们与周边颗粒的接触点，而非周边颗粒形心。不过表征元边界外材料作用于周边颗粒接触点的平移力 $\Delta \boldsymbol{f}_{\mathrm{Bc}}^{\mathrm{ext}}$ 与由它转换到作用于周边颗粒形心的平移力 $\Delta \boldsymbol{f}_{\mathrm{B}}^{\mathrm{ext}}$ 恒同, 即 $\Delta \boldsymbol{f}_{\mathrm{Bc}}^{\mathrm{ext}} \equiv \Delta \boldsymbol{f}_{\mathrm{B}}^{\mathrm{ext}}$；而表征元边界外材料作用于它与周边颗粒接触点的力矩 $\Delta \boldsymbol{m}_{\mathrm{Bc}}^{\mathrm{ext}}$ 与表征元边界外材料作用于周边颗粒形心的力矩 $\Delta \boldsymbol{m}_{\mathrm{B}}^{\mathrm{ext}}$ 之间的关系可表示为

$$\Delta \boldsymbol{m}_{\mathrm{B}}^{\mathrm{ext}}=\Delta \boldsymbol{m}_{\mathrm{Bc}}^{\mathrm{ext}}+(\boldsymbol{R}^{\mathrm{c}})^{\mathrm{T}}\Delta \boldsymbol{f}_{\mathrm{B}}^{\mathrm{ext}} \tag{16.67}$$

式中，$(\boldsymbol{R}^{\mathrm{c}})^{\mathrm{T}}$ 是以如下公式定义的拟对角线矩阵 $\boldsymbol{R}^{\mathrm{c}}$ 的转置

$$\boldsymbol{R}^{\mathrm{c}} = \begin{bmatrix} \boldsymbol{R}_1^{\mathrm{c}} & 0 & 0 & 0 & 0 & 0 \\ 0 & \cdot & 0 & 0 & 0 & 0 \\ 0 & 0 & \boldsymbol{R}_i^{\mathrm{c}} & 0 & 0 & 0 \\ 0 & 0 & 0 & \cdot & 0 & 0 \\ 0 & 0 & 0 & 0 & \cdot & 0 \\ 0 & 0 & 0 & 0 & 0 & \boldsymbol{R}_{\mathrm{p}}^{\mathrm{c}} \end{bmatrix}, \quad \boldsymbol{R}_i^{\mathrm{c}} = \begin{Bmatrix} -r_{\mathrm{y}i}^{\mathrm{c}} \\ r_{\mathrm{x}i}^{\mathrm{c}} \end{Bmatrix} \tag{16.68}$$

式中，$\boldsymbol{r}_i^{\mathrm{c}} = \boldsymbol{x}_i^{\mathrm{c}} - \boldsymbol{x}_i = \begin{Bmatrix} r_{\mathrm{x}i}^{\mathrm{c}} \\ r_{\mathrm{y}i}^{\mathrm{c}} \end{Bmatrix}$ 定义为第 i 个周边颗粒与表征元外材料接触点 $\boldsymbol{x}_i^{\mathrm{c}}$ 与第 i 个周边颗粒形心坐标 $\boldsymbol{x}_i$ 的差。将式 (16.67) 代入式 (16.66) 可得到

$$\begin{bmatrix} \boldsymbol{K}_{\mathrm{uu}}^{\mathrm{B}} & \boldsymbol{K}_{\mathrm{u\omega}}^{\mathrm{B}} \\ \boldsymbol{K}_{\mathrm{\omega u}}^{\mathrm{B}} & \boldsymbol{K}_{\mathrm{\omega\omega}}^{\mathrm{B}} \end{bmatrix} \begin{Bmatrix} \Delta \boldsymbol{u}_{\mathrm{B}} \\ \Delta \boldsymbol{\omega}_{\mathrm{B}} \end{Bmatrix} = -\begin{Bmatrix} \Delta \boldsymbol{f}_{\mathrm{Bc}}^{\mathrm{ext}} \\ \Delta \boldsymbol{m}_{\mathrm{Bc}}^{\mathrm{ext}} \end{Bmatrix} + \begin{Bmatrix} \Delta \tilde{\boldsymbol{f}}_{\mathrm{B}}^{\mathrm{int,p}} \\ \Delta \tilde{\boldsymbol{m}}_{\mathrm{B}}^{\mathrm{int,p}} - (\boldsymbol{R}^{\mathrm{c}})^{\mathrm{T}} \Delta \tilde{\boldsymbol{f}}_{\mathrm{B}}^{\mathrm{int,p}} \end{Bmatrix} \tag{16.69}$$

式中

$$\boldsymbol{K}_{\mathrm{\omega u}}^{\mathrm{B}} = \boldsymbol{K}_{\mathrm{\omega u}}^{\mathrm{B}^*} - (\boldsymbol{R}^{\mathrm{c}})^{\mathrm{T}} \boldsymbol{K}_{\mathrm{uu}}^{\mathrm{B}}, \quad \boldsymbol{K}_{\mathrm{\omega\omega}}^{\mathrm{B}} = \boldsymbol{K}_{\mathrm{\omega\omega}}^{\mathrm{B}^*} - (\boldsymbol{R}^{\mathrm{c}})^{\mathrm{T}} \boldsymbol{K}_{\mathrm{u\omega}}^{\mathrm{B}} \tag{16.70}$$

$\Delta \tilde{\boldsymbol{f}}_{\mathrm{B}}^{\mathrm{int,p}}, \Delta \tilde{\boldsymbol{m}}_{\mathrm{B}}^{\mathrm{int,p}}$ 是式 (16.65) 中第二式所示的 $\Delta \tilde{\boldsymbol{F}}_{\mathrm{B}}^{\mathrm{int,p}}$ 的剖分，而 $\Delta \tilde{\boldsymbol{F}}_{\mathrm{B}}^{\mathrm{int,p}}$ 由式 (16.64) 计算确定。式 (16.64) 中 $\Delta \boldsymbol{F}_{\mathrm{I}}^{\mathrm{int,p}}, \Delta \boldsymbol{F}_{\mathrm{B}}^{\mathrm{int,p}}$ 则由式 (16.57) 确定。

注意到式 (16.69) 中所示 $\Delta \boldsymbol{u}_{\mathrm{B}}, \Delta \boldsymbol{\omega}_{\mathrm{B}}$ 是表征元周边颗粒形心的线位移和角位移增量。计算多尺度方法中由宏观 Cosserat 连续体下传应变度量指定的是表征元边界、即离散颗粒集合体周边颗粒与表征元边界接触点的线位移 $\Delta \boldsymbol{u}_{\mathrm{B}}^{\mathrm{c}}$，而非表征元周边颗粒形心的线位移 $\Delta \boldsymbol{u}_{\mathrm{B}}$。$\Delta \boldsymbol{u}_{\mathrm{B}}$ 可用 $\Delta \boldsymbol{u}_{\mathrm{B}}^{\mathrm{c}}$ 和 $\Delta \boldsymbol{\omega}_{\mathrm{B}}$ 表示为

$$\Delta \boldsymbol{u}_{\mathrm{B}} = \Delta \boldsymbol{u}_{\mathrm{B}}^{\mathrm{c}} - \boldsymbol{R}^{\mathrm{c}} \Delta \boldsymbol{\omega}_{\mathrm{B}} \tag{16.71}$$

将式 (16.71) 代入式 (16.69) 可得到通过表征元边界作用于表征元周边颗粒形心的力的增量和力矩增量如下

$$\Delta \boldsymbol{f}_{\mathrm{Bc}}^{\mathrm{ext}} = -\boldsymbol{K}_{\mathrm{uu}}^{\mathrm{B}} \Delta \boldsymbol{u}_{\mathrm{B}}^{\mathrm{c}} - \boldsymbol{K}_{\mathrm{u\omega}}^{\mathrm{Bc}} \Delta \boldsymbol{\omega}_{\mathrm{B}} + \Delta \tilde{\boldsymbol{f}}_{\mathrm{B}}^{\mathrm{int,p}} \tag{16.72}$$

$$\Delta \boldsymbol{m}_{\mathrm{Bc}}^{\mathrm{ext}} = -\boldsymbol{K}_{\mathrm{\omega u}}^{\mathrm{B}} \Delta \boldsymbol{u}_{\mathrm{B}}^{\mathrm{c}} - \boldsymbol{K}_{\mathrm{\omega\omega}}^{\mathrm{Bc}} \Delta \boldsymbol{\omega}_{\mathrm{B}} + \left(\Delta \tilde{\boldsymbol{m}}_{\mathrm{B}}^{\mathrm{int,p}} - (\boldsymbol{R}^{\mathrm{c}})^{\mathrm{T}} \Delta \tilde{\boldsymbol{f}}_{\mathrm{B}}^{\mathrm{int,p}} \right) \tag{16.73}$$

式中

$$\boldsymbol{K}_{\mathrm{u\omega}}^{\mathrm{Bc}} = \boldsymbol{K}_{\mathrm{u\omega}}^{\mathrm{B}} - \boldsymbol{K}_{\mathrm{uu}}^{\mathrm{B}} \boldsymbol{R}^{\mathrm{c}}, \quad \boldsymbol{K}_{\mathrm{\omega\omega}}^{\mathrm{Bc}} = \boldsymbol{K}_{\mathrm{\omega\omega}}^{\mathrm{B}} - \boldsymbol{K}_{\mathrm{\omega u}}^{\mathrm{B}} \boldsymbol{R}^{\mathrm{c}} \tag{16.74}$$

由式 (16.72) 和式 (16.73) 可分别提取它们的子向量，即表征元外部材料作用于它与表征元第个周边颗粒接触点的外力增量 $\Delta \boldsymbol{f}_{\mathrm{c},i}^{\mathrm{ext}}$ 和外力矩增量 $\Delta m_{\mathrm{c},i}^{\mathrm{ext}}\ (i=1\sim N_{\mathrm{p}})$ 可表示为

$$\Delta \boldsymbol{f}_{\mathrm{c},i}^{\mathrm{ext}}=-\sum_{j=1}^{N_{\mathrm{p}}}\left[\left(\boldsymbol{K}_{\mathrm{uu}}^{\mathrm{B}}\right)_{ij}\left(\Delta \boldsymbol{u}_{\mathrm{B}}^{\mathrm{c}}\right)_{j}+\left(\boldsymbol{K}_{\mathrm{u}\omega}^{\mathrm{Bc}}\right)_{ij}\left(\Delta \boldsymbol{\omega}_{\mathrm{B}}\right)_{j}\right]+\Delta \tilde{\boldsymbol{f}}_{i}^{\mathrm{int,p}} \tag{16.75}$$

$$\Delta m_{\mathrm{c},i}^{\mathrm{ext}}=-\sum_{j=1}^{N_{\mathrm{p}}}\left[\left(\boldsymbol{K}_{\omega\mathrm{u}}^{\mathrm{B}}\right)_{ij}\left(\Delta \boldsymbol{u}_{\mathrm{B}}^{\mathrm{c}}\right)_{j}+\left(\boldsymbol{K}_{\omega\omega}^{\mathrm{Bc}}\right)_{ij}\left(\Delta \boldsymbol{\omega}_{\mathrm{B}}\right)_{j}\right]+\Delta \tilde{m}_{i}^{\mathrm{int,p}}-\left(\boldsymbol{R}_{i}^{\mathrm{c}}\right)^{\mathrm{T}}\Delta \tilde{\boldsymbol{f}}_{i}^{\mathrm{int,p}} \tag{16.76}$$

注意式 (16.76) 中 $\left(\boldsymbol{R}_{i}^{\mathrm{c}}\right)^{\mathrm{T}}\Delta \tilde{\boldsymbol{f}}_{i}^{\mathrm{int,p}}$ 项没有对下标 i 求和。

在一阶计算均匀化方案中，由宏观 Cosserat 连续体在有限元网格积分点处按式 (16.32) 和式 (16.33) 所示的混合边界条件 I 下传 $\Delta \boldsymbol{u}_{\mathrm{B}}^{\mathrm{c}}$ 和 $\Delta \boldsymbol{m}_{\mathrm{Bc}}^{\mathrm{ext}}$，式 (16.72) 和式 (16.73) 可改写为

$$\begin{aligned}\Delta \boldsymbol{f}_{\mathrm{Bc}}^{\mathrm{ext}}=&-\left(\boldsymbol{K}_{\mathrm{uu}}^{\mathrm{B}}-\boldsymbol{K}_{\mathrm{u}\omega}^{\mathrm{Bc}}\left(\boldsymbol{K}_{\omega\omega}^{\mathrm{Bc}}\right)^{-1}\boldsymbol{K}_{\omega\mathrm{u}}^{\mathrm{B}}\right)\Delta \boldsymbol{u}_{\mathrm{B}}^{\mathrm{c}}+\boldsymbol{K}_{\mathrm{u}\omega}^{\mathrm{Bc}}\left(\boldsymbol{K}_{\omega\omega}^{\mathrm{Bc}}\right)^{-1}\Delta \boldsymbol{m}_{\mathrm{Bc}}^{\mathrm{ext}}\\&-\boldsymbol{K}_{\mathrm{u}\omega}^{\mathrm{Bc}}\left(\boldsymbol{K}_{\omega\omega}^{\mathrm{Bc}}\right)^{-1}\left(\Delta \tilde{\boldsymbol{m}}_{\mathrm{B}}^{\mathrm{int,p}}-\left(\boldsymbol{R}^{\mathrm{c}}\right)^{\mathrm{T}}\Delta \tilde{\boldsymbol{f}}_{\mathrm{B}}^{\mathrm{int,p}}\right)+\Delta \tilde{\boldsymbol{f}}_{\mathrm{B}}^{\mathrm{int,p}}\end{aligned} \tag{16.77}$$

$$\Delta \boldsymbol{\omega}_{\mathrm{B}}=\left(\boldsymbol{K}_{\omega\omega}^{\mathrm{Bc}}\right)^{-1}\left(-\boldsymbol{K}_{\omega\mathrm{u}}^{\mathrm{B}}\Delta \boldsymbol{u}_{\mathrm{B}}^{\mathrm{c}}-\Delta \boldsymbol{m}_{\mathrm{Bc}}^{\mathrm{ext}}\right)+\left(\boldsymbol{K}_{\omega\omega}^{\mathrm{Bc}}\right)^{-1}\left(\Delta \tilde{\boldsymbol{m}}_{\mathrm{B}}^{\mathrm{int,p}}-\left(\boldsymbol{R}^{\mathrm{c}}\right)^{\mathrm{T}}\Delta \tilde{\boldsymbol{f}}_{\mathrm{B}}^{\mathrm{int,p}}\right) \tag{16.78}$$

或简约地表示为

$$\Delta \boldsymbol{f}_{\mathrm{Bc}}^{\mathrm{ext}}=\boldsymbol{K}_{\mathrm{fu}}\Delta \boldsymbol{u}_{\mathrm{B}}^{\mathrm{c}}+\boldsymbol{C}_{\mathrm{fm}}\Delta \boldsymbol{m}_{\mathrm{Bc}}^{\mathrm{ext}}+\Delta \boldsymbol{f}_{\mathrm{Bc}}^{\mathrm{ext,p}} \tag{16.79}$$

$$\Delta \boldsymbol{\omega}_{\mathrm{B}}=\boldsymbol{C}_{\omega\mathrm{u}}\Delta \boldsymbol{u}_{\mathrm{B}}^{\mathrm{c}}+\boldsymbol{L}_{\omega\mathrm{m}}\Delta \boldsymbol{m}_{\mathrm{Bc}}^{\mathrm{ext}}+\Delta \boldsymbol{\omega}_{\mathrm{B}}^{\mathrm{p}} \tag{16.80}$$

式中

$$\boldsymbol{K}_{\mathrm{fu}}=-\left(\boldsymbol{K}_{\mathrm{uu}}^{\mathrm{B}}-\boldsymbol{K}_{\mathrm{u}\omega}^{\mathrm{Bc}}\left(\boldsymbol{K}_{\omega\omega}^{\mathrm{Bc}}\right)^{-1}\boldsymbol{K}_{\omega\mathrm{u}}^{\mathrm{B}}\right),\quad \boldsymbol{C}_{\mathrm{fm}}=\boldsymbol{K}_{\mathrm{u}\omega}^{\mathrm{Bc}}\left(\boldsymbol{K}_{\omega\omega}^{\mathrm{Bc}}\right)^{-1} \tag{16.81}$$

$$\Delta \boldsymbol{f}_{\mathrm{Bc}}^{\mathrm{ext,p}}=-\boldsymbol{K}_{\mathrm{u}\omega}^{\mathrm{Bc}}\left(\boldsymbol{K}_{\omega\omega}^{\mathrm{Bc}}\right)^{-1}\left(\Delta \tilde{\boldsymbol{m}}_{\mathrm{B}}^{\mathrm{int,p}}-\left(\boldsymbol{R}^{\mathrm{c}}\right)^{\mathrm{T}}\Delta \tilde{\boldsymbol{f}}_{\mathrm{B}}^{\mathrm{int,p}}\right)+\Delta \tilde{\boldsymbol{f}}_{\mathrm{B}}^{\mathrm{int,p}} \tag{16.82}$$

$$\boldsymbol{C}_{\omega\mathrm{u}}=-\left(\boldsymbol{K}_{\omega\omega}^{\mathrm{Bc}}\right)^{-1}\boldsymbol{K}_{\omega\mathrm{u}}^{\mathrm{B}},\quad \boldsymbol{L}_{\omega\mathrm{m}}=-\left(\boldsymbol{K}_{\omega\omega}^{\mathrm{Bc}}\right)^{-1} \tag{16.83}$$

$$\Delta \boldsymbol{\omega}_{\mathrm{B}}^{\mathrm{p}}=\left(\boldsymbol{K}_{\omega\omega}^{\mathrm{Bc}}\right)^{-1}\left(\Delta \tilde{\boldsymbol{m}}_{\mathrm{B}}^{\mathrm{int,p}}-\left(\boldsymbol{R}^{\mathrm{c}}\right)^{\mathrm{T}}\Delta \tilde{\boldsymbol{f}}_{\mathrm{B}}^{\mathrm{int,p}}\right) \tag{16.84}$$

16.4 基于离散介观结构和力学响应信息的宏观 Cosserat 连续体一致性切线模量

在设置有离散颗粒集合体表征元的宏观 Cosserat 连续体有限元积分点上，按式 (16.32) 和式 (16.33) 描述的下传法则，由该积分点的宏观 Cosserat 连续体的位移梯度 $\bar{u}_{i,j}$ 和偶应力 $\bar{\mu}_{ji}$ 分别指定表征元各周边颗粒与表征元边界接触点处的位移 $(u_i^{\mathrm{c}})_{\mathrm{b}}$ 和力矩 $(m_i^{\mathrm{c}})_{\mathrm{b}}$。利用标准的离散元法（Li et al., 2005）求解由此混合边界条件指定的表征元边值问题所得计算结果可以确定为计算式 (16.42) 和式 (16.43) 所示离散颗粒集合体的 Cauchy 应力和微曲率体积平均所需离散颗粒集合体所有周边颗粒的 $\boldsymbol{x}_i^{\mathrm{c}}, \boldsymbol{f}_i^{\mathrm{c}}, \boldsymbol{n}_i^{\mathrm{c}}, \omega_i^{\mathrm{c}}, \Delta S_i\,(i=1\sim N_{\mathrm{c}})$ 和变形后的表征元体积 V。计算表征元的 Cauchy 应力和微曲率的体积平均并上传到宏观 Cosserat 连续体的有限元网格积分点是计算均匀化方法中信息上传的第一部分。本节将讨论信息上传的第二部分：推导基于表征元离散介观结构和力学响应信息的宏观 Cosserat 连续体在有限元网格积分点的一致性切线模量。

16.4.1 关于宏观 Cauchy 应力率的一致性切线弹性模量张量

式 (16.44) 显示宏观 Cauchy 应力率 $\dot{\bar{\boldsymbol{\sigma}}}$ 依赖于变化率 $\mathrm{d}\left(\dfrac{1}{V}\right), \dot{\boldsymbol{x}}_i^{\mathrm{c}}, \dot{\boldsymbol{f}}_i^{\mathrm{c}}(i=1\sim N_{\mathrm{c}})$，即

$$\langle\dot{\boldsymbol{\sigma}}\rangle=\dot{\bar{\boldsymbol{\sigma}}}=\mathrm{d}\left(\frac{1}{V}\right)\sum_{i=1}^{N_{\mathrm{c}}}\boldsymbol{x}_i^{\mathrm{c}}\otimes\boldsymbol{f}_i^{\mathrm{c}}+\frac{1}{V}\sum_{i=1}^{N_{\mathrm{c}}}\dot{\boldsymbol{x}}_i^{\mathrm{c}}\otimes\boldsymbol{f}_i^{\mathrm{c}}+\frac{1}{V}\sum_{i=1}^{N_{\mathrm{c}}}\boldsymbol{x}_i^{\mathrm{c}}\otimes\dot{\boldsymbol{f}}_i^{\mathrm{c}} \tag{16.44}$$

为导出关于宏观 Cauchy 应力率 $\dot{\bar{\boldsymbol{\sigma}}}$ 的率型本构关系与相应的本构模量张量，需首先分别导出的 $\mathrm{d}\left(\dfrac{1}{V}\right), \dot{\boldsymbol{x}}_i^{\mathrm{c}}, \dot{\boldsymbol{f}}_i^{\mathrm{c}}\,(i=1\sim N_{\mathrm{c}})$ 表达式。

- $\mathrm{d}\left(\dfrac{1}{V}\right)\displaystyle\sum_{i=1}^{N_{\mathrm{c}}}\boldsymbol{x}_i^{\mathrm{c}}\otimes\boldsymbol{f}_i^{\mathrm{c}}$ 的表达式

$$\mathrm{d}\left(\frac{1}{V}\right)=-\frac{\mathrm{d}V}{V^2}=-\frac{1}{V^2}V\,\mathrm{tr}\,\dot{\bar{\boldsymbol{\Gamma}}} \tag{16.85}$$

式中，宏观位移梯度变化率张量定义为

$$\dot{\bar{\boldsymbol{\Gamma}}}=\dot{\bar{\Gamma}}_{ji}=\dot{\bar{u}}_{i,j} \tag{16.86}$$

$\mathrm{tr}\,\dot{\bar{\boldsymbol{\Gamma}}}$ 为二阶张量 $\dot{\bar{\boldsymbol{\Gamma}}}$ 的迹。利用式 (16.85) 和式 (16.42)，可表示

$$\mathrm{d}\left(\frac{1}{V}\right)\sum_{i=1}^{N_{\mathrm{c}}}\boldsymbol{x}_i^{\mathrm{c}}\otimes\boldsymbol{f}_i^{\mathrm{c}}=-\frac{1}{V^2}V\,\mathrm{tr}\,\dot{\bar{\boldsymbol{\Gamma}}}V\bar{\boldsymbol{\sigma}}=-(\bar{\boldsymbol{\sigma}}\otimes\boldsymbol{I}):\dot{\bar{\boldsymbol{\Gamma}}} \tag{16.87}$$

• $\frac{1}{V}\sum_{i=1}^{N_c}\dot{\boldsymbol{x}}_i^c\otimes\boldsymbol{f}_i^c$ 的表达式

利用式 (16.32) 和式 (16.86) 所定义的位移梯度变化率张量 $\dot{\boldsymbol{\Gamma}}$, 并用 $\boldsymbol{u}_i^c$ 表示式 (16.32) 中的 $\boldsymbol{u}_b^c$，可表示

$$\dot{\boldsymbol{x}}_i^c=\dot{\boldsymbol{u}}_i^c=\dot{\Gamma}_{ab}\left(x_a^c\right)_i\boldsymbol{e}_b=\dot{\Gamma}_{ab}\left(x_a^c\right)_i\boldsymbol{e}_d\delta_{bd}=\dot{\Gamma}_{ab}(x_a^c)_ie_b \tag{16.88}$$

式中，$\boldsymbol{e}_b$ 或 $\boldsymbol{e}_d$ 表示沿全局笛卡儿坐标轴的单位向量，δ_{bd} 是 Kronecker-Delta 函数，注意到 $\dot{\Gamma}_{ab}$ 可表示为

$$\dot{\Gamma}_{ab}=\boldsymbol{e}_a\otimes\boldsymbol{e}_b:\dot{\boldsymbol{\Gamma}} \tag{16.89}$$

我们可推导得到

$$\begin{aligned}\frac{1}{V}\sum_{i=1}^{N_c}\dot{\boldsymbol{x}}_i^c\otimes\boldsymbol{f}_i^c&=\frac{1}{V}\sum_{i=1}^{N_c}\left(x_a^c\right)_i\delta_{bd}\left(f_c^c\right)_i\boldsymbol{e}_d\otimes\boldsymbol{e}_c\dot{\Gamma}_{ab}\\&=\frac{1}{V}\sum_{i=1}^{N_c}\left(x_a^c\right)_i\delta_{bd}\left(f_c^c\right)_i\boldsymbol{e}_d\otimes\boldsymbol{e}_c\otimes\boldsymbol{e}_a\otimes\boldsymbol{e}_b:\dot{\boldsymbol{\Gamma}}\\&=\frac{1}{V}\sum_{i=1}^{N_c}\left(\boldsymbol{D}_\sigma^{\Gamma1}\right)_i:\dot{\Gamma}\end{aligned} \tag{16.90}$$

式中

$$\left(\boldsymbol{D}_\sigma^{\Gamma1}\right)_i=\left(x_c^c\right)_i\delta_{da}\left(f_b^c\right)_i\boldsymbol{e}_a\otimes\boldsymbol{e}_b\otimes\boldsymbol{e}_c\otimes\boldsymbol{e}_d \tag{16.91}$$

• $\frac{1}{V}\sum_{i=1}^{N_c}\boldsymbol{x}_i^c\otimes\dot{\boldsymbol{f}}_i^c$ 的表达式

$\dot{\boldsymbol{f}}_i^c$ 是式 (16.79) 表示的增量形式向量 $\Delta\boldsymbol{f}_{\mathrm{Bc}}^{\mathrm{ext}}$ 中所列的第 i 个子向量的率形式，即

$$\dot{\boldsymbol{f}}_i^c=\left(\boldsymbol{K}_{\mathrm{fu}}\right)_{ij}\left(\dot{\boldsymbol{u}}_{\mathrm{B}}^c\right)_j+\left(\boldsymbol{C}_{\mathrm{fm}}\right)_{ij}\left(\dot{\boldsymbol{m}}_{\mathrm{Bc}}^{\mathrm{ext}}\right)_j+\left(\dot{\boldsymbol{f}}_{\mathrm{Bc}}^{\mathrm{ext,p}}\right)_i \tag{16.92}$$

式中，$\left(\boldsymbol{K}_{\mathrm{fu}}\right)_{ij},\left(\boldsymbol{C}_{\mathrm{fm}}\right)_{ij}$ 分别是分块表示的矩阵 $\boldsymbol{K}_{\mathrm{fu}},\boldsymbol{C}_{\mathrm{fm}}$ 的第 i 行第 j 列子矩阵；$\left(\dot{\boldsymbol{u}}_{\mathrm{B}}^c\right)_j,\left(\dot{\boldsymbol{m}}_{\mathrm{Bc}}^{\mathrm{ext}}\right)_j$ 是分块表示的向量 $\dot{\boldsymbol{u}}_{\mathrm{B}}^c,\dot{\boldsymbol{m}}_{\mathrm{Bc}}^{\mathrm{ext}}$ 的第 j 个子向量，分别简化表示为 $\dot{\boldsymbol{u}}_j^c,\boldsymbol{m}_j^c$；$\left(\dot{\boldsymbol{f}}_{\mathrm{Bc}}^{\mathrm{ext,p}}\right)_i$ 是分块表示的向量 $\dot{f}_{\mathrm{Bc}}^{\mathrm{ext,p}}$ 的第 i 个子向量。基于式 (16.92), $\frac{1}{V}\sum_{i=1}^{N_c}\boldsymbol{x}_i^c\otimes\dot{\boldsymbol{f}}_i^c$ 将可表示为三部分之和，它们可分别推导如下：

$$(1)\quad \frac{1}{V}\sum_{i=1}^{N_{\mathrm{c}}}\sum_{j=1}^{N_{\mathrm{p}}}\boldsymbol{x}_i^{\mathrm{c}}\otimes(\boldsymbol{K}_{\mathrm{fu}})_{ij}\,\dot{\boldsymbol{u}}_j^{\mathrm{c}}$$

$$=\frac{1}{V}\sum_{i=1}^{N_{\mathrm{c}}}\sum_{j=1}^{N_{\mathrm{p}}}(x_a^{\mathrm{c}})_i\,\boldsymbol{e}_a\otimes\left([K_{\mathrm{fu}}]_{bk}\,\boldsymbol{e}_b\otimes\boldsymbol{e}_k\right)_{ij}\dot{\bar{\varGamma}}_{cd}\,(x_c^{\mathrm{c}})_j\,\boldsymbol{e}_d$$

$$=\frac{1}{V}\sum_{i=1}^{N_{\mathrm{c}}}\sum_{j=1}^{N_{\mathrm{p}}}(x_a^{\mathrm{c}})_i\,\boldsymbol{e}_a\otimes\left([K_{\mathrm{fu}}]_{bd}\right)_{ij}(x_c^{\mathrm{c}})_j\,\boldsymbol{e}_b\otimes\boldsymbol{e}_c\otimes\boldsymbol{e}_d:\dot{\bar{\boldsymbol{\varGamma}}}$$

$$=\frac{1}{V}\sum_{i=1}^{N_{\mathrm{c}}}\sum_{j=1}^{N_{\mathrm{p}}}(x_a^{\mathrm{c}})_i\left([K_{\mathrm{fu}}]_{bd}\right)_{ij}(x_c^{\mathrm{c}})_j\,\boldsymbol{e}_a\otimes\boldsymbol{e}_b\otimes\boldsymbol{e}_c\otimes\boldsymbol{e}_d:\dot{\bar{\boldsymbol{\varGamma}}}$$

$$=\frac{1}{V}\sum_{i=1}^{N_{\mathrm{c}}}\sum_{j=1}^{N_{\mathrm{p}}}\left(\boldsymbol{D}_{\sigma}^{\Gamma 2}\right)_{ij}:\dot{\bar{\boldsymbol{\varGamma}}}\tag{16.93}$$

式中 $([K_{\mathrm{fu}}]_{bd})_{ij}$ 是子张量 $([\boldsymbol{K}_{\mathrm{fu}}])_{ij}$ 参考标准正交基 $\boldsymbol{e}_b\otimes\boldsymbol{e}_d$ 的分量表示，即 $([\boldsymbol{K}_{\mathrm{fu}}])_{ij}=([K_{\mathrm{fu}}]_{bd})_{ij}\boldsymbol{e}_b\otimes\boldsymbol{e}_d$（以后公式中类似符号也以同样方式解读），以及

$$\left(\boldsymbol{D}_{\sigma}^{\Gamma 2}\right)_{ij}=(x_a^{\mathrm{c}})_i\left([K_{\mathrm{fu}}]_{bd}\right)_{ij}(x_c^{\mathrm{c}})_j\,\boldsymbol{e}_a\otimes\boldsymbol{e}_b\otimes\boldsymbol{e}_c\otimes\boldsymbol{e}_d\tag{16.94}$$

$$(2)\quad \frac{1}{V}\sum_{i=1}^{N_{\mathrm{c}}}\sum_{j=1}^{N_{\mathrm{p}}}\boldsymbol{x}_i^{\mathrm{c}}\otimes(\boldsymbol{C}_{\mathrm{fm}})_{ij}\left(\dot{\boldsymbol{m}}_{\mathrm{Bc}}^{\mathrm{ext}}\right)_j$$

注意到在二维 Cosserat 连续体框架下，表示向量 $\dot{\boldsymbol{m}}_{\mathrm{Bc}}^{\mathrm{ext}}$ 的第 j 个子向量的 $(\dot{\boldsymbol{m}}_{\mathrm{Bc}}^{\mathrm{ext}})_j$ 退化为一个标量，偶应力二阶张量率 $\dot{\bar{\mu}}$ 退化为偶应力向量率。为计算上式所需的 $(\dot{\boldsymbol{m}}_{\mathrm{Bc}}^{\mathrm{ext}})_j=\dot{\boldsymbol{m}}_j^{\mathrm{c}}=\dot{\bar{\boldsymbol{\mu}}}\cdot\boldsymbol{n}_j^{\mathrm{c}}\Delta S_j$ 退化地表示为

$$\left(\dot{m}_{\mathrm{Bc}}^{\mathrm{ext}}\right)_j=\dot{m}_j^{\mathrm{c}}=\boldsymbol{n}_j^{\mathrm{c}}\cdot\dot{\bar{\boldsymbol{\mu}}}\Delta S_j=\Delta S_j\,(n_c^{\mathrm{c}})_j\,\boldsymbol{e}_c\cdot\dot{\bar{\boldsymbol{\mu}}}\tag{16.95}$$

利用式 (16.95)，注意到在二维 Cosserat 连续体中 $(\boldsymbol{C}_{\mathrm{fm}})_{ij}$ 由二阶张量退化为向量，可以表示

$$\frac{1}{V}\sum_{i=1}^{N_{\mathrm{c}}}\sum_{j=1}^{N_{\mathrm{p}}}\boldsymbol{x}_i^{\mathrm{c}}\otimes(\boldsymbol{C}_{\mathrm{fm}})_{ij}\left(\dot{\boldsymbol{m}}_{\mathrm{Bc}}^{\mathrm{ext}}\right)_j$$

$$=\frac{1}{V}\sum_{i=1}^{N_{\mathrm{c}}}\sum_{j=1}^{N_{\mathrm{p}}}\boldsymbol{x}_i^{\mathrm{c}}\otimes(\boldsymbol{C}_{\mathrm{fm}})_{ij}\otimes\Delta S_j\,(n_c^{\mathrm{c}})_j\,\boldsymbol{e}_c\cdot\dot{\bar{\boldsymbol{\mu}}}$$

$$=\frac{1}{V}\sum_{i=1}^{N_{\rm c}}\sum_{j=1}^{N_{\rm p}}\left(x_a^{\rm c}\right)_i\left(\left[C_{\rm fm}\right]_b\right)_{ij}\left(n_c^{\rm c}\right)_j\Delta S_j\boldsymbol{e}_a\otimes\boldsymbol{e}_b\otimes\boldsymbol{e}_c\cdot\dot{\overline{\boldsymbol{\mu}}}$$

$$=\frac{1}{V}\sum_{i=1}^{N_{\rm c}}\sum_{j=1}^{N_{\rm p}}\left(\boldsymbol{D}_\sigma^\mu\right)_{ij}\cdot\dot{\overline{\boldsymbol{\mu}}}\tag{16.96}$$

式中

$$\left(\boldsymbol{D}_\sigma^\mu\right)_{ij}=\left(x_a^{\rm c}\right)_i\left(\left[C_{\rm fm}\right]_b\right)_{ij}\left(n_c^{\rm c}\right)_j\Delta S_j\boldsymbol{e}_a\otimes\boldsymbol{e}_b\otimes\boldsymbol{e}_c\tag{16.97}$$

（3）记

$$\frac{1}{V}\sum_{i=1}^{N_{\rm c}}\boldsymbol{x}_i^{\rm c}\otimes\left(\dot{\boldsymbol{f}}_{\rm Bc}^{\rm ext,p}\right)_i=\dot{\overline{\boldsymbol{\sigma}}}^{\rm p*}\tag{16.98}$$

利用上面式 (16.85) ~ 式 (16.98) 的推导 (李锡夔等，2015)，由式 (16.44) 所给出的宏观 Cauchy 应力张量率 $\dot{\overline{\boldsymbol{\sigma}}}$ 可表示为

$$\begin{aligned}\langle\dot{\boldsymbol{\sigma}}\rangle=\dot{\overline{\boldsymbol{\sigma}}}&=-(\overline{\boldsymbol{\sigma}}\otimes\boldsymbol{I}):\dot{\overline{\boldsymbol{\Gamma}}}+\frac{1}{V}\sum_{i=1}^{N_{\rm c}}\left(\boldsymbol{D}_\sigma^{\Gamma1}\right)_i:\dot{\overline{\boldsymbol{\Gamma}}}\\&\quad+\frac{1}{V}\sum_{i=1}^{N_{\rm c}}\sum_{j=1}^{N_{\rm p}}\left(\boldsymbol{D}_\sigma^{\Gamma2}\right)_{ij}:\dot{\overline{\boldsymbol{\Gamma}}}+\frac{1}{V}\sum_{i=1}^{N_{\rm c}}\sum_{j=1}^{N_{\rm p}}\left(\boldsymbol{D}_\sigma^{\mu}\right)_{ij}\cdot\dot{\overline{\boldsymbol{\mu}}}+\dot{\overline{\boldsymbol{\sigma}}}^{\rm p*}\\&=\boldsymbol{D}_{\sigma\Gamma}^*:\dot{\overline{\boldsymbol{\Gamma}}}+\boldsymbol{D}_{\sigma\mu}\cdot\dot{\overline{\boldsymbol{\mu}}}+\dot{\overline{\boldsymbol{\sigma}}}^{\rm p*}\end{aligned}\tag{16.99}$$

式中，四阶弹性模量张量 $\boldsymbol{D}_{\sigma\Gamma}^*$ 和三阶弹性模量张量 $\boldsymbol{D}_{\sigma\mu}$ 分别可表示为

$$\boldsymbol{D}_{\sigma\Gamma}^*=-(\overline{\boldsymbol{\sigma}}\otimes\boldsymbol{I})+\frac{1}{V}\sum_{i=1}^{N_{\rm c}}\left(\boldsymbol{D}_\sigma^{\Gamma1}\right)_i+\frac{1}{V}\sum_{i=1}^{N_{\rm c}}\sum_{j=1}^{N_{\rm p}}\left(\boldsymbol{D}_\sigma^{\Gamma2}\right)_{ij}\tag{16.100}$$

$$\boldsymbol{D}_{\sigma\mu}=\frac{1}{V}\sum_{i=1}^{N_{\rm c}}\sum_{j=1}^{N_{\rm p}}\left(\boldsymbol{D}_\sigma^{\mu}\right)_{ij}\tag{16.101}$$

16.4.2 关于宏观微曲率的一致性切线弹性模量张量

式 (16.45) 显示宏观微曲率 $\dot{\overline{\boldsymbol{\kappa}}}$ 依赖于变化率 $\mathrm{d}\left(\dfrac{1}{V}\right)$，$\dot{\boldsymbol{n}}_i^{\rm c},\dot{\omega}_i^{\rm c}\ (i=1\sim N_{\rm c})$，即

$$\langle\dot{\boldsymbol{\kappa}}\rangle=\dot{\overline{\boldsymbol{\kappa}}}=\mathrm{d}\left(\frac{1}{V}\right)\sum_{i=1}^{N_{\rm c}}\boldsymbol{n}_i^{\rm c}\otimes\omega_i^{\rm c}\Delta S_i+\frac{1}{V}\sum_{i=1}^{N_{\rm c}}\dot{\boldsymbol{n}}_i^{\rm c}\otimes\omega_i^{\rm c}\Delta S_i+\frac{1}{V}\sum_{i=1}^{N_{\rm c}}\boldsymbol{n}_i^{\rm c}\otimes\dot{\omega}_i^{\rm c}\Delta S_i\tag{16.45}$$

为导出关于宏观微曲率的一致性切线弹性模量张量需分别导出式 (16.45) 右端三项的表达式。

• $\mathrm{d}\left(\dfrac{1}{V}\right)\sum_{i=1}^{N_\mathrm{c}}\boldsymbol{n}_i^\mathrm{c}\otimes\omega_i^\mathrm{c}\Delta S_i$ 的表达式

利用由式 (16.43) 所定义的宏观微曲率 $\overline{\boldsymbol{\kappa}}$, 可表示

$$\mathrm{d}\left(\frac{1}{V}\right)\sum_{i=1}^{N_\mathrm{c}}\boldsymbol{n}_i^\mathrm{c}\otimes\omega_i^\mathrm{c}\Delta S_i=-(\overline{\boldsymbol{\kappa}}\otimes\boldsymbol{I}):\dot{\overline{\boldsymbol{\Gamma}}} \tag{16.102}$$

• $\dfrac{1}{V}\sum_{i=1}^{N_\mathrm{c}}\dot{\boldsymbol{n}}_i^\mathrm{c}\otimes\omega_i^\mathrm{c}\Delta S_i$ 和 $\dfrac{1}{V}\sum_{i=1}^{N_\mathrm{c}}\boldsymbol{n}_i^\mathrm{c}\otimes\dot{\omega}_i^\mathrm{c}\Delta S_i$ 的表达式

第 i 个周边颗粒与表征元边界接触点处的单位法向量 $\boldsymbol{n}_i^\mathrm{c}$，如图 16.6 所示，可定义为

$$\boldsymbol{n}_i^\mathrm{c}=\frac{\boldsymbol{r}_i^\mathrm{c}}{\left\|\boldsymbol{r}_i^\mathrm{c}\right\|}=\frac{\boldsymbol{x}_i^\mathrm{c}-\boldsymbol{x}_i}{\left(\left(\boldsymbol{r}_i^\mathrm{c}\right)^\mathrm{T}\boldsymbol{r}_i^\mathrm{c}\right)^{1/2}} \tag{16.103}$$

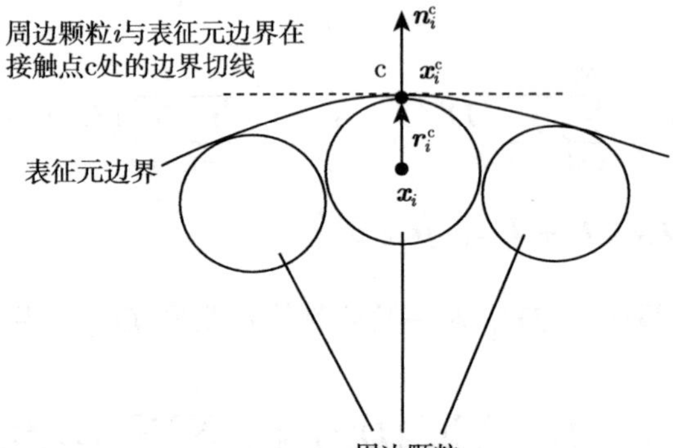

图 16.6 第 i 个周边颗粒与表征元边界在接触点处的单位法向量

式中，$\boldsymbol{r}_i^\mathrm{c}$ 是由第 i 个周边颗粒形心 $\boldsymbol{x}_i$ 和它与边界接触点 $\boldsymbol{x}_i^\mathrm{c}$ 连线表示的半径向量，$\left\|\boldsymbol{r}_i^\mathrm{c}\right\|$ 是它的模。它的变化率可表示为

$$\dot{\boldsymbol{n}}_i^\mathrm{c}=\frac{\dot{\boldsymbol{r}}_i^\mathrm{c}\left\|\boldsymbol{r}_i^\mathrm{c}\right\|-\boldsymbol{r}_i^\mathrm{c}\left\|\dot{\boldsymbol{r}}_i^\mathrm{c}\right\|}{\left\|\boldsymbol{r}_i^\mathrm{c}\right\|\left\|\boldsymbol{r}_i^\mathrm{c}\right\|} \tag{16.104}$$

式中

$$\left\|\dot{\boldsymbol{r}}_i^\mathrm{c}\right\|=\frac{1}{2\left(\left(\boldsymbol{r}_i^\mathrm{c}\right)^\mathrm{T}\boldsymbol{r}_i^\mathrm{c}\right)^{1/2}}2\left(\boldsymbol{r}_i^\mathrm{c}\right)^\mathrm{T}\dot{\boldsymbol{r}}_i^\mathrm{c}=\frac{1}{\left\|\boldsymbol{r}_i^\mathrm{c}\right\|}\left(\boldsymbol{r}_i^\mathrm{c}\right)^\mathrm{T}\dot{\boldsymbol{r}}_i^\mathrm{c} \tag{16.105}$$

将式 (16.105) 代入式 (16.104)，并利用式 (16.71) 和式 (16.68), 可得到

$$
\begin{aligned}
\dot{\boldsymbol{n}}_i^{\mathrm{c}} &= \frac{\dot{\boldsymbol{r}}_i^{\mathrm{c}}}{\|\boldsymbol{r}_i^{\mathrm{c}}\|} - \frac{1}{\|\boldsymbol{r}_i^{\mathrm{c}}\|}\boldsymbol{n}_i^{\mathrm{c}} \otimes \boldsymbol{n}_i^{\mathrm{c}} \dot{\boldsymbol{r}}_i^{\mathrm{c}} \\
&= \frac{1}{\|\boldsymbol{r}_i^{\mathrm{c}}\|}\left(\boldsymbol{I} - \boldsymbol{n}_i^{\mathrm{c}} \otimes \boldsymbol{n}_i^{\mathrm{c}}\right)\left(\dot{\boldsymbol{x}}_i^{\mathrm{c}} - \dot{\boldsymbol{x}}_i\right) \\
&= \frac{1}{\|\boldsymbol{r}_i^{\mathrm{c}}\|}\left(\boldsymbol{I} - \boldsymbol{n}_i^{\mathrm{c}} \otimes \boldsymbol{n}_i^{\mathrm{c}}\right)\left(\dot{\boldsymbol{u}}_i^{\mathrm{c}} - \dot{\boldsymbol{u}}_i\right) \\
&= \frac{1}{\|\boldsymbol{r}_i^{\mathrm{c}}\|}\left(\boldsymbol{I} - \boldsymbol{n}_i^{\mathrm{c}} \otimes \boldsymbol{n}_i^{\mathrm{c}}\right)\boldsymbol{R}_i^{\mathrm{c}} \dot{\omega}_i^{\mathrm{c}}
\end{aligned} \tag{16.106}
$$

式中，不对 i 求和。

式 (16.45) 中等号右端第二和第三项之和可表示为

$$
\begin{aligned}
&\frac{1}{V}\sum_{i=1}^{N_{\mathrm{c}}} \dot{\boldsymbol{n}}_i^{\mathrm{c}} \otimes \omega_i^{\mathrm{c}} \Delta S_i + \frac{1}{V}\sum_{i=1}^{N_{\mathrm{c}}} \boldsymbol{n}_i^{\mathrm{c}} \otimes \dot{\omega}_i^{\mathrm{c}} \Delta S_i \\
=&\frac{1}{V}\sum_{i=1}^{N_{\mathrm{c}}} \Delta S_i \left[\frac{\omega_i^{\mathrm{c}}}{\|\boldsymbol{r}_i^{\mathrm{c}}\|}\left(\boldsymbol{I} - \boldsymbol{n}_i^{\mathrm{c}} \otimes \boldsymbol{n}_i^{\mathrm{c}}\right)\boldsymbol{R}_i^{\mathrm{c}} + \boldsymbol{n}_i^{\mathrm{c}}\right] \otimes \dot{\omega}_i^{\mathrm{c}}
\end{aligned} \tag{16.107}
$$

式中，$\dot{\omega}_i^{\mathrm{c}}$ 是式 (16.80) 表示的增量形式向量 $\Delta\boldsymbol{\omega}_{\mathrm{B}}$ 中所列的第 i 个分量的率形式，即

$$
\dot{\omega}_i^{\mathrm{c}} = \left(\boldsymbol{C}_{\omega\mathrm{u}}\right)_{ij} \dot{\boldsymbol{u}}_j^{\mathrm{c}} + \left(\boldsymbol{L}_{\omega\mathrm{m}}\right)_{ij} \dot{\boldsymbol{m}}_j^{\mathrm{c}} + \left(\dot{\boldsymbol{\omega}}_{\mathrm{B}}^{\mathrm{p}}\right)_i = \left(\boldsymbol{C}_{\omega\mathrm{u}}\right)_{ij} \dot{\boldsymbol{u}}_j^{\mathrm{c}} + \left(\boldsymbol{L}_{\omega\mathrm{m}}\right)_{ij} \Delta S_j \left(\boldsymbol{n}_j^{\mathrm{c}}\right)^{\mathrm{T}} \dot{\boldsymbol{\mu}} + \dot{\omega}_i^{\mathrm{p}} \tag{16.108}
$$

由式 (16.84) 可计算式 (16.108) 中的 $\dot{\omega}_i^{\mathrm{p}}$，即

$$
\dot{\omega}_i^{\mathrm{p}} = \left(\dot{\boldsymbol{\omega}}_{\mathrm{B}}^{\mathrm{p}}\right)_i = \left[\left(\boldsymbol{K}_{\omega\omega}^{\mathrm{bc}}\right)^{-1}\left(\Delta\tilde{\boldsymbol{m}}_{\mathrm{B}}^{\mathrm{int,p}} - \left(\boldsymbol{R}^{\mathrm{c}}\right)^{\mathrm{T}} \Delta\tilde{\boldsymbol{f}}_{\mathrm{B}}^{\mathrm{int,p}}\right)\right]_i \tag{16.109}
$$

$\left(\boldsymbol{C}_{\omega\mathrm{u}}\right)_{ij}, \left(\boldsymbol{L}_{\omega\mathrm{m}}\right)_{ij}$ 分别是分块表示的矩阵 $\boldsymbol{C}_{\omega\mathrm{u}}, \boldsymbol{L}_{\omega\mathrm{m}}$ 的第 i 行第 j 列子矩阵。在二维问题中 $\left(\boldsymbol{C}_{\omega\mathrm{u}}\right)_{ij}$ 是 1×2 的行向量，$\left(\boldsymbol{L}_{\omega\mathrm{m}}\right)_{ij}$ 是标量。

将式 (16.108) 代入式 (16.107) 可导得

$$
\begin{aligned}
&\frac{1}{V}\sum_{i=1}^{N_{\mathrm{c}}} \dot{\boldsymbol{n}}_i^{\mathrm{c}} \otimes \omega_i^{\mathrm{c}} \Delta S_i + \frac{1}{V}\sum_{i=1}^{N_{\mathrm{c}}} \boldsymbol{n}_i^{\mathrm{c}} \otimes \dot{\omega}_i^{\mathrm{c}} \Delta S_i \\
=&\frac{1}{V}\sum_{i=1}^{N_{\mathrm{c}}} \Delta S_i \left[\frac{\omega_i^{\mathrm{c}}}{\|\boldsymbol{r}_i^{\mathrm{c}}\|}\left(\boldsymbol{I} - \boldsymbol{n}_i^{\mathrm{c}} \otimes \boldsymbol{n}_i^{\mathrm{c}}\right)\boldsymbol{R}_i^{\mathrm{c}} + \boldsymbol{n}_i^{\mathrm{c}}\right]
\end{aligned}
$$

$$\otimes\left(\left(\boldsymbol{C}_{\omega\mathrm{u}}\right)_{ij}\dot{\boldsymbol{u}}_j^{\mathrm{c}}+\left(\boldsymbol{L}_{\omega\mathrm{m}}\right)_{ij}\Delta S_j\left(\boldsymbol{n}_j^{\mathrm{c}}\right)^{\mathrm{T}}\dot{\boldsymbol{\mu}}+\left(\boldsymbol{\omega}_{\mathrm{B}}^{\mathrm{p}}\right)_i\right) \tag{16.110}$$

由式 (16.88) 和式 (16.89) 可表示

$$\dot{\boldsymbol{u}}_j^{\mathrm{c}}=\dot{\bar{\Gamma}}_{ad}\left(x_a^{\mathrm{c}}\right)_j\boldsymbol{e}_d=\left(x_a^{\mathrm{c}}\right)_j\boldsymbol{e}_d\otimes\boldsymbol{e}_a\otimes\boldsymbol{e}_d:\dot{\bar{\boldsymbol{\Gamma}}}=\left(x_b^{\mathrm{c}}\right)_j\delta_{ac}\boldsymbol{e}_a\otimes\boldsymbol{e}_b\otimes\boldsymbol{e}_c:\dot{\bar{\boldsymbol{\Gamma}}} \tag{16.111}$$

利用式 (16.111), 式 (16.110) 中的 $\left(\boldsymbol{C}_{\omega\mathrm{u}}\right)_{ij}\dot{\boldsymbol{u}}_j^{\mathrm{c}}$ 可进一步表示为

$$\left(\boldsymbol{C}_{\omega\mathrm{u}}\right)_{ij}\dot{\boldsymbol{u}}_j^{\mathrm{c}}=([C_{\omega\mathrm{u}}]_d)_{ij}\boldsymbol{e}_d\cdot\left(x_b^{\mathrm{c}}\right)_j\delta_{ac}\boldsymbol{e}_a\otimes\boldsymbol{e}_b\otimes\boldsymbol{e}_c:\dot{\bar{\boldsymbol{\Gamma}}}=([C_{\omega\mathrm{u}}]_a)_{ij}\left(x_b^{\mathrm{c}}\right)_j\boldsymbol{e}_b\otimes\boldsymbol{e}_a:\dot{\bar{\boldsymbol{\Gamma}}} \tag{16.112}$$

而式 (16.110) 中的 $\dfrac{1}{V}\sum_{i=1}^{N_{\mathrm{c}}}\Delta S_i\left[\dfrac{\omega_i^{\mathrm{c}}}{\|\boldsymbol{r}_i^{\mathrm{c}}\|}\left(\boldsymbol{I}-\boldsymbol{n}_i^{\mathrm{c}}\otimes\boldsymbol{n}_i^{\mathrm{c}}\right)\boldsymbol{R}_i^{\mathrm{c}}+\boldsymbol{n}_i^{\mathrm{c}}\right]$ 可表示为

$$\begin{aligned}&\frac{1}{V}\sum_{i=1}^{N_{\mathrm{c}}}\Delta S_i\left[\frac{\omega_i^{\mathrm{c}}}{\|\boldsymbol{r}_i^{\mathrm{c}}\|}\left(\boldsymbol{I}-\boldsymbol{n}_i^{\mathrm{c}}\otimes\boldsymbol{n}_i^{\mathrm{c}}\right)\boldsymbol{R}_i^{\mathrm{c}}+\boldsymbol{n}_i^{\mathrm{c}}\right]\\=&\frac{1}{V}\sum_{i=1}^{N_{\mathrm{c}}}\Delta S_i\left[\frac{\omega_i^{\mathrm{c}}}{\|\boldsymbol{r}_i^{\mathrm{c}}\|}\left(\delta_{cd}-\left(n_c\right)_i\left(n_d\right)_i\right)\boldsymbol{e}_c\otimes\boldsymbol{e}_d\cdot\left(R_f\right)_i\boldsymbol{e}_f+\left(n_c\right)_i\boldsymbol{e}_c\right]\\=&\frac{1}{V}\sum_{i=1}^{N_{\mathrm{c}}}\Delta S_i\left[\frac{\omega_i^{\mathrm{c}}}{\|\boldsymbol{r}_i^{\mathrm{c}}\|}\left(\delta_{cd}-\left(n_c\right)_i\left(n_d\right)_i\right)\left(R_d\right)_i+\left(n_c\right)_i\right]\boldsymbol{e}_{\mathrm{c}}\end{aligned} \tag{16.113}$$

利用式 (16.111)，式 (16.110) 等号右端第一项可表示为

$$\begin{aligned}&\frac{1}{V}\sum_{i=1}^{N_{\mathrm{c}}}\Delta S_i\left[\frac{\omega_i^{\mathrm{c}}}{\|\boldsymbol{r}_i^{\mathrm{c}}\|}\left(\boldsymbol{I}-\boldsymbol{n}_i^{\mathrm{c}}\otimes\boldsymbol{n}_i^{\mathrm{c}}\right)\boldsymbol{R}_i^{\mathrm{c}}+\boldsymbol{n}_i^{\mathrm{c}}\right]\otimes\left(C_{\omega\mathrm{u}}\right)_{ij}\dot{\boldsymbol{u}}_j^{\mathrm{c}}\\=&\frac{1}{V}\sum_{i=1}^{N_{\mathrm{c}}}\Delta S_i\left[\frac{\omega_i^{\mathrm{c}}}{\|\boldsymbol{r}_i^{\mathrm{c}}\|}\left(\delta_{cd}-\left(n_c\right)_i\left(n_d\right)_i\right)\left(R_d\right)_i+\left(n_c\right)_i\right]\boldsymbol{e}_c\\&\otimes\left([C_{\omega\mathrm{u}}]_a\right)_{ij}\left(x_b^{\mathrm{c}}\right)_j\boldsymbol{e}_b\otimes\boldsymbol{e}_a:\dot{\bar{\boldsymbol{\Gamma}}}\\=&\boldsymbol{D}_{\kappa\Gamma1}:\dot{\bar{\boldsymbol{\Gamma}}}\end{aligned} \tag{16.114}$$

式中

$$\begin{aligned}\boldsymbol{D}_{\kappa\Gamma1}=&\frac{1}{V}\sum_{i=1}^{N_{\mathrm{c}}}\Delta S_i\\&\times\left[\frac{\omega_i^{\mathrm{c}}}{\|\boldsymbol{r}_i^{\mathrm{c}}\|}\left(\delta_{ad}-\left(n_a\right)_i\left(n_d\right)_i\right)\left(R_d\right)_i+\left(n_a\right)_i\right]\left([C_{\omega\mathrm{u}}]_c\right)_{ij}\left(x_b^{\mathrm{c}}\right)_j\boldsymbol{e}_a\otimes\boldsymbol{e}_b\otimes\boldsymbol{e}_c\end{aligned} \tag{16.115}$$

把式 (16.114) 代入式 (16.110) 得到

$$\begin{aligned}&\frac{1}{V}\sum_{i=1}^{N_c}\Delta S_i\left[\frac{\omega_i^c}{\|\boldsymbol{r}_i^c\|}\left(\boldsymbol{I}-\boldsymbol{n}_i^c\otimes\boldsymbol{n}_i^c\right)\boldsymbol{R}_i^c+\boldsymbol{n}_i^c\right]\\&\otimes\left(\left(\boldsymbol{C}_{\omega u}\right)_{ij}\dot{\boldsymbol{u}}_j^c+\left(\boldsymbol{L}_{\omega m}\right)_{ij}\left(\boldsymbol{n}_j^c\right)^{\mathrm{T}}\dot{\bar{\boldsymbol{\mu}}}+\left(\boldsymbol{\omega}_{\mathrm{B}}^{\mathrm{p}}\right)_i\right)\\&=\boldsymbol{D}_{\kappa\Gamma1}:\dot{\bar{\boldsymbol{\Gamma}}}+\boldsymbol{D}_{\kappa\mu}\cdot\dot{\bar{\boldsymbol{\mu}}}+\dot{\bar{\boldsymbol{\kappa}}}^{\mathrm{p}}\end{aligned}\tag{16.116}$$

式中

$$\boldsymbol{D}_{\kappa\mu}=\frac{1}{V}\sum_{i=1}^{N_c}\Delta S_i\left[\frac{\omega_i^c}{\|\boldsymbol{r}_i^c\|}\left(\boldsymbol{I}-\boldsymbol{n}_i^c\otimes\boldsymbol{n}_i^c\right)\boldsymbol{R}_i^c+\boldsymbol{n}_i^c\right]\otimes\left(\boldsymbol{L}_{\omega m}\right)_{ij}\left(\boldsymbol{n}_j^c\right)^{\mathrm{T}}\tag{16.117}$$

$$\dot{\bar{\boldsymbol{\kappa}}}^{\mathrm{p}}=\frac{1}{V}\sum_{i=1}^{N_c}\Delta S_i\left[\frac{\omega_i^c}{\|\boldsymbol{r}_i^c\|}\left(\boldsymbol{I}-\boldsymbol{n}_i^c\otimes\boldsymbol{n}_i^c\right)\boldsymbol{R}_i^c+\boldsymbol{n}_i^c\right]\dot{\omega}_i^{\mathrm{p}}\tag{16.118}$$

把式 (16.116) 和式 (16.102) 代入式 (16.45) 得到

$$\langle\dot{\boldsymbol{\kappa}}\rangle=\dot{\bar{\boldsymbol{\kappa}}}=\boldsymbol{D}_{\kappa\Gamma}^{*}\dot{\bar{\boldsymbol{\Gamma}}}+\boldsymbol{D}_{\kappa\mu}\cdot\dot{\bar{\boldsymbol{\mu}}}+\dot{\bar{\boldsymbol{\kappa}}}^{\mathrm{p}}\tag{16.119}$$

式中

$$\boldsymbol{D}_{\kappa\Gamma}^{*}=\boldsymbol{D}_{\kappa\Gamma1}-\bar{\boldsymbol{\kappa}}\otimes\boldsymbol{I}\tag{16.120}$$

注意到宏观 Cosserat 连续体有限元分析中积分点处增量步的非线性力学行为模拟为应变驱动。要求由表征元上传至宏观 Cosserat 连续体积分点处应是基于介观信息的依赖于应变和微曲率的 Cauchy 应力和偶应力的率型本构关系。由式 (16.99) 和式 (16.119) 可得到由表征元上传到宏观 Cosserat 连续体局部点处的应力–应变率型本构关系、当前弹性模量张量及塑性应力率

$$\dot{\bar{\boldsymbol{\sigma}}}=\boldsymbol{D}_{\sigma\Gamma}:\dot{\bar{\boldsymbol{\Gamma}}}+\boldsymbol{D}_{\sigma\kappa}\cdot\dot{\bar{\boldsymbol{\kappa}}}+\dot{\bar{\boldsymbol{\sigma}}}^{\mathrm{p}}\tag{16.121}$$

$$\dot{\bar{\boldsymbol{\mu}}}=\boldsymbol{D}_{\mu\Gamma}:\dot{\bar{\boldsymbol{\Gamma}}}+\boldsymbol{D}_{\mu\kappa}\cdot\dot{\bar{\boldsymbol{\kappa}}}+\dot{\bar{\boldsymbol{\mu}}}^{\mathrm{p}}\tag{16.122}$$

式中

$$\boldsymbol{D}_{\sigma\Gamma}=\boldsymbol{D}_{\sigma\Gamma}^{*}-\boldsymbol{D}_{\sigma\mu}\boldsymbol{D}_{\kappa\mu}^{-1}\boldsymbol{D}_{\kappa\Gamma}^{*},\quad\boldsymbol{D}_{\sigma\kappa}=\boldsymbol{D}_{\sigma\mu}\boldsymbol{D}_{\kappa\mu}^{-1},\quad\dot{\bar{\boldsymbol{\sigma}}}^{\mathrm{p}}=\dot{\bar{\boldsymbol{\sigma}}}^{\mathrm{p}*}-\boldsymbol{D}_{\sigma\mu}\boldsymbol{D}_{\kappa\mu}^{-1}\dot{\boldsymbol{\kappa}}^{\mathrm{p}}\tag{16.123}$$

$$\boldsymbol{D}_{\mu\Gamma}=-\boldsymbol{D}_{\kappa\mu}^{-1}\boldsymbol{D}_{\kappa\Gamma}^{*}\quad\boldsymbol{D}_{\mu\kappa}=\boldsymbol{D}_{\kappa\mu}^{-1},\quad\dot{\bar{\boldsymbol{\mu}}}^{\mathrm{p}}=-\boldsymbol{D}_{\kappa\mu}^{-1}\dot{\bar{\boldsymbol{\kappa}}}^{\mathrm{p}}\tag{16.124}$$

16.5 总结与讨论

本章基于介–宏观尺度离散颗粒集合体——Cosserat 连续体的两尺度模型为颗粒材料建立了一阶协同计算均匀化方法理论框架。提出了非均质 Cosserat 连续体介–宏观均匀化模拟的 Hill 定理。基于所导出的 Hill 定理，以保证满足 Hill-Mandel 条件和平均场理论为前提，提出了施加于在宏观 Cosserat 连续体局部材料点设置的具有介观结构的等效 Cosserat 连续体表征元的允许边界条件。鉴于颗粒材料在宏观尺度和介观表征元尺度模型化为经典 Cosserat 连续体和等效经典 Cosserat 连续体，所导得的 Hill 定理不允许对表征元施加均一位移边界条件，而仅允许对表征元施加混合均一边界条件，即均一边界线位移条件和均一边界力矩条件。

注意到宏观 Cosserat 连续体增量有限元分析中对积分点处的非线性力学行为的模拟为应变驱动。由宏观 Cosserat 连续体积分点对介观表征元下传混合均一边界条件的要求对一阶计算均匀化方法的实现将会带来一定的麻烦。基于下传混合均一边界条件和平均场理论，本章首先基于宏观局部点下传至表征元的线应变梯度速率和偶应力速率推导了由表征元上传至宏观局部点的关于 Cauchy 应力速率和微曲率速率的本构方程。然后，再将此本构方程转化为宏观局部点处依赖于线应变梯度速率和和微曲率速率表示 Cauchy 应力速率和偶应力速率的本构方程。

颗粒材料一阶协同计算均匀化方法隐含了一个关键假定：介观与宏观尺度间的尺度分离原理成立。尺度分离原理实际上限制了一阶计算均匀化方法的应用范围，使它不能应用于在宏观尺度中具有高应变梯度的问题，例如宏观连续体中的应变局部化问题（Geers et al., 2010）。下章将介绍在宏观尺度利用梯度增强 Cosserat 连续体模型的颗粒材料二阶协同计算均匀化方法，该方法在保证满足保证 Hill-Mandel 条件下对表征元施加下传的非均一位移边界条件。

从而可以很大程度上不依赖于尺度分离原理，保证 Hill-Mandel 条件在高应变梯度区域的具有有限尺寸的表征元处得到满足，有效应用于宏观连续体中应变局部化问题的多尺度模拟。

参 考 文 献

李锡夔，郭旭，段庆林，2015. 连续介质力学引论. 北京：科学出版社.

Alonso-Marroquín F, 2011. Static equations of the Cosserat continuum derived from intra-granular stresses. Granul. Matter, 13: 189–196.

Carrere N, Valle R, Bretheau T, Chaboche J L, 2004. Multiscale analysis of the transverse properties of Ti-based matrix composites reinforced by SiC fibres: from the grain scale to the macroscopic scale. International Journal of Plasticity, 20: 783–810.

Chang C S, Kuhn M R, 2005. On virtual work and stress in granular media. Int. J. Solids Struct., 42: 3773–3793.

D'Addetta S G A, Ramm E, Diebels S, Ehlers W, 2004. A particle center based homogenization strategy for granular assemblies. Eng. Comput., 21: 360–383.

Ehlers W, Ramm E, Diebels S, D'Addetta S G A, 2003. From particle ensembles to Cosserat continua: homogenization of contact forces towards stresses and couple stresses. Int. J. Solids Struct., 40: 6681–6702.

Forest S, Dendievel R, Canova G R, 1999. Estimating the overall properties of heterogeneous Cosserat materials. Model. Simul. Mater. Sci. Eng., 7: 829–840.

Forest S, Pradel F, Sab K, 2001. Asymptotic analysis of heterogeneous Cosserat media. Int. J. Solids Struct., 38: 4585–4608.

Forest S, Sab K, 1998. Cosserat overall modeling of heterogeneous materials. Mech. Res. Commun., 25: 449–454.

Geers M G D, Kouznetsova V G, Brekelmans W A M, 2010. Multi-scale computational homogenization: Trends and challenges. Journal of Computational and Applied Mathematics, 234: 2175–2182.

Guo N and Zhao J D, 2014. A coupled FEM/DEM approach for hierarchical multiscale modelling of granular media. Int. J. Numer. Methods Eng., 99: 789–818.

Guo N and Zhao J D, 2016. Parallel hierarchical multiscale modelling of hydro-mechanical problems for saturated granular soils. Comput. Methods Appl. Mech. Eng., 305: 37–61.

Hao S, Liu W K, Moran B, Vernerey F, Olson G B, 2004. Multi-scale constitutive model and computational framework for the design of ultra-high strength, high toughness steels. Computer Methods in Applied Mechanics and Engineering, 193: 1865–1908.

Hashin Z, 1983. Analysis of composite materials-A survey. Journal of Applied Mechanics, 50: 481–505.

Hill R, 1963. Elastic properties of reinforced solids: some theoretical principles. Journal of Mechanics and Physics of Solids, 11, 357–372.

Kouznetsova V, Brekelmans W A M, Baaijens F P T, 2001. An approach to micro-macro modelingof heterogeneous materials, Comput. Mech., 27: 37–48.

Kouznetsova V, Geers M G D, Brekelmans W A M, 2002. Multi-scale constitutive modeling of heterogeneous materials with a gradient-enhanced computational homogenization scheme. International Journal for Numerical Methods in Engineering, 54: 1235–1260.

Kouznetsova V, Geers M G D Brekelmans W A M, 2004. Multi-scale second-order computational homogenization of multi-phase materials: a nested finite element solution strategy, Comput. Methods Appl. Mech. Engrg. 193: 5525–5550.

Kruyt N P, 2003. Statics and kinematics of discrete cosserat-type granular materials. Int. J. Solids Struct., 40: 511–534.

Li X K, Chu X H, Feng Y T, 2005. A discrete particle model and numerical modeling of the failure modes of granular materials. Engrg Computation, 22: 894–920.

Li X K, Du Y Y, Duan Q L, 2013. Micromechanically informed constitutive model and anisotropic damage characterization of cosserat continuum for granular materials. Int. J. Damage Mech., 22: 643–682.

Li X K, Liu Q P, 2009. A version of Hill's lemma for Cosserat continuum, Acta Mech. Sin., 25: 499–506.

Li X K, Liu Q P, Zhang J B, 2010a. A micro-macro homogenization approach for discrete particle assembly-Cosserat continuum modeling of granular materials. Int. J. Solids Struct, 47: 291–303.

Li X K, Zhang J B, Zhang X, 2011. Micro-macro homogenization of gradient-enhanced Cosserat media. Eur. J. Mech. A, 30: 362–372.

Li X K, Zhang X, Zhang J B, 2010b. A generalized Hill's lemma and micromechanically based macroscopic constitutive model for heterogeneous granular materials. Comput. Methods Appl. Mech. Eng., 199: 3137–3152.

Luscher D J, McDowell D L, Bronkhorst C A A, 2010. Second gradient theoretical framework for hierarchical multiscale modeling of materials. Int. J. Plasticity, 26: 1248–1275.

McVeigh C, Vernerey F, Liu W K, Moran B, Olson G, 2007. An interactive micro-void shear localization mechanism in high strength steels. Journal of the Mechanics and Physics of Solids, 55: 225–244.

Miehe C, Koch A, 2002. Computational micro-to-macro transitions of discretized microstructures undergoing small strains. Archive of Applied Mechanics, 72: 300–317.

Michel J C, Moulinec H, Suquet P M, 1999. Effective properties of composite materials with periodic macrostructure: a computational approach. Computer Methods in Applied Mechanics and Engineering, 172: 109–143.

Nemat-Nasser S, Hori M, 1999. Micromechanics: Overall Properties of Heterogeneous Materials. Amsterdam: Elsevier.

Onck P R, 2002. Cosserat modeling of cellular solids. C. R. Méc., 330: 717–722.

Pasternak E, Mühlhaus H B, 2005. Generalised homogenisation procedures for granular materials. J. Eng. Math., 52: 199–229.

Qu J, Cherkaoui M, 2006. Fundamentals of Micromechanics of Solids. New Jersey: John Wiley & Sons.

Smit R J M, Brekelmans W A M, Meijer H E H, 1998. Prediction of the mechanical behaviour of non-linear heterogeneous systems by multi-level finite element modeling. Computer Methods in Applied Mechanics and Engineering 155: 181–192.

Suquet, P M, 1985. Local and global aspects in the mathematical theory of plasticity. In: Plasticity today: Modelling, Methods and Applications. London: Elsevier, pp. 279–310.

Terada K, Kikuchi N, 2001. A class of general algorithms for multi-scale analyses of heterogeneous media. Computer Methods in Applied Mechanics and Engineering, 190: 5427–5464.

Yuan X, Tomita Y, 2001. Effective properties of Cosserat composites with periodic microstructure. Mech. Res. Commun., 28: 265–270.

第 17 章　基于梯度增强 Cosserat 连续体的颗粒材料二阶协同计算均匀化方法

第 16 章介绍的关于颗粒材料的一阶协同计算均匀化方法在表征元分析中计及了大变形以及分别由颗粒间耗散性相对切向位移和颗粒间接触丧失表征的材料塑性和损伤。

上述一阶计算均匀化方法与大部分现有的用于复合材料和颗粒材料等非均匀介质的一阶计算均匀化方法的共同缺点是不考虑表征元尺寸与宏观连续体有限元网格尺寸相比是接近无限小（例如千分之一抑或百分之一以上）还是有限小（例如仅相差一到两个数量级），也不考虑沿表征元边界的宏观应力或应变场的梯度大小，施加于表征元整个边界的宏观连续体局部处的应力或应变都为均一的应力或应变。众所周知，宏观尺度的经典连续体模型、不论是经典的 Cauchy 连续体模型或经典的 Cosserat 连续体模型（Onck, 2002）、在局部材料点仅定义了应变和应力度量，而没有引入应变和应力度量的梯度。因此，宏观连续体对在其局部点处设定的表征元也仅能下传均一的宏观应力或应变度量。经典 Cauchy 连续体的 Hill 定理（Qu and Cherkaoui, 2006）和为经典 Cosserat 连续体所推导的广义 Hill 定理（Li and Liu, 2009; Li et al., 2011）都证明了这一点。

一阶计算均匀化方法中由宏观连续体下传到表征元的信息为均一变形梯度隐含了一个关键假定：介观与宏观尺度间的尺度分离原理成立。尺度分离原理（principle of separation of scales）可概括地陈述为：假定介观尺度远小于宏观载荷沿空间尺度变化的特征尺度；这意味着介观控制尺度远小于宏观控制尺度，在表征元尺度内可以忽略宏观变形梯度的变化而假定它为常数，即介观控制尺度与宏观控制尺度可以分离。尺度分离原理实际上限制了一阶计算均匀化方法的应用范围。一阶计算均匀化方法不能应用于在宏观尺度中具有高应变梯度的问题，例如宏观连续体中的应变局部化问题。在这类问题中，不能忽略沿表征元尺度宏观变形梯度变化对表征元响应的影响。一阶计算均匀化方法不能考虑分别以宏观连续体有限元网格尺寸和表征元典型尺寸表征的宏–介观尺度的实际有限尺寸，因而，不能恰当地考虑影响宏观尺度行为的介观结构尺寸效应。

当表征元内的高应变梯度和表征元的绝对有限尺寸必须要考虑时，应用一阶计算均匀化方法将导致宏观局部点的能量积将被错误地估计。在极端条件下甚至不能保证满足在宏观尺度利用经典连续体模型的均匀化过程中 Hill-Mandel 能量条件（Li et al., 2011）。上述由于尺度分离原理对应用一阶计算均匀化方法的限制常被忽略，这导致了超过对它适用范围的应用（Geers et al., 2010）。

在解决上述问题和克服一阶计算均匀化方法缺点所提出的有效途径（Zhu et al., 1997; Forest et al., 1998; Burst et al., 1998; Sluis et al., 1999; Yuan and Tomita, 2001; Bouyge et al., 2001; Kouznetsova et al., 2001; 2002; 2004; Larsson and Diebels, 2007; Kaczmarczyk et al., 2008; 2010）中，Kouznetsova et al.（2002; 2004）针对非均质 Cauchy 连续体发展了引入作为非局部应变、应力度量的应变梯度及其功共轭的应力矩（Fleck and Hutchinson, 1997）的梯度增强 Cauchy 连续体的二阶计算均匀化方法。

凭借在非局部连续体中所引入的应变梯度及与其功共轭的应力矩所产生的附加宏观能量积，特别对处于高应变区域的具有有限尺寸的表征元，Hill-Mandel 条件的满足将得到保证。在宏观尺度利用经典连续体模型的一阶计算均匀化过程的缺点在宏观尺度利用梯度增强连续体模型的二阶计算均匀化过程中得以克服。

本章将基于第 16 章所介绍的利用经典 Cosserat 连续体模型的颗粒材料一阶协同计算均匀化方法，介绍在宏观尺度利用梯度增强 Cosserat 连续体模型的颗粒材料协同二阶计算均匀化方法（Li et al., 2010; 2011）；以使所发展的二阶计算均匀化方法能保证 Hill-Mandel 条件在高应变梯度区域的具有有限尺寸的表征元处得到满足，并能再现颗粒材料的介观结构尺寸效应。

为在平均场理论框架内发展对于非均质 Cosserat 连续体的介-宏观梯度增强均匀化模拟过程，首先需提出梯度增强 Cosserat 连续体（Chang and Kuhn, 2005）的广义 Hill 定理（Li et al., 2011）。基于所提出的广义 Hill 定理可以指定从宏观梯度增强 Cosserat 连续体局部处传递宏观应力或应变以及应变梯度信息到等效 Cosserat 连续体表征元的下传法则。由此将导出满足 Hill-Mandel 条件（Hill 宏观均质性条件）而须施加于表征元的静力许可应力边界条件和/或运动学许可位移边界条件。具体地，将是以下传的宏观应变、微曲率和应变梯度表示的非均一位移边界条件；或以下传的宏观 Cauchy 应力和偶应力表示的均一边界力和力矩条件。基于表征元在指定的容许边界条件作用下利用离散元法所获得的计及表征元介观结构及其演变的介观力学响应和平均场理论，可以确定定义于宏观梯度增强张量 Cosserat 连续体中设置了该表征元的局部点处的应力度量，以及导出该处的本构关系和相应宏观模量张量。

施加于表征元的边界条件的正确表示，不仅对于从宏观尺度正确下传信息到介观尺度以保证满足作为计算均匀化过程基础的 Hill-Mandel 条件十分重要，同时对于从介观尺度上传基于介观响应信息和平均场理论所获得的应力度量体积平均和本构模型与相应模量张量到宏观尺度也至关重要。

17.1 宏观梯度增强 Cosserat 连续体的广义 Hill 定理、Hill-Mandel 条件和信息下传

17.1.1 梯度增强 Cosserat 连续体

在梯度增强 Cosserat 连续体理论中所定义的基本运动学自由度与经典 Cosserat 连续体理论中定义的相同，即定义于连续体中每个材料点的线位移 u_i 和微转角 ω_i。然而在连续体中每个材料点所定义的应力和应变度量已经不同。

梯度增强 Cosserat 连续体每个材料点的应变度量除在经典 Cosserat 连续体中所定义的应变 ε_{ji} 和微曲率 κ_{ji}，即

$$\varepsilon_{ji}=u_{i,j}-e_{kji}\omega_k,\quad \kappa_{ji}=\omega_{i,j} \tag{17.1}$$

式中，e_{kji} 表示置换张量；还定义了非局部的由三阶张量 E_{ljk} 表示的应变梯度

$$E_{ljk}=\frac{\partial\varepsilon_{jk}}{\partial x_l}=\hat{E}_{ljk}+\check{E}_{ljk} \tag{17.2}$$

式中定义了 E_{ljk} 中的对称部分 $\hat{E}_{ljk}$ 和非对称部分 $\check{E}_{ljk}$，即

$$\hat{E}_{ljk}=\frac{\partial u_{k,j}}{\partial x_l}=u_{k,jl},\quad \check{E}_{ljk}=-e_{ijk}\omega_{i,l} \tag{17.3}$$

式中 $\hat{E}_{ljk}$ 作为三阶张量，它的对称性定义为

$$\hat{E}_{ljk}=\frac{\partial u_{k,j}}{\partial x_l}=u_{k,jl}=\frac{\partial u_{k,l}}{\partial x_j}=u_{k,lj}=\hat{E}_{jlk} \tag{17.4}$$

在梯度增强 Cosserat 连续体中，除了在经典 Cosserat 连续体中定义的分别与应变 ε_{ji} 和微曲率 κ_{ji} 功共轭的 Cauchy 应力 σ_{ji} 和偶应力 μ_{ji} 外，还引入了与应变梯度 E_{ljk} 功共轭的应力矩 Σ_{ljk}，它可分解为如下对称三阶张量 $\hat{\Sigma}_{ljk}$ 与反对称三阶张量 $\tilde{\Sigma}_{ljk}$，即

$$\Sigma_{ljk}=\hat{\Sigma}_{ljk}+\tilde{\Sigma}_{ljk} \tag{17.5}$$

式中

$$\hat{\Sigma}_{ljk}=\frac{1}{2}\left(\Sigma_{ljk}+\Sigma_{jlk}\right)=\hat{\Sigma}_{jlk},\quad \tilde{\Sigma}_{ljk}=\frac{1}{2}\left(\Sigma_{ljk}-\Sigma_{jlk}\right)=-\tilde{\Sigma}_{jlk} \tag{17.6}$$

梯度增强 Cosserat 连续体的平衡方程表示为

$$\left(\sigma_{ji}-\Sigma_{kji,k}\right)_{,j}=b_i^{\mathrm{f}} \tag{17.7}$$

$$\mu_{ji,j}+e_{ijk}\left(\sigma_{jk}-\Sigma_{ljk,l}\right)=b_i^{\mathrm{m}} \tag{17.8}$$

式中，$b_i^{\mathrm{f}}, b_i^{\mathrm{m}}$ 分别为体力和体力矩。

17.1.2 宏观梯度增强 Cosserat 连续体–介观表征元经典 Cosserat 连续体的广义平均应变定理

考虑在宏观梯度增强 Cosserat 连续体局部材料点处指定的具有体积 V 和边界 Γ 的等效 Cosserat 连续体表征元。在第 16 章中已定义了模型化为经典 Cosserat 连续体的介观表征元内应变和应力度量的体积平均 $\overline{u}_{j,i},\overline{\varepsilon}_{ji},\overline{\kappa}_{ji},\overline{\sigma}_{ji},\overline{\mu}_{ji}$；并且假定它们分别等于设置了该表征元的宏观 Cosserat 连续体局部点的相应宏观变量 $\langle u_{i,j}\rangle,\langle\varepsilon_{ji}\rangle,\langle\kappa_{ji}\rangle,\langle\sigma_{ji}\rangle,\langle\mu_{ji}\rangle$。本章将在梯度增强 Cosserat 连续体–经典 Cosserat 连续体的宏–介观模型化框架内基于所提出的广义平均应变定理对此假定进行验证。

令 $\langle u_{i,j}\rangle,\langle u_{i,jk}\rangle,\langle\omega_i\rangle,\langle\omega_{i,j}\rangle$ 分别表示在宏观局部点处的变形梯度与它的空间梯度、微转角和微曲率。令 $\overline{u}_{i,j},\overline{u}_{i,jk},\overline{\omega}_i,\overline{\omega}_{i,j}$ 分别表示表征元内每个局部点变形梯度与它的空间梯度、微转角和微曲率的体积平均。利用宏观梯度增强 Cosserat 连续体局部点的应变度量 $\langle u_{i,j}\rangle,\langle u_{i,jk}\rangle,\langle\omega_i\rangle,\langle\omega_{i,j}\rangle$ 分别指定模型化为经典 Cosserat 连续体的表征元边界 Γ 上线位移 $u_i(\boldsymbol{x})|_\Gamma$ 和角位移 $\omega_i(\boldsymbol{x})|_\Gamma$，即

$$u_i(\boldsymbol{x})|_\Gamma=\left(\langle u_{i,j}\rangle x_j+\frac{1}{2}\langle u_{i,jk}\rangle x_jx_k\right)\bigg|_\Gamma \tag{17.9}$$

$$\omega_i(\boldsymbol{x})|_\Gamma=\left(\langle\omega_i\rangle+\langle\omega_{i,j}\rangle x_j\right)|_\Gamma \tag{17.10}$$

广义平均应变定理：表征元在由式 (17.9) 和式 (17.10) 指定的位移边界条件作用下，经典 Cosserat 连续体表征元内变形梯度及它的空间梯度、微转角和微曲率的体积平均 $\overline{u}_{i,j},\overline{u}_{i,jk},\overline{\omega}_i,\overline{\omega}_{i,j}$ 将分别等于设置了该表征元的宏观梯度增强 Cosserat 连续体的局部点处下传的宏观应变度量 $\langle u_{i,j}\rangle,\langle u_{i,jk}\rangle,\langle\omega_i\rangle,\langle\omega_{i,j}\rangle$，即

$$\overline{u}_{i,j}=\langle u_{i,j}\rangle,\quad \overline{u}_{i,jk}=\langle u_{i,jk}\rangle,\quad \overline{\omega}_i=\langle\omega_i\rangle,\quad \overline{\omega}_{i,j}=\langle\omega_{i,j}\rangle \tag{17.11}$$

以上陈述的广义平均应变定理验证如下：

$$\begin{aligned}
\overline{u}_{i,j}&=\frac{1}{V}\int_V u_{i,j}\mathrm{d}V=\frac{1}{V}\int_\Gamma u_in_j\mathrm{d}\Gamma\\
&=\frac{1}{V}\int_\Gamma\left(\langle u_{i,k}\rangle x_k+\frac{1}{2}\langle u_{i,kl}\rangle x_kx_l\right)n_j\mathrm{d}\Gamma\\
&=\frac{1}{V}\langle u_{i,k}\rangle\int_\Gamma x_kn_j\mathrm{d}\Gamma+\frac{1}{2V}\langle u_{i,kl}\rangle\int_\Gamma x_kx_ln_j\mathrm{d}\Gamma\\
&=\frac{1}{V}\langle u_{i,k}\rangle\int_V x_{k,j}\mathrm{d}V+\frac{1}{2V}\langle u_{i,kl}\rangle\int_V\left(x_{k,j}x_l+x_kx_{l,j}\right)\mathrm{d}V
\end{aligned}$$

$$
\begin{aligned}
&= \frac{1}{V}\langle u_{i,k}\rangle \int_V x_{k,j}\mathrm{d}V + \frac{1}{2V}\langle u_{i,kl}\rangle \int_V (x_{k,j}x_l + x_k x_{l,j})\,\mathrm{d}V \\
&= \langle u_{i,j}\rangle + \frac{1}{2V}\langle u_{i,jl}\rangle \int_V x_l \mathrm{d}V + \frac{1}{2V}\langle u_{i,kj}\rangle \int_V x_k \mathrm{d}V = \langle u_{i,j}\rangle
\end{aligned} \tag{17.12}
$$

$$
\begin{aligned}
\overline{u}_{i,jk} &= \frac{1}{V}\int_V u_{i,jk}\mathrm{d}V = \frac{1}{V}\int_\Gamma u_{i,j}n_k\mathrm{d}\Gamma = \frac{1}{V}\int_\Gamma \left(\langle u_{i,l}\rangle x_l + \frac{1}{2}\langle u_{i,lm}\rangle x_l x_m\right)_{,j} n_k \mathrm{d}\Gamma \\
&= \frac{1}{V}\langle u_{i,l}\rangle \int_\Gamma \delta_{lj}n_k\mathrm{d}\Gamma + \frac{1}{2V}\langle u_{i,lm}\rangle \int_\Gamma (\delta_{lj}x_m + \delta_{mj}x_l)\, n_k \mathrm{d}\Gamma \\
&= \frac{1}{V}\langle u_{i,j}\rangle \int_\Gamma n_k\mathrm{d}\Gamma + \frac{1}{2V}\langle u_{i,jm}\rangle \int_\Gamma x_m n_k\mathrm{d}\Gamma + \frac{1}{2V}\langle u_{i,lj}\rangle \int_\Gamma x_l n_k \mathrm{d}\Gamma \\
&= \frac{1}{2V}\langle u_{i,jm}\rangle \int_V x_{m,k}\mathrm{d}V + \frac{1}{2V}\langle u_{i,lj}\rangle \int_V x_{l,k}\mathrm{d}V = \langle u_{i,jk}\rangle
\end{aligned} \tag{17.13}
$$

$$
\begin{aligned}
\overline{\omega}_i &= \frac{1}{V}\int_V \omega_i \mathrm{d}V = \frac{1}{V}\int_V \omega_j \delta_{ji}\mathrm{d}V \\
&= \frac{1}{V}\int_V \omega_j x_{i,j}\mathrm{d}V = \frac{1}{V}\int_V \left[(\omega_j x_i)_{,j} - \omega_{j,j}x_i\right]\mathrm{d}V \\
&= \frac{1}{V}\int_\Gamma \omega_j x_i n_j \mathrm{d}\Gamma = \frac{1}{V}\int_\Gamma (\langle\omega_j\rangle + \langle\omega_{i,k}\rangle x_k)\, x_i n_j \mathrm{d}\Gamma \\
&= \langle\omega_j\rangle \frac{1}{V}\int_V x_{i,j}\mathrm{d}V + \langle\omega_{j,k}\rangle \frac{1}{V}\int_V (\delta_{jk}x_i + x_k\delta_{ji})\,\mathrm{d}V = \langle\omega_i\rangle
\end{aligned} \tag{17.14}
$$

$$
\begin{aligned}
\overline{\omega}_{i,j} &= \frac{1}{V}\int_V \omega_{i,j}\mathrm{d}V = \frac{1}{V}\int_\Gamma \omega_i n_j \mathrm{d}\Gamma \\
&= \frac{1}{V}\int_\Gamma (\langle\omega_i\rangle + \langle\omega_{i,k}\rangle x_k)\, n_j \mathrm{d}\Gamma \\
&= \langle\omega_i\rangle \frac{1}{V}\int_\Gamma n_j\mathrm{d}\Gamma + \langle\omega_{i,k}\rangle \frac{1}{V}\int_V x_{k,j}\mathrm{d}V = \langle\omega_{i,j}\rangle
\end{aligned} \tag{17.15}
$$

在式 (17.14) 的推导中考虑了在二维问题中微转角仅为 ω_3，且 $\omega_3 = \omega_3(x_1, x_2)$，因而有 $\omega_{j,j} = \omega_{3,3} = 0$。此外，在式 (17.12) 和式 (17.14) 推导过程中应用了 $\int_V x_l \mathrm{d}V = \int_V x_k \mathrm{d}V = 0$。

应用式 (17.11)~式 (17.15) 以及由式 (17.1) 和式 (17.2) 所定义的 $\varepsilon_{ji}, \kappa_{ji}, E_{kji}$，验证了广义平均应变定理对 $\varepsilon_{ji}(u_{i,j}, \omega_k), \kappa_{ji}, E_{kji}$ 有效，即

$$
\overline{\varepsilon}_{ji} = \frac{1}{V}\int_V \varepsilon_{ji}\mathrm{d}V = \langle\varepsilon_{ji}\rangle, \quad \overline{\kappa}_{ji} = \frac{1}{V}\int_V \kappa_{ji}\mathrm{d}V = \langle\kappa_{ji}\rangle,
$$

$$\overline{E}_{kji}=\frac{1}{V}\int_V\frac{\partial\varepsilon_{ji}}{\partial x_k}\mathrm{d}V=\langle E_{kji}\rangle \tag{17.16}$$

稍后在 17.1.5 节中的讨论将表明，宏观梯度增强 Cosserat 连续体局部点处的宏观应变度量将通过式 (17.9) 和式 (17.10) 表示的位移边界条件下传给表征元，而非以下传的宏观应力度量表示的表面力和表面力矩边界条件下传给表征元。因而，这里不再讨论广义平均应力定理。假定由经典 Cosserat 连续体表征元中应力场 σ_{ji},μ_{ji} 表示的 Cauchy 应力、偶应力和应力矩的体积平均 $\overline{\sigma}_{ji},\overline{\mu}_{ji},\overline{\Sigma}_{kji}$ 分别近似等于与它们相应的宏观应力度量 $\langle\sigma_{ji}\rangle,\langle\mu_{ji}\rangle,\langle\Sigma_{kji}\rangle$，即

$$\begin{gathered}\overline{\sigma}_{ji}=\frac{1}{V}\int_V\sigma_{ji}\mathrm{d}V\cong\langle\sigma_{ji}\rangle,\quad\overline{\mu}_{ji}=\frac{1}{V}\int_V\mu_{ji}\mathrm{d}V\cong\langle\mu_{ji}\rangle,\\ \overline{\Sigma}_{kji}=\frac{1}{V}\int_V\sigma_{ji}x_k\mathrm{d}V\cong\langle\Sigma_{kji}\rangle\end{gathered} \tag{17.17}$$

式中，σ_{ji},μ_{ji},x_k 分别表示表征元内每个局部点的 Cauchy 应力、偶应力和位置向量的分量。

17.1.3 梯度增强 Cosserat 连续体的广义 Hill 定理

在颗粒材料二阶协同计算均匀化方法中，宏观梯度增强 Cosserat 连续体局部材料点处指定的是具有体积 V 和边界 Γ 的等效经典 Cosserat 连续体表征元。表征元内每一局部点的能量积 $\sigma_{ji}\varepsilon_{ji},\mu_{ji}\kappa_{ji}$ 的体积平均 $\overline{\sigma_{ji}\varepsilon_{ji}},\overline{\mu_{ji}\kappa_{ji}}$ 表示为

$$\overline{\sigma_{ji}\varepsilon_{ji}}=\frac{1}{V}\int_V\sigma_{ji}\varepsilon_{ji}\mathrm{d}V,\quad\overline{\mu_{ji}\kappa_{ji}}=\frac{1}{V}\int_V\mu_{ji}\kappa_{ji}\mathrm{d}V \tag{17.18}$$

基于式 (17.2) 表示的应变梯度和式分解成两部分，式 (17.16) 中第三式中定义的 $\overline{E}_{ljk}$ 也可分解为

$$\overline{E}_{ljk}=\hat{\overline{E}}_{ljk}+\check{\overline{E}}_{ljk} \tag{17.19}$$

式中

$$\hat{\overline{E}}_{ljk}=\overline{u}_{k,jl},\quad\check{\overline{E}}_{ljk}=-e_{ijk}\overline{\omega}_{i,l} \tag{17.20}$$

与表征元内介观应变梯度的体积平均 $\overline{E}_{ljk}$ 功共轭的为介观应力矩的体积平均 $\overline{\Sigma}_{ljk}$。$\overline{\Sigma}_{ljk}$ 被剖分为对称与反对称部分，即

$$\overline{\Sigma}_{ljk}=\hat{\overline{\Sigma}}_{ljk}+\tilde{\overline{\Sigma}}_{ljk} \tag{17.21}$$

式中

$$\hat{\overline{\Sigma}}_{ljk}=\frac{1}{2}\left(\overline{\Sigma}_{ljk}+\overline{\Sigma}_{jlk}\right)=\frac{1}{2V}\int_V(\sigma_{jk}x_l+\sigma_{lk}x_j)\,\mathrm{d}V=\frac{1}{V}\int_V\hat{\Sigma}_{ljk}\mathrm{d}V=\left\langle\hat{\Sigma}_{ljk}\right\rangle \tag{17.22}$$

$$\tilde{\overline{\Sigma}}_{ljk}=\frac{1}{2}\left(\overline{\Sigma}_{ljk}-\overline{\Sigma}_{jlk}\right)=\frac{1}{2V}\int_V\left(\sigma_{jk}x_l-\sigma_{lk}x_j\right)\mathrm{d}V=\frac{1}{V}\int_V\tilde{\Sigma}_{ljk}\mathrm{d}V=\left\langle\tilde{\Sigma}_{ljk}\right\rangle \tag{17.23}$$

$\hat{\overline{\Sigma}}_{ljk}$ 的对称性和 $\tilde{\overline{\Sigma}}_{ljk}$ 的反对称性分别定义为

$$\hat{\overline{\Sigma}}_{ljk}=\hat{\overline{\Sigma}}_{jlk},\quad \tilde{\overline{\Sigma}}_{ljk}=-\tilde{\overline{\Sigma}}_{jlk} \tag{17.24}$$

在宏观尺度采用梯度增强 Cosserat 连续体模型，而在表征元介观尺度采用经典 Cosserat 连续体模型的二阶计算均匀化方法的广义 Hill 定理可表示为

$$\begin{aligned}&\overline{\sigma_{ji}\varepsilon_{ji}}+\overline{\mu_{ji}\kappa_{ji}}-\overline{\sigma}_{ji}\overline{\varepsilon}_{ji}-\overline{\mu}_{ji}\overline{\kappa}_{ji}-\overline{\Sigma}_{lji}\overline{E}_{lji}\\&=\frac{1}{V}\int_\Gamma\left(n_k\sigma_{ki}-n_k\overline{\sigma}_{ki}\right)\left(u_i-\overline{u}_{i,j}x_j-\frac{1}{2}\overline{u}_{i,jl}x_jx_l\right)\mathrm{d}\Gamma\\&\quad+\frac{1}{V}\int_\Gamma\left(n_k\mu_{ki}-n_k\overline{\mu}_{ki}\right)\left(\omega_i-\overline{\omega}_i-\overline{\omega}_{i,l}x_l\right)\mathrm{d}\Gamma\end{aligned} \tag{17.25}$$

式中，$\left(\overline{\sigma_{ji}\varepsilon_{ji}}+\overline{\mu_{ji}\kappa_{ji}}\right)$ 和 $\left(\overline{\sigma}_{ji}\overline{\varepsilon}_{ji}+\overline{\mu}_{ji}\overline{\kappa}_{ji}+\overline{\Sigma}_{lji}\overline{E}_{lji}\right)$ 分别表示宏观梯度增强 Cosserat 连续体局部材料点处指定的表征元中介观应力应变度量的能量积的体积平均和介观应力、应变度量的体积平均的乘积。值得注意的是，基于 17.1.2 节中证明的对于宏观梯度增强 Cosserat 连续体—介观经典 Cosserat 连续体均匀化方法的广义平均应变定理和式 (17.17), $\left(\overline{\sigma}_{ji}\overline{\varepsilon}_{ji}+\overline{\mu}_{ji}\overline{\kappa}_{ji}+\overline{\Sigma}_{lji}\overline{E}_{lji}\right)$ 也同时可被理解为定义在梯度增强 Cosserat 连续体该局部材料点的宏观应力应变度量的能量积 $\left(\langle\sigma_{ji}\rangle\langle\varepsilon_{ji}\rangle+\langle\mu_{ji}\rangle\langle\kappa_{ji}\rangle+\langle\Sigma_{lji}\rangle\langle E_{lji}\rangle\right)$。式 (17.25) 中 x_j, x_l 是表征元边界上一个点的坐标。为证明由式 (17.25) 表示的广义 Hill 定理，将分别计算式 (17.25) 右端的两个沿表征元边界的边界积分项。其中第一个边界积分项可分为如下三部分展开和计算：

$$\begin{aligned}(1)\quad&\frac{1}{V}\int_\Gamma\left(n_k\sigma_{ki}-n_k\overline{\sigma}_{ki}\right)u_i\mathrm{d}\Gamma=\frac{1}{V}\int_\Gamma n_k\sigma_{ki}u_i\mathrm{d}\Gamma-\frac{1}{V}\int_\Gamma n_k\overline{\sigma}_{ki}u_i\mathrm{d}\Gamma\\&=\frac{1}{V}\int_V\frac{\partial\left(\sigma_{ki}u_i\right)}{\partial x_k}\mathrm{d}V-\overline{\sigma}_{ki}\frac{1}{V}\int_V\frac{\partial u_i}{\partial x_k}\mathrm{d}V\\&=\frac{1}{V}\int_V\frac{\partial u_i}{\partial x_k}\sigma_{ki}\mathrm{d}V-\overline{u}_{i,k}\overline{\sigma}_{ki}=\overline{\sigma_{ji}u_{i,j}}-\overline{\sigma}_{ji}\overline{u}_{i,j}\end{aligned} \tag{17.26}$$

(2)
$$
\begin{aligned}
&-\frac{1}{V}\int_{\Gamma}\left(n_k\sigma_{ki}-n_k\overline{\sigma}_{ki}\right)\overline{u}_{i,j}x_j\mathrm{d}\Gamma\\
&=-\overline{u}_{i,j}\frac{1}{V}\int_{\Gamma}n_k\sigma_{ki}x_j\mathrm{d}\Gamma+\overline{\sigma}_{ki}\overline{u}_{i,j}\frac{1}{V}\int_{\Gamma}n_kx_j\mathrm{d}\Gamma\\
&=-\overline{u}_{i,j}\frac{1}{V}\int_{V}\frac{\partial\left(\sigma_{ki}x_j\right)}{\partial x_k}\mathrm{d}V+\overline{\sigma}_{ki}\overline{u}_{i,j}\frac{1}{V}\int_{V}\frac{\partial x_j}{\partial x_k}\mathrm{d}V\\
&=-\overline{u}_{i,j}\frac{1}{V}\int_{V}\frac{\partial x_j}{\partial x_k}\sigma_{ki}\mathrm{d}V+\overline{\sigma}_{ki}\overline{u}_{i,j}\frac{1}{V}\int_{V}\delta_{jk}\mathrm{d}V\\
&=-\overline{u}_{i,j}\frac{1}{V}\int_{V}\sigma_{ji}\mathrm{d}V+\overline{\sigma}_{ji}\overline{u}_{i,j}=0
\end{aligned}
\tag{17.27}
$$

(3)
$$
\begin{aligned}
&\frac{1}{V}\int_{\Gamma}\left(n_k\sigma_{ki}-n_k\overline{\sigma}_{ki}\right)\left(-\frac{1}{2}\overline{u}_{i,jl}x_jx_l\right)\mathrm{d}\Gamma\\
&=-\frac{1}{2V}\left(\overline{u}_{i,jl}\int_{\Gamma}n_k\sigma_{ki}x_jx_l\mathrm{d}\Gamma-\overline{\sigma}_{ki}\overline{u}_{i,jl}\int_{\Gamma}n_kx_jx_l\mathrm{d}\Gamma\right)\\
&=-\frac{1}{2V}\left(\overline{u}_{i,jl}\int_{V}\frac{\partial\left(\sigma_{ki}x_jx_l\right)}{\partial x_k}\mathrm{d}V-\overline{\sigma}_{ki}\overline{u}_{i,jl}\int_{V}\frac{\partial\left(x_jx_l\right)}{\partial x_k}\mathrm{d}V\right)\\
&=-\frac{1}{2V}\left(\overline{u}_{i,jl}\int_{V}\left(\frac{\partial\sigma_{ki}}{\partial x_k}x_jx_l+\frac{\partial x_j}{\partial x_k}\sigma_{ki}x_l+\frac{\partial x_l}{\partial x_k}\sigma_{ki}x_j\right)\mathrm{d}V\right.\\
&\qquad\left.-\overline{\sigma}_{ki}\overline{u}_{i,jl}\int_{V}\left(\frac{\partial x_j}{\partial x_k}x_l+\frac{\partial x_l}{\partial x_k}x_j\right)\mathrm{d}V\right)\\
&=-\overline{u}_{i,jl}\frac{1}{2V}\int_{V}\left(\sigma_{ji}x_l+\sigma_{li}x_j\right)\mathrm{d}V=-\hat{\overline{\Sigma}}_{lji}\hat{\overline{E}}_{lji}
\end{aligned}
\tag{17.28}
$$

在式 (17.28) 的推导过程中利用了式 (17.20) 中第一式和式 (17.22) 分别对 $\hat{\overline{E}}_{lji}$ 和 $\hat{\overline{\Sigma}}_{lji}$ 的定义和应用了如下条件

$$
\int_{V}x_l\mathrm{d}V=\int_{V}x_j\mathrm{d}V=0 \tag{17.29}
$$

利用式 (17.26)~ 式 (17.28)，式 (17.25) 中等号右端第一项边界积分可展开表示为

$$
\frac{1}{V}\int_{\Gamma}\left(n_k\sigma_{ki}-n_k\overline{\sigma}_{ki}\right)\left(u_i-\overline{u}_{i,j}x_j-\frac{1}{2}\overline{u}_{i,jl}x_jx_l\right)\mathrm{d}\Gamma=\overline{\sigma_{ji}u_{i,j}}+\overline{\sigma}_{ji}\overline{u}_{i,j}-\hat{\overline{\Sigma}}_{lji}\hat{\overline{E}}_{lji} \tag{17.30}
$$

式 (17.25) 中等式右端第二个沿表征元边界的积分项也可分为如下三部分分别展

开和计算：

$$
\begin{aligned}
(1)\quad & \frac{1}{V}\int_{\Gamma}\left(n_k\mu_{ki}-n_k\overline{\mu}_{ki}\right)\omega_i\mathrm{d}\Gamma=\frac{1}{V}\int_{V}\frac{\partial\left(\mu_{ji}\omega_i\right)}{\partial x_j}\mathrm{d}V-\overline{\mu}_{ji}\frac{1}{V}\int_{V}\omega_{i,j}\mathrm{d}V\\
&=\frac{1}{V}\int_{V}\mu_{ji}\omega_{i,j}\mathrm{d}V+\frac{1}{V}\int_{V}\mu_{ji,j}\omega_i\mathrm{d}V-\overline{\mu}_{ji}\overline{\kappa}_{ji}\\
&=\overline{\mu_{ji}\kappa_{ji}}-\overline{\mu}_{ji}\overline{\kappa}_{ji}+\frac{1}{V}\int_{V}\left(-e_{ijk}\sigma_{jk}\right)\omega_i\mathrm{d}V\\
&=\overline{\mu_{ji}\kappa_{ji}}-\overline{\mu}_{ji}\overline{\kappa}_{ji}-e_{kji}\overline{\sigma_{ji}\omega_k}
\end{aligned}
\tag{17.31}
$$

在式 (17.31) 的推导中利用了由式 (16.2) 中第二式所表示的用于模拟表征元的经典 Cosserat 连续体的平衡条件。

$$
\begin{aligned}
(2)\quad & -\frac{1}{V}\int_{\Gamma}\left(n_k\mu_{ki}-n_k\overline{\mu}_{ki}\right)\overline{\omega}_i\mathrm{d}\Gamma=-\overline{\omega}_i\frac{1}{V}\int_{V}\mu_{ji,j}\mathrm{d}V\\
&=-\overline{\omega}_i\frac{1}{V}\int_{V}\left(-e_{ijk}\sigma_{jk}\right)\mathrm{d}V=e_{kji}\overline{\sigma}_{ji}\overline{\omega}_k
\end{aligned}
\tag{17.32}
$$

$$
\begin{aligned}
(3)\quad & \frac{1}{V}\int_{\Gamma}\left(n_k\mu_{ki}-n_k\overline{\mu}_{ki}\right)\left(-\overline{\omega}_{i,l}x_l\right)\mathrm{d}\Gamma\\
&=-\overline{\omega}_{i,l}\frac{1}{V}\int_{\Gamma}n_k\mu_{ki}x_l\mathrm{d}\Gamma+\overline{\mu}_{ki}\overline{\omega}_{i,l}\frac{1}{V}\int_{\Gamma}n_kx_l\mathrm{d}\Gamma\\
&=-\overline{\omega}_{i,l}\frac{1}{V}\int_{V}\frac{\partial\left(\mu_{ki}x_l\right)}{\partial x_k}\mathrm{d}V+\overline{\mu}_{ki}\overline{\omega}_{i,k}\\
&=-\overline{\omega}_{i,l}\frac{1}{V}\int_{V}\left(\frac{\partial\mu_{ki}}{\partial x_k}x_l+\delta_{lk}\mu_{ki}\right)\mathrm{d}V+\overline{\mu}_{ki}\overline{\omega}_{l,k}\\
&=-\overline{\omega}_{i,l}\frac{1}{V}\int_{V}\frac{\partial\mu_{ki}}{\partial x_k}x_l\mathrm{d}V=-\overline{\omega}_{i,l}\frac{1}{V}\int_{V}\frac{\partial\mu_{ji}}{\partial x_j}x_l\mathrm{d}V\\
&=-\overline{\omega}_{i,l}\frac{1}{V}\int_{V}-e_{ijk}\sigma_{jk}x_l\mathrm{d}V=e_{ijk}\overline{\Sigma}_{ljk}\overline{\omega}_{i,l}\\
&=-\overline{\Sigma}_{ljk}\breve{\overline{E}}_{ljk}=-\overline{\Sigma}_{lji}\breve{\overline{E}}_{lji}
\end{aligned}
\tag{17.33}
$$

式 (17.33) 推导过程中最后第二个等号的成立基于由式 (17.20) 中第二式对 $\breve{\overline{E}}_{ljk}$ 的定义。

利用式 (17.31)～ 式 (17.33)，式 (17.25) 中等号右端第二项边界积分项可展

开表示为

$$\begin{aligned}&\frac{1}{V}\int_{\Gamma}\left(n_k\mu_{ki}-n_k\overline{\mu}_{ki}\right)\left(\omega_i-\overline{\omega}_i-\overline{\omega}_{i,l}x_l\right)\mathrm{d}\Gamma\\&=\overline{\mu_{ji}\kappa_{ji}}-\overline{\mu}_{ji}\overline{\kappa}_{ji}-e_{kji}\overline{\sigma_{ji}\omega_k}+e_{kji}\overline{\sigma}_{ji}\overline{\omega}_k-\overline{\Sigma}_{lji}\check{\overline{E}}_{lji}\end{aligned}\tag{17.34}$$

注意到由平均场理论式 (17.1) 中第一式在表征元内的体积平均可表示为

$$\overline{\varepsilon}_{ji}=\overline{u}_{i,j}-e_{kji}\overline{\omega}_k\tag{17.35}$$

同时有

$$\overline{\sigma_{ji}\varepsilon_{ji}}=\overline{\sigma_{ji}u_{i,j}}-e_{kji}\overline{\sigma_{ji}\omega_k}\tag{17.36}$$

利用式 (17.30) 和式 (17.34) 所展开的沿表征元边界的两个边界积分项和式 (17.19)、式 (17.35)、式 (17.36)，可证明式 (17.25) 所表示的广义 Hill 定理成立。

17.1.4 梯度增强 Cosserat 连续体广义 Hill 定理的另一形式

注意到表征元内偶应力的体积平均 $\overline{\mu}_{ji}$ 和式 (17.21)～ 式 (17.24) 所定义的表征元内应力矩的体积平均 $\overline{\Sigma}_{ljk}$ 可进一步分别展开表示为

$$\begin{aligned}\overline{\mu}_{ji}&=\frac{1}{V}\int_V\mu_{ji}\mathrm{d}V=\frac{1}{V}\int_V\left(\mu_{ki}x_j\right)_{,k}\mathrm{d}V-\frac{1}{V}\int_V\mu_{ki,k}x_j\mathrm{d}V\\&=\frac{1}{V}\int_\Gamma\mu_{ki}x_jn_k\mathrm{d}\Gamma+e_{ikl}\frac{1}{V}\int_V\sigma_{kl}x_j\mathrm{d}V\end{aligned}\tag{17.37}$$

$$\begin{aligned}\overline{\Sigma}_{ljk}&=\frac{1}{V}\int_V\sigma_{jk}x_l\mathrm{d}V=\hat{\overline{\Sigma}}_{ljk}+\tilde{\overline{\Sigma}}_{ljk}\\&=\frac{1}{2V}\int_V\left(\sigma_{jk}x_l+\sigma_{lk}x_j\right)\mathrm{d}V+\frac{1}{2V}\int_V\left(\sigma_{jk}x_l-\sigma_{lk}x_j\right)\mathrm{d}V\\&=\frac{1}{2V}\int_V\left(\sigma_{mk}x_jx_l\right)_{,m}\mathrm{d}V+\frac{1}{2V}\int_V\left(\sigma_{jk}x_l-\sigma_{lk}x_j\right)\mathrm{d}V\\&=\frac{1}{2V}\int_\Gamma\sigma_{mk}x_jx_ln_m\mathrm{d}\Gamma+\frac{1}{2V}\int_V\left(\sigma_{jk}x_l-\sigma_{lk}x_j\right)\mathrm{d}V\end{aligned}\tag{17.38}$$

从式 (17.37) 和式 (17.38) 可以看到用以确定 $\overline{\mu}_{ji}$ 和 $\overline{\Sigma}_{ljk}$ 的计算公式不仅包含了沿表征元边界的边界积分，同时也包含有覆盖表征元全域的体积分；后者使得很难甚至无法通过表征元的边界条件以下传的宏观应变度量计算 $\overline{\mu}_{ji}$ 和 $\overline{\Sigma}_{ljk}$ 和表示它们的变化率。为建立基于介观信息的宏观连续体本构关系和模量张量，我们重新考虑式 (17.25) 所表示的广义 Hill 定理中的 $(\overline{\mu}_{ji}\overline{\kappa}_{ji}+\overline{\Sigma}_{lji}\overline{E}_{lji})$ 项。

由于 $\tilde{\overline{\Sigma}}_{lji}\hat{\overline{E}}_{lji}=0$，利用式 (17.19) 和式 (17.20)，以及式 (17.21)，我们可重新表示

$$\overline{\mu}_{ji}\overline{\kappa}_{ji}+\overline{\Sigma}_{lji}\overline{E}_{lji}=\hat{\overline{\Sigma}}_{jlk}\overline{E}_{jlk}+\overline{\mu}_{ji}\overline{\kappa}_{ji}+\tilde{\overline{\Sigma}}_{jlk}\check{\overline{E}}_{jlk} \tag{17.39}$$

式 (17.39) 中等号右端后两项可进一步表示为

$$\overline{\mu}_{ji}\overline{\kappa}_{ji}+\tilde{\overline{\Sigma}}_{jlk}\check{\overline{E}}_{jlk}=\overline{\kappa}_{ji}\frac{1}{V}\int_{V}\mu_{ji}\mathrm{d}V-e_{ilk}\overline{\omega}_{i,j}\frac{1}{V}\int_{V}\tilde{\Sigma}_{jlk}\mathrm{d}V=\overline{\kappa}_{ji}\overline{\mu}_{ji}^{0} \tag{17.40}$$

式中

$$\overline{\mu}_{ji}^{0}=\frac{1}{V}\int_{V}\left(\mu_{ji}-e_{ilk}\tilde{\Sigma}_{jlk}\right)\mathrm{d}V=\frac{1}{V}\int_{V}\mu_{ji}^{0}\mathrm{d}V \tag{17.41}$$

将式 (17.40) 代入式 (17.39) 可表示

$$\overline{\mu}_{ji}\overline{\kappa}_{ji}+\overline{\Sigma}_{lji}\overline{E}_{lji}=\overline{\mu}_{ji}^{0}\overline{\kappa}_{ji}+\hat{\overline{\Sigma}}_{jlk}\overline{E}_{jlk} \tag{17.42}$$

由式 (17.38) 可以看到式 (17.42) 中的 $\hat{\overline{\Sigma}}_{jlk}$ 可表示为

$$\hat{\overline{\Sigma}}_{jlk}=\frac{1}{2V}\int_{\Gamma}\sigma_{mk}x_jx_ln_m\mathrm{d}\Gamma=\frac{1}{2V}\int_{\Gamma}t_kx_jx_l\mathrm{d}\Gamma \tag{17.43}$$

而由式 (17.37) 和式 (17.38)，式 (17.42) 中的 $\overline{\mu}_{ji}^{0}$ 可由式 (17.41) 进一步演绎得到

$$\begin{aligned}\overline{\mu}_{ji}^{0}&=\frac{1}{V}\int_{V}\left(\mu_{ji}-e_{ilk}\tilde{\Sigma}_{jlk}\right)\mathrm{d}V=\frac{1}{V}\int_{V}\left(\mu_{ji}-e_{ikl}\tilde{\Sigma}_{jkl}\right)\mathrm{d}V\\&=\frac{1}{V}\int_{\Gamma}\mu_{ki}x_jn_k\mathrm{d}\Gamma+e_{ikl}\frac{1}{V}\int_{V}\sigma_{kl}x_j\mathrm{d}V-\frac{1}{2V}e_{ikl}\int_{V}\left(\sigma_{kl}x_j-\sigma_{jl}x_k\right)\mathrm{d}V\\&=\frac{1}{V}\int_{\Gamma}\mu_{ki}x_jn_k\mathrm{d}\Gamma+\frac{1}{2V}e_{ikl}\int_{V}\left(\sigma_{kl}x_j+\sigma_{jl}x_k\right)\mathrm{d}V\\&=\frac{1}{V}\int_{\Gamma}\mu_{ki}x_jn_k\mathrm{d}\Gamma+\frac{1}{2V}e_{ikl}\int_{\Gamma}\sigma_{ml}x_jx_kn_m\mathrm{d}\Gamma\\&=\frac{1}{V}\int_{\Gamma}m_ix_j\mathrm{d}\Gamma+\frac{1}{2V}e_{ikl}\int_{\Gamma}t_lx_jx_k\mathrm{d}\Gamma\end{aligned} \tag{17.44}$$

式 (17.43) 和式 (17.44) 表明，式 (17.42) 所示能量积中的 $\overline{\mu}_{ji}^{0}$ 和 $\hat{\overline{\Sigma}}_{jlk}$ 的表达式仅包含表征元的边界积分项，因而式 (17.39) 所示的表征元总能量积中的应力度量都可用表征元的边界积分项表示。式 (17.41) 也表明 $\overline{\mu}_{ji}^{0}$ 与 $\overline{\mu}_{ji}$ 的关系可表示为

$$\overline{\mu}_{ji}^{0}=\overline{\mu}_{ji}-e_{ikl}\tilde{\overline{\Sigma}}_{jkl} \tag{17.45}$$

为与式 (17.44) 中最后一个等号右端第二项比较，式 (17.43) 可改写为

$$\hat{\overline{\Sigma}}_{jkl} = \frac{1}{2V}\int_{\Gamma} t_l x_k x_j \mathrm{d}\Gamma \tag{17.46}$$

由此在式 (17.44) 基础上进一步引入

$$\overline{\mu}^*_{ji} = \overline{\mu}^0_{ji} - e_{ikl}\hat{\overline{\Sigma}}_{jkl} = \frac{1}{V}\int_{\Gamma} m_i x_j \mathrm{d}\Gamma \tag{17.47}$$

定义

$$\overline{\Gamma}_{ji} = \overline{u}_{i,j} \tag{17.48}$$

$$\overline{T}_k = -e_{kji}\overline{\sigma}_{ji} \tag{17.49}$$

并利用式 (17.42)，式 (17.25) 所表示的广义 Hill 定理可改写为

$$\begin{aligned}&\overline{\sigma_{ji}\varepsilon_{ji}} + \overline{\mu_{ji}\kappa_{ji}} - \overline{\sigma}_{ji}\overline{\Gamma}_{ji} - \overline{T}_k\overline{\omega}_k - \overline{\mu}^0_{ji}\overline{\kappa}_{ji} - \hat{\overline{\Sigma}}_{jlk}\overline{E}_{jlk}\\&= \frac{1}{V}\int_{\Gamma}(n_k\sigma_{ki} - n_k\overline{\sigma}_{ki})\left(u_i - \overline{u}_{i,j}x_j - \frac{1}{2}\overline{u}_{i,j}x_j x_l\right)\mathrm{d}\Gamma\\&\quad + \frac{1}{V}\int_{\Gamma}(n_k\mu_{ki} - n_k\overline{\mu}_{ki})(\omega_i - \overline{\omega}_i - \overline{\omega}_{i,l}x_l)\mathrm{d}\Gamma\end{aligned} \tag{17.50}$$

17.1.5 梯度增强 Cosserat 连续体的 Hill-Mandel 条件和表征元边界条件

由式 (17.25) 和式 (17.50) 所分别表示的广义 Hill 定理，梯度增强 Cosserat 连续体的 Hill-Mandel 条件可分别以如下两个不同形式给出，即

$$\overline{\sigma_{ji}\varepsilon_{ji}} + \overline{\mu_{ji}\kappa_{ji}} = \overline{\sigma}_{ji}\overline{\varepsilon}_{ji} + \overline{\mu}_{ji}\overline{\kappa}_{ji} + \overline{\Sigma}_{lji}\overline{E}_{lji} \tag{17.51}$$

$$\overline{\sigma_{ji}\varepsilon_{ji}} + \overline{\mu_{ji}\kappa_{ji}} = \overline{\sigma}_{ji}\overline{\Gamma}_{ji} + \overline{T}_k\overline{\omega}_k + \overline{\mu}^0_{ji}\overline{\kappa}_{ji} + \hat{\overline{\Sigma}}_{jlk}\overline{E}_{jlk} \tag{17.52}$$

利用式 (17.47)，式 (17.52) 也可改写为

$$\overline{\sigma_{ji}\varepsilon_{ji}} + \overline{\mu_{ji}\kappa_{ji}} = \overline{\sigma}_{ji}\overline{\Gamma}_{ji} + \overline{T}_k\overline{\omega}_k + \overline{\mu}^*_{ji}\overline{\kappa}_{ji} + \hat{\overline{\Sigma}}_{jlk}\hat{\overline{E}}_{jik} \tag{17.53}$$

保证满足 Hill-Mandel 条件的前提是需要恰当地指定表征元的边界条件，使如下给出的沿表征元的边界积分为零，即

$$\frac{1}{V}\int_{\Gamma}(n_k\sigma_{ki} - n_k\overline{\sigma}_{ki})\left(u_i - \overline{u}_{i,j}x_j - \frac{1}{2}\overline{u}_{i,jl}x_j x_l\right)\mathrm{d}\Gamma = 0 \tag{17.54}$$

$$\frac{1}{V}\int_{\Gamma}(n_k\mu_{ki} - n_k\overline{\mu}_{ki})(\omega_i - \overline{\omega}_i - \overline{\omega}_{i,l}x_l)\mathrm{d}\Gamma = 0 \tag{17.55}$$

式 (17.54) 和式 (17.55) 可以通过逐点（强形式）或积分（弱形式）方式得到满足。

1. 强形式下许可的表征元边界条件

为保证满足如式 (17.51) 或式 (17.52) 所示的梯度增强 Cosserat 连续体的 Hill-Mandel 条件，存在如下四种可能的以逐点强迫式 (17.54) 和式 (17.55) 中被积函数为零（“强形式”）的方式使式 (17.54) 和式 (17.55) 得到满足，即

（1）非均一边界线位移和均一转角位移条件

$$u_i(\boldsymbol{x})|_{\Gamma} = \left.\left(\overline{u}_{i,j}x_j + \frac{1}{2}\overline{u}_{i,jl}x_jx_l\right)\right|_{\Gamma}, \quad \omega_i(\boldsymbol{x})|_{\Gamma} = (\overline{\omega}_i + \overline{\omega}_{i,l}x_l)|_{\Gamma} \tag{17.56}$$

（2）均一边界力和力矩条件

$$t_i(\boldsymbol{x})|_{\Gamma} = (n_k\sigma_{ki})|_{\Gamma} = (n_k\overline{\sigma}_{ki})|_{\Gamma}, \quad m_i(\boldsymbol{x})|_{\Gamma} = (n_k\mu_{ki})|_{\Gamma} = (n_k\overline{\mu}_{ki})|_{\Gamma} \tag{17.57}$$

（3）混合边界条件 I：非均一边界线位移条件和均一边界力矩条件

$$u_i(\boldsymbol{x})|_{\Gamma} = \left.\left(\overline{u}_{i,j}x_j + \frac{1}{2}\overline{u}_{i,jl}x_jx_l\right)\right|_{\Gamma}, \quad m_i(\boldsymbol{x})|_{\Gamma} = (n_k\mu_{ki})|_{\Gamma} = (n_k\overline{\mu}_{ki})|_{\Gamma} \tag{17.58}$$

（4）混合边界条件 II：均一边界转角位移条件和均一边界力条件

$$\omega_i(\boldsymbol{x})|_{\Gamma} = (\overline{\omega}_i + \overline{\omega}_{i,l}x_l)|_{\Gamma}, \quad t_i(\boldsymbol{x})|_{\Gamma} = (n_k\sigma_{ki})|_{\Gamma} = (n_k\overline{\sigma}_{ki})|_{\Gamma} \tag{17.59}$$

然而，如在第 16 章中式 (16.21) 所表明的，式 (17.57) 所示的均一边界力和力矩条件使表征元将不再自平衡和违反了平均场理论的基本假定，因而将被排除。

式 (17.56) 所示非均一边界线位移和均一转角位移条件满足平均场理论验证如下：

$$\begin{aligned}\frac{1}{V}\int_V \omega_{i,j}\mathrm{d}V &= \frac{1}{V}\int_{\Gamma}\omega_i n_j \mathrm{d}\Gamma = \frac{1}{V}\int_{\Gamma}(\overline{\omega}_i + \overline{\omega}_{i,l}x_l)\,n_j\mathrm{d}\Gamma \\ &= \overline{\omega}_i\frac{1}{V}\int_{\Gamma}n_j\mathrm{d}\Gamma + \overline{\omega}_{i,l}\frac{1}{V}\int_{\Gamma}x_l n_j\mathrm{d}\Gamma \\ &= \overline{\omega}_{i,l}\frac{1}{V}\int_V x_{l,j}\mathrm{d}V = \overline{\omega}_{i,l}\delta_{lj} = \overline{\omega}_{i,j}\end{aligned} \tag{17.60}$$

$$\begin{aligned}\frac{1}{V}\int_V u_{i,j}\mathrm{d}V &= \frac{1}{V}\int_{\Gamma}u_i n_j\mathrm{d}\Gamma = \frac{1}{V}\int_{\Gamma}\left(\overline{u}_{i,k}x_k + \frac{1}{2}\overline{u}_{i,kl}x_kx_l\right)n_j\mathrm{d}\Gamma \\ &= \overline{u}_{i,k}\frac{1}{V}\int_V x_{k,j}\mathrm{d}V + \overline{u}_{i,kl}\frac{1}{2V}\int_V (x_kx_l)_{,j}\,\mathrm{d}V \\ &= \overline{u}_{i,j} + \overline{u}_{i,kl}\frac{1}{2V}\int_V (x_{k,j}x_l + x_kx_{l,j})\,\mathrm{d}V\end{aligned}$$

$$= \overline{u}_{i,j} + \overline{u}_{i,jl}\frac{1}{2V}\int_V x_l \mathrm{d}V + \overline{u}_{i,kj}\frac{1}{2V}\int_V x_k \mathrm{d}V = \overline{u}_{i,j} \tag{17.61}$$

由式 (17.56)、式 (17.58) 和式 (17.59) 表示了三组许可的以强形式指定的表征元边界条件。鉴于在利用离散元–有限元数值方法的计算均匀化方法中宏观连续体有限元过程通常为位移驱动，即定义位移类变量为有限元节点基本变量，在有限单元积分点上给定由单元节点位移插值的应变类变量；因此，在本章中将采用式 (17.56) 表示的依赖于宏观梯度增强 Cosserat 连续体在积分点处下传 $\overline{u}_{i,j}, \overline{u}_{i,jl}, \overline{\omega}_i, \overline{\omega}_{i,l}$ 的表征元边界条件。式 (17.56) 也是在保证满足 Hill-Mandel 条件的前提下用以指导宏观梯度增强 Cosserat 连续体信息 $\overline{u}_{i,j}, \overline{u}_{i,jl}, \overline{\omega}_i, \overline{\omega}_{i,l}$ 下传到介观经典 Cosserat 连续体表征元边界的法则。

2. 弱形式下许可的表征元边界条件

本节将以对表征元边界逐点施加式 (17.56) 所示位移边界条件为基础，讨论施加附加的周期性约束边界位移和边界力扰动，在积分意义上满足式 (17.54) 和式 (17.55) 表示的表征元周期性边界条件，即

（1）对式 (17.54) 中的边界线位移 u_i 和边界应力 σ_{ki}，指定边界条件

$$u_i(\boldsymbol{x})|_\Gamma = \left(\overline{u}_{i,j}x_j + \frac{1}{2}\overline{u}_{i,jl}x_j x_l + u_i^*\right)\Big|_\Gamma, \tag{17.62}$$

$$t_i(\boldsymbol{x})|_\Gamma = (n_k\sigma_{ki})|_\Gamma = t_i^*(\boldsymbol{x})|_\Gamma = (n_k\sigma_{ki}^*)|_\Gamma \tag{17.63}$$

（2）对式 (17.55) 中的边界转角位移 ω_i 和边界偶应力 μ_{ki}，指定边界条件

$$\omega_i(\boldsymbol{x})|_\Gamma = (\overline{\omega}_i + \overline{\omega}_{i,l}x_l + \omega_i^*)|_\Gamma \tag{17.64}$$

$$m_i(\boldsymbol{x})|_\Gamma = (n_k\mu_{ki})|_\Gamma = m_i^*(\boldsymbol{x})|_\Gamma = (n_k\mu_{ki}^*)|_\Gamma \tag{17.65}$$

式 (17.62)~ 式 (17.65) 中的周期性约束边界位移 u_i^*, ω_i^* 和边界力约束 t_i^*, m_i^* 分别按式 (16.24)、式 (16.28) 和式 (16.25)，式 (16.29) 给出。

首先验证式 (17.62)，式 (17.63) 所示边界条件满足变形梯度的平均场理论，即

$$\overline{u}_{i,j} = \frac{1}{V}\int_V u_{i,j}\mathrm{d}V \tag{17.66}$$

注意到应变梯度 $\overline{u}_{i,kl}$ 的对称性，即 $\overline{u}_{i,kl} = \overline{u}_{i,lk}$，以及应用 Gauss 定理，可以演绎 $\frac{1}{V}\int_V u_{i,j}\mathrm{d}V$ 如下

$$\frac{1}{V}\int_V u_{i,j}\mathrm{d}V = \frac{1}{V}\int_\Gamma u_i n_j \mathrm{d}\Gamma = \frac{1}{V}\int_\Gamma \left(\overline{u}_{i,k}x_k + \frac{1}{2}\overline{u}_{i,kl}x_k x_l + u_i^*\right) n_j \mathrm{d}\Gamma$$

$$
\begin{aligned}
&= \overline{u}_{i,j} + \frac{1}{2V}\int_{\Gamma} \overline{u}_{i,kl} x_k x_l n_j \mathrm{d}\Gamma + \frac{1}{V}\int_{\Gamma} u_i^* n_j \mathrm{d}\Gamma \\
&= \overline{u}_{i,j} + \overline{u}_{i,jk}\frac{1}{V}\int_{V} x_k \mathrm{d}V + \frac{1}{V}\int_{\Gamma} u_i^* n_j \mathrm{d}\Gamma = \overline{u}_{i,j}
\end{aligned}
\tag{17.67}
$$

由此验证了式 (17.66) 的成立。式 (17.67) 中最后一个等号的成立基于 $\int_V x_k \mathrm{d}V = 0$ 和利用了式 (16.24) 所表示的周期性边界位移 u_i^* 的约束，因而有

$$
\frac{1}{V}\int_{\Gamma} u_i^* n_j \mathrm{d}\Gamma = 0 \tag{17.68}
$$

其次验证式 (17.62) 和式 (17.63) 所示边界条件保证 Hill-Mandel 条件成立所要求的式 (17.54) 得以满足。为此将式 (17.62) 和式 (17.63) 代入式 (17.54) 等号左端，并演绎如下

$$
\begin{aligned}
&\frac{1}{V}\int_{\Gamma} (n_k \sigma_{ki} - n_k \overline{\sigma}_{ki}) \left(u_i - \overline{u}_{i,j} x_j - \frac{1}{2}\overline{u}_{i,jl} x_j x_l\right) \mathrm{d}\Gamma \\
&= \frac{1}{V}\int_{\Gamma} (n_k \sigma_{ki}^* - n_k \overline{\sigma}_{ki}) u_i^* \mathrm{d}\Gamma \\
&= \frac{1}{V}\int_{\Gamma} n_k \sigma_{ki}^* u_i^* \mathrm{d}\Gamma - \overline{\sigma}_{ki}\frac{1}{V}\int_{\Gamma} n_k u_i^* \mathrm{d}\Gamma
\end{aligned}
\tag{17.69}
$$

利用式 (16.24) 和式 (16.25) 所表示的关于 u_i^*, σ_{ki}^* 的表达式，可得到式 (17.69) 最后一个等号右端的第一项为零；而利用式 (17.68)，可表示式 (17.69) 最后一个等号右端的第二项为零；从而验证为保证满足 Hill-Mandel 条件而要求的式 (17.54) 成立。

接着，验证式 (17.64) 和式 (17.65) 所示边界条件满足角位移梯度的平均场理论，即

$$
\overline{\omega}_{i,j} = \frac{1}{V}\int_V \omega_{i,j} \mathrm{d}V \tag{17.70}
$$

应用 Gauss 定理，并注意到 16.1.3.2 节中关于表征元周期性边界条件的讨论，在 $\frac{1}{V}\int_V \omega_{i,j} \mathrm{d}V$ 中代入式 (17.64)，可演绎得到

$$
\begin{aligned}
\frac{1}{V}\int_V \omega_{i,j} \mathrm{d}V &= \frac{1}{V}\int_{\Gamma} \omega_i n_j \mathrm{d}\Gamma = \frac{1}{V}\int_{\Gamma} (\overline{\omega}_i + \overline{\omega}_{i,l} x_l + \omega_i^*) n_j \mathrm{d}\Gamma \\
&= \overline{\omega}_i \frac{1}{V}\int_{\Gamma} n_j \mathrm{d}\Gamma + \overline{\omega}_{i,j} + \frac{1}{V}\int_{\Gamma} \omega_i^* n_j \mathrm{d}\Gamma = \overline{\omega}_{i,j}
\end{aligned}
\tag{17.71}
$$

同时，利用式 (16.28) 和式 (16.29) 所表示的关于 ω_i^*, m_i^* 的表达式，可验证采用式 (17.64)，式 (17.65) 所示边界条件可保证 Hill-Mandel 条件成立所要求的式 (17.55) 得以满足:

$$\begin{aligned}&\frac{1}{V}\int_{\varGamma}\left(n_k\mu_{ki}-n_k\overline{\mu}_{ki}\right)\left(\omega_i-\overline{\omega}_i-\overline{\omega}_{i,l}x_l\right)\mathrm{d}\varGamma\\&=\frac{1}{V}\int_{\varGamma}\left(m_i^*-n_k\overline{\mu}_{ki}\right)\omega_i^*\mathrm{d}\varGamma\\&=\frac{1}{V}\int_{\varGamma}m_i^*\omega_i^*\mathrm{d}\varGamma-\overline{\mu}_{ki}\frac{1}{V}\int_{\varGamma}n_k\omega_i^*\mathrm{d}\varGamma=0\end{aligned}\tag{17.72}$$

概言之，采用式 (17.62)~ 式 (17.65) 所示表征元边界条件，可在宏观尺度采用梯度增强 Cosserat 连续体而在介观表征元尺度采用经典 Cosserat 连续体的计算均匀化方法中保证满足平均场理论和在弱形式下满足 Hill-Mandel 条件。

17.2 介观表征元到梯度增强 Cosserat 连续体的信息上传

17.2.1 介观经典 Cosserat 连续体到宏观梯度增强 Cosserat 连续体的应力度量上传

第 16 章中式 (16.38) 和式 (16.39) 已经给出了上传的表征元中 Cauchy 应力的体积平均

$$\overline{\sigma}_{ji}=\frac{1}{V}\int_{\varGamma}t_ix_j\mathrm{d}\varGamma,\quad \overline{\boldsymbol{\sigma}}=\frac{1}{V}\int_{\varGamma}\boldsymbol{x}\otimes\boldsymbol{t}\mathrm{d}\varGamma\tag{17.73}$$

由式 (17.49) 定义的表征元内扭矩 $\overline{T}_k$ 可表示

$$\overline{T}_k=-e_{kji}\overline{\sigma}_{ji}=-e_{kji}\frac{1}{V}\int_{\varGamma}t_ix_j\mathrm{d}\varGamma,\quad \overline{\boldsymbol{T}}=-\boldsymbol{e}:\overline{\boldsymbol{\sigma}}=-\boldsymbol{e}:\frac{1}{V}\int_{\varGamma}\boldsymbol{x}\otimes\boldsymbol{t}\mathrm{d}\varGamma\tag{17.74}$$

式中 $\boldsymbol{e}$ 是三阶置换张量 e_{kji} 的黑体表示。

由式 (17.43) 所表示的表征元中应力矩对称部分体积平均 $\hat{\overline{\Sigma}}_{ljk}$ 可进一步表示为黑体形式如下

$$\hat{\overline{\Sigma}}_{jlk}=\frac{1}{2V}\int_{\varGamma}\sigma_{mk}x_jx_ln_m\mathrm{d}\varGamma=\frac{1}{2V}\int_{\varGamma}t_kx_jx_l\mathrm{d}\varGamma,\quad \hat{\overline{\boldsymbol{\Sigma}}}=\frac{1}{2V}\int_{\varGamma}\boldsymbol{x}\otimes\boldsymbol{x}\otimes\boldsymbol{t}\mathrm{d}\varGamma\tag{17.75}$$

利用式 (17.75)，由式 (17.44) 所表示的表征元中偶应力的体积平均 $\overline{\mu}_{ji}^0$ 可进一步表示为黑体形式如下

$$\overline{\boldsymbol{\mu}}^0=\frac{1}{V}\int_{\varGamma}\boldsymbol{x}\otimes\boldsymbol{m}\mathrm{d}\varGamma+\frac{1}{2V}\int_{\varGamma}\boldsymbol{x}\otimes\boldsymbol{x}\otimes\boldsymbol{t}\mathrm{d}\varGamma:\boldsymbol{e}=\frac{1}{V}\int_{\varGamma}\boldsymbol{x}\otimes\boldsymbol{m}\mathrm{d}\varGamma+\hat{\overline{\boldsymbol{\Sigma}}}:\boldsymbol{e}\tag{17.76}$$

式中，$\boldsymbol{m}$ 是表面矩向量 m_i 的黑体表示。

17.2.2 基于离散颗粒集合体表征元模拟结果的应力度量上传

为计算和上传与如式 (17.45) 所示应变度量 $\overline{\boldsymbol{\Gamma}},\overline{\boldsymbol{T}},\overline{\boldsymbol{E}},\boldsymbol{\kappa}$ 功共轭的表征元应力度量的体积平均 $\overline{\boldsymbol{\sigma}},\overline{\boldsymbol{T}},\hat{\overline{\boldsymbol{\Sigma}}},\overline{\boldsymbol{\mu}}^0$, 需要用表征元内离散颗粒集合体周边颗粒的几何位置、边界力和边界力矩表示式 (17.73)∼ 式 (17.76) 中的边界积分项。表征元内离散颗粒集合体周边颗粒总数记为 N_p, 并假定每个周边颗粒皆与表征元边界 $\varGamma$ 接触和仅有一个接触点。令 N_c 表示周边颗粒与表征元边界 $\varGamma$ 接触点总数，即有 $N_\mathrm{c}=N_\mathrm{p}$。式 (17.73)∼ 式 (17.76) 中的边界积分可以近似地通过离散化后的表达式表示为

$$\overline{\boldsymbol{\sigma}}=\frac{1}{V}\int_{\varGamma}\boldsymbol{x}\otimes\boldsymbol{t}\mathrm{d}\varGamma=\frac{1}{V}\sum_{i=1}^{N_\mathrm{c}}\boldsymbol{x}_i^\mathrm{c}\otimes\boldsymbol{t}_i^\mathrm{c}\Delta S_i=\frac{1}{V}\sum_{i=1}^{N_\mathrm{c}}\boldsymbol{x}_i^\mathrm{c}\otimes\boldsymbol{f}_i^\mathrm{c} \tag{17.77}$$

$$\overline{\boldsymbol{T}}=-\boldsymbol{e}:\overline{\boldsymbol{\sigma}}=-\boldsymbol{e}:\frac{1}{V}\int_{\varGamma}\boldsymbol{x}\otimes\boldsymbol{t}\mathrm{d}\varGamma=-\frac{1}{V}\boldsymbol{e}:\sum_{i=1}^{N_\mathrm{c}}\boldsymbol{x}_i^\mathrm{c}\otimes\boldsymbol{f}_i^\mathrm{c} \tag{17.78}$$

$$\hat{\overline{\boldsymbol{\Sigma}}}=\frac{1}{2V}\int_{\varGamma}\boldsymbol{x}\otimes\boldsymbol{x}\otimes\boldsymbol{t}\mathrm{d}\varGamma=\frac{1}{2V}\sum_{i=1}^{N_\mathrm{c}}\boldsymbol{x}_i^\mathrm{c}\otimes\boldsymbol{x}_i^\mathrm{c}\otimes\boldsymbol{f}_i^\mathrm{c} \tag{17.79}$$

$$\begin{aligned}\overline{\boldsymbol{\mu}}^0&=\frac{1}{V}\int_{\varGamma}\boldsymbol{x}\otimes\boldsymbol{m}\mathrm{d}\varGamma+\frac{1}{2V}\int_{\varGamma}\boldsymbol{x}\otimes\boldsymbol{x}\otimes\boldsymbol{t}\mathrm{d}\varGamma:\boldsymbol{e}=\frac{1}{V}\int_{\varGamma}\boldsymbol{x}\otimes\boldsymbol{m}\mathrm{d}\varGamma+\hat{\overline{\boldsymbol{\Sigma}}}:\boldsymbol{e}\\&=\frac{1}{V}\sum_{i=1}^{N_\mathrm{c}}\boldsymbol{x}_i^\mathrm{c}\otimes\boldsymbol{m}_i^\mathrm{c}+\frac{1}{2V}\sum_{i=1}^{N_\mathrm{c}}\boldsymbol{x}_i^\mathrm{c}\otimes\boldsymbol{x}_i^\mathrm{c}\otimes\boldsymbol{f}_i^\mathrm{c}:\boldsymbol{e}\end{aligned} \tag{17.80}$$

式中，$\boldsymbol{x}_i^\mathrm{c}$ 是周边颗粒与表征元边界第 i 个接触点的位置向量；$\boldsymbol{f}_i^\mathrm{c},\boldsymbol{m}_i^\mathrm{c}$ 是表征元边界外材料通过第 i 个接触点施加于周边颗粒的外力和外力矩。它们由离散颗粒集合体表征元边值问题的离散元模拟结果提供。

17.2.3 梯度增强 Cosserat 连续体的应力度量变化率

基于式 (17.17)，假定表征元的 Cauchy 应力、内扭矩、偶应力和应力矩的体积平均分别等于它们的宏观对偶应力度量。我们可由式 (17.77)∼ 式 (17.80) 得到如下所示的它们的变化率表达式

$$\langle\dot{\boldsymbol{\sigma}}\rangle=\dot{\overline{\boldsymbol{\sigma}}}=\mathrm{d}\left(\frac{1}{V}\right)\sum_{i=1}^{N_\mathrm{c}}\boldsymbol{x}_i^\mathrm{c}\otimes\boldsymbol{f}_i^\mathrm{c}+\frac{1}{V}\sum_{i=1}^{N_\mathrm{c}}\dot{\boldsymbol{x}}_i^\mathrm{c}\otimes\boldsymbol{f}_i^\mathrm{c}+\frac{1}{V}\sum_{i=1}^{N_\mathrm{c}}\boldsymbol{x}_i^\mathrm{c}\otimes\dot{\boldsymbol{f}}_i^\mathrm{c} \tag{17.81}$$

$$\langle\dot{\boldsymbol{T}}\rangle = \dot{\overline{\boldsymbol{T}}} = -\boldsymbol{e} : \dot{\overline{\boldsymbol{\sigma}}} \tag{17.82}$$

$$\begin{aligned}\langle\dot{\boldsymbol{\Sigma}}\rangle = \dot{\overline{\boldsymbol{\Sigma}}} &= \mathrm{d}\left(\frac{1}{2V}\right)\sum_{i=1}^{N_{\mathrm{c}}}\boldsymbol{x}_i^{\mathrm{c}}\otimes\boldsymbol{x}_i^{\mathrm{c}}\otimes\boldsymbol{f}_i^{\mathrm{c}} + \frac{1}{2V}\sum_{i=1}^{N_{\mathrm{c}}}\dot{\boldsymbol{x}}_i^{\mathrm{c}}\otimes\boldsymbol{x}_i^{\mathrm{c}}\otimes\boldsymbol{f}_i^{\mathrm{c}} \\ &\quad + \frac{1}{2V}\sum_{i=1}^{N_{\mathrm{c}}}\boldsymbol{x}_i^{\mathrm{c}}\otimes\dot{\boldsymbol{x}}_i^{\mathrm{c}}\otimes\boldsymbol{f}_i^{\mathrm{c}} + \frac{1}{2V}\sum_{i=1}^{N_{\mathrm{c}}}\boldsymbol{x}_i^{\mathrm{c}}\otimes\boldsymbol{x}_i^{\mathrm{c}}\otimes\dot{\boldsymbol{f}}_i^{\mathrm{c}}\end{aligned} \tag{17.83}$$

$$\begin{aligned}\langle\dot{\boldsymbol{\mu}}^0\rangle = \dot{\overline{\boldsymbol{\mu}}}^0 &= \mathrm{d}\left(\frac{1}{V}\right)\sum_{i=1}^{N_{\mathrm{c}}}\boldsymbol{x}_i^{\mathrm{c}}\otimes\boldsymbol{m}_i^{\mathrm{c}} + \frac{1}{V}\sum_{i=1}^{N_{\mathrm{c}}}\dot{\boldsymbol{x}}_i^{\mathrm{c}}\otimes\boldsymbol{m}_i^{\mathrm{c}} + \frac{1}{V}\sum_{i=1}^{N_{\mathrm{c}}}\boldsymbol{x}_i^{\mathrm{c}}\otimes\dot{\boldsymbol{m}}_i^{\mathrm{c}} + \dot{\overline{\boldsymbol{\Sigma}}} : \boldsymbol{e} \\ &= \mathrm{d}\left(\frac{1}{V}\right)\sum_{i=1}^{N_{\mathrm{c}}}\boldsymbol{x}_i^{\mathrm{c}}\otimes\boldsymbol{m}_i^{\mathrm{c}} + \frac{1}{V}\sum_{i=1}^{N_{\mathrm{c}}}\dot{\boldsymbol{x}}_i^{\mathrm{c}}\otimes\boldsymbol{m}_i^{\mathrm{c}} + \frac{1}{V}\sum_{i=1}^{N_{\mathrm{c}}}\boldsymbol{x}_i^{\mathrm{c}}\otimes\dot{\boldsymbol{m}}_i^{\mathrm{c}} \\ &\quad + \left(\mathrm{d}\left(\frac{1}{2V}\right)\sum_{i=1}^{N_{\mathrm{c}}}\boldsymbol{x}_i^{\mathrm{c}}\otimes\boldsymbol{x}_i^{\mathrm{c}}\otimes\boldsymbol{f}_i^{\mathrm{c}} + \frac{1}{2V}\sum_{i=1}^{N_{\mathrm{c}}}\dot{\boldsymbol{x}}_i^{\mathrm{c}}\otimes\boldsymbol{x}_i^{\mathrm{c}}\otimes\boldsymbol{f}_i^{\mathrm{c}}\right. \\ &\quad \left. + \frac{1}{2V}\sum_{i=1}^{N_{\mathrm{c}}}\boldsymbol{x}_i^{\mathrm{c}}\otimes\dot{\boldsymbol{x}}_i^{\mathrm{c}}\otimes\boldsymbol{f}_i^{\mathrm{c}} + \frac{1}{2V}\sum_{i=1}^{N_{\mathrm{c}}}\boldsymbol{x}_i^{\mathrm{c}}\otimes\boldsymbol{x}_i^{\mathrm{c}}\otimes\dot{\boldsymbol{f}}_i^{\mathrm{c}}\right) : \boldsymbol{e}\end{aligned} \tag{17.84}$$

为推导关于宏观应力度量变化率 $\langle\dot{\boldsymbol{\sigma}}\rangle, \langle\dot{\boldsymbol{T}}\rangle, \langle\dot{\boldsymbol{\Sigma}}\rangle, \langle\dot{\boldsymbol{\mu}}^0\rangle$ 的率型本构方程及相应的模量张量，需要进一步推导确定式 (17.81)~ 式 (17.84) 中等号右端的变化率 $\mathrm{d}\left(\frac{1}{V}\right), \dot{\boldsymbol{x}}_i^{\mathrm{c}}, \dot{\boldsymbol{f}}_i^{\mathrm{c}}, \dot{\boldsymbol{m}}_i^{\mathrm{c}}$ 的公式。它们作为表征元的平均响应量 $\mathrm{d}\left(\frac{1}{V}\right)$ 和离散颗粒集合体周边颗粒的率响应量 $\dot{\boldsymbol{x}}_i^{\mathrm{c}}, \dot{\boldsymbol{f}}_i^{\mathrm{c}}, \dot{\boldsymbol{m}}_i^{\mathrm{c}}\,(i\in 1\sim N_{\mathrm{c}})$，其值的确定依赖于通过式 (17.56) 所示表征元率型位移边界条件下传的宏观局部应变度量变化率。基于式 (17.56)，一个典型的离散颗粒集合体周边颗粒 i 与表征元边界的接触点的指定位移变化率 $\dot{\boldsymbol{u}}_i^{\mathrm{c}}, \dot{\boldsymbol{\omega}}_i^{\mathrm{c}}\,(i\in 1\sim N_{\mathrm{c}})$ 可表示为

$$\dot{\boldsymbol{u}}_i^{\mathrm{c}} = \boldsymbol{x}_i^{\mathrm{c}}\cdot\dot{\overline{\boldsymbol{\Gamma}}} + \frac{1}{2}(\boldsymbol{x}_i^{\mathrm{c}}\otimes\boldsymbol{x}_i^{\mathrm{c}}) : \dot{\overline{\boldsymbol{E}}},\quad \dot{\boldsymbol{\omega}}_i^{\mathrm{c}} = \dot{\overline{\boldsymbol{\omega}}} + \boldsymbol{x}_i^{\mathrm{c}}\cdot\dot{\overline{\boldsymbol{\kappa}}},\quad (i\in 1\sim N_{\mathrm{c}}) \tag{17.85}$$

式中，$\dot{\overline{\boldsymbol{\Gamma}}}, \dot{\overline{\boldsymbol{E}}}, \dot{\overline{\boldsymbol{\omega}}}, \dot{\overline{\boldsymbol{\kappa}}}$ 是下传的宏观局部应变度量变化率 $\dot{\overline{\Gamma}}_{ji}\left(\dot{\overline{u}}_{i,j}\right), \dot{\overline{E}}_{ljk}\left(\dot{\overline{u}}_{k,jl}\right), \dot{\overline{\omega}}_i,$ $\dot{\overline{\kappa}}_{ji}\left(\dot{\overline{\omega}}_{i,j}\right)$ 的黑体表示。

$\mathrm{d}\left(\frac{1}{V}\right)$ 的计算公式

$$\dot{V} = \int_V \dot{u}_{i,i}\mathrm{d}V = \int_\Gamma \dot{u}_i n_i \mathrm{d}\Gamma = \int_\Gamma \left(\dot{\overline{u}}_{i,j}x_j + \frac{1}{2}\dot{\overline{u}}_{i,jl}x_jx_l\right)n_i\mathrm{d}\Gamma$$

$$= \dot{\bar{u}}_{i,j}\delta_{ji}V + \frac{1}{2}\dot{\bar{u}}_{i,jk}\left(\delta_{ji}\int_V x_k \mathrm{d}V + \delta_{ki}\int_V x_j \mathrm{d}V\right) = \dot{\bar{u}}_{i,i}V = V(\boldsymbol{I}:\dot{\bar{\boldsymbol{\Gamma}}}) \tag{17.86}$$

$$\mathrm{d}\left(\frac{1}{V}\right) = -\frac{1}{V^2}\dot{V} = -\frac{1}{V}\boldsymbol{I}:\dot{\bar{\boldsymbol{\Gamma}}} \tag{17.87}$$

$\dot{\boldsymbol{x}}_i^{\mathrm{c}}$ 的计算公式

$$\dot{\boldsymbol{x}}_i^{\mathrm{c}} = \dot{\boldsymbol{u}}_i^{\mathrm{c}} = \boldsymbol{x}_i^{\mathrm{c}}\cdot\dot{\bar{\boldsymbol{\Gamma}}} + \frac{1}{2}\left(\boldsymbol{x}_i^{\mathrm{c}}\otimes\boldsymbol{x}_i^{\mathrm{c}}\right):\dot{\hat{\bar{\boldsymbol{E}}}} \tag{17.88}$$

$\dot{\boldsymbol{f}}_i^{\mathrm{c}}, \dot{\boldsymbol{m}}_i^{\mathrm{c}}$ 的计算公式

表征元外部材料作用于它与表征元第 i 个周边颗粒接触点的外力速率 $\dot{\boldsymbol{f}}_i^{\mathrm{c}}$ 和外力矩速率 $\dot{\boldsymbol{m}}_i^{\mathrm{c}}$ 可由式 (16.75) 和式 (16.76) 确定，并表示为

$$\dot{\boldsymbol{f}}_i^{\mathrm{c}} = -\sum_{j=1}^{N_{\mathrm{c}}}\left[\left(\boldsymbol{K}_{\mathrm{uu}}^{\mathrm{B}}\right)_{ij}\dot{\boldsymbol{u}}_j^{\mathrm{c}} + \left(\boldsymbol{K}_{\mathrm{u\omega}}^{\mathrm{Bc}}\right)_{ij}\dot{\boldsymbol{\omega}}_j\right] + \dot{\tilde{\boldsymbol{f}}}_i^{\mathrm{int,p}} \tag{17.89}$$

$$\dot{\boldsymbol{m}}_i^{\mathrm{c}} = -\sum_{j=1}^{N_{\mathrm{c}}}\left[\left(\boldsymbol{K}_{\mathrm{\omega u}}^{\mathrm{B}}\right)_{ij}\dot{\boldsymbol{u}}_j^{\mathrm{c}} + \left(\boldsymbol{K}_{\mathrm{\omega\omega}}^{\mathrm{Bc}}\right)_{ij}\dot{\boldsymbol{\omega}}_j\right] + \dot{\tilde{\boldsymbol{m}}}_i^{\mathrm{int,p}} - \left(\boldsymbol{R}_i^{\mathrm{c}}\right)^{\mathrm{T}}\dot{\tilde{\boldsymbol{f}}}_i^{\mathrm{int\ ,p}} \tag{17.90}$$

式 (17.89) 和式 (17.90) 中 $\left(\boldsymbol{K}_{\mathrm{uu}}^{\mathrm{B}}\right)_{ij}, \left(\boldsymbol{K}_{\mathrm{u\omega}}^{\mathrm{Bc}}\right)_{ij}, \left(\boldsymbol{K}_{\mathrm{\omega u}}^{\mathrm{B}}\right)_{ij}, \left(\boldsymbol{K}_{\mathrm{\omega\omega}}^{\mathrm{Bc}}\right)_{ij}$ 表示凝聚到表征元离散颗粒集合体周边颗粒以线位移和角位移向量分块表示的各子刚度矩阵 $\boldsymbol{K}_{\mathrm{uu}}^{\mathrm{B}}, \boldsymbol{K}_{\mathrm{u\omega}}^{\mathrm{Bc}}, \boldsymbol{K}_{\mathrm{\omega u}}^{\mathrm{B}}, \boldsymbol{K}_{\mathrm{\omega\omega}}^{\mathrm{Bc}}$ 中相应于第 i 行 (第 i 个周边颗粒)、第 j 列 (第 j 个周边颗粒) 的子矩阵。$\dot{\tilde{\boldsymbol{f}}}_i^{\mathrm{int,p}}, \left(\dot{\tilde{\boldsymbol{m}}}_i^{\mathrm{int,p}} - \left(\boldsymbol{R}_i^{\mathrm{c}}\right)^{\mathrm{T}}\dot{\tilde{\boldsymbol{f}}}_i^{\mathrm{int,p}}\right)$ 是表征元内颗粒间耗散性相对切向位移变化率导致的凝聚到第 i 个周边颗粒与表征元边界接触点的等效“外力”和“外力矩”。$\dot{\tilde{\boldsymbol{m}}}_i^{\mathrm{int,p}}$ 是表征元内颗粒间耗散性相对切向线位移和角位移变化率导致的凝聚到第 i 个周边颗粒形心的“外力矩”。$\boldsymbol{R}_i^{\mathrm{c}}$ 定义于式 (16.68) 中第二式。

为程序实现本章介绍的二阶协同计算均匀化方法需要注意，三维等效 Cosserat 连续体表征元中作为向量的单个颗粒转角率 $\dot{\boldsymbol{\omega}}_j$、作用于单个颗粒的力矩率 $\dot{\boldsymbol{m}}_i^{\mathrm{c}}(i,j = 1\sim N_{\mathrm{c}})$ 以及表征元的微转角率体积平均 $\dot{\bar{\boldsymbol{\omega}}}$ 在本章关注的二维等效 Cosserat 连续体表征元中均退化为标量 $\dot{\omega}_j, \dot{m}_i^{\mathrm{c}}, \dot{\bar{\omega}}$，而作为二阶张量的 $\dot{\bar{\boldsymbol{\kappa}}}, \dot{\bar{\boldsymbol{\mu}}}^0$ 将退化为向量。相应地，式 (17.89) 和式 (17.90) 中的子矩阵 $\left(\boldsymbol{K}_{\mathrm{uu}}^{\mathrm{B}}\right)_{ij}$ 为 2×2 矩阵，$\left(\boldsymbol{K}_{\mathrm{u\omega}}^{\mathrm{Bc}}\right)_{ij}, \left(\boldsymbol{K}_{\mathrm{\omega u}}^{\mathrm{B}}\right)_{ij}$ 分别为 2×1 列向量和 1×2 行向量, $\left(\boldsymbol{K}_{\mathrm{\omega\omega}}^{\mathrm{Bc}}\right)_{ij}$ 为标量。

将式 (17.85) 代入式 (17.89) 和式 (17.90) 可得到

$$\dot{\boldsymbol{f}}_i^{\mathrm{c}} = -\sum_{j=1}^{N_{\mathrm{c}}}\left[\left(\boldsymbol{K}_{\mathrm{uu}}^{\mathrm{B}}\right)_{ij}\cdot\left(\boldsymbol{x}_j^{\mathrm{c}}\cdot\dot{\bar{\boldsymbol{\Gamma}}} + \frac{1}{2}\left(\boldsymbol{x}_j^{\mathrm{c}}\otimes\boldsymbol{x}_j^{\mathrm{c}}\right):\dot{\hat{\bar{\boldsymbol{E}}}}\right) + \left(\boldsymbol{K}_{\mathrm{u\omega}}^{\mathrm{Bc}}\right)_{ij}\cdot\left(\dot{\bar{\omega}} + \boldsymbol{x}_j^{\mathrm{c}}\cdot\dot{\bar{\boldsymbol{\kappa}}}\right)\right] + \dot{\tilde{\boldsymbol{f}}}_i^{\mathrm{int,p}} \tag{17.91}$$

$$\dot{m}_i^{\mathrm{c}} = -\sum_{j=1}^{N_{\mathrm{c}}}\left[\left(\boldsymbol{K}_{\omega\mathrm{u}}^{\mathrm{B}}\right)_{ij}\cdot\left(\boldsymbol{x}_j^{\mathrm{c}}\cdot\dot{\boldsymbol{\Gamma}}+\frac{1}{2}\left(\boldsymbol{x}_j^{\mathrm{c}}\otimes\boldsymbol{x}_j^{\mathrm{c}}\right):\dot{\hat{\boldsymbol{E}}}\right)+\left(K_{\omega\omega}^{\mathrm{Bc}}\right)_{ij}\cdot\left(\dot{\bar{\omega}}+\boldsymbol{x}_j^{\mathrm{c}}\cdot\dot{\boldsymbol{\kappa}}\right)\right] + \dot{\tilde{m}}_i^{\mathrm{int,p}} - \left(\boldsymbol{R}_i^{\mathrm{c}}\right)^{\mathrm{T}}\dot{\tilde{\boldsymbol{f}}}_i^{\mathrm{int,p}} \tag{17.92}$$

1. 关于宏观 Cauchy 应力变化率的本构方程和切线弹性模量张量

利用式 (17.87)，式 (17.81) 中第二个等号右端的第一项可表示

$$d\left(\frac{1}{V}\right)\sum_{i=1}^{N_{\mathrm{c}}}\boldsymbol{x}_i^{\mathrm{c}}\otimes\boldsymbol{f}_i^{\mathrm{c}} = -(\overline{\boldsymbol{\sigma}}\otimes\boldsymbol{I}):\dot{\boldsymbol{\Gamma}} \tag{17.93}$$

利用式 (17.88) 和第 16 章中式 (16.90) 和式 (16.91)，式 (17.81) 中第二个等号右端的第二项可表示为

$$\begin{aligned}\frac{1}{V}\sum_{i=1}^{N_{\mathrm{c}}}\dot{\boldsymbol{x}}_i^{\mathrm{c}}\otimes\boldsymbol{f}_i^{\mathrm{c}} &= \frac{1}{V}\sum_{i=1}^{N_{\mathrm{c}}}\boldsymbol{x}_i^{\mathrm{c}}\cdot\dot{\boldsymbol{\Gamma}}\otimes\boldsymbol{f}_i^{\mathrm{c}}+\frac{1}{2V}\sum_{i=1}^{N_{\mathrm{c}}}\left(\boldsymbol{x}_i^{\mathrm{c}}\otimes\boldsymbol{x}_i^{\mathrm{c}}\right):\dot{\hat{\boldsymbol{E}}}\otimes\boldsymbol{f}_i^{\mathrm{c}}\\ &= \frac{1}{V}\sum_{i=1}^{N_{\mathrm{c}}}\left(\boldsymbol{D}_{\sigma}^{\Gamma 1}\right)_i:\dot{\boldsymbol{\Gamma}}+\frac{1}{2V}\sum_{i=1}^{N_{\mathrm{c}}}\left(\boldsymbol{D}_{\sigma}^{\mathrm{E}1}\right)_i\vdots\dot{\hat{\boldsymbol{E}}}\end{aligned} \tag{17.94}$$

式中

$$\left(\boldsymbol{D}_{\sigma}^{\Gamma 1}\right)_i = \left(x_c^{\mathrm{c}}\right)_i\delta_{da}\left(f_b^{\mathrm{c}}\right)_i\boldsymbol{e}_a\otimes\boldsymbol{e}_b\otimes\boldsymbol{e}_c\otimes\boldsymbol{e}_d \tag{17.95}$$

$$\left(\boldsymbol{D}_{\sigma}^{\mathrm{E}1}\right)_i = \left(x_c^{\mathrm{c}}\right)_i\left(x_d^{\mathrm{c}}\right)_i\delta_{ae}\left(f_b^{\mathrm{c}}\right)_i\boldsymbol{e}_a\otimes\boldsymbol{e}_b\otimes\boldsymbol{e}_c\otimes\boldsymbol{e}_d\otimes\boldsymbol{e}_e \tag{17.96}$$

利用式 (17.91), 式 (17.81) 中第二个等号右端的第二项可表示为

$$\begin{aligned}&\frac{1}{V}\sum_{i=1}^{N_{\mathrm{c}}}\boldsymbol{x}_i^{\mathrm{c}}\otimes\dot{\boldsymbol{f}}_i^{\mathrm{c}}\\ &= \frac{1}{V}\sum_{i=1}^{N_{\mathrm{c}}}\sum_{j=1}^{N_{\mathrm{c}}}-\boldsymbol{x}_i^{\mathrm{c}}\otimes\left(\boldsymbol{K}_{\mathrm{uu}}^{\mathrm{B}}\right)_{ij}\cdot\boldsymbol{x}_j^{\mathrm{c}}\cdot\dot{\boldsymbol{\Gamma}}+\frac{1}{2V}\sum_{i=1}^{N_{\mathrm{c}}}\sum_{j=1}^{N_{\mathrm{c}}}-\boldsymbol{x}_i^{\mathrm{c}}\otimes\left(\boldsymbol{K}_{\mathrm{uu}}^{\mathrm{B}}\right)_{ij}\cdot\left(\boldsymbol{x}_j^{\mathrm{c}}\otimes\boldsymbol{x}_j^{\mathrm{c}}\right):\dot{\hat{\boldsymbol{E}}}\\ &\quad+\frac{1}{V}\sum_{i=1}^{N_{\mathrm{c}}}\sum_{j=1}^{N_{\mathrm{c}}}-\boldsymbol{x}_i^{\mathrm{c}}\otimes\left(\boldsymbol{K}_{\mathrm{u}\omega}^{\mathrm{Bc}}\right)_{ij}\dot{\bar{\omega}}+\frac{1}{V}\sum_{i=1}^{N_{\mathrm{c}}}\sum_{j=1}^{N_{\mathrm{c}}}-\boldsymbol{x}_i^{\mathrm{c}}\otimes\left(\boldsymbol{K}_{\mathrm{u}\omega}^{\mathrm{Bc}}\right)_{ij}\otimes\boldsymbol{x}_j^{\mathrm{c}}\cdot\dot{\boldsymbol{\kappa}}\\ &\quad+\frac{1}{V}\sum_{i=1}^{N_{\mathrm{c}}}\sum_{j=1}^{N_{\mathrm{c}}}\boldsymbol{x}_i^{\mathrm{c}}\otimes\dot{\tilde{\boldsymbol{f}}}_i^{\mathrm{int,p}}\\ &= \left(\frac{1}{V}\sum_{i=1}^{N_{\mathrm{c}}}\sum_{j=1}^{N_{\mathrm{c}}}\left(\boldsymbol{D}_{\sigma}^{\Gamma 2}\right)_{ij}\right):\dot{\boldsymbol{\Gamma}}+\left(\frac{1}{2V}\sum_{i=1}^{N_{\mathrm{c}}}\sum_{j=1}^{N_{\mathrm{c}}}\left(\boldsymbol{D}_{\sigma}^{\mathrm{E}2}\right)_{ij}\right)\vdots\dot{\hat{\boldsymbol{E}}}\end{aligned}$$

$$+\left(\frac{1}{V}\sum_{i=1}^{N_{\rm c}}\sum_{j=1}^{N_{\rm c}}(\boldsymbol{D}_{\sigma}^{\omega})_{ij}\right)\dot{\omega}+\left(\frac{1}{V}\sum_{i=1}^{N_{\rm c}}\sum_{j=1}^{N_{\rm c}}(\boldsymbol{D}_{\sigma}^{\kappa})_{ij}\right)\cdot\dot{\boldsymbol{\kappa}}+\dot{\boldsymbol{\sigma}}^{\rm p} \tag{17.97}$$

式中

$$\left(\boldsymbol{D}_{\sigma}^{\Gamma 2}\right)_{ij}=-\left(x_a^{\rm c}\right)_i\left(\left[K_{\rm uu}^{\rm B}\right]_{bd}\right)_{ij}\left(x_c^{\rm c}\right)_j\boldsymbol{e}_a\otimes\boldsymbol{e}_b\otimes\boldsymbol{e}_c\otimes\boldsymbol{e}_d \tag{17.98}$$

$$\left(\boldsymbol{D}_{\sigma}^{\rm E2}\right)_{ij}=-\left(x_a^{\rm c}\right)_i\left(\left[K_{\rm uu}^{\rm B}\right]_{be}\right)_{ij}\left(x_c^{\rm c}\right)_j\left(x_d^{\rm c}\right)_j\boldsymbol{e}_a\otimes\boldsymbol{e}_b\otimes\boldsymbol{e}_c\otimes\boldsymbol{e}_d\otimes\boldsymbol{e}_e \tag{17.99}$$

$$\left(\boldsymbol{D}_{\sigma}^{\omega}\right)_{ij}=-\left(x_a^{\rm c}\right)_i\left(\left[K_{\rm u\omega}^{\rm Bc}\right]_{b}\right)_{ij}\boldsymbol{e}_a\otimes\boldsymbol{e}_b \tag{17.100}$$

$$\left(\boldsymbol{D}_{\sigma}^{\kappa}\right)_{ij}=-\left(x_a^{\rm c}\right)_i\left(\left[K_{\rm u\omega}^{\rm Bc}\right]_{b}\right)_{ij}\left(x_c^{\rm c}\right)_j\boldsymbol{e}_a\otimes\boldsymbol{e}_b\otimes\boldsymbol{e}_c \tag{17.101}$$

$$\dot{\boldsymbol{\sigma}}^{\rm p}=\frac{1}{V}\sum_{i=1}^{N_{\rm c}}\sum_{j=1}^{N_{\rm c}}\boldsymbol{x}_i^{\rm c}\otimes\dot{\tilde{\boldsymbol{f}}}_i^{\rm int,p} \tag{17.102}$$

这里 $\left(\left[K_{\rm uu}^{\rm B}\right]_{bd}\right)_{ij}$ 表示式 (17.89) 中子刚度矩阵 $K_{\rm uu}^{\rm B}$ 中相应于第 i 行 (第 i 个周边颗粒)、第 j 列 (第 j 个周边颗粒) 子矩阵中的第 b 行第 d 列元素。可依此类推地理解上面式中 $\left(\left[K_{\rm uu}^{\rm B}\right]_{be}\right)_{ij}, \left(\left[K_{\rm u\omega}^{\rm Bc}\right]_{b}\right)_{ij}, \left(\left[K_{\rm u\omega}^{\rm Bc}\right]_{b}\right)_{ij}$ 等元素的含义。

将式 (17.93)~ 式 (17.102) 代入式 (17.81) 可得到

$$\dot{\boldsymbol{\sigma}}=\boldsymbol{D}_{\sigma\Gamma}:\dot{\boldsymbol{\Gamma}}+\boldsymbol{D}_{\sigma{\rm E}}\vdots\dot{\hat{\boldsymbol{E}}}+\boldsymbol{D}_{\sigma\omega}\dot{\omega}+\boldsymbol{D}_{\sigma\kappa}\cdot\dot{\boldsymbol{\kappa}}+\dot{\boldsymbol{\sigma}}^{\rm p} \tag{17.103}$$

式中

$$\boldsymbol{D}_{\sigma\Gamma}=-\overline{\boldsymbol{\sigma}}\otimes\boldsymbol{I}+\frac{1}{V}\sum_{i=1}^{N_{\rm c}}\left(\boldsymbol{D}_{\sigma}^{\Gamma 1}\right)_i+\frac{1}{V}\sum_{i=1}^{N_{\rm c}}\sum_{j=1}^{N_{\rm c}}\left(\boldsymbol{D}_{\sigma}^{\Gamma 2}\right)_{ij} \tag{17.104}$$

$$\boldsymbol{D}_{\sigma{\rm E}}=\frac{1}{2V}\sum_{i=1}^{N_{\rm c}}\left(\boldsymbol{D}_{\sigma}^{\rm E1}\right)_i+\frac{1}{2V}\sum_{i=1}^{N_{\rm c}}\sum_{j=1}^{N_{\rm c}}\left(\boldsymbol{D}_{\sigma}^{\rm E2}\right)_{ij} \tag{17.105}$$

$$\boldsymbol{D}_{\sigma\omega}=\frac{1}{V}\sum_{i=1}^{N_{\rm c}}\sum_{j=1}^{N_{\rm c}}\left(\boldsymbol{D}_{\sigma}^{\omega}\right)_{ij} \tag{17.106}$$

$$\boldsymbol{D}_{\sigma\kappa}=\frac{1}{V}\sum_{i=1}^{N_{\rm c}}\sum_{j=1}^{N_{\rm c}}\left(\boldsymbol{D}_{\sigma}^{\kappa}\right)_{ij} \tag{17.107}$$

2. 关于宏观内扭矩变化率的本构方程和切线弹性模量张量

将式 (17.103) 代入式 (17.82) 可直接获得如下关于宏观内扭矩变化率的本构方程和切线弹性模量张量，即

$$\dot{\boldsymbol{T}} = \boldsymbol{D}_{\mathrm{T\Gamma}} : \dot{\boldsymbol{\Gamma}} + \boldsymbol{D}_{\mathrm{TE}} \vdots \dot{\hat{\boldsymbol{E}}} + \boldsymbol{D}_{\mathrm{T\omega}} \dot{\bar{\omega}} + \boldsymbol{D}_{\mathrm{T\kappa}} \cdot \dot{\boldsymbol{\kappa}} + \dot{\boldsymbol{T}}^{\mathrm{p}} \tag{17.108}$$

式中

$$\boldsymbol{D}_{\mathrm{T\Gamma}} = -\boldsymbol{e} : \boldsymbol{D}_{\sigma\Gamma}, \quad \boldsymbol{D}_{\mathrm{TE}} = -\boldsymbol{e} : \boldsymbol{D}_{\sigma\mathrm{E}}, \quad \boldsymbol{D}_{\mathrm{T\omega}} = -\boldsymbol{e} : \boldsymbol{D}_{\sigma\omega}, \quad \boldsymbol{D}_{\mathrm{T\kappa}} = -\boldsymbol{e} : \boldsymbol{D}_{\sigma\kappa},$$
$$\dot{\boldsymbol{T}}^{\mathrm{p}} = -\boldsymbol{e} : \dot{\boldsymbol{\sigma}}^{\mathrm{p}} \tag{17.109}$$

3. 关于宏观应力矩变化率对称部分的本构方程和切线弹性模量张量

利用式 (17.87) 及式 (17.79)，式 (17.83) 中第二个等号右端的第一项可表示为

$$\mathrm{d}\left(\frac{1}{2V}\right)\sum_{i=1}^{N_{\mathrm{c}}} \boldsymbol{x}_i^{\mathrm{c}} \otimes \boldsymbol{x}_i^{\mathrm{c}} \otimes \boldsymbol{f}_i^{\mathrm{c}} = -(\hat{\boldsymbol{\Sigma}} \otimes \boldsymbol{I}) : \dot{\boldsymbol{\Gamma}} \tag{17.110}$$

利用式 (17.88)，式 (17.83) 中第二个等号右端的第二项可表示为

$$\begin{aligned}
&\frac{1}{2V}\sum_{i=1}^{N_{\mathrm{c}}} \dot{\boldsymbol{x}}_i^{\mathrm{c}} \otimes \boldsymbol{x}_i^{\mathrm{c}} \otimes \boldsymbol{f}_i^{\mathrm{c}} = \frac{1}{2V}\sum_{i=1}^{N_{\mathrm{c}}}\left(\boldsymbol{x}_i^{\mathrm{c}} \cdot \dot{\boldsymbol{\Gamma}} + \frac{1}{2}(\boldsymbol{x}_i^{\mathrm{c}} \otimes \boldsymbol{x}_i^{\mathrm{c}}) : \dot{\hat{\boldsymbol{E}}}\right) \otimes \boldsymbol{x}_i^{\mathrm{c}} \otimes \boldsymbol{f}_i^{\mathrm{c}} \\
&= \frac{1}{2V}\sum_{i=1}^{N_{\mathrm{c}}}\Bigg((x_a^{\mathrm{c}})_i (x_c^{\mathrm{c}})_i \dot{\Gamma}_{ab} (f_d^{\mathrm{c}})_i \boldsymbol{e}_b \otimes \boldsymbol{e}_c \otimes \boldsymbol{e}_d \\
&\quad + \frac{1}{2}(x_a^{\mathrm{c}})_i (x_b^{\mathrm{c}})_i \dot{\hat{E}}_{abc} (x_d^{\mathrm{c}})_i (f_e^{\mathrm{c}})_i \boldsymbol{e}_c \otimes \boldsymbol{e}_d \otimes \boldsymbol{e}_e \Bigg) \\
&= \frac{1}{2V}\sum_{i=1}^{N_{\mathrm{c}}} \left((x_a^{\mathrm{c}})_i (x_c^{\mathrm{c}})_i (f_d^{\mathrm{c}})_i \delta_{be} \boldsymbol{e}_e \otimes \boldsymbol{e}_c \otimes \boldsymbol{e}_d \otimes \boldsymbol{e}_a \otimes \boldsymbol{e}_b\right) : \dot{\boldsymbol{\Gamma}} \\
&\quad + \frac{1}{4V}\sum_{i=1}^{N_{\mathrm{c}}} \left((x_a^{\mathrm{c}})_i (x_b^{\mathrm{c}})_i (x_d^{\mathrm{c}})_i (f_e^{\mathrm{c}})_i \delta_{fc} \boldsymbol{e}_f \otimes \boldsymbol{e}_d \otimes \boldsymbol{e}_e \otimes \boldsymbol{e}_a \otimes \boldsymbol{e}_b \otimes \boldsymbol{e}_c\right) \vdots \dot{\hat{\boldsymbol{E}}} \\
&= \frac{1}{2V}\sum_{i=1}^{N_{\mathrm{c}}} \left(\boldsymbol{D}_{\Sigma}^{\Gamma 1}\right)_i : \dot{\boldsymbol{\Gamma}} + \frac{1}{4V}\sum_{i=1}^{N_{\mathrm{c}}} \left(\boldsymbol{D}_{\Sigma}^{\mathrm{E}1}\right)_i \vdots \dot{\hat{\boldsymbol{E}}}
\end{aligned} \tag{17.111}$$

式中

$$\left(\boldsymbol{D}_{\Sigma}^{\Gamma 1}\right)_i = (x_d^{\mathrm{c}})_i (x_b^{\mathrm{c}})_i \delta_{ea} (f_c^{\mathrm{c}})_i \boldsymbol{e}_a \otimes \boldsymbol{e}_b \otimes \boldsymbol{e}_c \otimes \boldsymbol{e}_d \otimes \boldsymbol{e}_e \tag{17.112}$$

$$\left(\boldsymbol{D}_{\Sigma}^{\mathrm{E1}}\right)_i=(x_d^{\mathrm{c}})_i\,(x_e^{\mathrm{c}})_i\,(x_b^{\mathrm{c}})_i\,\delta_{af}\,(f_c^{\mathrm{c}})_i\,\boldsymbol{e}_a\otimes\boldsymbol{e}_b\otimes\boldsymbol{e}_c\otimes\boldsymbol{e}_d\otimes\boldsymbol{e}_e\otimes\boldsymbol{e}_f \tag{17.113}$$

注意式 (17.111) 推导中利用了三阶张量的黑体表示 $\dot{\hat{\boldsymbol{E}}}$ 与它的分量表示 $\dot{\hat{E}}_{abc}$ 之间的关系

$$\dot{\hat{E}}_{abc}=\boldsymbol{e}_a\otimes\boldsymbol{e}_b\otimes\boldsymbol{e}_c\,\vdots\,\dot{\hat{\boldsymbol{E}}} \tag{17.114}$$

类似于式 (17.111) 的推导，我们可表示式 (17.83) 中第二个等号右端的第三项为

$$\begin{aligned}&\frac{1}{2V}\sum_{i=1}^{N_{\mathrm{c}}}\boldsymbol{x}_i^{\mathrm{c}}\otimes\dot{\boldsymbol{x}}_i^{\mathrm{c}}\otimes\boldsymbol{f}_i^{\mathrm{c}}\\&=\frac{1}{2V}\sum_{i=1}^{N_{\mathrm{c}}}\boldsymbol{x}_i^{\mathrm{c}}\otimes\left(\boldsymbol{x}_i^{\mathrm{c}}\cdot\dot{\bar{\boldsymbol{\Gamma}}}+\frac{1}{2}\left(\boldsymbol{x}_i^{\mathrm{c}}\otimes\boldsymbol{x}_i^{\mathrm{c}}\right):\dot{\hat{\boldsymbol{E}}}\right)\otimes\boldsymbol{f}_i^{\mathrm{c}}\\&=\frac{1}{2V}\sum_{i=1}^{N_{\mathrm{c}}}\left(\boldsymbol{D}_{\Sigma}^{\Gamma2}\right)_i:\dot{\bar{\boldsymbol{\Gamma}}}+\frac{1}{4V}\sum_{i=1}^{N_{\mathrm{c}}}\left(\boldsymbol{D}_{\Sigma}^{\mathrm{E2}}\right)_i\,\vdots\,\dot{\hat{\boldsymbol{E}}}\end{aligned} \tag{17.115}$$

式中

$$\left(\boldsymbol{D}_{\Sigma}^{\Gamma2}\right)_i=(x_a^{\mathrm{c}})_i\,(x_d^{\mathrm{c}})_i\,\delta_{be}\,(f_c^{\mathrm{c}})_i\,\boldsymbol{e}_a\otimes\boldsymbol{e}_b\otimes\boldsymbol{e}_c\otimes\boldsymbol{e}_d\otimes\boldsymbol{e}_e \tag{17.116}$$

$$\left(\boldsymbol{D}_{\Sigma}^{\mathrm{E2}}\right)_i=(x_a^{\mathrm{c}})_i\,(x_d^{\mathrm{c}})_i\,(x_e^{\mathrm{c}})_i\,\delta_{bf}\,(f_c^{\mathrm{c}})_i\,\boldsymbol{e}_a\otimes\boldsymbol{e}_b\otimes\boldsymbol{e}_c\otimes\boldsymbol{e}_d\otimes\boldsymbol{e}_e\otimes\boldsymbol{e}_f \tag{17.117}$$

利用式 (17.91),式 (17.83) 中第二个等号右端的第四项可演绎得到如下表达式

$$\begin{aligned}&\frac{1}{2V}\sum_{i=1}^{N_{\mathrm{c}}}\boldsymbol{x}_i^{\mathrm{c}}\otimes\boldsymbol{x}_i^{\mathrm{c}}\otimes\dot{\boldsymbol{f}}_i^{\mathrm{c}}\\&=-\frac{1}{2V}\sum_{i=1}^{N_{\mathrm{c}}}\sum_{j=1}^{N_{\mathrm{c}}}\boldsymbol{x}_i^{\mathrm{c}}\otimes\boldsymbol{x}_i^{\mathrm{c}}\otimes\left(\boldsymbol{K}_{\mathrm{uu}}^{\mathrm{B}}\right)_{ij}\cdot\left(\boldsymbol{x}_j^{\mathrm{c}}\cdot\dot{\bar{\boldsymbol{\Gamma}}}\right)\\&\quad-\frac{1}{4V}\sum_{i=1}^{N_{\mathrm{c}}}\sum_{j=1}^{N_{\mathrm{c}}}\left(\boldsymbol{x}_i^{\mathrm{c}}\otimes\boldsymbol{x}_i^{\mathrm{c}}\otimes\left(\boldsymbol{K}_{\mathrm{uu}}^{\mathrm{B}}\right)_{ij}\cdot\boldsymbol{x}_j^{\mathrm{c}}\otimes\boldsymbol{x}_j^{\mathrm{c}}\right):\dot{\hat{\boldsymbol{E}}}\\&\quad-\frac{1}{2V}\sum_{i=1}^{N_{\mathrm{c}}}\sum_{j=1}^{N_{\mathrm{c}}}\left(\boldsymbol{x}_i^{\mathrm{c}}\otimes\boldsymbol{x}_i^{\mathrm{c}}\otimes\left(\boldsymbol{K}_{\mathrm{u\omega}}^{\mathrm{Bc}}\right)_{ij}\right)\dot{\bar{\omega}}\\&\quad-\frac{1}{2V}\sum_{i=1}^{N_{\mathrm{c}}}\sum_{j=1}^{N_{\mathrm{c}}}\boldsymbol{x}_i^{\mathrm{c}}\otimes\boldsymbol{x}_i^{\mathrm{c}}\otimes\left(\boldsymbol{K}_{\mathrm{u\omega}}^{\mathrm{Bc}}\right)_{ij}\cdot\left(\boldsymbol{x}_j^{\mathrm{c}}\cdot\dot{\bar{\boldsymbol{\kappa}}}\right)+\frac{1}{2V}\sum_{i=1}^{N_{\mathrm{c}}}\left(\boldsymbol{x}_i^{\mathrm{c}}\otimes\boldsymbol{x}_i^{\mathrm{c}}\otimes\dot{\tilde{\boldsymbol{f}}}_i^{\mathrm{int,p}}\right)\\&=\frac{1}{2V}\sum_{i=1}^{N_{\mathrm{c}}}\sum_{j=1}^{N_{\mathrm{c}}}\left(\boldsymbol{D}_{\Sigma}^{\Gamma3}\right)_{ij}:\dot{\bar{\boldsymbol{\Gamma}}}+\frac{1}{4V}\sum_{i=1}^{N_{\mathrm{c}}}\sum_{j=1}^{N_{\mathrm{c}}}\left(\boldsymbol{D}_{\Sigma}^{\mathrm{E3}}\right)_{ij}\,\vdots\,\dot{\hat{\boldsymbol{E}}}+\frac{1}{2V}\sum_{i=1}^{N_{\mathrm{c}}}\sum_{j=1}^{N_{\mathrm{c}}}\left(\boldsymbol{D}_{\Sigma}^{\omega}\right)_{ij}\dot{\bar{\omega}}\end{aligned}$$

$$+\frac{1}{2V}\sum_{i=1}^{N_c}\sum_{j=1}^{N_c}(\boldsymbol{D}_{\Sigma}^{\kappa})_{ij}\cdot\dot{\boldsymbol{\kappa}}+\dot{\hat{\boldsymbol{\Sigma}}}^{\mathrm{p}} \tag{17.118}$$

式中

$$\left(\boldsymbol{D}_{\Sigma}^{\Gamma 3}\right)_{ij}=-\left(x_a^{\mathrm{c}}\right)_i\left(x_b^{\mathrm{c}}\right)_i\left(\left[K_{\mathrm{uu}}^{\mathrm{B}}\right]_{ce}\right)_{ij}\left(x_d^{\mathrm{c}}\right)_j\boldsymbol{e}_a\otimes\boldsymbol{e}_b\otimes\boldsymbol{e}_c\otimes\boldsymbol{e}_d\otimes\boldsymbol{e}_e \tag{17.119}$$

$$\left(\boldsymbol{D}_{\Sigma}^{\mathrm{E}3}\right)_{ij}=-\left(x_a^{\mathrm{c}}\right)_i\left(x_b^{\mathrm{c}}\right)_i\left(\left[K_{\mathrm{uu}}^{\mathrm{B}}\right]_{cf}\right)_{ij}\left(x_d^{\mathrm{c}}\right)_j\left(x_e^{\mathrm{c}}\right)_j\boldsymbol{e}_a\otimes\boldsymbol{e}_b\otimes\boldsymbol{e}_c\otimes\boldsymbol{e}_d\otimes\boldsymbol{e}_e\otimes\boldsymbol{e}_f \tag{17.120}$$

$$\left(\boldsymbol{D}_{\Sigma}^{\omega}\right)_{ij}=-\left(x_a^{\mathrm{c}}\right)_i\left(x_b^{\mathrm{c}}\right)_i\left(\left[K_{\mathrm{u}\omega}^{\mathrm{Bc}}\right]_{c}\right)_{ij}\boldsymbol{e}_a\otimes\boldsymbol{e}_b\otimes\boldsymbol{e}_c \tag{17.121}$$

$$\left(\boldsymbol{D}_{\Sigma}^{\kappa}\right)_{ij}=-\left(x_a^{\mathrm{c}}\right)_i\left(x_b^{\mathrm{c}}\right)_i\left(\left[K_{\mathrm{u}\omega}^{\mathrm{Bc}}\right]_{c}\right)_{ij}\left(x_d^{\mathrm{c}}\right)_j\boldsymbol{e}_a\otimes\boldsymbol{e}_b\otimes\boldsymbol{e}_c\otimes\boldsymbol{e}_d \tag{17.122}$$

$$\dot{\hat{\boldsymbol{\Sigma}}}^{\mathrm{p}}=\frac{1}{2V}\sum_{i=1}^{N_c}\left(\boldsymbol{x}_i^{\mathrm{c}}\otimes\boldsymbol{x}_i^{\mathrm{c}}\otimes\dot{\tilde{\boldsymbol{f}}}_i^{\mathrm{int,p}}\right) \tag{17.123}$$

将式 (17.110)~ 式 (17.123) 代入式 (17.83) 可得到

$$\dot{\hat{\boldsymbol{\Sigma}}}=\boldsymbol{D}_{\Sigma\Gamma}:\dot{\boldsymbol{\Gamma}}+\boldsymbol{D}_{\Sigma\mathrm{E}}\,\vdots\,\dot{\hat{\boldsymbol{E}}}+\boldsymbol{D}_{\Sigma\omega}\dot{\bar{\omega}}+\boldsymbol{D}_{\Sigma\kappa}\cdot\dot{\boldsymbol{\kappa}}+\dot{\hat{\boldsymbol{\Sigma}}}^{\mathrm{p}} \tag{17.124}$$

式中

$$\boldsymbol{D}_{\Sigma\Gamma}=-(\hat{\boldsymbol{\Sigma}}\otimes\boldsymbol{I})+\frac{1}{2V}\sum_{i=1}^{N_c}\left(\boldsymbol{D}_{\Sigma}^{\Gamma 1}+\boldsymbol{D}_{\Sigma}^{\Gamma 2}\right)_i+\frac{1}{2V}\sum_{i=1}^{N_c}\sum_{j=1}^{N_c}\left(\boldsymbol{D}_{\Sigma}^{\Gamma 3}\right)_{ij} \tag{17.125}$$

$$\boldsymbol{D}_{\Sigma\mathrm{E}}=\frac{1}{4V}\sum_{i=1}^{N_c}\left(\boldsymbol{D}_{\Sigma}^{\mathrm{E}1}+\boldsymbol{D}_{\Sigma}^{\mathrm{E}2}\right)_i+\frac{1}{4V}\sum_{i=1}^{N_c}\sum_{j=1}^{N_c}\left(\boldsymbol{D}_{\Sigma}^{\mathrm{E}3}\right)_{ij} \tag{17.126}$$

$$\boldsymbol{D}_{\Sigma\omega}=\frac{1}{2V}\sum_{i=1}^{N_c}\sum_{j=1}^{N_c}(\boldsymbol{D}_{\Sigma}^{\omega})_{ij} \tag{17.127}$$

$$\boldsymbol{D}_{\Sigma\kappa}=\frac{1}{2V}\sum_{i=1}^{N_c}\sum_{j=1}^{N_c}(\boldsymbol{D}_{\Sigma}^{\kappa})_{ij} \tag{17.128}$$

4. 关于宏观偶应力变化率的本构方程和切线弹性模量张量

利用式 (17.87) 和基于式 (17.76) 对 $\bar{\boldsymbol{\mu}}^0$ 的定义，式 (17.84) 中第三个等号右端

的第一项和第四项之和可表示为如下类似于式 (17.93) 右端的形式

$$\mathrm{d}\left(\frac{1}{V}\right)\sum_{i=1}^{N_\mathrm{c}}\boldsymbol{x}_i^\mathrm{c}\otimes\boldsymbol{m}_i^\mathrm{c}+\mathrm{d}\left(\frac{1}{2V}\right)\int_\Gamma\boldsymbol{x}\otimes\boldsymbol{x}\otimes\boldsymbol{t}\mathrm{d}\Gamma:\boldsymbol{e}=-\left(\overline{\boldsymbol{\mu}}^0\otimes\boldsymbol{I}\right):\dot{\boldsymbol{\Gamma}} \tag{17.129}$$

利用式 (17.88)，式 (17.84) 中第三个等号右端的第二项可表示为

$$\begin{aligned}\frac{1}{V}\sum_{i=1}^{N_\mathrm{c}}\dot{\boldsymbol{x}}_i^\mathrm{c}\otimes m_i^\mathrm{c}&=\frac{1}{V}\sum_{i=1}^{N_\mathrm{c}}\left(\boldsymbol{x}_i^\mathrm{c}\cdot\dot{\boldsymbol{\Gamma}}+\frac{1}{2}\left(\boldsymbol{x}_i^\mathrm{c}\otimes\boldsymbol{x}_i^\mathrm{c}\right):\dot{\hat{\boldsymbol{E}}}\right)m_i^\mathrm{c}\\&=\frac{1}{V}\sum_{i=1}^{N_\mathrm{c}}\left(\boldsymbol{D}_\mu^{\Gamma1}\right)_i:\dot{\boldsymbol{\Gamma}}+\frac{1}{2V}\sum_{i=1}^{N_\mathrm{c}}\left(\boldsymbol{D}_\mu^{\mathrm{E}1}\right)_i\,\vdots\,\dot{\hat{\boldsymbol{E}}}\end{aligned} \tag{17.130}$$

式中

$$\left(\boldsymbol{D}_\mu^{\Gamma1}\right)_i=-\left(x_b^\mathrm{c}\right)_i m_i^\mathrm{c}\delta_{ca}\boldsymbol{e}_a\otimes\boldsymbol{e}_b\otimes\boldsymbol{e}_c \tag{17.131}$$

$$\left(\boldsymbol{D}_\mu^{\mathrm{E}1}\right)_i=-\left(x_b^\mathrm{c}\right)_i\left(x_c^\mathrm{c}\right)_i m_i^\mathrm{c}\delta_{ad}\boldsymbol{e}_a\otimes\boldsymbol{e}_b\otimes\boldsymbol{e}_c\otimes\boldsymbol{e}_d \tag{17.132}$$

利用式 (17.92)，再次强调注意在二维等效 Cosserat 连续体中向量 $\dot{\boldsymbol{m}}_i^\mathrm{c}$ 和 $\dot{\boldsymbol{\omega}}$ 均退化为标量 $\dot{m}_i^\mathrm{c}$ 和 $\dot{\omega}$，式 (17.84) 第三个等号右端的第三项 $\frac{1}{V}\sum_{i=1}^{N_\mathrm{c}}\boldsymbol{x}_i^\mathrm{c}\otimes\dot{\boldsymbol{m}}_i^\mathrm{c}$ 可表示并演绎如下

$$\begin{aligned}&\frac{1}{V}\sum_{i=1}^{N_\mathrm{c}}\boldsymbol{x}_i^\mathrm{c}\otimes\dot{m}_i^\mathrm{c}\\&=-\frac{1}{V}\sum_{i=1}^{N_\mathrm{c}}\sum_{j=1}^{N_\mathrm{c}}\boldsymbol{x}_i^\mathrm{c}\otimes\Bigg[\left(\boldsymbol{K}_{\omega\mathrm{u}}^\mathrm{B}\right)_{ij}\cdot\left(\boldsymbol{x}_j^\mathrm{c}\cdot\dot{\boldsymbol{\Gamma}}+\frac{1}{2}\left(\boldsymbol{x}_j^\mathrm{c}\otimes\boldsymbol{x}_j^\mathrm{c}\right):\dot{\hat{\boldsymbol{E}}}\right)\\&\quad+\left(\boldsymbol{K}_{\omega\omega}^\mathrm{Bc}\right)_{ij}\cdot\left(\dot{\omega}+\boldsymbol{x}_j^\mathrm{c}\cdot\dot{\boldsymbol{\kappa}}\right)\Bigg]\\&\quad+\frac{1}{V}\sum_{i=1}^{N_\mathrm{c}}\boldsymbol{x}_i^\mathrm{c}\otimes\dot{\tilde{m}}_i^{\mathrm{int,p}}-\frac{1}{V}\sum_{i=1}^{N_\mathrm{c}}\boldsymbol{x}_i^\mathrm{c}\otimes\left(\boldsymbol{R}_i^\mathrm{c}\right)^\mathrm{T}\dot{\tilde{\boldsymbol{f}}}_i^{\mathrm{int,p}}\\&=\frac{1}{V}\sum_{i=1}^{N_\mathrm{c}}\sum_{j=1}^{N_\mathrm{c}}\left(\boldsymbol{D}_\mu^{\Gamma2}\right)_{ij}:\dot{\boldsymbol{\Gamma}}+\frac{1}{2V}\sum_{i=1}^{N_\mathrm{c}}\sum_{j=1}^{N_\mathrm{c}}\left(\boldsymbol{D}_\mu^{\mathrm{E}2}\right)_{ij}\,\vdots\,\dot{\hat{\boldsymbol{E}}}+\frac{1}{V}\sum_{i=1}^{N_\mathrm{c}}\sum_{j=1}^{N_\mathrm{c}}\left(\boldsymbol{D}_\mu^{\omega1}\right)_{ij}\dot{\omega}\\&\quad+\frac{1}{V}\sum_{i=1}^{N_\mathrm{c}}\sum_{j=1}^{N_\mathrm{c}}\left(\boldsymbol{D}_\mu^{\kappa1}\right)_{ij}\cdot\dot{\boldsymbol{\kappa}}+\dot{\boldsymbol{\mu}}^{0_{\mathrm{p}1}}\end{aligned} \tag{17.133}$$

式中

$$\left(\boldsymbol{D}_{\mu}^{\Gamma 2}\right)_{ij} = -\left(x_a^{\rm c}\right)_i \left(\left[K_{\omega u}^{\rm B}\right]_c\right)_{ij} \left(x_b^{\rm c}\right)_j \boldsymbol{e}_a \otimes \boldsymbol{e}_b \otimes \boldsymbol{e}_c \tag{17.134}$$

$$\left(\boldsymbol{D}_{\mu}^{\rm E2}\right)_{ij} = -\left(x_a^{\rm c}\right)_i \left(\left[K_{\omega u}^{\rm B}\right]_d\right)_{ij} \left(x_b^{\rm c}\right)_j \left(x_c^{\rm c}\right)_j \boldsymbol{e}_a \otimes \boldsymbol{e}_b \otimes \boldsymbol{e}_c \otimes \boldsymbol{e}_d \tag{17.135}$$

$$\left(\boldsymbol{D}_{\mu}^{\omega 1}\right)_{ij} = -\left(x_a^{\rm c}\right)_i \left(K_{\omega\omega}^{\rm Bc}\right)_{ij} \boldsymbol{e}_a \tag{17.136}$$

$$\left(\boldsymbol{D}_{\mu}^{\kappa 1}\right)_{ij} = -\left(x_a^{\rm c}\right)_i \left(K_{\omega\omega}^{\rm Bc}\right)_{ij} \left(x_b^{\rm c}\right)_j \boldsymbol{e}_a \otimes \boldsymbol{e}_b \tag{17.137}$$

$$\dot{\bar{\boldsymbol{\mu}}}^{0\mathrm{p}1} = \frac{1}{V}\sum_{i=1}^{N_{\rm c}} \boldsymbol{x}_i^{\rm c} \otimes \dot{\tilde{\boldsymbol{m}}}_i^{\rm int,p} - \frac{1}{V}\sum_{i=1}^{N_{\rm c}} \boldsymbol{x}_i^{\rm c} \otimes \left(\boldsymbol{R}_i^{\rm c}\right)^{\rm T} \dot{\tilde{\boldsymbol{f}}}_i^{\rm int,p} \tag{17.138}$$

注意到在二维等效 Cosserat 连续体表征元中置换张量 $\boldsymbol{e}$ 可表示为 $\boldsymbol{e}=e_{3qr}\boldsymbol{e}_q \otimes \boldsymbol{e}_r$。利用式 (17.111)，(17.84) 第三个等号右端的第五项可表示为

$$\begin{aligned}
&\frac{1}{2V}\sum_{i=1}^{N_{\rm c}} \dot{\boldsymbol{x}}_i^{\rm c} \otimes \boldsymbol{x}_i^{\rm c} \otimes \boldsymbol{f}_i^{\rm c} : \boldsymbol{e} \\
&= \frac{1}{2V}\sum_{i=1}^{N_{\rm c}} \left(\left(x_a^{\rm c}\right)_i \left(x_c^{\rm c}\right)_i \dot{\bar{\varGamma}}_{ab} \left(f_d^{\rm c}\right)_i \boldsymbol{e}_b \otimes \boldsymbol{e}_c \otimes \boldsymbol{e}_d : e_{3qr}\boldsymbol{e}_q \otimes \boldsymbol{e}_r \right. \\
&\quad \left. + \frac{1}{4V}\sum_{i=1}^{N_{\rm c}} \left(x_a^{\rm c}\right)_i \left(x_b^{\rm c}\right)_i \dot{\hat{\bar{E}}}_{abc} \left(x_d^{\rm c}\right)_i \left(f_e^{\rm c}\right)_i \boldsymbol{e}_c \otimes \boldsymbol{e}_d \otimes \boldsymbol{e}_e : e_{3qr}\boldsymbol{e}_q \otimes \boldsymbol{e}_r \right) \\
&\quad - \frac{1}{2V}\sum_{i=1}^{N_{\rm c}} \left(x_a^{\rm c}\right)_i \left(x_c^{\rm c}\right)_i \left(f_d^{\rm c}\right)_i e_{3cd}\delta_{bf}\boldsymbol{e}_f \otimes \boldsymbol{e}_a \otimes \boldsymbol{e}_b : \dot{\bar{\boldsymbol{\varGamma}}} \\
&\quad + \frac{1}{4V}\sum_{i=1}^{N_{\rm c}} \left(x_a^{\rm c}\right)_i \left(x_b^{\rm c}\right)_i \left(x_d^{\rm c}\right)_i \left(f_e^{\rm c}\right)_i e_{3de}\delta_{cf}\boldsymbol{e}_f \otimes \boldsymbol{e}_a \otimes \boldsymbol{e}_b \otimes \boldsymbol{e}_c \vdots \dot{\hat{\bar{\boldsymbol{E}}}} \\
&= \frac{1}{2V}\sum_{i=1}^{N_{\rm c}} \left(\boldsymbol{D}_{\mu}^{\Gamma 3}\right)_i : \dot{\bar{\boldsymbol{\varGamma}}} + \frac{1}{4V}\sum_{i=1}^{N_{\rm c}} \left(\boldsymbol{D}_{\mu}^{\rm E3}\right)_i \vdots \dot{\hat{\bar{\boldsymbol{E}}}}
\end{aligned} \tag{17.139}$$

式中

$$\left(\boldsymbol{D}_{\mu}^{\Gamma 3}\right)_i = \left(x_b^{\rm c}\right)_i \left(x_d^{\rm c}\right)_i \left(f_e^{\rm c}\right)_i e_{3de}\delta_{ca}\boldsymbol{e}_a \otimes \boldsymbol{e}_b \otimes \boldsymbol{e}_c \tag{17.140}$$

$$\left(\boldsymbol{D}_{\mu}^{\rm E3}\right)_i = \left(x_b^{\rm c}\right)_i \left(x_c^{\rm c}\right)_i \left(x_e^{\rm c}\right)_i \left(f_f^{\rm c}\right)_i e_{3ef}\delta_{da}\boldsymbol{e}_a \otimes \boldsymbol{e}_b \otimes \boldsymbol{e}_c \otimes \boldsymbol{e}_d \tag{17.141}$$

类似于式 (17.139) 的推导，我们可表示式 (17.84) 中第三个等号右端的第六项为

$$\frac{1}{2V}\sum_{i=1}^{N_{\rm c}} \boldsymbol{x}_i^{\rm c} \otimes \dot{\boldsymbol{x}}_i^{\rm c} \otimes \boldsymbol{f}_i^{\rm c} : \boldsymbol{e}$$

$$
\begin{aligned}
&= \frac{1}{2V}\sum_{i=1}^{N_{\rm c}} \boldsymbol{x}_i^{\rm c} \otimes \left(\boldsymbol{x}_i^{\rm c} \cdot \dot{\bar{\boldsymbol{\Gamma}}} + \frac{1}{2}\left(\boldsymbol{x}_i^{\rm c} \otimes \boldsymbol{x}_i^{\rm c}\right) : \dot{\hat{\bar{\boldsymbol{E}}}}\right) \otimes \boldsymbol{f}_i^{\rm c} : \boldsymbol{e} \\
&= \frac{1}{2V}\sum_{i=1}^{N_{\rm c}} \left(\boldsymbol{D}_{\mu}^{\Gamma 4}\right)_i : \dot{\bar{\boldsymbol{\Gamma}}} + \frac{1}{4V}\sum_{i=1}^{N_{\rm c}} \left(\boldsymbol{D}_{\mu}^{\rm E4}\right)_i \vdots \dot{\hat{\bar{\boldsymbol{E}}}}
\end{aligned} \tag{17.142}
$$

式中

$$
\left(\boldsymbol{D}_{\mu}^{\Gamma 4}\right)_i = \left(x_a^{\rm c}\right)_i \left(x_b^{\rm c}\right)_i \left(f_d^{\rm c}\right)_i e_{3cd} \boldsymbol{e}_a \otimes \boldsymbol{e}_b \otimes \boldsymbol{e}_c \tag{17.143}
$$

$$
\left(\boldsymbol{D}_{\mu}^{\rm E4}\right)_i = \left(x_a^{\rm c}\right)_i \left(x_b^{\rm c}\right)_i \left(x_c^{\rm c}\right)_i \left(f_e^{\rm c}\right)_i e_{3de} \boldsymbol{e}_a \otimes \boldsymbol{e}_b \otimes \boldsymbol{e}_c \otimes \boldsymbol{e}_d \tag{17.144}
$$

利用式 (17.91) 和式 (17.118)，式 (17.84) 第三个等号右端的最后一项可演绎得到如下表达式

$$
\begin{aligned}
&\frac{1}{2V}\sum_{i=1}^{N_{\rm c}} \boldsymbol{x}_i^{\rm c} \otimes \boldsymbol{x}_i^{\rm c} \otimes \dot{\boldsymbol{f}}_i^{\rm c} : \boldsymbol{e} \\
&= -\frac{1}{2V}\sum_{i=1}^{N_{\rm c}}\sum_{j=1}^{N_{\rm c}} \boldsymbol{x}_i^{\rm c} \otimes \boldsymbol{x}_i^{\rm c} \otimes \left(\boldsymbol{K}_{\rm uu}^{\rm B}\right)_{ij} \cdot \left(\boldsymbol{x}_j^{\rm c} \cdot \dot{\bar{\boldsymbol{\Gamma}}}\right) : \boldsymbol{e} \\
&\quad - \frac{1}{4V}\sum_{i=1}^{N_{\rm c}}\sum_{j=1}^{N_{\rm c}} \boldsymbol{x}_i^{\rm c} \otimes \boldsymbol{x}_i^{\rm c} \otimes \left(\boldsymbol{K}_{\rm uu}^{\rm B}\right)_{ij} \cdot \left(\boldsymbol{x}_j^{\rm c} \otimes \boldsymbol{x}_j^{\rm c} : \dot{\hat{\bar{\boldsymbol{E}}}}\right) : \boldsymbol{e} \\
&\quad - \frac{1}{2V}\sum_{i=1}^{N_{\rm c}}\sum_{j=1}^{N_{\rm c}} \boldsymbol{x}_i^{\rm c} \otimes \boldsymbol{x}_i^{\rm c} \otimes \left(\boldsymbol{K}_{\rm u\omega}^{\rm Bc}\right)_{ij} \dot{\bar{\omega}} : \boldsymbol{e} \\
&\quad - \frac{1}{2V}\sum_{i=1}^{N_{\rm c}}\sum_{j=1}^{N_{\rm c}} \boldsymbol{x}_i^{\rm c} \otimes \boldsymbol{x}_i^{\rm c} \otimes \left(\boldsymbol{K}_{\rm u\omega}^{\rm Bc}\right)_{ij} \cdot \left(\boldsymbol{x}_j^{\rm c} \cdot \dot{\bar{\boldsymbol{\kappa}}}\right) : \boldsymbol{e} + \frac{1}{2V}\sum_{i=1}^{N_{\rm c}} \left(\boldsymbol{x}_i^{\rm c} \otimes \boldsymbol{x}_i^{\rm c} \otimes \dot{\tilde{\boldsymbol{f}}}_i^{\rm int,p}\right) : \boldsymbol{e} \\
&= \frac{1}{2V}\sum_{i=1}^{N_{\rm c}}\sum_{j=1}^{N_{\rm c}} \left(\boldsymbol{D}_{\mu}^{\Gamma 5}\right)_{ij} : \dot{\bar{\boldsymbol{\Gamma}}} + \frac{1}{4V}\sum_{i=1}^{N_{\rm c}}\sum_{j=1}^{N_{\rm c}} \left(\boldsymbol{D}_{\mu}^{\rm E5}\right)_{ij} \vdots \dot{\hat{\bar{\boldsymbol{E}}}} + \frac{1}{2V}\sum_{i=1}^{N_{\rm c}}\sum_{j=1}^{N_{\rm c}} \left(\boldsymbol{D}_{\mu}^{\omega 2}\right)_{ij} \dot{\bar{\omega}} \\
&\quad + \frac{1}{2V}\sum_{i=1}^{N_{\rm c}}\sum_{j=1}^{N_{\rm c}} \left(\boldsymbol{D}_{\mu}^{\kappa 2}\right)_{ij} \cdot \dot{\bar{\boldsymbol{\kappa}}} + \dot{\bar{\boldsymbol{\mu}}}^{\rm 0p2}
\end{aligned} \tag{17.145}
$$

式中

$$
\left(\boldsymbol{D}_{\mu}^{\Gamma 5}\right)_{ij} = -\left(x_a^{\rm c}\right)_i \left(x_d^{\rm c}\right)_i \left(\left[K_{\rm uu}^{\rm B}\right)_{ec}\right)_{ij} \left(x_b^{\rm c}\right)_j e_{3de} \boldsymbol{e}_a \otimes \boldsymbol{e}_b \otimes \boldsymbol{e}_c \tag{17.146}
$$

$$
\left(\boldsymbol{D}_{\mu}^{\rm E5}\right)_{ij} = -\left(x_a^{\rm c}\right)_i \left(x_e^{\rm c}\right)_i \left(\left[K_{\rm uu}^{\rm B}\right]_{fd}\right)_{ij} \left(x_b^{\rm c}\right)_j \left(x_c^{\rm c}\right)_j e_{3ef} \boldsymbol{e}_a \otimes \boldsymbol{e}_b \otimes \boldsymbol{e}_c \otimes \boldsymbol{e}_d \tag{17.147}
$$

$$\left(\boldsymbol{D}_{\mu}^{\omega 2}\right)_{ij} = -\left(x_a^{\mathrm{c}}\right)_i \left(x_b^{\mathrm{c}}\right)_i \left(\left[K_{\mathrm{u}\omega}^{\mathrm{Bc}}\right]_c\right)_{ij} e_{3bc} \boldsymbol{e}_a \tag{17.148}$$

$$\left(\boldsymbol{D}_{\mu}^{\kappa 2}\right)_{ij} = -\left(x_a^{\mathrm{c}}\right)_i \left(x_d^{\mathrm{c}}\right)_i \left(\left[K_{\mathrm{u}\omega}^{\mathrm{Bc}}\right]_c\right)_{ij} \left(x_c^{\mathrm{c}}\right)_j e_{3db} \boldsymbol{e}_a \otimes \boldsymbol{e}_b \tag{17.149}$$

$$\dot{\boldsymbol{\mu}}^{0\mathrm{p}2} = \frac{1}{2V} \sum_{i=1}^{N_{\mathrm{c}}} \left(\boldsymbol{x}_i^{\mathrm{c}} \otimes \boldsymbol{x}_i^{\mathrm{c}} \otimes \dot{\tilde{\boldsymbol{f}}}_i^{\mathrm{int,p}}\right) : \boldsymbol{e} \tag{17.150}$$

将式 (17.129)~ 式 (17.150) 代入式 (17.84) 可得到

$$\dot{\boldsymbol{\mu}}^{0} = \boldsymbol{D}_{\mu\Gamma} : \dot{\bar{\boldsymbol{\Gamma}}} + \boldsymbol{D}_{\mu\mathrm{E}} \vdots \dot{\hat{\boldsymbol{E}}} + \boldsymbol{D}_{\mu\omega} \dot{\bar{\omega}} + \boldsymbol{D}_{\mu\kappa} : \dot{\bar{\boldsymbol{\kappa}}} + \dot{\boldsymbol{\mu}}^{0\mathrm{p}} \tag{17.151}$$

式中

$$\boldsymbol{D}_{\mu\Gamma} = -\left(\overline{\boldsymbol{\mu}}^0 \otimes \boldsymbol{I}\right) + \frac{1}{V} \sum_{i=1}^{N_{\mathrm{c}}} \left(\boldsymbol{D}_{\mu}^{\Gamma 1} + \frac{1}{2}\boldsymbol{D}_{\mu}^{\Gamma 3} + \frac{1}{2}\boldsymbol{D}_{\mu}^{\Gamma 4}\right)_i + \frac{1}{V} \sum_{i=1}^{N_{\mathrm{c}}} \sum_{j=1}^{N_{\mathrm{c}}} \left(\boldsymbol{D}_{\mu}^{\Gamma 2} + \frac{1}{2}\boldsymbol{D}_{\mu}^{\Gamma 5}\right)_{ij} \tag{17.152}$$

$$\boldsymbol{D}_{\mu\mathrm{E}} = \frac{1}{2V} \sum_{i=1}^{N_{\mathrm{c}}} \left(\boldsymbol{D}_{\mu}^{\mathrm{E}1} + \frac{1}{2}\boldsymbol{D}_{\mu}^{\mathrm{E}3} + \frac{1}{2}\boldsymbol{D}_{\mu}^{\mathrm{E}4}\right)_i + \frac{1}{2V} \sum_{i=1}^{N_{\mathrm{c}}} \sum_{j=1}^{N_{\mathrm{c}}} \left(\boldsymbol{D}_{\mu}^{\mathrm{E}2} + \frac{1}{2}\boldsymbol{D}_{\mu}^{\mathrm{E}5}\right)_{ij} \tag{17.153}$$

$$\boldsymbol{D}_{\mu\omega} = \frac{1}{V} \sum_{i=1}^{N_{\mathrm{c}}} \sum_{j=1}^{N_{\mathrm{c}}} \left(\boldsymbol{D}_{\mu}^{\omega 1}\right)_{ij} + \frac{1}{2V} \sum_{i=1}^{N_{\mathrm{c}}} \sum_{j=1}^{N_{\mathrm{c}}} \left(\boldsymbol{D}_{\mu}^{\omega 2}\right)_{ij} \tag{17.154}$$

$$\boldsymbol{D}_{\mu\kappa} = \frac{1}{V} \sum_{i=1}^{N_{\mathrm{c}}} \sum_{j=1}^{N_{\mathrm{c}}} \left(\boldsymbol{D}_{\mu}^{\kappa 1}\right)_{ij} + \frac{1}{2V} \sum_{i=1}^{N_{\mathrm{c}}} \sum_{j=1}^{N_{\mathrm{c}}} \left(\boldsymbol{D}_{\mu}^{\kappa 2}\right)_{ij} \tag{17.155}$$

$$\dot{\boldsymbol{\mu}}^{0\mathrm{p}} = \dot{\boldsymbol{\mu}}^{0\mathrm{p}1} + \dot{\boldsymbol{\mu}}^{0\mathrm{p}2} \tag{17.156}$$

17.2.4 基于离散颗粒介观结构信息的梯度增强 Cosserat 连续体本构关系

将式 (17.103)、式 (17.108)、式 (17.124) 和式 (17.151) 合并写在一起，构成了如下所示的基于离散颗粒介观结构信息的二维梯度增强 Cosserat 连续体广义应力–应变本构关系

$$\dot{\boldsymbol{\sigma}} = \boldsymbol{D}_{\sigma\Gamma} : \dot{\bar{\boldsymbol{\Gamma}}} + \boldsymbol{D}_{\sigma\omega} \dot{\bar{\omega}} + \boldsymbol{D}_{\sigma\mathrm{E}} \vdots \dot{\hat{\boldsymbol{E}}} + \boldsymbol{D}_{\sigma\kappa} : \dot{\bar{\boldsymbol{\kappa}}} + \dot{\boldsymbol{\sigma}}^{\mathrm{p}} \tag{17.157}$$

$$\dot{\bar{\boldsymbol{T}}} = \boldsymbol{D}_{\mathrm{T}\Gamma} : \dot{\bar{\boldsymbol{\Gamma}}} + \boldsymbol{D}_{\mathrm{T}\omega} \dot{\bar{\omega}} + \boldsymbol{D}_{\mathrm{TE}} \vdots \dot{\hat{\boldsymbol{E}}} + \boldsymbol{D}_{\mathrm{T}\kappa} : \dot{\bar{\boldsymbol{\kappa}}} + \dot{\bar{\boldsymbol{T}}}^{\mathrm{p}} \tag{17.158}$$

$$\dot{\hat{\boldsymbol{\Sigma}}} = \boldsymbol{D}_{\Sigma\Gamma} : \dot{\bar{\boldsymbol{\Gamma}}} + \boldsymbol{D}_{\Sigma\omega} \dot{\bar{\omega}} + \boldsymbol{D}_{\Sigma\mathrm{E}} \vdots \dot{\hat{\boldsymbol{E}}} + \boldsymbol{D}_{\Sigma\kappa} : \dot{\bar{\boldsymbol{\kappa}}} + \dot{\hat{\boldsymbol{\Sigma}}}^{\mathrm{p}} \tag{17.159}$$

$$\dot{\boldsymbol{\mu}}^{0} = \boldsymbol{D}_{\mu\Gamma} : \dot{\bar{\boldsymbol{\Gamma}}} + \boldsymbol{D}_{\mu\omega} \dot{\bar{\omega}} + \boldsymbol{D}_{\mu\mathrm{E}} \vdots \dot{\hat{\boldsymbol{E}}} + \boldsymbol{D}_{\mu\kappa} : \dot{\bar{\boldsymbol{\kappa}}} + \dot{\boldsymbol{\mu}}^{0\mathrm{p}} \tag{17.160}$$

17.3 数值算例与颗粒材料介观结构尺寸效应讨论

相对于一阶计算均匀化方法，二阶计算均匀化方法的一个主要优点是具备考虑介观结构绝对尺寸的能力，并进而展现表征元的尺寸效应。注意多尺度均匀化框架中的“介观结构尺寸效应”不同于材料性质依赖于结构尺寸意义上的“尺寸效应”。本节将通过一组具有相同介观结构的五个表征元组成的颗粒材料数值例题显示二阶计算均匀化方法的这一能力。

此组包含的五个表征元具有两个对称轴 x_1, x_2 和相同的初始形态。每个表征元由 40 个具有以规则排列的均一圆形但不同绝对尺寸的颗粒组成。五个表征元中的颗粒半径分别为 0.005 m, 0.01 m, 0.02 m, 0.04 m, 0.08 m。它们在初始无变形状态下的外形为尺寸为 $L\times L$ 的正方形。对五个表征元分别有 $L=0.0665685$ m, 0.133137 m, 0.266274 m, 0.532548 m, 1.065096 m。在表征元介观力学行为的离散元模拟中采用了计及颗粒间耗散性滑动和滚动摩擦效应的颗粒接触模型 (Li et al., 2005)。颗粒的材料性质如表 17.1 中给出。图 17.1 显示了由式 (17.85) 中第一式按下传宏观应变 $u_{1,1}=-0.015/\text{m}, u_{2,2}=-0.005/\text{m}$ 和宏观应变梯度 $u_{1,12}=0.6/\text{m}$ 指定的表征元周边颗粒与表征元边界的接触点的线位移边界条件下由离散元法模拟得到的变形表征元构形。图 17.1 也显示了当计及作用于表征元的应变梯度时表征元变形对介观结构绝对尺寸的依赖性。

式 (17.53) 等号右端的四项可分为两部分，并分别记以 $J_1=\overline{\sigma}_{ji}\overline{\varGamma}_{ji}+\overline{T}_k\overline{\omega}_k+\overline{\mu}^*_{ji}\overline{\kappa}_{ji}$ 和 $J_2=\hat{\overline{\varSigma}}_{jlk}\hat{\overline{E}}_{jik}$。它们分别表示上传到宏观梯度 Cossserat 连续体中的具有 J/m^3(单位体积焦耳) 量纲的表征元低阶和高阶变形能密度指标。J_1 也可用作表示当梯度 Cossserat 连续体退化为经典 Cossserat 连续体时由表征元上传的变形能密度指标。

表 17.1 表征元离散元模拟中利用的材料性质

材料参数名	参数值 (量纲)
颗粒间法向力刚度系数 (k_n)	5×10^6 (N/m)
颗粒间切向滑动摩擦力刚度系数 (k_s)	2×10^6 (N/m)
颗粒间切向滚动摩擦力刚度系数 (k_r)	0 (N/m)
颗粒间切向滚动摩擦力矩刚度系数 (k_θ)	1.0 (N·m/rad)
颗粒间法向力阻尼系数 (C_n)	0.4 (N·s/m)
颗粒间切向滑动摩擦力阻尼系数 (C_s)	0.4 (N·s/m)
颗粒间切向滚动摩擦力阻尼系数 (C_r)	0.4 (N·s/m)
颗粒间切向滚动摩擦力矩阻尼系数 (C_θ)	0.4 (N·m·s/rad)
Coulomb 摩擦律中最大切向滑动摩擦力系数 (μ_s)	0.5
Coulomb 摩擦律中最大切向滚动摩擦力系数 (μ_r)	0
Coulomb 摩擦律中最大滚动摩擦矩系数 (μ_θ)	0.02
固体颗粒质量密度 (ρ_s)	2000 (kg/m^3)

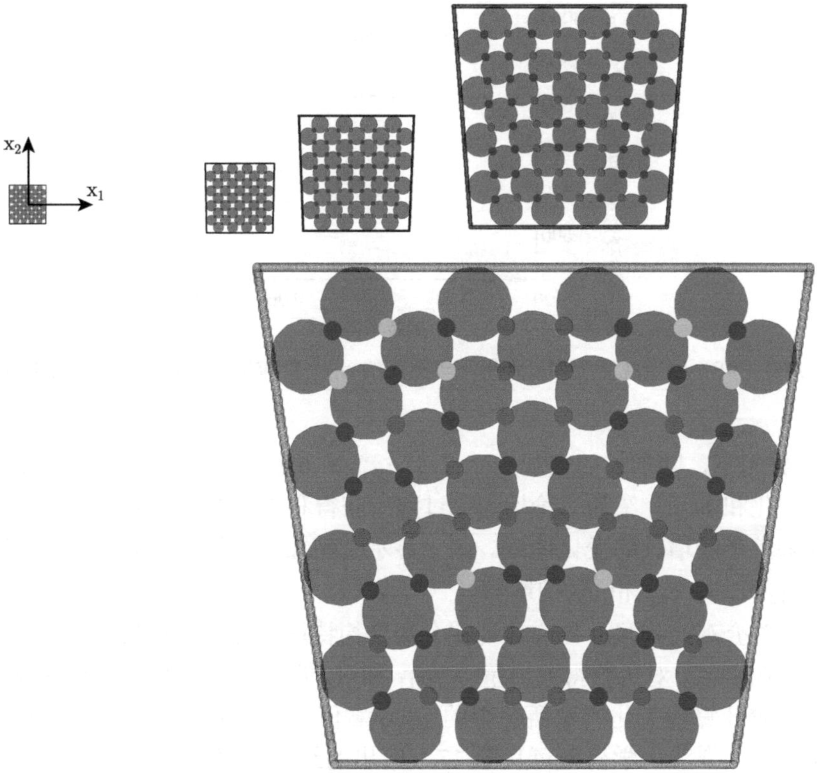

图 17.1 五个具有相同介观结构但不同介观尺寸的变形表征元的构形及表征元中颗粒间接触演化对介观结构尺寸的依赖性

颗粒间接触类型：蓝色——无耗散性相对切向位移；红色——耗散性相对切向位移；绿色——接触脱离

图 17.2 和图 17.3 分别给出了当表征元在宏观应变 $u_{1,1} = -0.015, u_{2,2} =$

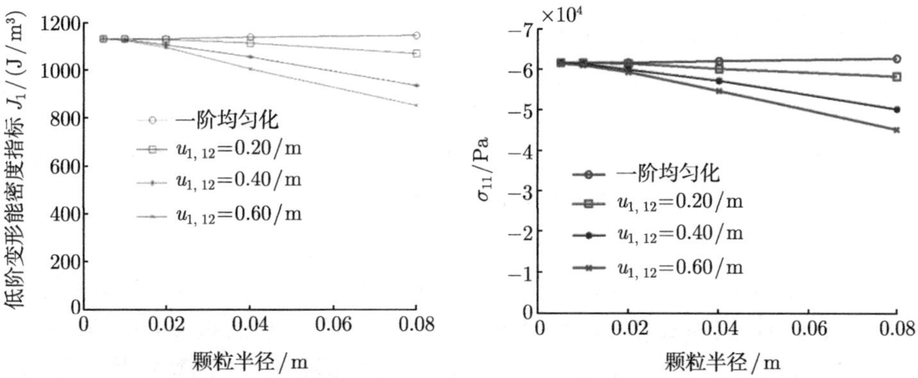

图 17.2 在不同宏观应变梯度作用下表征元的 $J_1, \sigma_{11}-$ 颗粒半径（特征介观尺寸）曲线

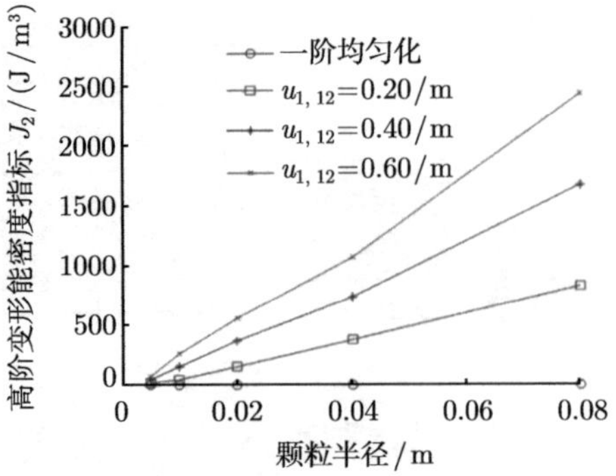

图 17.3 在不同宏观应变梯度作用下表征元的 J_2– 颗粒半径（特征介观尺寸）曲线

−0.005 作用下，随增长的宏观应变梯度 $u_{1,12} = 0.2/\mathrm{m}, 0.4/\mathrm{m}, 0.6/\mathrm{m}$ 作用时，由一阶均匀化和本章介绍的二阶均匀化过程所获得和上传的表征元 J_1, σ_{11} 和 J_2 随表征元颗粒半径增长的变化曲线。图中显示了施加于表征元边界的宏观高阶变形模式 $u_{1,12}$ 对 J_1, σ_{11} 和 J_2 的影响。

第一类介观结构尺寸效应体现在介观结构特征长度的绝对尺寸，即本例的表征元中颗粒半径，对所获得响应量 J_1, σ_{11} 和 J_2 的影响。图 17.2 的曲线显示由所建议的二阶计算均匀化方法所获得的 J_1, σ_{11} 值随表征元介观结构绝对尺寸的增长而降低，其介观力学机理可从图 17.1 给出的结果洞察。图 17.1 中所示红色实点和蓝色实点分别表示按 Coulomb 摩擦律发生了和没有发生颗粒间耗散性相对切向位移的接触点；而绿色实点表示两个直接相邻颗粒之间由原先的接触状态到当前脱离接触的状态。从图 17.1 可以发现：（1）在第一个变形表征元 (最小绝对尺寸的表征元) 中没有红色实点和绿色实点；（2）绿色实点仅出现在第五个表征元 (最大绝对尺寸的表征元)。J_1, σ_{11} 的值由于 $u_{1,12}$ 的存在而随介观结构绝对尺寸增加而减小的介观力学机理在于发生耗散性颗粒间相对切向位移的颗粒对数目和随之发生的脱离接触的颗粒对数目随颗粒半径增长而增加，并因而导致体现表征元承载能力的 J_1, σ_{11} 值的降低。

如图 17.2 所示，当表征元边界仅指定如一阶均匀化过程中施加的均–应变 $u_{1,1} = -0.015, u_{2,2} = -0.005$，而没有施加应变梯度，则具有不同颗粒半径的五个表征元的 J_1, σ_{11} 值相同，即与介观结构的绝对尺寸无关。

当导致表征元整体“弯曲”变形模式的宏观应变梯度 $u_{1,12} = 0.6/\mathrm{m}$ 作用于表征元，在由 $u_{1,1} = -0.015/\mathrm{m}$ 产生的表征元沿 x_1 轴方向均匀压缩变形基础上，表征元顶部颗粒层和底部颗粒层沿 x_1 轴方向将产生附加的颗粒间拉伸力和压缩力。根据 Coulomb 摩擦律，相对于位于表征元顶部颗粒层中的颗粒对，位于表征元底层的颗粒对中将有更多的其间接触力达到产生耗散性切向滑动摩擦极限。然而，由于 $u_{1,12}=0.6/\mathrm{m}$ 对表征元顶部颗粒层沿 x_1 轴方向的拉伸效应以及尺寸效应，图 17.1 中第五个表征元 (最大绝对尺寸的表征元) 的顶部颗粒层将有较多的颗粒对从接触状态转变为脱离接触。因此，施加于表征元的宏观应变梯度不仅产生了功共轭的应力矩的对称部分，同时在由 $u_{1,1}=-0.015, u_{2,2}=-0.005$ 产生的 J_1,σ_{11} 基础上，还产生了附加的平均 Cauchy 应力和相应的附加的 J_1。此附加效应导致了 J_1,σ_{11} 值的降低，如图 17.2 所示。图 17.2 也显示由一阶计算均匀化方法所得的 J_1,σ_{11} 值与表征元介观结构的绝对尺寸无关，这是因为在一阶计算均匀化方法中宏观应变梯度没有在宏观尺度的经典 Cosserat 连续体中引入，在表征元边界仅施加了均一的宏观应变场。图 17.2 中二阶计算均匀化方法中宏观应变梯度对表征元平均 Cauchy 应力的影响表明宏观梯度增强 Cosserat 连续体捕捉介观结构尺寸效应的能力。

另一类尺寸效应体现为应变梯度对具有一定介观结构的表征元平均响应的影响程度与该介观结构绝对尺寸的相关性。图 17.2 和图 17.3 分别显示了不同的应变梯度对具有一定介观结构尺寸的表征元的宏观响应的影响，不论对一阶响应量 J_1,σ_{11} 的降低或对二阶响应量 J_2 增长的影响，均随应变梯度的增加而增大。这种影响程度随表征元的介观结构尺寸的增加而增长。当表征元的介观结构尺寸很小时，如对本例中颗粒半径为 0.005 m 的表征元，应变梯度的增加对所获得的响应量 J_1,σ_{11},J_2 影响几乎消失。

图 17.4 给出了颗粒半径为 0.08 m 的表征元在均一不变宏观应变 $u_{1,1}=-0.015$, $u_{2,2}=-0.005$ 作用下，随所施加宏观应变梯度的增长 ($u_{1,12}=0.0/\mathrm{m}, 0.2/\mathrm{m}, 0.4/\mathrm{m}, 0.6/\mathrm{m}$) 的整体构形和颗粒间接触状态变化的加剧，显示了发生耗散性颗粒间相对切向位移和接触颗粒对的接触脱离的程度。图 17.4 中的第一个图实际上为同一例题的一阶计算均匀化方法所得结果，可以看到表征元中所有接触点均保持接触和

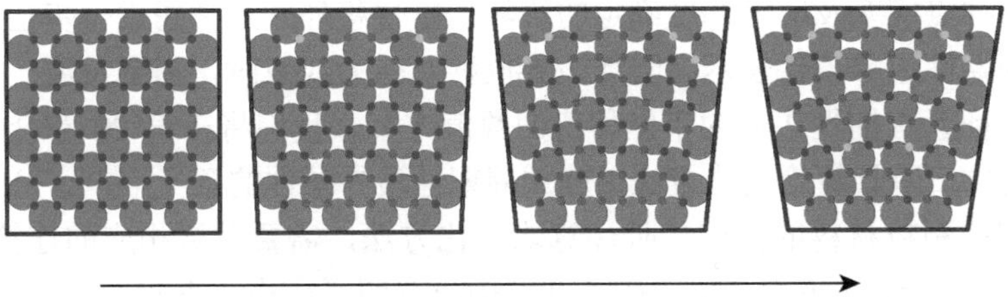

增长的宏观应变梯度 $u_{1,12}$=0.0/m, 0.2/m, 0.4/m, 0.6/m

图 17.4 颗粒半径为 0.08 m 的表征元在所施加的均一不变宏观应变 $u_{1,1}=-0.015, u_{2,2}=-0.005$ 作用下随指定宏观应变梯度增长的整体构形和颗粒间接触状态化

颗粒间接触类型：蓝色——无耗散性滑动接触；红色——耗散性滑动接触；绿色——接触脱离

没有发生耗散性颗粒间相对切向位移，这是由于一阶计算均匀化方法无法对表征元施加应变梯度，并因而导致对表征元响应得模拟结果的失真。图 17.4 中的第一个和第四个图的结果比较可视为当 $u_{1,12} = 0.6/\mathrm{m}$ 作用于表征元时分别由一阶和二阶计算均匀化过程所得模拟结果；即随着表征元所承受的应变梯度的增长，由于一阶计算均匀化过程不能计及所施加应变沿表征元边界的变化，其模拟结果失真也愈为严重。

17.4 总结与讨论

本章论证了在宏观尺度采用梯度增强 Cosserat 连续体模型的二阶协同计算均匀化方法相对于第 16 章介绍的一阶协同计算均匀化方法的优点：避开了尺度分离原理对一阶协同计算均匀化方法应用于高应变梯度问题的限制，因而可有效地应用于宏观连续体中的应变局部化问题；能保证 Hill-Mandel 条件在高应变梯度区域的具有有限尺寸的表征元处得到满足；能再现影响宏观尺度行为正确估计的介观结构尺寸效应。

本章针对在宏观与介观尺度分别被模型化为梯度增强 Cosserat 连续体和具有介观结构的离散颗粒集合体表征元的颗粒材料介绍了二阶计算均匀化方法理论框架：包括对梯度增强 Cosserat 连续体所提出广义 Hill 定理及由此确定的宏观梯度增强 Cosserat 连续体到介观经典 Cosserat 连续体表征元的信息下传法则；以及基于离散颗粒介观表征元在下传边界位移条件下模拟结果由平均场理论将表征元的平均应力度量和率型应力–应变关系等信息上传到宏观梯度增强 Cosserat 连续体局部点的过程。

周期性边界条件仅指定了表征元边界上相关点的介观位移和应力量之间约束，而并没有指定它们的确定值。当表征元边界除承受由下传宏观梯度增强 Cosserat 连续体局部点应变及应变梯度确定的边界指定位移外，还考虑进一步在介观尺度施加以周期性边界条件表示的附加边界位移及应力约束时，需要发展一个确定颗粒材料表征元周期性边界约束位移值的数值方案。我们将在第 20 章介绍它，并论证在协同二阶计算均匀化方法中施加周期性边界条件的意义 (Li et al., 2019)。

为实现颗粒材料的协同二阶计算均匀化方法，需要发展相应的连接宏–介观尺度的 FEM-DEM 嵌套算法。在第 9 章中已介绍了应用于 FEM-DEM 嵌套算法中离散元法的基本概念、理论和算法。为梯度增强 Cosserat 连续体构造具有良好性能的有限元是为发展 FEM-DEM 嵌套算法所提出的新课题。我们将在第 18 章具体介绍基于胡海昌-Washizu 三变量广义变分原理为梯度增强 Cosserat 连续体构造的混合元和所发展的 FEM-DEM 嵌套算法；并通过应变局部化问题数值例题验证本章所介绍颗粒材料协同二阶计算均匀化方法的有效性 (Li et al., 2014)。

参 考 文 献

Bouyge F, Jasiuk I, Ostoja-Starzewski M, 2001. A micromechanically based couple stress model of an elastic two-phase composite. Int. J. Solids Struct., 38: 1721–1735.

Burst H, Forest S, Sab K, 1998. Cosserat overall modeling of heterogeneous materials. Mech Res Commun 25: 449–454.

Chang C S, Kuhn M R, 2005. On virtual work and stress in granular media. Int J Solids Struct 42: 3773–3793.

Fleck N A, Hutchinson J, 1997. Strain gradient plasticity. Adv Appl Mech 33: 295–361.

Forest J S, Sab K. 1998. Cosserat overall modeling of heterogeneous materials. Mech. Res. Commun, 25: 449–454.

Geers M G D, Kouznetsova V G, Brekelmans W A M, 2010. Multi-scale computational homogenization: Trends and challenges. Journal of Computational and Applied Mathematics, 234: 2175–2182.

Kaczmarczyk Ł, Pearce C J, Bićanić N, 2008. Scale transition and enforcement of RVE boundary conditions in second-order computational homogenization. Int. J. Numer. Methods Eng., 74: 506–522.

Kaczmarczyk Ł, Pearce C J, Bićanić N, 2010. Studies of microstructural size effect and higher-order deformation in secondorder computational homogenization. Comput. Struct., 88: 1383–1390.

Kouznetsova V, Brekelmans W A M, Baaijens F P T, 2001. An approach to micro– macro modeling of heterogeneous materials. Comput. Mech., 27: 37–48.

Kouznetsova V, Geers M G D, Brekelmans W A M, 2002. Multi-scale constitutive modeling of heterogeneous materials with a gradient-enhanced computational homogenization scheme. Int. J. Numer. Methods Engrg., 54: 1235–1260.

Kouznetsova V, Geers M G D, Brekelmans W A M, 2004. Multi-scale second-order computational homogenization of multi-phase materials: a nested finite element solution strategy. Comput. Methods Appl. Mech. Engrg., 193: 5525–5550.

Larsson R, Diebels S, 2007. A second-order homogenization procedure for multi-scale analysis based on micropolar kinematics. Int. J. Numer. Methods Eng., 69: 2485–2512.

Li X K, Chu X H, Feng Y T, 2005. A discrete particle model and numerical modeling of the failure modes of granular materials. Eng. Comput., 22: 894–920

Li X K, Liang Y B , Duan Q L , Schrefler B A, Du Y Y, 2014. A mixed finite element procedure of gradient Cosserat continuum for second-order computational homogenisation of granular materials. Comput. Mech., 54: 1331–1356.

Li X K, Liu Q P, 2009. A version of Hill's lemma for Cosserat continuum, Acta Mech. Sin., 25: 499-506.

Li X K, Zhang X, Zhang J B, 2010. A generalized Hill's lemma and micromechanically based macroscopic constitutive model for heterogeneous granular materials. Comput. Methods Appl. Mech. Eng., 199: 3137–3152.

Li X K, Zhang J B, Zhang X, 2011. Micro-macro homogenization of gradient-enhanced Cosserat media. Eur. J. Mech. A., 30: 362–372.

Li X K, Zhang S G, Duan Q L, 2019. A novel scheme for imposing periodic boundary conditions on RVE in second-order computational homogenization for granular materials. Eng. Comput., 36: 2835–2858.

Miehe C and Koch A, 2002. Computational micro-to-macro transitions of discretized microstructures undergoing small strains. Archive of Applied Mechanics (Ingenieur Archiv), 72: 300–317.

Onck P R, 2002. Cosserat modeling of cellular solids. Comptes Rendus Mecanique, 330: 717–722.

Sluis O V D, Vosbeek P H J, Schreurs P J G, Meijer H E H, 1999. Homogenization of heterogeneous polymers. Int. J. Solids Struct., 36: 3193–3214.

Qu J, Cherkaoui M, 2006. Fundamentals of Micromechanics of Solids. New Jersey: John Wiley & Sons.

Yuan J X, Tomita Y, 2001. Effective properties of Cosserat composites with periodic microstructure. Mech. Res. Commun., 28: 265–270.

Zhu H T, Zbib H M, Aifantis E C, 1997. Strain gradients and continuum modeling of size effect in metal matrix composites. Acta Mech., 121: 165–176.

第 18 章　梯度 Cosserat 连续体混合元与 FEM-DEM 嵌套求解方案

在颗粒材料二阶协同计算均匀化方法中，宏观梯度 Cosserat 连续体和具有离散颗粒结构的介观表征元的响应分别采用有限元法（FEM）和离散元法（DEM）模拟求解，为实现第 17 章所介绍的二阶协同计算均匀化方法，需要发展相应的 FEM-DEM 嵌套求解方案。

由于在梯度 Cosserat 连续体中引入了三阶非对称应变梯度张量和微曲率张量，在发展 FEM-DEM 嵌套求解方案中的一个重要任务是在多尺度框架下为梯度 Cosserat 连续体构造一个新的有限单元。构造高阶位移元的关键问题之一是如何处理对位移插值提出的 C^1 连续性要求，以保证由单元位移插值函数近似计算的线位移一阶空间导数在单元间边界保持连续（Zienkiewicz and Taylor, 2000）。达到 C^1 连续性要求的直接而简单的策略是利用 Hermitian 插值。对单元位移场利用 Hermitian 插值函数离散的 Hermitian 单元确实具备 C^1 连续性（Zervos et al., 2001）。

为绕开通过发展基于高阶位移插值近似的位移有限元以满足单元C^1 连续性要求所引发的问题和困难，一些研究工作者针对利用偶应力理论（Xia and Hutchinson, 1996; Shu and Fleck, 1998）或针对利用 Toupin-Mindlin 理论（Shu et al., 1999; Matsushima et al., 2002; Kouznetsova et al., 2002；Zervos, 2008）的应变梯度 Cauchy 连续体（strain gradient Cauchy continua）发展了在弱形式下满足单元间位移的一阶空间导数连续条件的混合有限元。Askes and Aifantis （2011）对静力和动力梯度弹性中有限元公式及其实现作了综述。

本章将在二阶计算均匀化框架内针对梯度 Cosserat 连续体介绍所构造的混合有限元及 FEM-DEM 全局–局部嵌套求解方案（Li et al., 2014）。混合元公式的推导基于以弱形式表示的胡海昌–Washizu 三变量广义变分原理和参考针对 Toupin-Mindlin 理论所发展的应变梯度 Cauchy 连续体混合元（Shu et al., 1999）。单元节点处的线位移、微转角、非协调位移梯度及相关联 Lagrange 乘子被定义为混合元的单元独立变量。单元内任意点的线位移、微转角、位移梯度、Lagrange 乘子，以及协调位移梯度、微曲率和非协调应变梯度等应变类变量分别由作为单元独立变量的节点值和相应形函数及其空间导数插值近似表示。混合元内非协调应变梯度对称部分与基于位移场导出的协调应变梯度对称部分之间的协调条件在弱形式下得到满足。本章还将介绍针对梯度 Cosserat 连续体混合元设计和实施的数值分片试验，以验证和保证所构造梯度 Cosserat 连续体混合元的空间收敛性。

宏观梯度 Cosserat 连续体应变局部化数值例题结果表明了在二阶计算均匀化方法框架内所构造的混合元和所发展的非线性混合元过程和 FEM-DEM 全局–局部嵌套求解方案的有效性。

18.1 梯度 Cosserat 连续体平衡方程的弱形式

占有空间域 Ω 及其边界为 S 的梯度 Cosserat 连续体的平衡方程 (17.7), 式 (17.8) 的弱形式可表示如下

$$\int_{\Omega}\delta u_i\left[\left(\sigma_{ji}-\Sigma_{kji,k}\right)_{,j}-b_i^{\mathrm{f}}\right]\mathrm{d}\Omega+\int_{\Omega}\delta\omega_i\left[\mu_{ji,j}+e_{ijk}\left(\sigma_{jk}-\Sigma_{ljk,l}\right)-b_i^{\mathrm{m}}\right]\mathrm{d}\Omega=0 \tag{18.1}$$

利用分部积分，式 (18.1) 可改写为

$$\begin{aligned}&\int_{\Omega}\delta\varepsilon_{ji}\sigma_{ji}\mathrm{d}\Omega+\int_{\Omega}\delta\kappa_{ji}\mu_{ji}\mathrm{d}\Omega+\int_{\Omega}\delta E_{kji}\Sigma_{kji}\mathrm{d}\Omega\\&=\int_{S}\left(\delta u_i t_i+\delta\omega_i m_i+\delta u_{i,j}g_{ji}\right)\mathrm{d}S+\int_{\Omega}\left(\delta u_i b_i^{\mathrm{f}}+\delta\omega_i b_i^{\mathrm{m}}\right)\mathrm{d}\Omega\end{aligned} \tag{18.2}$$

式中

$$t_i=\left(\sigma_{ji}-\Sigma_{kji,k}\right)n_j \tag{18.3}$$

$$m_i=\left(\mu_{ji}+e_{ilk}\Sigma_{jlk}\right)n_j \tag{18.4}$$

$$g_{ji}=\Sigma_{kji}n_k \tag{18.5}$$

分别为与虚位移 δu_i、虚微转角 $\delta\omega_i$ 和虚位移梯度 $\delta u_{i,j}$ 功共轭的边界 S 上表面力、表面力矩和表面高阶广义力。式 (18.1) 和式 (18.2) 中符号在第 17 章中已有说明。

需要注意的是，式 (18.2) 等号右端积分 $\int_S\delta u_{i,j}g_{ji}\mathrm{d}S$ 的计算仅对微表面 dS 的单位外法向量 $\boldsymbol{n}$ 与笛卡儿（正交）坐标系基向量之一相同的情况方可执行。一般地，由于梯度 Cosserat 连续体计算域边界的微表面 dS 可能为斜交于笛卡儿（正交）坐标系的平面边界甚或为 $\boldsymbol{n}$ 的方向沿微表面 dS 变化的曲面边界。为正确地表征为计算边界积分 $\int_S\delta u_{i,j}g_{ji}\mathrm{d}S$ 相关的边界条件，需要把 $\delta u_{i,j}$ 分解为沿表

面元的切向位移梯度变分 $D_j\delta u_i$ 和沿表面元法向的位移梯度变分 $n_jD\delta u_i$（Fleck and Hutchinson, 1997），即

$$\delta u_{i,j} = D_j\delta u_i + n_jD\delta u_i \tag{18.6}$$

式中

$$D = n_i\frac{\partial}{\partial x_i}, \quad D_j = (\delta_{ji} - n_jn_i)\frac{\partial}{\partial x_i} \tag{18.7}$$

利用式 (18.6)，式 (18.2) 可改写为

$$\begin{aligned}&\int_\Omega \delta\varepsilon_{ji}\sigma_{ji}\mathrm{d}\Omega + \int_\Omega \delta\kappa_{ji}\mu_{ji}\mathrm{d}\Omega + \int_\Omega \delta E_{kji}\Sigma_{kji}\mathrm{d}\Omega \\ =& \int_S (\delta u_it_i^* + \delta\omega_im_i)\,\mathrm{d}S + \int_S (r_i\,(D\delta u_i))\,\mathrm{d}S + \int_\Omega \left(\delta u_ib_i^{\mathrm{f}} + \delta\omega_ib_i^{\mathrm{m}}\right)\mathrm{d}\Omega\end{aligned} \tag{18.8}$$

式中与 δu_i 功共轭的广义表面力 t_i^* 和与 $D\delta u_i$ 功共轭的双应力表面力 r_i (double stress traction) 的表达式可分别给出为

$$t_i^* = t_i + n_kn_j\Sigma_{kji}\,(D_ln_l) - D_j\,(n_k\Sigma_{kji}) \tag{18.9}$$

$$r_i = n_kn_j\Sigma_{kji} \tag{18.10}$$

若微表面 dS 的单位外法向量 $\boldsymbol{n}$ 方向不变，且与笛卡儿（正交）坐标系的基向量方向一致，即 $n_jn_i = \delta_{ji}$，则由式 (18.7) 可得 $t_i^* = t_i$，以及 $\int_S (r_i\,(D\delta u_i))\,\mathrm{d}S = \int_S \delta u_{i,j}g_{ji}\mathrm{d}S$，人们仍可利用式 (18.2)~ 式 (18.5) 作为梯度 Cosserat 连续体平衡方程弱形式的表达式。

18.2 梯度 Cosserat 连续体胡海昌–Washizu 变分原理的弱形式表示

由于在梯度 Cosserat 连续体模型中定义了线位移二阶空间导数作为应变梯度对称部分，为绕开对高阶位移元的 C^1 连续性要求，本章中将介绍为梯度 Cosserat 连续体发展的仅要求满足位移插值 C^0 连续性的混合元。它区别于现有梯度连续体混合元（Shu et al., 1999）的主要特点体现在 Cosserat 连续体模型中引入了微转角及其空间导数（微曲率），应变梯度张量（三阶张量）为非对称张量；应变梯度张量的对称部分由定义为与假定位移场不协调的独立非协调线位移梯度近似插值表示。

在混合元中作为基本独立变量引入了定义在混合元节点的非协调线位移梯度 $\boldsymbol{\Psi}\,(\Psi_{ji})$，并利用它在混合元网格内近似插值表示非协调的线位移空间二阶导数 $\boldsymbol{\eta}\,(\eta_{kji}=\eta_{jki})$，即

$$\eta_{kji}=\frac{1}{2}\left(\Psi_{ki,j}+\Psi_{ji,k}\right) \tag{18.11}$$

在混合元过程中，应变梯度对称部分将由 η_{kji} 表示，而不再利用定义为假定位移场二阶导数的协调应变梯度对称部分 $\hat{E}_{kji}=u_{i,jk}$ 表示。

基于胡海昌–Washizu 广义变分原理，将通过满足如下条件实现非协调应变梯度对称部分 η_{kji} 与协调应变梯度对称部分 $\hat{E}_{kji}$ 之间在如下弱形式意义上虚功共轭的等价关系

$$\int_{\Omega}\delta\hat{\Sigma}_{kji}\left(\eta_{kji}-\hat{E}_{kji}\right)\mathrm{d}\Omega=0 \tag{18.12}$$

利用式 (18.11)、式 (17.4) 和由式 (17.6) 中第一式所定义的 $\hat{\Sigma}_{kji}$ 的对称性，式 (18.12) 可改写为

$$\int_{\Omega}\delta\hat{\Sigma}_{kji,k}\left(\Psi_{ji}-u_{i,j}\right)\mathrm{d}\Omega-\int_{S}\delta\hat{\Sigma}_{kji}\left(\Psi_{ji}-u_{i,j}\right)n_k\mathrm{d}S=0 \tag{18.13}$$

假定式 (18.13) 中的边界积分项可忽略，则可由式 (18.13) 得到

$$\begin{aligned}&\int_{\Omega}\delta\hat{\Sigma}_{kji,k}\left(\Psi_{ji}-u_{i,j}\right)\mathrm{d}\Omega-\int_{S}\delta\hat{\Sigma}_{kji}\left(\Psi_{ji}-u_{i,j}\right)n_k\mathrm{d}S\\ \cong&\int_{\Omega}\delta\hat{\Sigma}_{kji,k}\left(\Psi_{ji}-u_{i,j}\right)\mathrm{d}\Omega=0\end{aligned} \tag{18.14}$$

式 (18.14) 提供了一个以任意变分 $\delta\hat{\Sigma}_{kji,k}$ 为权重的单元体积平均（积分）意义上在非协调与协调位移梯度之间的约束条件

$$\Psi_{ji}=u_{i,j} \tag{18.15}$$

式 (18.13) 和式 (18.14) 中的 $\hat{\Sigma}_{kji,k}$ 是需要在所发展的混合元方法中确定的附加基本变量。在后文中为表达简洁，它将被定义为以二阶张量 ρ_{ji} 表示的 Lagrange 乘子，式 (18.14) 将被改写为

$$\int_{\Omega}\delta\rho_{ji}\left(\Psi_{ji}-u_{i,j}\right)\mathrm{d}\Omega=0 \tag{18.16}$$

注意到式 (18.11) 定义的非协调的应变梯度对称部分 η_{kji} 和式 (17.4) 所定义的协调的应变梯度对称部分 $\hat{E}_{kji}$，利用式 (17.6) 中第一式所定义的 $\hat{\Sigma}_{kji}$ 的对称性及

式 (17.4) 所定义的 $\hat{E}_{kji}$ 的对称性和分部积分，虚功项 $\int_{\Omega}\delta\hat{E}_{kji}\hat{\Sigma}_{kji}\mathrm{d}\Omega$ 可展开表示为

$$\begin{aligned}\int_{\Omega}\delta\hat{E}_{kji}\hat{\Sigma}_{kji}\mathrm{d}\Omega &= \int_{\Omega}\delta\eta_{kji}\hat{\Sigma}_{kji}\mathrm{d}\Omega + \int_{\Omega}\left(\delta\hat{E}_{kji}-\delta\eta_{kji}\right)\hat{\Sigma}_{kji}\mathrm{d}\Omega \\ &= \int_{\Omega}\delta\eta_{kji}\hat{\Sigma}_{kji}\mathrm{d}\Omega + \int_{\Omega}\left(\delta u_{i,j}-\delta\Psi_{ji}\right)_{,k}\hat{\Sigma}_{kji}\mathrm{d}\Omega \\ &= \int_{\Omega}\delta\eta_{kji}\hat{\Sigma}_{kji}\mathrm{d}\Omega + \int_{\Omega}\left(\delta\Psi_{ji}-\delta u_{i,j}\right)\hat{\Sigma}_{kji,k}\mathrm{d}\Omega - \int_{\Omega}\left[\left(\delta\Psi_{ji}-\delta u_{i,j}\right)\hat{\Sigma}_{kji}\right]_{,k}\mathrm{d}\Omega \\ &= \int_{\Omega}\delta\eta_{kji}\hat{\Sigma}_{kji}\mathrm{d}\Omega + \int_{\Omega}\left(\delta\Psi_{ji}-\delta u_{i,j}\right)\rho_{ji}\mathrm{d}\Omega - \int_{S}\left(\delta\Psi_{ji}-\delta u_{i,j}\right)\hat{\Sigma}_{kji}n_k\mathrm{d}S\end{aligned} \tag{18.17}$$

以 $\dot{\boldsymbol{\mathfrak{T}}}$ 记梯度 Cosserat 连续体的应力率张量的向量表示，由 17.2.4 节知道它可表示为

$$\dot{\boldsymbol{\mathfrak{T}}}^{\mathrm{T}} = \begin{bmatrix} \dot{\boldsymbol{\sigma}}^{\mathrm{T}} & \dot{\boldsymbol{T}}^{\mathrm{T}} & \dot{\hat{\boldsymbol{\Sigma}}}^{\mathrm{T}} & (\dot{\boldsymbol{\mu}}^{0})^{\mathrm{T}} \end{bmatrix} \tag{18.18}$$

式中，$\dot{\boldsymbol{\sigma}}, \dot{\boldsymbol{T}}, \dot{\hat{\boldsymbol{\Sigma}}}, \dot{\boldsymbol{\mu}}^{0}$ 为应力率张量 $\dot{\sigma}_{ji}, \dot{T}_{i}, \dot{\hat{\Sigma}}_{kji}, \dot{\mu}^{0}_{ji}$ 的向量表示。

注意到在协同计算均匀化过程中由宏观梯度 Cosserat 连续体混合元网格积分点下传给积分点处所设置表征元的应变率张量的向量表示为

$$\dot{\boldsymbol{\mathfrak{E}}}^{\mathrm{T}} = \begin{bmatrix} \dot{\boldsymbol{\Gamma}}^{\mathrm{T}} & \dot{\boldsymbol{\omega}}^{\mathrm{T}} & \dot{\boldsymbol{\eta}}^{\mathrm{T}} & \dot{\boldsymbol{\kappa}}^{\mathrm{T}} \end{bmatrix} \tag{18.19}$$

式中，$\dot{\boldsymbol{\Gamma}}, \dot{\boldsymbol{\omega}}, \dot{\boldsymbol{\eta}}, \dot{\boldsymbol{\kappa}}$ 为应变率张量 $\dot{\Gamma}_{ji}, \dot{\omega}_{i}, \dot{\eta}_{kji}, \dot{\kappa}_{ji}$ 的向量表示。注意不论先前在第 17 章对它们采用的张量表示或在本章中采用的向量表示，为简约公式中的符号表示，对宏观梯度 Cosserat 连续体的应变和应力度量都采用了相同的黑体表示。由式 (17.157)~ 式 (17.160) 给出以矩阵–向量形式表示的基于介观力学信息、由表征元上传给宏观梯度 Cosserat 连续体有限元网格积分点的率型应力–应变本构关系中应变梯度率对称部分 $\dot{\hat{E}}_{kji}$ 应该变更为在混合元框架下引入的非协调应变梯度对称部分 $\dot{\eta}_{kji}$，即有

$$\dot{\boldsymbol{\mathfrak{T}}} = \boldsymbol{\mathcal{D}}_{\mathrm{e}}\dot{\boldsymbol{\mathfrak{E}}} + \dot{\boldsymbol{\mathfrak{T}}}^{\mathrm{p}} \tag{18.20}$$

式中，所示当前时刻的弹性刚度矩阵 $\boldsymbol{\mathcal{D}}_{\mathrm{e}}$ 和塑性应力率向量 $\dot{\boldsymbol{\mathfrak{T}}}^{\mathrm{p}}$ 可分块表示为

$$\boldsymbol{\mathcal{D}}_{\mathrm{e}} = \begin{bmatrix} \boldsymbol{\mathcal{D}}_{\sigma\Gamma} & \boldsymbol{\mathcal{D}}_{\sigma\omega} & \boldsymbol{\mathcal{D}}_{\sigma\mathrm{E}} & \boldsymbol{\mathcal{D}}_{\sigma\kappa} \\ \boldsymbol{\mathcal{D}}_{\mathrm{T}\Gamma} & \boldsymbol{\mathcal{D}}_{\mathrm{T}\omega} & \boldsymbol{\mathcal{D}}_{\mathrm{TE}} & \boldsymbol{\mathcal{D}}_{\mathrm{T}\kappa} \\ \boldsymbol{\mathcal{D}}_{\Sigma\Gamma} & \boldsymbol{\mathcal{D}}_{\Sigma\omega} & \boldsymbol{\mathcal{D}}_{\Sigma\mathrm{E}} & \boldsymbol{\mathcal{D}}_{\Sigma\kappa} \\ \boldsymbol{\mathcal{D}}_{\mu\Gamma} & \boldsymbol{\mathcal{D}}_{\mu\omega} & \boldsymbol{\mathcal{D}}_{\mu\mathrm{E}} & \boldsymbol{\mathcal{D}}_{\mu\kappa} \end{bmatrix} \tag{18.21}$$

$$(\dot{\boldsymbol{\mathfrak{T}}}^{\mathrm{p}})^{\mathrm{T}} = \begin{bmatrix} (\dot{\boldsymbol{\sigma}}^{\mathrm{p}})^{\mathrm{T}} & (\dot{\boldsymbol{T}}^{\mathrm{p}})^{\mathrm{T}} & (\dot{\hat{\boldsymbol{\Sigma}}}^{\mathrm{p}})^{\mathrm{T}} & (\dot{\boldsymbol{\mu}}^{0\mathrm{p}})^{\mathrm{T}} \end{bmatrix} \tag{18.22}$$

式 (18.21) 中 $\boldsymbol{\mathcal{D}}_{\sigma\Gamma}, \boldsymbol{\mathcal{D}}_{\sigma\mathrm{E}}, \boldsymbol{\mathcal{D}}_{\Sigma\mathrm{E}}$ 分别为在第 17 章中给出的四阶张量 $\boldsymbol{D}_{\sigma\Gamma}$、五阶张量 $\boldsymbol{D}_{\sigma\mathrm{E}}$ 和六阶张量 $\boldsymbol{D}_{\Sigma\mathrm{E}}$ 的矩阵（二阶张量）表示（Li et al., 2014），即 4×4 子矩阵 $\boldsymbol{\mathcal{D}}_{\sigma\Gamma} = \left[\mathcal{D}_{(ij)(kl)}\right]_{\sigma\Gamma}$、$4\times8$ 子矩阵 $\boldsymbol{\mathcal{D}}_{\sigma\mathrm{E}} = \left[\mathcal{D}_{(ij)(klm)}\right]_{\sigma\mathrm{E}}$ 和 8×8 子矩阵 $\boldsymbol{\mathcal{D}}_{\Sigma\mathrm{E}} = \left[\mathcal{D}_{(ijk)(lmn)}\right]_{\Sigma\mathrm{E}}$；$\boldsymbol{\mathcal{D}}_{\sigma\omega}, \boldsymbol{\mathcal{D}}_{\mathrm{TE}}$ 分别为二阶张量 $\boldsymbol{D}_{\sigma\omega}$ 的 2×1 子列向量 $\boldsymbol{\mathcal{D}}_{\sigma\omega} = \left[\mathcal{D}_{(ij)}\right]_{\sigma\omega}$ 表示和三阶张量 $\boldsymbol{D}_{\mathrm{TE}}$ 的 1×3 子行向量 $\boldsymbol{\mathcal{D}}_{\mathrm{TE}} = \left[\mathcal{D}_{(ijk)}\right]_{\mathrm{TE}}$ 表示；可依此类推地理解式 (18.21) 和式 (18.22) 中其他子矩阵和子向量的含义。

在梯度 Cosserat 连续体混合元构造中如下应变–位移协调条件仍保持满足

$$\Gamma_{ji} = u_{i,j} \tag{18.23}$$

$$\kappa_{ji} = \omega_{i,j} \tag{18.24}$$

弱形式表示的梯度 Cosserat 连续体胡海昌–Washizu 变分原理可表示为如下一般形式

$$\delta\Pi = \delta\Pi_1 + \delta\Pi_2 \tag{18.25}$$

式中，$\delta\Pi_1$ 表示梯度 Cosserat 连续体平衡和协调条件的弱形式，而 $\delta\Pi_2$ 表示梯度 Cosserat 连续体本构关系的弱形式，它们可分别表示为

$$\begin{aligned}\delta\Pi_1 = &\int_\Omega \delta u_i \left[\left(\sigma_{ji} - \Sigma_{kji,k}\right)_{,j} - b_i^{\mathrm{f}}\right] \mathrm{d}\Omega + \int_\Omega \delta\omega_i \left[\mu_{ji,j} + e_{ijk}\left(\sigma_{jk} - \Sigma_{ljk,l}\right) - b_i^{\mathrm{m}}\right] \mathrm{d}\Omega \\ &+ \int_\Omega \delta\hat{\Sigma}_{kji}\left(\eta_{kji} - \hat{E}_{kji}\right) \mathrm{d}\Omega = 0\end{aligned} \tag{18.26}$$

$$\delta\Pi_2 = \int_\Omega \delta\dot{\boldsymbol{\mathfrak{E}}}^{\mathrm{T}} \left[\mathcal{D}_{\mathrm{e}}\dot{\boldsymbol{\mathfrak{E}}} + \dot{\boldsymbol{\mathfrak{T}}}^{\mathrm{p}} - \dot{\boldsymbol{\mathfrak{T}}}\right] \mathrm{d}\Omega \equiv 0 \tag{18.27}$$

利用式 (18.20)，即以强形式逐点满足本构关系，则有 $\delta\Pi_2 \equiv 0$，因而可表示 $\delta\Pi = \delta\Pi_1$。将式 (18.12)~ 式 (18.16) 的推导代入式 (18.26)，可表示

$$\begin{aligned}\delta\Pi = &\int_\Omega \delta u_i \left[\left(\sigma_{ji} - \Sigma_{kji,k}\right)_{,j} - b_i^{\mathrm{f}}\right] \mathrm{d}\Omega + \int_\Omega \delta\omega_i \left[\mu_{ji,j} + e_{ijk}\left(\sigma_{jk} - \Sigma_{ljk,l}\right) - b_i^{\mathrm{m}}\right] \mathrm{d}\Omega \\ &+ \int_\Omega \delta\rho_{ji}\left(\Psi_{ji} - u_{i,j}\right) \mathrm{d}\Omega = 0\end{aligned} \tag{18.28}$$

注意到式 (17.3) 中第二式定义的 $\check{E}_{ljk} = -e_{ijk}\omega_{i,l}$，式 (18.28) 中各积分项可进一步展开表示为

$$\int_\Omega \delta u_i \sigma_{ji,j} \mathrm{d}\Omega = -\int_\Omega \delta u_{i,j}\sigma_{ji} \mathrm{d}\Omega + \int_S \delta u_i \sigma_{ji} n_j \mathrm{d}S \tag{18.29}$$

$$-\int_{\Omega}\delta u_i\Sigma_{kji,kj}\mathrm{d}\Omega=-\int_{\Omega}\delta\hat{E}_{kji}\Sigma_{kji}\mathrm{d}\Omega+\int_{S}\delta u_{i,j}\Sigma_{kji}n_k\mathrm{d}S-\int_{S}\delta u_i\Sigma_{kji,k}n_j\mathrm{d}S \tag{18.30}$$

$$\int_{\Omega}\delta\omega_i\mu_{ji,j}\mathrm{d}\Omega=-\int_{\Omega}\delta\omega_{i,j}\mu_{ji}\mathrm{d}\Omega+\int_{S}\delta\omega_i\mu_{ji}n_j\mathrm{d}S \tag{18.31}$$

$$-\int_{\Omega}\delta\omega_i e_{ijk}\Sigma_{ljk,l}\mathrm{d}\Omega=-\int_{\Omega}\delta\check{E}_{kji}\Sigma_{kji}\mathrm{d}\Omega-\int_{S}\delta\omega_i e_{ijk}\Sigma_{ljk}n_l\mathrm{d}S \tag{18.32}$$

利用式 (17.1) 和式 (18.29)~ 式 (18.32), 式 (18.28) 可重新表示为

$$\int_{\Omega}\delta\varepsilon_{ji}\sigma_{ji}\mathrm{d}\Omega+\int_{\Omega}\delta\kappa_{ji}\mu_{ji}\mathrm{d}\Omega+\int_{\Omega}\delta E_{kji}\Sigma_{kji}\mathrm{d}\Omega+\int_{\Omega}\delta\rho_{ji}\left(\varPsi_{ji}-\varGamma_{ji}\right)\mathrm{d}\Omega$$

$$=\int_{S}\left(\delta u_i t_i+\delta\omega_i m_i+\delta u_{i,j}g_{ji}\right)\mathrm{d}S+\int_{\Omega}\left(\delta u_i b_i^{\mathrm{f}}+\delta\omega_i b_i^{\mathrm{m}}\right)\mathrm{d}\Omega \tag{18.33}$$

为在实现混合元过程中利用式 (18.20) 给出的基于介观力学信息宏观本构关系，式 (18.33) 进一步改写为

$$\int_{\Omega}\delta\varGamma_{ji}\sigma_{ji}\mathrm{d}\Omega+\int_{\Omega}\delta\omega_k T_k\mathrm{d}\Omega+\int_{\Omega}\delta\kappa_{ji}\left(\mu_{ji}^{0}-e_{ikl}\hat{\Sigma}_{jkl}\right)\mathrm{d}\Omega+\int_{\Omega}\delta\hat{E}_{kji}\hat{\Sigma}_{kji}\mathrm{d}\Omega$$

$$+\int_{\Omega}\delta\rho_{ji}\left(\varPsi_{ji}-\varGamma_{ji}\right)\mathrm{d}\Omega=\int_{S}\left(\delta u_i t_i+\delta\omega_i m_i+\delta u_{i,j}g_{ji}\right)\mathrm{d}S+\int_{\Omega}\left(\delta u_i b_i^{\mathrm{f}}+\delta\omega_i b_i^{\mathrm{m}}\right)\mathrm{d}\Omega \tag{18.34}$$

注意式 (18.14)。略去式 (18.17) 中最后一个等号右端作为边界积分项的第三项，并将其代入式 (18.34)，可得到

$$\int_{\Omega}\delta\varGamma_{ji}\sigma_{ji}\mathrm{d}\Omega+\int_{\Omega}\delta\omega_k T_k\mathrm{d}\Omega+\int_{\Omega}\delta\kappa_{ji}\left(\mu_{ji}^{0}-e_{ikl}\hat{\Sigma}_{jkl}\right)\mathrm{d}\Omega+\int_{\Omega}\delta\eta_{kji}\hat{\Sigma}_{kji}\mathrm{d}\Omega$$

$$+\int_{\Omega}\left(\delta\varPsi_{ji}-\delta u_{i,j}\right)\rho_{ji}\mathrm{d}\Omega+\int_{\Omega}\delta\rho_{ji}\left(\varPsi_{ji}-\varGamma_{ji}\right)\mathrm{d}\Omega$$

$$=\int_{S}\left(\delta u_i t_i+\delta\omega_i m_i+\delta\varPsi_{ji}g_{ji}\right)\mathrm{d}S+\int_{\Omega}\left(\delta u_i b_i^{\mathrm{f}}+\delta\omega_i b_i^{\mathrm{m}}\right)\mathrm{d}\Omega \tag{18.35}$$

为推导增量过程的切线刚度矩阵，对式 (18.35) 两边取率形式，并略去 $\delta\dot{\varGamma}_{ji}$, $\delta\dot{\omega}_k,\delta\dot{\kappa}_{ji},\delta\dot{\eta}_{kji},\delta\dot{\varPsi}_{ji},\delta\dot{\rho}_{ji},\delta\dot{u}_i$，可得到

$$\int_{\Omega}\delta\varGamma_{ji}\dot{\sigma}_{ji}\mathrm{d}\Omega+\int_{\Omega}\delta\omega_k\dot{T}_k\mathrm{d}\Omega+\int_{\Omega}\delta\kappa_{ji}\left(\dot{\mu}_{ji}^{0}-e_{ikl}\dot{\hat{\Sigma}}_{jkl}\right)\mathrm{d}\Omega+\int_{\Omega}\delta\eta_{kji}\dot{\hat{\Sigma}}_{kji}\mathrm{d}\Omega$$

$$+\int_{\Omega}(\delta\Psi_{ji}-\delta u_{i,j})\,\dot{\rho}_{ji}\mathrm{d}\Omega+\int_{\Omega}\delta\rho_{ji}\left(\dot{\Psi}_{ji}-\dot{\Gamma}_{ji}\right)\mathrm{d}\Omega$$
$$=\int_{S}\left(\delta u_i\dot{t}_i+\delta\omega_i\dot{m}_i+\delta\Psi_{ji}\dot{g}_{ji}\right)\mathrm{d}S+\int_{\Omega}\left(\delta u_i\dot{b}_i^{\mathrm{f}}+\delta\omega_i\dot{b}_i^{\mathrm{m}}\right)\mathrm{d}\Omega \tag{18.36}$$

18.3 基于表征元上传本构关系的梯度 Cosserat 连续体混合元公式及有限元方程

为程序实现方便，有限元公式通常表示为向量–矩阵形式。基于颗粒材料计算均匀化框架下宏观梯度 Cosserat 连续体增量过程的胡海昌–Washizu 变分原理的弱形式表示，式 (18.36) 可改写为如下向量–矩阵形式

$$\int_{\Omega}\delta\boldsymbol{\Gamma}^{\mathrm{T}}\dot{\boldsymbol{\sigma}}\mathrm{d}\Omega+\int_{\Omega}\delta\boldsymbol{\omega}^{\mathrm{T}}\dot{\boldsymbol{T}}\mathrm{d}\Omega+\int_{\Omega}\delta\boldsymbol{\eta}^{\mathrm{T}}\dot{\boldsymbol{\Sigma}}\mathrm{d}\Omega+\int_{\Omega}\delta\boldsymbol{\kappa}^{\mathrm{T}}\left(\dot{\boldsymbol{\mu}}^{0}-\boldsymbol{H}\dot{\boldsymbol{\Sigma}}\right)\mathrm{d}\Omega$$
$$+\int_{\Omega}\left(\delta\boldsymbol{\Psi}^{\mathrm{T}}-\delta\boldsymbol{\Gamma}^{\mathrm{T}}\right)\dot{\boldsymbol{\rho}}\mathrm{d}\Omega+\int_{\Omega}\delta\boldsymbol{\rho}^{\mathrm{T}}(\dot{\boldsymbol{\Psi}}-\dot{\boldsymbol{\Gamma}})\mathrm{d}\Omega$$
$$=\int_{S}\left(\delta\boldsymbol{u}^{\mathrm{T}}\dot{\boldsymbol{t}}+\delta\boldsymbol{\omega}^{\mathrm{T}}\dot{\boldsymbol{m}}+\delta\boldsymbol{\Psi}^{\mathrm{T}}\dot{\boldsymbol{g}}\right)\mathrm{d}S+\int_{\Omega}\left(\delta\boldsymbol{u}^{\mathrm{T}}\dot{\boldsymbol{b}}^{\mathrm{f}}+\delta\boldsymbol{\omega}^{\mathrm{T}}\dot{\boldsymbol{b}}^{\mathrm{m}}\right)\mathrm{d}\Omega \tag{18.37}$$

对于二维梯度 Cosserat 连续体，式 (18.36) 中的 2×2 二阶张量 Γ_{ji},Ψ_{ji} 和 $\dot{\sigma}_{ji},\dot{\rho}_{ji}$ 在式 (18.37) 分别被表示为 1×4 的行向量 $\boldsymbol{\Gamma}^{\mathrm{T}},\boldsymbol{\Psi}^{\mathrm{T}}$ 和 4×1 列向量 $\dot{\boldsymbol{\sigma}},\dot{\boldsymbol{\rho}}$；式 (18.36) 中的二阶张量 $\kappa_{ji},\dot{\mu}_{ji}^{0}(j=1,2;i=3)$ 退化为向量，在式 (18.37) 中分别被记为 1×2 的行向量 $\boldsymbol{\kappa}^{\mathrm{T}}$ 和 2×1 列向量 $\dot{\boldsymbol{\mu}}^{0}$；式 (18.36) 中的 $2\times2\times2$ 三阶张量 $\eta_{kji},\dot{\Sigma}_{kji}$ 在式 (18.37) 分别被表示为 1×8 的行向量 $\boldsymbol{\eta}^{\mathrm{T}}$ 和 8×1 列向量 $\dot{\boldsymbol{\Sigma}}$。式 (18.36) 中作用于三阶张量 $\dot{\Sigma}_{jkl}$ 的置换张量 $e_{ikl}(i=3,k,l=1,2)$ 在式 (18.37) 被表示为如下矩阵 $\boldsymbol{H}$，即

$$\boldsymbol{H}=\begin{bmatrix} e_{311} & e_{312} & e_{321} & e_{322} & 0 & 0 & 0 & 0 \\ 0 & 0 & 0 & 0 & e_{311} & e_{312} & e_{321} & e_{322} \end{bmatrix} \tag{18.38}$$

将式 (18.37) 等号左侧诸项中的虚变量排列表示为

$$\delta\boldsymbol{S}=\begin{bmatrix} \delta\boldsymbol{\Gamma}^{\mathrm{T}} & \delta\boldsymbol{\omega}^{\mathrm{T}} & \delta\boldsymbol{\eta}^{\mathrm{T}} & \delta\boldsymbol{\kappa}^{\mathrm{T}} & \left(\delta\boldsymbol{\Psi}^{\mathrm{T}}-\delta\boldsymbol{\Gamma}^{\mathrm{T}}\right) & \delta\boldsymbol{\rho}^{\mathrm{T}} \end{bmatrix}^{\mathrm{T}} \tag{18.39}$$

它可利用下式转换表示为 $\delta\tilde{\boldsymbol{S}}$，即

$$\delta\boldsymbol{S}=\boldsymbol{A}_{\mathrm{s}}\delta\tilde{\boldsymbol{S}} \tag{18.40}$$

式中

$$\delta\tilde{\boldsymbol{S}}=\left[\begin{array}{cccccc}\delta\boldsymbol{\Gamma}^{\mathrm{T}} & \delta\boldsymbol{\omega}^{\mathrm{T}} & \delta\boldsymbol{\eta}^{\mathrm{T}} & \delta\boldsymbol{\kappa}^{\mathrm{T}} & \delta\boldsymbol{\Psi}^{\mathrm{T}} & \delta\boldsymbol{\rho}^{\mathrm{T}}\end{array}\right]^{\mathrm{T}} \tag{18.41}$$

同时，将式 (18.37) 等号左侧诸项中的率变量排列表示为

$$\dot{\boldsymbol{\Xi}}=[\dot{\boldsymbol{\sigma}}^{\mathrm{T}} \quad \dot{\boldsymbol{T}}^{\mathrm{T}} \quad \dot{\boldsymbol{\Sigma}}^{\mathrm{T}} \quad (\dot{\boldsymbol{\mu}}^{0}-\boldsymbol{H}\dot{\boldsymbol{\Sigma}}^{\mathrm{T}}) \quad \dot{\boldsymbol{\rho}}^{\mathrm{T}} \quad (\dot{\boldsymbol{\Psi}}-\dot{\boldsymbol{\Gamma}})^{\mathrm{T}}]^{\mathrm{T}} \tag{18.42}$$

它可利用下式转换表示为 $\dot{\bar{\boldsymbol{\Xi}}}$，即

$$\dot{\boldsymbol{\Xi}}=\boldsymbol{A}_{\Xi}\dot{\bar{\boldsymbol{\Xi}}} \tag{18.43}$$

式中

$$\dot{\bar{\boldsymbol{\Xi}}}=[\dot{\boldsymbol{\sigma}}^{\mathrm{T}} \quad \dot{\boldsymbol{T}}^{\mathrm{T}} \quad \dot{\boldsymbol{\Sigma}}^{\mathrm{T}} \quad (\dot{\boldsymbol{\mu}}^{0})^{\mathrm{T}} \quad \dot{\boldsymbol{\rho}}^{\mathrm{T}} \quad (\dot{\boldsymbol{\Psi}}-\dot{\boldsymbol{\Gamma}})^{\mathrm{T}}]^{\mathrm{T}} \tag{18.44}$$

式 (18.40) 和式 (18.43) 中矩阵 $\boldsymbol{A}_{\mathrm{S}}$ 和 $\boldsymbol{A}_{\Xi}$ 的具体表达式可分别由式 (18.39) 和式 (18.41)、式 (18.42) 和式 (18.44) 直接给出。

利用式 (18.18)~ 式 (18.22)，式 (18.44) 可表示为

$$\dot{\bar{\boldsymbol{\Xi}}}=\overline{\boldsymbol{\mathcal{D}}}_{\mathrm{e}}\dot{\tilde{\boldsymbol{S}}}+\dot{\bar{\boldsymbol{\Xi}}}^{\mathrm{p}} \tag{18.45}$$

式中

$$\overline{\boldsymbol{\mathcal{D}}}_{\mathrm{e}}=\left[\begin{array}{cccccc}\boldsymbol{\mathcal{D}}_{\sigma\Gamma} & \boldsymbol{\mathcal{D}}_{\sigma\omega} & \boldsymbol{\mathcal{D}}_{\sigma\mathrm{E}} & \boldsymbol{\mathcal{D}}_{\sigma\kappa} & \mathbf{0} & \mathbf{0}\\ \boldsymbol{\mathcal{D}}_{\mathrm{T}\Gamma} & \boldsymbol{\mathcal{D}}_{\mathrm{T}\omega} & \boldsymbol{\mathcal{D}}_{\mathrm{TE}} & \boldsymbol{\mathcal{D}}_{\mathrm{T}\kappa} & \mathbf{0} & \mathbf{0}\\ \boldsymbol{\mathcal{D}}_{\Sigma\Gamma} & \boldsymbol{\mathcal{D}}_{\Sigma\omega} & \boldsymbol{\mathcal{D}}_{\Sigma\mathrm{E}} & \boldsymbol{\mathcal{D}}_{\Sigma\kappa} & \mathbf{0} & \mathbf{0}\\ \boldsymbol{\mathcal{D}}_{\mu\Gamma} & \boldsymbol{\mathcal{D}}_{\mu\omega} & \boldsymbol{\mathcal{D}}_{\mu\mathrm{E}} & \boldsymbol{\mathcal{D}}_{\mu\kappa} & \mathbf{0} & \mathbf{0}\\ \mathbf{0} & \mathbf{0} & \mathbf{0} & \mathbf{0} & \mathbf{0} & \boldsymbol{I}_{4}\\ -\boldsymbol{I}_{4} & \mathbf{0} & \mathbf{0} & \mathbf{0} & \boldsymbol{I}_{4} & \mathbf{0}\end{array}\right] \tag{18.46}$$

$$(\dot{\bar{\boldsymbol{\Xi}}}^{\mathrm{p}})^{\mathrm{T}}=\left[\begin{array}{cccccc}(\dot{\boldsymbol{\sigma}}^{\mathrm{p}})^{\mathrm{T}} & (\dot{\boldsymbol{T}}^{\mathrm{p}})^{\mathrm{T}} & (\dot{\boldsymbol{\Sigma}}^{\mathrm{p}})^{\mathrm{T}} & (\dot{\boldsymbol{\mu}}^{\mathbf{0}\mathrm{p}})^{\mathrm{T}} & \mathbf{0} & \mathbf{0}\end{array}\right] \tag{18.47}$$

利用式 (18.38)~ 式 (18.47), 式 (18.37) 等号左侧各项可写成如下紧凑形式

$$\begin{aligned}\int_{\Omega}\delta\boldsymbol{S}^{\mathrm{T}}\dot{\boldsymbol{\Xi}}\mathrm{d}\Omega&=\int_{\Omega}\delta\tilde{\boldsymbol{S}}^{\mathrm{T}}\boldsymbol{A}_{\mathrm{S}}^{\mathrm{T}}\boldsymbol{A}_{\Xi}\dot{\boldsymbol{\Xi}}\mathrm{d}\Omega\\&=\int_{\Omega}\delta\tilde{\boldsymbol{S}}^{\mathrm{T}}\boldsymbol{A}_{\mathrm{S}}^{\mathrm{T}}\boldsymbol{A}_{\Xi}\overline{\boldsymbol{\mathcal{D}}}_{\mathrm{e}}\dot{\tilde{\boldsymbol{S}}}\mathrm{d}\Omega+\int_{\Omega}\delta\tilde{\boldsymbol{S}}^{\mathrm{T}}\boldsymbol{A}_{\mathrm{S}}^{\mathrm{T}}\boldsymbol{A}_{\Xi}\dot{\boldsymbol{\Xi}}^{\mathrm{p}}\mathrm{d}\Omega\\&=\int_{\Omega}\delta\tilde{\boldsymbol{S}}^{\mathrm{T}}\hat{\boldsymbol{\mathcal{D}}}_{\mathrm{e}}\dot{\tilde{\boldsymbol{S}}}\mathrm{d}\Omega+\int_{\Omega}\delta\tilde{\boldsymbol{S}}^{\mathrm{T}}\boldsymbol{A}_{\mathrm{S}}^{\mathrm{T}}\boldsymbol{A}_{\Xi}\dot{\bar{\boldsymbol{\Xi}}}^{\mathrm{p}}\mathrm{d}\Omega\end{aligned} \tag{18.48}$$

式中

$$\hat{\boldsymbol{\mathcal{D}}}_{\mathrm{e}} = \boldsymbol{A}_{\mathrm{S}}^{\mathrm{T}} \boldsymbol{A}_{\Xi} \overline{\boldsymbol{\mathcal{D}}}_{\mathrm{e}} = \begin{bmatrix} \hat{\boldsymbol{\mathcal{D}}}_{11} & \hat{\boldsymbol{\mathcal{D}}}_{12} \\ \hat{\boldsymbol{\mathcal{D}}}_{21} & \hat{\boldsymbol{\mathcal{D}}}_{22} \end{bmatrix} \tag{18.49}$$

$$\hat{\boldsymbol{\mathcal{D}}}_{11} = \begin{bmatrix} \boldsymbol{\mathcal{D}}_{\sigma\Gamma} & \boldsymbol{\mathcal{D}}_{\sigma\omega} & \boldsymbol{\mathcal{D}}_{\sigma\mathrm{E}} & \boldsymbol{\mathcal{D}}_{\sigma\kappa} \\ \boldsymbol{\mathcal{D}}_{\mathrm{T}\Gamma} & \boldsymbol{\mathcal{D}}_{\mathrm{T}\omega} & \boldsymbol{\mathcal{D}}_{\mathrm{TE}} & \boldsymbol{\mathcal{D}}_{\mathrm{T}\kappa} \\ \boldsymbol{\mathcal{D}}_{\Sigma\Gamma} & \boldsymbol{\mathcal{D}}_{\Sigma\omega} & \boldsymbol{\mathcal{D}}_{\Sigma\mathrm{E}} & \boldsymbol{\mathcal{D}}_{\Sigma\kappa} \\ -\boldsymbol{H}\boldsymbol{\mathcal{D}}_{\Sigma\Gamma} + \boldsymbol{\mathcal{D}}_{\mu\Gamma} & -\boldsymbol{H}\boldsymbol{\mathcal{D}}_{\Sigma\omega} + \boldsymbol{\mathcal{D}}_{\mu\omega} & -\boldsymbol{H}\boldsymbol{\mathcal{D}}_{\Sigma\mathrm{E}} + \boldsymbol{\mathcal{D}}_{\mu\mathrm{E}} & -\boldsymbol{H}\boldsymbol{\mathcal{D}}_{\Sigma\kappa} + \boldsymbol{\mathcal{D}}_{\mu\kappa} \end{bmatrix}$$

$$\hat{\boldsymbol{\mathcal{D}}}_{12} = \begin{bmatrix} \boldsymbol{0} & -\boldsymbol{I}_4 \\ \boldsymbol{0} & \boldsymbol{0} \\ \boldsymbol{0} & \boldsymbol{0} \\ \boldsymbol{0} & \boldsymbol{0} \end{bmatrix}, \quad \hat{\boldsymbol{\mathcal{D}}}_{21} = \begin{bmatrix} \boldsymbol{0} & \boldsymbol{0} & \boldsymbol{0} & \boldsymbol{0} \\ -\boldsymbol{I}_4 & \boldsymbol{0} & \boldsymbol{0} & \boldsymbol{0} \end{bmatrix}, \quad \hat{\boldsymbol{\mathcal{D}}}_{22} = \begin{bmatrix} \boldsymbol{0} & \boldsymbol{I}_4 \\ \boldsymbol{I}_4 & \boldsymbol{0} \end{bmatrix} \tag{18.50}$$

$\boldsymbol{I}_4$ 是 4×4 单位矩阵。

线位移 $\boldsymbol{u}$, 微转角 $\boldsymbol{\omega}$, 非协调位移梯度 $\boldsymbol{\Psi}$, Lagrange 乘子 $\boldsymbol{\rho}$ 是定义于宏观连续体和需要在混合元过程中插值表示的基本场变量。以 $\overline{\boldsymbol{u}}, \overline{\boldsymbol{\omega}}, \overline{\boldsymbol{\Psi}}, \overline{\boldsymbol{\rho}}$ 分别记为它们的混合元节点变量。人们可以利用它们插值表示单元内任一局部点的 $\boldsymbol{u}, \boldsymbol{\omega}, \boldsymbol{\Psi}, \boldsymbol{\rho}$ 值，即

$$\boldsymbol{u} = \boldsymbol{N}_{\mathrm{u}} \overline{\boldsymbol{u}}, \quad \boldsymbol{\omega} = \boldsymbol{N}_{\omega} \overline{\boldsymbol{\omega}}, \quad \boldsymbol{\Psi} = \boldsymbol{N}_{\Psi} \overline{\boldsymbol{\Psi}}, \quad \boldsymbol{\rho} = \boldsymbol{N}_{\rho} \overline{\boldsymbol{\rho}} \tag{18.51}$$

式中，$\boldsymbol{N}_{\mathrm{u}}, \boldsymbol{N}_{\omega}, \boldsymbol{N}_{\Psi}, \boldsymbol{N}_{\rho}$ 分别为基本变量 $\boldsymbol{u}, \boldsymbol{\omega}, \boldsymbol{\Psi}, \boldsymbol{\rho}$ 在单元内任意点插值近似表示的形函数。单元内任一局部点处基本变量 $\boldsymbol{u}, \boldsymbol{\omega}, \boldsymbol{\Psi}$ 的空间导数 $\boldsymbol{\Gamma}, \boldsymbol{\kappa}, \boldsymbol{\eta}$ 能以 $\overline{\boldsymbol{u}}, \overline{\boldsymbol{\omega}}, \overline{\boldsymbol{\Psi}}$ 表示为

$$\boldsymbol{\Gamma} = \boldsymbol{B}_{\mathrm{u}} \overline{\boldsymbol{u}}, \quad \boldsymbol{\kappa} = \boldsymbol{B}_{\omega} \overline{\boldsymbol{\omega}}, \quad \boldsymbol{\eta} = \boldsymbol{B}_{\Psi} \overline{\boldsymbol{\Psi}} \tag{18.52}$$

式中，$\boldsymbol{B}_{\mathrm{u}}, \boldsymbol{B}_{\omega}, \boldsymbol{B}_{\Psi}$ 分别为形函数 $\boldsymbol{N}_{\mathrm{u}}, \boldsymbol{N}_{\omega}, \boldsymbol{N}_{\Psi}$ 的空间导数。形函数 $\boldsymbol{N}_{\mathrm{u}}, \boldsymbol{N}_{\omega}, \boldsymbol{N}_{\Psi}, \boldsymbol{N}_{\rho}$ 的具体表达式依赖于所发展多变量混合元的构造。本章将介绍一个多变量四边形混合元 QU38L4，它具有如图 18.1 所示的 $\overline{\boldsymbol{u}}, \overline{\boldsymbol{\omega}}, \overline{\boldsymbol{\Psi}}, \overline{\boldsymbol{\rho}}$ 模式和相应形函数 $\boldsymbol{N}_{\mathrm{u}}, \boldsymbol{N}_{\omega}, \boldsymbol{N}_{\Psi}, \boldsymbol{N}_{\rho}$ 形式。它包含了 38 个节点自由度和定义于单元形心（单元内部）的 4 个 Lagrange 乘子。38 个节点自由度中包括定义于单元 9 个节点的 18 个线位移自由度、定义于单元 4 个角节点的 4 个微转角自由度和 16 个非协调位移梯度自由度。注意到 Lagrange 乘子张量中的 4 个独立变量定义在单元形心，因此在混合元 QU38L4 中式 (18.51) 中第四式表示 $\boldsymbol{N}_{\rho} \equiv \boldsymbol{I}_4$ 的 “拟” 插值，实际上 $\boldsymbol{\rho} = \overline{\boldsymbol{\rho}}$，即假定 Lagrange 乘子在单元内均一地分布。混合元 QU38L4 的单元矩阵将通过 2×2 Gauss 求积方案数值积分确定。为考察和保证混合元 QU38L4

的空间收敛性（Zienkiewicz and Taylor, 2000），在 18.4 节中将介绍为二维梯度 Cosserat 连续体混合元 QU38L4 专门设计的分片试验（Li et al., 2014）。

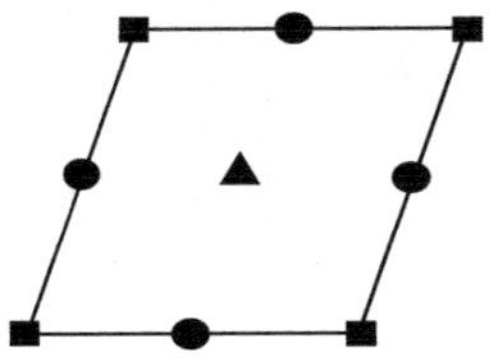

图 18.1　梯度 Cosserat 连续体混合元 QU38L4 示意图

在向量 $\overline{\boldsymbol{U}}$ 中列出梯度 Cosserat 连续体混合元的节点基本变量，即

$$\overline{\boldsymbol{U}} = \begin{bmatrix} \overline{\boldsymbol{u}}^{\mathrm{T}} & \overline{\boldsymbol{\omega}}^{\mathrm{T}} & \overline{\boldsymbol{\Psi}}^{\mathrm{T}} & \overline{\boldsymbol{\rho}}^{\mathrm{T}} \end{bmatrix}^{\mathrm{T}} \tag{18.53}$$

由式 (18.41) 定义的 $\tilde{\boldsymbol{S}}$ 可以通过 $\overline{\boldsymbol{U}}$ 和式 (18.51) 与式 (18.52) 中所示形函数及其空间导数离散化表示为

$$\tilde{\boldsymbol{S}} = \boldsymbol{B}\overline{\boldsymbol{U}} \tag{18.54}$$

式中

$$\boldsymbol{B} = \begin{bmatrix} \boldsymbol{B}_{\mathrm{u}} & \mathbf{0} & \mathbf{0} & \mathbf{0} \\ \mathbf{0} & \boldsymbol{N}_{\omega} & \mathbf{0} & \mathbf{0} \\ \mathbf{0} & \mathbf{0} & \boldsymbol{B}_{\Psi} & \mathbf{0} \\ \mathbf{0} & \boldsymbol{B}_{\omega} & \mathbf{0} & \mathbf{0} \\ \mathbf{0} & \mathbf{0} & \boldsymbol{N}_{\Psi} & \mathbf{0} \\ \mathbf{0} & \mathbf{0} & \mathbf{0} & \boldsymbol{N}_{\rho} \end{bmatrix} \tag{18.55}$$

将式 (18.54) 代入式 (18.48)，并利用式 (18.49)~ 式 (18.50) 可得到

$$\begin{aligned} \int_{\Omega} \delta \boldsymbol{S}^{\mathrm{T}} \dot{\boldsymbol{\Xi}} \mathrm{d}\Omega &= \delta \overline{\boldsymbol{U}}^{\mathrm{T}} \left(\int_{\Omega} \boldsymbol{B}^{\mathrm{T}} \hat{\boldsymbol{\mathcal{D}}}_{\mathrm{e}} \boldsymbol{B} \mathrm{d}\Omega \right) \dot{\overline{\boldsymbol{U}}} + \delta \overline{\boldsymbol{U}}^{\mathrm{T}} \int_{\Omega} \boldsymbol{B}^{\mathrm{T}} \boldsymbol{A}_{\mathrm{S}}^{\mathrm{T}} \boldsymbol{A}_{\Xi} \dot{\boldsymbol{\Xi}}^{\mathrm{p}} \mathrm{d}\Omega \\ &= \delta \overline{\boldsymbol{U}}^{\mathrm{T}} \boldsymbol{K}_{\mathrm{t}} \dot{\overline{\boldsymbol{U}}} + \delta \overline{\boldsymbol{U}}^{\mathrm{T}} \int_{\Omega} \boldsymbol{B}^{\mathrm{T}} \boldsymbol{A}_{\mathrm{S}}^{\mathrm{T}} \boldsymbol{A}_{\Xi} \dot{\boldsymbol{\Xi}}^{\mathrm{p}} \mathrm{d}\Omega \end{aligned} \tag{18.56}$$

式中，$\boldsymbol{K}_{\mathrm{t}}$ 为混合元的当前弹性切线刚度矩阵，它可展开表示为

$$\boldsymbol{K}_{\mathrm{t}}=\left(\int_{\Omega}\boldsymbol{k}_{\mathrm{t}}\mathrm{d}\Omega\right),\quad \boldsymbol{k}_{\mathrm{t}}=\begin{bmatrix}\boldsymbol{k}_{\mathrm{uu}} & \boldsymbol{k}_{\mathrm{u\omega}} & \boldsymbol{k}_{\mathrm{u\Psi}} & \boldsymbol{k}_{\mathrm{u\rho}}\\ \boldsymbol{k}_{\mathrm{\omega u}} & \boldsymbol{k}_{\mathrm{\omega\omega}} & \boldsymbol{k}_{\mathrm{\omega\Psi}} & \boldsymbol{k}_{\mathrm{\omega\rho}}\\ \boldsymbol{k}_{\mathrm{\Psi u}} & \boldsymbol{k}_{\mathrm{\Psi\omega}} & \boldsymbol{k}_{\mathrm{\Psi\Psi}} & \boldsymbol{k}_{\mathrm{\Psi\rho}}\\ \boldsymbol{k}_{\mathrm{\rho u}} & \boldsymbol{k}_{\mathrm{\rho\omega}} & \boldsymbol{k}_{\mathrm{\rho\Psi}} & \boldsymbol{k}_{\mathrm{\rho\rho}}\end{bmatrix}\tag{18.57}$$

式中

$$\begin{aligned}
&\boldsymbol{k}_{\mathrm{uu}}=\boldsymbol{B}_{\mathrm{u}}^{\mathrm{T}}\boldsymbol{\mathcal{D}}_{\sigma\Gamma}\boldsymbol{B}_{\mathrm{u}},\quad \boldsymbol{k}_{\mathrm{u\omega}}=\boldsymbol{B}_{\mathrm{u}}^{\mathrm{T}}\boldsymbol{\mathcal{D}}_{\sigma\omega}\boldsymbol{N}_{\omega}+\boldsymbol{B}_{\mathrm{u}}^{\mathrm{T}}\boldsymbol{\mathcal{D}}_{\sigma\kappa}\boldsymbol{B}_{\omega},\quad \boldsymbol{k}_{\mathrm{u\Psi}}=\boldsymbol{B}_{\mathrm{u}}^{\mathrm{T}}\boldsymbol{\mathcal{D}}_{\sigma\mathrm{E}}\boldsymbol{B}_{\Psi},\\
&\boldsymbol{k}_{\mathrm{u\rho}}=-\boldsymbol{B}_{\mathrm{u}}^{\mathrm{T}}\boldsymbol{N}_{\rho},\\
&\boldsymbol{k}_{\mathrm{\omega u}}=\boldsymbol{N}_{\omega}^{\mathrm{T}}\boldsymbol{\mathcal{D}}_{\mathrm{T}\Gamma}\boldsymbol{B}_{\mathrm{u}}+\boldsymbol{B}_{\omega}^{\mathrm{T}}\left(\boldsymbol{\mathcal{D}}_{\mu\Gamma}-\boldsymbol{H}\boldsymbol{\mathcal{D}}_{\Sigma\Gamma}\right)\boldsymbol{B}_{\mathrm{u}},\\
&\boldsymbol{k}_{\mathrm{\omega\omega}}=\boldsymbol{N}_{\omega}^{\mathrm{T}}\left(\boldsymbol{\mathcal{D}}_{\mathrm{T}\omega}\boldsymbol{N}_{\omega}+\boldsymbol{\mathcal{D}}_{\mathrm{T}\kappa}\boldsymbol{B}_{\omega}\right)+\boldsymbol{B}_{\omega}^{\mathrm{T}}\left(\boldsymbol{\mathcal{D}}_{\mu\omega}-\boldsymbol{H}\boldsymbol{\mathcal{D}}_{\Sigma\omega}\right)\boldsymbol{N}_{\omega}+\boldsymbol{B}_{\omega}^{\mathrm{T}}\left(\boldsymbol{\mathcal{D}}_{\mu\kappa}-\boldsymbol{H}\boldsymbol{\mathcal{D}}_{\Sigma\kappa}\right)\boldsymbol{B}_{\omega},\\
&\boldsymbol{k}_{\mathrm{\omega\Psi}}=\boldsymbol{N}_{\omega}^{\mathrm{T}}\boldsymbol{\mathcal{D}}_{\mathrm{TE}}\boldsymbol{B}_{\Psi}+\boldsymbol{B}_{\omega}^{\mathrm{T}}\left(\boldsymbol{\mathcal{D}}_{\mu\mathrm{E}}-\boldsymbol{H}\boldsymbol{\mathcal{D}}_{\Sigma\mathrm{E}}\right)\boldsymbol{B}_{\Psi},\quad \boldsymbol{k}_{\mathrm{\omega\rho}}=\boldsymbol{0},\\
&\boldsymbol{k}_{\mathrm{\Psi u}}=\boldsymbol{B}_{\Psi}^{\mathrm{T}}\boldsymbol{\mathcal{D}}_{\Sigma\Gamma}\boldsymbol{B}_{\mathrm{u}},\quad \boldsymbol{k}_{\mathrm{\Psi\omega}}=\boldsymbol{B}_{\Psi}^{\mathrm{T}}\boldsymbol{\mathcal{D}}_{\Sigma\omega}\boldsymbol{N}_{\omega}+\boldsymbol{B}_{\Psi}^{\mathrm{T}}\boldsymbol{\mathcal{D}}_{\Sigma\kappa}\boldsymbol{B}_{\omega},\quad \boldsymbol{k}_{\mathrm{\Psi\Psi}}=\boldsymbol{B}_{\Psi}^{\mathrm{T}}\boldsymbol{\mathcal{D}}_{\Sigma\mathrm{E}}\boldsymbol{B}_{\Psi},\\
&\boldsymbol{k}_{\mathrm{\Psi\rho}}=\boldsymbol{N}_{\Psi}^{\mathrm{T}}\boldsymbol{N}_{\rho},\\
&\boldsymbol{k}_{\mathrm{\rho u}}=-\boldsymbol{N}_{\rho}^{\mathrm{T}}\boldsymbol{B}_{\mathrm{u}},\quad \boldsymbol{k}_{\mathrm{\rho\omega}}=\boldsymbol{0},\quad \boldsymbol{k}_{\mathrm{\rho\Psi}}=\boldsymbol{N}_{\rho}^{\mathrm{T}}\boldsymbol{N}_{\Psi},\quad \boldsymbol{k}_{\mathrm{\rho\rho}}=\boldsymbol{0}
\end{aligned}\tag{18.58}$$

式 (18.57) 给出的 $\boldsymbol{k}_{\mathrm{t}}$ 和单元刚度矩阵 $\boldsymbol{K}_{\mathrm{t}}$ 的对称性可将式 (18.46) 中列出的各弹性模量子矩阵 $\boldsymbol{\mathcal{D}}_{\mathrm{a}\Gamma}$ 等代入式 (18.58) 得到验证（梁元博, 2014）。

18.4 梯度 Cosserat 连续体混合元的分片试验

分片试验是检验非协调位移元和基于变分原理杂交元或混合元空间收敛性的普适和有效工具(Zienkiewicz and Taylor, 2000)。本节将介绍专门为梯度 Cosserat 连续体混合元 QU38L4 设计的分片试验。

Providas and Kattis（2002）讨论了对平面弹性经典 Cosserat 连续体单元执行分片试验的困难。实际上，定义常应变平衡状态的困难不仅由于在 Cosserat 连续体的剪应变定义中包含了独立微转角自由度，同时也由于在 Cosserat 连续体弹性模量矩阵中引入了 Cosserat 剪切模量 (De Borst and Sluys, 1991; Li and Tang, 2005)。即使单元片中各单元的微转角指定为零，为满足力矩平衡方程 (17.8)，只要 $\varepsilon_{21}\,(=u_{1,2})\neq\varepsilon_{12}\,(=u_{2,1})$，仍要求施加非零值体力矩 b_i^{m}。

本节将通过对如图 18.2 所示、由五个任意不规则四边形组成并具有四个内角节点（节点号分别为 5,6,7,8）的矩形单元片对混合元 QU38L4 执行分片试验。

整个单元片中关于线位移 $\boldsymbol{u}=\begin{bmatrix} u_{\mathrm{x}} & u_{\mathrm{y}} \end{bmatrix}^{\mathrm{T}}$、应变 $\boldsymbol{\varepsilon}=\begin{bmatrix} \varepsilon_{\mathrm{xx}} & \varepsilon_{\mathrm{yx}} & \varepsilon_{\mathrm{xy}} & \varepsilon_{\mathrm{yy}} \end{bmatrix}^{\mathrm{T}}$、不协调应变梯度 $\boldsymbol{\eta}=\begin{bmatrix} \eta_{\mathrm{xxx}} & \eta_{\mathrm{xxy}} & \eta_{\mathrm{xyx}} & \eta_{\mathrm{xyy}} & \eta_{\mathrm{yxx}} & \eta_{\mathrm{yxy}} & \eta_{\mathrm{yyx}} & \eta_{\mathrm{yyy}} \end{bmatrix}^{\mathrm{T}}$、微曲率 $\boldsymbol{\kappa}=\begin{bmatrix} \kappa_{\mathrm{xz}} & \kappa_{\mathrm{yz}} \end{bmatrix}^{\mathrm{T}}$ 和应变能的混合元解偏离它们各自解析解的全局误差定义为

$$E_{\mathrm{u}}=\sqrt{\frac{\sum\limits_{i=1}^{N_n}\left(\boldsymbol{u}_i^{\mathrm{h}}-\boldsymbol{u}_i^{\mathrm{e}}\right)^{\mathrm{T}}\left(\boldsymbol{u}_i^{\mathrm{h}}-\boldsymbol{u}_i^{\mathrm{e}}\right)}{\sum\limits_{i=1}^{N_n}(\boldsymbol{u}_i^{\mathrm{e}})^{\mathrm{T}}\boldsymbol{u}_i^{\mathrm{e}}}},\quad E_{\varepsilon}=\sqrt{\frac{\int_{\Omega}\left(\boldsymbol{\varepsilon}^{\mathrm{h}}-\boldsymbol{\varepsilon}^{\mathrm{e}}\right)^{\mathrm{T}}\left(\boldsymbol{\varepsilon}^{\mathrm{h}}-\boldsymbol{\varepsilon}^{\mathrm{e}}\right)\mathrm{d}\Omega}{\int_{\Omega}(\boldsymbol{\varepsilon}^{\mathrm{e}})^{\mathrm{T}}\boldsymbol{\varepsilon}^{\mathrm{e}}\mathrm{d}\Omega}},$$

$$E_{\varepsilon}=\sqrt{\frac{\int_{\Omega}\left(\boldsymbol{\eta}^{\mathrm{h}}-\boldsymbol{\eta}^{\mathrm{e}}\right)^{\mathrm{T}}\left(\boldsymbol{\eta}^{\mathrm{h}}-\boldsymbol{\eta}^{\mathrm{e}}\right)\mathrm{d}\Omega}{\int_{\Omega}(\boldsymbol{\eta}^{\mathrm{e}})^{\mathrm{T}}\boldsymbol{\eta}^{\mathrm{e}}\mathrm{d}\Omega}},\quad E_{\kappa}=\sqrt{\frac{\int_{\Omega}\left(\boldsymbol{\kappa}^{\mathrm{h}}-\boldsymbol{\kappa}^{\mathrm{e}}\right)^{\mathrm{T}}\left(\boldsymbol{\kappa}^{\mathrm{h}}-\boldsymbol{\kappa}^{\mathrm{e}}\right)\mathrm{d}\Omega}{\int_{\Omega}(\boldsymbol{\kappa}^{\mathrm{e}})^{\mathrm{T}}\boldsymbol{\kappa}^{\mathrm{e}}\mathrm{d}\Omega}},$$

$$E_{\mathrm{e}}=\sqrt{\frac{\int_{\Omega}\left(\boldsymbol{\mathfrak{E}}_{\mathrm{i}}^{\mathrm{h}}-\boldsymbol{\mathfrak{E}}_{\mathrm{i}}^{\mathrm{e}}\right)^{\mathrm{T}}\boldsymbol{\mathcal{D}}_{\mathrm{e}}\left(\boldsymbol{\mathfrak{E}}_{\mathrm{i}}^{\mathrm{h}}-\boldsymbol{\mathfrak{E}}_{\mathrm{i}}^{\mathrm{e}}\right)\mathrm{d}\Omega}{\int_{\Omega}(\boldsymbol{\mathfrak{E}}_{\mathrm{i}}^{\mathrm{e}})^{\mathrm{T}}\boldsymbol{\mathcal{D}}_{\mathrm{e}}\boldsymbol{\mathfrak{E}}_{\mathrm{i}}^{\mathrm{e}}\mathrm{d}\Omega}} \tag{18.59}$$

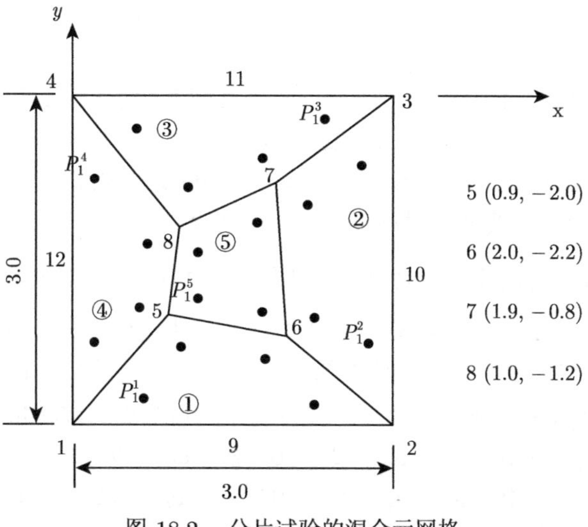

图 18.2 分片试验的混合元网格

式中，N_n 是单元片中的内节点数，$\boldsymbol{\mathcal{D}}_{\mathrm{e}}$ 和 $\boldsymbol{\mathfrak{E}}_{\mathrm{i}}$ 分别由式 (18.21) 和式 (18.19) 定义，上标 e 和 h 分别表示精确解和数值解。

以 $\Lambda^{\mathrm{e}},\Lambda^{\mathrm{h}}$ 分别表示在一积分点处的任何变量 (例如应变梯度对称部分张量的分量或微曲率张量的分量) 的精确解和混合元数值解；分片试验在一积分点处变量 Λ 的混合元数值解 Λ^{h} 偏离它们各自解析解 Λ^{e} 的局部误差 E_{Λ}^{l} 定义为

$$E_{\Lambda}^{l}=\left|\frac{\Lambda^{\mathrm{h}}-\Lambda^{\mathrm{e}}}{\Lambda^{\mathrm{e}}}\right|,\quad (\Lambda^{\mathrm{e}}\neq 0)\quad 或\quad E_{\Lambda}^{l}=\left|\Lambda^{\mathrm{h}}-\Lambda^{\mathrm{e}}\right|,\quad (\Lambda^{\mathrm{e}}=0)\tag{18.60}$$

在单元片中每个混合元的 2×2 高斯积分点处设置图 18.3 所示由四个半径为 0.005 m 颗粒规则排列表征介观结构的表征元，并根据表 17.1 给出的表征元离散元模拟中所利用的材料性质计算基于介观结构的宏观梯度 Cosserat 连续体的弹性模量矩阵 $\boldsymbol{\mathcal{D}}_{\mathrm{e}}$。

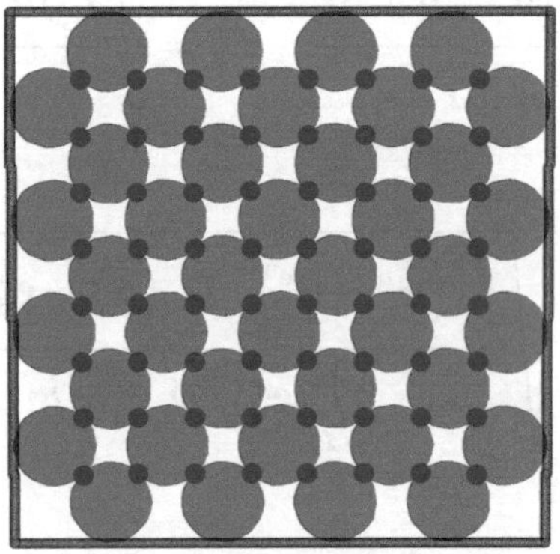

图 18.3 由 40 个规则排列颗粒构成的表征元

混合元 QU38L4 的分片试验按如下四个常应变状态执行：(1) 附加或不附加常微转角的常双轴拉压应变分片试验；(2) 附加或不附加常微转角的常剪应变分片试验；(3) 附加或不附加常微转角的常 “应变梯度对称部分” 分片试验；(4) 常 “微转角、剪应变、应变梯度对称部分” 分片试验。

18.4.1 常双轴拉压应变的分片试验（不附加（1-A）或附加（1-B）常微转角）

两种情况（(1-A) 和 (1-B)）下施加于单元片边界上八个节点（其中四个为角节点（节点号为 1,2,3,4），另四个为边中节点（节点号为 9,10,11,12））的线位移由下述位移场给定，施加于单元片边界上四个角节点的微转角为常数，即

(1-A) $u_{\mathrm{x}}=-10^{-3}x,\quad u_{\mathrm{y}}=2\times 10^{-3}y,\quad \omega_{\mathrm{z}}=0$

(1-B) $u_{\mathrm{x}}=-10^{-3}x,\quad u_{\mathrm{y}}=2\times 10^{-3}y,\quad \omega_{\mathrm{z}}=0.25\times 10^{-3}$

两种情况下的解析解分别为

（1-A） $u_{x,x}=-10^{-3},\quad u_{y,y}=2\times10^{-3},$

$u_{x,y}=u_{y,x}=0,\quad \varepsilon_{xy}=\varepsilon_{yx}=0,$

（1-B） $u_{x,x}=-10^{-3},\quad u_{y,y}=2\times10^{-3},\quad u_{x,y}=u_{y,x}=0,$

$$\varepsilon_{yx}=\omega_z=0.25\times10^{-3},\quad \varepsilon_{xy}=-\omega_z=-0.25\times10^{-3}$$

对于 $\varepsilon_{xy}\neq\varepsilon_{yx}$ 的情况 (1-B)，为满足矩平衡方程 (17.8)，在分片试验中需要施加非零值常体力矩 $b_3^m=0.1599\times10^3\ \mathrm{N/m^2}$。两种情况下分片试验的混合元数值解偏离解析解的全局误差如表 18.1 所示。

表 18.1 分片试验混合元解全局误差

	E_e	E_u	E_ε
1-A	4.00001×10^{-12}	0	2.4694×10^{-12}
1-B	2.32432×10^{-9}	0	6.1950×10^{-9}

18.4.2 常剪应变的分片试验（不附加（2-A）或附加（2-B）常微转角）

两种情况（(2-A）和（2-B)）下施加于单元片边界上八个节点的线位移由如下位移场给定，施加于单元片边界上四个角节点的微转角为常数，即

（2-A） $u_x=0,\quad u_y=10^{-3}x,\quad \omega_z=0$

（2-B） $u_x=0,\quad u_y=10^{-3}x,\quad \omega_z=0.25\times10^{-3}$

两种情况下的解析解为

（2-A） $\varepsilon_{xy}=u_{y,x}=10^{-3},\quad u_{x,x}=u_{x,y}=u_{y,y}=0,\quad \varepsilon_{yx}=0$

（2-B） $\varepsilon_{xy}=u_{y,x}-\omega_z=0.75\times10^{-3},\quad \varepsilon_{yx}=\omega_z=0.25\times10^{-3},$

$u_{x,x}=u_{x,y}=u_{y,y}=0.$

由于在情况 (2-A) 和 (2-B) 中 $u_{y,x}=10^{-3}\neq u_{x,y}=0$，以及 Cosserat 连续体弹性模量矩阵中存在 Cosserat 剪切模量；并且，在情况 (2-B) 中常微转角 $\omega_z=0.25\times10^{-3}$ 对 ε_{xy} 和 ε_{yx} 具有相反效应，因此为满足矩平衡方程 (17.8)，在情况 (2-A) 和 (2-B) 的分片试验中需要分别施加非零值常体力矩 $b_3^m=-0.3199\times10^3\ \mathrm{N/m^2}$ 和 $b_3^m=-0.1599\times10^3\ \mathrm{N/m^2}$。两种情况下分片试验的混合元数值解偏离解析解的全局误差如表 18.2 所示。

表 18.2 分片试验混合元解全局误差

	E_e	E_u	E_ε
2-A	4.0091×10^{-9}	6.6405×10^{-11}	1.1573×10^{-8}
2-B	8.6879×10^{-10}	1.4235×10^{-11}	3.1008×10^{-9}

18.4.3　常“应变梯度对称部分”的分片试验（不附加（3-A）或附加（3-B）常微转角）

两种情况（(3-A）和（3-B)）下施加于单元片边界上八个节点的线位移由如下位移场给定

$$u_{\mathrm{x}} = 10^{-3}\left(2x + 3y + x^2 - xy + \frac{1}{2}y^2\right)$$

$$u_{\mathrm{y}} = 10^{-3}\left(-x + \frac{3}{2}y - x^2 + 2xy + y^2\right)$$

相应于此位移场，两种情况下具有如下常应变梯度对称部分的解析解

$$u_{\mathrm{x,xx}} = 2\times 10^{-3}/\mathrm{m},\quad u_{\mathrm{x,xy}} = u_{\mathrm{x,yx}} = -10^{-3}/\mathrm{m},\quad u_{\mathrm{x,yy}} = 10^{-3}/\mathrm{m}$$

$$u_{\mathrm{y,xx}} = -2\times 10^{-3}/\mathrm{m},\quad u_{\mathrm{y,xy}} = u_{\mathrm{y,yx}} = 2\times 10^{-3}/\mathrm{m},\quad u_{\mathrm{y,yy}} = 2\times 10^{-3}/\mathrm{m}$$

两种情况下在单元片边界上四个角节点的常微转角分别给定为

（3-A）　$\omega_{\mathrm{z}} = 0$

（3-B）　$\omega_{\mathrm{z}} = 0.25\times 10^{-3}$

为满足梯度 Cosserat 连续体的力和力矩平衡方程 (17.7) 和式 (17.8)，对此两种情况的分片试验需要施加如下体力和体力矩

（3-A）　常体力：$\boldsymbol{b}^{\mathrm{f}} = 10^4[-1.76346\quad 0.21646]^{\mathrm{T}}$ N/m,

线性变化体力矩：$b_3^{\mathrm{m}} = 0.3199\times 10^3(4 + x - y)$ N/m^2

（3-B）　常体力：$\boldsymbol{b}^{\mathrm{f}} = 10^4\left[\ -1.76346\quad 0.21646\ \right]^{\mathrm{T}}$ N/m,

线性变化体力矩：$b_3^{\mathrm{m}} = [1.4395 + 0.3199(x - y)]\times 10^3$ N/m^2

两种情况下分片试验的混合元数值解偏离解析解的全局误差如表 18.3 所示。

表 18.3　分片试验混合元解全局误差

	E_{e}	E_{u}	E_{ε}	E_{η}
3-A	1.4924×10^{-8}	1.6892×10^{-7}	1.6738×10^{-8}	1.6512×10^{-7}
3-B	1.4972×10^{-8}	1.6893×10^{-7}	1.7116×10^{-8}	1.6555×10^{-7}

18.4.4　常“微曲率、剪应变、应变梯度对称部分”的分片试验

施加于单元片边界上八个节点的位移和四个角节点的微转角由如下位移场和微转角场给定

$$u_{\mathrm{x}} = -10^{-3}xy + 0.5\times 10^{-3}y^2,\quad u_{\mathrm{y}} = 0,$$

$$\omega_{\mathrm{z}} = 10^{-3}(0.25 + x - y)$$

为满足梯度 Cosserat 连续体的力和力矩平衡方程 (17.7) 和式 (17.8)，对此情况的分片试验需要施加常体力 $\boldsymbol{b}^{\mathrm{f}} = 10^4[-0.2379\quad 0.4220]^{\mathrm{T}}$ N/m 和在单元片内线性变化体力矩 $b_3^{\mathrm{m}} = [0.1599 + 0.3199(x - y)]\times 10^3$ N/m^2。

此分片试验的解析解可由上述给定的位移场和微转角场直接求导获得；并得到如下常“微曲率，剪应变、应变梯度对称部分”：

常微曲率：$\kappa_{\mathrm{xz}} = \omega_{\mathrm{z,x}} = 10^{-3}$， $\kappa_{\mathrm{yz}} = \omega_{\mathrm{z,y}} = -10^{-3}$

常应变：$\varepsilon_{\mathrm{yx}} = u_{\mathrm{x,y}} + \omega_{\mathrm{z}} = 0.25 \times 10^{-3}$

常应变梯度对称部分：$u_{\mathrm{x,xx}} = 0$， $u_{\mathrm{x,xy}} = (u_{\mathrm{x,yx}}) = -10^{-3}$， $u_{\mathrm{x,yy}} = 10^{-3}$

分片试验的混合元数值解偏离解析解的全局误差如表 18.4 所示。图 18.2 所示分别位于五个单元的五个积分点处的应变梯度对称部分和微曲率的混合元数值解局部误差如表 18.5 和表 18.6 所示。

表 18.4 分片试验混合元解全局误差

E_{e}	E_{u}	E_{ε}	E_{κ}	E_{η}
1.8618×10^{-8}	3.0913×10^{-6}	4.0940×10^{-8}	1.3929×10^{-7}	1.2762×10^{-7}

表 18.5 分片试验混合元解各积分点处应变梯度对称部分的局部误差

	η_{111}	η_{121}	η_{221}
P_1^1	0.1949×10^{-10}	0.3341×10^{-10}	0.1104×10^{-9}
P_1^2	0.1007×10^{-9}	0.2757×10^{-10}	0.1012×10^{-10}
P_1^3	0.6419×10^{-11}	0.1085×10^{-10}	0.3512×10^{-10}
P_1^4	0.2517×10^{-11}	0.5284×10^{-10}	0.2216×10^{-10}
P_1^5	0.1832×10^{-11}	0.9776×10^{-10}	0.1982×10^{-9}

表 18.6 分片试验混合元解各积分点处微曲率的局部误差

	κ_{13}	κ_{23}
P_1^1	0.8300×10^{-11}	0.2306×10^{-9}
P_1^2	0.2416×10^{-9}	0.1249×10^{-10}
P_1^3	0.7890×10^{-11}	0.1510×10^{-9}
P_1^4	0.1194×10^{-9}	0.1036×10^{-10}
P_1^5	0.3977×10^{-10}	0.1285×10^{-9}

表 18.1～ 表 18.6 所示四个分片试验的全局和局部误差结果表明混合元数值解与各自解析解吻合很好；因而所构造的混合元 QU38L4 通过了分片试验。可以期待，它将在所建议的计算均匀化过程的数值模拟中表现良好。这也将在 18.5 节的应变软化和局部化例题中得到验证。

18.5 数值算例

本节将通过两刚性板间颗粒材料方板承受单轴压缩作用而触发应变局部化萌生和发展，并导致软化破坏的例题显示为实现颗粒材料二阶协同计算均匀化方法而构造的梯度 Cosserat 连续体混合元，与所发展非线性混合元过程和 FEM-DEM 嵌套求解方案的有效性。

图 18.4(a) 描述了颗粒材料方板的几何和载荷。方板的压缩加载过程由一个指定垂直位移控制。假定略去重力效应，方板响应具有对称性，可以仅取如图 18.4(b) 所示尺寸为 $L \times L$ ($L = 30$ m)、具有图示边界条件的右上 1/4 部分方板域实施网格离散化和模拟计算。为检验所介绍混合元过程的空域收敛性，1/4 方板域离散化为三种规则划分的 30×30，20×20，15×15 单元网格。

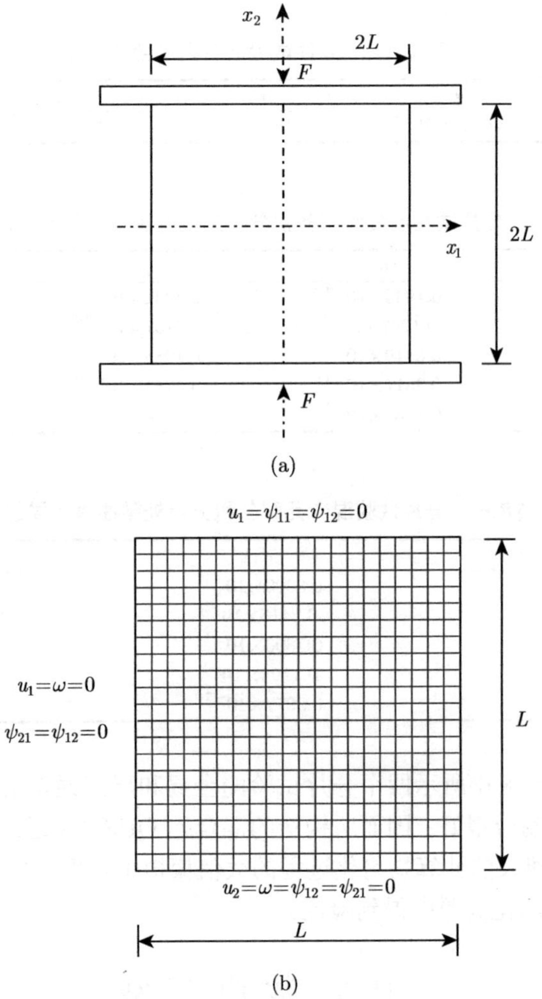

图 18.4 单轴压缩颗粒材料方板中应变局部化和软化的发生与发展

(a) 方板几何和由两刚性板间增长指定垂直相对位移对颗粒材料方板施加的单轴压缩载荷；(b) 1/4 颗粒材料方板域的有限元网格，边界条件假定刚性板与颗粒材料方板之间的接触为理想粘着，即方板顶部边界有限元节点的水平和垂直位移分别指定为零和在位移控制下的均一值。此外，由于对称条件，方板底部边界有限元节点位移在垂直和水平方向分别固定为零和允许自由移动；方板左边界有限元节点位移在水平和垂直方向分别固定为零和允许自由移动；方板左边界和底部边界有限元节点的微转角均指定为零。

本例边界上任一点的单位外法线满足 $n_j n_i = \delta_{ji}$，因而可按式 (18.37) 中边界积分施加边界条件，而无需顾及式 (18.6)~ 式 (18.8) 中对 $n_j n_i \neq \delta_{ji}$ 情况下施加边界条件的考虑。注意到式 (18.14)~ 式 (18.16) 关于非协调与协调位移梯度之间的约束条件讨论，可以假定在边界上强迫满足 $\varPsi_{ji} = u_{i,j}$，由此在方板左边界和底部边界上各有限元节点指定 $\varPsi_{12} = u_{2,1} = 0, \varPsi_{21} = u_{1,2} = 0$; 在方板顶部边界上各有限元节点指定 $\varPsi_{12} = u_{2,1} = 0, \varPsi_{11} = u_{1,1} = 0$。

在方板有限元网格所有积分点设置的表征元具有如图 18.3 所示包含由 40 个均一颗粒半径为 $r = 0.02$ m 规则排列构成相同介观结构的初始形态。每个等效 Cosserat 连续体表征元的外形尺寸为 $l \times l$ ($l = 0.2663$ m)。表征元的颗粒材料性质如表 17.1 所示。

图 18.5 显示了利用三种具有不同有限元网格密度的规则网格给出的方板载荷–位移曲线。它们提供了随匀速增长的方板顶部指定垂直位移施加于方板顶部的载荷历史。刚性板与方形板之间接触界面的理想粘着模拟和在压缩载荷作用下在接触界面邻域的约束水平膨胀变形是触发从方板右顶部单元开始和逐渐扩展并形成方板剪切带的机理。可以看到由三种有限元网格给出的载荷–位移曲线相互吻合得很好，表明了当有限元网格加密时所介绍的混合元具有良好的空间收敛性。图 18.5 也显示了利用所介绍混合元的 FEM-DEM 嵌套求解方案在不需要指定宏观唯象本构关系和材料破坏模型的情况下模拟应变软化问题时的能力。

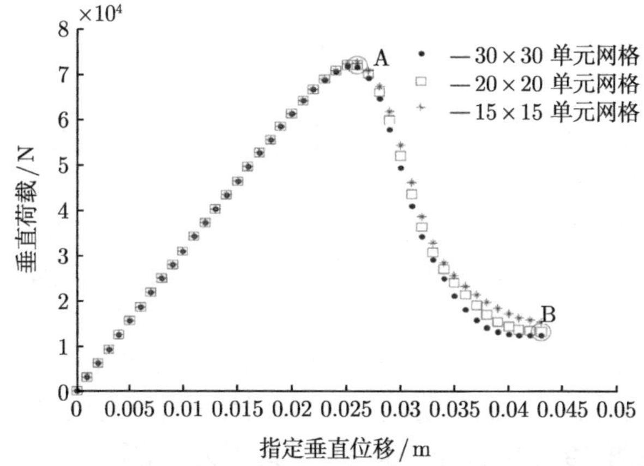

图 18.5 由 FEM-DEM 嵌套求解方案提供的利用三种不同有限元网格的载荷–位移曲线

下面提供的数值结果均为 1/4 颗粒材料方板域离散为 20×20 单元网格的情况下由 FEM-DEM 嵌套求解方案获得。

图 18.6 给出了加载历史结束时（相应于图 18.5 所示曲线的 B 点）1/4 方板域中所形成的剪切带和有效应变分布。基于积分点处表征元离散元模拟和均匀化过程所获得和上传的二维梯度 Cosserat 连续体混合元网格积分点处的有效应变 γ 定义为（Fleck and Hutchinson, 1997）

$$\gamma=\left(\frac{2}{3}\varepsilon_{ji}\varepsilon_{ji}\right)^{1/2}+\left(l_{\mathrm{c}}^{2}\kappa_{i3}\kappa_{i3}\right)^{1/2}+\left(l_{\mathrm{c}}^{2}E_{ijk}E_{ijk}\right)^{1/2},\quad(i,j,k=1\sim2)\tag{18.61}$$

式中，颗粒材料内尺度参数 l_{c} 可以通过均匀化过程由介观材料参数确定，并利用表 17.1 中颗粒材料参数由下式计算（Li et al., 2013）

$$l_{\mathrm{c}}^{2}=\frac{2\left[r^{2}\left(k_{\mathrm{s}}-k_{\mathrm{r}}\right)+k_{\theta}\right]}{k_{\mathrm{n}}+k_{\mathrm{s}}}\tag{18.62}$$

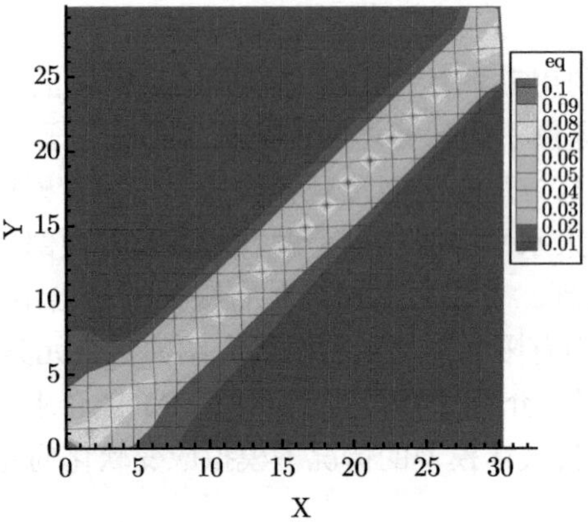

图 18.6　方板加载历史结束时的有效应变分布 ($n_{\mathrm{r}}=40$)

图 18.5 和图 18.6 展现了在颗粒材料二阶协同计算均匀化方法框架内发展的梯度 Cosserat 连续体混合元和 FEM-DEM 嵌套求解方案在模拟软化和应变局部化现象方面的能力。值得再次强调的是，FEM-DEM 嵌套求解方案无需指定宏观唯象本构关系和材料破坏模型，也无需提供梯度 Cosserat 连续体的宏观材料参数。

图 18.7(a) 和 (b) 分别给出了在压缩载荷峰值（相应于图 18.5 所示曲线上的 A 点）和加载历史结束时（相应于图 18.5 所示曲线上的 B 点）表征宏观塑性破坏发展过程的方板内每个表征元内发生颗粒间耗散性相对位移的接触点数（N_{p}）的分布云图。在第 19 章中将进一步讨论与此相关联的颗粒材料塑性破坏的介观机理和宏观表征。

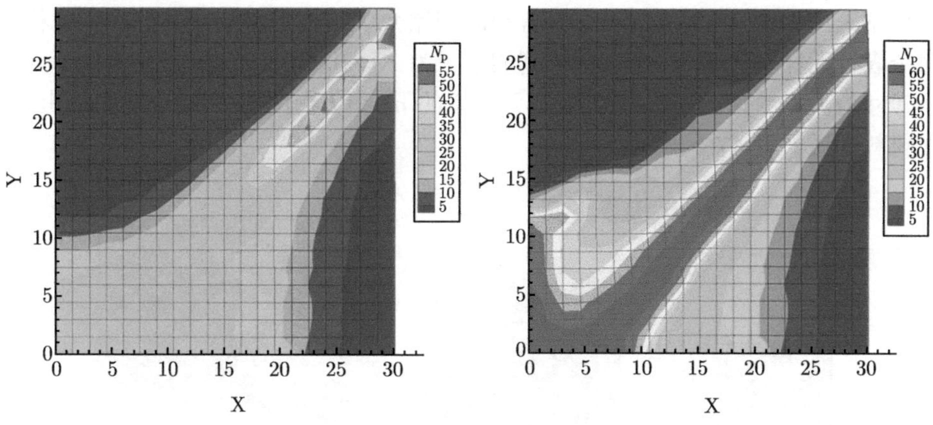

(a) (b)

图 18.7 表征元内颗粒间发生耗散性相对运动的接触点数（N_p）的分布

(a) 压缩载荷峰值时刻；(b) 加载历史结束时刻

图 18.8 给出了加载历史结束时（相应于图 18.5 所示曲线的 B 点）表征宏观损伤破坏的方板中每个表征元内初始接触颗粒对脱离接触的颗粒对数目（N_d）的分布云图。在第 19 章中也将进一步讨论与此相关联的颗粒材料损伤破坏的介观机理和宏观表征。

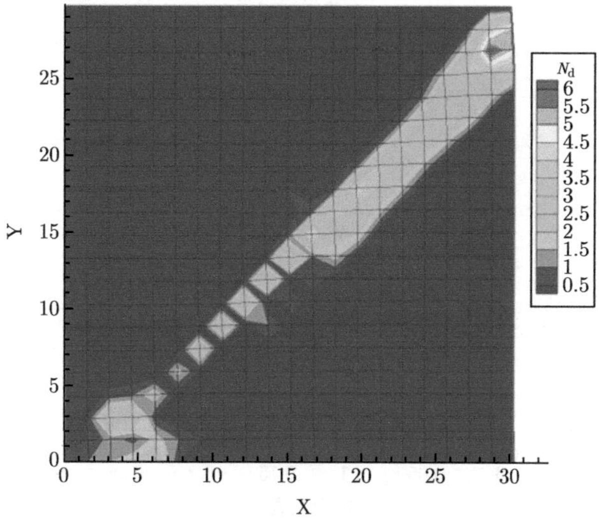

图 18.8 加载结束时表征元内初始接触颗粒对脱离接触的颗粒对数目（N_d）分布云图

为研究表征元尺寸对宏观力学行为的影响，对图 18.4 所示颗粒材料方板的模拟分别采用如图 18.9 所示三个具有相同初始介观结构但不同尺寸的表征元样本，每个表征元样本包含 n_{r} 个规则排列的半径为 $r = 0.02$ m 的均一尺寸颗粒，其外形尺寸为 $l \times l$ 的正方形。三个表征元样本的 n_{r} 和 l 在图 18.9 的说明中给出。颗粒材料性质如表 17.1 所示。

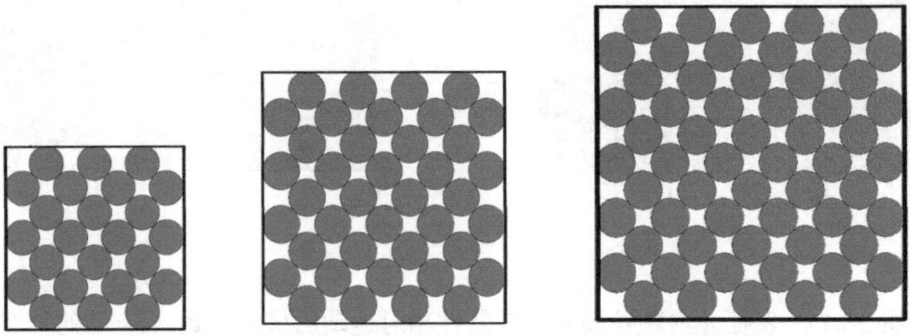

图 18.9 三个具有相同介观结构但不同尺寸的表征元样本

(a) $l = 0.2097$ m, $n_{\mathrm{r}} = 24$; (b) $l = 0.2663$ m, $n_{\mathrm{r}} = 40$; (c) $l = 0.3228$ m, $n_{\mathrm{r}} = 60$

图 18.10 给出了利用图 18.9 所示具有相同介观结构但不同表征元尺寸的三种表征元模拟方板例题所得的载荷–位移曲线。它显示了不同的“介观结构窗口”尺寸对方板宏观力学行为、特别是对方板承载能力和软化行为的影响。图 18.11 显示了采用 $n_{\mathrm{r}} = 24$ 和 $n_{\mathrm{r}} = 60$ 两个表征元样本在载荷历史结束时方板中形成的剪切带。

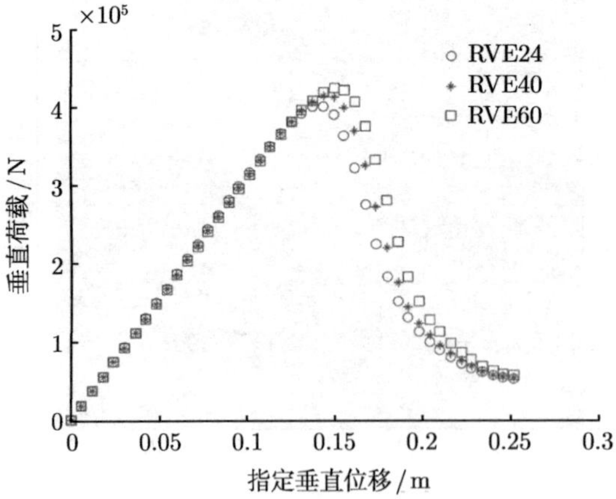

图 18.10 由 FEM-DEM 嵌套求解方案提供的利用三种不同尺寸表征元的载荷–位移曲线

比较描绘在图 18.10 中采用三种表征元样本所得的三条载荷–位移曲线，以及

图 18.6 和图 18.11 给出的利用三种表征元样本所得的在加载历史结束时的有效应变分布，可以看到人们所期待的表征元尺寸对由 FEM-DEM 嵌套求解方案得到的方板宏观力学行为影响的不敏感性。

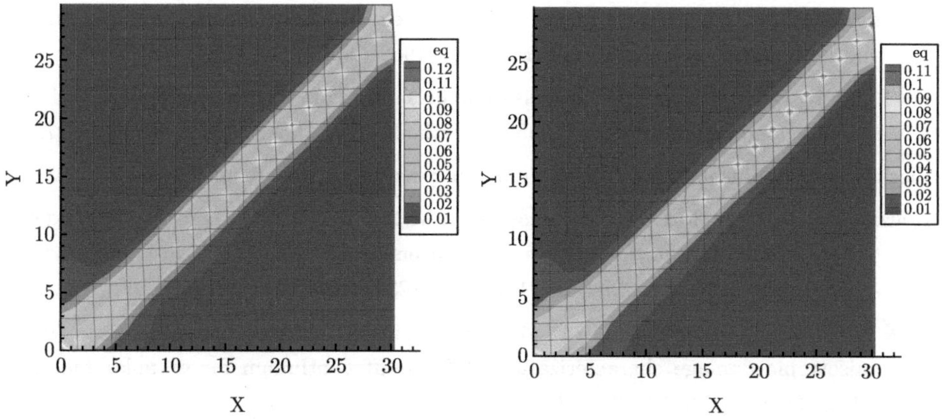

(a) (b)

图 18.11 方板加载历史结束时的有效应变分布

(a) $n_r = 24$; (b) $n_r = 60$

18.6 总结与讨论

本章为实现第 17 章介绍的基于梯度 Cosserat 连续体的颗粒材料二阶协同计算均匀化方法发展了梯度 Cosserat 连续体的混合元法和在多尺度框架下的 FEM-DEM 嵌套求解方案，构造了基于胡海昌–Washizhu 三变量广义变分原理的混合元。对所构造的混合元的分片试验研究结果表明该单元的空间收敛性及其可靠性。

本章的数值例题结果显示了颗粒材料二阶协同计算均匀化方法及为此构造的混合元和所发展的混合元法，以及 FEM-DEM 嵌套求解方案在模拟以应变局部化和软化现象为表征的颗粒材料复杂力学行为方面的能力，而无需指定颗粒材料宏观唯象本构关系、破坏模型及其材料参数。

为揭示颗粒材料中宏观复杂力学行为和破坏过程的介观机理，第 19 章将在热动力学框架内进一步基于随加载历史变化的颗粒材料介观结构和力学信息定义表征和识别材料损伤和塑性等宏观破坏过程的内状态变量及其演化。

参 考 文 献

梁元博, 2014. 随机排列颗粒材料的平行柱模型和二阶计算均匀化的混合有限元法. 大连理工大学博士论文.

Askes H, Aifantis E C, 2011, Gradient elasticity in statics and dynamics: an overview of formulations, length scale identification procedures, finite element implementations and new results. Int. J. Solids Struct., 48: 1962–1990.

De Borst R, Sluys L J, 1991. Localisation in a Cosserat continuum under static and dynamic loading conditions. Comput. Methods Appl. Mech. Eng., 90: 805–827.

Fleck N A, Hutchinson J, 1997. Strain gradient plasticity. Adv. Appl. Mech., 33: 295–361.

Kouznetsova V, Geers M G D, Brekelmans W A M, 2002. Multiscale constitutive modelling of heterogeneous materials with a gradient-enhanced computational homogenization scheme. Int. J. Numer. Methods Eng., 54: 1235–1260.

Li X K, Du Y Y, Duan Q L, 2013. Micromechanically informed constitutive model and anisotropic damage characterization of Cosserat continuum for granular materials. Int. J. Damage Mech., 22: 643–682.

Li X K, Liang Y B, Duan Q L, Schrefler B A, Du Y Y, 2014. A mixed finite element procedure of gradient Cosserat continuum for second-order computational homogenisation of granular materials. Comput. Mech., 54: 1331–1356.

Li X K, Tang H X, 2005. A consistent return mapping algorithm for pressure-dependent elastoplastic Cosserat continua and modelling of strain localisation. Comput. Struct., 83: 1–10.

Li X K, Zhang X, Zhang J B, 2010. A generalized Hill's lemma and micromechanically based macroscopic constitutive model for heterogeneous granular materials. Comput. Methods Appl. Mech. Eng., 199: 3137–3152.

Matsushima Chambon T R, Caillerie D, 2002. Large strain finite element analysis of a local second gradient model: application to localization. Int. J. Numer. Methods Eng., 54: 499–521.

Providas E, Kattis M, 2002. Finite element method in plane Cosserat elasticity. Comput. Struct., 80: 2059–2069.

Shu J Y, King W E, Fleck N A, 1999. Finite elements for materials with strain gradient effects. Int. J. Numer. Methods Eng., 44: 373–391.

Shu J Y, Fleck N A, 1998. The prediction of a size effect in microindentation. Int. J. Solids Struct., 35: 1363–1383.

Xia Z C, Hutchinson J W, 1996. Crack tip fields in strain gradient plasticity. J. Mech. Phys. Solids., 44: 1621–1648.

Zervos A, 2008. Finite elements for elasticity with microstructure and gradient elasticity. Int. J. Numer. Methods Eng., 73: 564–595.

Zervos A, Papanastasiou P, Vardoulakis I, 2001. A finite element displacement formulation for gradient elastoplasticity. Int. J. Numer. Methods Eng., 50: 1369–1388.

Zienkiewicz O C, Taylor R L, 2000. The Finite Element Method. Volume 1. The Basis. 5th Ed. Oxford: Butterworth-Heinemann.

第 19 章　颗粒材料中耦合损伤–愈合–塑性过程的多尺度模拟与表征

第 17 章和第 18 章中讨论了在介观尺度利用离散元法（DEM）模拟离散颗粒集合体表征元和在宏观尺度利用有限元法（FEM）模拟梯度 Cosserat 连续体中力学行为的颗粒材料二阶协同计算均匀化方法，与相应的 FEM-DEM 嵌套算法。然而，颗粒材料协同计算均匀化方法及其 FEM-DEM 嵌套算法所构成的多尺度模拟框架并不能直接为宏观连续体提供所需要的所有力学响应信息。该方法中离散颗粒集合体表征元模拟结果的体积平均并不能得到描述颗粒材料宏观连续体中重要破坏现象的材料损伤因子张量（Kachanov, 1958; Chow and Wang, 1987; Lemaitre and Chaboche, 1990; Li et al., 2013）和相伴随的材料愈合因子张量（如果与颗粒材料损伤同时存在材料愈合）（Barbero et al., 2005; Ju et al., 2012; Li et al., 2016）等内状态变量。

在介观和宏观尺度分别利用离散颗粒集合体和连续体模型的计算均匀化多尺度模拟中提出了一个具有挑战性的问题：如何利用导致局部介观结构剧烈演变的离散颗粒间耗散性相对位移、接触颗粒对脱离接触或脱离接触的两个相邻颗粒的接触重生成等介观信息（Gardiner and Tordesillas, 2005）定义表征宏观连续体中相互耦合的材料损伤–愈合–塑性的内状态变量。为回答这个问题，本章将在第 17 章和第 18 章介绍的颗粒材料二阶协同计算均匀化途径及其数值方法基础上，介绍基于介观结构和响应建立的描述颗粒材料宏观连续体耦合损伤–愈合–塑性过程的热动力学框架（Li et al., 2018）。

众所周知，塑性和损伤描述了宏观连续体中局部材料点的能量耗散行为。定义在连续损伤力学中以及在本章中讨论的术语“损伤”基于最初由 Kachanov（1958）提出的作为“承载面积缩减”（load-bearing area reduction）的损伤概念；或后来由 Simo and Ju（1987），Lemaitre and Chaboche（1990）等建议的以弹性模量张量退化表示的材料割线刚度降低的损伤概念。在宏观连续体的损伤理论及计算实践中用以衡量初始弹性模量张量退化程度的损伤因子通常定义为标量形式的内状态变量。它也已广泛应用于模型化为多孔连续体的结构土体（Ju et al., 2012; Yu et al., 2014; Silani et al., 2016）。然而，包括颗粒材料在内的许多工程材料在一定条件下具备恢复它们部分刚度的自愈合能力（Barbero et al., 2005; Plaisted and Nemat-Nasser, 2007; Herbst and Luding, 2008; Darabi et al., 2012; Ju et al.,

2012; Ju and Yuan., 2012; Xu et al., 2014)。因此需要把经典连续损伤力学推广到包括与材料损伤相伴随的具有非耗散本质的材料愈合过程。现有文献中大部分分析材料愈合过程的本构模型基于唯象途径 (Voyiadjis et al., 2011; Ju et al., 2012; Ju and Yuan., 2012; Voyiadjis et al., 2012; Voyiadjis and Kattan., 2014),包括 Ju et al. 为以土体结构为背景的颗粒材料所提出的基于应变 (strain based) 的弹塑性损伤和愈合耦合唯象模型 (Ju et al., 2012; Ju and Yuan, 2012)。

在连续损伤力学唯象理论框架中,人们必须假定唯象损伤模型以计算增量损伤因子,然后方能确定当前受损材料的弹性模量张量;而在所建议的协同计算均匀化途径中,情况正相反,人们将首先按当前时刻表征元的受损介观结构获得当前时刻弹性模量张量并上传到设置了该表征元的宏观连续体局部材料点,然后再按连续损伤力学中关于材料损伤的基本概念和利用随加载历史演化的当前时刻弹性模量张量确定当前时刻的增量损伤因子,而无需指定假定的唯象损伤模型及有待实验识别的模型参数。

在损伤–塑性耦合过程的唯象理论框架中,即使弹塑性响应被考虑为各向异性,但损伤现象仍通常假定为各向同性 (Li et al., 1994)。然而,包括模型化为颗粒介质的岩土材料在内的具有复杂介观结构的非均质材料中的损伤和愈合行为本质上为各向异性。这些材料的损伤和愈合行为的各向异性源于围绕局部材料点的初始介观结构的各向异性以及随载荷历史发展的局部介观结构的各向异性演变 (Li et al., 2013)。因此,在基于颗粒材料行为的离散–连续体多尺度模拟中由介观结构和响应信息提取的宏观连续体中损伤因子将定义为张量形式的内状态变量,而不是在连续损伤力学中通常定义的标量损伤因子 (Li et al., 2013; 2018)。

在连续损伤力学理论框架内,人们可以通过有效杨氏弹性模量的降低表征各向同性材料的弹性损伤发展。但对于各向异性材料或者即使是初始各向同性材料但呈现各向异性弹性损伤效应的材料损伤,人们不能通过作为单一标量的有效杨氏弹性模量的降低判定各向异性弹性损伤。反映材料弹性刚度随载荷历史演变的是弹性模量张量的变化。考虑一个载荷增量步,由于弹性刚度以张量而非标量度量表示,如何根据载荷增量步的起始和终止时刻的弹性模量张量的变化判定材料的弹性刚度在局部点处在总体上是减弱还是增强,也即宏观连续体中局部材料点经历了进一步损伤抑或在弹性刚度得以部分恢复的意义上经历了愈合,成为了一个关键问题。材料损伤与愈合分别意味着导致材料刚度退化与增强两个相反效应的对立机制。为此,本章将介绍为颗粒材料梯度 Cosserat 连续体发展的基于介观力学信息描述的各向异性损伤–愈合和塑性耦合过程的热动力学框架。

损伤和愈合的介观起因是多方面的。在不同材料和环境中,它们可由导致材料内缺陷扩展或缩减的化学、物理、生物等不同机理引起 (Barbero et al., 2005)。本章中讨论的颗粒材料损伤和愈合的介观起因仅局限于在密排干颗粒材料的力学机理，而不考虑化学、热和湿度等效应；将从离散颗粒集合体表征元介观结构的演变讨论颗粒材料损伤、愈合和塑性的介观起因。

第 15 章介绍了利用 Voronoi 胞元模型（Li et al., 2013; 2016）、由反映围绕单个颗粒最小介观结构及其演变的等效 Cosserat 连续体元揭示和分析颗粒材料损伤、愈合和塑性的介观起因。对基于 Voronoi 胞元模型的等效 Cosserat 连续体元的颗粒材料损伤、愈合和塑性的介观机理分析的结论可拓展到具有离散颗粒集合体表征元介观结构的等效 Cosserat 连续体元。随着等效连续体表征元的变形的持续发展，表征元中直接相邻颗粒间发展了可观的耗散性相对位移并导致两接触颗粒间的接触丧失和以颗粒接触网络表征的介观结构显著变化。等效连续体表征元塑性的介观机理可归结为颗粒间耗散性相对摩擦位移。等效连续体表征元损伤的介观机理则归结为：（1）表征元中任一颗粒与其直接相邻接触颗粒的接触丧失；（2）两接触颗粒间接触方向朝着弱化表征元弹性刚度方向的改变；（3）表征元的体积膨胀。相反地，导致等效连续体表征元愈合的介观机理则为：（1）表征元中两直接相邻非接触颗粒间的接触产生；（2）两接触颗粒间接触方向朝着强化表征元弹性刚度方向的改变；（3）表征元的体积缩减。

第 15 章已由基于 Voronoi 胞元模型所导出的基于介观离散颗粒集合体的颗粒材料 Cosserat 等效连续体损伤因子张量表明了它的各向异性，并采用其主值和主方向表征材料的局部损伤。采用损伤主方向与主值表征局部材料点损伤有助于洞察主损伤方向及其各向损伤强度，但从工程应用角度不如在各向同性损伤模型中采用一个作为标量的损伤因子表征材料局部损伤简便与清晰。此外，材料破坏过程的分析表明，基于不同材料破坏介观机理的宏观损伤与塑性通常将同时发生。当以等效塑性应变和损伤因子表征塑性和损伤耦合破坏过程时，无法定量评估和比较塑性和损伤对材料破坏所起作用大小的比例；即无法定量评估材料破坏是损伤主导，还是塑性主导，抑或损伤和塑性对材料破坏起到同级别的重要作用。

本章将基于第 17 章和第 18 章所介绍的颗粒材料二阶协同计算均匀化方法及其 FEM-DEM 嵌套方案（Li et al., 2005；2014），介绍在热动力学框架内发展基于表征元介观结构与响应演变的颗粒材料宏观连续体局部材料点耦合损伤–愈合和塑性过程的表征方法。诚然，人们仍可沿袭第 15 章中对各向异性损伤因子张量的谱分解对本章基于离散颗粒集合体表征元所推导的各向异性损伤因子张量采用其损伤主方向与主值的表征方法；本章将介绍另一种在热动力学框架内发展的以耗散性的塑性和损伤能以及非耗散性的愈合能作为度量材料破坏和愈合指标的表征方法。该方法的一个突出优点是可以定量评估和比较耗散性的塑性和损伤以及非耗散性的愈合等因素在材料耦合损伤、愈合和塑性过程中所起的作用大小。

19.1 基于介观结构与力学信息的塑性应变增量与弹塑性模量张量

考虑二阶协同计算均匀化方法中的一个有限增量步。为强调宏观连续体局部材料点的应力度量为基于介观结构和响应的体积平均上传获得，式 (18.18) 中应力向量 (∗) 均如先前约定表示为 $(\bar{*})$，且应力向量率 $\dot{\overline{\boldsymbol{\mathfrak{T}}}}$ 表示为应力向量增量 $\Delta\overline{\boldsymbol{\mathfrak{T}}}$，而宏观连续体相应局部材料点的应变向量增量表示为 $\Delta\overline{\boldsymbol{\mathfrak{E}}}$ 等，即

$$\Delta\overline{\boldsymbol{\mathfrak{T}}} = \begin{Bmatrix} \Delta\bar{\boldsymbol{\sigma}} \\ \Delta\overline{\boldsymbol{T}} \\ \Delta\hat{\overline{\boldsymbol{\Sigma}}} \\ \Delta\bar{\boldsymbol{\mu}}^0 \end{Bmatrix}, \quad \Delta\overline{\boldsymbol{\mathfrak{E}}} = \begin{Bmatrix} \Delta\overline{\boldsymbol{\Gamma}} \\ \Delta\bar{\boldsymbol{\omega}} \\ \Delta\hat{\bar{\boldsymbol{\eta}}} \\ \Delta\bar{\boldsymbol{\kappa}} \end{Bmatrix} \tag{19.1}$$

按式 (18.18)，$\Delta\overline{\boldsymbol{\mathfrak{T}}}$ 和 $\Delta\overline{\boldsymbol{\mathfrak{E}}}$ 之间的增量非线性本构关系可表示为

$$\Delta\overline{\boldsymbol{\mathfrak{T}}} = \boldsymbol{\mathcal{D}}_{\mathrm{e}}\Delta\overline{\boldsymbol{\mathfrak{E}}}^{\mathrm{e}} = \boldsymbol{\mathcal{D}}_{\mathrm{e}}\left(\Delta\overline{\boldsymbol{\mathfrak{E}}} - \Delta\overline{\boldsymbol{\mathfrak{E}}}^{\mathrm{p}}\right) = \boldsymbol{\mathcal{D}}_{\mathrm{e}}\Delta\overline{\boldsymbol{\mathfrak{E}}} - \Delta\overline{\boldsymbol{\mathfrak{T}}}^{\mathrm{p}} \tag{19.2}$$

式中，弹性刚度矩阵 $\boldsymbol{\mathcal{D}}_{\mathrm{e}}$ 如式 (18.21) 给出，$\Delta\overline{\boldsymbol{\mathfrak{E}}}^{\mathrm{e}}$ 表示弹性应变向量的增量，而 $\Delta\overline{\boldsymbol{\mathfrak{T}}}^{\mathrm{p}}$ 可按式 (18.22) 和式 (17.102)、式 (17.109) 中第五式、式 (17.123)、式 (17.156)、式 (17.138)、式 (17.150) 等给出如下

$$\Delta\overline{\boldsymbol{\mathfrak{T}}}^{\mathrm{p}} = \begin{Bmatrix} \Delta\bar{\boldsymbol{\sigma}}^{\mathrm{p}} \\ \Delta\overline{\boldsymbol{T}}^{\mathrm{p}} \\ \Delta\hat{\overline{\boldsymbol{\Sigma}}}^{\mathrm{p}} \\ \Delta\bar{\boldsymbol{\mu}}^{0,\mathrm{p}} \end{Bmatrix} = \begin{Bmatrix} \dfrac{1}{V}\displaystyle\sum_{i=1}^{N_{\mathrm{c}}} \boldsymbol{x}_i^{\mathrm{c}} \otimes \Delta\tilde{\boldsymbol{f}}_i^{\mathrm{int,p}} \\ -\dfrac{1}{V}\boldsymbol{e} : \displaystyle\sum_{i=1}^{N_{\mathrm{c}}} \boldsymbol{x}_i^{\mathrm{c}} \otimes \Delta\tilde{\boldsymbol{f}}_i^{\mathrm{int,p}} \\ \dfrac{1}{2V}\displaystyle\sum_{i=1}^{N_{\mathrm{c}}} \boldsymbol{x}_i^{\mathrm{c}} \otimes \boldsymbol{x}_i^{\mathrm{c}} \otimes \Delta\tilde{\boldsymbol{f}}_i^{\mathrm{int,p}} \\ \dfrac{1}{V}\displaystyle\sum_{i=1}^{N_{\mathrm{c}}} \boldsymbol{x}_i^{\mathrm{c}} \otimes \left(\Delta\tilde{\boldsymbol{m}}_i^{\mathrm{int,p}} - (\boldsymbol{R}_i^{\mathrm{c}})^{\mathrm{T}}\Delta\tilde{\boldsymbol{f}}_i^{\mathrm{int,p}}\right) \\ +\dfrac{1}{2V}\displaystyle\sum_{i=1}^{N_{\mathrm{c}}} \left(\boldsymbol{x}_i^{\mathrm{c}} \otimes \boldsymbol{x}_i^{\mathrm{c}} \otimes \dot{\tilde{\boldsymbol{f}}}_i^{\mathrm{int,p}}\right) : \boldsymbol{e} \end{Bmatrix} \tag{19.3}$$

增量塑性应变向量 $\Delta\overline{\boldsymbol{\mathfrak{E}}}^{\mathrm{p}}$ 可由式 (19.2) 和式 (19.3) 表示并计算如下

$$\Delta\overline{\boldsymbol{\mathfrak{E}}}^{\mathrm{p}} = \boldsymbol{\mathcal{D}}_{\mathrm{e}}^{-1}\Delta\overline{\boldsymbol{\mathfrak{T}}}^{\mathrm{p}} \tag{19.4}$$

式 (19.2)~ 式 (19.4) 以及式 (18.21) 给出的 $\boldsymbol{\mathcal{D}}_{\mathrm{e}}$ 将在 19.2 节介绍的热动力学框架中用于耦合损伤–愈合和塑性过程的表征。

在二阶协同计算均匀化方法框架中模拟宏观尺度梯度 Cosserat 连续体弹塑性行为，还需要上传增量非线性本构方程中基于介观力学信息的宏观弹塑性模量矩阵 $\boldsymbol{\mathcal{D}}_{\mathrm{ep}}$，即

$$\Delta\overline{\boldsymbol{\mathfrak{T}}} = \boldsymbol{\mathcal{D}}_{\mathrm{ep}}\Delta\overline{\boldsymbol{\mathfrak{E}}} \tag{19.5}$$

为确定 $\boldsymbol{\mathcal{D}}_{\mathrm{ep}}$，引入无需假定宏观唯象弹塑性模型也无需相关联的塑性演化律的广义塑性模型（Mroz and Zienkiewicz, 1984; Zienkiewicz and Mroz; 1984; Zienkiewicz and Taylor, 2005）。在广义塑性模型中塑性加载和卸载条件由下式表示，即

$$\text{加载：}\ \boldsymbol{n}^{\mathrm{T}}\Delta\overline{\boldsymbol{\mathfrak{T}}} > 0;\quad \text{卸载：}\ \boldsymbol{n}^{\mathrm{T}}\Delta\overline{\boldsymbol{\mathfrak{T}}} < 0 \tag{19.6}$$

式中，$\boldsymbol{n}$ 是定义于宏观连续体局部材料点应力空间的单位向量。广义塑性模型中塑性流动法则表示为

$$\Delta\overline{\boldsymbol{\mathfrak{E}}}^{\mathrm{p}} = \Delta\lambda\frac{\partial G}{\partial\overline{\boldsymbol{\mathfrak{T}}}} = \Delta\lambda\boldsymbol{n}_{\mathrm{g}}\left|\frac{\partial G}{\partial\overline{\boldsymbol{\mathfrak{T}}}}\right| = \boldsymbol{n}_{\mathrm{g}}\left(\Delta\lambda\left|\frac{\partial G}{\partial\overline{\boldsymbol{\mathfrak{T}}}}\right|\right) = \boldsymbol{n}_{\mathrm{g}}\boldsymbol{n}^{\mathrm{T}}\Delta\overline{\boldsymbol{\mathfrak{T}}}/H_{\mathrm{p}} \tag{19.7}$$

式 (19.7) 表示了增量塑性应变向量 $\Delta\overline{\boldsymbol{\mathfrak{E}}}^{\mathrm{p}}$ 与基于介观力学信息增量应力向量 $\Delta\overline{\boldsymbol{\mathfrak{T}}}$ 之间的关联。式中，$\Delta\lambda$ 是塑性乘子，G 是塑性势函数，$\boldsymbol{n}_{\mathrm{g}}$ 是势函数梯度向量 $\dfrac{\partial G}{\partial\overline{\boldsymbol{\mathfrak{T}}}}$ 的方向，H_{p} 是塑性模量。

利用式 (19.7) 和式 (19.2)，处于塑性加载状态材料点的应变增量可和式分解表示为

$$\Delta\overline{\boldsymbol{\mathfrak{E}}} = \Delta\overline{\boldsymbol{\mathfrak{E}}}^{\mathrm{e}} + \Delta\overline{\boldsymbol{\mathfrak{E}}}^{\mathrm{p}} = \boldsymbol{\mathcal{D}}_{\mathrm{ep}}^{-1}\Delta\overline{\boldsymbol{\mathfrak{T}}} \tag{19.8}$$

式中

$$\boldsymbol{\mathcal{D}}_{\mathrm{ep}}^{-1} = \boldsymbol{\mathcal{D}}_{\mathrm{e}}^{-1} + \boldsymbol{n}_{\mathrm{g}}\boldsymbol{n}^{\mathrm{T}}/H_{\mathrm{p}} \tag{19.9}$$

利用 Sherman-Morrison-Woodbury 公式（Golub and Van Loan, 2013），可证明 $\boldsymbol{\mathcal{D}}_{\mathrm{ep}}^{-1}$ 的逆阵，即式 (19.5) 中所示弹塑性模量矩阵 $\boldsymbol{\mathcal{D}}_{\mathrm{ep}}$ 可表示为 [（Zienkiewicz and Taylor, 2005），可参见本章附录“弹塑性模量矩阵 $\boldsymbol{\mathcal{D}}_{\mathrm{ep}}$ 公式的证明”]

$$\boldsymbol{\mathcal{D}}_{\mathrm{ep}} = \boldsymbol{\mathcal{D}}_{\mathrm{e}} - \boldsymbol{\mathcal{D}}_{\mathrm{e}}\boldsymbol{n}_{\mathrm{g}}\boldsymbol{n}^{\mathrm{T}}\boldsymbol{\mathcal{D}}_{\mathrm{e}}/\left(H_{\mathrm{p}} + \boldsymbol{n}^{\mathrm{T}}\boldsymbol{\mathcal{D}}_{\mathrm{e}}\boldsymbol{n}_{\mathrm{g}}\right) \tag{19.10}$$

当在广义塑性模型中假定 $\boldsymbol{n}_{\mathrm{g}} = \boldsymbol{n}$，利用式 (19.4) 和式 (19.7) 可改写表达式 (19.10) 并上传到宏观梯度 Cosserat 连续体如下

$$\boldsymbol{\mathcal{D}}_{\mathrm{ep}} = \boldsymbol{\mathcal{D}}_{\mathrm{e}} - \frac{\Delta\overline{\boldsymbol{\mathfrak{T}}}^{\mathrm{p}}\left(\Delta\overline{\boldsymbol{\mathfrak{T}}}^{\mathrm{p}}\right)^{\mathrm{T}}}{\left(\Delta\overline{\boldsymbol{\mathfrak{T}}}^{\mathrm{p}}\right)^{\mathrm{T}}\boldsymbol{\mathcal{D}}_{\mathrm{e}}^{-1}\Delta\overline{\boldsymbol{\mathfrak{T}}} + \left(\Delta\overline{\boldsymbol{\mathfrak{T}}}^{\mathrm{p}}\right)^{\mathrm{T}}\boldsymbol{\mathcal{D}}_{\mathrm{e}}^{-1}\Delta\overline{\boldsymbol{\mathfrak{T}}}^{\mathrm{p}}} \tag{19.11}$$

式中，$\Delta\overline{\mathfrak{T}}^{\mathrm{p}}$ 如式 (19.3) 所示，反映了由于介观尺度上颗粒间相对耗散性摩擦位移导致的宏观尺度上的塑性耗散。

概言之，基于介观力学信息的增量本构关系式 (19.2) 和式 (19.3) 与进一步由式 (19.5) 和式 (19.11) 表示的基于介观力学信息的增量弹塑性本构关系，将在二阶协同计算均匀化方法中由具有介观离散颗粒结构表征元上传至宏观梯度 Cosserat 连续体的局部材料点。

19.2 基于介观力学信息的梯度 Cosserat 连续体各向异性损伤–愈合和塑性热动力学

发生于宏观连续体的损伤–愈合–塑性是一个依赖加载途径的材料非线性过程，它须在增量形式的热动力学框架内分析。结合等热条件下热动力学第一和第二定律，设置了具有离散颗粒介观结构的等效 Cosserat 连续体表征元的宏观梯度 Cosserat 连续体局部材料点处的增量形式能量守恒条件可写为

$$\tilde{W} = \Delta\varphi + \tilde{\Phi} - \tilde{\Theta}, \quad \tilde{\Phi} \geqslant 0, \quad \tilde{\Theta} \geqslant 0 \tag{19.12}$$

式中，$\tilde{W}$ 表示在表征元上所作增量外力机械功密度，它可以表示为

$$\tilde{W} = \overline{\mathfrak{T}} \cdot (\Delta\overline{\mathfrak{E}}) \tag{19.13}$$

φ 表示弹性损伤–愈合 Helmholtz 自由能密度函数，它是仅依赖于当前状态变量值而独立于加载途径的状态函数。它的增量可近似地以它对状态变量的微分计算，并以 $\Delta\varphi$ 表示。总外力功 W、累计非负能量耗散密度 Φ 依赖于加载途径和不可微，一个增量步中的非负外力机械功增量和能量耗散密度增量分别以 $\tilde{W},\tilde{\Phi}$ 表示。类似地，累计非负和非耗散的愈合能密度 Θ 也依赖于加载途径和不可微，反映一个增量步中弹性刚度愈合的非负和非耗散的愈合能密度增量以 $\tilde{\Theta}$ 表示。

假定弹性损伤–愈合 Helmholtz 自由能密度函数 φ 可表示为依赖于当前时刻的总弹性应变 $\overline{\mathfrak{E}}^{\mathrm{e}}$ 和总净损伤因子 $\boldsymbol{d}$（或当前弹性模量矩阵 $\boldsymbol{\mathcal{D}}_{\mathrm{e}}$）的状态函数，并取如下形式

$$\varphi = \varphi\left(\overline{\mathfrak{E}}^{\mathrm{e}}, \boldsymbol{d}\right) = \frac{1}{2}\left(\overline{\mathfrak{E}}^{\mathrm{e}}\right)^{\mathrm{T}} \boldsymbol{\mathcal{D}}_{\mathrm{e}}\left(\boldsymbol{\mathcal{D}}_{\mathrm{e0}}, \boldsymbol{d}\right) \overline{\mathfrak{E}}^{\mathrm{e}} \tag{19.14}$$

式中，$\boldsymbol{d}$ 为总净损伤因子，它包含了材料损伤和愈合两方面对弹性模量矩阵的综合效应，在本章后文中将进一步明确它的定义和表达。当前弹性模量矩阵 $\boldsymbol{\mathcal{D}}_{\mathrm{e}}$ 随表征元离散介观结构的演变而变化，并通过初始弹性模量矩阵 $\boldsymbol{\mathcal{D}}_{\mathrm{e0}}$ 和总净损伤因子 $\boldsymbol{d}$ 表示为

$$\boldsymbol{\mathcal{D}}_{\mathrm{e}} = (\boldsymbol{I} - \boldsymbol{d}) \cdot \boldsymbol{\mathcal{D}}_{\mathrm{e0}} \tag{19.15}$$

式中 $\boldsymbol{I}$ 表示单位矩阵。利用式 (19.15) 所引入的用于显式表示当前弹性模量的净损伤因子 $\boldsymbol{d}$，式 (19.2) 可表示为

$$\Delta\overline{\boldsymbol{\mathfrak{T}}} = (\boldsymbol{I}-\boldsymbol{d})\cdot\boldsymbol{\mathcal{D}}_{\mathrm{e0}}\cdot\Delta\overline{\boldsymbol{\mathfrak{E}}} - \Delta\overline{\boldsymbol{\mathfrak{T}}}^{\mathrm{p}} \tag{19.16}$$

考虑一个增量加载步 [t_{i-1}, t_i], 增量净损伤因子 $\Delta\boldsymbol{d}$ 可由下式确定

$$\Delta\boldsymbol{d} = \left(\boldsymbol{\mathcal{D}}_{\mathrm{e}}^{i-1} - \boldsymbol{\mathcal{D}}_{\mathrm{e}}^{i}\right)\cdot\left(\boldsymbol{\mathcal{D}}_{\mathrm{e0}}\right)^{-1} \tag{19.17}$$

式中，$\boldsymbol{\mathcal{D}}_{\mathrm{e}}^{i-1},\boldsymbol{\mathcal{D}}_{\mathrm{e}}^{i}$ 分别为由增量步开始和终结时刻表征元介观结构确定的弹性模量矩阵。

需要注意和强调的是任意局部材料点处初始时刻的 $\boldsymbol{\mathcal{D}}_{\mathrm{e0}}$ 并不一定表征该材料点处表征元演变时导致的所有可能介观结构中最刚硬的一个；此外，对于一个增量加载步，$\boldsymbol{\mathcal{D}}_{\mathrm{e}}^{i-1}$ 并一定刚于 $\boldsymbol{\mathcal{D}}_{\mathrm{e}}^{i}$。人们可以认为当 $\boldsymbol{\mathcal{D}}_{\mathrm{e}}^{i-1}$ 刚于 $\boldsymbol{\mathcal{D}}_{\mathrm{e}}^{i}$，增量步中有进一步的材料损伤发生，$\Delta\boldsymbol{d}$ 表示增量损伤因子张量；反之，在此增量步发生了材料愈合，而 $\Delta\boldsymbol{d}$ 表示增量愈合因子张量。

由式 (19.14) 定义的弹性损伤–愈合 Helmholtz 自由能密度函数 φ 的增量 $\Delta\varphi$ 可表示为

$$\Delta\varphi = \frac{\partial\varphi}{\partial\overline{\boldsymbol{\mathfrak{E}}}^{\mathrm{e}}}\cdot\Delta\overline{\boldsymbol{\mathfrak{E}}}^{\mathrm{e}} + \frac{\partial\varphi}{\partial\boldsymbol{d}}:\Delta\boldsymbol{d} \tag{19.18}$$

定义与增量净损伤因子张量 $\Delta\boldsymbol{d}$ 功共轭的热动力学广义力 $\overline{\boldsymbol{\mathfrak{T}}}_{\mathrm{d}}$，并利用式 (19.14), 式 (19.2) 和式 (19.15) 推导得到

$$\begin{aligned}
\overline{\boldsymbol{\mathfrak{T}}}_{\mathrm{d}} &= -\frac{\partial\varphi}{\partial\boldsymbol{d}} = -\frac{1}{2}\left(\overline{\boldsymbol{\mathfrak{E}}}^{\mathrm{e}}\right)^{\mathrm{T}}\cdot\frac{\partial\boldsymbol{\mathcal{D}}_{\mathrm{e}}}{\partial\boldsymbol{d}}\cdot\overline{\boldsymbol{\mathfrak{E}}}^{\mathrm{e}} = -\frac{1}{2}(\overline{\boldsymbol{\mathfrak{T}}})^{\mathrm{T}}\cdot\frac{\partial\boldsymbol{\mathcal{D}}_{\mathrm{e}}^{-1}}{\partial\boldsymbol{d}}\cdot\overline{\boldsymbol{\mathfrak{T}}}\\
&= -\frac{1}{2}(\overline{\boldsymbol{\mathfrak{T}}})^{\mathrm{T}}\cdot\boldsymbol{\mathcal{D}}_{\mathrm{e0}}^{-1}\cdot\frac{\partial(\boldsymbol{I}-\boldsymbol{d})^{-1}}{\partial\boldsymbol{d}}\cdot\overline{\boldsymbol{\mathfrak{T}}}\\
&= +\frac{1}{2}(\overline{\boldsymbol{\mathfrak{T}}})^{\mathrm{T}}\cdot\boldsymbol{\mathcal{D}}_{\mathrm{e0}}^{-1}\cdot(\boldsymbol{I}-\boldsymbol{d})^{-2}\cdot\frac{\partial(\boldsymbol{I}-\boldsymbol{d})}{\partial\boldsymbol{d}}\cdot\overline{\boldsymbol{\mathfrak{T}}}\\
&= \frac{1}{2}(\overline{\boldsymbol{\mathfrak{T}}})^{\mathrm{T}}\cdot\boldsymbol{\mathcal{D}}_{\mathrm{e}}^{-1}\cdot\boldsymbol{\mathcal{D}}_{\mathrm{e0}}\cdot\boldsymbol{\mathcal{D}}_{\mathrm{e}}^{-1}\cdot\frac{\partial(\boldsymbol{I}-\boldsymbol{d})}{\partial\boldsymbol{d}}\cdot\overline{\boldsymbol{\mathfrak{T}}}\\
&= \frac{1}{2}\left(\overline{\mathfrak{T}}_{c}\boldsymbol{e}_{c}\right)\cdot\left(\left(\mathcal{D}_{\mathrm{e}}^{-1}\right)_{am}\left(\mathcal{D}_{\mathrm{e0}}\right)_{mn}\left(\mathcal{D}_{\mathrm{e}}^{-1}\right)_{nb}\boldsymbol{e}_{a}\otimes\boldsymbol{e}_{b}\right)\\
&\quad\cdot\left(-\delta_{ik}\delta_{jl}\boldsymbol{e}_{i}\otimes\boldsymbol{e}_{j}\otimes\boldsymbol{e}_{k}\otimes\boldsymbol{e}_{l}\right)\cdot\left(\overline{\mathfrak{T}}_{d}\boldsymbol{e}_{d}\right)\\
&= -\frac{1}{2}\overline{\mathfrak{T}}_{c}\left(\mathcal{D}_{\mathrm{e}}^{-1}\right)_{cm}\left(\mathcal{D}_{\mathrm{e0}}\right)_{mn}\left(\mathcal{D}_{\mathrm{e}}^{-1}\right)_{nb}\overline{\mathfrak{T}}_{a}\boldsymbol{e}_{a}\otimes\boldsymbol{e}_{b} = \left(\overline{\mathfrak{T}}_{\mathrm{d}}\right)_{ab}\boldsymbol{e}_{a}\otimes\boldsymbol{e}_{b}
\end{aligned} \tag{19.19}$$

由式 (19.19) 可得到 $\overline{\mathfrak{T}}_{\mathrm{d}}$ 的分量表达式

$$\left(\overline{\mathfrak{T}}_{\mathrm{d}}\right)_{ab}=-\frac{\partial\varphi}{\partial d_{ab}}=-\frac{1}{2}\widetilde{\mathfrak{T}}_{c}\left(\mathcal{D}_{\mathrm{e}}^{-1}\right)_{cm}\left(\mathcal{D}_{\mathrm{e0}}\right)_{mn}\left(\mathcal{D}_{\mathrm{e}}^{-1}\right)_{nb}\widetilde{\mathfrak{T}}_{a} \tag{19.20}$$

注意式 (19.12) 中 $\tilde{\Phi}$ 在塑性与弹性损伤过程解耦假定下的各自非负耗散本质，$\tilde{\Phi}$ 能被分解为两个非耦合的非负耗散部分：非负塑性耗散部分 $\tilde{\Phi}_{\mathrm{p}}$ 和非负弹性损伤耗散部分 $\tilde{\Phi}_{\mathrm{d}}$，即

$$\tilde{\Phi}=\tilde{\Phi}_{\mathrm{p}}+\tilde{\Phi}_{\mathrm{d}}=\frac{\partial\tilde{\Phi}_{\mathrm{p}}}{\partial\Delta\overline{\mathfrak{E}}^{\mathrm{p}}}\cdot\Delta\overline{\mathfrak{E}}^{\mathrm{p}}+H\left(\frac{\partial\tilde{\Phi}_{\mathrm{d}}}{\partial\Delta\boldsymbol{d}}:\Delta\boldsymbol{d}\right)\frac{\partial\tilde{\Phi}_{\mathrm{d}}}{\partial\Delta\boldsymbol{d}}:\Delta\boldsymbol{d} \tag{19.21}$$

式中，$\tilde{\Phi}_{\mathrm{p}},\tilde{\Phi}_{\mathrm{d}}$ 分别随增量步中发生的 $\Delta\overline{\mathfrak{E}}^{\mathrm{p}},\Delta\boldsymbol{d}$ 变化，并假定在增量步区间内可微；$H(*)$ 是依赖于变量 $(*)$ 的 Heaviside 函数。式 (19.21) 中 $\dfrac{\partial\tilde{\Phi}_{\mathrm{d}}}{\partial\Delta\boldsymbol{d}}:\Delta\boldsymbol{d}$ 项前乘关于其值的 Heaviside 函数的作用是从 $\tilde{\Phi}$ 中排除具有负值的 $\dfrac{\partial\tilde{\Phi}_{\mathrm{d}}}{\partial\Delta\boldsymbol{d}}:\Delta\boldsymbol{d}$。为在下式中表示清晰起见，记

$$\mathbb{D}=H\left(\frac{\partial\tilde{\Phi}_{\mathrm{d}}}{\partial\Delta\boldsymbol{d}}:\Delta\boldsymbol{d}\right),\quad \mathbb{H}=H\left(-\frac{\partial\tilde{\Phi}_{\mathrm{d}}}{\partial\Delta\boldsymbol{d}}:\Delta\boldsymbol{d}\right) \tag{19.22}$$

由式 (19.22) 和 Heaviside 函数的性质，可有如下关系式

$$\mathbb{D}+\mathbb{H}=1 \tag{19.23}$$

式 (19.22) 和式 (19.23) 表示，如果 $\dfrac{\partial\tilde{\Phi}_{\mathrm{d}}}{\partial\Delta\boldsymbol{d}}:\Delta\boldsymbol{d}>0$，则有 $\mathbb{D}=1,\mathbb{H}=0$，材料承受能量耗散值为 $\tilde{\Phi}_{\mathrm{d}}$ 的损伤；如果 $\dfrac{\partial\tilde{\Phi}_{\mathrm{d}}}{\partial\Delta\boldsymbol{d}}:\Delta\boldsymbol{d}<0$，则有 $\mathbb{D}=0,\mathbb{H}=1$，材料没有承受进一步耗散，而经历了愈合。同时，当 $\dfrac{\partial\tilde{\Phi}_{\mathrm{d}}}{\partial\Delta\boldsymbol{d}}:\Delta\boldsymbol{d}<0$，增量非耗散性的愈合能密度 $\tilde{\Theta}>0$ 反映了依赖于变量 $\Delta\boldsymbol{d}$ 的弹性刚度的局部恢复，并可以定义为

$$\tilde{\Theta}=\mathbb{H}\frac{\partial\tilde{\Theta}}{\partial\Delta\boldsymbol{d}}:\Delta\boldsymbol{d}>0 \tag{19.24}$$

将式 (19.13)、式 (19.18)、式 (19.21)、式 (19.24) 和式 (19.19) 代入式 (19.12) 可获得

$$\left(\overline{\mathfrak{T}}-\frac{\partial\varphi}{\partial\overline{\mathfrak{E}}^{\mathrm{e}}}\right)\cdot\Delta\overline{\mathfrak{E}}^{\mathrm{e}}+\left(\overline{\mathfrak{T}}-\frac{\partial\tilde{\Phi}_{\mathrm{p}}}{\partial\Delta\overline{\mathfrak{E}}^{\mathrm{p}}}\right)\cdot\Delta\overline{\mathfrak{E}}^{\mathrm{p}}+\mathbb{D}\left(\overline{\mathfrak{T}}_{\mathrm{d}}-\mathbb{D}\frac{\partial\tilde{\Phi}_{\mathrm{d}}}{\partial\Delta\boldsymbol{d}}\right):\Delta\boldsymbol{d}$$

$$+\mathbb{H}\left(\overline{\mathfrak{T}}_{\mathrm{d}}+\mathbb{H}\frac{\partial\tilde{\Theta}}{\partial\Delta\boldsymbol{d}}\right):\Delta\boldsymbol{d}=0 \tag{19.25}$$

由式 (19.25) 和式 (19.14) 可得到

$$\overline{\mathfrak{T}}=\frac{\partial\varphi}{\partial\overline{\mathfrak{E}}^{\mathrm{e}}}=\boldsymbol{\mathcal{D}}_{\mathrm{e}}\overline{\mathfrak{E}}^{\mathrm{e}} \tag{19.26}$$

$$\overline{\mathfrak{T}}=\frac{\partial\tilde{\Phi}_{\mathrm{p}}}{\partial\Delta\overline{\mathfrak{E}}^{\mathrm{p}}} \tag{19.27}$$

利用式 (19.19) 和式 (19.21)，由式 (19.25) 可得到

$$\overline{\mathfrak{T}}_{\mathrm{d}}=\mathbb{D}\frac{\partial\tilde{\Phi}_{\mathrm{d}}}{\partial\Delta\boldsymbol{d}}=\frac{\partial\tilde{\Phi}_{\mathrm{d}}}{\partial\Delta\boldsymbol{d}}=-\frac{\partial\varphi}{\partial\boldsymbol{d}},\quad(\text{当损伤},\ \mathbb{D}=1,\quad\mathbb{H}=0) \tag{19.28}$$

或

$$\overline{\mathfrak{T}}_{\mathrm{d}}=-\mathbb{H}\frac{\partial\tilde{\Theta}}{\partial\Delta\boldsymbol{d}}=-\frac{\partial\tilde{\Theta}}{\partial\Delta\boldsymbol{d}}=-\frac{\partial\varphi}{\partial\boldsymbol{d}},\quad(\text{当愈合，}\mathbb{D}=0,\quad\mathbb{H}=1) \tag{19.29}$$

同时，由式 (19.25)、式 (19.21) 和式 (19.24) 可得到

$$\mathbb{D}=H\left(\frac{\partial\tilde{\Phi}_{\mathrm{d}}}{\partial\Delta\boldsymbol{d}}:\Delta\boldsymbol{d}\right)=H\left(-\frac{\partial\varphi}{\partial\boldsymbol{d}}:\Delta\boldsymbol{d}\right)=H\left(\overline{\mathfrak{T}}_{\mathrm{d}}:\Delta\boldsymbol{d}\right) \tag{19.30}$$

$$\mathbb{H}=H\left(-\frac{\partial\tilde{\Phi}_{\mathrm{d}}}{\partial\Delta\boldsymbol{d}}:\Delta\boldsymbol{d}\right)=H\left(\frac{\partial\varphi}{\partial\boldsymbol{d}}:\Delta\boldsymbol{d}\right)=H\left(-\overline{\mathfrak{T}}_{\mathrm{d}}:\Delta\boldsymbol{d}\right) \tag{19.31}$$

$$\tilde{\Phi}_{\mathrm{d}}=\mathbb{D}\frac{\partial\tilde{\Phi}_{\mathrm{d}}}{\partial\Delta\boldsymbol{d}}:\Delta\boldsymbol{d}=\mathbb{D}\left(\overline{\mathfrak{T}}_{\mathrm{d}}:\Delta\boldsymbol{d}\right)>0 \tag{19.32}$$

$$\tilde{\Theta}=\mathbb{H}\frac{\partial\tilde{\Theta}}{\partial\Delta\boldsymbol{d}}:\Delta\boldsymbol{d}=\mathbb{H}\left(-\overline{\mathfrak{T}}_{\mathrm{d}}:\Delta\boldsymbol{d}\right)>0 \tag{19.33}$$

$$\tilde{\Phi}_{\mathrm{p}}=\overline{\mathfrak{T}}\cdot\Delta\overline{\mathfrak{E}}^{\mathrm{p}}\geqslant 0 \tag{19.34}$$

概言之，若在宏观梯度 Cosserat 连续体中设置了一个具有离散颗粒介观结构表征元的局部材料点满足如下条件

$$\overline{\mathfrak{T}}_{\mathrm{d}}:\Delta\boldsymbol{d}>0 \tag{19.35}$$

则局部材料点在增量载荷步过程中承受了材料损伤；反之，若满足如下条件

$$\overline{\boldsymbol{\mathfrak{T}}}_{\mathrm{d}}:\Delta\boldsymbol{d}<0 \tag{19.36}$$

则局部材料点在增量载荷步过程中得到了材料愈合。区分材料损伤和材料愈合的条件可表示为

$$\overline{\boldsymbol{\mathfrak{T}}}_{\mathrm{d}}:\Delta\boldsymbol{d}=0 \tag{19.37}$$

利用式 (19.17)，在载荷增量步 [t_{i-1}， t_i] 区间，定义为增量各向异性愈合和损伤因子张量 $\Delta\boldsymbol{h}_i$ 和 $\Delta\boldsymbol{d}_i^+$ 可表示为

$$\Delta\boldsymbol{h}_i=\mathbb{H}_i\left(-\Delta\boldsymbol{d}_i\right)=\mathbb{H}_i\left(\boldsymbol{\mathcal{D}}_{\mathrm{e}}^{i}-\boldsymbol{\mathcal{D}}_{\mathrm{e}}^{i-1}\right)\cdot\left(\boldsymbol{\mathcal{D}}_{\mathrm{e}0}\right)^{-1} \tag{19.38}$$

$$\Delta\boldsymbol{d}_i^+=\mathbb{D}_i\left(\Delta\boldsymbol{d}_i\right)=\mathbb{D}_i\left(\boldsymbol{\mathcal{D}}_{\mathrm{e}}^{i-1}-\boldsymbol{\mathcal{D}}_{\mathrm{e}}^{i}\right)\cdot\left(\boldsymbol{\mathcal{D}}_{\mathrm{e}0}\right)^{-1} \tag{19.39}$$

增量加载步中综合了损伤和愈合对弹性刚度效应的增量各向异性净损伤张量 $\Delta\boldsymbol{d}_i$ 可以用 $\Delta\boldsymbol{d}_i^+$ 和 $\Delta\boldsymbol{h}_i$ 表示为

$$\Delta\boldsymbol{d}_i=\Delta\boldsymbol{d}_i^+-\Delta\boldsymbol{h}_i=\mathbb{D}_i\left(\Delta\boldsymbol{d}_i\right)-\mathbb{H}_i\left(-\Delta\boldsymbol{d}_i\right) \tag{19.40}$$

在整个加载期间 [$t_0\quad t_1\quad\cdots\quad t_n$] 结束时的累计各向异性损伤、愈合和净损伤因子张量可分别按如下三式计算

$$\boldsymbol{d}_n^+=\sum_{i=1}^{n}\mathbb{D}_i\Delta\boldsymbol{d}_i^+=\sum_{i=1}^{n}\mathbb{D}_i\left(\boldsymbol{\mathcal{D}}_{\mathrm{e}}^{i-1}-\boldsymbol{\mathcal{D}}_{\mathrm{e}}^{i}\right)\cdot\left(\boldsymbol{\mathcal{D}}_{\mathrm{e}0}\right)^{-1} \tag{19.41}$$

$$\boldsymbol{h}_n=\sum_{i=1}^{n}\mathbb{H}_i\Delta\boldsymbol{h}_i=\sum_{i=1}^{n}\mathbb{H}_i\left(\boldsymbol{\mathcal{D}}_{\mathrm{e}}^{i}-\boldsymbol{\mathcal{D}}_{\mathrm{e}}^{i-1}\right)\cdot\left(\boldsymbol{\mathcal{D}}_{\mathrm{e}0}\right)^{-1} \tag{19.42}$$

$$\boldsymbol{d}_n=\boldsymbol{d}_n^+-\boldsymbol{h}_n \tag{19.43}$$

由式 (19.38)~式 (19.43) 给出的增量或累计损伤、愈合和净损伤因子皆为以二阶张量形式给出的反映其各向异性特征的状态变量。在第 15 章中对基于 Voronoi 胞元模型导出的颗粒材料 Cosserat 等效连续体损伤因子张量采用了其主值和主方向表征。对由式 (19.38)~式 (19.43) 给出的增量或累计损伤、愈合和净损伤因子张量也可以通过其主值和主方向表征。

本章基于表征元介观离散结构（受损或愈合）演变和平均场理论而获得的宏观连续体局部材料点当前弹性刚度矩阵 $\boldsymbol{\mathcal{D}}_{\mathrm{e}}$、塑性应变增量 $\Delta\overline{\boldsymbol{\mathfrak{E}}}^{\mathrm{p}}$ 和当前应力向量 $\overline{\boldsymbol{\mathfrak{T}}}$，在热动力学框架内对颗粒材料梯度 Cosserat 等效连续体塑性–损伤–愈合增量过程发展另一个以耗散性损伤能密度 $\tilde{\varPhi}_{\mathrm{d}}$ 和塑性能密度 $\tilde{\varPhi}_{\mathrm{p}}$ 以及非耗散性愈合能密度 $\tilde{\varTheta}$ 为内状态变量的表征方法。

累计损伤与塑性能密度 $\varPhi_{\rm d},\varPhi_{\rm p}$ 和累计愈合能密度 $\varTheta$ 依赖于加载途径，在整个加载途径中不可微，它们仅在一个加载增量步中近似地假定为可微。$\varPhi_{\rm d},\varPhi_{\rm p},\varTheta$ 需要通过增量加载过程获得的每个增量步结果 $\tilde{\varPhi}_{\rm d},\tilde{\varPhi}_{\rm p},\tilde{\varTheta}$ 累加计算。利用式 (17.77)～式 (17.80)、式 (18.21)、式 (19.3)、式 (19.4)、式 (19.20)、式 (19.22)，加载期间 $[\ t_0,\ \ t_n\ ]$ 结束时累计热动力学耗散能密度 $\varPhi_{\rm p},\varPhi_{\rm d}$ 和累计热动力学愈合能密度 $\varTheta$ 可按下列公式表示并计算

$$\varPhi_{\rm p}=\sum_{i=1}^{n}\tilde{\varPhi}_{\rm p}^{i}=\sum_{i=1}^{n}\left(\overline{\boldsymbol{\mathfrak{T}}}\cdot\Delta\overline{\boldsymbol{\mathfrak{E}}}^{\rm p}\right)^{i}=\sum_{i=1}^{n}\left\{\begin{array}{c}\overline{\boldsymbol{\sigma}}\\ \overline{\boldsymbol{T}}\\ \hat{\overline{\boldsymbol{\Sigma}}}\\ \overline{\boldsymbol{\mu}}^{0}\end{array}\right\}^{i}\cdot\left(\boldsymbol{\mathcal{D}}_{\rm e}^{-1}\right)^{i}\cdot\left\{\begin{array}{c}\Delta\overline{\boldsymbol{\sigma}}^{\rm p}\\ \Delta\overline{\boldsymbol{T}}^{\rm p}\\ \Delta\hat{\overline{\boldsymbol{\Sigma}}}^{\rm p}\\ \Delta\overline{\boldsymbol{\mu}}^{0,\rm p}\end{array}\right\}^{i}\geqslant 0 \tag{19.44}$$

$$\varPhi_{\rm d}=\sum_{i=1}^{n}\tilde{\varPhi}_{\rm d}^{i}=\sum_{i=1}^{n}\left(\mathbb{D}\left(\overline{\boldsymbol{\mathfrak{T}}}_{\rm d}:\Delta\boldsymbol{d}\right)\right)^{i}=\sum_{i=1}^{n}\left(\mathbb{D}_{i}\left(\overline{\boldsymbol{\mathfrak{T}}}_{\rm d}\right)^{i}:\left[\left(\boldsymbol{\mathcal{D}}_{\rm e}^{i-1}-\boldsymbol{\mathcal{D}}_{\rm e}^{i}\right)\cdot\left(\boldsymbol{\mathcal{D}}_{\rm e0}\right)^{-1}\right]\right)\geqslant 0 \tag{19.45}$$

$$\varTheta=\sum_{i=1}^{n}\tilde{\varTheta}^{i}=\sum_{i=1}^{n}\left(\mathbb{H}\left(-\overline{\boldsymbol{\mathfrak{T}}}_{\rm d}:\Delta\boldsymbol{d}\right)\right)^{i}=\sum_{i=1}^{n}\left(\mathbb{H}_{i}\left(\overline{\boldsymbol{\mathfrak{T}}}_{\rm d}\right)^{i}:\left[\left(\boldsymbol{\mathcal{D}}_{\rm e}^{i}-\boldsymbol{\mathcal{D}}_{\rm e}^{i-1}\right)\cdot\left(\boldsymbol{\mathcal{D}}_{\rm e0}\right)^{-1}\right]\right)\geqslant 0 \tag{19.46}$$

式 (19.44)～ 式 (19.46) 中求和符号的上标 n 表示加载增量步总数。注意到当利用式 (19.44)～ 式 (19.46) 计算 $\varPhi_{\rm p},\varPhi_{\rm d},\varTheta$ 时，在每个载荷增量步 $[\ t_{i-1},\ \ t_i\ ]$ 区间内的 $\overline{\boldsymbol{\mathfrak{T}}},\overline{\boldsymbol{\mathfrak{T}}}_{\rm d}$ 不是常量。对于多尺度数值模拟中在有限载荷增量步长情况下发生的度量塑性和损伤破坏增量的 $\left(\Delta\overline{\boldsymbol{\mathfrak{E}}}^{\rm p}\right)^{i},(\Delta\boldsymbol{d})^{i}$ 在数值上也通常为有限量。由于每两个直接相邻离散颗粒可能在所模拟的 $[\ t_{i-1},\ \ t_i\ ]$ 增量步区间中的任何未知瞬间发生颗粒间接触的脱离或重生，导致在加载区间中 $\overline{\boldsymbol{\mathfrak{T}}}_{\rm d}$ 和 $\overline{\boldsymbol{\mathfrak{T}}}$ 值的间断和在载荷增量步起始和终结时刻的 $\overline{\boldsymbol{\mathfrak{T}}}_{\rm d}$ 和 $\overline{\boldsymbol{\mathfrak{T}}}$ 值, 即 $\left(\overline{\boldsymbol{\mathfrak{T}}}_{\rm d}\right)^{i-1}$ 和 $\left(\overline{\boldsymbol{\mathfrak{T}}}_{\rm d}\right)^{i}$ 值之间以及 $(\overline{\boldsymbol{\mathfrak{T}}}\ )^{i-1}$ 和 $(\overline{\boldsymbol{\mathfrak{T}}}\ )^{i}$ 值之间的显著差别。为此，引入一个加权平均系数 $\chi_{\mathfrak{T}}$，令在式 (19.44)～式 (19.46) 中计算第 i 个增量步的 $\tilde{\varPhi}_{\rm p}^{i},\tilde{\varPhi}_{\rm d}^{i},\tilde{\varTheta}^{i}$ 时采用的应力向量 $\overline{\boldsymbol{\mathfrak{T}}}$ 和损伤–愈合广义力张量 $\overline{\boldsymbol{\mathfrak{T}}}_{\rm d}$，既不是时刻 t_{i-1} 的 $\overline{\boldsymbol{\mathfrak{T}}}^{i-1},\overline{\boldsymbol{\mathfrak{T}}}_{\rm d}{}^{i-1}$，也不是时刻 t_i 的 $\overline{\boldsymbol{\mathfrak{T}}}^{i},\overline{\boldsymbol{\mathfrak{T}}}_{\rm d}{}^{i}$，而分别是 $\overline{\boldsymbol{\mathfrak{T}}}^{i-1},\overline{\boldsymbol{\mathfrak{T}}}^{i}$ 和 $\overline{\boldsymbol{\mathfrak{T}}}_{\rm d}{}^{i-1},\overline{\boldsymbol{\mathfrak{T}}}_{\rm d}{}^{i}$ 的加权平均，即

$$\overline{\boldsymbol{\mathfrak{T}}}=\chi_{\mathfrak{T}}\overline{\boldsymbol{\mathfrak{T}}}^{i-1}+(1-\chi_{\mathfrak{T}})\,\overline{\boldsymbol{\mathfrak{T}}}^{i},\quad \overline{\boldsymbol{\mathfrak{T}}}_{\rm d}=\chi_{\mathfrak{T}}\overline{\boldsymbol{\mathfrak{T}}}_{\rm d}{}^{i-1}+(1-\chi_{\mathfrak{T}})\,\overline{\boldsymbol{\mathfrak{T}}}_{\rm d}{}^{i} \tag{19.47}$$

式中，$0\leqslant\chi_{\mathfrak{T}}\leqslant 1$。同时，基于式 (19.32)～ 式 (19.34)，用以计算 $\varPhi_{\rm p},\varPhi_{\rm d}$ 和 $\varTheta$ 的式 (19.44)～ 式 (19.46) 将可用如下表达式替代，即

$$
\begin{aligned}
\Phi_{\mathrm{p}} &= \sum_{i=1}^{n} \tilde{\Phi}_{\mathrm{p}}^{i} = \sum_{i=1}^{n} \left(\chi_{\mathfrak{T}} \overline{\mathfrak{T}}^{i-1} + (1-\chi_{\mathfrak{T}}) \overline{\mathfrak{T}}^{i}\right) \cdot \left(\Delta \overline{\mathfrak{E}}^{\mathrm{p}}\right)^{i} \\
&= \sum_{i=1}^{n} \left[\chi_{\mathfrak{T}} \left\{ \begin{array}{c} \overline{\boldsymbol{\sigma}} \\ \overline{\boldsymbol{T}} \\ \hat{\overline{\boldsymbol{\Sigma}}} \\ \overline{\boldsymbol{\mu}}^{0} \end{array} \right\}^{i-1} + (1-\chi_{\mathfrak{T}}) \left\{ \begin{array}{c} \overline{\boldsymbol{\sigma}} \\ \overline{\boldsymbol{T}} \\ \hat{\overline{\boldsymbol{\Sigma}}} \\ \overline{\boldsymbol{\mu}}^{0} \end{array} \right\}^{i} \right] \cdot \left(\boldsymbol{\mathcal{D}}_{\mathrm{e}}^{-1}\right)^{i} \cdot \left\{ \begin{array}{c} \Delta \overline{\boldsymbol{\sigma}}^{\mathrm{p}} \\ \Delta \overline{\boldsymbol{T}}^{\mathrm{p}} \\ \Delta \hat{\overline{\boldsymbol{\Sigma}}}^{\mathrm{p}} \\ \Delta \overline{\boldsymbol{\mu}}^{0,\mathrm{p}} \end{array} \right\}^{i} \geqslant 0
\end{aligned} \tag{19.48}
$$

$$
\Phi_{\mathrm{d}} = \sum_{i=1}^{n} \tilde{\Phi}_{\mathrm{d}}^{i} = \sum_{i=1}^{n} \mathbb{D}_{\mathfrak{T}} \cdot \left[\left(\chi_{\mathfrak{T}} \overline{\mathfrak{T}}_{\mathrm{d}}{}^{i-1} + (1-\chi_{\mathfrak{T}}) \overline{\mathfrak{T}}_{\mathrm{d}}{}^{i}\right)\right] : \Delta \boldsymbol{d} \geqslant 0 \tag{19.49}
$$

$$
\Theta = \sum_{i=1}^{n} \tilde{\Theta}^{i} = \sum_{i=1}^{n} \mathbb{H}_{\mathfrak{T}} \cdot \left[-\left(\chi_{\mathfrak{T}} \overline{\mathfrak{T}}_{\mathrm{d}}{}^{i-1} + (1-\chi_{\mathfrak{T}}) \overline{\mathfrak{T}}_{\mathrm{d}}{}^{i}\right)\right] : \Delta \boldsymbol{d} \geqslant 0 \tag{19.50}
$$

式 (19.49) 中 $\mathbb{D}_{\mathfrak{T}}$ 和式 (19.50) 中 $\mathbb{H}_{\mathfrak{T}}$ 分别表示为

$$
\begin{aligned}
\mathbb{D}_{\mathfrak{T}} &= H\left(\left(\chi_{\mathfrak{T}} \overline{\mathfrak{T}}_{\mathrm{d}}{}^{i-1} + (1-\chi_{\mathfrak{T}}) \overline{\mathfrak{T}}_{\mathrm{d}}{}^{i}\right) : \Delta \boldsymbol{d}\right) \\
\mathbb{H}_{\mathfrak{T}} &= H\left(-\left(\chi_{\mathfrak{T}} \overline{\mathfrak{T}}_{\mathrm{d}}{}^{i-1} + (1-\chi_{\mathfrak{T}}) \overline{\mathfrak{T}}_{\mathrm{d}}{}^{i}\right) : \Delta \boldsymbol{d}\right)
\end{aligned} \tag{19.51}
$$

式中，与按式 (19.17) 计算的 $\Delta\boldsymbol{d}$ 功共轭的在 t_{i-1}, t_i 时刻的热动力学广义力 $\overline{\mathfrak{T}}_{\mathrm{d}}{}^{i-1}, \overline{\mathfrak{T}}_{\mathrm{d}}{}^{i}$ 可按式 (19.20) 计算。它们分别依赖相应时刻的 $\overline{\mathfrak{T}}^{i-1}, \overline{\mathfrak{T}}^{i}$。

理论上，式 (19.47) 所表示的插值近似中 $\chi_{\mathfrak{T}}$ 值的确定应与指定加载步下宏观连续体局部材料点相关联的特定表征元的介观结构在增量步中的演变相关；即它是依赖于加载时刻 t 和材料点位置 $\boldsymbol{x}$ 的值 $\chi_{\mathfrak{T}}(\boldsymbol{x},t)$。然而，在实际问题的多尺度数值模拟计算过程中无法对单个材料点的每个加载步确定系数 $\chi_{\mathfrak{T}}(\boldsymbol{x},t)$。

本章提出一个近似地确定不依赖于 $(\boldsymbol{x},t)$ 的常系数 $\chi_{\mathfrak{T}}$ 的方案。确定 $\chi_{\mathfrak{T}}$ 的条件是令由多尺度模拟结果所得颗粒材料结构载荷–位移曲线估计的整个加载过程外力耗散功等于由全域有限元网格积分点的每个材料点依赖于 $\chi_{\mathfrak{T}}$ 的 $(\Phi_{\mathrm{p}} + \Phi_{\mathrm{d}} - \Theta)$ 而计算的全域在整个加载过程中的塑性–净损伤耗散能。整个加载过程外力耗散功由图 19.3 所示颗粒材料方板位移–载荷曲线统计的整个加载过程作用于宏观结构的外力功减去加载结束时估计的宏观结构弹性卸载恢复弹性应变能。

颗粒材料结构全域在时刻 t_n 的累计热动力学耗散能 $\Psi_{\tau}(t_n)$ 与热动力学愈合能 $\Upsilon(t_n)$ 可利用下式累加计算

$$
\Psi_{\tau}(t_n) = \sum_{k=1}^{\mathrm{Nele}} \Psi_{\tau}^{k}(t_n) = \sum_{k=1}^{\mathrm{Nele}} \sum_{j=1}^{\mathrm{Nint}} \sum_{i=1}^{n} \tilde{\Phi}_{\tau}^{i}(k,j) \Omega^{i}(k,j) \tag{19.52}
$$

$$\Upsilon(t_n)=\sum_{k=1}^{\text{Nele}}\Upsilon^k(t_n)=\sum_{k=1}^{\text{Nele}}\sum_{j=1}^{\text{Nint}}\sum_{i=1}^{n}\tilde{\Theta}^i(k,j)\Omega^i(k,j) \tag{19.53}$$

式 (19.52) 中下标 $\tau=\mathrm{d,p,t}$ 依次表示损伤、塑性、损伤和塑性（内状态变量）。k 和 j 分别表示有限元序号和在第 k 单元中的积分点序号。Nele 和 Nint 分别是有限元网格中总单元数和一个单元中的积分点数。$\Psi_\tau^k(t_n),\Upsilon^k(t_n)$ 分别表示第 k 单元在 t_n 累计的耗散能与愈合能。$\tilde{\Phi}_\tau^i(k,j),\tilde{\Theta}^i(k,j),\Omega^i(k,j)$ 分别表示时间增量步 $[\ t_{i-1},\ \ t_i\ ]$ 第 k 单元中第 j 积分点的表征元增量耗散和愈合能密度以及代表面积（三维情况下的代表体积）。

19.3 数 值 算 例

考虑如图 19.1(a) 所示在两刚性板间受到单向压缩的平板算例。两刚性板与平板间的接触模型化为理想粘结，即平板与刚性板接触面上的有限元网格节点的水平与垂直方向位移分别指定为零和按位移控制下的均一值。忽略重力效应，因为满足对称性条件，数值模拟仅对右上方 1/4 平板执行，如图 19.1(b) 所示，其中 $L=30$ m，被划分成 20×20 有限元网格。数值模拟结果表明，从位于 1/4 方板有限元网格右上角的有限元开始发展的剪切带由刚性板与平板间接触面的理想粘结的效应所触发。

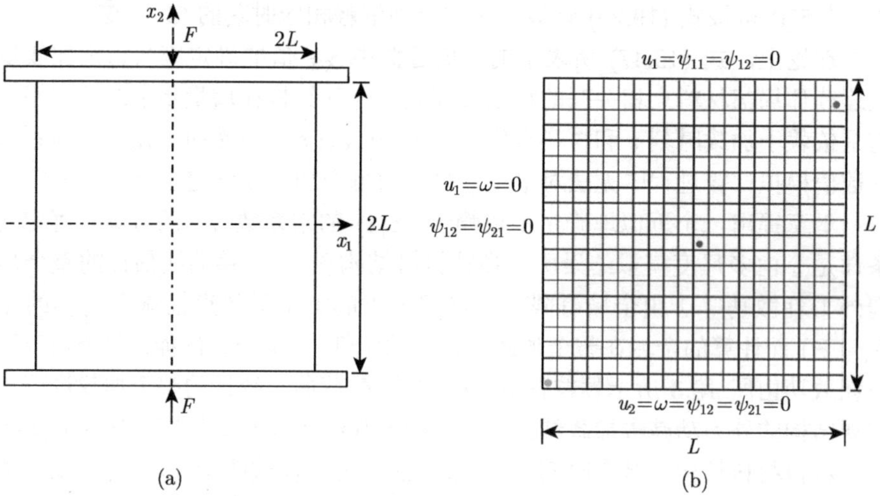

图 19.1　方板应变局部化和软化问题

(a) 尺寸与加载；(b) 1/4 方板的网格和边界条件

在有限元网格中每一个积分点处配置一个初始构形相同的表征元。为考察表征元尺寸对宏观塑性–损伤–愈合表征的效应，本例题采用如图 19.2 所示三种具有相同规则介观结构、但不同尺寸的表征元样本 RVE40、RVE60、RVE84。每一个表征元样本的尺寸是 $l \times l$，它们含 n_{r} 个颗粒，每个颗粒半径为 0.02 m。模拟中所采用的颗粒材料性质，除了在本例中采用 Coulomb 摩擦律中最大滚动摩擦矩系数 $\mu_\theta = 0.05$ 外，其余皆与表 17.1 中给出的相同。

注意到图 19.2 所示三个表征元样本的介观结构为具有低固相密度的较松散规则排列模式，因而有相当多的孔隙允许导致从图示的规则和均匀排列表征元演变为非规则和非均匀表征元的介观结构，并伴随发生可观的表征离散颗粒集合体材料破坏的能量耗散。此外，之所以不采用初始不规则介观结构的表征元样本的原因是很难定义和生成若干个（例如三个）具有不同表征元尺寸但却具有相同不规则介观结构的表征元样本。

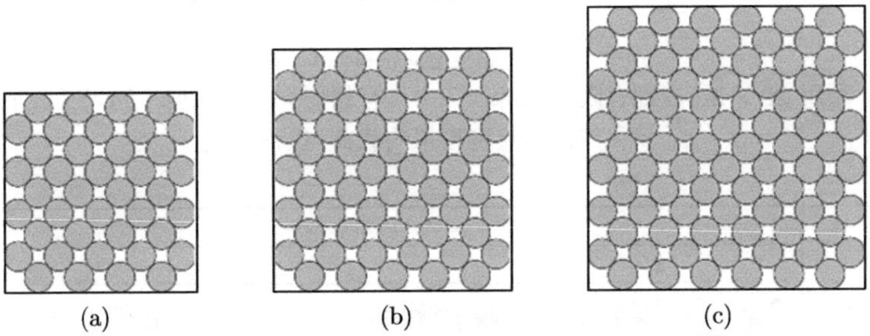

图 19.2　具有相同规则介观结构但不同尺寸的三个表征元样本

(a) $l - 0.2662$ m, $n_{\mathrm{r}} = 40$; (b) $l = 0.3228$ m, $n_{\mathrm{r}} = 60$; (c) $l = 0.3794$ m, $n_{\mathrm{r}} = 84$

由利用三个不同表征元样本得到的如图 19.3 所示方板问题三条载荷–位移曲线显示了二阶协同计算均匀化方法能在无需指定宏观唯象本构关系和材料破坏模型的情况下模拟应变软化问题的能力。图 19.3 同时显示了表征元尺寸对方板宏观力学行为、即其承载能力和软化行为的影响。可以看到在后软化阶段之前图中三条曲线几乎完全重合，但在后软化阶段三条曲线有些不同，虽然不是很大。总体上，当模拟过程中采用不同尺寸但具有相同介观结构的表征元样本，二阶协同计算均匀化模拟结果对表征元尺寸的敏感度较低。

图 19.3 中用 A, B, C 分别表示利用三个不同表征元样本所获得三条载荷–位移曲线在软化阶段的三个状态。三条曲线上达到载荷峰值 4.26, 4.38, 4.51($\times 10^5$ N) 的点用 A 表示。与此载荷峰值相应的指定竖向位移分别为 0.15 m, 0.156 m, 0.162 m。三条曲线上表示载荷历史结束时的指定竖向位移为 0.234 m，用 C 点表示。在三条曲线后软化阶段中介于状态 A 和 C、相应于指定竖向位移为 0.198 m 的中间状态用 B 点表示。图 19.4 比较了分别利用三个表征元样本 RVE40、RVE60、RVE84 所得方板全域在软化阶段以随载荷历史有效应变分布演变表示

的剪切带发展过程。

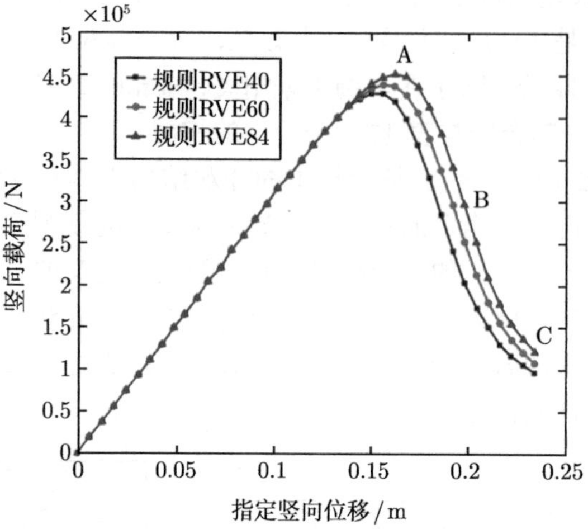

图 19.3 利用 20×20 规则有限元网格、三个具有相同介观结构但不同尺寸表征元的方板软化问题多尺度模拟的载荷–位移曲线

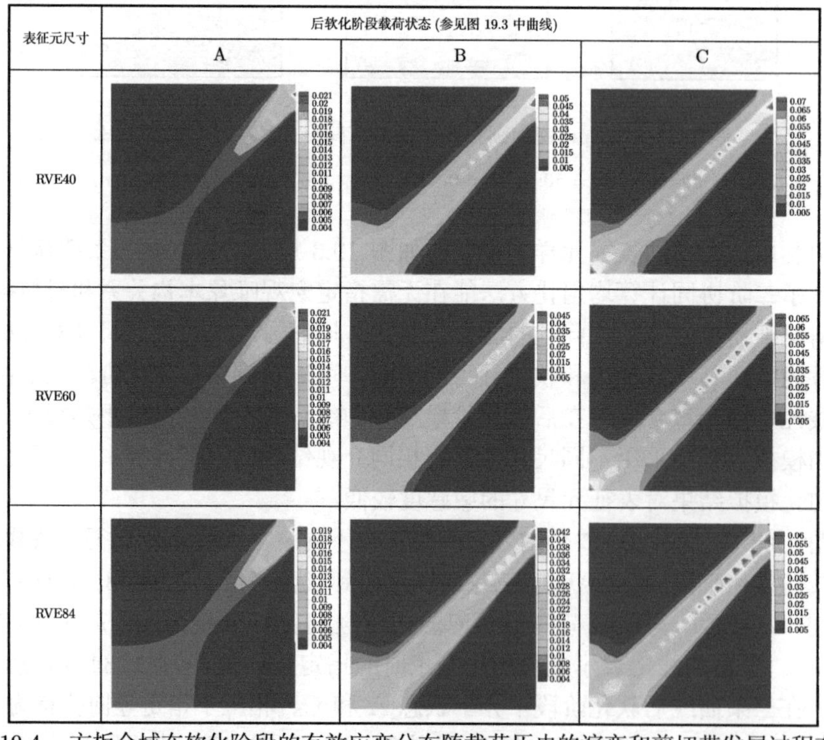

图 19.4 方板全域在软化阶段的有效应变分布随载荷历史的演变和剪切带发展过程有效应变分布表示的剪切带发展过程

为清楚表示损伤–愈合因子张量对材料破坏的效应和使它能与塑性对材料破坏的效应比较，发生在颗粒材料宏观梯度 Cosserat 连续体中的耦合损伤–愈合和塑性将以作为标量的内状态变量，即热动力学耗散能密度和非耗散愈合能密度表征。对于宏观连续体有限元网格中设置了表征元的每个积分点，将按式 (19.48)~式 (19.50) 计算增量和累计耗散能密度和愈合能密度。对于本例题中所采用三种不同表征元样本 RVE40、RVE60、RVE84，式 (19.48)~ 式 (19.50) 中采用的拟合值 $\chi_{\mathfrak{T}}\,(0 \leqslant \chi_{\mathfrak{T}} \leqslant 1)$ 分别为 $\chi_{\mathfrak{T}} = 0.52, 0.61, 0.90$。图 19.5~ 图 19.7 分别显示了载荷历史结束时利用 RVE40, RVE60, RVE84 所得累计热动力学能密度沿方板全域的分布。具体地，图 19.5(a)~ 图 19.7(a), 图 19.5(b)~ 图 19.7(b), 图 19.5(c)~ 图 19.7(c), 图 19.5(d)~ 图 19.7(d) 分别显示了在载荷历史结束时损伤、愈合、净损伤和塑性的累计热动力学能密度。

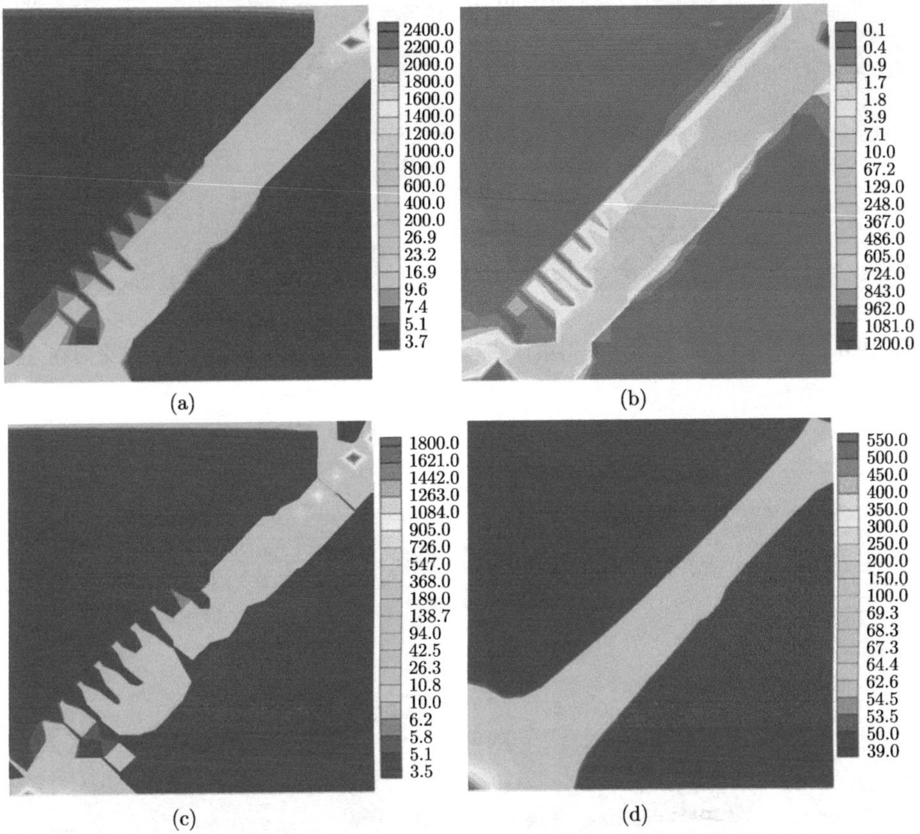

图 19.5 利用 RVE40 样本所获得累计热动力学能密度 ($\mathrm{J/m^2}$) 在载荷历史结束时在方板全域分布

(a) 损伤；(b) 愈合；(c) 净损伤；(d) 塑性

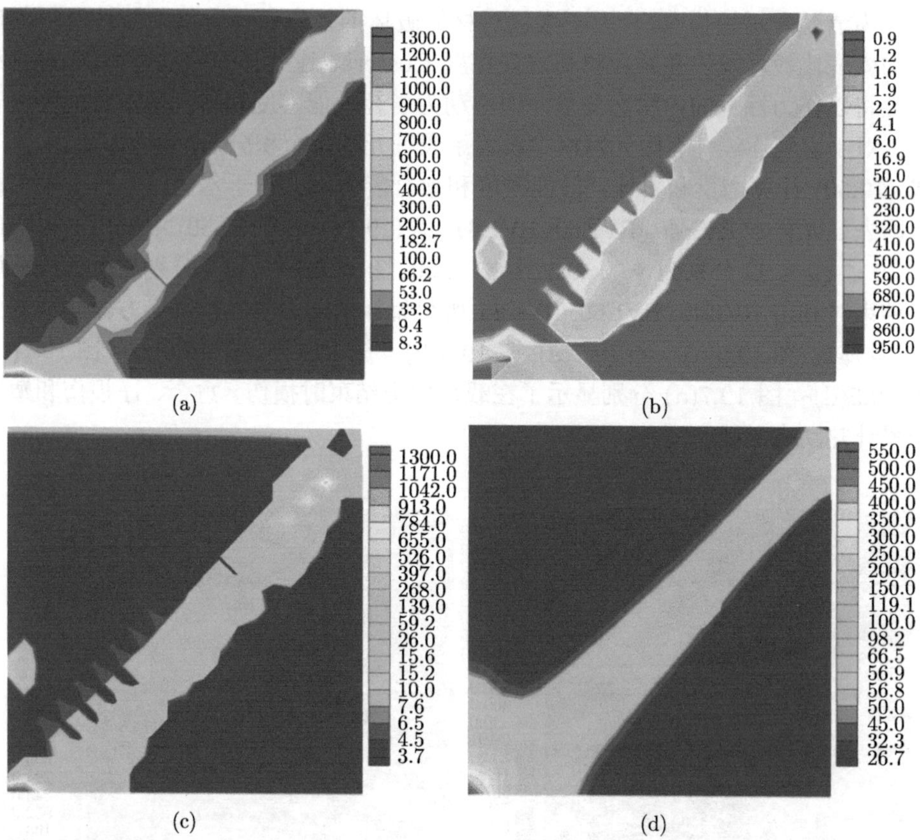

图 19.6　利用 RVE60 样本所获得累计热动力学能密度 (J/m^2) 在载荷历史结束时在方板全域分布

(a) 损伤；(b) 愈合；(c) 净损伤；(d) 塑性

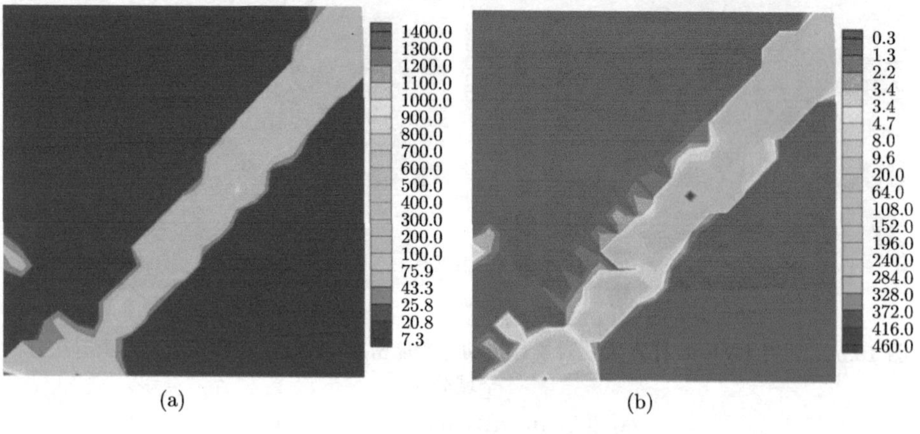

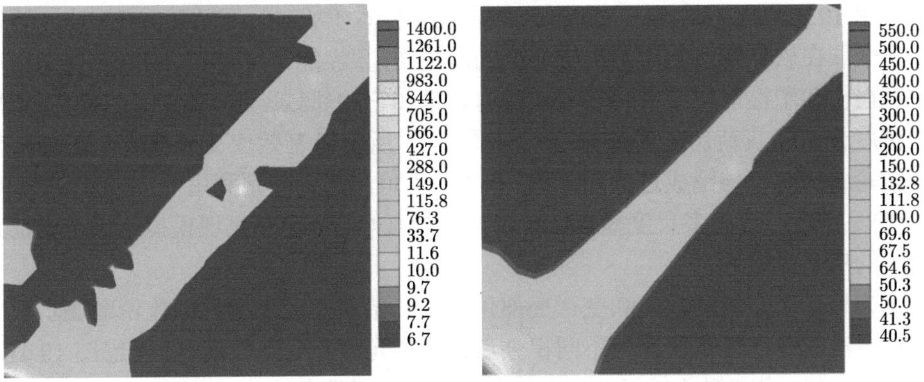

(c) (d)

图 19.7 利用 RVE84 样本所获得累计热动力学能密度 (J/m^2) 在载荷历史结束时在方板全域分布

(a) 损伤；(b) 愈合；(c) 净损伤；(d) 塑性

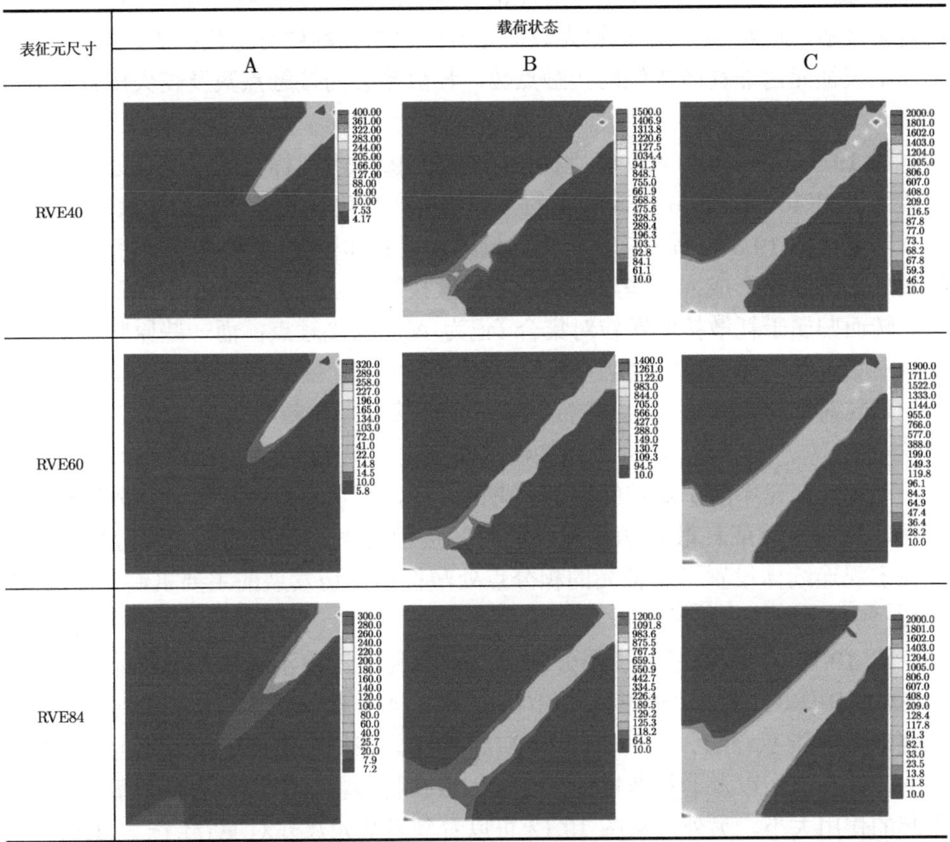

图 19.8 采用 RVE40、RVE60、RVE84 样本执行多尺度模拟时方板全域在软化阶段的损伤–愈合–塑性能密度 (J/m^2) 分布随载荷历史演变比较

图 19.8 给出了采用三种不同尺寸表征元样本 RVE40、RVE60、RVE84 所得方板全域在软化阶段随载荷历史演变的净损伤–塑性能密度分布，表明方板中所产生净损伤和塑性能集中发生在方板的剪切带和它的邻域。可以看到，净损伤–塑性能密度分布随载荷历史的演化过程与图 19.4 所示以有效应变分布表示的局部化区域轮廓的萌发与形成过程相一致。同时，也可注意到分别利用 RVE40、RVE60、RVE84 样本所得的多尺度模拟结果较好地相互吻合，没有呈现模拟结果对表征元尺寸的病态依赖性。

为显示当方板的软化和变形局部化过程开始和发展以及局部化轮廓逐步形成过程中沿宏观连续体剪切带不同积分点处表征元的介观结构演变，考虑图 19.1(b) 中分别以红、蓝、绿色标记的三个积分点处分别设置 RVE40、RVE60、RVE84 表征元的三种情况。定义每两个直接相邻移动颗粒的三种接触状态，即：(1) 非耗散接触：两直接相邻颗粒在接触状态下发生无耗散的相对运动；(2) 耗散接触：两直接相邻颗粒在接触状态下发生耗散性相对运动；(3) 丧失接触：两直接相邻接触颗粒丧失接触。此外，以 N_{t} 标记为表征元内初始接触颗粒对总数；N_{e}、N_{p}、N_{d} 分别标记表征元内非耗散接触的接触点数，耗散接触的接触点数及丧失接触的颗粒对数。

图 19.9～ 图 19.11 依次分别提供了在图 19.1(b) 中标记的三个积分点设置的表征元 RVE40、RVE60、RVE84 的介观结构在软化阶段随载荷历史演化的比较。

随着在图 19.3 中所示软化行为的持续发展和如图 19.4 和图 19.8 所示局部化区域外形的逐步形成，一些原归属于非耗散接触颗粒对集合 (记为 N_{e}) 的接触点可能转而归属于耗散接触颗粒对集合 (记为 N_{p}) 的接触点；而一些原归属于颗粒接触对集合 N_{e} 和 N_{p} 的接触颗粒对可能将丧失它们的接触和转而归属于丧失接触的颗粒对集合 (记为 N_{d})。表征元中三个直接相邻颗粒对集合 N_{e}、N_{p}、N_{d} 中颗粒对数 N_{e}、N_{p}、N_{d} 随介观结构演化而变化，但 $N_{\mathrm{e}}+N_{\mathrm{p}}+N_{\mathrm{d}}\equiv N_{\mathrm{t}}$。

上述表征元中两个颗粒间接触状态的转变，即从非耗散接触到耗散接触状态和从非耗散接触或耗散接触状态到颗粒间接触丧失的状态的转变可分别被认为是在宏观连续体设置了表征元的积分点处塑性和损伤发展的主要机制 (Li et al., 2013; 2018)。

图 19.12(a)～(c) 三个子图分别给出了当利用三种不同表征元样本 RVE40、RVE60、RVE84 模拟本例题图 19.1(b) 所示 1/4 方板随载荷历史演变时的全域累积热动力学能 $\Psi_{\tau}(t),(\tau=\mathrm{d},\mathrm{p},\mathrm{t})$ 和 $\Upsilon(t)$ 曲线。在每个子图中可以定量比较耗散性的塑性和损伤以及非耗散性的愈合等因素在材料耦合损伤、愈合和塑性过程中所起的作用大小。另外，从图 19.12 可以看到表征元尺寸对 $\Psi_{\tau}(t),(\tau=\mathrm{d},\mathrm{p},\mathrm{t})$ 和 $\Upsilon(t)$ 演变的效应。

图 19.13(a)～(c) 三个子图分别给出了当利用表征元样本 RVE40、RVE60、

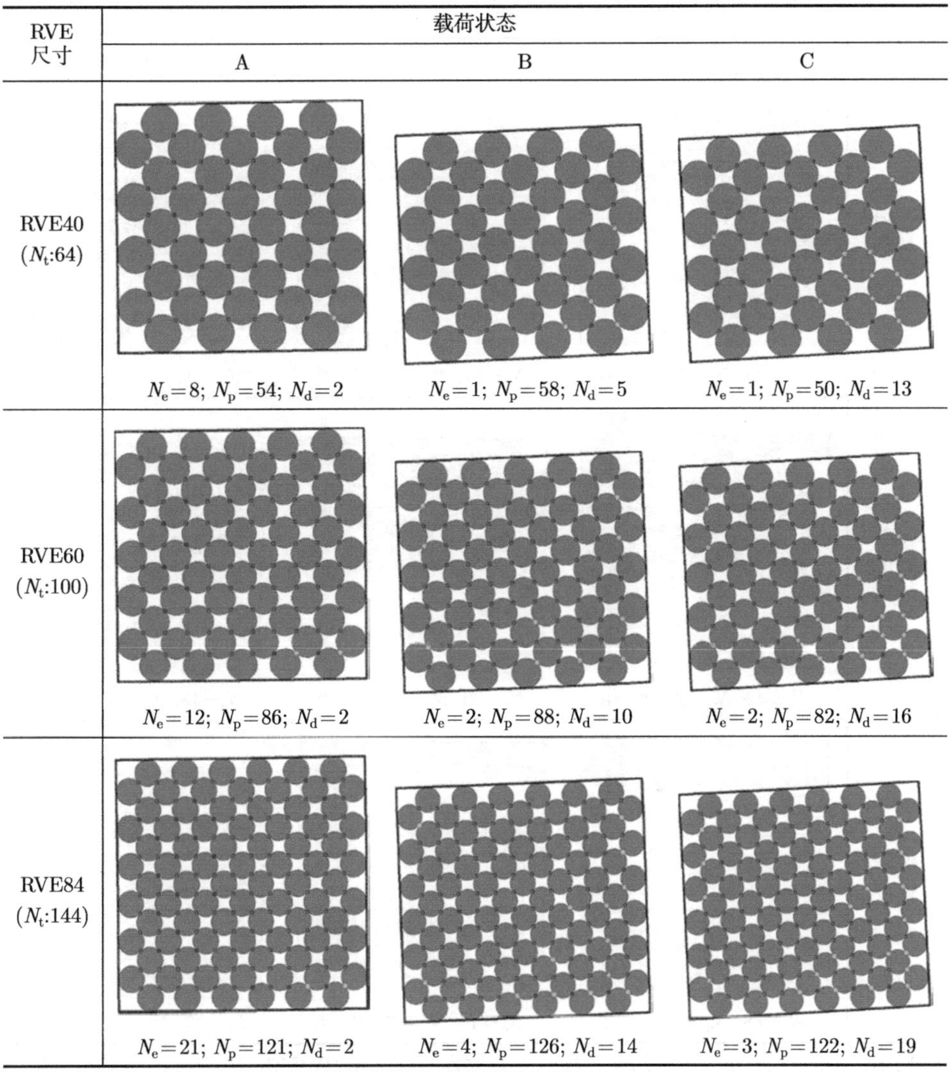

图 19.9 图 19.1(b) 中标记的右上角红色积分点处设置的表征元 RVE40、RVE60、RVE84 的介观结构在软化阶段随载荷历史的演化

接触状态：蓝色点 $\in \mathrm{N_e}$，红色点 $\in \mathrm{N_p}$，绿色点 $\in \mathrm{N_d}$

RVE84 模拟本例题时所获得的全域累计损伤–愈合能、累计塑性耗散能和累计损伤–愈合–塑性能随载荷历史演化曲线比较。另外，可以看到，利用不同表征元样本 RVE40、RVE60、RVE84 所得结果吻合较好。由图 19.13(c) 显示，采用具有相同介观结构但不同尺寸的表征元样本的颗粒结构全域累计损伤–愈合–塑性能没

RVE 尺寸	载荷状态		
	A	B	C
RVE40 (N_t:64)	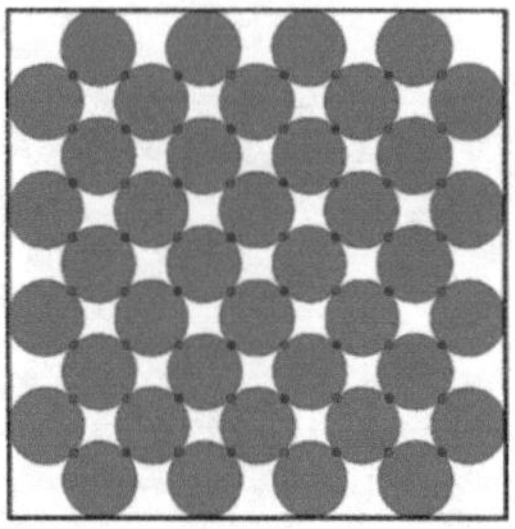 $N_e=26$; $N_p=38$; $N_d=0$	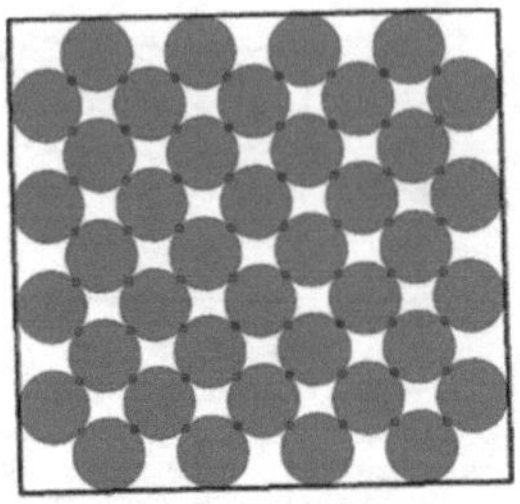 $N_e=17$; $N_p=47$; $N_d=0$	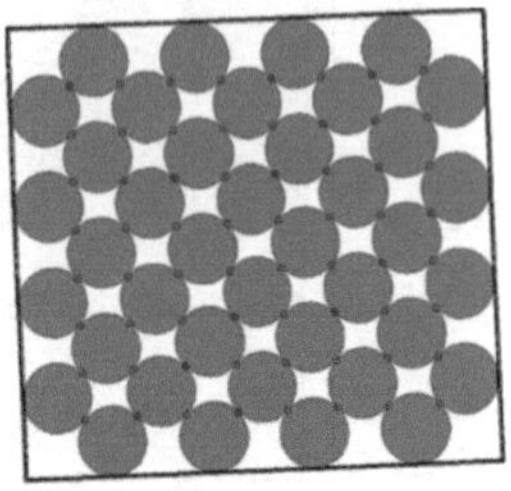 $N_e=11$; $N_p=53$; $N_d=0$
RVE60 (N_t:100)	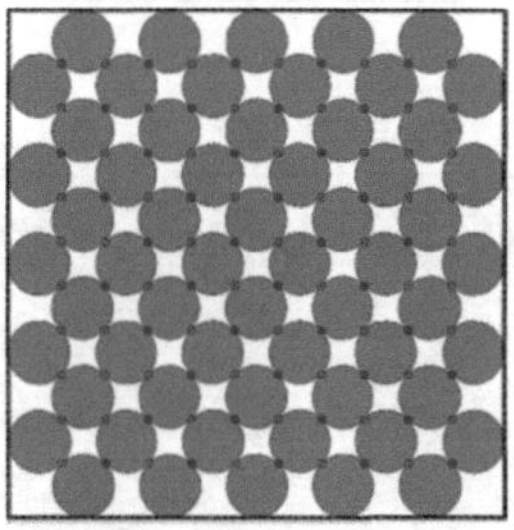 $N_e=42$; $N_p=58$; $N_d=0$	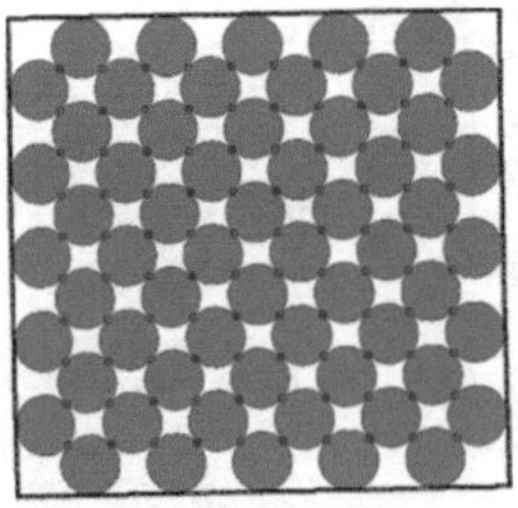 $N_e=30$; $N_p=70$; $N_d=0$	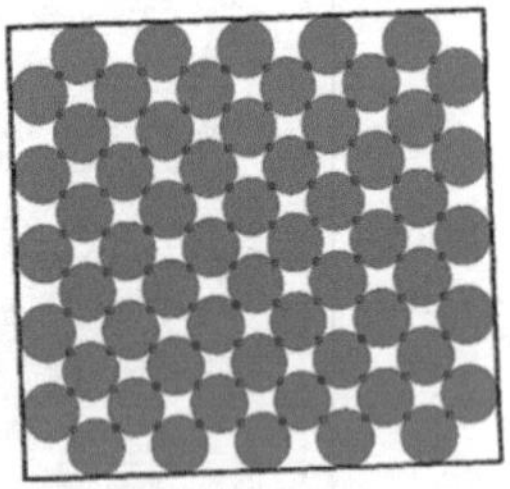 $N_e=18$; $N_p=82$; $N_d=0$
RVE84 (N_t:144)	 $N_e=68$; $N_p=76$; $N_d=0$	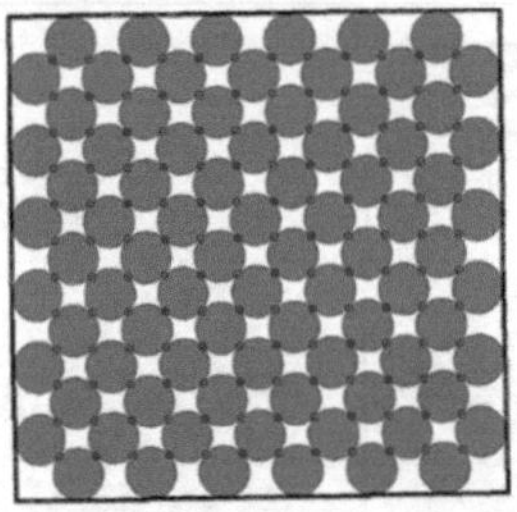 $N_e=49$; $N_p=95$; $N_d=0$	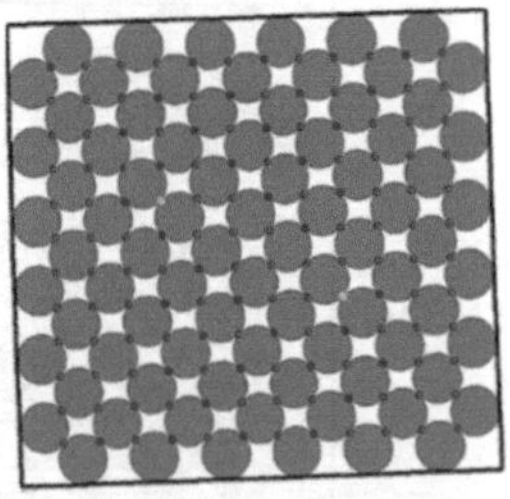 $N_e=39$; $N_p=103$; $N_d=2$

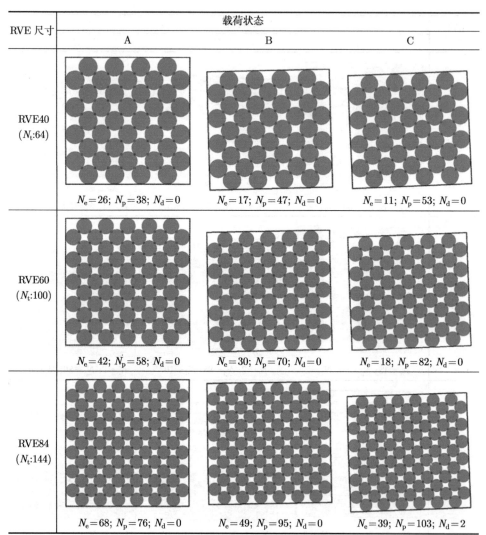

图 19.10　图 19.1(b) 中标记的蓝色积分点处设置的表征元 RVE40、RVE60、RVE84 的介观结构在软化阶段随载荷历史的演化

接触状态：蓝色点 $\in \mathrm{N_e}$，红色点 $\in \mathrm{N_p}$，绿色点 $\in \mathrm{N_d}$

有病态地依赖于表征元尺寸。表征元尺寸反映了观察宏观连续体局部介观结构的窗口尺寸。由于三个表征元样本 RVE40、RVE60、RVE84 的生成过程中没有引入统计因素，而是利用均一尺寸离散颗粒的相同初始规则排列生成，三个表征元样本实际上表示了同一材料。分别利用它们的数值模拟结果主要差别来源于表征

RVE 尺寸	载荷状态		
	A	B	C
RVE40 (N_{t}:64)	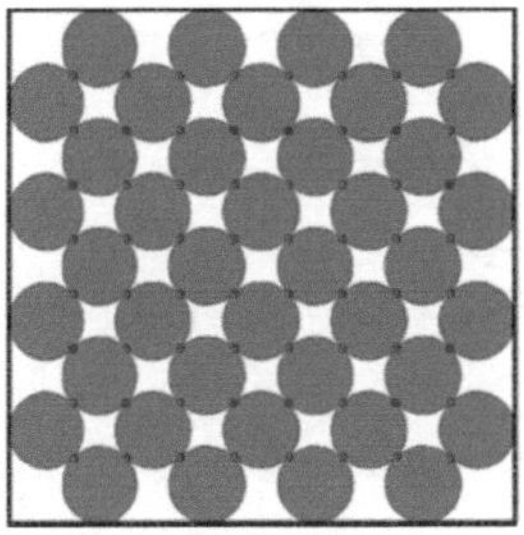 $N_{\mathrm{e}}=12$; $N_{\mathrm{p}}=52$; $N_{\mathrm{d}}=0$	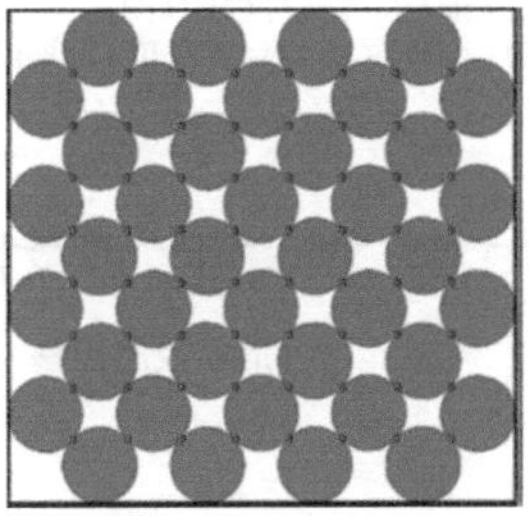 $N_{\mathrm{e}}=0$; $N_{\mathrm{p}}=64$; $N_{\mathrm{d}}=0$	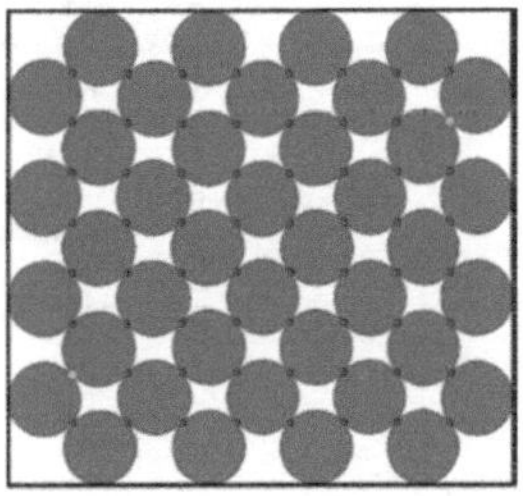 $N_{\mathrm{e}}=0$; $N_{\mathrm{p}}=62$; $N_{\mathrm{d}}=2$
RVE60 (N_{t}:100)	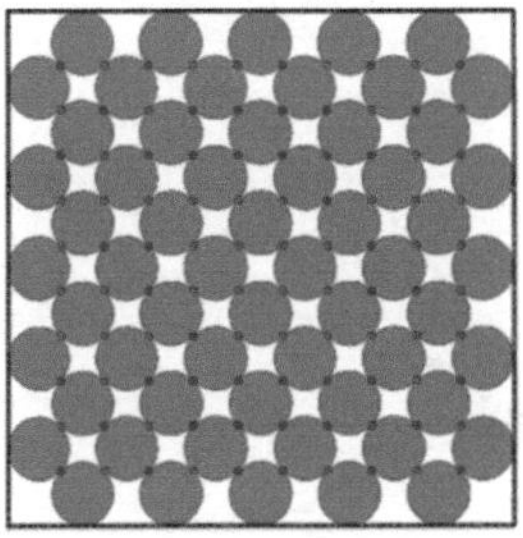 $N_{\mathrm{e}}=48$; $N_{\mathrm{p}}=52$; $N_{\mathrm{d}}=0$	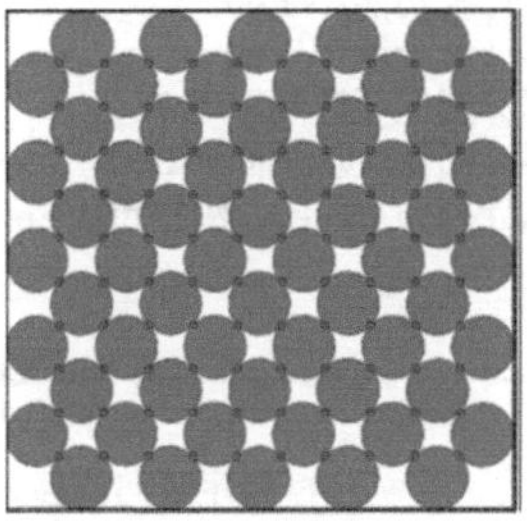 $N_{\mathrm{e}}=0$; $N_{\mathrm{p}}=100$; $N_{\mathrm{d}}=0$	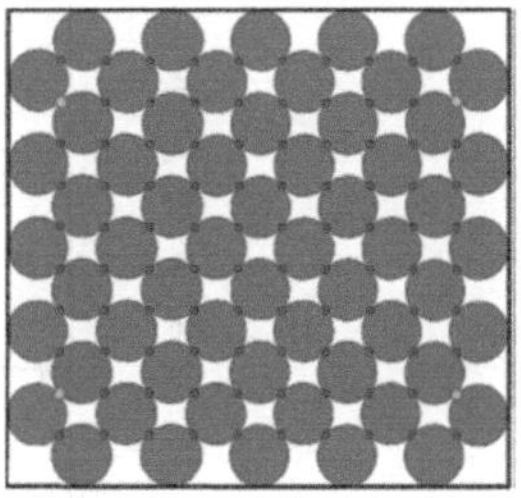 $N_{\mathrm{e}}=0$; $N_{\mathrm{p}}=96$; $N_{\mathrm{d}}=4$
RVE84 (N_{t}:144)	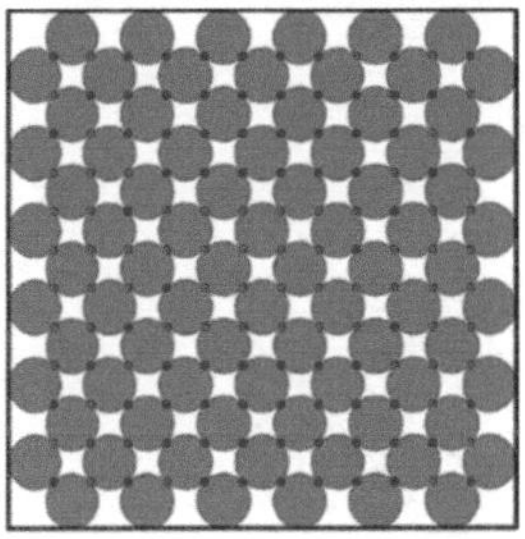 $N_{\mathrm{e}}=78$; $N_{\mathrm{p}}=68$; $N_{\mathrm{d}}=0$	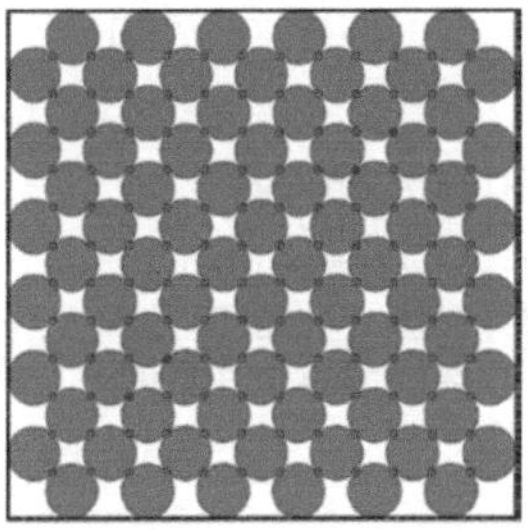 $N_{\mathrm{e}}=4$; $N_{\mathrm{p}}=140$; $N_{\mathrm{d}}=0$	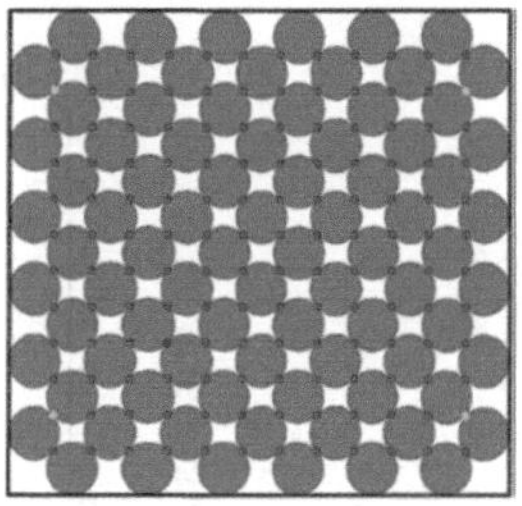 $N_{\mathrm{e}}=1$; $N_{\mathrm{p}}=139$; $N_{\mathrm{d}}=4$

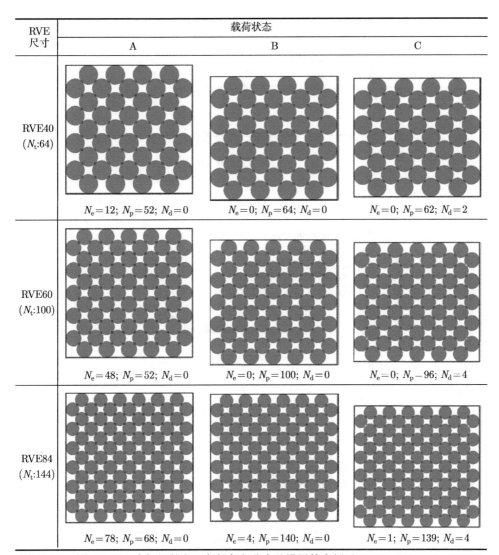

图 19.11 图 19.1(b) 中标记的左下角绿色积分点处设置的表征元 RVE40, RVE60, RVE84 的介观结构在软化阶段随载荷历史的演化

接触状态：蓝色点 $\in \mathrm{N_e}$，红色点 $\in \mathrm{N_p}$，绿色点 $\in \mathrm{N_d}$

元边界颗粒与表征元轮廓边界的接触点数和表征元内部直接相邻颗粒对数之间比值的差别，即它们的边界（颗粒接触）效应的差别随表征元颗粒总数的增长而降低。分别利用 RVE40、RVE60、RVE84 的数值模拟结果应该给出在可接受数值误差范围内的近似相同全局力学行为。图 19.13(c) 显示的累计颗粒材料结构全域损伤–愈合–塑性能应近似地等于导致结构破坏的由图 19.3 所示三条曲线近似估

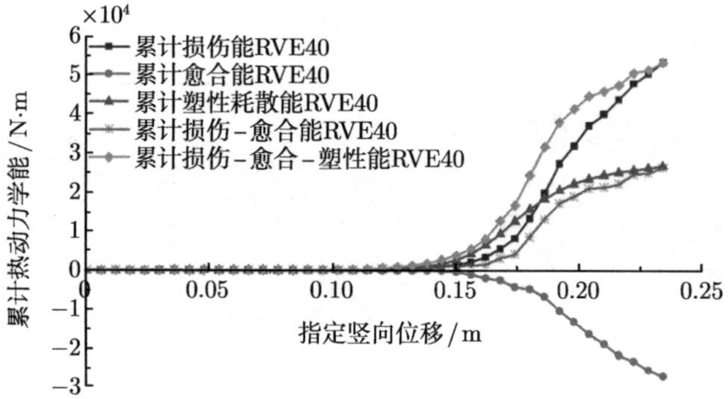

(a)

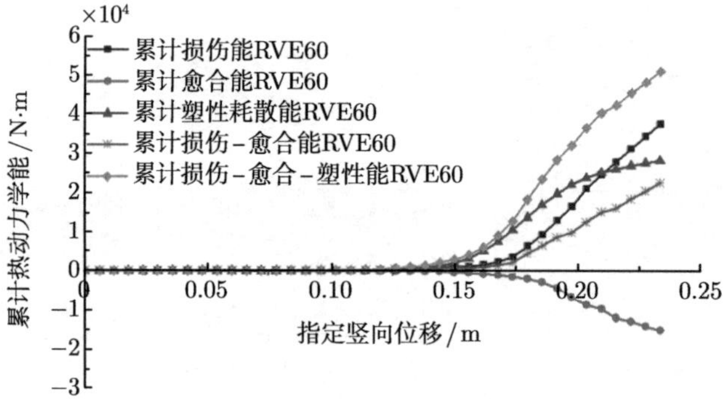

(b)

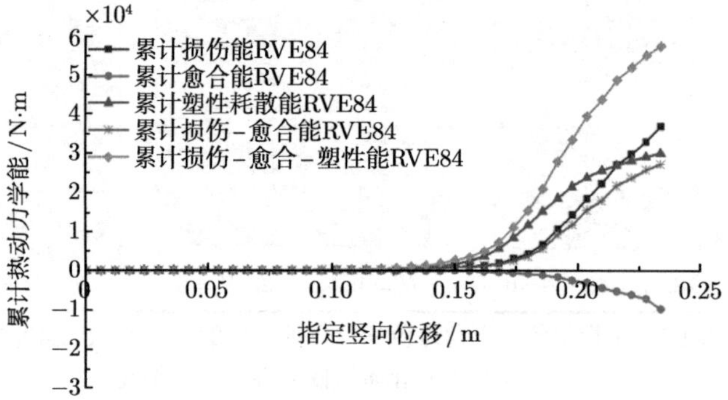

(c)

图 19.12 随载荷历史演变的全域累计热动力学能 $\varPsi_\tau(t)(\tau = \mathrm{d}, \mathrm{p}, \mathrm{t})$ 和 $\varUpsilon(t)$ 曲线

(a) RVE40 样本；(b) RVE60 样本；(c) RVE84 样本

计的累计外载静力功的耗散部分。图 19.13(a) 和 (b) 所示分别利用三种不同表征元样本所得颗粒材料结构全域累计损伤–愈合能和塑性能结果也吻合较好。概言之，图 19.13 给出的数值结果表明本章所介绍的在计算均匀化途径中发展的多尺度表征方法的有效性。

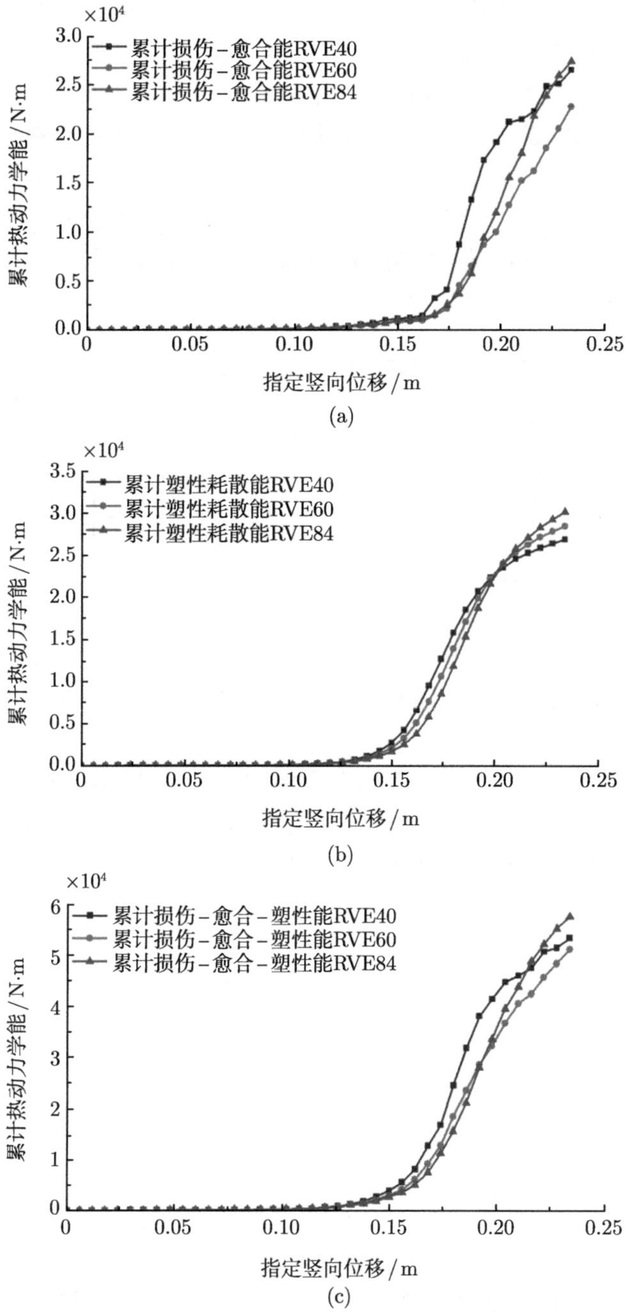

图 19.13 利用表征元样本 RVE40, RVE60, RVE84 模拟本例题时的全域累计热动力学能随载荷历史的演化曲线比较

(a) 累计损伤–愈合能；(b) 累计塑性耗散能；(c) 累计损伤–愈合–塑性能

为研究表征元介观结构对方板力学行为的影响，考虑在图 19.14(a) 中给出其初始构形的表征元样本 RVE84_55。与图 19.14(b) 给出其初始构形的表征元样本 RVE84 (即在这里重命名的 RVE84_45) 比较，两个表征元样本包含了相等数量的颗粒尺寸均一的颗粒，但具有不同的以其外形尺寸表征的介观结构，即分别具有矩形外形尺寸 $l_1 \times l_2 = 0.1743\ \mathrm{m} \times 0.2039\ \mathrm{m}$ 的 RVE84_55 和具有正方形外形尺寸 $l_1 \times l_2 = 0.1897\ \mathrm{m} \times 0.1897\ \mathrm{m}$ 的 RVE84_45。两个表征元样本 RVE84_55 和 RVE84_45 的介观结构相似，它们的主要区别在于连结每两个接触颗粒的法向量由与水平方向夹角 55° 变化为 45°。

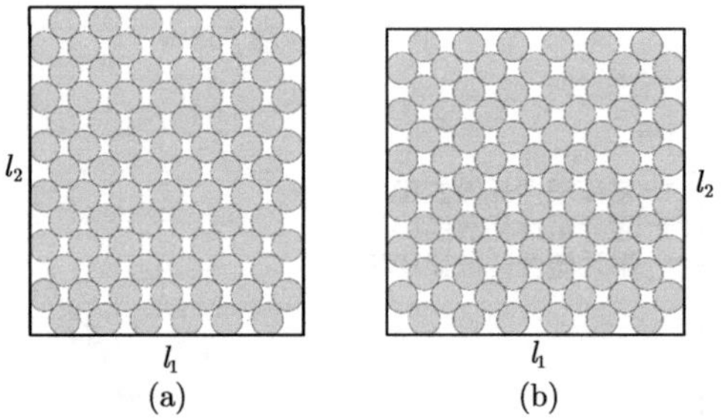

图 19.14 两个包含相同颗粒数 $n_r = 84$ 和相同颗粒尺寸但具有不同介观结构的表征元样本

(a) RVE84_55: $l_1 \times l_2 = 0.1743\ \mathrm{m} \times 0.2039\ \mathrm{m}$; (b) RVE84_45: $l_1 \times l_2 = 0.1897\ \mathrm{m} \times 0.1897\ \mathrm{m}$

图 19.15 显示了分别利用 RVE84_55RVE84_45 模拟本例题的载荷–位移曲线。两曲线在软化阶段之前的差别不仅在于方板承载能力的峰值，而且体现在由两曲线在软化阶段之前曲线斜率表示的方板弹性刚度。

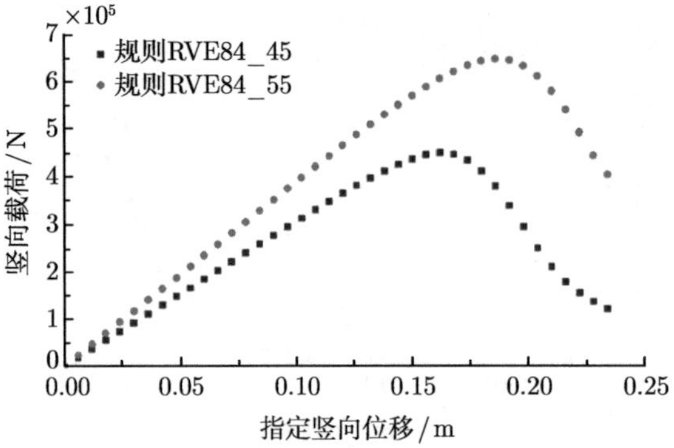

图 19.15 利用宏观连续体 20×20 规则有限元网格和分别利用两个具有不同介观结构的表征元样本 RVE84_45 和 RVE84_55 的方板软化问题多尺度模拟所得载荷–位移曲线

两曲线在后软化阶段稍有不同，但显示了类似的表征力学行为的单调软化路径。可以观察到，由 RVE84_55 描述颗粒材料介观结构的方板具有比由 RVE84_45 描述的方板更高的承载能力。这在概念上可想象 RVE84_55 是由 RVE84_45 在垂直方向施加预拉伸而生成。

在载荷历史结束时利用 RVE84_55 模拟的方板中有效应变分布如图 19.16(a) 所示。为作比较，图 19.4 中 C 列所示的利用 RVE84_45 的方板有效应变分布由图 19.16(b) 再次给出。图中清楚地显示了利用 RVE84_55 和 RVE84_45 所给出的在载荷历史结束时形成的不同剪切带轮廓。

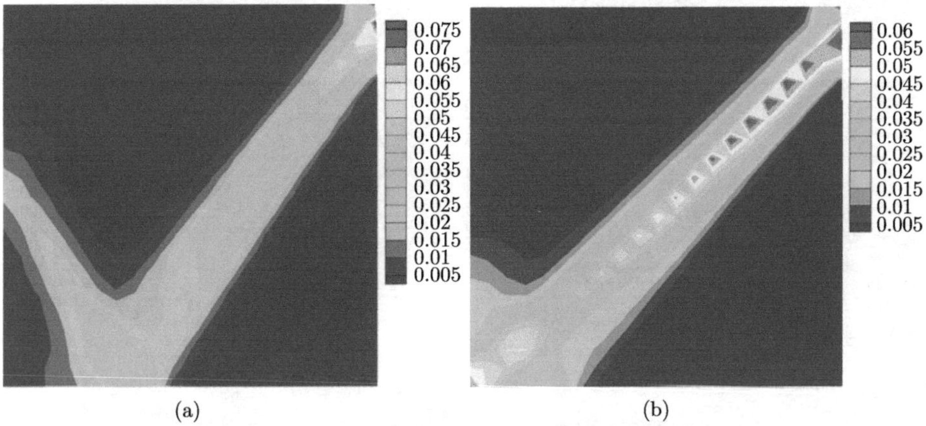

图 19.16 利用不同表征元样本的方板问题以载荷历史结束时有效应变分布表示的剪切带轮廓比较

(a) RVE84_55; (b) RVE84_45

图 19.17 中显示载荷历史结束时利用 RVE84_55 模拟所得方板全域的累计热动力学能密度，即累计损伤、愈合、净损伤、塑性热动力学能密度分布。图 19.17 给出的这些热动力学能密度分布与图 19.16(a) 所显示的剪切带轮廓一致。

图 19.18 和图 19.19 分别给出了利用表征元 RVE84_55 和 RVE84_45 所获得方板全域的累计损伤–愈合–塑性能随载荷历史直至方板完全破坏而变化的两条曲线和在载荷历史结束时累计损伤–愈合–塑性能密度在方板全域的分布。两图表明导致利用表征元 RVE84_55 模拟的颗粒材料方板破坏所消耗的损伤–愈合–塑性能比利用表征元 RVE84_45 模拟的颗粒材料方板破坏所消消耗的损伤–愈合–塑性能多。这个结果与图 19.15 所表示的利用表征元 RVE84_55 和 RVE84_45 模拟所获得两条软化曲线间的比较相一致。图 19.15 表明作用于方板结构、导致利用 RVE84_55 模拟的结构破坏的累计静力功多于作用于方板结构、导致利用 RVE84_45 模拟的结构破坏的累计静力功。

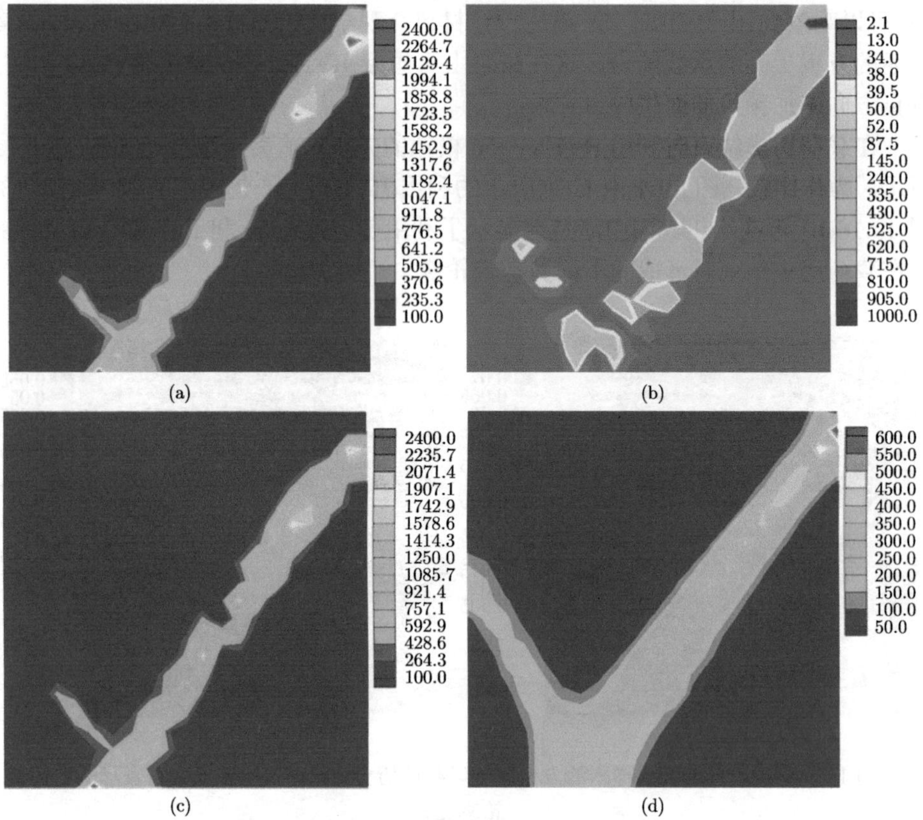

图 19.17 载荷历史结束时利用 RVE84_55 模拟的方板全域累计热动力学能密度 ($\mathrm{J/m^2}$) 分布

(a) 损伤；(b) 愈合；(c) 损伤–愈合；(d) 塑性

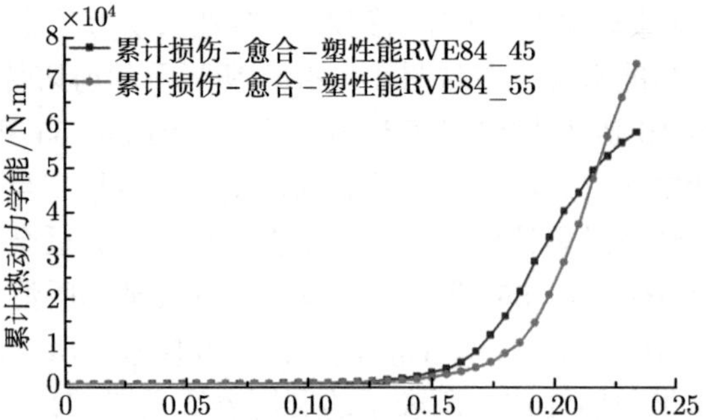

图 19.18 利用两个不同表征元所得方板全域累计损伤–愈合–塑性能随方板顶部均一指定垂直位移直至方板完全破坏而变化的曲线比较

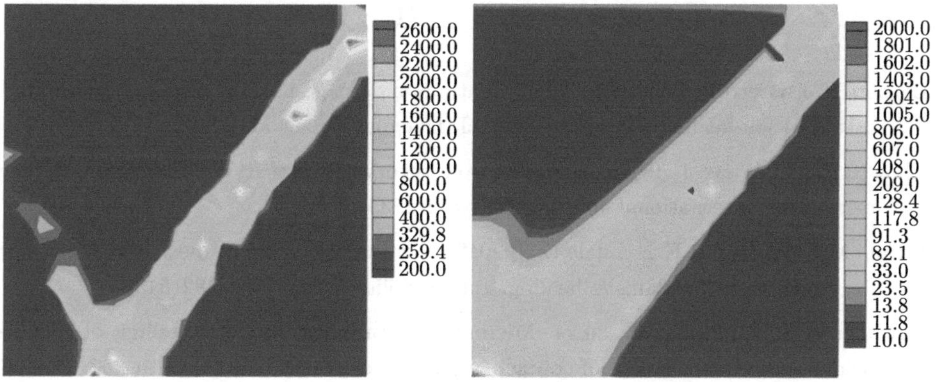

图 19.19 利用两个不同表征元所得在载荷历史结束时累计损伤–愈合–塑性能密度 (J/m^2) 在方板全域的分布比较

(a) RVE84_55；(b) RVE84_45

19.4 总结与讨论

（1）本章建立了基于离散颗粒表征元介观结构演变的颗粒材料宏观梯度 Cosserat 连续体热动力学框架。在此框架内定义了颗粒材料作为在计算均匀化方法中描述宏观连续体材料非线性力学行为的内状态变量：各向异性损伤和愈合因子张量和塑性应变张量。传统的表征材料各向异性损伤的方法是通过对各向异性损伤因子张量的谱分解，以主损伤方向和主损伤值表征材料各向异性损伤。这个方法已在第 15 章中介绍。

（2）本章在热动力学框架内为表征耦合损伤–愈合因子张量和塑性应变张量提出了定义在宏观连续体局部材料点的作为标量的内状态变量：净损伤能密度、塑性能密度、损伤–愈合塑性能密度等。不同于传统表征方法，此表征方法的优点在于采用具有统一能量密度量纲的内状态变量描述材料局部点处的损伤、愈合、塑性、损伤–愈合–塑性等内状态；可以通过净损伤能密度和塑性能密度的比较定量评估净损伤和塑性在导致局部材料点材料破坏中各自所起的作用大小，也能从损伤能密度、愈合能密度和净损伤能密度的比较定量评估愈合机理对材料损伤的修复作用。此外，此表征方法还可以通过满足由数值模拟结果获得的作用于宏观连续体结构的外力耗散功应等于宏观连续体结构的净损伤和塑性内耗散能的条件在平均意义上校定内状态变量值。

参考文献

Barbero E J, Greco F, Lonetti P, 2005. Continuum damage-healing mechanics with application to self-healing composites. Int. J. Damage Mech., 14: 51–81.

Chow C L and Wang J, 1987. An anisotropic theory of elasticity for continuum damage mechanics. International Journal of Fracture, 33: 3–16.

Darabi M K, Al-Rub R K A, Little D N, 2012. A continuum damage mechanics framework for modeling micro-damage healing. Int. J. Solids Struct., 49: 492–513.

Gardiner B S, Tordesillas A, 2005. Micromechanical constitutive modelling of granular media: evolution and loss of contact in particle clusters. J. Eng. Math., 52: 93–106.

Golub G H and van Loan C F, 2013. Matrix Computations, 4th Ed, Baltimore, MD: Johns Hopkins University Press.

Herbst O, Luding S, 2008. Modeling particulate self-healing materials and application to uni-axial compression. Int. J. Fract., 154: 87–103.

Ju J W, Yuan K Y, 2012. New strain-energy-based coupled elastoplastic two-parameter damage and healing models for earth-moving processes. Int. J. Damage Mech., 21: 989–1019.

Ju J W, Yuan K Y, Kuo A W, 2012. Novel strain energy based coupled elastoplastic damage and healing models for geomaterials –Part I: Formulations. Int. J. Damage Mech., 21: 525–549.

Kachanov L M, 1958. Time rupture under creep conditions. Izv. Akad. Nauk SSSR Otd. Tekh. Nauk 8: 26–31.

Lemaitre J, Chaboche J L, 1990. Mechanics of Solid Materials. Cambridge: Cambridge University Press.

Li X K, Chu X H, Feng Y T, 2005. A discrete particle model and numerical modeling of the failure modes of granular materials. Eng. Comput., 22: 894–920

Li X K, Du Y Y, Duan Q L, 2013. Micromechanically informed constitutive model and anisotropic damage characterization of cosserat continuum for granular materials. Int. J. Damage Mech., 22: 643–682.

Li X K, Du Y Y, Duan Q L, Ju J W, 2016. Thermodynamic framework for damage-healing-plasticity of granular materials and net damage variable. Int. J. Damage Mech., 25: 153–177.

Li X K, Duxbury P G, Lyons P, 1994. Coupled creep-elastoplastic-damage analysis for isotropic and anisotropic nonlinear materials. Int. J. Solids Struct., 31:1181–1206.

Li X K, Liang Y B , Duan Q L , Schrefler B A , Du Y Y, 2014. A mixed finite element procedure of gradient Cosserat continuum for second-order computational homogenisation of granular materials. Comput. Mech., 54: 1331–1356.

Li X K, Wang Z H, Zhang S G, Duan Q L, 2018. Multiscale modeling and characterization of coupled damage-healing-plasticity for granular materials in concurrent computational homogenization approach. Comput. Methods Appl. Mech. Engrg., 342: 354–383.

Mroz Z, Zienkiewicz O C, 1984. Uniform formulation of constitutive eqautions for clays and soils. In Desai C S and Gallagher R H, Editors, Mechanics of Engineering Materials, Chapter 22, 415–450, Chichester: John Wiley & Sons.

Plaisted T A, Nemat-Nasser S, 2007. Quantitative evaluation of fracture, healing and re-healing of a reversibly cross-linked polymer. Acta Mater., 55: 5684–5696.

Silani M, Talebi H, Hamouda A M, Rabczu T, 2016. Nonlocal damage modelling in clay/epoxy nanocomposites using a multiscale approach. J. Comput. Sci., 15: 18–23.

Simo J C and Ju J W, 1987, Strain- and stress-based continuum damage models, I. Formulation. Int. J. Solids Struct., 23: 821–840.

Voyiadjis G Z, Amir S, Li G J, 2011. A thermodynamic consistent damage and healing model for self healing materials. Int. J. Plast., 27: 1025–1044.

Voyiadjis G Z, Kattan P I, 2014. Healing and super healing in continuum damage mechanics. Int. J. Damage Mech., 23: 245–260.

Voyiadjis G Z, Shojaei A, Li G J, Kattan P I, 2012. Continuum damage-healing mechanics with introduction to new healing variables. Int. J. Damage Mech., 21: 391–414.

Xu W, Sun X, Koeppel B J, Zbib H M, 2014. A continuum thermo-inelastic model for damage and healing in self-healing glass materials. Int. J. Plast., 62: 1–16.

Yu H D, Chen W Z, Li X L, Sillen X, 2014. A transversely isotropic damage model for boom clay. Rock Mech. Rock Eng. 47: 207–219.

Zienkiewicz O C, Mroz Z, 1984. Generalized plasticity formulation and applications to geomechanics. In Desai C S and Gallagher R H, Editors, Mechanics of Engineering Materials, Chapter 33, 655–680, Chichester: John Wiley & Sons.

Zienkiewicz O C, Taylor R L, 2005. The Finite Element Method for Solid and Structural Mechanics, 6th Ed. Elsevier Ltd.

附录 弹塑性模量矩阵 $\mathcal{D}_{\mathrm{ep}}$ 公式的证明

注意到弹性模量矩阵的逆阵 $\mathcal{D}_{\mathrm{e}}^{-1}$ 非奇异，且 $\mathcal{D}_{\mathrm{ep}}^{-1}\left(=\mathcal{D}_{\mathrm{e}}^{-1}+\boldsymbol{n}_{\mathrm{g}}\boldsymbol{n}^{\mathrm{T}}/H_{\mathrm{p}}\right)$ 也非奇异，考虑到 $\boldsymbol{n}_{\mathrm{g}},\boldsymbol{n}^{\mathrm{T}}$ 皆为向量，利用 Sherman-Morrison-Woodbury 公式（Golub and Van Loan, 2013）的特殊形式 Sherman-Morrison 公式, 可直接得到如式 (19.8) 所示 $\mathcal{D}_{\mathrm{ep}}^{-1}$ 的逆阵 $\mathcal{D}_{\mathrm{ep}}$。要证明其正确性, 只需直接验证

$$\left(\mathcal{D}_{\mathrm{e}}^{-1}+\boldsymbol{n}_{\mathrm{g}}\boldsymbol{n}^{\mathrm{T}}/H_{\mathrm{p}}\right)\left(\mathcal{D}_{\mathrm{e}}-\mathcal{D}_{\mathrm{e}}\boldsymbol{n}_{\mathrm{g}}\boldsymbol{n}^{\mathrm{T}}\mathcal{D}_{\mathrm{e}}/\left(H_{\mathrm{p}}+\boldsymbol{n}^{\mathrm{T}}\mathcal{D}_{\mathrm{e}}\boldsymbol{n}_{\mathrm{g}}\right)\right)=\boldsymbol{I} \tag{19.A.1}$$

式中 $\boldsymbol{I}$ 为与 $\boldsymbol{\mathcal{D}}_{\mathrm{e}}$ 同阶的单位矩阵。式 (19.A.1) 可验证如下

$$\begin{aligned}
&\left(\boldsymbol{\mathcal{D}}_{\mathrm{e}}^{-1}+\boldsymbol{n}_{\mathrm{g}}\boldsymbol{n}^{\mathrm{T}}/H_{\mathrm{p}}\right)\left(\boldsymbol{\mathcal{D}}_{\mathrm{e}}-\boldsymbol{\mathcal{D}}_{\mathrm{e}}\boldsymbol{n}_{\mathrm{g}}\boldsymbol{n}^{\mathrm{T}}\boldsymbol{\mathcal{D}}_{\mathrm{e}}/\left(H_{\mathrm{p}}+\boldsymbol{n}^{\mathrm{T}}\boldsymbol{\mathcal{D}}_{\mathrm{e}}\boldsymbol{n}_{\mathrm{g}}\right)\right)\\
&=\boldsymbol{I}+\boldsymbol{n}_{\mathrm{g}}\boldsymbol{n}^{\mathrm{T}}\boldsymbol{\mathcal{D}}_{\mathrm{e}}/H_{\mathrm{p}}-\boldsymbol{n}_{\mathrm{g}}\boldsymbol{n}^{\mathrm{T}}\boldsymbol{\mathcal{D}}_{\mathrm{e}}/\left(H_{\mathrm{p}}+\boldsymbol{n}^{\mathrm{T}}\boldsymbol{\mathcal{D}}_{\mathrm{e}}\boldsymbol{n}_{\mathrm{g}}\right)\\
&\quad-\boldsymbol{n}_{\mathrm{g}}\boldsymbol{n}^{\mathrm{T}}\boldsymbol{\mathcal{D}}_{\mathrm{e}}\boldsymbol{n}_{\mathrm{g}}\boldsymbol{n}^{\mathrm{T}}\boldsymbol{\mathcal{D}}_{\mathrm{e}}/\left(H_{\mathrm{p}}\left(H_{\mathrm{p}}+\boldsymbol{n}^{\mathrm{T}}\boldsymbol{\mathcal{D}}_{\mathrm{e}}\boldsymbol{n}_{\mathrm{g}}\right)\right)\\
&=\boldsymbol{I}+\boldsymbol{n}_{\mathrm{g}}\boldsymbol{n}^{\mathrm{T}}\boldsymbol{\mathcal{D}}_{\mathrm{e}}/H_{\mathrm{p}}-\boldsymbol{n}_{\mathrm{g}}\left(H_{\mathrm{p}}+\boldsymbol{n}^{\mathrm{T}}\boldsymbol{\mathcal{D}}_{\mathrm{e}}\boldsymbol{n}_{\mathrm{g}}\right)\boldsymbol{n}^{\mathrm{T}}\boldsymbol{\mathcal{D}}_{\mathrm{e}}/\left(H_{\mathrm{p}}\left(H_{\mathrm{p}}+\boldsymbol{n}^{\mathrm{T}}\boldsymbol{\mathcal{D}}_{\mathrm{e}}\boldsymbol{n}_{\mathrm{g}}\right)\right)\\
&=\boldsymbol{I}+\boldsymbol{n}_{\mathrm{g}}\boldsymbol{n}^{\mathrm{T}}\boldsymbol{\mathcal{D}}_{\mathrm{e}}/H_{\mathrm{p}}-\boldsymbol{n}_{\mathrm{g}}\boldsymbol{n}^{\mathrm{T}}\boldsymbol{\mathcal{D}}_{\mathrm{e}}/H_{\mathrm{p}}=\boldsymbol{I}
\end{aligned}\tag{19.A.2}$$

但从式 (19.A.2) 很难看出式 (19.8) 所示 $\boldsymbol{\mathcal{D}}_{\mathrm{ep}}$ 是如何推导出来的。下面沿用 Golub and van Loan （2013）的著作中符号推导 Sherman-Morrison 公式。令

$$\boldsymbol{A}=\mathcal{D}_{\mathrm{e}}^{-1},\quad \boldsymbol{u}=\boldsymbol{n}_{\mathrm{g}},\quad \boldsymbol{v}^{\mathrm{T}}=\boldsymbol{n}^{\mathrm{T}}/H_{\mathrm{p}},\quad \alpha=1+\boldsymbol{v}^{\mathrm{T}}\boldsymbol{A}^{-1}\boldsymbol{u}\neq 0 \tag{19.A.3}$$

式中，$\boldsymbol{A}\in\mathbb{R}^{\boldsymbol{n}\times\boldsymbol{n}}$ **为非奇异**, 即 $\boldsymbol{A}^{-1}$ 存在, $\boldsymbol{u},\boldsymbol{v}\in\mathbb{R}^{n}$。Sherman-Morrison 公式可表示为

$$\left(\boldsymbol{A}+\boldsymbol{u}\boldsymbol{v}^{\mathrm{T}}\right)^{-1}=\boldsymbol{A}^{-1}-\frac{1}{\alpha}\boldsymbol{A}^{-1}\boldsymbol{u}\boldsymbol{v}^{\mathrm{T}}\boldsymbol{A}^{-1} \tag{19.A.4}$$

为推导式 (19.A.4) 所示 $\left(\boldsymbol{A}+\boldsymbol{u}\boldsymbol{v}^{\mathrm{T}}\right)^{-1}$ 的表达式，考察如下线性方程组

$$\left(\boldsymbol{A}+\boldsymbol{u}\boldsymbol{v}^{\mathrm{T}}\right)\boldsymbol{x}=\boldsymbol{f} \tag{19.A.5}$$

式 (19.A.5) 两边同时前乘 $\boldsymbol{A}^{-1}$，令 $\boldsymbol{\xi}=\boldsymbol{A}^{-1}\boldsymbol{u},\boldsymbol{\eta}=\boldsymbol{A}^{-1}\boldsymbol{f},\boldsymbol{\xi},\boldsymbol{\eta}\in\mathbb{R}^{n}$, 可得到

$$\boldsymbol{x}+\boldsymbol{\xi}\boldsymbol{v}^{\mathrm{T}}\boldsymbol{x}=\boldsymbol{\eta} \tag{19.A.6}$$

对式 (19.A.6) 前乘 $\boldsymbol{v}^{\mathrm{T}}$，并令 $\boldsymbol{v}^{\mathrm{T}}\boldsymbol{x}=\beta$，$\beta$ 为标量；前乘 $\boldsymbol{v}^{\mathrm{T}}$ 后的式 (19.A.6) 可表示为

$$\boldsymbol{\beta}+\beta\boldsymbol{v}^{\mathrm{T}}\boldsymbol{\xi}=\boldsymbol{v}^{\mathrm{T}}\boldsymbol{\eta} \tag{19.A.7}$$

利用所定义的 $\boldsymbol{\xi}=\boldsymbol{A}^{-1}\boldsymbol{u},\boldsymbol{\eta}=\boldsymbol{A}^{-1}\boldsymbol{f}$，以及式 (19.A.3) 中所定义的 α，由式 (19.A.7) 可解得

$$\beta=\frac{\boldsymbol{v}^{\mathrm{T}}\boldsymbol{\eta}}{1+\boldsymbol{v}^{\mathrm{T}}\boldsymbol{\xi}}=\frac{\boldsymbol{v}^{\mathrm{T}}\boldsymbol{A}^{-1}\boldsymbol{f}}{1+\boldsymbol{v}^{\mathrm{T}}\boldsymbol{A}^{-1}\boldsymbol{u}}=\frac{\boldsymbol{v}^{\mathrm{T}}\boldsymbol{A}^{-1}\boldsymbol{f}}{\alpha} \tag{19.A.8}$$

利用式 (19.A.8) 和所定义 $\boldsymbol{v}^{\mathrm{T}}\boldsymbol{x}=\beta$，由式 (19.A.6) 可演绎得到

$$\boldsymbol{x}=\boldsymbol{\eta}-\boldsymbol{\xi}\boldsymbol{v}^{\mathrm{T}}\boldsymbol{x}=\boldsymbol{\eta}-\boldsymbol{\xi}\beta=\boldsymbol{A}^{-1}\boldsymbol{f}-\boldsymbol{A}^{-1}\boldsymbol{u}\frac{\boldsymbol{v}^{\mathrm{T}}\boldsymbol{A}^{-1}\boldsymbol{f}}{\alpha}=\left(\boldsymbol{A}^{-1}-\frac{1}{\alpha}\boldsymbol{A}^{-1}\boldsymbol{u}\boldsymbol{v}^{\mathrm{T}}\boldsymbol{A}^{-1}\right)\boldsymbol{f} \tag{19.A.9}$$

联合式 (19.A.5) 和式 (19.A.9) 可得到如式 (19.A.4) 所示 Sherman-Morrison 公式，也即在本章中所得到的 $\boldsymbol{\mathcal{D}}_{\mathrm{ep}}$ 表达式

$$\boldsymbol{\mathcal{D}}_{\mathrm{ep}}=\left(\boldsymbol{\mathcal{D}}_{\mathrm{ep}}^{-1}\right)^{-1}=\left(\boldsymbol{\mathcal{D}}_{\mathrm{e}}^{-1}+\boldsymbol{n}_{\mathrm{g}}\boldsymbol{n}^{\mathrm{T}}/H_{\mathrm{p}}\right)^{-1}=\boldsymbol{\mathcal{D}}_{\mathrm{e}}-\boldsymbol{\mathcal{D}}_{\mathrm{e}}\boldsymbol{n}_{\mathrm{g}}\boldsymbol{n}^{\mathrm{T}}\boldsymbol{\mathcal{D}}_{\mathrm{e}}/\left(H_{\mathrm{p}}+\boldsymbol{n}^{\mathrm{T}}\boldsymbol{\mathcal{D}}_{\mathrm{e}}\boldsymbol{n}_{\mathrm{g}}\right) \tag{19.A.10}$$

第 20 章　饱和颗粒材料水力–力学过程模拟的二阶协同计算均匀化方法

饱和颗粒材料是固体颗粒和以单相液体充满颗粒间孔隙形成的高度非均质两相介质。它在介观尺度上模型化为饱和离散颗粒集合体，在宏观尺度通常模型化为等效饱和多孔连续体（Coussy, 1995）。概言之，它可通过离散或连续体途径模拟。

Biot（1941; 1956）首先建立了饱和多孔连续体中控制水力–力学耦合行为的基本方程。Zienkiewicz and Shiomi （1984）在此基础上提出了广义 Biot 公式和发展了模拟饱和多孔连续体中从高速冲击激励动力响应到缓慢固结响应的非线性数值求解方案。利用有限元法或其他相关数值方法的连续体途径已在由工程实践提出的饱和多孔介质水力–力学耦合行为问题模拟中显示了其在求解相应边初值问题的有效性。

然而，连续体途径要求为饱和多孔介质提供假定的唯象本构关系和材料破坏模型与相当数量且往往缺乏物理意义和难以确定的材料参数。同时，发生于饱和多孔介质孔隙尺度的水力–力学行为的高度非线性、各向异性、非均质性和流–固相互作用特点使上述问题更为复杂。

事实上，宏观饱和多孔连续体局部材料点处的复杂非线性本构行为内在机制隐藏于宏观局部材料点处一小簇含液离散颗粒集合体中，与其介观结构及其随介观水力–力学响应的演变密切相关。因此，利用离散元法的离散系统途径（Cundall and Strack, 1979; Li et al., 2005; 2007）已成为在孔隙和颗粒间尺度研究复杂水力–力学行为的日益流行途径。基于离散系统途径，饱和颗粒材料被模型化为由离散颗粒和饱和孔隙液体构成的致密颗粒集合体（Cook et al., 2004; Shamy and Zeghal, 2005; Li et al., 2007; Feng et al., 2010; Owen et al., 2011）。但如果利用基于“高保真度”离散元法的饱和离散颗粒模型的直接数值模拟（direst numerical simulation，DNS）方案求解工程实践中颗粒材料结构耦合水力–力学过程的边–初值问题，离散体途径将遭遇难以承受的巨大计算工作量。

结合了颗粒材料连续体途径和离散系统途径的计算多尺度方法充分利用了两途径的优点，避免了它们的各自缺点。它把饱和颗粒材料在宏观尺度模型化为饱和非均质多孔连续体，通过寻求隐藏在饱和离散颗粒集合体尺度的介观机理确定饱和颗粒材料在宏观连续体尺度的响应。计算多尺度方法可大致分为分级（hierarchical）和协同（concurrent）两类。Luscher et al. （2010）概述了两类方法的特点和各自优缺点。分级计算多尺度方法的代表性工作包括对非均质材料提出的分级计算多尺度方法（Luscher et al., 2010）和分别对干颗粒材料（Guo and Zhao, 2014）和饱和颗粒材料（Guo and Zhao, 2016）提出的分级计算均匀化方法。在纳米材料中首先提出的协同地连接细尺度和粗尺度的连接尺度方法（Bridging Scale Method, BSM）（Wagner and Liu, 2003）是典型的协同计算多尺度方法。Li and Wan （2011b）把它拓展到颗粒材料，发展了耦合细尺度的离散颗粒集合体和粗尺度的 Cosserat 连续体的连接尺度方法；并进一步发展了非饱和颗粒材料的连接尺度方法（Wan and Li, 2015）。

在第 16 章和第 17 章中已分别介绍了为干颗粒材料发展的归属于协同计算多尺度方法的一阶和二阶协同计算多尺度方法。协同计算多尺度方法（Ghosh et al., 2001; Kouznetsova et al., 2002; 2004; Kaczmarczyk et al., 2008），以及对颗粒材料发展的协同计算多尺度方法（Kaneko et al., 2003; Li et al., 2010a; 2010b; 2014; Nitka et al., 2011; Wellmann and Wriggers, 2012; Liu et al., 2016a）通过嵌套求解方案耦合了介观表征元尺度和宏观连续体尺度。协同计算多尺度方法相对于分级计算多尺度方法和颗粒材料的宏观多孔连续体模型数值方法在计算成本上的内在缺点在含液颗粒材料中将会进一步突显出来。因此在后续工作中需要进一步开展对基于并行计算、GPU 技术，特别是尝试利用近期提出的基于簇降阶方法（the cluster-based reduced-order methods）（Liu et al., 2016b; Cheng et al., 2019）等高效算法的协同计算多尺度方法的研究。

本章将在第 16 章和第 17 章的基础上（Li et al., 2010a; 2010b; 2011a; 2014），介绍为饱和颗粒材料发展的二阶协同计算均匀化方法（Li et al., 2020a; 2020b）。饱和颗粒材料在宏观尺度被模型化为饱和多孔梯度增强 Cosserat 连续体（为行文简洁，本章此后将把“梯度增强 Cosserat 连续体”称为“梯度 Cosserat 连续体”），而在表征元介观尺度被模型化为饱和离散颗粒集合体。

考虑饱和颗粒材料在介观尺度的力学过程模拟，作用于饱和离散颗粒集合体表征元的固相边界条件将通过与表征元边界接触的周边固体颗粒施加。由于采用连续体模型模拟饱和离散颗粒集合体中相对于固相颗粒的孔隙流体流动，饱和离散颗粒集合体表征元的流相边界条件将被施加于在平均意义上被模型化为流相连续体表征元全域离散化后的有限元网格边界节点上。具体地，本章将采用在第 12 章中介绍的模拟饱和离散颗粒集合体中孔隙液体流动的连续体模型（Li et al., 2007）。

如第 17 章中式 (17.62) ~ 式 (17.65) 所示，对表征元中固相离散颗粒集合体的离散元增量求解过程施加的表征元边界条件由下传宏观应变度量和在介观周期性边界力约束下的介观周期性约束边界位移表示。一阶计算均匀化方法研究结果（Miehe and Koch, 2002; Qu and Cherkaoui, 2006）表明，与对表征元仅施加下传的均一位移边界条件（提供了 Voigt 上界估计）或均一边界力条件所分别提供的平均介观力学响应的 Voigt 上界估计和 Reuss 下界估计相比，对表征元在施加下传均一位移边界条件基础上还施加了附加周期性位移边界条件将提供表征元介观力学响应体积平均的最优估计。本章将讨论在颗粒材料二阶协同计算均匀化方法中在对表征元施加下传非均一位移边界条件基础上施加周期性边界条件的效应，并表明对于二阶计算均匀化方法，施加附加周期性边界条件也将给出平均介观力学响应的“最优”估计。

周期性边界条件仅施加位于表征元边界的材料点之间的位移和边界力的介观尺度扰动约束，无论在积分意义或逐点形式都没有指定它们的确定值。与由下传宏观应变及应变梯度指定的表征元边界位移一起施加于表征元边界的附加周期性位移值将有待确定。它对表征元的边初值问题数值求解提出了新的问题（Kaczmarczyk et al., 2008; Terada et al., 2000; Miehe and Koch, 2002; Li et al., 2019; 2020b）。Miehe and Koch（2002）构造了施加复合材料中表征元周期性边界条件的基于 Lagrangian 乘子的算法。Kaczmarczyk et al.（2008）建议了在二阶计算均匀化方法中利用乘子约束投影矩阵施加表征元边界条件的统一途径，将表征元边值问题归结为约束二次规划问题而引入的 Lagrangian 乘子表示了表征元边值问题有限元解的广义力。他们的方案（Miehe and Koch, 2002；Kaczmarczyk et al., 2008; Coenen et al., 2012）针对作为非均质、在宏–介观尺度均模型化为连续体的复合材料的计算均匀化过程提出；其特点为对表征元给定的下传宏观应变和应变梯度，周期性位移边界条件以积分意义得以满足；宏观连续体和具有介观结构的介观连续体表征元的边值问题以“FE2”求解器求解。

Li et al.（2019）提出了对离散颗粒集合体表征元施加下传梯度 Cosserat 连续体宏观应变度量和周期性边界条件的新方案。周期性边界条件以逐点方式而非在先前文献（Miehe and Koch, 2002; Kaczmarczyk et al., 2008; Coenen et al., 2012）中以沿表征元边界积分的方式施加，无需为施加周期性边界条件而引入 Lagrangian 乘子。宏–介观尺度的边值问题以一个有限元–离散元法（FEM-DEM）嵌套求解方案求解。本章将介绍在利用离散元法求解表征元边值问题时，当给定下传宏观应变度量，在满足表征元周期性边界力约束条件下确定附加约束周期性边界位移的算法。

为建立模拟饱和颗粒材料水力–力学过程的二阶协同计算均匀化方法框架，在 20.1 节将首先介绍饱和多孔梯度 Cosserat 连续体的基本方程及所建立的广义 Hill 定理，并据此推演出从宏观饱和多孔梯度 Cosserat 连续体把宏观水力–力学信息下传给具有饱和离散颗粒集合体介观结构的等效饱和多孔经典 Cosserat 连续体表征元连续边界的下传法则。下传法则将为饱和离散颗粒集合体介观表征元水力–力学边初值问题导出保证满足 Hill-Mandel 条件的表征元边界条件表述。20.2 节将介绍饱和离散颗粒集合体介观表征元在指定力学边界条件下表征元内与孔隙液体相互作用的离散颗粒集合体力学模型与 DEM 解。由下传法则导出的指定力学边界条件以依赖于下传宏观应变、应变梯度、微转角和微曲率的表征元边界位移和满足周期性边界力约束条件的介观尺度固相周期性边界约束位移扰动表示。在此节中将介绍为离散颗粒集合体表征元施加上述位移边界条件所发展的实施方案（Li et al., 2019），建立计及孔隙液体作用于固体颗粒、依赖于孔隙液体–固体颗粒相对运动速度的流–固耦合作用力的离散元模型与 DEM 求解过程。并讨论施加附加周期性边界条件对改善所上传的表征元介观力学响应体积平均的效应。20.3 节将介绍模拟表征元内与离散固体颗粒相互作用的孔隙液体流动的等效连续体水力模型（Li et al., 2007）与 FEM 解。由下传法则导出的指定水力边界条件以依赖于下传宏观孔隙液体压力和满足周期性边界 Darcy 速度约束的介观尺度周期性边界孔隙液体压力扰动表示。在该节中将介绍为表征元孔隙液相施加上述孔隙液体压力边界条件所发展的实施方案（Li et al., 2020b）。20.4 节综合 20.2 节和 20.3 节中分别介绍的表征元内利用 DEM 的固相力学模型和利用 FEM 的液相水力模型，概述了在文献（Li et al., 2020a）中具体介绍的为求解饱和颗粒集合体表征元介观水力–力学耦合过程非线性耦合边初值问题所构造的 DEM/FEM 迭代交错求解方案。20.5 节介绍利用表征元尺度耦合水力–力学过程当前增量步所获得的 DEM/FEM 数值解，确定当前增量步的固相 Biot 有效应力的体积平均和弹塑性模量张量、液相 Darcy 速度和渗透系数张量的体积平均。它们将被上传到设置表征元的宏观饱和梯度 Cosserat 连续体局部材料点。20.6 节把在第 18 章中介绍的针对宏观梯度 Cosserat 连续体力学分析所发展的混合元（Li et al., 2014）拓展到为饱和梯度 Cosserat 连续体水力–力学分析构造的 $\boldsymbol{u}$-p 形式混合元；在二阶协同计算均匀化方法框架中为实施饱和颗粒材料水力–力学过程多尺度模拟发展混合有限元–（离散元/有限元）（FEM-(DEM/FEM)）嵌套求解方案（Li et al., 2020a）。20.7 节将通过饱和边坡数值例题显示本章所介绍的二阶协同计算均匀化方法与 FEM-(DEM/FEM) 多尺度求解方案在模拟饱和颗粒材料结构中水力–力学耦合行为，特别是以软化行为为特征的材料破坏过程的有效性。20.8 节总结了饱和颗粒材料结构的二阶协同计算均匀化方法的四个组成部分，并展望将该方法拓展到非饱和颗粒材料结构水力–力学耦合过程模拟的若干细节。

20.1 饱和多孔梯度 Cosserat 连续体基本公式及广义 Hill 定理

20.1.1 饱和多孔梯度 Cosserat 连续体基本公式

在饱和多孔梯度 Cosserat 连续体框架中描述每个材料点处依赖于时间的水力–力学耦合过程的基本自由度是固相线位移率 $\dot{u}_i$ 和微转角率 $\dot{\omega}_i$ 和液相孔隙压

力 p^1。应变率 $\dot{\varepsilon}_{ji}$, 微曲率的变化率 $\dot{\kappa}_{ji}$ 和应变梯度变化率 $\dot{E}_{kji}$ 被定义为

$$\dot{\varepsilon}_{ji}=\dot{u}_{i,j}-e_{kji}\dot{\omega}_k=\dot{\Gamma}_{ji}-e_{kji}\dot{\omega}_k,\quad \dot{\kappa}_{ji}=\dot{\omega}_{i,j},\quad \dot{E}_{kji}=\frac{\partial\dot{\varepsilon}_{ji}}{\partial x_k}=\dot{u}_{i,jk}-e_{mji}\dot{\omega}_{m,k} \tag{20.1}$$

式中，e_{kji} 表示置换张量, $\dot{\Gamma}_{ji}=\dot{u}_{i,j}$ 定义为线位移梯度率。应变梯度率 $\dot{E}_{kji}$ 可分解为两部分和表示为

$$\dot{E}_{kji}=\dot{\hat{E}}_{kji}+\dot{\tilde{E}}_{kji},\quad \dot{\hat{E}}_{kji}=\dot{u}_{i,jk},\quad \dot{\tilde{E}}_{kji}=-e_{mji}\dot{\omega}_{m,k} \tag{20.2}$$

式中，$\dot{\hat{E}}_{kji}$ 是 $\dot{E}_{kji}$ 的对称部分，即 $\dot{\hat{E}}_{kji}=\dot{\hat{E}}_{jki}$。相应地，分别与 $\dot{\varepsilon}_{ji},\dot{\kappa}_{ji}$ 和 $\dot{E}_{kji}$ 功共轭的是总 Cauchy 应力 σ_{ji}，偶应力 μ_{ji} 和应力矩 Σ_{kji}。应力矩 Σ_{kji} 可分解为反对称部分 $\tilde{\Sigma}_{kji}$ 和对称部分 $\hat{\Sigma}_{kji}$ 之和，即

$$\Sigma_{kji}=\hat{\Sigma}_{kji}+\tilde{\Sigma}_{kji},\quad \hat{\Sigma}_{kji}=\hat{\Sigma}_{jki},\quad \tilde{\Sigma}_{kji}=-\tilde{\Sigma}_{jki} \tag{20.3}$$

此外，孔隙液体相对于固相的平均相对渗透速度，即 Darcy 速度定义为

$$\dot{w}_i^1=\phi\left(\dot{U}_i^1-\dot{u}_i\right) \tag{20.4}$$

式中，$\dot{U}_i^1$ 表示孔隙液流的内在相速度, ϕ 表示孔隙度。

按照由 Terzaghi （1936）提出的饱和多孔介质的有效应力原理，总 Cauchy 应力被分解为两部分，并表示为

$$\sigma_{ji}=\sigma'_{ji}-p^1\delta_{ji} \tag{20.5}$$

式中，δ_{ji} 是 Kronecker delta 函数, σ'_{ji} 被称为（Biot）有效应力，而 p^1 表示孔隙液压。式（20.5）描述了饱和多孔连续体中孔隙液压 p^1 对 Cauchy 应力的效应。饱和多孔连续体的介观水力–力学机理研究表明（Scholtès et al., 2009; Li et al., 2016），有效应力表征局部介观结构和介观离散颗粒网络中离散颗粒间接触力链强度，孔隙液体的效应为各向同性。在饱和梯度 Cosserat 连续体中假定 p^1 对总应力矩没有影响，因而将不关联到 Σ_{kji}（Ehlers and Volk, 1998; Collin et al., 2006）。

假定孔隙液体和固体颗粒不可压缩，饱和多孔介质中孔隙液相的质量守恒方程可简化表示为（Zienkiewicz and Shiomi, 1984）

$$-\dot{w}_{i,i}^1=\dot{u}_{i,i} \tag{20.6}$$

式 (20.6) 等号左端 $(-\dot{w}_{i,i}^1)$ 表示饱和多孔介质中单位液–固体积混合物中液相体积变化率，它等于式 (20.6) 右端表示的由固体骨架体积应变率所导致的孔隙度变化率。

不考虑动力项，饱和多孔梯度 Cosserat 连续体单位体积元的总体平衡方程与式 (17.7) 和式 (17.8) 相同，可表示为（Li et al., 2014）

$$\left(\sigma_{ji}-\Sigma_{kji,k}\right)_{,j}+b_i^{\mathrm{f}}=0 \tag{20.7}$$

$$\mu_{ji,j}+e_{ijk}\left(\sigma_{jk}-\Sigma_{ljk,l}\right)+b_i^{\mathrm{m}}=0 \tag{20.8}$$

式中，b_i^{f} 和 b_i^{m} 分别是连续体单位体积的体力和体力矩。

由于假定孔隙液压与应力矩 Σ_{kji} 没有关联以及略去所有动力项和体力的影响，孔隙液相的动量守恒方程可以表示为（Zienkiewicz et al., 1999）

$$-p_{,i}^{1}-\left(k_{ij}^{1}\right)^{-1}\dot{w}_j^{1}=0 \quad 或 \quad -p_{,i}^{1}-\left(k^{1}\right)^{-1}\dot{w}_i^{1}=0 \tag{20.9}$$

式中，k_{ij}^{1} 和 k^{1} 分别表示渗透液相对于固体骨架的各向异性和各向同性渗透系数。

为推导以 S 为边界的饱和多孔梯度 Cosserat 连续体域 Ω 中与固体骨架速度场相关联的作用于流–固混合物的应变功率和相对于固体骨架的孔隙液相流动所发展的应变功率，我们考虑忽略体力和体力矩情况下的式 (20.7) ~ 式 (20.9) 的积分形式如下

$$\begin{aligned}&\int_\Omega \dot{u}_i\left(\sigma_{ji}-\Sigma_{kji,k}\right)_{,j}\mathrm{d}\Omega+\int_\Omega \dot{\omega}_i\left[\mu_{ji,j}+e_{ijk}\left(\sigma_{jk}-\Sigma_{ljk,l}\right)\right]\mathrm{d}\Omega\\&+\int_\Omega \dot{w}_i^{l}\left(-p_{,i}^{1}-\left(k_{ij}^{1}\right)^{-1}\dot{w}_j^{1}\right)\mathrm{d}\Omega=0\end{aligned} \tag{20.10}$$

利用分部积分，式 (20.10) 等号左端最后的积分项可推演并获得

$$\begin{aligned}&\int_\Omega \dot{w}_i^{l}\left(-p_{,i}^{1}-\left(k_{ij}^{1}\right)^{-1}\dot{w}_j^{1}\right)\mathrm{d}\Omega\\&=\int_\Omega \dot{w}_{i,i}^{1}p^{1}\mathrm{d}\Omega-\int_S p^{1}\dot{w}_i^{1}n_i\mathrm{d}S-\int_\Omega \dot{w}_i^{1}\left(k_{ij}^{1}\right)^{-1}\dot{w}_j^{1}\mathrm{d}\Omega\\&=\int_\Omega \dot{w}_{i,i}^{1}p^{1}\mathrm{d}\Omega-\int_S p^{1}\dot{w}_{\mathrm{n}}^{1}\mathrm{d}S+\int_\Omega \dot{w}_i^{1}p_{,i}^{1}\mathrm{d}\Omega=\int_\Omega \mathrm{div}\left(p^{1}\dot{\boldsymbol{w}}^{1}\right)\mathrm{d}\Omega-\int_S p^{1}\dot{w}_{\mathrm{n}}^{1}\mathrm{d}S\end{aligned} \tag{20.11}$$

将式 (20.11) 代入式 (20.10) 并利用分部积分给出

$$\begin{aligned}&\int_\Omega \sigma_{ji}\dot{\varepsilon}_{ji}\mathrm{d}\Omega+\int_\Omega \mu_{ji}\dot{\kappa}_{ji}\mathrm{d}\Omega+\int_\Omega \Sigma_{kji}\dot{E}_{kji}\mathrm{d}\Omega-\int_\Omega \mathrm{div}\left(p^{1}\dot{\boldsymbol{w}}^{1}\right)\mathrm{d}\Omega\\&=\int_S t_i\dot{u}_i\mathrm{d}S+\int_S m_i\dot{\omega}_i\mathrm{d}S+\int_S g_{ji}\dot{u}_{i,j}\mathrm{d}S-\int_S p^{1}\dot{w}_{\mathrm{n}}^{1}\mathrm{d}S\end{aligned} \tag{20.12}$$

式中，$\dot{\boldsymbol{w}}^1$ 是 Darcy 速度 $\dot{w}_j^1$ 的黑体表示, 以及

$$t_i = (\sigma_{ji} - \Sigma_{kji,k})\, n_j, \quad m_i = (\mu_{ji} - e_{ilk}\Sigma_{jlk})\, n_j, \quad g_{ji} = \Sigma_{kji} n_k, \quad \dot{w}_{\rm n}^1 = \dot{w}_i^1 n_i \tag{20.13}$$

基于式 (20.12) 等号左端项，作用于宏观饱和多孔梯度 Cosserat 连续体中一个局部点处单位材料元的应变功率 $\overline{\overline{W}}$（Coussy, 1995）可表示为

$$\overline{\overline{W}} = \sigma_{ji}\dot{\varepsilon}_{ji} + \mu_{ji}\dot{\kappa}_{ji} + \Sigma_{kji}\dot{E}_{kji} - \operatorname{div}\left(p^1\dot{\boldsymbol{w}}^1\right) = \boldsymbol{\sigma} : \dot{\boldsymbol{\varepsilon}} + \boldsymbol{\mu} : \dot{\boldsymbol{\kappa}} + \boldsymbol{\Sigma} \vdots \dot{\boldsymbol{E}} - \operatorname{div}\left(p^1\dot{\boldsymbol{w}}^1\right) \tag{20.14}$$

在二维情况下，$\boldsymbol{\mu}, \dot{\boldsymbol{\kappa}}$ 为向量，式 (20.14) 中 $\boldsymbol{\mu} : \dot{\boldsymbol{\kappa}}$ 退化为 $\boldsymbol{\mu} \cdot \dot{\boldsymbol{\kappa}}$。

20.1.2 饱和多孔梯度 Cosserat 连续体的广义 Hill 定理和下传法则

后文中 $\overline{(*)}$ 表示介观量 $(*)$ 在表征元全域的体积平均，$\langle(*)\rangle$ 表示在设置了表征元的宏观连续体中材料点处与介观量 $(*)$ 相应的宏观量。

1. 饱和多孔梯度 Cosserat 连续体的广义平均应变定理

由上述符号约定，$\langle\dot{u}_{i,j}\rangle, \langle\dot{u}_{i,jk}\rangle, \langle\dot{\omega}_i\rangle$ 和 $\langle\dot{\omega}_{i,j}\rangle$ 表示给定的宏观线位移导数率和它的空间梯度，微转角率，微曲率速率。本章将把对 Cauchy 连续体提出的经典平均应变定理拓展到梯度 Cosserat 连续体的平均应变率定理。沿表征元边界的线位移和角位移速率分别由如下两式指定，即

$$\dot{u}_i(\boldsymbol{x})|_\Gamma = \left(\langle\dot{u}_{i,j}\rangle x_j + \frac{1}{2}\langle\dot{u}_{i,jk}\rangle x_j x_k\right)\bigg|_\Gamma \tag{20.15}$$

$$\dot{\omega}_i(\boldsymbol{x})|_\Gamma = \left(\langle\dot{\omega}_i\rangle + \langle\dot{\omega}_{i,j}\rangle x_j\right)|_\Gamma \tag{20.16}$$

式中，Γ 表示表征元域 V 的边界，其外法线向量为 n_i; x_j, x_k 是位于边界 Γ 上材料点的空间坐标。式 (20.15) 显示，与经典的平均应变定理中表征元边界线位移被指定为仅以下传宏观应变表示的沿边界线性变化模式变化不同，这里表征元边界材料点线位移被指定为以下传 $\langle\dot{u}_{i,j}\rangle$ 和 $\langle\dot{u}_{i,jk}\rangle$ 表示的沿边界多项式模式变化。

广义平均应变率定理要求当如式 (20.15) 和式 (20.16) 所示位移边界条件施加于表征元边界，不仅 $\bar{\dot{u}}_{i,j}$, 表征元全域的 $\bar{\dot{u}}_{i,jk}, \bar{\dot{\omega}}_i, \bar{\dot{\omega}}_{i,j}$ 还应等于设置了此表征元的宏观连续体材料点处的相应宏观量 $\langle\dot{u}_{i,j}\rangle, \langle\dot{u}_{i,jk}\rangle, \langle\dot{\omega}_i\rangle, \langle\dot{\omega}_{i,j}\rangle$，即

$$\bar{\dot{u}}_{i,j} = \langle\dot{u}_{i,j}\rangle, \quad \bar{\dot{u}}_{i,jk} = \langle\dot{u}_{i,jk}\rangle, \quad \bar{\dot{\omega}}_i = \langle\dot{\omega}_i\rangle, \quad \bar{\dot{\omega}}_{i,j} = \langle\dot{\omega}_{i,j}\rangle \tag{20.17}$$

式 (20.17) 所示广义平均应变率定理的成立可参照式 (17.12) ~ 式 (17.15) 的推导得到如下结论

$$\bar{\dot{u}}_{i,j} = \frac{1}{V}\int_V \dot{u}_{i,j}\mathrm{d}V = \frac{1}{V}\int_\Gamma \dot{u}_i n_j \mathrm{d}\Gamma = \frac{1}{V}\int_\Gamma \left(\langle\dot{u}_{i,k}\rangle x_k + \frac{1}{2}\langle\dot{u}_{i,kl}\rangle x_k x_l\right) n_j \mathrm{d}\Gamma$$

$$= \langle \dot{u}_{i,j} \rangle \tag{20.18}$$

$$\begin{aligned}\overline{\dot{u}}_{i,jk} &= \frac{1}{V}\int_V \dot{u}_{i,jk}\mathrm{d}V = \frac{1}{V}\int_\Gamma \dot{u}_{i,j}n_k\mathrm{d}\Gamma \\ &= \frac{1}{V}\int_\Gamma \left(\langle \dot{u}_{i,l}\rangle x_l + \frac{1}{2}\langle \dot{u}_{i,lm}\rangle x_l x_m\right)_{,j} n_k \mathrm{d}\Gamma \\ &= \langle \dot{u}_{i,jk}\rangle\end{aligned} \tag{20.19}$$

$$\begin{aligned}\overline{\dot{\omega}}_i &= \frac{1}{V}\int_V \dot{\omega}_i\mathrm{d}V = \frac{1}{V}\int_V \dot{\omega}_j\delta_{ji}\mathrm{d}V = \frac{1}{V}\int_V \dot{\omega}_j x_{i,j}\mathrm{d}V \\ &= \frac{1}{V}\int_V \left[(\dot{\omega}_j x_i)_{,j} - \dot{\omega}_{j,j}x_i\right]\mathrm{d}V \\ &= \langle \dot{\omega}_i\rangle\end{aligned} \tag{20.20}$$

$$\begin{aligned}\overline{\omega}_{i,j} &= \frac{1}{V}\int_V \dot{\omega}_{i,j}\mathrm{d}V = \frac{1}{V}\int_\Gamma \dot{\omega}_i n_j\mathrm{d}\Gamma = \frac{1}{V}\int_\Gamma (\langle\dot{\omega}_i\rangle + \langle\dot{\omega}_{i,k}\rangle x_k) n_j\mathrm{d}\Gamma \\ &= \langle \dot{\omega}_{i,j}\rangle\end{aligned} \tag{20.21}$$

按照式 (20.18) ~ 式 (20.21) 和由式 (20.1) 所定义的 $\dot{\varepsilon}_{ji}, \dot{E}_{kji}, \dot{\kappa}_{ji}$, 广义平均应变率定理也适用于 $\dot{\varepsilon}_{ji}, \dot{E}_{kji}, \dot{\kappa}_{ji}$, 即

$$\overline{\dot{\varepsilon}}_{ji} = \frac{1}{V}\int_V \dot{\varepsilon}_{ji}\mathrm{d}V = \langle\dot{\varepsilon}_{ji}\rangle, \quad \overline{\dot{\kappa}}_{ji} = \frac{1}{V}\int_V \dot{\kappa}_{ji}\mathrm{d}V = \langle\dot{\kappa}_{ji}\rangle,$$
$$\overline{\dot{E}}_{kji} = \frac{1}{V}\int_V \frac{\partial\dot{\varepsilon}_{ji}}{\partial x_k}\mathrm{d}V = \left\langle \dot{E}_{kji}\right\rangle \tag{20.22}$$

表征元的平均 Cauchy 应力 $\overline{\sigma}_{ji}$, 平均偶应力 $\overline{\mu}_{ji}$ 和平均应力矩 $\overline{\Sigma}_{kji}$ 一般地将分别不等于对应它们的宏观量 $\langle\sigma_{ji}\rangle, \langle\mu_{ji}\rangle, \langle\Sigma_{kji}\rangle$。换言之，$\langle\sigma_{ji}\rangle, \langle\mu_{ji}\rangle, \langle\Sigma_{kji}\rangle$ 仅能分别近似地以 $\overline{\sigma}_{ji}, \overline{\mu}_{ji}, \overline{\Sigma}_{kji}$ 表示（Qu and Cherkaoui, 2006; Chang and Kuhn, 2005; Li et al., 2010b; 2011b），即

$$\overline{\sigma}_{ji} = \frac{1}{V}\int_V \sigma_{ji}\mathrm{d}V \cong \langle\sigma_{ji}\rangle, \quad \overline{\mu}_{ji} = \frac{1}{V}\int_V \mu_{ji}\mathrm{d}V \cong \langle\mu_{ji}\rangle,$$
$$\overline{\Sigma}_{kji} = \frac{1}{V}\int_V \sigma_{ji}x_k\mathrm{d}V \cong \langle\Sigma_{kji}\rangle \tag{20.23}$$

与上述关于固相的平均应变率定理讨论比拟，当考虑饱和多孔连续体的孔隙液相时，要求建立表征元的平均孔隙液体压力 $\overline{p}^{\mathrm{l}}$ 和设置了表征元的宏观连续体局部点孔隙液体压力 $\langle p^{\mathrm{l}}\rangle$ 之间的关系；以及表征元孔隙液体平均 Darcy 速度 $\overline{\dot{w}}_i^{\mathrm{l}}$ 和宏观连续体局部点孔隙液体 Darcy 速度 $\langle\dot{w}_i^{\mathrm{l}}\rangle$ 之间的关系。

当表征元边界上指定均一的宏观孔隙液体压力，即

$$p^1\big|_\Gamma = \langle p^1 \rangle \tag{20.24}$$

我们可推导得到

$$\begin{aligned}\frac{1}{V}\int_V p^1_{,j} x_i \mathrm{d}V &= \frac{1}{V}\int_V \left[\left(p^1 x_i\right)_{,j} - p^1 x_{i,j}\right]\mathrm{d}V = \frac{1}{V}\left[\int_\Gamma p^1 x_i n_j \mathrm{d}\Gamma - \int_V p^1 \delta_{ij}\mathrm{d}V\right] \\ &= \frac{1}{V}\langle p^1\rangle \int_V x_{i,j}\mathrm{d}V - \delta_{ij}\overline{p}^1 = \left(\langle p^1\rangle - \overline{p}^1\right)\delta_{ij}\end{aligned} \tag{20.25}$$

由式 (20.25) 可以看得到，与表征元相关联的宏观连续体局部材料点处孔隙液体压力不能简单地以表征元的平均孔隙液体压力替代，因为一般地，$\overline{p}^1 \neq \langle p^1\rangle$。两者之差 $\left(\langle p^1\rangle - \overline{p}^1\right)$ 可通过用 2×2 二阶张量 δ_{ij} 双点积作用于式 (20.25) 的两端计算

$$\left(\langle p^1\rangle - \overline{p}^1\right)\delta_{ij} : \delta_{ij} = \frac{1}{V}\int_V p^1_{,j} x_i \mathrm{d}V : \delta_{ij} \tag{20.26}$$

并得到

$$\langle p^1\rangle = \overline{p}^1 + \frac{1}{2V}\int_V p^1_{,i} x_i \mathrm{d}V \tag{20.27}$$

类似于讨论固相平均应变率定理时得到的式 (20.23) 所得到的结论，当式 (20.24) 所示指定孔隙液体压力边界条件，而非指定孔隙液体 Darcy 速度边界条件施加于表征元，宏观连续体局部材料点处孔隙液流的 Darcy 速度 $\langle \dot{w}_i^1\rangle$ 将近似地以表征元全域的介观 Darcy 速度的体积平均 $\overline{\dot{w}}_i^1$ 表示，即

$$\langle \dot{w}_i^1\rangle \cong \overline{\dot{w}}_i^1 \tag{20.28}$$

2. 饱和多孔梯度 Cosserat 连续体的广义 Hill 定理和 Hill-Mandel 条件

考虑与宏观多孔连续体中给定材料点相关联的体积为 V 边界为 Γ 的表征元。在非均质饱和多孔连续体的二阶计算均匀化方法的宏–介观尺度分别采用饱和多孔梯度 Cosserat 连续体模型和饱和多孔经典 Cosserat 连续体模型。

定义 $\overline{\sigma_{ji}\dot{\varepsilon}_{ji}}, \overline{\mu_{ji}\dot{\kappa}_{ji}}, \overline{\mathrm{div}\left(p^1\dot{\boldsymbol{w}}^1\right)}$ 作为表征元全域中介观量积 $\sigma_{ji}\dot{\varepsilon}_{ji}, \mu_{ji}\dot{\kappa}_{ji}$ 的体积平均和介观量积 $p^1\dot{\boldsymbol{w}}^1$ 的散度的体积平均。在表征元全域中由流相和固相所做功率的体积平均可表示为

$$\overline{\sigma_{ji}\dot{\varepsilon}_{ji}} + \overline{\mu_{ji}\dot{\kappa}_{ji}} - \overline{\mathrm{div}\left(p^1\dot{\boldsymbol{w}}^1\right)} \tag{20.29}$$

式中，前两项表示与固体骨架速度场相关联的作用于表征元全域流–固混合物的应变功率，第三项表示由相对于固相的孔隙液体速度场作用于表征元全域流相的功率。

另一方面，在设置表征元的宏观饱和多孔连续体材料点处的宏观功率可表示为

$$\langle\sigma_{ji}\rangle\langle\dot{\varepsilon}_{ji}\rangle+\langle\mu_{ji}\rangle\langle\dot{\kappa}_{ji}\rangle+\langle\Sigma_{lji}\rangle\left\langle\dot{E}_{lji}\right\rangle-\operatorname{div}\left(\left\langle p^1\right\rangle\left\langle\dot{\boldsymbol{w}}^1\right\rangle\right) \tag{20.30}$$

式中，前三项表示宏观饱和梯度 Cosserat 连续体局部材料点处与固体骨架速度场相关联、由宏观应力度量作用于流–固混合物的应变功率，最后一项表示与相对于固相的宏观孔隙液体速度场相关联作用于局部材料点处流相的功率。

推导饱和梯度 Cosserat 连续体的广义 Hill 定理将从计算由式 (20.29) 所表示的表征元上功率的体积平均和式 (20.30) 所表示的设置表征元的宏观饱和多孔连续体局部材料点处的宏观功率之间的差开始，即

$$\begin{aligned}&\left(\overline{\sigma_{ji}\dot{\varepsilon}_{ji}}+\overline{\mu_{ji}\dot{\kappa}_{ji}}-\overline{\operatorname{div}\left(p^1\dot{\boldsymbol{w}}^1\right)}\right)\\&-\left(\langle\sigma_{ji}\rangle\langle\dot{\varepsilon}_{ji}\rangle+\langle\mu_{ji}\rangle\langle\dot{\kappa}_{ji}\rangle+\langle\Sigma_{lji}\rangle\left\langle\dot{E}_{lji}\right\rangle-\operatorname{div}\left(\left\langle p^1\right\rangle\left\langle\dot{\boldsymbol{w}}^1\right\rangle\right)\right)\end{aligned} \tag{20.31}$$

利用式 (20.22)、式 (20.23) 和式 (20.28), 式 (20.31) 可改写为

$$\left(\overline{\sigma_{ji}\dot{\varepsilon}_{ji}}+\overline{\mu_{ji}\dot{\kappa}_{ji}}-\overline{\operatorname{div}\left(p^1\dot{\boldsymbol{w}}^1\right)}\right)-\left(\overline{\sigma}_{ji}\dot{\overline{\varepsilon}}_{ji}+\overline{\mu}_{ji}\dot{\overline{k}}_{ji}+\overline{\Sigma}_{lji}\dot{\overline{E}}_{lji}-\operatorname{div}\left(\left\langle p^1\right\rangle\overline{\boldsymbol{w}}^1\right)\right) \tag{20.32}$$

基于式 (17.25),可以证明式 (20.32) 中的 $\left(\overline{\sigma_{ji}\dot{\varepsilon}_{ji}}+\overline{\mu_{ji}\dot{\kappa}_{ji}}-\overline{\sigma}_{ji}\dot{\overline{\varepsilon}}_{ji}-\overline{\mu}_{ji}\dot{\overline{\kappa}}_{ji}-\overline{\Sigma}_{lji}\dot{\overline{E}}_{lji}\right)$ 可表示为沿表征元边界的边界积分（Li et al., 2011），即

$$\begin{aligned}&\overline{\sigma_{ji}\dot{\varepsilon}_{ji}}+\overline{\mu_{ji}\dot{\kappa}_{ji}}-\overline{\sigma}_{ji}\dot{\overline{\varepsilon}}_{ji}-\overline{\mu}_{ji}\dot{\overline{\kappa}}_{ji}-\overline{\Sigma}_{lji}\dot{\overline{E}}_{lji}\\=&\frac{1}{V}\int_{\Gamma}\left(n_k\sigma_{ki}-n_k\overline{\sigma}_{ki}\right)\left(\dot{u}_i-\dot{\overline{u}}_{i,j}x_j-\frac{1}{2}\dot{\overline{u}}_{i,jl}x_jx_l\right)\mathrm{d}\Gamma\\&+\frac{1}{V}\int_{\Gamma}\left(n_k\mu_{ki}-n_k\overline{\mu}_{ki}\right)\left(\dot{\omega}_i-\dot{\overline{\omega}}_i-\dot{\overline{\omega}}_{i,l}x_l\right)\mathrm{d}\Gamma\end{aligned} \tag{20.33}$$

利用式 (20.27) 和式 (20.28), 并注意到 $\dfrac{1}{V}\displaystyle\int_{\Gamma}n_i\dot{\overline{w}}_i^1\left\langle p^1\right\rangle\mathrm{d}\Gamma=\dot{\overline{w}}_i^1\left\langle p^1\right\rangle\dfrac{1}{V}\displaystyle\int_{\Gamma}n_i\mathrm{d}\Gamma\equiv 0$, 以及近似地略去 $\dfrac{1}{2V}\displaystyle\int_{V}p_{,i}^1x_i\mathrm{d}V$ 的散度，可以计算式 (20.32) 中的 $\overline{\operatorname{div}\left(p^1\dot{\boldsymbol{w}}^1\right)}-\operatorname{div}\left(\left\langle p^1\right\rangle\dot{\overline{\boldsymbol{w}}}^1\right)$ 如下

$$\overline{\operatorname{div}\left(p^1\dot{\boldsymbol{w}}^1\right)}-\operatorname{div}\left(\left\langle p^1\right\rangle\dot{\overline{\boldsymbol{w}}}^1\right)$$

$$
\begin{aligned}
&=\frac{1}{\mathrm{V}}\int_V \operatorname{div}\left(p^1\dot{\boldsymbol{w}}^1\right)\mathrm{d}V-\operatorname{div}\left(\overline{p}^1+\frac{1}{2V}\int_V p^1_{,i}x_i\mathrm{d}V\right)\overline{\dot{w}}^1-\left\langle p^1\right\rangle\frac{\partial\overline{\dot{w}}_i^1}{\partial x_i}\\
&=\frac{1}{V}\int_\Gamma n_i\dot{w}_i^1p^1\mathrm{d}\Gamma-\overline{p}^1_{,i}\overline{\dot{w}}_i^1-\left\langle p^1\right\rangle\overline{\dot{w}}_{i,i}^1\\
&=\frac{1}{V}\int_\Gamma n_i\dot{w}_i^1p^1\mathrm{d}\Gamma-\frac{1}{V}\int_\Gamma n_ip^1\overline{\dot{w}}_i^1\mathrm{d}\Gamma-\frac{1}{V}\int_\Gamma n_i\dot{w}_i^1\left\langle p^1\right\rangle\mathrm{d}\Gamma+\frac{1}{V}\int_\Gamma n_i\overline{\dot{w}}_i^1\left\langle p^1\right\rangle\mathrm{d}\Gamma\\
&=\frac{1}{V}\int_\Gamma\left(n_i\dot{w}_i^1-n_i\overline{\dot{w}}_i^1\right)\left(p^1-\left\langle p^1\right\rangle\right)\mathrm{d}\Gamma
\end{aligned}\tag{20.34}
$$

将式 (20.33) 和式 (20.34) 代入式 (20.32)，饱和多孔梯度 Cosserat 连续体介–宏观均匀化模拟的广义 Hill 定理可表示为如下形式

$$
\begin{aligned}
&\overline{\sigma_{ji}\dot{\varepsilon}_{ji}}+\overline{\mu_{ji}\dot{\kappa}_{ji}}-\overline{\operatorname{div}\left(p^1\dot{\boldsymbol{w}}^1\right)}-\left(\overline{\sigma}_{ji}\dot{\overline{\varepsilon}}_{ji}+\overline{\mu}_{ji}\dot{\overline{\kappa}}_{ji}+\overline{\Sigma}_{lji}\dot{\overline{E}}_{lji}-\operatorname{div}\left(\left\langle p^1\right\rangle\overline{\dot{\boldsymbol{w}}}^1\right)\right)\\
&=\frac{1}{V}\int_\Gamma\left(n_k\sigma_{ki}-n_k\overline{\sigma}_{ki}\right)\left(\dot{u}_i-\overline{\dot{u}}_{i,j}x_j-\frac{1}{2}\overline{\dot{u}}_{i,jl}x_jx_l\right)\mathrm{d}\Gamma\\
&\quad+\frac{1}{V}\int_\Gamma\left(n_k\mu_{ki}-n_k\overline{\mu}_{ki}\right)\left(\dot{\omega}_i-\overline{\dot{\omega}}_i-\overline{\dot{\omega}}_{i,l}x_l\right)\mathrm{d}\Gamma\\
&\quad-\frac{1}{V}\int_\Gamma\left(n_i\dot{w}_i^1-n_i\overline{\dot{w}}_i^1\right)\left(p^1-\left\langle p^1\right\rangle\right)\mathrm{d}\Gamma
\end{aligned}\tag{20.35}
$$

在介–宏观均匀化过程中, 式 (20.35) 所示的广义 Hill 定理将告诉人们如何恰当地指定表征元的边界条件以保证满足如下所示的广义 Hill-Mandel 条件

$$
\overline{\sigma_{ji}\dot{\varepsilon}_{ji}}+\overline{\mu_{ji}\dot{\kappa}_{ji}}-\overline{\operatorname{div}\left(p^1\dot{\boldsymbol{w}}^1\right)}=\left\langle\sigma_{ji}\right\rangle\left\langle\dot{\varepsilon}_{ji}\right\rangle+\left\langle\mu_{ji}\right\rangle\left\langle\dot{\kappa}_{ji}\right\rangle+\left\langle\Sigma_{lji}\right\rangle\left\langle\dot{E}_{lji}\right\rangle-\operatorname{div}\left(\left\langle p^1\right\rangle\left\langle\dot{\boldsymbol{w}}^1\right\rangle\right)\tag{20.36}
$$

或

$$
\overline{\sigma_{ji}\dot{\varepsilon}_{ji}}+\overline{\mu_{ji}\dot{\kappa}_{ji}}-\overline{\operatorname{div}\left(p^1\dot{\boldsymbol{w}}^1\right)}=\overline{\sigma}_{ji}\dot{\overline{\varepsilon}}_{ji}+\overline{\mu}_{ji}\dot{\overline{k}}_{ji}+\overline{\Sigma}_{lji}\dot{\overline{E}}_{lji}-\operatorname{div}\left(\left\langle p^1\right\rangle\overline{\dot{\boldsymbol{w}}}^1\right)\tag{20.37}
$$

即保证满足水力–力学过程的介–宏观能量等价条件。

3. 下传法则: 由饱和梯度 Cosserat 连续体局部点下传到饱和经典 Cosserat 连续体表征元的边界条件

按照式 (20.35) 所示饱和多孔介质的广义 Hill 定理，饱和多孔梯度 Cosserat 连续体局部材料点的宏观信息将首先下传到作为具有离散颗粒介观结构的饱和多孔经典 Cosserat 连续体表征元的连续边界。人们应指定施加于表征元的边界条件使得式 (20.35) 等号右端沿表征元边界的每个边界积分为零，即

$$
\frac{1}{V}\int_\Gamma\left(n_k\sigma_{ki}-n_k\overline{\sigma}_{ki}\right)\left(\dot{u}_i-\overline{\dot{u}}_{i,j}x_j-\frac{1}{2}\overline{\dot{u}}_{i,jl}x_jx_l\right)\mathrm{d}\Gamma=0\tag{20.38}
$$

$$\frac{1}{V}\int_{\Gamma}\left(n_k\mu_{ki}-n_k\overline{\mu}_{ki}\right)\left(\dot{\omega}_i-\overline{\dot{\omega}}_i-\overline{\dot{\omega}}_{i,l}x_l\right)\mathrm{d}\Gamma=0 \tag{20.39}$$

$$\frac{1}{V}\int_{\Gamma}\left(n_i\dot{w}_i^1-n_i\overline{\dot{w}}_i^1\right)\left(p^1-\langle p^1\rangle\right)\mathrm{d}\Gamma=0 \tag{20.40}$$

因而将能保证满足式 (20.36) 或式 (20.37) 所示的 Hill-Mandel 能量等价条件。

可通过逐点或积分方式保证满足式 (20.38) ~ 式 (20.40) 所示的沿表征元边界积分项为零的条件。在第 17 章中（Li et al., 2010; 2014）已给出了由宏观梯度 Cosserat 连续体下传表征元边界条件的相关讨论。一般地，存在导致不同表征元边值问题解的三类施加表征元边界条件的方式：（1）获得趋于 Voigt 上限解的 Dirichlet 类边界条件；（2）获得趋于 Reuss 下限解的 Neumann 类边界条件；（3）提供介于上述 Voigt 上限解和 Reuss 下限解的附加了周期性边界条件的 Dirichlet 类边界条件。现有文献（Miehe et al., 2002; Kaczmarczyk et al., 2008）已经证实，当采用一阶计算均匀化方法模拟表征元力学行为时，相较于均一力边界条件（Reuss 下界估计）和均一位移边界条件（Voigt 上界估计），附加的周期性边界条件的施加可以获得对表征元力学响应的最佳估计。在 20.2 节中将在颗粒材料的二阶协同计算均匀化方法中研究周期性位移边界条件对离散颗粒集合体表征元力学响应（包括表征元在材料软化和后软化阶段力学响应）的影响。

当对表征元施加上述第一类边界条件，由式 (20.35) 所示广义 Hill 定理导出的保证满足 Hill-Mandel 条件需施加如式 (20.15)，式 (20.16) 和式 (20.24) 所示的表征元边界线位移、角位移和孔隙液体压力。进一步，基于广义平均应变率定理和式 (20.17)，人们可以把式 (20.15) 和式 (20.16) 中 $\langle\dot{u}_{i,j}\rangle,\langle\dot{u}_{i,jk}\rangle,\langle\dot{\omega}_i\rangle,\langle\dot{\omega}_{i,j}\rangle$ 分别用 $\overline{\dot{u}}_{i,j},\overline{\dot{u}}_{i,jk},\overline{\dot{\omega}}_i,\overline{\dot{\omega}}_{i,j}$ 替代，如在式 (20.38) 和式 (20.39) 中所示，即

$$\dot{u}_i(\boldsymbol{x})\big|_{\Gamma}=\left(\overline{\dot{u}}_{i,j}x_j+\frac{1}{2}\overline{\dot{u}}_{i,jl}x_jx_l\right)\bigg|_{\Gamma} \tag{20.41}$$

$$\dot{\omega}_i(\boldsymbol{x})\big|_{\Gamma}=\left(\overline{\dot{\omega}}_i+\overline{\dot{\omega}}_{i,l}x_l\right)\big|_{\Gamma} \tag{20.42}$$

$$p^1\big|_{\Gamma}=\langle p^1\rangle \tag{20.43}$$

当对表征元施加上述第三类边界条件，即在施加式 (20.41) ~ 式 (20.42) 所示依赖于下传宏观应变率度量的指定位移速率和施加式 (20.43) 所示孔隙液体压力边界条件基础上，还进一步对饱和等效多孔 Cosserat 连续体表征元中的流–固混合物施加周期性边界位移速率和边界力约束和对孔隙液相施加周期性边界孔隙液体压力和边界 Darcy 速度约束，则施加于表征元连续边界的线位移速率、角位移速率和孔隙液体压力将表示为

$$\dot{u}_i(\boldsymbol{x})|_{\Gamma} = \left(\bar{\dot{u}}_{i,j}x_j + \frac{1}{2}\bar{\dot{u}}_{i,jl}x_jx_l + \dot{u}_i^*\right)\Big|_{\Gamma} \tag{20.44}$$

$$\dot{\omega}_i(\boldsymbol{x})|_{\Gamma} = \left(\bar{\dot{\omega}}_i + \bar{\dot{\omega}}_{i,l}x_l + \dot{\omega}_i^*\right)\big|_{\Gamma} \tag{20.45}$$

$$p^1\big|_{\Gamma} = \left(\langle p^1\rangle + p^{1*}\right)\big|_{\Gamma} \tag{20.46}$$

式中，$\dot{u}_i^*, \dot{\omega}_i^*$ 和 p^{1*} 分别是通过周期性边界条件施加于表征元边界的附加细尺度线位移速率、角位移速率和孔隙液体压力波动。基于 16.1.3 节第 2 部分和 17.1.5 节第 2 部分中对施加于表征元周期性边界条件的具体形式描述和讨论，当将式 (20.44) 和式 (20.45) 所示包含附加周期性边界位移速率 $\dot{u}_i^*, \dot{\omega}_i^*$ 的位移边界条件施加于表征元，式 (20.38) 和式 (20.39) 能得到满足。

对于饱和多孔连续体，考虑施加如式 (20.46) 所示包含下传孔隙液压 $\langle p^1\rangle$ 和附加周期性边界孔隙液体压力约束扰动的边界条件。在表征元边界上将施加如下模式周期性边界孔隙液体压力 p^{l*} 以描述具有约束的细尺度孔隙液体压力扰动

$$p^{1*}(s)\big|_{\mathrm{b}} = p^{1*}(s)\big|_{\mathrm{t}}, \quad p^{1*}(s)\big|_{1} = p^{1*}(s)\big|_{\mathrm{r}} \tag{20.47}$$

式 (20.47) 表示在矩形表征元两个相对边界上，具有相同局部坐标值 s 的材料点的细尺度孔隙液体压力 $p^{1*}(s)$ 被约束为相等。在施加式 (20.47) 所示周期性边界孔隙液体压力的同时，还施加了如下周期性边界 Darcy 速度约束

$$\dot{w}_{\mathrm{n}}^1\big|_{\Gamma} = \left(n_i\dot{w}_i^1\right)\big|_{\Gamma} = \dot{w}_{\mathrm{n}}^{1*}\big|_{\Gamma} = \left(n_i\dot{w}_i^{1*}\right)\big|_{\Gamma} \tag{20.48}$$

式中，$\dot{w}_n^l$ 和 $\dot{w}_n^{l*}$ 分别是表征元边界外法向的 Darcy 速度和约束 Darcy 速度。Darcy 速度的周期性边界条件要求矩形表征元两个相对边界上具有相同局部坐标值 s 的材料点的边界外法向 Darcy 速度的绝对值相等，但方向相反，即

$$\left(\dot{w}_{\mathrm{n}}^{1*}(s)\right)\big|_{\mathrm{b}} = -\left(\dot{w}_{\mathrm{n}}^{1*}(s)\right)\big|_{\mathrm{t}}, \quad \left(\dot{w}_{\mathrm{n}}^{1*}(s)\right)\big|_{\mathrm{l}} = -\left(\dot{w}_{\mathrm{n}}^{1*}(s)\right)\big|_{\mathrm{r}} \tag{20.49}$$

或

$$\begin{aligned}&\left(n_i(s)\dot{w}_i^{1*}(s)\right)\big|_{\mathrm{b}} = -\left(n_i(s)\dot{w}_i^{1*}(s)\right)\big|_{\mathrm{t}}, \\ &\left(n_i(s)\dot{w}_i^{1*}(s)\right)\big|_{\mathrm{l}} = -\left(n_i(s)\dot{w}_i^{1*}(s)\right)\big|_{\mathrm{r}}\end{aligned} \tag{20.50}$$

由于对矩形表征元的边界外法线向量存在如下关系式

$$\left(n_i(s)\right)\big|_{\mathrm{b}} = -\left(n_i(s)\right)\big|_{\mathrm{t}}, \quad \left(n_i(s)\right)\big|_{\mathrm{l}} = -\left(n_i(s)\right)\big|_{\mathrm{r}} \tag{20.51}$$

将式 (20.51) 代入式 (20.50) 可得到

$$\dot{w}_i^{1*}(s)\big|_b = \dot{w}_i^{i*}(s)\big|_t, \quad \dot{w}_i^{1*}(s)\big|_1 = \dot{w}_i^{1*}(s)\big|_r \tag{20.52}$$

为验证由式 (20.46) 和式 (20.47) 给出的孔隙液流边界条件是否满足 Hill-Mandel 条件，我们可将它们代入式 (20.40) 得到

$$\begin{aligned}&\frac{1}{V}\int_\Gamma\left(n_i\dot{w}_i^1 - n_i\overline{\dot{w}}_i^1\right)\left(p^1 - \langle p^1\rangle\right)\mathrm{d}\Gamma = \frac{1}{V}\int_\Gamma\left(n_i\dot{w}_i^{1*} - n_i\overline{\dot{w}}_i^1\right)p^{1*}\mathrm{d}\Gamma\\ &= \frac{1}{V}\int_\Gamma n_i\dot{w}_i^{1*}p^{1*}\mathrm{d}\Gamma - \frac{1}{V}\overline{\dot{w}}_i^1\int_\Gamma n_i p^{1*}\mathrm{d}\Gamma = 0\end{aligned} \tag{20.53}$$

注意式 (20.53) 推导中利用式 (20.48) 和式 (20.50) 可知，式 (20.53) 中第二个等号右端的第一个积分项为零，而由式 (20.48) 和式 (20.51) 可得式 (20.53) 中第二个等号右端的第二个积分项为零；由此验证了式 (20.40) 成立，也即

$$\overline{\mathrm{div}\left(p^1\dot{w}_i^1\right)} - \mathrm{div}\left(\langle p^1\rangle\,\overline{\dot{w}}_i^1\right) = 0 \tag{20.54}$$

并进而验证了在采用如式 (20.44) ~ 式 (20.46) 所示下传线位移速率、角位移速率和孔隙液体压力，以及如式 (20.47) 和式 (20.48) 所示附加周期性边界条件，式 (20.36) 或式 (20.37) 所示饱和多孔梯度 Cosserat 连续体介–宏观均匀化模拟的广义 Hill-Mandel 条件成立。

本章将在饱和颗粒材料二阶协同计算均匀化方法框架中介绍施加上述第三类表征元边界条件的实施方案及在孔隙液体和固体颗粒边界条件驱动下介观表征元内水力–力学耦合响应的数值模拟方法。20.2 节将在二阶协同计算均匀化方法框架中讨论受到孔隙液体流动作用的离散固体颗粒集合体表征元的第三类边界条件实施方案及边初值问题的离散元法求解。第一类表征元边界条件对表征元边界施加保证满足 Hill-Mandel 能量条件和由下传应变速率度量确定的非均一位移边界条件；而第三类表征元边界条件则除作为第一部分在表征元边界施加的由下传应变速率度量确定的非均一边界位移速率外，还施加作为第二部分的在周期性边界力约束条件下的周期性边界位移速率。

20.3 节将在二阶协同计算均匀化方法框架中讨论考虑离散固体颗粒运动效应的孔隙液体表征元的第三类边界条件实施方案及边初值问题的有限元法求解。第一类表征元边界条件为对表征元边界施加保证满足 Hill-Mandel 能量条件和由下传孔隙液体压力确定的均一孔隙液压边界条件；而第三类表征元边界条件则是除在表征元边界施加作为第一部分的由下传孔隙液体压力确定的均一边界孔隙液体压力外，还需施加作为第二部分的在周期性边界 Darcy 速度约束下的周期性边界约束孔隙液体压力。

20.2 与孔隙液体流动相互作用的离散颗粒集合体表征元力学模型与离散元解

20.2.1 离散颗粒集合体表征元控制方程及边界条件

本章把针对干离散颗粒集合体建立（Li et al., 2005）和在模拟颗粒材料表征元内干颗粒介观力学行为（Li et al., 2014）中采用的离散元模型（DEM）拓展到模拟饱和离散颗粒集合体表征元中受孔隙液体作用的参考颗粒。

基于对饱和孔隙液体的 Darcy 定律的多孔连续体模型（Li et al., 2007），根据牛顿运动定律，表征元内任一参考固体颗粒的动力平衡方程可以表示为

$$m_{\mathrm{r}}\frac{\mathrm{d}\dot{\boldsymbol{u}}_{\mathrm{r}}}{\mathrm{d}t}=\sum_{B=1}^{n_{\mathrm{r}}^{\mathrm{c}}}\boldsymbol{f}_{\mathrm{r}B}^{\mathrm{c}}+\boldsymbol{f}_{\mathrm{r}}^{\mathrm{fs}}+m_{\mathrm{r}}\boldsymbol{g}+\boldsymbol{f}_{\mathrm{r}}^{\mathrm{e}} \tag{20.55}$$

$$I_{\mathrm{r}}\frac{\mathrm{d}\dot{\boldsymbol{\omega}}_{\mathrm{r}}}{\mathrm{d}t}=\sum_{B=1}^{n_{\mathrm{r}}^{\mathrm{c}}}\left(\boldsymbol{r}_{\mathrm{r}B}\times\boldsymbol{f}_{\mathrm{r}B}^{\mathrm{c}}+\boldsymbol{M}_{\mathrm{r}B}^{\mathrm{c}}\right) \tag{20.56}$$

式中，m_{r} 和 I_{r} 分别是参考颗粒的惯性质量和质量矩，$n_{\mathrm{r}}^{\mathrm{c}}$ 是与参考颗粒的直接接触颗粒数，$\boldsymbol{g}$ 是重力加速度向量，$\boldsymbol{f}_{\mathrm{r}}^{\mathrm{e}}$ 是作用于参考颗粒的外力向量，$\boldsymbol{r}_{\mathrm{r}B}$ 是由参考颗粒形心指向它的某一直接相邻颗粒接触点的半径向量，$\boldsymbol{M}_{\mathrm{r}B}^{\mathrm{c}}$ 是参考颗粒的直接相邻颗粒 B 作用于参考颗粒形心的滚动摩擦阻矩，$\boldsymbol{f}_{\mathrm{r}B}^{\mathrm{c}}$ 是直接相邻颗粒 B 作用于参考颗粒的接触力向量，$\boldsymbol{f}_{\mathrm{r}}^{\mathrm{fs}}$ 是作用于参考颗粒的流–固相互作用力向量，它可按牛顿第三运动律计算如下（Li et al., 2007）

$$\boldsymbol{f}_{\mathrm{r}}^{\mathrm{fs}}=-\phi\boldsymbol{F}^{\mathrm{sf}}V_{\mathrm{s}}/(1-\phi) \tag{20.57}$$

式中，V_{s} 是一个参考固体颗粒的体积，ϕ 是定义在此参考颗粒形心的局部孔隙度，$\boldsymbol{F}^{\mathrm{sf}}$ 是参考固体颗粒作用在与此颗粒形心重合的单位体积流体的流–固相互作用力向量 F_j^{sf} 的粗体表示。$\boldsymbol{F}^{\mathrm{sf}}$ 可如式 (12.5) 和式 (12.6) 所示，由半经验公式（Tsuji et al., 1993; Shamy and Zeghal, 2005; Ergun, 1952; Wen and Yu, 1966）表示为

$$\boldsymbol{F}^{\mathrm{sf}}=\begin{cases}150\dfrac{(1-\phi)^2}{\phi^2}\dfrac{\mu\left(\dot{\boldsymbol{u}}-\dot{\boldsymbol{U}}^1\right)}{d_{\mathrm{r}}^2}+1.75\dfrac{1-\phi}{\phi}\rho\dfrac{\left(\dot{\boldsymbol{u}}-\dot{\boldsymbol{U}}^1\right)\left|\dot{\boldsymbol{u}}-\dot{\boldsymbol{U}}^1\right|}{d_{\mathrm{r}}}, & \phi\leqslant 0.8\\ \dfrac{3}{4}C_{\mathrm{D}}\rho\dfrac{(1-\phi)\left(\dot{\boldsymbol{u}}-\dot{\boldsymbol{U}}^1\right)\left|\dot{\boldsymbol{u}}-\dot{\boldsymbol{U}}^1\right|}{d_{\mathrm{r}}}\phi^{-2.65}, & \phi>0.8\end{cases} \tag{20.58}$$

式中，$\dot{\boldsymbol{u}}$ 是参考固体颗粒形心速度向量 $\dot{u}_i$ 的黑体表示，$\dot{\boldsymbol{U}}^1\left(\dot{U}_i^1\right)$ 是在与参考固体颗粒形心重叠点处孔隙液体速度，$d_{\rm r}$ 是参考固体颗粒直径，μ 和 ρ 分别是孔隙液体的粘性系数和质量密度，依赖于 Reynolds 数 Re 的系数 $C_{\rm D}$ 可由下式获得

$$C_{\rm D}=\begin{cases}24\left(1+0.15Re^{0.687}\right)/Re, & Re<1000\\ 0.43, & Re\geqslant 1000\end{cases} \tag{20.59}$$

式中，Reynolds 数可由下式确定

$$Re=\left|\dot{\boldsymbol{u}}-\dot{\boldsymbol{U}}^1\right|\rho\phi d_{\rm r}/\mu \tag{20.60}$$

基于饱和多孔连续体中 Darcy 定律表述，离散颗粒集合体表征元中参考固体颗粒 Darcy 速度 $\dot{w}_i^1$ 定义为

$$\dot{w}_i^1=\phi\left(\dot{U}_i^1-\dot{u}_i\right)=-k_{ij}^1p_{,j}^1=-k_{ij}^1F_j^{\rm sf} \tag{20.61}$$

结合式 (20.61) 和式 (20.58)，可获得基于参考固体颗粒局部处介观信息的 Darcy 渗透系数 k_{ij}^1 为

$$k_{ij}^1=\hat{k}^1\delta_{ij} \tag{20.62}$$

式中

$$\hat{k}^1=\begin{cases}\left(150\dfrac{(1-\phi)^2}{\phi^3}\dfrac{\mu}{d_{\rm r}^2}+1.75\dfrac{1-\phi}{\phi^2}\dfrac{\rho}{d_{\rm r}}\left|\dot{\boldsymbol{u}}-\dot{\boldsymbol{U}}^1\right|\right)^{-1}, & \phi\leqslant 0.8\\ \left(\dfrac{3}{4}C_{\rm D}\rho\dfrac{\left|\dot{\boldsymbol{u}}-\dot{\boldsymbol{U}}^1\right|(1-\phi)}{d_{\rm r}}\phi^{-3.65}\right)^{-1}, & \phi>0.8\end{cases} \tag{20.63}$$

可以看到，Darcy 渗透系数依赖于颗粒材料局部处的粘性、孔隙度和当前的流–固相对速度。

为定义和计算表征元内任一参考颗粒形心的孔隙度 ϕ，引入 Voronoi 胞元概念。对饱和离散颗粒集合体介观表征元进行 Voronoi 几何剖分，如图 20.1(a) 所示。饱和 Voronoi 胞元包含位于其边界内的参考颗粒和孔隙液体，如图 20.1(b) 所示。表征元内参考颗粒形心处的局部孔隙度 ϕ 可表示为

$$\phi=1-V_{\rm s}/V_{\rm cell} \tag{20.64}$$

式中，$V_{\rm cell}$ 是饱和 Voronoi 胞元体积，$V_{\rm s}$ 是饱和 Voronoi 胞元内固相颗粒体积。

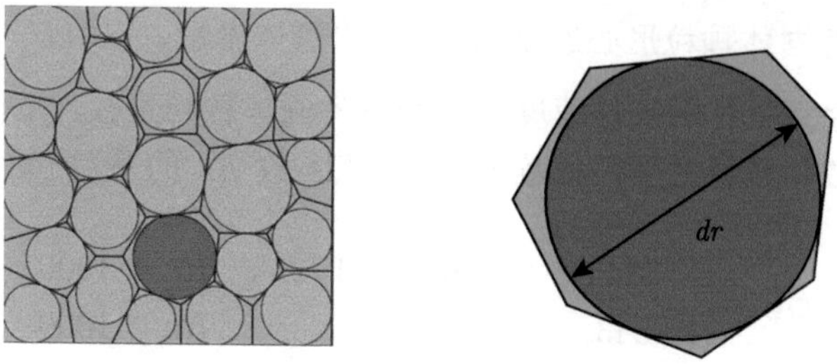

(a)　　(b)

图 20.1　饱和离散颗粒集合体 Voronoi 胞元模型示意图

(a) 饱和离散颗粒集合体的 Voronoi 几何剖分；(b) 饱和 Voronoi 胞元

基于在 20.1 节介绍的由广义 Hill 定理导出的宏–介观两尺度之间信息下传规则，由宏观梯度 Cosserat 多孔连续体局部材料点施加在介观离散颗粒集合体固相表征元上的三类指定边界条件可描述为：（1）仅依赖宏观尺度下传应变及应变梯度而指定的非均一位移边界条件；（2）由宏观尺度下传应变度量指定的非均一边界位移和满足周期性边界力约束条件的周期性约束边界位移波动两部分组成的指定位移边界条件；（3）依赖宏观尺度下传应变度量指定的均一力边界条件。这些指定边界条件需通过表征元外围颗粒与表征元的连续边界的接触点施加在所有边界颗粒上。在 20.2.2 节 ~ 20.2.4 节中将分别讨论上述的三类不同边界条件的实施方案。

20.2.2　依赖下传宏观应变度量的表征元非均一位移边界条件

考虑离散颗粒集合体表征元离散元模拟中的一个增量步，由式 (20.41) 和式 (20.42) 描述的率形式指定位移边界条件将改写为它的增量形式。通过表征元边界与表征元周边颗粒接触点施加在表征元每个周边颗粒 $i\,(i=1\sim N_{\rm p})$ 的增量边界线位移 $(\Delta\boldsymbol{u}_{\rm B}^{\rm c})_i$ 和角位移增量 $(\Delta\boldsymbol{\omega}_{\rm B})_i$ 可表示为

$$(\Delta\boldsymbol{u}_{\rm B}^{\rm c})_i=\boldsymbol{x}_i^{\rm c}\cdot\Delta\overline{\boldsymbol{\Gamma}}+\frac{1}{2}\left(\boldsymbol{x}_i^{\rm c}\otimes\boldsymbol{x}_i^{\rm c}\right):\Delta\hat{\overline{\boldsymbol{E}}}\tag{20.65}$$

$$(\Delta\boldsymbol{\omega}_{\rm B})_i=\Delta\overline{\boldsymbol{\omega}}+\boldsymbol{x}_i^{\rm c}\cdot\Delta\overline{\boldsymbol{\kappa}}\tag{20.66}$$

它们依赖于下传增量宏观应变度量 $\Delta\overline{\boldsymbol{\Gamma}},\Delta\hat{\overline{\boldsymbol{E}}},\Delta\overline{\boldsymbol{\omega}},\Delta\overline{\boldsymbol{\kappa}}$。$\Delta\overline{\boldsymbol{\Gamma}},\Delta\hat{\overline{\boldsymbol{E}}},\Delta\overline{\boldsymbol{\omega}},\Delta\overline{\boldsymbol{\kappa}}$ 分别是定义为张量 $\Delta\overline{\Gamma}_{ji}\,(=\Delta\overline{u}_{i,j})\,,\Delta\hat{\overline{E}}_{kji}\,(=\Delta\overline{u}_{i,jk})\,,\Delta\overline{\omega}_i,\Delta\overline{\kappa}_{ji}\,(=\Delta\overline{\omega}_{i,j})$ 的黑体表示，$\boldsymbol{x}_i^{\rm c}$ 是周边颗粒 i 与表征元边界接触点的位置向量。

20.2.3　下传宏观应变度量和固相周期性边界条件的表征元位移边界条件及其实施

基于式 (20.65) 和式 (20.66)，当同时施加指定下传位移边界条件和周期性位移边界条件时，表征元边界与表征元周边颗粒接触点施加在表征元每个周边颗粒

$i\,(i=1\sim N_{\mathrm{p}})$ 的增量边界线位移 $(\Delta\boldsymbol{u}_{\mathrm{B}}^{\mathrm{c}})_i$ 和角位移增量 $(\Delta\boldsymbol{\omega}_{\mathrm{B}})_i$ 可表示为由两部分组成，即

$$(\Delta\boldsymbol{u}_{\mathrm{B}}^{\mathrm{c}})_i=\boldsymbol{x}_i^{\mathrm{c}}\cdot\Delta\overline{\boldsymbol{\Gamma}}+\frac{1}{2}\left(\boldsymbol{x}_i^{\mathrm{c}}\otimes\boldsymbol{x}_i^{\mathrm{c}}\right):\Delta\hat{\overline{\boldsymbol{E}}}+(\Delta\hat{\boldsymbol{u}}_{\mathrm{B}}^{*})_i=(\Delta\boldsymbol{u}_{\mathrm{BS}}^{\mathrm{c}})_i+(\Delta\boldsymbol{u}_{\mathrm{B}}^{*})_i \tag{20.67}$$

$$(\Delta\boldsymbol{\omega}_{\mathrm{B}})_i=\Delta\overline{\boldsymbol{\omega}}+\boldsymbol{x}_i^{\mathrm{c}}\cdot\Delta\overline{\boldsymbol{\kappa}}+(\Delta\hat{\boldsymbol{\omega}}_{\mathrm{B}}^{*})_i=(\Delta\boldsymbol{\omega}_{\mathrm{BS}})_i+(\Delta\boldsymbol{\omega}_{\mathrm{B}}^{*})_i \tag{20.68}$$

式 (20.67) 和式 (20.68) 中第一部分 $(\Delta\boldsymbol{u}_{\mathrm{BS}}^{\mathrm{c}})_i,(\Delta\boldsymbol{\omega}_{\mathrm{BS}})_i$ 依赖于由粗尺度下传的增量宏观应变度量，第二部分 $(\Delta\boldsymbol{u}_{\mathrm{B}}^{*})_i,(\Delta\boldsymbol{\omega}_{\mathrm{B}}^{*})_i$ 表示有待在表征元模拟的每个增量步执行之前确定的受到周期性边界位移约束和周期性边界力约束的附加介观尺度边界位移波动。下面将具体介绍确定它们的一个新的数值方案（Li et al., 2019）。

由式 (16.72) 和式 (16.73) 表示的作用于表征元周边颗粒形心的增量力 $\Delta\boldsymbol{f}_{\mathrm{Bc}}^{\mathrm{ext}}$ 及力矩 $\Delta\boldsymbol{m}_{\mathrm{Bc}}^{\mathrm{ext}}$ 与表征元周边颗粒和表征元边界接触点的线位移增量 $\Delta\boldsymbol{u}_{\mathrm{B}}^{\mathrm{c}}$ 和周边颗粒角位移增量 $\Delta\boldsymbol{\omega}_{\mathrm{B}}$ 的离散颗粒集合体表征元增量非线性本构关系（Li et al., 2018）可写成如下矩阵形式，即

$$\begin{aligned}&\begin{bmatrix}\boldsymbol{K}_{\mathrm{uu}}^{\mathrm{B}} & \boldsymbol{K}_{\mathrm{u\omega}}^{\mathrm{Bc}}\\ \boldsymbol{K}_{\mathrm{\omega u}}^{\mathrm{B}} & \boldsymbol{K}_{\mathrm{\omega\omega}}^{\mathrm{Bc}}\end{bmatrix}\begin{Bmatrix}\Delta\boldsymbol{u}_{\mathrm{B}}^{\mathrm{c}}\\ \Delta\boldsymbol{\omega}_{\mathrm{B}}\end{Bmatrix}=\begin{bmatrix}\boldsymbol{K}_{\mathrm{uu}}^{\mathrm{B}} & \boldsymbol{K}_{\mathrm{u\omega}}^{\mathrm{Bc}}\\ \boldsymbol{K}_{\mathrm{\omega u}}^{\mathrm{B}} & \boldsymbol{K}_{\mathrm{\omega\omega}}^{\mathrm{Bc}}\end{bmatrix}\left(\begin{Bmatrix}\Delta\boldsymbol{u}_{\mathrm{BS}}^{\mathrm{c}}\\ \Delta\boldsymbol{\omega}_{\mathrm{BS}}\end{Bmatrix}+\begin{Bmatrix}\Delta\boldsymbol{u}_{\mathrm{B}}^{*}\\ \Delta\boldsymbol{\omega}_{\mathrm{B}}^{*}\end{Bmatrix}\right)\\ &=-\begin{Bmatrix}\Delta\boldsymbol{f}_{\mathrm{Bc}}^{\mathrm{ext}}\\ \Delta\boldsymbol{m}_{\mathrm{Bc}}^{\mathrm{ext}}\end{Bmatrix}+\begin{Bmatrix}\Delta\tilde{\boldsymbol{f}}_{\mathrm{B}}^{\mathrm{int,p}}\\ \Delta\tilde{\boldsymbol{m}}_{\mathrm{B}}^{\mathrm{int,p}}-(\boldsymbol{R}^{\mathrm{c}})^{\mathrm{T}}\Delta\tilde{\boldsymbol{f}}_{\mathrm{B}}^{\mathrm{int,p}}\end{Bmatrix}\end{aligned} \tag{20.69}$$

式中，$\boldsymbol{K}_{\mathrm{uu}}^{\mathrm{B}},\boldsymbol{K}_{\mathrm{u\omega}}^{\mathrm{Bc}},\boldsymbol{K}_{\mathrm{\omega u}}^{\mathrm{B}},\boldsymbol{K}_{\mathrm{\omega\omega}}^{\mathrm{Bc}}$ 的具体表达式在第 16 章中已有介绍。它们是凝聚到离散颗粒集合体表征元中位于边界的颗粒与边界接触点处的表征元刚度矩阵的各子矩阵。向量 $\Delta\boldsymbol{f}_{\mathrm{Bc}}^{\mathrm{ext}},\Delta\boldsymbol{m}_{\mathrm{Bc}}^{\mathrm{ext}}$ 中列示了表征元边界外颗粒材料通过它们与表征元周边颗粒的接触点施加于表征元所有周边颗粒的增量平移力和增量力矩。向量 $\Delta\tilde{\boldsymbol{f}}_{\mathrm{B}}^{\mathrm{int,p}},\Delta\tilde{\boldsymbol{m}}_{\mathrm{B}}^{\mathrm{int,p}}$ 表示在增量步中由表征元内颗粒间耗散性相对位移产生的凝聚到表征元周边颗粒与外界材料接触点处的有效增量耗散力和耗散力矩向量。$(\boldsymbol{R}^{\mathrm{c}})^{\mathrm{T}}$ 是 $\boldsymbol{R}^{\mathrm{c}}$ 的转置，$\boldsymbol{R}^{\mathrm{c}}$ 被用于考虑周边颗粒角位移增量所致每个周边颗粒的形心与其与表征元边界接触点的平移位移增量差。

当 $\Delta\boldsymbol{u}_{\mathrm{B}}^{*},\Delta\boldsymbol{\omega}_{\mathrm{B}}^{*}$ 以式 (16.24) 和式 (16.28) 所示周期性边界位移条件表示时，$\Delta\boldsymbol{u}_{\mathrm{B}}^{*},\Delta\boldsymbol{\omega}_{\mathrm{B}}^{*},\Delta\boldsymbol{u}_{\mathrm{BS}}^{\mathrm{c}},\Delta\boldsymbol{\omega}_{\mathrm{BS}}$ 分别剖分为如下四个子向量，即

$$\Delta\boldsymbol{u}_{\mathrm{B}}^{*}=\begin{Bmatrix}\Delta\boldsymbol{u}_{\mathrm{b}}^{*}\\ \Delta\boldsymbol{u}_{\mathrm{t}}^{*}\\ \Delta\boldsymbol{u}_{\mathrm{l}}^{*}\\ \Delta\boldsymbol{u}_{\mathrm{r}}^{*}\end{Bmatrix},\quad \Delta\boldsymbol{\omega}_{\mathrm{B}}^{*}=\begin{Bmatrix}\Delta\boldsymbol{\omega}_{\mathrm{b}}^{*}\\ \Delta\boldsymbol{\omega}_{\mathrm{t}}^{*}\\ \Delta\boldsymbol{\omega}_{\mathrm{l}}^{*}\\ \Delta\boldsymbol{\omega}_{\mathrm{r}}^{*}\end{Bmatrix},\quad \Delta\boldsymbol{u}_{\mathrm{BS}}^{\mathrm{c}}=\begin{Bmatrix}\Delta\boldsymbol{u}_{\mathrm{bS}}^{\mathrm{c}}\\ \Delta\boldsymbol{u}_{\mathrm{tS}}^{\mathrm{c}}\\ \Delta\boldsymbol{u}_{\mathrm{lS}}^{\mathrm{c}}\\ \Delta\boldsymbol{u}_{\mathrm{rS}}^{\mathrm{c}}\end{Bmatrix},$$

$$\Delta\boldsymbol{\omega}_{\mathrm{BS}}=\left\{\begin{array}{c}\Delta\boldsymbol{\omega}_{\mathrm{bS}}\\ \Delta\boldsymbol{\omega}_{\mathrm{tS}}\\ \Delta\boldsymbol{\omega}_{\mathrm{lS}}\\ \Delta\boldsymbol{\omega}_{\mathrm{rS}}\end{array}\right\} \tag{20.70}$$

式中

$$\Delta\boldsymbol{u}_{\mathrm{b}}^{*}=\Delta\boldsymbol{u}_{\mathrm{t}}^{*},\quad \Delta\boldsymbol{u}_{\mathrm{l}}^{*}=\Delta\boldsymbol{u}_{\mathrm{r}}^{*},\quad \Delta\boldsymbol{\omega}_{\mathrm{b}}^{*}=\Delta\boldsymbol{\omega}_{\mathrm{t}}^{*},\quad \Delta\boldsymbol{\omega}_{\mathrm{l}}^{*}=\Delta\boldsymbol{\omega}_{\mathrm{r}}^{*} \tag{20.71}$$

$\Delta\boldsymbol{u}_{\mathrm{s}}^{*}(\mathrm{s}=\mathrm{b,t,l,r})$ 和 $\Delta\boldsymbol{\omega}_{\mathrm{s}}^{*}(\mathrm{s}=\mathrm{b,t,l,r})$ 分别表示归属于 $\Delta\boldsymbol{u}_{\mathrm{B}}^{*},\Delta\boldsymbol{\omega}_{\mathrm{B}}^{*}$ 中表征元底部、顶部、左侧和右侧边界上接触点部分的子向量。按式 (16.14)、式 (16.15)，周期性边界力和边界力矩约束条件 (16.23) 和式 (16.27) 可表示为

$$\Delta\boldsymbol{f}_{\mathrm{Bc}}^{\mathrm{ext}}=\Delta\boldsymbol{f}_{\mathrm{Bc}}^{*},\quad \Delta\boldsymbol{m}_{\mathrm{Bc}}^{\mathrm{ext}}=\Delta\boldsymbol{m}_{\mathrm{Bc}}^{*} \tag{20.72}$$

当对周期性边界力 $\Delta\boldsymbol{f}_{\mathrm{Bc}}^{*}$ 和周期性边界力矩 $\Delta\boldsymbol{m}_{\mathrm{Bc}}^{*}$ 做类似于式 (20.70) 对 $\Delta\boldsymbol{u}_{\mathrm{B}}^{*}$, $\Delta\boldsymbol{\omega}_{\mathrm{B}}^{*}$ 的剖分，$\Delta\boldsymbol{f}_{\mathrm{Bc}}^{*},\Delta\boldsymbol{m}_{\mathrm{Bc}}^{*}$ 可相应地剖分为

$$\Delta\boldsymbol{f}_{\mathrm{Bc}}^{*}=\left\{\begin{array}{c}\Delta\boldsymbol{f}_{\mathrm{b}}^{*}\\ \Delta\boldsymbol{f}_{\mathrm{t}}^{*}\\ \Delta\boldsymbol{f}_{\mathrm{l}}^{*}\\ \Delta\boldsymbol{f}_{\mathrm{r}}^{*}\end{array}\right\},\quad \Delta\boldsymbol{m}_{\mathrm{Bc}}^{*}=\left\{\begin{array}{c}\Delta\boldsymbol{m}_{\mathrm{b}}^{*}\\ \Delta\boldsymbol{m}_{\mathrm{t}}^{*}\\ \Delta\boldsymbol{m}_{\mathrm{l}}^{*}\\ \Delta\boldsymbol{m}_{\mathrm{r}}^{*}\end{array}\right\} \tag{20.73}$$

式中

$$\Delta\boldsymbol{f}_{\mathrm{b}}^{*}=-\Delta\boldsymbol{f}_{\mathrm{t}}^{*},\quad \Delta\boldsymbol{f}_{\mathrm{l}}^{*}=-\Delta\boldsymbol{f}_{\mathrm{r}}^{*},\quad \Delta\boldsymbol{m}_{\mathrm{b}}^{*}=-\Delta\boldsymbol{m}_{\mathrm{t}}^{*},\quad \Delta\boldsymbol{m}_{\mathrm{l}}^{*}=-\Delta\boldsymbol{m}_{\mathrm{r}}^{*} \tag{20.74}$$

式 (20.69) 中所示 $\left[\begin{array}{cc}\boldsymbol{K}_{\mathrm{uu}}^{\mathrm{B}} & \boldsymbol{K}_{\mathrm{u\omega}}^{\mathrm{Bc}}\\ \boldsymbol{K}_{\mathrm{\omega u}}^{\mathrm{B}} & \boldsymbol{K}_{\mathrm{\omega\omega}}^{\mathrm{Bc}}\end{array}\right]$ 是凝聚到离散颗粒集合体表征元周边颗粒的当前有效弹性刚度矩阵，为施加周期性边界条件，相应式 (20.70) 中 $\Delta\boldsymbol{u}_{\mathrm{B}}^{*},\Delta\boldsymbol{\omega}_{\mathrm{B}}^{*}$ 的分块表示，它的四个子矩阵 $\boldsymbol{K}_{\mathrm{uu}}^{\mathrm{B}},\boldsymbol{K}_{\mathrm{u\omega}}^{\mathrm{Bc}},\boldsymbol{K}_{\omega u}^{\mathrm{B}},\boldsymbol{K}_{\mathrm{\omega\omega}}^{\mathrm{Bc}}$ 也作如下剖分。令 $\boldsymbol{\mathcal{K}}$ 轮流地表示 $\boldsymbol{K}_{\mathrm{uu}}^{\mathrm{B}},\boldsymbol{K}_{\mathrm{u\omega}}^{\mathrm{Bc}},\boldsymbol{K}_{\mathrm{\omega u}}^{\mathrm{B}},\boldsymbol{K}_{\mathrm{\omega\omega}}^{\mathrm{Bc}}$，其分块表示可写成

$$\boldsymbol{\mathcal{K}}=\left[\begin{array}{cccc}(\boldsymbol{\mathcal{K}})_{\mathrm{bb}} & (\boldsymbol{\mathcal{K}})_{\mathrm{bt}} & (\boldsymbol{\mathcal{K}})_{\mathrm{bl}} & (\boldsymbol{\mathcal{K}})_{\mathrm{br}}\\ (\boldsymbol{\mathcal{K}})_{\mathrm{tb}} & (\boldsymbol{\mathcal{K}})_{\mathrm{tt}} & (\boldsymbol{\mathcal{K}})_{\mathrm{tl}} & (\boldsymbol{\mathcal{K}})_{\mathrm{tr}}\\ (\boldsymbol{\mathcal{K}})_{\mathrm{lb}} & (\boldsymbol{\mathcal{K}})_{\mathrm{lt}} & (\boldsymbol{\mathcal{K}})_{\mathrm{ll}} & (\boldsymbol{\mathcal{K}})_{\mathrm{lr}}\\ (\boldsymbol{\mathcal{K}})_{\mathrm{rb}} & (\boldsymbol{\mathcal{K}})_{\mathrm{rt}} & (\boldsymbol{\mathcal{K}})_{\mathrm{rl}} & (\boldsymbol{\mathcal{K}})_{\mathrm{rr}}\end{array}\right] \tag{20.75}$$

此外，定义 $\boldsymbol{\mathcal{K}}_{2-2}$ 和 $\boldsymbol{\mathcal{K}}_{2-4}$ 如下

$$\boldsymbol{\mathcal{K}}_{2-2}=\begin{bmatrix}(\boldsymbol{\mathcal{K}})_{\mathrm{bb}}+(\boldsymbol{\mathcal{K}})_{\mathrm{bt}}+(\boldsymbol{\mathcal{K}})_{\mathrm{tb}}+(\boldsymbol{\mathcal{K}})_{\mathrm{tt}} & (\boldsymbol{\mathcal{K}})_{\mathrm{bl}}+(\boldsymbol{\mathcal{K}})_{\mathrm{br}}+(\boldsymbol{\mathcal{K}})_{\mathrm{tl}}+(\boldsymbol{\mathcal{K}})_{\mathrm{tr}}\\(\boldsymbol{\mathcal{K}})_{\mathrm{lb}}+(\boldsymbol{\mathcal{K}})_{\mathrm{lt}}+(\boldsymbol{\mathcal{K}})_{\mathrm{rb}}+(\boldsymbol{\mathcal{K}})_{\mathrm{rt}} & (\boldsymbol{\mathcal{K}})_{\mathrm{ll}}+(\boldsymbol{\mathcal{K}})_{\mathrm{lr}}+(\boldsymbol{\mathcal{K}})_{\mathrm{rl}}+(\boldsymbol{\mathcal{K}})_{\mathrm{rr}}\end{bmatrix} \tag{20.76}$$

$$\boldsymbol{\mathcal{K}}_{2-4}=\begin{bmatrix}(\boldsymbol{\mathcal{K}})_{\mathrm{bb}}+(\boldsymbol{\mathcal{K}})_{\mathrm{tb}} & (\boldsymbol{\mathcal{K}})_{\mathrm{bt}}+(\boldsymbol{\mathcal{K}})_{\mathrm{tt}} & (\boldsymbol{\mathcal{K}})_{\mathrm{bl}}+(\boldsymbol{\mathcal{K}})_{\mathrm{tl}} & (\boldsymbol{\mathcal{K}})_{\mathrm{br}}+(\boldsymbol{\mathcal{K}})_{\mathrm{tr}}\\(\boldsymbol{\mathcal{K}})_{\mathrm{lb}}+(\boldsymbol{\mathcal{K}})_{\mathrm{rb}} & (\boldsymbol{\mathcal{K}})_{\mathrm{lt}}+(\boldsymbol{\mathcal{K}})_{\mathrm{rt}} & (\boldsymbol{\mathcal{K}})_{\mathrm{ll}}+(\boldsymbol{\mathcal{K}})_{\mathrm{rl}} & (\boldsymbol{\mathcal{K}})_{\mathrm{lr}}+(\boldsymbol{\mathcal{K}})_{\mathrm{rr}}\end{bmatrix} \tag{20.77}$$

利用式 (20.75) 所示 $\boldsymbol{\mathcal{K}}$ 的分块子矩阵表示，以及将 $\Delta\tilde{\boldsymbol{f}}_{\mathrm{B}}^{\mathrm{int,p}},\Delta\tilde{\boldsymbol{m}}_{\mathrm{B}}^{\mathrm{int,p}}$ 分块表示为

$$\Delta\tilde{\boldsymbol{f}}_{\mathrm{B}}^{\mathrm{int,p}}=\begin{Bmatrix}\Delta\tilde{\boldsymbol{f}}_{\mathrm{b}}^{\mathrm{int,p}}\\\Delta\tilde{\boldsymbol{f}}_{\mathrm{t}}^{\mathrm{int,p}}\\\Delta\tilde{\boldsymbol{f}}_{\mathrm{l}}^{\mathrm{int,p}}\\\Delta\tilde{\boldsymbol{f}}_{\mathrm{r}}^{\mathrm{int,p}}\end{Bmatrix},\quad \Delta\tilde{\boldsymbol{m}}_{\mathrm{B}}^{\mathrm{int,p}}=\begin{Bmatrix}\Delta\tilde{\boldsymbol{m}}_{\mathrm{b}}^{\mathrm{int,p}}\\\Delta\tilde{\boldsymbol{m}}_{\mathrm{t}}^{\mathrm{int,p}}\\\Delta\tilde{\boldsymbol{m}}_{\mathrm{l}}^{\mathrm{int,p}}\\\Delta\tilde{\boldsymbol{m}}_{\mathrm{r}}^{\mathrm{int,p}}\end{Bmatrix} \tag{20.78}$$

对表征元施加由式 (20.67) 和式 (20.68) 所示位移边界条件，利用由式 (20.71)、式 (20.72) 和式 (20.74) 表示的周期性边界条件，以及为施加周期性边界条件对 $\boldsymbol{K}_{\mathrm{uu}}^{\mathrm{B}},\boldsymbol{K}_{\mathrm{u\omega}}^{\mathrm{Bc}},\boldsymbol{K}_{\mathrm{\omega u}}^{\mathrm{B}},\boldsymbol{K}_{\mathrm{\omega\omega}}^{\mathrm{Bc}}$ 和 $\Delta\tilde{\boldsymbol{f}}_{\mathrm{B}}^{\mathrm{int,p}},\Delta\tilde{\boldsymbol{m}}_{\mathrm{B}}^{\mathrm{int,p}}$ 的分块表示式 (20.75) 和式 (20.78)，我们可以将式 (20.69) 重新表示为

$$\begin{aligned}&\begin{bmatrix}\boldsymbol{K}_{\mathrm{uu},2-2}^{\mathrm{b}} & \boldsymbol{K}_{\mathrm{u\omega},2-2}^{\mathrm{bc}}\\\boldsymbol{K}_{\mathrm{\omega u},2-2}^{\mathrm{b}} & \boldsymbol{K}_{\mathrm{\omega\omega},2-2}^{\mathrm{bc}}\end{bmatrix}\begin{Bmatrix}\begin{Bmatrix}\Delta\boldsymbol{u}_{\mathrm{b}}^{*}\\\Delta\boldsymbol{u}_{\mathrm{l}}^{*}\end{Bmatrix}\\\begin{Bmatrix}\Delta\boldsymbol{\omega}_{\mathrm{b}}^{*}\\\Delta\boldsymbol{\omega}_{\mathrm{l}}^{*}\end{Bmatrix}\end{Bmatrix}=-\begin{bmatrix}\boldsymbol{K}_{\mathrm{uu},2-4}^{\mathrm{b}} & \boldsymbol{K}_{\mathrm{u\omega},2-4}^{\mathrm{bc}}\\\boldsymbol{K}_{\mathrm{\omega u},2-4}^{\mathrm{b}} & \boldsymbol{K}_{\mathrm{\omega\omega},2-4}^{\mathrm{bc}}\end{bmatrix}\begin{Bmatrix}\Delta\boldsymbol{u}_{\mathrm{BS}}^{\mathrm{c}}\\\Delta\boldsymbol{\omega}_{\mathrm{BS}}\end{Bmatrix}\\&+\begin{Bmatrix}\Delta\tilde{\boldsymbol{f}}_{\mathrm{b}}^{\mathrm{int,p}}+\Delta\tilde{\boldsymbol{f}}_{\mathrm{t}}^{\mathrm{int,p}}\\\Delta\tilde{\boldsymbol{f}}_{\mathrm{l}}^{\mathrm{int,p}}+\Delta\tilde{\boldsymbol{f}}_{\mathrm{r}}^{\mathrm{int,p}}\\\Delta\tilde{\boldsymbol{m}}_{\mathrm{b}}^{\mathrm{int,p}}+\Delta\tilde{\boldsymbol{m}}_{\mathrm{t}}^{\mathrm{int,p}}-\left(\boldsymbol{R}_{\mathrm{b}}^{\mathrm{cT}}\Delta\tilde{\boldsymbol{f}}_{\mathrm{b}}^{\mathrm{int,p}}+\boldsymbol{R}_{\mathrm{t}}^{\mathrm{cT}}\Delta\tilde{\boldsymbol{f}}_{\mathrm{t}}^{\mathrm{int,p}}\right)\\\Delta\tilde{\boldsymbol{m}}_{\mathrm{l}}^{\mathrm{int,p}}+\Delta\tilde{\boldsymbol{m}}_{\mathrm{r}}^{\mathrm{int,p}}-\left(\boldsymbol{R}_{\mathrm{l}}^{\mathrm{cT}}\Delta\tilde{\boldsymbol{f}}_{\mathrm{l}}^{\mathrm{int,p}}+\boldsymbol{R}_{\mathrm{r}}^{\mathrm{cT}}\Delta\tilde{\boldsymbol{f}}_{\mathrm{r}}^{\mathrm{int,p}}\right)\end{Bmatrix}\end{aligned} \tag{20.79}$$

周期性边界位移 $\Delta\boldsymbol{u}_{\mathrm{B}}^{*},\Delta\boldsymbol{\omega}_{\mathrm{B}}^{*}$ 可以通过式 (20.79) 解得的 $\Delta\boldsymbol{u}_{\mathrm{b}}^{*},\Delta\boldsymbol{u}_{\mathrm{l}}^{*},\Delta\boldsymbol{\omega}_{\mathrm{b}}^{*},\Delta\boldsymbol{\omega}_{\mathrm{l}}^{*}$ 表示为

$$\left\{\begin{array}{c}\Delta\boldsymbol{u}_{\mathrm{B}}^{*}\\\Delta\boldsymbol{\omega}_{\mathrm{B}}^{*}\end{array}\right\}=\boldsymbol{A}\left\{\begin{array}{c}\left\{\begin{array}{c}\Delta\boldsymbol{u}_{\mathrm{b}}^{*}\\\Delta\boldsymbol{u}_{1}^{*}\end{array}\right\}\\\left\{\begin{array}{c}\Delta\boldsymbol{\omega}_{\mathrm{b}}^{*}\\\Delta\boldsymbol{\omega}_{1}^{*}\end{array}\right\}\end{array}\right\},$$

$$\boldsymbol{A}^{\mathrm{T}}=\left[\begin{array}{cccccccc}\boldsymbol{I}_{\mathrm{b}}^{\mathrm{u}}&\boldsymbol{I}_{\mathrm{b}}^{\mathrm{u}}&0&0&0&0&0&0\\0&0&\boldsymbol{I}_{1}^{\mathrm{u}}&\boldsymbol{I}_{1}^{\mathrm{u}}&0&0&0&0\\0&0&0&0&\boldsymbol{I}_{\mathrm{b}}^{\omega}&\boldsymbol{I}_{\mathrm{b}}^{\omega}&0&0\\0&0&0&0&0&0&\boldsymbol{I}_{1}^{\omega}&\boldsymbol{I}_{1}^{\omega}\end{array}\right] \tag{20.80}$$

式中，$\boldsymbol{I}_{\mathrm{b}}^{\mathrm{u}},\boldsymbol{I}_{1}^{\mathrm{u}},\boldsymbol{I}_{\mathrm{b}}^{\omega},\boldsymbol{I}_{1}^{\omega}$ 分别是 $2n_{\mathrm{b}}\times 2n_{\mathrm{b}}$ 维，$2n_{1}\times 2n_{1}$ 维，$n_{\mathrm{b}}\times n_{\mathrm{b}}$ 维，$n_{\mathrm{l}}\times n_{\mathrm{l}}$ 维的单位矩阵；$\boldsymbol{A}$ 是 $6\left(n_{\mathrm{b}}+n_{1}\right)\times 3\left(n_{\mathrm{b}}+n_{1}\right)$ 维矩阵；n_{b},n_{1} 是在与表征元底部（顶部）和左侧（右侧）边界接触的周边颗粒数目。

式 (20.79) 意味着当给定宏观增量应变度量 $\Delta\boldsymbol{u}_{\mathrm{BS}}^{\mathrm{c}},\Delta\boldsymbol{\omega}_{\mathrm{BS}}$ 下传到表征元边界，为利用离散元法求解表征元的边值问题，需要首先以满足式 (20.79) 为条件确定所施加的周期性边界位移增量 $\Delta\boldsymbol{u}_{\mathrm{b}}^{*},\Delta\boldsymbol{u}_{1}^{*},\Delta\boldsymbol{\omega}_{\mathrm{b}}^{*},\Delta\boldsymbol{\omega}_{1}^{*}$。注意到式 (20.79) 右端第二项仅能在当前增量步的表征元边值问题的离散元法求解后才能确定，而为执行此求解过程需要先予确定所指定的边界位移的周期性边界位移增量部分 $\Delta\boldsymbol{u}_{\mathrm{b}}^{*},\Delta\boldsymbol{u}_{1}^{*},\Delta\boldsymbol{\omega}_{\mathrm{b}}^{*},\Delta\boldsymbol{\omega}_{1}^{*}$。因此需要执行满足式 (20.79) 以计算表征元 $\left\{\begin{array}{c}\Delta\boldsymbol{u}_{\mathrm{B}}^{*}\\\Delta\boldsymbol{\omega}_{\mathrm{B}}^{*}\end{array}\right\}$ 和增量耗散力和耗散力矩的非线性迭代过程。式 (20.79) 还表明，周期性边界位移的定量确定不仅依赖于设置了表征元的宏观局部材料点处下传的宏观应变度量，同时还依赖于具有介观结构的表征元的材料性质和介观响应。

20.2.4 依赖于下传宏观应变的表征元均一力边界条件及其实施

20.1.2 节第 3 部分介绍了现有文献（Miehe et al., 2002; Qu and Cherkaoui, 2006; Kaczmarczyk et al., 2008）中给出的施加周期性边界条件将改善所获得表征元平均力学响应估计的结论。但此结论是在一阶计算均匀化方法框架内利用 Cauchy 连续体（仅下传宏观线位移梯度）模拟非均质连续体材料表征元线弹性力学响应所得。

本章中将考虑在二阶协同计算均匀化方法框架中利用梯度 Cosserat 连续体（不仅下传宏观线位移梯度，且下传宏观应变梯度、微转角和微曲率）模拟非均质离散颗粒材料表征元的耗散非线性力学行为，研究施加周期性边界条件对于所获得表征元平均力学响应（包括表征元在材料软化和后软化阶段力学响应）的影响。为此需要设计依赖于下传宏观应变度量的表征元均一力边界条件的实施方案。具体地，本节将基于广义 Hill 定理和离散颗粒集合体表征元非线性增量本构关系，提出一个利用给定下传宏观应变度量 $\overline{\varGamma}_{ji}\left(\overline{u}_{i,j}\right)$ 和 $\overline{\kappa}_{ji}\left(\overline{\omega}_{i,j}\right)$ 导出的施加均一边界力的数值方案。

按照广义 Hill 定理，满足式 (20.38) 和式 (20.39) 的表征元边界力和边界力矩边界条件可表示为

$$t_i|_{\varGamma} = (n_k\sigma_{ki})|_{\varGamma} = n_k\overline{\sigma}_{ki}, \quad m_i|_{\varGamma} = (n_k\mu_{ki})|_{\varGamma} = n_k\overline{\mu}_{ki} \tag{20.81}$$

假定表征元处于小变形状态，式 (20.81) 可写成如下增量形式，即

$$\Delta t_i|_{\varGamma} = (n_k\Delta\sigma_{ki})|_{\varGamma} = n_k\Delta\overline{\sigma}_{ki}, \quad \Delta m_i|_{\varGamma} = (n_k\Delta\mu_{ki})|_{\varGamma} = n_k\Delta\overline{\mu}_{ki} \tag{20.82}$$

利用式 (20.82) 和式 (20.69) 中作用于表征元第 i 个边界颗粒的增量边界力 $\left(\Delta\boldsymbol{f}_{\mathrm{Bc}}^{\mathrm{ext}}\right)^i$ 和增量边界力矩 $\left(\Delta\boldsymbol{m}_{\mathrm{Bc}}^{\mathrm{ext}}\right)^i$ 可表示为

$$\left(\Delta\boldsymbol{f}_{\mathrm{Bc}}^{\mathrm{ext}}\right)^i = \int_{\mathcal{S}_i}\Delta\boldsymbol{t}\mathrm{d}\varGamma_i = \left(\int_{\mathcal{S}_i}\boldsymbol{n}_i\mathrm{d}\varGamma_i\right)\cdot\Delta\hat{\boldsymbol{\sigma}} = \boldsymbol{S}_{i2}\Delta\hat{\boldsymbol{\sigma}} \tag{20.83}$$

$$\left(\Delta\boldsymbol{m}_{\mathrm{Bc}}^{\mathrm{ext}}\right)^i = \int_{\mathcal{S}_i}\Delta\boldsymbol{m}\mathrm{d}\varGamma_i = \left(\int_{\mathcal{S}_i}\boldsymbol{n}_i\mathrm{d}\varGamma_i\right)\cdot\Delta\hat{\boldsymbol{\mu}} = \boldsymbol{S}_i^{\mathrm{T}}\Delta\hat{\boldsymbol{\mu}} \tag{20.84}$$

式中，$\Delta\hat{\boldsymbol{\sigma}} = [\Delta\hat{\sigma}_{11} \quad \Delta\hat{\sigma}_{21} \quad \Delta\hat{\sigma}_{12} \quad \Delta\hat{\sigma}_{22}]^{\mathrm{T}}, \Delta\hat{\boldsymbol{\mu}} = [\Delta\hat{\mu}_{13} \quad \Delta\hat{\mu}_{23}]^{\mathrm{T}}$ 分别表示下传宏观增量 Cauchy 应力和偶应力张量的列向量表示；$\boldsymbol{S}_i^{\mathrm{T}}$ 是表征元边界上归属于第 i 个边界颗粒的具有表面法向量 $\boldsymbol{n}_i$ 和表面元面积为 $\mathcal{S}_i$ 的面积列向量 $\boldsymbol{S}_i$ 的转置，$\boldsymbol{S}_i$ 与 2×4 矩阵 $\boldsymbol{S}_{i2}$ 可表示为

$$\boldsymbol{S}_i = \left\{\begin{array}{c} S_1^i \\ S_2^i \end{array}\right\} = \boldsymbol{n}_i\mathcal{S}_i = \left\{\begin{array}{c} (n_1)_i\mathcal{S}_i \\ (n_2)_i\mathcal{S}_i \end{array}\right\} \quad \boldsymbol{S}_{i2} = \left[\begin{array}{cc} \boldsymbol{S}_i^{\mathrm{T}} & \boldsymbol{0}^{\mathrm{T}} \\ \boldsymbol{0}^{\mathrm{T}} & \boldsymbol{S}_i^{\mathrm{T}} \end{array}\right] \tag{20.85}$$

式中 $\boldsymbol{0}^{\mathrm{T}}$ 为 1×2 的行零向量。将式 (20.85) 代入式 (20.83) 和式 (20.84)，可得到以 $\Delta\hat{\boldsymbol{\sigma}}_6$ 表示的作用于表征元的外载荷增量

$$\left\{\begin{array}{c} \Delta\boldsymbol{f}_{\mathrm{Bc}}^{\mathrm{ext}} \\ \Delta\boldsymbol{m}_{\mathrm{Bc}}^{\mathrm{ext}} \end{array}\right\} = \boldsymbol{S}_{3N\times 6}\Delta\hat{\boldsymbol{\sigma}}_6 \tag{20.86}$$

式中

$$\boldsymbol{S}_{3N\times 6}=\begin{bmatrix} S_1^1 & S_2^1 & 0 & 0 & 0 & 0 \\ 0 & 0 & S_1^1 & S_2^1 & 0 & 0 \\ S_1^2 & S_2^2 & 0 & 0 & 0 & 0 \\ 0 & 0 & S_1^2 & S_2^2 & 0 & 0 \\ \vdots & \vdots & \vdots & \vdots & \vdots & \vdots \\ S_1^{N_\mathrm{p}} & S_2^{N_\mathrm{p}} & 0 & 0 & 0 & 0 \\ 0 & 0 & S_1^{N_\mathrm{p}} & S_2^{N_\mathrm{p}} & 0 & 0 \\ 0 & 0 & 0 & 0 & S_1^1 & S_2^1 \\ 0 & 0 & 0 & 0 & S_1^2 & S_2^2 \\ \vdots & \vdots & \vdots & \vdots & \vdots & \vdots \\ 0 & 0 & 0 & 0 & S_1^{N_\mathrm{p}} & S_2^{N_\mathrm{p}} \end{bmatrix},\quad \Delta\hat{\boldsymbol{\sigma}}_6=\left\{\begin{array}{c} \Delta\hat{\sigma}_{11} \\ \Delta\hat{\sigma}_{21} \\ \Delta\hat{\sigma}_{12} \\ \Delta\hat{\sigma}_{22} \\ \Delta\hat{\mu}_{13} \\ \Delta\hat{\mu}_{23} \end{array}\right\} \tag{20.87}$$

按照平均场理论，介观线位移梯度增量和角位移梯度增量在有效 Cosserat 连续体表征元的体积平均，即 $\Delta\overline{\Gamma}_{ji}$ 和 $\Delta\overline{\kappa}_{ji}$，可表示为

$$\begin{aligned}\Delta\overline{\Gamma}_{ji}&=\frac{1}{V}\int_V\Delta u_{i,j}\mathrm{d}V=\frac{1}{V}\int_\Gamma n_j\Delta u_i\mathrm{d}\Gamma\\&=\frac{1}{V}\sum_{k=1}^{N_\mathrm{p}}S_j^k\left([\Delta u_\mathrm{B}^\mathrm{c}]_i\right)^k=\frac{1}{V}\sum_{k=1}^{N_\mathrm{p}}\boldsymbol{S}_k\otimes(\Delta\boldsymbol{u}_\mathrm{B}^\mathrm{c})^k\end{aligned} \tag{20.88}$$

$$\begin{aligned}\Delta\overline{\kappa}_{j3}&=\frac{1}{V}\int_V\Delta\omega_{3,j}\mathrm{d}V=\frac{1}{V}\int_\Gamma n_j\Delta\omega_3\mathrm{d}\Gamma\\&=\frac{1}{V}\sum_{k=1}^{N_\mathrm{p}}S_j^k\Delta\omega_\mathrm{B}^k=\frac{1}{V}\sum_{k=1}^{N_\mathrm{p}}\mathbf{S}_k\Delta\omega_\mathrm{B}^k\end{aligned} \tag{20.89}$$

利用式 (20.88) 和式 (20.89)，可以建立 $\left\{\begin{array}{c}\Delta\boldsymbol{u}_\mathrm{B}^\mathrm{c}\\\Delta\boldsymbol{\omega}_\mathrm{B}\end{array}\right\}$ 和 $\Delta\overline{\boldsymbol{\Gamma}}\left(\Delta\overline{\Gamma}_{ji}\right),\Delta\overline{\boldsymbol{\kappa}}\left(\Delta\overline{\kappa}_{ji}\right)$ 之间的关系如下

$$\Delta\overline{\boldsymbol{\varepsilon}}_6=\frac{1}{V}\boldsymbol{S}_{6\times 3N}\left\{\begin{array}{c}\Delta\boldsymbol{u}_\mathrm{B}^\mathrm{c}\\\Delta\boldsymbol{\omega}_\mathrm{B}\end{array}\right\} \tag{20.90}$$

式中，包含了 $\Delta\overline{\boldsymbol{\Gamma}},\Delta\overline{\boldsymbol{\kappa}}$ 的分量的列向量 $\Delta\overline{\boldsymbol{\varepsilon}}_6$ 的转置行向量 $\Delta\overline{\boldsymbol{\varepsilon}}_6^\mathrm{T}$ 可表示为

$$\Delta\overline{\boldsymbol{\varepsilon}}_6^\mathrm{T}=\left[\begin{array}{cccccc}\Delta\overline{\Gamma}_{11} & \Delta\overline{\Gamma}_{21} & \Delta\overline{\Gamma}_{12} & \Delta\overline{\Gamma}_{22} & \Delta\overline{\kappa}_{13} & \Delta\overline{\kappa}_{23}\end{array}\right] \tag{20.91}$$

$\boldsymbol{S}_{6\times 3N}$ 是定义在式 (20.87) 的 $\boldsymbol{S}_{3N\times 6}$ 的转置阵。

将式 (20.86) 和式 (20.90) 代入式 (20.69) 可得

$$\Delta\hat{\boldsymbol{\sigma}}_6 = -\boldsymbol{C}_{\mathrm{B}}^{-1}\left(\Delta\bar{\boldsymbol{\varepsilon}}_6 - \Delta\boldsymbol{\mathcal{F}}\right) \tag{20.92}$$

式中

$$\boldsymbol{C}_{\mathrm{B}} = \frac{1}{V}\boldsymbol{S}_{6\times 3N}\boldsymbol{K}_{\mathrm{B}}^{-1}\boldsymbol{S}_{3N\times 6}, \quad \boldsymbol{K}_{\mathrm{B}} = \begin{bmatrix} \boldsymbol{K}_{\mathrm{uu}}^{\mathrm{B}} & \boldsymbol{K}_{\mathrm{u\omega}}^{\mathrm{Bc}} \\ \boldsymbol{K}_{\mathrm{\omega u}}^{\mathrm{B}} & \boldsymbol{K}_{\mathrm{\omega\omega}}^{\mathrm{Bc}} \end{bmatrix} \tag{20.93}$$

$$\Delta\mathcal{F} = \frac{1}{V}\boldsymbol{S}_{6\times 3N}\boldsymbol{K}_{\mathrm{B}}^{-1}\Delta\tilde{\boldsymbol{F}}_{\mathrm{B}}^{\mathrm{int,p}}, \quad \Delta\tilde{\boldsymbol{F}}_{\mathrm{B}}^{\mathrm{int,p}} = \left\{ \begin{array}{c} \Delta\tilde{\boldsymbol{f}}_{\mathrm{B}}^{\mathrm{int,p}} \\ \Delta\tilde{\boldsymbol{m}}_{\mathrm{B}}^{\mathrm{int,p}} - (\boldsymbol{R}^{\mathrm{c}})^{\mathrm{T}}\Delta\tilde{\boldsymbol{f}}_{\mathrm{B}}^{\mathrm{int,p}} \end{array} \right\} \tag{20.94}$$

注意式 (20.92) 表示以 $\Delta\hat{\boldsymbol{\sigma}}_6$ 体现的外载荷作用于表征元将恰能在表征元产生与下传宏观应变增量相等的表征元平均应变增量 $\Delta\bar{\boldsymbol{\varepsilon}}_6$ (即 $\Delta\overline{\boldsymbol{\Gamma}}, \Delta\boldsymbol{\kappa}$) 和与 $\Delta\tilde{\boldsymbol{F}}_{\mathrm{B}}^{\mathrm{int,p}}$ 等效的有效耗散应变增量 $\Delta\boldsymbol{\mathcal{F}}$。当按式 (20.82) 在表征元上施加均一增量表面力和表面力矩边界条件时，可将式 (20.92) ~ 式 (20.94) 代入式 (20.69)，表征元所有周边颗粒在它们与表征元边界接触点处的指定增量边界位移可由下式确定

$$\begin{aligned} \left\{ \begin{array}{c} \Delta\boldsymbol{u}_{\mathrm{B}}^{\mathrm{c}} \\ \Delta\boldsymbol{\omega}_{\mathrm{B}} \end{array} \right\} &= \boldsymbol{K}_{\mathrm{B}}^{-1}\left(-\boldsymbol{S}_{3N\times 6}\Delta\hat{\boldsymbol{\sigma}}_6 + \Delta\tilde{\boldsymbol{F}}_{\mathrm{B}}^{\mathrm{int,p}}\right) \\ &= \boldsymbol{K}_{\mathrm{B}}^{-1}\left(\boldsymbol{S}_{3N\times 6}\boldsymbol{C}_{\mathrm{B}}^{-1}\left(\Delta\bar{\boldsymbol{\varepsilon}}_6 - \Delta\boldsymbol{\mathcal{F}}\right) + \Delta\tilde{\boldsymbol{F}}_{\mathrm{B}}^{\mathrm{int,p}}\right) \end{aligned} \tag{20.95}$$

20.2.5 数值算例

本节通过三个数值例题显示和论证在对离散颗粒表征元施加由宏观应变度量控制的下传边界位移基础上施加附加周期性位移边界条件对改善表征元平均（有效）响应的效应；同时也验证本章前述对离散颗粒表征元施加三类边界条件的实施方案，特别是施加附加周期性位移边界条件的数值方案（Li et al., 2019）的有效性。

为研究表征元尺寸对表征元平均介观力学行为的影响，考虑三个由半径相同 ($r = 0.02$ m) 但数量不同 ($n_{\mathrm{r}} = 45, 67, 93$) 的圆形颗粒按相同规则排列模式形成的具有不同尺寸 ($l_1 \times l_2 = 0.28\,\mathrm{m}\times 0.2478\,\mathrm{m}, 0.32\,\mathrm{m}\times 0.3171\,\mathrm{m}, 0.36\,\mathrm{m}\times 0.3864\,\mathrm{m}$) 的矩形表征元样本。它们的孔隙度分别为 $\phi = 0.185, 0.170, 0.160$, 如图 20.2(a)~(c) 所示。此外，考虑以随机模式生成的由 98 个半径 r 范围为 0.01 ~ 0.03m 的圆形颗粒组成、尺寸为 $l_1 \times l_2 = 0.36\ \mathrm{m} \times 0.3864\ \mathrm{m}$、具有初始不规则排列介观结构的矩形表征元样本 RVE98_ran，其孔隙度为 $\phi = 0.200$，如图 20.2(d) 所示。离散元模拟中利用的颗粒材料性质参数，除忽略颗粒间切向滚动摩擦力阻尼系数 ($c_{\mathrm{r}} = 0$)，其余材料参数如表 17.1 所示。

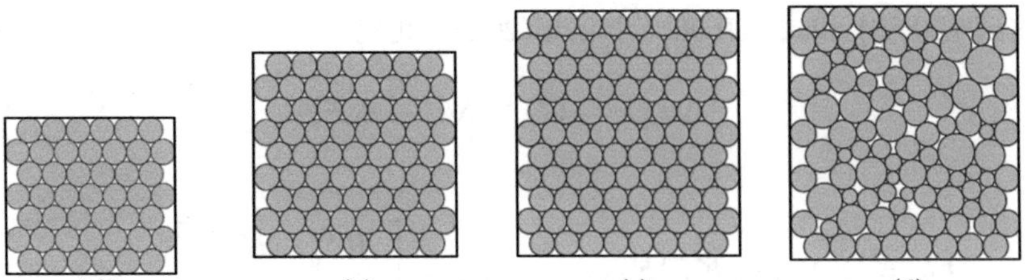

(a) (b) (c) (d)

图 20.2 三个具有相同介观结构但不同尺寸的表征元样本和一个随机生成介观结构表征元样本

(a) RVE45_60°；(b) RVE67_60°；(c) RVE93_60°；(d) RVE98_ran

需要说明的是，很难以统计方式生成一组具有相同介观结构但不同表征元尺寸的表征元样本。因此，对于由不同颗粒尺寸以随机模式生成的具有不规则排列介观结构的表征元，本节中仅选择了 RVE98_ran，而没有对这类表征元研究尺寸对表征元响应的影响。

为显示施加附加周期性位移边界条件对表征元内平均介观力学行为的影响，在数值例题中对表征元施加在 20.2.2~20.2.4 节中描述的三类不同边界条件，分别记为“位移边界条件”，“（周期性 + 位移）边界条件”，“应力边界条件”。前两类和第三类指定边界条件下每个增量步的表征元指定增量边界位移分别按式 (20.65) ~ 式 (20.66)，式 (20.67) ~ 式 (20.68) 和式 (20.95) 计算。

在三个算例中均首先对表征元施加由双向压缩应变 $\langle u_{1,1}\rangle = \langle u_{2,2}\rangle = -0.02$ 确定的预指定边界位移，通过离散元求解过程获得表征元双向压缩的平衡态。并在此后再以增量方式对表征元施加不同类型的边界条件。

1. *算例一: 下传宏观剪应变*

本算例在施加上述预指定边界位移后，对图 20.2 所示四个表征元样本施加等增量宏观剪切应变 $\Delta\overline{u}_{1,2} = 0.001$，共计 60 个增量步，直至 $\overline{u}_{1,2} = 0.06$。

图 20.3(a)~(d) 分别显示了图 20.2 中四个表征元样本在相同下传宏观应变控制的三类不同边界条件作用下所获得的平均剪切应力 $\overline{\sigma}_{21}$ 随下传宏观应变 $\overline{u}_{1,2}$ 增加而变化的三条 $\overline{\sigma}_{21}$-$\overline{u}_{1,2}$ 曲线。可以看到，对于这四个表征元样本，施加“（周期性 + 位移）边界条件”都比施加“应力边界条件”得到更“硬”的平均剪切应力演化曲线，同时都比施加“位移边界条件”得到更“软”的平均剪切应力演化曲线。显示了施加附加周期性边界条件在改善表征元整体力学响应方面的效应。从图 20.3 中可以进一步观察到，当表征元上施加的剪切应变 $\overline{u}_{1,2}$ 从 0 增加至约 0.02 的曲线第一阶段，表征元的力学行为几乎呈线性，表征元介观结构在此阶段期间并未发生显著变化。随着加载过程持续到结束时刻，图 20.3 中曲线第二阶段所显示的 $\overline{\sigma}_{21}$ 相对于 $\overline{u}_{1,2}$ 的表征元平均剪切本构行为从线性转变为非线性。可以看到，对

非均质连续体材料利用 Cauchy 连续体表征元的一阶计算均匀化方法研究中所得到的“施加周期性边界条件将导致获得最佳表征元平均响应”的评估（Miehe and Koch, 2002; Kaczmarczyk et al., 2008）也可拓展到基于 Cosserat 连续体表征元的颗粒材料二阶计算均匀化。可以注意到，图 20.3 表示此评估也涵盖了材料非线性硬化阶段与材料软化和后软化阶段力学响应的模拟结果。

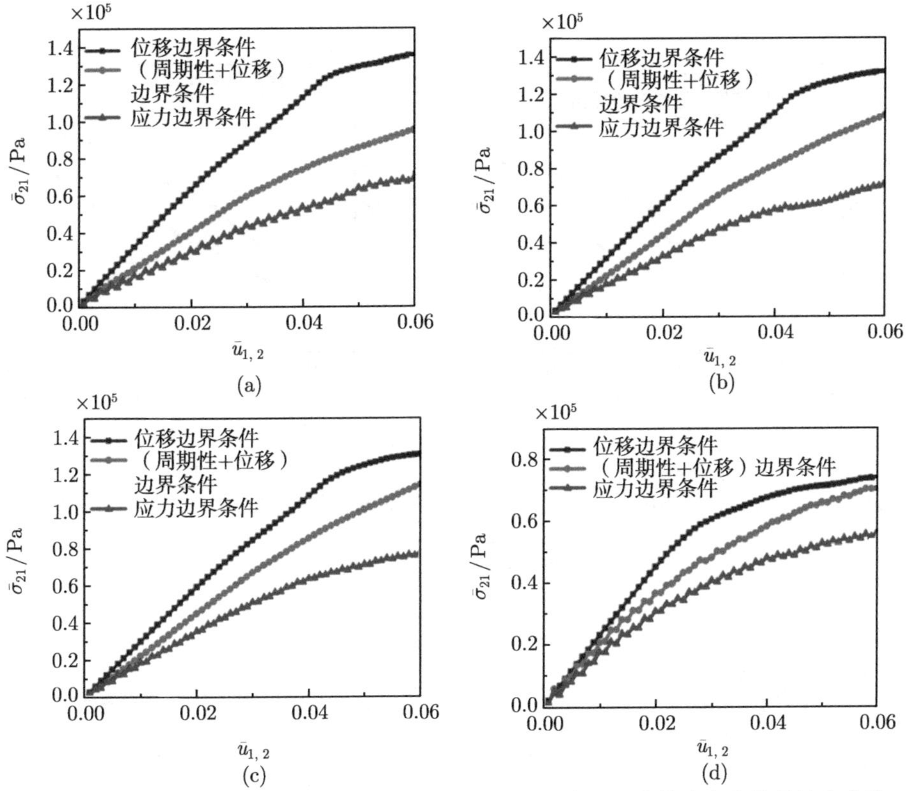

图 20.3 三类边界条件下四个表征元样本平均剪切应力随下传剪应变变化的演变曲线
(a) RVE45_60°; (b) RVE67_60°; (c) RVE93_60°; (d) RVE98_ran

2. 算例二：下传宏观剪应变、微转角和微曲率

本算例旨在验证对表征元同时施加下传宏观应变、宏观微转角和宏观微曲率情况下三类不同边界条件实施方案的有效性及对表征元平均响应本构曲线的影响，特别是考察上述“施加周期性边界条件将导致获得最佳表征元平均响应”评估是否仍然成立。本算例在施加预指定边界位移后，对 RVE67_60° 和 RVE93_60° 两个表征元施加等增量宏观剪切应变 $\Delta\bar{u}_{1,2} = 0.001$、等增量宏观微转角 $\Delta\bar{\omega}_3 = 0.0005$ rad 和等增量宏观微曲率 $\Delta\bar{\omega}_{3,2} = 0.015$ rad/m。加载过程持续 60 个增量

步，直至 $\overline{u}_{1,2} = 0.06, \overline{\omega}_3 = 0.03\text{rad}, \overline{\omega}_{3,2} = 0.9\text{rad/m}$。

图 20.4 和图 20.5 中每个子图中的三条曲线分别显示了利用上述三类边界条件施加于表征元 RVE67_60° 和 RVE93_60° 所获得平均剪应力和平均偶应力随同时作用的增长下传宏观剪应变、微转角和微曲率而变化的演变曲线。数值结果再次表明，由“(周期性 + 位移) 边界条件”所获得平均剪应力曲线和偶应力曲线较“应力边界条件”所获得结果刚，而较“位移边界条件”所获得结果软。

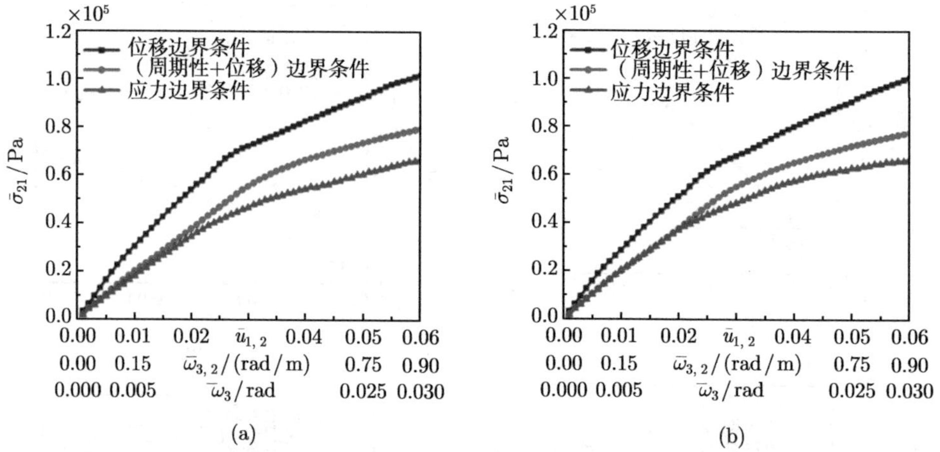

图 20.4　三类边界条件下两个表征元样本平均剪应力随下传剪切应变、微转角和微曲率变化的演化曲线

(a) RVE67_60°; (b) RVE93_60°

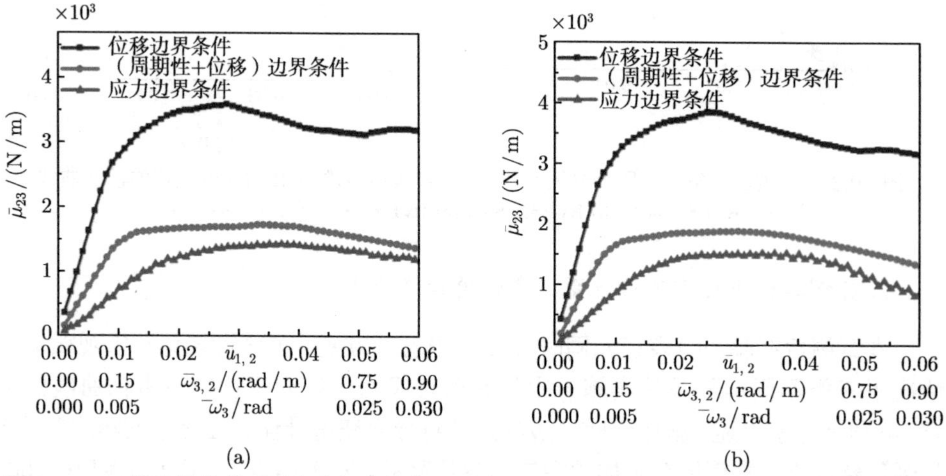

图 20.5　三类边界条件下两个表征元样本平均剪应力随下传剪切应变、微转角和微曲率变化的演化曲线

(a) RVE67_60°; (b) RVE93_60°

3. 算例三：下传以应变梯度表示的“弯曲”应变

本例中在对表征元施加预应变 $\bar{u}_{1,1}=\bar{u}_{2,2}=-0.02$ 作用后，施加由 $\hat{\bar{E}}_{211}=\bar{u}_{1,12}$，即 $\bar{u}_{1,1}$ 沿 x_2 轴梯度，表示的下传“弯曲”应变作用。下传应变梯度 $\bar{u}_{1,12}$ 以常增量 $\Delta\bar{u}_{1,12}=0.01$ 从零值“加载” 60 个增量步至 $\bar{u}_{1,12}=0.6$。注意到当对表征元施加满足 Hill-Mandel 条件的力边界条件时，很难对表征元施加等价于下传宏观应变梯度对称部分 $\hat{\bar{E}}_{211}$ 的指定边界力，因此本算例中仅考核和比较“位移边界条件”和“（周期性 + 位移）边界条件”两类边界条件的实施效果。

图 20.6 中每个子图中的两条曲线显示由对四个表征元样本施加两类边界条件所获得平均应力矩对称部分 $\hat{\bar{\Sigma}}_{211}$ 随下传应变梯度 $\bar{u}_{1,12}$ 增长的演变关系。可以看到，施加“（周期性 + 位移）边界条件”所获得结果总是比施加“位移边界条件”获得的结果软。

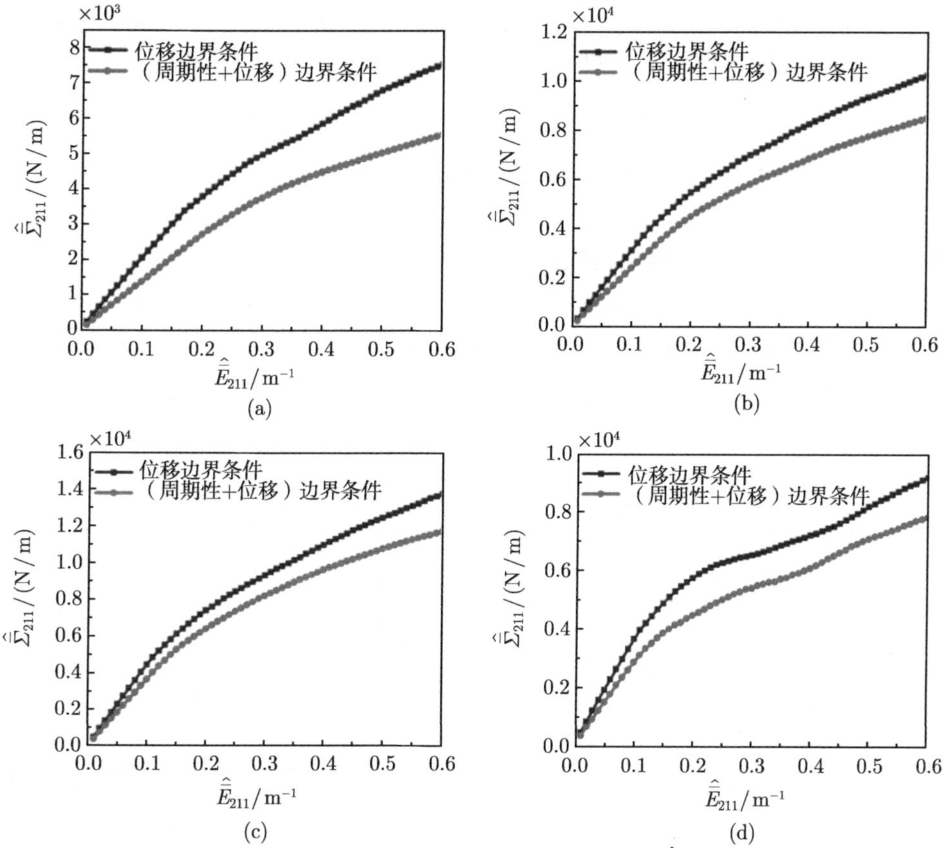

图 20.6 四个表征元样本在两类边界条件下平均应力矩对称部分 $\hat{\bar{\Sigma}}_{211}$ 随应变梯度 $\bar{u}_{1,12}$ 变化的 $\hat{\bar{\Sigma}}_{211}$-$\bar{u}_{1,12}$ 曲线比较

(a) RVE45_60°; (b) RVE67_60°; (c) RVE93_60°; (d) RVE98_ran

图 20.7 给出了对四个表征元样本采用“（周期性 + 位移）边界条件”施加到 $\overline{u}_{1,12} = 0.6$ 时的各表征元样本变形轮廓。其中黑点划线表示采用“位移边界条件”施加到 $\overline{u}_{1,12} = 0.6$ 时的各表征元样本变形轮廓。需要说明的是，为显示施加周期性边界条件的效应，由周期性边界条件而产生的附加边界位移在 RVE45_60°、RVE67_60°、RVE93_60° 和 RVE98_ran 中被分别放大为实际周期性边界位移波动值的 5 倍和 3 倍。

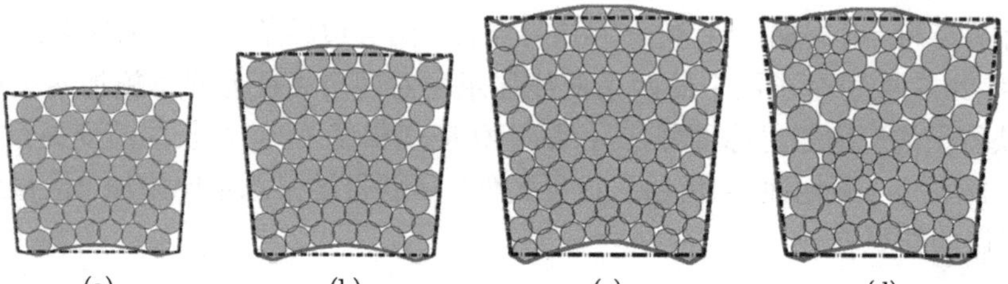

图 20.7 四个表征元样本在 $\overline{u}_{1,12} = 0.6$ 时周期性边界条件对表征元变形轮廓影响
(a) RVE45_60°; (b) RVE67_60°; (c) RVE93_60°; (d) RVE98_ran

图 20.8(a) 和 (b) 分别显示了在两类边界条件 [“位移边界条件”和“（周期性 + 位移）边界条件”] 作用于三个表征元样本所获得 $\hat{\hat{\Sigma}}_{211}$-$\overline{u}_{1,12}$ 曲线的比较。图 20.8 显示，由于在二阶计算均匀化方法中引入了与表征元尺寸相关联的宏观应变场梯度，表征元平均力学行为依赖于表征元尺寸意义上的尺寸效应得到了反映。对于给定的 $\overline{u}_{1,12}$ 值，$\hat{\hat{\Sigma}}_{211}$ 值随表征元尺寸、具体指在 x_2 轴向的表征元长度、的增大而增长。这一尺寸效应可以通过将 $\hat{\hat{\Sigma}}_{211}$ 和 $\overline{u}_{1,12}$ 类比为施加于梁横截面的弯矩 M 和转角 θ。在梁理论中众所周知，对于给定转角 θ，弯矩 M 随梁的厚度增大而增长。

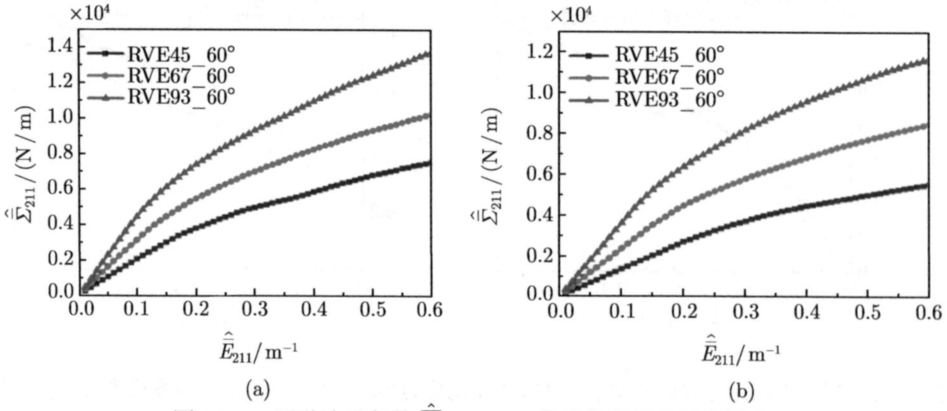

图 20.8 两种边界条件 $\hat{\hat{\Sigma}}_{211}$-$\overline{u}_{1,12}$ 曲线的表征元尺寸效应
(a)“位移边界条件”; (b)“（周期性 + 位移）边界条件”

以 $\overline{\sigma}_{11}^t$ 和 $\overline{\sigma}_{11}^0$ 分别记为本算例中施加常 $\overline{u}_{1,1}=\overline{u}_{2,2}=-0.02$ 基础上按常增量施加增长的 $\overline{u}_{1,12}$ 和仅施加常 $\overline{u}_{1,1}=\overline{u}_{2,2}=-0.02$ 情况下，所得到的基于介观力学信息的沿 x_1 轴方向表征元平均法应力，并令 $\overline{\sigma}_{11}=\overline{\sigma}_{11}^t-\overline{\sigma}_{11}^0$。

图 20.9 中曲线显示在施加渐增弯曲应变 $\overline{u}_{1,12}$ 过程早期阶段每个表征元的 $\overline{\sigma}_{11}$ 绝对值随 $\overline{u}_{1,12}$ 的增长而减小。这可解释如下。表征元顶部诸行离散颗粒能承受由 $\overline{u}_{1,12}$ 引起的在 x_1 轴向呈线性增长的拉力，这是由于它们在数值上小于由作用在表征元的预压缩应变 $\overline{u}_{1,1}=\overline{u}_{2,2}=-0.02$ 引起的均一初始压力，施加于顶部诸行离散颗粒的在 x_1 轴向总压力在绝对值上将随增长的 $\overline{u}_{1,12}$ 而线性地减小。与此同时，由于施加于表征元底部诸行离散颗粒的 x_1 轴总压力受限于 Coulomb 摩擦律，表征元底部诸行离散颗粒将不能完全地承受由增长的 $\overline{u}_{1,12}$ 引起之在 x_1 轴向增长的总压力。因此，作用于底部诸行离散颗粒的 x_1 轴向压力增幅将不能补偿作用于顶部诸行离散颗粒在 x_1 轴向增长的拉力，进而导致早期阶段表征元的 $\overline{\sigma}_{11}$ 绝对值随 $\overline{u}_{1,12}$ 的增长而减小。在随后的加载过程中，如图 20.9 所示，$\overline{\sigma}_{11}$ 的绝对值随着 $\overline{u}_{1,12}$ 的增长而增长。这是由于随着 $\overline{u}_{1,12}$ 的增长，施加于底部诸行离散颗粒的 x_1 轴向压力持续增长或保持由 Coulomb 摩擦律规定的压力，而与此同时顶部诸行离散颗粒将倾向于脱离在 x_1 轴向与之直接相邻的颗粒，并导致 $\overline{\sigma}_{11}$ 的绝对值的增长。从图 20.9 所示 $\overline{\sigma}_{11}$-$\overline{u}_{1,12}$ 曲线在渐增弯曲应变 $\overline{u}_{1,12}$ 作用下的后续阶段可以看到，随 $\overline{u}_{1,12}$ 增长的 $\overline{\sigma}_{11}$ 绝对值的增长依赖于表征元尺寸（x_2 轴向的表征元长度）。这一现象也显示了本算例前述的表征元尺寸效应。

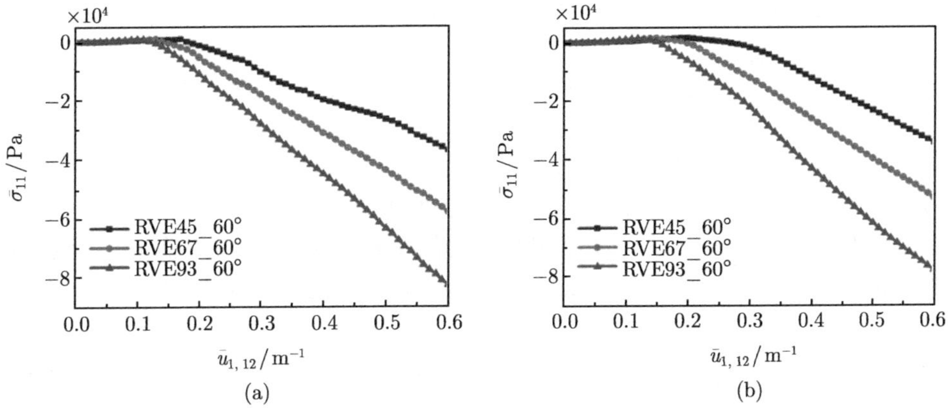

图 20.9 两种边界条件下平均 Cauchy 应力 $\overline{\sigma}_{11}$ 随应变梯度 $\overline{u}_{1,12}$ 的变化曲线与表征元尺寸的关系

(a) “位移边界条件”; (b) “（周期性 + 位移）边界条件”

20.3 与离散固体颗粒集合体相互作用的孔隙液体表征元水力模型与 FEM 解

20.3.1 孔隙液体表征元控制方程及有限元离散

采用等效连续液体流动模型（Li et al., 2007）模拟饱和颗粒材料中介观孔隙液体流动和孔隙液体流动与固体颗粒集合体相互作用。在此模型中等效连续液体由视为平均不可压缩 Navier-Stokes 方程特殊情况的 Darcy 定律描述，假定介观孔隙液体流动相对于固相的连续介质模型意义上平均速度按 Darcy 定律确定，并利用有限元法求解。

饱和多孔连续体表征元中任意一个液–固混合体局部材料点的孔隙液体质量守恒控制方程由式 (20.6) 表示。利用式 (20.62) 和式 (20.63) 所表示的介观渗透系数，将式 (20.61) 所表示的 Darcy 速度表达式代入式 (20.6) 得到

$$\frac{\partial}{\partial x_i}\left(k_{ij}^{1}\frac{\partial p^{1}}{\partial x_j}\right)-\dot{u}_{i,i}=0 \quad 在\ V\ 中 \tag{20.96}$$

该式意味着以孔隙液体压力 p^1 为基本未知变量的 Laplace 方程将控制孔隙液体流动。

控制方程 (20.96) 在表征元全域 V 上的积分和自然边界条件

$$\dot{w}_{\mathrm{n}}^{1}=\tilde{\dot{w}}_{\mathrm{n}}^{1} \quad 即 \quad \dot{w}_i^{1}n_i=\tilde{\dot{w}}_i^{1}n_i \quad 在\ \Gamma\ 上 \tag{20.97}$$

沿表征元边界 Γ 的积分构成了描述表征元内饱和孔隙液体流动边值问题的弱形式

$$\int_V \delta p^{1}\left[\frac{\partial}{\partial x_i}\left(k_{ij}^{1}\frac{\partial p^{1}}{\partial x_j}\right)-\dot{u}_{i,i}\right]\mathrm{d}V+\int_\Gamma \delta p^{1}\left(\dot{w}_{\mathrm{n}}^{1}-\tilde{\dot{w}}_{\mathrm{n}}^{1}\right)\mathrm{d}\Gamma=0 \tag{20.98}$$

式中，$\tilde{\dot{w}}_{\mathrm{n}}^{1}$ 是表征元边界上指定的 Darcy 速度。当设置表征元的饱和多孔连续体局部材料点处的宏观孔隙液体压力下传至表征元边界，表征元边界的孔隙液体 p^1 将由式 (20.46) 和周期性边界孔隙液体压力约束式 (20.47) 指定。而 $\tilde{\dot{w}}_i^{1}$ 仅包含施加于表征元边界 Γ 上的如式 (20.48) 所示约束周期性 Darcy 速度 $\dot{w}_i^{1*}\left(\boldsymbol{x}|_{\boldsymbol{x}\in\Gamma}\right)$，即

$$\tilde{\dot{w}}_{\mathrm{n}}^{1}=\dot{w}_{\mathrm{n}}^{1*} \quad 或 \quad \tilde{\dot{w}}_i^{1}=\dot{w}_i^{1*} \quad 在\ \Gamma\ 上 \tag{20.99}$$

式中，$\dot{w}_{\mathrm{n}}^{1*},\dot{w}_i^{1*}$ 由式 (20.49) 和式 (20.52) 给出。

表征元全域离散化为包含 N_{e} 个有限元的有限元网格。第 e 个单元内任一材料点的孔隙液体压力 p^{l} 近似插值为

$$p^{1}=\boldsymbol{N}_e^{\mathrm{p}}\boldsymbol{p}_e^{\mathrm{l}} \quad (不对\ e\ 求和) \tag{20.100}$$

式中，行向量 $\boldsymbol{N}_e^{\mathrm{p}}$ 列示第 e 个单元内一个材料点处与单元节点关联的形函数，列向量 $\boldsymbol{p}_e^{1}$ 列示第 e 个单元各单元节点的节点孔隙液体压力值。对式 (20.98) 等号左端第一项展开和推导可得到

$$
\begin{aligned}
&\int_V \delta p^1\left[\frac{\partial}{\partial x_i}\left(k_{ij}^1\frac{\partial p^1}{\partial x_j}\right)\right]\mathrm{d}V\\
&=-\int_V \frac{\partial \delta p^1}{\partial x_i}\left(k_{ij}^1\frac{\partial p^1}{\partial x_j}\right)\mathrm{d}V+\int_V \frac{\partial}{\partial x_i}\left[\delta p^1\left(k_{ij}^1\frac{\partial p^1}{\partial x_j}\right)\right]\mathrm{d}V\\
&=-\sum_{e=1}^{N_{\mathrm{e}}}\delta\boldsymbol{p}_e^{1\mathrm{T}}\int_{V_e}\left(\boldsymbol{B}_e^{\mathrm{pT}}\boldsymbol{k}^1\boldsymbol{B}_e^{\mathrm{p}}\right)\mathrm{d}V_e\boldsymbol{p}_e^1-\int_\Gamma \delta p^1\dot{w}_i^1 n_i\mathrm{d}\Gamma
\end{aligned}
\tag{20.101}
$$

式中，V_e 是一个有限单元的体积，$\boldsymbol{k}^1$ 是如式 (20.62) 所示在有限元网格中一个积分点处渗透系数张量 $\boldsymbol{k}_{ij}^1$ 的黑体表示，$\boldsymbol{B}_e^{\mathrm{p}}$ 和 $\boldsymbol{B}_e^{\mathrm{pT}}$ 分别为向量 $\boldsymbol{N}_e^{\mathrm{p}}$ 的左梯度和右梯度，并可表示为

$$
\begin{gathered}
\boldsymbol{B}_e^{\mathrm{p}}=\frac{\partial \boldsymbol{N}_e^{\mathrm{p}}}{\partial \boldsymbol{x}}=\nabla\boldsymbol{N}_e^{\mathrm{p}}=\nabla\otimes\boldsymbol{N}_e^{\mathrm{p}},\quad \boldsymbol{B}_e^{\mathrm{pT}}=\frac{\partial \boldsymbol{N}_e^{\mathrm{pT}}}{\partial \boldsymbol{x}}=\boldsymbol{N}_e^{\mathrm{p}}\nabla=\boldsymbol{N}_e^{\mathrm{p}}\otimes\nabla,\\
\nabla=\begin{bmatrix}\dfrac{\partial}{\partial x_1} & \dfrac{\partial}{\partial x_2}\end{bmatrix}^{\mathrm{T}}
\end{gathered}
\tag{20.102}
$$

将式 (20.101) 代入式 (20.98)，并利用式 (20.97) 和式 (20.99) 表示边界 Γ 上的 $\dot{w}_i^1$，可得到

$$
-\sum_{e=1}^{N_{\mathrm{e}}}\delta\boldsymbol{p}_e^{1\mathrm{T}}\left(\int_{V_e}\left(\boldsymbol{B}_e^{\mathrm{pT}}\boldsymbol{k}^1\boldsymbol{B}_e^{\mathrm{p}}\right)\mathrm{d}V_e\boldsymbol{p}_e^1+\int_{V_e}\boldsymbol{N}_e^{\mathrm{pT}}\dot{u}_{i,i}\mathrm{d}V_e\right)-\delta\boldsymbol{p}_e^{1\mathrm{T}}\int_\Gamma \boldsymbol{N}^{\mathrm{pT}}n_i\dot{w}_i^{1*}\mathrm{d}\Gamma=0
\tag{20.103}
$$

式中，$\boldsymbol{N}^{\mathrm{p}}$ 是相应的覆盖有限元全域网格的全局形函数行向量。式 (20.103) 可进一步表示为控制孔隙液体在表征元全域流动的有限元方程，即

$$
\boldsymbol{H}_{\mathrm{RVE}}\boldsymbol{p}_{\mathrm{RVE}}^1=\boldsymbol{f}^{\mathrm{p}1}+\boldsymbol{f}^{\mathrm{p}2}
\tag{20.104}
$$

式中，$\boldsymbol{p}_{\mathrm{RVE}}^1$ 是包含定义在表征元中所有有限元网格节点孔隙液体压力的全局孔隙液体压力向量，

$$
\boldsymbol{H}_{\mathrm{RVE}}=A_{e=1}^{N_{\mathrm{e}}}\int_{V_e}\left(\boldsymbol{B}_e^{\mathrm{pT}}\boldsymbol{k}^1\boldsymbol{B}_e^{\mathrm{p}}\right)\mathrm{d}V_e
\tag{20.105}
$$

$$
\boldsymbol{f}^{\mathrm{p}1}=-A_{e=1}^{N_{\mathrm{e}}}\int_{V_e}\boldsymbol{N}_e^{\mathrm{pT}}\dot{u}_{i,i}\mathrm{d}V_e,\quad \boldsymbol{f}^{\mathrm{p}2}=-\int_\Gamma \boldsymbol{N}_e^{\mathrm{pT}}n_i\dot{w}_i^{1*}\mathrm{d}\Gamma
\tag{20.106}
$$

式中，$A_{e=1}^{N_\mathrm{e}}(*)$ 表示对表征元内所有 N_e 个有限元的变量 $(*)$ 依次逐一“组装”(Hughes, 1987)；$\dot{u}_{i,i}$ 是有限元网格积分点处的体积应变率，并由离散颗粒集合体表征元水力–力学行为的离散元解的体积平均获得。式 (20.106) 中第二式所示 $\boldsymbol{f}^{\mathrm{p}2}$ 中的 $\dot{w}_i^{1*}$ 表示在表征元边界处材料点由周期性边界条件约束的 Darcy 速度。它们的值应在求解方程 (20.104) 前计算确定。此外，如式 (20.46) 所示，孔隙液体压力的强迫边界条件由两部分组成。其中第一部分由设置了表征元的宏观饱和多孔连续体局部材料点下传，而第二部分为由式 (20.47) 所示对表征元施加的周期性边界条件的附加边界孔隙液体压力，它们的值也必须在求解方程 (20.104) 前确定。

20.3.2 孔隙液体流动表征元的两类边界条件及其实施方案

基于广义 Hill 定理导出和满足式 (20.40) 的宏–介观两尺度之间下传规则，本小节将介绍由宏观梯度 Cosserat 多孔连续体局部材料点施加在孔隙液体表征元上的两类指定边界条件。它们可概述为：(1) 如式 (20.43) 所示，仅依赖宏观尺度下传孔隙液体压力的指定均匀孔隙液体压力边界条件；(2) 如式 (20.46) 所示，由宏观尺度下传指定均匀边界孔隙液体压力和满足周期性边界 Darcy 速度约束条件的周期性约束孔隙液体压力波动两部分组成的指定孔隙液体压力边界条件。它们将通过表征元域液相有限元网格边界节点施加。下面将具体介绍上述第二类指定孔隙液体压力边界条件的实施方案及相应的控制表征元中孔隙液体流动的有限元方程求解过程 (Li et al., 2020b)。

式 (20.46) 和式 (20.48) 所示边界条件将施加在模拟孔隙液体流动的位于多孔连续体模型表征元边界的有限元网格离散节点上。为对表征元施加孔隙液体压力的强迫边界条件，特别地，在有限元网格边界节点上施加受周期性边界 Darcy 速度约束的周期性边界孔隙液体压力波动 p^{1*}，首先将 $\boldsymbol{p}_{\mathrm{RVE}}^{1}$ 剖分为如下分块形式

$$\boldsymbol{p}_{\mathrm{RVE}}^{1}=\left\{\begin{array}{c}\boldsymbol{p}_{\mathrm{I}}^{1}\\ \boldsymbol{p}_{\mathrm{B}}^{1}\end{array}\right\} \tag{20.107}$$

式中，$\boldsymbol{p}_{\mathrm{I}}^{1}$ 和 $\boldsymbol{p}_{\mathrm{B}}^{1}$ 分别列示位于有限元网格内部和边界节点的孔隙液体压力值。相应地，式 (20.104) 中 $\boldsymbol{H}_{\mathrm{RVE}}, \boldsymbol{f}^{\mathrm{p}1}, \boldsymbol{f}^{\mathrm{p}2}$ 的分块形式可表示为

$$\boldsymbol{H}_{\mathrm{RVE}}=\left[\begin{array}{cc}\boldsymbol{H}_{\mathrm{II}} & \boldsymbol{H}_{\mathrm{IB}}\\ \boldsymbol{H}_{\mathrm{BI}} & \boldsymbol{H}_{\mathrm{BB}}\end{array}\right] \tag{20.108}$$

$$\boldsymbol{f}^{\mathrm{p}1}=\left\{\begin{array}{c}\boldsymbol{f}_{\mathrm{I}}^{\mathrm{p}1}\\ \boldsymbol{f}_{\mathrm{B}}^{\mathrm{p}1}\end{array}\right\},\quad \boldsymbol{f}^{\mathrm{p}2}=\left\{\begin{array}{c}\boldsymbol{0}\\ \boldsymbol{f}_{\mathrm{B}}^{\mathrm{p}2}\end{array}\right\} \tag{20.109}$$

将式 (20.107) ~ 式 (20.109) 代入式 (20.104) 得到

$$\boldsymbol{H}_{\mathrm{BB}}^{*}\boldsymbol{p}_{\mathrm{B}}^{1}=\tilde{\boldsymbol{f}}_{\mathrm{B}}^{\mathrm{p}1}+\boldsymbol{f}_{\mathrm{B}}^{\mathrm{p}2} \tag{20.110}$$

式中

$$\boldsymbol{H}_{\mathrm{BB}}^{*}=\boldsymbol{H}_{\mathrm{BB}}-\boldsymbol{H}_{\mathrm{BI}}\boldsymbol{H}_{\mathrm{II}}^{-1}\boldsymbol{H}_{\mathrm{IB}},\quad \tilde{\boldsymbol{f}}_{\mathrm{B}}^{\mathrm{p}1}=\boldsymbol{f}_{\mathrm{B}}^{\mathrm{p}1}-\boldsymbol{H}_{\mathrm{BI}}\boldsymbol{H}_{\mathrm{II}}^{-1}\boldsymbol{f}_{\mathrm{I}}^{\mathrm{p}1} \tag{20.111}$$

考虑施加式 (20.46) 所示的孔隙液体流动问题强迫边界条件，将式 (20.107) 中 $\boldsymbol{p}_{\mathrm{B}}^{1}$ 表示为

$$\boldsymbol{p}_{\mathrm{B}}^{1}=\left\langle p^{1}\right\rangle \boldsymbol{I}_{1}+\boldsymbol{p}_{\mathrm{B}}^{1*} \tag{20.112}$$

式中，$\boldsymbol{I}_1$ 是一个列向量，它的转置可表示为 $\boldsymbol{I}_1^{\mathrm{T}}=\begin{bmatrix}1 & \cdots & 1\end{bmatrix}$；$\boldsymbol{p}_{\mathrm{B}}^{1*}$ 列示了表征元边界上孔隙液体压力（有限元）节点值中有待确定的周期性压力值部分。将式 (20.112) 代入式 (20.110) 得到

$$\boldsymbol{H}_{\mathrm{BB}}^{*}\boldsymbol{p}_{\mathrm{B}}^{1*}=-\left\langle p^{1}\right\rangle \boldsymbol{H}_{\mathrm{BB}}^{*}\boldsymbol{I}_{1}+\tilde{\boldsymbol{f}}_{\mathrm{B}}^{\mathrm{p}1}+\boldsymbol{f}_{\mathrm{B}}^{\mathrm{p}2} \tag{20.113}$$

在利用式 (20.104) 求解表征元内介观孔隙液体流动场之前，应首先依靠式 (20.113) 确定 $\boldsymbol{p}_{\mathrm{B}}^{1*}$。由于 $\boldsymbol{f}_{\mathrm{B}}^{\mathrm{p}^2}$ 依赖于有待确定的表征元边界上的周期性 Darcy 速度 $\dot{w}_i^{1*}$，以及 $\boldsymbol{H}_{\mathrm{BB}}^{*}$ 依赖于每个表征元有限元网格积分点处与随时间变化的当前 Darcy 速度相关联的渗透系数张量 $\boldsymbol{k}_e^{\mathrm{p}}$，求解 $\boldsymbol{p}_{\mathrm{B}}^{1*}$ 的方程 (20.113) 为非线性。

对饱和表征元施加关于孔隙液体压力和 Darcy 速度的边界条件和求解控制饱和孔隙液体在表征元内流动的非线性有限元方程 (20.104) 的算法将从处理式 (20.113) 开始。首先，将 $\boldsymbol{p}_{\mathrm{B}}^{1*}$ 剖分为四个分别列示底部、顶部、左侧、右侧有限元网格节点周期性孔隙液体压力的四个子向量 $\boldsymbol{p}_{\mathrm{b}}^{1*},\boldsymbol{p}_{\mathrm{t}}^{1*},\boldsymbol{p}_{\mathrm{l}}^{1*},\boldsymbol{p}_{\mathrm{r}}^{1*}$ 和一个列示位于表征元矩形有限元网格四个角节点的周期性孔隙液体压力的子向量 $\boldsymbol{p}_{\mathrm{c}}^{1*}$，即

$$\boldsymbol{p}_{\mathrm{B}}^{1*}=\begin{bmatrix}\boldsymbol{p}_{\mathrm{b}}^{1*\mathrm{T}} & \boldsymbol{p}_{\mathrm{t}}^{1*\mathrm{T}} & \boldsymbol{p}_{\mathrm{l}}^{1*\mathrm{T}} & \boldsymbol{p}_{\mathrm{r}}^{1*\mathrm{T}} & \boldsymbol{p}_{\mathrm{c}}^{1*\mathrm{T}}\end{bmatrix}^{\mathrm{T}} \tag{20.114}$$

式中，等号右端分块表示的前四个子向量需满足的周期性孔隙液体压力边界约束条件式 (20.47)，它们和第五个子向量的分量形式可表示为

$$\boldsymbol{p}_{\mathrm{b}}^{1*}=\boldsymbol{p}_{\mathrm{t}}^{1*},\quad \boldsymbol{p}_{\mathrm{l}}^{1*}=\boldsymbol{p}_{\mathrm{r}}^{1*},\quad \boldsymbol{p}_{\mathrm{c}}^{1*}=\left\{\begin{matrix}p_{\mathrm{bl}}^{1*} & p_{\mathrm{br}}^{1*} & p_{\mathrm{tr}}^{1*} & p_{\mathrm{tl}}^{1*}\end{matrix}\right\}^{\mathrm{T}}=p_{\mathrm{c}}^{1*}\boldsymbol{I}_{1}^{4} \tag{20.115}$$

式中，$p_{\mathrm{bl}}^{1\mathrm{i}*},p_{\mathrm{br}}^{1*},p_{\mathrm{tr}}^{1*},p_{\mathrm{tl}}^{1*}$ 表示表征元四个角点处的周期性孔隙液体压力；$\boldsymbol{I}_1^4=\left\{\begin{matrix}1 & 1 & 1 & 1\end{matrix}\right\}^{\mathrm{T}}$。相应于式 (20.114) 所示的 $\boldsymbol{p}_{\mathrm{B}}^{1*}$ 的分块表示，$\boldsymbol{H}_{\mathrm{BB}}^{*}$ 和 $\tilde{\boldsymbol{f}}_{\mathrm{B}}^{\mathrm{p}1},\boldsymbol{f}_{\mathrm{B}}^{\mathrm{p}2}$ 可分别分块表示为 5×5 的子矩阵和 5×1 的子向量形式如下

$$\boldsymbol{H}_{\mathrm{BB}}^{*}=\begin{bmatrix}\boldsymbol{H}_{\mathrm{bb}}^{*} & \boldsymbol{H}_{\mathrm{bt}}^{*} & \boldsymbol{H}_{\mathrm{bl}}^{*} & \boldsymbol{H}_{\mathrm{br}}^{*} & \boldsymbol{H}_{\mathrm{bc}}^{*}\\ \boldsymbol{H}_{\mathrm{tb}}^{*} & \boldsymbol{H}_{\mathrm{tt}}^{*} & \boldsymbol{H}_{\mathrm{tl}}^{*} & \boldsymbol{H}_{\mathrm{tr}}^{*} & \boldsymbol{H}_{\mathrm{tc}}^{*}\\ \boldsymbol{H}_{\mathrm{lb}}^{*} & \boldsymbol{H}_{\mathrm{lt}}^{*} & \boldsymbol{H}_{\mathrm{ll}}^{*} & \boldsymbol{H}_{\mathrm{lr}}^{*} & \boldsymbol{H}_{\mathrm{lc}}^{*}\\ \boldsymbol{H}_{\mathrm{rb}}^{*} & \boldsymbol{H}_{\mathrm{rt}}^{*} & \boldsymbol{H}_{\mathrm{rl}}^{*} & \boldsymbol{H}_{\mathrm{rr}}^{*} & \boldsymbol{H}_{\mathrm{rc}}^{*}\\ \boldsymbol{H}_{\mathrm{cb}}^{*} & \boldsymbol{H}_{\mathrm{ct}}^{*} & \boldsymbol{H}_{\mathrm{cl}}^{*} & \boldsymbol{H}_{\mathrm{cr}}^{*} & \boldsymbol{H}_{\mathrm{cc}}^{*}\end{bmatrix},$$

$$\tilde{\boldsymbol{f}}_{\mathrm{B}}^{\mathrm{p1}}=\begin{Bmatrix}\tilde{\boldsymbol{f}}_{\mathrm{b}}^{\mathrm{p1}}\\ \tilde{\boldsymbol{f}}_{\mathrm{t}}^{\mathrm{p1}}\\ \tilde{\boldsymbol{f}}_{\mathrm{l}}^{\mathrm{p1}}\\ \tilde{\boldsymbol{f}}_{\mathrm{r}}^{\mathrm{p1}}\\ \tilde{\boldsymbol{f}}_{\mathrm{c}}^{\mathrm{p1}}\end{Bmatrix},\quad \boldsymbol{f}_{\mathrm{B}}^{\mathrm{p2}}=\begin{Bmatrix}\boldsymbol{f}_{\mathrm{b}}^{\mathrm{p2}}\\ \boldsymbol{f}_{\mathrm{t}}^{\mathrm{p2}}\\ \boldsymbol{f}_{\mathrm{l}}^{\mathrm{p2}}\\ \boldsymbol{f}_{\mathrm{r}}^{\mathrm{p2}}\\ \boldsymbol{f}_{\mathrm{c}}^{\mathrm{p2}}\end{Bmatrix} \tag{20.116}$$

将式 (20.114)、式 (20.116) 和式 (20.115) 代入式 (20.113) 得到

$$\begin{bmatrix}\boldsymbol{H}_{\mathrm{bb}}^{*}+\boldsymbol{H}_{\mathrm{bt}}^{*} & \boldsymbol{H}_{\mathrm{bl}}^{*}+\boldsymbol{H}_{\mathrm{br}}^{*} & \boldsymbol{H}_{\mathrm{bc}}^{*}\boldsymbol{I}_{1}^{4}\\ \boldsymbol{H}_{\mathrm{tb}}^{*}+\boldsymbol{H}_{\mathrm{tt}}^{*} & \boldsymbol{H}_{\mathrm{tl}}^{*}+\boldsymbol{H}_{\mathrm{tr}}^{*} & \boldsymbol{H}_{\mathrm{tc}}^{*}\boldsymbol{I}_{1}^{4}\\ \boldsymbol{H}_{\mathrm{lb}}^{*}+\boldsymbol{H}_{\mathrm{lt}}^{*} & \boldsymbol{H}_{\mathrm{ll}}^{*}+\boldsymbol{H}_{\mathrm{lr}}^{*} & \boldsymbol{H}_{\mathrm{lc}}^{*}\boldsymbol{I}_{1}^{4}\\ \boldsymbol{H}_{\mathrm{rb}}^{*}+\boldsymbol{H}_{\mathrm{rt}}^{*} & \boldsymbol{H}_{\mathrm{rl}}^{*}+\boldsymbol{H}_{\mathrm{rr}}^{*} & \boldsymbol{H}_{\mathrm{rc}}^{*}\boldsymbol{I}_{1}^{4}\\ \boldsymbol{H}_{\mathrm{cb}}^{*}+\boldsymbol{H}_{\mathrm{ct}}^{*} & \boldsymbol{H}_{\mathrm{cl}}^{*}+\boldsymbol{H}_{\mathrm{cr}}^{*} & \boldsymbol{H}_{\mathrm{cc}}^{*}\boldsymbol{I}_{1}^{4}\end{bmatrix}\begin{Bmatrix}\boldsymbol{p}_{\mathrm{b}}^{\mathrm{l}*}\\ \boldsymbol{p}_{1}^{\mathrm{l}*}\\ \boldsymbol{p}_{\mathrm{c}}^{\mathrm{l}*}\end{Bmatrix}$$

$$=-\left\langle p^{1}\right\rangle \boldsymbol{H}_{\mathrm{BB}}^{*}\boldsymbol{I}_{1}+\begin{Bmatrix}\tilde{\boldsymbol{f}}_{\mathrm{b}}^{\mathrm{p1}}\\ \tilde{\boldsymbol{f}}_{\mathrm{t}}^{\mathrm{p1}}\\ \tilde{\boldsymbol{f}}_{\mathrm{l}}^{\mathrm{p1}}\\ \tilde{\boldsymbol{f}}_{\mathrm{r}}^{\mathrm{p1}}\\ \tilde{\boldsymbol{f}}_{\mathrm{c}}^{\mathrm{p1}}\end{Bmatrix}+\begin{Bmatrix}\boldsymbol{f}_{\mathrm{b}}^{\mathrm{p2}}\\ \boldsymbol{f}_{\mathrm{t}}^{\mathrm{p2}}\\ \boldsymbol{f}_{\mathrm{l}}^{\mathrm{p2}}\\ \boldsymbol{f}_{\mathrm{r}}^{\mathrm{p2}}\\ \boldsymbol{f}_{\mathrm{c}}^{\mathrm{p2}}\end{Bmatrix} \tag{20.117}$$

为施加周期性边界 Darcy 速度约束，考虑式 (20.106) 和式 (20.109) 中第二式中所示积分 $\boldsymbol{f}_{\mathrm{B}}^{\mathrm{p2}}$ 的离散形式。式 (20.116) 中第三式中 $\boldsymbol{f}_{\mathrm{B}}^{\mathrm{p2}}$ 的分块形式中前四个子向量和第五个子向量分别包含了表征元边界 Γ 上除角节点的底边、顶边、左侧、右侧四个边界段上有限元节点和四个角节点的 $\dot{w}_{\mathrm{n}}^{1*}\left(=n_i\dot{w}_i^{1*}\right)$，它们可分别表示为

$$\boldsymbol{f}_{\mathcal{B}}^{\mathrm{p2}}=\begin{Bmatrix}-\dot{w}_{\mathrm{n}}^{1*}\left(s_{\mathcal{B},1}\right)\Delta s_{\mathcal{B},1}\\ -\dot{w}_{\mathrm{n}}^{1*}\left(s_{\mathcal{B},2}\right)\Delta s_{\mathcal{B},2}\\ \vdots\\ -\dot{w}_{\mathrm{n}}^{1*}\left(s_{\mathcal{B},i}\right)\Delta s_{\mathcal{B},i}\\ \vdots\\ -\dot{w}_{\mathrm{n}}^{1*}\left(s_{\mathcal{B},n_{\mathcal{B}}}\right)\Delta s_{\mathcal{B},n_{\mathcal{B}}}\end{Bmatrix},\quad (\mathcal{B}=\mathrm{b},\mathrm{t},\mathrm{l},\mathrm{r}),\quad \boldsymbol{f}_{\mathrm{c}}^{\mathrm{p2}}=\begin{Bmatrix}-\dot{w}_{\mathrm{n}}^{1*}\left(\mathrm{c}_1\right)\Delta s_{\mathrm{c},1}\\ -\dot{w}_{\mathrm{n}}^{1*}\left(\mathrm{c}_2\right)\Delta s_{\mathrm{c},2}\\ -\dot{w}_{\mathrm{n}}^{1*}\left(\mathrm{c}_3\right)\Delta s_{\mathrm{c},3}\\ -\dot{w}_{\mathrm{n}}^{1*}\left(\mathrm{c}_4\right)\Delta s_{\mathrm{c},4}\end{Bmatrix} \tag{20.118}$$

式 (20.118) 中第一式中，$s_{\mathcal{B},i}$ 和 $\dot{w}_{\rm n}^{1*}(s_{\mathcal{B},i})$ 表示每个边界边 ($\mathcal{B}={\rm b,t,l,r}$) 上第 i 个节点的局部坐标和法向 Darcy 速度，$\Delta s_{\mathcal{B},i}$ 是与表征元边界 $\mathcal{B}(={\rm b,t,l,r})$ 上第 i 个节点相联系的代表边界段长度，$n_{\mathcal{B}}$ 是表征元边界 $\mathcal{B}(={\rm b,t,l,r})$ 上除去位于表征元角点处有限元节点的节点总数。

注意图 20.10 所示归属于表征元四个角点的四个代表边界线元均由两个线段组成,即式 (20.118) 中第二式中的四个代表边界线元长度应分别计算如下:$\Delta s_{\rm c,1}=\Delta s_{\rm c1,b}+\Delta s_{\rm c1,l}$, $\Delta s_{\rm c,2}=\Delta s_{\rm c2,b}+\Delta s_{\rm c2,r}$, $\Delta s_{\rm c,3}=\Delta s_{\rm c3,t}+\Delta s_{\rm c3,r}$, $\Delta s_{\rm c,4}=\Delta s_{\rm c4,t}+\Delta s_{\rm c4,l}$。每个代表边界线元所包含的两个线段具有互为垂直的法向 Darcy 速度，例如，角点 1 处的 $\Delta s_{\rm c1,b},\Delta s_{\rm c1,l}$ 分别具有 $\dot{w}_{\rm n}^{1*}({\rm c}_1)\big|_{\rm b}$ 和 $\dot{w}_{\rm n}^{1*}({\rm c}_1)\big|_{\rm l}$。

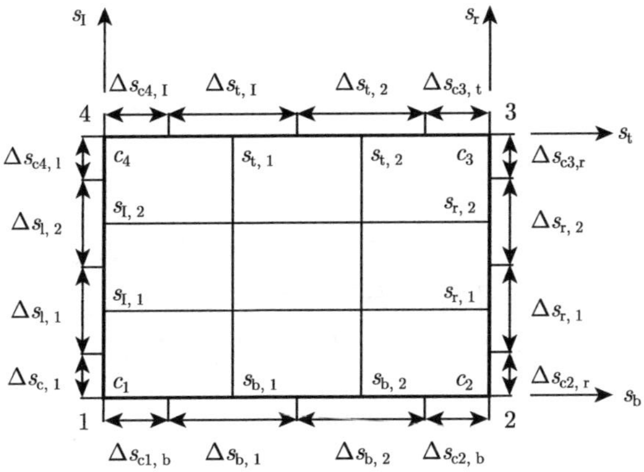

图 20.10 归属于表征元底边、顶边、左侧、右侧边界节点与四个角节点的代表边段长度的示意图

换言之，在式 (20.118) 中第二式中所示表征元四个角点的四个代表边界线元仅存在名义上的代表法向 Darcy 速度 $\dot{w}_{\rm n}^{1*}({\rm c}_i)\,(i=1\sim 4)$，为简化计算和公式表达，定义以下列各式近似表示和计算

$$\dot{w}_{\rm n}^{1*}({\rm c}_1)\,\Delta s_{\rm c,1}=\dot{w}_{\rm n}^{1*}({\rm c}_1)\big|_{\rm b}\,\Delta s_{\rm c1,b}+\dot{w}_{\rm n}^{1*}({\rm c}_1)\big|_{\rm l}\,\Delta s_{\rm c1,l} \tag{20.119}$$

$$\dot{w}_{\rm n}^{1*}({\rm c}_2)\,\Delta s_{\rm c,2}=\dot{w}_{\rm n}^{1*}({\rm c}_2)\big|_{\rm b}\,\Delta s_{\rm c2,b}+\dot{w}_{\rm n}^{1*}({\rm c}_2)\big|_{\rm r}\,\Delta s_{\rm c2,r} \tag{20.120}$$

$$\dot{w}_{\rm n}^{1*}({\rm c}_3)\,\Delta s_{\rm c,3}=\dot{w}_{\rm n}^{1*}({\rm c}_3)\big|_{\rm t}\,\Delta s_{\rm c3,t}+\dot{w}_{\rm n}^{1*}({\rm c}_3)\big|_{\rm r}\,\Delta s_{\rm c3,r} \tag{20.121}$$

$$\dot{w}_{\rm n}^{1*}({\rm c}_4)\,\Delta s_{\rm c,4}=\dot{w}_{\rm n}^{1*}({\rm c}_4)\big|_{\rm t}\,\Delta s_{\rm c4,t}+\dot{w}_{\rm n}^{1*}({\rm c}_4)\big|_{\rm l}\,\Delta s_{\rm c4,l} \tag{20.122}$$

按式 (20.49) 所示 Darcy 速度的周期性边界条件，可得到

$$\dot{w}_{\rm n}^{1*}(s_{{\rm b},i})=-\,\dot{w}_{\rm n}^{1*}(s_{{\rm t},i}),\quad \dot{w}_{\rm n}^{1*}({\rm c}_1)\big|_{\rm b}=-\,\dot{w}_{\rm n}^{1*}({\rm c}_4)\big|_{\rm t},\quad \dot{w}_{\rm n}^{1*}({\rm c}_2)\big|_{\rm b}=-\,\dot{w}_{\rm n}^{1*}({\rm c}_3)\big|_{\rm t} \tag{20.123}$$

$$\dot{w}_{\mathrm{n}}^{1*}(s_{1,i}) = -\dot{w}_{\mathrm{n}}^{1*}(s_{\mathrm{r},i}), \quad \dot{w}_{\mathrm{n}}^{1*}(\mathrm{c}_1)\big|_{\mathrm{l}} = -\dot{w}_{\mathrm{n}}^{1*}(\mathrm{c}_2)\big|_{\mathrm{r}}, \quad \dot{w}_{\mathrm{n}}^{1*}(\mathrm{c}_4)\big|_{\mathrm{l}} = -\dot{w}_{\mathrm{n}}^{1*}(\mathrm{c}_3)\big|_{\mathrm{r}} \tag{20.124}$$

将式 (20.119) ~ 式 (20.124) 代入式 (20.118)，并将在表征元四个角点处的四个名义流量 $\dot{w}_{\mathrm{n}}^{1*}(\mathrm{c}_i)\Delta s_{\mathrm{c},i}(i=1\sim 4)$ 相加，可得到

$$\boldsymbol{f}_{\mathrm{b}}^{\mathrm{p}2} = -\boldsymbol{f}_{\mathrm{t}}^{\mathrm{p}2}, \quad \boldsymbol{f}_{\mathrm{l}}^{\mathrm{p}2} = -\boldsymbol{f}_{\mathrm{r}}^{\mathrm{p}2}, \quad \left(\boldsymbol{I}_1^4\right)^{\mathrm{T}} \boldsymbol{f}_{\mathrm{c}}^{\mathrm{p}2} = 0 \tag{20.125}$$

利用式 (20.125)，式 (20.117) 可缩并为

$$\mathcal{H}_{3-3}\left\{\begin{array}{c} \boldsymbol{p}_{\mathrm{b}}^{1*} \\ \boldsymbol{p}_{\mathrm{l}}^{1*} \\ p_{\mathrm{c}}^{1*} \end{array}\right\} = -\mathcal{H}_{3-1}\left\langle p^1\right\rangle + \tilde{\mathcal{F}}^{\mathrm{p}1} \tag{20.126}$$

式中

$$\mathcal{H}_{3-3} = \begin{bmatrix} \boldsymbol{H}_{\mathrm{bb}}^* + \boldsymbol{H}_{\mathrm{bt}}^* + \boldsymbol{H}_{\mathrm{tb}}^* + \boldsymbol{H}_{\mathrm{tt}}^* & \boldsymbol{H}_{\mathrm{bl}}^* + \boldsymbol{H}_{\mathrm{br}}^* + \boldsymbol{H}_{\mathrm{tl}}^* + \boldsymbol{H}_{\mathrm{tr}}^* & \left(\boldsymbol{H}_{\mathrm{bc}}^* + \boldsymbol{H}_{\mathrm{tc}}^*\right)\boldsymbol{I}_1^4 \\ \boldsymbol{H}_{\mathrm{lb}}^* + \boldsymbol{H}_{\mathrm{lt}}^* + \boldsymbol{H}_{\mathrm{rb}}^* + \boldsymbol{H}_{\mathrm{rt}}^* & \boldsymbol{H}_{\mathrm{ll}}^* + \boldsymbol{H}_{\mathrm{lr}}^* + \boldsymbol{H}_{\mathrm{rl}}^* + \boldsymbol{H}_{\mathrm{rr}}^* & \left(\boldsymbol{H}_{\mathrm{lc}}^* + \boldsymbol{H}_{\mathrm{rc}}^*\right)\boldsymbol{I}_1^4 \\ \left(\boldsymbol{I}_1^4\right)^{\mathrm{T}}\left(\mathbf{H}_{\mathrm{cb}}^* + \mathbf{H}_{\mathrm{ct}}^*\right) & \left(\boldsymbol{I}_1^4\right)^{\mathrm{T}}\left(\boldsymbol{H}_{\mathrm{cl}}^* + \boldsymbol{H}_{\mathrm{cr}}^*\right) & \left(\boldsymbol{I}_1^4\right)^{\mathrm{T}}\boldsymbol{H}_{\mathrm{cc}}^*\boldsymbol{I}_1^4 \end{bmatrix} \tag{20.127}$$

$$\mathcal{H}_{3-1} = \left\{\begin{array}{c} \left(\boldsymbol{H}_{\mathrm{bb}}^*+\boldsymbol{H}_{\mathrm{tb}}^*+\boldsymbol{H}_{\mathrm{bt}}^*+\boldsymbol{H}_{\mathrm{tt}}^*\right)\boldsymbol{I}_1^{\mathrm{b}}+\left(\boldsymbol{H}_{\mathrm{bl}}^*+\boldsymbol{H}_{\mathrm{tl}}^*+\boldsymbol{H}_{\mathrm{br}}^*+\boldsymbol{H}_{\mathrm{tr}}^*\right)\boldsymbol{I}_1^{\mathrm{l}}+\left(\boldsymbol{H}_{\mathrm{bc}}^*+\boldsymbol{H}_{\mathrm{tc}}^*\right)\boldsymbol{I}_1^4 \\ \left(\boldsymbol{H}_{\mathrm{lb}}^*+\boldsymbol{H}_{\mathrm{rb}}^*+\boldsymbol{H}_{\mathrm{lt}}^*+\boldsymbol{H}_{\mathrm{rt}}^*\right)\boldsymbol{I}_1^{\mathrm{b}}+\left(\boldsymbol{H}_{\mathrm{ll}}^*+\boldsymbol{H}_{\mathrm{rl}}^*+\boldsymbol{H}_{\mathrm{lr}}^*+\boldsymbol{H}_{\mathrm{rr}}^*\right)\boldsymbol{I}_1^{\mathrm{l}}+\left(\boldsymbol{H}_{\mathrm{lc}}^*+\boldsymbol{H}_{\mathrm{rc}}^*\right)\boldsymbol{I}_1^4 \\ \left(\boldsymbol{I}_1^4\right)^{\mathrm{T}}\left(\boldsymbol{H}_{\mathrm{cb}}^*+\boldsymbol{H}_{\mathrm{ct}}^*\right)\boldsymbol{I}_1^{\mathrm{b}}+\left(\boldsymbol{I}_1^4\right)^{\mathrm{T}}\left(\boldsymbol{H}_{\mathrm{cl}}^*+\boldsymbol{H}_{\mathrm{cr}}^*\right)\boldsymbol{I}_1^{\mathrm{l}}+\left(\boldsymbol{I}_1^4\right)^{\mathrm{T}}\boldsymbol{H}_{\mathrm{cc}}^*\boldsymbol{I}_1^4 \end{array}\right\} \tag{20.128}$$

$$\tilde{\mathcal{F}}^{\mathrm{p}1} = \left\{\begin{array}{c} \tilde{\boldsymbol{f}}_{\mathrm{b}}^{\mathrm{p}1} + \tilde{\boldsymbol{f}}_{\mathrm{t}}^{\mathrm{p}1} \\ \tilde{\boldsymbol{f}}_{\mathrm{l}}^{\mathrm{p}1} + \tilde{\boldsymbol{f}}_{\mathrm{r}}^{\mathrm{p}1} \\ \left(\boldsymbol{I}_1^4\right)^{\mathrm{T}}\tilde{\boldsymbol{f}}_{\mathrm{c}}^{\mathrm{p}1} \end{array}\right\} \tag{20.129}$$

式 (20.127) 和式 (20.128) 中 $\boldsymbol{I}_1^{\mathrm{b}}$ 和 $\boldsymbol{I}_1^{\mathrm{l}}$ 为 $[1 \quad \cdots \quad 1]^{\mathrm{T}}$ 形式的列向量，维数分别为除角节点的底边（或顶边）和左侧（或右侧）有限元节点数。

20.3.3 孔隙液体表征元的有限元边–初值问题求解

利用给定的下传 $\left\langle p^1\right\rangle$ 以及由表征元域内 $\dot{u}_{i,i}$ 分布确定的 $\tilde{\mathcal{F}}^{\mathrm{p}1}$，位于表征元边界的有限元网格节点的周期性边界压力 $\boldsymbol{p}_{\mathrm{B}}^{1*}$ 可以依靠式 (20.126) 求解 $\boldsymbol{p}_{\mathrm{b}}^{1*}, \boldsymbol{p}_{\mathrm{l}}^{1*}, p_{\mathrm{c}}^{1*}$

而获得。表征元的 $\boldsymbol{p}_{\mathrm{B}}^{1}$ 可由式 (20.112) 确定。然后，可以利用式 (20.107) ~ 式 (20.109) 和式 (20.104) 获得表征元有限元网格内部节点的孔隙液体压力 $\boldsymbol{p}_{\mathrm{I}}^{1}$ 如下

$$\boldsymbol{p}_{\mathrm{I}}^{1}=\boldsymbol{H}_{\mathrm{II}}^{-1}\left(\boldsymbol{f}_{\mathrm{I}}^{\mathrm{p}1}-\boldsymbol{H}_{\mathrm{IB}}\boldsymbol{p}_{\mathrm{B}}^{1}\right) \tag{20.130}$$

由于有限元网格的每个积分点的渗透系数依赖于局部 Darcy 速度，需要发展一个迭代算法满足以式 (20.104) ~ 式 (20.106) 所表示的有限元控制方程。注意迭代过程中也需满足周期性边界条件约束。

记迭代次数为 j，应满足如下迭代方程

$$\boldsymbol{F}_{j}\left(\dot{\boldsymbol{w}}^{1}\right)\approx\boldsymbol{F}_{j-1}\left(\dot{\boldsymbol{w}}^{1}\right)+\delta\boldsymbol{F}=0 \tag{20.131}$$

基于式 (20.103) 和式 (20.106) 中第二式及式 (20.109) 中第二式,可表示式 (20.131) 中

$$\boldsymbol{F}_{j-1}\left(\dot{\boldsymbol{w}}^{1}\right)=\left[-\int_{V}\boldsymbol{B}_{\mathrm{p}}^{\mathrm{T}}\dot{\boldsymbol{w}}_{j-1}^{1}\mathrm{d}V+\int_{V}\boldsymbol{N}^{\mathrm{pT}}\dot{u}_{i,i}\mathrm{d}V\right]-\left\{\begin{array}{c}0\\ \boldsymbol{f}_{\mathrm{B}}^{\mathrm{p}2}\left(\dot{\boldsymbol{w}}_{j-1}^{1}\right)\end{array}\right\} \tag{20.132}$$

式 (20.132) 中 $\boldsymbol{B}_{\mathrm{p}}^{\mathrm{T}}$ 和 $\boldsymbol{N}^{\mathrm{pT}}$ 分别为相应于式 (20.102) 中第一式和式 (20.100) 中所示单元 $\boldsymbol{B}_{e}^{\mathrm{p}}$ 和 $\boldsymbol{N}_{e}^{\mathrm{p}}$ 的全局矩阵和全局向量的转置。利用式 (20.104) 计算变分 $\delta\boldsymbol{F}$ 如下

$$\delta\boldsymbol{F}=\delta\boldsymbol{H}_{\mathrm{RVE}}\boldsymbol{p}_{\mathrm{RVE}}^{1}+\boldsymbol{H}_{\mathrm{RVE}}\delta\boldsymbol{p}_{\mathrm{RVE}}^{1}-\left\{\begin{array}{c}0\\ \delta\boldsymbol{f}_{\mathrm{B}}^{\mathrm{p}2}\end{array}\right\}\cong\boldsymbol{H}_{\mathrm{RVE}}\delta\boldsymbol{p}_{\mathrm{RVE}}^{1}-\left\{\begin{array}{c}0\\ \delta\boldsymbol{f}_{\mathrm{B}}^{\mathrm{p}2}\end{array}\right\} \tag{20.133}$$

将式 (20.133) 代入式 (20.131) 得到

$$\boldsymbol{H}_{\mathrm{RVE}}\delta\boldsymbol{p}_{\mathrm{RVE}}^{1}=-\boldsymbol{F}_{j-1}+\left\{\begin{array}{c}0\\ \delta\boldsymbol{f}_{\mathrm{B}}^{\mathrm{p}2}\end{array}\right\} \tag{20.134}$$

式中

$$\boldsymbol{H}_{\mathrm{RVE}}=\boldsymbol{H}_{\mathrm{RVE}}\left(\dot{\boldsymbol{w}}_{j-1}^{1}\right),\quad \delta\boldsymbol{f}_{\mathrm{B}}^{\mathrm{p}2}=\delta\boldsymbol{f}_{\mathrm{B}}^{\mathrm{p}2}\left(\dot{\boldsymbol{w}}_{j-1}^{1}\right) \tag{20.135}$$

利用式 (20.107) ~ 式 (20.109) 所示的矩阵和向量分块表示，可将式 (20.134) 中 $\delta\boldsymbol{p}_{\mathrm{RVE}}^{1}$ 和 $(-\boldsymbol{F}_{j-1})$ 分块表示为

$$\delta\boldsymbol{p}_{\mathrm{RVE}}^{1}=\left\{\begin{array}{c}\delta\boldsymbol{p}_{\mathrm{I}}^{1}\\ \delta\boldsymbol{p}_{\mathrm{B}}^{1}\end{array}\right\}=\left\{\begin{array}{c}\delta\boldsymbol{p}_{\mathrm{I}}^{1}\\ \delta\boldsymbol{p}_{\mathrm{B}}^{1*}\end{array}\right\},\quad -\boldsymbol{F}_{j-1}=\left\{\begin{array}{c}(-\boldsymbol{F}_{j-1})_{\mathrm{I}}\\ (-\boldsymbol{F}_{j-1})_{\mathrm{B}}\end{array}\right\} \tag{20.136}$$

将式 (20.136) 和式 (20.108) 代入式 (20.134) 给出

$$\boldsymbol{H}_{\mathrm{BB}}^{*}\delta\boldsymbol{p}_{\mathrm{B}}^{1*}=\left(-\tilde{\boldsymbol{F}}_{j-1}\right)_{\mathrm{B}}+\delta\boldsymbol{f}_{\mathrm{B}}^{\mathrm{p}2} \tag{20.137}$$

式中

$$\begin{aligned}&\boldsymbol{H}_{\mathrm{BB}}^{*}=\boldsymbol{H}_{\mathrm{BB}}-\boldsymbol{H}_{\mathrm{BI}}\boldsymbol{H}_{\mathrm{II}}^{-1}\boldsymbol{H}_{\mathrm{IB}},\\&\left(-\tilde{\boldsymbol{F}}_{j-1}\right)_{\mathrm{B}}=(-\boldsymbol{F}_{j-1})_{\mathrm{B}}-\boldsymbol{H}_{\mathrm{BI}}\boldsymbol{H}_{\mathrm{II}}^{-1}(-\boldsymbol{F}_{j-1})_{\mathrm{I}}\end{aligned} \tag{20.138}$$

利用式 (20.114) 和式 (20.116) 所示矩阵和向量的分块表示，将式 (20.137) 中 $\delta\boldsymbol{p}_{\mathrm{B}}^{1*},\delta\boldsymbol{f}_{\mathrm{B}}^{\mathrm{p}2},\left(-\tilde{\boldsymbol{F}}_{j-1}\right)$ 分块表示为

$$\delta\boldsymbol{p}_{\mathrm{B}}^{1*}=\left\{\begin{array}{c}\delta\boldsymbol{p}_{\mathrm{b}}^{1*}\\\delta\boldsymbol{p}_{\mathrm{t}}^{1*}\\\delta\boldsymbol{p}_{\mathrm{l}}^{1*}\\\delta\boldsymbol{p}_{\mathrm{r}}^{1*}\\\delta\boldsymbol{p}_{\mathrm{c}}^{1*}\end{array}\right\},\quad\delta\boldsymbol{f}_{\mathrm{B}}^{\mathrm{p}2}=\left\{\begin{array}{c}\delta\boldsymbol{f}_{\mathrm{b}}^{\mathrm{p}2}\\\delta\boldsymbol{f}_{\mathrm{t}}^{\mathrm{p}2}\\\delta\boldsymbol{f}_{\mathrm{l}}^{\mathrm{p}2}\\\delta\boldsymbol{f}_{\mathrm{r}}^{\mathrm{p}2}\\\delta\boldsymbol{f}_{\mathrm{c}}^{\mathrm{p}2}\end{array}\right\},\quad\left(-\tilde{\boldsymbol{F}}_{j-1}\right)_{\Gamma}=\left\{\begin{array}{c}\left(-\tilde{\boldsymbol{F}}_{j-1}\right)_{\mathrm{b}}\\\left(-\tilde{\boldsymbol{F}}_{j-1}\right)_{\mathrm{t}}\\\left(-\tilde{\boldsymbol{F}}_{j-1}\right)_{\mathrm{l}}\\\left(-\tilde{\boldsymbol{F}}_{j-1}\right)_{\mathrm{r}}\\\left(-\tilde{\boldsymbol{F}}_{j-1}\right)_{\mathrm{c}}\end{array}\right\} \tag{20.139}$$

类似于以上由式 (20.113) 获得缩并后得到式 (20.126) 的推导过程，对式 (20.137) 施加周期性边界压力条件和周期性边界 Darcy 速度条件后可获得式 (20.137) 的缩并形式

$$\mathcal{H}_{3-3}\left\{\begin{array}{c}\delta\boldsymbol{p}_{\mathrm{b}}^{1*}\\\delta\boldsymbol{p}_{\mathrm{l}}^{1*}\\\delta\boldsymbol{p}_{\mathrm{c}}^{1*}\end{array}\right\}=\left\{\begin{array}{c}\left(-\tilde{\boldsymbol{F}}_{j-1}\right)_{\mathrm{b}}+\left(-\tilde{\boldsymbol{F}}_{j-1}\right)_{\mathrm{t}}\\\left(-\tilde{\boldsymbol{F}}_{j-1}\right)_{\mathrm{l}}+\left(-\tilde{\boldsymbol{F}}_{j-1}\right)_{\mathrm{r}}\\\left(\boldsymbol{I}_{1}^{4}\right)^{\mathrm{T}}\left(-\tilde{\boldsymbol{F}}_{j-1}\right)_{\mathrm{c}}\end{array}\right\} \tag{20.140}$$

求解式 (20.140) 后可获得 $\delta\boldsymbol{p}_{\mathrm{B}}^{1*}$，并由下式计算确定 $\delta\boldsymbol{p}_{\mathrm{I}}^{1}$

$$\delta\boldsymbol{p}_{\mathrm{I}}^{1}=\boldsymbol{H}_{\mathrm{II}}^{-1}\left((-\boldsymbol{F}_{j-1})_{\mathrm{I}}-\boldsymbol{H}_{\mathrm{IB}}\delta\boldsymbol{p}_{\mathrm{B}}^{1*}\right) \tag{20.141}$$

列示当前增量步中第 j 次迭代的表征元全域所有有限元节点孔隙液体压力的向量 $\left(\boldsymbol{p}_{\mathrm{RVE}}^{1}\right)_{j}$ 可更新如下

$$\left(\boldsymbol{p}_{\mathrm{RVE}}^{1}\right)_{j}=\left(\boldsymbol{p}_{\mathrm{RVE}}^{1}\right)_{j-1}+\left\{\begin{array}{c}\delta\boldsymbol{p}_{\mathrm{I}}^{1}\\\delta\boldsymbol{p}_{\mathrm{B}}^{1}\end{array}\right\}=\left(\boldsymbol{p}_{\mathrm{RVE}}^{1}\right)_{j-1}+\left\{\begin{array}{c}\delta\boldsymbol{p}_{\mathrm{I}}^{1}\\\delta\boldsymbol{p}_{\mathrm{B}}^{1*}\end{array}\right\} \tag{20.142}$$

并随之更新当前增量步中第 j 次迭代的表征元全域所有积分点处 Darcy 速度。

注意到渗透系数 k_{ij}^1 依赖于局部 Darcy 速度 $\dot{w}_i^1$，当由有限元插值近似给定的积分点处孔隙液体压力梯度 $p_{,j}^1$ 按式 (20.61) 计算该积分点处局部 Darcy 速度时，通常需要一个迭代过程以满足 $p_{,j}^1$ 与 $\dot{w}_i^1$ 之间的非线性本构关系。对于由式 (20.62) 和式 (20.63) 所给定的渗透系数形式，当在积分点处给定 $p_{,j}^1$，可以推导出依赖于当前的当前 $\dot{w}_i^1$ 渗透系数解析公式（Li et al., 2020a），并利用它们直接计算 $\dot{w}_i^1$，从而避免上述耗时的迭代过程。

20.4 饱和离散颗粒集合体表征元水力–力学过程的迭代交错离散元–有限元求解方案

本节概述含饱和孔隙液体的离散颗粒集合体表征元耦合水力–力学过程模拟。它由 20.2 节所描述的与孔隙液体流动相互作用的离散颗粒集合体表征元力学模型的离散元解和 20.3 节所描述的与离散颗粒集合体相互作用的孔隙液体表征元水力模型的有限元解，两个独立构成要素组成。

然而，这两个独立执行的求解过程彼此耦合。当为离散固体颗粒集合体执行离散元解时，如式 (20.57) 和式 (20.61) 所示，式 (20.55) 中孔隙液体施加于参考固体颗粒的作用力 $\boldsymbol{f}_{\mathrm{r}}^{\mathrm{fs}}$ 依赖于有待从孔隙液相有限元解获得的参考颗粒处局部 Darcy 速度 $\dot{\boldsymbol{w}}^1$ 和随 $\dot{\boldsymbol{w}}^1$ 演化的局部渗透系数张量 $\boldsymbol{k}^1$。当为孔隙液相执行有限元解时，如式 (20.106) 中第一式所示，作为在式 (20.104) 中所示有限元方程的有效外载荷 $\boldsymbol{f}^{\mathrm{p}1}$ 中固相体积应变率分布有待于由表征元固相离散元解的体积平均提供。显然，需要基于对表征元固相和液相分别建立的力学与水力模型及相应离散元解和有限元解，建立一个水力–力学耦合模型与相应的迭代交错（staggered）离散元–有限元求解方案。对于每个增量步的表征元求解过程，交错离散元–有限元求解方案将迭代地执行直至表征元中水力–力学耦合响应达到收敛解。

在文献（Li et al., 2020a）中给出了对具有介观结构的饱和颗粒材料表征元水力–力学响应模拟所发展的迭代交错离散元–有限元求解方案的流程图。

20.5 基于介观水力–力学信息的上传宏观状态变量与本构关系

20.5.1 基于介观水力信息的上传宏观 Darcy 速度和渗透系数张量

表征元在宏观局部材料点下传的宏观孔隙压力和引入介观孔隙液体压力和 Darcy 速度波动的周期性边界条件作用下的孔隙液体流动初–边值问题的有限元

解给出了表征元的全域孔隙压力分布。有限元网格中单元 $e\,(e=1\sim N_{\rm e})$ 内一个积分点的 Darcy 速度可近似插值表示为

$$\dot{w}_i^1=-k_{ij}^1\frac{\partial p^1}{\partial x_j}=-\boldsymbol{k}_e^{\rm p}\frac{\partial \boldsymbol{N}_e^{\rm p}}{\partial \boldsymbol{x}}\boldsymbol{p}_e^1=-\boldsymbol{k}_e^{\rm p}\boldsymbol{B}_e^{\rm p}\boldsymbol{p}_e^1 \tag{20.143}$$

式中符号已在式 (20.100) 和式 (20.102) 及其间文字说明。

利用在 20.3 节介绍的求解表征元孔隙液体流动初边值问题所获得的有限元解，可得到宏观饱和多孔连续体中局部材料点处所设置表征元内孔隙液体压力和 Darcy 速度在表征元全域的体积平均如下

$$\overline{p}^1=\frac{1}{V}\int_V p^1{\rm d}V=\frac{1}{V}\sum_{n=1}^{N_{\rm n}}\left[\left(p^1\right)_n V_n\right] \tag{20.144}$$

$$\overline{\dot{w}}_i^1=\frac{1}{V}\int_V \dot{w}_i^1{\rm d}V=\frac{1}{V}\left(\sum_{n=1}^{N_{\rm e}}\dot{w}_i^1{\rm d}V_e\right)=\frac{1}{V}\sum_{n=1}^{N_{\rm e}}\sum_{k=1}^{N_{\rm int}}\dot{w}_i^{1nk}V_{nk} \tag{20.145}$$

式中，$N_{\rm n},N_{\rm e},N_{\rm int}$ 分别是表征元全域有限元网格的节点总数、单元总数和每个单元的积分点数；$\left(p^1\right)_n$ 是第 n 个有限元节点的孔隙液体压力，V_n 是该节点的代表体积，$\dot{w}_i^{1nk}$ 和 V_{nk} 分别是有限元网格第 n 个单元中第 k 个积分点的 Darcy 速度和代表体积。

为推导基于表征元介观信息的饱和颗粒材料渗透系数张量的体积平均并上传到设置表征元的宏观饱和多孔介质局部材料点，定义表征元中有限元网格第 n 个单元内第 k 个积分点处的孔隙液体压力梯度的集中张量 $\boldsymbol{A}^{nk}$（Concentration tensor）(Liu et al., 2016)。在该积分点的孔隙液体压力梯度 $p_{,i}^{1nk}$ 和表征元内所有积分点孔隙液体压力梯度的体积平均 $\overline{p}_{,j}^1$ 之间关系可表示为

$$p_{,i}^{1nk}=A_{ij}^{nk}\overline{p}_{,j}^1 \tag{20.146}$$

对于二维情况 $(i,j=1\sim 2)$，并假定任意积分点处在 i 方向孔隙液体压力梯度仅与 i 方向表征元平均孔隙液体压力梯度相关，则式 (20.146) 中集中张量为一对角线张量，它的分量可表示为

$$A_{11}^{nk}=p_{,1}^{1nk}/\overline{p}_{,1}^1,\quad A_{22}^{nk}=p_{,2}^{1nk}/\overline{p}_{,2}^1,\quad A_{12}^{nk}=A_{21}^{nk}=0 \tag{20.147}$$

利用式 (20.146)、式 (20.147) 和式 (20.62)，由式 (20.145) 表示的定义在每个积分点的介观 Darcy 速度在表征元全域的体积平均可表示为

$$\overline{\dot{w}}_i^1=\frac{1}{V}\sum_{n=1}^{N_{\rm e}}\sum_{k=1}^{N_{\rm int}}\left(-k_{ij}^{1nk}p_{,j}^{1nk}\right)V_{nk}$$

$$= -\left(\frac{1}{V}\sum_{n=1}^{N_{\mathrm{e}}}\sum_{k=1}^{N_{\mathrm{int}}}\hat{k}^{1nk}\delta_{ij}A_{jm}^{nk}V_{nk}\right)\overline{p}_{,m}^{1} = -\overline{k}_{im}^{1}\overline{p}_{,m}^{1} \tag{20.148}$$

式中，$k_{ij}^{1nk}, p_{,j}^{1nk}$ 分别是第 n 个单元内第 k 个积分点的介观渗透系数和介观孔隙液体压力梯度。由式 (20.148) 所导出的基于表征元当前介观水力信息的表征元渗透系数张量体积平均 $\overline{k}_{im}^{1}$ 将从表征元上传到宏观饱和多孔连续体局部材料点，即

$$\overline{k}_{im}^{1} = \sum_{n=1}^{N_{\mathrm{e}}}\sum_{k=1}^{N_{\mathrm{int}}}\hat{k}^{1nk}A_{im}^{nk}c^{nk} \tag{20.149}$$

式中，$c^{nk} = V_{nk}/V$ 表示第 n 个单元内第 k 个积分点的体积分数。

20.5.2 基于介观力学信息的上传宏观有效应力变量和固体骨架本构关系

1. 上传宏观有效应力变量

以 $V_{\mathrm{s}}, V_{\mathrm{l}}$ 分别表示饱和离散颗粒集合体表征元中 N_{T} 个固体颗粒的总体积和孔隙液体总体积，即 $V = V_{\mathrm{s}}+V_{\mathrm{l}}$。利用如图 20.1 所示饱和离散颗粒集合体 Voronoi 胞元模型，表征元可剖分为 N_{T} 个 Voronoi 胞元。V_{s} 可表示为 $V_{\mathrm{s}} = V_{\mathrm{s}1}+V_{\mathrm{s}2}+\cdots+V_{\mathrm{s}T}$，其中 $V_{\mathrm{s}1}, V_{\mathrm{s}2}, \cdots, V_{\mathrm{s}T}$ 分别表示序号为 $\mathrm{s}1, \mathrm{s}2, \cdots, \mathrm{s}T$ 的单个颗粒体积。V_{s} 的边界 Γ_{s} 可表示为 $\Gamma_{\mathrm{s}} = \Gamma_{\mathrm{s}1}\cup\Gamma_{\mathrm{s}2}\cup\cdots\cup\Gamma_{\mathrm{s}T}$。而 V_{l} 可表示为 $V_{\mathrm{l}} = V_{11}+V_{12}+\cdots+V_{1T}$，$V_{11}, V_{12}, \cdots, V_{1T}$ 分别表示相应于序号为 $\mathrm{s}1, \mathrm{s}2, \cdots, \mathrm{s}T$ 固体颗粒所在 Voronoi 胞元内的孔隙液体体积。每个 Voronoi 胞元的体积 $V_m = V_{\mathrm{s}m} + V_{\mathrm{l}m}\,(m = 1 \sim N_{\mathrm{T}})$，并有 $V = \sum\limits_{m=1}^{N_{\mathrm{T}}} V_m$。

在二阶计算均匀化方法中饱和离散颗粒集合体表征元被模型化为等效饱和多孔经典 Cosserat 连续体。按照由式 (20.5) 表示的饱和多孔介质的有效应力原理，利用高斯定理和式 (16.2) 中第一式所示表征元域内 Cauchy 应力满足的平衡方程 $\sigma_{ji,j} = 0$，注意到在饱和多孔介质中对孔隙液体压力假定压为正、拉为负，基于介观力学信息的等效连续体表征元全域 V 的 Cauchy 应力体积平均 $\overline{\sigma}_{ji}$ 可表示为

$$\begin{aligned}\overline{\sigma}_{ji} &= \frac{1}{V}\int_{V}\sigma_{ji}\mathrm{d}V = \frac{1}{V}\int_{V_{\mathrm{s}}}\sigma_{ji}\mathrm{d}V - \frac{1}{V}\int_{V_{1}}\delta_{ji}p^{1}\mathrm{d}V \\ &= \frac{1}{V}\int_{\Gamma_{\mathrm{s}}}t_{i}x_{j}\mathrm{d}\Gamma_{\mathrm{s}} - \frac{1}{V}\int_{V_{l}}\delta_{ji}p^{1}\mathrm{d}V\end{aligned} \tag{20.150}$$

式中，$t_i|_{\Gamma_{\mathrm{s}}} = (\sigma_{ji}n_j)|_{\Gamma_{\mathrm{s}}}$ 为作用于所有固体颗粒的表面力。对于单个颗粒 m，$t_i|_{\Gamma_{\mathrm{s}m}}$ 包含颗粒 $m\,(m = 1 \sim N_{\mathrm{T}})$ 的直接相邻固体颗粒作用于颗粒 m 的接触力（为集中

力）和周边孔隙液体作用于颗粒 m 的均匀分布孔隙液体压力 p_m^1。式 (20.150) 最后一个等号后右端第一项可演绎得到

$$
\begin{aligned}
\frac{1}{V}\int_{\Gamma_\mathrm{s}} t_i x_j \mathrm{d}\Gamma_\mathrm{s} &= \frac{1}{V}\sum_{m=1}^{N_\mathrm{T}}\left(\int_{\Gamma_{\mathrm{s}m}} t_i x_j \mathrm{d}\Gamma_{\mathrm{s}m}\right)\\
&= \frac{1}{V}\sum_{m=1}^{N_\mathrm{T}}\left[\left(\sum_{c=1}^{N_{\mathrm{b}m}} f_i^c x_j^c\right) - \int_{\Gamma_{\mathrm{s}m}}\left(p_m^1 n_i\right) x_j \mathrm{d}\Gamma_{\mathrm{s}m}\right]\\
&= \frac{1}{V}\sum_{m=1}^{N_\mathrm{T}}\left[\left(\sum_{c=1}^{N_{\mathrm{b}m}} f_i^c x_j^c\right) - p_m^1\int_{V_{\mathrm{s}m}}\frac{\partial x_j}{\partial x_i}\mathrm{d}V_{\mathrm{s}m}\right]\\
&= \frac{1}{V}\sum_{m=1}^{N_\mathrm{T}}\left(\sum_{c=1}^{N_{\mathrm{b}m}} f_i^c x_j^c\right) - \frac{1}{V}\sum_{m=1}^{N_\mathrm{T}}\left(p_m^1\delta_{ji}V_{\mathrm{s}m}\right)\\
&= \frac{1}{V}\sum_{c=1}^{N_\mathrm{c}} f_i^c x_j^c - \delta_{ji}\frac{1}{V}\sum_{m=1}^{N_\mathrm{T}}\left(p_m^1 V_{\mathrm{s}m}\right)
\end{aligned}
\tag{20.151}
$$

式中，$N_{\mathrm{b}m}\,(m=1\sim N_\mathrm{T})$ 表示与颗粒 m 直接接触的颗粒数，N_c 为表征元周边颗粒与表征元边界的接触点数。将式 (20.151) 代入式 (20.150) 可得

$$
\begin{aligned}
\overline{\sigma}_{ji} &= \frac{1}{V}\sum_{c=1}^{N_\mathrm{c}} f_i^c x_j^c - \delta_{ji}\frac{1}{V}\sum_{m=1}^{N_\mathrm{T}}\left(p_m^1 V_{\mathrm{s}m}\right) - \delta_{ji}\frac{1}{V}\sum_{m=1}^{N_\mathrm{T}}\left(p_m^1 V_{\mathrm{l}m}\right)\\
&= \frac{1}{V}\sum_{c=1}^{N_\mathrm{c}} f_i^c x_j^c - \delta_{ji}\frac{1}{V}\sum_{m=1}^{N_\mathrm{T}}\left(p_m^1 V_m\right) = \overline{\sigma}'_{ji} - \delta_{ji}\overline{p}^1
\end{aligned}
\tag{20.152}
$$

式中，定义了基于介观水力–力学信息的表征元的 Biot 有效平均 Cauchy 应力 $\overline{\sigma}'_{ji}$ 和平均孔隙液体压力 $\overline{p}^1$，即

$$
\overline{\sigma}'_{ji} = \frac{1}{V}\sum_{c=1}^{N_\mathrm{c}} f_i^c x_j^c \tag{20.153}
$$

$$
\overline{p}^1 = \frac{1}{V}\sum_{m=1}^{N_\mathrm{T}}\left(p_m^1 V_m\right) \tag{20.154}
$$

并且基于平均场理论可得到

$$
\overline{T}_k = -e_{kji}\overline{\sigma}_{ji} = -e_{kji}\left(\overline{\sigma}'_{ji} - \delta_{ji}\overline{p}^1\right) = -e_{kji}\overline{\sigma}'_{ji} = \overline{T}'_k \tag{20.155}
$$

假定孔隙液体压力 p^1 与偶应力和应力矩无关（Ehlers and Volk, 1998; Collin et al., 2006），可有

$$\overline{\Sigma}_{kji} = \overline{\Sigma}'_{kji}, \quad \hat{\overline{\Sigma}}_{kji} = \hat{\overline{\Sigma}}'_{kji}, \quad \overline{\mu}^0_{ji} = \overline{\mu}_{ji} - e_{ikl}\tilde{\overline{\Sigma}}_{jkl} = \overline{\mu}'_{ji} - e_{ikl}\tilde{\overline{\Sigma}}'_{jkl} = \overline{\mu}^0_{ji} \tag{20.156}$$

基于表征元介观力学响应信息的体积平均 $\overline{\sigma}'_{ji}, \overline{T}'_k, \hat{\overline{\Sigma}}_{kji}, \overline{\mu}^{0\prime}_{ji}$，式 (20.27) 所表示的 $\left(\left\langle p^1\right\rangle - \overline{p}^1\right)$ 和由式 (20.154) 所计算的 $\overline{p}^1$，可获得如下基于由介观表征元上传到宏观饱和梯度 Cosserat 连续体的广义有效应力变量 $\left\langle\sigma'_{ji}\right\rangle, \left\langle T'_k\right\rangle, \left\langle\hat{\Sigma}'_{kji}\right\rangle, \left\langle\mu^{0\prime}_{ji}\right\rangle$，即

$$\left\langle\sigma'_{ji}\right\rangle = \left\langle\sigma_{ji}\right\rangle + \left\langle p^1\right\rangle\delta_{ji} = \overline{\sigma}_{ji} + \left\langle p^1\right\rangle\delta_{ji} = \overline{\sigma}'_{ji} + \left(\left\langle p^1\right\rangle - \overline{p}^1\right)\delta_{ji} \tag{20.157}$$

$$\left\langle T'_k\right\rangle = -e_{kji}\left\langle\sigma'_{ji}\right\rangle = -e_{kji}\left[\overline{\sigma}'_{ji} + \left(\left\langle p^1\right\rangle - \overline{p}^1\right)\delta_{ji}\right] = -e_{kji}\overline{\sigma}'_{ji} = \overline{T}'_k \tag{20.158}$$

$$\left\langle\hat{\Sigma}'_{kji}\right\rangle = \left\langle\hat{\Sigma}_{kji}\right\rangle = \hat{\overline{\Sigma}}_{kji} = \hat{\overline{\Sigma}}'_{kji} \tag{20.159}$$

$$\left\langle\mu^{0\prime}_{ji}\right\rangle = \left\langle\mu^0_{ji}\right\rangle = \overline{\mu}^0_{ji} = \overline{\mu}^{0\prime}_{ji} \tag{20.160}$$

2. 上传宏观固体骨架本构关系

第 17 章中讨论了在干颗粒材料二阶计算均匀化框架下离散颗粒集合体表征元在下传宏观应变度量作用下所导出的基于介观力学信息的上传宏观固体骨架本构关系。本节将在此基础上，推导饱和颗粒材料二阶计算均匀化框架下离散颗粒集合体表征元在下传宏观应变度量和附加周期性边界条件作用下基于介观力学信息的上传宏观固体骨架本构关系。

为在有限元法框架中方便地表示增量形式的应力–应变本构方程，定义表征元平均有效应力向量增量 $\Delta\overline{\boldsymbol{\mathfrak{T}}}'$ 和上传宏观有效应力向量增量 $\langle\Delta\mathfrak{T}'\rangle$ 如下

$$\Delta\overline{\boldsymbol{\mathfrak{T}}}' = \begin{Bmatrix} \Delta\overline{\boldsymbol{\sigma}}' \\ \Delta\overline{\boldsymbol{T}}' \\ \Delta\hat{\overline{\boldsymbol{\Sigma}}}' \\ \Delta\overline{\boldsymbol{\mu}}^{0\prime} \end{Bmatrix}, \quad \langle\Delta\mathfrak{T}'\rangle = \begin{Bmatrix} \langle\Delta\boldsymbol{\sigma}'\rangle \\ \langle\Delta\boldsymbol{T}'\rangle \\ \left\langle\Delta\hat{\boldsymbol{\Sigma}}'\right\rangle \\ \left\langle\Delta\boldsymbol{\mu}^{0\prime}\right\rangle \end{Bmatrix} = \Delta\overline{\boldsymbol{\mathfrak{T}}}' + \left(\left\langle\Delta p^1\right\rangle - \Delta\overline{p}^1\right)\boldsymbol{I}_{\mathrm{m}} \tag{20.161}$$

式中，$\Delta\overline{\boldsymbol{\sigma}}', \Delta\overline{\boldsymbol{T}}', \Delta\hat{\overline{\boldsymbol{\Sigma}}}, \Delta\overline{\boldsymbol{\mu}}^{0\prime}$ 和 $\langle\Delta\boldsymbol{\sigma}'\rangle, \langle\Delta\boldsymbol{T}'\rangle, \left\langle\Delta\hat{\boldsymbol{\Sigma}}'\right\rangle, \left\langle\Delta\boldsymbol{\mu}^{0\prime}\right\rangle$ 分别是 $\overline{\sigma}'_{ji}, \overline{T}'_k, \hat{\overline{\Sigma}}'_{kji}, \overline{\mu}^{0\prime}_{ji}$ 和 $\left\langle\sigma'_{ji}\right\rangle, \left\langle T'_k\right\rangle, \left\langle\hat{\Sigma}'_{kji}\right\rangle, \left\langle\mu^{0\prime}_{ji}\right\rangle$ 的向量形式增量表示。向量 $\boldsymbol{I}_{\mathrm{m}}$ 定义为

$$\boldsymbol{I}_{\mathrm{m}} = \begin{bmatrix} \mathbf{1}^{\mathrm{T}}_{\mathrm{m}} & \mathbf{0}^{\mathrm{T}} & \mathbf{0}^{\mathrm{T}} & \mathbf{0}^{\mathrm{T}} \end{bmatrix}^{\mathrm{T}}, \quad \mathbf{1}^{\mathrm{T}}_{\mathrm{m}} = \begin{bmatrix} 1 & 0 & 0 & 1 \end{bmatrix} \tag{20.162}$$

与 $\Delta\overline{\mathfrak{T}}'$ 功共轭的表征元应变度量体积平均的向量增量 $\Delta\overline{\mathfrak{E}}$ 定义为

$$\Delta\overline{\mathfrak{E}} = \begin{bmatrix} \Delta\overline{\boldsymbol{\Gamma}}^{\mathrm{T}} & \Delta\overline{\boldsymbol{\omega}}^{\mathrm{T}} & \Delta\hat{\overline{\boldsymbol{E}}}^{\mathrm{T}} & \Delta\overline{\boldsymbol{\kappa}}^{\mathrm{T}} \end{bmatrix}^{\mathrm{T}} \tag{20.163}$$

式 (20.163) 中的 $\boldsymbol{\eta}$ 是在第 18 章中为梯度 Cosserat 连续体中协调线位移空间二阶导数对称部分 $\hat{\boldsymbol{E}}$ 引入的具对称性的非协调线位移空间二阶导数向量。基于式 (20.19)，表征元内介观增量线位移空间二阶导数的体积平均 $\Delta\overline{\boldsymbol{\eta}}$ 可表示在宏观饱和梯度 Cosserat 连续体设置了表征元的局部材料点的相应应变度量的增量。

在第 19 章中已对干颗粒材料梯度 Cosserat 连续体建立了基于介观力学信息的 $\Delta\overline{\mathfrak{T}}$ 与 $\Delta\overline{\mathfrak{E}}$ 之间的增量型非线性本构关系式 (19.2)（Li et al., 2010; 2018）。它对描述饱和颗粒材料多孔梯度 Cosserat 连续体中固体骨架的 $\Delta\overline{\mathfrak{T}}'$ 与 $\Delta\overline{\mathfrak{E}}$ 之间的本构关系仍有效，即

$$\Delta\overline{\mathfrak{T}}' = \boldsymbol{\mathcal{D}}_{\mathrm{e}}\left(\Delta\overline{\mathfrak{E}} - \Delta\overline{\mathfrak{E}}^{p}\right) = \boldsymbol{\mathcal{D}}_{\mathrm{e}}\Delta\overline{\mathfrak{E}} + \Delta\overline{\mathfrak{T}}'^{\mathrm{p}} \tag{20.164}$$

式中，$\Delta\overline{\mathfrak{T}}'^{\mathrm{p}}$ 反映了由于颗粒间相对耗散摩擦位移产生的有效塑性应力向量增量；如第 17 章中公式所示，$\boldsymbol{\mathcal{D}}_{\mathrm{e}}$ 是由随时间演化的当前离散颗粒集合体表征元介观结构弹性刚度 $\boldsymbol{K}_{\mathrm{uu}}^{\mathrm{B}}, \boldsymbol{K}_{\mathrm{u\omega}}^{\mathrm{Bc}}, \boldsymbol{K}_{\mathrm{\omega u}}^{\mathrm{B}}, \boldsymbol{K}_{\mathrm{\omega u}}^{\mathrm{B}}$ 获得的等效连续体表征元当前有效损伤弹性模量矩阵。

需要注意，如 17.2.3 节公式、式 (18.20) ~ 式 (18.22) 和式 (19.1) ~ 式 (19.11) 所示，非线性增量本构关系式 (20.164) 中的 $\boldsymbol{\mathcal{D}}_{\mathrm{e}}, \Delta\overline{\mathfrak{T}}'^{\mathrm{p}}$ 所依赖的表征元介观结构和响应信息是在仅下传宏观应变度量增量，而没有计及对表征元施加周期性边界条件情况下获得。

当计及周期性边界条件效应，需对表征元施加如式 (20.67) ~ 式 (20.68) 和式 (20.70) ~ 式 (20.71) 所示的附加周期性约束边界位移和如式 (20.73) ~ 式 (20.74) 所示的周期性边界力约束。为推导和上传基于介观力学信息、联系 $\Delta\overline{\mathfrak{T}}'$ 与 $\Delta\overline{\mathfrak{E}}$ 之间的增量非线性本构关系，将从式 (20.69) 矩阵形式的离散颗粒集合体表征元增量非线性本构关系（Li et al., 2018）开始。把联系周期性约束边界位移增量 $\begin{Bmatrix} \Delta\boldsymbol{u}_{\mathrm{B}}^{*} \\ \Delta\boldsymbol{\omega}_{\mathrm{B}}^{*} \end{Bmatrix}$ 和依赖于下传宏观应变度量增量的 $\begin{Bmatrix} \Delta\boldsymbol{u}_{\mathrm{BS}}^{\mathrm{c}} \\ \Delta\boldsymbol{\omega}_{\mathrm{BS}} \end{Bmatrix}$ 的式 (20.80) 和式 (20.79) 代入式 (20.69) 可得

$$-\begin{Bmatrix} \Delta\boldsymbol{f}_{\mathrm{Bc}}^{\mathrm{ext}} \\ \Delta\boldsymbol{m}_{\mathrm{Bc}}^{\mathrm{ext}} \end{Bmatrix} = \begin{bmatrix} \boldsymbol{K}_{\mathrm{uu}}^{\mathrm{B*}} & \boldsymbol{K}_{\mathrm{u\omega}}^{\mathrm{Bc*}} \\ \boldsymbol{K}_{\mathrm{\omega u}}^{\mathrm{B*}} & \boldsymbol{K}_{\mathrm{\omega\omega}}^{\mathrm{Bc*}} \end{bmatrix} \begin{Bmatrix} \Delta\boldsymbol{u}_{\mathrm{BS}}^{\mathrm{c}} \\ \Delta\boldsymbol{\omega}_{\mathrm{BS}} \end{Bmatrix} - \begin{Bmatrix} \Delta\tilde{\boldsymbol{f}}_{\mathrm{B}}^{\mathrm{int,p*}} \\ \Delta\tilde{\boldsymbol{m}}_{\mathrm{B}}^{\mathrm{int,p*}} \end{Bmatrix} \tag{20.165}$$

式中

$$\begin{bmatrix} \boldsymbol{K}_{\mathrm{uu}}^{\mathrm{B}*} & \boldsymbol{K}_{\mathrm{u}\omega}^{\mathrm{Bc}} \\ \boldsymbol{K}_{\omega u}^{\mathrm{B}*} & \boldsymbol{K}_{\omega\omega}^{\mathrm{Bc}} \end{bmatrix} = \begin{bmatrix} \boldsymbol{K}_{\mathrm{uu}}^{\mathrm{B}} & \boldsymbol{K}_{\mathrm{u}\omega}^{\mathrm{Bc}} \\ \boldsymbol{K}_{\omega\mathrm{u}}^{\mathrm{B}} & \boldsymbol{K}_{\omega\omega}^{\mathrm{Bc}} \end{bmatrix} \left(\boldsymbol{I} - \boldsymbol{A} \begin{bmatrix} \boldsymbol{K}_{\mathrm{uu},2-2}^{\mathrm{b}} & \boldsymbol{K}_{\mathrm{u}\omega,2-2}^{\mathrm{bc}} \\ \boldsymbol{K}_{\omega\mathrm{b},2-2}^{\mathrm{b}} & \boldsymbol{K}_{\omega\omega,2-2}^{\mathrm{bc}} \end{bmatrix}^{-1} \begin{bmatrix} \mathbf{K}_{uu,2-4}^{b} & \mathbf{K}_{u\omega,2-4}^{bc} \\ \mathbf{K}_{\omega u,2-4}^{b} & \mathbf{K}_{\omega\omega,2-4}^{bc} \end{bmatrix} \right) \tag{20.166}$$

$$\begin{Bmatrix} \Delta\tilde{\boldsymbol{f}}_{\mathrm{B}}^{\mathrm{int,p}*} \\ \Delta\tilde{\boldsymbol{m}}_{\mathrm{B}}^{\mathrm{int,p}*} \end{Bmatrix} = \begin{Bmatrix} \Delta\tilde{\boldsymbol{f}}_{\mathrm{B}}^{\mathrm{int,p}} \\ \Delta\tilde{\boldsymbol{m}}_{\mathrm{B}}^{\mathrm{int,p}} - (\boldsymbol{R}^{\mathrm{c}})^{\mathrm{T}} \Delta\tilde{\boldsymbol{f}}_{\mathrm{B}}^{\mathrm{int,p}} \end{Bmatrix} - \begin{bmatrix} \boldsymbol{K}_{\mathrm{uu}}^{\mathrm{B}} & \boldsymbol{K}_{\mathrm{u}\omega}^{\mathrm{Bc}} \\ \boldsymbol{K}_{\omega\mathrm{u}}^{\mathrm{B}} & \boldsymbol{K}_{\omega\omega}^{\mathrm{Bc}} \end{bmatrix} \boldsymbol{A} \begin{bmatrix} \boldsymbol{K}_{\mathrm{uu},2-2}^{\mathrm{b}} & \boldsymbol{K}_{\mathrm{u}\omega,2-2}^{\mathrm{bc}} \\ \boldsymbol{K}_{\omega\mathrm{u},2-2}^{\mathrm{b}} & \boldsymbol{K}_{\omega\omega,2-2}^{\mathrm{bc}} \end{bmatrix}^{-1} \cdot \begin{Bmatrix} \Delta\tilde{\boldsymbol{f}}_{\mathrm{b}}^{\mathrm{int,p}} + \Delta\tilde{\boldsymbol{f}}_{\mathrm{t}}^{\mathrm{int,p}} \\ \Delta\tilde{\boldsymbol{f}}_{\mathrm{l}}^{\mathrm{int,p}} + \Delta\tilde{\boldsymbol{f}}_{\mathrm{r}}^{\mathrm{int,p}} \\ \Delta\tilde{\boldsymbol{m}}_{\mathrm{b}}^{\mathrm{int,p}} + \Delta\tilde{\boldsymbol{m}}_{\mathrm{t}}^{\mathrm{int,p}} - \left(\boldsymbol{R}_{\mathrm{b}}^{\mathrm{cT}} \Delta\tilde{\boldsymbol{f}}_{\mathrm{b}}^{\mathrm{int,p}} + \boldsymbol{R}_{\mathrm{t}}^{\mathrm{cT}} \Delta\tilde{\boldsymbol{f}}_{\mathrm{t}}^{\mathrm{int,p}} \right) \\ \Delta\tilde{\boldsymbol{m}}_{\mathrm{l}}^{\mathrm{int,p}} + \Delta\tilde{\boldsymbol{m}}_{\mathrm{r}}^{\mathrm{int,p}} - \left(\boldsymbol{R}_{\mathrm{l}}^{\mathrm{cT}} \Delta\tilde{\boldsymbol{f}}_{\mathrm{l}}^{\mathrm{int,p}} + \boldsymbol{R}_{\mathrm{r}}^{\mathrm{cT}} \Delta\tilde{\boldsymbol{f}}_{\mathrm{r}}^{\mathrm{int,p}} \right) \end{Bmatrix} \tag{20.167}$$

倘若不引入为改善表征元平均力学行为的周期性边界条件，式 (20.69) 退化为

$$-\begin{Bmatrix} \Delta\boldsymbol{f}_{\mathrm{Bc}}^{\mathrm{ext}} \\ \Delta\boldsymbol{m}_{\mathrm{Bc}}^{\mathrm{ext}} \end{Bmatrix} = \begin{bmatrix} \boldsymbol{K}_{\mathrm{uu}}^{\mathrm{B}} & \boldsymbol{K}_{\mathrm{u}\omega}^{\mathrm{Bc}} \\ \boldsymbol{K}_{\omega\mathrm{u}}^{\mathrm{B}} & \boldsymbol{K}_{\omega\omega}^{\mathrm{Bc}} \end{bmatrix} \begin{Bmatrix} \Delta\boldsymbol{u}_{\mathrm{BS}}^{\mathrm{c}} \\ \Delta\boldsymbol{\omega}_{\mathrm{BS}} \end{Bmatrix} - \begin{Bmatrix} \Delta\tilde{\boldsymbol{f}}_{\mathrm{B}}^{\mathrm{int,p}} \\ \Delta\tilde{\boldsymbol{m}}_{\mathrm{B}}^{\mathrm{int,p}} - (\boldsymbol{R}^{\mathrm{c}})^{\mathrm{T}} \Delta\tilde{\boldsymbol{f}}_{\mathrm{B}}^{\mathrm{int,p}} \end{Bmatrix} \tag{20.168}$$

式中，$\begin{bmatrix} \boldsymbol{K}_{\mathrm{uu}}^{\mathrm{B}} & \boldsymbol{K}_{\mathrm{u}\omega}^{\mathrm{Bc}} \\ \boldsymbol{K}_{\omega\mathrm{u}}^{\mathrm{B}} & \boldsymbol{K}_{\omega\omega}^{\mathrm{Bc}} \end{bmatrix}$ 和 $\begin{Bmatrix} \Delta\tilde{\boldsymbol{f}}_{\mathrm{B}}^{\mathrm{int,p}} \\ \Delta\tilde{\boldsymbol{m}}_{\mathrm{B}}^{\mathrm{int,p}} - (\boldsymbol{R}^{\mathrm{c}})^{\mathrm{T}} \Delta\tilde{\boldsymbol{f}}_{\mathrm{B}}^{\mathrm{int,p}} \end{Bmatrix}$ 分别为如式 (16.72) 和式 (16.73) 所示对表征元仅施加下传表征元边界位移增量 $\begin{Bmatrix} \Delta\boldsymbol{u}_{\mathrm{BS}}^{\mathrm{c}} \\ \Delta\boldsymbol{\omega}_{\mathrm{BS}} \end{Bmatrix}$ 条件下，表征元有效损伤弹性刚度和因表征元内颗粒间相对耗散运动而凝聚作用于表征元周边颗粒的等价耗散力增量表达式。

比较式 (20.165) 和式 (20.168)，可以看到若在对表征元施加下传表征元边界位移 $\begin{Bmatrix} \Delta\boldsymbol{u}_{\mathrm{BS}}^{\mathrm{c}} \\ \Delta\boldsymbol{\omega}_{\mathrm{BS}} \end{Bmatrix}$ 基础上还附加施加周期性边界位移 $\begin{Bmatrix} \Delta\boldsymbol{u}_{\mathrm{B}}^{*} \\ \Delta\boldsymbol{\omega}_{\mathrm{B}}^{*} \end{Bmatrix}$，可以通过

以 $\begin{bmatrix} \boldsymbol{K}_{\mathrm{uu}}^{\mathrm{B}*} & \boldsymbol{K}_{\mathrm{u\omega}}^{\mathrm{Bc}*} \\ \boldsymbol{K}_{\mathrm{\omega u}}^{\mathrm{B}*} & \boldsymbol{K}_{\mathrm{\omega\omega}}^{\mathrm{Bc}*} \end{bmatrix}$ 取代式 $\begin{bmatrix} \boldsymbol{K}_{\mathrm{uu}}^{\mathrm{B}} & \boldsymbol{K}_{\mathrm{u\omega}}^{\mathrm{Bc}} \\ \boldsymbol{K}_{\mathrm{\omega u}}^{\mathrm{B}} & \boldsymbol{K}_{\mathrm{\omega\omega}}^{\mathrm{Bc}} \end{bmatrix}$ 表示表征元有效损伤弹性刚度，以 $\begin{Bmatrix} \Delta\tilde{\boldsymbol{f}}_{\mathrm{B}}^{\mathrm{int,p}*} \\ \Delta\tilde{\boldsymbol{m}}_{\mathrm{B}}^{\mathrm{int,p}*} \end{Bmatrix}$ 取代 $\begin{Bmatrix} \Delta\tilde{\boldsymbol{f}}_{\mathrm{B}}^{\mathrm{int,p}} \\ \Delta\tilde{\boldsymbol{m}}_{\mathrm{B}}^{\mathrm{int,p}} - (\boldsymbol{R}^{\mathrm{c}})^{\mathrm{T}}\Delta\tilde{\boldsymbol{f}}_{\mathrm{B}}^{\mathrm{int,p}} \end{Bmatrix}$ 表示作用于表征元周边颗粒的等效耗散力增量。并用它们按第 17 章中公式计算在下面式 (20.169) 中 $\boldsymbol{\mathcal{D}}_{\mathrm{e}}^{*}$ 和 $\Delta\overline{\mathfrak{T}}^{\prime\mathrm{p}*}$ 中的所有子矩阵和子向量，参考式 (20.164) 可得到

$$\Delta\overline{\mathfrak{T}}' = \boldsymbol{\mathcal{D}}_{\mathrm{e}}^{*}\left(\Delta\overline{\mathfrak{E}} - \Delta\overline{\mathfrak{G}}^{\mathrm{p}}\right) = \boldsymbol{\mathcal{D}}_{\mathrm{e}}^{*}\Delta\overline{\mathfrak{E}} + \Delta\overline{\mathfrak{T}}^{\prime\mathrm{p}*} \tag{20.169}$$

式中

$$\boldsymbol{\mathcal{D}}_{\mathrm{e}}^{*} = \begin{bmatrix} \boldsymbol{\mathcal{D}}_{\sigma\Gamma}^{*} & \boldsymbol{\mathcal{D}}_{\sigma\omega}^{*} & \boldsymbol{\mathcal{D}}_{\sigma\mathrm{E}}^{*} & \boldsymbol{\mathcal{D}}_{\sigma\kappa}^{*} \\ \boldsymbol{\mathcal{D}}_{\mathrm{T}\Gamma}^{*} & \boldsymbol{\mathcal{D}}_{\mathrm{T}\omega}^{*} & \boldsymbol{\mathcal{D}}_{\mathrm{TE}}^{*} & \boldsymbol{\mathcal{D}}_{\mathrm{T}\kappa}^{*} \\ \boldsymbol{\mathcal{D}}_{\Sigma\Gamma}^{*} & \boldsymbol{\mathcal{D}}_{\Sigma\omega}^{*} & \boldsymbol{\mathcal{D}}_{\Sigma\mathrm{E}}^{*} & \boldsymbol{\mathcal{D}}_{\Sigma\kappa}^{*} \\ \boldsymbol{\mathcal{D}}_{\mu\Gamma}^{*} & \boldsymbol{\mathcal{D}}_{\mu\omega}^{*} & \boldsymbol{\mathcal{D}}_{\mu\mathrm{E}}^{*} & \boldsymbol{\mathcal{D}}_{\mu\kappa}^{*} \end{bmatrix} \tag{20.170}$$

$\boldsymbol{\mathcal{D}}_{\mathrm{e}}^{*}$ 中各子矩阵由式 (20.166) 所示 $\begin{bmatrix} \boldsymbol{K}_{\mathrm{uu}}^{\mathrm{B}*} & \boldsymbol{K}_{\mathrm{u\omega}}^{\mathrm{Bc}*} \\ \boldsymbol{K}_{\mathrm{\omega u}}^{\mathrm{B}*} & \boldsymbol{K}_{\mathrm{\omega\omega}}^{\mathrm{Bc}*} \end{bmatrix}$ 中各子矩阵确定，而 $\Delta\overline{\mathfrak{T}}^{\prime\mathrm{p}*}$ 中各子向量由式 (20.167) 所示 $\begin{Bmatrix} \Delta\tilde{\boldsymbol{f}}_{\mathrm{B}}^{\mathrm{int,p}*} \\ \Delta\tilde{\boldsymbol{m}}_{\mathrm{B}}^{\mathrm{int,p}*} \end{Bmatrix}$ 中各子向量确定。依照式 (19.8)，可将式 (20.169) 改写为

$$\Delta\overline{\mathfrak{T}}' = \boldsymbol{\mathcal{D}}_{\mathrm{ep}}^{*}\Delta\overline{\mathfrak{E}} \tag{20.171}$$

式中，上传到设置表征元的宏观饱和梯度 Cosserat 连续体材料局部点的基于介观力学信息的损伤–弹塑性模量矩阵为

$$\boldsymbol{\mathcal{D}}_{\mathrm{ep}}^{*} = \boldsymbol{\mathcal{D}}_{\mathrm{e}}^{*} - \frac{\Delta\overline{\mathfrak{T}}^{\prime\mathrm{p}*}\left(\Delta\overline{\mathfrak{T}}^{\prime\mathrm{p}*}\right)^{\mathrm{T}}}{\left(\Delta\overline{\mathfrak{T}}^{\prime\mathrm{p}*}\right)^{\mathrm{T}}(\boldsymbol{\mathcal{D}}_{\mathrm{e}}^{*})^{-1}\Delta\overline{\mathfrak{T}}' + \left(\Delta\overline{\mathfrak{T}}^{\prime\mathrm{p}*}\right)^{\mathrm{T}}(\boldsymbol{\mathcal{D}}_{\mathrm{e}}^{*})^{-1}\Delta\overline{\mathfrak{T}}^{\prime\mathrm{p}*}} \tag{20.172}$$

20.6 宏观饱和多孔梯度 Cosserat 连续体混合元公式

20.6.1 饱和多孔梯度 Cosserat 连续体控制方程弱形式

把以有效 Cauchy 应力 σ'_{ji} 和孔隙液体压力 p^{1} 表示总应力 Cauchy σ_{ji} 的式 (20.5) 代入略去动力效应的平衡方程式 (20.7) 和式 (20.8)，以及把以孔隙液体压力梯度 $p_{,i}^{1}$ 和渗透系数 k_{ij}^{1} 表示 Darcy 速度 $\dot{w}_{j}^{1}$ 的式 (20.9) 代入孔隙液体质量守

恒方程式 (20.6)，饱和多孔梯度 Cosserat 连续体中水力–力学耦合过程分析控制方程组可表示为

$$\left(\sigma'_{ji} - \Sigma'_{kji,k}\right)_{,j} - p^1_{,i} + b^{\mathrm{f}}_i = 0 \tag{20.173}$$

$$\mu'_{ji,j} + e_{ijk}\left(\sigma'_{jk} - \Sigma'_{ljk,l}\right) + b^{\mathrm{m}}_i = 0 \tag{20.174}$$

$$\left(-k^1_{ij}p^1_{,j}\right)_{,i} + \dot{u}_{i,i} = 0 \tag{20.175}$$

令宏观饱和多孔梯度 Cosserat 连续体域 Ω 的边界为 S。参考第 18 章中式 (18.28) 和式 (18.2) ~ 式 (18.5)，满足虚功原理的平衡方程式 (20.173) 和式 (20.174) 与相应自然边界条件的弱形式可表示为

$$\begin{aligned}
&\int_\Omega \delta u_i \left[\left(\sigma'_{ji} - \Sigma'_{kji,k}\right)_{,j} - p^1_{,i} + b^{\mathrm{f}}_i\right] \mathrm{d}\Omega \\
&+ \int_\Omega \delta\omega_i \left[\mu'_{ji,j} + e_{ijk}\left(\sigma'_{jk} - \Sigma'_{ljk,l}\right) + b^{\mathrm{m}}_i\right] \mathrm{d}\Omega \\
&+ \int_S \delta u_i \left[\tilde{t}_i - \left(\sigma_{ji} - \Sigma_{kji,k}\right) n_j\right] \mathrm{d}S + \int_S \delta\omega_i \left[\tilde{m}_i - \left(\mu_{ji} - e_{ilk}\Sigma_{jlk}\right) n_j\right] \mathrm{d}S \\
&+ \int_S \delta u_{i,j} \left[\tilde{g}_{ji} - \Sigma_{kji}n_k\right] \mathrm{d}S = 0
\end{aligned} \tag{20.176}$$

式中，$\tilde{t}_i, \tilde{m}_i, \tilde{g}_{ji}$ 表示作为自然边界条件在域 Ω 边界 S 上分别指定的表面力、表面力矩和表面高阶广义力。

满足余虚功原理的质量方程式 (20.175) 与相应自然边界条件的弱形式可表示为

$$\int_\Omega \delta p^1 \left[\left(-k^1_{ij} \quad p^1_{,j}\right)_{,i} + \dot{u}_{i,i}\right] \mathrm{d}\Omega - \int_S \delta p^1 \left(-k^1_{ij}n_i p^1_{,j} - \tilde{\dot{w}}^1_{\mathrm{n}}\right) \mathrm{d}S = 0 \tag{20.177}$$

式中，$\tilde{\dot{w}}^1_{\mathrm{n}}$ 表示作为自然边界条件指定的孔隙液体垂直于边界 S 的 Darcy 速度。

利用分部积分，式 (20.176) 和式 (20.177) 可分别改写为

$$\begin{aligned}
&\int_\Omega \delta\Gamma_{ji}\sigma'_{ji}\mathrm{d}\Omega + \int_\Omega \delta\omega_i T'_i \mathrm{d}\Omega + \int_\Omega \delta\hat{E}_{kji}\hat{\Sigma}'_{kji}\mathrm{d}\Omega \\
&+ \int_\Omega \delta\kappa_{ji}\left(\mu^{0\prime}_{ji} - e_{ikl}\hat{\Sigma}'_{jkl}\right)\mathrm{d}\Omega - \int_\Omega \delta\Gamma_{ji}\delta_{ji}p^1\mathrm{d}\Omega \\
=& \int_\Omega \left(\delta u_i b^{\mathrm{f}}_i + \delta\omega_i b^{\mathrm{m}}_i\right)\mathrm{d}\Omega + \int_S \left(\delta u_i\tilde{t}_i + \delta\omega_i\tilde{m}_i + \delta\Gamma_{ji}\tilde{g}_{ji}\right)\mathrm{d}S
\end{aligned} \tag{20.178}$$

$$\int_\Omega \delta p^1 \dot{u}_{i,i}\mathrm{d}\Omega + \int_\Omega \delta p^1_{,i}k^1_{ij}p^1_{,j}\mathrm{d}\Omega = -\int_S \delta p^1 \tilde{\dot{w}}^1_{\mathrm{n}}\mathrm{d}S \tag{20.179}$$

20.6.2 非协调应变和应变梯度约束的饱和多孔梯度 Cosserat 连续体控制方程增广弱形式

本节把在第 18 章中介绍的为梯度 Cosserat 连续体力学分析发展的混合元（Li et al., 2014）拓展到为饱和多孔梯度 Cosserat 连续体水力力学分析发展的混合元。饱和多孔梯度 Cosserat 连续体中固体骨架部分的混合元公式部分可以完全沿用为梯度 Cosserat 连续体中力学分析发展的混合元公式。具体地，根据式 (18.11) ~ 式 (18.17), 由式 (20.178) 可得到计及非协调应变和应变梯度约束的控制饱和多孔梯度 Cosserat 连续体平衡的增广弱形式

$$\begin{aligned}&\int_{\Omega}\delta\Gamma_{ji}\sigma'_{ji}\mathrm{d}\Omega+\int_{\Omega}\delta\omega_i T'_i\mathrm{d}\Omega+\int_{\Omega}\delta\eta_{kji}\hat{\Sigma}'_{kji}\mathrm{d}\Omega+\int_{\Omega}\delta\kappa_{ji}\left(\mu^{0\prime}_{ji}-e_{ikl}\hat{\Sigma}'_{jkl}\right)\mathrm{d}\Omega\\&+\int_{\Omega}\left(\delta\Psi_{ji}-\delta\Gamma_{ji}\right)\rho_{ji}\mathrm{d}\Omega+\int_{\Omega}\delta\rho_{ji}\left(\Psi_{ji}-u_{i,j}\right)\mathrm{d}\Omega-\int_{\Omega}\delta\Gamma_{ji}\delta_{ji}p^1\mathrm{d}\Omega\\=&\int_{\Omega}\left(\delta u_i b^{\mathrm{f}}_i+\delta\omega_i b^{\mathrm{m}}_i\right)\mathrm{d}\Omega+\int_{S}\left(\delta u_i\tilde{t}_i+\delta\omega_i\tilde{m}_i+\delta\Gamma_{ji}\tilde{g}_{ji}\right)\mathrm{d}S\end{aligned}\tag{20.180}$$

式中，Ψ_{ji} 是混合元中作为独立变量引入的节点非协调位移梯度，$\eta_{kji}\,(=\eta_{jki})$ 是非协调应变梯度对称部分, $\rho_{ji}=\hat{\Sigma}'_{kji,k}$ 是作为附加的独立基本节点变量定义的对非协调位移梯度施加约束的 Lagrange 乘子张量。

饱和多孔梯度 Cosserat 连续固–液混合体平衡方程增广弱形式 (20.180) 和孔隙液体质量守恒方程弱形式 (20.179) 的黑体矩阵–向量形式可分别表示为

$$\begin{aligned}&\int_{\Omega}\delta\tilde{\boldsymbol{S}}^{\mathrm{T}}\left(\boldsymbol{A}^{\mathrm{T}}_{\mathrm{S}}\boldsymbol{\Xi}'-\boldsymbol{I}^1_{\mathrm{p}}p^1\right)\mathrm{d}\Omega\\=&\int_{\Omega}\left(\delta\boldsymbol{u}^{\mathrm{T}}\boldsymbol{b}^{\mathrm{f}}+\delta\boldsymbol{\omega}^{\mathrm{T}}\boldsymbol{b}^{\mathrm{m}}\right)\mathrm{d}\Omega+\int_{S}\left(\delta\boldsymbol{u}^{\mathrm{T}}\tilde{\boldsymbol{t}}+\delta\boldsymbol{\omega}^{\mathrm{T}}\tilde{\boldsymbol{m}}+\delta\boldsymbol{\Psi}^{\mathrm{T}}\tilde{\boldsymbol{g}}\right)\mathrm{d}S\end{aligned}\tag{20.181}$$

$$\int_{\Omega}\delta p^1\boldsymbol{1}^{\mathrm{T}}_{\mathrm{m}}\dot{\boldsymbol{\Gamma}}\mathrm{d}\Omega+\int_{\Omega}\delta\boldsymbol{\pi}^{1\mathrm{T}}\boldsymbol{k}^1\boldsymbol{\pi}^1\mathrm{d}\Omega=-\int_{S}\delta p^l\tilde{\dot{w}}^l_n\mathrm{d}S\tag{20.182}$$

式中，$\tilde{\boldsymbol{t}},\tilde{\boldsymbol{m}},\tilde{\boldsymbol{g}}$ 分别是 $\tilde{t}_i,\tilde{m}_i,\tilde{g}_{ji}$ 的黑体列向量表示，$\boldsymbol{\Gamma}^{\mathrm{T}},\boldsymbol{\omega}^{\mathrm{T}},\boldsymbol{\eta}^{\mathrm{T}},\boldsymbol{\kappa}^{\mathrm{T}},\boldsymbol{\Psi}^{\mathrm{T}},\boldsymbol{\rho}^{\mathrm{T}}$ 分别是 $\Gamma_{ji},\omega_i,\eta_{kji},\kappa_{ji},\Psi_{ji},\rho_{ji}$ 的黑体行向量表示，两式中还定义了如下向量与矩阵

$$\delta\tilde{\boldsymbol{S}}^{\mathrm{T}}=\left[\begin{array}{cccccc}\delta\boldsymbol{\Gamma}^{\mathrm{T}}&\delta\boldsymbol{\omega}^{\mathrm{T}}&\delta\boldsymbol{\eta}^{\mathrm{T}}&\delta\boldsymbol{\kappa}^{\mathrm{T}}&\delta\boldsymbol{\Psi}^{\mathrm{T}}&\delta\boldsymbol{\rho}^{\mathrm{T}}\end{array}\right]\tag{20.183}$$

$$\boldsymbol{A}_{\mathrm{S}}^{\mathrm{T}}=\begin{bmatrix}\boldsymbol{I}_4 & \mathbf{0} & \mathbf{0} & \mathbf{0} & -\boldsymbol{I}_4 & \mathbf{0}\\ \mathbf{0} & \boldsymbol{I}_1 & \mathbf{0} & \mathbf{0} & \mathbf{0} & \mathbf{0}\\ \mathbf{0} & \mathbf{0} & \boldsymbol{I}_8 & \mathbf{0} & \mathbf{0} & \mathbf{0}\\ \mathbf{0} & \mathbf{0} & \mathbf{0} & \boldsymbol{I}_2 & \mathbf{0} & \mathbf{0}\\ \mathbf{0} & \mathbf{0} & \mathbf{0} & \mathbf{0} & \boldsymbol{I}_4 & \mathbf{0}\\ \mathbf{0} & \mathbf{0} & \mathbf{0} & \mathbf{0} & \mathbf{0} & \boldsymbol{I}_4\end{bmatrix} \tag{20.184}$$

$$\boldsymbol{\Xi}'=\begin{bmatrix}\boldsymbol{\sigma}'^{\mathrm{T}} & \boldsymbol{T}'^{\mathrm{T}} & \hat{\boldsymbol{\Sigma}}'^{\mathrm{T}} & \left(\boldsymbol{\mu}^{0\prime}-\boldsymbol{H}\hat{\boldsymbol{\Sigma}}'^{\mathrm{T}}\right)^{\mathrm{T}} & \boldsymbol{\rho}^{\mathrm{T}} & \left(\boldsymbol{\Psi}^{\mathrm{T}}-\boldsymbol{\Gamma}^{\mathrm{T}}\right)\end{bmatrix}^{\mathrm{T}} \tag{20.185}$$

$$\boldsymbol{I}_{\mathrm{p}}^{1}=\begin{bmatrix}\mathbf{1}_{\mathrm{m}}^{\mathrm{T}} & \mathbf{0}_{1}^{\mathrm{T}} & \mathbf{0}_{8}^{\mathrm{T}} & \mathbf{0}_{2}^{\mathrm{T}} & \mathbf{0}_{4}^{\mathrm{T}} & \mathbf{0}_{4}^{\mathrm{T}}\end{bmatrix}^{\mathrm{T}},\quad \mathbf{1}_{\mathrm{m}}^{\mathrm{T}}=\begin{bmatrix}1 & 0 & 0 & 1\end{bmatrix} \tag{20.186}$$

$$\boldsymbol{\pi}^{1}=\begin{bmatrix}\partial p^{1}/\partial x_{1} & \partial p^{1}/\partial x_{2}\end{bmatrix}^{\mathrm{T}} \tag{20.187}$$

式中，$\delta\tilde{\boldsymbol{S}}^{\mathrm{T}}$ 是列示广义应变变量的 1×23 行向量；$\mathbf{A}_{\mathrm{S}}^{\mathrm{T}}$ 是 23×23 矩阵；$\boldsymbol{I}_i(i=1,2,4,8)$ 是 $i\times i$ 单位阵，$\boldsymbol{A}_{\mathrm{S}}^{\mathrm{T}}$ 中其余 $\mathbf{0}$ 矩阵的尺寸可依靠 $\boldsymbol{A}_{\mathrm{S}}^{\mathrm{T}}$ 中 $\boldsymbol{I}_i(i=1,2,4,8)$ 判断；$\boldsymbol{\Xi}'$ 是列示广义应力变量的 23×1 列向量；$\boldsymbol{I}_{\mathrm{p}}^{1}$ 是 23×1 列向量；$\mathbf{1}_{\mathrm{m}}^{\mathrm{T}}$ 是 1×4 行向量；$\boldsymbol{H}$ 已在先前由式 (18.38) 定义。

20.6.3 饱和多孔梯度 Cosserat 连续体混合有限元的 U-p 公式

本节将把在第 18 章中为梯度 Cosserat 连续体构造的混合有限元 QU38L4 (Li et al., 2014) 拓展到为饱和多孔梯度 Cosserat 连续体中水力力学分析构造的混合有限元 QU38p4L4。单元 QU38p4L4 中需被离散化的基本场变量除在单元 QU38L4 中包含的以向量 $\boldsymbol{U}=\begin{bmatrix}\boldsymbol{u}^{\mathrm{T}} & \boldsymbol{\omega}^{\mathrm{T}} & \boldsymbol{\Psi}^{\mathrm{T}} & \boldsymbol{\rho}^{\mathrm{T}}\end{bmatrix}^{\mathrm{T}}$ 表示的基本场变量外，还包含孔隙液体压力 p^1。以 $\overline{\boldsymbol{U}}=\begin{bmatrix}\overline{\boldsymbol{u}}^{\mathrm{T}} & \overline{\boldsymbol{\omega}}^{\mathrm{T}} & \overline{\boldsymbol{\Psi}}^{\mathrm{T}} & \overline{\boldsymbol{\rho}}^{\mathrm{T}}\end{bmatrix}^{\mathrm{T}}$ 和 $\overline{\boldsymbol{p}}^{1}$ 记为列示基本场变量 $\boldsymbol{U}$ 和 p^1 在单元 QU38p4L4 内离散化后的单元节点变量向量。$\boldsymbol{U}$ 和 p^1 的空间离散化表示为

$$\boldsymbol{U}=\boldsymbol{N}\overline{\boldsymbol{U}},\quad p^{1}=\boldsymbol{N}_{\mathrm{p}}\overline{\boldsymbol{p}}^{1} \tag{20.188}$$

式中

$$\boldsymbol{N}=\begin{bmatrix}\boldsymbol{N}_{\mathrm{u}} & 0 & 0 & 0\\ 0 & \boldsymbol{N}_{\omega} & 0 & 0\\ 0 & 0 & \boldsymbol{N}_{\Psi} & 0\\ 0 & 0 & 0 & \boldsymbol{N}_{\rho}\end{bmatrix} \tag{20.189}$$

$\boldsymbol{N}_{\mathrm{u}},\boldsymbol{N}_{\omega},\boldsymbol{N}_{\Psi},\boldsymbol{N}_{\rho},\boldsymbol{N}_{\mathrm{p}}$ 分别是场变量 $\boldsymbol{u},\boldsymbol{\omega},\psi,\boldsymbol{\rho},p^{1}$ 在单元内插值近似的形函数，它们的具体表达式依赖于所发展多变量混合元的构造。对于单元 QU38p4L4，它

们的形式如图 20.11 所示，分别为在九节点（包括一个内部节点）单元中的 8 − 4 − 4 − 1 − 4 节点等参形函数插值。

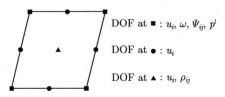

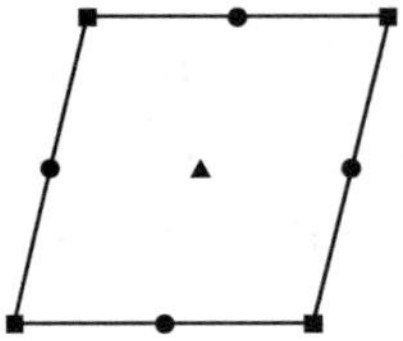

图 20.11 饱和多孔梯度 Cosserat 连续体混合有限元 QU38p4L4 的节点独立自由度示意图

式 (20.183) 中广义应变向量 $\tilde{\boldsymbol{S}}$ 和式 (20.187) 中孔隙液体压力梯度向量 $\boldsymbol{\pi}^1$ 可离散化表示为

$$\tilde{\boldsymbol{S}} = \boldsymbol{B}\overline{\boldsymbol{U}}, \quad \boldsymbol{\pi}^1 = \boldsymbol{B}_{\mathrm{p}}\overline{\boldsymbol{p}}^1 \tag{20.190}$$

式中

$$\boldsymbol{B} = \begin{bmatrix} \boldsymbol{B}_{\mathrm{u}} & 0 & 0 & 0 \\ 0 & \boldsymbol{N}_{\omega} & 0 & 0 \\ 0 & 0 & \boldsymbol{B}_{\Psi} & 0 \\ 0 & \boldsymbol{B}_{\omega} & 0 & 0 \\ 0 & 0 & \boldsymbol{N}_{\Psi} & 0 \\ 0 & 0 & 0 & \boldsymbol{N}_{\rho} \end{bmatrix} \tag{20.191}$$

$\boldsymbol{B}_{\mathrm{p}}, \boldsymbol{B}_{\mathrm{u}}, \boldsymbol{B}_{\omega}, \boldsymbol{B}_{\Psi}$ 分别为形函数 $\boldsymbol{N}_{\mathrm{p}}, \boldsymbol{N}_{\mathrm{u}}, \boldsymbol{N}_{\omega}, \boldsymbol{N}_{\Psi}$ 的空间导数。

将式 (20.188) 和式 (20.190) 代入式 (20.181) 和式 (20.182) 给出如下半离散（空间离散）有限元方程：饱和多孔梯度 Cosserat 连续体混合有限元的 $\boldsymbol{U}-p$ 公式

$$\boldsymbol{F}_{\mathrm{U}} = \int_{\Omega} \boldsymbol{B}^{\mathrm{T}}\boldsymbol{A}_{\mathrm{S}}^{\mathrm{T}}\boldsymbol{\varXi}'\mathrm{d}\Omega - \boldsymbol{Q}_{\mathrm{p}}\overline{\boldsymbol{p}}^1 - \boldsymbol{f}_{\mathrm{U}} = 0 \tag{20.192}$$

$$\boldsymbol{F}_{\mathrm{p}} = \boldsymbol{Q}_{\mathrm{U}}\dot{\overline{\boldsymbol{U}}} + \boldsymbol{H}_{\mathrm{p}}\overline{\boldsymbol{p}}^1 - \boldsymbol{f}_{\mathrm{p}} = 0 \tag{20.193}$$

式中

$$\boldsymbol{Q}_{\mathrm{U}} = \int_{\Omega} \boldsymbol{N}_{\mathrm{p}}^{\mathrm{T}}\boldsymbol{I}_{\mathrm{p}}^{1\mathrm{T}}\boldsymbol{B}\mathrm{d}\Omega, \quad \boldsymbol{Q}_{\mathrm{p}} = \int_{\Omega} \boldsymbol{B}^{\mathrm{T}}\boldsymbol{I}_{\mathrm{p}}^{1}\boldsymbol{N}_{\mathrm{p}}\mathrm{d}\Omega = \boldsymbol{Q}_{\mathrm{U}}^{\mathrm{T}} \tag{20.194}$$

$$\boldsymbol{H}_{\mathrm{p}} = \int_{\Omega} \boldsymbol{B}_{\mathrm{p}}^{\mathrm{T}}\boldsymbol{k}^1\boldsymbol{B}_{\mathrm{p}}\mathrm{d}\Omega \tag{20.195}$$

$$\boldsymbol{f}_{\mathrm{p}} = -\int_{S} \boldsymbol{N}_{\mathrm{p}}^{\mathrm{T}}\tilde{w}_{\mathrm{n}}^1\mathrm{d}S, \quad \boldsymbol{f}_{\mathrm{U}} = \int_{\Omega} \boldsymbol{N}^{\mathrm{T}}\boldsymbol{b}\mathrm{d}\Omega + \int_{S} \boldsymbol{N}_{\mathrm{t}}^{\mathrm{T}}\tilde{\boldsymbol{\tau}}\mathrm{d}S \tag{20.196}$$

$$\boldsymbol{b}=\left\{\begin{array}{llll}\left(\boldsymbol{b}^{\mathrm{f}}\right)^{\mathrm{T}} & \left(\boldsymbol{b}^{\mathrm{m}}\right)^{\mathrm{T}} & 0 & 0\end{array}\right\}^{\mathrm{T}}, \quad \tilde{\boldsymbol{\tau}}=\left\{\begin{array}{lll}\tilde{\boldsymbol{t}}^{\mathrm{T}} & \tilde{\boldsymbol{m}}^{\mathrm{T}} & \tilde{\boldsymbol{g}}^{\mathrm{T}}\end{array}\right\}^{\mathrm{T}},$$

$$\boldsymbol{N}_{\mathrm{t}}=\left[\begin{array}{cccc}\boldsymbol{N}_{\mathrm{u}} & 0 & 0 & 0 \\ 0 & \boldsymbol{N}_{\omega} & 0 & 0 \\ \boldsymbol{B}_{\mathrm{u}} & 0 & 0 & 0\end{array}\right] \tag{20.197}$$

对于一个典型的时域增量步 $\Delta t=\left[\begin{array}{ll}t_n, & t_{n+1}\end{array}\right]$，可以利用一个时域积分方案对半离散有限元方程式 (20.192) 和式 (20.193) 进行积分求解（Li et al., 2020a）。鉴于篇幅限制，本章中将不予展开介绍。利用本节介绍的宏观饱和多孔梯度 Cosserat 连续体混合元公式，以及本章前几节介绍的内容，对饱和颗粒材料可构造二阶计算均匀化方法的混合有限元–离散元/有限元迭代嵌套求解方案（Li et al., 2020a）。

20.7 饱和边坡破坏过程的协同计算多尺度方法模拟数值结果

本节提供的饱和颗粒材料边坡水力–力学行为多尺度模拟数值例题结果旨在：（1）验证为饱和颗粒材料结构中水力–力学行为多尺度模拟发展的二阶协同计算均匀化方法及利用所构造混合有限元（QU38p4L4）的“混合元–耦合离散元/有限元法”嵌套求解方案的有效性；（2）显示在二阶协同计算均匀化方法框架中对表征元施加满足周期性边界力约束和边界法向 Darcy 速度约束的附加周期性约束位移和周期性约束孔隙液体压力边界条件的效应。

为显示周期性边界条件对表征元平均介观水力–力学行为的影响，在数值例题中将对饱和颗粒材料表征元施加四类不同的边界条件：（1）下传广义应变和下传孔隙液体压力；（2）下传广义应变与附加周期性约束边界位移和下传孔隙液体压力；（3）下传广义应变和下传孔隙液体压力与附加周期性约束边界孔隙液体压力；（4）下传广义应变与附加周期性约束边界位移和下传孔隙液体压力与附加周期性约束边界孔隙液体压力。它们分别标记 BC{1} 位移 + 压力；BC{2}（周期性 + 位移）+ 压力；BC{3} 位移 +（周期性 + 压力）；BC{4}（周期性 + 位移）+（周期性 + 压力）。

饱和边坡的几何与边界条件如图 20.12(a) 所示。图中也显示了通过放置在饱和边坡顶部的基础对其施加载荷。边坡结构的斜坡边界和相邻于顶部基础的其余顶部边界被指定为排水边界。边坡被离散化为包含 480 个混合元 QU38p4L4 的单元网格。边坡的材料性质由设置在混合元网格积分点处表征元的介观结构描述。除忽略颗粒间切向滚动摩擦力阻尼系数 ($c_{\mathrm{r}}=0$)，表征元内离散颗粒的其余材料参数均与表 17.1 所示相同。孔隙液体质量密度 $\rho=1000\ \mathrm{kg/m^3}$，孔隙液

体粘性系数 $\mu = 0.01\ \mathrm{N{\cdot}s/m^2}$。采用如图 20.12(b) 所示由 113 个半径 r 范围为 $0.01 \sim 0.03$ m 的圆形颗粒以随机模式生成、具有初始不规则排列介观结构的表征元 RVE113_ran；其外形轮廓为边长 0.43598 m 的正方形，孔隙度为 $\phi = 0.259$。顶部基础模型化为具有拟刚性和低渗透性材料性质的 16 个单元。基础与边坡顶部的接触假定为理想粘合。通过对图示顶部基础单元网格节点 A 的指定逐渐增长垂直位移对边坡施加按一定速率增长的载荷，此加载方式允许在加载过程中基础可以围绕节点 A 旋转。指定在节点 A 的垂直位移增量为 $\Delta u_{\mathrm{A}} = -0.005$ m。为研究加载速率对边坡水力–力学行为的效应，以两个不同的常时间步长 $\Delta t = 0.1$ s, 1.0 s 施加指定位移增量 Δu_{A}。

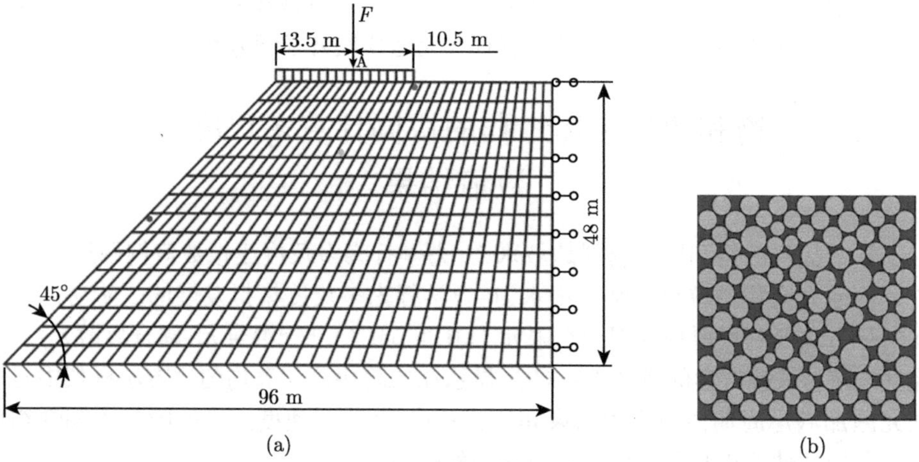

图 20.12 饱和边坡

(a) 边坡几何、边界条件、有限元网格和载荷；(b) RVE113_ran

图 20.13(a) 给出了在高速率 ($\Delta t = 0.1$ s) 加载条件下显示边坡软化和后软化行为的载荷 (F)–位移 (u_{A}) 曲线。通过图中四条曲线的比较给出了在颗粒材料结构二阶计算均匀化方法框架中对表征元施加附加周期性边界条件对边坡软化过程与承载能力的效应。20.2.6 节数值例题已验证了施加附加周期性边界条件，不仅对离散颗粒材料表征元的弹性和硬化阶段，并且也包括对它的软化和后软化阶段的效应，可导致得到较好的表征元平均响应估计（Miehe and Koch, 2002; Kaczmarczyk et al., 2008; Li et al., 2019）。图 20.13(a) 显示了通过施加改善宏观颗粒材料结构局部材料点处表征元水力–力学平均响应估计的附加周期性边界条件可导致在宏观尺度改善颗粒材料整体结构承载能力与软化过程估计的效应。图 20.13(a) 也显示在本例中施加附加周期性孔隙液体压力边界条件对于与颗粒材料结构中水力过程耦合的力学响应（承载能力与软化过程）几乎没有影响。

图 20.13(b) 给出了在高速率 ($\Delta t = 0.1$ s) 加载下饱和边坡与干边坡（不考虑

孔隙液体作用）在施加与不施加附加周期性力学边界条件情况下的载荷 (F)–位移 (u_{A}) 曲线。可以看到，不论是否对表征元施加附加周期性力学边界条件，饱和边坡的承载能力均高于干边坡（不考虑孔隙液体作用）的承载能力。众所周知，这是由于饱和颗粒材料结构中的孔隙液体承受了施加在边坡上的部分载荷。

图 20.13(c) 给出了在高速率 ($\Delta t = 0.1$ s) 和低速率 ($\Delta t = 1$ s) 加载下饱和边坡在施加与不施加附加周期性力学边界条件情况下的载荷 (F)–位移 (u_{A}) 曲线。可以看到，不论是否对表征元施加附加周期性力学边界条件，饱和边坡在高速率加载下的承载能力均高于在低速率加载下的承载能力。这可解释为在高速率加载的饱和边坡中由于排水过程的时间效应而建立起的较高孔隙液体压力，它们将承担起施加在边坡上载荷的较多份额。

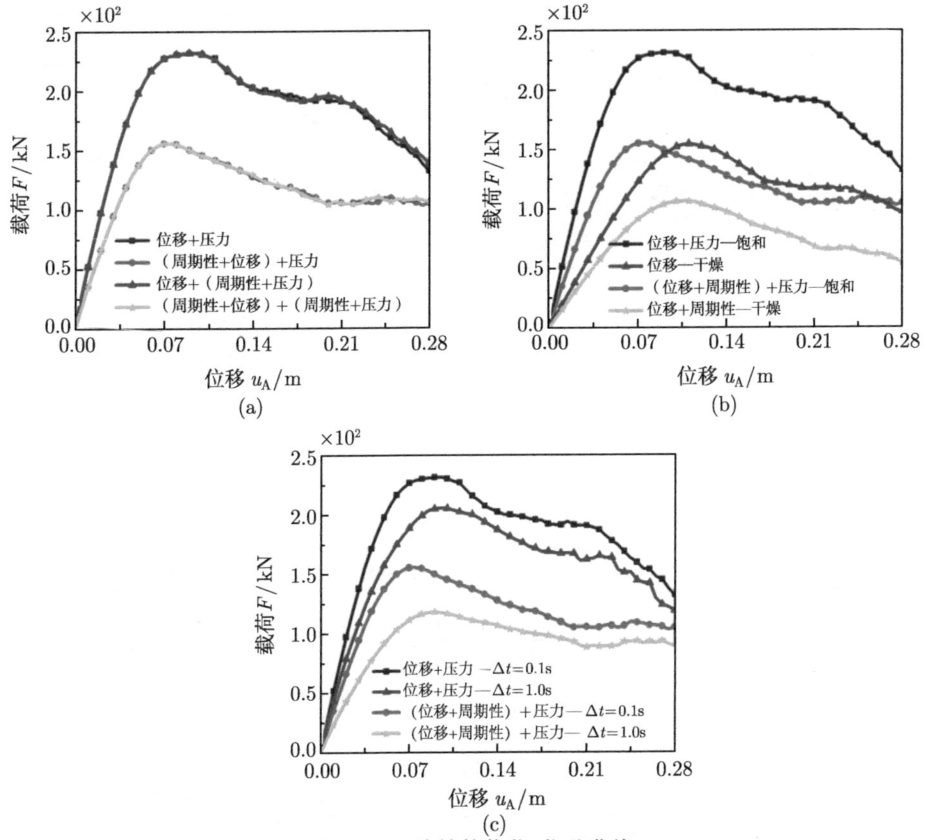

图 20.13 边坡的载荷–位移曲线

(a) 饱和边坡在四种不同类型表征元边界条件下所得的四条载荷–位移曲线；(b) 饱和边坡与干边坡分别在两种不同类型表征元边界条件下所得的四条载荷–位移曲线；(c) 饱和边坡分别在高速率和低速率加载条件下由两种不同类型表征元边界条件下所得的四条载荷–位移曲线

图 20.14 和图 20.15 分别给出了饱和边坡在高速率 ($\Delta t = 0.1$ s) 与低速率

$(\Delta t = 1\ \mathrm{s})$ 加载下在 $u_{\mathrm{A}} = -0.1\ \mathrm{m}$（软化开始阶段）和 $u_{\mathrm{A}} = -0.28\ \mathrm{m}$（加载结束阶段）时的边坡全域中孔隙液体压力分布云图。它们为对宏观饱和多孔连续体混合元积分点处设置的表征元施加和不施加附加周期性边界条件所得边坡全域混合元网格积分点处表征元平均孔隙液体压力值绘制；显示了施加周期性边界条件的效应，也验证了前面对图 20.13 给出结果的讨论和推论。

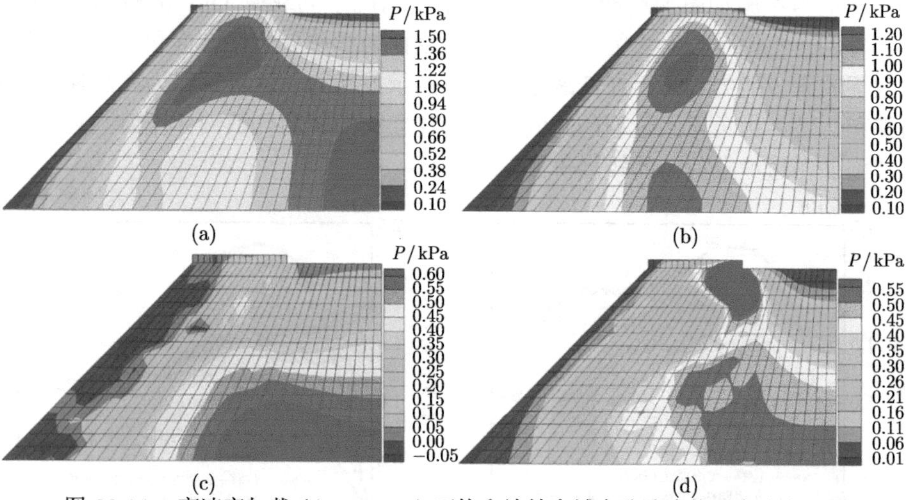

图 20.14　高速率加载 $(\Delta t = 0.1\ \mathrm{s})$ 下饱和边坡全域中孔隙液体压力分布云图

(a) $u_{\mathrm{A}} = -0.1\ \mathrm{m}, \mathrm{BC}\{1\}$; (b) $u_{\mathrm{A}} = -0.1\ \mathrm{m}, \mathrm{BC}\{4\}$; (c) $u_{\mathrm{A}} = -0.28\ \mathrm{m}, \mathrm{BC}\{1\}$; (d) $u_{\mathrm{A}} = -0.28\ \mathrm{m}, \mathrm{BC}\{4\}$

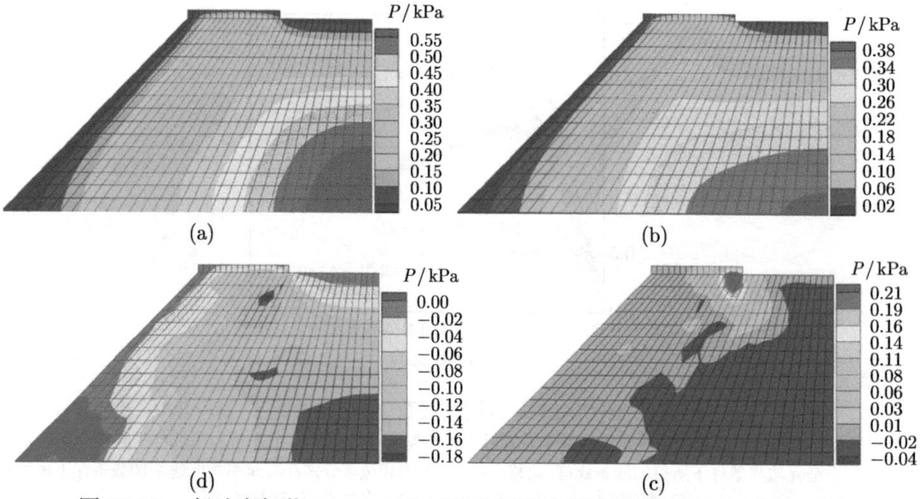

图 20.15　低速率加载 $(\Delta t = 1\ \mathrm{s})$ 下饱和边坡全域中孔隙液体压力分布云图

(a) $u_{\mathrm{A}} = -0.1\ \mathrm{m}, \mathrm{BC}\{1\}$; (b) $u_{\mathrm{A}} = -0.1\ \mathrm{m}, \mathrm{BC}\{4\}$; (c) $u_{\mathrm{A}} = -0.28\ \mathrm{m}, \mathrm{BC}\{1\}$; (d) $u_{\mathrm{A}} = -0.28\ \mathrm{m}, \mathrm{BC}\{4\}$

图 20.16 给出了高速率加载 ($\Delta t = 0.1$ s) 下在对表征元下传宏观应变度量和施加（BC{4}）或不施加（BC{1}）周期性边界条件作用下由在边坡混合元网格各积分点处所得结果按式 (18.61) 计算所画制的饱和边坡有效应变云图。它显示了从边坡承载能力达到峰值（图 20.16(a) 和 (b)）时刻到边坡软化与后软化过程模拟结束时刻（图 20.16(c) 和 (d)）的饱和边坡中应变局部化发展。图 20.16 也显示了施加周期性边界条件对边坡内有效应变分布和应变局部化发展的效应。

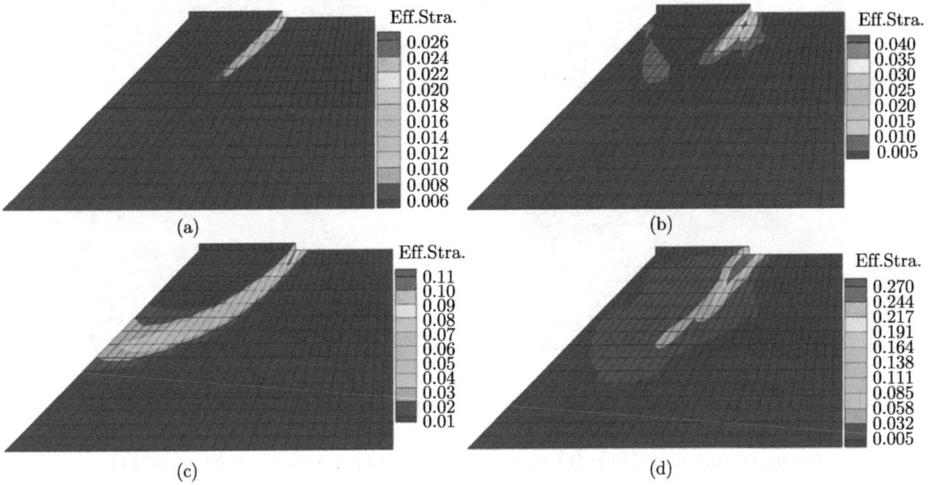

图 20.16 高速率加载 ($\Delta t = 0.1$ s) 下饱和边坡全域中有效应变分布云图
(a) $u_{\mathrm{A}} = -0.1$ m, BC{1}; (b) $u_{\mathrm{A}} = -0.1$ m, BC{4}; (c) $u_{\mathrm{A}} = -0.28$ m, BC{1}; (d) $u_{\mathrm{A}} = -0.28$ m, BC{4}

图 20.17 和图 20.18 揭示了隐藏在宏观应变局部化现象背后的介观结构演化，即两类直接相邻颗粒间接触状态的转变：由非耗散接触到耗散接触的转变，由非耗散接触或耗散接触到接触丧失的转变（参阅第 18 章中对以 $\mathrm{N_e}, \mathrm{N_p}, \mathrm{N_d}$ 标记的不同颗粒对接触状态和以 $\mathrm{N_t}$ 标记的表征元中总颗粒对）。第 18 章（Li et al., 2018）已经论证这两类接触状态的转变分别是导致以图 20.16 所示变形局部化发展并伴随图 20.13 所示以边坡承载能力急剧下降和软化发展为特征的饱和边坡在宏观连续体尺度中塑性和损伤破坏发展的介观机理。

图 20.19 提供了在图 20.12 中标记的三个积分点处设置的表征元 RVE113_ran 介观结构和外形演变。图中给出的 $\mathrm{N_e}, \mathrm{N_p}, \mathrm{N_d}$ 数据和比较显示了随水力–力学载荷增加和对表征元施加周期性边界条件对饱和颗粒材料结构中介观材料破坏的效应，并进一步揭示了材料破坏的介观机理。可以看到，随着图 20.13 所示软化行为的持续发展和图 20.16 所示应变局部化区轮廓的逐渐生成，也如图 20.17 和图 20.18 所示，一些初始归属于 $\mathrm{N_e}$ 的颗粒接触对的两颗粒间发生耗散性相对运动（转变为归属于 $\mathrm{N_p}$）和/或丧失接触（转变为归属于 $\mathrm{N_d}$）。施加于表征元的周期性

边界条件对表征元介观结构演变的效应趋向于以表征元中更多接触颗粒对从归属于 N_e 转化为归属于 N_p 和 N_d 表征的介观结构破坏。由 N_p/N_t 和 N_d/N_t 表示的介观结构演变表征了宏观材料塑性和损伤破坏的发展（Li et al., 2018)。

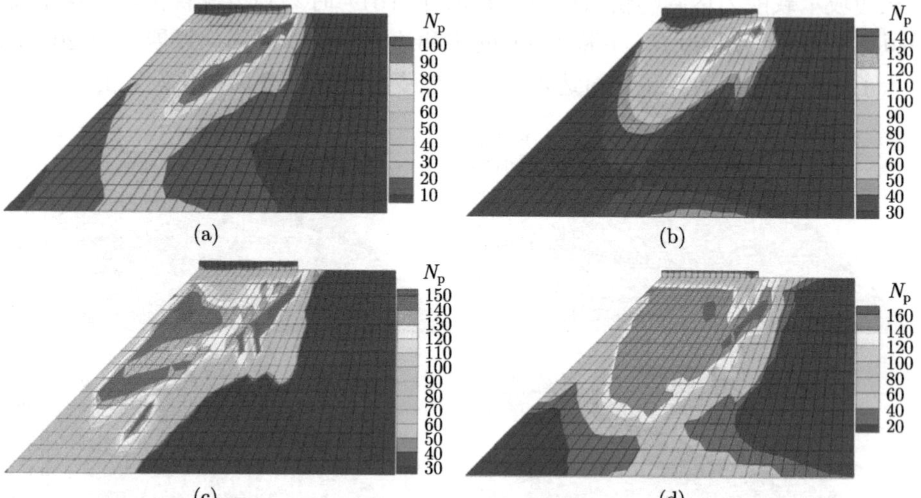

图 20.17　高速率加载 ($\Delta t = 0.1$ s) 下饱和边坡内混合元网格每个积分点处表征元内耗散接触的颗粒对数（N_p）分布云图

(a) $u_A = -0.1$ m, BC{1}; (b) $u_A = -0.1$ m, BC{4}; (c) $u_A = -0.28$ m, BC{1}; (d) $u_A = -0.28$ m, BC{4}

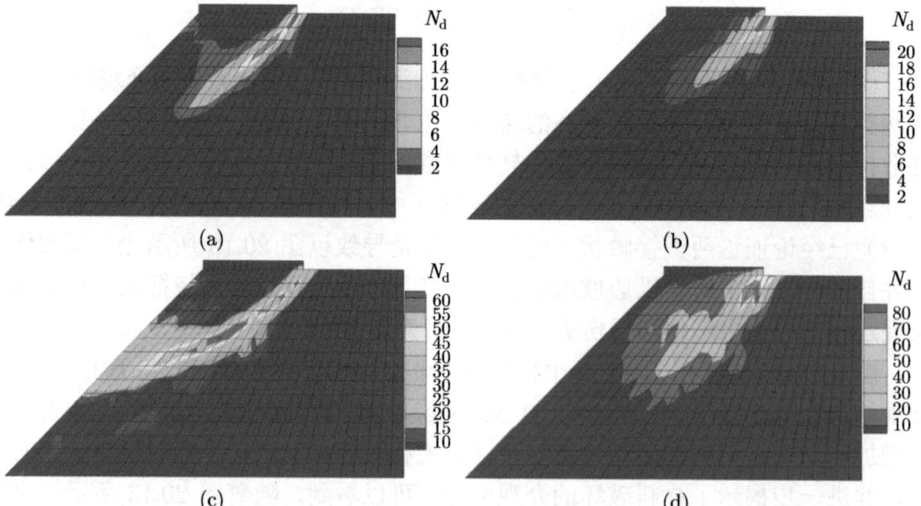

图 20.18　高速率加载 ($\Delta t = 0.1$ s) 下饱和边坡内混合元网格每个积分点处表征元内丧失接触的颗粒对数（N_d）分布云图

(a) $u_A = -0.1$ m, BC{1}; (b) $u_A = -0.1$ m, BC{4}; (c) $u_A = -0.28$ m, BC{1}; (d) $u_A = -0.28$ m, BC{4}

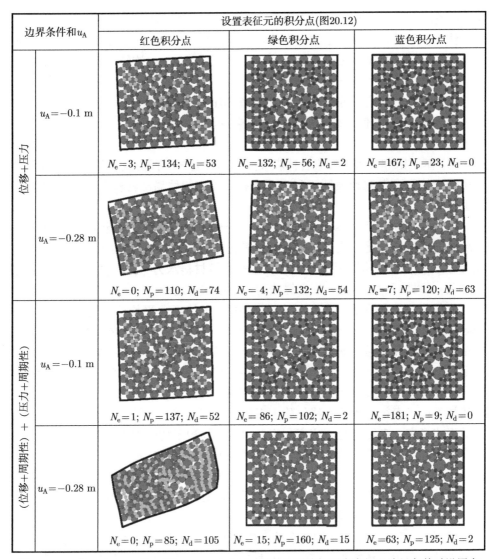

边界条件和u_A		设置表征元的积分点(图20.12)		
		红色积分点	绿色积分点	蓝色积分点
位移+压力	$u_A=-0.1$ m	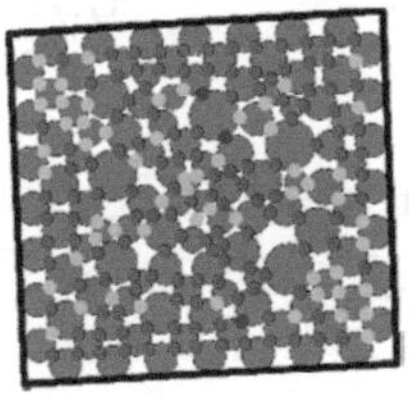 $N_e=3$; $N_p=134$; $N_d=53$	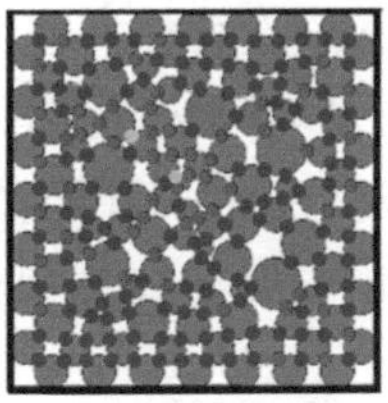 $N_e=132$; $N_p=56$; $N_d=2$	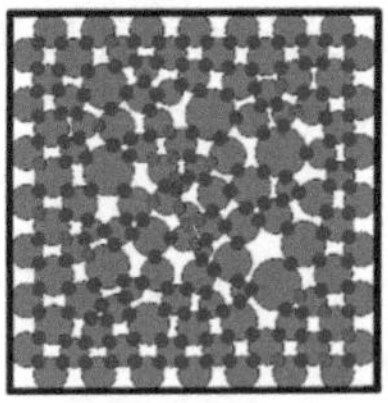 $N_e=167$; $N_p=23$; $N_d=0$
	$u_A=-0.28$ m	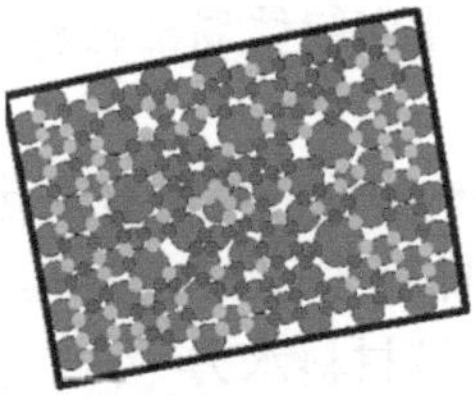 $N_e=0$; $N_p=110$; $N_d=74$	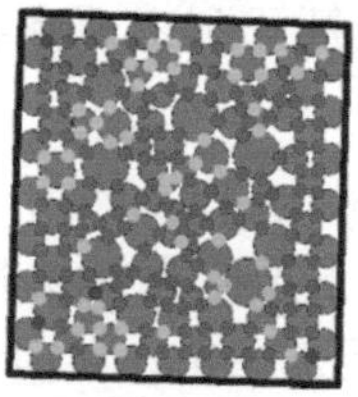 $N_e=4$; $N_p=132$; $N_d=54$	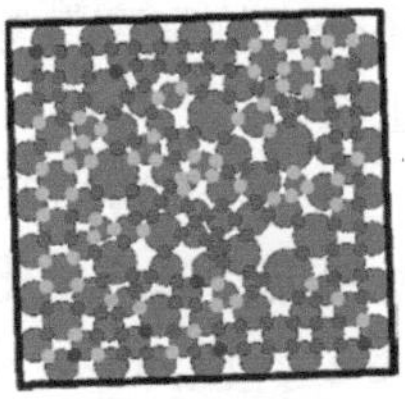 $N_e=7$; $N_p=120$; $N_d=63$
(位移+周期性)+(压力+周期性)	$u_A=-0.1$ m	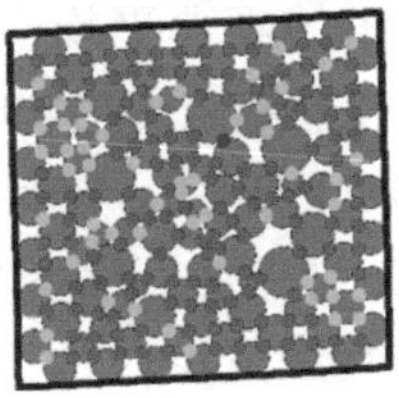 $N_e=1$; $N_p=137$; $N_d=52$	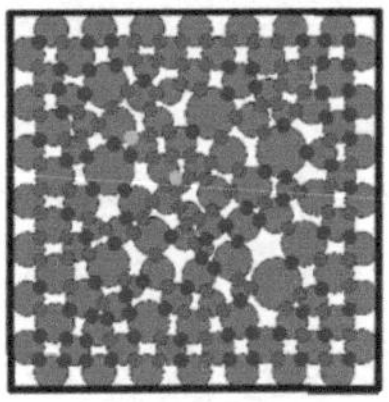 $N_e=86$; $N_p=102$; $N_d=2$	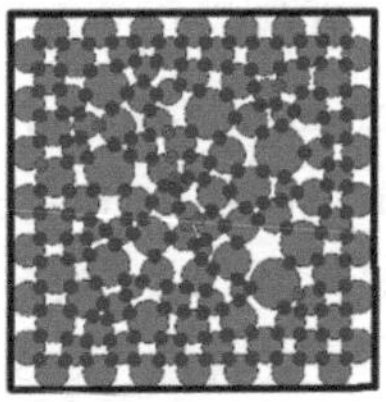 $N_e=181$; $N_p=9$; $N_d=0$
	$u_A=-0.28$ m	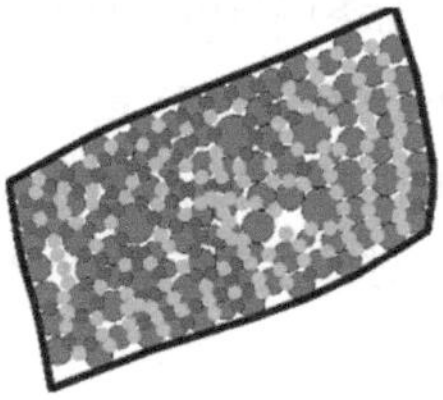 $N_e=0$; $N_p=85$; $N_d=105$	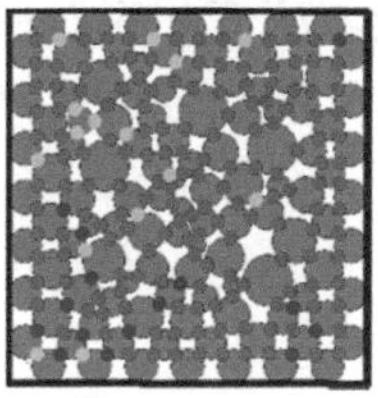 $N_e=15$; $N_p=160$; $N_d=15$	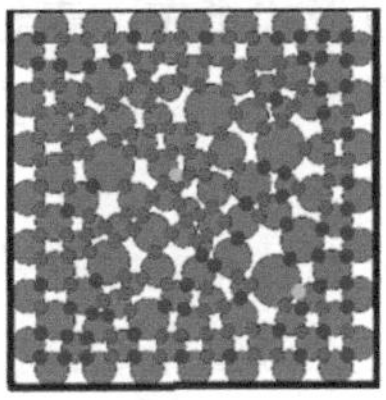 $N_e=63$; $N_p=125$; $N_d=2$

图 20.19 当 $u_A=-0.1$ m 和 $u_A=-0.28$ m 以及分别施加两类表征元边界条件时设置在图 20.12 边坡有限元网格中以红色、绿色和蓝色标记的三个积分点的 RVE113_ran（初始接触颗粒对总数 $N_t=190$）介观结构及其外形演化的比较

20.8 总结与讨论

本章所介绍的饱和颗粒材料结构二阶协同计算均匀化方法包含如下四个主要组成部分：

(1) 建立宏观饱和多孔梯度 Cosserat 连续体的广义 Hill 定理。按导出广义

Hill 定理制定由宏观饱和多孔梯度 Cosserat 连续体到介观等价饱和多孔 Cosserat 连续体表征元的信息下传法则。为此，首先把基于 Cauchy 连续体的经典平均应变定理拓展到梯度 Cosserat 连续体，建立梯度 Cosserat 连续体和饱和多孔梯度 Cosserat 连续体的“广义平均应变率定理”。

（2）为在下传宏观应变变量和孔隙液体压力和周期性力学–水力边界条件作用下的表征元初-边值问题发展非线性离散元法/有限元法水力–力学迭代交错求解过程。

（3）基于饱和离散颗粒集合体表征元的离散元法/有限元法解的体积平均，实现由介观饱和离散颗粒表征元到宏观饱和多孔连续体局部材料点的水力–力学信息上传。

（4）基于为梯度 Cosserat 连续体力学分析构造的混合有限元（第 18 章），在二阶协同计算均匀化方法框架内为饱和多孔梯度 Cosserat 连续体水力–力学分析发展 $\boldsymbol{u}$-p 形式混合有限元公式和建立饱和颗粒材料水力–力学分析初边值问题的混合元–（离散元/有限元）嵌套算法和非线性求解过程。

值得指出，按照在 Cauchy 连续体中导出的经典平均应变定理（Qu and Cherkaoui, 2006），当表征元的边界位移由下传宏观应变控制的线性坐标函数形式指定，表征元全域应变的体积平均等于下传宏观应变。在第 17 章和本章中分别把在 Cauchy 连续体中导出的经典平均应变定理拓展到梯度 Cosserat 连续体和饱和多孔梯度 Cosserat 连续体，建立了广义平均应变定理。广义平均应变定理可陈述如下：当表征元的边界线位移由下传宏观应变和应变梯度控制的抛物线坐标函数形式指定，表征元全域应变和应变梯度的体积平均分别等于下传宏观应变和应变梯度；同时，当表征元的边界角位移由下传宏观微转角和微曲率控制的线性坐标函数形式指定，表征元全域的角位移和角位移梯度的体积平均分别等于下传宏观微转角和微曲率。广义平均应变定理不仅对应变成立，同时也证明了对应变梯度、微转角和微曲率成立。

然而，本章也证明由于饱和多孔介质中的流–固相的相互作用，当表征元边界孔隙液体压力由下传宏观孔隙液体压力指定，表征元全域的孔隙液体压力体积平均并不等于下传宏观孔隙液体压力，并导出了它们之间关系的表达式。

本章介绍的饱和颗粒材料的二阶协同计算均匀化方法将可被拓展到建立非饱和颗粒材料的二阶协同计算均匀化方法。对于低饱和度的非饱和颗粒材料，孔隙液体在介观尺度（颗粒尺度）以颗粒间双联液桥和颗粒表面液体薄膜形式存在（本书第 14 章），颗粒间双联液桥对颗粒间接触力和固–液–气相互作用将由双联液桥模型（杜友耀和李锡夔，2015; Li et al., 2016; Soulié et al., 2006）计算。基于先前非饱和多孔介质固–液–气三相模型及其数值方法的研究工作（Li and Zienkiewicz, 1990; 1992），也可参见本书第 1 章，本章介绍的饱和多孔梯度 Cosserat 连续体

$\boldsymbol{u}$-p 形式混合元将可被拓展发展非饱和多孔梯度 Cosserat 连续体的 $\boldsymbol{u}$-p^{l}-p^{g} 形式混合元。

参 考 文 献

杜友耀, 李锡夔, 2015. 二维液桥计算模型及湿颗粒材料离散元模拟. 计算力学学报, 32: 496–502.

Biot M A, 1941. General Theory of three-dimensional consolidation. Journal of Applied Physics, 12: 155–164.

Biot M A, 1956. Theory of propagation of elastic waves in a fluid-saturated porous solid. I. Low-frequency range. The Journal of the Acoustical Society of America, 28: 168–178.

Chang C S, Kuhn M R, 2005. On virtual work and stress in granular media. Int J Solids Struct, 42: 3773–3793.

Cheng G D, Li X K, Nie Y H and Li H Y, 2019. FEM-cluster based reduction method for efficient numerical prediction of effective properties of heterogeneous material in nonlinear range. Comput. Methods Appl. Mech. Eng., 348: 157–184.

Coenen E W C, Kouznetsova V G, Geers M G D, 2012. Novel boundary conditions for strain localization analysis in microstructural volume elements. Int. J. Numer. Meth. Eng., 90: 1–21.

Collin F, Chambon R, Charlier R, 2006. A finite element method for poro mechanical modelling of geotechnical problems using local second gradient models. Int. J. Numer. Meth. Eng., 65: 1749–1772.

Cook B K, Noble D R and Williams J R, 2004. A direct simulation method for particle-fluid systems. Engineering Computations, 21: 151–168.

Coussy O, 1995. Mechanics of Porous Continua. Chichester: Wiley.

Cundall P A and Strack O D L, 1979. A discrete numerical model for granular assemblies. Geotechnique, 29: 47–65.

Ehlers W, Volk W, 1998. On theoretical and numerical methods in the theory of porous media based on polar and non-polar elasto-plastic solid materials. Int. J. Solids Struct., 35: 4597–4617.

Ergun S, 1952. Fluid flow through packed columns. Chemical Engineering Progress, 48: 89–94.

Feng Y T, Han K and Owen D R J, 2010. Combined three-dimensional lattice Boltzmann method and discrete element method for modelling fluid–particle interactions with experimental assessment. International Journal for Numerical Methods in Engineering, 81: 229–245.

Ghosh S, Lee K, and Raghavan P, 2001. A multi-level computational model for multi-Scale damage analysis in composite and porous materials. Int. J. Solids Struct., 38: 2335–2385.

Guo N and Zhao J D, 2014. A coupled FEM/DEM approach for hierarchical multiscale modelling of granular media. Int. J. Numer. Methods Eng., 99: 789–818.

Guo N and Zhao J D, 2016. Parallel hierarchical multiscale modelling of hydro-mechanical problems for saturated granular soils, Comput. Methods Appl. Mech. Eng., 305: 37–61.

Hughes T J R, 1987. The Finite Element Method. New Jersey: Pretice-Hall.

Kaczmarczyk Ł, Pearce C J and Bićanić N, 2008. Scale transition and enforcement of RVE boundary conditions in second-order computational homogenization. International Journal for Numerical Methods in Engineering, 74: 506–522.

Kaneko K, Terada K, Kyoya T and Kishino Y, 2003. Global-local analysis of granular media in quasi-static equilibrium. Int. J. Solids Struct., 40: 4043–4069.

Kouznetsova V G, Geers M G D and Brekelmans W A M, 2002. Multi-scale constitutive modelling of heterogeneous materials with a gradient-enhanced computational homogenization scheme. Int. J. Numer. Methods Eng., 54: 1235–1260.

Kouznetsova V G, Geers M G D and Brekelmans W A M, 2004. Multi-scale second-order computational homogenization of multi-phase materials: A nested finite element solution strategy. Comput. Methods Appl. Mech. Eng.. 193: 5525–5550.

Li X K, Chu X H and Feng Y T, 2005. A discrete particle model and numerical modeling of the failure modes of granular materials. Engineering Computations, 22: 894–920.

Li X K, Chu X H and Sheng D C, 2007. A saturated discrete particle model and characteristic-based SPH method in granular materials. International Journal for Numerical Methods in Engineering, 72: 858–882.

Li X K, Du Y Y and Duan Q L, 2013. Micromechanically informed constitutive model and anisotropic damage characterization of Cosserat continuum for granular materials. International Journal of Damage Mechanics, 22: 643–682.

Li X K, Du Y Y, Zhang S G, Duan Q L and Schrefler B A, 2016. Meso-hydro-mechanically informed effective stresses and effective pressures for saturated and unsaturated porous media. European Journal of Mechanics - A/Solids, 59: 24–36.

Li X K, Liang Y B, Duan Q L, Schrefler B A and Du Y Y, 2014. A mixed finite element procedure of gradient Cosserat continuum for second-order computational homogenisation of granular materials. Computational Mechanics, 54: 1331–1356.

Li X K, Liu Q P and Zhang J B, 2010a. A micro-macro homogenization approach for discrete particle assembly–Cosserat continuum modeling of granular materials. Int. J. Solids Struct., 47: 291–303.

Li X K and Wan K, 2011b. A bridging scale method for granular materials with discrete particle assembly – Cosserat continuum modeling. Computers and Geotechnics, 38: 1052–1068.

Li X K, Wang Z H, Zhang S G, Duan Q L, 2018. Multiscale modeling and characterization of coupled damage-healing-plasticity for granular materials in concurrent computational homogenization approach. Computer Methods in Applied Mechanics and Engineering, 342: 354–383.

Li X K, Zhang S G and Duan Q L, 2019. A novel scheme for imposing periodic boundary conditions on RVE in second-order computational homogenization for granular materials. Engineering Computations, 36: 2835–2858.

Li X K, Zhang S G, Duan Q L, 2020a. Second-order concurrent computational homogenization method and multi-scale hydro-mechanical modeling for saturated granular materials. Int. J. for Multiscale Computational Engineering, 18: 199–240.

Li X K, Zhang S G and Duan Q L, 2020b. Effective hydro-mechanical material properties and constitutive behaviors of meso-structured RVE of saturated granular media. Computers and Geotechnics, 127: 103774-1: 23.

Li X K, Zhang J B, Zhang X, 2011a. Micro-macro homogenization of gradient-enhanced Cosserat media. Eur. J. Mech. A 30: 362–372.

Li X K, Zhang X and Zhang J B, 2010b. A generalized Hill's lemma and micromechanically based macroscopic constitutive model for heterogeneous granular materials. Computer Methods in Applied Mechanics and Engineering, 199: 3137–3152.

Li X K, Zienkiewicz O C, 1992. Multiphase flow in deforming porous media and ?nite element solutions. Comput. Struct., 45: 211–227.

Li X K, Zienkiewicz O C, Xie Y M, 1990. A numerical model for immiscible two-phase fluid flow in a porous medium and its time domain solution. Int. J. for Numerical Methods in Eng., 30: 1195–1212.

Liu Y, Sun W C, Yuan Z F and Fish J, 2016a. A nonlocal multiscale discrete-continuum model for predicting mechanical behavior of granular materials. Int. J. Numer. Methods Eng., 106: 129–160.

Liu Z L, Bessa M A and Liu W K, 2016b. Self-consistent clustering analysis: An efficient multi-scale scheme for inelastic heterogeneous materials. Computer Methods in Applied Mechanics and Engineering, 306: 319–341.

Luscher D J, Mcdowell D L and Bronkhorst C A A, 2010. Second gradient theoretical framework for hierarchical multiscale modeling of materials. Int. J. Plasticity, 26: 1248–1275.

Miehe C and Koch A, 2002. Computational micro-to-macro transitions of discretized microstructures undergoing small strains. Archive of Applied Mechanics, 72: 300–317.

Nitka M, Combe G, Dascalu C and Desrues J J G M, 2011. Two-scale modeling of granular materials: A DEM-FEM approach. Granular Matter, 13: 277–281.

Owen D R J, Leonardi C R and Feng Y T, 2011. An efficient framework for fluid–structure interaction using the lattice Boltzmann method and immersed moving boundaries. International Journal for Numerical Methods in Engineering, 87: 66–95.

Qu J M and Cherkaoui M, 2006. Fundamentals of Micromechanics of Solids. Hoboken: Wiley.

Scholtès L, Hicher P Y, Nicto F, Chareyre B, Darve F, 2009. On the capillary stress tensor in wet granular materials. International Journal of Numerical and Analytical method in Geomechanics, 33: 1289–1313.

Shamy U E and Zeghal M, 2005. Coupled continuum-discrete model for saturated granular soils. Journal of Engineering Mechanics, 131: 413–426.

Soulié F, Cherblance F, Youssoufi M S EI, et al., 2006. Influence of liquid bridges on the mechanical behavior of polydisperse granular materials. International Journal for Numerical and Analytical Methods in Geomechanics, 30: 213–228.

Terada K, Hori M, Kyoya T, Kikuchi N, 2000. Simulation of the multi-scale convergence in computational homogenization approaches. Int. J. Solids Struct., 37: 2285–2311.

Terzaghi K von, 1936. The shearing resistance of saturated soils. Proc 1st ICSMFE, 1: 54–56.

Tsuji Y, Kawaguchi T, Tanaka Y, 1993. Discrete particle simulation of two-dimensional fluidized bed. Powder Technology, 77: 79–87.

Wagner G J and Liu W K, 2003. Coupling of atomistic and continuum simulations using a bridging scale decomposition. Journal of Computational Physics, 190(1): 249–274.

Wan K and Li X K, 2015. Multiscale hydro-mechanical analysis of unsaturated granular materials using bridging scale method. Eng. Comput., 32: 935–955.

Wellmann C and Wriggers P, 2012. A two-scale model of granular materials, Comput. Methods Appl. Mech. Eng., 205–208: 46–58.

Wen C Y and Yu Y H, 1966. Mechanics of Fluidization. Chemical Engineering Progress, Symposium Series, 62: 100–111.

Zienkiewicz O C, Chan A H C, Pastor M, et al., 1999. Computational Geomechanics with Special Reference to Earthquake Engineering. Chichester: Wiley, 1–383.

Zienkiewicz O C and Shiomi T, 1984. Dynamic behavior of saturated porous media: the generalized Boit formulation and its numerical solution. Int. J. Numer. Anal. Meth. Geomech., 8: 71–96.